ERICH SCHMIDT VERLAG

Handbücher der Revisionspraxis

Band 2

Herausgeber

Prof. Dr. Volker H. Peemöller und
Joachim Kregel

Operational Auditing

Revision von IT, Marketing, Produktion und Einkauf

von

Joachim Kregel

ERICH SCHMIDT VERLAG

Bibliografische Information der Deutschen Nationalbibliothek
Die Deutsche Nationalbibliothek verzeichnet diese Publikation in der Deutschen Nationalbibliografie; detaillierte bibliografische Daten sind im Internet über http://dnb.d-nb.de abrufbar.

Weitere Informationen zu diesem Titel finden Sie im Internet unter
ESV.info/978 3 503 15466 1

Hinweise zum Add-on
Als Käufer von „Operational Auditing" erhalten Sie eine umfangreiche Auswahl an Checklisten und praktischen Lösungsvorschlägen unter **www.revisionspraxis-2.esv.info**

Ihr persönliches Ticket: w4426r-xi2t79-spktm4-zp5zk9

Gedrucktes Werk: ISBN 978 3 503 15466 1
eBook: ISBN 978 3 503 15467 8
ISSN 1867 6146

www.ESV.info

Dieses Papier erfüllt die Frankfurter Forderungen der Deutschen Bibliothek und der Gesellschaft für das Buch bezüglich der Alterungsbeständigkeit und entspricht sowohl den strengen Bestimmungen der US Norm Ansi/Niso Z 39.48-1992 als auch der ISO-Norm 9706.

Satz: Schwarz auf Weiss, Berlin
Druck und Bindung: Druckerei Strauss, Mörlenbach

Geleitwort der Herausgeber

Die Buchreihe „Handbücher der Revisionspraxis" wird für die Praxis der Internen Revision geschrieben und entsteht aus der Praxis. Mit dem Operational Auditing liegt nun der zweite Band der Reihe vor, der in die Prüfungspraxis einsteigt. Erstmals wird in einer Publikation die Prüfung der Geschäftsprozesse von Unternehmen geschlossen behandelt. Bislang fanden sich nur kurze Abgrenzungen und theoretische Anmerkungen zum Operational Auditing in der Literatur. Dieser Band konfrontiert den Leser mit der Praxis der Prüfung von Prozessen, die anschaulich aufbereitet und mit einer Fülle von Checklisten hinterlegt sind. Der Autor gibt seinen Erfahrungsschatz in strukturierter und fundierter Form an den Leser weiter.

Erfreulicherweise ist die Interne Revision in letzter Zeit häufig Gegenstand von Publikationen, insbesondere auch von Dissertationen. Damit zeigt sich, dass die Interne Revision verstärkt Eingang in die wissenschaftliche Literatur gefunden hat. Was aber nach wie vor als Veröffentlichung fehlt, ist die praktische, anwendungsbezogene Sicht der Arbeit der Internen Revision. Dies ist nun mit diesem Werk gelungen. Das COSO Enterprise Risk Model bildet die Basis der Beschreibung der Prüfungen. Ausgangspunkt für die Geschäftsprozesse ist das generische Prozessmodell mit Marketing-, Kern- und Supportprozessen. Damit wird sehr anschaulich die Neuausrichtung der Internen Revision in der heutigen Zeit vorgestellt. In den einzelnen Passagen seiner Ausführungen macht der Verfasser die veränderten Anforderungen im Umfeld der Internen Revision deutlich. Breiten Raum im Rahmen dieser Arbeit nimmt Marketing und Marketingrevision ein. Hier werden die einzelnen Bestandteile dieser Prozesse umfangreich gewürdigt und hinsichtlich Zweckmäßigkeit, Wirtschaftlichkeit und Ordnungsmäßigkeit analysiert. Dabei fließen die neueren psychologischen wie neurowissenschaftlichen Erkenntnisse ein.

Die Kernprozesse umfassen den Verkaufsprozess, das Operational Planning, die Produktentwicklung und das Innovationsmanagement sowie die Produktion und die Produktionsprüfungen. Damit sind alle Prozesse eines Produktionsbetriebes abgebildet. Es gibt sicherlich eine Vielzahl an unterschiedlichen Ausprägungen von Prozessen in den verschiedenen Branchen. Mit dieser Untergliederung gelingt es dem Verfasser, aber die bedeutsamen Prozesse herauszustellen, die in allen Unternehmen vorzufinden sind.

Bei den Support-Prozessen sind an erster Stelle der IT-Prozess und die IT-Prüfungen zu nennen. Sie werden umfangreich und detailliert vorgestellt. Auch hier findet sich ein Abschnitt, der sich ausschließlich mit den Prüfertools beschäftigt. Weitere Themen dieses Kapitels sind SAP, Continuous Auditing und die Zukunft der IT-Revision. Als zweiter Support-Prozess wird der Einkauf beleuchtet. Auch hier werden wieder alle bedeutsamen Probleme und Fragen aufgeworfen und außerdem Outsourcing, IT-Prüfung im Einkauf und Einkaufs-Compliance, jeweils in eigenen Abschnitten gewürdigt.

Dieses Buch wendet sich an Revisoren, aber auch an das Management und die Aufsichtsorgane der Unternehmen. Den Internen und Externen Revisoren werden Hinweise und Ratschläge für die Durchführung von Prüfungen an die Hand gegeben. Die Vorstände und Geschäftsführer erhalten einen Einblick in die Arbeit der Internen Revision und damit eine Vorstellung, was von der Internen Revision verlangt und geleistet werden kann. Die Aufsichtsräte, Beiräte und Mitglieder von Prüfungs- oder Compliance-Ausschüssen erhalten einen Eindruck, welche Anregungen sie der Internen Revision hinsichtlich der Planung und Berichterstattung von Prüfungen geben können.

Das vorliegende Werk unterstützt die Kandidaten für das CIA-Examen und das Examen zum Internen Revisor^{DIIR}, da in einer Synopse die Gliederung des vorliegenden Buches mit den Examensfeldern vernetzt wird, sodass ein gezieltes Lernen für die einzelnen Examensbestandteile möglich ist.

Für Studierende des Faches Prüfungswesen ist dieses Buch eine wertvolle Hilfe, weil es einführt in die Prozess- und Risikoorientierung von Prüfungen. Damit wird ein Gesamtzusammenhang für die Prüfungsüberlegungen hergestellt, der eine nützliche Ergänzung zu rein theoretischen Abhandlungen des Stoffes bildet.

Das Buch hat sein Ziel erreicht, wenn es die Leser mit den Fragen der Internen Revision vertraut macht, die Qualität der Internen Revision fördert und sichert, Impulse für die Prüfungsarbeit liefert und fester Bestandteil der beruflichen Praxis wird. Das wünschen sich Herausgeber, Autor und Verlag.

Herausgeber

Volker H. Peemöller	Joachim Kregel
Nürnberg	Köln

Geleitwort

Die Interne Revision ist nunmehr als ein zentraler Bestandteil der Corporate Governance anerkannt und erfährt seit Jahren eine kontinuierliche Aufwertung. Gesetzliche Regelungen im Aktiengesetz, Kreditwesengesetz, Versicherungsaufsichtsgesetz und Haushaltsgrundsätzegesetz lenken den Fokus verstärkt auf die Interne Revision und sind ein Zeichen für deren gestiegene Bedeutung.

In Deutschland wird die Entwicklung der Internen Revision durch das DIIR – Deutsches Institut für Interne Revision e.V. getragen und durch vielfältige Aktivitäten vorangetrieben. Das DIIR bietet umfassende Aus- und Weiterbildungsmöglichkeiten in Form von Seminaren und Tagungen an und pflegt intensive Kontakte zu Hochschulen, auch mit dem Ziel, das Thema Interne Revision in die Hochschulausbildung zu integrieren. An der Universität Duisburg-Essen hat das DIIR einen Stiftungslehrstuhl „Interne Revision und Corporate Governance" gegründet. Das DIIR bietet mit der weltweit einheitlichen Zertifizierung zum Certified Internal Auditor (CIA) und zum Internen Revisor^{DIIR} stark nachgefragte Qualifikationen an, die genauso wie das weltweit einheitliche Regelwerk der Berufsstandards dabei helfen, das Profil der Internen Revision und ihrer Mitarbeiter deutlich zu schärfen. In über 30 Arbeitskreisen des DIIR tauschen darüber hinaus engagierte Fach- und Führungskräfte der Internen Revision praktische Erfahrungen aus und erarbeiten fachliche Hilfestellungen für die vielfältigen, anspruchsvollen und in ihrer Komplexität stetig steigenden Anforderungen der Internen Revision.

Auch die Reihe „Handbücher der Revisionspraxis" will für die Praxis und die Ausbildung in der Internen Revision Hinweise geben, die helfen, die gestiegenen Anforderungen zu bewältigen. Der nun vorliegende, zweite Band der Reihe ist ein umfassendes Werk zu den Ansätzen des Operational Auditing. Das Aufgabengebiet der Internen Revision hat sich in den letzten Jahrzehnten vom Financial Auditing, also der Prüfung des Finanz- und Rechnungswesens, stark zum Operational Auditing hin verändert. Wir verstehen darunter vielfältige Prüfungsthemen der Internen Revision, die die Verbesserung der Aufbau- und Ablauforganisation, der Wirtschaftlichkeit, Zweckmäßigkeit und Sicherheit von Prozessen einer Organisation zum Ziel haben. Diese Prüfungen sind – anders als Financial Audits – in erster Linie gegenwarts- und zukunftsorientiert und werden unter Risikogesichtspunkten ausgewählt und durchgeführt. Operational Audits verdeutlichen noch einmal mehr den Mehrwert der Internen Revision.

Das vorliegende Werk zum Operational Auditing bietet eine Fülle von Anregungen für die Prüfungspraxis und schlägt einen weiten Bogen über die verschiedensten Kern- und Unterstützungsprozesse wie Produktion, Marketing, IT und Einkauf. Es berücksichtigt viele aktuelle Entwicklungen wie COSO ERM, COBIT 5.0 und auch aktuelle Marktstudien wie die viel beachtete „Enquête 2014", die vom DIIR gemeinsam mit den österreichischen und schweizerischen Instituten herausgegeben wird.

Das Wissen über die aktuellen Erkenntnisse ist für die Internen Revisoren von hoher Wichtigkeit. Das DIIR begrüßt daher die Reihe „Handbücher der Revisionspraxis" und begleitet sie mit Interesse.

Frankfurt am Main, Februar 2015

Bernd Schartmann, CIA, CRMA
Sprecher des Vorstands
DIIR – Deutsches Institut für Interne Revision e.V.

Vorwort des Autors

„Was lange währt, wird endlich gut (hoffentlich)!“

Viel später als angedacht, jedoch dadurch umso aktueller, kommt der zweite Band der Schriftenreihe Interne Revision aus dem Erich Schmidt Verlag mit dem Titel Operational Auditing auf den Markt.

Mangels Vorlagen ist dieser Band in seiner Form und Darstellungsweise einzigartig. Er weist eine Spannbreite der Prüfungen von Einkaufs- über Verkaufsprozessen bis hin zur Produktion auf. Der Prüfung der Marketingprozesse und des Supportprozesses Informations- und Telekommunikationstechnologie wird mit jeweils mit über 25 % des Gesamttextanteils ein breiter Raum gewidmet. Damit soll dieses Buch dem Leser für die nach Auffasssung des Autors wichtigsten Trends der aktuellen Wirtschaft, der Digitalisierung und der gleichzeitigen Kundenorientierung, Stichwort Social Media, die Prüfungsgrundlagen legen.

Auch die Prüfungen im Baubereich bzw. die Prozessprüfungen um die Immobilien werden aus Sicht des Bauherrn diskutiert. Branchenbesonderheiten wird nach Möglichkeit Rechnung getragen.

Viele praktische Beispiele aus dem Handel, der IT- und Telekommunikationsindustrie, aber auch der Automobilindustrie und der Lebensmittelindustrie unterstreichen die besonders praktische Bedeutung dieses Bandes.

Aus der Kaufmannsbrille gesehen, erlebt und geschrieben, soll er Kaufleuten die Angst vor einem engen Kontakt mit Naturwissenschaftlern und den MINT (Mathematik, Informatik, Naturwissenschaft, Technik)-Welten nehmen. Im Gegenteil können sich beide Seiten bei gegenseitiger offener Kommunikation „befruchten“, ganz im Sinne eines interdisziplinären Ansatzes. Die Begeisterung des Naturwissenschaftlers mit zu nehmen, der nach vielen Versuchen endlich Lösungen gefunden hat, immer steht für ihn das Werk im Mittelpunkt. Diese Sichtweise des Kreativen oder Innovators gilt für den Maschinenbau in der Konstruktion, beim Design eines Softwareprodukts in der Informatik oder einer durchgängigen Strategie des Marketings, die dann alle anderen Unternehmensbereiche zum Aufbau der Marke mitreißt. Diese andere Sichtweise kann uns manchmal sehr nüchtern daherkommende, an Zahlen orientierte RevisorInnen[1] viel Freude bereiten. Denn aus dem anderen Betrachtungswinkel sehen wir die Produkte hinter den Zahlen und finden bei all dem notwendigen abstrakten Oberbau aus COSO (Committee of Sposoring Organizations of the Treadway Commission), IIA (Institute of Internal Auditors)-Anforderungen, IFRS (International Financial Reporting Standards)-Regularien dann die wertvolle Essenz des Geschaffe-

1 Im Folgenden wird jeweils die männliche Schreibweise gewählt. Der Autor ist sich bewusst, dass dieses Buch auch von vielen Kolleginnen gelesen werden wird. Trotzdem ist er nach einigen Gesprächen mit Frauen aus seinem eh. Mitarbeiterkreis der Überzeugung, der Lesbarkeit gegenüber einer nur oberflächlichen „Political Correctness“ den Vorzug zu geben.

nen/der Werke der realen analogen und auch digitalen Welt, die unsere Welt der Zahlen und Fakten erst möglich macht.

Unsere betriebwirtschaftliche und unternehmerische Sichtweise des Geschäftsmodells, des „Es muss sich aber irgendwann rechnen", unsere Einforderung von operativer Verantwortung nicht nur für das Schöne, sondern auch für die Einhaltung von Plänen und Budgets, die Bewältigung von Risiken, die Implementierung notwendiger Kontrollschritte öffnet wiederum die operative Seite für unternehmerische Gesamtverantwortung.

In diesem Sinne sollen auch einige kritische Ansätze zu Reputationsrisiken, zum echten Wahrnehmen von CSR (Corporate Social Responsibility), also Nachhaltigkeit im wirtschaftlichen Denken und Handeln, verstanden werden. Sie sollen nicht als Systemkritik, sondern als notwendige Reformschritte für einen Erhalt und Ausbau der sozialen Marktwirtschaft in den Unternehmen angesehen werden. In Zeiten der Globalisierung können sich Unternehmen den Konsequenzen ihrer Entscheidungen sowohl in der Lieferkette wie auch in der Produkt- und Servicekette zum Kunden hin nach Meinung des Autors nicht in ihr Unternehmen zurückziehen.

Die zwei privat geführten Unternehmen (Otto und Kaufhof/Metro-Gruppe), in denen der Autor die große Freude hatte, zum Wohl dieser Unternehmen einen Beitrag zu leisten, sahen und sehen sich immer auch als Teil der Gesellschaft. Die beiden anderen, Unilever und Deutsche Telekom AG, haben dies aus ihrer Kundenorientierung und ihrem Marketing schnell gelernt und sich entsprechend angepasst und neu ausgerichtet.

Das Buch Operational Auditing wendet sich sowohl an den erfahrenen, aufgeschlossenen als auch an den jungen, wissbegierigen Revisor. Beide sollen ein wenig Grundlagenwissen erhalten, wenn sie sich mit den für Kaufleute manchmal fremden Gebieten der MINT-Welten beschäftigen. Das Buch ist nicht bewusst für den CIA- und Interner Revisor (DIIR)-Kandidaten geschrieben worden, obwohl es gerade in den Management- und IT-Teilen dieser Examina hilfreich sein wird. In der Vorbereitung dieser Examina wünscht der Autor, selbst CIA, allen Kandidaten viel Erfolg und Nutzen beim Durcharbeiten des Materials aus diesem Buch.

Der neue PS 261, der seit 2012 den alten IKS-Standard PS 260 abgelöst hat, ermöglicht es den Kollegen aus der Abschlussprüfung, nicht nur nach den Posten der Abschlussrechnungen, sondern auch nach Geschäftsprozessen und Funktionen ihre risikoorientierte Prüfung zu orientieren. Der Autor hofft, in den angesprochenen Themengebieten, insbesondere in den Kapiteln 5: Marketing und Marketingrevision, 9: Produktion und Produktionsprüfungen, 10: IT-Prozesse und IT-Prüfungen und 11: Einkauf/Sourcing und Beschaffungsprüfungen einige Anregungen geben zu können.

Darüberhinaus wendet sich das Buch an Manager der Internen und Externen Revision, die sich inhaltlich mit der Grundlage operationeller Risiken beschäftigen wollen und nicht beim Prozess des Risikomanagements stehen bleiben möchten. Insofern sind nicht nur Kollegen aus dem Handel, der Dienstleistungsbranche und der Industrie angesprochen, sondern auch die Kollegen aus Banken und Versicherungen, die sich mit operationellen Risiken beschäftigen, in ihrem eigenen Unternehmen oder Unternehmen von Kredit- und Versicherungsnehmern.

Nachdem im ersten Kapitel die Voraussetzungen für Operational Auditing in der Internen Revision, ein adäquater Geschäftsauftrag, entsprechend qualifizierte Mitarbeiter und Interesse an der Auseinandersetzung mit dem Geschäftsmodell ihres Unternehmens geklärt werden, geht es im zweiten Kapitel um COSO ERM (Enterprise Risk Management) oder COSO II. COSO ERM legt mit seinen 8 Prozessen zum Risikomanagement in einem Unternehmen den generischen Ansatz, um komplizierte Risiko-Sachverhalte vollständig und anschaulich zu beschreiben und abzubilden. Das gilt für die Konzernebene für Unternehmen wie auch für einzelne Geschäfts- oder Funktionsbereiche. Der Autor verbindet in den einzelnen Kapiteln den COSO ERM-Ansatz mit dem Revisions-Ziel „Zweckmäßigkeit von Prüfungen". Die Ziele Ordnungsmäßigkeit, Wirtschaftlichkeit und Compliance werden separat beschrieben. In den Kapiteln Einkauf, Marketing, Produktion und ITK erfolgt auch jeweils eine Einführung in die Grundlagen dieses Themengebiets. Diese Einführung ist nicht als betriebswirtschaftliche Einführung in die Themengebiete gedacht, darüber gibt es ausreichend Fachliteratur. Es werden nur die Fachbegriffe und -hintergründe erörtert, die wichtig sind, um die danach folgenden Prüfungsaussagen zu verstehen.

Im dritten Kapitel wird ein generisches Prozessmodell mit Management-, Support- und operativen Prozessen vorgestellt und die wichtigsten Prozesse, die in diesem Band nicht abgehandelt werden, z. B. alle Finanz- und Führungsprozesse, kurz aus Revisionssicht angerissen[2].

Ein kurzes Tool-Kapitel beschäftigt sich mit einigen bekannten Analysewerkzeugen, wie der GWA (Gemeinkostenwertananalyse), dem Zero-Base-Budgeting und der Balanced Scorecard als Führungsinstrument, um nur einige zu benennen.

Einen weiteren Schwerpunkt sieht der Autor in der Beschäftigung mit dem Marketing eines Unternehmens. Dieser Bereich wird in seinen Grundlagen der 7P (Product, Pricing, Promotion, Placement, People, Process und Provision of Service) vorgestellt. Dabei wird auch der SWOT (Strengths Weaknesses Opportunities Threads)-Ansatz zur Unternehmensanalyse sowie das BCG (Boston Consulting Group)-Modell eines generischen Produktportfolios diskutiert. Ein Modell für Kundenmanagement mit Bezug zu CRM (Customer Relationsship Management) sowie der TRI:M-Ansatz von TNS Infratest/Burke zur Kundenzufriedenheit vervollständigt die Grundlagen.

Alle Ziele einer Prüfung werden im Einzelnen beschrieben. Hierbei sollte, wie in den anderen Kapiteln auch, immer wieder beachtet werden, dass der Autor dem Full Audit vor einem Spezial Audit den Vorzug gibt[3].

Sonderthemen in diesem Kapitel sind Erkenntnisse der Neurowissenschaften, die teilweise schon sehr professionellen Einzug ins Marketing gefunden haben, das quan-

2 Eine vertiefte Abhandlung ist im Band Financial Auditing geplant.
3 Auch hier ist dem Autor bewusst, dass bei Prüfungen, die sich mit dolosen Handlungen beschäftigen, zunächst das Compliance-Ziel im Vordergrund stehen muss. Nach seiner Erfahrung sollten trotzdem das Ziel der Wirtschaftlichkeit und Zweckmäßigkeit hinzukommen, um zu einer Gesamtbeurteilung des Falls zu gelangen.

titative Marketing mit Big-Data-Analysen und Online-Marketing mit seinen unterschiedlichen Spielarten.

Die Graubereiche, die in der Praxis häufig schwer zu trennen sind, werden im Compliance-Ansatz zusammen mit Red Flags dargestellt. Zu den Graubereichen gehören im Einzelnen Einladungen zu Events, Preisausschreiben und Gewinnspiele, Zugaben und Auslobungen bei Treueprämien u. a. m.

Auch im Einkaufskapitel wird der COSO ERM-Ansatz umgesetzt. Zuvor folgen Hinweise zum Chief Buyer Konzept, der Internationalisierung der Beschaffungsmärkte mit Darstellung der Incoterms für die internationale Logistik und unterschiedliche Beschaffungformen entsprechend der Güterarten. Risiken aus der internationalen Beschaffung mit Warentermin und Devisengeschäften, Beachtung der Corporate Global Citizenship, heruntergebrochen auf die Lieferantenkette, und eine Vielzahl von IT-gestützten SCM-Prüfungsansätzen runden dieses Kapitel ab.

Im Produktionskapitel werden die Planungsgrundlagen, basierend auf den Marketing- und Unternehmensplänen dargestellt. Entwicklungsprozesse und Innovationsmanagement werden erörtert und an Beispielen aus der Telekommunikation und dem Handel diskutiert. Im Vergleich der Wertschöpfungsquoten am Umsatz können viele Non-Food-Handelsunternehmen mit denen von Industrieunternehmen, z. B. der Stahl- oder Automobilindustrie mithalten. In der Telekommunikation wird das Modell einer vollautomatischen Produktion mit eingebauter Fehlerkorrektur sichtbar, das ein wenig über die unterschiedlichen Protokoll- bzw. Layerebenen im IT-Kapitel vertieft wird. Diese Vertiefung erscheint dem Autor sinnvoll, um die vielfachen Angriffen, der sich eine ITK-Infrastruktur ausgesetzt ist, in ihren Grundlagen zu verstehen.

Über ein abstraktes Modell von Fehl-, Blind-, Schein- und Wirkleistung aus der Elektrotechnik wird versucht, dem Leser ein Gefühl für mögliche Prüfungsansätze zu geben und ihn zu ermutigen, zusammen mit dem operativen Management dafür zu sorgen, dass der Anteil der Wirkleistung seines Unternehmens an der Gesamtleistung immer höher wird.

Risiken der Produktion, die allein schon durch die Standortwahl oder Verzögerungen in der Lieferkette verursacht sein könnten, werden angesprochen und im Einzelnen diskutiert. Die möglichen Implikationen von Industrie 4.0 oder dem Internet der Dinge werden angerissen.

Bei all dem ist zu beachten, dass es unmöglich ist, über die unterschiedlichen Spielformen von Branchen einen allgemeinen, jedoch in der Praxis sofort umsetzbaren Prüfungsansatz zu finden. Der Autor hat versucht, aus seiner Erfahrung von vier sehr unterschiedlichen Branchen allgemeinere Ansätze zu formulieren, die einem Revisor einen ersten Einstieg in die Prüfung von Produktionsprozessen seines Unternehmens erleichtern soll.

In dem anderen Schwerpunktkapitel IT, das in seinen größten Teilen kurz vor der Snowden-NSA (National Security Agency)-Affäre geschrieben wurde, wird der Darstellung der Grundlagen der ITK großer Raum gewidmet. Hardware-, Netz- und Softwarekomponenten werden im Einzelnen dargestellt und im Zusammenspiel geschildert. Eine Vielzahl von Fachbegriffen und Abkürzungen wird u.a. im Glossar erläutert und mit ihren Implikationen auf eine IT-Prüfung dargestellt. Die verschiedenen Software- Entwicklungs- und Vorgehensweise-Modelle werden präsentiert, ebenso die große Bandbreite von internationalen Qualitätsnormen. Zusätzlich zu COBIT (Control Objectives for Information and Related Technology) gehören das CMMI (Capability Maturity Model Integration), ITIL (Information Technology Infrastructure Library), eTOM (Enhanced Telecom Operations Map) und SPICE (Software Process Improvement and Capability Determination) sowie TOGAF (The Open Group Architecture Framework) und eine Vielzahl von ISO-Normen zur IT, z.B. die ISO 27.000 für IT-Sicherheit[4].

Detailliert und mit vielen Grafiken hinterlegt wird die IT-Sicherheit dargestellt, den unterschiedlichen Angriffsformen wie u.a. bot-Netze, DoS, Viren, Würmern und Trojanern werden Verteidigungsformen wie Honeypot, Firewalls, Virenscanner und VPN (Virtual Private Network) entgegengesetzt. Auch das hochaktuelle Thema BYOD (Bring Your Own Device) wird bzgl. seiner Prüfungsimplikation dargestellt.

Nicht fehlen darf natürlich der Prüfungansatz mit IDEA (Interactive Data Extraction and Analysis) oder ACL (Audit Command Language) sowie die Erläuterung der Begriffe von CM (Continuous Monitoring) und CA (Continuous Auditing).

Last, but not least wurden auch die 17 GTAG des IIA mit eingearbeitet, die für die IT-Revision ebenso eine gewisse Relevanz aufweisen.

Dank zu sagen hat der Autor einer Vielzahl von kompetenten, professionell arbeitenden und immer Auskunft gebenden Kollegen aus den Unternehmen Deutsche Unilever, Otto Group, Kaufhof/Metro und der Deutschen Telekom. Weiterer Dank gebührt auch vielen Kollegen aus den Unternehmen, die dem Autor während seiner Zeit im DIIR-Programmausschuss vertiefende Blicke in ihr Unternehmen gewährt haben.

Besonders hervorheben möchte ich Wolfgang Jess, Vorsitzender der Geschäftsführung Witt Weiden und Dr. Christoph Stege, Partner bei Knapp Stege Marketing Solutions GmbH und Herrn Barthel Roitzsch, Vertriebsleiter bonprix, denen ich viele Ideen zur Vereinfachung und Fokussierung des Marketingkapitels verdanke.

Beim IT-Kapitel habe ich zu danken Herrn Frank Becker, Deutsche Telekom AG, und Herrn Kai-Uwe Ruhse, Protiviti GmbH, für ihre instruktive Kritik, die immer wieder versuchten, den Bogen von der Präzision zur Allgemeinverständlichkeit zu schlagen.

Großen Dank schulde ich meiner Tochter Alessandra Kregel, die es erst möglich gemacht hat, dass das Buch verständlich und klar formuliert wurde. Weiter verdanke ich ihr wertvolle Hinweise aus ihrem Wirtschafts- als auch aus ihrem Psychologiestudium zum Marketingkapitel, insbesondere dem Thema Neurowissenschaften.

4 Die Vielzahl der Abkürzungen mag auf den ersten Blick verwirrend sein, es soll jedoch genau das Gegenteil erreicht werden, eine Ent-Mystifizierung der IT, um auf Augenhöhe miteinander (Fachseite und IR) ins Gespräch zu kommen. Für ein Gespräch ist es wichtig, sog. Termini Technici schon einmal gehört zu haben und ein grobes Verständnis für den Hintergrund dieses Rahmenwerks zu entwickeln.

Last, but not least schulde ich sehr großen Dank Prof. Volker Peemöller, der mich immer wieder ermutigte, diesen Band fertigzustellen und ohne den der Full Audit-Ansatz bei den operativen Prozessen zulasten einer allein begrenzten wirtschaftlichen Sichtweise nicht verwirklicht worden wäre, sowie Herrn Winfried Schnitzler von der Versatel AG, der mir überhaupt die Idee zu dieser Revisionreihe gab und mich bei der Strukturierung der Kapitel unterstützt hatte.

Dank zu sagen habe ich letztlich dem Erich Schmidt Verlag, der mir dabei geholfen hat, meine Idee von einer professionell gemachten Unterstützung der Internen Revision umzusetzen und die vorliegenden Werke in einer hervorragenden Form für den interessierten Leser erstellt hat.

Etwaige Fehler, irrtümliche Schlussfolgerungen und fehlleitende Darstellungen sind allein dem Autor anzulasten.

Der Text ist bewusst mit einer Vielzahl von Beispielen und Namensnennungen von Unternehmen belegt, um dem Leser die Möglichkeit des eigenen Urteils und eigener Schlussfolgerungen zu überlassen. Es stand und steht dahinter immer die Absicht, „Lessons learnt" oder „Best Practices" zu beschreiben, nie, einem Unternehmen zu schaden oder es zu brandmarken.

Ich wünsche allen Lesern bei diesem von der Praxis für die Praxis entwickelten Buch viel Freude beim Lesen und Nachschlagen und viele Ideen für ihre Revisions- und Managementpraxis.

Joachim Kregel — Köln

Synopse OA und CIA-Exam (Syllabus 2013, Part 3 – Internal Audit Elements)

Kapitel-Nr.	Thema	Unter-Nr.	Unterthema	Beispiel	OA-Nr.	Beispiele
I.	***Governance/Business Ethics***			*5–15 %*		
A.	*Corporate/Organizational Governance Principles – Proficiency Level (P)*				5.4.1 10.2.1 10.2.6 10.4.1	COSO ERM COBIT 5.0. ISO 38.500 Three Lines of Defense
B.	*Environmental and Social Safeguards*				9.2 9.1	Better Coal B.U.N.D Umweltbundes-amt
C.	*Corporate Social Responsibility*				5.1.1.1	Textilfabrik Bangladesh
II.	**Risk Management**			**10–20 % (Proficiency Level (P)**		
A.	*A. Risk Management Techniques*				5.4.4 9.2.4 10.3 11.2.4	Porter; Sensitivitätsanalyse, Value at Risk, Stresstest, Benchmarking, Ampelliste; Verwundbarkeitsanalyse (GTAG 6); Wasserfallmodell; Lieferantenbeurteilung; Risikostrategie: Vermeiden-Überwälzen-Versichern-Selbst Tragen;
B.	*B. Organizational Use of Risk Frameworks*				2; 5.2.5; 10.3	COSO ERM
III.	***Organizational Structure/Business Processes and Risks***			*15–25 %*		
A.	*Risk/Control Implications of Different Organizational Structures*				5, 9, 10, 11	COSO ERM im Marketing, Produktion, IT und Einkauf
B.	*Structure*			*centralized/ decentralized*	2,3	
C.	*Typical Schemes in Various Business Cycles*			*procurement, sales, knowledge, supply-chain management*	5, 11,	Logistikbranche IT-Branche Preispolitik

Kapitel-Nr.	Thema	Unter-Nr.	Unterthema	Beispiel	OA-Nr.	Beispiele
D.	*Business Process Analysis*			*workflow analysis and bottleneck management, theory of constraints*	5.1.6, 5.2.3 9.2.4	SWOT Szenariotechnik, Sensitivitäts analyse
E.	*Inventory Management Techniques and Concepts*				*Offen: Financial Auditing*	
F.	*Electronic Funds Transfer (EFT)/Electronic Data Interchange (EDI)/E-commerce*				6.1, 6.2, 6.3, 10.1.2.6	B2B, B2C, EDI
G.	*Business Development Life Cycles*				10.2.7.1	CMMI
H.	*The International Organization for Standardization (ISO) Framework*				9.2.5 10.2.6	TQM, KVP ISO-Normen für IT
I.	*Outsourcing Business Processes*				11.3.3	ITK, Facility Management
IV.	***Communication***			**5–10 %**	5.1.5; 5.1.8	
A.	*Communication*			*the process, organizational dynamics, impact of computerization*	5.4.7.2; 9.2.7.2; 11.2.7	COSO ERM, Prozess 7: Information & Communication;
B.	*Stakeholder Relationships*					
V.	***Management/Leadership Principles***			**10–20 %**		
A.	*Strategic Management*					Porter, Disruptive Technologies am Beispiel des IT-Marktes
1.	Global analytical technique	1.	Structural Analysis of industries		5.2.4	
		2.	Competitive strategies		5.2.4	
		3.	Competive analysis		5.2.4	
		4.	Market signals		5.1.6, 5.2.4	
		5.	Industry evolution		5.2.4	
2.	Industry environments	1.	Competive strategies related to	1.Fragmented industries 2. Emerging industries 3. Declining industries	5.1.1.2	BCG Portfolio-Modell: Stars-Cash Cows-Dogs-Questions Marks
		2.	Competition in global industries	1. Sources/impediments 2.Evolution of global markets 3. Strategic alternatives 4. Trends affecting competition	5.2.4	Porter, Disruptive Technologies am

Kapitel-Nr.	Thema	Unter-Nr.	Unterthema	Beispiel	OA-Nr.	Beispiele
						Beispiel des IT-Marktes
3.	Strategic decisions	1.	Analysis of integration strategies		5.4.1	McKinsey 7S
		2.	Capacity expansion			
		3.	Entry in new businesses		3.2.1	M&A
4.	Forecasting				7	
5.	Quality Management			TQM, Six Sigma	Band 1	
6.	Decision Analysis				5, 9., 10, 11	COSO ERM im Marketing, Produktion, IT und Einkauf
B.	*Organizational Behaviour*					
1.	Organizational theory			Structures & configurations	Band 1	
2.	Organizational behaviour			Motivation, impact of job design, rewards, schedules		
3.	Group dynamics			Traits, development stages, organizational politics, effectiveness		
4.	Knowledge of human resources processes			Individual performance management, supervision, personnel sourcing/staffing, staff development	3.2.2	TRI:M, MOP (Mitarbeiterorientierter Prozess)
5.	Risk/control implications of different leadership styles				5.4.1; 9.2.1, 10.4.1; 11.2.1	
6.	Performance			Productivity, effectiveness	Über 200 konkrete Ersparnisvorschläge im gesamten Buch inkl. der Checklisten	
C.	*Management Skills/Leadership Styles*				5.1.5; 9.1.5	McKinsey 7S
1.	Lead, inspire, mentor, and guide people, building organizational commitment and entrepreneurial orientation				5.4.1	
2.	Create group synergy in pursuing collective goals				5.4.1	
3.	Team building and assessing team performance				5.4.1	
D.	*Conflict Management*				5.4.1	
1.	Conflict resolution			Competitive, cooperative, and compromise		
2.	Negotiation skills					

Kapitel-Nr.	Thema	Unter-Nr.	Unterthema	Beispiel	OA-Nr.	Beispiele
3.	Conflict Management				Band 1	
4.	Added value negotiating					
E.	*Project Management/Change Management*				4.3, 8.2	Modell des Macht-, Fach- und Prozesspromotor,
1.	Change Management					
2.	Project Management techniques				4.3.1/ 10.7.1	GANNT und PERT
VI.	***IT/Business Security***			**15–25 % der Examensfragen**		
A.	*Security*				10.6	Hackerangriffe, DoS-Attacken, Flooding, Spoofing, Viren, Trojaner, Pharming, Bot-Netze Phishing
1.	Physical/System Security			Firewalls, access control	10.6.6.1	
2.	Information protection			Viruses, privacy	10.6.6	
3.	Application authentication				10.6.2.1	Password und PIN
4.	Encryption				10.6.2.2	Kryptoverfahren
B.	*Application Development*				10.2.4	
1.	End-user Computing				10.5.2.2;10.6.2;	Password, SSO
2.	Change control				10.6.3;10.6.4	Password, SSO, back doors
3.	System development methodology				10.5.2; 10.6.5	Betriebs-, Administrations- und Benutzerhandbücher
4.	Application development				10.2.4, 10.2.5	ITIL, PRINCE II; V-Modell, RUP-Modell, Wasserfall-Modell, agile Softwareentwicklung
5.	Information systems development				10.2.1; 10.2.6; 10.3.3.	COBIT; ISO 15.504, 12.207, 20.000
C.	*System Infrastructure*					
1.	Workstations				10.1.1	RAM, ROM, Cache; CPU; Flashspeicher, USB-Sticks; SSD-Karten; NAS
2.	Databases				10.1.4	Relationale DB, NF-DB, XML-DB
3.	IT Control Frameworks			eSAC, CobiT	10.2	COBIT, ISO, COSO, ITIL PS und ISA, BSI, CMMI, Spice, TOGAF, eTOM
4.	Functional areas of IT operations			Data center operations	10.4.3	Audit Trail, CA, CM
5.	ERP Planning			SAP R3	7.1, 9.2.7, 10.1.3.3	ERP, SCM und CRM, MES

Kapitel-Nr.	Thema	Unter-Nr.	Unterthema	Beispiel	OA-Nr.	Beispiele
6.	Data, voice, and network communications/connections			LAN, VAN, WAN	10.1.2	TCP/IP, OSI: 7 Schichten Modell, Ethernet, Token-Ring; Cloud, Bridges, Hubs, Router; LAN, VAN, MAN, VAN, VPN; SAN, VSAN, NAS, DAS
7.	Server				10.1.1; 10.1.2	Web-Server, Client-Server-Architektur, Thin/O-Client
8.	Software Licensing				10.7.3	Software Lizenzen
9.	Mainframe				10.1.1	RAM, ROM, Cache; CPU; Flashspeicher, USB-Sticks; SSD-Karten; NAS
10.	Operating Systems				10.1.3.1	I:OS, Linux, Unix, Windows
11.	Web Infrastructure				10.1.2	OSI: 7 Schichten-Modell, TCP/IP
D.	Business Continuity				10.3; 10.6.1	Business Impact Analysis; Szenariotechnik nach BSI: Force Majeur, Technisches Versagen, Organisatorisches Versagen, Menschliches Fehlverhalten Dolose Handlungen
1.	IT Contingency Planning					
VII.	*Financial Management*			*13–23 %*	*Offen, Band Financial Auditing*	

Nr.*	Gruppe	Kurztext	Kapitel	TAB	BPI	BPA	CLN	LVN
1	**Organisation**	Schriftliche Regelung **(Mindeststandard 1)**	1.3./ 7.1.	1.2.		7.9.4.1.	I7.1.	II7.1.
2		Aktuelle Regelung	1.3./ 7.1.			7.9.4.1.	I7.1.	II7.1.
3		Aufgaben sind: IKS, GO (Governance), RM; Antifraudmanagement	1.3./ 2.2./ 5.4.1,/ 7.1.2./ 7.7./ 8.2.5./8.2.6.	1.3./ 2.2./ 5.4./ 5.9./ 7.1./ 7.2./ 7.5./ 10.6.	7.9.3.3.	7.9.4.1.	I7.1.	II7.1./ II7.2.
4		Vollständiger Scope	1.3./ 7.1.3./8.1.	1.4. 1.7./ 5.9./ 7.1./ 7.3./ 10.6.	7.9.3.1.	7.9.4.2.	I.8.1.	II8.2.
5		Unabhängigkeit **(Mindeststandard 2)**	7.1.1.3.				I7.1.5.	II7.5.
6		Rev. unabhängig	7.1.3.				I7.1.5.	
7		Unternehmens.-Info erhalten	8.4./ 9.2.5.	8.7.			I.8.1./ I8.2.	
8		RHB vorhanden	7.6./7.7.	7.13./ 7.15.	7.9.3.4./ 11.8.3.		I7.4.	II7.9.
9		RHB angewandt und aktuell	7.6./7.7.	7.13./ 7.15.	7.9.3.4./ 11.8.3		I7.4.	II7.9.
10	**Budget/ Ressourcen**	Personalbudget angemessen **(NEU: Mindeststandard 3)**	7.1.5.	1.8.	7.9.3.5.	7.9.4.2.	I7.3.	
11		Personalbudget geeignet für Mitarbeiterqualifikation	7.1.5.	1.8.	7.9.3.5.	7.9.4.2.	I7.3.	
12		IT-Ausstattung intern	7.6.1./ 7.6.2./ 8.8.	7.13./8.11.	7.9.3.4./ 10.7.3	8.10.4./ 9.9.4.	I7.4./ I.8.1./ I.10.1.3	
13		IT-Ausstattung extern	7.6.3.	7.14.				
		Sachbudget	7.1.5.			7.9.4.2.	I7.3.	
		Risikoorientierte Planung	5.4./ 8.1.	5.7./ 5.8./ 8.1./ 8.3./ 8.6./ 8.8./ 8.10./ 10.6.	8.10.3.	8.10.4.	I8.2.	II8.1./ II8.2./ II9.1.
14		Jahresrevisionsplanung	8.5./ 8.6./ 8.7./	7.9./ 8.10.	8.10.3.	8.10.4.	I.8.1.	

*) Die Nummerierung der ersten Spalte entspricht dem Leitfaden zum DIIR-Standard Nr.3, Stand 1.7.2012, (3. überarbeitete und ergänzte Aufl.) TAB: Tabellen-Nummer, BPI: Best Practise International, BPA: Best Practise Autoren, CLN: Checkliste-Nummer, LVN: Lösungsvorschlag-Nummer, RO: Revisionsobjekt = einzelne Prüfung

Nr.*	Gruppe	Kurztext	Kapitel	TAB	BPI	BPA	CLN	LVN
15	**Planung**	Risikoorientierter Planungsprozess **(Mindeststandard 4)**	8.	8.1.-8.11.		8.10.4.	I8.2.	II8.4.
16		Genehmigung und Bewertung	8.6.3.	8.2.			I8.2.	
17		Client-Wünsche zur Planung	8.6.	8.9.	8.10.3.	8.10.4.	I8.2.	
18		Audit Universe vollständig	8.1.	8.1.			I.8.1.	II8.3.
19		Risikoorierentierte. Revisionsobjekte (RO)	9.1.	8.6./ 8.11.		8.10.4.	I8.2.	II8.4.
20		Audit Universe aktuell	8.1.	8.1./ 8.7.			I.8.1.	II8.3
21		Risikobewertung	8.3./ 9.1.3.	8.4.				
22		Adhoc-Themen	8.7.			8.10.4.	I8.2.	
23		Review unterjährig und Kommunikation	8.7.				I8.2.	
24	**Vorbereitung**	RO-Projektplanung	9.1.	9.2./ 9.3.			I.8.1.	
25		Voranalyse	9.1.1.				I9.1.	
26		RO-Projektplanung	9.1.2.	9.2./ 9.3./ 10.7.			I9.1.	II9.3.
27		Ankündigung	9.3.1.			9.9.4.	I9.1.	
28		Kickoff	9.3.2.					
29		Ziele des RO	9.1.3.				I9.1.	
30		Arbeitsprogramm des RO	9.1.1./ 9.1.3.	9.1.		9.9.4.	I9.1.	
31	**Prüfung**	Prozess des RO		2.1./ 9.6.			I9.1.	
32		FA	9.6.1.					
33		OA, RM, CO	9.6.2./ 9.6.3./ 9.6.4.					
34		Maßnahmenvorschläge	9.6.5.	9.7.		9.9.4.	I9.2.	
35		Abstimmung Feststellung	9.5.2.	9.7./ 10.3.		9.9.4.	I9.2.	
36		RO: Plan-Ist-Abgleich	10.4.4.				I9.2./ I10.1.2.	
37		RO: Dokumentation	9.7.			9.9.4.	I9.2.	

Nr.*	Gruppe	Kurztext	Kapitel	TAB	BPI	BPA	CLN	LVN
		(Mindeststandard 5)						
38		Einheitliche Bewertung	5.3.	5.6./ 10.1.				
39		Referenzierung Arbeitspapiere und Bericht	9.7.1.			9.9.4.	I9.2.	
40		Zweckmäßige Methodenwahl	5.5./ 9.2.	9.4./ 9.7./ 10.3.		9.9.4.	I9.2.	
41		Schlussbesprechung	10.4.	10.7./ 10.8.	9.5.	10.7.4.1.	I10.1.2.	
42		Massnahmenkatalog	10.2.2.3.				I9.2.	
43		Alternative zur Schlussbesprechung	10.2.1./ 10.2.5.	10.2.				
44	**Berichterstattung**	Zusammenfassung +.-Detailbericht	10.2.2./ 10.2.3.	10.2.			I10.1.1.	II10.1.-3.
45		Standardisierung des RB	10.1.	10.1.			I10.1.1.	II10.1.
46		Vorabstimmung Feststellungen mit geprüften Bereich	9.5.2.	10.2.			I9.2.	
47		Stellungnahme zum RB vom geprüften Bereich	10.2.3.				I10.1.2./ I10.1.3.	II10.4.
48		Zeitnahe Veröffentlichung RB	10.1.2.	10.2.	10.7.3.		I10.1.3.	
49		Genehmigung RB		10.1.				
50		RB-Verteiler	10.2.2.1.	10.1.		10.7.4.1.		II10.1.
51		Schriftlicher Nachweis der Prüfung	10.2.5				I10.1.3.	
52		Kommunikation	10.2.4./10.2.5					
53	**Prüfungsnach-arbeit**	Feedback Team	10.4.4.	10.8.		10.7.4.2.	I10.3.	
54		Konsequenzen Feedback	7.4.5./ 10.4.4.			10.7.4.2.	I10.3.	
55		Wissensmanagement	9.7.4.		10.7.3.	10.7.4.2.	I10.3.	
56		Archivierung	9.7.5.				I10.3.	
57	**Follow-up**	Etablierter Prozess	10.5.	10.9.		10.7.4.3.	I10.2.	

Nr.*	Gruppe	Kurztext	Kapitel	TAB	BPI	BPA	CLN	LVN
58		Fristverlängerungen	10.5.1./ 10.5.2.	10.9.			I10.2.	
59		Info über Follow-up an Leitung		10.9.		10.7.4.3.	I10.2.	
60		Regelung über Follow-up-Prüfung vorhanden	10.5.3.			10.7.4.3.	I10.2.	
61	**MA-Auswahl**	Personalplanungsprozess	7.4.5.			7.9.4.3.		
62		Stellen-, Aufgabenbeschreibungen vorhanden	7.4.2					
63		Stellen-, Aufgabenbeschreibungen angewandt	7.4.2					
64		Mitarbeiterqualifikation	1.3./ 7.4.5/ 7.5.2	1.4.-1.7./7.3/ 7.12				II7.7.
65		Nutzung von Expertenwissen	7.4.6					
66	**Entwicklung/ Fortbildung**	Schulungen	7.4.5.	7.12.	7.9.3.7.	7.9.4.4.	I7.3.	
67		Schulungen für Sozialkompetenz	7.4.5.	7.12./ 10.8.			I.7.3.	
68		Zertifizierungen	1.4./7.4.5.					
69		Beurteilungen		7.12.	7.9.3.1./ 7.9.3.6.		I7.3.	
70		Mitarbeiter-Initiativen für Fortbildung	7.4.5.	7.12.			I7.3.	
71	**Führung**	Zweckmäßige Revisions-Leiter (RL)-Qualifikation	7.5.1.		11.8.3.	7.9.4.5.		II7.8.
72		Akzeptanz des RL	7.5.2./ 11.4.3.	7.11./ 11.9.				
73		Zweckmäßige QA-Standards	4.2./ 11.1.	11.1./ 11.3./ 11.5./ 11.6./ 11.8./ 11.9.	11.8.3.		I11.1.	II11.1.-2.
74		QA-Programme laufen im Tagesgeschäft		11.2./ 11.4.	7.9.3.8./ 8.10.3./11.8.3.	8.10.4.	I11.1.-5	II11.1.-2.

Nr.*	Gruppe	Kurztext	Kapitel	TAB	BPI	BPA	CLN	LVN
75		JRB	10.2.4.					
76		KVP	11.1./ 11.6.	11.2./ 11.7.	10.7.3./ 11.8.3.		I7.4.	II11.1.-2.
77		Feedbackgespräche intern FirstLine	7.5/ 8.6.2/8.6.3/ 12.1.6	12.5				
78		Beachtung Gesetze	3./ 7.2.1.					
79		Gespräche mit AP	12.1.1./ 12.1.6	12.5		8.10.4.	I7.3.	
80		Feedbackgespräche intern Second Line	12.1.2/ 12.1.3/ 12.1.5/ 12.1.6	12.5				

Inhaltsverzeichnis

Symbolverzeichnis

 Gesetze und Richtlinien

 Verweis auf das Internet

 Beispiel

 Verweis auf eine andere Textstelle

 Achtung/wichtiger Hinweis/Fallen

 Best-Practice/Praxis-Tipp

 Big Data

 Ersparnisvorschlag

 Exkursion

Abkürzungsverzeichnis

3M	Minnesota, Mining, Manufacturing
4P	Price, Product, Promotion, Placement
7S	Shared Values, Strategy, Structure, Systems, Staff, Skill, Style
5S	Sort, Set, Shine, Standardize, Sustain
AAA	American Accounting Association
ABAP	Advanced Business Application Programming
ABC	Activity Based Costing
Abo	Abonnement
ABS	Asset Backed Securities
ABS	Automatic Brake System
Abs.	Absatz
ABV	Automotive Business Vocabulary
AC	Audit Committee
ACH	Anti-Corruption Handbook
ACL	Audit Command Language
ADM	Archer-Daniels-Midland Company
AfA	Absetzung für Abnutzung
AG	Aktiengesellschaft, auch »Die Aktiengesellschaft« (Zeitschrift)
AGG	Allgemeines Gleichbehandlungsgesetz
AICPA	American Institute of Certified Public Accountants
AktG	Aktiengesetz
ALG	Application Level Gateway
AMEX	American Stock Exchange
Anm.	Anmerkung
ANSI	American Standard Institute
AO	Abgabenordnung
AP	Abschlussprüfer
API	Application Programming Interface
APP	Application
AR	Aufsichtsrat, auch »The Accounting Review« (Zeitschrift)
ARP	Adress Resolution Protocol
Art.	Artikel
ARIS	Architektur integrierter Informationssysteme
ARPANET	Advanced Research Projects Agency Network (USA)
ASCII	American Standard Code for Information Interchange
ATM	Asynchronous Transfer Modus
Aufl.	Auflage
AUP	Agile Unified Process
AV	Anlagevermögen
AWF	Arbeitsgemeinschaft für wirtschaftliche Fertigung
BaFin	Bundesanstalt für Finanzdienstleistungsaufsicht
BBK	Buchführung, Bilanz, Kostenrechnung (Zeitschrift)
BCG	Boston Consulting Group
BCM	Business Continuity Management
bdw	Bild der wissenschaft
BD	Blue Ray Disc
Bd.	Band
BDE	Betriebsdatenerfassung
BDSG	Bundesdatenschutzgesetz
BGBl	Bundesgesetzblatt
BI	Business Intelligence
BilMoG	Bilanzrechtsmodernisierungsgesetz
BIOS	Basic Input Output System (Microsoft)
BilReG	Bilanzrechtsreformgesetz
BITKOM	Bundesverband Informationswirtschaft, Telekommunikation und neue Medien e.V.

BLB	Bau- und Liegenschaftsbetriebe NRW
BME	Bundesverband Materialwirtschaft, Einkauf & Logistik
BMF	Bundesministerium der Finanzen
BMJ	Bundesministerium für Justiz
BOOTP	Bootstrap Protocol
BRAS	Broadband Remote Access Server
BRIC	Brasilien, Russland, Indien, China
BSC	Balanced Scorecard
BSI	Bundesamt für Sicherheit
BSP	Bruttosozialprodukt
BStBl	Bundessteuerblatt
B.U.N.D.	Bund für Umweltschutz und Naturschutz
BVA	Bundesverwaltungsamt
B2B	Business to Business
B2C	Business to Customer
CA	Continuous Auditing
CAAT	Computer Aided Audit Techniques
CAD	Computer Aided Design
CAE	Chief Audit Executive
CAE	Computer Aided Engineering
CAM	Computer Aided Manufacturing
CARP	Common Adress Redundancy Protocol
CASE	Computer Aided Software Engineering
CBOT	Chicago Board of Trade
CCTA	Central Computer and Telecommunications Agency
CCV	Callcenter Verband Deutschland e.V.
CDDI	Copper Distributed Data Interface
CDO	Collateralized Debt Obligations
CDS	Credit Default Swap
CEO	Chief Executive Officer
CERN	Conseil Européen pour la Recherche Nucléaire
CFO	Chief Financial Officer
CG	Corporate Governance
CI	Configuration Item
CIA	Certified Internal Auditor, auch Central Intelligence Agency
CIO	Chief Information Officer
CIDR	Classless Inter Domain Routing
CIF	Cost, Insurance, Freight
CIM	Computer Integrated Manufacturing
CISA	Certified Information Systemes Auditor
CISC	Complex Instruction Set Computing
CISO	Chief Information Security Officer
CM	Continuous Monitoring
CMA	Certified ManagementAccountant
CMMI	Capability Maturity Model Integration
CO	Compliance
COBIT	Control Objectives for Information and Related Technology
Cobol	Common Business Oriented Language (alt)
COM	Computer Object Model (Microsoft)
COO	Chief Operating Officer
COSO	Committee of Sponsoring Organizations of the Treadway Commission
c.p.	ceteris paribus
CPA	Certified Public Accountant
CPI	Corruption Perception Index
CPM	Critical Path Method
CPO	Chief Purchasing Officer
CPS	Cyber Physical System
CPU	Central Processing Unit
CRD IV	Capital Requirements Directive IV
CRM	Customer Relationship Management

CRR	Capital Requiremets Regulation
CSA	Control Self Assessment
CSR	Corporate Social Responsibility
CSS	Cascading Style Sheet
DAF	Delivery at frontier
DAS	Direct Access Storage
DAT	Digital Audio Tape
Datex P	Data Exchange, paketorientiert
DB	Datenbank
DCCP	Datagram Congestion Control Protocol
DCGK	Deutscher Corporate Governance Kodex
DDoS	Distributed Denial of Service
DDR-SDRAM	Double Data Rate Synchronous Dynamic Random Access Memory
DDV	Deutscher Dialogmarketing Verband
DEKRA	Deutscher Kraftfahrzeug Überwachungs Verein
DES	Data Encryption Standard
DHCP	Dynamic Host Configuration Protocol
DIHT	Deutscher Industrie- und Handelstag
DIIR	Deutsches Institut für Interne Revision e.V.
DIN	Deutsches Institut für Normung
DIN SPEC	Deutsches Institut für Normung Specification
d.h.	das heißt
DLL	Dynamic Link Library (Microsoft)
DMZ	Demilitarisierte Zone (IT)
DNS	Domain Name System
DOM	Document Object Model
DoS	Denial of Service
DOS	Disc Operating System (Microsoft)
DPI	Deep Packet Inspection (Cisco)
DRAM	Dynamic Random Access Memory
DRP	Desaster Recovery Planning
DSL	Digital Subsciber Line
DSLAM	DSL Access Multiplexer
DStR	Deutsches Steuerrecht (Zeitschrift)
DUNS	Data Universal Numbering System (Dun&Bradstreet)
DV	Datenverarbeitung (alt)
DVD	Digital Versatile Drive
D&O	Directors & Officers
EAM	Enterprise Architecture Management
EAN	Europäische Artikelnummer
EBA	European Banking Authority
EBIT(DA)	Earnings before Interest, Taxes, (Depreciation and Amortization)
EDI	Electronic Data Interchange
Edifact	EDI for Administration, Commerce & Transport
EDNS	Extended Domain Name System
EDV	Elektronische Datenverarbeitung
EEG	Erneuerbare Energien Gesetz
eePROM	electrical eraseable PROM
EFFAS	European Federation of Financial Analysts Society
EFQM	European Foundation of Quality Management
EFT	Electronic Funds Transfer
EG	Europäische Gemeinschaft
EIOPC	European Insurance and Occupational Pensions Authority
EHTML	extensible HTML
Engdat	Engeneering Data Message (SPICE)
EPEI	Every part every interval (Six Sigma)
ePROM	electrical PROM
ERM	Enterprise Risk Management (COSO)

ERP	Enterprise Resource Planning
eTOM	Enhanced Telecom Operations Map
EU	Europäische Union
e. V.	eingetragener Verein
EVU	energieerzeugendes Unternehmen
f.	folgende Seite
FA	Financial Auditing
FAMA	Fachausschuss für moderne Abrechnungssysteme
FATF	Financial Action Task Force (on Money Laundering)
FCIP	Fibre Channel (over) IP
FCPA	Foreign Corrupt Practices Act (USA)
FDDI	Fiber Distributed Data Interface
FEI	Financial Executives International
ff.	folgende Seiten
FG	Fachgutachten
FLOP	Floating Point Operations per Second
FN	Fachnachrichten des Instituts der Wirtschaftsprüfer in Deutschland e. V.
Fob	Free on board
FRR	Financial Reporting Releases
FTP	File Transfer Protocol
GAE	Gesamtanlageneffizienz
GAIN	Global Audit Information Network
GAIT	Guide to the Assessment of IT Risk
GAU	Größter anzunehmender Unfall
GCHQ	Goverment Communications Headquarters
GDPdU	Grundsätze zum Datenzugriff und zur Prüfbarkeit digitaler Unterlagen
GFW	Geschäfts- oder Firmenwert
ggf.	gegebenenfalls
GIT	Gesamtintegrationstest
GKV	Gesamtkostenverfahren
GmbH	Gesellschaft mit beschränkter Haftung
GO	Geschäftsordnung
GoB	Grundsätze ordnungsmäßiger Buchführung
GoBB	Grundsätze ordnungsmäßiger Buchführung & Bilanzierung
GO(B)S	Grundsätze ordnungsmäßiger Speicher-Buchführung
GPS	Global Positioning System
GPRS	General Package Radio Service
GRC	Governance, Risk Management, Compliance
GRI	Global Reporting Initiative
GSM	Global System für Mobile Communication
GTAG	Global Technology Audit Guide
GTF	Generalized Trace Facility
GUI	Grafical User Interface
GuV	Gewinn- und Verlustrechnung
GW	Gateway (Internet)
GWA	Gemeinkostenwertanalyse
HANA	High Performance Analytic Appl iance (SAP)
HDLC	Highlevel Data Link Contol
HFA	Hauptfachausschuss des Instituts der Wirtschaftsprüfer
HGB	Handelsgesetzbuch
HOAI	Honorarordnung für Architekten und Bauingenieure
Hrsg.	Herausgeber

hrsg.	herausgegeben
HTML	Hypertext Markup Language
HTTP	Hyper Text Transfer Protocol
HTTPS	Hypertext Transfer Protocol Secure
HV	Hauptversammlung
HWRP	Handwörterbuch der Rechnungslegung und Prüfung
IAASB	International Auditing and Assurance Standards Board
IANA	Internet Assigned Number Authority
IAS	International Accounting Standard(s)
IASB	International Accounting Standards Board
IC	Internal Control
ICCT	International Council of Clean Transportation
ICMP	Internet Control Message Protocol
ICS	Internal Control System
ICT	Information Communication Technology
ID	Identität
IDEA	Interactive Data Electronic Applications
i. d. F.	in der Fassung
i. d. R.	in der Regel
IDS	Intrusion Detection System
IDW (E)PH	IDW (Entwurf) Prüfungshinweis
IDW (E)PS	IDW (Entwurf) Prüfungsstandard
IDW (E)RS	IDW (Entwurf) Rechnungslegungshinweis
IDW	Institut der Wirtschaftsprüfer in Deutschland e. V.
IEC	International Electrotechnical Commission
IEEE	Institute of Electrical & Electronic Engineers
i. e. S.	im engeren Sinne
IFAC	International Federation of Accountants
ifeu	Institut für Energie- und Umweltforschung
IFRIC	International Financial Reporting Interpretations Committee
IFRS	International Financial Reporting Standards
IIA	Institute of Internal Auditors
IIARF	IIA Research Foundation
IIR	Deutsches Institut für Interne Revision e.V. (alt)
IIRÖ	Institut für Interne Revision Österreich
IHL	IP Header Length
IKE	Internet Key Exchange Protocol
IKS	Internes Kontrollsystem
ILO	International Labour Organisation
Ima	Institute of Management Accountants
Incoterms	International Commercial Terms
inkl.	inklusive
insbes.	insbesondere
I/O	Input/Output
iOS	iPhone Operating System (Apple)
IP	Internet Protocol
IPSec	IP Security
IPS	Intrusion Prevention System
IR	Interne Revision
ISA	International Standards on Auditing
ISACA	Information Systems Audit and Control Association
ISDN	Integrated Services Digital Network
ISO	International Organization for Standardization
ISP	Internet Service Provider
IT	Information Technology
ITIL	Information Technology Infrastructure Library

ITK	Informationstechnology & Telecommunications
ITU	International Telecommunication Union
IVR	Interactive Voice Response
IZBED	Informiert, stimmt zu, berät, entscheidet, führt durch (Deutsche Telekom AG/Deutsche Post AG)
JIT	Just-in-Time
JIS	Just-in-Sequence
JRP	Jahresrevisionsplanung
KB	Kilobyte
KISS	Keep it simple and stupid
KMU	Klein- und Mittelbetriebe
KonTraG	Gesetz zur Kontrolle und Transparenz im Unternehmensbereich
KoR	Zeitschrift für internationale und kapitalmarktorientierte Rechnungslegung
KPI	Key Performance Indicator
KVP	Kontinuierlicher Verbesserungsprozess
KWG	Kreditwesengesetz
KWK	Kraft-Wärme-Kopplung
LAA	Local Administered Adress
LAN	Local Area Network
LDAP	Lightweight Directory Access Protocol
LoI	Letter of Interest
LPAR	Logical Partition
LSE	London Stock Exchange
lt.	laut
LTE	Long Term Evolution (Mobilfunk)
MA	Management Auditing
MAC	Media Adress Control
MAN	Metropolitan Area Network
MaRisk	Mindestanforderungen an das Risikomanagement
MB	Megabyte
MCR	Minimal Cpital Requirement
MDA	Mobile Digital Assistant
MDE	Maschinendatenerfassung
MDM	Mobile Device Management
MEN	Metro(politan) Ethernet Network
MES	Manufacturing Execution System
M&A	Mergers and Acquisitions
Mio.	Millionen
MIME	Multi Purpose Internet Mail Extension
MINT	Mathematik, Informatik, Naturwissenschaft, Technik
MIPS	Million Instruction per Second
MIS	Management Information System
MLB	Modularer Längsbaukasten
MOP	Mitarbeiterorientierter Prozess
MoU	Memorandum of Understanding
MPLS	Multi Protocol Label Switching
MQB	Modularer Querbaukasten
Mrd.	Milliarden
NAS	Network Attached Storage
NASDAQ	National Association of Securities Dealers Automated Quotation (USA)
NAT	Network Adress Translation
NCP	Network Control Protocol
n. F.	neue Fassung
NFC	Near Field Communication
NF2	Non First Nominal Form (Datenbank)
NSFNET	National Science Foundation Network (USA)
NGO	Non Governmental Organisations
NHTCU	Nederland High Tech Crime Unit

NIST	National Institute for Standards & Technology (USA)
No.	Number
NSA	National Security Agency
NTP	Network Time Protocol
NYSE	New York Stock Exchange (USA)
OA	Operational Auditing
OECD	Organisation for Economic Cooperation and Development
OEE	Overall Equipment Effectiveness
OEM	Original Equipment Manufacturer
ö.b.u.v.	öffentlich bestellter und vereidigter (Sachverständiger)
OFTP	Odette File Transfer Protocol
o.g.	oben genannte(n)
OGC	Office of Government and Commerce (UK/ITIL)
OLAF	Office Européen de Lutte Anti-Fraude (europäische Anti-Fraud Behörde)
OLAP	Online Analytical Processing
OLG	Oberlandesgericht
OLTP	Online Transaction Processing
OMG	Object Management Group
OPC UA	Open Productivity and Connectivity Unified Architecture
ORSA	Own and Risk Solvency Assessment
OS	Operating System
OS X	Operating System 10 (Apple)
OSI	Open Systems Interconnection Reference Model
OUI	Organisationally Unique Identifier
PA	Practical Advisory
p.a.	per annum (pro Kalenderjahr)
PAL	Protocol Adaption Layer
PAN	Primary Account Number
PC	Personal Computer
PCAOB	Public Company Accounting Oversight Board
PCI DSS	Payment Card Industry Data Security Standard
PDA	Personal Digital Assistant
PDCA	Plan, Deliver, Check, Act
PDE	Personaldatenerfassung
PERT	Project Evaluation and Review Technique
PGP	Pretty Good Privacy
PHB	Per Hub Behaviour
PHP	Hypertext Preprocessor (Programmiersprache), ursprünglich Personal Home Page (Tools)
PI	Production Intelligence
PIN	Personal Identification Number
PKI	Public/Private Key
PLA	Projektlenkungsausschuss
PMBOK	Project Management Body of Knowledge
PN	Private Network
PoP	Point of Presence
PoS	Point of Sale
Pos.	Position
PPP	Point to Point Protocol
PPPoE	PoP over Ethernet
PRINCE 2	Projects in Controlled Environment 2
PROM	programmable ROM
PS	Prüfungsstandard
PSP	Payment Service Provider
QA	Quality Assessment
QoS	Quality of Service
QR	Quick Response (website link)
RACI	direct, account, consult, inform (COBIT)
RAM	Random Access Memory

RAN	RFID Automotive Network
RAR	Roscal Archive (Datenkompressionstechnik)
RARP	Revers Adress Resolution Protocol
RB	Revisionsbericht
RDBMS	Relational Database Management System (Teradata)
RDP	Remote Desktop Protocol (Microsoft)
REACH	Registration, Evaluation, Authorisation and Restriction of Chemicals
RFC	Request for Change
RFID	Radio Frequency Identification
RFS	Risikofrüherkennungssystem
RHB	Revisionshandbuch
RIR	Regional International Registry
RISC	Reduced Instruction Set Computer (IBM/Motorola)
RM	Risikomanagement
RMS	Risikomanagementsystem
RO	Revisionsobjekt
RoCe	Return on Capital Employed
RoI	Return on Investments
ROM	Read only Memory
RSS	Rich Site Summary oder Really Simple Syndication
RTP	Realtime Transport Protocol
RUP	Rational Unified Process (IBM)
RZ	Rechenzentrum
S.	Seite
s.	siehe
SaaS	Software as a Service
SAM	Software Asset Management
SAS 70	Statement on Auditing Standard No.70 (AICPA)
SAT	Service Adress Table (Switch)
SBU	Strategic Business Unit
SCM	Supply Chain Management
SCP	Service Control Point
SCR	Solvency Capital Requirement
SCTP	Stream Control Transmission Protocol
SD	Service Design
SD-Card	Secure Digital Memory Card
SDH	Synchronous Digital Hierarchy
SDLC	Software Development Life Cycle
SDRAM	Synchronous Dynamic Random Access Memory
SEC	Securities and Exchange Commission
SIM (Card)	Subscriber Identity Module
SIP	Session Initiation Protocol
SLA	Service Level Agreement
S.M.A.R.T	Specific Measurable Achievable Realistic Timed
SME	Small und Medium Enterprises
SMTP	Simple Mail Transport Protocol
SNMP	Simple Network Management Protocol
SO	Service Operation
SoD	Segregation of Duty
SOAP	Simple Object Access Protocol
s. o.	siehe oben
sog.	so genannt (-e, -er, -es)
SolvV	Solvabilitäts-Verordnung
SONET	Synchronous Optical Network
SOX	Sarbanes-Oxley Act
Sp.	Spalte
SPI	Stateful Package Inspection
SPICE	Software Process Improvement and Capability Determination
SPSS	Statistical Package for Social Science (IBM)
SQL	Structured Query Language (Oracle)

SRAM	Static Random Access Memory
SS	Service Strategy (ITIL)
SSD-Card	Solid State Drive Card
SSH	Secure Shell
SSID	Service Set Identifier
SSL	Secure Socket Layer
SSO	Single Sign on
ST	Service Transition (ITIL)
StGB	Strafgesetzbuch
STM	Synchronous Transport Modul
STP	Signalling Transport Point
StPO	Strafprozessordnung
SVIR	Schweizer Verband für Interne Revision
SWOT	Strengths, Weaknesses, Opportunities, Threads
s. u.	siehe unten
TB	Terabyte
TCO	Total Cost of Ownership
TCP	Transmission Control Protocol
TDDG	Teledienste Datenschutzgesetz
TDG	Telekommunikations Dienste Gesetz
TelAs	Teilnehmeranschluss-leitung
Telnet	Telecommunication Network (Protokoll)
TI	Transparency International
TK	Telekommunikation
TLS	Transport Layer Security
TOGAF	The Open Group Architecture Framework
TOS	Type of Service
TQM	Total Quality Management
TPM	Total Productive Management
TTL	Time to live
Tz.	Textziffer
U	Urteil
u. a.	unter anderem
u. ä.	und ähnliche
UAA	Universal Administered Adress
UDP	User Datagram Protocol
UHD	User Help Desk
UML	Unified Modeling Language (Programmiersprache)
UMP	Unique Marketing Proposition
UMTS	Universal Mobile Telecommunication System
UPP	Unique Product Proposition
URL	Uniform Resource Allocator
USB	Universal Series Bus
US-GAAP	United States-Generally Accepted Accounting Principles
USP	Unique Selling Proposition
USSS	United States Secret Service
usw.	und so weiter
UTF-8	Universal Character Set Transformation Format-8
u. U.	unter Umständen
u. v. a. m.	und vieles andere mehr
VAG	Versicherungsauf-sichtsgesetz
VeeK	Versammlung eines ehrbaren Kaufmanns (zu Hamburg)
vgl.	vergleiche
VLAN	Virtual Local Area Network
VLSIC	Very Large Scale Integrated Circuits
VM	Virtual Machine
VNC	Virtual Network Computing
VO	Verordnung
VOB	Vertrags- und Vergabeordnung für Bauleistungen
VOF	Vergabeordnung für freiberufliche Leistungen
VOL	Vertrags- und Vergabeordnung für Leistungen
VoD	Video on Demand

VPN	Virtual Private Network
VRRP	Virtual Routing Redundancy Protocol (CISCO)
VSAN	Virtuell Storage Area Network
VV	Vorstandsvorsitzender
W3C	WWW Consortium
WAF	Web Application Firewall
WAN	Wide Area Network
WDM	Wavelength Division Multiplex
WDMA	Wavelength Division Multiple Access
WEP	Wired Equivalent Privacy
WKZ	Werbekostenzuschüsse
WLAN	Wireless Local Area Network
WP	Wirtschaftsprüfer
WPAN	Wireless Personal Area Network
WPA2	Wi-Fi Protected Access 2
WPg	Die Wirtschaftsprüfung (Zeitschrift)
WPG	Wirtschaftsprüfungsgesellschaft
WPK	Wirtschaftsprüferkammer
WSC	Word Standard Cooperation
WSDL	Web Services Description Language
WTSA	World Telecommunication Standardization Assembly
WWW	World Wide Web
XBRL	extended Business Report Language
XP	Extreme Programming
XML	Extensible Markup Language (Programmiersprache)
z. B.	zum Beispiel
ZfB	Zeitschrift für Betriebswirtschaft
ZIR	Zeitschrift Interne Revision
z. T.	zum Teil
z. g. T.	zum großen Teil
ZRFC	Zeitschrift Risk, Fraud & Compliance

Abbildungsverzeichnis

1 Voraussetzungen für Operational Auditing (OA)

So banal es auch klingen mag, Operational Auditing (OA) ist nicht ohne eine Reihe von Grundsatzüberlegungen in die Arbeit der Internen Revision (IR) integrierbar. Schon in den IIA-Standards wird auf die Fachkompetenz, die in der IR für bestimmte Prüfungen vorhanden sein muss, Bezug genommen.

Ist ausbildungsbedingt Financial Auditing (FA) für einen kaufmännisch ausgebildeten Revisor eine Aufgabe, die er sich ohne weitere größere Weiterbildungsmaßnahmen zutrauen müsste, so sieht dies bei Compliance (CO) und IT-Revision schon ganz anders aus. In den IIA-Standards[5] wird hier differenziert in grundlegendes Wissen um die Red Flags bei CO-Prüfungen und Kenntnisse im IT (Informations-Technologie)-Bereich.

Zum notwendigen Wissen, um erfolgreich OA-Prüfungen durchführen zu können, bleiben die IIA-Standards und auch die praktischen Ratgeber relativ schweigsam. Sie sagen im Code of Ethics und im Standard 1210[6]:

Code of Ethics 4.1.:
Revisoren sollen sich nur mit Dienstleistungen beschäftigen, für die sie das notwendige Wissen, Fähigkeiten und Erfahrung besitzen.

IIA-Standard 1210:
Interne Revisoren verfügen über das Wissen, die Fähigkeiten und sonstige Qualifikationen, die erforderlich sind, um ihrer Verantwortung gerecht zu werden. Die Interne Revision muss insgesamt das Wissen, die Fähigkeiten und sonstige Qualifikationen besitzen oder sich beschaffen, die erforderlich sind, um der Verantwortung der Abteilung gerecht zu werden.

Der 1210.A1[7] macht für den Revisionschef auch klar, was geschehen sollte, wenn das Wissen, die Fähigkeiten und die Kompetenz nicht im IR-Bereich vorhanden sind. Es soll kompetente Beratung und Unterstützung von dritter Seite eingeholt werden. Hierbei beschränkt sich der praktische Ratgeber 1220.A1-1 im Wesentlichen auf Expertenthemen im Finanzbereich.

Das Dilemma wird jetzt offenkundig: Die IR soll eine wertschaffende Funktion sein, die u. a. die Effizienz der operativen Prozesse erhöhen soll, auf der anderen Seite bleibt in den Standards und den praktischen Ratgebern im Dunkeln, welche Fähigkeiten, Kenntnisse und sonstige Kompetenzen dafür in der IR erforderlich sind.

---

5 Siehe hierzu The Professional Practices Framework, die IIA-Standards 1210.A2 und 1210.A3., S. 9.
6 Siehe hierzu The Professional Practices Framework, den Code of Ethics, S. 2 und den IIA-Standard 1210., S. 8 f.
7 Siehe hierzu The Professional Practices Framework, den IIA-Standard 1210.A1., S. 9.

Insofern ist heute gut nachvollziehbar, warum die Antwort des Redners von General Electric (GE) im Jahre 2001 auf der General Auditor Conference in San Franzisco auf die Frage, wie viele Certified Internal Auditors (CIA) die IR bei GE aufweise, lautete, seit kurzem unter 50 %. Die Begründung führte damals zu Erstaunen, da man nämlich dazu übergegangen war, den Anteil der Finanzexperten zugunsten von Business Experten „herunterzufahren", um in allen Geschäftsfeldern des weltweit operierenden Konzern kompetente Prüfungen durchführen zu können.

So zukunftsweisend man die Antwort des GE-Revisionsmanagers auch bewerten mag – immerhin war zu diesem Zeitpunkt das Thema CIA erst kurz vor dem Durchbruch – so fortschrittlich klingt diese These in einer Welt von Risikomanagement und Compliance noch heute.

Viele unterliegen einem Irrglauben, mit mehr Regulierung und Kontrolle Wirtschaftskrisen und Unternehmensprobleme lösen zu können. Tatsächlich steigt nur der bürokratische Aufwand und das Niveau des Fraud wird nur auf eine neue, intelligentere Ebene gestellt. Effektive, also zweckmäßige und wirkungsvolle Gegenmaßnahmen gegen Wirtschaftskrisen und und Unternehmensprobleme setzen ein profundes Wissen der Regulierungs- und Kontrollorgane voraus. Mit einer Zunahme von Audit Committes zur Unterstützung des Aufsichtsrats wird auch die Möglichkeit steigen, durch wirksame IR-Information in diesem Gremium über geschäftspolitische Risiken größere Klarheit zu gewinnen.

Und hier im Aufsichtsrat, monal gesprochen im Board, ist der entscheidende Ort der Unternehmensüberwachung und des Risikomanagements.

Vielleicht noch wirksamer ist ein Schritt davor, im Vorstand. Hier kann die IR, wenn sie auf Augenhöhe antritt, schon vor der Entscheidung über riskante Projekte, Produkte, Regionalengagements, Übernahmen ihren Beitrag durch entsprechende Würdigung einer Vorstandsvorlage leisten.

Sie wird dann gehört werden, wenn sie bisher in der Unternehmenswirklichkeit mit Sachverstand und Professionalität gearbeitet hat. Denn dann hat sie Vorschläge im Rahmen ihrer Prüfungen gemacht, die das Management operativer Bereiche nach vorne entwickelt hat. Dies bedeutet, sie hat mit ihrer Arbeit geholfen, dass Chancen im Unternehmen entdeckt und unnötige Risiken vermieden werden konnten.

Wie sich eine IR dorthin entwickeln kann und welche Grundvoraussetzungen dafür notwendig sind, wird in den nächsten Kapiteln dieses Buches konkretisiert werden. Es werden einige neue Wege gegangen werden müssen, um das Thema OA zu verdeutlichen.

1.1 Die Revisionstypen im Überblick

Doch vorab sei noch einmal an den Band 1 der Handbuchreihe erinnert, in der die vier Typen von Revisionen mit den entsprechenden Erwartungshaltungen der Adressaten abgeglichen wurde:

Nr.	Ziele einer Unternehmensüberwachung	Primärer Interessent	Name
1.a	Materiell richtige und verlässliche interne und externe Berichterstattung	Shareholder, Stakeholder (Banken, Staat, Mitarbeiter)	Financial Auditing
1.b		Vorstand, Aufsichtsrat, Mitarbeiter	
2.	Effektive und effiziente Geschäftsprozesse	Vorstand, Management	Operational Auditing
3.	Einhaltung von Gesetzen (und internen Richtlinien)	Staat, Wettbewerber (equal level playing ground)	Compliance
4.	Einhaltung von Plänen, Umsetzung von Strategien, Vermeidung von Worst Cases	Shareholder, Stakeholder, Vorstand, Aufsichtsrat,	Management Auditing

Abbildung 1-1: Revisionsarten im Überblick

Bei dem zweiten Revisionstyp wird deutlich, dass die primären Adressaten für OA der Vorstand und das Management sind. Gesetzliche Regelungen spielen beim OA offensichtlich keine entscheidende Rolle[8]. Denn im Unternehmensraum besteht grundsächlich Gestaltungs- und Organisationsspielraum. Eher sind es die unternehmensinternen Richtlinien und Systembeschreibungen, Diskussionspapiere, Vorstandsvorlagen und Controlling- und Strategieberichte u.v.a.m.

Eine erfolgreiche IR im OA sollte diese Unterlagen richtig verstehen, interpretieren und mit dem Management diskutieren können. Die unternehmerische Kompetenz ist hier also stark gefordert. Der Blick fürs Geschäft, d.h. das Kunden-Wettbewerber-Lieferanten-Wechselspiel, ist entscheidend, die Analyse der unternehmensinternen Stärken und Schwächen ist die Voraussetzung für eine zielgerichtete Arbeit.

Auch im Zielekatalog ändert sich etwas Entscheidendes für die Arbeit der IR, es geht um effektive und effiziente Geschäftsprozesse im Unternehmen, der unternehmerisch mitdenkende Revisor tritt in den Vordergrund.

Effektiv sind die Prozesse, wenn sie zieladäquat gestaltet und auch so angewandt sind. Effizient sind die Prozesse, wenn die Prozessziele mit einem Minimum an Aufwand erreicht werden.

8 Es soll hier nicht bestritten werden, dass gerade Produktionsunternehmungen in hohem Maße der staatlichen Regulierung unterliegen, wie z. B. in der Gesetzgebung zum Immissionsschutz, Emissionsschutz, Arbeitsschutz und Unfallverhütung u.v.a.m. nachzulesen ist. Die Aufgabe der Überwachung dieser Aufgaben wird im Unternehmen häufig durch andere Abteilungen als der IR übernommen. Die IR sollte sich von Zeit zu Zeit auch davon überzeugen, ob die eingerichteten Abteilungen ihren Aufgaben nachkommen.

Die letzte These wird u. a. in dem Kapitel 5 „Marketing und Marketingrevision“ näher beleuchtet werden, dass nämlich Marketing nichts gemein hat mit dem „Loch Ness“, in dem unternehmerische Mittel auf Nimmerwiedersehen verschwinden. Infolgedessen kann man auch nicht, ohne wirtschaftliche Nachteile in Kauf zu nehmen, den Marketingetat pauschal zusammenstreichen. Effizienz bedeutet vielmehr auch in diesem Unternehmensbereich, die – häufig nicht detailliert genug diskutierten – Ziele mit einem adäquaten Einsatz an Mitteln zu erreichen.

Ähnliches gilt auch für das IT-Budget, bei dem sich häufig Entscheider über die Höhe nicht einig werden können. Die einen halten es für zu niedrig, weil ansonsten notwendige Rationalisierungen im Unternehmen unterbleiben. Den anderen ist es zu hoch, weil sich zwar Ratiopotenziale haben realisieren lassen, diese aber mit einer Komplexität der IT-Systeme bis hin zum Monolithen[9]-Status erkauft wurden.

Doch was genau ist Operational Auditing? Als Prüfung der Wirtschaftlichkeit in allen Bereichen des Unternehmens verstehen es einige. Andere definieren Prüfungen der Unternehmensprozesse als OA; Funktionsprüfungen, Projektprüfungen und Prüfungen der Geschäftseinheiten würden nicht darunter fallen.

Dritte wiederum engen den Begriff OA auf die Geschäftsprozessanteil der Unternehmensprozesse ein, jedoch mit dem ganzheitlichen Fokus auf Effektivität, Effizienz, Ordnungsmäßigkeit und Compliance.

In diesem Buch soll die o. g. letzte Definition gelten. Unter OA wird die Prüfung von Geschäftsprozessen mit Full Scope verstanden. Jedoch werden der wirtschaftliche und der zweckmäßige Aspekt eine dominante Rolle spielen, da in den Geschäftsprozessen das Fundament für das Unternehmensergebnis gelegt wird. Das Sonderthema Projektprüfungen wird mitbetrachtet werden, da es essenziell zu den Geschäftsprozessen gehören. Schwerpunkte in den Projekten werden die IT, der Baubereich und, etwas grober skizziert, Mergers und Akquisitionen sein.

1.2 Zusammenarbeit mit dem Management im Revisionsprozess

Doch schauen wir uns die Voraussetzungen für OA einmal im Einzelnen an. Beginnen werden wir beim Revisionsprozess, und zwar in den notwendigen Konkretisierungen für ein OA.

Im Band 1 der Handbuchreihe sind die einzelnen Prozessschritte des Revisionsprozesses schon eingehend erläutert worden. Im Folgenden geht es um die Besonderheiten der Revisionsprozesse für ein effektives OA

9 Monolith, wörtlich: Ein Stein (griechisch), meint hier ein komplexes, über viele Jahre gewachsenes IT-System, das änderungsunfreundlich ist und für eine dynamisch agierende Unternehmensführung einen Hemmschuh bedeuten kann.

1.2.1 Planung

Bei der Revisionsplanung geht es darum, in einem risikoorientierten Ansatz die relevanten Prüfungsthemen zu ermitteln. Gleichzeitig sollen keine revisionsfreien Räume entstehen.

Eine mit OA beauftragte IR weiß durch ihre interne Einbindung in das Unternehmen zumeist sehr schnell um die Risikopunkte im Unternehmen. Sie erkennt, unabhängig von dem praktizierten Führungskonzept im Unternehmen, den Vorrang des operativen Managements für Entscheidungen und die Verantwortung für ungelöste Schwachstellen an. Sie sieht sich selbst in der Rolle des Sparringpartners des Managements und führt mit allen Kollegen des Führungsteams des Unternehmens in ihrem Unternehmen mindestens ein Mal im Jahr ein persönliches Gespräch zur risikoorientierten Revisionsplanung.

In diesem Gespräch wird die Unternehmens- und die Bereichssituation mit ihren jeweiligen Chancen und Risiken angesprochen. Weiter kommt die Zusammenarbeit mit dem operativen Bereich aus Sicht des Kollegens und aus Sicht der IR zur Sprache. Gemeinsame Themen aus dem letzten Prüfungsjahr komplettieren das Gespräch. Es versteht sich eigentlich von selbst, dass bei einem Erstkontakt das Gespräch mit einer persönlichen Vorstellungsrunde aller beteiligten Personen beginnen sollte. Geschäftsauftrag und Aufgaben der IR sollten in einem Erstgespräch ausführlich besprochen werden, um mögliche „falsche“ Vorstellungen von der Arbeit einer IR zu korrigieren und damit mögliche „Barrieren“ für eine zukünftige Zusammenarbeit gar nicht erst entstehen zu lassen.

Eine Agenda für solche Gespräche könnte wie folgt aussehen:

Nr.	Besprechungspunkte	Hintergrund	Ziel	Ergebnis
1.	Die ersten 9 Monate des lfd. Jahres aus Sicht des Bereichs	Risiken der Zielerreichung	Herausarbeitung von Punkten, für die der Bereich zur Zeit keine Lösung sieht	Möglicher Revisionsauftrag
2.	Die letzten 12 Monate der Zusammenarbeit mit dem Bereich aus Sicht der IR	Follow-up von vereinbarten Maßnahmen	Werben um Verständnis, dass die Umsetzung der Maßnahmen vorteilhaft für den Bereich ist	Möglicher Revisionsauftrag oder Follow-up-Prüfung
3.	Chancen-/Risiken im Unternehmen des laufenden und des nächsten Jahres aus Sicht des Bereichs	Abgleich und Update mit dem IR-Risikoprofil	Aktuelle risikoorientierte Revisionsplanung	Änderungen im Audit Univers, neue Prüfungsthemen

Nr.	Besprechungspunkte	Hintergrund	Ziel	Ergebnis
4.	Chancen und Risiken des laufenden und des nächsten Jahres im Bereich in Eigeneinschätzung	Vertiefung der Kenntnis über das Geschäftsmodell des Bereichs	Ableitung von Ideen, wie der Bereich sich noch positiver entwickeln könnte	Änderungen im Audit Univers, neue Prüfungsthemen
5.	Themenvorschläge für die IR aus Sicht des Bereichs	Bereichssicht, was er der IR zutraut.	Den Bereich herausfordernde, möglichst schwierige Themen der IR als Aufgabe zu stellen	Möglicher Revisionsauftrag
6.	Themenvorschläge seitens der IR für den Bereich	Eigensicht, was die IR sich zutraut	Vervollständigung des Prüfungskatalogs	Möglicher Revisionsauftrag
7.	Vorstellung des neuen operativen Bereichs	Informationsaustausch	Besseres Verständnis für den Bereich erzeugen	Start in eine gute Kooperation
8.	Vorstellung des neuen IR-Bereichs	Informationsaustausch	Besseres Verständnis für den IR-Bereich erzeugen	Start in eine gute Kooperation

Abbildung 1-2: Roadshow bei einer Revisionsplanung im OA

Wie Sie an der beispielhaft formulierten Agenda erkennen können, können die gewonnenen Erkenntnisse aus derartigen Jahresgesprächen erheblich sein. Man stelle sich dazu Gesprächs-"Roadshows" in größeren Unternehmen vor, die allein auf der ersten Ebene unterhalb des Vorstands in mittleren bis großen Unternehmen gut 30 bis 50 Termine ausmachen können. Zusätzlich erhält man in den Gesprächen ein gutes Gefühl für die aktuelle Situation im Unternehmen und präsentiert gleichzeitig die Leistungsfähigkeit, Flexibilität und das unternehmerische Denken in der IR.

Um es auch hier wieder zu betonen: Ohne gute Vorbereitung lässt sich so ein Terminmarathon nicht bewerkstelligen. Auch die Nachbereitung der Gespräche für die Revisionsplanung ist alles andere als einfach, da ja meistens Änderungen gegenüber der zunächst gedachten Planung anstehen und bewertet werden müssen. Aber um wie viel gehaltvoller und risikoorientierter ist eine solche Planung als eine herkömmliche Planung. Diese baut ja allein auf IR-Kenntnissen und IR-Einschätzungen auf, vielleicht noch ergänzt durch ein Standardanschreiben an die Führungsebene mit der Bitte um Themenvorschläge. Die Antwortquote führt bestenfalls nur in 20–30 % aller Schreiben zu fundierten Themenvorschlägen.

Eine kritische Anmerkung sei zum Schluss noch gestattet: Bei großen Abweichungen zwischen Revisionsvorschlägen aus Sicht der IR und aus Sicht des Bereichs können sich Konflikte ergeben. Beispielweise wünscht ein Bereich im nächsten Jahr keine Prüfungen, der risikoorientierte Ansatz sieht jedoch mehrere vor. In diesem Fall gilt, was schon in Band 1 der Handbuchreihe betont wurde. Es sollte mit Überzeugungsvermögen versucht werden, die IR-Position durchzusetzen, hierbei sollte man auch kompromissbereit sein. Wenn sich jedoch der Eindruck aufdrängt, der Bereich „schätzt" die IR nicht, sollte das Thema eskaliert werden, damit keine revisionsfreien Räume entstehen.

1.2.2 Durchführung

Grundsätzlich sollte die Durchführung eines OA-Themas durch die kooperative Grundhaltung des Fachbereichs begünstigt sein. Eine vertrauensvolle Unterstützung ist anhand der Auswahl der zur Verfügung gestellten Unterlagen und kompetenten Gesprächspartnern seitens des geprüften Bereiches erkennbar. Wird zusätzlich das Thema „Gastrevisor"[10] bemüht, ist nach den Standards darauf zu achten, dass dieser Experte nicht in seinem eigenen Bereich prüfen darf, um die Unabhängigkeit der IR nicht zu gefährden.

Insgesamt gesehen sollte ein Revisionsleiter seine Mitarbeiter bei OA-Themen zu einer kritischen Grundhaltung und zu einem unabhängigen Urteil anhalten. Dies bedeutet z. B., keine Gefälligkeitsgutachten zu erstellen, sondern klar und objektiv die relevanten Sachverhalte darzustellen. Diese Gefahr stellt sich manchmal dann ein – meist ungewollt –, wenn die IR kompetente Fachleute aus der Linie für Spezialthemen wie Technik, IT, Bau oder Marketing gewonnen hat. Diese Mitarbeiter sind ihrerseits ohne große Schulung der Revisionsmethodik und der ethischen Grundsätze der IR gleich als Teamleiter für Prüfungen im früher eigenen Fachbereich eingesetzt worden. Dass in einem solchen Fall die Revisionsergebnisse nicht immer erwartungsgemäß ausfallen, dürfte klar sein.

Maßnahmen wie explizite Schulung in der Revisionsmethodik, gemischte Teams und vielleicht noch eine Weiterbildung zum CIA können hier wirksam gegensteuern.

Einerseits wird das zusätzliche fachliche Wissen genutzt, andrerseits eine einheitliche Revisionsmethodik unabhängig von der beruflichen Herkunft der Revisionsmitarbeiter sichergestellt.

Wenn sich jedoch das OA-Thema organisch aus dem risikoorientierten Ansatz abgeleitet hat, war es ja geplant, eine operative Verbesserung zu erreichen. Wird diese dann nach großen Anstrengungen tatsächlich auch erreicht bzw. werden Ideen geboren, deren Umsetzung das Risiko reduzieren helfen, verstummt jedwede Diskussion nach dem alten Bibelzitat:

„An den Früchten sollt ihr sie erkennen!"[11]

10 Siehe hierzu Band 1, Kapitel 7: Strategie und Organisation der IR.
11 Bibel, Matthäus 7, Vers 20.

1.2.3 Berichterstattung und Follow-up

Ist ein OA-Thema, im Rahmen der Jahresplanung oder unterjährig als Ad-hoc-Thema vom Management gewünscht worden, erhält es automatisch eine höhere Aufmerksamkeit als die Themen, die von der IR vorgeschlagen worden sind[12]. Insofern kann es klug sein, das zuständige Management vorab über erste belastungsfähige Ergebnisse in Kenntnis zu setzen. Dies sollte jedoch erst dann geschehen, wenn sich die im vornehinein gemachten Hypothesen zu bestätigen scheinen.

Die im Band 1, Kapitel 10: Berichterstattung gemachten Einschränkungen gelten bei OA-Themen ebenso. Die Vorabinformation während einer laufenden Prüfung sollte zweifelsfrei, vom Fachbereich bestätigt und nach Möglichkeit auch schon in der Fachlinie hierarchisch kommuniziert sein.

Der letzte Punkt, Kommunikation in der Hierarchie des Fachbereichs, ist in der Praxis manchmal schwer zu handhaben, wenn das Revisionsthema auf Wunsch eines Vorgesetzten in Auftrag gegeben war und sich nun bisher berichtete Sachverhalte im neuen Licht zeigen. Denn dann wünscht der Fachbereich manchmal eine sehr späte Kommunikation, um selbst Themen schon zu bereinigen und in seiner Berichtslinie zu kommunizieren. Der Auftraggeber hingegen wünscht schon vor der eigentlichen Schlussbesprechung eine Zwischeninformation. Solche Themen sind mit Fingerspitzengefühl anzugehen, jedoch haben Auftraggeber und eigener Vorstand immer erste Priorität, selbst bei Beratungsaufträgen.

Ist das Arbeitsverhältnis in der Fachlinie ungestört, wird sich der Vorgesetzte mit dem Stichwort „abgestimmtes Maßnahmenpaket nach der Schlussbesprechung" terminlich vertrösten lassen. Ist das Arbeitsverhältnis innerhalb des Fachbereichs jedoch gestört, hat der Auftraggeber das Recht auf frühzeitige Information, um möglicherweise Entscheidungen schnellstmöglich treffen zu können.

In der Berichterstattung sollte der Maßnahmenkatalog eine Quantifizierung der operativen Verbesserung enthalten, und zwar mit Bezug zur Kostenstelle (Verantwortung) und Termin der vollständigen Realisierung (Absenkung des zukünftigen Kosten-Budgets oder Heraufsetzung der Umsatzplanung).

Zusätzlich sollte ein fachseitig bestimmter Controller bei der Schlussbesprechung mit anwesend sein, um die ordnungsgemäße Zuordnung der möglichen Optimierungen zu gewährleisten.

Da die Praxis leider meist keine Ceteris-paribus-Regel[13] kennt, wird es häufig nicht so einfach sein, erarbeitete Ergebnisverbesserungen im nächsten Jahr in einzelnen Budgetpositionen wieder zu finden. Denn die Verhältnisse, unter denen das folgende

12 Siehe hierzu ausführlich Band 1, Grundlagen der Internen Revision.

13 Wörtlich (lat.) „die übrigen gleich gelassen" meint: Die wissenschaftliche Untersuchung von Sachverhalten unter der Annahme, dass man eine Variable unter sonst gleichen Bedingungen ändern kann, um ihren isolierten Einfluss auf ein komplexes Geschehen analysieren zu können.

Jahr beplant wurde, können durchaus vom abgelaufenen differieren. Trotzdem sollte es mithilfe des Controllingbereichs möglich sein, unter Berücksichtigung der neuen Annahmen in Form einer Differenzrechnung zu überprüfen, ob die geplanten Optimierungen realisiert wurden.

Im Rahmen einer Einkaufsprüfung wurde verabredet, den 5 Jahre alten Rahmenvertrag für die Gebäudereinigungsleistungen des Unternehmen neu auszuschreiben, Ziel: Absenkung um 10 %, Kostensenkung pro m^2. Das Budget des nächsten Jahres wies jedoch nur eine Absenkung von 8 % pro m^2 aus.

Das Follow-up ergab eine Abmietung nicht mehr benötigter Gebäudeflächen von 10 % und eine neue Bewirtschaftung durch einen externen Dienstleister im Rahmen eines Outsourcing-Vertrags von 20 % der verbliebenen Gesamtfläche. Nach Berücksichtigung, dass nur 70 % der ursprünglichen Flächen neu asugeschrieben wurden, ergibt die nominal 8-prozentige Reduzierung des Gesamt-Budgets eine erfolgreiche Preisabsenkung von 11,4 % für 70 % (8 %*100/70).

Die übrigen Vertragspflichten wie zum Leistungsumfang und Zahlungskonditionen blieben unverändert.

Die Maßnahme ist damit erfolgreich umgesetzt.

Das Beispiel mag auf den ersten Blick sehr einfach gestrickt sein. Die schnelle Beurteilung, ob die Umsetzung erfolgreich war, gelingt jedoch auch hier wieder dann besonders gut, wenn schon die Vorbereitung in der Konkretisierung des Berichts gelungen war.

In Optimierungsprojekten, die komplette Projekte, Teilprozesse, Teile von Geschäftseinheiten oder große Sachkostenbudgets umfassen, kann sich das Follow-up umfangreicher ausnehmen, ja sogar eine eigenständische Prüfung erfordern, wie wir in den späteren Kapiteln noch sehen werden.

1.3 Mitarbeiterqualifikation

Wie wir schon oben gesehen haben, verlangen die Standards profundes Wissen oder zumindest Grundkenntnisse des zu prüfenden Arbeitsgebiets vom Revisor. Dies gilt nicht nur im Finanzbereich, bei CO-Prüfungen oder bei IT-Themen, sondern im gleichen Maße für Prüfungen im Einkauf, Vertrieb, der Produktion oder im Immobilienbereich.

Um dieses Wissen IR-seitig zu erwerben, bieten sich mehrere Möglichkeiten an. Der einfachste Weg ist es, sich die benötigte Expertise am Markt hinzuzukaufen. Dies ist der schnellste Weg und funktioniert, wenn man den Beratermarkt mit den Kompetenzprofilen der einzelnen Anbieter kennt. Hat man bisher keine eigenen Erfahrungen gemacht, so sind Kollegen aus Nicht-Wettbewerbs-Unternehmen vielleicht hilfsbereit. Ohne Kenntnis kann es gefährlich werden, da Externe naturgemäß längere Zeit benötigen, um mit den Verhaltensweisen im auftraggebenden Unternehmen vertraut zu werden. Eine weitere Schwierigkeit tut sich manchmal dann auf, wenn wettbewerbskritisches Wissen analysiert werden muss. Hier kann trotz sorgfältiger Vorbereitung ein ganzes Projekt am Veto eines Bereichs scheitern, der spezifische Unterlagen nicht herausgeben möchte, auch wenn man sich entsprechende Vertraulichkeitszusagen in den Verträgen hat zusichern lassen.

Besser ist es, dieses benötigte Wissen in der IR selbst aufzubauen. Dies gilt insbesondere, wenn weitere Prüfungen in diesem Gebiet in der Zukunft abzusehen sind. Ein mühsamer Weg ist es, sog. „High Potentials"[14], mit dem Ziel einzustellen, dass sich diese Mitarbeiter dieses Wissen im Rahmen der Prüfungen selbst erarbeiten und es dann im Wissensmanagement der IR hinterlegen. Mühsam ist der Weg deshalb, weil das gute theoretische Wissen dieser Mitarbeiter doch um etliche Aspekte der Praxis ergänzt werden muss. Die Erfahrung mit der Revisionsmethodik muss ebenfalls zusätzlich erworben und die Beziehung zum Bereich mit aufgebaut werden. Und dann verlassen die Mitarbeiter nach spätestens zwei bis drei Jahren den Bereich, um erste Führungserfahrungen zu sammeln und die IR beginnt wieder (fast) von vorne.

Der Königsweg ist es meiner Meinung nach, hervorragende Leute aus der Linie für die Revisionsaufgabe zu begeistern und in der Revisionsmethodik zu schulen (Gastrevisor). Man stellt mit diesem Mitarbeiter gleich ein ganzes Netzwerk mit ein. Überzeugende Gespräche gelingen auf „Augenhöhe" und die Revisionsergebnisse beinhalten einen Detailreichtum, der selbst „eingefleischten Revisionsprofis" beeindruckt. Leider hat dieser Weg auch einen Nebeneffekt, den einige Revisionschefs vielleicht nicht so schätzen mögen. Man muss dem Fachbereich aus dem eigenen Mitarbeiterstamm adäquaten Ersatz bieten, der wieder eine gewisse Lücke in die IR reißt. Auf der anderen Seite schafft man eine Rotationsdynamik (Job Rotation) im Unternehmen, die Fachkräften und Führungskräften Aufstiegschancen verschafft.

1.4 Kenntnisse des Geschäftsmodells

Um OA-Prüfungen erfolgreich durchführen zu können, ist letztendlich die genaue Kenntnis des Geschäftsmodells, in dem das Unternehmen oder die Divisionen des Unternehmens arbeiten, unerlässlich.

Es ist erstaunlich, dass viele Praktiker über „das" Geschäftsmodell sprechen, es aber in der Wirtschaftstheorie nach Kenntnis des Autors bisher eine untergeordnete Rolle spielt. Dabei stellt es die Identität in jedem Unternehmen dar, an dem sich alle anderen Strukturen wie Aufbau- und Ablauforganisation, Prozessgestaltung, „‚Make' or ‚Buy'"-Entscheidungen, Innovationen, Kundenakquisition, Unternehmensstrategie, Mission Statement u. v. a. m. messen lassen müssen.

In dem Geschäftsmodell einer Unternehmung geht es darum, mit einem Nutzenversprechen an den Kunden und einer Architektur der Wertschöpfungskette schließlich das Geld zu verdienen, mit dem alle Stakeholder-Ansprüche befriedigt werden können[15].

Kein Kunde, dessen Erwartungshaltung mit dem Nutzenversprechen des Unternehmens nicht im Einklang steht, sollte gewonnen werden. Opportunistisch nimmt

14 Mit High Potentials werden Mitarbeiter bezeichnet, die schon bei Ihrer Einstellung Entwicklungspotenzial für weiterführende Positionen erkennen lassen.

15 Frei nach Stähler, Patrick, 2001, S. 41 f.

man die Umsätze mit, versucht aber nicht in der Neukundenakquisition diese Kundengruppe wieder anzusprechen.

Kunden, die auf Understatement Wert legen, werden keinen auffälligen und teuren Sportwagen kaufen[16].

Zwar gelingt es Porsche zurzeit, das Thema Sportlichkeit bis in die SUV-Klasse zu tragen, ob der neue Mittelklasse-SUV Macan jedoch noch den Markenkern und das Nutzenversprechen verkörpert, erscheint zweifelhaft.

Kunden, die viel Wert aufs Ausprobieren (Haptische Wirkung= Anfassen) und die optische Wirkung wertlegen, werden im Stationärhandel einkaufen. Wenn sie im Versandhandel oder Onlinehandel ihr Glück versuchen, wird die Vielzahl der Retourenpakete ihnen und dem Lieferanten irgendwann den Spass verderben und man wird sich trennen, um zukünftige Enttäuschungen zu vermeiden. Zalando und Amazon werden m.E. irgendwann einmal auch (richtig) Geld verdienen wollen und die Entscheidung Marktbreite für alle Kunden einengen müssen.

Kunden, die mit Gewinnspielen an ein Unternehmen herangeführt wurden, können kurzfristig vielleicht auch für Produkte begeistert werden, werden aber meistens sehr schnell wieder von dannen ziehen. Ein teurer Churn (Kundenverlust) wäre damit vorprogrammiert.

Das Wissen um die Kundenstrukturen in ihren verschiedenen Gliederungsformen nach Umsatzgröße und Altersgrad der Beziehung zum Unternehmen ist daher für jedes Unternehmen essenziell und ein Tragpfeiler seines Geschäftsmodells. Weitere wertvolle Kunden-Daten sind ihre soziografische und psychografische Gliederung, möglichst verbunden mit ihrem typischen Kaufverhalten nach Produkten und Dienstleistungen des Unternehmens im Jahreszeitablauf. Dieses Wissen erlaubt ein Verständnis für die Marketing- und Vertriebsaspekte des Geschäfts, die notwendigen Budgets für Neukundenakquisition und Aktivierungsmaßnahmen sowie den vielfältigen zielgruppengemäßen medialen Ansprachen. Last, but not least gehört das Wissen um die Anzahl und Qualität der Reklamationen, Retouren und Beschwerden der Kunden zu den Essentials, will man Produktverbesserungen und Prozessverbesserungen bewerten.

Auch ist noch nie berichtet worden, dass direkter Kundenkontakt das Revisionsverständnis negativ berührt hätte. Trotzdem geistern gelegentlich auch heute noch die Thesen vom Kunden, dem unbekannten Wesen und von Werbung aus einer geheimnisumwitterten Kreativküche durch die Flure der Revisionsbüros. Wir werden in späteren Kapiteln sehen, wie zielführend man sich diesen Gebieten nähern kann, auch wenn das eigene Unternehmen nicht direkt im Endkundengeschäft beheimatet ist.

Fast genauso wichtig ist das Wissen um die Wettbewerber, die ja nichts anders im Sinn haben, unserem Unternehmen die Kunden abzuwerben. Ihre Strategien auf den diversen regionalen und produktspezifischen Märkten zu erkennen, ihre nächsten Schritte vorauszuahnen, kurz ihre Stärken und Schwächen begriffen zu haben, ist ein

16 Siehe hierzu die einprägsame vergleichende Werbung für den Dacia Lodgy mit dem Fußballer Mehmet Scholl.

weiteres Essential. Mit diesem Wissen kann bewertet werden, wieso Kundenbudgets und Investitionsbudgets genau so strukturiert und angepasst werden, dass der Marktauftritt passt. Das heißt, dass der Marktauftritt des eigenen Unternehmens den Stammkunden wieder einmal zufrieden stellt und den Neukunden aufmerksam werden lässt. Auch das Wissen um die Einzigartigkeit unseres Unternehmen (USP: Unique Selling Proposition[17]) im Vergleich zum Wettbewerb verbunden mit dem notwendigen Schutz der Betriebsgeheimnisse (Kundenlisten, Rezepturen, Herstellungsverfahren, Effizienz in den Geschäftsabläufen, Produktpipeline u.v.a.m.) gehören zur Kenntnis des Wettbewerbs dazu.

Zusammengefasst gehören also Nutzenversprechen, am besten in der Form einer USP zur Value Proposition, zum ersten Teil des Geschäftsmodells.

Im zweiten Teil des Geschäftsmodells geht es um die Architektur der Leistungserbringung bzw. der Wertschöpfung. Im Vordergrund stehen hier die Fragen nach dem Kerngeschäft eines Unternehmens und dem Grad der Zukäufe am Umsatz, dem Einkauf. Antworten auf die Fragen nach dem Make or Buy bei Suppportprozessen, also der Querschnittsfunktion IT und Bau bzw. dem Gebäudemanagement haben großen Einfluss auf die Art und die Kosten der Wertschöpfung.

Ist die IT und die Logistik zentraler Bestandteil des Geschäftsmodells wie bei den meisten Versandhandelsfirmen, so kann über Servicedifferenzierung (z. B. 48-Stunden-Service bei der Otto Group mit dem eigenen Versandservice Hermes) in den 1980-er Jahren eine USP begründet werden.

Ebenso bildet ein innovatives Bonitätsklassensystem (IT) zusammen mit dem Ratengeschäft quasi das Rückgrat für eine Lieferung auch an unbekannte Kunden gegen Rechnung und bildet mit seinem Vertrauensvorschuss die USP mit.

Insofern gehört zum normalen Prüfungskatalog einer IR aus gutem Grund (Korruptionsprophylaxe) immer wieder der Einkauf.

Im OA geht es weniger um die ordnungsgemäßen Prozesse oder möglichen Rationalisierungen des Einkaufs, sondern um Fragen

- von Bieterkartellen,
- strategischen Partnerschaften,
- Global Sourcing,
- Make-or-Buy-Entscheidungen und
- gemeinsame Produktneuentwicklungen
- zwischen Unternehmen und Lieferant.

Zwar gehört das Thema der jährlichen Produktivitätsverbesserungen beim Lieferanten, die dazu dienen, immer wieder marktgerechte Preise anbieten zu können, heute zum Grundwissen in der IR.

17 Die (eigentlich) einfache Frage lautet: Warum soll der Kunde gerade unser Produkt kaufen oder unsere Dienstleistung in Anspruch nehmen (und nicht eines Wettbewerbers)?

Schließlich beginnt die Ergebnisrechnung der GuV, wenn der Umsatz bestimmt ist, gleich bei den bezogenen Leistungen aus den Einkaufsaktivitäten. Entscheidend jedoch in der Diskussion mit der Fachseite ist nicht nur der Einkaufspreis des Produkts, sondern auch sein Qualitätsstandard.

Weitere Merkmale sind
- sein Beitrag zur Uniqueness unseres Unternehmens,
- seine Gewährleistung,
- seine Lieferfähigkeit auch in Ausnahmesituationen und
- bei komplexen Angeboten seine kostengünstige Gesamtproblemlösung für spezifische Kundenwünsche.

Auch hier hat es bisher nicht geschadet, wenn auch die IR sich einmal vor Ort beim Lieferanten unterrichten lässt bzw. Lieferanten zur Erläuterung ihrer Strategien einmal einlädt, natürlich in Abstimmung mit dem zuständigen Fachbereich.

Die eigene Produktpalette zu kennen und in ihrer Einzigartigkeit zu begreifen sollte für einen Revisor schon aus Gründen der Identifizierung mit dem eigenen Unternehmen selbstverständlich sein. Einen Schritt weiter geht dann derjenige, der sich die Produktion vor Ort ansieht und erklären lässt. Selbst in Logistikunternehmungen ist heute der Automatisierungsgrad enorm und damit natürlich auch die Abhängigkeit von den Lieferanten dieser Systeme. Die Vor-Ort-Besichtigung, wenn adäquat vorbereitet, eröffnet auch dem kaufmännischen Revisor mit technischem Grundverständnis eine manchmal ganz neue und eigene Welt.

Das Total Quality Management (TQM) beginnt mit der Berücksichtigung von nur zertifizierten Lieferanten. Es erstreckt sich weiter auf Schulungsprogramme, um die operativ tätigen Mitarbeiter immer wieder auf den neuesten Stand zu bringen, kontinuierliche Steigerung der Output-Input-Relation in der Produktion mit Senken des Ausschusses u.v. a.m. Diese Detaillierung entwickelt sich dann zu einer spannenden Praxis der Qualitätsfaktoren statt trockenes Richtlinienstudium der Qualitätsstandards.

Auch die Forschungs- und Entwicklungsabteilung spricht zum interessierten Revisor gerne über ihre neuesten Vorhaben, die Probleme der Erfolgsmessung, der manchmal zu bürokratischen Budgetierung und der vielleicht mangelnden Unterstützung durch die Produktion für notwendige Testreihen.

Die Wertschöpfung erwächst im Unternehmen letztendlich durch den Mitarbeiter. Viele neue Studien[18] belegen enorme Entwicklungsmöglichkeiten für das Unternehmen, wenn es gelingt, die Identifizierung von mehr Mitarbeitern mit dem Unternehmen zu bewerkstelligen. Im Band 1, Kapitel 7 ist TRI:M und der mitarbeiterorientierte Prozess angesprochen worden. Hier ergeben sich für eine im OA arbeitende IR einige zielführende Ansätze, wenn das Unternehmen kontinuierlich Mitar-

18 Siehe hierzu z. B. u. a. McKinsey Quartely Reports 09/2007: The link between profits and organizational performance, http://www.mckinsey.com.tr/fikirler/mckinsey_quarterly/the-link-between-profits-and-organizational-performance.view zuletzt aufgerufen am 12.12.2014.

beiterbefragungen durchführt. Unterschiede und Entwicklungstendenzen in den Fachbereichen werden deutlich und können sogar zu Anpassungen im Risikokatalog der IR führen. Weichen z. B. die Zufriedenheitsquoten in kritischen Bereichen wie dem Vertrieb, der Entwicklung, der IT oder dem Kundenservice signifikant nach unten ab, so ergibt sich daraus möglicherweise ein Handlungsbedarf auch für die IR, zumindest in der Anpassung des Risikoprofils der spezifischen Bereiche.

Die dritte entscheidende Komponente des Geschäftsmodells fundiert in dem Ertragsmodell, d. h., wie es einem Unternehmen gelingt, dauerhaft Gewinne zu erwirtschaften. Zwar hilft immer ein Blick in die GuV oder die Controlling-Monatsberichte, um Hinweise auf Stark- oder Schwachstellen im Unternehmen zu finden. Wesentliche qualitative Erfolgsfaktoren sind im Zahlenwerk oft nur schwer zu entdecken.

Dazu gehören u. a.

- eine überlegene Wettbewerbssituation mit seinen Produkten und Services, also die Antwort auf die Frage: Warum soll der Kunde bei uns kaufen?
- Eine kosteneffiziente Produktion bzw. Wertschöpfung, oder die Antwort auf die Frage: Was ist unser technologischer Vorsprung in den Prozessketten?
- Strategische Partnerschaften mit den Lieferanten nach Make- or Buy-Entscheidungen oder Outsourcing-Entscheidungen, oder die Antwort auf die Frage: Was ist unser Kerngeschäft, was sind unsere Kernkompetenzen und welche nicht?
- Aber auch überlegene Finanzkraft, besonders gut ausgebildete Mitarbeiter und eine herausragende Innovationsfähigkeit, immer gemessen am Wettbewerb, können das Ertragsmodell eines Unternehmens stützen. Bleiben jedoch eine der oben gestellten Fragen unbeantwortet, könnte ein Unternehmen in eine kritisiche Lage nach der Devise geraten „Me too“ oder seine Produkte werden abwertend als „Commodities“, die man überall erhalten kann, bezeichnet.

Insbesondere im Marketingkapitel dieses Buches, Kapitel 5, werden die oben gestellten Fragen weiter vertieft und diskutiert werden.

Die nachfolgende Abbildung fasst die drei Komponenten des Geschäftsmodells noch einmal grafisch und für ein spezielles Unternehmen zusammen. Es wird deutlich, dass alle drei Komponenten miteinander in Beziehung stehen und nicht isoliert bewertet werden dürfen. Dieser Tatbestand erschwert natürlich OA-Prüfungen auf den ersten Blick, da die Projekte zu zeitaufwändig erscheinen könnten.

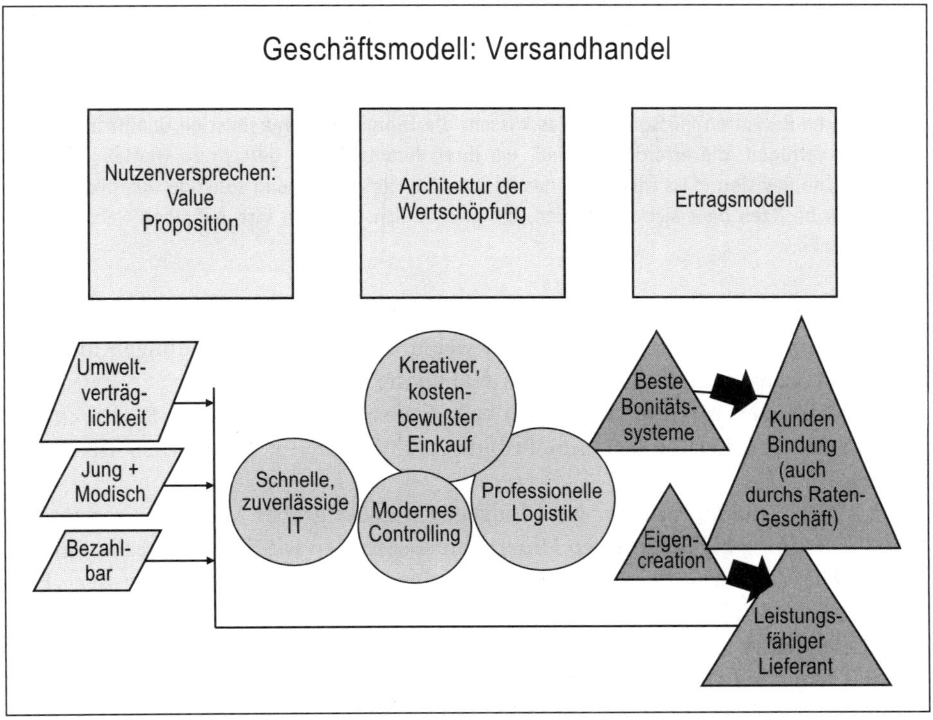

Abbildung 1-3: Geschäftsmodell eines Unternehmens

In einer Segmentbetrachtung, z.B. bei einer regionalen Vertriebsniederlassung oder einer Landesgesellschaft, kann eine wie oben beschriebene OA-Prüfung wieder durchaus Sinn machen, da dort alle drei Komponenten zusammen auftreten. Hingegen sind Werbebudgetprüfungen ohne die Analyse der Komponenten Kunde, Wettbewerb, Produkt und Mitarbeitern in den verschiedenen Kundenkontaktstellen des Unternehmens nicht angemessen.

1.5 Spiegelung der Organisationsstruktur des Unternehmens in der IR-Organisation

Das IIA und auch das DIIR gibt dem Revisionsleiter keine Empfehlung ab, wie er seinen Bereich strukturieren soll. Er besitzt dadurch großen Gestaltungsfreiraum, sollte sich aber insgesamt an den Empfehlungen für die berufliche Praxis anlehnen. Diese sehen, bezogen auf seine Mitarbeiter, eine Reihe von Kompetenzanforderungen vor.

Im ab 2012 gültigen Fragenkatalog zum QA des DIIR-Standards Nr. 4 wird in Frage 64 und Frage 65 formuliert:

> Die Mitarbeiterstruktur der Internen Revision hinsichtlich ihrer Berufserfahrung und Qualifikation gewährleistet die Aufgabenerfüllung. Ist die für die Erfüllung des Prüfungsauftrages/Beratungsauftrages notwendige Berufserfahrung und Qualifikation nicht vorhanden, so zieht die Interne Revision sachkundige Dritte hinzu.

Diese beiden Fragen schließen an den IIA-Standard 1200 ff. an, der im 1210 formuliert:

> Interne Revisoren müssen über das Wissen, die Fähigkeiten und sonstige Qualifikationen verfügen, die erforderlich sind, um ihrer Verantwortung gerecht zu werden. Die Interne Revision muss insgesamt das Wissen, die Fähigkeiten und sonstige Qualifikationen besitzen oder sich beschaffen, die erforderlich sind, um ihre Aufgaben wahrzunehmen.

Im Unterschied zu den Fragen des QA beim DIIR geht das IIA bei der Hervorhebung einiger Funktionen einen kleinen Schritt weiter und spezifiziert Prüfungen im Antifraud-Management und in der IT etwas detaillierter (Knowledge).

Dieses Wissen ist zu unterscheiden vom Expertenwissen, dass für Revisoren, die im Finanz- und Rechnungswesen Prüfungen durchführen, erforderlich ist (Proficiency).

Bei Managementtechniken wird hingegen nur ein grobes Verständnis gefordert (Understanding), bei bestimmten Unternehmensgebieten wie Steuern, Recht, Finanzprodukten, Vermögensbewertungen wird weitere Wissensabschwächung der „Einschätzung“ angeführt und auf die Möglichkeit verwiesen, Expertenhilfe von Dritten einzuholen (Appreciation)[19].

Aus dem oben Diskutierten ergibt sich eine eher funktionale Gliederung der IR in zumindest einen kaufmännischen und einen IT/Technik-Bereich. Ist die IR auch maßgeblich für Antifraudmanagement verantwortlich, tritt dieser Bereich als Dritter hinzu. Tatsächlich ist diese Strukturierung in der Praxis auch sehr verbreitet.

Der Autor tritt für eine weitere Spezialisierung nach Unternehmens-Geschäftsbereichen ein, die quasi matrixhaft (in kleinen IR) oder als eigene Organisationseinheit in größeren IR die Geschäftsfeldprüfungen und die Prüfung der Kernprozesse, mit Unterstützung der IT, übernehmen sollte.

Vorteil für die IR ist es, nicht nur für die wichtigen Zentralbereiche konkrete Ansprechpartner zu haben, sondern für die aus Unternehmenssicht noch viel wichtigeren Geschäftsbereiche. Einer die Bereichs-Nomenklatura sprechenden IR erschließen sich häufig sehr wichtige Prüfungsfelder, entweder in der Geschäftseinheit oder an den Grenzen der Geschäftsbereiche mit Konfliktpotenzial zu anderen Geschäftsbereichen oder Zentralbereichen. Innerhalb eines Geschäftsbereichs wird dann für jede OA-mäßig arbeitende IR deutlich, welche Risiken sich tatsächlich im operativen Geschäft ergeben und nicht nur theoretisch „sein könnten“[20].

> Verzögern sich in der Produkteinführungsphase z. B. die IT-Systemumstellungen, so dass die Fakturierungsfähigkeit der neuen Produkte verspätet gegeben ist, so kann das in bestimmten Branchen durch verspäteten Markteintritt sofort zu Wettbewerbsnachteilen (Umsatzverlust) und vermeidbaren Werbungskosten (verlorene Schaltkosten in

19 Siehe praktische Erläuterungen zu den Standards 1200 f. von 2009.
20 Siehe hierzu Peemöller, Management Auditing, S. 232 f.

einer TV-Werbung) führen. Sind die neuen Produkte auch noch saisonabhängig, könnten vermeidbare Abschriften (Warenrohertragsverluste) durch zum Planpreis nicht verkäufliche Produkte entstehen.

Ähnliche Auswirkungen können auch verspätete Investitionsentscheidungen in der Zentrale haben, wenn dadurch der Einkaufs- und der Bauprozess für die neuen Produkte mit Zeitverzögerung gestartet werden.

Sind die Aufgabenfelder zwischen zwei oder mehreren Geschäftsbereichen oder zwischen Geschäftsbereich und Zentrale z. B. nicht überschneidungsfrei definiert, bieten sich sog. Schnittstellenprüfungen an. In diesen Prüfungen können das Konfliktpotenzial und das Risiko für den Gesamtkonzern von der IR analysiert werden und mit Maßnahmenvorschlägen einer Lösung zugefügt werden. Diese Maßnahmenvorschäge können auch Eskalationsprozeduren zur Entscheidung über ein nicht lösbares Konfliktpotenzial durch den Vorstand beinhalten.

Sind IT-Themen oder Rechnungswesen-Themen in diesen Geschäftsbereichen mit betroffen, lässt sich mit gemischten Teams eine höhere Effektivität erreichen. In kleineren IR muss die Managementebene der IR die Aspekte des Geschäftsmodells in den Geschäftsfeldern abdecken, andernfalls entstehen dort revisionsfreie Räume in möglichen Risikofeldern.

Zusammengefasst plädiert der Autor für eine Spiegelung der IR-Aufbauorganisation an der Unternehmensaufbauorganisation.

Dies gilt übrigens auch für Regionalkonzepte im Unternehmen, insbesondere im Auslandsbereich. Hier kann eine IR durch gemeinsame Prüfungen mit der IR-Regionaleinheit von deren intimer Unternehmenskenntnis und den Sprachfähigkeiten profitieren, ebenso natürlich die örtliche IR von der (hoffentlich) größeren Professionalität und Unabhängigkeit einer Konzernrevision. Die Regional- oder Länder-IR sollten zumindest eine „dotted line" zum Revisionsleiter besitzen, um eine unabhängigere Position bei eigenständischen Prüfungen im Land/der Region zu sichern bzw. aufzubauen.

Am Rande sei erwähnt, dass das sog. Gegenstromprinzip wie z. B. Matrix-Unternehmen und parallel eine funktionale Gliederung der IR oder eine zentrale IR versus einer dezentralen Unternehmensorganisation von vorneherein konfliktbehaftet ist. In einer dezentralen Unternehmensstruktur steht eine zentral organisierte IR permanent unter Begründungszwang, wieso sich der gesamte Bereich der IR der Führung durch die Geschäftseinheit entziehen kann, obwohl doch wichtige Bereiche wie Marketing, Vertrieb, IR und Controlling dezentralisiert seien. Auf Dauer wird der Druck so groß werden, dass zumindest Teile der IR dezentralisiert werden oder es werden „Schatten-IR" gebildet, die als Gegenpart zur vermeintlichen Stärke einer Konzern-IR fungieren sollen.

Vertiefende Erörterungen zur Strukturierung einer IR finden sich im Grundlagenband 1, Kapitel 7: Strategie und Organisation der IR.

1.6 Kernthesen

In diesem Kapitel ist die Einbettung von OA in die Revisionslandschaft aus dem Band 1 der Handbuchreihe wiederholt worden. Es wurde dann anhand von mehreren Beispielen die Voraussetzungen für OA diskutiert, nämlich die Beschäftigung mit dem Geschäftsmodell und qualifizierte Mitarbeiter. Weiter spielt die intensive Einbindung des Managements in die Revisionsprozesse Planung, Durchführung und Berichterstattung eine wichtige Rolle. Die adäquate Mitarbeiterqualifikation entscheidet wie fast immer in der IR auch beim OA über den Prüfungserfolg. Einige Wege zur notwendigen Qualifikation wurden beschrieben, High Potentials, Gastrevisoren und spezialisierte Teams in einer Aufbauorganisation. Und zuletzt wurden kurz die drei Elemente eines jeden Geschäftsmodells erläutert, die in weiteren Kapiteln noch intensiver erläutert werden, nämlich dem Nutzenversprechen gegenüber Kunden, die Architektur der Wertschöpfung innerhalb eines Unternehmens und die Nachhaltigkeit in der Erzielung von Gewinnen.

2 Das COSO ERM und das Three Lines of Defense Modell

COSO (Committee of Sponsoring Organizations of the Treadway Commission) ist eine internationale, in USA beheimatete Institution, die mit COSO ICS (auch COSO I genannt) und COSO ERM (auch COSO II genannt) zwei Standardwerke in den letzten Jahren herausgegeben hat, die maßgeblich die Regulierung von Unternehmen beeinflusst hat.

Vor allem COSO ICS von 1992 (Internal Control Systems) oder COSO I wurde mehrfach im SOX (Sarbanes Oxley Act) der US-Regierung zitiert[21].

Es ist auch Standard für die Gestaltung und Handhabung von Kontrollsystemen in Unternehmungen bei den Abschlussprüfern[22].

Die hohe Reputation bezieht COSO in erster Linie von seinen Sponsoren her,

- der Organisation amerikanischer Finanzchefs (IMA),
- der Organisation amerikanischer Buchprüfer (AAA),
- der amerikanischen Organisation der Abschlussprüfer (AICPA),
- der internationalen Organisation der Finanzprofessionals (FAE) und
- des (amerikanischen) Instituts der Internen Revision (IIA).

Theoretisches Rahmenwerk und praxisnahe Relevanz sind bei COSO eng miteinander verknüpft.

Andere Standard-Rahmenwerke zur Corporate Governance (CG), zum Internal Control (IC) inkl. Fraud-Prävention und zum Risikokomanagement (RM) wie der Turnbull Report oder ISO[23] und COBIT[24] und referenzieren stark auf COSO. COSO ERM, herausgegeben 2004, erweitert das Modell des Internal Control um Aspekte der Unternehmensführung und des Risikomanagements und bekräftigt damit seinen Führungsanspruch in der aktuellen Fachdiskussion.

Ziel des ersten COSO-Modells, COSO I oder COSO ICS, war es, in den Unternehmen ein Bewusstsein dafür zu schaffen, nicht nur Verantwortung für Geschäftsergebnisse, sondern auch für das Interne Steuerungs- und Überwachungssystem zu schaffen. Ohne solch ein System, so die These, sind Geschäftsergebnisse eher ein Zufallsprodukt als Produkt systematischen und professionellen Handelns. Investoren auf dem Aktien- und Anleihemarkt hätten ein fundamentales Interesse daran, dass ihnen als Eigentümer und Financiers Manager gegenüberstehen,

- deren Geschäftsberichten man vertrauen können,
- deren Zahlenwerk wahr, klar, vollständig und in sich schlüssig ist, und

---

21 Siehe SOX, § 304 und § 403, inzwischen 2013 leicht überarbeitet.

22 Siehe ISA 400 und PS 261 neu (PS 260 alt).

23 ISO 31.000: Guideline on Principles and Implementation of Riskmanagement, http://www.iso.org/iso/iso31000, zuletzt aufgerufen 12.12.2014.

24 Siehe bei COBIT 5 und COSO ICS auf der ISACA website zum selben Thema (26.3.2014): New ISACA Guide Shows How Updated Framework Relates with COBIT 5.

- deren Handeln davon geleitet wäre, mit dem anvertrauten Geld sorgfältig zu wirtschaften.

Zusätzlich liefern Interne Steuerungs- und Überwachung (Control)-Systeme (ICS) Hinweise für unwirtschaftliches Handeln schon im Vorwege (präventive Überwachungsysteme). Deshalb ist COSO nach Auffassung des Autors auch für das Thema OA unverzichtbar.

Jedoch sind die ICS nicht geeignet, grundsätzlich Verluste zu verhindern. Denn unternehmerisches Handeln erfordert auch Entscheidungsfähigkeit unter Unsicherheit (Business Judgement Rule), so dass aufgrund von unvollkommener Information Fehleinschätzungen vorgenommen werden können, die dann zu fehlerhaften Entscheidungen führen. COSO verhindert dies zwar nicht, aber es sorgt dafür, dass diese Fehleinschätzungen frühzeitig bemerkt und korrigiert werden können. Auch macht COSO aus schlechten Managern keine guten, jedoch ist der alte Fritz zu zitieren, der gesagt haben soll, „Meine Generäle sollten Fortune haben".

Dies bedeutet in Übertragung auf ein Unternehmen, dass sich Manager, die zu häufig „Pech haben", wohl besser eine neue Aufgabe suchen sollten.

Weiter können ICS von Managern ausser Kraft gesetzt werden (Management Override) und Verluste aus riskanten Geschäften nach Ausserkraftsetzen des Systems kaschiert werden. Hier kommt es auf den Aufsichtsrat bzw. Board an, der durch geeignete Maßnahmen wie Auswahl kompetenter Abschlussprüfer, Einbindung der Internen Revision und eigene Sachkunde sicherstellen kann, dass ihm dieser Management Override bekannt wird.

Der Aufsichtsrat kann zum Beispiel festlegen, welche Geschäfte und Entscheidungen des Vorstands einem Gremienvorbehalt unterliegen und dem Abschlussprüfer und/oder der IR den Auftrag geben, die Umsetzung der Geschäftsordnung des Vorstands zu überprüfen.

Da ICS immer Kosten produzieren, wird der Nutzen dieser Systeme zu bewerten sein. Hier können Entscheidungs-Fehler geschehen, dass aus einfachen Kosten-Nutzen-Überlegungen wie „Wir haben hier eine Vertrauenskultur" oder „ Es ist lange nichts geschehen" solche Systeme abgemagert oder gar abgeschafft werden.

Festzuhalten ist jedoch, COSO ICS liefert die Grundlagen für ein systematisches und professionelles Umgehen mit Steuerungs- und Überwachungssystemen. Es ist im neuen Revisionssprachgebrauch die erste Verteidigungslinie des Three Lines of Defense Model.

Es gliedert sich aktuell in 3 Ziele, 5 Hauptprozesse und 13 Prinzipien, deren besondere Bedeutung für OA jetzt dargestellt wird.

2.1 Die Ziele von COSO ICS

COSO definiert 3 Ziele als Kontrollziele der Internen Steuerung und Überwachung innerhalb eines Unternehmens,
- ob die Unternehmensprozesse zweckmäßig ausgerichtet (SOLL) sind und effizient verlaufen (IST),
- ob die interne und externe Berichterstattung den gesetzlichen Anforderungen entspricht, vollständig, klar, wahr, umfassend und zeitnah erfolgt,
- ob die einschlägigen Gesetzesnormen beachtet werden und Abweichungen davon sofort berichtet werden.

Diesen Zielen zuzuarbeiten sind genau auch Aufgaben der IR, nämlich FA, CO und OA. Innerhalb von OA kommt es vor allem darauf an, dass die operativen Prozesse zweckmäßig gestaltet und wirtschaftlich umgesetzt werden.

Jeder Unternehmensprozes, insbesondere jeder operative Prozess muss danach untersucht werden, inwieweit er das Prozessziel unterstützt.

Beispielsweise ist ein Prozess Kundenakquisition unvollkommen gestaltet, wenn nicht bekannt ist, welche Kunden mit dem Unternehmen zurzeit aktiv sind (Aktiver Kunde).

Weiter macht es einen Unterschied, ob ein Kunde bis vor kurzem noch Geschäfte mit dem Unternehmen getätigt hat (Altkunde) oder bisher noch nie in Kontakt getreten ist (potenzieller Neukunde).

Auch sollen die Prozesse wirtschaftlich gestaltet sein. Ohne IT-Unterstützung, nach Möglichkeit integriert in eine vorhandene IT-Landschaft, funktionieren Prozesse nicht. An dieser Stelle kommt es in Unternehmen dann gelegentlich zu Zuständigkeitskonflikten. Wer ist der Prozessowner, die IT oder der Fachbereich, wer gestaltet den Prozess und damit die IT. Wer trifft die Entscheidung, ob Standardsoftware genommen werden soll, diese „customized“ oder gar eigene Software entwickelt werden soll. Alle diese Fragen werden im Laufe der weiteren Kapitel des Buches behandelt werden. Eine IR, die im Rahmen eines im Wesentlichen definierten OA-Auftrags in diesem möglichen „Minenfeld“ tätig wird, benötigt profunde Fachkenntnis, um erfolgreich prüfen und beraten zu können.

Da die IT auch die wesentliche Basis der internen und externen Berichterstattung ist, ist auch für das Ziel FA der IR IT-Wissen unverzichtbar.

Die Normen für die Gestaltung von IT sind national und international in besonderen Rahmenwerken festgelegt. Sie werden in Kapitel 10.2 eingehender beschrieben werden.

2.2 Die 5 Prozesse von COSO ICS

2.2.1 Prozess 1: Control Environment

Im ersten COSO-Prozess „Unternehmensumfeld“ geht es um die Analyse der wesentlichen externen Einflussfaktoren auf die Unternehmensperformance.

Hierzu gehören Wettbewerbs-, Kunden- und Lieferantenumfeld im Rahmen der operativen und strategischen Ausrichtung des Unternehmens, die gesetzlichen Rahmenbedingungen mit Regulierung (Financial Compliance) sowie der gesellschaftliche und ökologische Rahmen (Nachhaltigkeit).

Der Begriff externes Unternehmensumfeld beinhaltet schon, dass die genannten Einflussfaktoren vom Unternehmen schwer beeinflusst, sondern nur in einer profunden Analyse mit ihren Wirkungsketten erkannt werden können.

In den Kapiteln 5 „Marketing und Marketingrevision“ und Kapitel 11 „Sourcing und Beschaffungsprüfungen“ werden diese Faktoren im Einzelnen erläutert werden.

Was jedoch eine Unternehmung beeinflussen kann, ist
- der Ton an der Spitze (Tone at the Top),
- der Risikoappetit,
- wer und wie im Unternehmen Karriere macht oder nicht,
- die Unternehmenswerte,
- die Steuerung des Unternehmens mit Zielen,
- ein autoritärer oder kooperativer Führungsstil,
- die Fähigkeiten von Mitarbeitern und Management und
- die Art der Überwachung durch den Aufsichtsrat.

Auch der Unternehmens-Code, die „Dos“ und „Don'ts“, also die „ungeschriebenen Gesetze“ eines Unternehmens gehören hierher. Weiter wird in diesem Bereich die Basis gelegt für die notwendigen Berichtsstrukturen (z.B. Aufbauorganisation), die Verantwortlichkeiten in einem Unternehmen (Kompetenzenliste) und die Geschäftspolitik (Vision, Mission Statement, Ethik Kodex, Kodex der Unternehmensführung und Strategie).

COSO ist jedoch nicht nur etwas für die Unternehmensebene, vielmehr sind alle Prozesse auf Geschäftsbereichs-, auf Prozess- und Funktionsebene ebenso anwendbar.

Dies bedeutet für OA, dass im Sinne des Control Environment der letztverantwortliche Manager die Marketing-, Produktions- und Einkaufsprozesse prägt. Seine Umsetzung des Unternehmenscode, sein Vorleben des Ethik-Codes, sein Verständnis für die Verbindung seiner Aufgabe mit der Unternehmensaufgabe sowie die Rolle des zuständigen Vorstands als seinem Vorgesetzten prägen den kompletten Prozess.

Hält z. B. ein Marketingdirektor die Unternehmensvorgabe eines vorsichtigen Agierens am Markt, um als Marktführer nicht noch mehr neidische Blicke der Konkurrenz und der Kartellbehörden für seinen Bereich zu provozieren, für unzweckmäßig, dann gibt es aus IR-Sicht schon die erste „Soll-Bruchstelle“ Unternehmensphilosophie zu Bereichsphilosophie. Alle anderen Prüfungsthemen sind unter diesem Blickwinkel besonders kritisch zu würdigen.

Gleiches gilt für einen Einkaufsleiter, der alle Prozessvorschriften penibel beachtet, jedoch den Unternehmensauftrag, äußerst wirtschaftlich einzukaufen, um möglichst viel Unternehmensgeld zu sparen, nicht mit großer Energie umsetzt. Hier sollte eine IR bei ihrer Prüfung die Thematik eher auf die Wirtschaftlichkeit legen.

Aus den Beispielen wird deutlich, dass die praktische Handhabung des Control Environment wichtige Hinweise für die Risikoeinschätzung des zu prüfenden Feldes (Unternehmen, Geschäftsbereich, Funktion, Region, Prozess) liefert.

2.2.2 Prozess 2: Risk Assessment (Risikobeurteilung)

Aus der Analyse der Rahmenbedingungen und den externen Einflussfaktoren zusammen mit der Unternehmensausrichtung und Unternehmensplanung ergibt sich dann die konkrete Risikoeinschätzung auf die Unternehmensperformance (Ziel).

Auch hier ist wieder wichtig zu betonen, dass Risiken nicht absolut, sondern relativ zum besonderen Unternehmensziel zu sehen sind.

Für ein kleines Unternehmen ist der Abschluss einer Feuerversicherung für seine Produktions- und Verwaltungsgebäude existenziell, die Nicht-Versicherung substanzgefährdend.

Ein großes international tätiges Unternehmen schließt gar keine Feuerversicherung ab, sondern bildet unternehmensintern eine sog. Captive, d. h. interne Versicherung. Die Wahrscheinlichkeit, dass gleichzeitig alle Unternehmensstandorte abbrennen, wird als so unwahrscheinlich bewertet, dass sogar aus Kostengründen der Abschluss einer Fremdversicherung abschlägig beschieden wird. Im Einzelfall wird das Risiko selbst getragen. Das Brandrisiko ist unter diesen Umständen nicht substanzgefährdend.

Bei allen Risiken ist die Wahrscheinlichkeit des Eintritts abzuschätzen und die Verlusthöhe im Falle eines Eintritts. Für die Entscheidungssituation, was denn dann bezogen auf das Einzelrisiko zu tun ist, kommt dann wieder „der Klassiker“ ins Spiel:

Vermeiden-Überwälzen-Versichern-Selbst Tragen

Auch hier ist wieder eine Beziehung zum Control Environment, Tone-at-the-Top und Risk Appetit der Unternehmensleitung herstellbar. Risiken werden nur dann vermieden, wenn eine Abwägung zu den möglichen verpassten Chancen mein Übergewicht des Risikoexposure ergibt. Dieses Risikoexposure kann wieder bei gleich großen Unternehmen der gleichen Branche unterschiedlich beurteilt werden, nämlich in Abhängigkeit vom Risikoappetit.

Zwei Banken mögen in einem theoretisch konsturierten Fall den Eigenhandel mit spezifischen Basiswerten (Aktien, Rohstoffen, Anleihen etc.) und Derivaten jeweils vom Chance-Risiko-Profil in etwa gleich beurteilen. Die eine Bank lehnt diese Geschäfte generell als Spekulation ab und konzentriert sich nur auf Kreditvergaben.

Die andere hat keinen so hohen Mittelzufluss an Spargeldern, sondern im Wesentlichen von vermögenden Privatpersonen und Institutionen. Da sie in diesen Geschäften in der Vergangenheit sehr erfolgreich war, glaubt sie, zusätzlich zu den Provisionen auch im Eigengeschäft etwas hinzuverdienen zu können

Im neuen COSO ICS soll in diesem Managementprozess auch überlegt werden, in welchem Ausmaß das Unternehmen durch dolose Handlungen gefährdet ist und welche Maßnahmen zum Schutz der Vermögenswerte ergriffen werden müssen. Weiteres neues Thema sind Veränderungen im Unternehmen, die das ICS ändern können. Hier sollten entsprechende Maßnahmen mit der Veränderung gleich mit implementiert werden.

Aus diesem neuen Prinzip lässt sich nach Auffassung des Autors gut eine ex-ante-Prüfung bei IT-Systemumstellungen herleiten.

Insgesamt sollte die Risikoeinschätzung zur Etablierung von Risikomanagement- und Risikofrühwarnsystemen führen, die wiederum flankiert werden von Kontrollaktivitäten.

2.2.3 Prozess 3: Internal Control Activities (Interne Steuerungs- und Überwachungsmaßnahmen) und Systematik von Kontrollen

2.2.3.1 Interne Steuerungs- und Überwachungsmaßnahmen

Innerhalb dieses Prozesses ist die ausgeübte Managementverantwortung der wichtigste Aspekt. Er äußert sich

- z. B. im Design der eigenen Kontrollsysteme im Einklang mit den Unternehmensprinzipien,
- in der Festlegung der Verantwortung nach Hierarchieebenen,
- in eingebauten prozessimmanenten Kontrollen (IT-Sicherheit) und prozessunabhängigen Kontrollen und
- der Festlegung der Berichterstattung über Defizite und Verstöße in die entsprechend höheren Managementebenen.

Damit wird deutlich, dass Interne Kontrollen nicht delegierbar und Aufgabe jeder Führungskraft sind. Aussagen wie „Das macht schon die IR oder der AP“ können nicht verfangen. Die IR kann hier beraten, Entscheiden und Umsetzen sind Aufgaben des operativen Managements.

Nicht zuletzt deshalb setzt hier der SOX an und verpflichtet CEO und CFO persönlich, sich über die Internen Kontrollen zur externen Berichterstattung ein eigenes Bild gemacht zu haben. Diese Verpflichtung ist untypisch für Europäer in den USA auch mit einer strafrechtlichen Komponente verbunden[25].

25 Siehe SOX, § 304, § 403.

Eine weitere Abhängigkeit ergibt sich bei diesem Prozess Internal Control Activities von dem Prozess Risikobeurteilung:

Keine Kontrolle ohne Risiko

Kontrollen kosten Geld, sollten deshalb auf die Risiken fokussiert werden, die einem Unternehmen mehr Geld kosten können[26].

OA-Aufgabe ist es also auch, Kontrollen nicht als Selbstzweck, sondern in ihrer Fokussierung auf potenzielle Risiken zu analysieren[27]. Eingrenzung einer überwuchernden Bürokratie ist also eine IR-Aufgabe und dürfte durchaus als Türöffner operativ tätiger Manager geschätzt werden. Dem Kampf der durch Unsicherheit geprägten Systematik „Keine kontrollfreien Räume" gegen dem unternehmerisch geprägten, risikoorientierten Ansatz „Was bringt mir das, was kostet es mich, welches Chance/Risiko-Spektrum steckt dahinter" sollte eine OA-orientierte IR nicht ausweichen, sondern offensiv führen.

2.2.3.2 Systematik von Kontrollbegriffen

Der in der IR und in der Fachwelt verwendete Kontrollbegriff ist schillernd, mehrdeutig und nicht überschneidungsfrei. Die Verwirrung fängt schon beim *IKS (Internes Kontrollsystem)* an, eine fehlerhafte Übersetzung vom *ICS (Internal Control System)*. Denn der englische Begriff „Control" meint Steuerung und Überwachung. Statt IKS mit *IÜS (Internes Überwachungssystem)* zu übersetzen, greift wieder zu kurz, da auch hier das Steuerungssystem weggelassen würde.

Bei allen Überlegungen zum ICS sind die Ziele des Unternehmens und des Bereichs zu hinterfragen, insbesondere aber die Risiken und möglichen Maßnahmen einer mangelnden Zielerfüllung. Sind diese drei Schritte getan, sollten die Fragen eines effektiven (wirksamen) und effizienten (wirtschaftlichen) Überwachungssystem gestellt werden.

Mitnichten geht es beim Design und bei der Implementierung eines IÜS um fehlerfreie Prozesse ohne Risiko. Fehler, Problem und Risiken sind das „Normalbrot" eines Managers. Riskant wird es dann, wenn materielle Risiken sich unerkannt zu substanzgefährdende Risiken (KonTraG) auswachsen und/oder die Finanzberichterstattung im Nachhinein öffentlichkeitswirksam angepasst werden musste (Restatement), weil sie schwerwiegende Fehler enthielten (Material Weakness siehe SOX).

Nur darum kann und muss es auch beim Kontrolldesign gehen, zu verhindern, dass materielle Fehler unerkannt bleiben.

---

26 Obwohl diese Buch von OA handelt, ist der Verfasser überzeugt, dass fehlende Kontrollen zur Vermeidung etwaiger Reputationsrisiken ein Unternehmen am teuersten kommen.Fast alle DAX-Unternehmen haben im Laufe der letzten 10 Jahre diese Tatsache schmerzlich am eigenen Leibe erfahren.

27 Siehe hierzu auch den neuen PS261 (ISA 400), der dem Abschlussprüfer zumindestens freistellt, nach Funktionen und Geschäftsprozessen in Ergänzung der Abschlusspositionen zu seinem risikoorientierten Profungsansatz zu geblangen.

Die SEC[28] gibt hier vier Beispiele für materielle Fehler im Rahmen ihrer Erläuterungen:

a. Ein unvollkommenes Internes Unternehmensumfeld (siehe COSO ERM), in dem „Fraud (Betrug, Bilanzfäschung, Dolose Handlung)“, begangen vom Top Management eines Unternehmens unbemerkt bleibt, wesentliche Kontrollschwächen eine längere Periode nicht ausgeräumt werden und der Aufsichtsrat bzw. das Audit Committee unwirksam handelt.
b. Die Bilanz muss im Nachhinein nach bereits erfolgter Veröffentlichung korrigiert werden (Restatement).
c. Der Abschlussprüfer entdeckt während seiner Abschlussprüfung eine schwerwiegende Kontrollschwäche, die vom Management des Unternehmens vorher nicht entdeckt wurde (Einschränkung des Testats).
d. Eine für Unternehmen in einem regulierten Markt (z. B. Telekommunikation, Infrastrukturunternehmen[29]) unzureichende Compliancefunktion.

Der Punkt „b“ ist eher ein Thema des Financial Auditing und kann daher in diesem Band vernachlässigt werden, Punkt „d“ ist ein Spezialfall für in der Regel sehr große Konzerne.

Jedoch spielt der Punkt „a“ in der Praxis schon eine große Rolle. Es kann nämlich vorkommen, dass der IR nach einer Prüfung in der Sache zwar zugestimmt, der Zeitpunkt der Umsetzung der Maßnahmen aber weit in die Zukunft verschoben wird, weil das Management aufgrund knapper Ressourcen oder anderer Prioritäten andere Projekte vorziehen möchte.

Ist die Kontrollschwäche z. B. im IT-Bereich schwerwiegend,

- z. B. mangelhafte Funktionstrennung im Unternehmen,
- hohe Anzahl an Superuser-Berechtigungen (außerhalb der Systemadministration),
- keine Sperrung der „Erase“-Funktion in einem rechnungswesenrelevanten SAP-System, fehlende Notfallplanung etc.,

so sollte sich der Revisor nicht den Schneid abkaufen lassen, sondern auf einer zeitnahen Umsetzung bestehen, notfalls den „Ball“ auf höhere Hierarchieebenen heben lassen. Hier kann die Risikoakzeptanz des Topmanagements/Vorstands eingeholt werden.

Der PS 880: Softwarebescheinigung

Im Punkt „c“ sollte auch versucht werden, durch entsprechende Maßnahmen, zu denen auch die IR zu zählen wäre, den Fall gar nicht erst eintreten zu lassen. Einige Finanzchefs gehen z. B. einer möglichen Diskussion bei IT-Systemen von vorneherein aus dem Weg und lassen sich vom Abschlussprüfer nach PS 880 eine entsprechende Bescheinigung erteilen. Dabei bietet sich die IT-Revision aufgrund ihrer intimen Kenntnisse für diese Prüfung geradezu an.

28 Commission *Guidance* Regarding Management's Report on Internal Control Over Financial Reporting Under Section 13(a) or 15(d) of the Securities Exchange Act of 1934, dated: June 20, 2007.

29 Ergänzungen in der Klammer vom Autor wegen der besseren Verständlichkeit vorgenommen.

Die mit dem PS 880 als Prüfungsstandard mehre oder weniger kaschierte Beratungsleistung „Erteilung von Softwarebescheinigungen" liegt nach Auffassung des Autors ganz nahe an der Grenze der Unabhängigkeit, wenn nicht schon etwas darüber. Denn wie kann ein Abschlussprüfer kritisch eine (rechnungswesenrelevante) Software im Rahmen des Jahresabschlusses prüfen, für die vorher im Rahmen des PS 880 eine positive Softwarebescheinigung erstellt hat. Und müsste er wegen „a" dem Aufsichtsrat, der letztlich in Deutschland auf Beschluss der Hauptversammlung den Abschlussprüfer beauftragt, nicht unzureichende Effektivität bescheinigen, da dieser Abschlussprüfung und Beratung an ein und dieselbe Gesellschaft vergeben hat, ohne den Interessenkonflikt zu bedenken?

Man sollte nach Auffasung des Autors Zertifizierungen den dafür vorgesehenen Institutionen überlassen.

Nach diesem Ausflug in die Irrungen und Wirrungen von ICS ein kleiner Überblick über die Kontrollarten, die in den nächsten Kapiteln jeweils prozessspezifisch dargestellt werden. Die Dimensionen sind mehrfach belegbar, die Bedeutungseinstufung aufgrund ihrer praktischen Erfahrung so gewählt:

Nr.	Name der Control	Differenzierung	Bedeutung
1.	High und Low Level	Hierarchiestellung des Richtliniengebers	High vor Low
2.	Prophylaktisch und aufdeckend	Zeitpunkt im Prozess	Prophylaktisch vor aufdeckend
3.	Automatisch und manuell	Automatisierungsgrad	Automatisch vor manuell
4.	Qualitative und quantitative	Schwierigkeitsgrad; Automatisierungsfähigkeit	Qualitativ vor quantitativ
5.	Prozessimmanente und prozessunabhängige	Evidenz	Prozessunabhängig vor p.-abhängig
6.	IT-Kontrollen	fachspezifisch	hoch
7.	Zugriffskontrollen	fachspezifisch	hoch

Abbildung 2-1: Kontrollarten

2.2.4 Prozess 4: Communication (Information und Kommunikation)[30]

Der Prozess „Information und Kommunikation" sorgt dafür, dass für alle Entscheidungsträger innerhalb (Berichtssystem) und außerhalb des Unternehmens (z.B. Quartals- und Jahres-Berichterstattung, Adhoc-Mitteilungen) substantielle Abwei-

30 Im Buch 1 der Reihe: Grundlagen der Internen Revision ist dem Kapitel Berichterstattung das Kapitel 10 gewidmet, in dem u. a. auch sozialpsychologische Themen wie TZI: Themen-zentrierte Interaktion und Kommunikation ist quadratisch abgehandelt sind.

chungen von der Unternehmensplanung sowie die Reaktion der Unternehmensführung darauf bekannt sind. Dieser Prozess sorgt für eine ordnungsgemäße und planvolle Koordination aller relevanten Unternehmensaktivitäten.

Dieser Prozess ist mit allen anderen Prozessen verbunden, da man nicht „Nicht-Kommunizieren“ kann[31].

Wichtig aus OA Sicht ist der interne Aspekt der Berichterstattung. Dazu gehört z. B. die Festlegung der relevanten Informationen, um einen Information-Overload beim Entscheidungsträger zu vermeiden. Auch hier ist wieder einer gesamthaften Informationspolitik (Alles, was ich weiß) zu widersprechen zugunsten einer entscheidungsrelevanten.

Ein „Ampelsystem“ als Visualisierungshilfe nach der Devise „Was läuft = grün, was läuft gerade noch = gelb, was gar nicht = rot“ kann hier helfen. Das kann z. B. bedeuten, Verzicht auf „CC“ in E-Mails oder Kennzeichnung der E-Mails mit „Action erforderlich“ oder „Zur Info“ im Betreff.

Auf der anderen Seite muss eine Führungskraft dann davon Abstand nehmen, eine vollkommene Kontrolle über das, was in ihrem Bereich geschieht, zu erlangen. Sie kann sich z. B. stattdessen auf das Managen schwieriger Baustellen und die Anpassung der strategischen Ausrichtung seines Verantwortungsbereichs konzentrieren.

Eine Hilfe kann der IZBD-Code bedeuten, insbesondere für Matrix-Organisationen:

Code	Bedeutung	Beispiele
I: wird informiert	Reine Information ohne Entscheidungs-Relevanz.	CC in e-mails; Vorstands*informationen* statt *Beschluss*vorlagen in Vorstandssitzungen.
Z: stimmt zu	Einbindung Mitentscheider	Gesamt-Vorstand bei Budgetvorlagen; Personalbereich bei Einstellungen.
B: beschießt	Entscheider	Fachbereich bei Einstellungen; Fachvorstand bei Budgetvorlagen
D: führt durch	Operative Ebene	Projektteam M&A oder Task Force Kostendämpfung nach o.k. vom Vorstand.

Abbildung 2-2: IZBD-Code als Organisationshilfsmittel[32]

Die Diskussion im Unternehmen wird häufig über die Zuständigkeit „B“ oder „Z“ geführt werden, während „I“ in vielen Unternehmen übertrieben werden kann nach

31 Siehe hierzu Band 1, Kapitel 10 Berichterstattung.

32 Entwickelt in den 1990er Jahren von der Organistionsabteilung der Deutschen Telekom AG, der Autor lernte diese Struktur in der täglichen Arbeit zu schätzen, vermittelt von seinem Kollegen, Herrn Dieter Henze. In COBIT ist diese Systematik mit RACI (direct, account, consult, inform) wiederzufinden.

der Devise „Nice to know“ aber ohne direkte praktische Relevanz. Gerade bei Projekten ist jedoch die Auswahl des Projektleiters entscheidend für den Erfolg. „D“ sollte also Vorrang erhalten vor der Diskussion von „B“ oder „Z“.

2.2.5 Prozess 5: Monitoring

Im Prozess Monitoring werden alle signifikanten Zielabweichungen inkl. der zur Zielerreichung unterjährig vereinbarten Maßnahmen zusammengefasst.

Dazu gehören prozessabhängige Monitoringsysteme des operativen Bereichs (First Line of Defense) und prozessunabhängige, die von der Unternehmung veranlasst sind (Second Line of Defense).

Zu den prozessabhängigen zählen Monatsberichte, Berichte des Bereichscontrolling und Ergebnisse von in Auftrag gegebenen Gutachten an interne (z.B. die interne Unternehmensberatung) und externe Stellen (Marktforschung und externe Unternehmensberatung).

Alle diese Berichte sind aus Unternehmenssicht als prozessabhängig zu qualifizieren, da der Auftraggeber der operative Bereich ist, der ein eigenes Interesse daran hat, was in dem Bericht enthalten ist und was nicht, wie der Auftrag formuliert wird, wie das Projektteam ausgestaltet wird etc., da er sein Budget zur Verfügung stellt. Trotzdem können diese Berichte für ihn sehr hilfreich sein, insbesondere, wenn die Projektleitungen von dem Bereichsleiter ausdrücklich aufgefordert werden, alle Fakten auf den Tisch zu packen. Das Team stößt jedoch an Grenzen, wenn zur Lösung eines Problems Zuständigkeiten anderer ins Spiel kommen.

Ist das von Anfang absehbar, sollte versucht werden, das Thema auf Vorstandsebene zu diskutieren, um eine prozessübergreifende Lösung zu finden. Zu solchen Lösungsansätzen sind in Großunternehmen eine Reihe von Bereichen je nach Problemstellung in der Lage, z.B. Marketing, Kommunikation und Unternehmensentwicklung. Das gilt ebenso für die von diesen Bereichen verantwortete eventuelle Task Forces, die Themen unternehmensweit voranbringen wollen.

Weiter sind in der Kategorie Monitoring die Berichte des Zentralcontrolling, des Risikomanagements sowie die der Bereiche Compliance und Qualitätsmanagement zu zählen. Sie berichten ebenso wie die IR an einen Vorstand, haben aber im Unterschied zur IR eine besondere Aufgabe zugewiesen erhalten. Während das Unternehmencontrolling sich schwerpunktmäßig mit den unterjährigen zahlenmäßigen Soll-Ist-Abweichungen beschäftigt, geht das Qualitätsmanagement, insbesondere, wenn es vom Kundenbereich angestoßen wird, tiefer in die qualitative und mittelfristige Ebene.

Innerhalb der COSO-Nomenklatura (ERM) wird dann die Internen Revision als Teil des Monitoring-Prozesses behandelt. Sie übernimmt als prozessunabhängige Instanz die Überprüfung sämtlicher Unternehmensprozesse, -funktionen und -geschäftsfelder sowie auch aller Bereiche der Second Line of Defense.

Sonderprojekt Beratung

Sowohl das Controlling als auch die IR können für den Vorstand Ausgangspunkt sein, ein Sonderprojekt zu beauftragen. Nimmt eine IR an einem solchen Projekt selbst teil, wird sie beratend aktiv. Dies sollte in ihrer Geschäftsordnung verankert sein. Weiter beanspruchen Projekttätigkeiten normalerweise hohe Zeitbudgets, die dann für Prüfungen fehlen könnten. Ist jedoch das Risiko so groß, dass sofortiges Handeln induziert wird und liegt in der IR entsprechendes Experten-Wissen vor, spricht nach Auffassung des Autors nichts dagegen, dass eine IR ein derartiges Sonderprojekt im Rahmen von OA sogar leitet und zu Ende führt.

Nimmt sie hingegen als eine von vielen daran teil, so dass ist die Berichterstattung mit dem Projektmanagement im Vornehinein zu klären. Die Punkte der IR müssen zwingend im Projektfortschrittsbericht vermerkt werden, die IR darf von einer Projektleitung nicht überstimmt werden können. Ist dies nicht möglich, sollte sie separate Projektfortschrittsberichte erstellen. Reines Bodyleasing lehnt der Autor für die IR ab.

2.3 Das neue Ziel: Strategische Ausrichtung und die 3 neuen Prozesse bei COSO ERM

Mehr als 12 Jahre nach dem Erscheinen von COSO I erschien COSO ERM (Enterprise Risk Management).

Ziel des Committees war es vor dem Hintergrund der Dotcom-Krise Anfang 2000 und 2001 das Thema Risikomanagement als zentrales Thema in den Unternehmen bewusst zu machen.

In Deutschland war schon Ende der 1990er Jahre über das KonTraG ein erster Versuch gestartet worden, die Unternehmen gesetzlich zu einem Risikomanagement- und Risikofrühwarnsystem zu zwingen. Leider wurde nicht nur nach Meinung des Autors die Intention des Gesetzgebers nach inhaltlicher Überprüfung dieser Systeme durch den Abschlussprüfer in der Praxis und in den Prüfungsstandards nicht Rechnung getragen. Vielmehr wurde häufig nur eine Vorhandensein-System-Prüfung ohne inhaltliche Überprüfung der wesentlichen Unternehmensrisiken vorgenommen.

Eine professionell arbeitende IR versucht, diese Lücke zu füllen und könnte dann zum wertvollen Ratgeber des Abschlussprüfers und seiner Gehilfen werden.

COSO ERM arbeitet alle diese Themen auf und integriert sie mit dem neuen Ziel Strategic Auditing und drei neuen Prozessen, Objective Setting, Event Identification und Risk Response.

2.3.1 Strategische Ausrichtung

Was für eine Unverfrorenheit und Anmaßung, mag sich mancher Vorstand und Aufsichtsrat denken, dass sich COSO ERM mit Themen jetzt auseinandersetzt, die bisher Klausurtagungen und inneren Zirkeln vorbehalten waren.

COSO ERM wollte aber nicht provozieren, sondern ganz einfach einen Kontext herstellen zwischen dem operativen Geschäft und der Steuerung desselben. Beides funktioniert nun einmal nicht ohne Aussagen

- zur Mission: Wo wollen wir hin oder Wie gewinnen wir?
- zur Analyse, wo stehen wir? und
- zur Bestimmung der nächsten Schritte, um der Mission ein wenig näher zu rücken, oder was müssen wir ändern?

Ohne offene Kommunikation dieser Themen im gesamten Unternehmen wird sich nichts oder nur sehr wenig bewegen lassen. Eine Offenlegung der strategischen und operativen Ziele, deren Kaskadierung in die operativen Ebenen hinein und deren Supervision sichert den Erfolg ab.

So ist es nur natürlich, wenn Mitarbeiter ihren Chef genau diese Fragen stellen, auf Basis der kommunizierten Unternehmensstrategie und der kurz- und mittelfristigen Ziele (Top-Down-Ansatz),

- Wie sollen wir uns in unserem Bereich positionieren (Bottom-up-Ansatz)?
- Was wird unser Beitrag sein? und
- Welche notwendigen Anpassungen müssen wir in die Wege leiten?

Auch für die IR gilt es, diese Themen aufzugreifen und im Rahmen der risikoorientierten Revisionsplanung die Fragen je Unternehmensbereich zu stellen, was ist die Strategie des Unternehmens, wie passt dies mit den Bereichszielen übereinander, was wird sich ändern müssen und wo können wir dann helfen[33].

Interessanterweise stellt die neue Studie zu COSO ERM der IR ein beredtes Zeugnis aus. Durch die IR wird ERM in einem Unternehmen erst der richtige und gebührende Platz im Topmanagement zugewiesen. Regulierer und Abschlussprüfer seien dort weniger einflussreich gewesen[34].

2.3.2 Prozess 6[35]: Objective Setting (Zielfindung)

Ist die Mission nach intensiver Diskussion erst einmal bestimmt, muss der mittelfristige und kurzfristige Weg zum Ziel konkretisiert werden, d. h. Mittelfristplanung und Budget nächsten Jahres sind zu bestimmen.

Die Zahlen bilden ein Fundament für die Formulierung der Ziele, qualitative Forderungen aus dem Mission Statement kommen hinzu. In der Terminologie der Balanced Score Card (BSC) formuliert heißt das, die Bestimmung der Prozessverbesserungen, der Innovationsschub sowie die Kundenwünsche müssen konkretisiert werden.

Dass alle vier Komponenten in sich widerspruchsfrei formuliert sein sollten, versteht sich für den professionell arbeitenden Revisor von selbst.

33 Siehe neuer DIIR Standard Nr. 2 von 2013 und den IIA-Entwurf zum IPPF von 2014 mit den 12 Grundsätzen.

34 Siehe COSO Study zu ERM, 2010, Seite 5.

35 Bei COSO ERM Nr. 2, dem besseren Verständnis hier als Nr. 6 bezeichnet.

Betrachtet man einzelne Beziehungen der BSC etwas genauer, so wird klar, dass dies in der Praxis nicht selbstverständlich ist.

Verstärkung der Innovation benötigt zusätzlich zu guten Köpfen erst einmal ein Budget. Dieses Budget könnte jedoch vielleicht sinnvoller in Prozessverbesserungen, z.B. modularer statt monolithischer IT investiert werden. Und schon sind wir in einer Budgetdebatte Entwicklung gegen Forschung.

Auch die Kundenseite verlangt vielleicht nach größerer regionaler Nähe, höherer Mitarbeiterkompetenz und mehr Individualisierungen. Die ersten Forderungen könnte wieder im Widerspruch zum Budget, die letzte zu der beabsichtigten Prozess- verbesserung stehen, die auf mehr Standardisierung und weniger Individualisierung abzielt. Jedoch fordert der Kundenbereich von der Innovation schnellere Entwicklungsschritte, um mit dem Wettbewerb am Markt als guter Zweiter Schritt halten zu können (Reverse Research & Development) oder gar erster zu sein (First Mover).

Abbildung 2-3: Verbindung von Risikoappetit und Mittelfristplanung/Budget

Mit dem letzten Gedanken sind wir schon in der Verbindung zum Unternehmensumfeld, das sich bei COSO ERM in ein „Internes“ verkürzt hat. Der externe Teil ist in den Prozess Event Identification gewandert. In diesem Prozess werden positive und negative mögliche Ereignisse auf die dann hoffentlich beschlossene Zielstruktur diskutiert werden.

Doch darf innerhalb des internen Unternehmensfeld der Risikoappetit, d.h. mit welchem Chance-/Risikoprofil die Ziele der Mission erreicht werden sollen, nicht außerhalb der Diskussion bleiben. Die Aufgabe des Aufsichtsrats ist es, den maximalen Risikoappetit des Unternehmens zu bestimmen und die Vorlagen des Vorstands darauf zu hinterfragen.

Aufgabe des Vorstands ist es analog, ein System zu implementieren, dass genau dieser Risikoappetit auf allen Ebenen mit den Chancenvorschlägen verzahnt wird.

In planerisches Deutsch umformuliert heißt das, mit Hilfe der aus der Ereignisinventur gewonnenen Erkenntnisse für die Mittelfristplanung Szenarien zu entwerfen, die die Verbindung von Chancen und Risiken mit der Begrenzung maximaler Risikoappetit im Hinblick auf die Mission verbindet:

Es ist COSO im ERM gelungen, Risiko und Chance untrennbar zu verzahnen und damit in den Unternehmen, die COSO ERM wie Siemens umgesetzt haben, das Berichtssystem zum Risikomanagement aus der dunklen Ecke, einmal im Quartal als letzten TOP einer Vorstandssitzung zu behandeln, herausgeholt zu haben[36].

2.3.3 Prozess 7[37]: Event Identification (Ereignisinventur)

Die Verbindung des COSO-Prozesses Ereignisinventur zum Prozess Zielfindung wurde schon erläutert.

Unabhängig von dieser Verbindung sollten grundsätzlich alle bekannten unplanmäßigen Ereignisse der Vergangenheit (Lessons Learnt) und mögliche der Zukunft (wesentliche Risikofelder) aufgelistet werden, die die Zielerreichung gefährden könnten. Gleichzeitig sind die natürlich auch die Chancen zu berücksichtigen, die zu einer Übererfüllung beitragen könnten.

Nach Erfahrung des Autors ist in einer Planungsphase eher die „Chancenbrille" aufgesetzt, so dass Risiken, wenn sie nicht systematisch mit in die Betrachtung integriert werden würden, weggeblendet werden könnten. Ein Grund hierfür könnte in der Praxis die Intention des Vorstands sein, extern formulierte Wachstumserwartungen an das Unternehmen mit der Planung erfüllen zu können und die damit, verbunden Risiken beherrschbar zu gestalten. Zu den Risken gehören z. B. die Themen[38], die mit dem Wort NEU verbunden werden können:

- Neue Unternehmen, die akquiriert wurden, und nach allen Due Diligence Unterlagen perfekt passen würden, jedoch eine vollkommen andere Unternehmenskultur aufweisen (Risiko eines Culture Clash statt Culture Fit),
- neue Märkte im Ausland, die mit hohen Wachstumsraten sich äußerst vielversprechend ausnehmen, deren unvollkommene Vertriebs-, Handels- und Kundenstrukturen vom Unternehmen vorab Entwicklungsarbeit erfordern (möglicherweise notwendige vertikale Integration),
- neue Produkte, die erst mit großem Aufwand bekannt gemacht werden müssen, und die der Vertrieb nur ungern gegen die eingestellten tauschen möchte (Not invented here),
- neue Mitarbeiter, die in einem Großunternehmen Zeit brauchen, um sich zu Recht zu finden, und in einem kleineren Unternehmen aufgrund dort vorhandener größerer Entscheidungskompetenz mit neuen Erfahrungen erst einmal ihre Kompetenz aufbauen.

Die Liste lässt sich weiter fortführen. Die Beispiele sollen illustrieren, dass in allen Unternehmensentscheidungen die Risikokomponenten mit berücksichtigt werden sollten.

Trotzdem ist das sog. Business Judgement Rule nicht nur ein schöner Rechtsbegriff, um Fehlentscheidungen später wegdiskutieren zu können. Er enthält vielmehr

36 Siehe aktuelle Siemens-Website, http://www.siemens.at/ebook/gb2013_en/index.html /36/, zuletzt aufgerufen am 12.12.2014.

37 Bei COSO ERM Nr. 3, dem besseren Verständnis hier als Nr. 7 bezeichnet.

38 Vollständige Risikokataloge sind bei DRS 5, dem DIIR zum Standard 2 und im ersten Band der Buchreihe, Kapitel 8, Seite 198 enthalten.

eine dynamische Komponente, dass nämlich Entscheidungen unter unsicherer Informationsbasis die typischen Unternehmensentscheidungen darstellen. Fehleinschätzungen sind also, unternehmerisch gesehen, intendiert und unvermeidbar, nichts aus ihnen zu lernen wäre die schädliche Entwicklung.

Eine OA betreibende IR sollte deshalb beim Hinterfragen von Ursachen von Fehlentscheidungen den damals bekannten Informationsstand berücksichtigen. Sie entwickelt sich damit spürbar von einer „Fingerpointing"-IR weg.

Nach wissenschaftlicher Erkenntnis ist es im Nachhinein meist möglich, mit einer Analyse nahezu 100 % alle die Faktoren zu bestimmen, die entscheidend für das Ergebnis waren. In einer konkreten Entscheidungssitation ist jedoch meist nur ein Haupt-Faktor für den Entscheider maßgeblich. Und ein Unternehmer kommt trotzdem in vielen Fällen trotz des Ausblendens vieler Sekundärfaktoren zu richtigen Ergebnissen[39].

Einen wesentlichen Beitrag zur Ereignisinventur liefert das Risikofrühwarnsystem.

Ein derartiges System enthält sowohl im operativen als auch im strategischen Bereich eine Anlistung von Markt- und Unternehmensentwicklungen, die gefährlich werden können.

Im Gegensatz zum RMS (Risikomanagementsystem) ist es vor allem im strategischen Bereich eher qualitativ und mehrdeutig. Es sind manchmal gerade die schwachen Signale, die einen Trendwechsel (Disruptive Technologies[40]) ankündigen.

Viele haben den Siegeszug des iPhones als das exklusive Handy auch im Businesssegment übersehen.

Der Blick der Konkurrenten Nokia (eh. Marktführer), RIM (Blackberry: E-Mail-Push-Service), Motorola (Technologieführer) ging in die Entwicklung eines Betriebssystems, das den Zugriff aufs Internet ermöglichen und erleichtern sollte (Symbian, Windows Mobile).

Apple hingegen entwickelte das Handy als Prestigeobjekt. Man beachte die tagtäglich nachzulesenden Patentstreits mit Mrd.-$-Summen zwischen Apple und Samsung, die im Wesentlichen auf das Design und den Benutzerführung abzielen. Man müsste nach deutscher Rechtsauffassung vielleicht eher von Gebrauchsmusterschutz sprechen.

Die technologische Komponente verliert gegenüber dem Kundennutzen an Wert.

Apple legte weiter viel Wert auf einfache Anwendungen (Apps: Applications). Es reduzierte die Welt der Möglichkeiten des www auf eine Apple-Welt (u. a. „Safari" und iTunes) des Internets. Komplizierte Suchanfragen des Kunden wurden radikal durch Apps vereinfacht, Programmierer werden an dem Erfolg ihrer App beteiligt, die Netzbelastung wird durch die Apps reduziert und gleichzeitig werden die Antwortzeiten beschleunigt.

Die jahrelang vorhandene Konzentration der Datenkommunikation im mobilen Telekommmunikationsnetz auf SMS wurde radikal auf Web-Services (APPs) erweitert. Vor

39 Siehe hierzu das äußerst interessante Buch von Prof. Gerd Gigerenzer „Bauchentscheidungen".

40 Begriff aus der Marktentwicklung. Disruptive Technologies kommen meist von außerhalb des etablierten Marktumfelds und definieren die Marktparameter vollständig neu. Näheres in Kapitel 5 Marketing und Marketingrevision.

diesem Hintergrund überrascht es kaum, dass das erste iPhone trotz schwacher Kamera und schwacher Antenne ein Megaseller wurde. Der Siegeszug konnte deshalb nicht aufgehalten werden, weil die anderen Nutzenkomponenten (Design, Bedienkomfort und Apps) überwogen.

Ähnliches gelang Google mit seiner Suchmaschine, deren Algorithmen zunächst auf denen der originären Basissuchmaschinen aufbauten. Statt komplizierte Programmierung in die Unterscheidung von Sinn und Unsinn zu investieren, lässt Google das Publikum entscheiden und erzielt bei den meisten Suchanfragen gute Ergebnisse. Auch hier gelang einem Internetpioneer die Umsetzung der Erfüllung von Kundenwünschen und Geldverdienen durch Werbung. Die Idee dahinter ist, aus dem Informationsinteresse einen Kundenwunsch nach ähnlich gelagerten käuflichen Produkten und Servicen zu interpretieren und entsprechende site-clicks anzubieten.

Mit Facebook erwächst Google gerade im Werbemarkt ein ernstzunehmender Konkurrent. In Facebook können Werbetreibende direkt die Kundenwünsche erkennen und müssen sie nicht indirekt aus Click-Kaskaden hochrechnen.

Das Thema Streuverluste[41] wird sich nach Auffassung des Autors in Zukunft signifikant reduzieren lassen.

Als schwaches Signal hätte beim iPhone der Markterfolg des iPods zusammen mit dem kommerziellen Erfolg von iTunes und Safari zählen können. Zum ersten Mal wurde in großen Stil für Musik im Internet Geld gezahlt. Weder hat Apple den iPod entwickelt, der MP3-Player ist ein deutsche Entwicklung[42] gewesen, noch hat es die Software zur Verwaltung von Multimediadateien entwickelt, sondern die Firma, die diese entwickelt hat, samt ihrer Programmierer aufgekauft.

Hingegen hätte die einfache Bedienmöglichkeit des iPods, die gewonnenen Designpreise des iPods und die Nachfrage nach zuverlässigen, fehlertoleranten Multi-Touchs aufmerken können. Denn der gewonnene Platz durch Wegfall der Tasten und der Maus konnte durch größere Darstellung von Bildern bei gleichzeitig gleicher oder kleinerer Gerätegröße genutzt werden. Die Hersteller von Klapphandys und Schiebehandys gerieten durch den Multitouch von Apple in die Defensive. Am meisten leidet derzeit RIM mit seinem Smartphone Blackberry unter dem iPhone. Die aus heutiger Sicht nicht wirklich überzeugende Tastatur des Blackberry verbunden mit einem E-Mail-Push-Service verblasst vor den Möglichkeiten des iPhones.

Für ein Unternehmen kommt es also darauf an, die schwachen Signale im Marktumfeld richtig wahrzunehmen und daraus strategische Handlungsfelder abzuleiten.

Da Risiken und Chancen meist die zwei Seiten einer Medaille darstellen, kommt es bei der Bestandsaufnahme der Ereignisse auch darauf an, die Chancen in den Zielfindungsprozess zurück zu spiegeln.

In einem Warenhausunternehmen mag man festgestellt haben, dass durch zunehmendenden Discountereinfluss die Umsätze kontinuierlich zurückgingen (Risiko). Dieses

41 Im Kapitel 5 Marketing und Marketingrevision wird der Begriff näher erläutert werden.
42 Fraunhofer Institut 1982, http://www.iuk.fraunhofer.de/presse-und-medien/pressespiegel/einzelansicht/article/vom-mp3-player-ins-autoradio/, zuletzt aufgerufen am 12.12.2014.

Ereignis „Discounter erorbern Marktanteile“ führte zu der Erkenntnis Fokussierung und Konzentration im Warenhausbereich auf höherwertige Sortimente mit höheren Margen (Chance 1).

Gleichzeitig ergaben sich als Chance 2 für den Konzern, die Handelskompetenz durch die Übernahme von Fachmarktketten zu verbreitern, solange die Caschow Warenhaus die dazu notwendige Finanzbasis liefern konnte

Der neue Prozess Ereignisinventur enthält also Bekanntes wie Risikomanagementsystem und Risikofrühwarnsystem und Neues wie Chancenmanagement und die Verzahnung von strategischer Planung und Risikomanagement.

2.3.4 Prozess 8[43]: Risk Response (Risikomaßnahmen)

Die Risikomaßnahmen setzen auf den Erkenntnissen des COSO-Prozesses Risikoeinschätzung auf und formulieren für die wesentlichen Risikofelder, unterschieden nach Schadenhöhe und Eintrittswahrscheinlichkeit, Maßnahmen des Unternehmens, den sog. Plan B.

Der besondere Reiz dieses COSO-Prozesses steckt in den Simulationsmöglichkeiten eines potenziellen Schadensfalls, bevor der Schaden eingetreten ist. Man hat also genügend Zeit, effektive Maßnahmen zu überlegen. Bei Schadeneintritt läuft die Maßnahmenkaskade dann fast automatisch, auf jeden Fall professionell ab.

Doch vorab sollte wieder untersucht und anhand der potenziellen Kostenfaktoren bewertet werden, ob das potenzielle Ereignis nicht doch vermieden werden kann. COSO-technisch bedeutet dies eine Rückbindung zum Prozess Internes Unternehmensumfeld und dem Prozess Zielsetzung. Es geht nämlich darum, ob die Risiken durch den festgelegten, maximalen Risikoappetit zu rechtfertigen sind.

Entscheidet sich das Unternehmen, z. B. den chinesischen Markt aufgrund der ungelösten Patentfragen doch noch nicht zu erschließen, so hätte es sich für die Risikomaßnahme *Vermeiden* entschieden.

Ergibt sich aus der Risikoanalyse hingegen ein vertretbares Risiko-Chancen-Verhältnis, so wäre eine weitere Alternative überlegenswert.

Der Vertrieb könnte durch selbstständige Handelsvertreter oder durch die Gründung eines Joint Ventures mit einem lokalen Partner organisiert werden. Damit würde das Risiko eines Fehlschlages verteilt, also teilweise *überwälzt* werden. Um die mittellangfristigen Chancen doch noch zu wahren, wäre im Rahmen des Joint Venture die vertragliche Nutzung einer befristeten Call (eigenes Unternehmen)- und Put-Option (Joint Venture Partner) sinnvoll.

Die weiteren Alternativen, mit Risiken umzugehen, bestehen im *Selbst Tragen*, wenn bei der Bewertung des Ereignisses ein netto-positiver Effekt eingeschätzt würde.

Die letzte Alternative „Versichern“ ist für Unternehmen meist auf Vermögensschäden durch Elementar- und Großschäden beschränkt.

Hiervon gibt es jedoch ein paar wichtige Ausnahmen:

43 Bei COSO ERM Nr. 5, dem besseren Verständnis hier als Nr. 8. bezeichnet.

Eine Betriebsunterbrechungsversicherung sichert auch den entgangenen Gewinn durch Großschäden ab. Damit die Prämien nicht zu hoch werden, besprechen Versicherungen nach eingehender Bestandaufnahme der Istsituation des Unternehmens einzelne Maßnahmen, die das Unternehmen zur Risikoreduzierung unternehmen sollte.

Die Internen Revision eines Unternehmens sollte wegen ihrer besonderen Kenntnisse der spezifischen Risikosituation vom Versicherungsbereich eines Unternehmens mit einbezogen werden.

Die Vertrauensschadenversicherung deckt wirtschaftliche Schäden, die ein Unternehmen aufgrund unerlaubter Handlung erlitten hat, ab. Sie ist je nach Branche und Schadenshäufigkeit relativ teuer in den Prämien und verlangt vom Unternehmen alle Maßnahmen zur Schadensreduzierung, z. B. auch die Anzeige bei der Staatsanwaltschaft.

Die Internen Revision eines Unternehmens sollte auch hier wegen ihrer besonderen Kenntnisse und Fähigkeiten zur Quantifizierung der Schadenshöhe mit einbezogen werden.

Die besonderen Risiken im Auslandsgeschäft können durch eine Vielzahl von Versicherungen abgedeckt werden. Hierzu gehören z. B. der Untergang der Fracht (mit cif: cost, insurance, freight abdeckbar), die fehlende Zahlungsbereitschaft des Kunden (Euler Hermes), das Währungsrisiko und das Kreditausfallrisiko.

Eine Eigenversicherung (Selbst Tragen – Captive) bietet sich für viele international tätige Unternehmen an, wenn sie im eigenen Unternehmen Risiken streuen können. Größtrisiken werden dann, wie bei anderen Versicherungunternehmen, über Rückversicherungen abgedeckt, die allerdings hohe Selbstbehalte enthalten.

Die nachfolgende Tabelle illustriert den soeben diskutieren Sachverhalt und gibt weitere Beispiele für Risikoabsicherungen.

Versicherungsart	Versichertes Risiko	Unternehmensgröße	Besonderheiten
Betriebsunterbrechung	Deckungsbeitrag	Großunternehmen	Viele Ausnahmen; Eigenleistung erforderlich
Vertrauensschaden	Wirtschaftlicher Schaden	Manager-Unternehmen	Relativ teuer; Nachweis unerlaubter Handlung notwendig (Anzeige)
Credit Default Swap (CDS)	Kreditausfall	Banken, Versicherungen, Staaten	Große Prämienschwankungen; Tatsächlicher Ausfall nötig

Versicherungsart	Versichertes Risiko	Unternehmens-größe	Besonderheiten
Exportversicherung (Euler Hermes)	Zahlungsausfall im Ausland	Alle Unternehmen	Selbstbehalt notwendig, unterschiedliche Raten je nach Land
Cif (Cost, Insurance, Freight)-Liefer-vereinbarung	Untergang der Warenlieferung	Export/Import alle Unternehmen	Wesentlich teuer als FOB (Free on board), in der Praxis meist Zwischenver-einbarungen-Frei-Grenze (DAF: Delivery at frontier)
Devisenhedge	Währungsrisiko	Import-/Export-unternehmen	Zusätzliche interne und externe Bearbeitungskos-ten; Kopplung an Basis-geschäft immer sinnvoll
Zinshedge	Zinsrisiko	Mittlere bis große Unternehmen mit Krediten, die einen variablen Zinssatz aufweisen	Viele Sonderbedingungen zu beachten
Produkthaftpflicht	Mittelbare Schä-den, die durch das Produkt beim Kunden hervorge-rufen werden können	Alle Unternehmen	Garantieablöse eines Handelsunternehmen, quasi eine Captive, bei der das Handelsunter-nehmen das Risiko vom Lieferanten übernimmt
Captive/Rück-versicherung	Großschäden	Versicherungsun-ternehmen, Größtunternehmen	Eigenversicherung eines Unternehmen, wenn über eine Vielzahl von Standor-te das Einzelrisiko verteilt werden kann

Abbildung 2-4: Risikoabsicherungen

2.4 Die Drei Linien der Verteidigung

Kein Themengebiet innerhalb der IR wird so emotional verteidigt bzw. auch von der Fachseite so angegriffen wie der Bereich Kontrollen. In dem inzwischen fast zur Banalität verkommenen Ausspruch Lenins: „Vertrauen ist gut, Kontrolle ist besser", schwingt genau das Unbehagen mit, das Kontrollen bei Mitarbeitern üblicherweise auslösen. Wegen einer äußerst geringen Zahl an Regelverstößen, die jedoch zu erheblichen Verlusten geführt haben, sollen täglich langweilige, zeitaufwändige Kontrollroutinen von allen unternommen werden.

So muss manchmal sprichwörtlich der Schaden erst eingetreten sein, z. B. Diebstahl von Privateigentum während der Mittagspause, das die „alte Weisheit“, das Büro und den Schreibtisch beim Verlassen des Raums abzuschließen, wieder zu einer Selbstverständlichkeit wird.

Bei allen Kontrollen sollte der Revisor jedoch immer im Auge behalten, dass Kontrollen systematisch als Maßnahmen gegen mögliche Risiken gedacht sind und auch immer ein Kontrollziel besitzen[44]. In einem risikolosen Umfeld sind Kontrollen sinnlos, überflüssig und unwirtschaftlich. Dies gilt ebenfalls für sinkende Risikolevels, hier sollte der Kontrollaufwand ebenfalls abgesenkt werden.

Im Folgenden werden die Kontrollen behandelt, die standardmäßig von den ICS-Verantwortlichen im Rahmen ihrer Arbeit überprüft werden sollten. Das IIA hat dieses Modell auf Basis der Erläuterung zur europäischen 8. EU-Richtlinie entwickelt. Vor den drei Verteidigungslinien stehen zunächst *Vorstand und Aufsichtsrat* mit ihren Maßnahmen zur Unternehmensüberwachung im Vordergrund.

Bekannte Themen[45] wie

- gelebte Unternehmensethik,
- Risikoappetit (vom Vorstand und die vom Aufsichtsrat gesetzten Grenzen/Limits dieses Appetits),
- Verbindlichkeit von Vereinbarungen (Eingehen von freiwilligen, persönlichen Verpflichtungen = Commitments),
- Sanktionierung von Complianceverstößen (unabhängig von Hierarchie-Rang und Schadenshöhe),
- Transparenz von Unternehmensvision (Wo wollen wir hin?),
- dem Mission Statement (Was zeichnet uns aus?),
- der sich daraus entwickelnden Strategie (Wie kommen wir dahin?) und
- gelebte Unternehmenskultur (Wofür steht unser Unternehmen?)

sind hier zu nennen.

Als Multiplikator und als für die Mitarbeiter des Unternehmens sichtbares Beispiel, an dem erkennbar sein sollte, dass die o. g.Themen auch mit Leben gefüllt sind, ist jedes Mitglied des *TOP Management* dann für die Einhaltung der o. g. Themen der Unternehmensüberwachung verantwortlich. Dies wird umso einfacher gelingen, desto mehr sich die Führungskraft der Vorbildfunktion annähert.

2.4.1 Erste Linie der Verteidigung: Internal Control

Zu den oben skizzierten unternehmensweiten Themen der Überwachung kommen die Steuerungs- und Kontrollmaßnahmen seines direkten Verantwortungsbereichs (*Internal Control = Erste Linie der Verteidigung*) hinzu. Hier sind die Ziele und Risiken zu definieren, mögliche Maßnahmen zur Aufrechterhaltung der Ziele und Kontrollen, die die Zielabweichung quantitativ und qualitativ anzeigen.

44 Siehe hierzu COSO ERM, Control Activities, Kapitel 7, S. 63 ff.
45 Siehe hierzu Band 1 der Buchreihe, Kapitel 7 Organisation und Strategie der Internen Revision.

Der Regionaldirektor im Verkauf hat mit der Geschäftsleitung Umsatz- und Kostenziele vereinbart. (*COSO ERM: Ziele festlegen*).

Er hat als Risiken definiert, dass zwei wichtige Bezirksleiter ihm von der Konkurrenz abgeworben werden könnten und ihre Kunden mitnehmen würden. Das hätte zur Folge, dass seine Region einen Umsatzverlust im knappen einstelligen Millionenbereich verzeichnen würde. Weiter könnte die Konkurrenz gerade in seiner Region, die bundesweit für sein Unternehmen als die stärkste gilt, mit Preismaßnahmen Umsatz auf Kosten von Rentabilität versuchen zu erobern (*COSO ERM: Risikoinventur*)

Als Maßnahme gegen die Abwerbeversuche hat er mit der Zentrale vereinbart, dass diese beiden Mitarbeiter an einer 1,5 jährigen Weiterbildungsmaßnahme zur Vorbereitung des nächsten Karriereschritts teilnehmen sollen. Als Maßnahme gegen eine mögliche Preisoffensive hat er mit der Zentrale vereinbart, dass entsprechende Rabattaktionen in der stärksten Region des Wettbewerbers stattfinden sollen. Gleichzeitig hat er alle Bezirksleiter veranlasst, in diesem Jahr die Kundenpflege vor die Neukundenakquisition zu stellen und viele Stammkunden persönlich zu besuchen (*COSO ERM: Risikomaßnahmen*).

Sein tägliches Umsatzmonitoring und das monatliche Kostenmonitoring zeigen ihm, dass er seine Ziele erreichen kann (*COSO ERM: Internal Control*).

Gleichzeitig berichten ihm seine Bezirksleiter in der Wochenbesprechung von positivem Feedback der besuchten Kunden (*COSO ERM: Kommunikation*).

Man sieht an dem Beispiel, dass Kontrollen kein Selbstzweck sind, sondern in ein Managementsystem, das im Beispiel nach COSO ERM aufgebaut ist, eingebunden sind.

2.4.2 Zweite Linie der Verteidigung: Sicherungskonzept, Risiko Management, Compliance, Finanzkontrollen, Qualität und Monitoring

Als zweite Linie der Verteidigung gelten die Themengebiete:
- Finanzkontrollen
- Sicherheitskonzept und Umsetzungsmaßnahmen
- Risikomanagement
- Qualität
- Monitoring
- Compliance

Unter Finanzkontrollen[46] sind alle Maßnahmen zu nennen, die dazu dienen, dass die berichteten Zahlen und Informationen materiell richtig sind und mögliche wesentliche Unstimmigkeiten im Vorwege entdeckt werden:

Die Dokumentationserfordernisse an die IT sind im Abschnitt 10.5 „Ordnungsmäßigkeit sichern durch IT“ beschrieben.

Wichtig sei auch hier der Hinweis, dass Finanzkontrollen kein Selbstzweck sein dürfen. Es muss ein Risiko für eine falsche Berichterstattung bestehen.

46 Siehe hierzu ausführlich SOX, § 304 und § 403 sowie die entsprechenden PCAOB-Verlautbarungen.

Exkurs SOX § 304 versus § 403:

Hierbei mag die akademische Diskussion, ob durch dolose Handlungen die Berichterstattung fehlerhaft wird, dass also der § 304 Internal Control for Financial Reporting nach SOX übergeordnet zum § 403 Internal Control zu sehen ist, beiseite bleiben. Denn durch die vom Management implementierten Steuerungs- und Kontrollmaßnahmen (Internal Control) ist so gut wie ausgeschlossen, dass dolose Handlungen und fahrlässig fehlerhafte Entscheidungen und Informationen unbemerkt bleiben. Genau umgekehrt stelle der § 403 dies sicher, da dolose Handlungen nicht unbemerkt bleiben können. Denn sowohl Internal Control (Erste Linie der Verteidigung) und Finanzkontrollen (Zweite Linie der Verteidigung) sind wichtig, damit das Unternehmen gegen Fehlverhalten abgesichert ist.

Das Sicherheitskonzept wird IT-mäßig im Anschnitt 10.2 Rahmenwerke beim BSI-Schutzkonzept diskutiert.

Unternehmensseitig geht das Thema Sicherheit noch einen ganzen Schritt weiter, hier sind u. a. zu nennen der Schutz der Personen (Unfallsicherheit/Berufsgenossenschaft), des Unternehmensvermögens (Werksschutz, Schutz von Patenten, Verfahren, Kundendaten vor unberechtigtem Zugriff) und der Umwelt (Emissionsschutz, Lärmschutz, Trinkwasserschutzverordnung etc.).

Das Schutzkonzept wird voraussichtlich ausführlich im Band Compliance der Schriftenreihe abgehandelt werden.

Das Risikomanagement wird sowohl unter COSO ERM allgemein als auch speziell für die IT unter COBIT 5 und dem PS 330 abgehandelt, so dass auf eine eingehende Darstellung an dieser Stelle verzichtet werden kann. Nur soviel sei noch einmal beschrieben, es geht einmal um ein Risikomanagementsystem inkl. Risikofrühwarnsystem, das unternehmensweit implementiert sein sollte und die Identifizierung der den Unternehmensbestand gefährenden Risiken (Zweite Linie der Verteidigung)[47]. Andererseits geht es wieder um die Risikomaßnahmen jedes Bereichs, damit sichergestellt wird, dass dieser Bereich seine Ziele erreicht bzw. zeitnah erkennen kann, dass seine Zielerreichung gefährdet ist.

Das Thema Qualität wird ausführlich unter Abschnitt 9.3.8 und 10.2.6 ISO-Normen abgehandelt, so dass hier auf eingehende Darstellung verzichtet werden kann. Nur insoweit sei der Hinweis gestattet, dass die Ernennung eines Qualitätsbeauftragten noch nichts mit der Qualität oder gar Reifegrad von Prozessen (Zweite Linie der Verteidigung) zu tun hat, es kann jedoch ein guter erster Schritt sein, siehe hierzu auch 10.2.7 CMMI.

47 Anders als der Abschlussprüfer kann eine IR sich nicht auf ein funktionierendes System zurückziehen. Sie muss durch ihr internes Expertenwissen die vom Management genannten und vom Risikomanager katalogisierten Risiken auf Vollständigkeit und Relevanz überprüfen und gleichzeitig feststellen, ob alle relevante Risiken abgebildet wurden.

Denn das Thema Qualität muss von allen Mitarbeitern verstanden und in ihrer täglichen Arbeit umgesetzt werden, es ist nicht delegierbar auf den Qualitätsexperten. Seine Aufgabe ist die Sensibilisierung und die Schulung der Mitarbeiter mit den besonderen Anforderungen, Techniken und Vorgehensweisen der entsprechenden Normen.

Qualität ist und bleibt eine Managementverantwortung (Erste Linie der Verteidigung).

Das Thema Monitoring bzw. im Englischen Inspection ist nach Ansicht des Autors eher ein Thema der ersten statt der zweiten Verteidigungslinie, wenn es in operativer Zuständigkeit des jeweiligen Top Managers durchgeführt wird und nicht von einer zentralen Stelle. Die unternehmensweite Verständigung darauf, dass wesentliche Kontrollfunktionen von der übergeordneten Managementebene durchgeführt werden sollten, mag für sich genommen ein Thema der zweiten Verteidigungslinie sein.

Das Thema Compliance würde diesen Band sprengen, ist daher einem möglichen weiteren Band der Schriftenreihe vorbehalten.

An dieser Stelle sei nur das Datenschutzgesetz genannt, an das sich alle Unternehmen, die mit personenbezogenen Daten umgehen, zu halten haben, am besten mit der Ernennung eines Datenschutzbeauftragten. Weiter sind hier alle Gesetze zu verstehen, die die Berichtspflicht des Unternehmens betreffen, sowohl für den Kapitalmarkt als auch für Steuer- und Sozialabgaben. Im ersten Fall gibt es bei der IT eine Überschneidung zu Finanzkontrollen.

2.4.3 Dritte Linie der Verteidigung: Interne Revision

Mit der dritten Linie der Verteidigung beschäftigt sich die gesamte Buchreihe, nämlich der Internen Revision. Dem aufmerksamen Leser wird nicht entgangen sein, dass eine Mehrfachfunktion wie gleichzeitige Verantwortung von Compliance, Risikomanagement und Datenschutz zusammen mit Interner Revision nur sehr schwer in dieses Modell passt. Trotzdem muss gerade für mittlere und kleine Unternehmen hier ein praxistauglicher Ausweg gefunden werden[48].

Einige Argumente für bzw. gegen eine einheitliche Leitung wird der Leser im Abschnitt 10.9 Zukunft der Internen Revision in der IT erhalten, die die Berichterstattung an die Aufsichtsorgane Vorstand und Aufsichtsrat von Compliance, Risikomanagement, Interner Revision und Internal Control unter dem Stichwort GRC-Software zusammenfassen wird.

Die nachstehende Abbildung zeigt das Modell „Drei Linien der Verteidigung“ in seinen einzelnen Komponenten:

48 Im Band Management Auditing soll dieser Frage nachgegangen werden. Für die Praxis sei angemerkt, dass eine IR, die selbst die Compliancefunktion im Unternehmen innehat, das Compliancesystem nicht prüfen sollte. Analoges gilt für das gleichzeitige innehaben von Risikomanagement oder Datenschutz zusätzlich zur IR-Funktion.

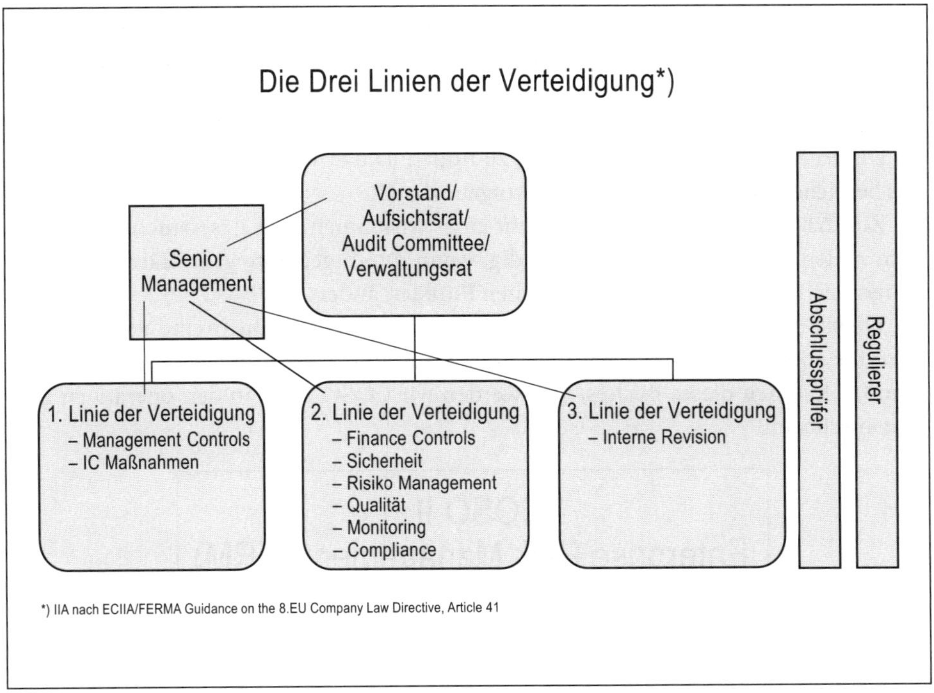

Abbildung 2-5: Drei Linien der Verteidigung[49]

2.5 Kernthesen

In diesem Kapitel haben wir uns mit dem COSO-ERM-Modell und seinen Auswirkungen auf einen systematischen Ansatz des OA beschäftigt.

Der bekannte Würfel des Modells wurde intensiv in seinen wichtigen acht Prozessschritten vom internen Unternehmensumfeld bis zum Monitoring hin diskutiert. Wichtig war die Unterscheidung COSO ICS und COSO ERM. COSO ERM mit den zu COCO ICS drei weiteren Prozessen Zielfindung, Ereignisinventur und Risikomaßnahmen beschäftigt sich tiefer mit der praktischen Unternehmenswelt und konkretisiert die Forderungen der Governance-Prozesse von COSO ICS in der Steuerung der Abweichungen von den geplanten Zielwerten eines Unternehmens.

Weiterhin wurde klar, Kontrollen sind nie Selbstzweck. Sie müssen sich an dem Risiko messen lassen, das sie helfen zu verhindern (Prophylaxe) oder aufzudecken. Kontrollen sind zudem immer auf ein Unternehmensziel bezogen und mit einer Kosten-Nutzen-Analyse in Zeitabständen zu bewerten.

49 Das Modell ist eine sehr gute Visualisierung der unterschiedlichen Rollen von Kontroll- und Prüffunktionen in einem Unternehmen. Tatsächlich müsste der IR-Balken etwas herausragen, da nur die IR in allen Bereichen des Unterernehmens und auch in der 1. und 2. Linie der Verteidigung prüfen darf und muss.

Das neuere Modell der Three Lines of Defense lässt sich ohne Schwierigkeiten in COSO integrieren. Die Vorgaben von Unternehmensleitung und Aufsichtsrat spiegelt sich in den 5 ersten Prozessen von COSO ICS wider, ebenso die erste Verteidigunglinie auf Geschäftsebene in den operativen Bereichen. Die zweite Verteidigungslinie ist im Unternehmensprozess Monitoring zu finden. Die dritte Verteidigunglinie ist dann das bereichsexteren Monitoring, die Aufgabe der IR.

Zusätzliche Vorkehrungen aus Sicht eines wirksamen Risk Assessments sind nach dem neuen COSO ICS dann notwendig, wenn durch geplante grundsätzliche Änderungen sich auch das ICS in wesentlichen Punkten ändert.

Ebenso wichtig sind die vier Zielebenen, die in unserer Buchreihe vom Compliance bis eben zum Operational und Strategic Auditing sehr intensiv behandelt werden. Im Rahmen dieses Buches, OA, werden wir COSO ERM in den operativen Ebenen anschauen.

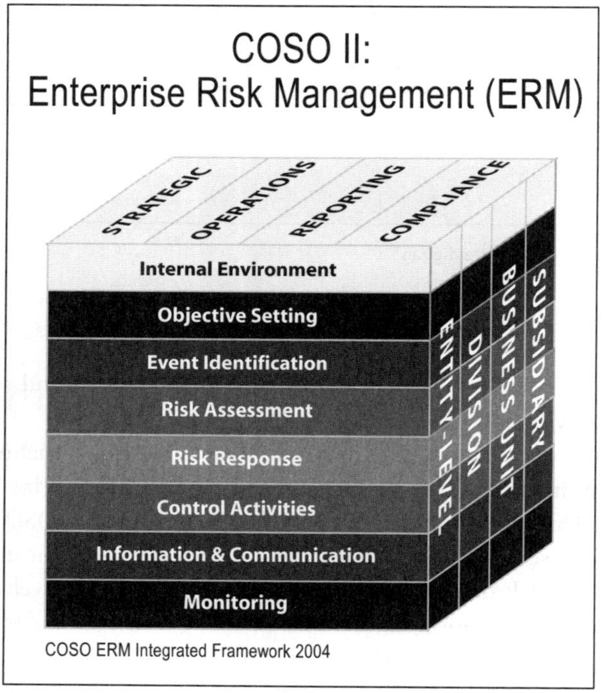

Abbildung 2-6: COSO ERM 2004

3 Grundsatzüberlegungen zur Prozessprüfung

Viele Wirtschaftsexperten, die etwas gelten wollen, sprechen von Prozessen, oder besser noch Unternehmensprozessen. Der Begriff vermittelt Modernität, ganzheitliches und funktionsübergreifendes Denken. Eine IR, die etwas auf sich hält, sollte demnach prozessorientiert prüfen.

Demgegenüber steht die praktische Sicht der Dinge. Unternehmen sind auch heute noch selten prozessorientiert strukturiert, Prozessprüfungen sind also komplex, weil sie meist mehrere Verantwortungsbereiche umfassen. Prozessprüfungen sind schwieriger durchzuführen als Funktions- oder Organisationsprüfungen, deshalb setzen sie eine besondere Fachkenntnis des oder der Prüfer voraus. In Großunternehmen ist es meist nicht möglich, einen Unternehmensprozess komplett zu prüfen, da Tausende von Mitarbeitern in einem solchen Prozess arbeiten könnten. Ein derartiges Revisionsprojekt könnte auch sehr große IR an den Rand ihrer Arbeitsfähigkeit bringen, da sehr viele Mitarbeiter für längere Zeit in dieser Prüfung gebunden sein könnten. Zusätzlich sind meist intime IT- und manchmal auch Technikkenntnisse zur Prüfung notwendig. Eine funktional organisierte IR muss dieses Projekt dann abteilungsübergreifend angehen. Das kann die Kapazität der IT atomisieren, da sie zusätzlich auch noch reine IT-Prüfungen durchführen muss.

Prozessprüfungen sollten also gründlich vorbereitet werden, es gibt grundsätzlich jedoch auch ein paar große Vorteile gegenüber herkömmlichen Prüfungen.

Mit einer Prozessprüfung können z. B. Schnittenstellenprobleme evident werden, wenn zwischen zwei Verantwortungsbereichen etwas unklar, missverständlich oder gar nicht geregelt sein sollte.

Im Kernprozess „Kundenauftrag“ könnte z. B. eine zugesagte Leistung nicht erbringbar sein, weil die Stammdaten des Kunden nicht aktualisiert wurden.

Oder der Vertrieb erhält kein Feedback über das Ergebnis der Bonitätsprüfung, so dass der Auftrag nicht fakturiert wurde, der Kunde aber auf die Vorleistung vertraut und nun seinerseits mit seinen Kunden in Schwierigkeiten gerät.

Da die Kernprozesse eines Unternehmens häufig mit IT unterstützt werden, können bei Neustrukturierungen (Business Process Re-Engineering) Medienbrüche entstehen.

Medienbrüche wirken sich in der Praxis negativ aus, wenn die alte IT noch nicht auf das neue Prozessdesign abgestimmt wurde und Mitarbeiter sowohl in der alten als auch in der teilweise neu implementierten Welt arbeiten müssen. Viele Doppelarbeiten verbleiben im Fachbereich, weil nicht zu Ende implementiert wurde. Die sog. „alten Zöpfe“, die nach dem neuen Prozessmodell schon längst „abgeschnitten“ sein sollten, sind weiterhin sichtbar und kosten enormen manuellen Aufwand, weil z. B. einige Vertriebsleute ihre Kunden nicht auf das für den neuen Prozess notwendige neue Vertragsmodell umstellen wollten.

IR kommt mit OA auch dann „ins Spiel", wenn sich versprochene Rationalisierungserfolge nicht vollständig einstellen wollen und auf der anderen Seite die Projektkosten den Ursprungsplan längst überschritten haben. Das klingt nach „Feuerwehreinsatz" und ist es manchmal auch. Besser wäre es, wenn eine vorausschauende IR das Thema Projektprüfungen im Vornehinein in der Jahresplanung angesprochen hätte und projektbegleitend schon geprüft hätte. Zwar muss in diesem Fall das Thema Revisionsbericht versus Projektlenkungsausschuss (PLA)-Protokoll geklärt werden, d.h. wer schreibt, was, wann in seinen Bericht. Aber inhaltlich werden notwendige Maßnahmen bei einer kompetenten, beratenden Projektbegleitung durch die OA sicher früher getroffen und führen ein Projekt mit größerer Wahrscheinlichkeit zum Erfolg.

Werden immer wieder Qualitätsprobleme und/oder Kundenreklamationen in einem Kernprozess eines Unternehmens durch die IR festgestellt, so kann ein TQM-(Total Quality Management) oder KVP (Kontinuierlicher Verbesserungs Prozess)-Projektvorschlag der IR dem Unternehmen sehr nützlich sein, weil nicht Symptome, sondern die „wahren" Mängel beseitigt werden. Dazu ist jedoch eine IR erforderlich, die sich sehr gut mit der bestehenden und einer möglichen neuen Prozesslandschaft auskennt und so dem Unternehmen hilfreich zur Seite stehen kann. Sie wird dadurch nicht nur ein mögliches „Erbsenzähler"-Image los, sondern zeigt, dass sie über unternehmerische Fähigkeiten verfügt.

Insgesamt kann es also nützlich und wertvoll sein, Prozessprüfungen durchzuführen.

3.1 Generisches Prozessmodell

Aber lassen wir diese Überlegungen einmal für eine Weile beiseite. Welche Prozesse sind auf Unternehmensebene für die IR im Sinne des OA interessant und welche gibt es überhaupt?

Einen ersten Hinweise gibt uns hier ein generisches Prozessmodell, das die Unternehmensprozesse Strategie und Planung (und Kontrolle), operatives Führen sowie externes und internes Berichtswesen als reine Managementprozesse definiert.

Prozessmodell generisch

1.	Strategie + Planung	Managementprozess
2.	Operatives Führen	Managementprozess
3.	Externes + Internes Betriebswesen	Managementprozess
4.	Projekteinführung	Marketingprozess
5.	Preisfindung (+Regulierung)	Marketingprozess

6.	Kommunikation + Werbung	Marketingprozess
7.	Marktbearbeitung	Marketingprozess
8.	Planung Produktionsinfrastruktur	Kernprozess
9.	Betreiben Produktionsinfrastruktur	Kernprozess
10.	Auftragseingang-Interne Logistik-Externe Logistik-Frakturierung-Debitoren	Kernprozess
11.	Sourcing IT-Immobilien-Betriebsmittel	Supportprozess
12.	Personalmanagement	Supportprozess

Abbildung 3-1: Generisches Prozessmodell im Unternehmen

Die Marketing, Kern- und Supportprozesse werden in den weiteren Kapitels dieses Buches im Einzelnen vorgestellt werden[50].

Hierzu stehen hier zunächst die Grundsatzüberlegungen mit den Fragen an:

- Welche Unternehmensprozesse sind relevant?
- Wie kann man diese Prozesse systematisch darstellen und ganzheitlich betrachten?
- Was sind bei der Prozesssicht die typischen IR-Themen und OA-Fragestellungen?
- Wie kann man dieses generische Prozessmodell mit den bekannten Rahmenwerken COSO, COBIT (Control Objectives for Information and Related Technology), ITIL (Information Technology Infrastructure Library) etc. verbinden?
- Wann ist eine Prozessprüfung sinnvoll, wann eine Funktionsprüfung, wann eine Projektprüfung, wann eine IT-Prüfung und wann sollte die Geschäftseinheit komplett analysiert werden?

Generell sind IR-Prüfungen auf Unternehmensebene eher selten, da sich der vorgesetzte Vorstand der IR im dualen Modell normalerweise scheut, direkt in die Belange seiner Kollegen mithilfe der IR einzugreifen. Auch wenn die IR direkt an den Vorstandsvorsitzenden berichtet, sind solche Prüfungen kein Regelgeschäft. Es kann ihnen ein „Geschmäckle" anhaften, das Revisionsthema nicht im Sinne des Unternehmens, sondern im Interesse eines einzelnen Vorstands abarbeiten zu müssen.

3.2 Managementprozesse

Im Folgenden werden die Managementprozesse unter OA-Gesichtspunkten kurz angerissen, die im Weiteren nicht mehr ausführlich behandelt werden, da sie nicht zu den operativen, sondern den Managementprozessen zuzuordnen sind.

50 Die Themen operatives Führen und Personalmanagement sollen im Band Management Auditing vertieft werden.

3.2.1 Strategie und Planung inklusive M&A

Das Thema Strategie hatten wir schon in großen Teilen im letzten Kapitel bei der Vorstellung des Modells von Porter erörtert, so dass die OA-Ansätze nach „Wie und Was?“ leicht ableitbar sein sollten. In einigen Themen sind Überschneidungen zum Controlling festzustellen.

Das Thema sollte dann ein mögliches IR-Thema sein,

- wenn der Vorstand die IR für kompetent hält,
- wenn das Controlling ein solches Projekt ausdrücklich begrüßt,
- wenn sich die Problematik trotz mehrfacher Vorstandsvorlagen und Initiativen offensichtlich als nicht lösbar darstellt.

Alle nachfolgenden OA-Themen können nur in enger Zusammenarbeit mit den Bereichen Controlling, Strategie und Marketing erfolgreich angegangen werden. Außerdem sollte die IR derartige Projekte mit sehr kompetenten Mitarbeitern ausstatten, da hier das „Rampenlicht“ der Vorstandsebene noch stärker als üblich strahlt und die Konsequenzen aus derartigen Analysen für das Unternehmen erheblich sein können. Am Anfang mag es auch eine Hilfe sein, mit externen Beratungsfirmen zu kooperieren, um methodische Sicherheit zu gewinnen.

Nach positivem Wissenstransfer kann das Unternehmen dann mithilfe derartiger IR-Projekte Beraterhonorare sparen und Knowhow-Abfluss an Wettbewerber spürbar einschränken.

3.2.1.1 OA-Themen im Strategieprozess

In der nachstehenden Tabelle sind einige Themen aufgeführt, die sich für die IR als Beratungsprojekte im Prozess Strategie und Planung anbieten könnten:

Thema	Effektivität: Was zu tun?	Effizienz: Wie zu tun?
Wettbewerbsintensität	Regulierungsinitiativen, Marktanteilsstrategie, Menge oder Wert	Preispolitik mit Elastizitäten, Grenzkosten/Grenzgewinne
Ein-/Austrittsbarrieren	Desinvestment, Kooperation, USP, Kostenführerschaft	Investitionsrechnungen, Kostendämpfungsprogramme, Werbeeffizienzen
Kundenmacht	Kundenbindungsprogramme, Qualitätsverbesserungsprogramme, Medienmixgestaltung, Produktentwicklung	Vertriebsvergütung, Akquisitionskosten, Preispolitik mit Elastizitäten, Werbeeffizienzen

Thema	Effektivität: Was zu tun?	Effizienz: Wie zu tun?
Lieferantenmacht	Global Sourcing, Vertikale Rückwärtsintegration, Out-, Co-Sourcing	Ausschreibungstechniken, Jahresverträge Konditionenkataloge
(Disruptive) Produktsubstitution	Produktlebenszyklus, Marktanteilsstrategie Menge/Wert, Kostenführerschaft, Innovationsstrategie	Portfolioanalyse, Deckungsbeiträge, Kostendämpfungsprogramme Projektkosten Produktentwicklung, Anzahl Vertriebsfreigaben in Relation zur Produktentwicklungs-Pipeline

Abbildung 3-2: OA-Themen im Zusammenhang mit einer Strategieanalyse nach Porter

Die Wettbewerbsintensität ist für die Kartellbehörden ein Maßstab zur Beeinflussung der Marktmacht. Von deren Einschätzung kann es dann abhängen, ob Preise im Vorneherein genehmigt oder nachträglich zur Genehmigung vorgelegt werden müssen. Die IR könnte in einem Beratungsprojekt dann zusammen mit dem Controlling die Effekte quantifizieren, die abgesenkte Dienstleistungs-Preise auf die Kosten- und Ergebnissituation des Unternehmens herbeiführen würden.

Im strategischen Bereich der Kostenführerschaft als Eintrittsbarriere für neue Wettbewerber kann die IR helfen, Multiplikator-Effekte durch schnellere Adaption von Best Practise Regelungen zu erzielen. Diese Erkenntnisse gewinnt die IR durch ihre zahlreichen Besuche der in- und ausländischen Gesellschaften und Betriebsstätten.

Die Kundenmacht mit ausbauen helfen, ließe sich durch Projekte in Prozessschnittstellen erreichen. In einer Untersuchung der Kundenverluste könnte die Erkenntnis gewonnen werden, dass gebrochene Liefer- oder Qualitätsversprechen die Hauptursache darstellen würden. Im Rahmen der Gründung einer bereichsübergreifenden TaskForce könnte es dann gelingen, die Knackpunkte für die gebrochenen Kundenversprechen zu finden und Maßnahmen vorzuschlagen, mit denen diese Schwachpunkte beseitigt würden.

Auch eine Werbekostenanalyse ist zusammen mit dem Controlling geeignet, die knappen Mittel zukünftig noch besser zu fokussieren. Damit ginge es nicht vordringlich um Einsparungen, sondern um die Prüfung der Einhaltung von Standards vor Vergabe der Mittel.

Um die Lieferantenmacht des Unternehmens zu stärken, kann die IR auf eine Zentralisierung des Einkaufs mit entsprechenden Vorschlägen zur internen Bedarfsanmeldung vor externer Vergabe in wesentlichen Einkaufsbereichen drängen.

Hier geht es nicht so sehr um zusätzliche Rabatte durch Mengendegression beim Zentraleinkauf, sondern um das Herstellen von Transparenz im Unternehmen, bevor wesentliche Technologieentscheidungen getroffen werden, die das Unternehmen für Jahre binden würden.

Zusammen mit dem Strategie- und dem Forschungs- und Entwicklungsbereich kann die IR Projekte generieren, die den weichen Übergang bei einem Technologiewechsel mit gestalten helfen. Im Vordergrund stände hier die Förderung derjenigen Projekte und die Mithilfe bei der Fokussierung des Unternehmens, die dem Unternehmen die Marktstellung weiter sicherstellen helfen.

3.2.1.2 Stufen des M&A-Prozesses

Ich kann Ihnen, lieber Leser, leider keinen mir bekannten gültigen Standard für M&A-Projekte[51] benennen. Ich habe Ihnen deshalb aufgrund meiner eigenen Erfahrung analog zu HOAI und IT ein Phasenmodell konstruiert, das in etwa bei allen Akquisitionsprojekten gleich ausfallen sollte.

Im Unterschied zu den o.g. Projekten ist ein M&A-Projekt immer ein Top-Level-Projekt. Es ist auch bis zum kapitalmarktrelevanten Angebot als Top-Secret-Projekt anzusehen. Vom Projektvolumen hat es meist größere Dimensionen als Bau- oder IT-Projekte und bindet somit häufig eine Zeit lang erhebliche Topmanagement-Kapazität. Zusätzliche Problematik ist auch die Internationalität und der zwischen zwei Firmen bestehende Cultural Gap, der durch gezielte Change-Management-Projekte in den Griff zu bekommen sein muss, soll die Integration gelingen. Deshalb ist dieser Aspekt in Phase 4 Due Diligence schon einmal eingefügt, obwohl sich die Auswirkungen erst in Phase 6 richtig bewerten lassen.

In der nachfolgenden Tabelle sind einige OA-Themen, gegliedert nach Phasen aufgeführt, bei der eine gut aufgestellte IR einen Wertbeitrag leisten kann.

Prozessstufe	OA-Themen
1. Strategische Zielplanung (Akquisitionskandidaten)	Strategische Lücke, die nicht intern geschlossen werden kann, Window of Opportunity, Indikatoren, das jetzt gehandelt werden muss
2. Grobplanung (Termin, Investitionsbudget, Finanzierung, Synergien, grobe Bewertung der möglichen Akquisition)	Überprüfung der Parameter (KPI), die das Projekt zum Erfolg machen

51 Am ehesten vielleicht noch CMMI, der für Akquisitionsprojekte seinen Standard spezifiziert hat. Er ist jedoch sehr allgemein gehalten.

Prozessstufe	OA-Themen
3. Recherche (Kernteambuilding, Bankenkontakt, Kontakt zu externen Unternehmensberatern, Rechtanwaltskanzleien, erste Gespräche auf TOP-Ebene)	Unabhängigkeit der Banken/Kanzleien (klare Positionierung Käufer-/Verkäuferseite)
4. Due diligence (detailliertere Unternehmensbewertung, Datenraum- Besichtigung, Geschäftsplanung mit Simulation) + Cultural Due Diligence +LoI (Letter of Interest)	Bewertungsansätze prüfen, insbesondere die Werthaltigkeit der immateriellen Vermögensgegenstände (Kundenbestand, Patente, Markenwert)
5. Umsetzung (Kaufverhandlung und Abschluss, Simulationen + SzenariOS)	./.
6. Integration (Start bilateraler Projekte auf Management-Ebene 2)	Überprüfung der Effektivität des Projektmanagements
7. Post-Merger-Integration-Projekt (Nachbesserungsbedarf, Debriefing)	Identifizierung von wesentlichen Integrationshemmnissen
8. Incident/Problem/Change Management	Überprüfung der Effektivität des Projektmanagements
9. Geschäftsfeldplanung der Neuakquisition als Teil des gemeinsamen Unternehmens	Überprüfung der Durchgängigkeit von M&A- mit Geschäftsfeldplanung

Abbildung 3-3: Prozessstufen bei M&A

Die Beteiligung einer IR bei M&A-Projekten ist in der Praxis relativ selten. Im Rahmen der Financial Due Diligence kann sie quasi als Wirtschaftsprüferersatz Aufgaben der Bilanzanalyse mit Werthaltigkeitsüberprüfungen einzelner Bilanzpositionen übernehmen (Kombination von FA/Compliance und OA) sowie die Parameter der Kaufpreiskalkulation bei z. B. EBITDA-Multiples auf Plausibilität prüfen.

Bei den Themen zu den Prozessstufen 1–3 sind Plausibilitätschecks innerhalb der Konzeptionsphase möglich. Harte Fakten sind hier weniger anzutreffen, Widersprüche zu bisherigen Vorgehensweisen des Unternehmens sind eher zur Diskussion zu stellen.

Ein Unternehmen mag sich unter „Lessons Learnt" aufgrund früherer Erfahrungen vorgenommen haben, nur noch Mehrheitsübernahmen anzustreben. Sollte davon in einem neuen Projekt abgewichen werden, ist das Risiko eines 50:50-Joint Venture oder einer möglichen Minderheitenbeteiligung zu erörtern.

Ein Unternehmen könnte sich vorgenommen haben, in bestimmten Ländern nicht zu investieren (Eintrittsbarrieren, Konkurrenzdruck, Marktpotenzial, Regulierung). Sollte jetzt davon abgewichen werden, ist dies vor dem Hintergrund der früher festgestellten Risikosituation zu erläutern.

Trotz einer strukturierten Vorgehensweise mithilfe der Experten müssen sich die Initiatoren immer wieder mit den Inhalten des Projekts im Rahmen des Projektmanagements beschäftigen, da weitreichende Entscheidungen innerhalb des Projektablaufs bei zunehmender Konkretisierung nicht oder nicht ohne großen Schaden rückabwickelbar sind.

Bei M&A entsprechen die Points of no Return einmal dem Tag der Vorstandsentscheidung, die ersten Kontakte zum Akquisitionskandidaten direkt aufzunehmen, der Unterzeichnung des LoI (Letter of Interest) mit Beginn der Exklusivverhandlungen und dem Tag der Kaufvertragsunterzeichnung nach Abschluss der Due Diligence (Phasen 3, 4 und 5).

In den Stufen 4–5 sind eher konkrete („harte“) Fakten anzutreffen, die dann wie in „normalen“ Prüfungen behandelt werden können.

Wird ein Kundenstamm bewertet, so ist auch zu überprüfen, wie viele der angelisteten Kunden inaktiv sind und keinen Nettoumsatz verbuchen konnten.

Soll eine größere Menge Inventar gekauft werden, so ist stichtagsbezogen eine Inventur durchzuführen.

Werden Kundenforderungen übernommen, sind die Mahnstufen und die Höhe der angesetzten Wertberichtigungen zu überprüfen

In einem Postmerger-Integrations-Projekt (Phase 7) kann sie die Federführung übernehmen und das Thema Soll-Ist-Vergleich des M&A-Projekts übernehmen. Hierbei geht es um die Feststellung von Schwachstellen, soweit sie kaufpreis-relevant sind, wie z. B. zugesicherte aktive Kundenzahlen als Teil eines Firmenwertes oder zugesicherte Produktionskapazitäten.

Auch kann die IR ein Thema „Lessons Learned“ für zukünftige M&A-Projekte aufbereiten und in Einzelfällen bei Konflikten zwischen Muttergesellschaft und neuer Tochter moderieren (Phase 8). Das letzte Thema ist immer eine Gratwanderung, da die IR ja Teil der Konzernkontrolle ist und sich tunlichst aus tagespolitischen Konflikten heraushalten sollte.

3.2.2 Operatives Führen

In diesem Prozess gibt es normalerweise für eine IR aus Industrie und Dienstleistungsunternehmen[52] wenige Betätigungsfelder und noch weniger Ansatzpunkte für ein OA. Auf der anderen Seite sind, wie schon mehrfach ausgeführt, Entscheidungen, die das Personal betreffen, für ein Unternehmen die wichtigsten, auch in ihren Konsequenzen für ihre wirtschaftliche Situation. Revisionsthemen könnten sich hierbei auf den FA- und Compliance-Teil (z. B. Gehaltsprüfungen) beschränken.

52 Bei BaFin-regulierten Unternehmen kann auch die Geschäftsführung selbst Gegenstand einer Revision sein, ebenso in Unternehmen mit Mehrheitsbeteiligung der öffentlichen Hand nach HaushaltGG.

Um die Sache noch zu komplizieren, gibt es in der IR-Nomenklatura auch den Begriff des Management Auditing, der einmal für die Überprüfung des Managements, auf der anderen Seite, wie in diesem Band, für die Prüfung von Managementprozessen verwandt wird.

Effektivitätsthemen sind unter den McKinsey 7S wie Skill, Staff und Shared Values revisionsintern (Band 1, Kapitel 7) abgehandelt worden. Der mitarbeiterorientierte Prozess (MOP) und TRI:M sind hier brauchbare Instrumente.

Effizienzthemen können anhand der Standardprozesse im Personalbereich „Einstellen, Schulung und Entlassung“ diskutiert werden. Auf die im gesamten Personalprozess notwendige Einhaltung der Regularien mit dem Sozialpartner im mitbestimmten Bereich sei nur verwiesen, aber im Nachfolgenden nicht näher eingegangen.

Im Teilprozess „Einstellung“ entstehen die ersten Kosten durch die Vakanz. Die erste Frage sollte also lauten: Welche Gründe waren für das Auftreten der Vakanz maßgeblich? Führt das Unternehmen TRI:M durch, so lassen sich über Bereichsvergleiche unternehmensspezifische von bereichsspezifischen Themen differenzieren.

Sind zeitweise Vakanzen durch hohen Krankenstand bedingt, lässt sich mit systematischer Führungsschulung und sog. Rückkehrgesprächen zwischen Vorgesetztem und Mitarbeiter Besserung erzielen.

Sind Abwerbungen der Wettbewerber systematisch festzustellen, so sind durch Top-Level-Gespräche, adäquate Wettbewerbsklauseln in Arbeitsverträgen und durch systematische Entwicklungsgespräche zwischen Vorgesetztem und Mitarbeiter im Rahmen des zitierten MOP im Vorwege Motivlagen abklärbar. Bei einem vorhandenen Vertrauensverhältnis wird der Mitarbeiter im Vorwege Signale setzen. Ein aufmerksamer Vorgesetzter hat dann die Option, durch Incentives oder durch Angebot weiterführender Positionen im Unternehmen die drohende Vakanz noch abzuwenden.

Die nächste Frage wird leider meistens nicht diskutiert, nämlich: Muss die entstandene Lücke überhaupt geschlossen werden, oder kann nicht durch Umorganisation der Arbeit (Job Enlargement) oder neue Priorisierung der Tätigkeiten (ABC-Analyse) von einer erneuten Besetzung der Position abgesehen werden?

Soll die Vakanz durch eine Neueinstellung geschlossen werden, so sollten effiziente Maßnahmen zur zeitgerechten Schließung der Lücke ergriffen werden. Hierzu zählen einmal der kostengünstige interne Stellenmarkt, das Internet, Zeitungsanzeigen und als teuerstes Instrument der Personalberater. Noch teurer wird es für ein Unternehmen, das den Einstellungsprozess nach dem ersten Vorstellungstermin nicht mit einem definitiven Vertragsangebot innerhalb von ein bis zwei Wochen beenden kann. Der Wettbewerber freut sich über die Chance und die schon sicher geglaubte Neueinstellung kommt durch Absage des Kandidaten nicht zustande. Gut für den, der noch einen Plan B hat, sonst wird eine Wiederholung des Prozesses für alle Beteiligten zeitraubend und frustrierend. Mit Plan B ist nicht gemeint, eine zweitbeste Wahl zu treffen, denn falsche Personalentscheidungen können für das Unternehmen die teuersten sein. Der Alternativkandidat sollte schon ähnlich gut zum Anforderungsprofil passen wie derjenige, der abgesagt hatte.

Zu dem Einstellungsprozess gehört nach meiner Meinung noch die Probezeit hinzu. Ich halte nichts davon, erst einmal einzustellen, man könnte sich ja in der Probezeit noch weiter prüfen. Der Einstellungsprozess sollte so organisiert sein, dass eine Trennung in der Probezeit nur als ultima ratio bei unvorhergesehenen Schwierigkeiten infrage kommt.

Zur guten Organisation gehören eine freundliche Begrüßung am ersten Tag, Vorstellung bei Kollegen und Mitarbeitern, wenn nicht schon nach dem Vertragsabschluss geschehen, einen Paten als Ansprechpartner für die erste Einfindung in die neue Organisation und ein Einführungsprogramm in Unternehmen und Bereich für die ersten Wochen, damit aus ICH und DU schnell ein WIR wird.

Die in den ersten Wochen investierte Zeit ist meistens gut angelegt, da der neue Mitarbeiter seine Unsicherheit schnell ablegen kann, sich wohl fühlt und mit voller Freude die neuen Herausforderungen angehen wird.

Schulungsprogramme werden in großen Unternehmen meist von eigenen speziellen Bereichen durchgeführt. Die Kosten können erheblich sein, insbesondere, wenn eigene Tagungsstätten unterhalten werden müssen, die gegenüber dem Markt meist erschreckend niedrige Auslastungsquoten von unter 50 % aufweisen können.

Ein Verkauf der Tagungsstätten oder eine Belegung zusammen mit anderen Unternehmen können Kosten signifikant senken helfen und den Zwang einer Belegung für (eigentlich) nicht benötigte Schulungsprogramme reduzieren.

Nicht umsonst buchen selbst große Seminaranbieter wie Euroforum oder Management Circle nie in eigenen, sondern in angemieteten Räumen.

Ein zweiter großer Kostenblock entsteht durch den angebotsgetriebenen Ansatz, jedes Jahr ein neues und aktuelles Seminarangebot im Unternehmen anbieten zu müssen. Von der Systematik des MOP ist die Weiterbildung eine Maßnahme, Schwächen in Fach- und Sozialkompetenz beim Mitarbeiter zu beheben. Interessent für die Maßnahme ist also der Mitarbeiter, nicht das Unternehmen als Anbieter von Seminarangeboten.

Auch steht nirgendwo geschrieben, dass das Unternehmen die Kosten der Maßnahme und die Kosten durch die zeitweilige Vakanz des Arbeitsplatzes gleichzeitig übernehmen muss. In der Praxis haben sich deshalb durchaus 50/50-Lösungen (Arbeitnehmer/Arbeitgeber) als gangbar herausgestellt. Insbesondere sind hier zu nennen Maßnahmen in der fachlichen Weiterqualifikation wie Fremdsprachen, SAP oder neuere Entwicklungen in der Technik/Betriebswirtschaft etc. Hier sollten dann auch Defizite zum (gewachsenen) Anforderungsprofil der Position geschlossen werden.

Wichtig sind Feedback-Beurteilungen der Mitarbeiter, die an den Seminaren teilgenommen haben, damit zukünftig die Auswahl weiter zielgerichtet erfolgen kann. Seminare sollten grundsätzlich keine Incentives sein. Zwar kann sich die Erwähnung von Postgraduate-Teilnahmen an renommierten Business-Schools-Lehrgängen im Lebenslauf positiv ausnehmen, ein Ersatz für in Aussicht gestellte, aber noch nicht realisierte Karrieresprünge sind sie trotz allem positiven Networking nicht.

Das schlimmste, was ein Manager einem Mitarbeiter antun kann und was früher als sozialer Frevel oder Kapitulation vor dem eigenen, dem Manager-Unvermögen angesehen wurde, ist die Entlassung von Mitarbeitern. Ist diese Maßnahme heute vor dem Hintergrund immer schneller werdender Entscheidungskaskaden, ausgelöst durch die Marktkräfte eines globalen Markts, mehr vertretbar und sind für ein Unternehmen durch die damit realisierten Kosteneinsparungen manchmal überlebensnotwendig, so können auch in diesem Teilprozess vermeidbare Kosten, d.h. OA-Themen entstehen.

Sie betreffen in erster Linie Entscheidungen nach dem Sozialplan, wenn durch dauerhafte Beschäftigung von Drittfirmenmitarbeitern die Kosten nicht gesenkt, sondern gesteigert wurden.

> Hier kann es von Fall zu Fall sinnvoll sein, eine Nachkalkulation der Personalkostenersparnis gegen den Sachkostenaufbau durchzuführen und getroffene Entscheidungen erneut zur Diskussion zu stellen.
>
> Insbesondere bietet die Arbeitsagentur bei nur konjunkturell bedingtem Nachfrage-Einbruch die Möglichkeit einer Weiterbeschäftigung via Kurzarbeit, um Knowhow-Verlust zu vermeiden und bei Anziehen der Konjunktur zu den „First Movern" zu gehören, die Auftragswünsche der Kunden schnell realisieren helfen.
>
> Ähnliches gilt für Jahres- und Lebensarbeitszeitkonten, in denen in guten Zeiten vom Mitarbeiter Stunden angespart und dann in schlechten Zeiten abgebaut werden, ohne dass dies mit Gehaltseinbußen verbunden wäre.

Auch der Knowhow-Abfluss durch Outsourcing sollte durch eine IR im Rahmen eines OA-Themas bewertet werden können. Der Sozialplan selbst ist ein zwischen den Tarifparteien ausgehandelter Vertrag und entzieht sich dadurch prinzipiell einer Nachkontrolle.

Wie wir gesehen haben, gibt es auch im so qualitativ anmutenden Thema „Operatives Führen" Ansatzpunkte für OA-Themen auf Unternehmensebene, die durchaus etliche wirtschaftliche Vorteile ins Unternehmen bringen können. In dem o.g. COSO-II-Modell finden wir den Prozess Operatives Führen näher beschrieben in den Prozessen

- internes Unternehmensumfeld,
- Zielsetzungsprozess,
- Information und Kommunikation.

Hier geht es um die Werte im Unternehmen, die sich in den Kriterien widerspiegeln sollten, wann jemand befördert wird und wann man sich ggf. trennen muss, wie vereinbarte Ziele kaskadiert werden (vgl. Balanced Scorecard), wie leistungsbezogen bezahlt wird und wie Mitarbeiter für ihre Arbeit qualifiziert werden (vgl. MOP) und wie letztlich der interne Kommunikationsprozess unternehmenszielorientiert organisiert wird.

3.2.3 Externe und interne Berichterstattung

Dieser Managementprozess ist Gegenstand des Financial Auditing wird damit kein Haupt-Thema dieses Bandes sein.

Trotzdem gibt es in diesem Prozess zwei Ansatzpunkte für ein OA. Im externen Teil der Berichterstattung sind in den letzten Jahren durch die Regulierung eine Vielzahl von Anforderungen auf international tätige, börsennotierte Unternehmen eingestürmt wie

- SOX-Anforderungen,
- IFRS-Umstellung zusätzlich US-GAAP,
- Fast Close und Quartalsberichterstattung,

um nur einige zu nennen.

Ohne Beraterhilfe waren diese Projekte für viele Rechnungswesenbereiche nicht darstellbar.

Die Frage ist, ob dieser Sachverhalt sich heute auch noch so darstellt und Beraterkosten nicht in großem Stil infrage gestellt werden können, wenn die Projekte wieder Tagesgeschäft worden sind.

Bei der internen Berichterstattung stellt sich immer wieder die Frage: Sind die verteilten Informationen Basis für Entscheidungen oder nur „nice to know", ist der Detaillierungsgrad angemessen und der betriebene Excel- und IT-Aufwand wirklich notwendig?

Durch Intranet ist das Thema Empfängerkreis nicht mehr mit hohen Zusatzkosten für den Ersteller verbunden, jedoch entstehen hier die Kosten beim Empfänger durch die exorbitant steigenden E-Mail-Zeiten ohne adäquaten Informationsgewinn. Ein OA-Projekt könnte hier sein, die Bürokratisierung und E-Mail-Flut in den Griff zu bekommen[53]. Werden für die Aufbereitung interner Informationen externe Beraterkosten verursacht, so stellt sich hier wie oben die Frage nach der Angemessenheit und Wirtschaftlichkeit.

53 Siehe hierzu auch das Buch Peter Kundinger: Die IR als Change Agent und den Band 1 der Reihe: Grundlagen der Internen Revision, in dem Bürokratie als Soll (Richtlinie) ohne IST definiert wurde. Generell sind alle Kontrollen ohne (wesentliches) Risiko als Bürokratie anzusehen. Dazu gehören auch Entscheidungsstufen, in denen kein Beitrag zur Problemlösung geleistet wird oder zusätzliche Verantwortung für ein Geschäftsrisiko übernommen wird bzw. eigene Verantwortung „abgeschoben" werden soll, zur Info-E-Mails.

Ausführlicher ist der Managementprozess Externe und Interne Berichterstattung in den COSO-II-Prozessen „Information und Kommunikation" und „Monitoring" im Abschnitt 2.2.5 beschrieben.

So wichtige Bereiche wie Investor Relations, Human Relations und Public Relations mit ihren sehr unterschiedlichen Adressaten im und außerhalb des Unternehmens zusammen mit den „Informationslieferanten" der Management-Informationssysteme nach Excel-"Veredelung" durch das Controlling sowie die Berichterstattung durch die IR gehören hierher.

3.2.4 Zusammenarbeit mit dem Controlling

Obschon die Aufgaben der IR im OA eine gewisse Verwandtschaft zum strategischen Controlling aufweisen, sind die Prüfungsziele zumeist sehr unterschiedlich, auch wenn die Themen ähnlich sein mögen. Das Controlling ist an Wirtschaftlichkeitsverbesserungen sehr interessiert, da es durch sie bessere Ergebnisse im laufenden Jahr prognostizieren kann, wenn Kostenbudgets nicht verausgabt werden oder mit den Positionen Reserven gebildet werden, um Kostensteigerungen/umsatzbedingte Ergebnisrückgänge bzw. Budgetabsenkungen für das nächste Jahr zu verrechnen.

Es ist im Tagesgeschäft nicht so sehr an einem mehr oder weniger idealen Budgetstandard für Umsatz, Kostenart oder -stelle interessiert, sondern weiß um die internen und externen Konsequenzen von negativen Zielabweichungen und will deshalb möglichst im Rahmen der Budgets berichten. Sollte dies nicht möglich sein, so hat ein taktisch vorsichtig agierender Controller Reservemaßnahmen im sog. Plan B eingeplant, die z.B. bei umsatzbedingten Ergebnisrückgängen adäquate Kostenabsenkungen zur Ergebnissicherung wirksam werden lassen (z.B. Sach- oder Personalkosten-Freeze oder Einstellungsstopps, bei öffentlichen Haushalten, die unter überraschend niedrigeren Steuereinnahmen leiden, entsprechende Haushaltssperre mit Ausgabenstopp).

Im OA-Bereich ist die IR eher einem Soll-Ideal verpflichtet, das an den Methodenansatz Zero-Base-Budgeting erinnert. Das heißt, die IR versucht, in ihrer Analyse unwirtschaftliche Aktivitäten und nicht zielführende Aufgaben in die Diskussion zu bringen und schließlich abzubauen.

Nach einem vorübergehenden Ausgabenstopp erreicht ein Unternehmen im September und Oktober doch überraschend positive Umsatzwerte, die den Ursprungsjahresplan wieder in greifbare Nähe rücken, der Ausgabenstopp wird aufgehoben. Einige von Ihnen, lieber Lehrgangsteilnehmer, kennen nun das Phänomen des sog. „Dezemberfiebers". Das heißt, die in den Vormonaten gestrichenen und eingesparten Ausgaben werden im Dezember beauftragt, um das Jahresbudget, das leider in den meisten Unternehmen als Basis für das Folgejahr dient, wieder zu erreichen.

Aus Controlling-Sicht beginnt mit den operativen Bereichen wieder die Budgetverhandlung nach dem schon geschilderten „Schluck-und-Zuck"-Prinzip.

Die IR würde jedoch unter OA-Gesichtspunkten die Sinnhaftigkeit der Dezemberausgaben hinterfragen, eine Hochrechnung der bis Oktober erreichten Kosteneinsparung ohne Leistungsminderung aufs Gesamtjahr vornehmen, um das neue Budget auf Basis des abgesenkten Bedarfs zu ermitteln. Sie würde vielleicht in einem FA-Ansatz die Vergabe Dezember überprüfen, ob die in der letzten Woche Dezember eingehenden Lieferantenrechnungen wirklich mit allen Leistungsnachweisen versehen sind, so dass die Budgetposition nicht nur beauftragt, sondern auch im alten Jahr mit Leistungen hinterlegt war.

Und ein letzter Hinweis, das Dezemberfieber grassiert nicht nur in öffentlichen Verwaltungen!

Das Beispiel soll hier nicht als Controllingschelte missverstanden werden, es wurde mit Absicht gewählt, um die unterschiedlichen Vorgehensweisen aufgrund der unterschiedlichen Rollen von Controlling und IR klar zu machen. Das Controlling hat bei Budgetgesprächen unter enormen Zeitdruck zu handeln, und zwar mit allen Bereichen des Unternehmens, während sich die IR, natürlich unter Beachtung des Risikoprüfungsansatzes, die „Rosinen herauspicken" und das gewählte Thema in aller notwendigen Tiefe abhandeln kann.

Es ist auch vorstellbar, dass sich mit Billigung des Vorstandschefs und des Finanzchefs die beiden Bereiche IR und Controlling in einem gemeinsamen Projekt zusammensetzen und versuchen, ein bis dato im Unternehmen kaum lösbares Kostenproblem, z. B. die Höhe der extern vergebenen Beraterkosten, in den Griff zu bekommen.

Da einige Beratungsthemen auf Vorstandsebene entschieden werden, empfiehlt es sich, wenigstens im ersten Jahr einen Konzernvorstand mit der Projektleitung zu betrauen. Durch das Controlling lernt die IR schnell die Thematik kennen, erhält jederzeit aktuelle Daten und lernt auch einmal die Verzahnung der Buchhaltungssysteme mit den Controllingsystemen kennen.

Umgekehrt lernt das Controlling durch die profunde Detailkenntnis der IR, dass nicht in jedem Fall „buy" die richtige Entscheidung sein muss, sondern das z. B. Manager auch dafür bezahlt werden,

- sich den eigenen Kopf für die richtige strategische Ausrichtung ihres Bereichs Gedanken zu machen,
- dass nach erfolgreichen Projekten Budgets auch wieder zurückgegeben werden können, da ja das Thema jetzt Tagesgeschäft geworden ist,
- dass durch einen Beauty Contest (Präsentation externer Anbieter) die Honorare neu vergeben und meist günstiger vergeben werden können und
- dass durch Konzentration auf wenige Beratungsfirmen entsprechend ihrem Profil Economies of Scale realisierbar sind.

Durch gemeinsame Anstrengungen von IR und Controlling mag einem solchen Projekt der Erfolg beschieden sein, insbesondere, wenn nach anfänglichem Zögern die verschiedenen Vorstandsbereiche um die besondere positive Hervorhebung in der für eine Vorstandssitzung aufbereiteten vergleichenden Unterlage wetteifern.

Das kann der absolute Einsparbetrag, der höchste prozentuale Einsparbetrag oder generell die Unterschreitung von schon abgesenkten Budgets sein. Der Motivationseffekt im Unternehmen ist enorm wichtig, da nur durch immer enger geschnürte Vorgaben irgendwann Stimmen laut werden, sich ins operativ zu verantwortende Geschäft nicht weiter von Stabsbereichen hineinreden zu lassen.

Da die IR auch international ihre Prüfungen durchführt, kann sie z. B. durch Benchmark-Projekte im Vertriebs- oder Marketingbereich Verbesserungspotenziale identifizieren, erfolgreiche Innovationen aus einem Land zum Test für andere Länder vorschlagen und über die Analyse der Basisdaten vor Ort feststellen, ob die Informationen, die dem Controlling im Rahmen der „Hyperion[54]-Systematik" monatlich gemeldet werden, passend sind (interner CO-Ansatz) und die Methodik einheitlich und regelgerecht angewandt wird. Das zentrale Controlling ist dann dankbar für diese Unterstützungsleistung der IR, ebenso natürlich die verantwortlichen Vertriebs- und Marketingverantwortlichen in der Zentrale.

Eine Zusammenarbeit mit dem Controlling ist auch über den Planungsprozess im Unternehmen her denkbar. Z. B. kann der Jahresrevisionsbericht des Vorjahres mit seinen noch offenen OA-Themen als eine Unterlage von vielen mit in die Vorbereitung der Strategietagung des Vorstands dienen.

Adhoc-Themen, die weiterer Analyse- und Klärungsarbeit zur Entscheidungsfindung bedürfen, können umgekehrt nach der Tagung Controlling und/oder IR als Adhoc-Thema aufgegeben werden, um das Jahresergebnis noch zu stabilisieren oder Budgetpositionen für die Zukunft transparenter darstellen zu können. Räumt die IR diesen Vorstandsaufträgen genügend Priorität ein, kann noch bis zum Ende des dritten Quartals des laufenden Jahres mit IR-Hilfe etwas Positives im Unternehmen bewegt werden.

Die gesamten OA-Ergebnisse, soweit sie quantifizierbar waren und in der Größenordnung für das Controlling als Vorbereitung für die Budgetgespräche des Folgejahres eine Relevanz aufwiesen, fließen wiederum in die laufende Budgetierung als Input der IR mit ein. Um die Zusammenarbeit mit den operativen Bereichen weiter auszubauen, sollten alle diese Themen mit Verbesserungspotenzial vorher in den jeweiligen Schlussbesprechungen eingehend diskutiert und festgelegt sein, dass nicht im Nachhinein das Controlling das Gefühl beschleicht, für Follow-up-Zwecke der IR eingespannt gewesen zu sein, sondern Budgets mithilfe der IR kürzen zu können. Planungsprozess des Unternehmens und Revisionsprozesses lassen sich dergestalt miteinander verzahnen.

Insgesamt gilt generell für die Zusammenarbeit zwischen Controlling und IR:

Im Vergleich zum stark in die Managementprozesse der Strategie und Planung sowie der monatlichen, quartalsweisen und jährlichen internen Berichterstattung eingebundenen Controlling besitzt die IR durch ihre Projektarbeit höhere Freiheitsgrade.

Überschneidungen der Arbeit zwischen Controlling und IR sollten durch offene Kommunikation im Vorwege, Absprachen bei vergleichbaren Aufgabenfeldern und

54 Seit 2007 Tochtergesellschaft von Oracle, eine der weltweit führenden Anbieter für Business Intelligence (BI)-Lösungen.

Codifizierung in der Geschäftordnung der IR bzw. im Geschäftsauftrag des Controllings verringert werden.

Zur Vermeidung von Überschneidungen sollte der Grundsatz gelten: Die Aufgabe des Controllings sollte die laufende Überwachung der Unternehmensplanung und -strategie durch gezielte, systematische und zahlenbasierte Soll-Ist-Vergleiche sein. Demgegenüber sollte sich die IR stärker mit den Systemen und Prozessen der Unternehmensführung, der Unternehmensüberwachung und des Risikomanagements beschäftigen, inwiefern die Prozesse und Systeme zielorientiert gestaltet und implementiert sind und ob sie effizient arbeiten.

3.3 Marketingprozesse

Es ist erstaunlich, wieso das Thema Marketing und Werbung für die IR immer noch häufig ein Buch mit sieben Siegeln geblieben ist[55]. Ähnlich ging es in den 80er-Jahren der IT.

An der Größe des Budgets kann es nicht liegen, es ist bei den Sachkosten meist das Größte in einem Unternehmen. In vielen Unternehmen ist das Marketingbudget zudem eine noch größere „heilige Kuh" als das Investitionsbudget. Im Sinne von „Keine revisionsfreien Räume" sollten aber heilige Kühe der Vergangenheit, dem Zeitalter der Mythen, angehören.

Langweilig ist das Themengebiet Marketing und Werbung beileibe nicht. Gerade die spannendsten Geschichten nehmen ihren Ausgangspunkt im Marketing. Hier entscheidet es sich, wie und wann das neue Produkt seine Kunden finden soll. Marketing ist Innovation, also Umsetzung von Kreativität in den Markt.

Insofern ist es im Sinne von OA eine der lohneswertesten Spielwiesen für die IR, wenn man es einmal geschafft hat, die Vorurteile beiseite zu räumen wie

„Lauter Kreative!"
„Nur Qualitatives, nichts Prüffähiges!"
„Heißes Eisen, soll sich doch ein anderer die Finger verbrennen!"
„Ich weiß, dass 50 % meiner Werbeausgaben verschwendet sind,
ich weiß nur nicht welche." (Henry Ford II)

In diesem Kapitel wird der Leser viele Beispiele finden, wie Marketing praktisch wirkt und wie Erfolgs- und auch Misserfolgsgeschichten ihren Anfangspunkt im Marketing finden.

Er wird erfahren, wie handfest das neue Modewort im Marketing und in der Marketingrevision, nämlich Big Data umsetzbar ist.

Der OA-Revisor schärft seinen Sinn für das Unternehmerische, das Geschäftsmodell seines Unternehmens, wenn er sich das Ergebnis der Marketing-Aktionen unter

55 Selbst Philip Kotler hat das Thema Marketingrevision intensiv auf den Seiten 764–772 der dt. Übersetzung seiner 2. Auflage des Buches Marketingmanagement im Jahre 1974 beschrieben; s.a. Kasimir Magyar 1987, S. 162 u. 163.

der Devise „Es muss sich alles rechnen!“ und unter dem Blickwinkel des Kunden ansieht.

Er wird nach diesem Kapitel in der Lage sein, die Fachbegriffe des Marketings besser einordnen zu können und sich nach einigen Prüfungen zu einem geschätzten Gesprächspartner der Marketingkollegen entwickeln mit dem Ziel, Sparringspartner zu werden.

Er wird bei all seinen Prüfungen immer wieder daran erinnert, wie schwierig es ist, das Geschäftsmodell des Unternehmens mit Marketingaktionen zu beleben. Er wird aber auch feststellen, wie erfolgreiches wirtschaftliches Handeln sich aus den Möglichkeiten, die das unternehmerische Geschäftsmodell bietet, fast zwangläufig ergibt.

3.4 Kernprozesse

Kernprozesse definieren in jedem Unternehmen individuell, wie Leistungen erbracht und mit den Kundenwünschen in Einklang gebracht werden. Insoweit sind in diesem Abschnitt zum größten Teil individuelle Erfahrungen aus meiner beruflichen Vergangenheit zur Illustration der jeweiligen OA-Themen mit eingeflossen. So werden sich in Details bestimmt Unterschiede zu Ihrem Unternehmen ergeben.

Gemeinsam dürfte jedoch sein, auf möglichst effizientem Wege die Kundenaufträge zu erledigen und mit der korrekten Erledigung ein positives Image beim Kunden aufzubauen. Dies gilt entsprechend für die Planung und das Betreiben der Produktionsinfrastruktur. Dies sind die Prozesse, die zwar meist technisch ausgerichtet und tief in den individuellen Unternehmensprozessen eingebettet sind. Aber entscheidend für ein Unternehmen ist es, ob es sich zukünftig flexibel auf wandelnde Bedarfe einstellen und seine Leistung kosteneffizient, in guter Qualität und zeitgerecht erstellen kann.

Grundsätzlich, generisch und branchenübergreifend lassen sich 4 Kernprozesse bestimmen:

Nr.	Prozess	Inhalt	Besonderheiten	OA-Relevanz
1	Operative Planung	Umsetzung der Budgetgespräche	Verzahnung mit Strategischer Planung	Nur Zweckmäßigkeits-Prüfungen sinnvoll; manchmal Schnittstellenproblem zur strategischen Planung
2	Produkt-Entwicklung und Innovations-management	Neuprodukt-entwicklung	Projekt-management	Hochrisikobereich; Masterplan; IT; Innovationsmanagement
3	Produktion	Order Fulfilment	Qualitätsmanagement-Systeme; Leistungsarten	Hohes Kostenbudget; Kern der meisten Geschäftsmodelle
4a	Verkauf	Demand2Order		

Nr.	Prozess	Inhalt	Besonderheiten	OA-Relevanz
4b	Fakturierung	Order2Bill	Verzahnung der Prozesse notwendig	Hoher IT-Einsatz; meist Schnittstellenprobleme zwischen ERP- und CRM-systemen
4c	Ausgangs-Logistik	Order2 Delivery		
4d	Debitoren	Bill2Cash		

Abbildung 3-4: 6 Kernprozesse

3.5 Supportprozesse

Wir wollen uns für das OA die wichtigsten Unternehmensbereiche, insbesondere die mit Unternehmensaußenkontakt anschauen, die zudem nach der Prozesssystematik zu den Supportfunktionen gehören: Einkauf/Sourcing und Immobilien.

Wegen der überragenden Bedeutung des Prozesses IT, aber auch wegen der großen Bedeutung dieser Funktion für die IR, aber auch für jedes Unternehmen, wird der IT ein großes Kapitel gewidmet. Der Autor entschuldigt sich an dieser Stelle schon einmal prophylaktisch, sollte dieses Thema für den Leser zu umfangreich ausgefallen sein. Es war halt auch in zwei Unternehmen beschäftigt, in denen dieser Prozess quasi Kernprozess war.

Auf der anderen Seite freut es den Autor auch, zusätzlich zur Aufzählung von Fachbegriffen, für die es viel Literatur gibt, auch den Hintergrund für eben diese Fachbegriffe zu vermitteln. Nach Studium dieses Kapitel 10 sollten die Leser in der Lage sein, fundiert über Drohszenarien aus dem Internet, die Öffnung von Datenpaketen mit Hilfe von Deep Packet Inspection und entsprechenden Sicherheitsmaßnahmen wie eines Proxyservers als Honeypot, VPN als Schutz und Einschränklung von Active X Elementen im Explorer mitreden zu können.

Das Thema Personalmanagement wird teilweise im Kapitel 9: Kernprozess 4, Produktion und Produktionsrevision unter 9.2.2 Personalbedarf abgehandelt. Weitere Aspekte finden sich in den Kernprozessen Kapitel 5 „Marketing und Marketingrevision" unter 5.4.1 Internes Unternehmensumfeld sowie unter 5.6.1 Callcenter und 5.6.2 Vertrieb, im Kapitel 10 „Operative Supportprozesse 1: IT-Prozesse und IT-Revision" bei 10.1.6 Personen in der ITK und unter 11.1.3 Der Einkäufer im Kapitel 11 „Supportprozess 2: Sourcing und Beschaffungsrevision".

3.6 Kernthesen

Im generischen Prozessmodell wird in Management-, Marketing, Kern- und Supportprozesse unterschieden.

Marketing-, Kern- und Supportprozesse werden in den nächsten Kapiteln ausführlich behandelt.

Die Management- und Finanzprozesse sind einem anderen Band der Buchreihe vorbehalten und werden deshalb in dem vorliegenden OA-Buch nicht ausführlich behandelt. Einige Aspekte sind jedoch aus OA-Sicht interessant und wurden in diesem Kapitel skizziert.

In der strategischen Unternehmensplanung kann die IR sowohl in der Zielfindungsphase als auch in Einzelfällen bei M&A-Aktivitäten einen Beitrag leisten.

In der Zielfindungsphase kann sie zu den Zukunftschancen die momentanen Risiken spiegeln und bei größeren, geplanten Umstellungen im Unternehmen auf die „Lessons Learnt" entsprechend den abgeschlossener Prüfungen bzw. den Follow-up-Ergebnissen verweisen. Bei M&A-Projekten kann sie bei Projektstart, wenn sie überhaupt davon vor einer Vorstandsentscheidung etwas erfährt, Plausibilitätschecks durchführen. Kurz vor dem Kauf sind Due Diligence Prüfungen möglich, bei denen sie externen Abschlussprüfern durch ihr internes Wissen meist auch in Bewertungsfragen (bei materiellen Wirtschaftsgütern) und in Fragen einer Risikoabschätzung überlegen ist.

Im Bereich der operativen Führung kann sie den Personalbereich bei der Umsetzung von Kostendämpfungsmaßnahmen durch eigene Vorschläge stützen, da sie in der Regel eher die Gesamtkosten der Maßnahme als die reine Einsparung von „Köpfen" im Auge hat. Auch in der Weiterbildung gibt es einige Themen wie Seminarangebot, Mitarbeiterbeteiligung an Kosten zur Defizitbereinigung und unternehmenseigene Seminarstätten, bei denen es lukrative Maßnahmenvorschläge geben könnte.

Auch im Rechnungswesen können „historische Zöpfe" ab und an in Frage gestellt werden, wenn die vormalige Unterbesetzung und externe Verstärkung bei Sonder-Projekten nicht mehr vorhanden ist.

Anhand von Beispielen eines konkreten gemeinsamen Projekts, einer Benchmark-Analyse und dem unterschiedlich zu wertenden Dezemberfieber sowie einer Idee der Verzahnung von Revisionsprozessen mit Teilen der Unternehmensplanung wurde die Bandbreite möglicher Zusammenarbeit mit dem Controlling dargestellt.

Die Nachhaltigkeit und die Glaubwürdigkeit von vorgeschlagenen Effizienzsteigerungen durch OA-Themen kann darüber hinaus durch eine gelungene Einbindung des Controllings begünstigt werden, während gleichermaßen das Controlling als zusätzlicher Adressat aller OA-Themen-Berichte tiefere Einblicke in komplexe und problematische Unternehmensthemen erhalten kann.

4 Analysetools für Operational Auditing

Im Band 1 Grundlagen der Internen Revision, insbesondere Kapitel 8, „Risikoorientierte Revisionsplanung", sind einige Verfahren der Ist-Analyse vorgestellt worden. Dieses Wissen soll mit der Vorstellung einiger praxiserprobter Instrumente zum OA ergänzt und vertieft werden.

Bevor wir nun zu den einzelnen Tools voranschreiten, beschäftigen wir uns erst einmal mit der Zielsetzung der OA-Tools. Mit deren Hilfe sollte es uns gelingen, in relativ kurzer Zeit ein Verständnis für die Chance-Risiko-Situation des Bereichs zu finden, in dem ein OA-Projekt starten soll.

Offensichtlich macht es einen Unterschied, ob das OA-Projekt in einem operativen Bereich, einem Costcenter, für ein Bauprojekt, für ein IT-Projekt, in einem kompletten Funktionsbereich oder in einem kompletten Geschäftsprozess geplant ist. Insofern werden sich auch die Analysetools unterscheiden:

Zustand	Prüfungsgegenstand	Ziel	Tool
Etabliert[56]	Profit center	Rentabilitätsverbesserung	Benchmarking, SWOT-Analyse, Balanced Scorecard
Etabliert	Internes Service-center, Kernprozess	Steigerung der Servicequalität	Benchmarking, Balanced Scorecard
Etabliert	Costcenter, Managementprozess Unterstützungsprozess	Kostensenkung	Zero Base Budgeting, Gemeinkosten Wert Analyse (GWA), ABC-Analyse, Balanced Scorecard
Neu	IT-Projekt	Termin-Funktionalität, Kosten laut Plan verwirklichen	Meilenstein-Planung, Kritischer Pfad (CPM), Ampelliste kritischer Punkte, ABC-Analyse, IT-Phasenkonzept
Neu	Bauprojekt	Termin-Funktionalität, Kosten laut Plan verwirklichen	Meilenstein-Planung (HOAI-Phasen), Kritischer Pfad (CPM),
Neu	Kundengroß-Auftrag-Projekt	Termin-Funktionalität, Kosten laut Plan verwirklichen	Meilenstein-Planung, Kritischer Pfad (CPM)

56 Etabliert meint hier bestehendes Geschäftsfeld, bestehende Funktion, bestehender Prozess.

Zustand	Prüfungsgegenstand	Ziel	Tool
Neu	Investitionsprojekt	Erreichung der Planrentabilität	Nachkalkulation, Parametersimulation (best case – realistic case – worst case)
Neu	Akquisitionsprojekt	Erreichen der Akquisitionsziele (Wachstum und/oder Synergien)	Postmerger-Integration, Meilenstein-Planung, Ampelliste kritischer Punkte, Balanced Scorecard

Abbildung 4-1: Analysetools für Operational Auditing

Das Tool SWOT-Analyse (Strengths Weaknesses Opportunities Threads) wird ausführlich im Kapitel 5 Marketing vorgestellt. Die unterschiedlichen Vorgehensweisen bei der Softwareentwicklung sind in Kapitel 10 IT-Prüfungen abgehandelt. Den HOAI-Prozess findet man im Kapitel 12.1 Immobilienmanagement.

Alle übrigen werden im Folgenden abgehandelt und beschrieben.

4.1 Balanced Scorecard

Die BSC (Balanced Scorecard) ist ein Instrument der MbO (Management by Objectives) und versucht, sowohl quantitative als auch qualitative Ziele in den Kaskadierungsprozess der jährlichen Zielvereinbarungen in das Unternehmen einzubringen. Sinn macht die Anwendung der BSC nur, wenn sie unternehmensweit eingesetzt wird. Sie kennt vier Quadranten: die Finanzziele, die Prozessziele, die Themen Innovation und Kundenwert.

Ausgangspunkt des Kaskadierungsprozesses ist die Strategiediskussion des Vorstands, auf der die wichtigsten Eckdaten der nächsten drei (oder heute eher selten fünf) Jahre festgelegt werden. Danach werden den Bereichen Vorgaben für das nächste Jahresziele gemacht (Top-down-Ansatz). Die Bereiche versuchen nun, die Erwartungen des Top Managements in ihre Bereichsziele umzusetzen (Bottom-up-Ansatz). In intensiver Diskussion zwischen Vorstand und Management werden dann die konkreten Ziele des Unternehmens festgelegt. Danach werden in vielen Einzelgesprächen diese Ziele auf die Bereiche bis in die Abteilungen des Unternehmens heruntergebrochen. Dieser Prozess kann durchaus einige Wochen in Anspruch nehmen, sollte jedoch vor Beginn des neuen Wirtschaftsjahres beendet sein. Ist die Diskussion der Unternehmensziele und der Relevanz der heruntergebrochenen Ziele für die jeweiligen Mitarbeiter hinreichend diskutiert und erläutert worden, stellt die BSC vom Prinzip her sicher, dass alle an einem Strang in die gleiche Richtung arbeiten. Wichtig ist danach ein monatlicher Soll-Ist-Vergleich, um Abweichungen frühzeitig zu erkennen und entsprechende gegensteuernde Maßnahmen einleiten zu können.

So einfach das Vierer-Quadranten-Schema auch aussieht, so schwierig sind die Fragen nach den Interdependenzen zwischen den vier Quadranten und nach einer Konsistenzprüfung, ob die Bereichsziele in Summe wieder die Unternehmensziele ergeben, zu beantworten.

Gute, kurzfristige Finanzergebnisse und Investitionen in F&E, mehr Produktqualität und mehr Prozessqualität widersprechen sich scheinbar. Tatsächlich ist der Vereinbarungsprozess das Entscheidende an der BSC, da durch viele Verhandlungsgespräche nach dem Schluck-und-Zuck-Prinzip[57] ein gemeinsames Verständnis für die Unternehmensziele herbeigeführt wird und die vom Vorstand vielfach geforderte Transparenz der Unternehmenspolitik in einem wesentlichen Baustein erfüllt wird.

Beispiel für eine Unternehmens-BSC sehen Sie nachfolgend:

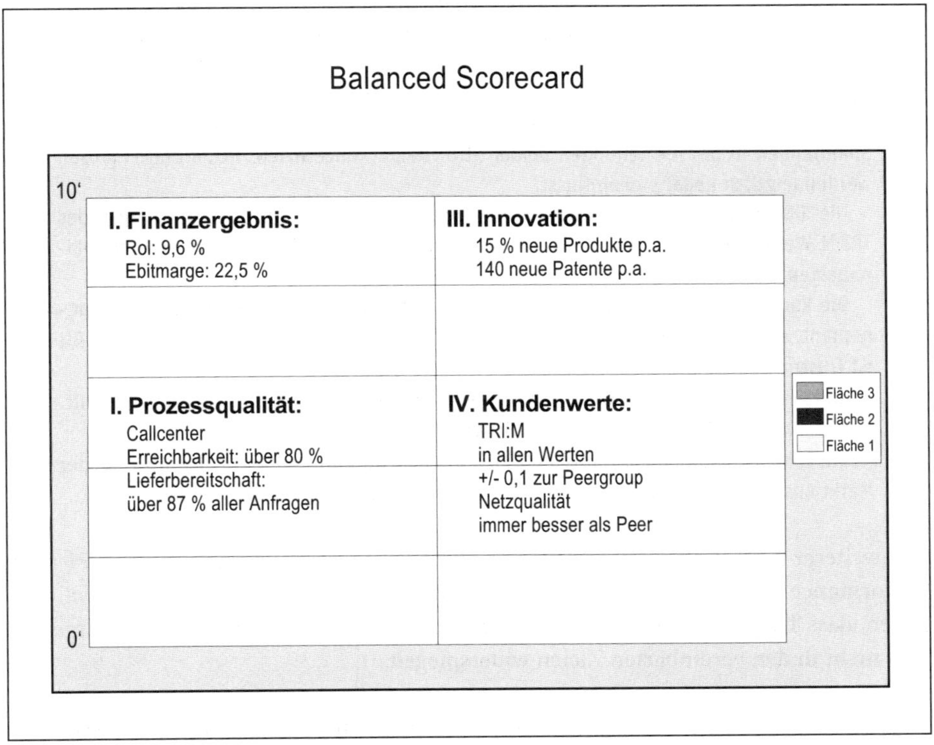

Abbildung 4-2: Balanced Scorecard auf Unternehmensebene

57 Begriff aus dem Controlling nach Dr. Deyle: Der Controller macht seine Vorschläge für die Budgetziele beginnend von einem sehr anspruchsvollen Niveau, bei dem der Bereichsmanager noch „zuckt", senkt sie dann bedächtig ab, bis sie „geschluckt" werden. Der Weg geht auch umgekehrt, dass die Ziele von einem anspruchslosen Niveau sukzessive anspruchsvoller formuliert werden, bis aus dem anfänglichen „Schlucken" ein „Zucken" geworden ist.

Viel schwieriger für das Controlling und den Personalverantwortlichen für die Führungskräfte ist es, nach der Kaskadierung bis auf die unteren Managementebenen die Konsistenz mit den Unternehmenszielen sicherzustellen, da gerade die konsistente Umsetzung in den nicht-finanziellen Quadranten schwierig ist.

Der Internetbereich eines Unternehmens hat eine starke Marktstellung und versucht durch Automation in den Callcentern die Kosten zu senken und seine Finanzziele zu erreichen. Da seine TRI:M-Werte besser waren als die der anderen Divisionen, nimmt er eine leichte Verschlechterung der Kundenwerte in Kauf.

Eine andere Division hat keine Probleme mit dem Erreichen der finanziellen Ziele, will aber die schlechten TRI:M-Werte durch stärkere individuelle Betreuung seiner Kunden verbessern.

Beide SBU (Strategic Business Unit) sprechen dieselben Kunden an. Die Kunden sehen beeinflusst durch eine starke Dachmarkenkampagne eher den Konzern als die beiden SBU und sind verwirrt. Einige versuchen dann, die von der einen SBU nicht kostenlos zu beantwortenden Fragen kostenlos bei der anderen beantwortet zu bekommen. Dies führt zu ungeplanten Kostensteigerungen bei der kundenfreundlicheren SBU und Spannungen in den Beziehungen beider SBU. Beide Konzernziele TRI:M und Finanzen werden letztlich negativ beeinflusst.

Die BSC sieht bei der kundenunfreundlichen SBU kaum Verschlechterungen des TRI:M-Wertes, aber signifikante Verbesserungen der Finanzziele. Die Strategie des Managements dieser SBU ist aufgegangen.

Die kundenfreundliche SBU hat ihren TRI:M verbessert, die Kosten stiegen aber ungeplant, so dass das Finanzziel nicht ganz erreicht wurde. Das Management dieser SBU ist frustriert.

Konzernweit gesehen wurde der TRI:M-Wert erreicht, die Finanzziele aber verfehlt. Der Druck auf die kundenfreundliche SBU steigt.

Die Lösung des Dilemmas lag schließlich in einer Integration der beiden SBU, da der Markt aus Kundensicht für eine Differenzierung nicht mehr geeignet erschien.

Ein weiterer Kritikpunkt an der BSC ist die fehlende Vollständigkeit der KPI (Key Performance Indicator). Denn durch die Begrenzung auf die Ziele kann der Fall eintreten, dass Tätigkeiten entfallen oder nachrangig bearbeitet werden, weil ihr Ergebnis sich nicht in den vereinbarten Zielen widerspiegelt.

Es kommt in der Praxis der IR selten vor, dass nur OA-Aspekte eines Prüfungsthemas behandelt werden müssen. Eine Zielevereinbarung in den mehr auf OA-Themen fokussierten technischen Abteilungen der IR kann dann dazu führen, dass FA-Aspekte aus Prioritätsgründen nicht weiterverfolgt werden, um die eigenen Ziele einfacher zu erreichen. Seitens der IR-Leitung müsste hier dann gegengesteuert werden.

Eine Kaskadierung dieser Unternehmens-BSC in die IR könnte dann wie folgt aussehen:

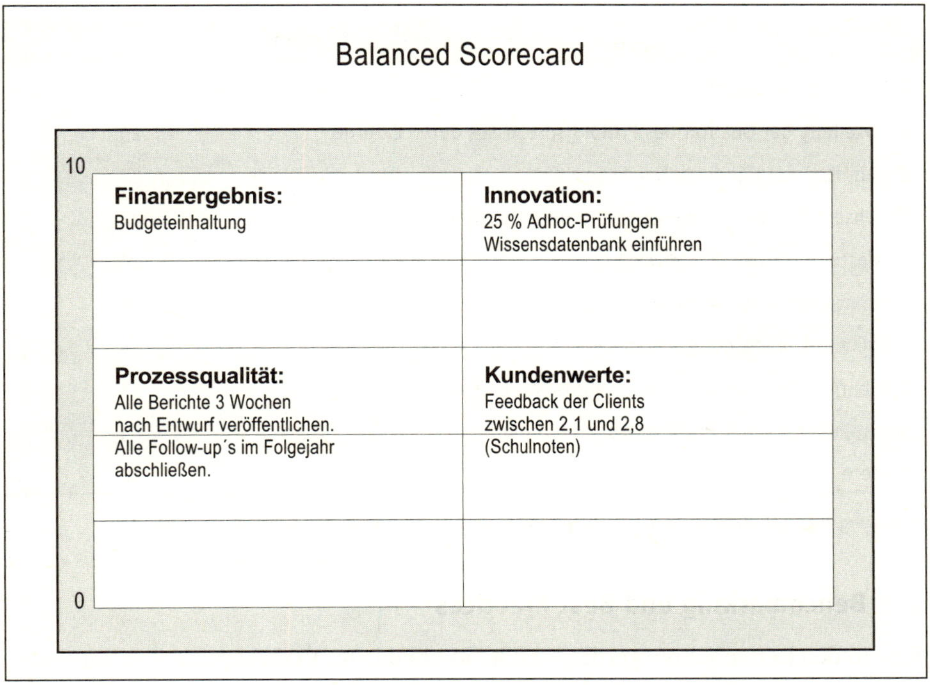

Abbildung 4-3: Balanced Scorecard in der IR

Wie Sie sehen, ist eine Umsetzung der BSC auch in der IR möglich. Eine Verfeinerung der Zieldefinitionen, z. B. in Anlehnung an die IIA Good Practices, wie sie im GAIN aufgeführt sind, ist natürlich möglich, genauso wie eine Quantifizierung von Ergebniszielen aus dem OA heraus, und zwar bei Themen, die schon im Planungsstadium auf eine direkte messbare Ergebnisverbesserung hoffen lassen.

Nach einer aktuellen Umfrage unter den 120 CIA-Teilnehmern der DIIR-Tagung 2007 in Feldafing werden in fast 90 % der Unternehmen auch für die IR Ziele vereinbart, in der Mehrheit auch bis hinunter auf die Mitarbeiterebene.

Als Beispiele für Ziele in der Revision wurden genannt:

Beispiele/Messgrößen	Nennungen absolut
Einhaltung des Budgets	33
Beurteilung der Qualität des Prüfungsprozesses durch Externe	29
Ergebnisse von Kundenbefragungen	27
Durchschnittliche Zeit zwischen Prüfungsabschluss und Entwurf	24
Auslastung (direkt vs. indirekt)	19
Prozentualer Anteil Weiterbildungsstunden	18
Prozentsatz umgesetzter Empfehlungen	9
Einsparpotenzial als direktes Ergebnis von Prüfungen	7
Anzahl wesentlicher Prüfungsfeststellungen	3
Andere	32

Abbildung 4-4: CIA-Befragung zur Zielsteuerung in der IR, CIA-Gruppe-Nord, Feldafing 2007

4.2 Benchmarking und Best Practices

Eine in den letzten Jahren gerne gewählte Methode, um Verbesserungen in Servicebereichen und Prozessen zu erzielen, ist die Benchmark-Methode[58]. Idee ist es, von den Besten in Industrie und Dienstleistung zu lernen und auf dem Weg der schrittweisen Verbesserung schließlich selbst Best Practices zu kreieren oder Best-in-Breed- oder Best-in-Class-Niveau zu erreichen. Ausgangspunkt ist immer die Wahl der richtigen Vergleichsgruppe.

Am Beispiel von Revisionen bietet z.B. das IIA im Benchmark-Projekt GAIN (Global Audit Information Network) eine sehr große Anzahl von Revisionen als Gruppenvergleich an. Als Industrie-IR ist es sicher nicht opportun, sich mit Bankenrevisionen zu vergleichen, hier sind die Aufgaben doch zu unterschiedlich. Trotzdem ist ein Wert von über sieben Revisoren pro 1.000 Unternehmens-Mitarbeiter bei Finanzdienstleistern an sich schon eine interessante Zahl, wenn man selbst in einer Industrie-IR mit 0,5–0,7 pro 1.000 Mitarbeiter anspruchsvolle Ziele erreichen muss. Die entsprechenden Vergleichswerte sind in GAIN auch für Umsatz, Kosten und Bilanzsumme verfügbar.

Man erhält auch für die in diesem Lehrgang beschriebenen Revisionsprozesse gute Anhaltspunkte für seine Planung, z.B. für die Prozessschritte Revision vor Ort, Berichtsentwurf und Berichtsveröffentlichung.

Zum Schluss des über 100 Seiten starken Benchmark-Berichts erhält man Informationen über weltweit gemachte Best Practices in der IR, denen man qualitativ die eigenen Vorgehensweisen entgegenstellen kann. Die nachfolgende Tabelle enthält einige Beispiele aus einem älteren GAIN-Dokument:

58 Siehe hierzu Leonard M. Fuld: The New Competitor Intelligence.

Thema	Eigene Antwort	Direkte Vergleichs-gruppe	Industrie-segment	Alle Revisionen
Ansprechpartner in der IR für spezielle Unternehmens-bereiche	ja	66,7 %	50,0 %	54,7 %
Teilnahme an unternehmens-internen task forces	ja	74,1 %	78,6 %	77 %
Einstellung erfahrener Revisoren	nein	66,7 %	71,4 %	77,9 %
Zeitweise Beschäftigung von Leihpersonal aus dem eigenen Unternehmen	nein	18,5 %	50,0 %	29,9 %
Einsatz von COBIT	nein	51,9 %	57,1 %	47,0 %
Führen mit Zielen	ja	92,6 %	78,6 %	89, 0 %

Abbildung 4-5: Benchmark/Best Practices in der IR nach einer IIA Gain-Studie 2002

Weiterführende Informationen erhält man beim IIA unter dem Link: http://www.theiia.org/guidance/benchmarking/gain/?search=GAIN

Unter dem folgenden Link beim Fraunhofer Institut erhalten Sie weitere interessante Informationen zum Thema Benchmarking: http://www.benchmarking.fhg.de/

In den Unternehmensbereichen, in denen ein Unternehmen Neuland betritt, haben sich ähnliche Tools herausgebildet, um den Projekterfolg sicherzustellen. Zu nennen sind hier die Bereiche Forschung&Entwicklung, Mergers&Acquisitions, IT-Softwareentwicklung und Bau.

In allen Bereichen geht es in ihren Projekten um die Verwirklichung des magischen Dreiecks von Termin – Kosten – Funktionalität. Das Theorem geht davon aus, dass (höchstens) zwei der drei Ziele gleichzeitig umzusetzen sind.

Bei einer Schwerpunktsetzung auf die Ziele Funktionalität und Kosten werden die vielfältigen Änderungen, um das Projekt wenigstens zu 95 % des Pflichtenhefts (IT) fertigzustellen, unweigerlich zu Terminverzögerungen führen. Die Kostenbegrenzung verhindert das kurzfristige Hinzubeschäftigen weiterer Projekt-Mitarbeiter.

Bei öffentlichen Vergaben im Straßen- oder Tiefbau ist (leider) häufig zu beobachten, dass die Baustellen manchmal tage- und wochenlang ohne offensichtlichen Baufortschritt „liegen" bleiben. Offensichtlich haben dann Unternehmen ihre knappen Kräfte auf andere Baustellen mit höherer Marge oder größerem Termindruck (Risiko von Pönalen) abgezogen.

Grund kann jedoch ein Planungsfehler sein, der zu einem kostenpflichtigen Nachtrag führte. Dieser Nachtrag war dann im knapp kalkulierten Budget nicht mehr enthalten.

Die Zusatzkosten aus Staus und Treibstoffverbrauch und CO_2-Emission werden offensichtlich nicht in Bauprojekte hinein kalkuliert. Auch hier sollte (eigentlich) das Thema Nachhaltigkeit vom Bürger eingefordert werden. In Unkenntnis der Zusammenhänge unterbleiben in der öffentlichen Diskussion derartige Themen leider viel zu häufig.

Vorrang von Kosten und Termin führt unweigerlich zur unvollkommenen Umsetzung der Anforderungen, da sich nicht alles im Detail vorplanen lässt und der Auftraggeber/Nutzer meist nicht im Detail die Konsequenzen seiner diversen Anforderungen überschauen kann.

Sehr schön lässt sich dieses Dilemma immer wieder an den α-Versionen neuer Standardsoftware beobachten, die dem interessierten Fachpublikum schon weit vor der Fertigstellung eines neuen Release[59] zur Kommentierung (beabsichtigt ist Fehlerkorrektur ohne Bezahlung) zur Verfügung gestellt werden.

Auch β-Versionen, bei denen meist nicht alle „Kinderkrankheiten" beseitigt wurden und die trotzdem schon als fertiges Produkt auf den Markt gebracht werden („Vistavisitieren"), gelingt die komplette fehlerfreie Umsetzung des Pflichtenhefts meist nicht. Mit den kostenlosen Updates werden dann kostenaufwändige Rückholaktionen gespart.

Bei einer Zieleverwirklichung von Funktionalität und Termin ist dann eine Budgetüberschreitung wahrscheinlich, weil keine Abstriche an der Funktionalität gemacht werden dürfen und der Eröffnungstermin fix ist (Eröffnung neues Warenhaus, Hotel oder Stapellauf eine Kreuzfahrtschiffs).

Der Flughafenneubau in Berlin, die Elbphilharmonie in Hamburg, der U-Bahnbau in Köln weisen gleichzeitig erhebliche Kosten-, Termin- und Funktionalitätsdefizite auf.

Offensichtlich gibt es bei Großprojekten noch zusätzliche Schwierigkeiten, die planerisch bewältigt werden müssen. Jedoch sind generell bei Bauprojekten Terminüberschreitungen wegen verabredeter Pönalen bei Zeitüberschreitungen seltener, dafür Kostensteigerungen über Nachträge tendenziell häufiger festzustellen.

59 Neue Softwareversion.

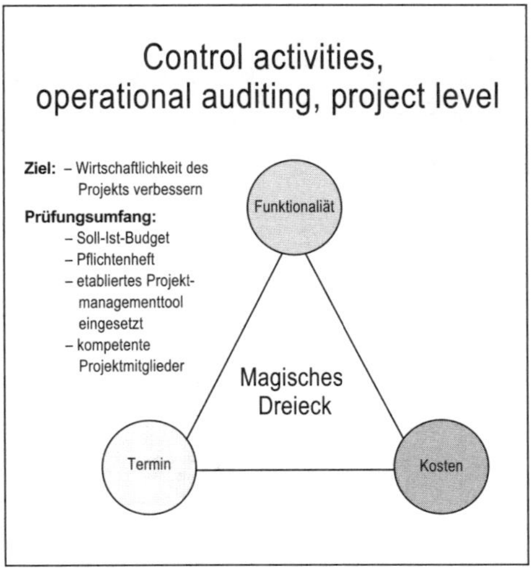

Abbildung 4-6: Magisches Projektdreieck

4.3 Meilensteinplanungstechniken: Gantt Charts, kritischer Pfad (CPM), PERT

Schon Anfang der 80er-Jahre begann man nach Erfindung des PC dessen Fähigkeiten von Gedächtnis- und Rechenkapazität zur Steuerung von Projekten mit spezieller Software zu nutzen. Bei Microsoft Project erhielt und erhält man nach Eingabe aller Tätigkeiten mit gewünschtem Anfangs- und Endzeitpunkt ein grafisches Netzbild und eine gelistete Übersicht aller Tätigkeiten nach verschiedenen Kriterien. Durch die Verbindung mit dem Ressourcentool war es nun möglich, über die Variation der Auslastungsgrade der Ressourcen die Projektendtermine besser zu planen. Trat eine Verzögerung ein, so konnte man sich die Auswirkung auf die Teilprojekte errechnen und darstellen lassen:

Eine in den USA vor fast 100 Jahren entwickelte Technik der Visualisierung von Soll- und Istzuständen von Projekten des Erfinders Henry L. Gantt ist heute unter Gantt-Charts bekannt und bei www.kidasa.com unter Mileststones Professional als Planungssoftware eingesetzt.

Im unteren Bespiel sind die Projektaktivitäten und die Wochenplanbudgets sowie die Wochen-Ist-Kosten je Aktivität abgetragen.

Man sieht auch optisch die zeitliche Abfolge der Aktivitäten und den Status für Anfang Februar 2001 von abgeschlossenen un noch offenen Aktivitäten sowei die Restbudgets aus dem Soll-Ist-Vergleich.

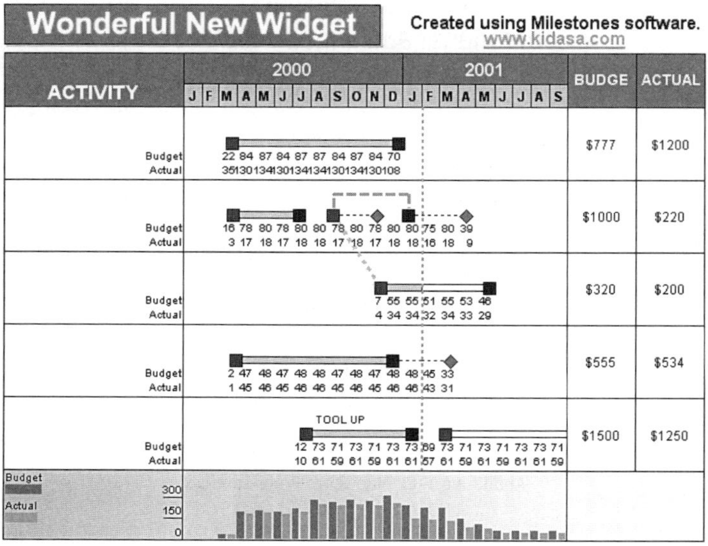

Abbildung 4-7: Gannt Chart

Eine Weiterentwicklung der Ganttt Charts sind die Methoden CPM (Critical Path Method) und PERT (Project Evaluation and Review Technique). Bei CPM werden die Tätigkeiten im Gegensatz zu Gannt mit ihren Anfangs- und Endzeitpunkten verknüpft. Der kritische Pfad ergibt den effektiven Zeitbedarf aller Tätigkeiten. Da innerhalb dieses Pfades zeitunkritische Tätigkeiten schneller fertig werden, entstehen bei ihnen freie Puffer.

In der Grafik unten ist eine vereinfachte Form von CPM abgebildet[60]:

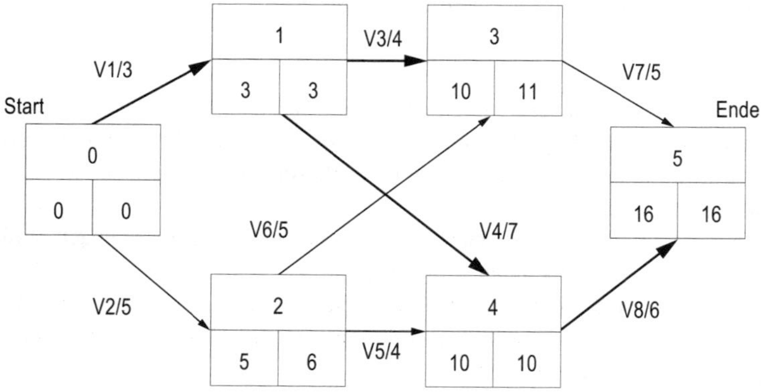

Abbildung 4-8: Critical Path Method

60 Siehe *Methode des kritischen Pfades*, letztlich aufgerufen unter http://de.wikipedia.org/wiki/Methode_des_kritischen_Pfades am 12.12.2014.

PERT greift die Frage von großen Unsicherheiten über die Dauer der Tätigkeiten im Projekt auf. Sie werden nach der β-Verteilung geschätzt. Hierbei erhalten die optimistische und die pessimistische Schätzung jeweils 1/6 und die realistische Einschätzung der einzelnen Tätigkeit 4/6 Gewicht.

All diesen Techniken zur Steuerung von Projekten ist eine gute Visualisierung gemein. Denn je größer und komplexer die Projekte werden, umso höher wird der Pflegeaufwand zur Erfassung der Istzeiten und umso schwieriger wird es, den Gesamtüberblick zu behalten. Obwohl PERT zur Zeitschätzung einen guten Algorithmus liefert, ist das Thema der Umsetzung der gewünschten Funktionalität manchmal in Projekten nicht einfach lösbar. Denn unabhängig von der Zeitschätzung muss sich eine Lösung für jeden spezifischen Funktionalitätswunsch abzeichnen.

Für eine neue IT-Anwendung im Customer-Care-Bereich war eine Antwortzeit von maximal drei Sekunden im Pflichtenheft vorgesehen gewesen. In der Realisierung bei ca. 10.000 Arbeitsplätzen gab es Probleme, da zunächst weltweit keine Hardware gefunden werden konnte, die die riesigen Datenmengen der Kundendatenbanken im Online-Zugriff halten konnte.

Durch mehrere Parallelrechner konnte das Problem dann schließlich gelöst werden, jedoch zu höheren Kosten wegen des zusätzlichen IT-Verwaltungsaufwands.

Ohne Zeitschätzung funktioniert keine der Techniken. In der Praxis werden von Lieferanten manchmal Endtermine versprochen, ohne mit dem Kunden wenigstens die Grobplanung durchgesprochen zu haben, nur um an den begehrten Großauftrag zu gelangen. Man hofft dann mit zusätzlicher Kapazität den Termin noch halten zu können. Das scheitert aber schon dann, wenn Expertenwissen nicht mit zusätzlicher Kapazität wettgemacht werden kann, geplante Testläufe mehrfach scheitern oder der Auftraggeber Zusatzwünsche zu spät konkretisiert.

Immerhin liefern Meilensteinplanungen mit CPM konkrete Informationen über die bekannten Risiken eines Projekts und werden deshalb in der Praxis häufiger eingesetzt.

Für den Projekterfolg letztendlich entscheidend ist aber, ob es dem Projektleiter gelingt, seine Mitarbeiter so zu motivieren, dass auch schwierige Themen und plötzlich auftretende Hindernisse mit Elan und Leidenschaft angegangen werden und dass mit dem Auftraggeber in den Projektmanagementsitzungen trotz aller Interessenunterschiede ein offener Dialog gepflegt wird. Projektmitglieder haben in einem solchen Klima keine Angst, Probleme anzusprechen, die sich ansonst anhäufen und dann kurz vor Projektende eskalieren würden. Diese Klima hilft, auch bei Planabweichungen Lösungen zu finden. Denn keiner wird in der Mitte eines Projekts aufgeben wollen.

4.4 Tools für Supportprozesse sowie Servicecenter und Costcenter

Ein meist großes Ärgernis für erfolgreiche Profitcenter in größeren Unternehmensverbünden sind Zentralbereiche, die eigene Strategien für das Gesamtunternehmen entwickeln und unternehmensweit versuchen, diese durchzusetzen.

Beispielsweise kann eine Zentralisierung der Marktkommunikation als eigener Geschäftsbereich (Profitcenter) in einem Unternehmen mit mehreren SBUs Skaleneffekte beim Einkauf von Werbeleistungen erzielen und die Dachmarke dominant im Markt platzieren.

Als Servicecenter mit reiner Koordinationsfunktion hat es jedoch Schwierigkeiten, wenn es die unterschiedlichen Erwartungen der SBUs, die unterschiedlichen Reifegrade der SBU-Märkte, die unterschiedlichen Zielgruppen in einer einheitlichen Kommunikationsstrategie bündeln soll.

Als reines Costcenter mit der Aufgabe, dieselben Werbewirkungen mit weniger Mitteln für die SBUs jedes Jahr erneut zu erfüllen, wird es vermutlich scheitern, denn SBUs in gesättigten Märkten neigen dazu, ihr Budget umsatzabhängig nach dem vergangenen Umsatz zu planen, während die SBUs in stark wachsenden Märkten die zukünftigen und nicht die gegenwärtigen und schon gar nicht die vergangenen Marktanteile als Basis ihrer Planung der Werbebudgets nehmen. Hier unter Budgetrestriktion vermitteln zu wollen, kann nur selten gelingen und zwar nur dann, wenn eine gemeinsame Unternehmenssicht der Zukunft gelingt.

Um Servicecenter und Costcenter zu mehr marktkonformer Leistung zu „inspirieren“, haben sich unterschiedliche Beratungsfirmen verschiedene Modelle einfallen lassen. Einige wenige seien Ihnen, lieber Leser, hier kurz vorgestellt.

4.4.1 Gemeinkostenwertanalyse (GWA) mit ABC-Methode von McKinsey

Eines der bekanntesten Tools zur Analyse der Costcenter ist die von McKinsey perfektionierte Gemeinkostenwertanalyse (GWA). Ziel einer GWA ist es, signifikante Kostensenkungen in allen betroffenen Costcentern, manchmal auch Servicecentern ohne externen Marktzugang, zu erreichen. Hierzu werden die Costcenter-Leiter vom Vorstand beauftragt, ihre Tätigkeiten nach der ABC-Methode zu strukturieren:

Name	Charakteristikum	Ziel	Beurteiler
A	Unbedingt notwendige Tätigkeit	Leistung optimieren	Gemischtes Team aus Beratern und Kollegen, in letzter Instanz zuständiger Vorstand
B	Wichtige Tätigkeit	Einordnen aller B, entweder in A oder C	
C	Nützliche Tätigkeit	Personen abbauen	

Abbildung 4-9: ABC-Analyse und GWA nach McKinsey

Der Projekterfolg steht und fällt mit der Mitarbeit der Bereiche. Sobald sich im Unternehmen herumsprechen sollte, dass es nicht fair zugeht, entstehen Blockaden. Diese versucht das Beraterteam durch schnelle Eskalation zum Projektmanagementausschuss, in dem mindestens ein Vorstand vertreten ist, zu durchbrechen. Durch den erzeugten Druck wird zwar projektkonformes Verhalten erzwungen, kreative Mitarbeit im Sinne eines grundsätzlichen Infragestellens althergebrachter Tätigkeiten entsteht hierdurch meistens nicht. Denn es gibt weitere Möglichkeiten, das Projekt scheitern zu lassen, z. B. die Nennung von scheinbaren Einsparungen in den C-Tätigkeiten, wo z. B. Posten erst gar nicht mehr mit neuen Mitarbeitern besetzt wurden, die dann als Posten bei der GWA wegfallen. Kostenmäßig ändert sich im Unternehmen durch diese Vorgehensweise jedoch nichts.

Auch im Planungshorizont zusätzliche Bedarfe auszuweisen, die mit bestehendem Personal dann unter A unter höherer Effizienz abgewickelt werden, bringt letzten Endes keine Kostensenkung, sondern höchstens eine Effizienzsteigerung.

Trotz aller Kritik ist die GWA nicht nur für McKinsey, sondern auch viele notleidende Unternehmen als letzter Rettungsanker mit 20–30 % kurzfristig realisierbaren Einsparungen im Gemeinkostenbereich als sehr erfolgreich zu charakterisieren.

4.4.2 Zero-Base-Budgeting und Greenfield Approach

Weil die Kreativität der Costcenter-Leiter manchmal nicht ausreichte, das Einsparziel von 20–30 % der Personal- und Sachkosten im Durchschnitt zu erreichen, wurde die Methode Zero-Base-Budgeting oder auch Greenfield-Approach ersonnnen. Diese Methode basiert ebenfalls auf der Zielsetzung, signifikant die Gemein-Kosten abzubauen. Die Costcenter-Leiter werden virtuell gebeten, sich vorzustellen, ihren Bereich vollkommen neu aufzubauen und keine „heiligen Kühe" zu tolerieren. Gleichzeitig werden sie gebeten, sich vorzustellen, nur ideale, vollmotivierte Mitarbeiter einzustellen und ihren Output auf das niedrigste Volumen zu bemessen. Vorteil ist tatsächlich, dass es gelingen kann, die „heiligen Kühe zu schlachten" und Punkte endlich einmal auf Vorstandsebene zu diskutieren, die früher tabu waren. Nachteil jedoch ist, dass gerade in IT-Bereichen oder denen mit Prozessverantwortung die Umstellung sehr komplex ist und meist eine Zeitlang parallel in alter und neuer Welt gearbeitet werden muss. Die Mitarbeiter, die die Bedürfnisse der alten Welt noch befriedigen müssen, bemerken diesen Sachverhalt sehr schnell und verlieren schnell ihre Motivation, die alte Welt noch „am Leben zu erhalten". Gelingt der Umstieg in die neue Welt nicht schnell genug, so kann gerade in den Servicebereichen, deren Arbeit für die Qualität der Produkte des Unternehmens wichtig ist, viel Kundenunzufriedenheit aufgebaut werden. Werden die benannten „alten Zöpfe doch nicht abgeschnitten", so macht sich Frustration breit und das Kosteneinsparprojekt ist schnell gescheitert.

Besser als alle diese Methoden ist aus meiner Sicht, gleich nach der Devise „Wehret den Anfängen" die Costcenter knapp zu halten.

Einmalprojekte sollten mit Beratereinsatz durchgeführt werden. Es lohnt sich bei einem singulären Thema nicht, interne Mitarbeiter entsprechend zu schulen. Hier spricht die Kosten-Nutzen-relation häufig zugunsten des Beraters.

Schließlich kann eine unternehmensinterne GWA dergestalt implementiert werden, dass alle Verantwortungsbereiche vor dem gesamten Leitungsgremium (Vorstand/ Geschäftsführung) jährlich ihre Kostenstellenplanung offen legen und damit indirekt ihre vergangenen Leistungen bewerten lassen und ihre zukünftigen Bedarfe offen legen. Der Gruppendruck, seinen Bereich gut zu präsentieren, und seine Leistungen Kollegen und Management offen darzustellen, kann aus Gesamtunternehmenssicht sehr hilfreich sein und viele große Kostenblöcke gar nicht erst entstehen lassen.

Immerhin können diese Maßnahmen der Erfahrung nach zwischen 15–20% Effizienzsteigerung bewirken.

Dies macht diese Maßnahmen gerade in sog. Turn-Around-Situationen eines Unternehmens besonders interessant, wenn kurzfristig radikal die Kosten gesenkt werden müssen, ohne dass Essenzielles im Sinne des Marktauftritts gefährdet werden soll.

4.5 Kernthesen

Die Tools wurden in Abhängigkeit vom Einsatzgebiet Projektmanagement, Profit Center und Service-/Costcenter im Einzelnen diskutiert.

Die BSC, die als Gesamtsteuerungstool für zielorientiertes Handeln in allen Unternehmensbereichen und auf allen Ebenen des Unternehmens immer mehr auf dem Vormarsch ist, wurde ihnen anhand verschiedener Beispiele vorgestellt und mit ihren Vorteilen und Nachteilen diskutiert. Beispiele aus der IR-Praxis runden das Kapitel ab und zeigen, wie verbreitet sie auch in der IR schon ist.

Wir haben in diesem Kapitel einige Tools und Methoden kennen gelernt, die unsere Arbeit bei OA-Themen befruchten sollten.

Ich habe versucht, die in der Praxis sehr unterschiedlichen Themengebiete von IT, Bau und M&A von den Vorgehensweisemodellen her gemeinsam zu diskutieren. Wichtig war auch hier die Unterscheidung, welche der drei generischen Ziele Endtermin, Budget oder Funktionalität im konkreten Projekt der Vorrang eingeräumt werden sollte. Entsprechende Terminplanungstools wie GANNT oder PERT und CPM fokussieren auf den Endtermin, während die Projektvorgehensweisen wie HOAI-Prozesse, ITIL oder COBIT und die Abfolge der Projektschritte bei M&A eher die Funktionalität und das Budget im Auge haben.

Letztlich sind im Bereich der Service und Costcenter die GWA, die ABC-Analyse und die modernen Bezeichnungen hiervon, Zero-Base-Budgeting und Greenfield Approach näher erläutert worden. Hindernisse und Erfolgsaussichten wurden dargestellt und einige Hinweise für eine erfolgreiche Umsetzung gegeben.

5 Marketing und Marketingrevision

Der Marketingprozess ist ein Mittelding zwischen einem Managementprozess und einem operativem Prozess. Einerseits muss der Prozess, um wirksam sein zu können, eng mit der Unternehmensstrategie verzahnt sein. Einige behaupten sogar, er ist die Basis einer richtigen, d.h. kundenorientiert ausgerichteten Unternehmensstrategie.

Andrerseits enthält er sehr viele operative, taktische Elemente und gehört mit seinen sehr kurzfristig umsetzbaren Werbeaktionen in den operativen Bereich.

Zwar betonen Marketer immer die hohe Kreativität und Innovationsfähigkeit, die durch ihren Bereich ins Unternehmen hineingetragen werde. Aber dies unterscheidet sie grundsätzlich nicht von den kreativen Menschen in Forschung und Entwicklung, in der Anwendungsentwicklung, in der Architekturleistung beim Bau und bei der Vorbereitung von Mergers& Acqusitions im Finanzbereich.

Richtig ist es, dass die IR die Nomenklatura des Marketings verstehen sollte, bevor sie zu prüfen beginnt[61]. Das gilt aber genauso für die I-T-K , den Bau oder den Finanzbereich.

Marketing ist so gesehen speziell, jedoch nicht einzigartig in einem Unternehmen. Marketing ist nichts desto weniger äußerst spannend zu betrachten, geht es doch um die Position 1 der GuV, den Umsatz, der die Basis für alle Unternehmensaktivitäten legt.

- Jedoch sind vor dem Kern-Prozess Order-2-Bill noch die Vorprozesse zu betrachten, die potenzielle Kunden und Stammkunden auf das Unternehmen und seine Leistungspalette aufmerksam machen (Aufmerksamkeit/Awareness)
- die kaufmännischen Prozesse, die nach der Aufmerksamkeit den Kunden dazu bringen, einen Auftrag zu erteilen.

Auch darf der Kern-Prozess Bill-2-Cash nicht außer Acht gelassen werden, der das Unternehmen in die Lage versetzt, die Vertrauenswürdigkeit/Kreditwürdigkeit des Kunden zu überprüfen, um nämlich zu bezahltem Umsatz und nicht zu einer Forderungsausbuchung zu gelangen.

Zusätzlich ist noch der Kern-Prozess der Logistik zu betrachten, ob das Unternehmen überhaupt in der Lage ist, den Auftrag des Kunden qualitativ und terminlich zu erfüllen (Order-2-Delivery). Dieser Prozess sollte tunlichst mit dem Awareness-Prozess verzahnt sein. Ansonsten wären große Enttäuschung auf der Kundenseite und vermeidbare, ins Leere laufenden Werbekosten die Folge.

Denn nichts ist unschöner als wenn ein durch Marketing- und Werbemaßnahmen aufmerksam gewordener potenzieller Kunde feststellen muss, dass
- in seinem Gebiet die superschnelle LTE-Mobilfunktechnik nicht „ausgerollt" wird,

61 Siehe die IIA-Standards Nr. 1210 (professional) proficiency. Nach Meinung des Autors reicht jedoch auch „Knowledge", die Stufe unterhalb von Proficiency zum Durchführen einer Marketing-OA. Mehr als Understanding und Appreciation sollte es schon, dazu soll auch dieses Kapitel geschrieben sein.

- auf das neue Auto zu lange gewartet werden muss oder
- die neue Küche nach mehreren Monaten in Einzelteilen, die miteinander noch nicht einmal kompatibel sind, angeliefert und nicht komplett montiert werden kann.

5.1 Grundlagen des Marketings

Es geht also auch beim Marketing um eine Verzahnung von CRM (Customer Relationship Management) mit SCM (Supply Chain Management) in einem integrativen ERP (Enterprise Ressource Planning)-Prozess.

Seit Philip Kotler sind die 4P Produkt-Preis-Promotion-Placement stehende Begriffe für Marketing inzwischen noch ergänzt um weitere 3P People-Process-Provision of Service. Diese sieben Elemente stellen die Hauptkomponenten der wirtschaftlichen Außenwirkung eines Unternehmens dar. Mit diesen Komponenten überzeugt ein Unternehmen seine Kunden vom Kauf, baut eine Alleinstellung auf (USP: Unified Selling Preposition) und verweist seine Wettbewerber auf die hinteren Plätze.

Mit seinem Anspruch, zielorientiert alles im Unternehmen zu hinterfragen, ist ein IR-Einsatz im Marketing essenziell. Im Folgenden werde ich mich schwerpunktmäßig mit den klassischen 7P und ihren Konsequenzen für OA beschäftigen.

5.1.1 Produkt

Produkte erzeugen Nutzen bei den sie kaufenden Kunden. Dieser Nutzen kann materiell sein, z.B. um Grundbedürfnisse Essen, Trinken, Sicherheit oder Mobilität zu befriedigen. Er kann darüber hinaus auch immateriell sein, um z.B. den Wunsch nach Selbstverwirklichung im Abenteuer, in der Kontemplation, in der Wellness zu realisieren. In höher entwickelten postindustriellen Gesellschaften verschieben sich Nutzenfunktionen aus dem materiellen mehr in den immateriellen Bereich.

Das Grundbedürfnis nach Mobilität wird heute nicht allein durch den Autokauf befriedigt, sondern es wird Carsharing in den Großstädten immer beliebter. Derjenige, der Carsharing nutzt, befriedigt sein Mobilitätsbedürfnis in gleichem Maße wie ein Autobesitzer.

Es gibt ihm aber ein gutes Gefühl, kein Auto zu besitzen, sondern es nur dann und wann auszuleihen. Die Freude eines Autobesitzers an der Ästhetik eines schön gepflegten, gut aussehenden und individualisierten Fahrzeugs, entgegnet der Carsharer

- mit einer geringen Mittelbindung für das Mobilitätsbedürfnis,
- dem Gefühl, etwas für die Nachhaltigkeit getan zu haben, da das geliehene Auto mehrere gekaufte ersetzen kann und
- gegen die eigene Bequemlichkeit das Gesundheitsargument gesetzt zu haben,
- alternative Möglichkeiten mit Rad oder Bus und Bahn für die Befriedigung des Mobilitätsbedürfnisses wahr genommen zu haben.

5.1.1.1 Produkt-Dimensionen

Zu einem Produkt gehören an erster Stelle die funktionalen oder technischen Eigenschaften, die nach Möglichkeit auf dem neuesten technischen Stand sein sollten (*NEU*).

Selbstverständlich sollten auch alle technischen Standards erfüllt sein, zu finden in den nationalen DIN- oder der internationalen ISO-Normen *(Qualität)*.

Für bestimmte technische Produktgruppen gibt es die VDE bzw. international die IEEE-Normen (*Sicherheit*). Fast jede Branche hat hier ihre Spezifika. Hinzu kommen mögliche Sicherheitsauflagen und regulatorische Vorschriften der nationalen Genehmigungsbehörden[62].

Produkte sollten auch frei von Rechten Dritter sein, Patente und Gebrauchsmuster sind vorab für die entsprechenden Märkte zu sichern bzw. gegen Gebühr die Nutzungsrechte zu sichern (*Original*)[63].

Die weltweite Nutzung des Internets und die zunehmenden Forderungen nach Nachhaltigkeit verlangen vom Hersteller zunehmend den Nachweis seiner Lieferanten inkl. deren Verpflichtung auf die ethischen Standards des Kundenunternehmens. Zusätzlich sollten diese Standards vom Kundenunternehmen auch auf Einhaltung überprüft werden (Nachhaltigkeit).

In den Lieferantenverträgen sollte vorsorglich ein Revisionsvorbehalt eingebaut werden, der es einer IR des Kundenunternehmens erlaubt, die Einhaltung der vereinbarten Verpflichtungen mit seinen wesentlichen Lieferanten zu überprüfen.

Damit könnte wenigstens im Ansatz erreicht werden, dass teure Imagekampagnen unterbleiben können. Denn eine IR hätte schon vorher geprüft, bevor bestimmte Gruppen verdeckte Analysen mit schädlichen Ergebnissen bei den Zulieferern durchgeführt haben, die dann mit negativer Imagewirkung veröffentlicht werden[64].

Das Desaster, das Apple mit Foxconn durch Niedriglöhne in 2012 erleben musste, hätte vielleicht vermieden werden können.

Ein noch größeres Desaster wurde in 2013 durch den Zusammenbruch einer Fabrikhalle in Bangladesh verursacht, bei der über 1.000 Menschen starben. In einer globalen Welt wird dieses Thema gleich zu den Discount-Textilanbietern vernetzt. Eine Trennung der Verantwortung über die Begriffe hier Kunde – dort Lieferant, hier in Deutschland – dort in Bangladesh oder hier entwickeltes Land- dort Entwicklungsland ist heute kaum mehr möglich.

---

62 Als wichtigstes Gesetz ist das Produkthaftungsgesetz von 1989 zu nennen. Weitere Gesetze sind im Arzneimittelrecht und Lebensmittelrecht zu finden. Besondere Aufmerksamkeit verlangt das amerikanische Produkthaftungsrecht. Unternehmen werden manchmal mit immensen Schadenssummen konfrontiert, da bedingt durch das andere Rechtssystem häufiger Sammelklagen zulässig sind und nur im Erfolgsfalle Rechtsanwälte ein Honorar erhalten. Der Schadensersatz ist bedingt durch die psychische Komponente (Enttäuschungskompensation) pro Fall auch deutlich höher als in Deutschland.
Eine zunehmende Gefahr für exportierende Unternehmen geht inzwischen auch von den Rechtssystemen der BRIC-Staaten aus. Ob über das Thema Qualität inzwischen Politik zum Schutz eigener Industrien gemacht werden soll oder simpel Antidumping-Klagen gekontert werden sollen, erschließt sich dem Autor zurzeit nicht.

63 Siehe hierzu den seit Jahren schwelenden Konflikt zwischen Samsung und Apple über gegenseitige Patentverletzungen ihrer Produkte.

64 Siehe hierzu die sog. Marken-Checks (z. B. H&M, REWE, Edeka, McDonald's, Lidl, Aldi etc.), die von einigen TV-Anstalten (z. B. ARD, ZDF) seit einiger Zeit durchgeführt werden.

Das Thema Nachhaltigkeit ist schon lange kein Diskussionsthema mehr, sondern ein Thema, dass die volle Aufmerksamkeit der Unternehmensleitung erfordert. Damit ist Nachhaltigkeit oder Corporate Social Responsibility revisionsrelevant geworden.

Damit alle Möglichkeiten des Produkts vom Kunden genutzt werden können, ist Information in Form einer Bedienungsanleitung/einer Gebrauchsanleitung/von Pflegehinweisen/eines Label sinnvoll.

Die meisten erfüllen die Zielsetzung, dem interessierten Kunden die Vorteile des gekauften Produkts zu vermitteln, nur unzureichend. Eine Aufzählung der Eigenschaften, am besten noch in schwer durchschaubarer alphabetischer Reihenfolge, erschließt die Kundenvorteile meist nicht.

Eine vielfach unterstützte Produktkategorie ist die Verpackung. In einigen gesättigten Märkten dient allein eine neue Verpackung zur Aufmerksamkeitsweckung beim Kunden. Durch die starke Stellung des Handels ist die Verpackung häufig auch der Bewusstseins-"Anker"[65] für den Endkunden. Mit ihr entscheidet sich dann, ob das (neue) Produkt durch den Kunden überhaupt bemerkt wird. Viele gesetzliche Kennzeichnungsvorschriften[66] spiegeln sich ebenfalls an der Verpackung. Sie sind zum Teil so aufwendig, dass mittlere und kleine Verpackungen dadurch mit Schriftgrößen hantieren, die für den Endkunden nur mit einer Lupe lesbar sind.

Verpackungen sind darüber Schutz vor Beschädigung und manchmal auch für Diebstahl. Verletzungen der Verpackung führen meist unweigerlich zur Unverkäuflichkeit der Produkte.

Klug hantiert ein Unternehmen, das z. B. bei technischen Artikeln eine gewisse Anzahl zusätzlicher Verpackungen mitordert.

Entscheidend für den Markterfolg ist aber nicht die Summe seiner technischen oder funktionalen Eigenschaften. Das setzt der Markt voraus. Hintergrund ist hier ein *Systemvertrauen*[67]

- dass ein TV Bild und Ton in beschriebener Qualität liefern kann,
- dass Kinderspielzeug frei von giftigen Farbstoffen ist,
- Fleisch nur die gesetzlich zulässigen Zusatzstoffe enthält,
- ein Auto alle Sicherheitsüberprüfungen bestanden hat.

Wird das Systemvertrauen ent-täuscht, so ergibt sich für das betroffene Unternehmen in aller Regel ein kapitaler Reputationsschaden. Das ist als Bestätigung dafür zu sehen, dass der Kunde in der Regel dem Unternehmen quasi als Vorschuss Vertrauen entge-

65 Als Anker wird hier eine entscheidungsrelevante Information gesehen, die mit der zu treffenden Entscheidung nicht unbedingt etwas zu tun haben muss (Verzerrungseffekt) wie z. B. ein menschliches, sympathisch wirkendes Gesicht in einem rein technischen Produkt.

66 Siehe hierzu die neue EU-Lebensmittel-Informations-Verordnung, die vor. 2014 verabschiedet werden wird.

67 Siehe Prof. Dr. Dr. Hemel vom Institut für Sozialstrategien, DIIR-Tagung 2012 im Hauptreferat 3: Wertorientierte Unternehmensführung: Das Spannungsfeld zwischen Ethik und Wirtschaft in der Praxis.

genbringt, ohne das Produkt meist in seinen einzelnen Funktionen beurteilen zu können. Wird er aber „ent-täuscht“, die Täuschung also enttarnt, entladen sich die negativen Gefühle über die öffentlichen Medien (Skandal) oder auch in den sozialen Netzwerken Facebook und Twitter („Shitstorm“).

Der Begriff Vertrauen öffnet eine aus Marketingsicht wesentliche neue Dimension für das Produkt, es soll Emotionen[68], am besten positive[69], beim Kunden erzeugen.

Zu diesen positiven Emotionen gehören u. a.

- Aufmerksamkeit, Interesse, Neugier (NEU),
- Lebensfreude, Humor, gute Laune, Lifestyle (Identifikation: Eine Geschichte erzählen),
- Sicherheit, Dauerhaftigkeit, Geborgenheit, Schutz (Qualität),
- Luxus, Besonderheit, Wertigkeit, Image (Imagetransfer zum Käufer),
- Sparsamkeit, Geiz, Nachhaltigkeit (Preiswürdigkeit, Preis-Qualitätsrelation),
- Schutz der Umwelt, bessere Welt für die Kinder, Erhaltung der Natur (Nachhaltigkeit, Öko-Siegel).

Produkte sollten also mit ihren Eigenschaften emotional wirken können, um Kunden über dann speziell gestaltete Spots zu interessieren, in weiteren Schritten dann über Vertrauen und Imagetransfer zum Teil des Lebens des Kunden werden.

Eine Grundidee, um Emotionen beim Kunden zu wecken, liegt in der Ästhetik der Produktgestaltung, die die Sinne anspricht.

Im Idealfall können durch entsprechende Gestaltung des Produkts alle Sinne angesprochen werden, d. h.

- Optisch
- Akustisch
- Haptisch (Berührung)
- Geruch
- Geschmack.

Keiner wird bestreiten, dass Autos schon optisch Emotionen wecken sollen. Spezielle Designabteilungen sind meist federführend bei der Produktentwicklung, die Technik muss sich häufig unterordnen, wenn ästhetische und verbunden damit häufig auch aerodynamische Belange berührt sind.

Akustisch sind heute die Anforderungen an Lärmschutz so hoch geworden, dass meist die Individualität des speziellen Autos ins Hintertreffen geraten kann. Einige Hersteller entwickeln gerade bei Sportwagen spezielle Klangkulissen, um beim Kunden entsprechende Emotionen zu wecken.

68 Nach neuester wissenschaftlicher Erkenntnis ist es eine Mär, zu glauben, dass Kaufentscheidungen rein rational getroffen werden. Inzwischen beschäftigen sich die sog. Neurowissenschaften (Medizin, Biologie, Psychologie) sehr intensiv mit dem Thema. Neuromarketing, Neuroökonomie und Neurokommunikation sind in wirtschaftswissenschaftlicher Weise dabei, den homo oeconomicus und den homo ludens zusammen zu bringen.

69 Die Textilfirma Benetton hatte in den 1990-er Jahren mit negative Szenen und dadurch Aufmerksamkeit erregenden Plakaten versucht, über die öffentliche Diskussion eine Bekanntheit zu erlangen.

Die Tuningszene ist voll von Anbietern, die sowohl optisch als auch akustisch Standardmodelle aufwerten sollen.

Das Interieur spricht zusätzlich noch den haptischen Sinn und den Geruchssinn an. Jeder, der ein neues Auto gekauft, kennt den Innenraumgeruch, der ein wenig „Jungfräulichkeit" oder „Unberührtheit" vermittelt. Neben (eigentlich) unerwünschten Kunststoffausdünstungen werden die gewünschten Gerüche durch z. B. hochwertige Lederausstattungen erzeugt.

Nicht nur Funktionalität (Unfallschutz und Gewicht), sondern auch Haptik (Geschmeidigkeit, Festigkeit) wirkt bei der Auswahl der Innenraumverkleidung mit.

Im *Einzelhandel* spricht die wertige Präsentation von Lebensmitteln im sog. Frischebereich (Obst, Gemüse, Fleisch) den optischen und haptischen Sinn sowie den Geruchs- und Geschmackssinn an. Leider ist heute in vielen Läden im Unterschied zum Wochenmarkt das Probieren und Betasten der Lebensmittel nicht erlaubt bzw. wird ungern gesehen. Welche Umsatzchancen werden wohl hier vertan?

Eine speziell ausgesuchte Musik im Hintergrund und eine speziellen Raumakustik sorgen im Textilhandel für ein adäquates akustisches Kauferlebnis.

Abstrakte Produkte und Dienstleistungen versuchen ihren Nachteil im Ansprechen der direkten Sinne durch z. B. erzählte Geschichten und Humor zu kompensieren (Sparkassen, Bank- und Versicherungswerbung).

Wie wichtig der vielfach unterschätzte haptische Sinn ist, lässt sich daran erkennen, dass Kunden, die im Internet kaufen, meist vorher im Einzelhandel das Produkt „besichtigen" und „erfühlen". Auch hier liegt manchmal eine ungenutzte Chance des Einzelhandels, der den Kunden ohne Kaufabschluss wieder aus seinem Laden „herauslässt".

Das Thema Multichannel hat sich inzwischen durchgesetzt, d. h. die Verbindung mehrerer Vertriebskanäle, um alle Stärken zu nutzen.

Besitzen Produkte keine Alleinstellung (USP), wird es für die Vermarktung schwer. Meist landen diese Produkte dann bei adäquater Qualität unter den sog. NO-Names[70] im Handel oder definieren die Preisuntergrenze des Markts über eine bestimmte Werbe-Aussage, die die besondere Preis-Qualitätsrelation herausstellt. Image wird damit meist nicht geschaffen und Unternehmen, die sich in gesättigten Märkten befinden, laufen häufig Gefahr, trotz ihres niedrigen Preises ihren Regalplatz im Handel zu verlieren, weil der Kunde sie nicht wahrnimmt.

Bei all diesen geschilderten Eigenschaften von Produkten darf nicht übersehen werden, dass die Herstellung des Produkts Kosten verursacht. Diese entstehen einmal durch die eigene Wertschöpfung im Unternehmen, zum anderen durch die Einkaufskosten beim Lieferanten.

70 Bestimmte Markenprodukte werden unter Handelsmarken, No Names, vermarktet, um bestimmte Absatzkanäle, in denen die eigenen Markenprodukte angeboten werden, zu schützen und trotzdem die Discountkanäle bedienen zu können, damit die Economies of Scale in der Produktion realisierbar werden. Wird diese Strategie den Kunden bekannt, wird dies nicht ohne Einfluss auf seine Markenproduktkaufentscheidung bleiben.

Beide Komponenten werden in anderen Kapiteln dieses Buches, Supportprozess Einkauf, Kapitel 11.2 und Kernprozess Produktion 9.3 noch analysiert.

An dieser Stelle soll jedoch bemerkt werden, dass die effiziente Produktion und der möglichst günstige Bezug durch eine effektive Lieferantenauswahl essenziell für den Markterfolg sind, da sie die Preisuntergrenzen im Markt definieren.

Deshalb werden Verbesserungen auf diesen zwei Ebenen auch vom Marketing jedes Jahr von den Kollegen-Bereichen eingefordert, um am Markt gegenüber dem Wettbewerb die nötige Flexibilität aufbauen bzw. weiter ausbauen zu können. Erschwerend kommt hinzu, dass bei allen Effizienzsteigerungen der Markenkern des Produkts und auch des Unternehmens nicht gefährdet werden darf.

Eine weitere Dimension ergibt sich daraus, dass jedes Produkt mit dem Geschäftsmodell des Unternehmen im Einklang stehen muss.

5.1.1.2 Produktportfolio und Produktlebenszyklus

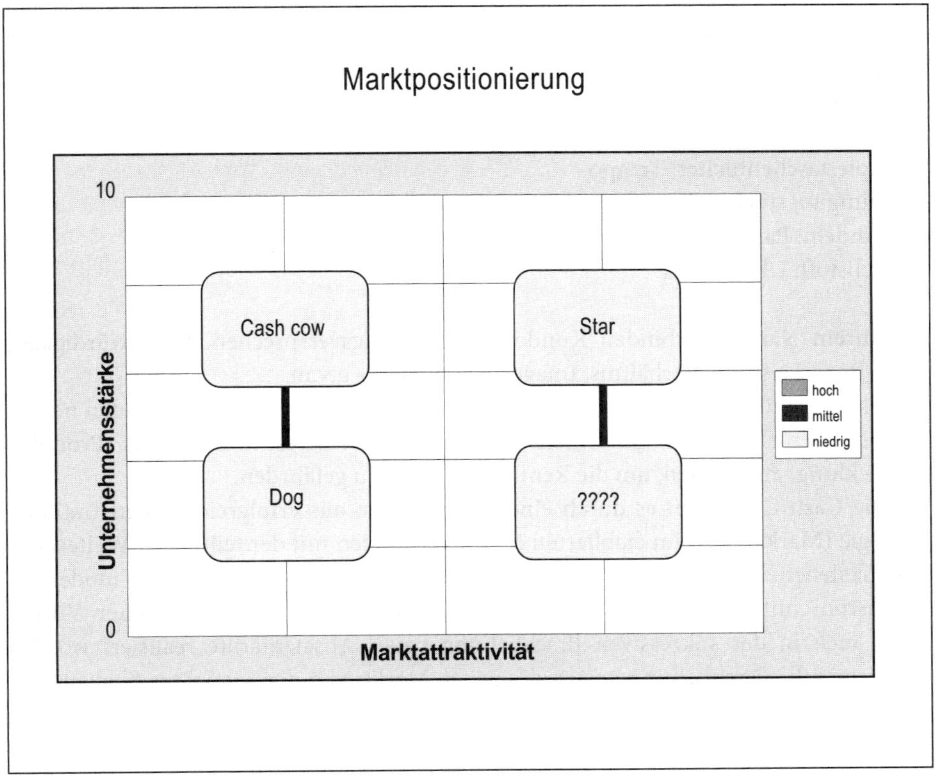

Abbildung 5-1: Portfolioanalyse nach BCG

Es gibt selten Unternehmen, die mit nur einem Produkt an den Markt herangehen. Eher stellt umgekehrt die über die Historie (gewachsene) Vielfalt den Marketer vor das Problem der richtigen Platzierung und Segmentierung.

Von der BCG (Boston Consulting Group) wurde ursprünglich die Portfoliomethode eingeführt, um innerhalb eines Unternehmens die vorhandenen Produkte nach ihrem jeweiligen Handlungsbedarf strukturieren zu können. Die Kriterien sind Produktattraktivität und Marktattraktivität.

Je nach Unternehmen wird die Einordung der Produkte definiert in Umsatzwachstumsraten, Profitabilität oder einem gewichteten Score aus verschiedenen Kennziffern. Analysiert werden können Produkte, Produktgruppe oder komplette SBU (Strategic Business Unit) eines Unternehmens bzw. in letzter Konsequenz auch Unternehmen, gewichtet mit ihren jeweiligen Marktanteilen.

Die USP (Unique Selling Proposition)[71] eines Unternehmens wird nicht zuletzt durch seine Best Seller, seine Cash Cows gebildet. Sie differenzieren sich am Markt von Wettbewerbsprodukten und ihnen kann auch auf Dauer kein Substitut, schon gar nicht ein Plagiat oder eine Raubkopie das „Wasser reichen“. Ihnen gemeinsam ist ein unbedingter Kundennutzen und nicht selten eine jahrzehntelange Erfolgsstory trotz immer wieder harter Bedrängung durch Wettbewerber. Ihre Namen stehen nicht selten als Synonym für den Gattungsbegriff

- Auto: Golf,
- Papiertaschentücher: Tempo,
- Reinigungstücher: Kleenex,
- Windeln: Pampers,
- Klebstoff: Uhu, Pattex.

Mit ihrem Namen verbinden Kunden ein Leistungsversprechen, Glaubwürdigkeit, gutes Preis-Leistung-Verhältnis, Imagegewinn, Status u.v.m.

Hierbei sind die *Cash Cows* sorgfältig zu pflegen, in gewissen Zeitabständen neu zu positionieren (Relaunch), aber nicht mehr mit hohen Investitionsbudgets (Produktentwicklung) zu belasten, um die Rentabilität nicht zu gefährden.

Die Cash Cow kann es durch eine Kombination aus erfolgreicher Penetrationsstrategie (Marktanteil) im etablierten Markt verbunden mit der teilweisen Weitergabe von Skaleneffekten[72] (Kostenvorteilen) an den Kunden gelungen sein, moderates Wachstum mit zusätzlichen Grenzgewinnen zu koppeln. Ein zusätzlicher Vorteil kann auch in der sukzessiven Erschließung neuer Absatzmärkte realisiert worden sein, wenn die Erschließungskosten des neuen Markts von den erreichten Skaleneffekten überkompensiert wurden.

71 Laut Prof. K. Magyar wurde USP von der N.Y. Werbeagentur Ted Bates & Company in den 40-er Jahren des letzten Jahrhunderts geprägt und kontinuierlich in UMP (Unique Marketing Proposition) und UPP (Unique Product Proposition) u. a.m weiterentwickelt.

72 Man kann bei Neuprodukten wie in der Solarbranche oder in der Chipfertigung von 20 % Kostendegression in den Stückkosten bei einer Verdopplung des Outputs ausgehen.

Jahrzehnte andauernder Erfolge von Cash Cows sind u.v.a. die S-Klasse bei Daimler, Nivea (Beiersdorf), Persil (Henkel), Classic Coke (Coca Cola), BigMac (McDonald's).

Im Handel zählt aber auch die Discount-Konzeption von Aldi dazu. In seinen Filialen halten sie an Flächen- und Sortimentsbegrenzung fest und erreicht so äußerst hohe Flächenproduktivitäten, die wiederum für ihre Lieferanten hohe Skaleneffekte machbar werden lassen.

Durch die sorgfältige Pflege und die kontinuierliche evolutionäre Verbesserung der Produkteigenschaften in sorgfältig geplanten Relaunches scheinen diese Produkte der Theorie des Produktlebenszyklusses[73] zu widersprechen und den Abschwung immer wieder herausschieben zu können.

Bei der Signal Zahnpasta (Unilever) war jahrelang der rote Streifen und sein gleichförmiges Aussehen, auch wenn die Tube fast leer war, ein USP und Betriebsgeheimnis, das in mehreren Relaunches trotz sehr aufwändiger Herstellung nicht verändert wurde. Durch den zunehmenden Kostendruck, der nicht zuletzt durch die großen Handelsorganisationen ausgelöst wurde, die über das Regallisting zu entscheiden hatten, wurde aus der Metalltube schließlich die bekannte Plastiktube. Diese hat zwar den Vorteil einer vom Füllgrad unabhängigen Form, die immer optisch gut aussieht, ließ sich am Anfang jedoch nicht so gut leeren und es brauchte eine gewisse Zeit, bis der rote Streifen weiterhin so gleichmäßig produzierbar war.

Inzwischen sind ein oder mehrere Streifen fast zu einem Qualitätsmerkmal für Zahnpasta und aus der USP ist inzwischen fast ein Marktstandard geworden.

Das Beispiel zeigt, mit welcher Intensität sich Produktmanager um ihr Produkt und alle einzelnen Komponenten kümmern, um ihren Best und Long Seller noch lange als Cash Cow am Leben erhalten zu können.

Mit den Ergebnissen der Cash Cows beweist ein Unternehmen zudem seinen Markterfolg, weil es auf Dauer Gewinne mit seinem Geschäftsmodell erzielt. Cash Cows sind auch prägend für die Architektur der Wertschöpfungskette, sie bringen auf Dauer einen Nutzen für den Kunden und führen zur Festigung der Stammkunden, sie ermöglichen (meist durch ihre hohe Stückzahl) günstige Beschaffungspreise und in der Produktion hohe Degressionseffekte und fundieren dadurch ihre Ergebnisstärke.

In den Stars kann die Zukunft des Unternehmens liegen, wenn es gelingt, durch zunehmende Marktpenetration und Erschließung neuer Absatzmärkte Economies of Scale (Skaleneffekte in den Stückkosten) zu erreichen.

Dem Star gelingt es, in einen etablierten Markt einzubrechen oder durch seine Innovationskraft einen neuen Markt zu erzeugen, der es bisherigen Herstellern in kurzer Zeit unmöglich macht, ihre Produkte weiter zu vermarkten.

73 Nach der Theorie des Produktlebenszyklus entwickeln sich neue Produkte vergleichbar einer Gauß'schen Normalverteilung, am Anfang mit geringen Marktanteils-Zuwächsen, danach parabelmäßig steigend, um danach in der Sättigungsphase zu verharren und wieder abzunehmen, wenn keine Relauch-Maßnahmen unternommen werden.

Die Entwicklung der EDV zur ITK (Information Technology Telecommunication) liefert eine Fülle von Beispielen sog. „Disruptive Technologies" oder „Killer"-Produkten und -Services wie den PC, den Drucker, das Mobilfunktelefon, das Smartphone, das Internet mit Intranet und Extranet für unternehmensinterne Anwendungen oder als Medium für B2C- und B2B-Plattformen für unternehmensüberschreitende Geschäfte.

Star-Produkte bilden die Zukunft des Unternehmens. Der Beitrag der IR im OA ist hier sehr beschränkt, außer dass das „Ein-Werben" zusätzlicher Budgets auf Kosten der Dogs zur noch besseren Marktpenetration unterstützt werden könnte.

Die Dogs sollten abgemanagt werden, wenn es trotz eines Relaunches nicht gelungen ist, die Rückgänge im Marktanteil zu bremsen und die Rückgänge in der Rentabilität das Unternehmen auf Dauer gefährden könnten.

Die Question Marks sind die reale Herausforderung für jeden Manager, gegen den Wettbewerb in einem attraktiven Markt das eigene Produkt in die Rentabilität zu führen. Sollten die Maßnahmen auf der Vertriebsebene durch zusätzlichen Verkaufsdruck, auf der Produktionsebene durch vereinfachte Prozessabläufe und auf der Entwicklungsebene durch überlegene (Produktdifferenzierung) oder kostengünstigere Produkteigenschaften (Kostenführerschaft) nicht gelingen, aus dem Question Mark einen Star zu entwickeln, sollte auch dieses Produkt abgemanagt werden.

Sehr schwierig sind die Question-Mark-Produkte zu bewerten, wenn sich trotz großer Anstrengungen (Zusatzkosten bei nicht erfolgreichem Marktangang) immer wieder der Break-even in die Zukunft verschiebt.

Indirekt enthüllt dieses Portfolio auch die Marktstrategie des Unternehmens mit Bezug zu seinem Umfeld. Star und Cash Cow symbolisieren Markterfolg in der Eroberung von Kunden und dem Durchsetzungsvermögen gegenüber den Wettbewerbern.

Insgesamt kann man festhalten, dass eine Portfolio-Bereinigung zu einer Vielzahl positiver Effekte im Unternehmen führen kann, sodass es durchaus Sinn macht, dass sich die IR im Rahmen von OA mit diesem Thema auseinander setzen sollte.

5.1.2 Preispolitik und Regulierung

So einfach das volkswirtschaftliche Modell der Preiselastizitäten auch ist, so schwierig ist es in der Praxis, für die verschiedenen Produkte den optimalen Preis zu finden. Gleichzeitig sind die dynamischen Aspekte möglicher Reaktionen der Marktteilnehmer, nämlich Kunde-Wettbewerber-Regulierer-Mitarbeiter-Lieferant auf Preisänderungen mit zu berücksichtigen.

So können Kunden beispielsweise eine zeitweilige Preissenkung (Aktionsrabatt) einfach nur mitnehmen, ohne deshalb mehr Mengen einzukaufen. Der Effekt ist dann ein Margendruck. Gelingt es jedoch, Kunden vom Wettbewerb zu sich herüber zu ziehen, so kann kurzfristig eine Mengensteigerung den Margenverfall kompensieren. Reagiert der Wettbewerber jedoch zu einem anderen Zeitpunkt mit einer ähnlichen zeitweiligen Preissenkung, so werden Absatzmengen möglicherweise nur umverteilt, der Marktpreis sinkt aber, bis sich beim Kunden der Eindruck aufdrängt, dass der eigentlich wahre Preis der Aktionspreis ist. Von dort den Preis wieder steigen zu lassen, ist nur sehr schwer möglich.

In den 1980er und 1990er Jahren hatte es Reno als Discounter verstanden, sowohl im Versandhandel als auch im Stationärhandel den „Billigschuh" als Standardschuh durchzusetzen. Hohe Fernostimportmengen an Billigschuhen „überschwemmten" fast den Gesamtmarkt. Die deutsche und europäische Schuhindustrie litt noch lange unter dem Preisdruck. Der Gesamtmarkt schrumpfte wegen einer unelastischen Nachfrage.

Eine ähnliche Situation ist seit Mitte der 1990er Jahre in der Telekommunikation festzustellen. Trotz enorm gestiegenem Verkehrsaufkommen waren die Umsätze je Kunde rückläufig. Die vom Markt eingeforderten Flatrates führen zu diesem starken Anstieg an Verkehr mit zeitweisen negativem Umsatzeffekt.

In der Unterhaltungselektronik und in der Informationstechnologie sind Preissenkungen bei Leistungssteigerungen seit mehreren Jahrzehnten üblich. ITK-Innovationen wie Mini-PC (iPad, Mini-Pads etc.) bleiben als eine der wenigen Möglichkeiten übrig, den Umsatz zu steigern.

Sind die Marktanteile ungleich, so kann der zunächst Unterlegene sich kurzfristig einen höheren Marktanteil sichern. Da der Marktführer jedoch bei Degressionseffekten eine niedrigere Preisuntergrenze hat, kann er diese Aktion des Wettbewerbers meist gut kontern und sich den verlorenen Marktanteil durch eine Preissenkung zurückholen.

Sind beide auf ihrem Heimatmarkt Marktführer, so wird der Angreifer meist diesen Markt wählen, um den Wettbewerber dort stark zu treffen.

Hat der Marktführer darüber hinaus eine USP auf seinem Heimatmarkt, so kann er dort meist eine Überrendite auf dem Markt erwirtschaften, die auch bei Preisaktionen des Wettbewerbers erhalten bleibt.

Umgekehrtes gilt für Preiserhöhungen, die in funktionierenden Märkten meist nicht durchsetzbar sind, es sei denn, Vorleistungsprodukte für alle Wettbewerber werden teurer.

In 2011 und 2012 verteuerten sich viele Rohstoffe wie auch für den Textilhandel die Baumwolle. Jedoch ließ sich die Preiserhöhung nur teilweise und mit einem größeren Timelag durchsetzen, obwohl alle Hersteller vor derselben Situation standen. Der Käufermarkt verhinderte allzu große Erhöhungen, so dass die Margen der meisten Händler einbrachen.

Ein anderes Bild ergibt der Stahlmarkt. Hier sind die Preise aufgrund eines Überangebots von Eisenerz und Kokskohle stärker als die Stahlpreise in 2013 gesunken. Dies stabilisiert zunächst die Margen der Stahlhersteller. Aufgrund eines Überangebots an Roheisenkapazitäten wurde diese Preissenkung in den Stahlmarkt weitergegeben, weil einige Hersteller (Indien, China) mit anderen Preisuntergrenzen arbeiten können als andere (Europa, USA).

Da der Aufbau einer USP im Roheisen offensichtlich nicht möglich ist, sind alle Produzenten dem Preiswettbewerb ausgesetzt.

In regulierten Märkten, die der Missbrauchsaufsicht durch die europäische Kartellbehörde, das Bundeskartellamt oder der Bundesnetzagentur unterliegen, sind die Preise der Unternehmen teilweise vorab von einer Genehmigung bzw. in nächster Stufe im Nachhinein einer konkreten Missbrauchsaufsicht abhängig. Die betroffenen Unternehmen sind gezwungen, durch erhebliche Rationalisierungsanstrengungen den Druck sinkender Preise und wegen teilweise unelastischer Nachfrage auch sinkender Umsätze auszugleichen. Da der Wettbewerb sich entfalten soll, werden auch die Vorleistungspreise, z.B. für die Mitbenutzung der vorhandenen Infrastruktur festgelegt (Teilnehmeranschlussleitung oder hochfrequente Bitübertragung ohne Telefonleistung). Die aktuellen Diskussionen um die Infrastruktur der Deutschen Bahn und die bisher nicht gänzlich regulierten Netzentgelte der Energieerzeuger gehören hier ebenfalls zum Thema.

In funktionierenden Märkten gilt aus der Praxis, billiger geht immer, teurer funktioniert selten oder nie, auf jeden Fall nie kurz- oder mittelfristig und nie ohne zusätzlichen Kundennutzen gegenüber dem Ausgangsprodukt. Dieser Zusammenhang begrenzt von vorneherein den Handlungsrahmen der Preispolitik.

Generell gibt es unterschiedliche Strategien der Preispolitik, die jeweils mit den Zielen und dem Geschäftsmodell des Unternehmens verknüpft sein sollten. Bei der Kostenführerschaft versucht ein Unternehmen, über möglichst niedrige Preise umfangreiches Absatzpotenzial (überlegene Wettbewerbsposition mit hohen Eintrittsbarrieren) zu erschließen und damit dann die erhofften „Economies of Scale" in der Produktion und Vermarktung erzielen zu können. Alle Anstrengungen sind darauf gerichtet, eine gute Qualität zum konkurrenzlos günstigsten Preis (USP) anzubieten, die Wettbewerber vom Markteintritt abhalten. Es wird also nicht der Preis zugrundegelegt, der unter einer gegebenen Absatzmenge über den Kalkulationsaufschlag den gewünschten relativen Deckungsbeitrag ermöglicht. Es wird der niedrigste Preis gewählt, der bei realistischer Wahl einer möglichst hohen Absatzmenge gerade noch den gewünschten absoluten Deckungsbeitrag ergibt.

Der deutsche Handel ist voller Beispiele für erfolgreiche Strategien um die Kostenführerschaft wie Aldi, Lidl, Plus, Ikea, Metro und MediaSaturn u.a. täglich beweisen.

Eine gänzlich andere Strategie ist die Skimming-Strategie, die den „Rahm" des Marktes abschöpft, nach der Devise: Für mich das Fett, Molke für den Rest.

Durch eine Absatzlimitierung und eine Hochpreispolitik verbunden mit überragender Qualität und einem Image „Most Wanted" wird auch ohne größere Skaleneffekte die Rentabilität in der Hochpreisnische gesichert[74].

74 Nach der Integration von Porsche in den VW-Konzern wird schnell sichtbar werden, wie wenig allein die Absatzzahl auf das EBIT Einfluss hat. Für dasselbe Porsche-EBIT muss von der Marke VW das mehr als 10-fache an Absatz erzielt werden.

Beispiele sind hier z. B. die deutschen Premiummarken bei Autos, Glashütte/Rolex bei Uhren, de Sede bei Lederpolstern, Armani/Joop/Escada/Gucci/Yves Saint-Laurent bei Bekleidung und Accessoires, Apple bei Smartphones und Mini-PC's und uvm.

Die Festlegung der Fabrikabgabepreise/unverbindlicher Listenpreise und der vielfach, für unterschiedliche Zwecke eingesetzten Rabattierungen sind im Unternehmen fast immer Chefsache. Es ist für eine IR sehr schwer, Preisentscheidungen durch Ex-ante-Audits oder auch durch Ex-post-Audits zu hinterfragen. Ex-ante-Audits erfordern sehr komplexe Analysen, um die wesentlichen Wechselwirkungen inklusive ihrer Wahrscheinlichkeiten auf das Unternehmensergebnis zu bewerten.

Ex-post-Audits stehen vor der Barriere einer Unumkehrbarkeit einer einmal getroffenen und umgesetzten Entscheidung.

Trotzdem sollten sich Küchen- und Möbelhersteller sowie die Hersteller von IT-Hardware fragen, ob man bei 50 % Preisnachlass und mehr von „Super-Schnäppchen" = erfolgreicher Einkaufspolitik oder doch vielmehr beim unverbindlichen Herstellerpreis von „Mondpreisen" sprechen müsste.

Auch im Lebensmittelhandel sollten durch die Vielzahl der verhandelten Preisnachlässe und Rabatte die Hersteller schon längst in der Pleite sein. Tatsächlich sind Sie (z. B. Nestle, Unilever, Procter&Gamble etc.) es nicht, ganz im Gegenteil prosperieren sie gut. Offensichtlich kennt die Industrie genügend Stellschrauben, um sich einer vollständigen Preistransparenz zu entziehen bzw. ist der Lebensmittelmarkt trotz Oligopolen auf Angebots- und Nachfrageseite im Gleichgewicht.

OA-Themen beschränken sich bei der Preispolitik in der Regel auf die Prüfung der Kalkulationsgrundlagen mit dem Hinterfragen der Produktpositionierung im Markt. D. h. es sollte hinterfragt werden, wie die Preispolitik sich konsistent in die übrigen Komponenten des 4-P-Marketingmixes einfügt bzw. welche Widersprüche entstanden sind.

Beispielsweise werden sog. Grauimporte[75] im technischen Bereich der Unterhaltungselektronik oder auch auf dem Automobilsektor von den Markenlieferanten bekämpft, damit das Markenimage durch Niedrigpreise nicht Schaden leidet. Überschüssige Produktionsmengen sollten unter anderen Marken Kunden angeboten werden.

Billigprodukte teurer im Markt zu platzieren, ist ohne großen Werbe- und Produktentwicklungsaufwand fast unmöglich. Die Gefahr besteht weiter, dass das Marktsegment „Billig" durch Wettbewerber erobert wird, ohne dass das mittlere und hohe Preissegment schon abgesichert war[76].

75 Grauimporte sind technische Markenartikel, die indirekt über „angeblich unbekannte" Vertriebskanäle auf den Markt gelangen. Ursache ist eine Überproduktion der Hersteller, die von Großaufkäufern günstig aufgekauft und dann regulär an große Handelsketten weiter verkauft wird, die z. T. nicht direkt vom Hersteller beliefert werden.

76 Siehe hierzu C&A versus H&M bei Textilien und Samsung und Nokia bei Mobiltelefonen.

Da niedrige Preise Kunden aufmerksam machen, kann durch OA auch untersucht werden, inwiefern durch die Preispolitik „Kannibalisierungseffekte" bei verwandten eigenen Produkten auftreten, die die Rentabilität der Produktgruppe gefährden könnten. Auf der anderen Seite wird einem IR-ler mancher Marketer entgegnen, dass eigene Kannibalisierung immer noch besser sei als die durch den Wettbewerb. Insofern ist bei diesem Thema Augenmaß gefordert, das sich meist über die Zeitschiene regeln lässt.

Auch die Untersuchung der hinter der Preispolitk liegenden Kostenstrukturen kann ein OA-Thema sein, wenn auf Dauer bei einigen Produkten nur Deckungsbeiträge erwirtschaftet werden, jedoch keine Fixkostenbeitrag erzielt wird.

In der Portfolioanalyse dieses Abschnitts hatten wir die Produkte „Dogs" und „Questions Marks" als OA-relevant beschrieben. Die nicht auskömmlichen Deckungsbeiträge können Anlass sein, die Preispolitk zu überprüfen.

5.1.3 Promotion, Kommunikation und Werbung

Einer der großen Sachkostenblöcke im Unternehmen, das von den Verantwortlichen im Unternehmen zumeist mit Verve verteidigt wird, ist das Werbebudget. Obwohl es heute immer noch schwierig ist, seine direkte Wirkung auf den Umsatz zu belegen, wird es auch bei großen Ergebnisproblemen eines Unternehmens selten radikal gekürzt, weil jeder das Marktrisiko mangelnder Präsenz in den Werbemedien scheut.

Ähnlich wie bei der Entwicklung in der IT, in der Bauplanung und bei M&A-Projekten sind auch Werbemaßnahmen in sich immer einzigartig. Ihre Machart folgt jedoch einem mehr oder weniger standardisierten Prozess. Abgeleitet aus der Unternehmensstrategie und der Umsatz- und Absatzplanung, entwickeln sich konkrete Werbemaßnahmen meistens aus der Überlegung heraus, Stammkunden wieder ans Unternehmen zu binden und neue Kunden für das Unternehmen und seine Leistungen zu begeistern[77].

Vor dem konkreten Einsatz eines Werbemediums steht jedoch immer die Frage nach der Zielgruppe. Typische Daten zur konkreten Bestimmung der Zielgruppe sind der Vergleich der Stammdaten von kaufenden Kunden mit den Adressdaten potenzieller neuer Kunden. Kaufverhaltens-Muster können hier deutlich werden und vom Unternehmen in Algorithmen umgesetzt werden.

Im Versandhandel und Mobilfunk sorgt die sog. „Churn Rate", d.h. der Verlust von Kunden, für eine permanente Anstrengung, diese Kunden durch neue zu ersetzen, um den Umsatz zu halten, bevor auf dieser bereinigten Basis dann wieder Wachstum entstehen kann. Um neue Kunden zu finden, werden gekaufte oder durch eigene Maßnahmen gewonnene Adressen mit den typischen Stammdaten von Adresse und Ge-

77 In wenigen Fällen soll eine Werbemaßnahme auch nur die Aufmerksamkeit auf ein Unternehmen oder eine Marke lenken, ohne gleich Kunden und damit Umsatz generieren zu wollen. Die Werbeschaltungen von Versicherungen und Banken/Sparkassen wollen in letzter Zeit helfen, ein verloren gegangenes Vertrauen aufzubauen.

burtsdatum (falls in der Adressdatei vorhanden) mit dem Kaufverhalten der Stammkunden abgeglichen. Diese potenziellen Kunden erhalten entweder ein Mailing oder einen zielgruppenadäquaten Katalog zugesandt. Die Kaufreaktion dieser potenziellen Kunden (Responsequote) lässt wiederum Rückschlüsse auf die Gestaltung des Werbemediums zu, wenn dasselbe Mailing an vergleichbare Stammkunden geschickt wird (Test- und Kontrastgruppenanalyse).

Ist die Zielgruppe dann bestimmt, erfolgt unter Beratung des Werbemanagers die Auswahl der Werbemedien, der Zeitpunkt der Schaltung und die Abstimmung mit anderen zeitgleichen Aktivitäten des Unternehmens, um entweder eine Multiplikation der Aufmerksamkeit zu erreichen oder eine Kannibalisierung des Effektes mit anderen Produkten zu vermeiden (Mediaplanung). Der fundamentale Ansatz in der Mediaplanung ist es, Streuverluste zu begrenzen und damit die Werbeeffektivität und Werbeeffizienz bei gegebenem Budget zu erhöhen. Je genauer ein Unternehmen seine Kundendaten aktuell im Zugriff hat, umso gezielter lässt sich leistungsbezogene Werbung zuschneiden.

Hat ein Unternehmen in allen wesentlichen Regionen für den Kunden erreichbare Standorte, so kann nationale TV-Werbung angemessen sein. Durch die begrenzte Sendezeit sind eher Imagethemen statt konkreter Produktthemen TV-geeignet. Ist die Präsenz des Unternehmens auf einige regionale Standorte beschränkt, so bietet sich regionale TV-Werbung oder Radio-Werbung an. Weniger Streuverluste ergeben sich dann durch Flyer (Zeitungsbeilagen), die den Vorteil haben, dass Kunden die Angebote eine Weile präsent halten können. Sind darüber hinaus Adressen oder wenigstens Straßenabschnitte potenzieller Kunden bekannt, so bieten sich personalisierte Mailings und der Katalogversand für Händler an.

Bei einer bestehenden Geschäftsbeziehung kann es angemessen sein, Kunden telefonisch (Outbound-Callcenter) oder via E-Mail auf neue Angebote aufmerksam zu machen. Für Stammkunden oder Neukunden mit hohem Potenzial biete sich dann der Besuch von Außendienstmitarbeitern an, die teuerste Akquisitions- und Kundenbindungsmaßnahme, aber auch die wirksamste, wenn sie z. B. mit CRM (Customer Relationship Management)-Systemen sorgfältig vorbereitet wurde.

Auffällig ist, dass die Kontakte mit den niedrigsten Streuverlusten von vielen Unternehmen stiefmütterlich behandelt werden. Hierzu zählt die Anfrage von Kunden über Telefon, E-Mail, Bestellkarte oder gar persönlichem Besuch beim Händler oder Hersteller (Fabrikverkäufe). Im Vergleich des sehr preiswerten Pull-Effekts[78] , dass der Kunde offensichtlich schon Interesse gefunden hatte, ist es unverständlich, wieso so wenig Zusatzumsatz mit diesen potenziellen Kunden im stationären Bereich erzielt wird. Internetfirmen und Versender glänzen hier mit meist „ausgefuchsten" Systemen

78 Im Unterschied zur Pushstrategie, bei dem der Hersteller versucht, durch geeignete Werbe-, Preis- und Promotionsmaßnahme sein Produkt über den Handel zum Endkunden zu bringen, wendet sich die Pullstrategie direkt an den Kunden und versucht das Produkt über den Kundenwunsch „in das Handelsregal zu ziehen".

der Kundenansprache, der blitzschnellen Datenverfügbarkeit und einer verkäuferisch orientierten Gesprächsführung.

In der Praxis haben sich Mixe aus verschiedenen Medien als wirksam herausgestellt, die man nach Werbeerfolg und Kosten in eine Rangreihefolge bringen kann:

Werbemedium	Charakter	1.000-er Kontakt-Preis	Potenzielle Streuverluste
TV-Spots	„push"	niedrig	Sehr hoch
Radio-Spots	„push"	niedrig	Sehr hoch
Plakatwerbung	„push"	niedrig	Hoch
Zeitungsbeilage	„push"	mittel	mittel
Mailing/(E-Mailing)	„push"	Mittel (niedrig)	Mittel-niedrig(hoch) je nach Adressqualität
Internetanzeigen	„push"	Mittel bis hoch	Mittel-niedrig (Adäquatheit der Werbepartner)
Bannerwerbung	„pull"	Niedrig bis hoch je nach Website und Branche	Sehr hoch
Zeitungs-/Zeitschriften-anzeige	„push"	hoch	Mittel-niedrig (Adäquatheit der Zielgruppe)
Outbound Call	„push"	hoch	Mittel-niedrig (Adress-qualität)
Außendienstbesuch	„push"	Sehr hoch	Sehr niedrig
Kundenanfrage telefonisch (Incoming Call)	„pull"	mittel	0
E-Mail-Anfrage	„pull"	niedrig	0
Kundenbesuch in der Filiale	„pull"	mittel	0

Abbildung 5-2: Streuverluste und Werbemedien

Im Internet ist es auch üblich, nicht den Kontakt über den Tausender-Kontakt-Preis (TKP), sondern nur den erfolgten Umsatz zu honorieren im Sinne von Pay-per-Click oder Pay-per-Order.

Insgesamt ist es meist eine Vielzahl von Informationen, Stimmungen und Emotionen, die aus einem potenziellen Kunden einen Käufer machen.

Unterschätzt werden heute manchmal die Blogs, die bei einer Marke, einer Firma oder einem Produkt meinungsprägend sind. Einige potenzielle Käufer vertrauen hier eher dem Blogger als dem Experten. Offensichtlich glauben diese Käufer, dass die Mehrheit dieser Blogger unabhängig von Herstellerinteressen sind, Experten aber abhängiger. Tatsächlich gibt es aber auch in der Blogger-Szene professionelle Blogger, die durchaus einen direkten Draht zum Hersteller haben, manchmal sogar ungewollt.

Noch entscheidender sind Social Media, wie Facebook, Twitter, Linkin, etc. Ihren „Freunden" vertrauen potenzielle Käufer zu 90 %.[79]

Insgesamt verzeichnen Unternehmen mit nachhaltigem Engagment in Social Media um 18 % höhere Umsätze als diejenigen ohne Engagement.[80]

Zusätzlich zu einer Pflege des Markenimages aufgrund von Kunden-Hinweisen, die zu den Monitoring-Maßnahmen ohne eigene Einträge zu sehen sind, gilt es auch, Reputationsrisiken durch Falschmeldungen zu begegnen.

Eigene Artikel über bestimmte Produkte, die Kunden helfen, konkrete Probleme zu lösen, können gerade mittleren und kleineren Firmen mit einem engen PR- und Werbeetat helfen, direkten Kontakt zu ihren Kunden aufzubauen ohne die Journalisten eines Mediums. Hierbei steht weniger die einzelne Kampagne im Vordergrund, sondern mehr der nachhaltige, langfristige Aufbau einer Vertrauensbeziehung.

Auch Geschichten ohne direkten Produktbezug, die einen Wert verkörpern, der mit dem Gesamtunternehmen in Beziehung gesetzt werden soll, können hilfreich sein.

Sind nun die Mediaplanungsentscheidungen für das kommende Jahr strukturell im einzeln festgelegt, geht es in die konkrete Umsetzung der einzelnen Werbeobjekte. Bei der konkreten Werbeobjektplanung geht es um die auftragsgerechte Umsetzung.

Hierbei treffen ca. 10–20 % künstlerische auf 80–90 % handwerkliche Leistungen, für den letzten größeren Teil immer ein Einkaufsthema, das nicht der Werbeagentur allein überlassen werden sollte.

Insbesondere spielt der Mediaeinkauf, der für 40–50 % der Gesamtkosten verantwortlich ist, eine entscheidende Rolle für die Beantwortung der Frage, ob die Effizienz gewahrt wurde.

Professionelle Mediaagenturen, nicht Werbeagenturen führen diese Effizienzüberlegung für wenige Prozentpunkte der Werbekosten durch. Für die Werbeeffektivität, d. h. die Frage, ob die Zielgruppen angesprochen, aktiviert und Zusatz-Aufträge für das Unternehmen generiert wurden, lassen sich mit den Methoden des Directmarketing, Test- und Kontrastgruppenvergleichen mithilfe datenbankgestützter Analysetechnik (z. B. SPSS) sehr konkrete Aussagen erzielen.

Auch Google stellt mit seiner Clickanalyse[81] wertvolle Daten zusammen, insbesondere, auf welchen Seiten sich der Kunde vor der direkten Kaufentscheidung bewegt hat, was sein Klärungsbedarf war, welche Informationen letztendlich ausschlag-

79 Siehe hier McKinsey 2012: Demystifying Social Media http://www.mckinsey.com/insights/marketing_sales/demystifying_social_media, zuletzt aufgerufen am 12.12.2014.

80 Siehe hierzu New Study: Deep imprand engagement correlate with financial performance, 2009, wet paint&altimetagroup, www.altimetagroup.com, aufgerufen auf http://www.socialmediatoday.com/content/new-study-deep-brand-engagement-correlates-financial-performance, zuletzt am 12.12.2014.

81 Siehe z. B. Google Conversion Analyzer, der hilft, die nutzlosen Click-Websites zugunsten der „Conversion"-Click-Websites zu erhöhen.

gebend waren und vieles andere mehr. Dies ist um ein Vielfaches detaillierter als das, was Werbeagenturen liefern können. Hier geht es manchmal nur darum, ob die relevante Zielgruppe beim TV-Spot präsent war, nicht jedoch darum, inwiefern Kunden aus dieser Zielgruppe auch tatsächlich gekauft haben.

Die nachfolgende Tabelle fasst wichtige Prozesspunkte des Werbeherstellungsprozesses für papiergestützte und TV-Werbung mit seinen Implikationen auf OA zusammen:

Prozessschritte: Werbeobjektplanung	Effektivität: Was zu tun?	Effizienz: Wie zu tun?
Briefing für Katalog/ Beilage/ Mailing/ Werbespot	Adäquate Detaillierung des Auftragsziel (Image oder Absatz), Budget, Termin	Intensive, emotional geführte Diskussion unter dem Leitmotiv: Klarheit des Auftrags
Entwurf: Layout/ Drehbuch	Einkauf: Werbeagenturauswahl im Beauty-Contest	Kreative Umsetzung, Bestimmung Team, Location und Endtermin
Foto-Shooting/ „Dreh" (Produktion)	Künstlerische Umsetzung des Auftrags im Rahmen des Budgets und Termingerüst	Einkauf über die Agentur: Fotograf/Regisseur und Models sowie Back-office/location. Alternativ Studio
Litho + Satz/Schnitt + Nachvertonung	Handwerklich professionelle Umsetzung der Kreativleistung ohne Qualitätseinbußen, aber mit möglicher Fehlerverbesserung	Einkauf: Litho/Satz Produktionsleistung
Druck	Handwerklich professionelle + kostengünstige Umsetzung	Einkauf: Druck- + Papierleistung
Katalog/Beilage/Mailing/ Werbespot	Zielgruppenorientierte Multiplikation	Media-Einkauf: Zielgruppengerechte, zeitgerechte Schaltung in den Werbemedien, Lettershop + Versand
Debriefing/Erfolgskontrolle	Soll-Ist-Vergleich zum Briefing: Qualitative und quantitative Analyse (Werbewirkungsanalyse)	Intensive, emotional geführte Diskussion unter dem Leitmotiv: Lessons Learnt

Abbildung 5-3: OA-Themen bei einer Werbeprüfung

Einen weiteren Aspekt innerhalb der Markenkommunikation stellen die Themen Promotions und Product Placement dar.

Mit Promotionen sind alle finanziellen Zuwendungen in Geld oder Sachleistungen gemeint, die die Kundenbindung erhöhen und Neukunden aufmerksam machen.

Möglichkeiten, die Kundenbindung zu verstärken sind Treuepunkte oder Treueprogramme, die dem Kunden einen Zusatznutzen dann anbieten, wenn er das Produkt oder die Serviceleistung in Anspruch nimmt. Der Nutzen für das Unternehmen entsteht dadurch, dass Kunden vom Kauf eines Wettbewerbsprodukts abgehalten werden, um nach mehreren Käufen in den Genuss der Zusatzleistung zu gelangen.

Prominentestes Beispiel ist das Miles&More-Programm der Lufthansa, das Upgrades und Freiflüge ab dem Sammeln bestimmter Flugmeilen verspricht. Pikant an dem Programm war und ist die Vermischung von Privat- und Firmeninteresse. Denn häufig wurden die geschäftlich erflogenen Meilen privat genutzt. Unternehmen wurden so „verführt", trotz z. T. höherer Kosten Lufthansa-Flüge zu buchen.

Verschärft wurde das Meilensammeln durch sog. Verfallsklauseln, so dass ein zusätzlicher Druck erzeugt wurde, Lufthansa-Flüge zu buchen, um nicht Meilen-Gutschriften verfallen zu lassen.

Weiteres Beispiel ist Payback[82], mit denen Punkte gesammelt und danach gegen Preisnachlässe beim Kauf bestimmter Artikel verrechnet werden können. Im Unterschied zu Miles&More können Kunden bei Payback mehr als 620 unterschiedliche Einkaufsstätten von payback-Partnern aufsuchen. Auch bei diesem Programm zählt weniger der relativ geringe Rabatt als die Möglichkeit, zusätzlich zum ohnehin geplanten Kauf Paybackpunkte zu sammeln. Für Unternehmen ohne konkrete Kundenkenntnis erschließt sich eine völlig neue Welt, ohne Streuverluste direkt auf Kunden „zugehen" zu können.

Ganz neu in Deutschland ist shopkick[83], eine mobile App., mit der bei ausgewählten Partner allein durch das Betreten ihres Ladens Bonuspunkte gesammelt und in Sachpreise später getauscht werden können. Shopkick verspricht eine elegante Multichannel-Lösung mit vorher im Internet aussuchen und nachher im Geschäft kaufen, also einer Verbindung beider Medien. Über die im Laden installtierten bluetooth-Geräte erhält der Händler auch ohne Kauf des potenziellen Kunden Informationen zur Ladengestaltung ähnlich wie die Click-Historie bei Google.

Weitere Möglichkeiten der Kundenbindung sind exklusive Veranstaltungen (Events) für Stammkunden, das Zusenden von hochwertigen Zeitschriften und Einbindung besonders wichtiger Kunden in die Neuentwicklung von eigenen Produkten. Alle diese Maßnahmen drücken eine besondere Wertschätzung aus und führen zu positiven Erfahrungen/Geschichten, die wiederum auf die Marke einzahlen (Testimonial) und das Potenzial (Mund-zu-Mund-Propaganda) für die Neukundengewinnung vorbereiten.[84]

Innerhalb der Neukundengewinnung sind Proben (Give-aways) eines neuen Produkts ein sehr teures, aber wirksames Instrument der Akquisition. Sie ermöglichen es dem Kunden, das Produkt ohne Risiko zu testen und erste Erfahrungen zu machen. Emotional ist ein Give-away ein Zeichen der Stärke für ein Unternehmen. Denn es ist

82 www.payback.net
83 www.shopkick.com
84 Siehe Fielmann Werbung.

überzeugt, erfolgreich zu sein und die Kosten des Give-aways durch reguläre Verkäufe wieder zu erwirtschaften.

Ein ähnliches Instrument stellen großzügige Retourenreglungen dar, die es dem Kunden ermöglichen, das Produkt erst auszuprobieren und bei Nicht-Gefallen ohne Diskussionen zurückzusenden[85]. Der Versand- und Internethandel überwindet mit dieser Regelung die Wahrnehmungslücke beim Kunden, der in diesen Vertriebskanälen nur Bilder und Texte, aber keine haptischen (Berührung) Erfahrungen mit dem Produkt machen kann.

Gewinnspiele zur Adressgewinnung sind bedingt geeignet, um Neukunden zu gewinnen. Denn sie spielen nicht auf das Interesse des Kunden an einer bestimmten Ware oder Dienstleistung an, sondern den Homo Ludens, den spielenden Menschen, der gewinnen möchte.

Einen letzten Aspekt der Markenkommunikation stellt das Product Placement dar. Im Unterschied zur klassischen Werbung versucht dieses Instrument, eher indirekt durch eine (gelungene) Einbindung in ein anderes Medium die Aufmerksamkeit zu erringen und Markenimages günstiger/positiver zu gestalten. Fernsehsendungen mit hohem Zuschauerinteresse und Blockbuster-Filme sind prädestiniert für Produkt Placement Initiativen. Teilweise können diese Placements durch Kostenübernahmen sehr teure Produktionen/Sendungen erst ermöglichen. Da das Zuschauerinteresse primär dem Ereignis gilt, ist das Placement nicht auf den ersten Blick sichtbar. Jedoch sollte der sog. Reaktanz-Effekt (Boomerang-Effekt) bei allzu penetranter Darstellung beachtet werden. Hier kann der gewünschte Effekt in sein Gegenteil umschlagen und die Marke beschädigt werden.

Fast jeder kennt die Autowerbungen aus den James Bond Filmen. Die Bandenwerbung in den Fußballstadien inkl. eingeblendeter digitaler Bandenwerbung ist auch weitgehend bekannt.

Im öffentlich-rechtlichen TV gerät Produkt Placement in die Nähe von unerlaubter Schleichwerbung, insbesondere bei Informationssendungen und nicht „leichter" Unterhaltung[86].

Ähnlich kritisch sind sog. redaktionelle Beiträge (Diäten, Modetrends, Autos) in Zeitschriften zu sehen, die manchmal unverhohlen Werbung für bestimmte Produkte machen, ohne den gesamten Markt darzustellen.

Die Kauf-Wirkung des Placements beruht auf mehreren Faktoren. Zum einen ist das Zuschauerinteresse gegeben, während bei klassischer Werbung das Abschalten oder Umschalten eine Gefahr darstellt, nicht wahrgenommen zu werden. Zum anderen ist das Produkt meist viel länger im Blick als beim relativ teuren Werbespot und das Produkt ist in eine glaubhafte Geschichte eingebunden. Weiter sind psychologische

85 Revolutionär erscheint hier die ab September 2014 bei IKEA eingeführte Regelung, alle gekauften Artikel lebenslang zurückgeben zu können. In einem Test in Dänemark soll die Kostenbelastung aus dieser Regelung sich als marginal herausgestellt haben. Das Vertrauen von IKEA in seine Kunden und Produkte kommt hier als überwältigend herüber. Das enorme Presseecho tut ein Übriges.

86 Siehe hierzu 14. Novelle zum Rundfunkstaatsvertrag vom 10.3.2010.

Aspekte der unbewussten Wahrnehmung und unbewussten Wiedererkennung der Marke im positiven Umfeld festzustellen, die durch einen Imagetransfer vom Hauptmedium auf das platzierte Produkt im Rahmen der Placement-Strategie verursacht wurden.

Letztlich wird das Unbewusste, System 1: Autopilot, angesprochen, das kritische System 2 wird übergangen, siehe mehr zu diesem Thema unter 5.3 Erkenntnisse der Neurowissenschaften für das Marketing

Es ist jedoch immer eine Gratwanderung zu berücksichtigen, unzulässiges Product Placement zu unterlassen und die gezeigten Produkte natürlich und unauffällig zu platzieren, um Reaktanzeffekte zu vermeiden.

Die nachstehende Tabelle fast verschieden Promotion-, Placement-Instrumente mit ihren Zielen und Besonderheiten zusammen.

<table>
<tr><th>Name</th><th>Ziel</th><th>Besonderheiten</th></tr>
<tr><td colspan="3">Promotion</td></tr>
<tr><td>Treueaktionen</td><td rowspan="3">Kundenbindung</td><td>Hochwirksam bei wertigen Sachleistungen und Services</td></tr>
<tr><td>Events und Einladungen</td><td rowspan="2">Mittel-langfristig über Stammkundentreue-Alter</td></tr>
<tr><td>Karten für besondere Events</td></tr>
<tr><td>Zugaben/Give-away's</td><td>Neukundenakquisition</td><td>Teuer, aber bei innovativen Produkten wirksam</td></tr>
<tr><td colspan="3">Placement</td></tr>
<tr><td>Product Placement in Filmen und TV und Videos</td><td>Neukundenakquisition und Imageverbesserung, (-transfer)</td><td>Reaktanzgefahr, Umfeld muss stimmig sein</td></tr>
<tr><td>Bandenwerbung im Stadium</td><td rowspan="2">Imagetransfer, Aufladen Markenimage</td><td rowspan="2">Teuer, in Wettbwerbsmärkten vielleicht wirksam</td></tr>
<tr><td>Trikotwerbung</td></tr>
</table>

Abbildung 5-4: Promotioninstrumente und Produkt Placement

Die grundsätzliche Frage, nämlich die nach der Wirkung von Werbeausgaben des Geschätzsmodells wird heute immer häufiger gestellt. Gerade reine Imagekampagnen, die nur Unternehmen oder Marken im Blickpunkt haben, müssen sich der Frage nach ihrem Beitrag zum Ergebniss immer wieder stellen. Sind Produktwerbungen meist über Kontrast- oder Testgruppenbildung auf ihren Erfolg hin messbar, ist dies bei Imagekampagnen schwierig.

Hinweis auf den Zuwachs an Markenwert, verbesserte Stammkundensituation und Produktnachfrage ohne Nennung eines konkreten Werbeanstosses sind Versuche, sich dem nachweisbaren Wert einer Imagewerbung zu nähern. Manchmal ist es aber erforderlich, einfach durch Aussetzen dieser Art von Werbung Effekte zu messen. Hierbei ist natürlich die Umsetzung der wissenschaftlich geforderten c.p. Klausel in der Praxis nicht machbar, im Unternehmen nicht, und im Markt aufgrund von Wettbewerbsreaktion schon gar nicht.

5.1.4 Placement, Marktbearbeitung: Absatzmittler, Vertrieb und Absatzlogistik

Wir haben unserem Kunden über eine ansprechende Werbung unser Produkt nahe gebracht, der Preis des Produkts entspricht auch den Kundenerwartungen, jetzt will der Kunde sich das Produkt näher mit all seinen Sinnen erfassen, es geht u.a. um den Point of Sale.

Bevor jedoch der Kunde das Produkt betrachten, anfassen und zusätzlichen Informationen über den Produktnutzen erhalten kann, hat das produzierende Unternehmen die Absatzwegeentscheidungen zu treffen.

Soll der Vertrieb der Produkte und Dienstleistungen,

- mit eigenen Mitarbeitern im Direktvertrieb,
- mit fremden Mitarbeitern im indirekten Vertrieb/Großhandel,
- mit eigenen Mitarbeitern in eigenen Filialen oder Niederlassungen,
- im Shop-in-the-Shop-Konzept des Einzelhandels, bei denen der Lieferant vom Handel die Flächen mietet,
- im Franchising-Konzept (Stringentes eigenes Filial- und Merchandise-Konzept, aber fremde Mitarbeiter),
- über nebenberufliche Vermittler (Versandhandel, Finanzdienstleister),
- über professionelle Handelsvertreter, die zwischen Handelsketten und produzierenden Unternehmen vermitteln,
- in den verschiedenen Formen des Einzelhandels vom Warenhaus, Shopping Mall Präsenz, Shop-in-the-Shop, Fachmarkt, Versandhandel oder Discounter,
- bis hin zu den modernen Formen über Teleshopping und
- Online-Vermarktung im Internet, die dem Versandhandel ähnlich sind, wie Amazon

erfolgen?

Die Entscheidung hängt wieder von der Platzierung des Produkts im Marktsegment ab, da jede Zwischenstufe Provisionen für ihre Leistung verlangt.

Je hochwertiger und beratungsintensiver es ist, desto eher wird ein Unternehmen bereit sein, höhere Provisionen von Fachketten (Parfümerie: Douglas; hochwertige Uhren: Wempe u.v.m.) zu akzeptieren oder gleich eigene Shops in besten Innenstadtlagen (Gucci, Joop, Escada, Cartier u.v.m.) zu eröffnen.

Umgekehrt wird ein kostenorientiertes Unternehmen Discounter (Aldi-Medion/Lenovo) oder Fachmärkte (ProMarkt; MediaSaturn) wählen bzw. über einen eigenen Online-Shop/Vertrieb auch diese Provisionen noch sparen wollen (früher: Dell-PC nur über das Internet beschaffbar).

Einige Unternehmen kombinieren verschiedene Absatzkanäle (Multi-Channel-Management), um Wettbewerb zwischen eigenen Niederlassungen und fremden

Händlern zu erzeugen, ohne die Kontrolle über den Absatzweg ganz aufgeben zu wollen (Automobilhersteller, Telekommunikationsunternehmen in Zusammenarbeit mit fremden Serviceprovidern, Textilunternehmen). Andere nutzen zusätzlich den Discountbereich, um mehr Absatzvolumen zu generieren, dann aber unter anderem Namen, um durch den Discountpreis nicht die eigene Marke zu gefährden (Lebensmittelbranche, z.T. Elektronikbranche mit Grauimporten). Das Unternehmen macht sich zwar hiermit selbst Konkurrenz, kann jedoch damit eine weitere, kostenbewusste Käuferschicht erreichen

Um hohe Kosten für einen eigenen Vertrieb zu sparen, beginnen viele neue Produzenten zunächst mit Handelsvertretern die Markterschließung.

OA-Themen entstehen bei diesem vierten P = Placement im strategischen Bereich nicht so häufig, da Absatzwege- wie Preisentscheidungen grundsätzliche Entscheidungen sind, die nicht im Tagesgeschäft immer wieder angepasst werden.

Bei MediaSaturn war der Absatzweg Internet lange kein Thema. Man sah eher die Nachteile durch die Preistransparenz als die Vorteile zusätzlicher Absatzmengen.

Inzwischen ist Redcoon zusammen mit dem Stationärvertrieb MediaSaturn zusammen erfolgreich. Der Nachteil des Internets mit wenig emotionaler Ansprache kann durch die Filialen kompensiert werden, in denen sich der Kunde die Artikel ansehen und erklären lassen kann.

Der Nachteil niedriger Margen durch höhere Preistransparenz wird teilweise kompensiert durch ein Beteiligungskonzept der Filialen am Redcoon-Ergebnis. Der hohe Kostenblock Logistik im Versandhandel/Internethandel wird teilweise kompensiert dadurch, dass sich die Kunden die Ware im Laden abholen können und bei Bedarf zusätzliche Beratung erhalten können.

Es ist MediaSaturn damit gelungen, aus einer gefährlichen Wettbewerbssituation eine Win-Win-Situation zu generieren, die inzwischen Maßstäbe setzt für andere Stationärhändler, Ähnliches zu versuchen und dem reinen Internethandel die Grenzen aufzuzeigen.

Es ist selten, dass Absatzwegeentscheidungen aktiv vom liefernden Unternehmen geändert werden (make statt buy).

Starke Textilmarken wie Boss, Gerry Weber, früher Escada sind diesen Weg gegangen und haben eigene Shops eröffnet, um exklusiv ihre Sortimente direkt beim Endkunden zu vermarkten. Sie haben ihre eigene Kreativleistung der Sortimentskreation zunächst in großen Warenhäusern in Markenshops (Shop-in-the-shop-Prinzip) getestet und sind dann ins volle Handelsrisiko mit eigenen Markenläden eingestiegen.

Im Lebensmittelmarkt ist der Handel zu stark für diesen Weg eines Lieferanten. Eher gehen die Händler vertikal rückwärts in den Markt und nehmen die Produktion eines Herstellers ab, vermarkten sie aber unter ihrer Handelsmarke. Das Marketing dieses Lieferanten beschränkt sich dann auf wenige Großabnehmer und eine aggressive Kostenpolitik, die Dauerniedrigpreise ermöglicht. Sind die Hersteller nicht dazu bereit, könnte die Alternative Auslistung bedeuten, der Lieferant verliert seinen Regalplatz.

Eine gute Vertriebsmannschaft schafft es auch, in schwierigen Zeiten wie z.B. neue Produkte der Konkurrenz ohne eigene Alternative oder zeitweise Qualitätsprobleme der eigenen Produkte, „ihre“ Kunde bei der Stange zu halten, wenn sie für die Problemlösung auch die notwendigen Mittel erhält. Basis für diese Problemlösung ist zunächst eine Vertrauensbeziehung zwischen dem Vertriebler und „seinem“ Kunden, unterstützt von besonderen Sachmitteln wie Sonderrabatt, Eventeinladung, Vertröstungsgeschenk etc. Der Vertriebsbeitrag eigener Mitarbeiter liegt zusammengefasst in ihrer fachlichen Kompetenz und Fähigkeit, dauerhafte Kundenbeziehungen aufzubauen.

5.1.5 People

Marketing ist vor allem People Business, diese auf den ersten Blick als Binsenweisheit apostrophierbare Bemerkung geht jedoch tiefer.

Marketing verkörpert im Grunde die Essenz dessen, was ein Unternehmen wirklich darstellt, also die Summe aller Werte, aller Ideen und Handlungen fokussiert in Produkten und Dienstleistungen, die Kunden helfen, den Alltag zu bewältigen und dabei auch noch Spaß und Freude zu haben.

Marketing ist unternehmensintern verzahnt

- mit der Unternehmensleitung, um den Wertekonsens herbeizuführen und in das Unternehmen hinein zu tragen,
- mit der Strategieentwicklung, um die Unternehmens-Ziele von den Möglichkeiten der zukünftigen Marktentwicklung her zu beschreiben,
- mit den Bereichen Investor, Public und Human Relations, um einen einheitliche Unternehmens-Auftritt zu gewährleisten,
- mit dem stark operativ ausgerichteten Bereich Verkauf/Vertrieb, wie die Produkte beim Kunden ankommen,
- mit der Forschung und Entwicklung, weil es um neue Produktideen geht,
- mit allen operativen Bereichen, um nach Kosteneffizienz Ausschau zu halten und die Marktpositionierung mit der angestrebten Preis-Qualitätsrelation immer wieder zu stützen,
- mit dem Controlling, um Verwaltungskosten zu reduzieren nach der Devise „Safe for Sale“,
- mit der IT, um das Thema „Big Data“ von der Kunden- und Produktseite handhabbar zu gestalten und die Analysemöglichkeiten richtig ausschöpfen zu können (CRM)
- last, but not least mit der IR, die das Marketing bei seiner Vielzahl von Aufgaben mit konkreten Informationen von der Basis unterstützen kann und mögliche Widersprüche im Konzept aufdecken kann (Effektivität steigern durch Einbringen der Risikofaktoren).

Darüber hinaus ist es extern vernetzt

- mit den Kunden und Kundenvertretern, um z.B. auf Messen und Veranstaltungen/Events selbst zu erfahren, wie die neuen Produkte und Dienstleistungen vom Markt aufgenommen werden,

- mit dem Wettbewerb, um als erster zu erfahren, in welche Richtung der Wettbewerb in Zukunft mit seinem Marketing Mix agieren wird und welche Chancen und Risiken sich für die eigene Position daraus ergeben könnten,
- mit der Werbeindustrie und den Agenturen, um immer wieder neue Ideen für die Festigung der Marke zu erhalten und die Werbeplanung zielgerichtet umsetzen zu können,
- mit den Lieferanten, um die aus Qualitäts- und Kostensicht wichtige Schnittstelle der Teileentwicklung richtig zu verstehen und beeinflussen zu können in Richtung vertikale Differenzierung oder stärkere Fokussierung auf die Unternehmens-Kernkompetenzen,
- mit Banken und Investoren, um Ideen zu erhalten, wie durch externe Zukäufe das Unternehmenswachstum zusätzlich befeuert werden kann bzw. durch Verkäufe von Unternehmensteilen das Markenprofil geschärft werden könnte.

Man sieht auf den ersten Blick, dass kaum eine wichtige Entscheidung im Unternehmen ohne das Marketing gefällt werden kann oder sollte.

Im Unterschied zu der „Push"-Zeit-Strategie noch vor 10 Jahren setzt sich durch das Internet und die Social Media heute der Dialog mit dem (End)-Kunden durch (Pull).

Alle Medien, die auf eine One-Way-Communication eingestellt sind, werden deshalb zukünftig an Bedeutung einbüßen, wenn es Ihnen nicht gelingt, mit ihren Kunden in den Dialog einzutreten.

Alte Pull-Strategien wie Outbound-Callcenter-Anrufe, Gewinnspiele, Herstellerrabbatte, Give-aways werden zurückgehen zugunsten der Nutzung der digitalen Medien wie E-Mail-Angebote, Blogs und Nutzung von QR (Quick-Response)-Tags in Verbindung mit Foto-Smartphones, die einen Dialog ermöglichen.

In der digitalen Welt ist der Kunde der Entscheider, ob er bereit ist, sich mit Hilfe des angebotenen Tags ins Internet auf die Unternehmenswebsite einzuwählen oder nicht.

Dialog mit dem Kunden heißt nicht so sehr, mit aktivem, alten Outbound zu versuchen, mehr Ertrag aus einem Bestandskunden herauszuholen, sondern, wenn der Kunde eine Frage hat, ihm genau zu diesem Zeitpunkt helfen zu können. Das wird zukünftig immer mehr automatisiert wie bei Amazon ablaufen und weniger durch den persönlichen Berater am PoS (Point-of-Sale) oder am Telefon.

> Amazon lässt seinen Kunden die Wahl, welches Produkt sie letztlich kaufen, unterstützt je nach konkretisiertem Wunsch die entsprechenden Angebote und führt ihn quasi mit „magischer" Hand durch die unübersichtliche Welt der Angebote.

Dialog bedeutet auch, zu zuhören, ob die Botschaft verstanden wurde, und fast noch wichtiger, ob der Kunde mit der Botschaft/Nachricht/Geschichte/Produktinforma tion/Bedienungsanleitung/dem Auftritt des Unternehmens etc. einverstanden war oder nicht.

Tatsächlich gelingt es kaum einem Unternehmen, in all den oben beschriebenen Medien ein konsistentes Bild (Markenimage) zu senden. Für eine IR kann hier eine lohnenswerte Aufgabe liegen, die Konsistenz dieser Botschaften zu erhöhen und Brechungen, Inkonsistenzen oder kognitive Dissonanzen vermeiden zu helfen. Damit sind Unternehmensauftritte gemeint, die nicht aufeinander abgestimmt sind.

Verstehen hat etwas mit Sprache zu tun, ein gefährliches Terrain (Gebiet) ist hier die Welt der Anglizismen, die manchmal bei „Best-Agers"/Ü-60-er (älteren Menschen) nicht gut ankommen, weil die Botschaft zum ersten nicht verstanden wird. Zum zweiten wird der potenzielle Kunde auch gleich mit der Nase darauf gestoßen, dass er noch nicht einmal die Werbesprache versteht. Das erzeugt negative Emotionen bei ihm, die bestimmt nicht für das Marken- und Unternehmensimage förderlich sind.

Werbe ich im TV, meine Zielgruppe ist aber häufiger auf YouTube unterwegs, habe ich nicht nur Geld zum Fenster herausgeworfen, sondern auch den falschen Kommunikationskanal gewählt, auch hier wird die Botschaft, weil nicht gehört oder gesehen, nicht ankommen.

Zusätzlich sollte ich auch berücksichtigen, wie Botschaften in einem menschlichen Gehirn verarbeitet werden. Es ist eine Mär, dass sachliche Information am besten den Menschen erreicht. Das ist dann besonders falsch, wenn ich den Menschen mit meiner Werbung im Freizeit/Spaß-Modus der Feierabends (Prime Time/Beste Sendezeit) erreiche. Um die vielen Filter zu umgehen, die sich Menschen aufgebaut haben, um mit der Informations-, Daten- und Bilderflut im Alltag klar zu kommen, sollte ich die Filter umgehen und direkt den emotionalen Bereich implizit ansprechen.
Genauso wichtig ist es im Dialogzeitalter des Marketings, dass ich Frage oder Antwort des Kunden im Unternehmen nicht ins Leere laufen lasse, weil dieser Kunde

- nicht die richtige Abteilung angerufen hat (Sachebene/Appell[87]),
- seine Kundennummer nicht kennt (Sachebene/Appell),
- die Rechnung nicht greifbar ist (Sachebene/Appell),
- seine Sprache etwas holprig klingen mag (Selbstdarstellung),
- das „Duzen" aus der Werbebotschaft für jeden Unternehmensmitarbeiter anwendet (Emotionale Ebene),
- jeden Mitarbeiter des Unternehmens für allwissend oder umgekehrt für inkompetent hält (Emotionale Ebene).

87 Mit Appell ist hier im Beispiel ein implizierter Vorwurf verbunden, sich doch besser auf das Gespräch vorzubereiten und einem nicht die Zeit zu stehlen. Der entsprechende Mitarbeiter hat es nicht gelernt, sich in die Rolle des einmal kaufenden Kunden zu versetzen, sondern „prahlt" rechthaberisch mit seinem Firmenwissen statt sich um eine Lösung des Kundenproblems zu kümmern.

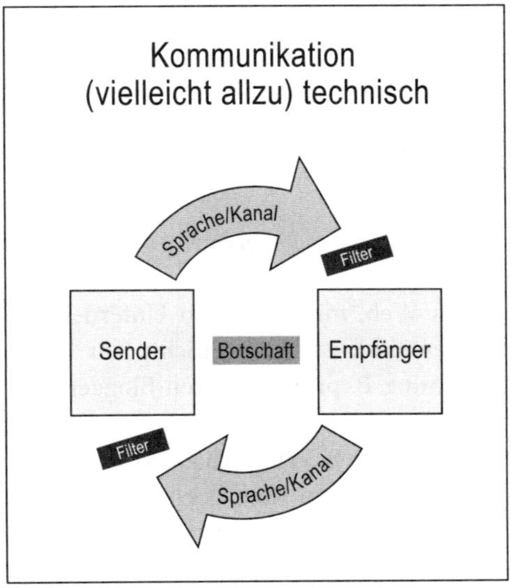

Abbildung 5-5: Kommunikation technisch

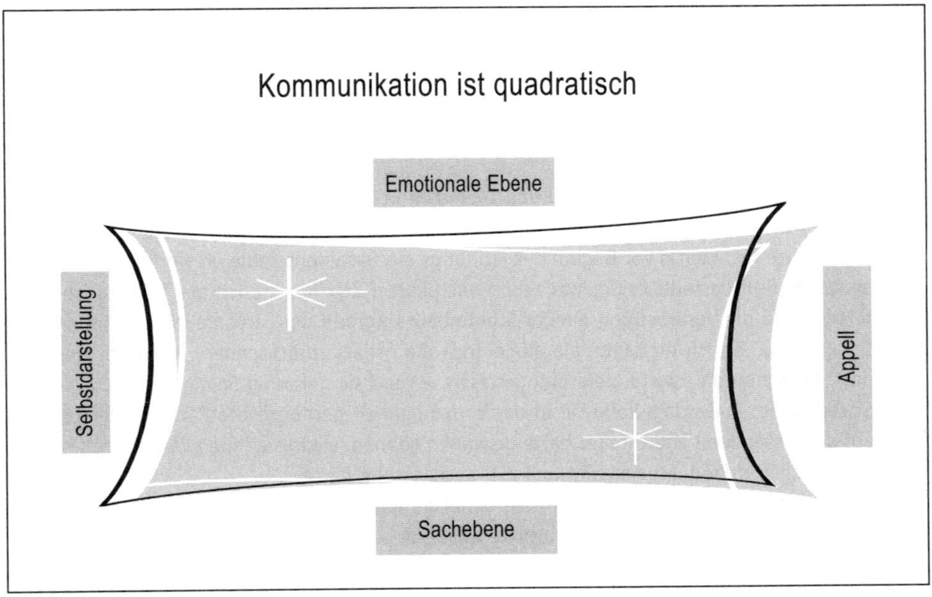

Abbildung 5-6: Kommunikation ist quadratisch[88]

88 Siehe hierzu Friedemann Schulz von Thun in seinem 4-Seiten/4-Ohren-Modell, inzwischen nach 1981 in 48. Auflage erschienen.

Kurz, Kommunikation sollte zusätzlich zur Botschaft auch die Sprache und den Sende- und Empfangskanal im Auge behalten und sich der Filterfunktionen bewusst sein. Bei der Werbe-Botschaft sollten Sachebene und emotionale Ebene gleichermaßen beachtet werden, während sehr sparsam mit Appellen und Selbstdarstellung umgegangen werden sollte.

Im Abschnitt 5.3 Neuromarketing wird dieser Aspekt noch einmal vertieft.

Monitoring der Inhalte im Web, mit denen ein Unternehmen, seine Produkte und Dienstleistungen verbunden sind, ist heute Pflicht. Kür könnte sein, in den Dialog auch in den Social Media mit z. B. professionellen Bloggern (in früheren Zeiten Meinungsführern genannt) zu treten bis hin zum (meist) untauglichen Versuch, die eigene Unternehmensdarstellung bei z. B. Wikipedia zu beeinflussen.

Kunden möchten auch nach einem Kauf noch mit dem Unternehmen in Kontakt bleiben und würden es begrüßen, immer denselben Menschen im Unternehmen befragen zu können. Das ist fast nie umsetzbar, umsetzbar ist es aber, dass Kunden bei Problemen mit einem Produkt Vorfahrt im Unternehmen erhalten nach der häufig geforderten, selten beherzigten Devise: „ Der Kunde ist König".

Dies bedeutet aber, Mitarbeitern, die sich um ein Kundenproblem kümmern sollen, die nötige Vorfahrt im Unternehmen in der Tagespriorität einzuräumen.

Der Autor wollte in einem seiner Unternehmen, in dem er früher tätig war, vom Verkauf eine „echte Kopfnuss" erhalten, also ein Problem, dass der Vertrieb trotz aller Bemühungen nicht lösen konnte.

Es ging um eine Kundin, die zu den treuesten und von Umsatz und Rentabilität zu den besten in ihrer Region gehörte.

Sie hatte rechtzeitig vor Beginn des Frühlings ein Gartenensemble im Wert von mehr als 1.000 EUR bestellt. Leider war schon nach kurzer Zeit Roststellen am Tisch zu bemerken und die Verarbeitung einiger Stühle ließ aufgrund der Farbanmutung zu wünschen übrig. Als ich ihr sagte, sie möge doch die Artikel zurücksenden, erwiderte sie, dass das schon die zweite Lieferung gewesen sei und sie gerne im Sommer etwas zum Sitzen hätte. Außerdem habe sie in der Vergangenheit gerne private Parties gefeiert, auf denen sie dann Mitbesteller hätte gewinnen können, wenn sie ihnen von den schönen und guten Produkten erzählt und z. T. auch gezeigt hätte.

Nun wäre sie nervlich am Ende, sie benötige das Geld aus der Vertriebsprovision wirklich nicht, die persönlichen Kontakte würde sie aber sehr vermissen. Und ihr Mann hätte ihr dringend geraten, sich den ganzen Ärger vom Hals zu schaffen und als Vertriebsvermittlerin aufzuhören.

Ich versprach, mich bei ihrer nächsten Bestellung vom Lager bis hin zur Zustellung dafür einzusetzen, dass alles in Ordnung ginge. Es ging um eine Sonnebank im Wert von mehreren Tausend EUR. Aufgrund meiner Kontakte zu den Logistikern ließ ich das Paket vor dem Versand auf Vollständigkeit und Mängel noch einmal untersuchen, stimmte persönlich Liefertermin und -zeitpunkt ab und freute mich endlich, als alles gut gegangen war. Der Kundin war geholfen worden. Der persönliche Aufwand war zwar sehr hoch, aber durch diese Einmal-Geschichte konnte ein Teil der schlechten Geschichten der Vergangenheit verdrängt oder überlagert werden.

Eine Win-Win-Situation für Unternehmen und Kunde war erreicht worden.

Infolge dieser und anderer Geschichten startete das Unternehmen eine Qualitätsoffensive sowie ein Projekt zur Verifizierung der den Kunden gegebenen Versprechen zur Lieferzeit und Qualität. Der Negativtrend in Umsatz und Ergebnis war gestoppt und nach 2 Jahren waren wieder Wachstumsschritte zu verzeichnen.

Das Unternehmen hatte Kundenorientierung ernst genommen, Inzwischen ist schon lange das Thema Nachhaltigkeit und Umweltorientierung hinzugekommen.

Der Beitrag seiner Kunden (People) zum Geschäftmodell ist für ein Unternehmen essenziell, da seine Kunden das Nutzenversprechen (Value Proposition) durch Käufe der Produkte glauben (Vertrauen durch Glaubwürdigkeit) und die Beziehung zu „ihrem" Unternehmen auch in Krisenzeiten halten. Dies spart wiederum zusätzliche nötige Vertriebsprovisionen, um mit Neukunden den Churn auszugleichen.

5.1.6 Process

Im Marketing lassen sich verschiedene Prozesse unterscheiden. Der Kernprozess ist der Prozess von der Erzeugung der Nachfrage bis zum Umsatz. Dieser lässt sich in die 4 Prozesse

- Produktentwicklung,
- Preisfindung,
- Kommunikation und Werbung und
- Marktbearbeitung

untergliedern.

Ein Großteil der hier zu treffenden Aussagen sind schon in den Abschnitten zu den 4P getroffen worden, so dass nur auf wesentliche neue Prozessinhalte abgehoben werden soll.

Der Prozess Produktentwicklung enthält seinen Input aus der Strategieentwicklung, dem technologischen Fortschritt, dem Wunsch von Kunden nach neuen bzw. erweiterten Funktionen und dem Ergebnis der Portfolioanalyse, Dogs- und Question Mark-Produkte weiter zu entwickeln. Zusätzlichen Input liefern die Mitarbeiter des Unternehmens, die in Forschung und Entwicklung beschäftigt sind sowie alle kreativ für das Unternehmen tätigen Mitarbeiter, z. B. die, die Verbesserungsvorschläge einbringen und die, die von Lieferanten Ideen ins Unternehmen tragen.

Prozesstechnisch sollten systematisch alle Ideenlieferanten mit ihren Ideen in einer Unternehmensdatenbank gesammelt werden. In der Praxis finden meist multilaterale Gespräche mit den Technikern aus Forschung & Entwicklung, ggfs. auch aus der Produktion sowie als Moderatoren die Produktmanager zusammen mit den Vertriebs- und Werbeleuten statt. Die Ideen werden dann in einem ersten Schritt an der Unternehmensplanung gespiegelt, wenn nicht je nach Unternehmen unterschiedlich die Bottom-up-Verprobung der Planung aus der Strategieklausur des Vorstands (Top-down) vor der Festlegung des Budgets des nächsten Jahres liegt.

Zusätzlich zu den neuen Ideen kommen auch die Produktentwicklungsideen der Vorjahre mit auf den Tisch. Über die späteren Blockbuster wird einzeln je nach Produktentwicklungsmeilenstein über die weitere Vorgehensweise entschieden. Hier geht es einmal um die Frage zusätzlicher Budgets in Manpower und Sachkosten, um Fertigstellungsziele noch zu erreichen oder vor dem Wettbewerb am Markt zu sein. Zum anderen werden die Projekte mit dem Stichwort „Rote Ampel" kritisch hinterfragt, ob sie tatsächlich die in sie gesetzten Erwartungen noch erfüllen können oder die Projekte gestoppt werden sollten (Dogs- und Question Mark-Produkte).

Aus den positiv entschiedenen „alten" Projekten und neuen Ideen des laufenden Jahres wird dann der Masterplan der Produktentwicklung des Unternehmens fortgeschrieben. Bei dezentraler divisionaler Steuerung geschieht ein vergleichbarer Prozess nur auf der Divisionsebene. Die Divisionsergebnisse werden je nach Holdingstruktur noch einmal diskutiert oder nur zur Kenntnis genommen.

Im Kapitel 8: Kernprozess 3 – Produktentwicklung und Innovationsmanagement sind weitere Ideen zu finden.

In Unternehmen, die in sich schnell entwickeln, wie die ITK- oder die Pharmabranche sowie der komplette Handel, werden die oben skizzierten Schritte weiter ausdifferenziert und/oder mehrmals im Jahr wiederholt.

Im ITK-Bereich sind vor allem Integrationsfragen der neuen Dienste oder Produkte in die bestehende Servicewelt zu klären, über ein Programmmanagement die geplanten Projekte für ein neues Release einer bestehenden oder dem Launch einer neuen Software zeitlich und funktional zusammen zu fassen.

Im Textileinzelhandel werden die Modetrends der nächsten Monate anhand der zu entwickelnden Kollektionen inkl. der fertigenden Lieferanten mehrfach im Jahr besprochen, diskutiert und entschieden, die früheren 2 Saisons sind inzwischen durch häufigere, schnellere Zyklen der Neuwaren-Ordermöglichkeiten ersetzt worden.

In der Pharmabranche sind die Genehmigungsschritte bis zur Stufe 4: Nationale Markteinführung dezediert auch unter Beachtung des erforderlichen Patentschutzes je Produkt, Land und Entwicklungsschritt einzeln zu planen und zu genehmigen.

Im Preisfindungsprozess treffen die internen Kostenüberlegungen mit den Markt- und Wettbewerbsbetrachtungen zusammen. Eine Costplus-Kalkulation kann in einem Excel-Modell wunderschön mit der Unternehmensplanung verknüpft werden, entscheidend ist jedoch, ob die so ermittelten Preise auch durchsetzbar sein werden.

Ein Indiz für richtige oder falsche Einschätzungen liefert der Trackrecord[89] („Big Data") der Produkte,

- der nach Land,
- Kundengruppe und

89 Unter Trackrecord eines Produktes wird seine komplette Vergangenheit definiert mit allen quantitativen und qualitativen Aspekten, die entscheidend für sein heutiges Markenbild sind.

- Vertriebskanal,
- zum Teil auch noch nach Monat und Aktionszeitpunkt differenziert ist.

Mögliche Aktionen des Wettbewerbs, Kundenentwicklungen in den Märkten und USP-Charakter der eigenen Marken liefern weitere Indikationen für die Preisstellung.

Langjährig hohe Margen ohne große Rentabilitätsgewinne aus Produktions- oder Prozessverbesserungen in „hart umkämpften" Märkten sollten ein Warnhinweis für die IR sein, das Thema Kartellbildung im Unternehmen vorsichtig zu hinterfragen. Die Volkswirtschaftstheorie wie die allgemeine Unternehmenspraxis unterstellt in Oligopolen scharfen Preiswettbewerb ohne überdurchschnittliche Margen.

Die bisher erlassenen Strafen treffen Unternehmen sehr hart, da sie sich im 3-stelligen Mio.-EUR (Aufzug-, Vitamin-, gasisolierte Schaltanlagen-, Wachs-, Kautschuk-, Fensterglas-, Gipsplatten-, Acrylglas-Kartell) oder gar im Mrd. EUR Bereich (Autoglas) bewegen können[90].

Sind die Märkte regional fragmentiert, also Quasi-Monopole, erübrigt sich diese Fragestellung. Das Unternehmen sollte sich jedoch auf Aktionen der Kartellbehörden (national und europäisch) einstellen und an seiner eigenen Rentabilität verstärkt arbeiten.

Unterjährig werden die strategischen Preisfestlegungen in Einzelfällen taktisch hinterfragt. Wichtig ist hierbei für die IR, dass die Modalitäten der Preisherabsetzung im Vorneherein in einer Richtlinie fixiert wurden. Denn durch Preisanpassungen können nicht nur Margen- und Ergebnisziele gefährdet werden. Auch der zukünftige Handlungsrahmen des Unternehmens kann eingeschränkt werden. Trotz Vertraulichkeitserklärung können sich Preisinformationen im Markt sehr schnell direkt oder indirekt (über Preissenkungen eines Handelspartners) herumsprechen.

Im Sonderfall von regulierten Monopolen/marktbeherrschenden Unternehmen müssen bestimmte, vordefinierte Produkte wie z. B. die Teilnehmeranschlussleitung (TelAs) der Behörde vorab zur Genehmigung vorgelegt werden, andere unterliegen der nachträglichen Missbrauchsaufsicht, d. h. können im Nachhinein von der Behörde verändert werden.

Der Prozess Kommunikation und Werbung ist schon unter 5.1.4 diskutiert worden, so dass er hier sehr kurz dargestellt werden kann.

Er besteht aus der Mediamixplanung je Produkt und Land und der Werbeobjektplanung, die jeweils in einzelnen Projekten mit den Projektschritten Briefing, Umsetzung/Produktion und Debriefing gegliedert wird.

In allen Planungen der Kommunikation und Werbung ist darauf zu achten, dass der Kommunikationszweck wenigstens qualitativ, am besten auch quantitativ definiert und im Debriefing auch überprüft wird.

90 rp online 4.6.2013.

Wichtig ist auch, dass bei der zeitlichen Abfolge die Anzahl der „Anstöße“ der Kunden durch Mailing, Flyer, E-Mail, Rechnung und sonstige Unternehmensinformationen nicht abreißt, aber auch nicht zu bestimmten Zeiten mehrfach belegt wird.

Rückkopplungen zur Produktion und Logistik sind mit angemessenem Vorlauf einzuplanen. So hören Kunden nicht beim Vertriebspartner oder generell im Vertriebskanal nach Ihrem innerlichen o.k. vom Unternehmen „njet“, weil keine Ware mehr da ist.

Werbeanstöße durch TV, Print verbunden mit einer Preissenkung können durchaus zu hohen Absatzzahlen führen. Auch hier sollte „Big Data“ die nötigen Informationen aus früheren Aktionen bereithalten.

Im Prozess Marktbearbeitung kann man all das zusammenfassen, was einen potenziellen Neukunden oder einen Stammkunden vor dem eigentlichen „Werbeanstoß“ geneigt machen soll.

Dazu gehören alle After-Sale-Aktivitäten wie<<

- Kundenzeitschriften,
- Callcenter-Kontakte ohne konkrete Verkaufsabsicht,
- Geburtstags- und Weihnachtsgrüße,
- Einladungen zu Firmenevents und
- der Internetdialog sowie
- die gesamte Public Relations, die ganzjährig über das Unternehmen berichtet.

In allen Informationen und Kontakten können für den Kunden relevante Informationen, positive Emotionen und Kaufentscheidungsverstärker versteckt sein. Sind alle diese Informationen über das Unternehmen nicht miteinander abgestimmt, so kann es beim Kunden zu sog. „Kognitiven Dissonanzen“ führen, der Kunde entwickelt ein Störgefühl. Sollte er dieses Störgefühl verbalisieren, sollte ein Unternehmen, das seine Stammkunden behalten möchte, versuchen das Missverständnis aufzuklären.

Auf der Lieferantenseite gehören zum Prozess Marktbearbeitung alle Informationen, die auf technologischen Wandel hindeuten könnten, eine Änderung der Wettbewerbssituation ankündigen oder generell neue Trends beinhalten.

Informationen über Wettbewerber dürfen aus Compliance-Gründen[91] nicht erhoben werden, jedoch liefert der Umgang mit dem Marketing-Mix normalerweise viele konkrete Hinweise für den Fach- und Sachkundigen im eigenen Unternehmen.

Last, but not least gehört zur Marktbearbeitung auch die Marktforschung und verschiedene Studien, die durch Unternehmensberatungen, Abschlussprüfer und spezialisierte Institute (Gartner, Infas) erstellt werden.

91 Hier sind direkte Gespräche gemeint, die wegen des Verdachts auf ein faktisches Kartell immer sehr sorgfältig zu planen und durchzuführen sind. Über Berater sind trotz Unterzeichnung einer Vertraulichkeitsvereinbarung Informationen zu gewinnen. Man sollte jedoch bedenken, dass meist die unternehmenseigenen Informationen im Sinne eines „Give and Take“ ebenfalls gefährdet sind.
In Fuld Buchs: The new Competitor Intelligence findet der Leser viele nützliche Informationen, wie man legal zusätzlich zum Internet an Wettbewerberinformationen gelangen kann.

Nicht zu vergessen sind auch die Max-Planck-, die Fraunhofer- und die Helmholtzgesellschaft sowie verschieden Institute von Universitäten, in denen der technische Fortschritt der nächsten Jahre schon einmal vorbereitet wird. Für Technologieunternehmen sind diese Einrichtungen erste Wahl. Denn sie forschen meist gemeinnützig und sind auf Drittgelder angewiesen, daher wünschen sich viele Institute einen engeren Kontakt zur Industrie.

5.1.7 Provision of Service

Kunden wollen vor und nach dem Kauf Informationen, über das Produkt und das Unternehmen erhalten. Sie wollen vor dem Kauf bei ihrer Entscheidungsfindung beraten werden, wollen Vertrauen zu einer Marke vertiefen und nach dem Kauf bestätigt werden, dass ihre Entscheidung die richtige war. Alle Informationen und Emotionen, die dazu passen wirken integrativ, die anderen dissonant. Aufgabe des Marketings ist es nun, die Unternehmens-, Produkt- und Servicenachrichten und Informationen so mitzugestalten, dass der Informationsfluss verständlich ist und keine Dissonanzen aufkommen.

Dass die Verbrauchswerte eines Autos in einer idealen Umgebung erstellt werden, die wenig mit der Praxis gemein hat, und so systematisch zu niedrig angegeben werden, ist zwar ärgerlich, dürfte aufgeklärte Autofahrer nicht besonders irritieren.

Auch das bestimmte Ausstattungspakete durch ihr Gewicht zum erhöhten Verbrauch beitragen, darf als bekannt voraus gesetzt werden.

Auch dass je nach Fahrstil die individuellen Verbrauchswerte auf derselben Strecke schwanken können, sollte bekannt sein.

Unfair und damit ein Regelbruch wäre, wenn bestimmte Hersteller ihr Auto für den Test des Benzinverbrauchs anders „ungestraft“ ausstatten dürfen als der Rest. Noch bedenklicher wäre es, wenn das Regelwerk des Normtests bei verbrauchsrelevanten Ausstattungsvarianten wie Klimaanlage, nicht verkaufbaren, dünne Reifen und einer Ausstattung des Fahrzeugs unter dem Minimalausstattungsstandard Lücken zulassen würde.

In beiden Fällen müssten die benachteiligten Hersteller Protest einlegen und auf faire Bedingungen für alle plädieren[92].

Offensichtlich sind zwei Probleme aufgetreten, ein Testszenario, das ursprünglich nicht für einen realistischen Verbrauch im Alltagsbetrieb gedacht war, ist als Vorschrift genommen worden.

Hersteller werden für etwas journalistisch gebrandmarkt, obwohl sie sich an alle Testbedingungen gehalten haben, die Variationsbreite jedoch ausgenutzt haben.

Die EU hat eine modifizierte Testprozedur beschlossen, die ab 2017 gilt.

Die Crux an der Geschichte ist jedoch, wie glaubwürdig nehmen es die Hersteller mit der Klimathematik, dem CO_2-Ausstoß. Denn um dieses Ziel geht es implizit, nämlich die Reduzierung der Flottenverbräuche. Die Marketingstrategen der Automobilhersteller sollten nicht so sehr lamentieren, dass sie zu unrecht an den Pranger gestellt wurden

92 Sieher hierzu eine aktuelle Studie des ICCT (International Council of Clean Transportation) vom 27.5.2013.

(was tatsächlich der Fall ist), sondern proaktiv Programme einleiten, mit Produktinnovation Hybrid- und Elektroautos in nennenswerter Stückzahl verkaufsfähig zu gestalten.

In dem o.g. Beispiel verlieren die Hersteller Glaubwürdigkeit, obwohl sie nur etwas Legales ausgenutzt haben. Die Öffentlichkeit forderte mit Recht realistische Bedingungen.

Dies zeigt, dass selbst, was legal ist, aus übergeordneter Sicht nicht legitim sein muss. Ein modern arbeitendes Marketing arbeitet dieses Thema auf und unterstützt EU und andere Tester, um zu realistischen Werten zu kommen.

Weitere, etwas greifbarere Serviceleistungen sind z.B.

- Mängelkulanz,
- Reparaturservice,
- (Nach)-Bestellservice alter Teile,
- Kostenlose downloads von aktualisierter Software im Push-Modus,
- technischer Support im Third Level bei gravierenden Problemen mit technischen Artikeln,
- kostenloser Umtausch innerhalb bestimmter Fristen,
- Kostenlose Beratung am Point of Sale,
- Schnelle und persönliche Erreichbarkeit in Callcentern mit gut informierten Mitarbeitern,
- Bedienungsanleitungen (für Produkte auf der Website des Unternehmens),
- Website mit interessanten Geschichten rund um das Produkt und das Unternehmen,
- Zusendung von interessanten (Firmen-) Broschüren, die ins Lebensumfeld des Käufers passen und
- Einladung zu Events bei der Vorstellung neuer Produkte.

Alle diese Service-Maßnahmen kosten z.T. viel Geld, ersparen aber Akquisitionskosten, da Stammkunden dem Unternehmen länger treu bleiben. Ob dies tatsächlich so ist, sollte natürlich durch das Marketing in unregelmäßigen Abständen überprüft werden.

5.2 Kundenmanagement

Der Kern des klassischen Marketings besteht darin, das interne Wachstum eines Unternehmens zu befeuern. Dies geht nur mit Kunden, die Produkte und Services vom Unternehmen kaufen.

Aus Unternehmenssicht geht es darum, bei einem Kunden einen möglichst großen Anteil seines Budgets (Share of Pocket) für die Leistungen zu erlangen, die er in diesem Nachfragesegment benötigt. Darüberhinaus sollte es dem Unternehmen darum gehen, dass der Kunde diese Leistungen auf Dauer bezieht (Stammkunde).

Da Kunden, selbst Stammkunden, in ihrer Entscheidung auch einmal den Wettbewerber wählen, benötigt ein Unternehmen auch neue Kunden, die zum einen den Verlust an Stammkunden ersetzen und zum anderen mit ihren Käufen zum Netto-Wachstum beitragen (Neukunde).

Die Kunden findet das Unternehmen in den entsprechenden Märkten, die nach verschiedenen Kriterien segmentiert sein können:

- Geografisch 1: Stadt-Land
- Geografisch 2: International, national und regional
- Geografisch 3: Exklusives, gehobenes, mittleres Wohngebiet
- Demoskopisch 1: jung-mittel-best Age-älter
- Demoskopisch 2: Hohes-mittleres-niedriges Einkommen
- Lifestyle: Trendsetter, modebewusst, preisbewusst, bedarfsorientiert
- Umsatzhöhe: Groß-, Mittel-, Kleinkunden
- Bedarfsart 1: Geschäfts- und Privatkunden
- Bedarfsart 2: Neu- oder Gebrauchtprodukte
- Handelsstufen: Wiederverkäufer/Großhändler und Endkunden

Zur Klassifizierung neuer Kunden stehen Unternehmen meist nur wenige Basisdaten wie Name/Firma und Adresse zur Verfügung, manchmal auch das Geburtsdatum und Telefon-Nummern sowie andere Kontaktdaten wie E-Mail-Adresse und Website[93].

Erst nach einem, besser nach mehreren Kaufvorgängen können Kunden(gruppen) im Bereich von „Big Data" weiter gruppiert werden, weil dann über ihre Käufe über Kaufzeitpunkt und gewählte Produkte oder Dienstleistungen mehr Informationen vorliegen.

Über Google erhalten heute Firmen meist detaillierte Clickhistorien, die wertvolle Informationen über das Nachfrageverhalten vor dem Kauf enthalten können.

5.2.1 Bestands- und Neukunden

Obwohl Bestandskunden, besser Stammkunden genannt, die treuesten Kunden eines Unternehmens sind, werden sie manchmal an den Werbe- und Promotion-Maßnahmen unterproportional beteiligt. In stark wachsenden Märkten wie dem ITK-Markt sind entsprechend hohe Churnraten von bis zu einem Drittel nach zwei Jahren eher die Regel als die Ausnahme. Offenbar gelingt es vielen Unternehmen in diesen Märkten nicht, eine USP aufzubauen, die die Kunden zum Bleiben veranlassen könnte. Ein Preiswettbewerb ist dann die Folge.

93 Für die Erhebung dieser Daten ist fast immer das Einverständnis des Kunden erforderlich, gemeinhin auch als double opt-in bezeichnet, d. h. er gibt nach erhaltener E-Mail (single opt-in) durch das Klicken auf den angebotenen Link des Unternehmens (double opt-in) zu erkennen, dass er einverstanden ist, in das Abo-Verzeichnis des Unternehmens aufgenommen worden zu sein. Das Unternehmen hat damit eine Bestätigung, dass es die vorher erworbene E-Mail-Adresse weiter bewerben darf.

Markenmanagement und Stammkundenbindung hängen offensichtlich zusammen, da die USP einen positiven „Anker[94]„ im Gedächtnis des Kunden hinterlässt, der zum neuen Kauf aus demselben Unternehmen motiviert. Dieser Anker bildet auch einen wirksamen Filter für alle Informationen, die nicht mit dieser Marke in Verbindung stehen. Stammkunden bleiben einer Marke auch treu, wenn Wettbewerber (objektiv) günstigere Preise anbieten. Dieser Value Added (Mehrwert) ist Verdienst einer effektiven Marketingarbeit.

Vor diesem Hintergrund wird auch klar, dass für Wettbewerber in einem Markt mit starken Marken hohe Eintrittsbarrieren bestehen. Kunden werden sich nicht so schnell von „ihrer" Marke abwenden. Der Aufwand für Preisdifferenzierung und Werbeaufwand kann sich auf ein Vielfaches eines Marktführers belaufen.

Kommt im Internet noch das Phänomen der Vernetzung von Kunden mit derselben Markenüberzeugung hinzu, wie z.B. bei Apple, so kann ein Unternehmen durch den „Schutz" dieser Community selbst (objektiv) viele Fehler machen, die Community wird diese Nachrichten rationalisieren und versuchen sie mit der USP in Einklang zu bringen.

Die mangelnden Empfangseigenschaften des iPhones am Anfang seiner Markteinführung durch eine fehlerhafte Konstruktion der Antenne hat Apple nicht geschadet. Im Gegenteil, die Community schätze die Nicht- Telefoneigenschaften und die Ästethik sowie die Bedienerfreundlichkeit des neuen Smartphones so hoch ein, dass die Absätze stiegen. Zusätzlich wurde die USP von Apple noch dadurch gestärkt, dass die Firma relativ schnell den Fehler eliminierte und damit bewies, dass es auch Telekommunikation beherrschte, damals nach dem Erfolg des iPods keine Selbstverständlichkeit.

Der Aufbau einer treuen Fangemeinde ist jedoch daran geknüpft, dass ein Unternehmen über lange Zeit auf die Kundenbedürfnisse seiner Kunden mit immer adäquaten Produkten und Dienstleistungen eingeht.

Bei Apple ging der Ursprung auf die Bedienfreundlichkeit und Ästhetik des ersten PC zurück. Nach fast 15 Jahren Agonie und einer Degradierung in den Randbereich des PC-Markts erfolgte der Wiederaufstieg mit einem wiederum ästhetisch gelungenen iPod, der über einen riesigen Musikspeicher und immer kleinere Ausmaße verfügte. Auch das iPhone überzeugte nicht nur durch Funktionalität, sondern durch die Ästhetik und den Bedienkomfort eines überragend funktionierenden Touchscreen. Dieser Touchscreen machte eine Tastatur obsolet, verdoppelte fast bei sonst vergleichbaren Außenmaßen die Bildschirmgröße und enthielt Alleinstellungsfunktionen (Präzision und Widerstandsfähigkeit), die erst nach und nach vom Wettbewerb egalisiert werden konnten.

Unternehmen ohne große Community können trotzdem Stammkunden aufbauen und dann halten, wenn sie mit ihren Kunden auf Augenhöhe im Dialog kommunizieren und nicht versuchen, mit Gimmicks und Tricks davon abzulenken, um was es ihnen in Wirklichkeit geht, um den schneller Erfolg.

94 Mit Anker ist psychlogisch eine bewusste oder unbewußte positive emotionale Erfahrung gemeint, die mit dem Produkt und der Serviceleistung verknüpft wird. Anker sind selten logisch oder sachgerecht im Zusammenhang mit dem Produkt zu sehen, sondern eher analog und assoziativ.

Um Kunden zu halten, gibt es ein wirksames Rezept, nämlich seine Versprechen einzuhalten.

Versprechen können z. B. sein:

- Versicherungen: Schutz vor Katastrophen und unerwartbaren Ereignissen, aber bitte nicht Verträge mit 40 Ausweichklauseln.
- Banken: Vermögensmehrung und Vermögenserhalt nach Risikobereitschaft des Kunden, aber Aufklärung über Provisionen, Kickbacks und Risiken.
- Handel: Dasselbe Produkt nirgendwo günstiger, den Differenzbetrag zurückerstatten, wenn der Kunde einen günstigeren Abieter entdeckt hatte und nicht Kleinigkeitskrämer spielen.
- Telekommunikation: Das beste Netz, aber bitte auch dort, wo ich wohne, nicht nur im Durchschnitt.
- Automobil: Normspritverbrauch, aber Aufklärung über Testbedingungen und Konsequenzen im Spritverbrauch von Breitreifen und Zusatzausstattung.
- Logistik: Beförderung in 48 Stunden, aber bitte keine Zustellungsversuche während der Bürozeiten.

Man erkennt sofort, dass es gar nicht so einfach ist, einfache Versprechen zu halten, keine Hintertüren in die AGB einzubauen, keine für Laien unverständlichen juristischen Spitzfindigkeiten zu ersinnen, im Zweifel großzügig und zuvorkommend zu sein. Das bedeutet, die Unternehmensprozesse auf den Kunden abzustellen.

Bei Terminzusagen ist ein verlässliches Sendungsverfolgungssystem zu implementieren, das dem Unternehmen und (manchmal) auch dem Kunden den aktuellen Ort seiner Sendung mitteilt.

Bei Qualitätszusagen sind die Produktionsprozesse inkl. der Vorlieferprodukte mit SCM zu verbinden, am besten wie bei einigen Automobilherstellern auch die Entwicklungsprozesse mit den Lieferanten zu verzahnen. Eine Garantieablöse sich seitens des Handels vom Lieferanten vergüten zu lassen und dann noch dem Kunden eine 3-Jahres-Garantie kostenpflichtig zu verkaufen, reicht hier nicht aus.

Bei Preiszusagen sind vor allem das Einkaufsmanagement und das Produktmanagersystem des eigenen Unternehmens gefordert, entsprechende Informationen zu haben, dass das Versprechen nicht zum teuren Boomerang wird.

Bei Versicherungsschutzzusagen ist Augenmaß angemessen, nicht hinter jedem Geschädigten erst einmal einen Betrüger zu vermuten und bei Großschäden erst einmal gar nicht und dann verspätet zu zahlen. Managen von Big Data sollte in Versicherungsunternehmen Standard sein und einigermaßen trennscharf Geschädigte von potenziellen Betrügern differenzieren zu können.

Im vorherigen Abschnitt 5.1.7 sind weitere Maßnahmen aufgelistet, um Kunden zu Stammkunden zu verwandeln.

Neukunden laufen bis zur Kaufentscheidung einen ziemlich langen Hindernisparcour.

- Sie kennen vielleicht als Erstkäufer eines solchen Produkts die Funktionen nicht genau und haben unrealistische Erwartungen an das Produkt (Erwartungslücke).
- Sie kennen den Hersteller des Produkts vielleicht nur dem Namen nach oder haben noch nie von ihm gehört (Emotion Angst vor dem Risiko-NEU).
- Sie sind sich vielleicht unsicher, ob sie sich das Produkt leisten können (Emotion Angst-mangelndes Selbstvertrauen).
- Sie möchten keine Reklamationen durch Qualitätsmängel haben und sich dann noch im Bekanntenkreis rechtfertigen zu müssen, dass sie entgegen dem „Mainstream (gegen den ausdrücklichen freundschaftlichen Rat)“ eingekauft hätten (Emotion Angst-mangelndes Selbstvertrauen).

Ein gutes Verkaufsgespräch zeichnet sich nicht dadurch aus, mit den oben beschriebenen Ängsten des Kunden zu spielen und ihm Versicherungsschutz zusätzlich zum Produkt zu verkaufen, sondern auf die Ängste menschlich vertrauensvoll einzugehen und einer Lösung zu zu führen. Damit sollte auch ein Abbruch des Verkaufsgesprächs mit einkalkuliert werden, wenn objektiv sachliche Gründe gegen den Kauf sprechen. Eine spätere Rückabwicklung ist mit Ärger verbunden und meist für beide Seiten teurer, ein späterer Stammkunde ist nach einem Prozess meist für immer verloren, zusammen mit all denen, denen er die Geschichte später erzählen wird. Auf der anderen Seite gibt es eine gute Chance, dass der Kunde später noch einmal zurückkommt, weil er sich an das ungewöhnliche Verkaufsgespräch erinnert, Vertrauen aufgebaut und neue objektive Gegebenheiten jetzt den Kauf zulassen.

Die nachfolgende Grafik versucht das Geschilderte zu illustrieren. Offensichtlich ist, dass es auch nach dem Kauf einiger Anstrengungen (skizziert als zunehmende Flächeninhalte der Rechtecke) bedarf, den Neukunden zum Stammkunden zu entwickeln:

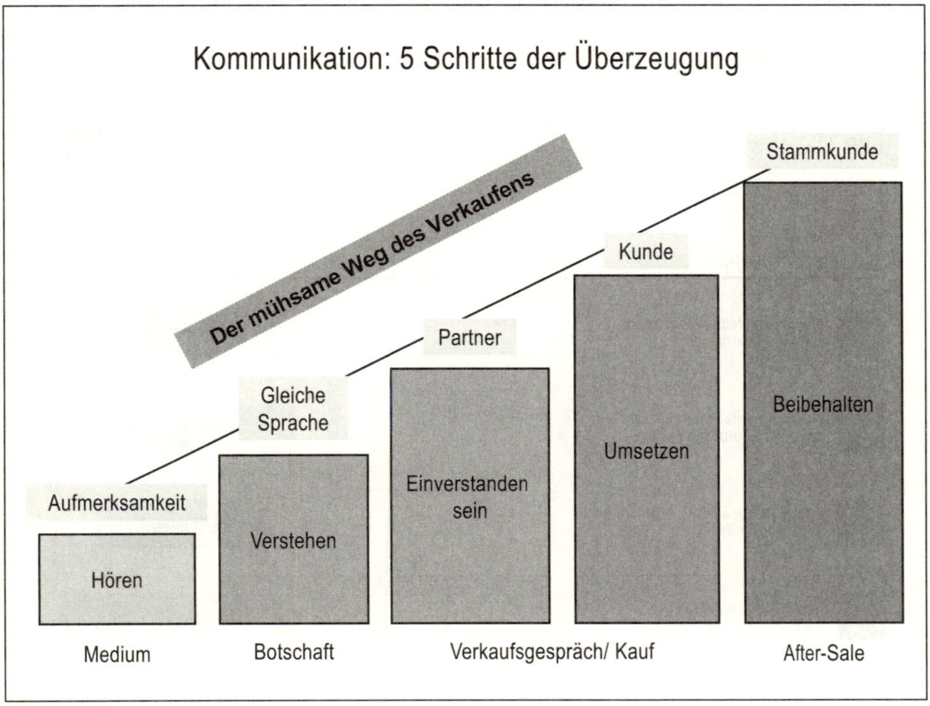

Abbildung 5-7: Kommunikation: 5 Schritte der Überzeugung

5.2.2 Analyse der Kundenzufriedenheit mit TRI:M

Als gute Technik zum Management der Kundenbeziehungen und zur Ableitung von unternehmerischen Maßnahmen hat sich die von TNS Infratest entwickelte TRI*M-Methodik erwiesen.

Diese Methodik wendet sich in einem strukturierten Fragebogen an alle Kunden oder einen repräsentativen Auschnitt. Die Befragten bewerten Aussagen des Fragebogens auf einer 5-er-Skala von ausgezeichnet zu bis schlecht. Gleichzeitig sollen sie, ebenfalls mit einer 5-er-Skala bewerten, wie wichtig ihnen die Aussage ist.

Mit den Aussagen der Kunden zu den gestellten Fragen erlaubt die TRI: M-Systematik Analysen

- zur Beziehungsstärke in einer Zahl im Vergleich zum Wettbewerb,
- zur Klassifizierung des Kundenstamms in besonders Gefährdete und weniger Gefährdete
- welche Vertriebsmaßnahme aus Kundensicht wichtig ist, und welche nur „nice to know ist", und
- zur Stellung im Wettbewerb mit den Elementen seiner Produkte und Serviceleistungen.

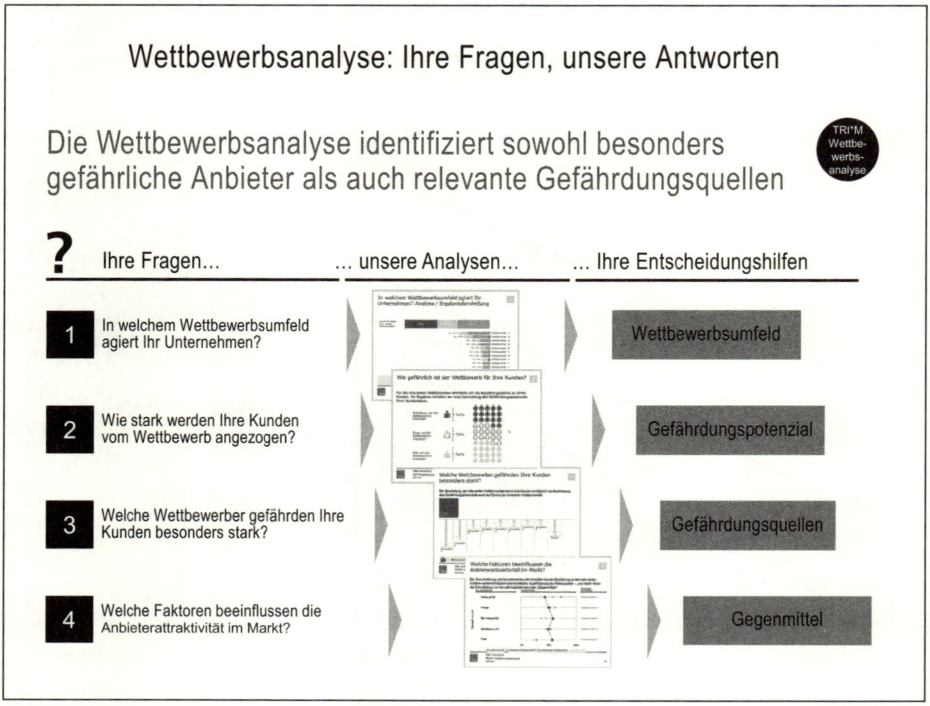

Abbildung 5-8: Kundenbeziehung und Gefährdungen[95]

Im vorstehenden Cluster sind beispielhaft Fragen für eine Wettbewerbsanalyse abgetragen.

Das Unternehmen erfährt zudem, wie seine Kunden über das Unternehmen denken und kann nach der Klassifizierung der Wirksamkeit der vertrieblichen Maßnahmen auf Kundenbindung und Loyalität sein Maßnahmenmix neu ausrichten.

95 Abdruck der beiden Grafiken erfolgt mit freundlciher Genehmigung der TNS-Infratest, München.

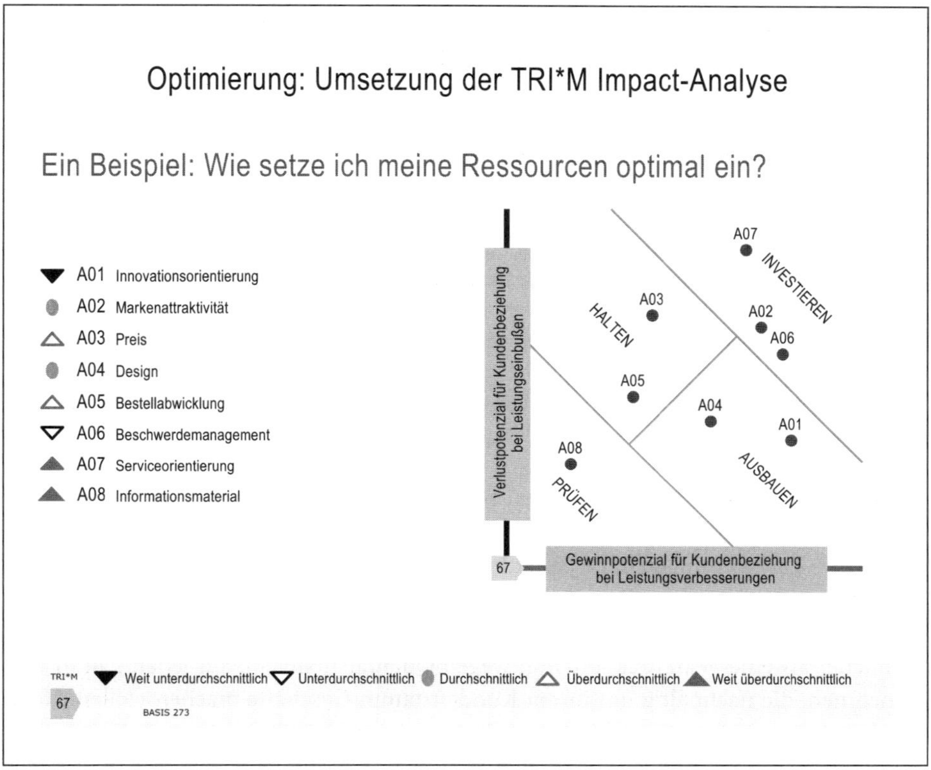

Abbildung 5-9: Kundenstamm-Analyse nach Beeinflussungsfaktoren

Insgesamt ist TRI:M ein hochwirksames Element der Kundenzufriedenheitsanalyse und Maßnahmenkontrolle, insbesondere, wenn es über mehrere Jahre betrieben wird.

5.2.3 Aktives Beschwerdemanagement

Kunden, die sich beschweren, fühlen sich in ihren Erwartungungen enttäuscht. Die Entdeckung der Täuschung trifft sie deshalb härter als andere, weil sie mit dem Unternehmen/seiner Marke und seinen Produkten und Dienstleistungen eine emotionale Bindung eingegangen sind.

Kunden, die ohne Begründung nicht mehr kaufen, hatten dies nicht. Diese Kunden sind schwerer wieder zu gewinnen als ent-täuschte, d. h. Kunden mit emotionaler Bindung.

Kundenbeschwerden sollten auch aus einem anderen Grunde ernst genommen werden. Unternehmen geht es manchmal wie Topmanagern, wie Daniel Goeudevert, eh. VW-Vorstand, in einem seiner Bücher einmal formulierte, sie fühlen sich wie im Spiegelkabinett. Jeder sagt Ihnen, wie toll sie sind. Kritik aus dem Kundenkreis kann diesen Selbstbestätigungskreis durchbrechen und wieder Realität ins Unternehmen bringen.

Ein Marketingmanager darf und sollte wie die IR die Wahrheit aus Kundensicht formulieren, da offensichtlich doch noch einige Verbesserungspotenziale zu heben sind.

Kundenbeschwerden, insbesondere die, die auf Systemprobleme hinweisen, können gute Ideen für Prüfungsthemen abgeben, wenn das akute Problem erst einmal abgestellt ist. Der Außendienst ist froh über jeden, der ihm durch den „Dschungel" der Zentrale mit ihren Mehrfach-oder „Gar nicht"-Zuständigkeiten hilft.

Die IR sollte mit dem Vertrieb eine Übereinkunft schließen, für scheinbar unlösbare Probleme einen „Third Level Support" zu bilden.

Das hilft dem Kunden, dem Vertrieb und der IR selbst. Sie er- oder behält Bodenkontakt.

Damit ist keine operative Daueraufgabe gemeint, sondern ein internes Beratungsangebot an das Unternehmen.

In den Unternehmenssystemen sollten Beschwerden systematisch abgebildet werden. Das kann durch Malussysteme in Ergänzung einer Deckungsbeitragsrechnung für „Schlecht"-Leistungen geschehen oder in der Balanced Scorecard als TRI:M-Wert, der erreicht werden muss, um die variable Vergütung zu erhalten.

In den CRM-Systemen sollte dieses Thema ebenfalls erfasst werden. Nichts ist peinlicher als eine Warenreklamation wegen Qualitätsmängeln, auf jeden Fall in Unternehmen, die nachhaltig mit ihrem Kundenstamm Geschäfte machen wollen. Noch peinlicher ist es, diese Geschichte schlicht zu „vergessen", so dass ein Callcenter-Mitarbeiter ahnungslos auf einen Kunden zugeht, ohne die Vorgeschichte (n) zu kennen.

Unternehmen, die nicht aktiv mit Kundenbeschwerden umgehen, sehen sich dann manchmal unvermittelt mit Blogs im Internet konfrontiert, die sich gegenseitig hoch schaukeln können und dann im schlimmsten Fall in einen „Shit-Storm"[96] münden. Das Geld zu Begrenzung und De-eskalation ist meistens besser angelegt als mit kostspieligen Imagekampagnen zu versuchen, das angekratzte Marken- oder Firmenimage zu verbessern.

Aktives Beschwerdemanagement[97] zeichnet sich demnach durch folgende Faktoren aus:

96 Unter www.computerbild.de sind die 10 wichtigsten Shitstorms aufgelistet. U.a. 2011 beschwerte sich ein Blogger bei O2 über Netzprobleme. Die Antwort des Telekommunikationsunternehmens: Es handle sich um einen Einzelfall. Das wollte der Blogger nicht auf sich sitzen lassen und schuf die Seite www.wir-sind-einzelfall.de, auf der sich tausende Betroffenene meldeten. Später reagierte O2 und versprach sein Netz weiter auszubauen, zuletz aufgerufen am 12.12.14, s.http://www.computerbild.de/fotos/Die-Zehn-bekannte-Shitstorms-7599832.html.
Bekannt ist auch die Idee von Henkel für ihr Pril einen neuen Aufmacher im Internet zu finden. Die Kundenabstimmung ergab jedoch „Schmeckt lecker nach Hähnchen" und wurde verworfen. Den danach ausgelösten Shitstorm konnte das Unternehmen eindämmen, in dem es 111 speziell designte Aufkleber mit der Prilflasche auf eBay versteigern ließ, siehe z. B. www. spiegel.de.

97 Siehe zum strategischen Ansatz die bahnbrechenden Bücher von Peters/Watermann „In Searching Business Excellence" und für die konkrete Umsetzung im Unternehmen z. B. Martin Riemer: Beschwerdemanagement.

- Der Kunde wird ernst genommen und im Unternehmen wird versucht, sein Anliegen in die Unternehmensprozesse zu integrieren,
- Kundenprobleme, egal von welcher Person vorgetragen, erhalten Priorität im Unternehmen,
- Versprechen (Garantien) werden eingehalten nach der Devise: „Es gilt das gesprochene Wort“,
- Kunden erhalten,
- nach einer Beschwerde ein Feedback, das sich eine Person des Unternehmens seines Problems annimmt,
- sowie ein Entschuldigungsschreiben,
- danach ein Feedback, wie das Problem gelöst wird,
- ein Reparatur, Umtausch-oder Rücknahmeangebot und
- je nach Schwere des Falls eine „Wiedergutmach“-Leistung (Gutschein, Sachgeschenk, Einladung zu einem Event etc.),
- Auch Beschwerden landen inkl. der im Unternehmen ausgelösten Handlungen im CRM-System,
- Nach einiger Zeit erhalten die Kunden einen Anruf, der sich nach der Zufriedenheit mit der Lösung erkundigt (Nachsorge),
- Verbesserungsvorschläge des Kunden im Beschwerdebrief werden geprüft und bei Umsetzbarkeit umgesetzt mit einem Dankesschreiben an den Kunden.

5.2.4 IT-Kontrollen im Kundenmanagement

Im Vertrieb sind für entsprechende Werbeaktionen Stamm- und Bewegungsdaten von Kunden und Interessenten relevant.

Da es sich immer um personengebundene Daten handelt, kommt der Datenschutz ins Spiel und damit die schriftliche Einwilligung der Interessenten, dass das Unternehmen die Daten auch zu werblichen Zwecken nutzen darf. Die brandaktuelle Diskussion um die Nutzung von historischen Facebook-Daten zeigt exemplarisch den Unterschied im Datenschutz zwischen Deutschland/Europa und den USA. Auch die Diskussion um die Veröffentlichung fotografierter Google-Straßenabschnitte mit einer Vielzahl von Einsprüchen zeigt deutlich die Sensibilität des Datenschutzthemas in Deutschland.

O^2 hat die gerade geplante Nutzung von Mobilitätsprofilen seiner Kunden zu kommerziellen Zwecken wegen großer Proteste aus der Öffentlichkeit (wenigstens fürs Erste) aufgegeben

Dass Facebook- und Google-Daten eine hohe Relevanz für die werbetreibende Industrie darstellen, lässt sich anhand der immer noch sehr hohen Streuverluste[98] von über 90 % in Zeitungsbeilagen belegen. Das heißt, die Tatsache, dass die hohen Beilagekosten nur in weniger als 10 % zu Umsatz führen, lässt jeden Vertriebler nach Möglichkeiten Ausschau halten, die Effektivität von Werbeaktionen zu erhöhen. Das per-

98 Streuverluste sind der Teil einer Werbeaktion, der ohne Response (Antwort) eines potenziellen Kunden verpufft.

sonalisierte Internet würde diese Quoten deutlich erhöhen[99]. Es muss jedoch das Einverständnis des Nutzers eingeholt werden. Dieser hat dann einer Kommunikation mit Gleichgesinnten („Freunde") ein Interesse (Community), nicht jedoch immer daran, mit Junkmails und Werbebanner-Einblendungen zu Themen beglückt zu werden, die er als persönliche Vorlieben in Facebook u. a. Community-Website eingestellt hatte[100].

Über ein sog. Matching (Abgleich unterschiedlicher Dateien über einen identischen Schlüssel) lässt sich im Unternehmen eine Sicherheit darüber herstellen, dass nur Kunden, eingewilligte Interessenten und nicht auf der „Robinson-Listen" Verzeichnete für die Mailingaktion ausgewählt werden.

Dass unrechtmäßig angeschaffte und zum Kauf angebotene Kundendaten eine Anzeige bei den Strafverfolgungsbehörden zur Folge haben mit vorheriger Information des geschädigten Wettbewerbers, versteht sich unter ehrbaren Kaufleuten als Selbstverständlichkeit und wird der Vollständigkeit halber hier nur am Rande erwähnt.

Mit IT-Analysetools lassen sich z. B. in der Kundendatenbank[101] diverse Analysen durchführen, die das Kaufverhalten des Kunden mit der Unternehmensstrategie besser in Abstimmung bringen könnten. Zu denken sind an Analysen

- in Stammkunden und Neukunden,
- Groß-, Mittel- und Kleinkunden,
- hohe bis niedrige Deckungsbeiträge je Kundengruppe,
- Sortiments- und Produktvorlieben,
- Zahlungsverhalten,
- Regionale Verdichtung eigener Kunden im Vergleich zu den Ballungsräumen,
- Kaufkraft, Alter, Branchenzugehörigkeit etc.

So sinnvoll alle diese Analysen sind, immer ist zu beachten, dass die Compliance-Belange (vor allem der Datenschutz der Kundendaten) erfüllt werden, um ein rechtmäßiges Handeln des Unternehmens sicherzustellen.

5.3 Erkenntnisse der Neurowissenschaften für das Marketing

Ausgangspunkt für die Beschäftigung mit den Neurowissenschaften im Marketing ist das Unbehagen, nicht genügend vorhersagen zu können, wie sich aus einer Werbemaßnahme eine Kaufentscheidung herleiten lässt.

Es blieb und bleibt der Eindruck der 1930er Jahre von Henry Ford II: Ich weiß, dass 50 % meiner Werbemaßnahmen vergeudet sind, ich weiss nur nicht welche 50 %.

99 Tatsächlich stellt z. B. Google seinen Kunden eine Clicksystematik zur Verfügung, mit der sich alle vorher besuchten Websites des Nutzers rückwärts von der Unternehmensseite analysieren lassen. Die Transparenz des Entscheidungsprozesses vor dem Kauf wird hierdurch deutlich.

100 Facebook bestreitet zurzeit die Eigentumsrechte an historischen und gelöschten Daten der Nutzer. Nach Auffassung des Autors wird sich diese Position auf jeden Fall in Deutschland nicht halten lassen.

101 Natürlich können mit Hilfe dieser Tools auch aus anderen Datenbanken unter dem Stichwort „Big Data" und Data Mining eine Vielzahl sinnvoller Analysen durchgeführt werden.

Mit vielen Testverfahren hat man versucht, sich dem Thema Kaufverhalten und Kaufentscheidung zu nähern. Inzwischen gibt es in Deutschland einige Regionen, die bevorzugt mit Produktinnovationen „beglückt“ werden, weil sie für die gesamte Bundesrepublik Deutschland repräsentativ sind. Die Hypothese lautet z. B., erfolgreich im Saarland/Hassloch/Bremen, erfolgreich im deutschen Markt.

Trotzdem blieb der Kunde bis vor kurzer Zeit als Mensch eine Art „Blackbox“, man sah die Konsequenz, Kaufentscheidung „ja/nein“, aber nicht die Entscheidungs(Gehirn-)prozesse, die zum Kauf maßgeblich waren.

Durch Fortschritte in der Diagnostik konnten inzwischen mit dem PET (Positronen-Emissions-Tomographen) und fMRT(funktionellen Magnetresonanztomographen) zwei Verfahren in der medizinischen Forschung eingesetzt werden, die z. T. direkte Einsichten in die Arbeitsweise von Gehirnstrukturen und deren Zusammenarbeit möglich machte (Interaktion).

Maßgeblich für (Kauf)-Entscheidungen im menschlichen Gehirn sind vor allem zwei Regionen, das limbische System (Teile des Zwischenhirns) und der Präfrontallappen (Teil des Großhirns). Im ersteren Gebiet befindet sich u. a. die Manifestation der Emotionen und das Belohnungssystem (Nucleus Accumbens) mit dem Ausstoß von Endophirnen (Glückshormonen), im zweiteren der Analyse- und Kontrollbereich. Beide Bereiche sind eng miteinander verschaltet. Jedoch ist die Dominanz des Großhirns heute widerlegt, vielmehr versucht das Gehirn, das im Maximum 20 % der Gesamt-Energie eines Menschens bei nur 2 % Anteil am Körpergewicht verbraucht, zu sparen und nur wesentliche, kritische Themen durch das Großhirn verarbeiten zu lassen.

Z. B. erreichen über 99 % aller sensorischen Informationen der 5 Sinne das Bewusstsein, also die Großhirnrinde nicht, und werden vorher durch das Zwischenhirn automatisch verarbeitet und bei der Weiterleitung gehemmt.

Insofern entscheidet das Zwischenhirn, welche Informationen bewusst werden.

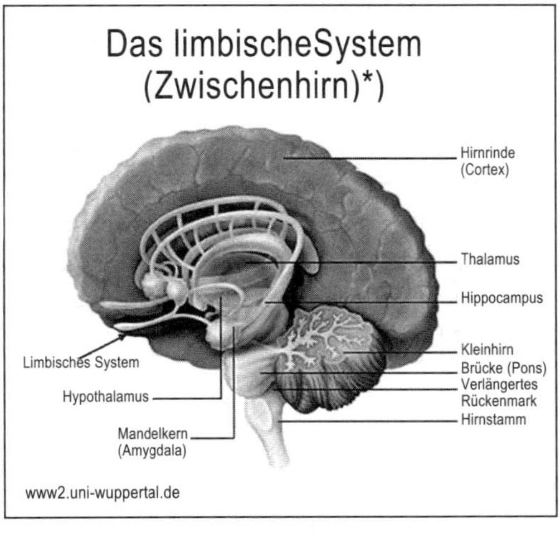

Abbildung 5-10: Das Limbische System

Man versuchte und versucht sich heute weiter dem Thema der Entscheidungsvorbereitung mit einer sog. „Augenkamera" zu nähern, die die Augenbewegungen eines Kunden z.B. beim Durchblättern einer Zeitung oder eines Versandhauskatalogs aufzeichnet („Eye-Tracking"). Eine damalige Erkenntnis im Versandhandel war, dass auf einer Doppelseite die Augen zunächst Mitte-oben links, dann Mitte-oben rechts und dann quasi dreiecksmäßig nach unten auf die Seitenfalz blickten. Botschaften, die textlich oder visuell oben oder ganz in der Mitte platziert waren, hatten es schwieriger, die Aufmerksamkeitsschwelle zu erreichen als die, die der natürlichen Blickrichtung entsprachen. Diese „natürliche" Blickrichtung wurde mit ungestützen Bildausschnitten, die Teile der Seiten dem Probanden im Nachhinein zeigten, gestützt.

Einen Durchbruch erlebte das Neuromarketing durch die Einführung des PET/CT und des fMRT. Hier konnte man zum ersten Male Aktivitäten des Gehirns in einzelnen Regionen verfolgen, die durch Werbung ausgelöst wurden.

Nach der ceteris-paribus-Regel (alles andere gleich) müsste man also die Werbebotschaft nur so geschickt verpacken, dass der potenzielle Kunde über sein eigenes Belohnungssystem[102] durch einen Kaufakt Endorphine, also Glückshormone erhält, und man wäre am Ziel.

Tatsächlich kam durch intensive Forschung aber heraus, dass rein rationales Entscheidungsverhalten genauso realitätsfern war wie rein emotionales Verhalten. Offensichtlich gibt es im menschlichen Gehirn Prozesse, die unbewusst Entscheidungen vorbereiten (Limbisches System), die Entscheidung selbst aber muss sich einem rationalen Bewertungsprozess (Großhirn) unterziehen. Dies gilt vor allem für Entscheidungen, die nicht unter Zeitdruck getroffen werden.

Spontankäufe können jedoch durch positive emotionale Beeinflussung aller Sinne ausgelöst werden.

Das kennt jeder, der einmal Einkaufszettel mit dem Kassenzettel vergleicht, wenn er hungrig durch einen Supermarkt gegangen ist.

Jedoch stellt sich bei zu großen Summen ziemlich schnell ein Unwohlgefühl ein, das dann versucht, z.B. einen spontanen Haus- oder Autokauf rückgängig zu machen.

Auf jeden Fall war durch die Forschung eines klar, rein sachliche Argumente gehören nicht in die ersten Phasen eines Kaufentscheidungsprozess, sondern an den Schluss. Diese Rationalisierung einer einmal emotional begründeten Entscheidung herbeizuführen ist das Ende eines eigentlich (unbewußt) vorbereiteten Kaufakts[103].

Wir befinden uns jetzt bereits im Bereich der Psychologie, der Wissenschaft vom Erleben und Verhalten von Menschen.

---

102 Das sog. Belohnungssystem steckt im orbitofrontalen Cortex. Es schüttet z. B. nach Aktivierung durch das Hormon Tryptophan das Wohlfühlhormon Serotonin aus. Tryptophan wird durch Insulin aktiviert, das seinerseits nach einem Glukoseanstieg im Blut vermehrt gebildet wurde.

103 Siehe Kommunikation ist quadratisch, siehe Friedemann Schulz von Thun im Abschnitt 5.1.3

Interessanterweise können zwei konträre Ausgangspositionen ähnliche Konsequenzen haben. Das Thema „NEU“ im Zusammenhang mit einem Produkt oder einer Dienstleistung weckt die Aufmerksamkeit und kann zum Kauf führen, wenn sowohl Belohnungssystem („Bauch[104]„) als auch Ratio („Kopf“) ihr o.k. gegeben haben.

Auf der anderen Seite führt eine Verstärkung einer lieben Gewohnheit (bezeichnenderweise nicht als „alte“ sondern als „liebe“ Gewohnheit apostrophiert) oder Verhaltensweise zu einem Kauf, einer Self Fulfilling Prophecy, einem sich immer wieder bestätigenden Regelkreis: „Kenne ich-Mag ich-Kauf ich!“

Kunden haben letztendlich den Porsche 911 zurückgefordert, obwohl der Porsche 928 in den 1980er Jahren moderner und leistungsstärker war.

Kunden wollten Classic Coke wieder haben und Coca Cola brachte die alte Rezeptur wieder auf den Markt.

Gewohnheiten ihrer Stammkunden sind also starke Verbündete eines Unternehmens und sollten gepflegt werden. Die große Kunst besteht darin, Neues mit dem Alten zu verbinden, wie es Mercedes mit 300 SLS als legitimen Nachfolger des Flügeltürers 300 SL gelang.

Neue Produkte können es also schwer haben, alte zu verdrängen, weil „liebe“ Gewohnheiten aufgegeben werden müssen, das Gehirn muss sich aus dem Ruhemodus (System 1: Autopilot) in den aktiven (Großhirnrinde-) Teil „hochfahren“ (System 2: Pilot). Es muss gute emotionale Argumente geben, dass das momentan mit einem anderen Thema beschäftigte Gehirn sich dem neuen Produkt oder der neuen Dienstleistung zuwendet und Aufmerksamkeit „spendiert“.

Psychologisch gesehen geht es bei dem Thema „NEU“ versus „Bewährt“ um das Zusammenspiel der Motivstrukturen Dominanz, Balance und Stimulanz, den sog. Big 3 im Emotions-/Motivfeld eines Menschen.

Die Verbindung dieser inneren Motivstruktur mit den extern erzeugten Markensignalen Sprache, Geschichten, Symbole und Sensorik erzeugt beim Konsumenten ein individuelles Muster, das das Gehirn wiederum in einen „Sparmodus“ versetzen kann. Die energetisch aufwendigen rationalen Prozesse des Abwägens, Bewertens, Vergleichens und Entscheidens bei einem neuen Produkt werden zugunsten der bekannten Marke auf Sparmodus gesetzt, also ausgeschaltet, der Kunde bleibt beim Bewährten.

104 Seit Prof. Gigerenzers Buch „Bauchentscheidungen“ ist das Thema Bauch- versus Kopfentscheidungen aus dem umgangssprachlichen, pragmatischen Erfahrungsschatz des Praktikers quasi „geadelt“ in den wissenschaftlichen Diskurs erhoben worden.

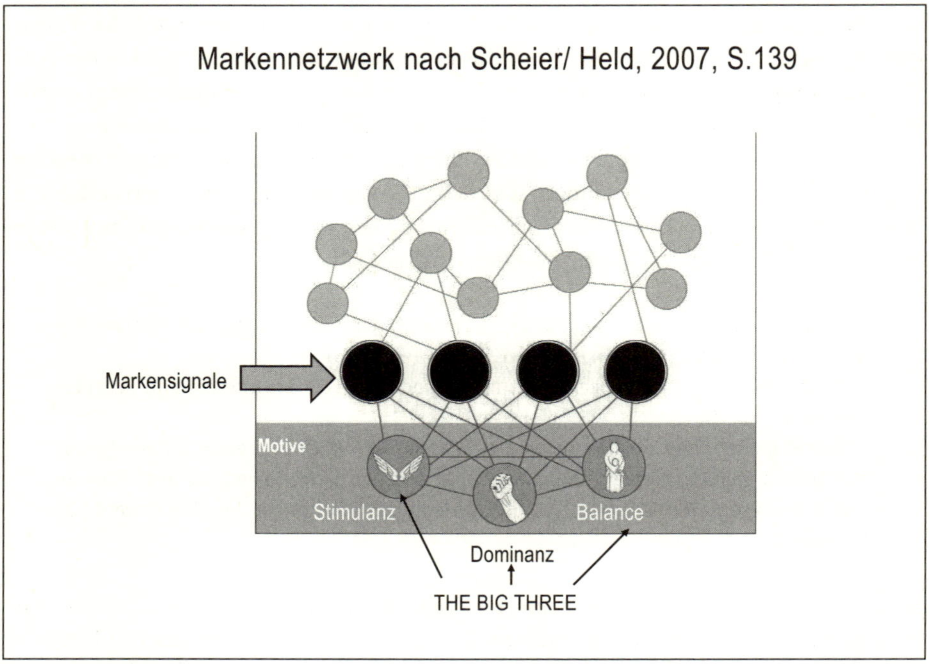

Abbildung 5-11: Markennetzwerk

Umgekehrt können durch neue Signale, die zudem dem EGO/der Dominanzsphäre positive Informationen zukommen lassen, neue Muster etabliert werden. Damit diese jedoch im Gedächtnisspeicher dauerhaft angelegt werden, müssen die Botschaften häufig genug wiederholt werden.

Zalando hat mit enormen Werbedruck und Finanzmitteln den vormals langweiligen Schuhmarkt wieder „trendy“ gemacht. Kunden sind inzwischen auch wieder bereit, etwas mehr Geld für Schuhe auszugeben, wenn die Botschaft stimmt.

Etwas Ähnliches scheint Almased mit dem Schlankmacher über Sojaeiweiß zu gelingen, das früher und heute als Teil des „Abfallprdukt“ der Sojaölextraktion als Sojaschrot (Futtermittel) verkauft wurde. Auch hier ist der Werbedruck enorm und kann bis zu 50 % des Gesamtumsatzes verzehren, ohne die Rentabilität zu gefährden.

Der Effekt ist danach derselbe wie bei etablierten Marken. Neue Botschaften benötigen also zum einen das Ungewöhnliche, um zu stimulieren, d.h. die Aufmerksamkeit des Gehirns zu wecken, und weitere (emotionale) Informationen, die den Nutzen (EGO) für den Kunden hervorheben. Danach sollten sie häufig wiederholt werden, um im Gedächtnis verankert zu werden.

Die nachfolgende Abbildung gibt einige Hinweise auf die drei Grundtypen Stimulanz, Balance und Dominanz sowie in den drei Kreisdritteln auf die drei Mischtypen Thrill (Dominanz und Stimulanz), Disziplin (Dominanz und Balance) und Fantasie (Balance und Stimulanz). Konkrete Motivatoren wie Jagd/Beute bei Dominanz, Spiel bei Stimulanz und Bindung/Fürsorge bei Balance sind den Big Three zugeordnet.

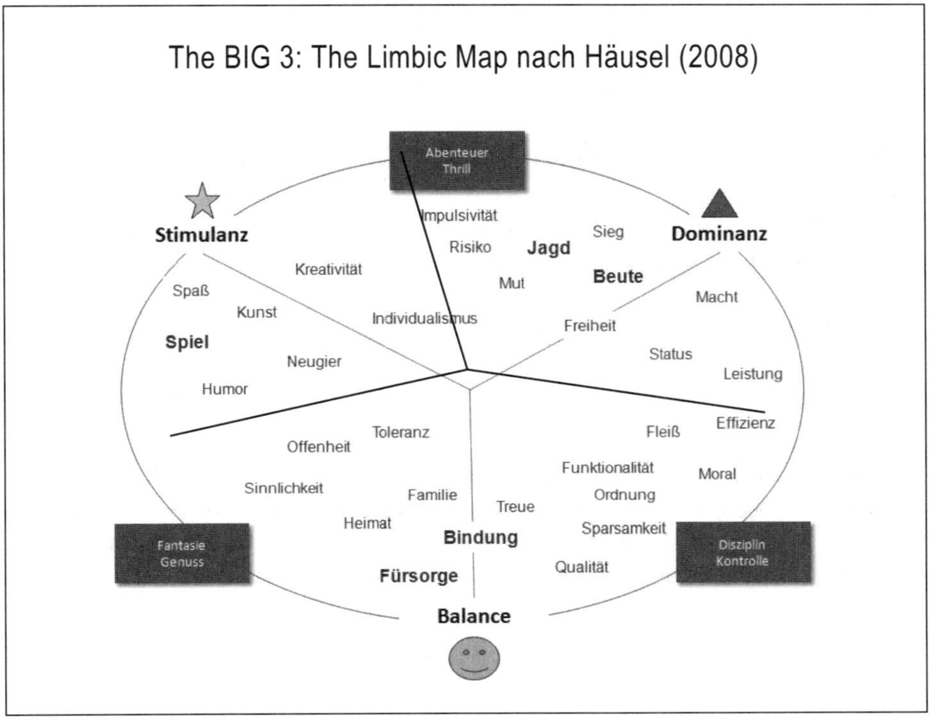

Abbildung 5-12: The Big Three

Aus dem Gesagten soll deutlich werden, dass das Thema Kaufentscheidung weiterhin nicht eindeutig zu beantworten ist. Jedoch ist wohl klar geworden, dass Werbung und Marketing mit dem Homo Oeconomicus nicht sehr erfolgreich sein würden, da sie den Homo Ludens vergessen würden. Dieser „spielt" offensichtlich eine entscheidende Rolle bei der Effektivität von Marketing und Werbung, erschließt sich jedoch nicht durch formale Logik oder Ratio allein. Insofern dürfte das Thema Marketing in Zukunft weiter spannend bleiben, weil seine Fortschritte zum Teil durch den Fortschritt der Natur- und Sozialwissenschaften geprägt sein dürften.

5.4 Prüfung der Zweckmäßigkeit (Effektivität) im Marketing

Revisionsseitig werden die Aspekte Zweckmäßigkeit (Effektivität), Wirtschaftlichkeit (Effizienz) und Ordnungsmäßigkeit/Compliance zu betrachten sein.

Zur Betrachtung der Effektivität des Marketings wird das COSO[105] ERM zur Hilfe genommen werden.

105 http://www.coso.org/

Wirtschaftlichkeits- und Ordnungsmäßigkeitsaspekte mit vielen praktischen Beispielen unter einer Struktur von Philipp Kotler[106] (4–7 P) runden das Thema dann ab.

Natürlich tauchen auch die 5 Forces von Porter[107] und die Portfolio-Matrix der BCG (Boston Consulting Group[108]) auf.

Die 3 C (Customer, Competition, Corporation) von Kenichi Ohmae werden ebenfalls nicht fehlen[109].

In diesem Abschnitt wird betrachtet werden, welche Voraussetzungen erfüllt sein müssen, dass die Marketingfunktion ihre Aufgaben effektiv erfüllen kann.

5.4.1 Internes Unternehmensumfeld

Im Band 1, Kapitel 7 der Handbuchreihe hatten wir die McKinsey 7S schon einmal als Analyseinstrument für den Bereich IR kennen gelernt.

Das Instrument eignet sich natürlich ebensogut für die interne Unternehmensanalyse. Es geht um gemeinsame Werte als Verbindungselement, die drei harten Faktoren Structure, Systems und Strategy sowie um die drei weichen Faktoren Stammpersonal, Fachkenntnisse und Style.

Nach Erfahrung des Autors sollte man sich am Anfang viel Zeit nehmen, wenn man wenig Zeit hat. (Ruth Cohn[110], Mitbegründerin der Organisationsentwicklung, Themenzentrierte Interaktion (TZI)).

Diese auf den ersten Blick widersprüchliche Aussage macht Sinn. Denn, wenn man etwas verändern möchte, muss man die Einstellungen und Haltungen der Menschen ändern. Das benötigt Zeit, viele Gespräche und viele Handlungen und Verhaltensweisen, an denen sich eine neue Glaubwürdigkeit aufbauen kann.

Auf der anderen Seite lassen sich dann die harten S relativ schnell vermitteln und umsetzen. D.h., die Gesamtumsetzung läuft zunächst langsam, dann mit großer Beschleunigung ab.

Der Autor hatte sich, wie viele vor ihm, zunächst mit den harten „S" abgemüht und eine neue Strategie und neue Systeme eingeführt. Der Durchbruch kam nach drei Jahren in dem Unternehmen jedoch erst, als Vertrauen zwischen seinen Führungskräften und seinen Mitarbeitern aufgebaut worden war. Es galt also weich vor hart[111].

106 Philip Kotler, Marketing Management: Analysis, Planning, and Control, Prentice-Hall, 1967. (Subsequent editions 1971, 1976, 1980, 1984, 1988, 1991, 1994, 1997, 2000, 2003, 2006, 2009). Kevin Lane Keller Joined as co-author in 2006.

107 Michael E. Porter (1980) Competitive Strategy: Techniques for analyzing industries and competitors : with a new introduction/Michael E. Porter; New York: Free Press

108 http://www.bcg.de/bcg_deutschland/geschichte/klassiker/portfoliomatrix.aspx, zuletzt aufgerufen am 13.12.14.

109 Kenichi Ohmae, The Mind Of The Strategist: The Art of Japanese Business, McGraw-Hill, 1991.

110 Ruth Cohn, * 27.8.1912, † 30.1.2010, *Von* der Psychoanalyse zur Themenzentrierten Interaktion. Klett-Cotta, Stuttgart 1975.

111 Ein lustiges Beispiel von Laotse findet man auf der Internetseite des Ostasiatischen Institut: Wenn die Zähne ausfallen, bleibt doch immer noch die Zunge.齿亡舌存。Chǐ wáng shé cún, http://www.

In einem Gesamtunternehmen sollte es genauso ablaufen, wenn man erfolgreich sein will, mit der Diskussion um gemeinsame Werte mit allen Kollegen ringt und durch die Diskussion die neuen Werte verankert.

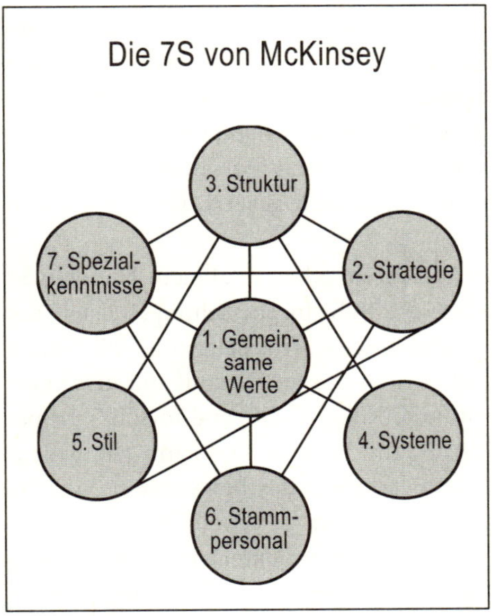

Abbildung 5-13: Die 7S von McKinsey

In der Unternehmensanalyse kann es dann z.B. bei der Wertediskussion um die Begriffspaare von Lencioni[112] gehen:

1. Vertrauenskultur versus Unverwundbarkeit als Fundament der Beziehungsebenen.
2. Konflikt versus Harmoniestreben als Ziel der innerbetrieblichen Kommunikation.
3. Klarheit versus Sicherheit bei Zukunftsentscheidungen.
4. Verantwortliches Handeln versus Popularität in unternehmenskritischen Situationen.
5. Ergebnisse versus Status als Basis der Entlohnungssysteme.

Abbildung 5-14: Wertediskussion in einem Unternehmen nach Lencioni

Mit dem Begriff Vertrauenskultur[113] ist gemeint, dass auch in einem Unternehmen das unter Menschen vorhandene Vorschussvertrauen in den anderen verstärkt und nicht aufgegeben werden sollte. Damit ist keiner Sorglosigkeit in Internal Control das Wort geredet, sondern einer Fehler- und Lernkultur, die sich dem Ziel unterwirft,

---

oai.de/de/suche.html?searchword=Die%20zunge%20ist%20weich&searchphrase=all, zuletzt aufgerufen am 13.12.14.

112 Lencioni, The 5 Temptations of an CEO, S. 119.

113 Eine IR sollte sorgsam entscheiden, wie sie gefundene Fehler bewertet, wenn es sich nicht um Systemprobleme oder Systemrisiken, sondern schlicht um einmalige Vorgänge handelt. Ihre Bewertung kann für den Erfolg eines Aufbau von Vertrauenskultur entscheidend sei. Stichworte sind die bekannten „Feindbilder“ als Erbsenzähler (bean counter) apostrophiert zu werden.

Produkte und Services perfekt zu gestalten. Auf diesem Weg müssen fehlerhafte Entscheidungen von Menschen, sei es Vorgesetzte oder Mitarbeiter hinterfragt werden dürfen, ohne gleich als „Netzbeschmutzer" oder „Majestätsbeleidiger" gebrandmarkt zu werden.

Wer sich als Vorgesetzter in einer Rolle als Unverwundbarer oder Neudeutsch als „teflonbeschichtet" darstellen möchte, sollte sich nicht wundern, wenn ihm nach einiger Zeit die echten Diskussionspartner ausgehen und sein für die Karriere überlebensnotwendiges Feedback ausbleibt[114]. Im Gegenteil werden seine Fehler nicht mehr stillschweigend ausgebügelt, sondern in einem „Dienst nach Vorschrift" ans Tageslicht, also ins Rampenlicht der Unternehmensöffentlichkeit gezerrt. Die Folgen sind allgemein bekannt.

Eine Vertrauenskultur, die Führungskräfte in ihrem fehleranfälligem Handeln zu ihren Mitarbeitern dagegen offen zeigt, öffnet die Führungsbeziehungen nach der Devise „Ein Chef zum Anfassen" und lässt häufig jungen Mitarbeitern im Marketing schnell Zutrauen in die eigenen kreativen Fähigkeiten fassen. Hiermit soll nicht eine Fehlerkultur unter dem manchmal böse verwandten Begriff „Jugend forscht" propagiert werden, sondern ein professioneller Umgang mit Fehlern. Das kann z. B. bedeuten, nach einem ausführlichen Debriefing (Manöverkritik) das Bewusstsein dafür zu entwickeln, denselben Fehler nicht noch einmal zu machen.

In einem solchen Debriefing wird wie in den Werbeprojekten üblichen Briefing „Tacheles" geredet, jeder gibt seine Meinung ab, man wird persönlich/auch emotional, ist jedoch ausschließlich um die beste Lösung für die Sache interessiert. Man argumentiert als Gesamtpersönlichkeit (inkl. seiner Emotionen[115]), die man eben nicht teilweise an der Garderobe nach Betreten der Unternehmensräume abgegeben hat und entscheidet sich dann für die Lösung mit der besten Argumentation, egal, von wem die Argumente kamen. Eine gemeinsame, durch ausgestandene Konflikte getragene Lösung wird am Schluss von allen vertreten, das Projekt wird danach nicht unbedingt immer erfolgreich sein, aber alle arbeiten mit hoher Motivation an der Lösung mit. Auf der anderen Seite halten harmonisch gefundene Lösungen meist den ersten internen (z. B. Budgetdiskussion) oder gar den ersten externen Sturm (überraschender Markteintritt eines Wettbewerbers) nicht lange aus.

In dieselbe Diskussionsebene gehört das Thema Konflikt- versus Harmoniestreben. Sachlich geführte Diskussionen können durchaus mit sehr viel Emotion, d. h. persönlicher Identifizierung für einen Lösungsansatz geführt werden. Das verstärkt die Glaubwürdigkeit gegenüber einer „blutleeren", „verkopften" Diskussion, bei der sich keiner persönlich einbringt, weil nur der innere, interne Unternehmens-Code als Richtlinie für Denken und Handeln akzeptiert ist.

---

114 Siehe hierzu von Daniel Goedevert: Wie ein Vogel im Aquarium.

115 Dem Verfasser geht es hier nicht um wüste Streitereien, bei dem der lauteste am Ende den Zuschlag erhält, weil es den anderen in den Ohren klingt. Vielmehr ist die (positive) Energie gemeint, ohne die jede Argumentation an Überzeugungskraft verliert. Diese Energie drückt ein Commitment des Vortragenen aus, für seine Ideen persönlich einzustehen. Etwas Besseres als als derartige Mitarbeiter kann einem Vorgesetzten in seiner Führungsaufgabe nicht geschehen.

Mit „Haben wir immer so gemacht, geht halt nicht anders, haben wir keine Erfahrung mit etc.“, den sog. „Totschlag“-Argumenten wird man in schwierigen Entscheidungssituationen nicht recht weiter kommen.

Als Vorgesetzter wird man gemeinhin besser bezahlt als seine Mitarbeiter, sollte schon aus diesem Grund Kritik aushalten können, Schmerzensgeld wäre hier der passende Begriff. Rein sachliche Gründe führen auch, quasi automatisch, zum Konflikt, weil ja Argumente und Gegenargumente ausgetragen werden müssen, um nach den Regeln der Dialektik in der Synthese nach These und Antithese eine neu Stufe der Erfahrung und Erkenntnis zu erreichen. Letztlich ist es ein Zeichen von menschlicher Reife, die Konflikte auszuhalten, zur Synthese in einem neuen Kontext zu finden und nach der Auseinandersetzung den Teambildungsprozess und die eigene Persönlichkeit ein wenig weiter entwickelt zu haben.

Die Detailbesessenheit erfolgreicher Erfinder zeugt von dem Thema Klarheit als Gegenpol zu Thema Sicherheit. So musste Graf Zeppelin täglich um Entwicklungsgelder für sein Luftschiff kämpfen, Gottlieb Daimler Ultimaten stellen: „Das Beste oder nichts“[116], Steve Jobs eine Vielzahl von Entwürfen verwerfen, bis Innen- und Außenleben des iPhones nach seinen Augen in perfekter Harmonie verschmolzen waren. Sicherheit waren und sind den Pionieren fremde Begriffe, aber manchmal endlos erscheinende Diskussionen im Ringen um die beste Lösung, also Klarheit und Detailbesessenheit wesensimmanent.

Dass Entscheidungen unter Unsicherheit getroffen werden, exkulpiert sogar Topmanager vor den gut organisierten amerikanischen Investoren nach dem „Business Judgement Rule“, solange unvorhersehbare und nicht kalkulierbare Ereignisse die Ursache waren und die Entscheidung sorgfältig und klar abgefasst und dokumentiert war.

In einer Zeit von „Shitstorm“, „Mainstream“ und Medienöffentlichkeit mit „Fettnäpfchen-Verstärker“ ist man auch in Unternehmen geneigt, wichtige und damit kritische Entscheidungen nur nach und nach („häppchenweise“) bekannt zu geben. Der eigenen Glaubwürdigkeit tut diese Vorgehensweise nicht gut, betroffene Mitarbeiter zu spät und nicht vollumfänglich aufgeklärt zu haben, rächt sich meistens später. Verantwortliches Handeln heißt, nach getroffenen Entscheidungen, den Weg in die Unternehmens- oder Bereichsöffentlichkeit zu suchen und seine Lösung, die ja nach hartem Ringen zustande kam, verantwortlich zu vertreten, statt unter Druck zurückzuweichen und einem „windelweichen“, nicht zielführenden Kompromiss zuzustimmen, der gerade „angesagt“ ist, also populär. Letztlich geht es dann doch schief, siehe die verlorenen Subventionen bei Holzmann, den gescheiterten Versuch eines Auskaufen von Opel aus GM heraus, die verlorenen Staats-/Landesmittel bei der WestLB-/HSH Nordbank-/HypoRealEstate-/BayernLB-Sanierung. Der Schaden ist zum Schluss höher als er bei einer verantwortlichen Entscheidung gewesen wäre.

116 Das Leitmotiv befindet sich noch heute in Stein gemeißelt unter dem Dach des Gartenhauses in Bad Cannstatt: „Das Beste oder nichts“.

„Ergebnisse versus Status" als 5. Punkt von Lencioni sollte in Unternehmen eigentlich ein Selbstläufer sein. Die Diskussion um die Managergehälter gerade im Bankensektor bei Nicht-Performance oder Ansteigen der Vorstandsbezüge trotz stagnierender Ergebnisse, belegt, dass dies nicht immer so ist.

Äußerst aktuell in der Diskussion der Topmanagergehälter bleibt die Devise Bonus nach Erfolg und nicht Bonus wie im Vorjahr. Immerhin braucht es viele kleine Wellen für eine große, das sollte gerade von Topmanagern in Größtunternehmen nie vergessen werden[117]. Dass eine Entscheidung in einem 500 Mann-Unternehmen 100.000 EUR spart und dieselbe Entscheidung in einem Größtunternehmen mit über 100.000 Mitarbeitern 200 Mio. EUR, ändert nichts an der Genialität oder Richtigkeit der Entscheidung. Trotzdem soll sie einmal mit einem Bonus von 5.000 EUR und einmal mit einem von 10 Mio. EUR vergolten werden, wer fragt da nicht nach dem Business Rationale?

Endlosdebatten über Größe, Modell, PS-Zahl, Marke des eigenen Dienstwagens und der gerade noch erlaubten Ausstattung auf den nächst unteren Hierarchieebene verbunden mit Diskussionen um die Ausstattung von Büros etc. legen darüber beredtes Zeugnis ab. Trotz hochentwickelter Controllingabteilungen haben einige Unternehmen mit diesem Thema noch immer ein Problem[118].

Diese oder auch jede andere Wertediskussion in einem Unternehmen sollte vom Marketing insofern positiv mit gestaltet werden, da letztlich die Mitarbeiter des Unternehmens insgesamt über ihren Kontakt zum Kunden das Unternehmensimage verkörpern und indirekt damit die Marke gestalten.

Sind z. B. Innovationsfähigkeit und Kundenorientierung die Werte im Unternehmen, so kann das Marketing viel zur Verdeutlichung dieser Werte im Unternehmen bewirken. Denn Innovation und Kunde sind zentrale Aufgabenstellungen des Marketings.

Auch die Beachtung ethischer Normen und die Gesetzeskonformität hat in Zeiten der Divergenz von Social Media (Öffnung der Privatsphäre) und Datenschutz (Schutz der Privatsphäre) eine besondere, praktische Bedeutung.

Ähnliches gilt für Daten, die aus Datamining, Gewinnspielen, Clickmanagement und statischen (Streetview, Adressanalyse) und mobilen Bewegungsmustern geografischer Systemen (GPS) gewonnen werden.

Es ist immer eine Gratwanderung nicht nur in der Beachtung aller gesetzlichen Normen. Die Methode „Erlaubt ist, was nicht verboten ist" hat nach der Lehmann-Pleite und den Erdbeben auf den Finanz- und Kreditmärkten eine neue Dimension erhalten. Es geht um den Aufbau einer Vertrauensbasis zum Kunden und deren Stabilisierung

117 Erkenntnis habe ich von Herrn Dahle, einem meiner Mitstreiter in der Technikrevision bei der Deutschen Telekom AG.

118 Nach Erfahrung des Autors trifft dieses Thema eher managergeführte Unternehmen als Familien-Unternehmen, die als Eigentümer sowieso einen eigenen Status gegenüber Managern vorweisen können, die „nur" Angestellte des Unternehmens sind.

und nicht um kurzfristiges Ausnutzen eines ursprünglich vorhandenen Systemvertrauens[119], um es durch egoistische Verhaltensweise nachhaltig zu erschüttern.

Den zweiten Begriff Strategie werden wir hier nicht weiter erörtern. Er ergibt sich als Ergebnis der Gesamtdiskussion von Abschnitt 3.1.1." Strategie und Führen".

Ich verwende weiter hier die Antwort auf die oberflächlich einfache Frage von Burgelman[120]: Wie wir gewinnen? als Definition für Strategie. Die Antwort auf die Frage (Wie wir gewinnen?) verbindet die internen Potenziale (Was wir können?) mit einer internen Bestandaufnahme (Was wir tun?), mit der externen und internen Kommunikation (Was wir sagen?).

Mit dem dritten Begriff Struktur verbindet sich die Frage nach der Führungsstruktur in unserem Unternehmen: Wer entscheidet letztlich über die (Marketing)-Budgets? Es ist die Frage nach der Aufbauorganisation mit ihren Ordnungsprinzipien zentral/dezentral, divisional/funktional/regional oder Matrix bzw. reiner Projektorganisation. In einer Zeit global tätiger Werbeagenturen kann eine zentrale Marketingfunktion viele Kostensynergien heben, jedoch wird bei dezentraler Geschäftsverantwortung dann immer der Kampf um die Budgethoheit, das Mitspracherecht bei Kampagnen und die Verantwortung für den Umsatz bleiben. Auf der anderen Seite können die Identifizierung mit den Produkten der Geschäftsfelder und die Nähe zum operativen Geschäft sehr nützlich für den Marketer sein. Im Einzelfall sollte jede Struktur konsequent in voller Verantwortung gelebt werden. Erfolgreich können beide, dezentrale und zentrale Verantwortung, sein.

Mit dem vierten Begriff Systeme haben wir die sog. harten Faktoren abgeschlossen. Zusammen mit den operativen Prozessen und IT-Strukturen bietet neben ITIL auch COBIT eine gute Möglichkeit der Analyse der IT-Systeme an. Die Fragen der Flexibilität auf Marktveränderungen (z.B. Änderungen der Nomenklatura für Kundenstrukturen in den IT-Systemen), Zuverlässigkeit der Verarbeitung, Ausfallsicherheit und last but not least „Economies of Scale" der Verarbeitungskosten der Transaktionen sollten hier gestellt werden. Die Umsetzung von CRM (Customer Relationship Management), die Bereitstellung aktueller Kunden- und Umsatzdaten für Vertrieb und Callcenter, die quantitative Untermauerung von hypothetischen Kundenprofilen via IBM SPSS[121] und anderen Datamining-Sprachen sind hier zu nennen. Wichtig bleibt die Verzahnung von den operativen zu den Statistik-Systemen, da den Statistiksystemen ansonsten die Aktualität fehlt.

Der fünfte Begriff Stil ist im Wesentlichen durch die Führungsspitze geprägt. Die verschiedenen Management-by-Techniken sind hinlänglich bekannt (z.B. Management by Objectives, Management by Exception) wie auch die Begrifflichkeiten autoritär/demokratisch/kooperativ/situativ. Für die Marketingfunktion ist der Stil des CEO

119 Siehe zu diesem Thema Prof. Dr. Dr. Hemel vom Institut für Sozialstrategie, Referent des Hauptreferats Wertorientierte Unternehmensführung: Das Spannungsfeld zwischen Ethik und Wirtschaft in der Praxis, auf der DIIR Jahrestagung 2012 in Hannover.

120 Burgelman: Strategy is destiny, S. 364 f.

121 Ursprünglich: Statistical Package for Social Science, ab 1983: Superior Performing Software System, seit 2009 eine Tochterfirma von IBM.

entscheidend, sie passt ihren eigenen dem des CEO an und kann ihn im täglichen Geschäft so gut unterstützen.

Im sechsten Begriff Stammpersonal finden wir durch die Nutzung von Befragungstechniken wie TRI:M und Führungstechniken wie dem MOP (mitarbeiterorientierter Dialog Personal) einige Möglichkeiten der Bestandsaufnahme, die auch schon als Nutzung für IR-eigene Zwecke in Band I diskutiert worden sind. Vom Marketing werden an Menschen starke Bereiche wie Callcenter, Serviceabteilungen und Vertriebsorganisationen in ihrer Wirkung manchmal unterschätzt. So reicht eine Vorstandsentscheidung meist nicht aus, um ein neues Projekt zum „Fliegen „ zu bringen. Vielmehr muss an den Kaskadierung in die operative Linie hart gearbeitet werden, dass sich der Erfolg letztlich einstellt.

Eine IR kann hier hilfreich sein, wenn sie mit dem Marketing zusammen die Themen erörtert, die in der operativen Umsetzung entscheidend sind. Sie kann dann vor Ort entsprechende Prüfungen durchführen, z. B.

- Verbot regionaler Aktionen, Werbung, Promotions,
- Durchgängigkeit des Markenkonzepts auf Kundenbriefen und Endverpackungen, oder
- adäquate Schulung für den Vertrieb bei neu einzuführenden Produkte.

Im siebten und letzten Begriff der sog. weichen Faktoren Spezialkenntnisse erfahren wir, wie schnell das Unternehmen Innovationen entwickelt (F&E), in der Produktion mit kostengünstigen Verfahren umsetzt, durch entsprechende Marketingkampagnen in den Markt bringt und durch entsprechende Patente auch schnell international schützen lässt. Dazu gehören auch die Fragen nach Akquisitionen, in welcher Zeit die Integration gelingt, und wie die für internes und externes Wachstum erforderlichen Mittel auf den Aktien- und Bondmärkten beschafft werden.

Nach Analyse dieser sieben Faktoren hat das Marketing jetzt ein gutes Gefühl für das Unternehmen und die Basisvoraussetzungen einer möglichen USP (Unique Selling Proposition). Es muss dann in den Produkten und in den Serviceangeboten die Einzigartigkeit gegenüber dem Wettbewerb entwickelt werden. Vielleicht sind auch einige Schwächen festzustellen, die eine IR in speziellen OA-Themen zusammen mit den Bereichen in Angriff nehmen wird.

5.4.2 Zielsetzungen des Marketings

Das Marketing hat die Haupt-Aufgabe, die Nachfrage für das Unternehmen auf den Märkten, auf dem das Unternehmen tätig ist, zu steigern. Dazu muss es die Möglichkeit haben, auf allen Märkten, auf denen das Unternehmen tätig ist, mit Maßnahmen des Marketing Mixes, d.h. mit *Preis-, Produkt-, Placement- und* Promotionpolitik Einfluss zu nehmen.

Dazu gehört z.B. eine klare Profilierung in der Preispolitik, Einfluss auf die Produktentwicklung, Mitentscheidung bei der Auswahl der Vertriebskanäle und die Rolle als Impulsgeber für die Werbeplanung.

Eine direkte Marketingvorstandsposition oder eine Anbindung an den Vorstandsvorsitzenden sind Voraussetzungen, um effektiv im Marketing tätig werden zu können. Eine Unterstellung unter einen Vertriebsvorstand hingegen könnte den Blick auf das kurzfristige Tagesgeschehen lenken, nämlich Werbeaktionismus und Rabattschlachten, und damit die geforderte unternehmensweite Sichtweise zu sehr einengen.

Auf der anderen Seite kann eine Ausweitung der Marketing-Funktion in die Produktmanagerfunktion die notwendige Sicht auf die Kunden des Gesamtunternehmens verstellen. Bereichsegoismen bei Dezentralisierung des Marketings in die Geschäftsfelder können zu Kannibalisierungen[122] unter den Warengruppen oder Sortimenten führen. Eine einheitliche Kundenansprache ist dann entweder nicht mehr gegeben oder nur mit großen internen Abstimmaufwand zu gewährleisten.

In Consumer-Märkten, in denen der Handel auch durch seine Eigenmarken in den letzten Jahren zunehmend an Gewicht gewonnen hat, ist eine klare Positionierung durch eine zentrale Marketingposition hilfreich.

Innerhalb des Unternehmens ist der Marketer Anwalt des Kunden und muss die Möglichkeit haben, zentrale bereichsübergreifende Projekte zu starten, um Fehlentwicklungen des Unternehmens entgegen steuern zu können.

In diesem Punkt kann die IR hilfreich sein, mit klaren Analysen faktenbasiert den Marketingansatz in entsprechenden Projekten zu stärken. Denn auch die IR hat eine bereichsübergreifende unternehmerische Verantwortung.

In ihrer Funktion benötigt das Marketing ein genügend großes Sachmittelbudget, um Erkenntnisse aus den Märkten zusätzlich zum Datamining in den Unternehmenssystemen (CRM) gewinnen zu können.

Das betrifft sowohl die klassische Marktforschung wie die Analyse der Wettbewerber und der weltweiten Markttrends sowie detaillierter Kundenprofile der eigenen und der zukünftig zu erschießenden Markt- und Kundenpotenziale.

Da die Marketingfunktion auch die strategische Weiterentwicklung des Unternehmens zum Ziel hat, ist eine klare Abgrenzung zu einem möglichen Bereich Strategische Unternehmensentwicklung hilfreich, aber schwierig. Die Grenzen sind hier fließend, wenn man Merger & Acquisitions als Spezialbereich der Unternehmensstrategie ausklammert. Das Marketing ist zunächst qualitativ getrieben, während die strategische Unternehmensentwicklung bisweilen mit Hilfe externer und interner Analysen die Marktposition des Unternehmens vom Umsatz- bis zu den Kosten- und Ergebnissen inkl. der Zukunftspotenziale quantitativ in Angriff nimmt. Beide versuchen, die Marktchancen der Produkte und Leistungen des Unternehmens zu erhöhen, die Perspektive des Marketing ist eher kurz- bis mittelfristig, die der Strategischen Unternehmensentwicklung eher mittel- bis langfristig zu sehen.

122 Einige Marketer bestreiten die Relevanz dieses Begriffs nach der Devise, wenn wir uns nicht kannibalisieren, wird dies ein Wettbewerber versuchen, so z. B. Steve Jobs bei der Einführung des iPhones teilweise zulasten des iPods.

Da alle Kommunikation des Unternehmens letztlich den Kunden erreicht, sollte sowohl die interne Unternehmenskommunikation als auch die externe über Investor Relation, Public Relation und Human Relation mit der Marketingfunktion verknüpft werden. Es soll an dieser Stelle die eher theoretische Diskussion nicht geführt werden, ob Public Relations übergeordnet oder untergeordnet zum Marketing gesehen werden soll. Beide Funktionen sind wichtig und müssen untereinander abgestimmt sein.

Da auch Schadensersatzprozesse, Patentverletzungen, Abmahnungen wegen unlauterem Wettbewerb etc. Reputationsrisiken begründen können, ist die Marketingfunktion in diese Vorgänge von besonderer Bedeutung einzubinden (vom Chefjustitiar) und muss bei drohenden Risiken eine Federführung in der Vorbereitung der Pressearbeit erhalten.

Auch in diesen Fällen kann die IR durch intimere Kenntnis der Zusammenhänge die Marketingfunktion stärken und entsprechende Information zur Implementierung von Worst Case Szenarien hilfreich beitragen.

Alle Ziele des Marketings lassen sich in einem Bild zusammenfassen: die Stärkung der Marke.

Waren früher die sog. Imagekampagnen zur Stärkung bzw. Etablierung eines Markenimages „verlorene Gelder", so ist diese Aussage heute durch genauere Analysemethoden und die Möglichkeit der Aktivierung von Marketingaufwendungen in immateriellen Vermögensgegenständen wie Patenten, Kundenstämmen und Markenwerten weitgehend überholt.

Eine Werbeagentur, die z. B. Unternehmensbudgets zum alleinigen Gewinn von Kreativpreisen einsetzt, sollte sich auf die Kündigung ihres Vertrags einstellen. Bleibt nur der Spot im Gedächtnis, wird aber weder Unternehmensname noch Marke noch Produkt ungestützt besser erinnert, nützt das vielleicht der Agentur kurzfristig, jedoch nicht dem Kunden/Unternehmen.

Dies gilt im Übrigen ebenso für Personalberater, die die Buchstaben ihrer Firma größer wählen als die der Position, auf die sich Interessierte melden und bewerben sollten, Geldverschwendung und falsches Serviceverständnis sind hier die Stichworte.

Wie schon oben ausgeführt, leitet sich die konkrete Marketingzielsetzung aus der Unternehmenszielsetzung ab. Entsprechend ist auch das Marketingbudget zu betrachten. Manchmal wird es verwechselt mit dem externen Werbebudget, und häufig genug verwechselt mit einer Prozyklik im Sinne einer „What I can afford"-Methode, die bei Gefährdungen der Unternehmensziele zuerst das Werbebudget anfasst.

Hiermit wird nur deutlich, dass bei der Planung des Werbebudgets nicht genau genug jeder Euro auf seinen Nutzen hin analysiert worden ist. Damit ist nicht gemeint, langfristige Markterschließungen oder Produkteinführungen aus kurzfristiger Ergebnissicherungsabsicht zu verschieben. Vielmehr wird die Methode „Alle über einen Kamm" zu wählen, um keinem wehtun zu müssen, als Ausdruck von Entscheidungsschwäche auf Vorstandsebene kritisiert. Zumeist führt diese Vorgehensweise zur Underperformance auf allen Gebieten. Sie steht im Gegensatz zur Fokussierung und Bündelung aller Aktivitäten, also auch der Werbe- und Marketingaktivitäten als Ausdruck strategischer Klarheit.

Das Marketing ist also idealerweise in die Zielsetzungsdiskussionen aller marktnahen operativen Geschäftsbereiche eingebunden, besonders in die des Vertriebs.

Das Marketing wirkt mit an der Bestimmung der qualitativen und quantitativen Werbeziele, wenn es schon nicht direkt für das Werbebudget Verantwortung innehat.

Die Anwendung einer Balanced Scorecard im Unternehmen hat entsprechende Auswirkung auf die Zielsetzungen im Marketing.

Im Finanzergebnis des Marketings könnte die Steigerung von Markenwert und Kundenstamm sowie die Budgeteinhaltung des Werbebudgets verankert werden sowie der Zusatzumsatz durch Netto-Neukunden[123].

Die Prozessqualität bietet vielfältige Anknüpfungspunkte von der Steigerung der Erreichbarkeit im Callcenter, der Erhöhung der Umsatzquote zur Nachfrage, der Verringerung von Kundenreklamationen etc.

Im Innovationsziel könnte der Anteil der Neuprodukte am Gesamtportfolio und deren Steigerung am Gesamtumsatz festgelegt werden. Auch erfolgreiche Markterschließungen und Rückeroberungen von Marktanteilen sind denkbar.

Schließlich ist die Steigerung der Kundenzufriedenheit sui generis ein Marketingziel und kann seit Längerem auch z. B. mit der TRI:M-Methodik[124] gemessen werden.

Die nachfolgende Grafik verdeutlicht diese Zielquadranten beispielhaft:

Finanzen: Steigerung Markenwert und Wert des Kundenstamm um 5 %	**Innovation:** Steigerung des Anteils neuer Produkte am Umsatz auf 15 %
Prozessqualität: Steigerung der Erreichbarkeit im Callcenter auf 90 % nach 1 Minute	**Kundenzufriedenheit:** Erhöhung der Kundenzufriedenheit auf einen Wert oberhalb des Branchendurchschnitts auf 7,3[125]

Abbildung 5-15: Beispiel einer Balanced Scorecard im Marketing

5.4.3 Ereignisinventur

Nach COSO ERM ist in einem nächsten Schritt eine Ereignisinventur der Chancen und Risiken vorzunehmen, bei denen das Marketing involviert ist. Hier deckt sich der COSO-Ansatz mit der SWOT-Analyse von Kotler u. a.

123 Netto-Neukunden sind alle Neukunden abzüglich des Churn (verlorenen bzw. nicht aktiven Stammkunden).
124 Siehe hierzu tns Infratest Burke.
125 Zahl angelehnt an das Bewertungsraster TRI:M von tns-infratest.

In der SWOT-Analyse ist extern eine Analyse der **O**pportunities und **T**hreads (Bedrohungen) vorzunehmen, intern eine nach **S**trengths und **W**eaknesses.

Die Stärken und Schwächen eines Unternehmens im Hinblick auf mittelfristige oder kurzfristige Marktpositionierung werden

- durch das zukünftige Produkt- und Serviceportfolio im Vergleich
- zu den aktuellen und zukünftigen Wettbewerbern
- bezogen auf einen bzw. mehrere konkrete Märkte definiert.

Es gehören also als Entscheidungsträger immer mindestens drei Gruppen bei dieser Analyse dazu, das Unternehmen, der Wettbewerb und die Kunden.

Zusätzlich sollten die Lieferanten, die mit ihren Leistungen nicht unerheblich die Qualität der Produkte und Services des Unternehmens prägen, mit einbezogen werden.

Der Staat sollte ebenfalls nicht ignoriert werden. Mit seinen Regulierungsbehörden definiert er in den jeweiligen Märkten (hoffentlich für alle gleichermaßen) für im Land tätige Unternehmen „Equal Level Playing Grounds“. Jede Änderung dieser Spielregeln hat sofort Konsequenzen für die in diesem Markt tätigen Unternehmen. Deshalb sollte sie bei Kenntnis einer möglichen Änderung in die Ereignisinventur mit aufgenommen werden.

In der nachfolgenden Tabelle sind einige Ereignisse aufgelistet, die sich negativ auf den Neuproduktstart auswirken können. Man erkennt sehr schnell, dass viele Unternehmensprozesse und nicht nur die klassischen Marketingprozesse betrachtet werden müssen, um zu einer vollständigen Ereignisinventur zu gelangen

Prozesse	Extern (Threads)	Intern (Weaknesses)
Management		
Regulierung/ Pricing	Neues, reduziertes mögliches Price-Cap als Regulierungsvorgabe wegen Marktbeherrschung.	Richtungsstreit zwischen Vertrieb und Marketing über das Pricing des neuen Produkts.
Planung	Die externen Marktfaktoren (Konjunktur, $, Zinsen) erschweren sehr stark eine belastbare Prognose. Drohendes Auslisting bei einem Handelskanal.	Risiko einer verspäteten Investitionsgenehmigung durch Holdingvorstand. Mögliche Kürzung Werbebudget bei der Markteinführung des neuen Produkts.
Operativ		
Entwicklung	Hohe Wahrscheinlichkeit einer Niederlage gegen einen Wettbewerber in einem gerichtlichen Patentstreit für ein Neuprodukt.	Projektverspätung des neuen Produkts wegen Wechsel des Projektleiters.

Prozesse	Extern (Threads)	Intern (Weaknesses)
Produktion	Mögliche Insolvenz eines strategischen Lieferanten gefährdet die rechtzeitige Erstellung der neuen Werkzeuge für die Produktion.	Mögliche Performance-Probleme in der Produktion durch zu große Rüstzeiten gefährden die geplanten Absatzmengen wegen dann eintretenden Lieferschwierigkeiten.
Support		
Einkauf	Wesentliche Stammlieferanten sind chronisch unterfinanziert und bei einem Konjunktureinbruch stark in ihrer Existenz gefährdet.	Die Abstimmung zwischen kaufmännisch orientiertem Einkauf und technischer Bedarfsermittlung führt häufig zu teuren Individuallösungen, so dass Vorprodukte mit Weltmarktstandard nicht ausgeschrieben werden können.
Bau	Risiko der Rücknahme einer Baugenehmigung für einen Werksneubau.	Die interne Genehmigung für den Neubau hängt an der Rentabilität, die in wesentlichen Teilen von Bundes- und Landeszuschüssen erbracht wird.
IT	Der Outsourcing-Partner führt notwendige Investitionen nur sehr zögerlich durch.	Hohe Wahrscheinlichkeit einer verspäteten Vertriebsfreigabe des neuen Datenbanksystems wg. Performanceproblemen im Callcenter.
Personal	Der schärfste Wettbewerb versteht es immer wieder, hochqualifizierte Mitarbeiter abzuwerben (Brain-drain).	Die Mitarbeiterzufriedenheit ist im Branchenvergleich nur Durchschnitt oder darunter.

Abbildung 5-16: Threads/Weaknesses als Teil 1 einer Ereignisinventur im Marketing[126]

Zu einer SWOT-Matrix gehören auch die Chancen und Gelegenheiten, die die nötige Zuversicht einer NEU-Entwicklung begründen. Fällt diese Matrix im Unterschied zu den Risiken dünn und wenig belastbar aus, so sollte schon in der Planungsphase auch über einen Abbruch des Projekts offen diskutiert werden. Denn im Planungsstadium sind die Kosten marginal im Vergleich zu dem Point of no Return, wenn die Maschinerie angelaufen ist und keiner mehr bremsen kann oder will, da die eigene Reputation bedroht würde.

126 Die Abbildung wurde in Anlehnung der Risikomatrix aus Band 1, S. 199 entwickelt. Die Beispiele sind der Praxis entlehnt, geben jedoch keinen vollständigen Rahmen einer Risikoinventur bei Neuproduktеinführungen wieder.

Unabhängigkeit und Neutralität einer im Marketing tätigen IR

Wegen ihrer Unabhängigkeit kann eine operativ und strategisch arbeitende IR vor allem in den ersten Stadien eines Projekts viel Gutes bewegen. Im Nachhinein, bei einer Ex-Post-Analyse bleibt es nur bei einem vergleichsweise schalen „Lessons Learnt", wenn das Kind schon in den Brunnen gefallen ist.

Auf der anderen Seite ist innerhalb der Ausrichtung der IR (Geschäftsauftrag und Geschäftsordnung) offensiv die Diskussion zwischen Neutralität (Stimmenthaltung) und Objektivität (Klare Positionierung) zu führen. Zur Objektivität gehören Sachkunde und profundes Managementwissen um Märkte und Produkte verbunden mit Technologie- sowie Erfahrungs-Wissen aus früheren „Lessons Learnt" hinzu.

Ohne dieses Wissen leidet, vergleichbar zu anderen Spezialfunktionsbereichen wie Technik, IT oder Bau, die IR-Reputation. Eine OA im Marketing sollte ohne dieses Wissen unterbleiben bzw. durch Einbindung eines Experten aus der Marketingfunktion (z. B. Gastrevisor[127]) oder in einem Vorprojekt, das entsprechend offen mit dem Marketingbereich als „Lernphase" ausgewiesen wird, erworben werden.

Viele Marketer sind von der Persönlichkeit her stark, extravertiert und wenig zahlengläubig, sondern mit Konzepten und Visionen begeisterbar. Sie sind es gewohnt, ihre Projekte mit Vehemenz zu vertreten und positiv darzustellen. Immerhin geht es nach Ihrer Auffassung um die Zukunft des Unternehmens. Hier besteht für eine fachkundige IR ein wesentlicher Anknüpfungspunkt, da die IR den Anspruch hat, das Unternehmen vor Risiken zu schützen. In einer Gesamtschau von Chancen und Risiken kann bei Akzeptanz von beiden Seiten der Königsweg beschritten und belastbare Vereinbarungen können geschlossen werden.

Die nachfolgende Abbildung skizziert einige positive Beispiele aus der Praxis, ohne den Anspruch auf Vollständigkeit oder Signifikanz zu erheben:

Prozesse	Extern (Oppportunities)	Intern (Strengths)
Management		
Regulierung/ Pricing	Die mögliche Aufhebung eines vorhandenen Pricecaps erhöht die Chancen auf höhere Umsatzrenditen.	Die momentan im Markt etablierte Kostenführerschaft wird eine erfolgreiche Platzierung des Neuprodukts erleichtern.
Planung	Ein Konkurrenzunternehmen ist in großen Schwierigkeiten	Die unternehmerisch geprägte Entscheidungskultur sichert die notwendigen Budgets und unverzichtbare Budgetänderungen ab.

127 Der Autor lernte die Personalentwicklungsmaßnahme „Gastrevisor" zum ersten Mal in der Siemens-Revision kennen. Mit Hilfe dieses Konstrukts kann eine IR in kurzer Zeit ohne große Kosten Wissen aufbauen und zusätzliche Reputation im Unternehmen. Das Instrument ist auch umgekehrt für ein Kennenlernen eines Fachbereichs ausbaufähig, wenn ein Revisor sich verändern möchte.

Prozesse	Extern (Oppportunities)	Intern (Strengths)
Operativ		
Entwicklung	Die langjährige strategische Partnerschaft mit ausgewählten Lieferanten erlaubt kurzfristige Änderung an Produktfunktionen, ohne den Zeitplan als Ganzes zu gefährden.	Der Einsatz moderner Entwicklungstools zusammen mit Kostensimulationstechniken schon in der Teileentwicklung wird den Markterfolg der Produktlinie beflügeln.
Produktion	Großaufträge verringern Rüstzeiten und führen zu Stückkostendegression.	Die große Erfahrung mit der Einführung von neuen Produktlinien sollte relativ schnell Produktivitätserfolge und Stückkostendegressionen gestatten.
Support		
Einkauf	Es existieren mit Stammlieferanten Exklusivverträge.	Mit SCM sind wesentliche Lieferanten in der Entwicklung und in der Teileproduktion (Just-in-Sequence) aktuell in die Planung eingebunden.
Bau	Der staatlich geförderte Erwerb eines idealen, zentral gelegenen Grundstücks reduziert Personal und Logistikkosten auf Dauer.	Das interne Immobilienmanagement ist flexibel aufgestellt, Leerstände im Eigentum sind zu vernachlässigen, Mitverträge günstig und zeitgerecht abgeschlossen.
IT	Die Umstellung auf Cloud Computing und NAS (Network attached Storage) haben Kostengesenkt und die Flexibilität gesteigert.	Die Skalierbarkeit der modernen Abwicklungssysteme werden die neue Produktlinie leicht integrierbar machen.
Personal	Die Mitarbeiterfluktuation zum Wettbewerb ist unterdurchschnittlich. Leistungsträger können gehalten werden.	Die Mitarbeiterzufriedenheit ist oberhalb des Branchendurchschnitts.

Abbildung 5-17: Opportunities and Strengths als Teil 2 einer Ereignisinventur im Marketing

5.4.4 Risikoeinschätzung

Inwiefern die oben beispielhaft skizzierten Ereignisse für ein Unternehmen zum Tragen kommen, sollte ein Frühwarnsystem enthüllen.

Dieses Frühwarnsystem lässt sich im Marketing in die Beobachtung der 5 treibenden Marktkräfte nach Porter unterteilen.

Wie schon im vorherigen Abschnitt beschrieben wurde, geht es hier

- um das Unternehmen mit seinen internen Stärken und Schwächen (Produkte/Services, Mitarbeiter, Prozesse),

- seine Einbettung in seinen Markt mit Kunden, Wettbewerbern, Lieferanten,
- den makroökonomischen Rahmen mit Regulierungsumfeld, Wachstumsraten und
- der Bevölkerungsentwicklung, mit den Ausprägungen: demografisch (z. B. Stadt-/Land-Anteile), soziografisch (z. B. Altersstruktur und Einkommensverteilung) und psychografisch (z. B. Kaufverhaltensmuster und Zielgruppenaufbau).

Wenden wir uns nun den externen Faktoren Opportunities und Threats zu.

Dem PC fielen seit seiner Massenverbreitung in den 80er-Jahren des vorherigen Jahrhunderts einige Großrechner, viele Midware-Rechner, alle Schreibmaschinen und Schreibbüroverarbeitungsmaschinen, die meisten Rechenmaschinen, fast alle Registrierkassen im Einzelhandel und viele Großkopierer zum Opfer.

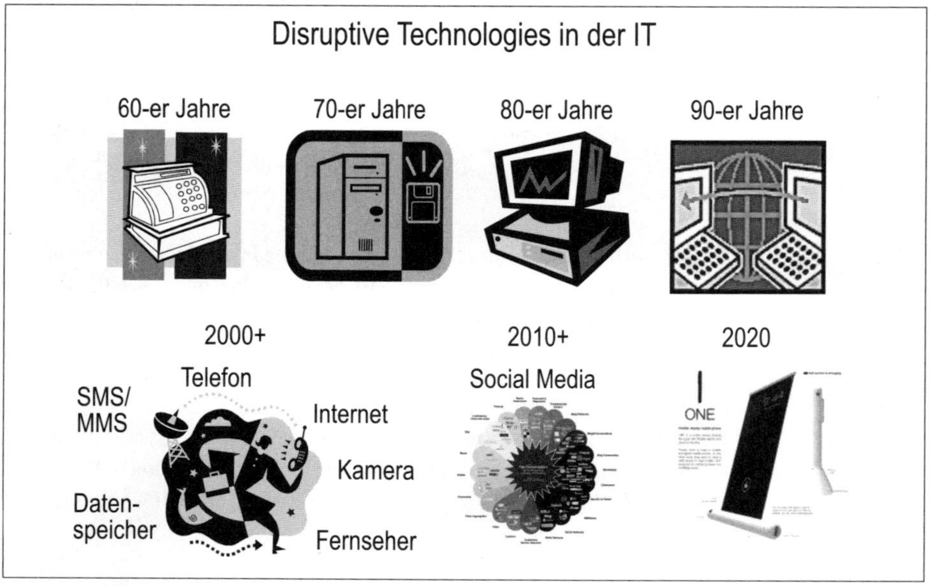

Abbildung 5-18: Disruptive Technologien im IT-Markt[128]

Firmen wie Wang und Commodore/Escom sind heute weitgehend von der Bildfläche verschwunden.

Andere wie IBM fokussierten sich nach heftigen Restrukturierungen auf IT-Services, verzichteten weitgehend auf eigene PC-Herstellung, obwohl z. B. der IBM-PC den Marktstandard für viele Jahre in den 80er für den Business-PC prägte.

Apple, ebenso im damaligen Homesegment mit seiner benutzerfreundlichen Oberfläche Marktführer, war in den 19-90 er Jahren beim PC marginalisiert. Durch die Vermarktung des MP3-Standards im iPod, der ursprünglich vom deutschen Fraunhofer-

128 Tatsächlich sind biegsame Bildschirme lt. unseres Nobelpreisträgers Prof.Kistling in bdW von 10/2014 und Touchscreens mit Hilfe des Materials Graphèn (atomare, zweidimensionaler Kohlenstoff) in Zukunft keine Utopie mehr, S. 93.

Institut entwickelt wurde, war Apple jedoch seit einiger Zeit (nach der Rückkehr von Steve Jobs in sein Unternehmen) im stürmischen Aufwind.

Das iPhone und der iStore (iTunes) wiesen in der Vergangenheit eine Vielzahl von Alleinstellungsmerkmalen auf. Apple hat im hochpreisigen IT-End-User-Segment durch eine Innovationsoffensive (iPhone, iPad, iPad-Mini) in kurzer Zeit weltweit eine Spitzenstellung erobert.

Intel spezialisierte sich zunächst in den 80er auf reine PC-Prozessoren und verzichtete auch nach heftigen internen Machtkämpfen komplett auf alle Chipprodukte, hat sie aber inzwischen wieder im Angebot.

Hewlett Packard produziert heute Drucker und PC, ist seit der Übernahme von Compaq im Serverbereich sehr erfolgreich und will wie IBM zukünftig mehr Services anbieten. Durch die Fixierung auf den Niedrig-Margen-Bereich des PC-Markts wird es von asiatischen Herstellern, z. B. Lenovo und Samsung herausgefordert und will wie IBM seine Hardware durch einen Unternehmenssplit vom Rest der Firma trennen.

Rank Xerox fokussiert sich zusätzlich auf Dokumenten-Services nach Umsatzverlusten, Restatements bei Leasing-Verträgen und darauf folgender Stagnation.

Alle Firmen mussten sich immer wieder neu erfinden bzw. sich strategisch neu ausrichten, um weiter prosperieren zu können.

Wieder andere haben sich auf andere Geschäftsfelder neu ausgerichtet (Diversifikation*)*, um überleben zu können wie Siemens unter Verzicht auf Rechner und Handy-Herstellung, dem Buy-out der Chipherstellung unter dem Namen I*nfineon*, Joint Venture bei der Netzwerktechnik mit *Nokia*, Olivetti, früher ein IT-Unternehmen mit Weltgeltung, führt heute ein Schattendasein bei der neuen Mutter Telecom Italia, *TA* TriumpfAdler ist heute statt mit Schreibmaschinen nunmehr erfolgreich mit Dokumentenmanagement im Verbund mit Kyocera tätig, Nixdorf zunächst als überaus innovatives IT-Unternehmen mit eigenen Rechnern und Services für den Mittelstand erfolgreich, hat zunächst selbst die IT-Sparte von AEG übernommen, wurde dann an Siemens verkauft, unter Siemens Nixdorf zum IT-Dienstleister umgebaut und ist jetzt als WincorNixdorf als internationaler Anbieter von PoS- (Point of Sale)-Terminals im Handel, mit Geldautomaten für Banken und mit entsprechender Software wieder erfolgreich.

Die Lerngeschichte des Beispiels PC zeigt deutlich, durch welche Markteinflüsse Positionen gefährdet bzw. auch gefestigt werden können.

Trotz komfortabler nationaler bzw. weitweiter Marktpositionen in den 80er-Jahren gelang es *Apple* und Commodore/Eskom nicht, die Positionen auf Dauer zu halten. Die Stärke einer USP wie der MAC (Apple) oder C64 (Commodore) und die Absatzstärke reichten auf Dauer zur Stabilisierung der Marktposition nicht aus, wenn die Eintrittsbarrieren (sehr niedriger Anteil der „Endmontage"-kosten eines PC von unter 10 % der Teilekosten) niedrig, die Lieferanten durch Patente und Standardisierung eine Quasi-Monopolsituation aufgebaut haben *(*WINTE*L*) und die Wettbewerbsintensität und damit die Preiskämpfe (permanenter Preisverfall der Hardware-Komponenten) sehr hoch sind.

Immerhin konnten „Garagenfirmen" wie HP, Escom, Vobis, *oder* Commodore in kurzer Zeit große Marktanteile gewinnen. Sie schafften es aber nicht, gleichzeitig Betriebssystem, Anwendungen, Prozessortechnik, Speicher- und Chiptechnik und externe Peripherie (Monitore, Drucker, Cassetten, Festplatten, USB-Sticks, Beamer etc.) immer auf dem neuesten Stand zu halten. Die Dominanz des „Nur"-Lieferanten eines Betriebssystems, Microsoft, das auf einer von damaligen Fachleuten nicht ernst genommenen Programmiersprache BASIC beruhte, die noch nicht einmal kompilieren (Umwandlung eines Anwendungsprogramms in ein Maschinenprogramm) konnte, sondern speicherplatzfressend jeden Befehl direkt für die Maschine umwandeln musste, ist für viele bis heute nach wie vor erstaunlich.

IBM selbst war in den 70er-Jahren das Blue-Chip-Unternehmen der Welt, prägte, obwohl es selbst nicht an die Massengeschäftsfähigkeit des PCs glaubte, den Standard, und schafft es Jahre nicht mehr, auch nur in die Nähe eines Intel/AMD- vergleichbaren Marktanteils bei PC mit seinem Betriebssystem iOS (früher OS/2) oder dem PowerPC[129] -Prozessor zu gelangen. Die Exklusivität der damaligen IBM-Produkte (teuer, aber leistungsstark: Skimming = Marktabschöpfungsstrategie) war und ist bis heute unvereinbar mit einem PC-Markt, der die größtmögliche Penetration mit seinem Gebot „Mehr an Leistung für weniger an Geld" (Kostenführerschaft) anstrebt. IBM fehlte wiederum die *Absatzstärke* für einen wettbewerbsintensiven Endkunden-Markt, da das Unternehmen überwiegend im Geschäftskundensegment tätig war und ist[130].

Die o.g. ehemaligen Büromaschinenhersteller wie WANG, Olivetti[131], *TA (*TriumpfAdler), IBM-Kugelkopf-Schreibmaschinen litten alle unter der Kraft des Substituts PC. Es war ihnen damals nicht möglich, daran zu glauben, dass schriftliche betriebliche Korrespondenz von jedem Mitarbeiter ohne Beteiligung einer Stenotypistin erstellt werden konnte.

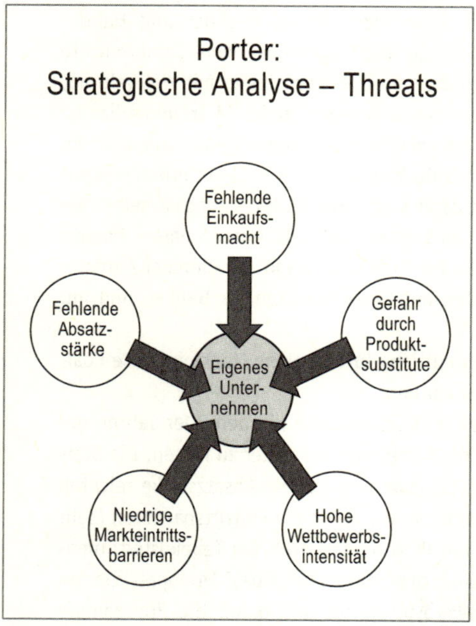

Abbildung 5-19: Marktkräfte gewinnen die Überhand nach Porter

Die nachfolgende Grafik verdeutlicht noch einmal bildlich den Zusammenhang für ein Unternehmen, dem es nicht gelingt, die Marktkräfte Absatzmarkt, Beschaffungsmarkt, Eintrittsbarrieren, Wettbewerbsintensität und Produktsubstitution in seinem Sinne zu aktivieren:

Microsoft hingegen hatte Anfang der 90er-Jahre durch seine bedienerfreundliche Windows-Oberfläche die Vorteile des MAC beim Kunden egalisiert, geschickt die freien Programmentwickler durch frühzeitige Weitergabe der α-Versionen des neuen Betriebsystem eingebunden und damit seine Marktattraktivität für seine Kunden erhöht. Denn mit der γ-Version stand dem Kunden sehr schnell ein breites „abwärts-kompatibles" Software-Spektrum an Anwendungssoftware basierend auf dem neuen

129 Es steht Power für Performance optimization with enhanced RISC (Leistungsoptimierung durch erweitertes RISC:reduced instruction set computing)) und PC für Performance Chip (Hochleistungs-Chip), eine Chip-Entwicklung von IBM, Motorola und früher auch Apple.

130 Inzwischen (2014) ist nach dem PC- nun auch das Server-Geschäft an Lenovo verkauft worden.

131 Dass der russsische Geheimdienst in 2013 bei Olivetti Schreibmaschinen eingekauft haben soll, um abhörsicher vor dem NSA sein Aktivitäten zu dokumentiern, gehört nur noch ins Kuriositätenkabinett der Technologieentwicklung.

Betriebssystem zur Verfügung, und gleichzeitig waren durch die Testversionen die gröbsten Schnitzer des neuen Betriebssystems kostenlos eliminiert.

Intel wiederum erkannte die speicherfressenden (BASIC-Interpreter) Anwendungen auf Windows-Basic als Chance an,

- durch marktüberlegene, immer wieder leistungsfähigere Prozessoren die Anwendungen lauffähig zu halten,
- den Innovationszyklus durch enorme Fabrikinvestitionen weiter zu forcieren und
- quasi als einziger von den „Monopol"-preisen der neuen Chips zu profitieren.

Die hohen Preise der ersten Jahre der Markteinführung reichten meist, die Entwicklung der neuen, noch leistungsfähigeren Chips zu finanzieren und trotz Preisverfalls der „alten" Chips die laufenden Kosten zu decken.

Zeitweise teilten sich beide Firmen ca. 80% des weltweit gemachten Gewinns auf diesem Markt. Die zahlreichen Prozesse mit Wettbewerbern (IBM, Apple, Sun uvm.) wurden meist mit Vergleichen beendet.

Es wird abzuwarten sein, wer die neue Herausforderung durch die immer leistungsfähigeren Mobiltelefone meistern wird[132]. Die Herausforderung wird der gewinnen, der die Problematik des Mobilfunks mit der Leistungspalette eines heutigen Desktops oder Notebooks am besten verbinden wird. Derzeit scheint Android-(Google) basierte Smartphone von Samsung u.a. zusammen zu gewinnen. deren Betriebssystem auf dem frei verfügbaren Linux-Standard beruht. Im oberen Preissegment regiert weiter Apple mit seinem Betriebssystem iOS.

Trotz UMTS und neuerdings LTE bleibt hochbitratige, mobile Übertragung ein bottleneck, deshalb benötigt die Mobilfunktechnologie für alle Standardanwendungen weiter leistungsfähige Komprimierungstechniken wie MP3 für Audiodaten und MPEG für Videodaten und ca. die gleiche Datenmenge der Nutzdaten an Verwaltungsdaten, um die Übertragung sicher und schnell zugleich zu gestalten.

Siehe hierzu 10.1.2 Physikalische Netze im IT-Kapitel. Hier wird u.a. erklärt, dass die Nutzdaten im Mobilfunk nur 50% ausmachen können, um mit den anderen 50% die häufigen Übertragungsfehler und Dropouts zu bereinigen.

Die nachfolgende Grafik zeigt ein Unternehmen, das die Marktkräfte in seinem Sinn gebändigt hat:

Mit der Darstellung der Marktkräfte haben wir nun die SWOT-Analyse beendet. Wichtig ist nun, welche individuelle Antwort jedes Unternehmen auf seine Marktsituation findet.

---

132 Hier war Microsoft mit einer eigenen Unternehmenssparte aktiv, parallel zu Nokia im Konsortium Symbian. Die Unterstützung durch Nokia wurde 2012 eingestellt. Inzwischen ist Microsoft dabei, die Handy-Sparte inkl. Nokia- eigener Lizenzen und Nokias Drittlizenzen (Motorola u. a.) zu übernehmen.
Google übernimmt Motorolas Handysparte. Zwei ehemalige Weltmarktführer im Mobilfunk (Motorola und Nokia) sind nur als Marke und mit ihren Patenten vorhanden. IT-Software hat über TK-Software „gesiegt". Es war doch einfacher, PC- und Laptop-Anwendungen mobil lauffähig zu machen als einfache Mobilfunkgeräte smart aufzurüsten.

Vom Grundsatz sind die schon angeklungenen Strategien

- von Marktpenetration durch Kostenführerschaft (Lenovo, Medion, Samsung u. a.),
- Produktdifferenzierung (Microsoft, Apple),
- hohe Innovationsgewinne durch überlegene Produktentwicklung (Microsoft, Intel, Apple, Samsung),
- Diversifikation (Siemens, IBM, Sony) und
- Marktentwicklung durch Internationalisierung (alle genannten IT-Firmen)

mögliche Antworten auf die Herausforderungen in diesem durch Innovationsgeschwindigkeit und Technologiewechsel geprägten Markt.

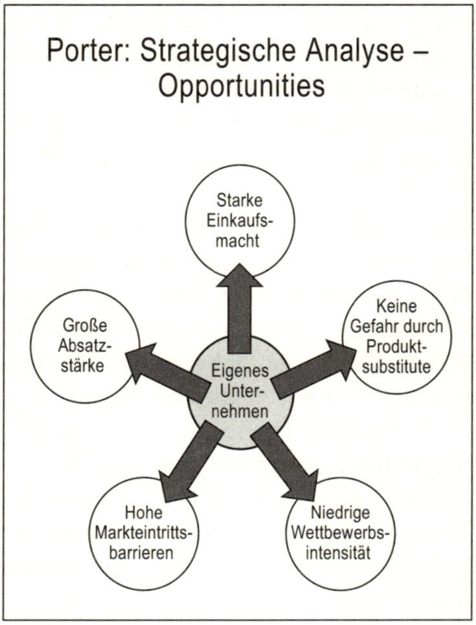

Abbildung 5-20: Marktkräfte werden gebändigt nach Porter

Im PC-Markt sehen wir Microsoft erfolgreich in den Rubriken Marktpenetration durch Produktentwicklung in strategischer Allianz mit seinem Hauptlieferanten Intel, weniger erfolgreich in der Marktentwicklung wie z. B. dem Internet oder gar dem mobilen Internet. Hier hat es das Unternehmen gerade noch einmal geschafft, quasi als Internet-Betriebssystem den Explorer gegen den zunächst überlegenen Netscape durchzusetzen. Mit MSN (Microsoft Network) befand es sich gegenüber AOL, Yahoo und in Deutschland T-Online-Diensten und anderen weiter im Nachteil. Auch diese früher erfolgreichen Portale sind inzwischen nach dem Eintritt der Social Media Unternehmen wie Facebook, LinkedIn, Twitter, Google/YouTube in den Hintergrund gerückt.

Microsoft hat, unverständlicherweise für eine Firma, die vom Betriebssystem kam, den Trend der Suchmaschinen inkl. des sich dazu entwickelnden Online-Werbemarkts nicht rechtzeitig erkannt, der zurzeit von Google und zunehmend auch von Facebook und Twitter sowie inzwischen auch von Amazon dominiert wird. Man sieht, auch hervorragende Marktentwickler tun sich sehr schwer, Zukunfts-Trends selbst auf verwandten Märkten richtig einzuschätzen.

IBM ist konsequent den Weg in das Service- und Beratungsgeschäft gegangen, also diversifiziert, ist von Umsatz und Umsatzstruktur gegenüber den 70er-Jahren ein komplett anders aufgestelltes, wenngleich weiter ein erfolgreiches Unternehmen geblieben. Inzwischen sind nach PC auch die Server an Lenovo verkauft worden, so dass von dem früheren Hardware-Unternehmen mit fast 80 % Marktanteil in den 1970er und 1980er Jahren nur noch die Großrechner übrig geblieben sind.

Apple hat es geschafft, nach dem Consumer-PC mit dem iPod gänzlich neue Märkte zu erobern.

Das Internetportal iTunes ist inzwischen führend für ein Angebot an digitalen Medien. Es erlaubte der Musikindustrie zu überleben, nachdem es möglich war, einzelne Titel einer CD käuflich zu erwerben und sich selbst zusammenzustellen. Damit konnte der Markt für Raubkopien (Tauschbörsen) eingedämmt werden.

Die Zeitungs- und Zeitschriftenindustrie erhält ebenfalls eine faire zweite Chance durch digitale Abos über spezielle Apps.

Zum Dritten können es kreative Softwareentwickler schaffen, mit einer einzigen interessanten Entwicklung „APP's" Weltgeltung zu erlangen statt immer wieder mühsam zu versuchen, mit kostenlosen, nur 4 Wochen nutzbaren Downloads Nutzer zu gewinnen.

Mit dem iPhone und dem iPad konnte Apple ein drittes und viertes Mal den Handy- und Laptop-Markt komplett neu definieren, indem sich seine Produkte zu Standards des Marktes entwickelten. Bei kaum keinem anderen Hersteller außer Apple konnten Nutzern stark positive emotionale und angeblich sogar religiöse Bindungen zu einem technischen Gerät wie dem iPhone nachgewiesen werden, eine Tatsache, die im Normalfall lebendigen Wesen vorbehalten ist[133].

Die nachfolgende Abbildung fasst die unterschiedlichen Marktbearbeitungsstrategien noch einmal zusammen:

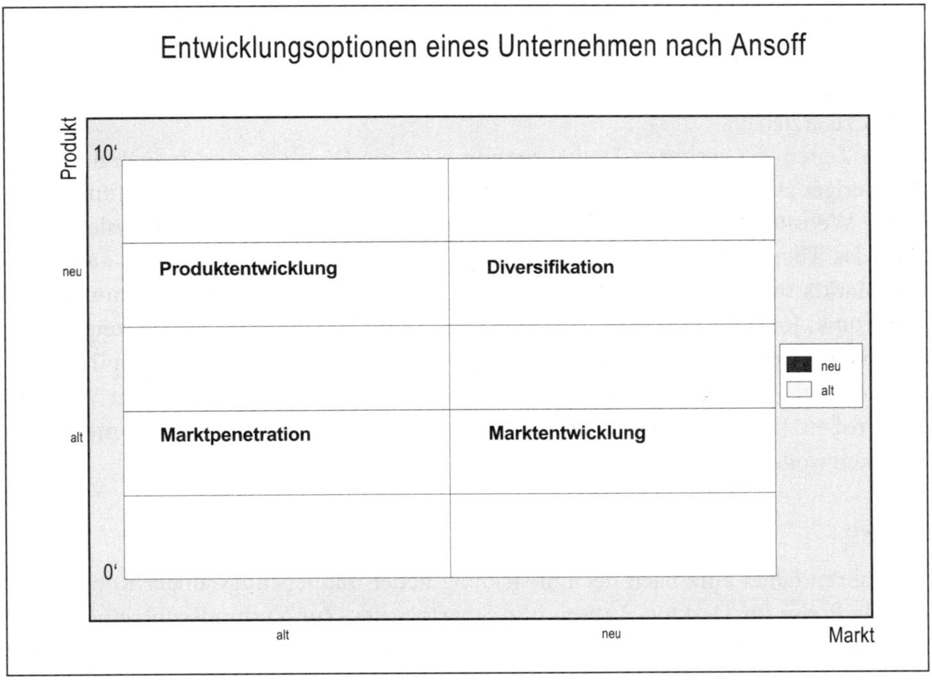

Abbildung 5-21: Entwicklungsoptionen eines Unternehmen nach Ansoff[134]

133 Siehe BBC: Loving Apple looks like a religion to an MRI scan by Michael Rose May 17th 2011, http://www.tuaw.com/2011/05/17/bbc-loving-apple-looks-like-a-religion-to-an-mri-scan/, zuletzt aufgerufen am 13.12.14.

134 Siehe Ansoff, S. 366.

5.4.5 Risikomaßnahmen

Auf umkämpften Märkten können Unternehmenspläne, insbesondere Marketing- und Werbemaßnahmen meist nicht ohne Reaktion des Wettbewerbers umgesetzt werden. Deshalb ist es erforderlich, für mögliche Aktionen eines Konkurrenten geeignete Gegenmaßnahmen geplant zu haben (sog. Plan B- oder Worst Case Szenarios).

Fast alle Markt und Marke bildende Elemente können angegriffen werden:

1. Produkt

Beredtes Beispiel ist der zurzeit laufende Kampf um die Smartphone-Führerschaft zwischen Apple und Samsung. Durch eine Reverse Research & Development Strategie werden Marktpioniere genau beobachtet. Stellt sich ein Erfolg ein, wird versucht, ein ähnliches Produkt durch Nutzung alle Vertriebskanäle so zu platzieren, dass der Marktpionier seine Monopolgewinne aufgrund seiner Alleinstellung schnell verliert. Zusätzlich kann die Reputation des marktführenden Unternehmens durch Patentklagen versucht werden zu schädigen. Hat man Erfolg, so sind auf nationalen Märkten wieder Monopolgewinne zu erzielen, da der Konkurrent sein Produkt vom Markt entfernen muss. Eine Gegenreaktion können sehr schnelle Entwicklungszyklen sein, die die Waffe Verkaufsverbot durch Produktinnovation abstumpfen lassen. Schließlich bleibt der Reputationsverlust des Wettbewerbers bei Gewinn einer Patentschutzklage. Dagegen wird die Gegenklage genutzt, um beim Wettbewerber den gleichen Effekt zu erzielen.

In Zeiten der weiteren Digitalisierung sind die Wettbewerber manchmal etwas schwieriger zu entdecken. Zwar haben die meisten Verlage inzwischen gut funktionierende Websites geschaffen und mit ihren Apps die Möglichkeit von digitalen Abos, aber das Thema regionale Reichweite ist digital neu definiert. Dritte von außerhalb des Markts wie T-Online/Interactive Media, die Scout.de-Welt (Autos, Immobilien, Electronik, Jobs, etc.) machen dem Brot-und-Butter-Geschäft der Kleinanzeige gehörige Konkurrenz. Hinzu kommen noch Twitter, Facebook und zu jedem Themenkomplex mehrere Blogs sowie die nicht nur aus Videostreams bestehenden Websites der großen Fernsehanstalten, die verkäufliche Print-Nachrichten ins Hintertreffen schicken wollen[135].

2. Preis

Seit Jahren fallen kurz nach der Entwicklung neuer und leistungsfähiger Komponenten die Preise für Desktop, Laptop und Smartphones. Zur Verhinderung eines Preiskampfes kann ein Unternehmen durch eine Skimming-Strategie versuchen, eine

135 Fast alle großen Verlage leiden zurzeit unter der Doppelbelastung von Print- und Onlineredaktion bei wegbrechendem Anzeigengeschäft und rückläufigen Abonnementszahlen im Print, die durch Zahlerlöse bei Online nur schwer zu kompensieren sind, Ausnahme Axel Springer, die Online-Marktführer im Segment Anzeigen.

Edelmarke aufzubauen, unter der seine Produkte mit einem (Premium)-Aufschlag gehandelt werden.

Porsche bei Sportwagen, Boss bei Herrenbekleidung, Apple und Microsoft/Intel bei IT-Endprodukten und IBM bei Großrechnern.

Es kann versuchen, auf den Preiskampf einzugehen, in dem es auf regional abgegrenzten Märkten dort den Preis zu senken, wo es dem Wettbewerber besonders „wehtut". Die Gegenreaktion wird dann allerdings nicht lange auf sich warten lassen. Besser ist es, durch effiziente Prozesse errungene Kostenführerschaft die Marktpenetration zu erhöhen und damit die Economies of Scale durch hohe Stückzahlen selbst zu realisieren.

Die Preistransparenz ist durch das Internet enorm gestiegen, damit ist automatisch die Möglichkeit gesunken, regional und zeitlich befristete Preisaktionen durchzuführen.

Auch der bei Elektronik führende Händler in Europa, die Media Saturn-Gruppe, konnte nach Jahren des Zögerns nicht umhin, von einer regionalen Preispolitik mit Redcoon im Internet auf weithin sichtbare Preise umzustellen.

Durch staatliche Subventionen begünstigt können ausländische Unternehmen versuchen, einen Markt durch Dumping-Preise zu erobern. Frühzeitige eigene Lobbying-Aktivitäten können helfen, dass z.B. die EU-Kommission Anti-Dumping-Maßnahmen ergreift. Ohne regulatorische Hilfe kann ein Unternehmen allein gegen ein Land, das seine Industrie fördern möchte, nichts erreichen. „Equal Level Playing Grounds" setzen voraus, dass ein Markteintritt zu gleichen Bedingungen für alle Teilnehmer gleich ist. Wird andrerseits durch nichttariffäre Handelshemmnisse der einheimische Markt geschützt, sollten die Regulierer eine Einigung aushandeln, da andernfalls im globalen Maßstab Ungerechtigkeiten entstehen könnten.

In der weltweit subventionierten Solarindustrie hat im Juli 2013 die EU sich mit China auf Preise und Kontingente geeinigt. Nach Ansicht der europäischen Hersteller entsprechen die Preise weiterhin nicht den Produktionskosten. Eine gewisse Entlastung ergibt sich durch die Kontingentierung. Die EU befürchtete ihrerseits Antidumping-Maßnahmen von China gegen einen deutschen führenden Siliziumhersteller und gegen europäischen Wein. Insofern sind Antidumping-Maßnahmen spieltheoretisch nicht simpel nach der „Tit for Tat"-Methode zu behandeln, da Rückkopplungsmechanismen zu berücksichtigen sind.

Die USA hatten es da etwas einfacher und im Dezember 2012 bereits die Verhängung von hohen Strafzöllen veranlasst.

Der europäische Agrarmarkt war in der Vergangenheit und ist es zum Teil heute noch, ein Beispiel für Protektionismus zum Schutz heimischer Produktion, bei dem der Effekt überhöhter Preise und Überproduktion billigend in Kauf genommen wird.

Wirkungsvolle Maßnahmen gegen aggressive Preisstrategien von Wettbewerbern sind der Aufbau von USP und die Bindung der eigenen Stammkunden verbunden mit einem kontinuierlichen Verbesserungsprozess (KVP), der kostenmäßig jedes Jahr neue Spielräume eröffnet.

Die deutschen Premium-Automobil-Hersteller haben sich über die letzten Jahrzehnte mit dem Qualitätsversprechen „Made in Germany[136]/Deutsche Autobahn getestet (USP)" und einer mit ausgewählten Entwicklungs- und Herstellerlieferanten[137] gemeinsam erarbeiteten Plattformstrategie (Skaleneffekte) und TQM genau diese fast Unverwundbarkeit erarbeitet. Kundenorientierte Modellpolitik und innovative Konzepte führen zu hoher Stammkundentreue.

Auch die Discounter Aldi und Lidl sowie neuerdings Penny und Netto, haben sich bei ihren Kunden ein Preiswert-Image aufgebaut (USP), dass alle Produkte als konkurrenzlos preiswert eingestuft werden, ohne es tatsächlich immer zu sein.

3. Promotion/Werbung/Kommunikation

Ein klassischer Platz für das Austragen von Wettbewerbskämpfen ist die Medienwelt mit TV, Radio, Zeitungsbeilagen, Plakaten und neuerdings immer stärker werdend die Onlinewerbung.

Ziel von Plan B oder Worst Case Szenarien könnte sein, seine eigene Marke stärker im Bewusstsein der Kunden zu verankern, die Reputation der Wettbewerbsmarke direkt oder indirekt zu desavouieren oder durch Erhöhung des Werbedrucks die Marktdurchdringung eigener Produkte zu erhöhen. Durch die Social Media sind die Möglichkeiten, Vertrauen für die eigene Marke zu schaffen („Gefällt mir-Button") oder Zweifel an der Glaubwürdigkeit der Konkurrenzmarke zu säen („Wenige Sterne in einer Bewertung") sehr subtil geworden. In einer Kommunikationswelt muss es also gelingen, die Meinungsführerschaft für das beliebteste (Dominanz), das zuverlässigste (Balance), das innovativste (Stimulanz) etc. Produkt zu erlangen.

Siehe zur Begriffsklärung den Abschnitt 5.3 Erkenntnisse der Neurowissenschaften für das Marketing.

Die Streuverluste von Werbemaßnahmen in den klassischen Oneway-Medien wie TV, Print, Radio haben sich durch das dialogische Internet und die Analyse der Clickpfade merklich reduziert, aus einer Suchmaschine Google ist ein ernst zu nehmender Anbieter von (Online)-Werbung herangewachsen. Nicht auf der ersten Seite bei Google mit seiner Marke oder gar dem Firmennamen zu erscheinen bedeutet, onlinemäßig unter „ferner liefen" zu rangieren. Unternehmenskommunikation ohne Social Media, Werbung ohne Google ist heute fast nicht mehr vorstellbar geworden. Hierbei umgeht

136 Dem Autor ist bewusst, dass zwischen 60 und 80 % der Teile eines Automobils zugekauft werden, so dass Made in Germany zu relativieren wäre.

137 Siehe unter 10.2.7.3 SPICE ein speziell entwickeltes Softwaretool der deutschen Automobil-Premiumhersteller.

Google sehr geschickt den Prozess der Aufmerksamkeitserregung der klassischen Medien, die aufwendig sind und stets beim Adressaten den Nachgeschmack hinterlassen, für diese störende Werbung etwas Interessantes (Information, Emotion) geliefert zu bekommen. Google „begleitet" den sich informierenden, suchenden potenziellen Kunden. Hier ist der Kunde vordergründig der aktive Part, der den Prozess zu steuern glaubt. Jedoch glaubt Google aufgrund seiner Algorithmen abschätzen zu können, was die nächsten Schritte (Clicks) sein könnten und bietet dann Alternativen zum Kaufen an, obwohl eigentlich nur Informationen gesucht wurden.

Gerade hier ist es eine effektive Strategie, an einer USP zu arbeiten, und seine Stammkunden mit der Marke vorsichtig weiter zu entwickeln.

- Apple und Google sind Beispiele einer fulminanten Markenwertentwicklung,
- Coca-Cola und Microsoft sind Positiv-Beispiele in einer Halteposition, die seit Jahren auf einem sehr hohen Level verharrt und
- Ford und vor einigen Jahren Toyota sind eher Negativ-Beispiele, die Positionen im Markenwert verloren haben bzw. hatten[138].

4. Placement/Absatzkanäle

Eine der größten Gefahren für Konsumgüterhersteller ist es, mit einem oder mehreren Produkten aus den Handelsregalen ausgelistet zu werden.

Bedingt durch der inzwischen auch bei kleineren Händlern üblichen geschickten Handhabung von „Big Data" ist jeder Artikel im Regalplatz transparent in Lagerumschlag (Drehzahl), Warenrohertrag und Umsatz und das im Vergleich zum Wettbewerb, zum Vorjahr und zu anderen Filialen.

Mit Hilfe ausgeklügelter Auswertungsroutinen wird inzwischen der Kampf um Platz 2 und 3 im Regal hart ausgetragen, denn auch die Handelsmarken beanspruchen immer mehr Platz. Wohl dem Unternehmen, das über seine Marken hohe Abverkaufsquoten und Renditen versprechen kann. Andernfalls kann es zur „Aldisierung" kommen, der Hersteller tritt gegenüber dem Kunden nicht mehr in Erscheinung, dieser Auftritt ist dann der Handelsmarke vorbehalten.

Je niedriger die Rohertragsmargen, je austauschbarer die Produkte, desto höher ist das Risiko „Me-too (Aus-, Verwechselbarkeit)" anzusehen und die Gefahr, wichtige Absatzkanäle zu verlieren.

Durch die klassischen Internet-Portale wie AOL, T-Online und Yahoo sind nicht nur digitale Warenhäuser entstanden, sondern ganze Erlebniswelten mit eigenen Communities, die das Wort Lifestyle vom Internet für den Gesamtmarkt neu definieren (siehe bei Schuhen Zalando, Apple für Smartphones, Do you Yahoo etc.). Auch der Welt größter Versandhändler, die Otto Group, konnte nicht verhindern, dass ein

138 Siehe hierzu www.interbrand.com.

Amazon und eBay ihn schon vor einigen Jahren im Umsatz, nicht jedoch im Ergebnis überholt hat.

5.4.6 Interne Kontrollen

Auch im Marketing gilt, keine Kontrolle ohne vorhandenes Risiko. Weiter gilt: Internal Control stellt die Zielerreichung im Marketing sicher.

Im Folgenden werden die Kontrollen behandelt, die standardmäßig von den ICS-Verantwortlichen im Rahmen ihrer Arbeit überprüft werden sollten.

5.4.6.1 Governance: Aufsichtsrat, Vorstand und Topmanagement

Bekannte Themen[139] wie
- Transparenz von Unternehmensvision (Wo wollen wir hin?),
- dem Mission Statement (Was zeichnet uns aus?),
- der sich daraus entwickelnden Strategie (Wie kommen wir dahin?) und
- gelebte Unternehmenskultur (Wofür steht unser Unternehmen?)

sind im vorherigen Abschnitt Internes Unternehmensumfeld eingehend erläutert worden, so dass an dieser Stelle darauf verzichtet werden kann. Trotzdem kann nicht häufig genug betont werden, die Frage nach der USP zu beantworten, nämlich wofür das Unternehmen steht. Kann die simple Frage nicht beantwortet werden, warum soll der Kunde unser Produkt kaufen (und nicht das der Konkurrenz), stimmt etwas mit der strategischen Ausrichtung des Unternehmens nicht.

Auch für das Marketing gilt die gelebte Unternehmensethik. Es gibt in der Praxis eine Reihe von Möglichkeiten, in den Graubereich oder gar auf Kollisionskurs mit ethischen Normen zu gelangen, deshalb ist es gerade im Marketing mit seinen vergleichsweise großen Budgets notwendig, sich an die verabredeten Normen zu halten.

> Da im Einkauf die Annahme von Geschenken geregelt werden sollte, ist es sinnvoll auf der anderen Marktkante zum Kunden hin zu verteilende Geschenke in Sach- oder Dienstleistung einer kritischen Prüfung zuzuführen. Es geht hier zunächst immer um den Ausschluss von Unternehmensmitarbeitern, denn, wenn überhaupt, Kunden sollten in den Genuss dieser Leistungen gelangen, um „Geschäftsbeziehungen zu festigen", jedoch nicht Mitarbeiter.
>
> Dies z. B. ist anwendbar, auf Gewinnspiele, Reisen, Events und Sonderrabatte.
>
> Im Einzelnen sollte dies in einer Richtlinie geregelt sein, damit es zu keinen Missverständnissen kommen kann.
>
> Hinzu kommt, dass Complianceverstößen unabhängig von Hierarchie-Rang und Schadenshöhe sanktioniert werden sollten, um die Verbindlichkeit der Richtlinie zu gewährleisten.

Aus IR-Sicht haftet dem Begriff „NEU" immer etwas Unsicheres, Unplanbares und nicht Geregeltes an. Vom Standpunkt des Marketings ist „NEU" das erklärte Ziel, mit

139 Siehe hierzu Band 1 der Buchreihe, Kapitel 7 Organisation und Strategie der Internen Revision.

dem ein Unternehmen seine Innovationskraft unter Beweis stellen kann. Die Grenzen sollten definiert in Form eines maximalen Risikoappetits, bis zu dem der Vorstand bereit ist, Anfangsverluste eines neuen Produkts, einen neu aufzubauenden Regionalmarktes oder einen neuen Absatzkanal bzw. neuen Werbe-Mediums zu akzeptieren.

5.4.6.2 Internal Control

Zu den oben skizzierten unternehmensweiten Themen der Überwachung kommen die Steuerungs- und Kontrollmaßnahmen seines direkten Verantwortungsbereichs (*Internal Control = Erste Linie der Verteidigung*) hinzu. Hier sind die Ziele und Risiken zu definieren und mögliche Maßnahmen zur Aufrechterhaltung der Ziele und Kontrollen, die die Zielabweichung quantitativ und qualitativ anzeigen.

> Der Regionaldirektor im Verkauf hat mit der Geschäftsleitung Umsatz- und Kostenziele vereinbart. (COSO ERM: Ziele festlegen).
>
> Er hat als Risiken definiert, dass zwei wichtige Bezirksleiter ihm von der Konkurrenz abgeworben werden könnten und ihre Kunden mitnehmen würden. Das hätte zur Folge, dass seine Region einen Umsatzverlust im knappen einstelligen Millionenbereich verzeichnen würde. Weiter könnte die Konkurrenz gerade in seiner Region, die bundesweit für sein Unternehmen als die stärkste gilt, mit Preismaßnahmen Umsatz auf Kosten von Rentabilität versuchen zu erobern (COSO ERM: Risikoinventur)
>
> Als Maßnahme gegen die Abwerbeversuche hat er mit der Zentrale vereinbart, dass diese beiden Mitarbeiter an einer 1,5 jährigen Weiterbildungsmaßnahme zur Vorbereitung des nächsten Karriereschritts teilnehmen sollen. Als Maßnahme gegen eine mögliche Preisoffensive hat er mit der Zentrale vereinbart, dass entsprechende Rabattaktionen in der stärksten Region des Wettbewerbers stattfinden sollen. Gleichzeitig hat er alle Bezirksleiter veranlasst, in diesem Jahr die Kundenpflege vor die Neukundenakquisition zu stellen und viele Stammkunden persönlich zu besuchen (COSO ERM: Risikomaßnahmen).
>
> Sein tägliches Umsatzmonitoring und das monatliche Kostenmonitoring zeigen ihm, dass er seine Ziele erreichen kann (COSO ERM: Internal Control).
>
> Gleichzeitig berichten ihm seine Bezirksleiter in der Wochenbesprechung von positivem Feedback der besuchten Kunden (COSO ERM: Kommunikation).

Man sieht an dem Beispiel, dass Kontrollen kein Selbstzweck sind, sondern in ein Managementsystem, das im Beispiel nach COSO ERM aufgebaut ist, eingebunden ist.

5.4.6.3 Risiko Management, Qualität und Monitoring

Als zweite Linie der Verteidigung gelten die Themengebiete
- Finanzkontrollen
- Risikomanagement
- Qualität
- Monitoring
- Compliance

Unter Finanzkontrollen[140] sind alle Maßnahmen zu nennen, die dazu dienen, dass die berichteten Zahlen und Informationen materiell richtig sind und mögliche wesentliche Unstimmigkeiten im Vorwege entdeckt werden.

Wichtig sei auch hier der Hinweis, dass Finanzkontrollen kein Selbstzweck sein dürfen. Es muss ein Risiko für eine falsche Berichterstattung bestehen. Im Marketing geht es schlicht um die Erhöhung des Auftragswerts, also um die Nachfrage. Das Thema Umsatz als erste Zeile der GuV könnte hier außen vor bleiben. Trotzdem wirkt das Marketing an der Bestimmung der Vertriebsziele mit und hat sui generis den „Hut des Kunden auf". Insofern sind einem professionell geführten Marketing kurzfristige Erfolge durch Strohfeuereffekte (Schnäppchenjäger statt Stammkunde, dadurch hoher Churn[141]) nicht entscheidend, sondern suspekt.

Auch „harte", aktive Callcenter-Akquise, die in Folge
- Kundenverärgerungen,
- Vertrags-Kündigungen und Prozesse hagelt,
- die noch in einer Beschädigung der Unternehmens-Reputation durch eine negative Presseberichterstattung gipfeln können,

kann nicht Zielsetzung des Marketings sein.

Das Risikomanagement wurde in den vorherigen Abschnitten 5.4.4 und 5.4.5 abgehandelt.

Das Qualitätsthema ist nicht nur ein Thema der Produktion und des Einkaufs, es ist vor allem ein Thema des Marketings. Woran soll denn der Wert einer Marke besser festgemacht werden als an der durch gute Produkt- und Servicequalität erzielten Kundenzufriedenheit. Das Marketing ist hier eindeutig Anwalt des Kunden und Gegner eines von kurzfristigem Denken beeinflussten Wertanalysten, der das Markenprodukt mit subtiler Technik durch Ersatz von Lieferanten, Veränderung von Materialien, Fertigung in preiswerteren Produktionsstätten immer günstiger und profitabler machen will, bis am Ende ein Schwellenwert überschritten wird und der Kunde sein Marke nicht mehr wieder erkennt.

Als Beispiel mag der alte Fall eines bekannten norddeutschen Kaffeerösters dienen, als dem Kunden suggeriert werden sollte, dass 400 g dasselbe Volumen wie früher 500 g hätten und der Kaffeegeschmack durch den zusätzlichen Luftzusatz nicht leiden würde.

Hingegen könnte ein Auto gleichen Preises, gleicher Ausstattung und gleicher Qualität mit geringerem Gewicht aus Umweltgründen (Benzinverbrauch) und Gründen der Fahrdynamik (Lastwechselreaktionen) als Innovation gelten!

Qualität ist und bleibt eine Management- und Marketingverantwortung.

140 Siehe hierzu ausführlich SOX, § 304 und § 403 sowie die entsprechenden PCAOB- Verlautbarungen.
141 Unter Churn ist die jährlich zu ermittelnde Quote aller Neukunden, die im nächsten Jahr (Saison) nicht mehr Kunde des Unternehmens sind (Einmalkunden).

Das Thema Monitoring bzw. im Englischen Inspection wird im letzten Abschnitt 5.4.8 ausführlich erläutert werden

5.4.6.4 Systematik von Kontrollen

– High und Low Level Controls –

Begriffspaar 1 sind die *High und Low Level Controls.* Steuerungs- und Überwachungssysteme werden hier an die Hierarchieebenen im Unternehmen geknüpft, Unternehmensleitung und Top Management an „High Level", alle andern an „Low Level".

Zu den High-Level-Controls gehören z.B. alle Richtlinien und Verfahrensbeschreibungen, die den Umgang mit den Vermögensgegenständen des Unternehmens regeln. Kontrollziel könnte hier ein möglichst schonender Umgang mit Unternehmensressourcen sein. Bezogen auf das Marketing sind das im Wesentlichen die Entwicklungskosten für Produkte, Patente und Gebrauchsmuster, der Wert der Marke, und das Marketing- und Werbebudget.

Im Einzelnen könnte dies sein:

- Handbuch des Projektmanagements für Entwicklungsprojekte bis zur Vertriebsfreigabe,
- Umgang mit vertraulichen Informationen, insbesondere mit kurzzeitig im Unternehmen arbeitenden Freelancern in Marketing und Werbung und Mitarbeitern von der Hochschule in Forschung und Entwicklung,
- Gestaltungsrichtlinien für die Unternehmensmarken in Werbemaßnahmen (Video und Audio Branding mit Logo und Jingle; Web-Auftritt) auf Unternehmensinformationen (Rechnung und Kunden-Informationen), in der Beflaggung von Gebäuden, bei Versandpaketen,
- Kompetenzen- und Budgetierungsrichtlinie für den Einkauf von Marketing- und Werbe-Leistungen im klassischen und Online-Bereich,
- Einkaufsrichtlinie für Beschaffung von Marketing- und Werbeleistungen inkl. Eventmanagement, Give-Aways, Sponsoring, Product Placement und eventuell Lobbying,
- Regelung der Verantwortlichkeiten für den Mediaeinkauf, (TV/Radio und Online), Verträge mit Werbe- und Onlineagenturen,
- Patent- und Gebrauchsmuster-Schutzrichtlinie,
- War-Room[142],
- Regelung der Teilnahme an Unternehmensevents für Betriebsangehörige.

Mittelbar relevant für das Marketing sind Regelungen und Festlegungen

- zur Strategie und Planung des Unternehmens,
- zum Risikoappetit,

142 Militärischer Jargon. Im Warroom wurden Angriffs- und Abwehrszenarien entwickelt, simuliert und getestet. In hart umkämpften Märkten ist der Warroom eines Unternehmens der Raum der Zukunftsszenarien, -strategien und Plan B-Maßnahmen.

- von Geschäftsfeldern, Bereichen, Funktionen, Prozessen und Projekten,
- alle Vergütungssysteme,
- Geschäftsordnungen des Unternehmens und seiner Tochtergesellschaften,
- die spezifische Abwicklung der gegenüber dem Aufsichtsrat zu genehmigende Geschäfte.

Das Controlling, dessen Aufgaben die Gegenüberstellung von IST zum PLAN und die Veranlassung von etwaigen Anpassungsmaßnahmen sind, kann man in dieser Systematik als High-Level bezeichnen. Das gilt ebenso für den Organisationsbereich und alle Bereiche des Unternehmens, die die Vorstands- und Aufsichtsratstätigkeit unterstützen, also gewissermaßen auch die Compliance-Abteilung, wenn sie an den Vorstand und/oder Aufsichtsrat berichtet.

Low-Level-Controls befassen sich alle mit der praktischen Umsetzung der High-Level-Controls.

Eine Kompetenzen- und Vertreterrichtlinie, die die Verantwortlichkeit auf Managementebene regelt, ist vom Design her High-Level, jedoch in der Umsetzung bis auf Abteilungs- und Gruppenebene dann Low-Level.

Alle automatisierten Kontrollen sind Low-Level, das heißt aber nicht, dass die Prüfung auf Angemessenheit im Design und praktischer Funktionsfähigkeit auch mit Low-Level-Sachverstand durchführbar wären. Ganz im Gegenteil verlangt das Testen von automatisierten Kontrollen einen ausgeprägten Sachverstand bis hin zum Experten, besonders im IT-Bereich.

Im Einzelnen wären hier beispielhaft ohne Anspruch auf Vollständigkeit zu nennen:
- Stichprobenartige Kontrollen, ob Beilagen in Printmedien auch dem Empfänger zugestellt werden oder gleich im Altpapier landen (Test- oder Kontrollkunden),
- Überprüfung der Clicks auf unternehmenseigene Websites, inwiefern ungewöhnliche Clickmuster von immer gleichen Clients durchgeführt wurden (zusammen mit ITK-Spezialisten)[143],
- Überprüfung der TV- und Radio-Schaltung auf Länge und Zeitpunkt,
- Überprüfung der Briefing- und Debriefing-Unterlagen je Werbemaßnahme auf Zielabweichungen,
- Überprüfung der Agenturrabatte (Media-, Online-, und Werbeagenturen),
- Überprüfung der Auftragsvergabe von Agenturen auf Vereinbarkeit mit den Unternehmenseinkaufrichtlinien,
- Überprüfung der technischen Kosten auf eventuelle Kickbacks von Herstellern,
- Überprüfung der Papierpreise-Print (Gewicht, Verschnitt, Weltmarktpreise),
- Überprüfung mit Test- und Kontrastgruppen, ob die Werbemaßnahme erfolgreich war und zusätzliche „Anstöße“ wie Bestellungen generiert wurden.

143 Könnte eine verkappte Wettbewerberstrategie sein, das Onlinebudget des Konkurrenten durch viele Clicks sehr schnell aufzubrauchen.

– Prophylaktische und aufdeckende Kontrollen –

Innerhalb des Kontrollspektrums kann man weiter unterscheiden in prophylaktischen und aufdeckenden Kontrollen. Prophylaktische Kontrollen wie die oben beschriebenen Richtlinien erschweren unangemessene Mittelvergabe, aufdeckende wie Debriefings oder Testkäufe dokumentieren diese.

So wurde durch einen Hinweis eines Altpapierverwerters festgestellt, dass einige Kataloge in einem regional abgrenzbaren Bezirk gar nicht zugestellt worden waren.

Bei einem Test-Kontrastgruppenvergleich war vorher aufgefallen, dass in einem Gebiet überraschend wenige Neubestellungen zu verzeichnen waren.

Aufdeckende Kontrollen benötigen eine Dokumentation der zu untersuchenden Vorgänge.

Dies sind im Marketing meist die Big Data auf Datenbanken, in denen diverse Kennzeichen („Flags[144]„) im Kunden- und Produktstamm gesetzt wurden.

Individuelle Auswertungen sind mit SQL-Techniken erstellbar, im Zweifel sind die Datenbankadministratoren behilflich.

Eine Analyse der Webserver ist mit HTML-Kenntnissen möglich. Hier sollten jedoch die Netzwerk- oder Systemadministratoren eingebunden werden

– Manuelle und Automatische Kontrollen –

Mit der stürmischen Entwicklung der IT hat sich der Anteil *manueller Kontrollen* in den Unternehmen zugunsten maschineller oder automatischer stark reduziert. Gleichzeitig ist die mögliche Informationsdichte durch die komfortableren Systeme stark gestiegen.

Bestimmte manuelle Kontrollen, z. B. die Endkontrolle einer Produktion, starten erst am Ende eines Prozesses, können aber dann Fehler im Nachhinein noch korrigieren.

Layoutfehler können vor Druckbeginn direkt an der Druckmaschinen kurzfristig, aber mit sehr hohem Aufwand korrigiert werden (Tiefdruck), Druckfehler haben meist den Neustart einer ganzen Produktionscharge zur Folge, verhindern aber, dass Kunden fehlerhafte oder unleserliche Informationen erhalten.

Das können automatisierte Kontrollen in der Regel nicht. Die von automatisierten Kontrollen festgestellten Fehler werden entweder durch einen vorprogrammierten Regelkreis bereinigt, oder durch Aussteuerung der fehlerbehafteten Artikel isoliert, damit der Prozess ohne Fehler beendet werden kann.

144 Im Unterschied zum Begriff Red Flags im Antifraudmanagement bedeuten Flags im IT-Bereich, wie Kennzeichen „belegt" sind. Z. B. erhält ein Neukunde, der sich nach einer Mailingaktion mit einer Bestellung beim Unternehmen „meldet" den Flag: Mailingaktion XY teilgenommen.

Automatische Kontrollen sind Kontrollen, bei denen im System hinterlegte Authentifizierungen, Autorisierungen sowie Plausibilisierungen eine menschliche Kontrolle ersetzen.

So halten Marktforschungsinstitute bei einer relevanten Stichprobe über besonders genormte Verfahren am TV-Gerät fest, wie die Einschaltquote bei den relevanten Sendungen und den dazu gehörenden Spots waren.

Google und andere Online-Agenturen können einem Unternehmen automatisch aufbereitete, bevorzugte Clickwege unterbreiten, die letztlich vor dem Click auf die Unternehmens-Website erfolgt waren (Google Analytics).

Damit kann ein Unternehmen seinen Webauftritt, z. B. in Social Media oder via Public, Human oder Investor Relations optimieren.

– Quantitative und qualitative Kontrollen –

Quantitative Kontrollen sind im Marketing alle Kontrollen, die sich auf quantifizierbare Ziele beziehen. Das können Auftragsvolumina, Anzahl Neukunden, Responsequoten von Werbemaßnahmen, Anzahl Sonderplatzierungen im Handel, Kosten pro 1.000 Kontakte/Clicks etc. sein. Meist können die Zahlen nicht direkt dem Rechnungswesen entnommen werden, weil sich das Marketing typischerweise mit den Themen vor der Kaufentscheidung beschäftigt. Die Daten sind jedoch in guten CRM-Systemen, Stichwort wiederum „Big Data“, meist vorhanden oder können aus ihnen generiert werden. Dass sie nicht aus Rechnungswesensystemen hergeleitet werden können, wertet sie nicht ab.

Ganz im Gegenteil, sollte sich eine IR bemühen, die Marketingfunktion mit seiner Forderung nach vergleichbarer Datenqualität wie im Rechnungswesen zu unterstützen.

Ein Statement, das wäre nur Statistik, hat den Sinn von Unternehmen nicht verstanden. Immerhin geht es um die Verwirklichung von Unternehmenszielen. Zur Überwachung dieser Ziele sollte in Qualität investiert werden.

Qualitative Kontrollen werden nötig, wenn bestimmte Funktionen erfüllt sein müssen, aber nicht quantifizierbar sind. Dies ist bei einigen, jedoch nicht bei den meisten Marketingthemen der Fall. Ob ein Werbespot den Kunden anspricht, seine Neugier weckt, kann auch heute in Zeiten des Neuromarketings nur mit qualitativen Tests der Marktforschung oder durch Experten beantwortet werden. Ob Firmen- oder Produktname, Logo oder Jingle in der verabredeten Form und für die vereinbarte Zeit zu sehen sind, ist für den Unternehmensauftritt, die Corporate Identity wichtig, und kann ohne große Mühe von der IR in einer Prüfung beantwortet werden.

– Prozessimmanente und prozessunabhängige Kontrollen –

Ein weiteres Unterscheidungskriterium bei Kontrollen ist die Prozessimmanenz bzw. die Prozessunabhängigkeit.

Ein unabhängiges Monitoring des Prozesses erfolgt hier meist über die vorgesetzte Stelle, die auch bei der Automatisierung der Kontrolle Design, Implementierung und Änderungen veranlasst oder mindestens freigibt. Organisiert über eine Kompetenzenliste mit entsprechenden Budgetlimits kommen hier die Grundprinzipien des Internal Control mit Vier-Augen-Prinzip und Funktionstrennung zur Geltung.

Aus Sicht der Unabhängigkeit der Kontrollfunktion gibt hier der Autor der Funktionstrennung gegenüber dem Vier-Augen-Prinzip den Vorzug.

Innerhalb des Marketing-Beschaffungsprozesses könnte geregelt sein, dass der Media-Einkäufer oberhalb bestimmter Größen einer Schaltung automatisch mit dem Werbe- oder Marketing-Leiter unterschreiben muss. Der Media-Einkäufer hat, wenn er intern ist, kein eigenes Interesse außer günstig einzukaufen. Durch die zwei Unterschriften regelt das Unternehmen, dass der Einkauf der TV-Zeiten sowohl sachgerecht (Marketing-Leiter) als auch preiswert (Media-Einkäufer) erfolgt.

Alle Kontrollbegriffe mit Beispielen sind in der nachstehenden Tabelle kurz angesprochen.

Nr.	Begriff	Risiko	Marketing-Beispiel
1 a	High-Level Control	Organisationsverschulden durch mangelnde Regelung	Systematisches Projekt-Controlling kritischer Entwicklungs-Projekte in Zeit, Budget und Funktionalität
1 b	Low-Level Control	Manuelle Fehler; Kontrollaufwand	Parametersteuerung Werbekennzeichen
2 a	Prophylaktische Kontrollen	Auftragsziele werden verfehlt	Kein Werbeversand an zugekaufte, älter als 1 Jahr alte Adressen
2 b	Aufdeckende Kontrollen	Dolose Handlungen;	Verwandte von Mitarbeiter nehmen als Gewinner an Kundenreisen teil
3 a	Manuelle Kontrolle	Maschinelle zu teuer	Stichprobenweise Prüfung des Werbemittels auf Druck-Fehler
3 b	Automatische Kontrollen	Manuelle Fehler; Kontrollaufwand	Überprüfung des Clickmanagements
4 a	Quantitative Kontrollen	Aufbau von Test- und Kontrastgruppen	Responsequoten
4 b	Qualitative Kontrollen	Risiko nicht quantifizierbar (nur nominal)	Funktionstest eines neuen Produkts gegen das Pflichtenheft vor Produktionsstart

Nr.	Begriff	Risiko	Marketing-Beispiel
5 a	Prozessimmanente Kontrollen	Unvollständiger Druck	Fehlendes Foto
5 b	Prozessunabhängige Kontrollen	Produktmisserfolg	Feldtest vor flächendeckender Einführung eines neuen Produkts

Abbildung 5-22: Beispiele Kontrollarten im Marketing

5.4.7 Information und Kommunikation

Der COSO-Prozess Information und Kommunikation hat im Markting eine besondere Bedeutung. Ist dieser Prozess bei COSO ein integraler Teil der Zielsteuerung des jeweiligen Verantwortungsbereichs oder Prozessverantwortlichen, so ist dieser Prozess im Marketing der Kernprozess.

5.4.7.1 Information

Innerhalb des Verkaufsprozesses wird eine Reihe von Informationen generiert, die dem Marketing in aggregierter Form für Steuerungsaktionen zur Verfügung stehen sollten (CRM: Customer Relationship Management).

Diese sollte z. T. auf Rechnungswesendaten basieren, enthalten auch sog. weiche Daten aus den Vorgängen vor Kaufabschluss, insbesondere bei Online-Geschäften, bei denen die Datenbasis meist besser strukturiert ist als im klassischen Stationärgeschäft. Informationen der Vertriebsmitarbeiter und der Mitarbeiter aus den Callcentern gehören dazu.

Insofern gibt es fast keine Datenbank im Unternehmen, die nicht Daten zum Verkaufsprozess bereitstellen sollte,

- ob es um die Konditionen und Rabatte für die Produkte, die das Unternehmen anbietet,
- die Kreditwürdigkeit der potenziellen Kunden und ihre Zahlungsmuster, wenn es sich um Stammkunden handeln sollte,
- die Lieferfähigkeit der Produkte über die Produktion rückwärts bis zum Teilelieferanten geht,
- die Lieferadressen und die nächste Tour, auf der der Kunde sein Paket erhalten könnte.

Diese Datenbanken müssen z. T. ziemlich mächtig sein, um konkrete Aussagen zu den für den Kunden relevanten Fragen machen zu können.

5.4.7.2 Kommunikation

In manchen Unternehmen wird diskutiert, ob der für die Unternehmenskommunikation Verantwortliche nicht auch die Verantwortung für das Marketing und die Werbung haben sollte, andere teilen die Kommunikation in Investor Relations, Public Relations und Human Relations zusätzlich zum Ressort Marketing/Werbung auf.

Im Grunde nach mag die Organisation der Kommunikation in einem Unternehmen unerheblich sein, entscheidend ist aber, dass sie nach außen koordiniert auftritt. Da alles letztlich auf die Marke einzahlt und zur Marke zurückkommt, wie das Unternehmen öffentlich und in seinen Leistungsbeziehungen zu seinen Kunden, Lieferanten kommuniziert und handelt, scheint ein Lead des Marketings nicht abwegig zu sein.

In der Praxis sollte das Marketing dafür sorgen, dass es in alle Themen eingebunden wird, die eine Kundenrelevanz besitzen.

Dazu gehören:

- alle Werbeflyer und Beilagen
- die Kundenrechnungen
- die Textbausteine bei Informations- und Reklamationsschreiben
- das Erscheinungsformat von Umkartons und Beilagen
- die Textbausteine für Kundenanfragen in Callcentern
- die klassische Werbung in TV und Print
- der Internetauftritt des Unternehmens mit all seinen Websites
- ggfs. die Gestaltung des Intranets und eventuell vorhandener Unternehmens-/Mitarbeiterbroschüren, -zeitschriften

Zusätzlich sollten alle anderen Informationen, die das Unternehmen nach außen gibt wie Reden und Präsentationen der Vorstände, Presseverlautbarungen und Adhoc-Mitteilungen, der Geschäftsbericht inkl. aller seiner Unterberichte vom Marketing quer gelesen werden. Andernfalls ist nicht systematisch sichergestellt, dass sich vom Unternehmen in der Öffentlichkeit ein einheitliches, klares und widerspruchfreies Bild aufbauen und verankern kann. Das gilt ebenso für alle Marken des Unternehmens, für die der Unternehmensauftritt eine Leitfunktion innehat[145].

5.4.8 Monitoring

Der letzte Teil der Managementprozesse im Marketing, das Monitoring, fasst alle ziel- und risikorelevanten Elemente zusammen und stellt mit einem adäqaten Reporting sicher, dass der Marketingleiter rechtzeitig auf vorab definierte und ungeplante Ereignisse reagieren kann. Sind wesentliche Abweichungen nicht durch die vorab gemachte Ereignisinventur inkl. Risikoeinschätzung und -maßnahmen abklärbar, so empfiehlt

145 Dem Autor ist bewusst, dass hier idealtypisch etwas beschreiben wird, was sich in der Praxis kaum umsetzen lassen wird. Gelingt es dem Marketing oder Kommunikationsbereich jedoch, die einheitliche Linie durchzuhalten, könnte der Begriff kognitive Dissonanzen beim Konsumenten der Vergangenheit angehören.

sich ein Sonderprojekt bzw. eine Sonderbewertung von unabhängiger Stelle durchführen zu lassen. Als prominentester interner Bereich kommt hier die IR ins Spiel.

5.4.8.1 Bereichsinternes Monitoring

Zum Standardrepertoire im Marketing gehören hier qualifizierte Debriefing von allen Werbekampagnen, die dem Verantwortlichen wichtige Hinweise im Feintuning der noch offen stehenden Kampagnen geben und wichtige, aktuelle, implizite Marktinformationen beinhalten, wenn Werbeziele über- oder unterschritten wurden.

Unterschreitungen können auf unbekannte Wettbewerber oder geändertes Kaufverhalten potenzieller Kunden hindeuten, Überschreitungen auf eine besonders gute Creation der Kampagne, die vielleicht dann noch einmal wiederholt werden könnte, um den Markterfolg noch zu verbessern.

Trotz aller Bedeutung um die Markenprofile ist der Preis bei vielen (austauschbaren) Produkten die entscheidende Hürde vor dem Kaufabschluss und bedarf immer besonderer Analyse zum Wettbewerb, intern zum Mindestpreis (Deckungsbeitrag) und zur Preisstrategie (Skimming oder Marktpenetration).

In besonderen Situationen kann das Marketing auch einmal eine Produkt- Preis- und Qualitätspräsentation vor dem Topmanagement aufbereiten, um notwendige Weichenstellungen nicht nur durch Zahlen, sondern auch haptisch (zum Anfassen) aufzubereiten.

Dezidierte Kundenanalysen nach Absatzkanälen runden das Spektrum möglicher Monitoring-Maßnahmen ab. Der Churn, also der Nettokundenverlust, die Anzahl der Neukunden inkl. der aufgewendeten Kosten, die Artikelpräferenzen und die jeweilig erzielten Deckungsbeiträge je Absatzkanal bieten eine Fülle von Informationen, um die nächsten Kampagnen gut zu unterstützen. Letztendlich entscheiden die Anzahl der Kunden und der Anteil am Portemonnaie (Share-of-pocket) über die Marktstellung des Unternehmens, nämlich der wertmäßige Marktanteil.

5.4.8.2 Bereichsexternes Monitoring

Als bereichsexternes Monitoring rangiert immer die IR an erster Stelle. Ist dies nicht der Fall, sollte die IR beim Marketing hinterfragen, warum externe, meist sehr viel teurere Berater den Auftrag zur Sonderanalyse erhalten haben und nicht die IR. Liegt es an fehlendem Vertrauen in die Fach- und Methoden-Kompetenz der IR, so bietet sich ein Co-Sourcing-Projekt zusammen mit dem externen Berater an. Ähnlich wie beim Gastrevisor-Konzept, kann mit einem solchen Projekt viel Gutes für das Unternehmen und die IR getan werden. Kostenersparnis und Wissenstransfer gehen dabei Hand in Hand.

Aufwendiger und manchmal recht schwierig zu organisieren sind sog. Benchmark-Analysen derselben Branche. Es ist nicht besonders schwierig, an die Zahlen zu gelangen, Berater sei Dank. Hingegen ist die Vergleichbarkeit wegen bestimmter unternehmensspezifischer USP sehr schwierig herbei zu führen. Die Überzeugung, etwas ändern zu müssen, würde hingegen wachsen, wenn diese Benchmarks vergleichbar gestaltet wären[146].

5.5 Performance-Prüfungen im Marketing

Eine Tatsache ist, dass über 80 % des Marketingbudgets in guten Handwerksleistungen erbracht werden, sei es Lithografien (Druckvorlagen), Druck und Porto bei Beilagen und Katalogen, sei es Drehbuch und Schaltkosten bei TV und Radio oder die Gebühren zur Plakatierung. Die Mär einer reinen Kreativeleistung sollte keinen OA-Revisor vor einer Prüfung erschrecken lassen.

Auch die Verlinkung von Websites zur Verstärkung des Online-Auftritts der eigenen Website erfordert eine ITK-technische Umsetzung sowie Clickkosten, also professionelles Handwerk. Beide Themen sind also prüffähig, weil bei ihnen eine Vielzahl von quantitativen Meßgrößen zum Einsatz kommt.

Im Nachfolgenden werden einige Vorschläge für Prüfungen gemacht, die z. T. erhebliche wirtschaftliche Vorteile realisieren helfen.

5.5.1 Produkt

Aufgabe der IR im OA besteht grundsätzlich im Sichern der Zukunftschancen für die Cash Cows, deren Markterfolg für die gegenwärtige Situation des Unternehmens essenziell ist. Es ist z. B. darauf zu achten, dass notwendige Entwicklungen weitergeführt werden, um den Produktlebenszyklus immer weiter nach hinten zu schieben. Zusätzlich Budgets für „Star"-Produkte sollten von den „Dogs" kommen, nicht von den Caschows.

OA-Ansätze bei der Behandlung von Dogs gehen ausgehend von einer Produktlebenszyklusanalyse in die Produktentwicklung hinein und stellen die Fragen nach weiteren Kosten in der Entwicklung bei Dogs-Produkten, die weder von ihrer Marktattraktivität noch von ihrer Produktstärke eine Zukunft besitzen.

So einfach die Analyse auf den ersten Blick erscheinen mag, so schwierig kann die Umsetzung im Konkreten sein. Verantwortlichkeiten und Befindlichkeiten, Budgetegoismus, Wechselwirkungen mit anderen Produkten, die erfolgreiche Vergangenheit und viele andere Argumente werden ins Feld geführt, um das Produkt zu retten. Letztendlich wird jedoch mit Quersubventionierung eine Entscheidung nur immer wieder aufgeschoben, die dann in Krisensituationen zu radikalen Entscheidungen führt.

Technologisch waren die Siemens-Handys Ende der 90er-Jahre führend. Sie erreichten durch ihre unzureichende Weltmarktpräsenz jedoch in den Produktions- und Vermark-

146 Meist haben sich einige Anbieter in bestimmten Märkten für Benchmarking profiliert wie z. B. die Gartner Group bei ITK, TNS-Infratest mit ihrem TRI:M (Measure, Manage, Monitor) für Mitarbeiter- und Kundenbefragungen, die TÜV's, außeruniversitäre Einrichtungen wie das Fraunhofer- oder Helmholtz-Institut oder die Max-Planck-Gesellschaft werden ebenfalls gerne beratend oder zertifizierend für die Praxis tätig.

tungskosten nicht das Niveau von Nokia. Der enorme Markterfolg der Klapphandies vor einigen Jahren brachte dann einen nicht mehr wieder gut zu machenden Marktanteilsverlust. Die BenQ-Geschichte ist vielen vielleicht noch deutlich in Erinnerung, da sich durch diese Fehleinschätzung der zukünftigen Marktentwicklung eine gesamte Division vom Markt verabschieden musste. In Konsequenz gingen viele Arbeitsplätze verloren, Siemens erlitt einen enormen Imageverlust.

Etwas Ähnliches geschah dem ehemaligen Marktführer Nokia, der den Markt für Smartphones und auch die Apple-Entwicklungs- und Innovationsdynamik vollkommen unterschätzt hatten.

Die Entscheidung zur Softwareentwicklung von Symbase kam zu spät. Trotz Patentschutz war es offensichtlich einfacher, einen PC zu miniaturisieren und ihm noch die Funktion telefonieren mit zu geben als aus einem Handy einen leistungsstarken PC zu entwickeln.

Auch bei Question Marks kann OA einen wertvollen Beitrag für das Unternehmen liefern, indem die Entwicklungskosten und die Zukunftsperspektiven seitens der IR kritisch hinterfragt werden und ein endgültiger Zeitpunkt für Markterfolg oder Ausstieg fixieren wird. Das belebt die Anstrengungen des Projektteams, fordert im Unternehmen für eine gewisse Zeit die hohe Aufmerksamkeit und Unterstützung, die neue Produkte für ihr Wachstum brauchen und schafft es, einen Teil der Question Marks in Stars zu verwandeln.

Bei 3M, dem Unternehmen, bei dem fast aus Zufall eine fehlgeschlagene Produktinnovation zu einem bahnbrechenden Weltmarkterfolg führte (jeder kennt die Post-IT-Klebezettel im Büro), sollte ein physischer Bildschirmschoner für Desktop-PC entwickelt werden. Idee war, den Blick auf den Monitor des Nachbarn, der durch die in den USA und anderen Ländern verbreiteten Großraum-Büros entstanden war, zu verhindern, ohne dass der Monitor durch den Schoner an Strahlkraft Einbußen erleiden sollte.

Nach drei Jahren war immer noch kein Erfolg absehbar, jedes andere Unternehmen hätte das Projekt/Produkt eingestellt. Durch den Einsatz eines von seiner Idee begeisterten und sturen Projektleiters und seines Chefs, der alle Anfeindungen im Unternehmen und in seinem eigenen Bereich duldsam aushielt, stellte sich nach fünf Jahren ein nicht mehr für möglich gehaltener Markterfolg ein, der jeder Lehrbuchmeinung von erfolgreichem Management widersprach.

3M hatte nach dem Erfolg von Post-It die gesamte Produktinnovationskultur geändert und die Verantwortung stark dezentralisiert.

Auf der Produktseite gehören regelmäßige Reviews der Absatzzahlen der einzelnen Produkte zur Standardanalyse, besonders diejenigen der neuen. Eine in Relation zum Markt bessere Performance deuten auf „Stars“ oder „Cash Cows“ hin, während unter den Erwartungen liegende Zahlen auf Optimierungsbedarf der „Dogs“ oder „Question Marks“ hindeuten.

Sog. „Renner- Penner“-Listen gehören z. B. im Handel zur Standardanalyse aus den jeweiligen Warenwirtschaftssystemen, schön sortiert gegenüber Vorjahr, nach Sortimenten in Rangleisten mit Absatz, Umsatz, Warenrohertrag und Bestandszahlen.

Zusätzlich sollte die „Entwicklungs-Pipeline“ ebenfalls einer Analyse unterzogen werden, um frühzeitig auf Projektverzögerungen, die meist einen „Rattenschwanz“ weiterer Anpassungen in Werbung, Placement und Umsatz- und Ergebnisplanungen nach sich ziehen, reagieren zu können.

Für die Platzierung eines Endkundenprodukts muss der Einzelhändler für eine sog. „Listung“ überzeugt werden. Als Nummer 1 seiner Marktnische ist man normalerweise gelistet, wenn die Rentabilitätskriterien erfüllt sind, ab Nummer 2 und 3 werden manchmal zusätzliche Rabattte fällig, für alle anderen ist meist kein Regalplatz mehr frei.

Ist jedoch die Verpackung des Produkts nicht auf die Regaltypen des Einzelhandels zugeschnitten, wird man als Hersteller Listungsprobleme haben, weil kein Handelsunternehmen seine Regalsysteme an die Produkte eines einzelnen Herstellers anlehnt.

Ebenso unangemessen, jedoch aus Kostengründen häufig gewählt, ist es, dem nationalen Kunden die ganze Vielfalt der Absatzmärkte in all seinen verschiedenen Sprachen zu zeigen. Damit wird eine 50 Seiten umfassende Bedienungsanleitung leicht über 400 Seiten schwer. Manchmal scheint sich der Übersetzer mit dem Produkt auch nicht eingehend auseinandergesetzt zu haben, bekannte Stilblüten sind die Folgen, die mangelnde Wertschätzung des Kunden ebenfalls mit entsprechenden Konsequenzen auf das Unternehmensimage.

Insgesamt bietet das Internet eine gute Möglichkeit, dem Kunden mit entsprechenden aktuellen Bedienungsanleitungen für sein Produkt behilflich zu sein.

Schafft man es zusätzlich ,den Kunden vom Kauf an zu einer Registrierung auf seiner Website zu bringen, hat man schon gute Voraussetzungen für das After-Sale-Geschäft mit entsprechenden werblichen oder informatorischen Hinweisen.

Hersteller von Standardsoftware nutzen dies schon seit Jahren sehr erfolgreich. Da zunehmend Produkte Softwarekomponenten enthalten werden, bietet sich dieser Weg der Aufwertung des eigenen Produkts mit Hilfe des Internets auch für Nicht-ITK 'ler an.

Über sog. QR (Quick Response)-Tags ist heute eine Verlinkung zur Firmenseite einfach machbar.

Beispiel eines QR-Codes:

Verpackungen sind darüber Schutz vor Beschädigung und manchmal auch für Diebstahl. Verletzungen der Verpackung führen meist unweigerlich zur Unverkäuflichkeit der Produkte.

Klug hantiert ein Unternehmen, das z. B. bei technischen Artikeln eine gewisse Anzahl zusätzlicher Verpackungen mitordert, um Retouren oder Rückgaben wieder verkaufsgerecht gestalten zu können.

5.5.2 Promotion

Bei einer bestehenden Geschäftsbeziehung kann es angemessen sein, Kunden telefonisch (Outbound Callcenter) oder via E-Mail auf neue Angebote aufmerksam zu machen. Für Stammkunden oder Neukunden mit hohem Potenzial bietet sich dann der Besuch von Außendienstmitarbeitern an, die teuerste Akquisitions- und Kundenbindungsmaßnahme, aber auch die wirksamste, wenn sie z. B. mit CRM-Systemen sorgfältig vorbereitet wurde.

Auffällig ist, dass die Kontakte mit den niedrigsten Streuverlusten von vielen Unternehmen stiefmütterlich behandelt werden. Hierzu zählt die Anfrage von Kunden über Telefon, E-Mail, Bestellkarte oder gar persönlichem Besuch beim Händler oder Hersteller (Fabrikverkäufe). Im Vergleich des sehr preiswerten Pull-Effekts[147], da der Kunde offensichtlich schon Interesse gefunden hatte, ist es unverständlich, wieso so wenig Zusatzumsatz mit diesen potenziellen Kunden im stationären Bereich erzielt wird.

Internetfirmen und Versender glänzen hier mit meist „ausgefuchsten" Systemen der Kundenansprache, der blitzschnellen Datenverfügbarkeit und einer verkäuferisch orientierten Gesprächsführung.

Unterschätzt werden heute manchmal die Blogs, die zu einer Marke, einer Firma oder einem Produkt meinungsprägend sind. Einige potenziellen Käufer vertrauen hier eher dem Blogger als dem Experten. Offensichtlich glauben diese Käufer, dass die Mehrheit der Blogger unabhängig von Herstellerinteressen sind, Experten aber abhängiger. Tatsächlich gibt es auch in der Bloggerszene professionelle Blogger, die durchaus einen direkten Draht zum Hersteller haben, manchmal sogar ungewollt.

Noch entscheidender sind die Social Media wie Facebook, Twitter, LinkedIn, Stayfriends etc. zu sehen. Ihren „Freunden" vertrauen potenzielle Käufer zu mehr als 90 %[148].

Insgesamt verzeichnen Unternehmen mit nachhaltigem Engagement in Social Media um 18 % höhere Umsätze als diejenigen ohne ein solches Engagement[149].

Als OA-Thema ist die Frage nach der Aufteilung der Budgets in die einzelnen Werbemedien hilfreich, die Frage nach den Kosten-Umsatz-Relationen sowie typische Einkaufsfragen nach der Auswahl der einzelnen Werbepartner.

147 Im Unterschied zur Pushstrategie, bei dem der Hersteller versucht, durch geeignete Werbe-, Preis- und Promotionmaßnahmen sein Produkt über den Handel zum Endkunden zu bringen, wendet sich die Pullstategie direkt an den Kunden und versucht das Produkt über den Kundenwunsch „ in das Handelsregal zu ziehen".

148 Siehe hierzu McKinsey 2012: Demystifying Social Media.

149 Siehe hierzu New study: Deep brand engagement correlates with financial performance, 2009, wetpaint&altimetergroup; www.altimetergroup.com.

Positiv wäre es auch , wenn Agenturverträge eine Revisionsklausel enthielten, wie sie bei anderen Lieferanten von Outsourcing-Leistungen üblich ist, sodass eine IR unbefangen einer Agentur ihre Fragen stellen könnte, ohne befürchten zu müssen, dass die Agentur eine politische Einmischung oder gleich das Ende einer Geschäftsbeziehung herannahen sieht. Etwas mehr Sachlichkeit im Umgang könnte beide Seiten befruchten: die Agentur, die sich vom Kundenunternehmen besser verstanden fühlt und die IR, die vor Werbeprüfungen nicht mehr zurückschreckt.

Die Überprüfung der Agenturrabatte bei Media-, Online-, und Werbeagenturen können erhebliche Kostensenkungsbeiträge ergeben. Auch kann sich bei größeren Unternehmen die Frage stellen, selbst eine Mediaagentur zu bilden, um von den Lieferanten bessere Konditionen zu erhalten.

Eine Überprüfung der technischen Kosten auf eventuelle Kickbacks von Herstellern kann sinnvoll sein, wenn sie nicht schon automatisch von der Agentur weitervergütet werden.

Eine Überprüfung der Papierpreise im Print nach Gewicht und Verschnitt im Vergleich zu den Weltmarktpreisen kann erhebliche Summen sparen, da die Preise volatil sind und Festpreise am Markt vorbeigehen können.

Die grundsätzliche Frage, nämlich die nach der Wirkung von Werbeausgaben auf das Geschäftsmodell, wird heute immer kritischer gestellt. Gerade reine Imagekampagnen, die nur Unternehmen oder Marke im Blickpunkt haben, müssen sich der Frage nach ihrem Beitrag zum Ergebnis immer wieder stellen. Sind Produktwerbungen meist über Kontrast- und Testgruppenbildung auf ihren Erfolg hin messbar, ist dies bei Imagekampagnen schwierig.

Bei Häufung von atypischen Nachfrageausfällen, die nicht erklärbar erscheinen, können stichprobenartige Kontrollen, ob Beilagen in Printmedien auch dem Empfänger zugestellt werden oder gleich im Altpapier landen (Test- oder Kontrollkunden), sinnvoll sein.

Hinweise auf den Zuwachs an Markenwert, verbesserte Stammkundensituation und Produktnachfrage ohne Nennung eines konkreten Werbeanstosses sind Versuche, sich dem nachweisbaren Wert einer Imagewerbung zu nähern. Manchmal ist es jedoch erforderlich, einfach durch Aussetzen dieser Art von Werbung Effekte zu messen. Hierbei ist natürlich die Umsetzung der wissenschaftlich geforderten „Ceteris paribus"-Klausel in der Praxis nicht machbar, im Unternehmen nicht, und im Markt aufgrund von Wettbewerbsreaktionen schon gar nicht.

5.5.3 Placement

Die Frage nach dem Einfluss der Vertriebswegentscheidung auf das Geschäftsmodell ist häufig nicht sofort zu beantworten.

Einerseits sind eigene Vertriebskosten ein großer operativer Personal- und Sachkostenblock, der in den heutigen Zeiten von Online- und Internetvertrieb schnell in Frage gestellt werden könnte. Auf der anderen Seite führt eine gute Vertriebsmannschaft nicht nur ihre Stammkunden zu Umsatz, sondern akquiriert zusätzliche Anteile des Branchenumsatzes des Kunden (Share-of-pocket) und schafft mit zusätzlichen Neukunden, deren Anzahl oberhalb der durch Churn verloren gegangenen Stammkunden liegen sollte, das Fundament für Wachstum des Unternehmens.

Eine sich im OA bewegende IR erfährt sehr viel über die tatsächliche Einschätzung des eigenen Unternehmen durch die Kunden und kann hier Risikopotenziale feststellen, die an anderen Stellen im Unternehmen dann einer Lösung zugeführt werden können.

Z. B. wird das Thema Bürokratieabbau durch Abbau von Schnittstellen in den Prozessen und zuviel Dateneingabeaufwand beim Vertrieb immer auf offene Ohren stoßen, da mit der Beseitigung dieser Probleme der Anteil der Arbeitszeit für den Kunden gesteigert und damit die Profitabilität erhöht werden kann.

Bei Prüfungen im eigenen Vertrieb kann im OA-Ansatz weiter die Grundsatzfrage angeschnitten werden, nach welchen Kriterien der Vertriebsmitarbeiter entlohnt wird,

- nach Anzahl Neuverträge/Neukunden,
- nach Erreichen bestimmter Absatzziele,
- nach Erreichen bestimmter Umsatzziele,
- nach bezahltem Umsatz (Umsatz ./. Forderungsverluste) oder gar
- nach dem erzielten Kundendeckungsbeitrag (bezahlter Umsatz – Vertriebskosten).

Die letzte Größe ist steuerungstechnisch nach Auffassung des Autors die sauberste. Die Problembereiche, die Rentabilität kosten, sind in diesem System weitgehend eliminiert.

Nur Neuverträge als Kriterium für die Provision können dazu führen, dass Altverträge überproportional gekündigt werden, Vertragsstornos steigen, die Kundenqualität und -rentabilität nimmt ab und trotzdem wird noch Provision gezahlt.

Absatz statt Umsatz kann das Risiko in sich bergen, dass absolute Deckungsbeiträge rückläufig werden und Fixkostenbeiträge zunehmend nicht mehr erwirtschaftet werden.

Umsatz statt bezahltem Umsatz kann den Anteil nicht zahlungsfähiger Kunden und damit die Forderungsverluste ansteigen lassen.

Ein weiteres Prüfungsthema im Rahmen der Provisionsprüfung könnte ein Abgleich der Neukunden mit den Stammkunden der Vorsaison sein. Wird die Anlage von Neukunden nicht vorab gegen den vorhandenen Alt-Kundenbestand abgeglichen, so könnten Neukundenprovisionen in die Höhe getrieben werden, ohne dass der tatsächliche Kundenbestand wächst. In diesem Fall ist nur der Churn = Kundenverlust durch denselben Kunden ausgeglichen worden, der als unechter Neukunde wieder erfasst wurde.

Der Vertrieb wird bei dem Kriterium bezahlter Umsatz auch diszipliniert, das ungeliebte Thema Datenpflege im Kundenstamm anzugehen und die Adressdaten zu aktualisieren. Diese Adressdaten, wenn nicht beim Kaufabschluss aktualisiert, sind in der Folge der Hauptgrund für Forderungsausfälle, da man, ohne die Kunden-Adresse zu kennen, schwer an sein Geld kommen kann.

Die IR kann hinterfragen, ob unternehmensfremde Absatzmittler ihre Provision durch Erfüllung der Jahresziele erreicht haben. Dies kann das Umsatzversprechen und/oder auch die Anzahl Neukunden betreffen. Bei neuen Absatzwegen kann sie hinterfragen, ob die projektierten Ziele wie z.B. Erschließung des Auslandsmarkts, Umsätze über Teleshopping oder Internetangebote erreicht wurden.

Letztlich führt die Einbindung der Vertriebskosten zu einem sorgsamen Umgang mit den Ressourcen und zu einer Selbststeuerung im Vertrieb, da jeder von Kostensteigerungen betroffen wäre und gleichermaßen von Kostensenkungen in seiner Vertriebsprovision profitiert.

Der Maßstab auf das Ertragsmodell des Unternehmens liegt in der Reduzierung von Churn, Aufrechterhaltung hoher Kundenbindung und Wachstum durch rentable Neukunden.

5.5.4 Provision of Service

Auch für die IR könnte es eine lohnenswerte Aufgabe sein, mit Big Data die skizzierte Hypothese zu überprüfen, ob sich die Serviceleistungen denn rechnen.

Einige Serviceleistungen sind in „guten" Zeiten gewachsen, können jedoch in mageren Zeiten zu Kostenfressern werden.

Ein Reparaturservice kostet viel Geld, Kunden sind bereit, bei Transparenz der Kosten diese ganz oder teilweise zu übernehmen.

Auch ein Nach-Bestellservice alter Teile ist nicht nur bei Besteck und Porzellan ein Verkaufsargument, sondern kann Oldtimer-Besitzern helfen. Diese Kunden sind dafür auch bereit, etwas mehr zu bezahlen, weil sonst die Nutzbarkeit ihres schon alten Produkts eingeschränkt oder gänzlich unmöglich wäre.

Interessant ist sicher eine IT-Analyse, ob sog. Events zur Kundenbindung beitragen und wie ihre Kosten-Nutzen-Relation sind. Durch regionale Tests und Test-Kontrastgruppenvergleiche von Einladungen lassen sich zumindest kurzfristig interessante Kundenbindungseffekte bestätigen oder widerlegen.

Der Einfluss auf das Geschäftsmodell von Services sollte für die gesetzlich nicht verpflichtenden Services immer wieder auf ihre Kosten-Nutzen-Relation überprüft werden, ein lohnenswerter Bereich für eine IR.

Lösung für ineffektive Services muss dann nicht grundsätzlich der Wegfall dieser Services sein, für bestimmte Dienstleistungen wie Garantieverlängerungen, Nachbestellservice und besondere Events sind Kunden bereit, diese (teilweise) zu finanzieren.

5.5.5 Kundenmanagement

Mit dem heutigen betrieblichen Instrumentarium ist es möglich, unter Ausnutzung von Big Data, die Deckungsbeiträge von Produkten und Sortimenten gleichzeitig auch auf Kunden zu beziehen, so dass die Summe der Deckungsbeiträge aller Produkte die Summe aller Deckungsbeiträge aller Kunden ist.

Damit ist jedoch über den Wert des Kunden nur für ein Jahr oder den Betrachtungszeitraum etwas gesagt. Stammkunden haben diesen Deckungsbeitrag schon in der Vergangenheit geleistet. Nach dem für jedes Unternehmen typischen Kaufverhalten ist auch davon auszugehen, dass wenigstens ein großer Teil auch in Zukunft Deckungsbeiträge erwirtschaften wird.

Differenziert man die Stamm-Kunden weiter in diejenigen, die in jedem Betrachtungszeitraum kaufen von denen, die unregelmäßiger, aber trotzdem signifikant kaufen, so kommt man zu weiteren und genaueren Einschätzungen.

Unterscheidet man weiter in Altkunden und Uraltkunden, also in Kunden, die lange gekauft, aber schon seit mehreren oder vielen Betrachtungsioden nichts mehr gekauft haben, so wird der Kundenwert noch einmal deutlicher.

Nicht überraschend ist dann die Tatsache, dass irgendwann ehemalige Stammkunden als Ur-Ur-Altkunden dem Kaufverhalten von Neukunden entsprechen und keinen aktuellen Wert mehr besitzen.

Bezeichnung	Kaufzeitpunkt aktuell	Kaufprognose nächste Periode	Kundenwert
Stammkunde	ja	ja	Sehr hoch
Stammkunde	nein	ja	Hoch
Altkunde	Nein, 2 Perioden nicht	vielleicht	Mittel
Uraltkunde	Nein, 3 Perioden nicht	unwahrscheinlich	Niedrig
Ur-Ur-Altkunde	Nein, 4 Perioden nicht	Sehr unwahrscheinlich	Sehr niedrig
Neukunde	ja	vielleicht	Niedrig
Alter Neukunde	nein	unwahrscheinlich	Sehr niedrig

Abbildung 5-23: Kundengruppierung nach Kaufverhalten

Je nach Kaufverhalten kann man noch weitere Unterteilungen nach den Kriterien vornehmen, die im Anschnitt Kundenmanagement vorgeschlagen worden waren, so dass noch präzisere Vorhersagen möglich sind. Bei Firmenübernahmen hat es sich bewährt, nur 3 Kalenderjahre zu prognostieren, da eine Unternehmensplanung meist auch nicht länger quantitativ plant. Für den Rest ist dann eine ewige Rente zu unterstellen, um zum Firmenwert für den Kundenstamm zu gelangen.

Interessant wird dieses Thema bei Firmenübernahmen, wenn ein Kundenstamm separat bewertet werden soll, da dann die oben gemachte Unterteilung auf das zu akquierende Unternehmen angewandt werden kann.

Ansonsten dient die oben gezeigte Differenzierung der Kundenwerte der präziseren Planung von Werbemaßnahmen. Das gilt insbesondere, wenn Wirkungszusammenhänge[150] im Sinne von Ziel-und Kontrastgruppenvergleichen[151] für bestimmte Werbemaßnahmen nach Responsequoten (Direct Marketing) oder Conversions-Quoten (Internet)[152] vorhanden sind. Insgesamt bleibt festzustellen, dass durch eine Kundenwertermittlung die marketingmäßige Beschäftigung mit den Stammkunden und denen, die vorher einmal Kunde waren, zunehmen sollte zulasten der teueren Neukundengewinnung.

Weitere Aspekte einer Kundenwertermittlung ist eine Abschätzung dessen, welchen Gesamtbetrag der Kunde für die spezifischen Leistungen beim Unternehmen und bei anderen Unternehmen pro Jahr aufwendet (Share of pocket-Ansatz). Dieser Wert ist insbesondere interessant, wenn ein Unternehmen seine Angebotspalette erweitern möchte, um den eigenen Kunden mehr Lösungsmöglichkeiten anzubieten (Upselling).

Eine weitere Variante könnte im Interesse eines anderen Unternehmens bestehen, mit dem man nicht im Wettbewerb steht, bei den eigenen Kunden zu werben (Cross-selling[153]). Dies könnte z. B. bei einem Technikartikel-Unternehmen und dem Angebot, dort Versicherungsschutzpolicen anzubieten, bestehen. Auch hier kann ein Unternehmen mit Hilfe seiner Kundenwert-Analyse einen adäquaten Preis für das Cross-Selling ermitteln statt nur Adressen gegen Entgelt zur Verfügung zu stellen.

Eine Überprüfung der Clicks auf unternehmenseigene Websites, inwiefern ungewöhnliche Clickmuster von immer gleichen Clients durchgeführt wurden (zusammen mit ITK-Spezialisten), kann sinnvoll sein, um Wettbewerbsaktionen zu entlarven. Denen könnte es nämlich darum gehen, mit diesen Clicks das Online-Werbebudget des Konkurrenten aufzubrauchen.

5.6 Prüfung der Ordnungsmäßigkeit im Marketing

Wenn es sich beim Marketing und Werbung um einen Kreativbereich handelt, besitzen doch viele Themen Managementcharakter, so dass auch Ordnungsmäßigkeitsprüfungen geboten sind. Trotzdem sollten die Prüfungen mit Augenmaß durchgeführt werden, denn Marketingthemen sind meist zukunftsorientiert und somit sui generis fehlerhaft, während viele Rechnungswesenthemen die Vergangenheit betreffen. In diesem Bereich verbietet sich eine fehlerhafte Darstellung von vorneherein.

150 Gemeint sind hier Werbekennzeichen je Kunde und Medium und Periode, die im Kundenstamm festgehalten werden.

151 Hiermit sind Gruppen von Kunden gemeint, die sich nur in einem Merkmal unterscheiden (ceteris paribus), nämlich, ob sie das Werbemedium erhalten haben oder nicht.

152 Eine gute Darstellung zur Optimierung von Conversion Rates auf Websites findet sich in Conversion Boosting mit Website Testing von Jörg Dennis Krüger.

153 Es ist natürlich klar, dass in Deutschland aufgrund des Datenschutzgesetzes, das die persönliche Einwilligung vor der Weitergabe von Daten verlangt, dem Cross-selling enge Grenzen gesetzt sind.

5.6.1 Callcenter

Gut geführte Callcenter sind die Visitenkarte eines Unternehmens, manchmal der erste Anlaufpunkt des Kunden zum Unternehmen und so image- und markenprägend. Wichtig sind gut geschulte Mitarbeiter und eine mächtige Kundendatenbank („BigData"), die die Mitarbeiter in ihrer Arbeit unterstützt.

Im besten Fall wird bei eingehenden Anrufen („Inbound-Calls") mit der Telefonnummer des Kunden gleich seine Kundennummer mitgeliefert und dem Mitarbeiter des Callcenters auf seinen PC geschickt (CTI: Computer Telephone Integration).

Zur Schulung der Mitarbeiter gehören

- nicht nur freundlichen Wesen,
- höfliches Auftreten und
- Stressresistenz bei schwierigen Kundengesprächen,
- sondern ein gutes Verständnis der Produkte und Dienstleistungen des Unternehmens sowie
- die Kenntnis weiterer Ansprechpartner im Unternehmen bei schwierigen Fragen.

Manche Unternehmen sehen im Serviceangebot Callcenter nur die lästige Kostenkomponente und sourcen sie dann auch aus. Viele wertvolle Anregungen der Kunden, Häufigkeit von Beschwerden, Verteilung der Kundeninformationen nach Schwerpunktgebieten können so verloren gehen.

Zwar gehört Warteschlagenmanagement mit einem formalen Dialog inzwischen schon zum Standard von Unternehmen, das heißt aber nicht, dass mit dem Management der Warteschlangen ein durchschnittlich zufriedenstellender Stand erreicht ist. Erreichbarkeitsquoten von unter 90 %, Wartezeiten über 5 Minuten und länger, Abbruch der Verbindung ohne Rückruf kommen leider zu häufig vor.

Die Nutzung von IVR (Interactive Voice Response, Computerstimme zu ausgewählten Themen) kann im ersten Kontakt dem Kunden eine gewisse Orientierung erleichtern. Es muss dem Kunden jedoch möglich sein, dass er einen Menschen des Unternehmens anwählt und der Kontakt auch zu diesem Menschen weitergeleitet wird.

Inzwischen hat sich ein Verband der Callcenter[154] gegründet, dessen Ehrenkodex lesenswert ist und von einer IR während einer Callcenter-Prüfung auch umgesetzt werden kann. Auszüge sind nachfolgender Tabelle zu entnehmen:

154 Callcenter Verband Deutschland e. V., siehe www.callcenter-verband.de.

Thema	Relevanz	Zielkorridor
Outbound	Anrufzeit	8–20 Uhr
	Robinsonliste[155]	Kein Anruf
	Einsatz Dialer (Automatischer Verbindungsaufbau)	4–8 Klingelzeichen, max. 40 Sekunden, max. 3 % lost Call (Verbindung ohne Agentenkontakt)
	Identifizierung	Zwingend erforderlich, Name und Firma
Inbound	IVR (Interactive Voice Response)	Persönlicher Kontakt muss wählbar sein
E-Mail	Willkommens-E-Mail mit oder ohne Rückbestätigung (Double-opt-in oder Confirmed-opt-in)	Vor E-Mail-Werbung ist zwingend das Einverständnis des Kunden einzuholen
Post	Werbung	Abgleich Robinson-Liste
Kunden-Daten	Datenschutzgesetz	Speicherung nur beim Auftraggeber, keine eigenen Aufzeichnungen

Abbildung 5-24: Callcenter Ehrenkodex: Auszug

Es ist auch darauf zu achten, dass nur aktive Kunden aktiv angerufen werden und nicht mit Adresslisten Akquisition gemacht wird.

Dass die Nummer des anrufenden Unternehmens dem Kunden gezeigt wird, gehört eigentlich zur selbstverständlichen Höflichkeit unter Geschäftspartnern, ist inzwischen dank der Initiative der Bundesnetzagentur gesetzlich vorgeschrieben worden.

Letztlich sollten am Telefon besprochene und vereinbarte Leistungen dem Kunden schriftlich mit Hinweis auf ein 14-tägiges Widerrufrecht mitgeteilt werden.

5.6.2 Vertrieb

Kurzfristorientierung, „Überredungs"-Vertrieb, Haustürgeschäfte, aggressives Verkaufen, „Drückerkolonnen", u. v. a. m., das Bild in der Öffentlichkeit von einem Vertriebsmitarbeiter ist häufig genauso klischeehaft und falsch wie das von einem Mitarbeiter in der IR. Kritisiert wird in diesem Klischee der Vertriebler, der einem potenziellen Kunden gegen seinen Willen etwas aufdrängen will.

Tatsächlich sind erfolgreiche Vertriebler Mitarbeiter eines Unternehmens, die die Kundensicht ins Unternehmen tragen, dem Kunden bei seinen Wünschen zuhören und

155 Auf der Robinsonliste kann man sich eintragen lassen, wenn man keine Werbung mehr erhalten möchte (physikalischer und elektronischer Briefkasten gleichermaßen). Dieser Vermerk wird in Deutschland von den meisten werbetreibenden Organisationen beachtet.

ihn in seiner Entscheidungsfindung eines Produkt- oder Servicekaufs beraten. Sie bringen eine außergewöhnliche Menschenkenntnis mit und wollen im Idealfall eine Win-Win-Situation herbeiführen, Win für das Unternehmen und Win für den Kunden.

In einem Unternehmen, das mit dem Versandhandel beschäftigt war, gab es sog. nebenberufliche Vermittler, die Endkunden vor Ort in einem Geschäft von vielleicht 30 m^2 Größe berieten. Nachdem ein neuer Katalog herauskam, wollte eine Kundin für ihre Tochter und für sich selbst Textilien einkaufen. Die Vermittlerin redete der Endkundin die Wünsche freundlich mit Hinweis auf das begrenzte Einkaufsbudget aus und zeigte ihr Alternativprodukte, die ähnlich aussahen und von vergleichbarer Qualität, jedoch wesentlich billiger waren. Die Vermittlerin verwies auf den „imaginären" Kleiderschrank der Endkundin und überzeugte sie mit den farblichen Zusammenspiel der neuen mit den schon früher gekauften Artikeln und betonte, dass der Mann der Kundin bei dieser Bestellung bestimmt nicht über die Höhe der Rechnung „schimpfen" würde, sondern den guten Einkauf loben würde. Dem Unternehmen ging durch die Beratung kurzfristig 30 % Umsatz verloren, die Kundin wurde aber als Stammkundin mittelfristig gehalten. Die persönliche Beziehung der Vermittlerin und der Endkundin und damit die Beziehung der Endkundin zum Unternehmen wurden gestärkt.

Nicht umsonst war diese Vermittlerin bundesweit diejenige mit den höchsten Umsätzen. Sie kannte den Katalog mit seinen vielen Tausend Artikeln, sie kannte Budget und Kleiderschrank ihrer 200–300 Kundinnen und verband dieses Wissen in einem einzigartigen Geschäftsmodell.

Nach diesem Ausflug in die tägliche Arbeit eines Vertrieblers wenden wir uns den Ordnungsmäßigkeitsthemen zu. Ordnungsmäßigkeit wird wie in unserem Genre üblich definiert, sich an die unternehmensinternen, die gesetzlichen und regulatorischen Vorschriften zu halten.

Für den Vertrieb als einem nach eigenem Selbstverständnis kreativ und mit dem Menschen arbeitenden Mitarbeiter sind dies fast schon zu viele:

- Reisekostenrichtlinie
- Geschäftswagenrichtlinie
- Provisionsrichtlinie
- Eventrichtlinie
- Richtlinie für Betriebsveranstaltungen
- Zugaben/Give-aways-Richtlinie
- Richtlinie zur Preispolitik mit Genehmigungsvorbehalten
- Produktbeschreibung, Bedienungsanleitung, Werbeprospekt
- Gewährleistungsrichtlinie (Retouren, Reparaturen, Umtausch)
- U.a.m.

5.6.2.1 Reisekosten

Vertriebsmitarbeiter sind mit dem Kunden beschäftigt, dem Stammkunden und dem Neukunden. Diese wohnen selten am Sitz des Unternehmens, deshalb reisen Vertriebsmitarbeiter viel. Insofern gilt auch für alle Vertriebsmitarbeiter die Reisekostenrichtlinie des Unternehmens.

Zum sog. Wohlfühlfaktor eines Vertriebsmitarbeiters kann es beitragen, wenn auch nicht leitende Mitarbeiter einen Anspruch auf einen angemessenen Dienstwagen haben. Zwar sind auch hier dann die Abrechnungen der km-Leistung durch die IR zu prüfen, aber mehr vor dem Hintergrund, wann wirtschaftlich ein Ersatz des Dienstfahrzeugs in Betracht kommt und weniger, ob die angerechneten km o.k. sein können. Altfahrzeuge oder solche mit hoher km-Leistung werden anfällig für Reparaturen, Konsequenz, der Vertriebsmitarbeiter nimmt einen Werkstatttermin statt den Termin eines Kundengesprächs wahr. Zusatzkosten für das Unternehmen sind die Folge.

Die Größe des Dienstwagens ist immer ein strittiges Thema in Unternehmen, auch außerhalb des Vertriebs. Wesentlich ist hier die Prägung durch die Unternehmensspitze (Vorbildcharakter der Vorgesetzten). Ein relativ großes Dienstfahrzeug kann dem Außenstehenden ein erfolgreiches, gut geführtes Unternehmen präsentieren und kann so zur Imageverstärkung beitragen. Ein im Discountbereich tätiges Unternehmen wird es jedoch bei seinen Kunden bei Preisgesprächen schwerer haben, einen angemessenen Verkaufspreis zu erzielen, wenn der Kunde auf die großen Limousinen deuten kann, die von der Verhandlungsdelegation benutzt wurden. Der Kunde wird dann versuchen, den Preis zu drücken. Deshalb ist in diesem Falle eher Zurückhaltung angebracht. Quintessenz ist es, der Dienstwagen muss passen, zur Stellung des Vertriebsmitarbeiters, zum Aufgabengebiet, zum Wettbewerb und zum Unternehmen.

Hellhörig sollte eine IR werden, wenn ein Vertriebsmitarbeiter auf ein Dienstwagenangebot ablehnend reagiert und km abrechnet. In vielen Fällen ist das der teurere Weg, da viele Unternehmen über Rabattabkommen die Fahrzeuge günstiger bekommen als ein Privatkunde. Auch zum Unternehmensimage trägt dieser Mitarbeiter nicht bei, wenn er auf seinem Privatwagen nicht das Firmenlogo zeigen möchte. Mit seiner Identifizierung des Unternehmens wird es wohl dann nicht soweit her sein.

Sonderfälle sollten der IR gegenüber genau begründet werden. Hinweise wie, „Das ist mit dem zuständigen Vorstand so abgestimmt", sollten nicht ohne Prüfung hingenommen, sondern hinterfragt werden.

Dass das Unternehmen mit Hotelketten Sondertarife abgeschlossen hat und der Vertriebsmitarbeiter diese nutzen sollte, ist eine weitere mögliche Prüfungshandlung. Jedoch wird sich manchmal zeigen, dass die Vertriebsmitarbeiter günstiger abrechnen, ohne auf das Kontingent des Unternehmens zurück zu greifen.

Häufen sich diese Fälle, sollte sich eine IR nicht scheuen, mit dem Einkauf ein Gespräch über die abgeschlossenen Konditionen der Hotelketten zu führen.

Die Prüfung der Tagegelder und der Übernachtungsbelege mit Frühstück/ohne Frühstück ist den meisten Revisoren bekannt und soll hier nicht weiter vertieft werden.

5.6.2.2 *Provisionsrichtlinie*

Ein früherer Kollege eines Großunternehmens beantwortete die selbst gestellte Frage nach der Motivation eines Mitarbeiters im Vertrieb gleich auch noch selbst: Mit Geld, mit sehr viel Geld!

Etwas Wahres ist an dieser Aussage dran, da in keinem Bereich eines Unternehmens Karrieren bis in die Unternehmesspitze hinein ohne akademischen Abschluß möglich sind wie im Vertrieb. Menschen im Vertrieb wollen sich und dem Unternehmen etwas beweisen, sie wollen besser sein (als der Kollege), sie streben nach Anerkennung, was sie für Verkaufswettbewerbe so empfänglich macht, ihnen bedeutet Status etwas, nämlich beruflichen Erfolg anderen zeigen zu können.

Insofern kann ein Unternehmen mit einer gut gemachten, nicht nur gut gemeinten Provisionsrichtlinie den eigenen Umsatz voran bringen.

Um Strohfeuereffekte im Keime zu ersticken, sollten Kundenumsätze nachhaltig sein. Bei Kundenverlusten in der nächsten Saison nach Kundengewinnen in der Vorsaison sollte eine Provisionsregelung auch mit einem Malusfaktor atmen können.

Umsätze sind schön, bezahlte Umsätze besser und positive Deckungsbeiträge (Rohertrag minus Vertriebskosten) die Krönung einer guten Steuerung.

Solvente Kunden und sorgsam haushaltende Vertriebler sorgen dann für einen Ergebnisschub. Nachhaltigkeit bei Stammkunden, keine unnötigen Kündigungen von bestenden zugunsten neu zu prämierender Verträge sind dann eine Konsequenz.

Trotzdem soll nicht verhehlt werden, dass der Vertrieb manchmal einem Unternehmen in einer Ausnahmesituation durch z.B. aggressiv operierenden Wettbewerb oder verspätete Umstellung des eigenen Unternehmens auf eine neue Technologie, helfen kann, das Überleben zu sichern. In derartigen Situationen mag es angebracht sein, den Umsatz mit allen legalen Mitteln zu stützen, hier könnte dann gelten: Liquidität geht vor Rentabilität (z.B. Ausverkaufs- und Räumungsverkäufe im Handel). Nach erfolgreicher Beendigung dieser Ausnahmesituation darf dann jedoch nicht versäumt werden, den Schalter wieder auf „normal“ umzulegen. Eine IR kann hier auch einiges zur Diskussion der Unternehmensziele beitragen.

Wie in der Öffentlichkeit bei Vorstandgehältern seit langem diskutiert, sollten auch im Vertrieb Caps (Deckel) einer Maximalprovision festgelegt sein. Hier hinter steht die Annahme des abnehmenden Grenznutzen sowohl des Mehr an Provision wie auch des Mehr an Umsatz (meist weniger an Umsatzqualität).

Trotzdem sollte auch hier gelten „Leistung soll sich lohnen!“, d.h. ein sehr guter Mitarbeiter sollte auch einmal mehr verdienen können als sein Chef!

Ordnungsmäßigkeitsthemen können in diesem Sektor auch IT-mäßig unterstützt werden, z.B. wenn über Big Data/CRM keine direkte Verbindung zum Rechnungswesen besteht, d.h. die Umsätze-CRM und die Umsätze-Rechnungswesen nicht zur Deckung zu bringen sind.

An sich ist dieser Tatbestand schon ein eigenes IT-Prüfungsthema der Schnittstellen. Werden Auftragssperren, Nachlässe, Retouren, Boni im CRM-Umsatz nicht reduziert, besteht ein Grundsatzthema der Dateninkonsistenz.

Ist durch eine Prüfung selbst der Bruttoumsatz, also vor Erlösschmälerungen, ungleich in CRM- und Rechnungswesensystemen, stellt sich die Grundsatzfrage nach der Basis für die Provisionierung, besonders dann, wenn der Vertrieb die Datenstände selbst durch manuelle Eingriffe verändern kann.

5.6.3 Werbung

Werbung wird üblicherweise nicht selbst erstellt, sondern extern eingekauft. Ordnungsmäßigkeitsprüfungen unterscheiden sich hier vom Grundsatz nicht von herkömmlichen Einkaufsprüfungen. Jedoch sind häufig die vergebenen Budgets höher, der Einkäufer der direkten Leistung ist ein Externer und Änderungen des Auftrags im Volumen und Zeitpunkt der Erbringung können häufig variieren. In manchen internen Werbeabteilungen geht vieles mündlich. Das macht die Nachvollziehbarkeit der Vorgänge schwierig. Häufig werden schon vergebene Aufträge im Nachhinein storniert, ohne dass der Lieferant einen Ausgleich erhält. Der Markt für Werbeleistungen ist eben etwas speziell.

In Vorbereitung einer Prüfung sollte man sich vergewisseren, dass man bei den für das Unternehmen tätigen Werbe-, Media-, und Onlineagenturen als IR prüfen darf. Denn die wirklich aussagekräftigen Unterlagen können außerhalb der Geschäftsräume des Unternehmens bei den Agenturen liegen.

Als zweite Vorbereitung der Prüfung ist der Kontakt zum Einkauf herzustellen, entweder in der Kommunikations- Marketing- oder Werbeabteilung des Unternehmens selbst (häufiger Fall), oder im zentralen Einkauf (seltener Fall).

Auch bei der Ordnungsmäßigkeitsprüfug sollte man den Werbeprozess, d. h. Marketingplan, Werbeplan, Werbeobjektplan und Werbeerstellung verstanden haben, um die einzukaufenden Leistungen einordnen zu können.

Konkurrenzangebote werden bei Agenturen meist in sog. Beauty Contests erhoben. Hier erstellen die Agenturen im Wettbewerb gegeneinander auf Basis des Unternehmens-Briefings auf eigene Kosten eine aufwendig gemachte Präsentation, die als Basis für das Angebot gilt. Meist geht es beim Abschluss um Mehrjahresverträge, gerade bei Werbeagenturen. Die Werbeagenturen können, da sie meist den handwerklichen Teil einer Werbung weitervergeben, vom Unternehmen angehalten werden, selbst Konkurrenzangebote einzuholen. Im Printbereich dominieren große Druckereien den Markt, ebenso wird der Papiermarkt weltweit von wenigen sehr großen Papierherstellern (Skandinavien, Kanada) geprägt.

Auch der Markt der Werbeschaltung in TV, im Online oder Plakatbereich wird von wenigen großen Unternehmen domininiert. Hier können wiederum große Mediaagenturen einem Unternehmen zu höheren Rabatten verhelfen als es aus eigener Kraft vielleicht in der Lage ist heraus zu handeln.

Insgesamt geht es bei einer Ordnungsmäßigkeitsprüfung innerhalb der Werbung zunächst um bekannte Einkaufsthemen wie Konkurrenzangebote, Dokumentation des Bieterprozesses, Konditionen und Preise sowie um Genehmigungsgrenzen.

In einem zweiten Schritt steht die bei Werbung häufig vergessene Prüfung der Wareneingangskontrolle, nämlich, ob alle berechneten Leistungen auch erbracht wurden.

Im Printbereich wird man meistens Belegexemplare der diversen Zeitungen zu den Schaltterminen vorgelegt bekommen. Schwieriger ist es zu hinterfragen, ob alle Zeitungsbeilagen den mühsam identifizierten Empfänger überhaupt erreicht haben.

Üblicherweise testet man die Zustellung mit Vertrauenskunden, die in einem repräsentativen Sample Auskunft über die Zustellung geben.

Nächster Punkt ist die schwierige Werbewirkungsanalyse. Einige Unternehmen vereinbaren mit ihrer Werbeagentur sog. erfolgsorientierte Verträge, nach dem die Agentur bei steigenden Verkaufszahlen eine variable Vergütung erhält. Lt. Branchenstudien beharren vor allem die Großunternehmen auf derartigen Verträgen.

Gemessen werden solche Effekte mit Test- und Kontrastgruppen, nämlich wiederum einer Kundengruppe, die repräsentativ zur Grundgesamtheit ist, aber nicht an der Werbemaßnahme teilnimmt.

Ob Werbeschaltungen im TV und Radio zur entsprechenden Zeit mit dem entsprechenden Trailer eingesetzt wurden, ist wiederum relativ einfach durch Dokumentationen der Fernsehanstalten bzw. eigene Test-Zuschauer zu ermitteln.

Ähnliches gilt für Plakatwerbung.

Im Onlinebereich mit sich mitunter täglich ändernden Website-Aufbauten sollten elektronische Medien zur Kontrolle genutzt werden. Wird zum Click- und Visit[156]-Management Google eingesetzt, erhält man detailierte Angaben im Buchungspackage mitgeliefert.

Ein letzter Schritt einer Ordnungsmäßigkeitsprüfung kann sich mit den Inhalten der Werbebotschaft beschäftigen. In die Nähe einer Compliance-Prüfung fallen dann Themen zur wahrheitsgemäßen Gestaltung der Botschaft, der gesetzlichen Zulässigkeit der Botschaft und der Vereinbarkeit mit den Richtlinien des Werberats. Da Werbung Aufmerksamkeit erregen muss, um einen potenziellen Kunden überhaupt zur Unterbrechung seiner bisherigen Tätigkeit zu bewegen, betritt man hier häufig einen Graubereich.

156 Unter Visit-Management versteht man den Versuch, aus der zeitlichen Koinzidenz von Website-Clicks ein- und desselben Kunden einen Zusammenhang (z. B. Conversion) zu konstruieren. Dieser zeitliche Zusammenhang wird versucht als ursächlicher Zusammenhang einer Kaufentscheidung zu interpretieren.

Das UWG (Gesetz gegen unlauteren Wettbewerb) verbietet in Deutschland viele Themen, die in anderen Ländern zulässig sind.

U.a. ist es nach § 4 UWG z. B. verboten,
- die Teilnahme an Gewinnspielen vom Kauf von Produkten abhängig zu machen,
- die Bedingungen für das Gewinnspiel zu verschleiern,
- redaktionell aufgemachte Werbeartikel nicht als solche zu kennzeichnen.

Immerhin ist inzwischen vergleichende Werbung in gewissen Grenzen (Wahrheitspflicht, Verbot der Schädigung) erlaubt. Es wird jedoch bisher nur selten davon Gebrauch gemacht, vielleicht wegen des Effekts, dass allein die Namensnennung des Wettbewerbers für die eigene Wirkung schädlich sein könnte.

Im Werberat[157], einer Selbstorganisation der werbetreibenden Industrie, sind eine Vielzahl von Verstößen angelistet und Verhaltensnormen, die über das gesetzlich Verbotene hinausgeht.

Letztlich sollten Unternehmen in ihrem Wertekanon ihren Öffentlichkeitsauftritt formulieren und sich dann auch in Werbebotschaften an diesen Aussagen messen lassen.

Ein sich der Nachhaltigkeit selbst verpflichtendes Unternehmen sollte wohl nicht damit werben, Wegwerf-Textilien anzubieten, vielmehr auf die umweltschonende Färbetechnik der Textilien und die Lieferantenanforderungen hinweisen, die regelmäßig von unabhängigen Instituten überprüft würden[158].

5.6.4 Produkt

Eine Vielzahl interner und externer Vorschriften ist bei der Vermarktung, juristisch „In-Verkehrbringung“ von Produkten zu beachten. In einem ersten Schritt geht es um die Gefahrenabwehr als Aufgabe des Herstellers, dass seine Produkte einfach ausgedrückt, Nutzen stiften und keine Gefahr für die Nutzer bedeuten.

Da die Welt leider nicht nur aus Schwarz (Schaden) und Weiss (Nutzen) besteht, wird bei allen Produkten, die einen Hauptnutzen, aber zugleich eine Gefahr darstellen, eine staatliche Aufsicht tätig.

Diese regelt durch spezielle Gesetze und Verordnungen, wie die Schad-Risiken eines Produkts auf Mensch und Umwelt begrenzt werden müssen. Die nachfolgende Liste gibt einen kleinen, auf keinen Fall umfassenden, sondren nur beispielhaft gemeinten Überblick über Gesetze und Normen, die von den betroffenen Unternehmen in entsprechende Richtlinien und Prüfvorschriften umgesetzt werden:

157 Siehe www.werberat.de

158 Siehe hierzu www.otto.de unter Nachhaltigkeit; www.waschbaer.de propagiert dies auch, scheint aber seine Abwicklungsprozesse (noch) nicht kundenadäquat gestaltet zu haben.

Gesetz/Verordnung	Branche	Gebiet	Relevanz für IR
Produkthaftungsgesetz	Alle Hersteller von Produkten	Entwicklung, Produktion, Vertrieb	Hoch
EU-Health-ClaimsVO, EU-AnreicherungsVO, EU-VO zur Verbraucherinformation, Lebensmittel-, Bedarfsgegenstände- und Futtermittelgesetzbuch	Lebensmittelindustrie	Produktion	
Hackfleisch-VO Speiseeis-VO Lebensmittelinformations-VO Nährwert-Kennzeichnungs-VO			
REACH (Registration, Evaluation, Authorisation and Restriction of Chemicals)	Chemische Industrie	Forschung, Entwicklung, Produktion	Hoch (Expertenthema)
EU-Pharmapaket, Arzneimittelgesetz und div. Verordnungen	Pharmaindustrie	Entwicklung/ Produktion	Hoch (Expertenthema)
Betäubungsmittelgesetz		Produktion, Vertrieb	Niedrig
Verpackungsverordnung	Alle Branchen: Industrie/Handel	Vertrieb	Mittel
EU-Richtlinie 2007/46/EG und KFZ-Zulassungverordnung	Automobilindustrie	Entwicklung/Vertrieb	Hoch (Expertenthema)
Emmissionsschutzgesetz und Immissionsschutzgesetz	Alle Branchen Industrie	Produktion	Hoch
Abwassergesetz	Alle Branchen Industrie	Produktion	Hoch
Baugesetzbuch; VOB; BGB, HOAI, Betriebssicherheitsverordnung	Bauindustrie und alle Betreiber von Immobilien	Hochbau/Facility Management	Hoch (Expertenthema)

Abbildung 5-25: Beispiele für wichtige Gesetze und Verordnungen im Dunstkreis des Themas „Produkts“

Hat ein Unternehmen mit seinen Produkten und Diestleistungen die Genehmigungs-Hürden übersprungen, so kann es vom Grundsatz strafrechtlich nicht mehr belangt werden, da ja die Zulassungsbestimmungen erfüllt wurden.

Zivilrechtlich kann dies jedoch wieder ganz anders aussehen, wenn z. B. nicht Profis, sondern Laien bestimmte technische Geräte benutzen. Dann sollten Fehlbedienungen durch entsprechende Konstruktionen des Geräts und auffällige Hinweise in den Bedienungsanleitungen versucht werden, zu verhindern bzw. zu reduzieren.

Jeder kennt die Arzneimittelwerbung im Fernsehen, die auf Risiken und Nebenwirkung des Arzneimittels summarisch hinweist und im Zweifel auf die Experten Arzt und Apotheker verweist.

Pharmahersteller sehen sich trotzdem einer Flut von Klagen gegenüber, die vor allem in den USA manchmal schon die Gesamtrentabilität eines Produkts gefährden können.

Ähnliches gilt für Automobilhersteller, die das gemeinhin Selbstverständliche, dass nämlich beim Automatikgetriebe tunlichst in der Wählstellung „D" oder „R" die Bremse zu betätigen ist, jetzt nach verlorenen Prozessen oder teuren Vergleichen in die Betriebsanleitung hineinschreiben.

Viele werden sich auch an den traurigen Fall der Trocknung von Katzenhaaren (zusammen mit einer lebendigen Katze) in der Mikrowelle erinnern. Dies ging gründlich schief. Eine Erweiterung aller Bedienungsanleitungen mit einem entsprechenden Warnhinweis „erfreut" uns deshalb heute bei jedem Kauf dieses Produkts.

Kritischer sind die Fälle zu sehen, wenn international tätige Unternehmen für Produkte eine Zulassung im Ausland erhalten, die ihnen im Inland verweigert wird, und sie dann im Ausland vertreiben. Es geht hier nicht um die Fälle unterschiedlicher Interpretation gleicher Gutachten in unterschiedlichen Ländern.

Es mag durchaus hochwirksame Medikamente, zugelassen in den USA, noch nicht zugelassen in der EU, geben, die Menschenleben retten könnten. Hier sind manchmal bürokratische Verfahren zu beklagen, die die Zulassung um Jahre verzögern.

Politisch anders ist die Diskussion um die Genveränderung von Lebensmitteln zu sehen, die in einigen Ländern statthaft, in anderen politisch nicht durchsetzbar ist. Unternehmen bleibt nach erfolgloser Lobbyarbeit dann nur die Wahl, sich von den Märkten zurück zu ziehen, auf denen das Produkt von der demokratisch legitimierten Mehrheit nicht gewollt ist.

Weiter geht schlicht um Produkt-Themen, bei denen die ausländischen Behörden überhaupt nicht die Voraussetzungen zur Beurteilung besitzen. Hier ist wieder das oben angesprochene Wertesystem des Unternehmens zu hinterfragen, ob es ethisch vereinbar ist und im Einklang mit den Werten des Unternehmens steht, dieses Produkt dann trotzdem zu vermarkten.

E.ON und RWE haben sich nach dem Ausstieg aus der Kernenergie z. B. entschlossen, in GB kein neues Atomkraftwerk mehr weiter zu bauen, obwohl dort die Genehmigungsbehörden wohlwollend gesinnt waren.

Die OTTO-Group hat sich in den 1980-er Jahren entschieden, grundsätzlich aus Gründen des Tierschutzes auf den Verkauf von Pelzmäntel trotz sehr guter Margen zu verzichten.

Ebenso wurden Lieferanten angewiesen, Textilien in Indien mit hochwertiger Farbe zu färben, die für die Mitarbeiter des Lieferanten und die örtliche Umwelt (Flüsse, Gewässer) nicht so große Schadstoffe freisetzt. Trotz Preisnachteil wurden diese Lieferantenvereinbarungen durchgesetzt.

Für die IR stehen eine Reihe von Prüfungsthemen im Bereich Produkt und Produktentwicklung an.

Wie bei allen Ordnungmäßigkeitsthemen steht am Anfang die Fragen nach allen relevanten gesetzlichen Normen und deren Umsetzung im betrieblichen Alltag, in Richtlinie und Umsetzungskontrolle.

Danach kommen Regelungen zum Schutz des Unternehmensvermögens bzw. Kulanzregelungen, wie die gesetzlichen Vorschriften über die Produkthaftung unternehmerisch angewandt werden sollen oder etwa als Serviceangebot noch weiter ausgeweitet werden.

Beispiele sind mehr als 2-jährige Garantien bei Technik-Artikeln, mehr als 14-tägiges Umtauschrecht im Handel und großzügige Kulanz bei Mängeln, wo die genaue Ursache eines Schadens nicht mehr festgestellt werden kann.

Soweit das Unternehmen Mitarbeitern Ermessensspielräume einräumt, geht es dann um die Prüfung dieser Spielräume, in welchem Umfange sie genutzt wurden bzw. ob die Genehmigungsgrenzen eingehalten wurden.

Letztlich geht es um Fragen der Aktualität der Richtlinien, Aufnahme neuer gesetzlicher Regelungen und Kostenüberlegungen, z.B. Wegfall manueller Kontrollen durch technische Hilfsmittel.

5.6.5 Preispolitik

Preispolitik beeinflusst direkt die GuV und ist damit normalerweise operativ gut im Fokus. Gesetzliche Auflagen müssen dann beachtet werden, wenn dem Unternehmen eine marktbeherrschende Stellung seitens der Kartellbehörden eingeräumt wird. Preise verlieren dann deutlich an Überraschungsmoment beim Wettbewerber, wenn sie vorab zur Genehmigung eingereicht werden müssen. Die Controllingabteilungen des Unternehmens haben dann Hochbetrieb, um etwaige Preiserhöhungen beim Regulierer durchzusetzen bzw. Preissenkungen abzuwehren.

Ein weiterer Gesichtspunkt der Preispolitik sind unerlaubte Kartellabsprachen. Dieses Thema kann ein Unternehmen stark belasten, da seine Reputation sofort gefährdet wird. Jahrelange Investments in die Marke werden obsolet, da quasi über Nacht das Unternehmen „am Pranger stehen“ kann. Das Risiko, dass Kartelle „Auffliegen“ steigt mit der Kronzeugenregelung (Whistle Blower-Ansatz), die demjenigen einen Bußgeldrabatt einräumt, der als erster berichtet und das Kartell anzeigt. Zusätzlich zum Reputationsrisiko sind Bußgelder in dreistelligem Mio. EUR-Betrag nichts Ungewöhnliches, manchmal geht es in den Mrd. EUR-Bereich.

Eine IR ist meist außen vor. Trotzdem sollte sie hohe Margen trotz großer Konkurrenz in einem Oligopol hinterfragen und mit dem Top Management thematisieren. Es bleibt letztlich eine Entscheidung des Vorstands bzw. des Aufsichtsrats, auf diesem Geschäftsfeld Risiken einzugehen oder nicht.

Ein weiteres Thema sind „Dumping"-Preise, also Preise unterhalb der Vollkosten, manchmal unterhalb erzielbarer Deckungsbeiträge, um einen Markt für sich zu erobern (Marktpenetration). Auch hier kann eine IR auf die Kostenunterdeckung hinweisen und die Konsequenzen berechnen sowie bei massiven Abweichungen auf das Risiko von Antidumpingmaßnehmen hinweisen. Es bleibt auch hier meistens eine Vorstandsentschediung, das Risiko einzugehen, wenn es im Rahmen des mit dem Aufsichtsrat vereinbarten Risiko-Appetits liegt.

Im Normalgeschäft ergeben sich die Ordnungsmäßigkeitsfragen aus der Konstruktion eines Solls, nämlich einer Richtlinie für die Preispolitik sowie Genehmigungsgrenzen, bis zu welchem Prozentsatz eine Managementstelle berechtigt ist, Preisnachlässe mit einem Kunden zu vereinbaren.

Ähnliches gilt für alle Sonderabsprachen zwischen Handel und Lebensmittelindustrie, z. B. den

- Werbekostenzuschüssen,
- Palettenrabatten,
- Aktionsrabatten,
- Platzierungsrabatte,
- Rack-Jobbing[159]-Kostenübernahme,
- Skonti und sonstige Boni,
- Lagerdifferenzgutschriften,
- Retouren wegen Qualitätsmängel,
- Garantieablösebeträgen,
- Give-aways und
- Finanzierung von Gewinnspielen und Rabattaktionen des Handels.

Man sollte meinen, wegen der Vielzahl der Rabatte müsste die Lebensmittelindustrie inzwischen insolvent sein, aber das Gegenteil ist der Fall. Der Fabrikabgabepreis macht es möglich, trotz einer Vielzahl von Sonderkonditionen, die mit einkalkuliert waren, dass beide, Handel und Industrie weiter mit dem Thema Preis trotz doppelter Oligopolsitution leben können.

Ordnungsmäßigkeitprüfungen zielen auf die Einhaltung der Kompetenzrichtlinie bei Preisnachlässen und die Verprobungen des Vertragspreises mit dem kostenmäßig errechneten Kalkulationspreis als Preisuntergrenze. Gefährlich wird es für ein Unternehmen, wenn keine Deckungsbeiträge mehr erzielt werden können, d. h. wenn die variablen Kosten nicht mehr gedeckt sind. Im Anschluss an die Ordnungsmäßigkeit-

159 Rackjobber sind Werkvertrags-Subunternehmer, die im Handel die Regale wieder auffüllen und die Ware verkaufsgerecht platzieren.

prüfung sollte dann eine Systemprüfung stehen, um das gesamte Portfolio auf Stärken und Schwächen zu untersuchen, da offensichtlich ein hohes Risiko festgestellt wurde.

In endkundenorientierten Unternehmen geht es bei Prüfungen auch um die Relationen von Retouren, Gutschriften und Umtauschvorgängen zum Umsatz. Intelligente Kassensysteme erlauben hier häufig CM (Continuous Monitoring), auch CA (Continuous Auditing) sollte hier zu organisieren sein.

5.6.6 Veranstaltungen und Events

Gerade Großunternehmen führen gerne für ihre Kunden Events durch bzw. lassen externe Events für Kundengespräche reservieren. Das ist solange in Ordnung, solange die Üblichkeit aus Kundensicht gegeben ist. VIP-Pakete für auf dem freien Markt nicht oder kaum erhältliche Veranstaltungen haftet ein G'schmäckle an. Unternehmens-Kunden, die selbst eine restriktive Compliance-Richtlinie verabschiedet haben, werden die Teilnahme an dieser Veranstaltung verweigern oder die Einladung an nicht entscheidungsbefugte Mitarbeiter weiterreichen. Das einladende Unternehmen hat dann nichts gewonnen, sondern Zusatzkosten zu vertreten. Werden vom Unternehmen bezahlte Veranstaltungen gar von eigenen Mitarbeitern der Zentrale statt von Kunden und Vertriebsmitarbeitern frequentiert, so sollte eine IR hellhörig werden und die Frage nach der Zweckmäßigkeit stellen.

Letztlich geht es auch um ein adäquates Verhältnis der Anzahl der Vertriebsmitarbeiter und der Kunden. Sind mehr als drei Mal so viele Mitarbeiter wie Kunden anwesend, bekommt die Veranstaltung eher den Charakter eines Betriebsfests statt eines Kundenevents. Die wenigen Kunden werden zukünftig auch noch fern bleiben, von verlorenen Aufträgen wegen offensichtlicher Verschwendung von Unternehmensmitteln ganz zu schweigen.

Insgesamt ist die Prüfung von Events ein lohneswertes Unterfangen, es sollte jedoch mit Augenmaß und mit Fingerspitzengefühl durchgeführt werden, um Irritationen und Friktionen abzumildern.

Unternehmen wie Versicherungen, die mit einer großen Anzahl freier Vertriebsmitarbeiter arbeiten, führen häufig zur engeren Bindung der Mitarbeiter Großveranstaltungen durch. Im offiziellen Teil werden die freien Mitarbeiter vom Vorstand über die neuesten Entwicklungen des Unternehmens informiert und die besten Vertriebler werden geehrt. Großzügige Spesenabrechnungen runden die Veranstaltung insofern ab, um den freien Mitarbeitern die Wertschätzung des Unternehmens zu zeigen. Auch bei diesen Veranstaltungen gilt die Angemessenheit als Richtschnur. Teure Flugreisen in außergewöhnlichen Locations mit unangemessenem Abend- oder Nachtprogramm können sehr negative Konsequenzen für die Reputation eines Unternehmens haben. Deshalb gilt, alle Themen dieser Veranstaltung sollten vorzeigbar und kommunizierbar sein. Dies gilt insbesondere, wenn Lebenspartner nicht eingeladen wurden[160].

---

160 Siehe hierzu die allzu bekannte Geschichte einer Versicherung, Handelsblatt am 19.5.2011, die leider kein Einzelfall ist.

5.7 Complianceprüfungen in Marketing und Vertrieb[161]

Der Vertrieb ist in vielen Unternehmen eine der Kernfunktionen. Kernfunktionen haben im Wesentlichen mit externen Märkten zu tun, deren Vertreter die jeweiligen Interessen ihres Unternehmens nach außen wahrnehmen. Sie sind daher dem Verkäufer Unternehmensfremde. Trotzdem entwickeln sich in der Regel vertrauensvolle, partnerschaftliche Verbindungen zu den jeweiligen Marktpartnern. Dies ist insoweit in Ordnung, als die unterschiedlichen Interessen des jeweiligen Unternehmens gewahrt werden und der Aufbau vertrauensvoller Beziehungen im Wertekanon des Unternehmens festgelegt wurde.

Beim Vertriebsmann des Lieferanten ist das Interesse an einem Auftrag ausschlaggebend, der eine auskömmliche Marge für sein Unternehmen sichert, zeitlich in das Produktions- und Termingerüst seines Unternehmen passt und durch Lieferung zuverlässiger Qualität den nächsten zukünftigen Auftrag absichert.

5.7.1 Red Flags und deren Besonderheiten aus Struktur und Funktion heraus

Probleme entstehen in dieser Beziehung immer dann, wenn diese Interessen durch Marktungleichgewichte (z. B. Oligopole/Kartelle oder Monopole) belastet werden, die Interessenlage nicht transparent für die Marktteilnehmer gestaltet wird (Hidden Agenda von einer oder von beiden Seiten), und insgesamt die Vertragsgespräche nicht auf Augenhöhe geführt werden.

Hinzu tritt das von vielen beschworene Principal-Agent-Problem. Das heißt, dass zu den Unternehmensinteressen auch noch das persönliche Interesse der jeweiligen Marktpartner treten kann. Dem Unternehmensgeschäftsführer ist es einerlei, wie er sein Geld erhält. Beim abhängig beschäftigten Vertriebsmanager sieht es anders aus, eine Provision für einen erhaltenen Auftrag von seinem Unternehmen oder eine direkte Zuwendung vom Marktpartner zu erhalten. Denn die Beträge können sehr unterschiedlich in der Höhe sein, im Zweifel werden sie vom Marktpartner um ein Vielfaches höher liegen als die variable Vergütung durch die Akquisition eines Auftrags durch das Unternehmen.

Dieser Abschnitt will den Leser in die Lage versetzen, im Vorhinein Schwachstellen in den Kontrollsystemen des angesprochenen Unternehmensbereichs Vertrieb zu erkennen und damit beseitigen zu können. Weiter erhält der Leser Ideen, wie trotz ausreichend gestalteter Systeme durch nachgelagerte Kontrollen Compliance-Verstöße aufgedeckt und Vermögens- und Vertrauensschaden reduziert werden können (Red Flags).

Das DIIR hat in 2012 einen neuen Standard zum Anti-Fraud-Management herausgegeben, der dem Leser zur grundsätzlichen Einstimmung auf das Thema empfoh-

161 Vorabdruck des Abschnitts erfolgte in ZIR 04.13, S. 184 ff.

len wird[162]. Primär gilt jedoch das Prinzip des ehrbaren Kaufmanns, viel Gutes für sein Unternehmen zu tun, aber nicht auf Kosten anderer[163].

Nach den Terror-Anschlägen in Oslo ist uns die potenzielle Gefahr vor Terroranschlägen wieder einmal bewusst geworden. Dieses Gespür für potenzielle Gefahren hat in zwei Chemieunternehmen, die eine größere Chemikalienbestellung (Cool Packs und Säure) von einem neuen Kunden erhielten, ein Verdachtsmomentum/Frühwarnsystem (Red Flags) heraufbeschworen. Sie haben daraufhin die Berliner Polizei eingeschaltet.

In Unternehmen geht es seltener um externe Gefahrenabwehr zum Schutz von Menschenleben, obschon auch hier Schutzmechanismen verabredet sein sollten und greifen sollten. Vielmehr interessiert, wie Frühwarnsysteme in einem Unternehmen ausgestaltet sein sollten, die prophylaktisch Schutz vor Vermögensverlusten geben bzw. welche Indikatoren erste Warnhinweise geben könnten.

Wie bei vielen kriminellen Taten geht es bei den hier relevanten Tatbeständen von Diebstahl, Betrug und Untreue bzw. Kollusion um die drei Elemente einer Tat,

Gelegenheit – Motiv – Rechtfertigung (Rationalisierung).

Verdachtsmomente (Red Flags) ergeben sich bei allen drei Elementen, wenngleich die Systematik für jedes Element unterschiedlich ist.

Durch die konkrete Umsetzung verschiedener Grundprinzipien wie Vier-Augen-Prinzip, Funktionstrennung Kompetenzenliste, Zugangs- und Zutrittssicherheit können Unternehmenswerte geschützt bzw. unbefugte Nutzung verhindert werden. Die Anzahl möglicher Gelegenheiten werden so eingeschränkt.

Aufgrund der Organisationsmacht eines Unternehmens bestehen bei der Gestaltung dieses Elements, der Verhinderung der Gelegenheit, die größten Freiheitsgrade.

Anders sieht das beim Motiv und dem Rechtfertigungsdenken eines potenziellen Täters aus. Hier ist es sehr schwer, direkt Erkenntnisse zu erhalten.

Der Gesetzgeber zieht hier den Rahmen für Informationsbeschaffung sehr eng (Datenschutzgesetz, Grundrechte der informationellen Selbstbestimmung, Persönlichkeitsrechte am Arbeitsplatz, Verbot der Rasterfahndung etc.). Der Sozialpartner ist hier bei Ermittlungen im Anti-Fraud-Bereich, meist vorab, in Kenntnis zu setzen, wenn es um Mitarbeiter geht, die er vertritt.

Trotzdem gibt es in den Elementen Tatmotiv und Rationalisierung gewisse Handlungsoptionen, die für ein Unternehmen nutzbar sind. Jedoch erzielt man Erkenntnisse bei diesen Elementen meist nur auf indirektem Wege[164].

162 DIIR Revisionsstandard Nr. 5, 24.5.2012.

163 Siehe www.veek-hamburg.de.

164 Sog. „Profiling“ (Hintergrundrecherchen) von Personen kann über professionell arbeitende Informationsdienste erzielt werden. Bietet sich eher bei Geschäftspartnerschaften im Ausland an als bei Einstellungen bzw. Verdachtsmomenten gegenüber eigenen Mitarbeitern, ist jedoch sehr teuer. Die ge-

5.7.2 Allgemeine Red Flags im Managementbereich

5.7.2.1 Risikosituation Einstellungsprozess

Bei einem potenziellen Innentäter[165] kann man differenzieren in Personen, die in das Unternehmen wechseln wollen und Personen, die in dem Unternehmen schon länger arbeiten.

Bei Neueinstellungen von Mitarbeitern gleich welcher Hierarchiestufe ist zu beachten, dass mit der Person zusätzlich zu den neuen Kenntnissen und Fähigkeiten auch potenzielle Risiken mit eingestellt werden können. Um dies zu vermeiden, ist der zweistufige Einstellungsprozess mit Abgleich Jobprofil zu Eignung und Kultur des Unternehmens zu Persönlichkeit des Einzustellenden um den Aspekt „Trackrecord[166]„ zu erweitern. Hierbei ist zu beachten, dass Einschätzungen zum Trackrecord einer Person eine unterschiedliche Glaubwürdigkeit besitzen.

Die unterste Stufe der Evidenz sind mündlich erteilte Selbstauskünfte. Sie können nur geglaubt oder nicht geglaubt werden. Die Glaubwürdigkeit der berichtenden Person ist hier ausschlaggebend. Die Krux an den mündlichen Selbstauskünften ist, dass sie bei einem geschickten Bewerber genau auf die Erwartungshaltung des einstellenden Vorgesetzten abgestimmt werden kann. Die „Papierform“ tritt dann gegenüber dem positiven Erscheinungsbild zurück.

Selbst erstellte Unterlagen (Lebenslauf, Anschreiben, Exposé) haben eine größere Beweiskraft, da sie, einmal formuliert, nicht ohne weiteres wieder verändert werden können. Sie binden die Person, die sie erstellt hat, an das einmal Dargestellte. „Rückzieher“ im Bewerbungsgespräch vermindern dann die Glaubwürdigkeit.

Referenzen von Dritten vermitteln wieder ein objektiveres Bild, da die Beurteilung von außen erfolgt. Die Glaubwürdigkeit der erhaltenen Informationen korreliert sehr eng mit der Glaubwürdigkeit der als Referenz benannten Person. Obwohl diese Person die zu beurteilende meist aus längerer Zusammenarbeit her kennt, also gemeinsame Interesse an einer positiven Beurteilung nicht weg zu diskutieren ist, ist die Glaubwürdigkeit dennoch höher als eine Selbsteinschätzung zu konstatieren. Immerhin hat die als Referenz benannte Person einen Ruf zu verlieren und kann zudem auf Aspekte hinweisen, die die einzustellende Person von sich heraus nicht ansprechen würde. Hier ist der blinde Fleck gemeint, also von Persönlichkeitseigenschaften, die man selbst eher verdrängt, die aber nahestehende Dritte sofort erkennen[167].

Zeugnisse von Schulen, Universitäten und anderen Körperschaften beinhalten die höchste Stufe der Glaubwürdigkeit, da die Ersteller der Zeugnisse im Verhältnis zur

setzlichen Beschränkungen sind jedoch auch hier einzuhalten. Dies gilt insbesondere für international tätige Unternehmen.

165 Im Zweifel gilt auch in einem Unternehmen das Legalprinzip der Unschuldsvermutung. Das bedeutet, Red Flags geben Hinweise, sind aber nie allein aussagekräftig für die Begründung eines Anfangsverdachts.

166 Mit Trackrecord ist ein Gesamtbild einer Person gemeint, ihren Leistungen, ihrem Verhalten gegenüber Vorgesetzten, Mitarbeitern, Kollegen und Dritten in früheren Positionen. Der Begriff geht damit weiter als die bekannteren Begriffe Personalakte und Lebenslauf.

167 Hier ist der blinde Fleck gemeint, also von Persönlichkeitseigenschaften, die man selbst eher verdrängt, die aber nahestehende Dritte sofort erkennen.

beurteilten Person nahezu objektiv handeln, also kein Eigeninteresse an einem günstigen oder ungünstigen Urteil besitzen.

Eine gewisse Einschränkung gilt bei Arbeitszeugnissen. Diese sollen gleichzeitig wahrheitsgemäß und wohlwollend abgefasst sein und dürfen keine versteckten Hinweise enthalten. Diese gesetzliche Notwendigkeit entwertet ihre Aussagekraft bisweilen etwas. Eine weitere Entwertung tritt gerade bei Führungskräften dann auf, wenn sie ihre Zeugnisse selbst geschrieben haben, und nur die Unterschrift vom früheren Vorgesetzten tragen.

Die nachfolgende Tabelle fasst diese Evidenzhierarchie zusammen:

Evidenz	Merkmal	Beispiel
Niedrig	Mündlich, selbst	Antworten im Bewerbungsgespräch
Höher	Schriftlich, selbst	Bewerbungsschreiben, Lebenslauf
Hoch	Mündlich, von Dritten	Referenzen
Sehr hoch	Schriftlich, von Dritten	Zeugnisse: z. B. Schul- und Universitätszeugnisse; polizeiliches Führungszeugnis; bedingt Arbeitszeugnisse

Abbildung 5-26: Evidenzhierarchie

Menschen, die in anderen Unternehmen oder im Privatleben einmal auffällig geworden sind, können in einem systematisierten Einstellungsprozess, der die Red Flags zusätzlich zum Jobprofil enthält, erkannt werden.

Stichworte sind hier lückenloser Lebenslauf, polizeiliches Führungszeugnis, Arbeitszeugnisse und Referenzen sowie Einstellung zu Ethikthemen in einem Bewerbungsgespräch. Auch teure persönliche Vorlieben und Gehaltsvorstellungen, die weniger am bisherigen Lebenslauf als am neuen Job orientiert sind, können Hinweise liefern.

Um auch an dieser Stelle eines deutlich zu machen, eine 100% Sicherheit gibt es nicht, auch kann jeder einzelne Verdachtspunkt, für sich genommen, nicht zu der Schlussfolgerung führen, „Nicht Einstellen". Das Gesamtbild ist hier entscheidend, jedoch sollte nach der Überzeugung des Autors gerade bei Positionen im Middle- und Top-Management mehr Wert auf die „Papierform" als allein auf den persönlichen Eindruck gelegt werden[168].

168 Personalberater sind auf diesen Umstand frühzeitig hinzuweisen. Ihr Ansatz der Kandidatenbeurteilung ist zumeist auf das Überzeugungsvermögen und die Abdeckung des geforderten Jobprofils ausgerichtet. Zeugnisse werden m.W. bei der Besetzung von Führungspositionen selten angefordert.

5.7.2.2 *Risikosituation Internes Unternehmensumfeld*

Noch schwieriger wird eine Einschätzung von Führungspersonen, die schon lange im Unternehmen arbeiten. Hier gilt zuerst der Grundsatz des Vertrauensvorschusses.

Trotzdem sollte bei der hohen Anzahl von Innentätern und den meist sehr hohen Schadenspotenzialen[169] auch hier den Red Flags eine größere Aufmerksamkeit gewidmet werden.

Hinweise auf Risikosituationen sind:
- häufige Kündigungen von Mitarbeitern in bestimmten Abteilungen,
- nur mit Mühe, wenn überhaupt, erreichte Ziele,
- „Opfer“ von Umorganisationen mit Verlust an Einfluss,
- Gerüchte über Führungsstile oder unangemessenen Lebenswandel, Verzicht auf längeren Urlaub am Stück und ungewöhnliche Häufung von Überstunden.

Jeder einzelne Hinweis mag eine plausible Erklärung finden, das Gesamtbild ist wiederum entscheidend. Im besten Fall entstehen dem Vorgesetzten Zweifel, die er mit dem Personalverantwortlichen und/oder dem Leiter der Compliance (CO) und/oder der Internen Revision (IR) vertrauensvoll bespricht.

Die nachstehende Tabelle gibt hier einige Hinweise. Jedoch sollte beachtet werden, dass es auch Fehlinterpretationen von Verdachtsmomenten geben kann. Diesem Trugschluss kann man durch professionelle Analyse und langjährige Beobachtung der Verdachtsmomente entgehen. Denn nicht ist schlimmer als ein Beta-Fehler[170], d.h. ein Fehlverhalten zu erkennen, das gar nicht vorhanden ist.

Es gilt auch hier wie im öffentlichen Leben die Unschuldsvermutung, ohne Beweis kann nicht gehandelt werden, ohne Anfangsverdacht sollte nicht intern ermittelt werden. Es widerspricht jeglicher ethischer Norm, einen Fall zu konstruieren nur um jemanden „billig loszuwerden“.

Verdachts-moment/Red Flag	Möglicher Hinweis auf	Gegenindikation	Quelle
Jahrelang häufige Kündigungen von Mitarbeitern	Unethisches Verhalten des Vorgesetzten	Umorganisation	Personal-abteilung, ehemalige Mitarbeiter
Mehrjährige Verfehlung von Bereichszielen	Überteuerter Einkauf, Unwirtschaftlicher Ressourceneinsatz	Wettbewerbs situation, Unrealistische Ziele	Vorgesetzter, Controlling,

169 Siehe hierzu die Studie „Wirtschaftskriminalität in Deutschland 2010, Fokus Mittelstand, von KPMG sowie den 13. Global Fraud Report von Ernst&Young, 2014.

170 Prüftechnisch wird unterschieden in Alpha- und Beta-Fehler. Alpha-Fehler sind tatsächliche Fehler, die vom Prüfer jedoch mangels Erfahrung, Wissen, Methodik etc. nicht erkannt werden, ß-Fehler sind angemerkte Fehler bei Sachverhalten, die tatsächlich objektiv gesehen in Ordnung sind.

Verdachtsmoment/Red Flag	Möglicher Hinweis auf	Gegenindikation	Quelle
„Paradies-Vogel"-Image	Management Override[171]	Äußerst erfolgreicher Manager	Gerüchteküche des Unternehmen, Controlling, anonyme Hinweise
Häufige Erbschaften als Hinweis für aufwendigen Lebenswandel	Korruption, Kollusion, Betrug, Diebstahl	./.	Gerüchteküche des Unternehmen, Mitarbeiter
Jahrelang Kurzurlaube statt längerer Urlaube, jahrelang auffällig viele Überstunden	Datenmanipulation, die kein Dritter entdecken soll	Zeitweise hohe Arbeitsbelastung wegen schwieriger Bereichs- und Unternehmenssituation	Personalabteilung, Vorgesetzter
Mehrtägige Dienstreisen ohne Übernachtungs- oder Bewirtungsbelege		Schulung/Weiterbildung auf eigene Kosten	Buchhaltung
Lieferant wird mehrfach gegen die Interessen des eigenen Unternehmens trotz Schlechtleistung verteidigt	Kollusion	Einzelfall, bei dem die Lieferantensituation objektiv erklärbar ist	Vorgesetzte, anonyme Hinweise

Abbildung 5-27: Red Flags im Managementbereich generell

Trotz aller dieser Red Flags sind es im praktischen Leben denn doch oft Zufälle, anonyme Hinweise, die einen Fall entdecken helfen, der sonst nicht aufklärbar gewesen wäre.

Umgekehrt wird auch ein Schuh draus. Wenn Vorstände aus falsch verstandenem Vertrauen zu ihren Mitarbeitern anonyme Hinweise direkt in den Papierkorb wandern lassen, handeln sie zumindest fahrlässig und unprofessionell. Mit der Einrichtung eines externen Ombudsmann für Whistleblowing[172] lassen sich solche Hinweise kanalisieren und von unabhängiger Stelle analysieren, so dass Schaden abgewandt oder verringert werden kann.

---

171 Mitarbeiter in einer herausgehobenen Führungsposition hält sich nicht an interne Vorschriften.

172 Begriff aus der amerikanischen SOX-Umgebung. Beschreibt einen (meist) internen Tippgeber, der nach amerikanischem Verständnis mit allen Mitteln zu schützen ist. Inzwischen prämiert die SEC Mitarbeiter der IR, die einen Compliance-Verstoß gemeldet haben an den Strafzahlungen der Unternehmen von 10–30 % der Strafzahlung des Unternehmens an die SEC, bisheriger Rekord für einen Whistle Blower 30 Mio. $, Stand 25.9.2014. Offensichtlich gilt noch immer der alte Spruch: Jeder liebt den Verrat, jeder hasst den Verräter! Anders als bei Cynthia Cooper, die als Revisionleiterin bei Worldcom die Mrd.-Umsatzmanipulation aufgedeckt hat, aber ihren Job verloren hat, soll zukünftig der Whistle Blower in seiner wirtschaftlichen Existenz gestärkt werden.

Weiter kann durch eine Compliance-Abteilung und/oder Interne Revision bei Anfangsverdachtsmomenten vorab geprüft werden, ob hinreichend konkrete Hinweise für eine Ermittlung bestehen.

Im Zweifel können auch bei begründetem Anfangsverdacht die Strafverfolgungsbehörden eingeschaltet werden, die Möglichkeiten besitzen, Beweissicherung zu betreiben, die den Schaden reduzieren können bzw. Vermögen des Unternehmens wieder zurückzuholen.

Auf jeden Fall verbietet es sich, sofort ohne Vorrecherche einen Beschuldigten mit dem Vorwurf zu konfrontieren. Die irrtümliche Vermutung, dass der Betreffende gesteht, führt meist zu Ausflüchten, Bestreiten oder Leugnen der Tat. Erst nachdem die Beweislast erdrückend geworden ist, ist ein Geständnis wahrscheinlicher[173]. Es wird jedoch nur das zugegeben, was sowieso unstreitbar beweisbar ist.

Die Frage nach dem „Warum“ oft verdienstvoller und engagierter Mitarbeiter wird, wie oben schon erwähnt, mit Rechtfertigungen beantwortet. Diese Rechtfertigungen beruhen auf dem psychologischen Moment der Rationalisierung, d. h. der Täter baut sich intern ein Rechtfertigungskonstrukt auf, vor der die Tat als Normalfall und eben nicht als unerlaubter Sonderfall dasteht.

Gegen diese Rationalisierungen von potenziellen Innentätern kann ein Unternehmen nur sehr indirekt vorgehen.

Zentraler Dreh- und Angelpunkt ist der Vorgesetzte, oder abstrakt für das Unternehmen formuliert die Führungskonzeption eines Unternehmens.

Diese sollte aus einem Wertesystem abgeleitet werden und zusätzlich zu Leistungsaussagen auch Compliance-Aussagen enthalten. Hiermit kann erreicht werden, dass ein Gesamtverständnis im Unternehmen, was o.k. ist oder was nicht, ausgeprägt wird.

Dieses Wertesystem sollte dann in einem mitarbeiterorientierten Dialog (MOD) konkretisiert werden.

Im Band 1: Grundlagen der Internen Revision, Kapitel 7: Organisation und Führung wird der sog. MOP ausführlich dargestellt.

In diesem Dialog wird die Vertrauensbasis zwischen Mitarbeiter und Vorgesetztem gelegt und mit Zielgespräch, Beurteilungs- Gehalts und Potenzialgespräch aufgebaut. In dieser Gesprächskaskade können über Motiv- und Einstellungslage von Mitarbeitern viel erfahren werden, wenn Mitarbeiter ungeschminkt und offen Feedback geben. Wichtiger als die schriftliche Protokollierung dieser Gespräche ist die Information, die mündlich gegeben wird und dem Vorgesetzten Hilfen für seine Führungsarbeit in der Zukunft geben kann.

173 Arbeitsrechtlich ist die 14 Tage-Frist (§ 626 Abs. 2 Satz 1BGB) zu beachten, innerhalb derer ein Mitarbeiter mit den Vorwürfen konfrontiert werden muss. Wann die Frist anfängt zu laufen, ist mit dem Chefjustitiar abzustimmen. Auf jeden Fall sind die Recherchen äußerst vertraulich zu führen.

Jeder Vertrauensbruch hat jedoch zur Konsequenz, dass diese Gespräche nur noch formalen Charakter haben und nichts mehr für die Führungsfähigkeit eines Unternehmen und seiner Vorgesetzten leisten.

Ein weiteres Instrument zur Ausbildung einer Vertrauenskultur im Unternehmen kann eine Mitarbeiterbefragung[174] sein. Essenziell ist jedoch auch hier, dass die Vorgesetzten diese Befragung als Instrument zur Verbesserung der Führungsfähigkeit eines Unternehmens verstehen und auf Basis der Antworten einen Dialog mit ihren Mitarbeitern führen.

Merken die Mitarbeiter, dass ihre Antworten nicht zählen, wird die Mitarbeiterbefragung nur noch zu Kosten und nicht zu Erkenntnissen führen.

Die nachfolgende Tabelle gibt einen kleinen Überblick über mögliche Rationalisierungen[175] von Tätern und indirekter Abhilfe durch flankierende, prophylaktische Maßnahmen des Unternehmens:

Tatbestand und Aussage	Mögliche Ursache	Prophylaxe
Diebstahl: Ich benötigte das Geld mehr als jeder andere im Unternehmen	Spielsucht, momentane finanzielle Engpässe	Mitarbeiterorientierter Dialog: Vertrauensverhältnis zu Vorgesetzten etablieren
Diebstahl: Ich habe es mir nur geliehen und hätte es später wieder zurückgegeben.		Internes Kontrollsystem verbessern
Korruption: Jeder tut das hier.	Illoyalität, Unterentwickelte Unternehmenskultur	Compliance-Fragebogen für alle Mitarbeiter
Korruption: Ich verdiene es.	Illoyalität, Bezahlungssystem nicht transparent oder zu wenig leistungsorientiert	Mitarbeiterorientierter Dialog: Vertrauensverhältnis zu Vorgesetzten etablieren
Korruption: Ich hole mir nur das, was mir zusteht.		
Korruption: Wir sind doch eh versichert.	Illoyalität, Unterentwickelte Unternehmenskultur	Compliance-Fragebogen für alle Mitarbeiter
Bilanzfälschung: Ich wollte dem Unternehmen doch nur helfen.	Falsch verstandene Loyalität	Wertesystem im Unternehmen etablieren und diskutieren

Abbildung 5-28: Rechtfertigungen/Rationalisierungen

174 TNS Infratest in München hat mit dem Produkt TRI:M sowohl für Mitarbeiter- und Kundenbefragungen ein Instrument entwickelt, das diese Ziele unterstützt.

175 Siehe Sykes& Matza: Techniques of neutralization.

Zusammenfassend lässt sich festhalten, dass unternehmerische Maßnahmen wie
- einem mitarbeiterorientierten Dialog,
- einer Wertediskussion,
- Mitarbeiterbefragungen und Maßnahmen, die das Verhältnis zwischen Mitarbeiter und Vorgesetzten vertrauensvoll gestalten helfen sowie
- durch ein etabliertes Frühwarnsystemeiniges an Compliance-Verstößen verhindern lässt.

Hingegen sind die angesprochenen Maßnahmen eher wie ein „Breitbandtonikum" zu verstehen, die den Rahmen für ethisches Verhalten im Unternehmen unterstützen helfen. Die nachstehende Abbildung fasst die oben diskutierten Elemente noch einmal zusammen:

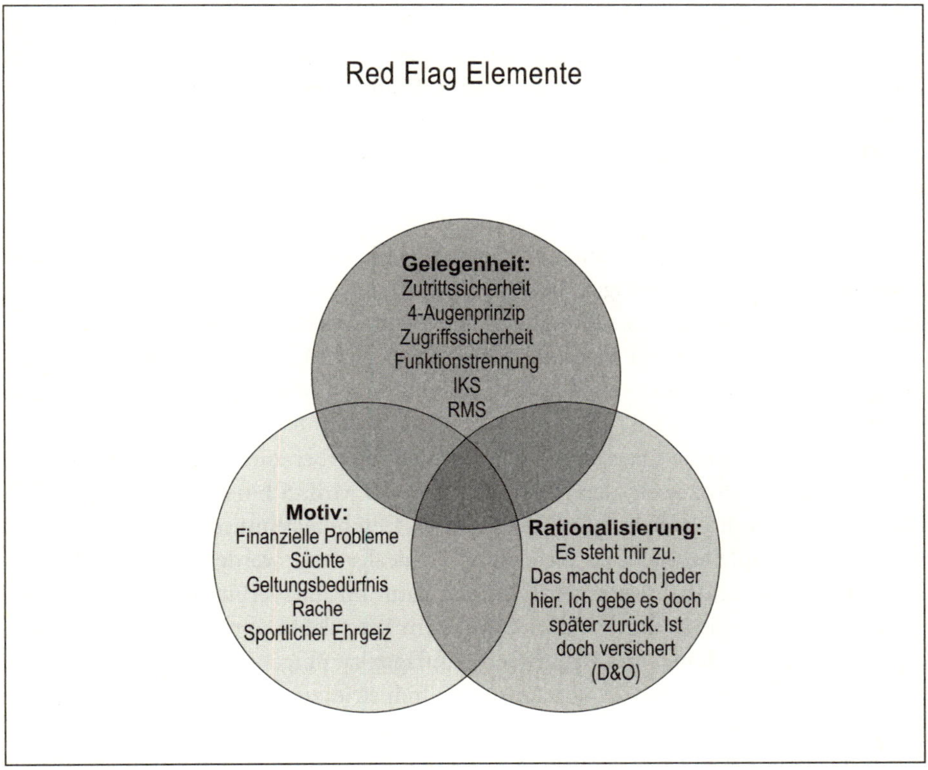

Abbildung 5-29: Red Flags[176]

176 Siehe auch die Prüfungsstandards PS 210 und ISA 240 des Instituts der Wirtschaftsprüfer (IdW), die das Thema Red Flags ebenso im Rahmen der Abschlussprüfung adressiert haben.

5.7.3 Spezielle Red Flags im Marketing und Vertrieb

5.7.3.1 Produktentwicklung und prophylaktisches Anti-Fraud-Management

Beim Thema Produktentwicklung, wird der geneigte Leser einwenden, können doch Compliance-Themen gar nicht so häufig entstehen, da dieser Bereich streng im Verborgenen eines Unternehmen ohne große Mitbeteiligung Dritter am Markt arbeitet. Außerdem arbeiten in diesem Bereich in der Hauptsache Naturwissenschaftler, deren Primärinteresse die Innovation sei. Das Geldinteresse sei beschränkt auf ein auskömmliches Budget, mit dem Forschungseinrichtungen und hochqualifizierte Mitarbeiter alimentiert werden können. Dieser Einwand ist einerseits berechtigt, andrerseits greift er zu kurz.

Auch Naturwissenschaftler sind Menschen mit allen Motivstrukturen und Rationalisierungsmustern, die bei Compliance-Analysen angewandt werden können. Darüber hinaus haben sie ein ausgesprochenes Mitteilungsbedürfnis, Innovationen der akademischen Fachwelt kund zu tun und von den Forschungsergebnissen ihrer Kollegen wieder zu profitieren („Give and Take"). Dieses Bedürfnis steht einem Geheimhaltungsinteresse des Unternehmens diametral entgegen. Deshalb sollte die Diskussion dieser Problematik vor Einstellungen (ehemals) wissenschaftlich Tätiger einen Teil des Einstellungsgesprächs einnehmen.

Technologiegetriebene Unternehmen aus dem Maschinenbau, der Automobil- und Flugzeugindustrie, Pharma und Chemie, ITK (Informations-Technologie und Telekommunikation) benötigen hochqualifizierten Nachwuchs, können ihn jedoch auch leicht wieder an die Forschung oder den Wettbewerber verlieren.

Nichts definiert die USP (Unique Selling Proposition), also die Unverwechselbarkeit eines Unternehmen so sehr wie das Produkt, seine Entwicklung ist also besonders schützenswert.

In der ITK-Branche überziehen sich die Wettbewerber zurzeit gegenseitig mit einer Vielzahl von Prozessen, deren Streitwerte in die Mrd.-$ hineingewachsen sind[177]. Die USP wird mit Patenten, Gebrauchs- und Geschmacksmusterschutz sowie mit dem Markenschutz versucht zu verteidigen[178]. Idealerweise werden Eigenentwicklungen zum Marktstandard weitergetrieben, die dann für alle verbindlich sind. Der Beginn eines Monopols ist vorgezeichnet. Auf dem Weg dahin wird weiterhin versucht, Abkürzungen zu nehmen und Regulierungsauflagen zu umgehen[179].

Ähnliche Themen sind in der Automobilindustrie zu finden im Kampf um die Marktanteile der Zukunft zwischen Deutschland und Asien, vor allem in China.

In der Pharmaindustrie geht der Kampf um den weltweiten Patentschutz eigener Produkte bis zum Schutz der Produkte gegen Nachahmer-Generika. Milliarden-

177 Als prominentes Beispiel sei hier die Klage von Apple gegen Samsung wegen Design-Kopien seines iPhones und des iPads erwähnt. Pikanterweise produziert Samsung den von Apple entwickelten Chipsatz Apple A4 und A5 und setzt ihn in eigenen Produkten ein.

178 Zu den Unterschieden siehe Deutsches Patentamt: www.dpma.de.

179 Siehe die vielen Verfahren, in denen Microsoft Wettbewerbern und Kartellbehörden Schadenersatz leisten musste.

Umsätzen eines Blockbusters stehen Milliarden-Entwicklungskosten vieler Produktideen gegenüber, die die klinische Erprobungsphase nicht mehr überstanden haben.

Vor diesem Hintergrund verwundert es nicht, dass Schutz gegen Industriespionage, Produktpiraterie und Patentrechtsverletzungen ein brennendes Thema geworden ist, das einige Unternehmen sogar veranlasst hat, bestimmte Märkte als Produktionsstandorte trotz erheblicher Kostenvorteile auszugrenzen, um die Existenz des eigenen Unternehmens abzusichern.

Prophylaxe-Maßnahmen im Unternehmen beginnen wieder beim Mitarbeiter, dem die unterschiedlichen Möglichkeiten der Ausspähung vertraut gemacht werden sollten. Dies beginnt in der Schulung, was Firmengeheimnisse sind und wie mit ihnen auch innerhalb des eigenen Unternehmens umgegangen werden sollte.

Z. B. sollte außerhalb des Unternehmens weder über Namen von Unternehmensangehörigen noch über Unternehmenszahlen gesprochen werden. Im Zeitalter von E-Mail und Handy ist dies ein schwieriges Unterfangen. Nichts desto trotz sind Verschlüsselungen vertraulicher E-Mails, abstrakte Formulierungen am Handy in der Öffentlichkeit bis hin zur Nutzung von SMART-Cards zum PC-Schutz Möglichkeiten, die noch viel stärker genutzt werden sollten.

Über die Möglichkeiten, die Thematik Geheimhaltung schon im Vertragsgespräch zu erörtern, wurde schon erwähnt. Regelmäßige Schulungen zur Bewusstmachung der Risiken gehören auch dazu.

Entsprechende Geheimhaltungs- und Wettbewerbs-Klauseln in allen Unternehmensverträgen mit der Maßgabe an alle verantwortlichen Manager, diese und keine anderen zu verwenden, kommen hinzu.

Eine aufmerksame und mit aktuellen Kenntnissen und Befugnissen ausgestattete IT-Sicherheits-"Truppe“ kann viel Schlimmes von Außenangriffen verhindern. Außerdem sollte sich auch die Unternehmensspitze darüber klar sein, in welcher Software sog. „Backdoors[180] eingebaut“ sein könnten und wie man sich im Ausland mit seinem Laptop und Handy zu verhalten hat. Dies gilt ganz besonders bei Akquisitionsgesprächen, bei denen der Besprechungsort nicht sorgfältig genug gewählt werden kann.

Ist der Worst Case eingetreten, hilft eine eigene Sicherheits- oder Compliance- oder Revisionsabteilung viele Fehler von vorneherein zu vermeiden. Dies beginnt mit einer sehr engen Definition des Kreises, der informiert sein sollte, der Entscheidung über pro und contra der Einbeziehung von externen Beratern, Detekteien und Anwälten bis hin zur Entscheidung zu einer Strafanzeige und arbeitsrechtlichen Konsequenzen verbunden mit einem sorgfältig ausgearbeiteten Konzept der Außenkommunikation.

---

180 Sog. Backdoors könnten ausländischen Geheimdiensten Ausforschungsmöglichkeiten eröffnen. Diese sind bei eigenem nationalem Interesse nicht zur Geheimhaltung verpflichtet und könnten dann Erkenntnisse an nationale Unternehmungen weitergeben. Amerikanische (Microsoft, Cisco) und kanadische Unternehmen (RIM: Blackberry) bestreiten vehement, solche Optionen einprogrammiert zu haben. Nur Hardware-Schutz mit Smartcards bietet nach Auffassung des Autors hinreichenden Schutz vor Ausspähungen, da der sog. private key auf der Karte und nicht im PC oder im Netz (VPN: Virtual Private Network) vorhanden ist.

Die nachstehende Tabelle gibt noch einmal einen Überblick:

Risiko-Thema	Red Flags	Prophylaxe
Industrie-spionage	Zeitliche Koinzidenzen einer Neuprodukt-Markteinführung, Verblüffende Ähnlichkeit nicht sichtbarer neuer Features und Funktionalitäten	Regelung in Lieferantenverträgen, Wettbewerbsklauseln in Mitarbeiterverträgen, Laufende Gesprächsschulung von Mitarbeitern in sensiblen Bereichen, (IT)-Zugangs- und (IT)-Zugriffsschutz, Externe Beratung bei Verdachtsfällen
Produktpiraterie	Ungeplante, z. T. schleichende Umsatz- und Ergebnisverluste, Verlust von Stammkunden	Absicherung in allen Verträgen der Lieferantenkette, Öffentlichkeitsarbeit, Anzeigen bei Zoll und Staatsanwaltschaft Lobbying
Patentrechts-verletzungen	Ungeplant langsame,teilweise erfolglose Marktbearbeitung, Ähnlichkeit nicht sichtbarer neuer Features und Funktionalitäten	Schadenersatzklagen, Gerichtsfeste, belastbare (inter)-nationale Patente

Abbildung 5-30: Risikomaßnahmen für einen Produktschutz

Es versteht sich von selbst und wird auch hier deshalb nur beiläufig erwähnt, dass umgekehrt der CO-Verantwortliche darauf zu achten hat, dass die oben genannten Tatbestände in seinem Unternehmen nicht vorkommen.

Zwar gehört ein gut gefüllter „War-Room[181]“ inzwischen zu jedem gut geführten Unternehmen, das sich im harten Wettbewerb befindet. Damit sind jedoch nur legale Maßnahmen im Kampf um Marktanteile beschrieben.

5.7.3.2 Preispolitik, Regulierung und spezielle Marktgefahren

Trotz aller USP über die Einzigartigkeit und Qualität ist der Preis des Produkts letztendlich ausschlaggebend für den Erfolg am Markt.

Über Markteintrittsbarrieren wie

181 Begriff aus der Strategie und dem Marketing (ursprünglich der Lageraum einer kriegsführenden Partei), in dem alle Informationen zusammengetragen und präsentiert wurden) bezeichnet ein Konzept möglicher Aktion-Reaktion im Verhältnis zu einem Wettbewerber.

- exklusiven Kundenzugang: Vertriebsbindung in der Automobil- und in der Mineralölindustrie, Kampf um den Regalmeter bei der Lebensmittelindustrie
- eigene Entwicklung zum Marktstandard zu etablieren: z.B. Microsoft-Windows-Betriebssystem, Apple-A4 und -A5-Chipsatz, SAP-ERP/SCM/CRM-Software für Branchen
- hohe Infrastrukturaufwendungen: Telekommunikation, Energieversorger, Bahn, Mineralölindustrie

wird versucht, ein Monopol zu schaffen und damit den Wettbewerb über den Preis auszuschließen.

Dies führt bei adäquater Marktbeobachtung durch die Regulierungs- und Kartellbehörden zu Gegenreaktionen. Diese bestehen in der Festlegung von Preisobergrenzen, Vorabgenehmigungen für Preise oder nachträglicher Missbrauchsaufsicht über die Preispolitik bis hin als Ultima Ratio zur Zerschlagung von Unternehmen oder des Verbots von Unternehmenszusammenschlüssen.

Die betroffenen Unternehmen sind dann gezwungen, durch erhebliche Rationalisierungsanstrengungen den Druck sinkender Preise und, wegen teilweise unelastischer Nachfrage, sinkender Umsätze auszugleichen. Da der Wettbewerb sich entfalten soll, werden auch die Vorleistungspreise, z.B. für die Mitbenutzung der vorhandenen Infrastruktur, festgelegt (Teilnehmeranschlussleitung oder hochfrequente Bitübertragung ohne Telefonleistung bei der Deutschen Telekom). Die aktuellen Diskussionen um die Infrastruktur der Bahn und Netzentgelte der Energieerzeuger gehören ebenfalls zu diesem Thema.

Compliance-Themen entstehen in der Praxis immer dann, wenn die Märkte unvollkommen sind und vom Kunden bzw. Einkauf die Leistung nur unvollkommen bewertet werden kann.

Ein gewisses „G'schmäckle" lässt sich nicht leugnen, wenn sich ein gegenüber dem Kunden unabhängig gebender IT-, Media- oder Bauberater vom Lieferanten der Leistung zusätzlich bezahlt wird.

Dieses „G'schmäckle" gilt ebenfalls für Finanzberater und Bankberater, die für den Vertrieb von Produkten Provisionen der Fonds (Investmentfonds, Immobilienfonds, Schiffsfonds etc.) kassieren.

Die Nähe zur Kollusion (vorsätzliches Zusammenspiel von unabhängig auftretenden Personen mit dem Zweck der Schädigung eines Dritten) ist nicht wegzudiskutieren, wenn die Verbindungen zum Lieferanten von den Beratern nicht offengelegt werden und gleichzeitig der Kunde geschädigt wird, d.h. wenn das vermittelte Produkt nicht werthaltig oder weit überteuert angeboten und verkauft wird.

Im Normalfall ist die Preisstellung in einem Unternehmen durch Richtlinien klar geregelt. Darin enthalten sind dann auch die Kompetenzen, die benötigt werden, um Rabatte, Erlösschmälerungen oder Skonti zu gewähren.

Je mehr die gewährten Rabatte vom zunächst genannten Fabrikabgabepreis abweichen, desto größer wird die Möglichkeit von unerlaubten „Zwischengeschäften".

Sichtbar werden diese Marktpreisdifferenzen dem Kunden nur bei einer Ausschreibung des Leistungsverzeichnisses (Bau), Pflichtenheft (IT-Software), Briefingdokument (Werbeaktion). Wenn jedoch der Lieferant dem Kunden bei der Erstellung dieser Verzeichnisse dem Kunden hilft oder sie gar komplett selbst erstellt, kann es dann trotz Ausschreibung einen Vorteil für den Lieferanten bedeuten, bei der Angebotserstellung beraten zu haben.

Für den IR oder CO-Verantwortlichen in einem Lieferantenunternehmen ist es wichtig, sich die Kosten der Absatzmittler, die ja die Umsatzmarge gedrückt haben, im Einzelnen erläutern zu lassen.

Bei der Erschließung neuer Märkte kann es sinnvoll sein, sich eines Experten zu bedienen, der den Kundenzugang erstmalig aufbaut. Nach einigen Jahren sollte das Unternehmen dazu dann allerdings selbst in der Lage sein.

Kritisch wird es zudem, wenn die Preisstellung ungewöhnlich hoch, aber auch die Vertriebskosten ebenfalls hoch ausfallen, so dass trotz auskömmlicher Brutto-Marge netto der Gewinn unterplanmäßig ausfällt.

Im Zweifel sollte der CO-Verantwortliche sich der Internen Revision oder einer „externen“ Internen Revision der Abschlussprüfergesellschaften bedienen, um einen intransparenten Sachverhalt aufzuklären.

Risiken eines möglichen Kollusionsvorwurfs verbunden mit einem Reputationsschaden für das eigene Unternehmen sollte das verringern helfen.

<table>
<tr><th>Risikofeld</th><th>Red Flag</th><th>Abhilfe</th></tr>
<tr><td>Bau</td><td>Fehlende Ausschreibung, aber hohe Beratungshonorare</td><td rowspan="3">Kurzfristig:
Externen Sachverstand einkaufen (Experten für Bau-, IT-, und Media/ Werbungs-Revision),
Mittel- bis langfristig:
Eigene Fach- und Sachkompetenz aufbauen</td></tr>
<tr><td>IT</td><td>Niedrige Rabatte trotz mehrerer Verhandlungsrunden ohne Auftragsverlust, aber hohe Beratungshonorare</td></tr>
<tr><td>Werbung</td><td>Media-, Papier und Druckkosten-Rabatte, die direkt an eine Werbeagentur überwiesen werden sollen</td></tr>
<tr><td>Bank, Sparkasse, Finanzvermittler</td><td rowspan="2">Provision als Kickback</td><td rowspan="2">Kickbacks für Vermittlung im Unternehmen transparent gestalten
oder
Nettopreise mit Beratungshonorar</td></tr>
<tr><td>Versicherung</td></tr>
</table>

Abbildung 5-31: Risikofelder und Red Flags Preispolitik

5.7.3.3 Promotion/Kommunikation und Werbung

Ein zentrales Element bei der Auswahl der einzelnen Werbeträger/Medien ist der 1.000-Kontakt-Preis. Er sollte als Preis für die zu erwartende Aufmerksamkeit die Werbekosten bei den unterschiedlichen Werbeschaltungen wie TV/Radio, Print und neuerdings auch Internet[182] normalisieren, d.h. vergleichbar machen.

Die sehr hohen Kostenblöcke in den Werbebudgets werden im Wesentlichen durch die Vorleistungslieferanten verursacht. Anders als beim traditionellen Einkauf überlassen Unternehmen den Einkauf dieser Leistungen Werbe- und Media-, und Online-Agenturen. Das kann in der Praxis zu Intransparenz und der Gefahr überhöhter Kosten führen.

Die Intransparenz entsteht durch Rechnungen der Agentur, die eigenen Leistungen mit denen ihrer Zulieferer zusammenfasst.

Die Gefahr überhöhter Kosten entsteht durch das Missverständnis, dass eine Werbeagentur in allem, was sie tut, kreativ ist. Tatsächlich gibt es in einer professionell geführten Agentur viele Handwerksleistungen, die z.g.T. von Freelancern und Subunternehmen erbracht werden. Geht es um den Einkauf von Nicht-Personal-Fremdleistungen, ist ein großes Unternehmen im Allgemeinen im Einkauf besser aufgestellt als eine Werbeagentur.

Positiv wäre es, wenn Agenturverträge eine Revisionsklausel enthielten, wie sie bei anderen Lieferanten von Outsourcing-Leistungen üblich ist, sodass eine CO/IR-Abteilung unbefangen direkt einer Agentur ihre Fragen stellen könnte. Die IR müsste dann nicht befürchten, dass die Agentur eine politische Einmischung oder gleich das Ende einer Geschäftsbeziehung herannahen sieht. Etwas mehr Sachlichkeit im Umgang könnte beide Seiten befruchten: die Agentur, die sich vom Kundenunternehmen besser verstanden fühlt, und die CO/IR, die vor Werbeprüfungen nicht mehr zurückschreckt.

Die nachfolgende Tabelle fasst die einzelnen Prozessschritte zusammen und empfiehlt einige Maßnahmen zur Vermeidung von Intransparenz und fehlender Budgetkontrolle, die ihrerseits CO-Verstöße provozieren könnten.

Prozessschritte: Werbeobjekt Planung	Risikofelder/Red Flags	Abhilfe
Briefing für Katalog/Beilage/ Mailing/Werbespot	Prozessschritt ist nicht dokumentiert, Bezug zum Jahres-Budget nicht erkennbar	Dokumentieren und Budgetbezug herstellen.
Entwurf: Lay-out/Drehbuch Foto-Shooting/ „Dreh" (Produktion)	Prozessschritt ist nicht dokumentiert	Dokumentieren

182 Google und auch z.T. Facebook bieten Unternehmen eine Vielzahl von Daten an, auf welchen Wegen potenzielle und auch aktuelle Kunden zu den oder der Unternehmens-Website (s) gelangt sind. Diese Daten unterscheiden sich in ihrer Detailliertheit signifikant von denen der klassischen Medien.

Prozessschritte: Werbeobjekt Planung	Risikofelder/Red Flags	Abhilfe
Litho + Satz/Schnitt + Nachvertonung, Bild- und DIA-Nachbearbeitung	Fehlende Ausschreibung, Seit Jahren gleiche Lieferanten	Vergabe selbst in die Hand nehmen, Erstellen des Leistungsverzeichnisses durch die Werbeagentur.
Druck	Fehlende Ausschreibung, Seit Jahren gleiche Lieferanten, Keine europaweite Ausschreibung	Vergabe selbst in die Hand nehmen, Erstellen des Leistungsverzeichnisses durch die Werbeagentur.
Porto TV und Radio-Schaltung	Fehlende Ausschreibung, Seit Jahren gleiche Lieferanten	Vergabe selbst in die Hand nehmen, Erstellen des Leistungsverzeichnisses durch die Werbeagentur. Vertrauenswürdige Media-agentur einschalten oder selbst eine gründen.
Debriefing/ Erfolgskontrolle	Prozessschritt ist nicht dokumentiert, Bezug zum Jahres-Budget nicht erkennbar	Dokumentieren und Budgetbezug mit Erfolgkontrolle unter dem Stichwort „Lessons Learnt" herstellen.

Abbildung 5-32: Prozessschritte klassische Werbung

Im Themenkomplex Promotions werden potenziellen Kunden Angebote gemacht, die Produkte des eigenen Unternehmens mit einem Gewinnspiel verknüpfen. Über das Gewinnspiel werden Adressen potenzieller Kunden gewonnen, die dann für weitere Werbeaktionen zur Verfügung stehen.

Es versteht sich eigentlich von selbst, es wird aber an dieser Stelle noch einmal darauf hingewiesen, dass Gewinne eines Gewinnspiels nur Interessenten, nicht aber Unternehmensangehörigen zur Verfügung gestellt werden sollten. Dasselbe gilt für Sonderveranstaltungen und Teilnahme an besonderen Veranstaltungen (VIP-Lounges), die nur von dem Vertrieb, nicht jedoch von Unternehmensangehörigen genutzt werden sollten.

Die Überprüfung dieser Budgets auf adäquate Verwendung ist immer ein lohnenswerter Ansatz für den CO-Verantwortlichen oder die IR. Gleichzeitig sollte er die Aktualität der Geschenke- und Veranstaltungsrichtlinie überprüfen, dass für die Koordinatoren und die Unternehmensangehörigen Klarheit darüber herrscht, was in dem Unternehmen als gewünschtes Verhalten eingefordert wird.

Da Geschenke für Promotion-Aktionen auch eingekauft und gelagert werden müssen, bietet sich hier eine klassische Einkaufsrevision mit Bestandskontrolle an.

Denn die für Promotion Verantwortliche sind selten geschulte Einkäufer, vielmehr professionelle Eventmanager. Hier gilt der alte Einkaufsgrundsatz, der Bedarfsträger konkretisiert so gut wie möglich seinen Bedarf in einer internen Bedarfsanforderung, der Einkauf kauft sie zum bestmöglichen Preis in der gewünschten Qualität zum angeforderten Termin ein.

Häufig bleiben nach Promotion-Aktionen auch Restbestände zurück, die meist nicht mehr für neue Aktionen einsetzbar sind. Der Königsweg ist die Rückgabe an den Lieferanten, da er meist einen besseren Blick für den Kunden Markt hat als der unternehmensinterne Einkauf. Verkäufe der Restbestände an Aufkäufer kosten hohe Abschläge vom Einkaufspreis. Sie sind jedoch meist einem Verkauf an Mitarbeiter vorzuziehen, die immer mit dem Augout der Begünstigung und Vorteilsnahme verbunden sind. Zusätzlich sind auch noch steuerliche Aspekte beim Mitarbeiterverkauf zu berücksichtigen, wenn unter EK abgegeben wird.

Im Product Placement Bereich sind sowohl Kosten-Nutzen-Analysen der eingesetzten Finanzmittel und deren Wirkung wie auch Compliance-Analysen durchzuführen, um Reputationsschäden zu vermeiden.

5.7.3.4 Placement und Marktbearbeitung: Absatzmittler, Vertrieb und Absatzlogistik

Generell gilt hier seit einigen Jahren in Deutschland das Verbot der steuerlichen Abzugsfähigkeit von ausländischen Bestechungsgeldern.

> Unternehmen, die auch in den USA tätig sind, sei es direkt oder indirekt über eine Tochtergesellschaft, unterliegen dem Foreign Corrupt Practices Act[183]. Verstöße gegen dieses Gesetz, egal in welchem Land der Erde begannen, können zu sehr empfindlichen Geldbußen führen (siehe u. a. Siemens, Daimler).

Der CO-Verantwortliche eines Unternehmens sollte federführend die Verabschiedung einer Richtlinie über das Verbot von Zuwendungen an Kunden betreiben.

> Hierbei ist für die Akzeptanz im Unternehmen entscheidend, dass der betroffene Vertriebsmitarbeiter die Sicherheit erhalten, keine Nachteile befürchten zu müssen, wenn sie Aufträge an den Wettbewerb verlieren, der sich nicht adäquat verhält.

Solche Informationen sollten an ihn und an die Unternehmensleitung weitergeleitet werden, damit entsprechende Maßnahmen eingeleitet werden können wie z. B. Rückzug aus dem Markt, Anzeige bei der Kartellbehörde, vertrauliche Gespräche zur Unterlassung der unerlaubten Handlung mit dem anderen Unternehmen etc.

> Für Compliance-Analysen bietet es sich an, mit Hilfe der IT in den Kundendaten auffällige Muster herauszufinden und dann im Einzelnen zu analysieren.

183 Siehe www.justice.gov/crinimal/fraud/fcpa/.

Bei personenbezogenen Daten sind immer der Sozialpartner und der Datenschutzbeauftragte in Kenntnis zu setzen. Die Analysen sind zunächst anonymisiert durchzuführen und erst bei bestätigtem Verdacht dem Sozialpartner vorzulegen, um die dann notwendige Personalisierung zu erreichen.

Auffälligkeiten in Kundenumsätzen können sprunghafte Entwicklungen sein, d. h. die Umsätze nehmen sehr schnell in 6–12 Monaten zu, um danach wieder in sich zusammenzufallen (Strohfeuereffekte). Statt dauerhaft interessierten Stammkunden wurden Neukunden unter falschen Voraussetzungen geworben, die nach kurzer Zeit wieder dem Unternehmen den Rücken gekehrt haben, also inaktiv wurden.

Ebenso auffällig sind 100 % Stornos gerade beim Werben von Unternehmenskunden. Hier könnte der Verdacht bestehen, dass die Unternehmen gar nichts davon wussten, dass sie als Kunden geworben worden waren. In der Neukunden-Provisionierung wurden sie jedoch mit gezählt.

Wenn nach großen Werbeaktionen in sechs Monaten danach die Anzahl der dubiosen Forderungen stark ansteigt, könnte das Bonitätssystem des Unternehmens umgangen worden sein, dass das Unternehmen vor nicht zahlungsfähigen Kunden schützen sollte.

Auffällig sind auch Umsatz- und Bezahlungsmuster bei einzelnen Kunden, die zunächst unauffällig erscheinen, um dann plötzlich im Umsatz zu explodieren zusammen mit dann schleppender Bezahlung. In diesem Fall sind alle Hintergründe der Auftragsfreigaben inkl. manueller Eingriffe in Systemsperren zu analysieren.

Hohe Erlösschmälerungen (Rabatte, Skonti, Sondergutschriften; Retouren, Stornos) bei einem Kunden sprechen für eine angespannte Kunden-Lieferanten-Beziehung. In diesem Fall sollte weiterführende Gespräche mit dem Kunden geführt werden, um die wahren Ursachen der Verärgerung oder Unzufriedenheit zu entdecken. Lässt sich auf Managementebene jedoch nichts Auffälliges feststellen, sollten alle Rücküberweisungen bankkontenmäßig analysiert werden, um festzustellen, ob die Gelder überhaupt an die richtigen Kunden zurückgeflossen sind.

Viele manuelle Buchungen auf Kundenkonten können für akuten Handlungsbedarf stehen, insbesondere dann, wenn die Kundenstatistik nicht aus dem zentralen Buchhaltungssystem abgeleitet wird, sondern selbst erstellt wird (fehlendes CRM: Customer Relationsship Management).

Die nachstehende Tabelle fasst das Gesagte noch einmal zusammen:

Vorgang	Red Flag	Abhilfe: Maßnahme
Kundenauswahl	Sehr schnell hohe Umsätze	Zug-um-Zug-Auftragsfreigabe; Provisionierung von nachhaltigem Umsatz
	100 % Stornos von Aufträgen und Verträgen	Provisionierung von Umsatz statt Auftragsvolumen
	Auftragserteilung ohne Legitimationsprüfung	Provisionsabzug bei dubiosen Forderungen von Neukunden

Vorgang	Red Flag	Abhilfe: Maßnahme
Zahlungs-verhalten	Schleppend bis gar nicht von Anfang an	Bonitätsprüfung vor Auftragfreigabe
	Zunächst vertragsgemäß, danach bei höheren Umsätzen immer schleppender	Einsatz von intelligenter Software mit Mustererkennung und Cluster-verfahren
Kunden-Deckungs-beiträge	Signifikant niedrigere DB's bei Umsatz- und Absatzzuwächsen	Überprüfung der Rabattierungen und Deckungsbeiträge, Einführung von Sondergenehmigun-gen nur durch die Geschäftsleitung
	Überproportional hoher Anteil an Erlösschmälerungen	Genaue Analyse der Retouren, Sondergutschriften, Boni und Skonti auf Berechtigung, Einführung von Sondergenehmigungen nur durch die Geschäftsleitung

Abbildung 5-33: Red Flags im Vertrieb

5.8 Kernthesen

In diesem Kapitel haben wir die verschiedenen Marketingprozesse kennen gelernt, die ein Unternehmen heute benötigt, um erfolgreich am Markt bestehen zu können. Es wurden die Grundlagen des Marketings, die unterschiedlichen Prozesse des Marketings und alle Revisionsarten, nämlich Zweckmäßigkeit, Wirtschaftlichkeit, Ordnungsmäßigkeit und Compliance, auf das Marketing bezogen diskutiert.

Die sieben Dimensionen von Philip Kotler Preis, Produkt, Promotion (Werbung) Placement (Vertrieb) sowie People, Prozess und Servicearten sind verschiedene Ausprägungen eines Gesamtkonzepts, mit dem ein Unternehmen mit seinen Produkten und Dienstleistungen den Markt für sich erorbert. Sie sollten aufeinander abgestimmt sein und dem Kunden gegenüber ein einheitliches Bild prägen.

Ausgehend von der Portfolioanalyse haben wir die Dogs sukzessive eliminiert, um Mittel für die Erfolg versprechenden Stars zu erlangen. Die Preispolitik zeigte uns, dass es mit Zusatzmarken gelingen kann, zusätzliche Absätze zu generieren ohne unsere Marken in den oberen Preisregionen zu gefährden. Über eine effektive Mediapolitik haben wir die Streuverluste bei Zeitungsbeilagen reduziert und die Mittel in die wirksameren Directmarketing-Aktivitäten gesteckt. Über einen kundendeckungsbeitragsgesteuerten Außendienst ist es uns gelungen, die attraktivsten Kunden mit unseren Produkten zu versorgen und sie auf Dauer auch an uns zu binden.

Die USP ist auch heute noch für die Unternehmen ein hohes Gut, dass von den Unternehmen auf den Märkten z. T. erbittert verteidigt wird. In der „Produktentwicklung" werden anhand von vielen praktischen Fällen Möglichkeiten angeboten, sich gegen Angriffe ihrer USP legal zu schütze. Diese umfasst zusätzlich zum gebotenen Patent- und Gebrauchsmusterschutz die Etablierung einer Geheimhaltungsrichtlinie, die die zulässige Außenkommunikation regelt und die Felder der schützenwerten Vermögenswerte im Unternehmen beschreibt.

In einem Sonderabschnitt wurden einige Aspekte der Neurowissenschaften vermittelt. Bildgebende Verfahren lassen heute immer mehr Rückschlüsse auf Entscheidungsverhalten von Menschen zu. Das sog. System 1 (Automatik: Ruhemodus) unterscheidet sich zum System 2 (volle Aufmerksamkeit), im ersten System werden eingeübte Verhaltensmuster auch beim Einkauf ohne große Großhirnaktivität durchgeführt, während bei Änderungen des Verhaltens oder neuen Themen gleichzeitig das limbische System (Emotion) begeistert und der Präfrontallappen der Großhirnrinde überzeugt werden muss. Zur emotionalen Stimulanz ist je nach Zielgruppe eine Region der sog. Big Three bzw. deren Mischformen zu aktivieren nämlich Abenteuer = Stimulanz + Dominanz, Genuss = Stimulanz + Balance oder Disziplin = Dominanz + Balance.

Die Effektivität des Marketings bemisst sich zunächst nach seiner Einbindung in die Organisationsstrutur eines Unternehmens und seinem Einfluss auf die Wertediskussion, die Strategie und die Möglichkeit, die wesentlichen Prozesse des Unternehmens kundenadäquat zu gestalten. Seine Ausrichtung sollte mittel- bis langfristig sein, ohne das Tagesgeschäft zu vernachlässigen. Auch hier kann sich effektives Marketing beweisen, inwieweit es gelingt, vorausschauend mit unerwarteten Ereignissen umzugehen und Ziele auf anderem Weg (Plan B) doch noch zu erreichen. Durch eine SWOT-Analyse werden die notwendigen Erkenntnisse transparent, die helfen, ein Unternehmen auf dem Weg seiner Zielerreichungen und Umsetzung seiner Missions Statements zu unterstützen.

So schwierig es auch sein mag, die in der Praxis geforderte Flexiblität in Einklang mit den Forderungen nach effektiver IC/Ordnungsmäßigkeit zu bringen, das Ergebnis kann sich hinterher sehen lassen. Werden doch durch abgestimmte und einheitliche Vorgehensweise Verwässerungstenzenden, die zu Lasten des Markenauftritts gehen, vermieden. Mit einer glasklaren Mittelfriststrategie werden Kurzfristeeffekte wie „Umsatz kaufen" und „Strohfeuer-Effekte" durch Neukunden, die nach einem halben Jahr Umsatz spurlos verschwinden, wenn es denn überhaupt zu bezahltem Umsatz kam, vermieden. Regelungen, die klar zwischen privater und unternehmerischer Verantwortung differenzieren, helfen allen, die „Do's" von den „Don'ts" zu unterscheiden. Eine IR kann hier dem Marketing sehr zunutze sein.

Ein Unternehmen kann auch im Vertrieb einige Vorkehrungen treffen, um sich vor den unerlaubten Handlungen/Compliance-Verstöße seiner Mitarbeiter und Manager zu schützen.

Im Red Flag Dreieck von Gelegenheit, Motiv und Rechtfertigung besitzt der Punkt Gelegenheit die größten Handlungsoptionen für ein Unternehmen. Aber auch am Punkt Motiv und Rechtfertigung eines potenziellen Täters lässt sich im Unternehmen arbeiten. Im Vordergrund stehen hier der Vorgesetzte und die Führungskultur im Unternehmen. Zusätzlich sind Personalabteilung und Fachvorgesetzter bei Neueinstellungen gefordert, mit der notwendigen Sachkunde und dem geforderten Dokumentennachweis.

Die Nutzung von SMART-Cards und andere Möglichkeiten sicherer Kommunikation außerhalb der Unternehmensräume werden beschrieben.

Red Flags wie schleichender Kundenverlust, Nachahmerprodukte u. a. werden mit möglichen Gegenmaßnahmen wie Anzeigen bis hin zum Marktrückzug und Aufgabe von Kooperationen erläutert.

Innerhalb der Preispolitik wird versucht, etwas Transparenz in den Markt von Absatzmittlern hineinzubringen. Die Reputationsrisiken aufgrund von unerlaubten Handlungen werden an einer Reihe praktischer Fälle diskutiert. Der Werbeprozess beschäftigt sich von der Planung bis hin zur Vergabe einzelner Leistungen im Werbeobjekt. Durch Gestaltung der entsprechenden Verträge und Aufbau einer eigenen Kompetenz wird versucht, diesen Unternehmensbereich etwas zu entmystifizieren und den Einkauf von Werbeleistung auf dieselbe professionelle Stufe wie übrige Güter und Dienstleistungen zu stellen. Das Thema Geschenke inkl. Einladungen zu Events wird ebenfalls beleuchtet.

Im Vertrieb wird das Zusammenspiel von Umsatz und Provision ebenso beleuchtet wie die Auftragskontrolle und auffällige Umsatz- und Bezahlungsmuster von Kunden. Abhilfen wie Massendatenanalysen und intensive Diskussion einer sinnvollen Vertriebsprovision werden dargestellt. Red Flags im Vertrieb wie hohe Auftragsstornos, Retouren und Sondergutschriften werden im Einzelnen diskutiert und Maßnahmen zur Abhilfe besprochen.

IT-Controls haben den manuellen Aufwand in den Unternehmen stark reduziert und werden deshalb verstärkt eingesetzt. Diese Controls besitzen nicht die Möglichkeit der Fehlerkorrektur, sondern geben nur Hinweise auf Fehler und Probleme, die dann vom Management in Aktionen umgesetzt werden. Man unterscheidet bei den IT-Controls in Zugangs- und Verarbeitungskontrollen. Zugangskontrollen regeln, dass nur Berechtigte die Möglichkeit erhalten, auf IT-Systeme zuzugreifen. Verarbeitungskontrollen stellen die Vollständigkeit, Richtigkeit, Zeitnähe und in gewissem Umfange auch inhaltliche Plausibilität der Verarbeitung sicher.

Durch die Möglichkeit der Massendatenanalyse gibt es heute die Chance, mit mächtigen Dateianalyse-Programmen wie ACL und IDEA auch im Compliance-Bereich systematisch auf die Suche nach Red Flags zu gehen.

Soweit personenbezogene Daten betroffen sind, sollten Sozialpartner und Datenschutz vorab in Kenntnis gesetzt werden.

Für alle Datenbanken bestehen heutzutage viele Möglichkeiten von Hypothesentests, vom Benford-Test hin zu auffälligen Mustern bei den Bewegungsdaten. Mit der Internen Revision steht dem Unternehmen eine prozessunabhängige Instanz zur Verfügung. Diese kann das Unternehmen für seine Zwecke immer dann einsetzen, wenn Doppelarbeiten zwischen CO und IR vermieden werden sollen sowie Fach-Wissen und intime Unternehmens- und Prozesskenntnis benötigt werden.

6 Kernprozess 1: Revision des Verkaufsprozesses

Der Erfolg des Geschäftsmodells eines Unternehmens entscheidet sich im Verkaufsprozess. Der Kunde fühlt sich emotional und sachlich von den Produkt- und Serviceeigenschaften angezogen: er möchte kaufen. Dazu unterschreibt er einen Kaufvertrag bzw. gibt seinen Auftragswunsch beim Unternehmen ab, den es dann (nur) noch bestätigen muss. Jetzt zeigt sich, ob das Unternehmen seine „Hausaufgaben" gemacht hat und seine IT-Systeme den richtigen Datenstand widerspiegeln.

Ist der Kunde zahlungsfähig und das Unternehmen zum Kundenwunschtermin lieferfähig?

Diese dürre Aussage ist an viele Informationen gebunden, die das Vertrauensverhältnis von Kunde und Unternehmen vertiefen können oder zukünftig belasten werden, es geht um das CRM-System.

Im CRM-Datenpool sollten

- Adress- und Umsatzdaten (Kundendatenbank und Schnittstelle zur Fakturierung) des Kunden liegen sowie
- Kennzeichen, mit welchem Werbe-Medium er Kunde geworden ist (Werbekennzeichen),
- an welchen Werbeaktionen er aktuell teilgenommen hat und
- wann er den letzten Umsatz getätigt hat.

Diese Daten unterscheiden den Stammkunden vom Altkunden, den Premiumkunden vom „Durchschnitts"-Kunden und geben Aufschluss über die Kaufwahrscheinlichkeiten und die Margen, die erzielt werden können.

Die Marge der Artikel, die er in einem gewissen Zeitraum gekauft hat, wird automatisch zur Brutto-Kundenmarge (Schnittstelle Artikelstamm) verdichtet. Über diese Bruttomarge kann die Wertigkeit des Kunden etabliert und mit einem Kennzeichen (nach einem Algorithmus errechnet) versehen werden.

Hiervon abgezogen werden Sonderpreisnachlässe nur für diesen Kunden und bei ihm feststellbare Retouren, Gutschriften und Reklamationen.

Ein sog. Trackrecord der Erfahrungen des Kunden mit dem Unternehmen wird sichtbar. Problematische und kritische Phasen und deren Bewältigung sowie unproblematische Zusammenarbeit werden sofort sichtbar und können mit einem weiteren Kennzeichen (wieder mit einem Algorithmus errechnet) versehen werden.

Zusammen mit den direkt zurechenbaren Kosten lässt sich so ein Deckungsbeitrag ermitteln (Schnittstelle Kalkulationsdatenbank-Controlling).

Für die Entscheidung, an welcher Aktion er zukünftig teilnehmen sollte, reicht normalerweise eine Klassifizierungszahl wie Großkunde, hoher Deckungsbeitrag aus.

Alle weiteren Daten ergeben sich im Verkaufsprozess durch die Daten in den Firmendatenbanken wie Produkt-, Lieferanten- und Logistikdaten.

Insgesamt liegt hier eine Aufgabe für den Marketingbereich, diese Daten gut im Unternehmen für den Verkaufsprozess aufgearbeitet zu erhalten, um die Nachfragesituation effektiv steuern zu können.

Aus dem Onlinebereich ergeben sich aus zusätzlichen Click-Historien, die zu einem Kauf geführt haben, und weiteren, falls verfügbar, Social Media Daten, ein noch besseres Bild auf das Kaufverhalten.

IT-technisch kommt es jetzt zu einer Verzahnung von SCM im ERP mit CRM, d.h. über den Auftragseingang wird rückwärts die Produktions- und Lieferkette geprüft, um dem Kunden die Liefer-Zusage geben zu können.

Die Konditionsprüfung kann ebenfalls IT-technisch durch Artikeldatenbanken unterstützt sein mit Hinweis auf Genehmigungsvorbehalte der Vorgesetzten, falls kalkulierte Margen nicht erreichbar scheinen.

Nach Erteilung der Auftragsbestätigung sind die weiteren Informationen wie Warenausgang/Versand zum Kunden, Fakturierung sowie Mahnung und Inkasso die bekannten Finanzprozesse, die sicherstellen, dass aus Ware wieder Geld wird.

Auch hier sind je nach Branche und Geschäftsmodell mächtige Datenbanken in Bewegung. Die Abrechnung komplexer Bauaufträge wie die umfangreiche Abarbeitung von Bestellungen im Handel mit unterschiedlichen Terminen, Lieferorten und Artikelmengen verlangen jeweils passende Systeme.

In vielen Passagen dieses Buches ist bisher von Big Data die Rede gewesen. In nachfolgender Grafik sind einige der Elemente angelistet, die für den gesamten Verkaufsprozess besonders relevant sind, vom CRM (Demand to Order) über die Fakturierung (Order to Bill) bis hin zum Forderungsmanagement (Bill to Cash).

Insgesamt kann man sich die generische Abfolge wie folgt vorstellen:

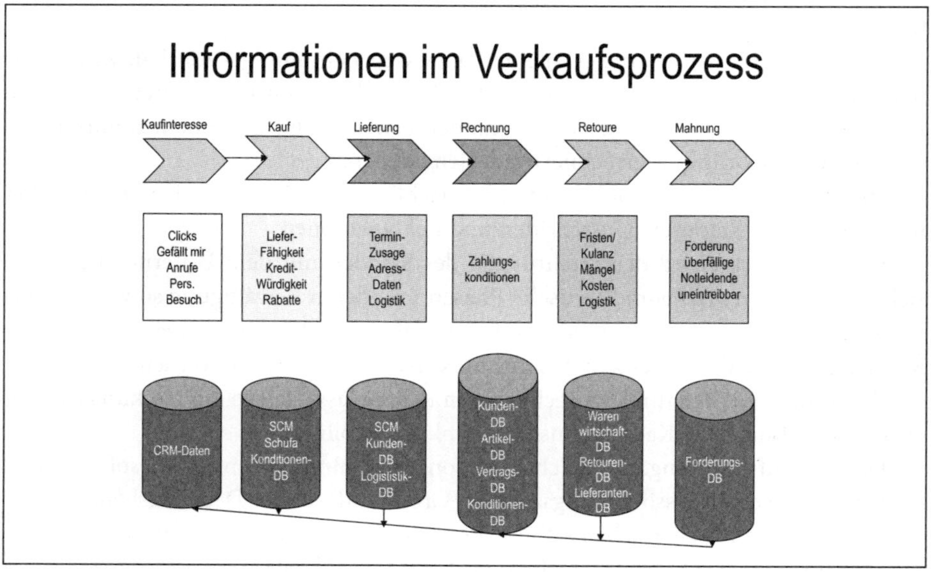

Abbildung 6-1: Informationen im Verkaufsprozess

Der Einfluss der Verkaufs-Prozessgestaltung auf das Geschäftsmodell eines Unternehmens kann gar nicht hoch genug eingewertet werden.

Durchgängige Prozessketten sind effizient, Schnittstellenprobleme sind häufig nicht schnell und einfach zu bereinigen und führen zu Ineffizienzen (Wartezeiten, Doppelarbeiten, fehlende Informationen am Point of Sale) durch manuelle Tätigkeiten.

Mehrfache Datenerhebung identischer Daten für unterschiedliche Informationssysteme ist per se ineffizient und führt beim betroffenen Mitarbeiter zu Frustration.

Abstimmungen unterschiedlich erhobener Daten führen zu weiteren Ineffizienzen, da meist hochqualifizierte Mitarbeiter den „Datensalat" bereinigen müssen.

Standardsysteme sind hier häufig ein Ausweg, taugen jedoch wenig zur Wettbewerbsdifferenzierung, da individuelle Produkte und Services des eigenen Unternehmens meist nur schlecht oder mit sehr hohem Aufwand abbildbar sind (Customizing).

Vertiefende Ideen und Prüfungsansätze sind im Abschnitt 5.1.4 Placement und 5.6.2 Vertrieb zu erhalten.

6.1 Demand to Order: Prüfung von Auftragseingang und Auftragsbestätigung

Für den nächsten Schritt Kauf/Auftrag sind im Unterschied zum Prozess der Nachfrageerzeugung mit den Abschlusskriterien „Auftrag/Auftragsbestätigung" mit den o.g. „weichen" Kundenklassifizierungskriterien weitere, sog. „harte" Kriterien erforderlich, damit er gültig wird.

Basis eines gültigen Kaufs sind gleichlautende, gegenseitige und übereinstimmende Willenserklärungen.

Es macht einen Unterschied aus, ob ich vor dem Abschluss eines Kaufvertrags den Kunden persönlich kenne (Stammkunde), zum ersten Mal kennenlerne (Neukunde), persönlich vor Ort den Kaufvertrag abschließe oder eine räumliche Distanz überbrückt werden muss.

Im einfachsten Fall, der sofortigen Bezahlung gegen Aushändigung der Ware, sind auch bei Neukunden in vielen Fällen eine Identfizierung, eine Authentifizierung und eine Prüfung der Vertretungsbefugnis nicht notwendig.

Identifizierung meint, der Kunde ist (seinem Zahlungsverhalten nach aufgrund der Eingabedaten Name, Vorname, Adresse) bekannt.

Authentifizierung meint, der Mensch der bestellt, stimmt mit dem überein, den ich bzgl. seiner Merkmale (Name, Vorname, Adresse und Geburtdatum, Adresse, Nr. des Personalausweises, Kreditkarten-Prüfziffer[184]) kenne.

184 Eine 3-D-Secure-Prüfung geht noch einen Schritt weiter, hier wird der abrechenden Stelle und der Kreditkarten Gesellschaft ein Online-Dialog eröffnet, der vom Kunden bestimmte Eingaben, die nicht auf der Karte vermerkt sind, fordert (PIN, Password, Geburtsdatum etc.).

Prüfung der Vertretungsbefugnis bedeutet, dass der Kunde, wenn es nicht für sich selbst handelt, für Dritte allein oder zusammen mit einer weiteren Person handeln darf.

Es gibt jedoch selbst beim Kaufvorgang Ware gegen Geld ein paar Ausnahmen.

Im B2C-Bereich hat der Verkäufer die Verpflichtung, die Vorschriften des Jugendschutzgesetzes zu beachten. Hiernach sind bestimmte Käufe an die Volljährigkeit des Käufers gebunden.

Bestimmte Geschäfte wie Grundstückskäufe sind an die Schriftform (mit notarieller Beglaubigung) gebunden. Mündliche Grundstückskaufverträge sind zumindest in Deutschland nichtig.

Im Banken und Versicherungsgeschäft verpflichtet das GWG (Geldwäschegesetz) die Unternehmen, vor der Annahme bestimmter Geldbeträge die o.g. Legitimationsprüfung durchzuführen[185].

Im anderen Fall geht es um Kaufverträge, die meist abgeschlossen werden, wenn Leistung (Produkt und/oder Dienstleistung) und Gegenleistung nicht auf einen Zeitpunkt zusammenfallen (typischer Fall bei Dienstleistungen).

Kommt es beispielsweise zum Kaufvertrag im B2B-Bereich, tuen Verkäufer-Unternehmen gut daran, die Unterschriften bei Erstabschlüssen zu prüfen. Unterlassen sie diese Prüfung, kann der Kaufvertrag nichtig werden, wenn die Unterschriften gefälscht waren[186].

Ist das Produkt oder die Dienstleistung noch nicht verfügbar, muss im Normalfall auch noch nicht bezahlt werden.

Trotzdem ist es für ein Unternehmen, das einen großen Auftrag erhält, wichtig zu prüfen, ob der Kunde bei Lieferung zahlungsfähig ist. Denn Vorleistungen müssen beschafft und eigene Leute bezahlt werden. Die Vorleistungen können z.B. im Projekt- oder Entwicklungsgeschäft sehr hoch ausfallen. Deshalb verlangen Lieferanten bei Großaufträgen manchmal eine Anzahlung (Großanlagenbau, Werkzeug- und Maschinenbau) bzw. die Beteiligung an der Erstellung und Entwicklung von Werkzeugen (Automobilindustrie).

Schon hier, also vor Herstellung des Produkts, muss der Kunde seine Solvabilität, Zahlungsfähigkeit mit der Anzahlung unter Beweis stellen.

Im Handelsbereich kann es vorkommen, dass der Lieferant erst nach Auftragserteilung mit den Produktionsvorbereitungen beginnt. Der Kunden-Auftrag sichert im Auslandsgeschäft die Finanzierung des Lieferanten/Verkäufers durch die Bank, meist verbunden mit einem Akkreditiv der Hausbank des Käufers.

185 § 1, 4, 8 Abs. 1 Geldwäschegesetz. Diese Prüfung sollte durch Vorlage des Personalausweises/Reisepasses bei natürlichen Personen und durch Vorlage einer beglaubigten Kopie des Registerauszugs (Handelsregister, Genossenschaftsregister etc,) bei juristischen Personen vorgenommen werden.

186 Das BGB regelt diesen Fall.

Wird keine Anzahlung geleistet, so sollte trotzdem wegen der o.g. Risiken eine Bonitätsprüfung des Käuferunternehmens seitens des Verkäuferunternehmens durchgeführt werden, Daten liefern hier die bekannten Wirtschaftsauskunfteien.

Im B2C-Geschäft sind normalerweise Anzahlungen unüblich, Ausnahme Pauschalreisen und Möbelkauf. Die Automobilhersteller sind so zahlungskräftig, dass sie fast immer auf Anzahlungen[187] ihrer Käufer verzichten können, obwohl die Kaufvertragsbeträge im Durchschnitt höher liegen als beim Möbelkauf. Ganz im Gegenteil bieten sie dem Käufer günstige Finanzierungen in Form von Leasingverträgen an.

Das Thema Leasing wird im Band Financial Auditing ausführlich abgehandelt werden.

Bei Immobilien sind hingegen Anzahlungen nach geleisteter Unterschrift beim Notar üblich, der Käufer sichert sich damit vor seiner persönlichen Eintragung ins Grundbuch eine Eintragung der Auflassungsvormerkung, die ihn vor dem Verkauf des Grundstücks an Dritte schützt, sobald seine eingetragen ist.

Das Unternehmen könnte nach erfolgreicher Bonitätsprüfung die Auftragsbestätigung erteilen bzw. seine eigene Unterschrift unter den Kaufvertrag setzen. Wichtig ist es aber vorher zu prüfen, ob seine Lieferfähigkeit zum Kundenwunschtermin und die Konditionswünsche des Kundens (Boni, WKZ, sonstige Rabatte im B2B-Bereich) erfüllt werden können.

Dies setzt für das Verkaufsgespräch eine gute Vorbereitung des Verkäufers voraus. Meist informieren die eigenen Systeme sofort über die Lieferfähigkeit oder die entsprechend verfügbaren Vorgesetzten sind vorab über die Konditionswünsche des Kunden unterrichtet worden und können dann den Preis freigeben.

Im B2B ist die Lieferfähigkeitsprüfung eine eminent wichtige interne Prüfung, da im Kaufvertrag an die Nichteinhaltung empfindliche Strafen wie Zeitpönalen oder gar Rücktritt vom Kaufvertrag vereinbart sein können, von möglichem Schadensersatz durch verspätete oder unvollkommene Lieferung einmal abgesehen.

Auch in diesem Punkt unterstützen die SCM-Systeme, die die Informationen der gesamten Lieferkette gespeichert haben.

Insgesamt geht es im Verkaufsprozess 1: „Demand2Order: Auftragerteilung und Auftragsbestätigung“ seitens des Unternehmens um die Abgabe und spätere Einhaltung von Versprechungen zum Preis, zu den Konditionen, zum Termin und zur Qualität.

Folgende Grafik fasst das Diskutierte optisch zusammen:

187 Gemeint sind hier Anzahlungen vor Erhalt des Wagens, nicht eine Leasingsonderzahlung zum Auslieferungszeitpunkt.

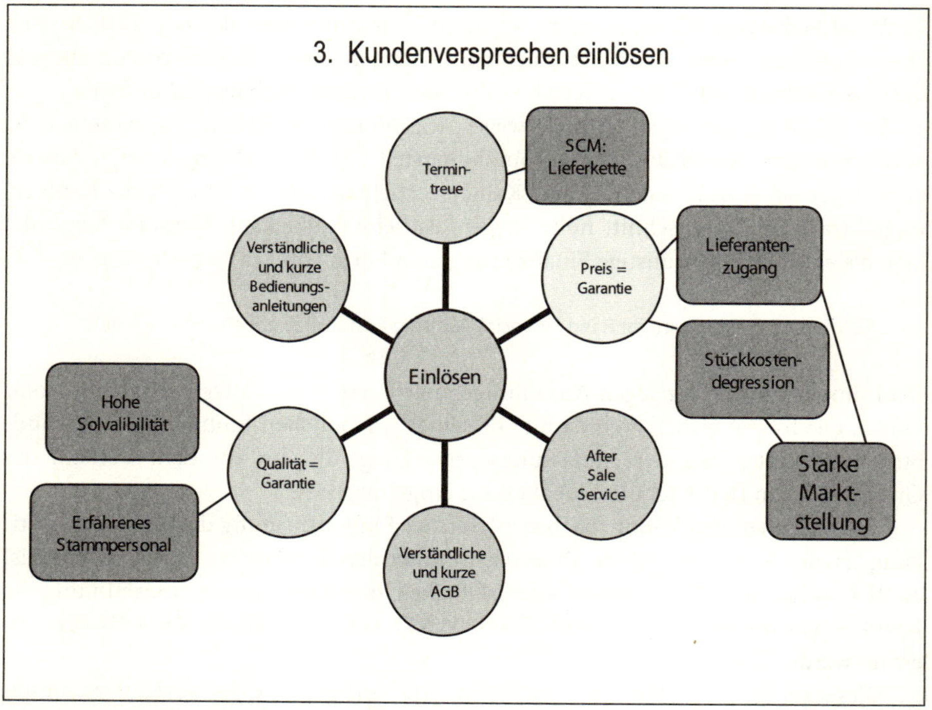

Abbildung 6-2: Kundenversprechen einlösen

6.2 Order to Bill: Prüfung der Rechnungserstellung

Der sich anschließende Kernprozess ist in allen Unternehmen gleich, unabhängig aus welcher Branche sie stammen, nämlich der Fakturierungsprozess, d.h. der Prozess, der das Ende der Prozessketten Kundenauftrag-Lieferung-Bezahlung: „Order2Delivery und Delivery2Bill" kennzeichnet. Gleichzeitig beginnt normalerweise mit diesem Prozess die klassische Verlagerung des Prüfungsfokusses von den operativen Bereichen, OA-Ansatz, in den Finanz- und Rechnungswesenbereich, FA-Ansatz.

Diese Betrachtung ist einem weiteren Band der Schriftenreihe, Financial Auditing, vorbehalten, so dass hier darauf verzichtet wird.

Im Nachfolgenden werden nur die OA-Dimensionen dieses Prozesses vorgestellt.

Bevor die Rechnung bei der (üblichen) Nachfakturierung erstellt werden kann, ist im Unternehmen eine Vielzahl von Prüfungen notwendig, damit es im Nachhinein nicht zu Problemen mit dem Zahlungseingang kommt. Im Prozess „Demand to Order" sind wie o.g. im Wesentlichen 4 Versprechen abgegeben worden, die durch adäquate Prüfungen des Unternehmens einzuhalten sind:

Preis, Menge, Qualität und Termin.

Der Termin ist der entscheidende Trigger (Auslöser) für den Zeitpunkt der Rechnungserstellung, da es im Geschäftsleben unüblich ist, dass Lieferanten Vorkasse erhalten.

Lieferantenkredit

Ganz im Gegenteil wird der (kostenlose) Lieferantenkredit als vollkommen „normale" Finanzierungsform in Anspruch genommen.

Handelsunternehmen klagen bisweilen über die niedrige (Umsatz)-Rendite, die ihnen verbleibt, jedoch ein Teil dieser Rendite wird bei den führenden Discountern über den Lieferantenkredit erzielt. So ist bei einer durchaus möglichen Drehzahl des Lagers (Lagerumschlag) von 12x pro Jahr nicht ausgeschlossen, dass Kunden die Ware gezahlt haben, die Ware also fakturiert wurde, bevor die Lieferantenrechnung beglichen wurde.

Auch Amazon räumt dies in seinem letzten Gesprächsbericht (10-k), der bei der SEC hinterlegt wurde, ein, bezeichnender Weise als ein Risiko, dass sich in Zukunft hieran etwas ändern könnte[188].

Vor diesem Hintergrund ist auch erst der Skonto (2–3 %) zu verstehen, den Lieferanten einräumen, wenn (schon) nach 14 Tagen bezahlt wird. Einige Kunden interpretieren dies miss und kürzen die Rechnung auch nach 30 Tagen um die Skontibeträge.

Bei den heutigen Zinsniveaus sollte jedes Unternehmen in der Lage sein, Skonti zu ziehen. 7–11 % Zahlungsvorteil p.a. sind bei 14 Tage und 2 oder 3 % ein sehr hoher Wert.

Eine IR sollte im Lieferantenbereich mit Hilfe von ACL oder IDEA entsprechende Standardabfragen jährlich erstellen. In einzelnen Fällen wird allein durch diese Prüfung das Kostenstellenbudget wieder eingespielt.

Lassen die unternehmensinternen Prozesse eine Zahlung innerhalb von 14 Tage nicht zu, empfiehlt sich hier eine OA-Prüfung, um die Schwachstellen vom Rechnungs-/Wareneingang bis zur kreditorischen Verbuchung zu erkennen und vom operativen Management beseitigen zu lassen.

Im liefernden Unternehmen ist der Warenausgang termingerecht erfolgt und die Übergabe an den Kunden am vereinbarten Ort (Abladestelle Lager/Hafen/Fabrik etc.) erfolgt.

Dazu ist es erforderlich, dass der oder die bestellte(n) Artikel dem Fertigwarenlager entnommen und dem Spediteur (LKW, Bahn, Schiff, Flugzeug) mit den entsprechenden Frachtpapieren übergeben wird. Üblicherweise kann immer aus dem Lager an den LKW übergeben werden, die Übergabe an ein Schiff oder die Bahn setzt entsprechende Anschlüsse voraus. Beim selteneren Fall der Luftfracht wird zunächst von einem LKW übernommen und dann am Flughafen angeliefert.

188 10 k Amazon, 2013, siehe hierzu www.sec.gov.

Von den Kosten gilt die aufsteigende Reihenfolge Schiff, Bahn, LKW und Luftfracht, von der Auslíefergeschwindigkeit dreht sich die Reihefolge konsequenterweise nach der Devise „Time is Money" um. Sind die Transportkosten marginal zum Warenwert oder hängt der Warenwert von der Schnelligkeit des Transports ab (Verderbliche Waren), so kann bei entsprechendem Kundenwunsch auch das teuerste Transportmittel notwendig sein.

Es ist heute selten, dass Unternehmen selbst die Logistikleistung übernehmen (Hermes für Otto und inzwischen auch für Drittkunden). So wurde der Prozess „Order 2 Delivery" in den meisten Unternehmen an einen Spediteur ausgelagert (Outsourcing). Dadurch, dass Speditionsunternehmen für die lange Strecke meist mehrere Kundenaufträge zusammen fassen können, ergeben sich Kostenvorteile, da z. B. der LKW voll beladen abfahren kann. Weitere Vorteile in Form von Preisnachlässe je Artikel/to/m^3 ergeben sich für den Kunden, wenn der LKW seine gesamte Ladung an eine Abladestelle liefern kann. Im anderen Fall wird im sog. Nahverkehr aus dem Speditionslager des Logistikunternehmens die Ware weiter verteilt.

Nach Auslieferung signalisiert die entsprechende Unterschrift (Im Handel manchmal mit dem Stempel: Wareneingangsbestätigung unter Vorbehalt der Prüfung) des Kunden, die Rechnung kann versandt werden, Ware wurde abgenommen.

„Versprechen 3" war Lieferung entsprechend der vereinbarten Qualität. Auch hier stellt das Unternehmen durch eigene Prüfungen (am besten direkt beim Lieferanten und in der eigenen Produktion) fest, das die zu lieferende Qualität o.k. ist. Dies sollte mit einem Prüfvermerk auf den Lieferpapieren/den Versandunterlegen/dem Lieferschein vermerkt sein und ist in der digitalisierten Zeit ein (versteckter) Hinweis, dass das Unternehmen seine Produkte nicht als „commodities", sondern als einzigartig einschätzt und für es die Lieferqualität einen hohen Stellenwert besitzt.

Etwas einfacher scheint die Warenausgangsprüfung „Versprechen 2: Menge" zu sein. Hier unterstützen geeichte Waagen und andere Zählvorrichtungen wie EAN (Europäische Artikelnummer) u. ä. die Kontrolle. Dass die Ladung vor Diebstahl geschützt (verplombt) werden sollte, ist (eigentlich) eine Selbstverständlichkeit. Der Kunde kann sich durch unverletzte Plomben am Container und „geschrumpfte Folienverpackung" der gelieferten Palletten selbst von der Richtigkeit der Menge überzeugen.

„Versprechen 1: Preis" ist durch mehr oder weniger komplexe Systeme, die auf den Kundenstamm und den Artikelstamm und manchmal auf besondere Daten (Aktionenstamm, Konditionenstamm) zugreifen, meist vollautomatisch via IT einzuhalten.

Insgesamt lassen sich in der Fakturierung lassen sich also folgende Themenschwerpunkte unterscheiden:

Name/ Thema	Inhalt	Zweckmäßigkeit: Was?	Effizienz: Wie?
Termin: Zeitpunkt der Lieferung	Pünktlich, verspätet, gar nicht	Vorkasse setzt effektiven Logistik-Prozess voraus, ansonsten sind Kundenverärgerungen vorprogrammiert	ERP, SCM
Menge	Abgleich Bestellmenge mit Liefermenge	Mangelnde Kontrolle führen zu Kundenreklamationen und -verärgerungen	Automatische Kontrollen vor Warenausgang
	Abrufauftrag/Nutzung einer Lieferanten-infrastruktur		Kalibrierte Messeinrichtungen oder Pauschalen
	Logistik- und Abrechnungskriterien: Stück/Packungseinheit/Palette/ Container, Gewicht, Volumen		Kalibrierte Messeinrichtungen
Qualität	Mit leichten oder schweren Mängeln, Mängelfrei	Waren-Ausgangskontrolle; im Dienstleistungsbereich zentrales Thema	TQM, KVP
Preis	Artikel- und Aktions-Rabatte	Klassifizierungs Kennzeichen im Artikelstamm	Kompetenzenliste
	Kundenkonditionen	Klassifizierungs Kennzeichen im Kundenstamm/Vertrag	Kompetenzenliste
	Rechnungs-Konditionen	AGB	Vordruck

Abbildung 6-3: Fakturierungsdimensionen und Folgewirkungen

Einige wenige Sonderfälle der Fakturierung seien weiter kurz vorgestellt, da sie eher zu den operativen Prozessen gehören.

Ein Sonderfall der Fakturierung, in diesem Fall die sog. Vorfakturierung besteht im Außenhandel mit der Bezahlung/Finanzierung durch Akkreditive/Letter of Credit. Hier beauftragt nach Kaufabschluss ein Importeur seine Bank, an den Exporteur über dessen Bank die Warenlieferung zu bezahlen, wenn die Dokumentenerfordernisse des Akkreditivs erfüllt sind (Rechnung mit Menge, Preis und Termin, Exportgenehmigung, Fracht- und Ladepapiere (Connossamente), Versicherung, Qualitätsüberprüfung etc.). Der Vorteil für den Exporteur besteht in einer sicheren Bezahlung, wenn er in der Lage ist, alle Dokumente zu erbringen. Darüberhinaus ist es ihm mit Hilfe des Akkreditives möglich, bei seiner Bank einen Kredit zur Fianzierung der Herstellung seiner Waren zu erhalten. Der Vorteil für den Importeur liegt darin, erst die Zahlung veranlassen zu müssen, wenn die bestellte Ware fertig hergestellt ist (Zinsvorteil) und er eine (relative) Sicherheit hat, dass die bestellte Ware auch die gelieferte ist.

Im Außenhandelsbereich lagern Waren solange zollfrei, bis sie vom Kunden aus dem Exportlager entnommen werden. Danach erfolgt Rechnungsstellung und die Abführung der Einfuhrumsatzsteuer.

Nun ist die Erhebung der Einfuhrumsatzsteuer in Zeiten des Internethandels nicht selbstverständlich. Auch in Europa gibt es Steuerenklaven, in denen Unternehmen die günstigen Endverbraucherpreise durch die Wahl des Firmensitzes ins verbrauchssteuerbefreite EU-Ausland (z. B. D/Helgoland, GB/die Kanalinseln, DEN/Faröer, FIN/Öland-Inseln etc.) als Wettbewerbsvorteil einsetzen. Wird dann die Ware in die EU eingeführt, so müsste eigentlich der Endkunde die Umsatzsteuer erklären und an den Fiskus abführen. Denn er würde sich sonst der Steuerhinterziehung oder -verkürzung strafbar machen. In der Praxis ist dieser Fall jedoch für den Endverbraucher schwer zu erkennen. Nachteile erleiden die Unternehmen, die aus der EU-Zollunion ihre Waren mit Umsatzsteuer anbieten müsssen.

Ein weiterer Sonderfall der Fakturierung besteht in den sog. Kommissions- und Konsignationsgeschäften. Bei Kommissionsgeschäften erhält der Lieferant (Kommittent) erst dann sein Geld, wenn die Ware durch seinen Kunden (Kommissionär) an den Endkunden verkauft wurde. Dieser Endkunde hat mit dem Kaufpreis die Kommission an den Kommissionär gezahlt, der dann seinerseits den erhaltenen Restbetrag an den Kommittenden überweist (Nach-Fakturierung). Vorteile dieses Geschäftsmodells sind zwie Faktoren, das Eigentum an der Ware bleibt beim Kommittenten und der Kommissionär benötigt kein eigenes Kapital zur Durchführung des Geschäfts.

Im Konsignationsgeschäft wird die Fakturierung durch die Entnahme des Kunden aus dem Konsignationslager des Lieferanten, das sich auf dem Firmengelände des Kunden befinden kann, ausgelöst.

Eine letzte Besonderheit im Handel stellen sog. Streckengeschäfte dar, bei denen ein Zwischenhändler die Ware von seinem Lieferanten direkt an seinen Endkunden liefern lässt. Hat der Zwischenhändler großzügige Zahlungsziele mit seinem Lieferanten und Vorkasse mit seinem Kunden vereinbart, so kann er aus diesem Geschäft Zinsvorteile erlangen. Ein Nachteil für ihn ist, dass er die Kundenbeziehung durch die Lieferadresse offenlegt und so den Kunden an den Lieferanten verlieren kann und keine Kontrolle über den Qualitätszustand der Ware hat, die tatsächlich beim Kunden ankommt.

Ein Sonderfall im ITK-Bereich sind sog. Pay-Per-Use-Verträge, bei der Kunden für die Nutzung der ITK-Infrastruktur entsprechend ihrer Nutzung bezahlen. Basis ist meist ein Nutzungsvertrag, der die Dienstleistungen beschreibt und die Nutzungsintensität bepreist. Üblich sind im B2C sog. Flat-Rates, die einzelne Leistungen pauschal bepreisen. Meisstens jedoch ist die Nutzung nur bis zu einem definierten Maximum möglich (Cap des Flatangebots).

Die Pay-per-Use-Vereinbarung gilt für alle kapazitätsorientierten Cloud-Services (NaaS: Network as a Service) wie auch Nutzung von Software (SaaS: Software as a

Service). Rechnung werden vom Bereitsteller dieser Services regelmäßig aufgrund der vorliegenden Mess- und Nutzungsdaten, in der Regel monatlich, erstellt.

Im Projektgeschäft sind häufig Kundenanzahlungen und Zahlung nach Projektfortschritt (Percentage-of-Completion) üblich. Damit soll bei mehrmonatiger oder mehrjähriger Fertigstellung der Leistung die Finanzierungskosten des Lieferanten teilweise abgegolten werden. Üblich sind weiter auch Sicherheitseinbehalte, so dass der Lieferant sein vereinbartes Entgelt erst nach Endabnahme und Abstellung aller Mängelrügen[189] erhält.

6.2.1 Prüfung der Fakturierung im Handel

Ist im einfachen Fall die Ware im Handel sofort greifbar und Barzahlung vereinbart, so fallen die Prozesse
- Order to Delivery (Auftragseingang, Produktion, Logistik),
- Delivery to Bill (Fakturierung) und
- Bill to Cash (Debitoren/Inkasso)

auf einen Zeitpunkt zusammen.

Das Unternehmen erfasst die Daten am PoS (Point-of-Sale)-Terminal und löst durch die angeschlossenen IT-Systeme die notwendigen Folgeschritte aus. Diese lösen physisch den Warennachschub (u. U. erst nach Losgrößenoptimierung) aus dem Handlager, dem eigenen Zentral- oder Regionallager oder direkt durch Ordererteilung an den Lieferanten aus.

Gleichzeitig werden der Umsatz und der bewertete Wareneinsatz zur Ermittlung des Rohertrags mit der Warenausgangskalkulation gebucht (Umsatzkostenverfahren).

Kalkulationen im Handel

Im Handelsunternehmen steht im Gegensatz zu anderen Produktions- und Dienstleistungsbereichen das Ergebnis der Leistung erst zum Zeitpunkt des Verkaufs fest.

In der Automobilindustrie z. B. lässt sich das Ergebnis schon bei Kaufabschluss errechnen, obwohl die Lieferung (Prozess: Order to Delivery) noch Wochen oder Monate dauern kann. Ähnliches gilt für die Tourismusbranche oder gar für die ITK-Industrie, in der Verträge meist mehrjährig sind und der Kunde für die Zeit bis zur Kündigung seines Vertrags gebunden ist.

Deshalb gibt es im Handel mehrere Kalkulationen für ein und denselben Artikel, die Wareneingangs-, die Warenbestand- und die Warenausgangskalkulation.

Zwischen diesen drei Kalkulationen besteht bei steigenden Einkaufspreisen eine Systematik, nach der zwischen dem Zeitpunkt des Einkaufs, des Wareneingangs und des Verkaufs die Marge permanent niedriger ausfällt.

189 Mängelrügen sind Reklamationen des Auftraggebers an den Leistungen des Auftragsnehmers, die zur Kürzung der Zahlung oder zum teitweiligen Einbehalts eines Teils der Zahlung führen.

Hauptursache sind die Abschriften, die auf schwer verkäufliche Artikel vorgenommen werden müssen, um die Läger letztendlich für neue Ware zu räumen („Sale").

Hinzu kommen noch Inventur- oder Bestandsdifferenzen, die einen direkten Verlust des Wareneinstands in der Kalkulation ausmachen und Opportunitätsverluste, da der Artikel nicht mehr zum Verkaufspreis abgegeben werden konnte. Während eine Abschrift (hoffentlich) den Wareneinstand noch rettet und (nur) der geplante Deckungsbeitrag (Kalkulationsaufschlag) verloren geht, ist bei einer Inventurdifferenz beides weg.

In der Wareneingangskalkulation ist also nach der einfachen Formel: (Verkaufspreis – Einkaufspreis/Wareneinstand)* Liefermenge die Welt noch in Ordnung.

Hingegen findet sich in der Bestandskalkulation bei einer Durchschnittspreisbetrachtung noch die Kalkulation der alten (noch) nicht verkauften Menge desselben Artikels. Man mag einwenden, dass eine Nachbestellung ein- und desselben Artikels selten ist, jedoch wird das Problem einer niedrigen Bestandskalkulation auf der Warengruppen- und Sortimentsebene wertmäßig wieder sichtbar. Gegenüber der Wareneingangskalkulation ist diese Betrachtung ja realistischer, da die ältere Ware ja noch verkauft werden muss und schon gemachte Abschriften diese Kalkulation reduzieren.

Realistisch wird die Kalkulation am PoS, dann nämlich, wenn der Artikel verkauft ist.

Hatte der Kunde einen Treuerabatt erhalten, so verringert sich der Rohertrag (Umsatz minus Wareneinstandskosten) entsprechend, genauso, wenn er einen Artikel erworben hatte, der durch eine Preisabschrift im Preis reduziert war.

Wird beim internen Auftrag des Warennachschubs im Lager eine Fehlmenge festgestellt, so erfolgt durch Mengen- und Wertkorrektur unterjährig gleich eine Rohertrags-Verlustbuchung und Bestandskorrektur.

Geht der Auftrag extern an den Lieferanten und hat sich der Einkaufs-Preis durch die gestiegenen Absatzmengen reduziert, so kommt diese Preissenkung bei einer Durchschnittsbewertung der Waren ebenfalls der Kalkulation zu Gute, jedoch zunächst erst der Wareneingangs- und dann der Warenbestandskalkulation, da der Artikel noch nicht verkauft ist.

Wird die Ware hingegen „auf (Zahlungs-) Ziel" verkauft, so schließt sich nach dem Verkaufsvorgang das Debitorenmanagement des Unternehmens an. Dieses umfasst nach einer (hoffentlich) noch vor dem Verkaufsvorgang liegenden Kreditwürdigkeitsprüfung mit Identitäts- und Adressklärung des Käufers die Erfassung des Zahlungsziels sowie dem bei Verkaufsvorgang ausgesprochenen Eigentumsvorbehalt. Rechtzeitig vor dem vereinbarten Zahlungstermin erfolgt die (Teil)-Rechnung entsprechend dem Kaufvertrag mit oder ohne Ratenzinsen und die terminliche Überwachung des Zahlungseingangs mit entsprechendem Mahnsystem. Derselbe Prozess ist gültig für Kreditkartenzahlungen, nur dass das Delkredere[190]-Risiko die Kartengesellschaft trägt.

Treten Qualitätsmängel an der Ware auf, so wird die Ware vom Kunden retourniert und muss dem Verursacher (Lieferant) wieder in Rechnung gestellt werden. Bei Importen wird auf eine Rücksendung aus Kostengründen meist verzichtet. Im technischen Bereich ist es darüber hinaus üblich, über sog. Garantieablöseverträge mit dem

190 Delkredere ist die Übernahme des Zahlungsrisikos durch eine(n) (Großhandels)-Gesellschaft/Einkaufsverbund, der/die sich dieses Risiko meist durch eine entsprechende Provision vergüten lässt.

Lieferanten eine Vorabvergütung für mögliche Schadensfälle zu vereinbaren und die Geräte über Dienstleister im eigenen Land reparieren zu lassen.

Gibt der Kunde die Ware wegen Nichtgefallen zurück, so sind alle PoS-Buchungen inklusive der Rabattierung rückabzuwickeln. Die Ware muss aus Verwertungsgründen bei modischen Artikeln schnell wieder dem Verkaufsangebot zugefügt werden. Denn sie kann in kurzer Zeit nicht mehr aktuell sein und dann nur zu Sonderpreisen, die wieder Abschriften verlangen, aus dem Warenbestand wieder in den Umsatzprozess eingeführt werden.

Da der Abschriftenprozess sehr stark die geplante Kalkulation negativ beeinflusst, sind einige Unternehmen dazu übergegangen, ein Limitsystem einzuführen, das diese Abschriften begrenzt bzw. einem Genehmigungsvorbehalt unterwirft.

Andere Unternehmen können aufgrund ihrer starken Marktposition den Lieferanten, der neue Ware verkaufen möchte, in die Verantwortung für Restbestände nehmen. Sie argumentieren nicht zu Unrecht, dass durch die neuen Artikel die noch vorhandenen älteren Artikel im Wert verloren haben und verlangen als Kompensation eine sog. Lagerdifferenzgutschrift, um diese älteren Artikel durch den Einsatz von Werbung schneller zu vermarkten und dadurch Lagerplatz für neue Ware zu schaffen.

Noch wichtiger ist heute die Frage strategisch zu klären, mit welcher Produktpräsenz das Unternehmen am Markt agieren möchte. Denn Kunden haben doch zunehmend die Erwartung, nach getroffener Kaufentscheidung das Produkt auch gleich mitnehmen zu wollen. Wenn sie denn so freundlich sind, übernehmen sie einen Teil des Logistikweges selbst (Stationärer Handel). Es geht also um die Höhe der Fertigwarenbestände.

Nach den in der Wirtschaftstheorie vorhandenen Modellen wird meist der Umsatz deterministisch festgesetzt, so dass nur noch Kostenfragen zu klären sind (Transport- und Lagerkosten, optimale Losgröße in der Produktion etc.). Tatsächlich ist jedoch gerade die Absatzfrage schwer vorhersagbar, so dass die Flexibilität in beiden Richtungen (Bedarfsabsenkung bei schwachem Absatz, Bedarfanhebung bei explodierendem Absatz) vom Unternehmen zu steuern ist. Die Techniken, die in Unternehmen mit 24–48 Stunden Lieferservice eingesetzt werden, sind ERP-Lösungen als Verbindung von CRM- und SCM-Systemen.

Durch Vortests und vergangene Kauferfahrungen bildet das Unternehmen via CRM eine Absatzprognose. Seine Lieferanten sind weltweit mit einem Auftragssteuerungssystem (SCM) vernetzt, das gegebene Mengen, Termine und Optionen bis in die relevanten Vorstufen als Basisdaten enthält. Ändert sich die Absatzprognose nach oben, so wird versucht, mit Optionen[191] zusätzliche Produktionsmengen der benötigten Artikel zu erhalten. Im umgekehrten Fall wird man versuchen, die bestellten

191 Optionen im Einzelhandelsbereich sind in der Praxis anders als im Wertpapierbereich zu bewerten. Lieferanten bewerten Optionsaufträge erst einmal als Absichtsüberlegung (LoI: Letter of Intent), die jederzeit vom Kunden ohne Angabe von Gründen gekündigt werden können. Deshalb wird sich ein Lieferant im Zweifel freuen, einen Optionsauftrag in einen tatsächlichen Auftrag umgewandelt zu erhalten, wenn seine Kapazitäten nicht ausgebucht sind. Ist es ausgebucht, wird es meist nicht möglich sein, den Optionsvertrag in einen tatsächlichen Vertrag umzusetzen.

Mengen zu reduzieren (Storno[192]) oder vom Lieferanten Rabatte für zusätzliche kostenaufwändige Vermarktungssituationen zu erhalten. ERP verbindet sozusagen die beiden Prozesse „Demand to Order" und „Order to Delivery".

Im Versandhandel und im Internetgeschäft muss durch aufwändige Kreditprüfungssysteme[193] das Risiko aus dem Vertrauensvorschuss, das ein Versandhandelsunternehmen seinem potenziellen Kunden bei Kauf auf Rechnung oder Gewährung eines Ratenkredits gewährt, abgefedert werden.

Die Bestellannahme über Callcenter, unterlegt mit aufwändigen CRM-Systemen ist ebenfalls ein Unterscheidungsmerkmal zum klassischen stationären Handel. Die telefonische Erreichbarkeit ist essenziell, um aus Nachfrage auch Umsatz erzeugen zu können. Die Messbarkeit der Nachfrage ist hier ein großer Vorteil gegenüber dem Stationärhandel, der die Relation Kundenfrequenz zu Umsatz meist nicht oder nicht exakt genug kennt. Aus Kostengründen ist mit dem heutigen Stand der Telekommunikationstechnik auch eine internationale Kundenbetreuung möglich, solange die gleiche Landessprache gesprochen wird.

Gleichfalls hohe Bedeutung kommt dem Management der Beschwerde- und Informationskontakte im meist demselben Callcenter zu. Durch zweckmäßige Ausgestaltung dieses Weges können Image des Unternehmens und Qualität der Prozesse stark verbessert werden, da durch direkten Kundenkontakt Verbesserungsmöglichkeiten, die sich hinter den Kundenbeschwerden und Informationskontakten meist verbergen, in den betrieblichen Prozessen offenkundig werden. Leider verpassen viele Unternehmen diese Möglichkeit und versuchen nur die Kosten durch automatisierte Verfahren zu senken, was nicht selten zu größerer Kundenverärgerung mit Kundenverlust führt.

Ähnliches gilt für das Management der E-Mail-Anfragen, die, wir im Abschnitt 5.1.3 Promotion/Kommunikation und Werbung schon gesehen haben, die günstige Möglichkeit (Keine Streuverluste) ist, aus Interessenten Kunden zu machen.

Trotz großer Verbesserung in den CRM-Systemen wird auch dieses Thema nicht immer der Wertigkeit entsprechend bearbeitet und priorisiert.

Die anderen Prozessschritte entsprechen dem o. G. Im Versandhandel/Internethandel kommt der Vorwärts- und bei Retouren der Rückwärtslogistik eine besondere Bedeutung zu, da sie sehr kostenaufwändig ist[194].

192 So einfach theoretisch ein Storno aussieht, so gravierend sind meist die Folgen. Die Liefernanten-Kunden-Beziehung wird dauerhaft erschüttert, da den Lieferant nun das Vermarktungsrisiko der nicht abgenommenen Ware trifft, auf die er aufgrund der Rollenteilung nicht vorbereitet ist. Gleichzeitig trifft ihn der Storno soppelt schwer, da meist keine „Renner"-Artikel, sondern „Penner"-Artikel storniert werden. Zukünftig wird der Lieferant in irgendeiner Form versuchen, seinen Verlust zu kompensieren, wenn sich z. B. der Markt dreht und seien Produktionskapazität gesucht ist. Andere Kunden, die auch in Zeiten der Krise zu ihm gestanden haben, werden mit Sicherheit bevorzugt werden.

193 Im Zweifel durch sog PSP (Payment Service Provider).

194 Es bleibt abzuwarten, ob und wie lange es z. B. Zalando es schafft, mit relativ hohen Retourenquoten ein positives Ergebnis zu erzielen. Noch spannender wird es sein, zu sehen wie lange IKEA seine Idee von der lebenslangen Retoure durchhalten kann, eingeführt in 2014.

Auf der anderen Seite wird die Distanz bis zur Liefer-Adresse des Kunden überbrückt. Durch räumliche Verdichtungseffekte (mehr als eine Sendung je zuzustellender Adresse) können, wie oben schon ausgeführt, hohe Economies of Scale erzielt werden.

Die Besonderheit des Internets gegenüber dem klassischen Versandhandel liegt in der Liefermöglichkeit aller digitalisierbaren Produkte und Services direkt über das Netz. Insofern ist es nicht überraschend, dass Software, Musik und zunehmend Videos/TV und Zeitungen/Zeitschriften/Bücher sowie fast alle vertraglich basierten Dienstleistungen (Bankgeschäfte, Versicherungsleistungen, Finanzdienstleister, Touristik, Veranstaltungen etc.) sehr starke Marktstellungen im Internet erreicht haben, zumeist auf Kosten der klassischen Vertriebswege.

6.2.2 Prüfung der Fakturierung in der Telekommunikation

Im komplizierteren Fall, wenn dem Kunden die Nutzung einer Infrastruktur eingeräumt wird und die Bepreisung an verschiedene Nutzungsparameter geknüpft ist, muss das leistende Unternehmen erst einmal die Nutzung durch den Kunden als Absatz quantitativ richtig erfassen, bevor es eine Rechnung erstellen kann.

Dies geschieht in der Telekommunikation durch technische Systeme, die die Gesprächsdaten erfassen und an die kaufmännischen Systeme nach einem genau definierten Übergabeverfahren weiterleiten. Wie man auf den ersten Blick erkennen kann, sind die Speichersysteme und die Schnittstellen zwischen den unterschiedlichen Verarbeitungssystemen die sensiblen Stellen des Prozesses. Denn geht ein technischer Datensatz z. B. durch Stromausfall verloren, so ist für dieses Gespräch keine Fakturierung mehr möglich. Sind im anderen Fall die kaufmännischen Systeme nicht in der Lage, den technischen Datensatz zu übernehmen, ist zwar die Leistung erfasst, kann aber nicht weiterverarbeitet werden. Gründe können verspätete Verarbeitung der Stammdaten- oder Vertragsdatenänderungen des nutzenden Kunden sein, sodass systemseitig Warteschleifen für die technischen Datensätze aufgebaut werden müssen, bis die kaufmännischen synchronisiert sind. Entsprechende Vorkehrungen z. B. durch einen Audit Trail[195] sind nötig, um Fakturierdefizite und damit Umsatz- und Ergebnisausfälle zu vermeiden.

Umgekehrt müssen die Änderungen von Kundendaten auch teilweise wieder in die technischen Systeme weitergegeben werden, um eine richtige Messung der Nutzung zu gewährleisten. Da diese Systeme sieben Tage in der Woche und jeden Tag 24 Stunden mit einer sehr hohen Verfügbarkeit von über 99,99 % der Jahresstunden im Einsatz sind, ist es schon eine kleine technische Meisterleistung, Software-Änderungen im laufenden Betrieb einzuspielen, ohne dass es zu größeren Betriebsstörungen kommt.

195 Mit dem Begriff Audit Trail ist ein systemübergreifender Prüfpfad gemeint, der die Vollständigkeit der Weiterverarbeitung durch Abstimmroutinen sichert, eine besondere Herausforderung für Dialogorientierte Online-IT-Systeme.

Die Bepreisung der Nutzung ist immer über entsprechende Verträge mit den Kunden abgesichert. Der frühere Trend, über Regionen, Tageszeiten und Wochentage eine kaum mehr überschaubare Tarifstruktur und formale USP zu schaffen, ist inzwischen durch Flattarife abgelöst, die die Nutzung für einen pauschalen Monatsbetrag ermöglichen. Sie hat sich insofern den Infrastrukturbetreibern angeglichen, die wenigstens teilweise Pauschalisierungen der Leistungen in ihren Rechnungen vorsehen. Im Unterschied zu Stromerzeugern ist der „veredelte" Schwach-Strom bei TK-Unternehmen nur Medium für den Informationstransport, aber nicht ein so großer Kostenfaktor, dass er nicht pauschalisiert werden könnte. Der Internettransport größter Datenmengen bzw. die Steaming-Nutzung auf den Servern der Lieferanten, z.B. Videos, sind heute auch meist in den Monats-Flatraten „all inclusive"[196].

Einen gewissen Bottleneck in den nicht beliebig vorhandenen Übertragungskapazitäten stellen zurzeit die Funkzellen im Mobilfunk dar. Diese Kapazität kann trotz UMTS nur durch vermehrte Zellteilung bei zunehmender regionaler Nutzung erweitert werden. Deshalb ist es auch nicht ohne weitere Anpassungen möglich, das auf den alten Kupfer-Festnetzleitungen transportierte hochbitratige Internet ohne Komprimierungstechniken auf den Mobilfunk zu übertragen.

Was in der Telekommunikation im Kundenauftragsmanagement wesentlich komplizierter abzuwickeln ist, wird wiederum in der Logistik radikal vereinfacht, da die Nutzung selbst heute eine digitale Nutzung ist und keiner Absatz-Logistik bedarf. Die Fakturierung ist wiederum bei TK-Unternehmen ein Thema, das hoher Aufmerksamkeit bedarf. Die über Vertragdaten geänderten Preise sind nach Kunde und Produkt in der IT zu hinterlegen und jeden Monat millionenfach richtig zusammenzuführen. Zusätzlich erfordern der Papierbedarf und der Bedarf an Hochleistungsdruckern eine sorgfältige Reihenfolgeplanung, insbesondere, wenn ein Einzelgebührennachweis gefordert wird.

Die Online-Rechnung bringt hier schon, nicht nur aus Umweltgründen, eine deutliche Entlastung bei den Papier- und Versandkosten.

6.3 Bill to Cash: Prüfung des Debitorenmanagements

Ging es im Fakturierungsprozess um die Einhaltung der im Prozess Auftragsbestätigung gemachten 4 Versprechen, so geht es im letzten Teil des Verkaufsprozesses darum, dass der Kunde nun seine Verpflichtung erfüllt, nach Erhalt der Ware den Rechnungsbetrag zu zahlen.

Auf die Punkte, warum ein Kunde nicht zahlt, wurde implizit in den zwei vorherigen Abschnitten schon eingegangen. Die vom Unternehmen zu vertretenden Gründe, verspäteter Termin, mangelnde Qualität, falsche Menge und falscher Preis sollten sich

196 Eine weitere Nutzung der Streaming-Angebote der Internetdienstleister wird die Netze sehr bald an ihre Kapazitätsgrenzen bringen. Deshalb ist es nicht erstaunlich, dass durch LTE und Vectoring im Kupferkabel die Leistung deutlich erhöht werden soll.

durch entsprechende Kontrollvorkehrungen des liefernden Unternehmens stark reduzieren lassen.

Eine Überprüfung der Kundenkorrespondenz im Zusammenhang mit verzögerten Zahlungen kann wertvolle Hinweise auf Prozessprobleme des eigenen Unternehmens liefern.

Ist der Kunde nicht mehr in der Lage zu zahlen, haben die vor Auftragserteilung befragten Datenbanken keinen aktuellen Stand gehabt oder waren unbrauchbar, beides Themen, mit denen sich das Management beschäftigen sollte (und die IR). Handelt sich hingegen um Force Majeur, sollten die Risikomaßnahmen greifen.

Z. B. könnten die Waren, die unter Eigentumsvorbehalt geliefert wurden, wieder abgeholt werden, ein Extremvorschlag, der bei drohender Insolvenz wirksam sein kann[197]. Im Ausland könnte die Export-(Kredit)-Versicherung den Zahlungsausfall übernehmen.

Auch im internationalen Geschäft bestehen Möglichkeiten bis hin zur Pfändung von Eigentum, wenn man einen rechtskräftigen Titel besitzt und der Schuldner nach Deutschland kommt[198].

Bei den „normalen" (ohne Anzahlung) B2C-Geschäften können andere das Delkredere (Haftung bei Zahlungsausfall) übernehmen wie Kreditkartenunternehmen, Banken oder andere Finanzdienstleister wie paypal/Billpay/real solution[199].

Je besser die Kenntnis des Unternehmens über den Kunden ist, um so eher wird es sich auf den Rechnungskauf oder sogar Ratenkauf[200] einlassen.

Im andern Fall wird nur Vorkasse oder Nachnahme bzw. Kauf per EC-Karte oder Kreditkarte angeboten.

Kunden quittieren diese Vorsicht im Internet häufig mit eigenem Misstrauen gegenüber dem Unternehmen und treten vom geplanten Kauf zurück[201].

Excellente Hintergrundsysteme, die einen Online-Kauf auf Rechnung risikolos unterstützen, können so zu einem erheblichen Erfolgsfaktor werden.

Ein Ausweg bleibt, wenn man diese Systeme nicht besitzt, nämlich der, sich von professionell arbeitenden Dienstleistern helfen zu lassen. Diese Dienstleister lassen im

197 Es bleibt abzuwarten, wie das Teldafax-Urteil (Landgericht Köln vom 22.10.2014, noch nicht rechtskräftig) mit einer Lieferantenhaftung (Rückgabe der Ware oder des Geldes in die Konkursmasse) vor einer offiziellen Insolvenz diese Möglichkeiten einschränkt bzw. zu zusätzlichen, vermeidbaren Insolvenzen führt, weil aufgrund von Gerüchten Kredit- und Lieferbeschränkungen ergriffen werden (siehe hierzu die verschiedenen Kirch/Deutsche Bank-Urteile, die genau in die entgegengesetzte Richtung weisen).

198 Der Kronprinz Maha Vajiralongkorn (Thailand) stellte in München überraschend fest, dass sein Flugzeug gepfändet worden war, die thailändische Regierung zahlte an den Insolvenzverwalter der Walter Bau den seit 20 Jahren offenen Betrag von ca. 30 Mio. €, s. Spiegel online vom 13.7.2011.

199 Sog. PSP.

200 Der Umsatz ist im Jahresabschluss bei Ratengeschäften um die Widerrufszeit (14-Tage-Frist) über eine Rückstellungsbuchung zu kürzen.

201 Tatsächlich wird von Abbrecherquoten (Non-Conversion) im Internethandel von teilweise über 50 % berichtet.

Hintergrund der Bestellung die Kredit-Themen Identifizierung und Authentifizierung über bestimmte geforderte Eingaben im Online-Dialog ablaufen.

Übrigens erhöht der Ratenkauf signifikant die Kundenbindung und trägt als Finanzdienstleistung zusätzlich zum operativen Ergebnis eines Unternehmens bei.

Im Internetgeschäft wird häufig auch paypal genutzt, ein Zahlungsdienst von eBay, der in Europa aufgrund seines funktionierenden Interbanken-Überweisungssystems mit Abbuchungen, Einzugsermächtigungen/Überweisungen mit IBAN und BIC eigentlich überflüssig ist.

Anders als bei Einzugsermächigungen, die noch nach 6 Wochen ohne Angabe von Gründen von der Käuferbank anstandslos durchgeführt werden, ist z. B. ein Storno nur mit Zustimmung von paypal möglich. Darüberhinaus können paypal-Guthaben auch von paypal/eBay aufgrund von nicht überprüfbaren Informationen der Geheimdienstbehörden der USA gesperrt oder eingefroren werden. Anders als bei europäischen Banken üblich sind Guthaben nicht durch den Einlagensicherungsfond abgesichert.

Bei Debitoren gilt generell, je besser die Kenntnis des Geschäftspartners oder Kunden vor Kaufabschluss ist, desto geringer die Ausfallwahrscheinlichkeit der Forderung.

Im Nachhinein die Adresse oder gar die Identität des säumigen Zahlers ermitteln zu müssen, ist schwierig bis unmöglich und auf jeden Fall mit hohen Kosten verbunden. Eine zu 100 % ausfallende Forderung im Industriebereich benötigt 10–20 gleich hohe Forderungen, die bezahlt werden, um den Ergebnisausfall zu kompensieren, im Einzelhandel kann dies 30–50 einbringliche zusätzliche Forderungen bedeuten[202].

Kunden mit getätigten Umsätzen im B2C zu überfordern, rächt sich ebenfalls, da für zukünftige Umsätze dann ein Kunde weniger leisten kann mit entsprechenden Folgewirkungen für weitere Jahre.

Als „erzieherische“ Maßnahme kann es hilfreich sein, den Verkäufer, der den Kunden akquiriert hat, auch mit der Kontoklärung zu betrauen. Dies könnte heilsam für zukünftige Akqusitionen sein, bei denen dann vielleicht etwas gründlicher auf die Bonität und das Leistungsvermögen des Kunden geachtet wird.

Hilfreich ist es außerdem, die Mahnkennzeichen und vor allem das Kennzeichen Mahnsperre zu überprüfen. Für öffentliche Unternehmen ist dies sicher sinnvoll, da sie zahlen, wenn auch manchmal verspätet. Aber VIP-Kunden besitzen üblicherweise ein Portemonnaie und sollten im vereinbarten Rahmen ihre Rechnungen begleichen können. Auch hier könnte der Anruf eines Vertriebsmitarbeiters hilfreich wirken.

Die nachfolgende Tabelle fasst wesentliche Themen des Prozesses Debitoren aus OA-Sicht zusammen:

202 EBIT von 5–10 % in der Industrie, im Handel 2–3 % unterstellt.

Element	Inhalt: Was?	Systematik: Wie?
Ziel/Aufgabe	Cash- in aller Rechnungen	Bonitätsklassensystem Debitoren-und Inkasso-management
Verfahrensregeln/ Entscheidungsregeln	Mahnrhythmus Adressklärung Inkasso-Unternehmen	Automatisches Mahnsystem, Systematische Aufarbeitung von Rechnungs- und Mahnrückläufern
Rahmenbedingungen	ABS/Factoring: ja/nein Systemumgebungnach Geschäftsmodell Einzel (Wiederverkäufer)- oder Massengeschäft (Endkunden) Zusammenarbeit Rechnungswesen/Vertrieb	Management-entscheidung Informationsaustausch Prämiensystem Vertrieb Leistungsfähige IT
Parameter/KPI	Anteile offener Forderungen nach Monaten zum Umsatz, Anzahl Ausbuchungen, Anteil Alt-Zahlungen/Ausbuchungen	Schufa-Klärung vor Auslieferung (Identität, Bonität)
Prozessergebnis	Reduzierung der Ausbuchungen zum Umsatz; Beschleunigung des Zahlungseingangs	Einsatz moderner Systeme Aufbau eines eigenen Bonitätsklassensystem (Lernkurve)
Feedback	Mahnrückläufer Zahlungseingänge ausgebuchter Forderungen Diverse Statistiken zur Geschäftssteuerung	Zusammenarbeit mit professionell arbeitendem Inkassounternehmen im Massengeschäft

Abbildung 6-4: Prozessmerkmale Debitoren

6.4 Kernthesen

Bei aller Individualität der Kernprozesse geht es im Verkaufsprozess darum, durch geeignete Verfahren sicherzustellen, dass die vom Unternehmen erbrachte Leistung einen Kunden findet (Demand2Order), physisch den Weg zum Kunden findet (Order 2Delivery) und umgekehrt die entsprechende Gegenleistung, die Bezahlung, den Weg zurück (Delivery2Bill und Bill2Cash). Diese Prozesse sollten schnell, sicher und kostengünstig sein.

Viele Wege der Optimierung als OA-Ansätze wurden aufgezeigt. Da 68 % des deutschen BSP (Bruttosozialprodukt) inzwischen aus Dienstleistungen besteht, ist die Kundenkenntnis heute das A&O von erfolgreichen Geschäftsmodellen. Der Erfolg der amerikanischen Unternehmen aus dem Internet ist nicht zuletzt auf die profunde

Kenntnis ihrer Kunden zurückzuführen. Die Bedeutung, die dem Prozess Nachfrage zu Aufträgen umzusetzen heute zukommt, wurde deshalb ein eigener Abschnitt gewidmet.

Der Vorteil einer Bonitätsklärung im Vorwege, um Debitorenausfall zu vermeiden, wurde erläutert, ebenso die unterschiedlichen Bezahlsysteme inkl. Paypal und diverse Möglichkeiten der Forderungsabsicherung wie Factoring, ABS, Export-Kredit-Versicherung und Akkreditive. Ebenso wurden die Spezialfälle der Fakturierung wie Kommissions-, Konsignations-, Streckengeschäfte mit ihren Implikationen besprochen.

Den Spezialthemen Fakturierung im Handel und in der Telekommunikation wurde breiter Raum gewidmet. Beide Branchen arbeiten mit einem sehr hohen Datenbestand und sind auf Automatisierungstechniken bis hin zur Vollautomatisierung in der Telekommunikation angewiesen, um auskömmliche Renditen zu erzielen bzw. ihr Geschäftsmodell aufrecht zu erhalten.

7 Kernprozess 2: Revision von Operational Planning (OP)

Nach Verabschiedung des Jahres-Budgets und die Einbettung der Jahresplanung in die Mittelfristplanung geht es in der operative Planung um die Bereitsstellung aller notwendigen Ressourcen, um die erwarteteten Kundenaufträge zeitgerecht in der geforderten Qualität und Menge sowie mit der notwendigen Gewinnmarge oder dem erforderlichen Deckungsbeitrag zu erfüllen.

7.1 Operational Planning – Grundsatzüberlegungen

Haupttreiber in dem Prozess OP ist die Qualität der Planung, also die Kenntnis des Kaufverhaltens der Kunden und deren Bedürfnisse, sowie des Instrumentariums für flexibles, d.h. geschmeidiges Eingehen auf Auftragsschwankungen, die zusätzlich zu einem Plan A immer auch einen Plan B erfordern können.

Insofern kommt unterjährig auf die Unternehmensplanung (en), die über den Kernprozess OP die anderen Kernprozesse steuern, eine Menge Anpassungsarbeit zu.

Schon die vereinfachende Annahme eines gegebenen Absatzes zur Ermittlung optimalen Lagerkosten hat mit der Realität leider nichts zu tun. Tatsächlich ist der Absatz nicht fix, sondern variabel. Er wird u. a. von folgenden Faktoren beeinflusst:

- Der Anzahl von Stammkunden, die das Fundament der Unternehmensplanung bilden sollte;
- Der Anzahl gewonnener Netto-Neukunden, die möglichst den Verlust von Stammkunden überkompensieren sollten, um Umsatzwachstum zu erreichen;
- Der Innovationsrate des Unternehmens und die der Wettbewerber, die auch Stammkunden verlockt, einen größeren Teil ihres Budgets (Share of Pocket), für Produkte des Unternehmens auszugeben;
- Den Preisaktionen der Wettbewerber und den eigenen Aktionen und Reaktionen darauf, die je nach Elastizität der Preis-Absatzfunktion des betreffenden Marktes zu großen (Hohe Elatizität) bis geringen (niedrige Elastizität) Absatzschwankungen führt;
- Dem Ausgang der Jahresgespräche mit den Kunden (z.B. Handel), um Orderniveaus/Regalplatzierungen zu verteidigen;
- Dem Eröffnen bzw. Schließen eigener Endkundenkanäle, um Rentabilität und Absatz harmonisch zu entwickeln (Multi-Channell- Ansatz);
- Der Saisonkurve des Absatzes (Wetter, Temperatur, Festtage, Urlaubszeiten etc.) in Abhängigkeit vom jeweiligen Produkt und Dienstleistung, die zu mehr oder weniger heftigen Absatzschwankungen im Jahresverlauf führt;
- Der generellen und branchenspezifischen Konsumneigung, die ein entscheidender Absatz-Faktor gerade im langlebigen und investiven Branchen bildet;
- Des über Jahre aufgebauten Markenimages der eigenen Produkte und Dienstleistungen zur Festigung der Stammkundenbasis, die die Sicherheit der eingenen Absatzplanung fundiert, gegen Wettbewerberinitiativen immunisiert und Churn der

Stammkundenbasis verringert, so dass Neukundenwachstum zu Umsatzwachstum führt;
- u. v. a. m.

Die Preis- und Rabattpolitik wurde bereits im Einzelnen in Abschnitt 5.1.2 und 5.7.3.2 erläutert.

Weitere variable Größen sind die Jahresarbeitsstunden des Stammpersonals, die effektiven Maschinenstunden und die Preisentwicklung an den Rohstoff- und Rohmaterialmärkten.

Die Plan-Jahresarbeitsstunden werden im Wesentlichen durch Tarifverträge und Betriebsvereinbarungen bestimmt. Betriebsvereinbarungen können regional und werksseitig unterschiedlich ausfallen und sind deshalb differentiert in der OP zu berücksichtigen.

Hinzu kommen planbare Ausfallzeiten wie
- Urlaub, der zusätzlich zur gesetzlichen Regelung auch durch Tarifverträge geregelt wird;
- Samstage und Sonntage, für die in Conti-Betrieben (Betriebe mit kontinuierlicher Produktion) und vielen Dienstleistungensbereichen differenzierte Regelungen gelten, wenn gerade wie in Krankenhaus- und Pflegebereichen sowie in der Touristik- und im Handel Bedarfe auch an diesen Tagen entstehen;
- Feiertage, die wiederum in Deutschland regional unterschiedlich geregelt sind sowie
- Schulungen, die individuell zwischen Mitarbeiter und Vorgesetztem vereinbart werden und
- Jahreswartungen, die zu kompletten Produktionsstillständen führen un deshalb sehr häufig mit Werksferien verbunden werden;
- Rüstzeiten durch Umstellung von Produktionslinien der Maschinen, die möglichst auch auf Feiertage gelegt werden sollten, um die Kosten der Stillstände zu reduzieren.

Ungeplante Ausfallzeiten entstehen durch
- Krankheiten der Mitarbeiter, erstaunlicherweise können die Anzahl der Krankheitstage mittelbar und mittelfristig durch das Instrument des mitarbeiterorientierten Dialogs und eine adäquate Unternehmenskultur positiv beeinflusst werden;
- Fehlen von Rohmaterialien oder Halbfabrikaten, der durch Vorratsbewirtschaftung abgeholfen werden könnte, jedoch sorgfältig in einer Kosten-Nutzen-Analyse abgewogen werden sollten sowie
- durch ungeplante Maschinenstillstände, deren „Vorboten“ durch das technische Personal entdeckt werden und dann möglichst kurz ausfallen sollten[203].

---

203 Hier sollte durch Maschine2Maschine-Kommunikation in Zukunft frühzeitiger reagiert werden können, wenn Fehlercodes direkt an die Steuerbereiche der Produktion übermittelt werden.

Man beachte, dass Maschinenstillstände fast immer auch zu Unbeschäftigung von Mitarbeitern und zum Anwachsen der Läger für Rohwaren und Halbfabrikate führt.

Hingegen können häufig einzelne Fehlzeiten von Mitarbeitern kutzfristig durch andere Arbeitsorganisation/Mehrarbeit der Kollegen ausgeglichen werden.

Insofern kommt den vorliegenden Gebrauchs-Daten als Frühwarnindikatoren bzw. der Wartung (lfd. und planmäßige Jahreswartung) und Beachtung der Herstellerangaben (z. B. Temperatur, Feuchtigkeit, Normal-und Höchstbelastung) besondere Bedeutung bei, um vermeidbare Kosten zu sparen.

Analog ergibt sich daraus, dass fehlende Rohmaterialien und Teile ähnlich hohe Kosten verursachen, da nach Aufbrauchen der entsprechenden Lagerbestände Maschinenstillstände und Unbeschäftigung von Mitarbeitern die Folge sind.

Nicht überraschend ist deshalb, dass gerade Automobilhersteller mit einem Teileeinkaufsvolumen von 70–80 % des Umsatzes mit SPICE und Just-In-Sequence-Modellen die Lieferanten in die tägliche Produktionsplanung integrieren, um vermeidbare Kosten einzusparen.

Ungeplante Mehrarbeit entsteht durch überplanmäßige Ausschussquoten, die nachgearbeitet werden müssen sowie ungeplante Absatzrückgänge in Relation zur Saisonkurve und zum Jahresplan. Saisonale Schwankungen können durch geschmeidige Anpassung der Fertiglagerbestände teilweise ausgeglichen werden, wenn es sich um Standardware handelt und wenn die Lagerkosten und Lagerzinsen geringer sind als die Kosten der Produktionsstillstände oder- unterbrechungen.

Tatsächlich lassen sich mit Simulationsmodellen ein Teil dieser Faktoren planerisch erfassen und laufend aktualisieren, in der Praxis ist jedoch ein anderer Faktor entscheidend.

Dieser Faktor betrifft die Geschmeidigkeit im Gesamtunternehmen, auf ungeplante Nachfrageschwankungen zu reagieren.

Hier geht es z. B. um Sonderschichten mit Nutzung eines Modells von Jahresarbeitszeitkonten beim Stammpersonal sowie um Zusatzkapazitäten mit Aushilfspersonal zur Abdeckung der Nachfragespitzen bis hin zur Stilllegung ganzer Produktionslinien inkl. Verbrauchs angesammelter Arbeitszeitkontenstunden.

Auf der Lieferantenseite kann es um die Aktivierung zusätzlicher Stammlieferanten bei Nachfragespitzen gehen bzw. Stornos von Aufträgen bei überraschendem Rückgang des Absatzes.

Im Maschinenbereich können Reservekapazitäten in Frage kommen, die reaktiviert werden bzw. Herstellerverträge mit Percentage of Use-Vereinbarungen, die flexibel auf Nachfrageschwankungen einstellbar sein können.

Die geschilderten Beispiele lassen erahnen, dass die operative Planung im Unternehmen meist „eine Königsdisziplin“ ist, die von erfahrenen Managern durchgeführt werden sollte. Wird ERP (Enterprise Resolution Planning)-Software eingesetzt, sollten die zugrundeliegenden Annahmen über die Ausprägung der einzelnen Einflussfaktoren detailliert hinterlegt sein, um Änderungen und Anpassungen vornehmen zu können. Der Integrationsgrad der vorhandenen IT-Systeme in Einkauf (SCM), Personaleinsatzplanung und Produktionsplanung (CIM, CAM, PPS) ist mitentscheidend für den Nutzen von ERP-Software.

Siehe für die Integration der Lieferanten in Entwicklung, Planung und Produktion SPICE im Kapitel 10.2.7

Tatsächlich ist jedoch der Kunde in den meisten Anwendungen von SAP, Oracle oder Microsoft-ERP weiterhin ein „Stiefkind". CRM-Systeme sind ausschließlich als Informationssysteme konzipiert, die ERP-Daten übernehmen, um z. B. im Callcenter Kundenanrufe adäquat beantworten zu können. Dass ein Unternehmen in der Realität tatsächlich über die Kaufentscheidungen und deren Vorläufer, die Kaufüberlegungen (via Kundenbefragungen), seine Primärdaten gewinnt und dann die ERP-Systeme anstößt, ist bei einigen anwendenden Unternehmen und Softwareentwicklern (noch) nicht angekommen.

Tatsächlich unterstützen ERP-Systeme die gesamte Prozesskette im Unternehmen, also Auftragsannahme, Fakturierung, Debitoren, Produktion, Lagerverwaltung/Logistik, Lieferantenmanagement und die Finanzsysteme Buchhaltung, Controlling, Treasury.

Jedoch werden diese Daten häufig nicht genutzt. Wie es zum Auftrag kommt, wie wahrscheinlich aus bestehenden, früheren und ganz neuen Kunden Käufer bestimmter Produkte werden, wird quasi wie „Deus ex machina" als Datum in der Planung gesetzt statt es mit den CRM-Daten abzugleichen. Weichen dann tatsächlicher mit geplanter Auftragslage voneinander ab, muss („geschmeidig") angepasst werden. Entsprechende Friktionen in den Planungen sind durch ein (falsches) Soll vorprogrammiert, da die Datenbank „Prognosebasis für potenzielle Aufträge" aus CRM nicht existiert bzw. nicht als Inputgenerator für ERP genutzt wird.

Die Basisdaten und Funktionalitäten der Vorprozesse zum Operational Planning, nämlich Strategische Planung und Marketingmix der Kapitel 3.2.1 Strategie und Planung und 5.4.2 Zielsetzungen des Marketings wurden dort erläutert.

In diesem Zusammenhang sollte nicht unerwähnt bleiben, dass der Prozess der Budgetierung des Jahresbudgets nicht nur eine Harmonisierung der (ehrgeizigen) Zielvorgaben des Vorstands mit den noch als gerade erreichbar gesehene Zielen der Bereiche beinhaltet, sondern auch eine Abstimmung, dass die Bereichsplanungen kompatibel zur Unternehmensplanung gestaltet sind. Nicht aufeinander abgestimmte Bereichsplanungen führen schon im „SOLL" zu Plankonflikten, die ausdiskutiert werden sollten, um nicht von vorneherein eine Sollbruchstelle im Budget zu haben.

Hat sich der Vorstand schon durch eine nach außen kommunizierte Mittelfristplanung auf bestimmte Eckdaten festgelegt, werden es Bereichspläne schwierig haben, die diese Eckdaten nicht unterstützen. Sie können zwar mehr Realitätsgehalt enthalten, da sie näher am Markt sind als die Unternehmensplanung. Aus Vorstandssicht können sie auf Zielübererfüllung angelegt sein, die zu zusätzlichen Prämienausschüttungen in den Bereichen führen sollen. Ein gutes Budget sollte also herausfordernd, aber nicht überfordernd angelegt sein.

Die nachfolgende Tabelle enthält einige wesentliche Punkte zum Prozess Operational Planning:

Prozesskomponente	Effektivität: Was?	Effizienz: Wie?
Ziel/Aufgabe	Abgleich Bereichszielen zum Unternehmensziel, Berücksichtigung aller Komponenten, die für die Leistungserfüllung entscheidend sind	IT-technische Verzahnung von Topdown und Bottom-up-Planung
Verfahrens/Entscheidungs-regeln	Input-Outputrelationen, Lieferzeiten/Beschaffungs-zeiten, Rüstzeiten/Entwicklungs-zeiten Wartungszeiten, National unterschiedliche Urlaubs, Krankheits- und Sonn-und Feiertagskalender	Detaillierte Softwarean-passung unter Berücksichti-gung aller Besonderheiten
Rahmenbedingungen	Einkaufsbedingungen (Terms of Trade) Maschinenkapazitäten Arbeitszeitverträge	SCM Just-In-Sequence CAM
Parameter/Einflussfaktoren	Material-Teilelisten Maschinenkapazitäten Verfügbares Stammpersonal	Stammdateienpflege, Datenbankmanagement, Datenmodulierung, Plattformwahl, Integrationsgrad der Einzelsysteme
Prozess-Ergebnis	Optimale Auslastung von Maschinen und Stamm-personal, rechtzeitige Just-inSequence-Beschaffung aller Teile ohne Zwischenläger	Simulation der bewerteten Input- und Output-Relationen auf unterschiedlichen Ebenen (Werk, Produktionsli-nie,Produkt, Maschine)
Feedback	Jeweilige Auslastungsgrade von Stammpersonal und Maschinen sowie Vorrats-bestände von Rohwaren und Fertigprodukten	Regulierung der Auftrags-bestände und in Abhängigkeit davon sämtlicher Input-faktoren via Software

Abbildung 7-1: Prozess Operational Planning

7.2 Prüfung von Operational Planning im Handel

Dem OP kommt im Handel eine besondere Bedeutung im Vergleich zu fast allen anderen Branchen zu, da der Absatz erst mit dem Sortimentsangebot erzeugt werden kann. Die gesamte Produktion eines Quartals, um im Jargon der Industriebranche zu sprechen, wird erst hergestellt und dann versucht zu verkaufen. Die gesamte Finanzierung dieses Quartals muss vom Händler (Kunden) „gestemmt" werden, aus Industriesicht ein hohes Risiko, im Handel Teil des geschäftsmodells. In der Industrie wird meistens versucht, über erteilte Aufträge die nachfolgenden Produktions- und SCM-Prozesse anzustoßen (Maschinen- und Werkzeugmaschinenbau, Anlagenbau, Automobilindustrie, Bauindustrie). Eine Vorproduktion, obwohl wegen der Kostendegressionseffekte verlockend, wird nach Möglichkeit vermieden.

Andere Branchen investieren in den Einkauf fast genau soviel Einsatz wie in den Verkauf, wenn für beide Produktgruppen Weltmärkte vorhanden sind (Stahlindustrie, NE-Metalle, Lebensmittelindustrie, Chemieindustrie in ihrer Basisproduktion, Schrottrecycling). Letztendlich geht es um die Marge zwischen Verkaufs- und Einkaufspreis, der die Produktionskosten und den Gewinnaufschlag umfassen sollte.

Die Devise heißt hier: Ohne Marge kein Geschäft.

Eine Kanban-Systematik, nach der retrograd aus einer Kundenbestellung die Produktion mit all ihren Vorprozessen angestoßen wird, ist aufgrund der vom Kunden gewünschten handelsüblichen Liefertermine von sofort bis in 24 Stunden im Versand-/Internethandel nicht möglich.

Eine weitere Verschärfung des Problems der Absatzeinschätzung ergibt sich durch den schnellen Preisverfall von modischen Artikeln, die spätestens nach 6 Monaten mit z. T. sehr hohen Abschriften/Preisnachlässen versehen die Läger räumen und Platz für die dann aktuelle Saisonware schaffen müssen. Die Marge, oder handelsüblich ausgedrückt, der Warenrohertrag, ist damit bis zum endgültigen Verkaufszeitpunkt risikobehaftet.

Eine dritte Besonderheit liegt in den hohen Importanteilen der Artikel im Non-Food-Handel, der gerade diese Sortimente auch noch anfällig für Wechselkursschwankungen macht. Eine 100-% Absicherung ist nur dann am Markt erfolgreich, wenn der Wettbewerb ebenso vorgeht bzw. der Wechselkurs sich im 2–3-monatigen Lieferzeitraum nicht in eine Richtung entwickelt. In den meisten Industriebranchen heißt es hingegen, wir machen unser Geschäft mit unserem Geschäftsmodell und nicht an den Finanz-/Devisenmärkten.

Eine weitere Besonderheit macht die Entwicklung der Artikel aus, die zum Zeitpunkt der Planung nicht alle und wenn, dann nur als Lieferanten-Muster vorliegen.

Man stelle sich diese Situation in einem Industrieunternehmen vor, eine operative Absatzplanung bis hin zum Deckungsbeitrag nur aufgrund von handgefertigten Prototypen abzugeben.

Insgesamt kommt der bedarfsgerechten Planung im Handel eine besondere Bedeutung bei. Eine Anlehnung an Vergangenheitserfahrungen ist nur mittelbar, wenn überhaupt möglich, da immer wieder mit neuen Artikeln geplant werden muss.

Insofern kommt einer sehr detaillierten Sortimentsplanung, bei der jeder Artikel mit seinen Chancen und Risiken beurteilt wird, eine hohe Bedeutung bei. Vor der Aufnahme eines Artikels in das Sortiment werden umfangreiche Recherchen angestellt, Messen und Modeschauen besucht und Plätze der Kreativität, sei es im Internet oder stationär in den Metropolen dieser Welt. Bei der Auswahl der Artikel ist die

Analytik und Logik meist fehl am Platze, Einkäufer eines Handelsunternehmens müssen eine starke Sensibilität („Bauchgefühl[204]„) dafür entwickeln, was in Mode und Technik trendbestimmend sein wird, aber sich nachher auch verkaufen wird.

Der natürliche „Gegner" des Einkäufers ist der Mode-Designer, der mit seinem Artikel nach Perfektion strebt und etwas komplett Neues vorstellt. Eine Multiplikation auf tausende von Teilen kann sich ein Künstler kaum vorstellen und wenn, ist es ihm ein Graus, er möchte ein Unikat schaffen.

Der Einkäufer wiederum kalkuliert immer in Mengen und Eckpreislagen und analysiert den Artikelvorschlag auf innovative Details, reduziert jedoch das in der Produktion Aufwendige und ersetzt es mit Machbarem. Selten sind deshalb handgefertige Muster mit industriell erstellter Ware zu vergleichen, es läuft letztendlich immer auf einen Kompromiss heraus.

Nach Festlegung der Artikel müssen Bestellmengen, Verkaufs- und Einkaufspreise sowie eine Verteilung der Bestellmengen auf Lieferanten festgelegt werden. Mit geringen Mengen erst einmal anzufangen und am Markt zu testen, wie der Artikel ankommt, wäre eine gute Idee, wenn nicht Produktions- und Lieferzeiten von 2–4 Monaten ins Spiel kämen. Diese können, wenn die Planung als „Renner"-Artikel aufgehen sollte, zu Nachlieferungen oder Abbestellungen führen. Denn die Kunden müssten dann auf ihre Bestellung warten, sind verärgert und drücken dann ihren Ärger in Nichtbestellungen in der nächsten Saison (Churn) oder Beschwerdebriefen und Beschwerdeanrufen in Callcenter aus. Dies strahlt dann auf andere Sortimente desselben Händlers aus, da der Kunde insgesamt beim Unternehmen nicht mehr bestellt oder kauft. Ein Angebot ohne Bestellfähigkeit ist also in der Planung tunlichst zu vermeiden.

Gleichzeitig sind Überbestände ebenfalls ein großes Problem, da Artikel, die einfach nicht „laufen" (vom Kunden nicht nachgefragt werden), auch durch noch so häufige Bewerbung nicht häufiger bestellt werden. Im Endeffekt sind hohe Abschriften die Folge, so dass diese Artikel nicht einmal mehr ihren Einkaufspreis erwirtschaften, ganz zu schweigen von der Erzielung von Deckungsbeiträgen für das Unternehmen.

Die Flucht in Standardartikel wie weißes Hemd oder kurzer schwarzer Rock ist für ein Unternehmen, das Mode anbietet, auch dann keine Lösung.

Tatsächlich werden aus der Vergangenheit als verwendbaren Strukturinformationen als Planungsgrundlage zugrunde gelegt. Dazu gehören:

- die Flächenbelegung der Sortimente und Sortimentsteile in den einzelnen Absatzkanälen, so dass über m^2-Umsatz oder Seitenumsatz (Versandhandel) Basiseinstellungen vorgenommen werden können;
- die Planung der gewünschten Eckpreislagen aus dem strategischen Marketingkonzept, daraus ergeben sich bei gegebener Kalkulation dann die gewünschten Einkaufspreise;

204 Dieser Begriff ist seit Gigerenzers Bestseller mit dem gleichnamigen Titel bewusst gesetzt und nicht „flapsig" gewählt.

- die je nach Sortiment und Standort unterschiedlichen Lagerumschlagszahlen (Drehzahlen), um zu optimalen Bestellmengen je Artikel zu gelangen;
- die Verteilung der Bestellmengen auf die möglichen (Stamm)-Lieferanten, hierbei sind bei Fernostbestellungen Absicherungen über europäische Lieferanten im Einzelfall zu entscheiden, um Engpässe bei „Renner-Artikeln" zu vermeiden; im Lebensmittelhandel werden Jahresgespräche geführt, die nicht nur das für die Industrie manchmal unsägliche Konditionenthema, sondern auch die für den Handel und die Industrie gleichermaßen wichtige Mengenplanung zum Gegenstand haben;
- die Planung der Sonderplatzierungsorte und Aktionsplanung zur Hervorhebung bestimmter Artikel- oder Artikelgruppen;
- Sondereffekte, die Einfluss auf Umsatz und Absatz haben, wie Neueröffnungen (neue Kataloge im Versandhandel), Umbaumaßnahmen in einzelnen Filialen, Schließung unrentabler Standorte etc.

Zeitlich parallel zur Sortimentsplanung erfolgt die Verkaufsplanung, die für alle Vertriebskanäle detaillierte Zahlen der Vergangenheit bereithält, gegliedert nach Kundengruppen einerseits und nach Filial-, Sortiments- und Regalplätzen andererseits.

Auch die Werbeplanung liefert detaillierte Informationen nach Werbemedium und Aktionszeitraum, so dass kundenseitig eine etwas bessere Fundierung der Planung möglich erscheint.

Durch den Onlinehandel im Internet erfährt die OP eine weitere Komplexität. Im Internet sind (theoretisch) beliebig viele Artikelplatzierungen möglich, jedoch entscheidet die Benutzerführung über den Erfolg einzelner Artikel. Die Bevorratung zur sofortigen Lieferfähigkeit ist eine weitere große Herausforderung, da der Absatzerfolg im Internet von den Click-Conversion-RatiOS abhängt, d.h. wieviele der interessierten Kunden den Artikel dann letztlich auch kaufen. Obwohl anders als im klassischen Stationärhandel und auch im Versandhandel eine Fülle von Informationen verfügbar sind, ist und bleibt der Konsument ein scheues Wesen, der leicht verschreckt/abgelenkt werden kann und dann bei einem anderen Thema landet oder bei einem anderen Lieferanten kauft.

5.1.3 enthält hier einige Hinweise zum Thema Internetwerbung.

Demnach bleibt auch nach sorgfältiger Planung die große Unsicherheit bestehen, ob es dem im Handel dominierenden Einkäufer, der gleichzeitig Produktmanager ist, gelingt, die Mode-Trends, Preise und Lieferbedingungen inkl. der notwendigen Qualität umgesetzt zu haben.

Vor diesem Hintergrund der Schwierigkeiten und Herausforderungen allein schon in der planerischen Phase, verwundert es nicht wirklich, dass die meisten Handelsunternehmen weltweit in Privatbesitz einzelner oder von Familien[205] sind. Denn

205 Hinter Metro steht u. a. die Hanielfamilie, bei Carrefour nach privater Gründung inzwischen ein Publikumsgesellschaft ohne Ankeraktionär und bei Wal-Mart die Walton-Familie. Die Otto Group,

als Aktiengesellschaften würden sie wegen der großen Anfälligkeit und der großen Risiken in diesen Geschäften keine große Akzeptanz am Markt finden bzw. mit ihren Aktien sehr großen Kursschwankungen ausgesetzt sein. Auf der anderen Seite befinden sich bei den Milliardären sehr viele erfolgreiche Handelsmagnaten. Das zeigt, dass bei intimer Kenntnis des Geschäftsmodells die Risiken beherrschbar sind.

Amazon geht als IT-Unternehmen mit Handelsplattform(en) einen ähnlichen, für manche einen radikaleren Weg. Hier stellen Interessenten- und Kundenalgorithmen die Prognosesysteme so scharf ein, dass das Hauptproblem Reste und hohe Läger unterbleiben. Gleichzeitig ist Amazon sehr sparsam mit klassischer Werbung, zieht aber aus Multichannelangeboten auch den Nutzen für seine Produkte. D.h., es profitiert von der klassischen Werbung im Stationärbereich insofern, wenn der Artikel auch online bestellfähig ist. Die Vernetzung mit Social Media Inhalten, um seine Kunden in ihrem (Kauf)-Verhalten noch besser kennen zu lernen, verbessert seine Kaufprognosen noch weiter. Schon wird gewitzelt, dass Amazon den Bedarf seiner Kunden (bewusst) besser kenne als sie selbst, eigentlich ein Riesenkompliment, das seinen schalen Nachgeschmack aus der „Orwellschen Big Brother is watching you-Welt" bezieht. Die geplanten Angriffe auf Google zeigen, dass letztlich die IT oder Big/Smart Data der Kern des Geschäftsmodells sein und Ware oder Dienstleistung zur reinen Commodity degradiert werden könnte.

7.3 Prüfung von Operational Planning in der Telekommunikation

Obwohl die Branche Telekommunikation auf den ersten Blick mit dem Einzelhandel nichts zu tun hat, gibt es aus planerischer Sicht einige Ähnlichkeiten.

Die Telekommmunikationsunternehmen sind wie die Handelsunternehmen in der Regel sehr große Konzerne mit mehreren Millionen Kunden. Weiter werden Tag für Tag viele Verkäufe abgewickelt, in einem einzelnen Handelsunternehmen wird die Million an Transaktionen pro Tag durchaus erreicht, in Telekommunikationsunternehmen werden mehrere Milliarden Datensätze pro Tag erzeugt. Beide wappnen sich dem Ansturm ihrer Kunden mit den größten verfügbaren kommerziellen IT-Anlagen, auch das ein weitere Gemeinsamkeit.

Der Vorlauf der Produktion mit Bereitstellung der Infrastruktur ist hingegen von der Zeitdimension eine andere Qualität. Während der Händler in Tagen, Wochen und Monaten planerisch denkt, muss der Netzplaner in Jahren und Jahrzehnten denken.

Denn das teuerste an der Telekommunikationsleistung ist weder Strom noch Kupfer oder Glasfaser, es sind die „Tiefbau[206]"-Kosten. Trotz der 3–8fachen Kosten im Vergleich zu oberirdischen Verlegung ist es z.B. in Deutschland nahezu unmöglich Leitungen oberirdisch zu verlegen. Die Optik obsiegt über der Wirtschaftlich-

Aldi und Lidl, H&M, Inditex, IKEA sind einige Beispiele für sehr erfolgreiche Handelsunternehmen in privater Hand.

206 Tiefbau in Anführungstrichen geschrieben, weil 80 cm unter der Erdoberfläche eigentlich nicht tief ist.

keit[207]. Vor der Verlegung sind vor allem im Ortsnetz („Dirty last Mile[208]") viele Fragen nach dem zukünftigen Bedarf und den möglicherweise zukünftig verfügbaren Technologien zu beantworten. Die gleichen Überlegungen gelten auch für den Mobilfunk, der inzwischen fast das Ortsnetz ablösen kann, jedoch durch die Limitierungen der Funktürme auf Häusern und den Kapazitätsgrenzen des Netzes trotz LTE-Technik nicht an eine Glasfaser heranreicht.

Seit einigen Jahren steht prinzipiell auch für das Ortsnetz (fibre to the home) die mehrfarbige Glasfaser zur Verfügung, die fast unbegrenzte Übertragungsmengen an Daten im Giga- bis Terabitbereich zulässt. Das wäre für den Netzplaner eine große Entlastung, da nicht mehr im großen Stil gebaut werden muss, um steigenden Kapazitätsbedarfen gerecht zu werden. Da tatsächlich aber im letzten Kilometer meistens noch die Kupferdoppelader liegt, wird immer wieder versucht, die Übertragungsgrenze nach oben zu verschieben.

In den vor Jahrzehnten verbauten und vor Jahren als „Kupferbergwerk" verballhornten Kupferdoppelader[209] sind immer wieder Reserven entdeckt worden. Die ersten Reserven kamen durch die Digitalisierung, dadurch konnten die Adern mit Datenpaketen (z.B. IP) mehrfach belegt werden statt für die Dauer eines Telefongesprächs gleich zwei Adern komplett für 2 Teilnehmer zu sperren. Mit der neuen Vektoringtechnik[210] sollen bald über Kupfer im Hochfrequenzbereich 100 Megabit-Datenmengen pro Sekunde übertragen werden, so dass einer gleichzeitigen Nutzung für Telefon, Internet und TV nichts mehr im Wege stehen sollte. Dadurch ist jedoch die Kontrolle des gesamten Kabels notwendig, um die Übersprechneigung der Kupferleitungen mit ausgleichenden Signalen zu kompensieren, so dass die Signale fast störungsfrei übertragen werden.

Insgesamt ist grundsätzlich bis auf wenige ländliche Gebiete der Ausbau der Leitungen planerisch kein Thema mehr, eher geht die Investitions-Planung in der Telekommunikation in die Übertragungs- und eingeschränkt in die Vermittlungstechnik. Die Einschränkung rührt von dem IP-Protokoll her, das inzwischen auch in der Telefonie (IP-Telefonie) anstelle klassischer Vermittlungstechnik benutzt wird. In der Übertragungstechnik sind durch das geplante Vectoring jedoch erhebliche Investitionssummen[211] notwendig, da für jedes der über 4.000 Ortsnetze jedes Kabel in Echt-

207 So ist kein Zufall, dass in Deutschland einige dünn beisiedelte ländliche Regionen vom schnellen Internet ausgenommen bleiben, da sich der Tiefbau gar nicht rechtfertigen lässst und oberirdische Trassenführungen nicht gewünscht sind.

208 „Dirty" ist hierauch übertragen gemeint, da für die letzten 1600 Meter bis zur Anschlussleitung in der Hauseinführung viel Geld investiert werden muss.

209 Im Unterschiede zur Kupfer-Koax-Kabel, über das früher nur TV und Radio, heute auch Internet angeboten wird.

210 Seit August 2013 ist es der Deutschen Telekom wieder erlaubt, die Entbündelung von nieder- und hochfrequenten Bitströmen aufzuheben, um insgesamt zu einer Verdoppelung der Übertragungsleistung zu gelangen, die z. B. Videostreaming in entsprechender Qualität ermöglicht. Um den Wettbewerb nicht zu stark zu benachteiligen, ist das Vektoring an eine Reihe von Bedingungen geknüpft. So müssen im Ortsnetz mindestens zwei Festnetze vorhanden sein.

211 Die Telekom AG spricht Ende 2012 von mehrstelligen Mrd.-Euro-Beträgen in einem Zeitraum von 3 Jahren. Hinzu kommt hierbei auch der Mobilfunkausbau auf die neue LTE-Technik. Die Investitionen sollen dennoch nur ein Drittel dessen betragen, die eine komplette Umstellung auf Glasfaser benötigt hätte.

zeit in seiner Nutzung analysiert werden muss, um gezielt Verzerrungen auslösendes Übersprechen durch gegenläufige Signale zu kompensieren.

Aus alldem wird deutlich, dass die operative Planung bezogen auf die Produktion von Telekommunikationsdienstleistungen eine andere Ausrichtung hat als in anderen Branchen. Die Basis der Planungen sind hier weniger die Kundenanzahlen und der individuelle Nutzungsgrad, sondern die mittel- und langfristige Entwicklung von Regionen. Da durch die Dark Fiber die Kapazität über unterschiedliche Glasfaserfarben fast unbegrenzt gesteigert werden kann, ist die Marketingsituation in Telekommunikationsunternehmen fast eine ideale Situation, Verkauf ohne Kapazitätsgrenzen.

Produktion und Verbrauch laufen zeitlich milliardenfach parallel ab. Die störungsfreie Bereitstellung hat somit in diesem vollautomatischen Produktions- und Verbrauchsprozess oberste Priorität. Nachbesserungen an der Qualität sind zwar in Echtzeit möglich, siehe oben Vectoring im Festnetz oder grundsätzlich im Mobilfunk, bei der 50 % der Übertragungsmenge nur aus Steuerungs- und Korrekturinformationen besteht, aber sehr teuer, sollten somit tunlichst beschränkt bleiben bzw. automatisert ablaufen.

Nähere und detailliertere Hinweise zur Telekommunikation lassen sich in Kapitel 10.1.2 Netze finden.

7.4 Kernthesen

Operational Planning als eigenen Prozess zu erkennen und nicht als Thema von IT-Spezialisten und Dipl.-Mathematikern, war Zweck dieses Abschnitts. Da Dienstleistungsbranchen immer vorinvestieren und dann Kunden für die Nutzung finden müssen, sollte das Nachfrageprognosethema eigentlich das bedeutsamste Forschungsgebiet der Wirtschaftswissenschaften sein. In diesem Abschnitt wurden aus Praxissicht die Anforderungen an Elastizität und Flexibilität in den Bereichseinzelplanungen verwiesen und der Primat der Kunden- und Marketingorientierung eingefordert. Am Beispiel des Handels und der Telekommunikation wurde gezeigt, wie geschmeidig sich Geschäftsmodelle an häufig ändernde Anforderungen der Kundenmärkte und disruptive Technologiesprünge anpassen (müssen). Amazon will mit seinem Drohnenprojekt zeigen, dass es relativ sicher eher als sein Stammkunde weiss, was er demnächst bestellen wird und deshalb schon einmal eine Drohne mit dem kommenden Bestseller-Buch losschickt, aus subjektiver Sicht des Autors keine Utopie, sondern ein ernstzunehmendes Konstrukt.

8 Kernprozess 3: Revision der Produktentwicklung und des Innovationsmanagements

Die in der westlichen Welt festzustellenden Käufermärkte signalisieren in vielen Produktbereichen Sättigungstendenzen. Die Gefahr für Unternehmen ohne durchschlagende Innovationen entsteht dann, sich einem zermürbenden Preiskampf ausgesetzt zu sehen. Ein Ausweg besteht in der Etablierung einer Marke, unter der ein oder mehrere Produkte oder Serviceleistungen angeboten werden können. Diese Marke bedarf jedoch, um nicht an Aufmerksamkeit zu verlieren, der gezielten Pflege durch vorsichtige, evolutionäre Schritte in der Produktweiterentwicklung.

8.1 Prüfung der Produktentwicklung

Gleichzeitig drohen durch Produktneuentwicklungen des Wettbewerbers auf klassischen Märkten und durch Eindringen von neuen Wettbewerbern von ganz anderen Märkten große Gefahren. Denen versucht ein Unternehmen durch eigene Neu-Entwicklungen zu begegnen.

In bestimmten Branchen wie z. B. der Pharma-, und Gesundheitsbranche, der ITK und der des Automobil wird der Anteil an Neuentwicklungen als „Güte"-Maßstab für die Beurteilung des Gesamtunternehmens angesetzt. Dieser Maßstab soll dann ausdrücken, wie es dem Unternehmen gelingt mit biogenetischer (Pharma), technologischer Entwicklung (ITK) Schritt zu halten bzw. auf neue Umweltanforderungen (Auto) reagieren zu können.

Wie alles, was sich mit dem Begriff „NEU" in Verbindung setzen lässt für große Chancen stehen kann, sind auch die Risiken eines Misserfolgs sehr hoch anzusetzen.

Joint Venture Kapitalgeber wissen, dass sie bei 80 % ihrer Gesellschaften Geld verlieren werden, bei 10–15 % einen mäßigen bis normalen Erfolg landen werden. Nur bei 5 % werden sich sog. Block-Buster oder Megaseller aus den Firmengründungen entwickeln.

Ähnliches gilt für die Entwicklung neuer Arzneimittel. Hier sind die Hürden durch die erforderlichen umfangreichen Testverfahren und die nationalen Genehmigungsanforderungen sehr hoch. Eine zusätzliche Hürde stellt der sog. Placebo-Effekt da, ein neues Medikament muss signifikant bessere Heilung als ein Placebo in Studien nachweisen. Hauptwettbewerber möglicher neuer Mittel sind schon eingeführte Arztneimittel, die als Generika ohne hohe Patentkosten zu erwerben sind.

Für die Konsumgüterindustrie gilt, dass jedes neue Produkt ein altes verdrängen muss, da der Regalplatz im Handel als limitierender Engpassfaktor das Angebot auf quasi „natürliche" Weise begrenzt. Es wird eine Frage der Zeit bleiben, bis auch hier der Regalplatz[212] über das Internet „virtualisiert" wird und eine bisher nicht vorstellbare Produktschwemme wie z. B. heute schon bei Büchern eintritt.

---

212 Analog kann man hierzu die Rangreihenfolge bei Suchergebnissen der Suchmaschinen sehen. Auch hier zählt ein Platz auf der ersten Seite, denn wer klickt sich schon bis zur 100. Seite durch?

In der ITK-Industrie geht jedes Jahr die Suche nach der sog. „Killerapplikation" im Unternehmen los, also einem Softwareprodukt, dass es dem Kunden ermöglicht, ganz neue Service-, Spiel- oder Lebenserfahrungen zu machen. Nur sehr wenige schaffen den großen Sprung. Durch die zunehmende und im Hinblick auf die Markterschließung sehr günstige Verbreitung von Apps (Anwendungen), die jeweils einen kleinen begrenzten Nutzen haben, wird das Risiko von Fehlschlägen eingeschränkt.

Aufgrund der vergleichsweise hohen Entwicklungskosten orientieren sich die meisten *Automobile* eher am Bewährten. Komplett technische Neuentwicklungen an Komponenten wie Doppelkupplungsgetriebe oder Hybridantriebe (gekoppelter Benzin- und Elektromotor) sind eher selten, komplette Neukonzeptionen wie die reiner Elektro-Autos von Tesla sind Raritäten.

Zusätzlich zu einer geeigneten Projektorganisation sind im Projektmanagement bei der Neuproduktentwicklung die Anforderungen der Kundenseite schrittweise in den Entwicklungsprozess zu integrieren[213]. Das neue Produkt muss sich signifikant[214] in seinen Eigenschaften differenzieren und die Chance haben, eine eigene USP aufzubauen. Dies sollte rechtzeitig mit Tests sichergestellt werden, nicht zu früh, um das Pflänzchen erst einmal zu stabilisieren, aber auch nicht zu spät, wenn Änderungen sehr kostspielig sind.

Betriebswirtschaftlich ist das Marktpotenzial frühzeitig abzuschätzen, die Produktions- und Teilekosten zu hinterfragen, um Indizien für eine Preisstrategie zu erhalten. Hierzu sind, auch wieder rechtzeitig, Produktion und Vertrieb hinzuzuziehen, die erste Abschätzungen aus ähnlichen Prozessen beisteuern können.

Parallel ist der Markt zu beobachten, um nicht ungeplant als Zweiter mit einer Innovation zu erscheinen, jedoch sind Verkürzungen im Produktentwicklungsprozess gegen die Zusatzkosten von Fehlerbereinigungen und Reputationsverlusten durch öffentliche Rückrufaktionen aufzuwiegen. Letztlich ist es in den meisten Industrien günstiger, mit einer ausgetesteten Y-Version auf den Markt zu gehen als mit einer nicht ganz funktionierenden ß-Version, Ausnahme IT.

---

213 Durch Social Media ist die Chance gewachsen, dass sich Kunden schon in die Produktentwicklung einbringen und nicht erst beim ersten Test. Procter&Gamble und Gore (Goretex) praktizieren dies seit einigen Jahren schon erfolgreich. In der IT ist dieses Thema seit Jahrzehnten en vogue, siehe Linux oder ß-versionen neuer Standard-Software, die vorab einige freie Entwickler erhalten.

214 Neumeier spricht von radikalem Unterschied in seinem Buch ZAG, S. 26.

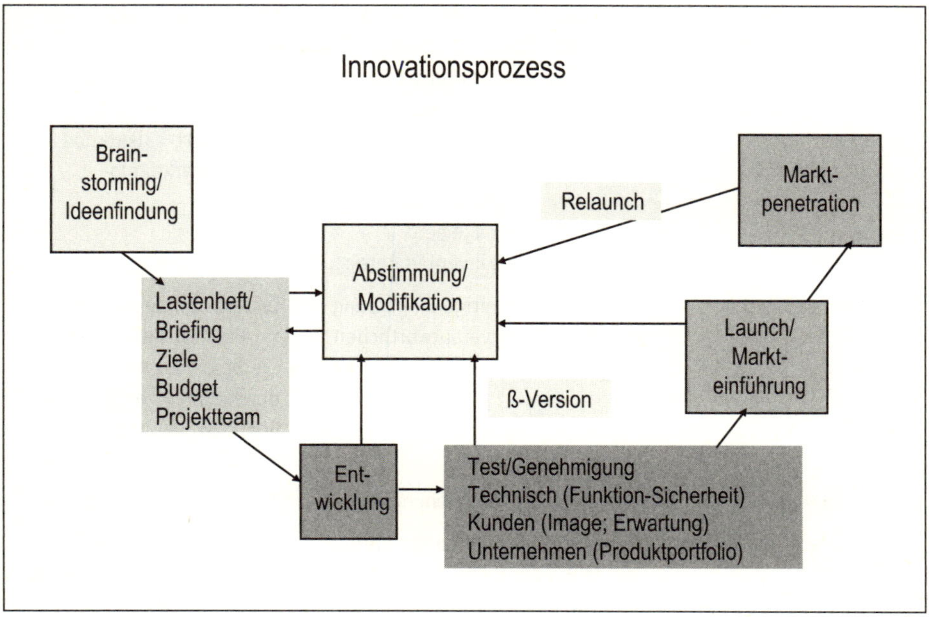

Abbildung 8-1: Innovationsprozess

Die Markteinführung ist vom Timing her auf möglichst große Aufmerksamkeit bei der Einführung zu planen, z. B. zum Zeitpunkt einer Messe. Ebenso ist das gesamte Verkaufsteam geeignet zu schulen und in anderer Weise mit dem Produkt vorher bekannt zu machen.

Dass das neue Produkt auch abrechenbar[215] sein muss, sollte nicht in den Hintergrund der Überlegungen gedrängt werden. Nichts wäre schlimmer, wenn Kunden beim Kauf bemerkten, dass die Systeme für das neue Produkt nicht gänzlich funktionieren.

Die letzten Überlegungen gelten dann der Preis- Rabatt- und Promotionspolitik, um einen möglichst guten Start zu ermöglichen.

Die nachfolgende Tabelle fasst einige Aspekte des Produktentwicklungsprozesses einmal zusammen:

215 Mit abrechenbar wird der in manchen Unternehmen gar nicht zu triviale Gedanke beschrieben, dass die Produkt- und Abrechnungssysteme des Unternehmen das Produkt in all seinen Modifikationen enthalten sollten.

Prozessschritt	Effektivität: Was zu tun?	Effizienz: Wie zu tun?
Produktentwicklung/ Konstruktion	Anzahl neuer Produkte im aktuellen Portfolio aus der Produkt-Pipeline, Klärung der Budgetverantwortung zwischen Entwicklung und Produktmanagement (Problem: Not invented here)	Meilensteinpläne überwachen, Produkt-Kalkulation marktfähig?
Produktionstest	Möglichst frühzeitige Einbindung der Produktionsverantwortlichen	Testergebnisse analysieren, Plan-Ist-Vergleiche, Verbesserungen Im Detail durchplanen vor Start (No-Gos) bzw. bei nächster Produktänderung (Nice to have)
Markttest	Repräsentativität sicherstellen	Testergebnisse analysieren
Vertriebsfreigabe	Verantwortungsübergang: Klärung der Einbindung des Neuen in die Nomenklatura des Bekannten (IT, Organisation, Werbung, Schulung der Mitarbeiter, Callcenter, Hotline etc.)	Datenintegration des Neuen in alle Produktionssysteme (IT)
Markteinführung	Vorstellung Vertrieb, Werbe- und Mediaplanung, Incentives/Give-Aways, Key-Account-Gespräche Handel, WKZ (Werbekostenzuschüsse) und Rabattpolitik	Schrittweise Einführung bis zum Point of no Return vorsehen, Einbindung der Multiplikatoren in den verschiedenen Funktionen für einen erfolgreichen Start

Abbildung 8-2: Aspekte des OA bei Produkt und Produkteinführung

Für eine IR mag es seltsam klingen, Partei für einen Fachpromotor zu ergreifen, der offensichtlich (mehrfach) seine Ziele nicht erreicht hat. Kann der Revisor jedoch überzeugt werden, dass Innovationen nicht am Computer in allen Facetten planbar sind, jedoch die Widrigkeiten beseitigbar sind, kann eine IR aus einem erfolgreichen Abschluss eines solchen Innovationsprojekts viel in dem Unternehmen bewirken.

Sie leistet einen Beitrag, wie erfolgreiches Changemanagement[216] organisiert werden kann, wenn z. B. durch das neue Produkt „Online-Plattform" einer Zeitung das gesamten Unternehmen (der Verlag) auf neue Füße gestellt werden muss.

Offensichtlich stellt das Thema Online-Zeitung versus klassische Tageszeitung viele Verlage vor große Probleme, aktuelles Beispiel war und ist die Auseinandersetzung im „Spiegel" im Frühjahr 2013 und im Sommer 2014 zwischen Online- und Print-Redaktion.

---

216 Siehe hierzu auch Peter Kundinger, Changeagent und Interne Revision.

Es ist es offensichtlich nicht so einfach möglich, aus der Printredaktion einfach Artikel ins Netz zu stellen, da diese nicht mehr aktuell sein können und bei einer anders strukturierten Leserschaft thematisch dann nicht immer ankommen.

Umgekehrt scheint es ebenfalls schwierig zu sein, aus der Schnelllebigkeit der Internet-Nachricht einen Crossselling-Effekt im Print herbeizuführen. Viele sich selbst als „seriös" beschreibende Redakteure im Print werden die oberflächliche Recherche und die obskuren Informationsquellen aus der Internet-Redaktion ablehnen und sich weigern, diese Artikel zu übernehmen.

Der Verlag sieht sich mit einem Mal mit der Tatsache einer Verdopplung der Personalkosten bei rückläufigen Printauflagen konfrontiert, die nicht immer durch die u. a. von Steve Jobs[217] erfundenen kostenpflichtigen Digital-Abos via spezieller App aufgefangen werden können.

Ein effektives Changemanagement hätte das Thema Internet und damit die Digitalisierung von Nachrichten unter dem Gesichtspunkt „Zeitungsverlag Zukunft" als „Disruptive Technolgy" aufgefasst und nicht als simples Add-On zum Print.

Dann wäre schnell klar geworden, dass das Thema bezahlter „Content", das Thema Treue der Leserschaft (Kunden) durch Abonnement und das Thema „Werbefinanzierung" von Zeitung nachhaltig durch das Internet verändert werden.

Durch die Digitalisierung von Nachrichten wird es sehr einfach, sowohl Content ohne Urheberschutz zu verbreiten als auch diesen Content kostenlos zu lesen[218].

Eine Lösung ist natürlich, den Urheberschutz auch im Netz aufrecht zu erhalten und über spezielle Apps zu versuchen, bezahlbaren Content zu erzeugen.

Eine weitere Idee wäre es, den Content in verkürzter Form professionellen Nachrichten-Aggregierern zur Verfügung zu stellen („Teaser"), um dann in einer Verlinkung zusätzliche Reichweite zu generieren. Eine Alternative wäre es, die schon erzeugte Reichweite zu nutzen, um selbst zum Nachrichten-Aggregierer aufzusteigen. Dies bedeutet jedoch, auch fremden Content zu verbreiten, ein anderes Geschäft als Content zu erzeugen.

Mit dem Rückzug auf Contenterzeugung hätten Kosten im Aufbau von Internetreichweite vermieden werden können, mit der Nachrichten-Aggregation wären zusätzliche Umsätze generierbar gewesen.

Zusätzlich hätten sich auch einige der im Print verloren gegangenen Werbeumsätze durch Clickumsätze und Online-Werbung ersetzen lassen.

Jedoch sind diese möglichen neuen Geschäftsmodelle anders als das klassische Zeitungsgeschäft zu betreiben. Der Axel Springer Verlag sieht darin die Zukunft und verzichtet lieber auf einige Zeitschriften, um das nötige Geld für eine weitere Online-Expansion zu erhalten[219].

217 Siehe im Kapitel 38: iPad der Biografie: Steve Jobs von Walter Isaacson, S. 503 f.

218 Siehe hierzu Interview mit der Chefredakteurin der Huffington Post, Arianna Huffington, im Handelsblatt vom 29.5.2013.

219 Siehe u.v.a http://www.horizont.net/aktuell/medien/pages/protected/Tageszeitungen-Wie-Spiegel-Online-die-Zeitungsdebatte-weiter-anfacht_116091.html vom 9.8.2013.

8.2 Prüfung des Innovationsmanagements

Da Produktentwicklung immer etwas Bestehendes ändert, um Neues zu erschaffen, bestehen große Risiken, die Unternehmens-Ziele in der Produktneuentwicklung zu verfehlen. Aus diesem Grund sind eine Reihe von Software- Entwicklungstools wie CAD (Computer Aided Design) und Projektmanagement-Software geschaffen worden, diese Risiken zu begrenzen.

Diese Risiken bestehen also auf der einen Seite im Produkt selbst, auf der anderen Seite im Projekt, da das neue Produkt losgelöst vom gesamten operativen Alltag des Unternehmens entwickelt wird.

Da sich das Produkt später wie auch jede neue Software in etwas Bestehendes (Produktportfolio) integriert werden muss, stellen sich am Anfang die Fragen nach dem Lastenheft und einer möglichst detaillierten Zielbeschreibung, welche Eigenschaften das Produkt enthalten soll. Dieses Lastenheft enthält auf der einen Seite geforderte Verbesserungen gegenüber dem bestehenden Produkt, andrerseits auch komplett neue Elemente, die durch den technischen Fortschritt in dem spezifischen Sektor ausgelöst werden.

> Wie bei der Softwareentwicklung, siehe hierzu Kapitel 10.2.5 als einem speziellen Typus der Produktentwicklung, fallen gerade am Anfang des Projekts Erwartungen des Auftraggebers (z. B. Produktmanager) und Entwickler/Designer stark auseinander.

Während der Auftraggeber (Machtpromotor) meist die Eigenschaften und die Markterwartungen sowie die betriebswirtschaftlichen Grundbedingungen detailliert beschreiben kann (Idealfall), ist dieses Wissen dem Designer, Entwickler (Fachpromotor) manchmal nur eine Randnotiz wert. Ihm geht es primär um die Schaffung von etwas komplett Neuem, Einzigartigem in seinem Kreativprozess, sekundär um den Nutzen für das Unternehmen.

Diesen Spannungsbogen zu moderieren, das neue Produkt erfolgreich im Unternehmen zu platzieren, organisatorische Hindernisse aus dem Wege zu räumen, obliegt dem Prozessmotor[220]. Es kann dem Fachpromotor Hilfe geben, mit welchen (relativ kleinen) Änderungen am Design das neue Produkt die Hürden in einer Projektmanagementsitzung oder Vorstandssitzung nehmen würde. Gleichzeitig berichtet er dem Machtpromotor über die Meilenstein- Fortschritte und kann im Worst Case zusätzliche Mittel und/oder mehr Zeit für den Entwickler „herausholen", wenn durch technische oder personelle, nicht jedoch systematische Widrigkeiten der Projektfortschritt stockt.

220 Eine sehr wichtige Rolle im Innovationsprozess, die hilft guten Ideen zum Durchbruch zu verhelfen, und zwar im Sinne einer konstruktiv-kritischen Moderation. Die Revision, die Organisation oder die Strategieabteilung des Unternehmens können diese Rolle übernehmen, wichtig ist intime Kenntnis der Unternehmensprozesswelten und der (Macht)-Strukturen.

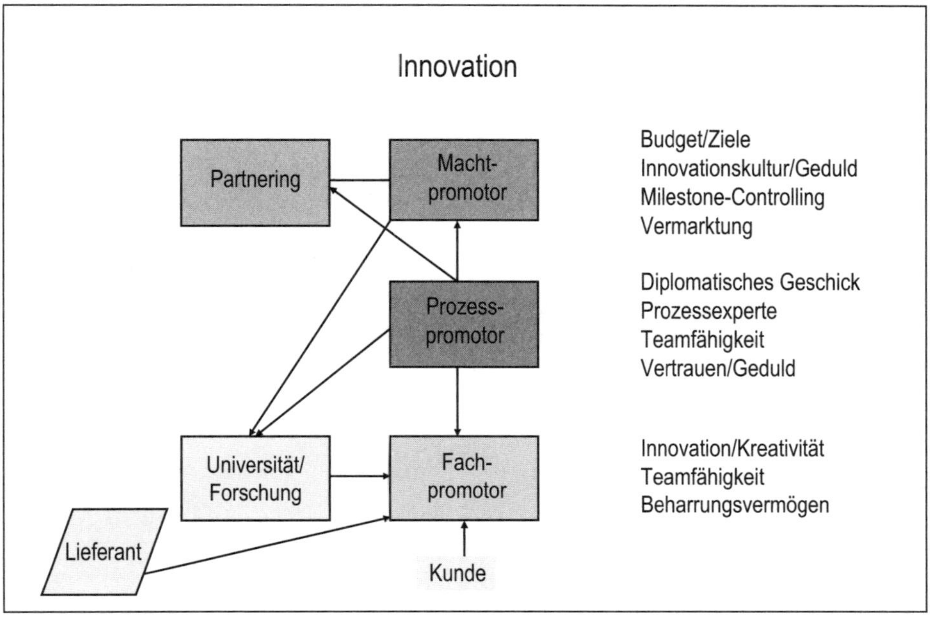

Abbildung 8-3: Innovationsrollen

8.3 Kernthesen

Produktentwicklung und Innovationsmanagement sind selten Lieblingsthemen in der IR, dennoch spannend, da sie die Zukunft eines Unternehmens entscheiden können. Mit dem Modell Fach-, Macht-, und Prozesspromotor versucht der Autor, das effektive Zusammenspiel dieser drei Rollen bei Innovationen zu betonen und die IR als unterstützend in der Rolle eines Prozesspromotors zu etablieren. Eine Kontrolle des Masterplans und Möglichkeiten der ex-ante-Revision bei größeren Innovationsprojekten komplettieren diesen Abschnitt.

9 Kernprozess 4: Produktion und Produktionsrevision

Ähnlich wie der Verkaufsprozess in Kapitel 6 sind die Prozesse Planen und Betreiben der Produktionsinfrastruktur von Unternehmen zu Unternehmen unterschiedlich gestaltet. Sie sind letztlich für die USP, also die Einzigartigkeit eines Unternehmens verantwortlich. Trotzdem lassen sich meiner Meinung nach einige Gemeinsamkeiten herausarbeiten, die für das Thema OA interessant sein könnten.

9.1 Grundlagen der Produktion

Zunächst sollen jedoch die Leistungserstellungsprozesse grob differenziert werden in (Dienst)-Leistungen/Gütern,

- die mit Hilfe der Verfahrenstechnik entwickelt werden, die Ausgangsprodukte in mechanischer, chemischer oder biologischer Weise umwandelt, um zum Endprodukt zu gelangen;
- die mit Hilfe der Fertigungstechnik entwickelt werden, die einzelne Werkstücke/Feste Körper mit Hilfe spezieller, meist mechanischer Verfahren zu größeren Gebilden zusammensetzt, und
- den Dienstleistungen, deren Vorleistungen im Wesentlichen stationär und immobil bereitgestellt werden, d.h. dass sie vor ihrer Nutzung erst mit z.T. sehr hohem Investitionsaufwand bereitgestellt werden müssen.

Zu denken ist zu allererst an die Infrastrukturbereiche Strom (Starkstrom: Energie; Schwachstrom: ITK), Gas, Wasser. Hier sind äußerst hohe Vorleistungen erfordelich, um die Dienstleistungen in Anspruch zu nehmen.

Auch die Vorleistungen für die Logistik wie Straßennetz, Schienennetz, Hafenanlagen und Flughäfen sind immer mit Mrd.-Investitionen als Vorleistung verbunden, bevor die Nutzung startet.

Das gilt ebenso für viele öffentliche Bereiche wie Sportstätten, Museen und Opern-/Schauspielhäuser, Kirchen, Krankenhäuser, Pflegeheime, Schulen, Universitäten sowie alle Ämter. Hier stehen zunächst Bauinvestitionen im Vordergrund, bevor die Nutzung begonnen werden kann.

Bei Banken, Versicherungen, der Medien und Werbeindustrie, Verlagen von Zeitungen, Zeitschriften und Bücheren sind zwar auch die Vorleistungen in Bauinvestitionen nicht unerheblich, zunehmend übernehmen jedoch IT-Investitionen bei diesen digitalisierten Dienstleistungen die Hauptvorleistungen vor Nutzungsbeginn. Der Hauptteil der jeweiligen USP liegt denn auch in der eingesetzten Software bzw. den Ideen zu den entsprechenden Algorithmen.

Der hohe IT-Einsatz trifft auch auf die unternehmensnahen Dienstleister wie Unternehmensberater, Rechtsanwälte, Wirtschaftsprüfer, Steuerberater, Werbefachleute, Architekturbüros und Projektentwickler zunehmend zu. Zwar liegt bei Ihnen der Hauptkostenanteil in den Personalkosten inkl. Fortbildung. Ohne mächtige Datenbanken im Knowledge-Bereich ist jedoch heute eine freiberufliche Dienstleistung kaum noch denkbar, auf jeden Fall bei den international tätigen der jeweiligen Branche.

Die nachfolgende Grafik gliedert die Industrie- und Dienstleistungsbranchen:

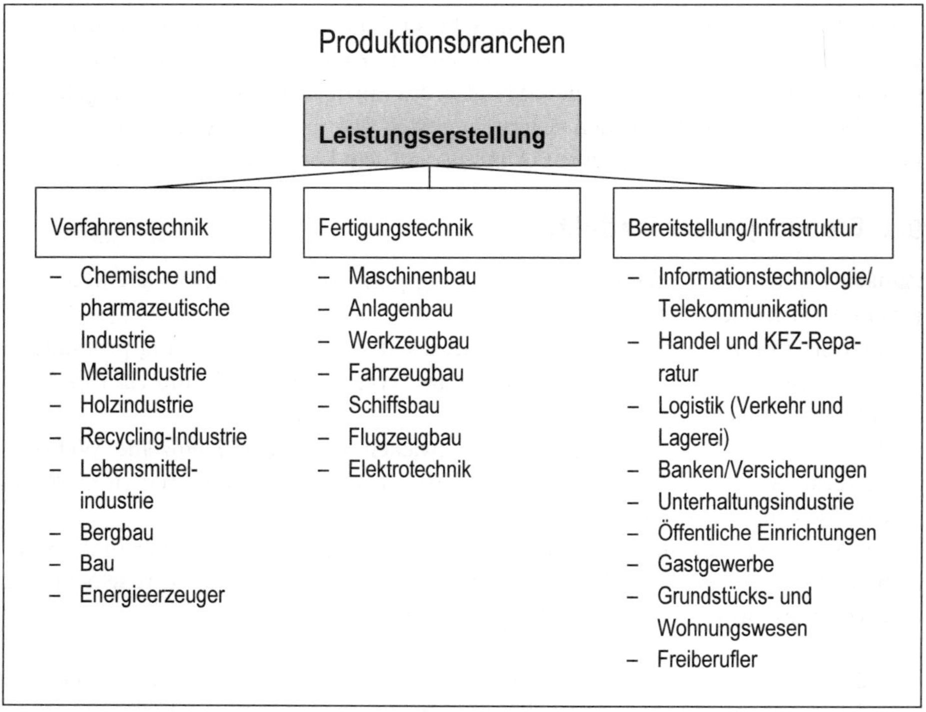

Abbildung 9-1: Gliederung der Branchen nach Produktions-Dienstleistungsarten

Produkte unterscheiden sich von Dienstleistungen vor allem dadurch, dass sie transportabel, d.h. mobil sind, einzeln vom Kunden in Empfang genommen und „konsumiert"/genutzt/weiterverarbeitet werden können.

Dienstleistungen werden im Wesentlichen größeren Gruppen gleichzeitig, jedoch nicht notwendigerweise immer am selben Ort, angeboten und genutzt.

Offensichtlich macht es keinen Sinn, ein Restaurant für eine Person zu betreiben oder einen Fernbus/Flugzeug/Zug/Schiff nur für einen Fahrgast sich bewegen zu lassen.

Hingegen kann eine spezielle Einzelfertigung für einen Abnehmer im Maschinen- und Werkzeugbau für ein hochspezialisiertes Unternehmen Sinn ergeben.

Gemeinsam haben Produkte und Dienstleistungen, dass sie aus den Produktionsfaktoren

- Arbeit (eigenes Fach- und Hilfspersonal, Personal von Drittfirmen mit Leiharbeit und Werkverträgen),
- Werkstoffen (mit speziellen Verfahren umzuwandelnde Rohstoffe bzw. mit bestimmten Techniken zu behandelnde Werkstücke/Feste Körper) und
- Betriebsmitteln (Maschinen, Anlagen, Gebäuden, Grund und Boden)

sowie
- Information,
- Big Data inkl. ERP/SCM und CRM zur Integration der Produktion in die Unternehmensinformationslandschaft,
- ingenieurwissenschaftliche Verfahrenstechnik bzw. Fertigungstechnik als kernelorientierte standalone Software für Produktionsprozesse,
- Maschinensteuerung bis hin zur vollautomatischen Robotik,
- Vernetzung der Maschinen mit z. B. Ethernet/Token Ring sowie darauf aufbauernder zentraler Steuerung und Regelung,
- Industrie 4.0

hergestellt bzw. bereitgestellt werden.

Man sieht unschwer an den Klammerausdrucken zu den Hauptfaktoren, dass die Bedeutung der Information in den letzten Jahren sehr stark gewachsen ist und aus einer ursprünglichen Hilfsfunktion inzwischen Schlüsselfaktor auch der Produktion geworden ist.

Große Teile des Dienstleistungssektors „produzieren" Information oder Informationsinfrastruktur wie
- die Telekommunikations- und Informationstechnolgie-Industrie,
- Banken, Versicherungen und Finanzintermediäre,
- Freiberufler als Experten für spezifische Information im naturwissenschaftlichen oder wirtschaftswissenschaftlichen Umfeld,
- die Unterhaltungs- und Kulturindustrie.

Dieser Trend hat dazu geführt, dass der Anteil der Industrie inkl. des Informationsgehalts ihrer Produkte am gesamten Bruttosozialprodukt in Deutschland unter 25 % gefallen ist[221].

221 Siehe Statistisches Bundesamt 2012: https://www.destatis.de/DE/ZahlenFakten/Wirtschaftsbereiche/Wirtschaftsbereiche.html.

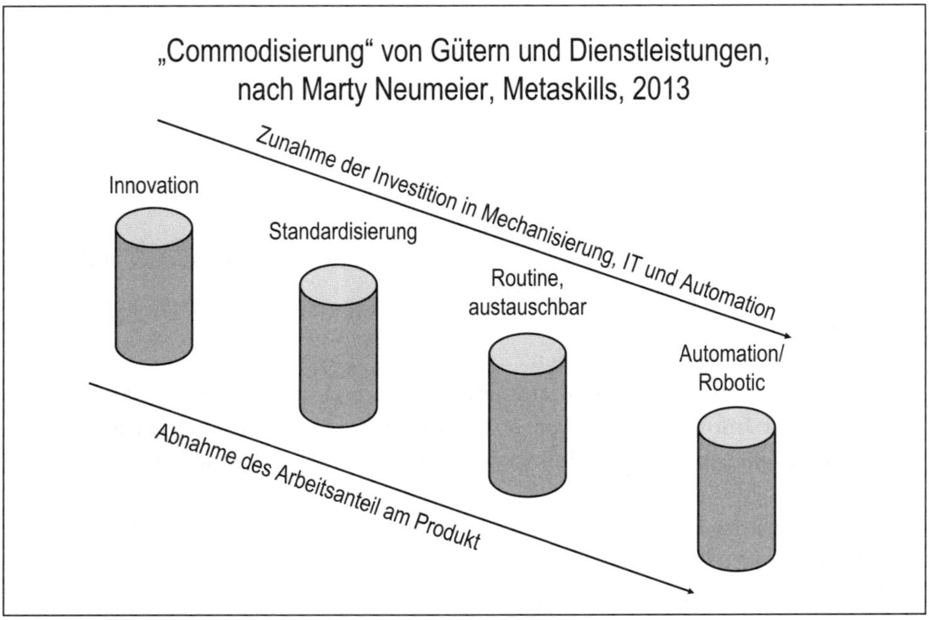

Abbildung 9-2: Sinkende Arbeitsintensität durch zunehmende Automation

Dieser Trend zur Dienstleistungsgesellschaft lässt sich ebenfalls an den Mitgliedszahlen des DIIR ablesen, die sehr stark in den Dienstleistungsbereichen, auch im öffentlichen Bereich gewachsen ist.

„Nackte“ Produkte ohne großen Informationsgehalt sind zur Commodity degradiert worden, die auf der ganzen Welt zu möglichst geringen Kosten hergestellt werden sollten und auch können.

Die nachfolgenden Betrachtungen zur „reinen“ Produktion können deshalb relativ straff ausfallen, während am Produktionsfaktor Information stärker Interessierte im Kapitel 10 einen tieferen Einblick gewinnen werden[222].

9.2 Bedarfsanalyse der Produktionsinfrastruktur

Die Erstellung einer Produktionsinfrastuktur ist zum einen teuer und zum anderen auf Dauer angelegt, so dass die Auswahl des Standorts und der notwendigen Investitionen meist mit großem Bedacht gewählt wird. Viele Unternehmensstandorte prägen auf Dauer ihre Region und gehen so eine Symbiose mit ihrem gesellschaftlichen Umfeld ein. Bei modern denkenden Politikern ist ihr Mandatssitz auch der Standort „ihrer“ Unternehmen. Auch aus dieser Betrachtung heraus als „Bürger“ einer Region nehmen Unternehmen Corporate Social Responsibility wahr.

222 Tatsächlich verlagern sich die „intelligenten“ oder informatischen Prozesse mit fortschreitender Automatisierung mehr in die Arbeitsvorbereitung bzw. Steuerungssysteme.

9.2.1 Standortanalyse

Überlegungen, einen neuen Produktionsstandort zu errichten und zusätzlich damit die Kapazität zu erweitern, sind immer Vorstands-, wenn nicht zusätzlich Aufsichtsratsthemen. Das hängt mit der Langfristigkeit, mit der Mittel gebunden werden sollen, und der Größe des Investitionsvolumens, das meist die Höhe einer mittleren Akquisition umfasst, unmittelbar zusammen.

Insofern kommt der Standortanalyse des Grundstücks große Bedeutung zu. Folgende Kriterien sind hier u. a. die Schlüsselfaktoren:

- Geeignetes Fachpersonal in räumlicher Nähe, vielleicht Nähe zu Universitäten und Forschungseinrichtungen, wenn Technologie ein straker Treiber ist,
- Günstige Erwerbskosten, u. U. durch öffentliche Mittel, weil ja viele Arbeitsplätze geschaffen werden sollen,
- verkehrsgünstige Infrastruktur mit Gleisanschluß, Nähe zur Bundesautobahn und zu einem Fluss, wenn hohe Energiebedarfe und/oder Transportvolumina entscheidende Faktoren sind (EVU, Chemie- und Metallindustrie),
- die Möglichkeit, zusätzliche Parzellen bei Wachstum erwerben zu können,
- möglichst frei von Elementarrisiken wie Erdbeben, Überschwemmungen, Niedrigwasser, Sturm, Altlasten und Umweltauflagen,
- ein aufgeschlossene Kommune, die die gerade bei einer Großinvestition ungeplanten Hindernisse/Zeitverzögerungen (Behördenegoismen und Bürokratie bei Genehmigungsverfahren) mit beseitigen hilft,
- ein günstiger und langfristig zu sichernder Energiebezug,
- ein interessanter Ort (Kultur, Schulen, Freizeit), der es möglich macht, auch geeignete Führungskräfte zu begeistern und sich dort nieder zu lassen und
- last, but not least bei den energieintensiven Branchen der Verfahrenstechnik die Energiekosten.

So frustierend es manchmal auch in Deutschland ist, investieren zu wollen und den Genehmigungen hinterher zu laufen, hier findet man jedoch auf Dauer immer die entsprechenden Ansprechpartner, die belastbare Zusagen geben können.

In einigen Ländern außerhalb Europas sind die Freiheitsgrade ungleich höher, das Risiko, das einmal gegebene Zusagen zurückgezogen werden, steigt aber damit auch. Weiter sind die manchmal nicht vorhandenen Auflagen verlockend, unter anderen Standards als im Inland produzieren zu können. Jedoch sollte das Risiko nicht unterschätzt werden, die Unternehmens-Reputation weltweit aufs Spiel zu setzen, wenn im Eventualfall durch mangelnde Einhaltung interner Vorschriften (da keine externen Vorgaben vorhanden) Menschenleben zu beklagen sind. Besser fährt ein Unternehmen damit, wenn es seine internen Standards weltweit anwendet und so als Vorbildfunktion auch im Ausland eher Reputation gewinnt.

Im stationären Handel ist bei der Standortwahl für die Ausweitung des Filialnetzes zusätzlich der Faktor „Lage des Grundstücks" zu beachten. Für die meisten Filialisten, Ausnahme Discounter, die ihre eigene Nachfrage an dem Standort schaffen können, kommen nur 1a- oder 1b-Lagen[223] in Frage. Zwar sind bei schlechteren Lagen die Mieten sehr viel günstiger, jedoch leidet überproportional der Umsatz durch mangelnde Kundenfrequenz. Auch höhere Werbebudgets können diesen Mangel meist nicht kompensieren.

Für die Auswahl der Läger sind dagegen ein niedriger Grundstückspreis, ein hohe Zentralität und eine gute Infrastrukturanbietung essenziell, da in ihnen hohe Stückzahlen und Volumina umgeschlagen werden. Die letzte Überlegung zur Standortbestimmung ist auch richtig für den Online-/Internethandel. Bei ihm kommt noch das Kriterium Ausbaureserven wegen der vergleichsweise hohen Wachstumsraten hinzu.

In der Telekommunikation sind viele Technikniederlassungen (Verbindung Ortsnetz zu den überregionalen Netzen) historisch am Ortsmittelpunkt auf Grundstücken mit tendenziell hohen m^2-Preisen erbaut worden. Durch Einsatz digitaler Technik und Glasfaser als Übertragungsmedium konnte eine Vielzahl dieser Niederlassungen geschlossen werden. Regionale Zentralität ist für Telekommunikationseinrichtungen durch die moderne Glasfasertechnik nicht mehr so entscheidend wie früher.

In den Industriebranchen der Verfahrenstechnik wie Chemie, Raffinerien, Stahl- und NE (Nicht Eisen)-Erzeugung und Energieerzeugung ist meist ein Hafenanschluss unabdingbar, da Millionen Tonnen Material p.a. bewegt werden müssen. Dies geht überwiegend mit Schiffen bzw. bei Flüssigkeiten über Rohrleitungen, die ihre Anschlüsse wiederum in Häfen haben. Außerdem benötigen diese Industrien günstigen Zugang zu Energien. Die aktuellen Tendenzen in den USA zu Schiefergas und die in Europa aufkommende Diskussion der Beteiligung dieser Industrien an der EEG (Erneuerbare Energien Gesetz)-Abgabe können die europäischen Standorte bei zukünftigen Investitionen dieser Industrien nachhaltig schwächen. Immerhin ist für in USA ansässige Unternehmen der Energiebezug nur halb so teuer wie in Deutschland (ohne EEG-Umlage gerechnet, ca. 5 ct im Vergleich zu mehr als 11 cts je KWh)[224].

Der Wasseranschluss ist auch bindend für die Industriebranchen aus der Fertigungsindustrie, deren Endprodukte vorwiegend über den Wasserweg transportierbar sind wie im Anlagen- und Schiffbau.

Die anderen Branchen der Fertigungsindustrie können prinzipiell ihren Standort frei wählen, solange ein Bahnanschluss- und ein Anschluss an den öffentlichen Straßenverkehr gewährleistet sind. Es gilt, je geringer der Transport-Kostenanteil an den Produktionskosten je Stück ist, umso freier sind Unternehmen in der Standortwahl. So ist es nicht überraschend, dass sich viele Weltmarktführer und Hidden Champions

223 1a sind Toplagen mit den regional höchsten Mieten bzw. Grundstückskosten/m^2 und 1b-Lagen sind gute Lagen mit entsprechend etwas niedrigeren Mieten und Grundstückskosten. Eine Ausnahme stellen Einkaufszentren auf der „grünen Wiese“ dar, die durch ihr Riesenangebot an Läden, Artikeln und Restaurants, manchmal auch Events (z. B. das Centro in Oberhausen als eines der größten in Europa) es schaffen, eine eigene 1a Lage aufzubauen.

224 Handelsblatt vom 7.3.2014, Kostennachteil allein für die Grundstoffchemie ca. 7 Mrd. EUR p.a. Inzwischen durch weitgehende Ausnahmeregelungen entschärft. Der Energiekostenunterschied bleibt jedoch.

z. B. auf der Schwäbischen Alb, im Bergischen Land oder generell außerhalb der Ballungräume angesiedelt haben.

Die meisten anderen Dienstleistungsunternehmen, insbesondere öffentliche Einrichtungen nehmen das Orts- oder Stadtzentrum als wesentliches Standort-Kriterium, um Kunden- bzw. Bürgernähe zu gewährleisten. Damit wird auch die Gesamtmenge der Wege, Kunden und Mitarbeiter minimiert. Gleichzeitig wird die Werthaltigkeit der Immobilien langfristig abgesichert, die in den Metropolen und Städten wesentlich stabiler ist als außerhalb.

Ansiedlung auf der „Grünen Wiese" mit Mega-Einkaufszentren wie in den USA, Kanada und China/Japan ist in Deutschland selten (Ausnahme z. B. Centro: Oberhausen). Für die Kommunalpolitiker geht der Schutz der örtlichen Dienstleister vor, obwohl hohe Eigenfrequenz entfachende Megastores auch hohe Gewerbesteuer-Mehreinnahmen bedeuten könnten.

9.2.2 Personalbedarf

Der quantitative Personalbedarf ergibt sich aus der operativen Mengenplanung des kommenden Budgetjahres. Da vor allem die Absatzplanung in vielen Unternehmen unsicher ist, ist eine Flexibilisierung des Produktionspersonals wünschenwert. Ausnahme sind Branchen, die schon vorliegenden Kundenaufträge in Jahresproduktionsmengen vorliegen haben wie der Maschinen- und Anlagenbau, mehrjährige Auftragsmengen im Flugzeug- und Schiffbau, der Bauwirtschaft sowie mehrmonatige Auftragsmengen im KFZ-Bau.

Im privaten Dienstleistungsbereich wird ebenfalls eine hohe Flexibilisierung an den jeweiligen Bedarf versucht. Das wird erreicht durch den Einsatz von Saisonkräften, Teilzeitkräften und Leiharbeit bzw. (Stamm)-Aushilfen.

In den gemeinkostenintensiven Branchen Banken und Versicherungen werden wie in der Industrie Umorganisationen genutzt, um den durch Mechanisierung, Automatisierung und Digitalisierung eingesparten Personalbedarf zu realisieren. Saisonspitzen oder Bearbeitungsspitzen z. B. nach Schäden durch höhere Gewalt müssen meist durch längere Bearbeitungszeiten kompensiert werden, da benötigtes Fachpersonal meist nicht im ausreichenden Maß zur Verfügung steht.

Im öffentlichen Bereich wird häufig nach dem jeweiligen Budget und weniger nach dem konkreten Bedarf das Personal eingesetzt. Durch die Unkündbarkeit von Beamten und z.g.T. auch öffentlichen Angestellten können gewonnene Arbeitsproduktivitäten meist nur durch Posten- und Stellenkürzungen in sinkende Kosten umgesetzt werden. Die Instrumente Saisonkräfte, Leih- und Teilzeitarbeit sowie Aushilfen können nur genutzt werden, wenn eine (Teil)-Privatisierung dieser Dienstleistungen gelingt.

Zur Flexibilisierung der Arbeitszeiten können verschiedene Instrumente im privaten Sektor eingesetzt werden. Eine Möglichlichkeit sind Jahres- und Mehrjahresarbeitskonten, die Mitarbeitern gleichmäßige monatliche Lohnzahlungen ermöglichen, dem Unternehmen aber eine mit dem Sozialpartner abgestimmte unbezahlte Mehrarbeit bei sehr guter Auftragslage und eine Auflösung der Konten bei schwächerer erlauben. Entlassungen der gut ausgebildeten Facharbeiter entfallen, ebenso die für keine Partei angenehmen Vertragsauflösungsgespräche bzw. die, bei anziehender Nachfrage, wieder einsetzende Suche nach qualifiziertem Personal.

Darüberhinaus erlaubt eine dem Sozialpartner abgestimmte und bei der Arbeitsagentur angemeldete Kurzarbeit[225] eine weitere Überbrückung schwieriger Auftragslagen für längstens 6 Monate. Da die Kurzarbeit von den Arbeitsagenturen übernommen wird, müssen die Mitarbeiter dem Arbeitsmarkt (theoretisch) für die Zeit der Kurzarbeit zur Verfügung stehen. Das Unternehmen wird für die Zeit der Kurzarbeit von den Personalkosten entlastet.

Eine weitere Flexibilisierung stellt, wenn bestimmungsgemäß angewandt, die Leiharbeit dar. Sie erlaubt bisherigen Arbeitslosen einen Wieder-Eintritt ins Berufsleben, stellt für die nachfragenden Arbeitgeber kaum ein Risiko dar, da die Arbeitsverhältnisse sehr kurzfristig kündbar sind. Weiter können einige eine Festanstellung im Unternehmen erlangen. Kritisch sind Dauerleiharbeitsverhältnisse mit Kettenzeitverträgen zu betrachten, die nicht unter dem Zweck der Flexibilisierung der Arbeitszeit, sondern mit dem Ziel der Reduzierung der Lohnsumme getroffen wurden. Diese (unechten) Leiharbeitsverhältnisse stehen zurzeit unter Beobachtung des Gesetzgebers und können zur Einschränkung eines an sich sehr brauchbaren Instruments führen, nur weil einige wenige Unternehmen dem Buchstaben, aber nicht dem Sinne nach das Gesetz angewandt hatten.

Ein weiteres Risiko besteht in Klagen der Leiharbeiter auf Festanstellung, wenn das Leiharbeitsverhältnis z. B. mehrere Jahre besteht. Bisher haben die Gerichte diese Klagen zurückgewiesen, aber eine Änderung dieser Rechtsprechung ist auch vor dem Hintergrund einer möglichen geplanten Gesetzesänderung nicht auszuschließen.

Insbesondere bei Werkverträgen muss der Einfluss des Unternehmens auf die konkrete Ausgestaltung des Werks unterbleiben. Andernfalls droht die Vermutung von Scheinarbeitsverhältnissen mit dem Risiko der Festeinstellung von Werksvertrags-Arbeitnehmern.

Die Wahrnehmung des Direktionsrechts in Werkverträgen
- wie z. B. in welcher Reihenfolge etwas zu erarbeiten ist,
- wann mit der Arbeit anzufangen und
- wann die Arbeit zu beenden ist

stellt ein derartiges Risiko dar.

Die Vermutung einer Eingliederung in den eigenen Betrieb ist schwer zu widerlegen, wenn Arbeitskleidung und Material gestellt wird.

Ebenso wichtig wie die Mengensteuerung der Arbeitsstunden des Produktionspersonals ist die Qualifizierung und weitere Schulung der Mitarbeiter. Alle Qualitätsmana-

225 Normalerweise für maximal sechs Monate, in Ausnahmefällen nach § 109 Abs. 1 Nr. 2 Sozialgesetzbuch III mit Rechtsverordnung bis zu 12–24 Monate. In jedem Fall sind schriftliche Betriebsvereinbarungen mit dem Sozialpartner im Vorwege zu treffen.

gementsysteme wie z.B. EFQM, KQM und TQM[226] sehen eine Verpflichtung des zu zertifizierenden Unternehmens darin, den Nachweis der Weiterbildung seiner Mitarbeiter zu belegen.

Als selbstverständlich sollte gelten, dass Arbeitnehmer von Prozessveränderungen und Neuerungen, die ihren Arbeitsbereich betreffen, frühzeitig informiert werden und in den neuen oder modifizierten Verfahren geschult werden.

Moderne Unternehmen gehen noch einen Schritt weiter und überlassen ihren Arbeitsgruppen selbstständig ständige Verbesserungen ihrer Arbeitsprozesse, soweit sie nicht zu grundsätzlichen Prozessänderungen führen oder Organisationsänderungen bzw. Investitionsentscheidungen des Unternehmens voraussetzen.

Alle Schulungsmaßnahmen sind summarisch im Übrigen mit dem Sozialpartner abzustimmen, da sie einen direkten Eingriff in die Arbeitssphäre darstellen. Den Sozialpartner interessiert besonders, wenn einzelne Arbeitnehmer von Schulungsmaßnahmen ausgeschlossen bzw. andere bevorzugt werden.

Während sich die oben beschriebenen Möglichkeiten der Flexibilisierung meist eklatant von anderen Ländern unterscheiden, in denen kurzfristige Kündigungen meist problemlos möglich sind (USA: 2 Wochen, China: 4 Wochen), ist die in Deutschland praktizierte Facharbeiterausbildung mit Lehre und Möglichkeit eines Meisterlehrgangs im Ausland häufig unbekannt. Fachkräfte müssen dort mühsam auf die betrieblichen Erfordernisse hin geschult werden. Dies verteuert, zumindest kurzfristig, die manchmal günstigeren Fertigungslöhne. Da die Kündigungsfristen kurz bemessen sind, ist das Risiko, in Boomphasen gerade gut ausgebildete Kräfte gleich wieder zu verlieren, nicht zu unterschätzen. In USA wird inzwischen in einzelnen Regionen (Tennessee, North & South Carolina[227]) versucht, dem deutschen Ausbildungsmodell nachzueifern, um die hohe Diskrepanz der Fachkompetenz zwischen College-Ingenieuren und ungelernten Highschool-Abgängern zu schließen.

Mit Ausnahme der Bau- und vielleicht der Automobilindustrie unterscheiden sich Probleme, Lösungsmöglichkeiten und Ziele in den unterschiedlichen Produktionsbranchen nicht sonderlich.

In der Bauindustrie sind seit Jahren sog. Subunternehmerverträge Standard, mit dem bestimmte Gewerke von dem Generalunternehmen an weitere Unternehmen per Werkvertrag weitergegeben werden. Für den Bauherrn/Investor bleibt zwar der Generalunternehmer in der Haftung, eine direkte Nachbesserung von Mängeln ist bei Subunternehmen dann erschwert, wenn die Mängelrüge nicht eng zeitlich zum Werksabschluss erstellt wird und die Subunternehmer nicht mehr erreichbar sind (Ausland/Andere Baustellen)[228].

---

226 Begrifflichkeiten werden im Kapitel 9 eingehend behandelt.

227 Stihl, VW, Bosch und Siemens sind im Moment Vorreiter für die Etablierung eines dualen Ausbildungssystems. Die amerikanischen Gesetzesinitiativen zur Etablierung eines derartigen Modell Youth Apprenticeship Act (1994: Bill Clinton) sind leider ausnahmslos gescheitert.

228 Die Betriebshaftpflicht des General-Unternehmers als Gesamtschuldner gegegnüber dem Kunden deckt zwar auch Schäden durch den Subunternehmer, aber nur dann, wenn der Generalunternehmer nachweisen kann, dass er den Subunternehmer nach Eignung ausgewählt hat und sich vom Subunternehmer eine eigene Betriebshaftpflicht im Vorneherein hat bestätigen lassen.

In der Automobilindustrie werden zurzeit Leiharbeitsverträge vor dem Hintergrund unechter Drittarbeitsverhältnisse und Lohndumping kritisch hinterfragt.

Abbau von Arbeitsplätzen sind kurzfristig immer ein unsozialer Akt, da eine eigene Managementunzulänglichkeit, nämlich die Bestimmung eines abgesicherten Bedarfs, nicht funktioniert hat. Mittel- und langfristig sind sie unabwendbar, um die Kosten an die reduzierte Absatzmenge anzupassen. Der Arbeitgeber besitzt u.a. das Recht, Organisationsänderungen zu veranlassen (Direktionsrecht). Die Konsequenzen dieser Änderungen sind immer mit dem zuständigen Sozialpartner abzustimmen. Meist lassen sich Unternehmen dieses Recht auf betriebsbedingte Kündigungen mit Sozialplanüberlegungen abhandeln, wenn für den Personalabbau ein Zeitplan von mehreren Jahren möglich ist. Auch kurzfristig durchzuführende betriebsbedingte Kündigungen müssen sozialverträglich gestaltet sein. In ein sog. Punkteschema an „Sozialpunkten" fallen häufig die Kriterien Länge der Betriebszugehörigkeit, Familienstand/Kinder, Alter, weniger tatsächliche Leistungskriterien wie Arbeitsqualität und-menge, Entwicklungsperspektiven, Ausbildungsstand. Menschen mit Handicap sind besonders geschützt, ihnen kann im Zweifel selten oder gar nicht gekündigt werden. Vor dem Hintergrund der aktuellen 63-Diskussion für Arbeitnehmer mit mehr als 45 Jahren Sozialversicherungszeiten dürfte die schon fast vergessene Altersteilzeit wieder neue Nahrung erhalten[229].

9.2.3 Betriebsmittelbedarf: Investitionen in Maschinen und Anlagen

Maschinen und Anlagen können nach ihrem Produktionszweck in verfahrenstechnische und fertigungstechnische Anlagen unterschieden werden.

In der Verfahrenstechnik werden in einem kontinuierlichen oder einem Batch-Verfahren große Mengen fester, flüssiger oder gasförmiger Stoffe mit mechanischen, chemischen und biologischen Verfahren umgewandelt. Die Umwandlung kann geschehen in Trennungsanlagen wie Zentrifugen, Separatoren, Destillationsanlagen oder mechanischen Pressen. Produktionsziel dieser Umwandlung ist eine möglichst hohe Reinheit des oder der Endprodukts/e (Ziel: Effizienz).

In der Lebensmittelindustrie werden in einem weiteren Schritt dann mit Mischanlagen wieder aus den hochreinen Ausgangs-Stoffen nach festgelegten Rezepturen Fertigprodukte hergestellt. Ähnliches gilt für die Kunststoffindustrie, die aus den Halbfabrikaten (z.B. Polyester, Polystyrol, Polyurethan etc.) nach Kundenwünschen Fertigprodukte erstellt.

Andere Mischanlagen sind in der Baustoffindustrie für feste und flüssige Bau-Stoffe (Bitumen, Asphalt, Zement, Beton etc.) im Einsatz. Hier ist das Produktionsziel die möglichst exakte Einhaltung der Stoffanteile laut Rezeptur oder Spezifikationsanforderung (Ziel: Effektivität).

Der Transport der flüssigen und gasförmigen Stoffe während des kontinuierlichen Produktionsprozesses in z.B. der Chemieindustrie verläuft innerbetrieblich über

229 Im Dezember 2009 ausgelaufen lt. AltTZG (Alterteilzeitgesetz), hier erstattete die Bundesagentur 20% des Regelarbeitsgeld bei Vorliegen bestimmter Voraussetzungen in den Unternehmen.

Rohrleitungen mit Pumpen zur Druckerzeugung bzw. Aufrechterhaltung des Drucks und Ventilen zur Steuerung der verschiedenen Rohrleitungsströme. Ziel ist hier der möglichst verlustfreie Transport der Stoffe, da Verluste sowohl den Ausbeuteanteil des Ausgangsmaterials verringern (Ziel: Effizienz) als auch umweltgefährend sein können (Ziel: Compliance), wenn sie außerhalb der Rohrleitungen im Boden versickern oder an der Luft ausgasen.

Feste Stoffe werden meist über Förderbänder zum Bestimmungsort (Silo, Lager) bewegt. Auch hier ist das Ziel, einen möglichst verlustfreien Transport zu gewährleisten (Ziel: Effizienz).

Fertigungstechnische Anlagen verändern einzelne Werkstücke/Feste Körper meist mit mechanischen Verfahren.

Mit Pressen, Streck- und Wälzanlagen werden Halbzeuge wie z. B. Stahlbrammen verformt. Produktionsziel ist hier möglichst exakte Umsetzung der Vorgaben in der Materialstärke („Dicke") des neuen Halbzeugs bei gegebener Breite, also eine bis zwei Raumdimensionen, während die zweite bis dritte exakte Raumdimension (ein Stahlkabel, ein Stahlrohr, ein Stahlblech) in weiteren Fertigungsschritten erreicht wird (Ziel: Effektivität).

Mit Fräs-, Dreh- Schneid- und Lochmaschinen werden die Halbzeuge zu Fertigteilen entsprechend der Spezifikation „verkleinert". Bei diesem Produktionsgang entsteht also zusätzlich zum gewünschten Endprodukt ein Nebenprodukt „Abfall", das meist wieder dem Produktionsprozess zugeführt werden kann. Das Effizienz-Thema ist hier die Reduzierung des Nebenprodukts „Abfall". Das Produktionsziel ist die möglichst exakte Einhaltung der geometrischen Vorgaben (Ziel: Effektivität).

Mit Hilfe von Schweiss- und Nietmaschinen sowie Klebevorrichtungen werden verschiedene Werkstücke zu einem größeren Ganzen zusammengefügt. Bei diesem Vorgang entstehen üblicherweise keine Reste, sondern aus vielen einzelnen Teilen entstehen größere Endprodukte wie z. B. Schiffe, Flugzeuge, Autos und Schienenfahrzeuge. Das Produktionsziel ist hier die Einhaltung der jeweiligen Spezifikation (Raumgeometrie und Materialqualität) der einzelnen Teile, damit das Endprodukt im Ganzen die gleiche Qualitätsanmutung erfährt wie jedes Einzelteil (Effektivität).

Transporteinrichtungen sind in der Fertigungstechnik meist Förderbänder und Krananlagen, bei kleineren Gewichten auch Gabelstapler.

Die nachfolgende, stark vereinfachende Abbildung fasst das o.G. noch einmal zusammen, die den Unterschied zwischen Maschinen und Anlagen illistrieren soll.

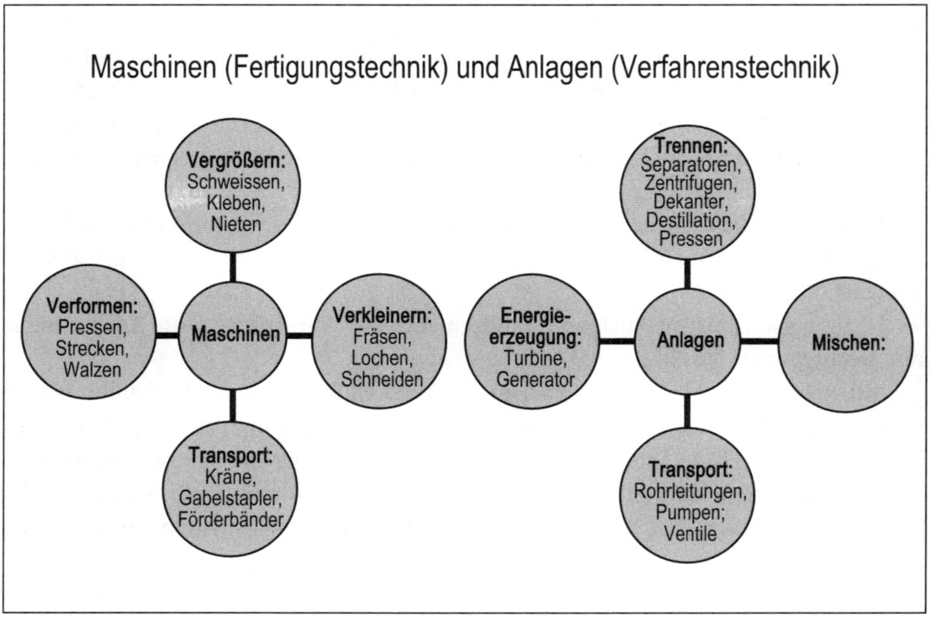

Abbildung 9-3: Beispiele von Maschinen und Anlagen der Verfahrens- und Fertigungstechnik

Insgesamt werden durch die unterschiedlichen Maschinen und Anlagen der körperliche Teil der menschlichen Arbeit sehr stark ersetzt, während der planerische und steuerende Teil stark gestiegen ist.

Durch Substitution der Arbeitsleistung mit Hilfe von Maschinen sind nicht nur der Mechanisierungsgrad und die Effizienz, gemessen am erzeugten Output pro Mitarbeiter, gestiegen. Die Flexibilität in der Reaktion auf Nachfrageschwankungen ist durch den hohen Anteil des Anlagevermögens stärker eingeschränkt. Grenzgewinne bei hoher Auslastung stehen sich hier Grenzverlusten bei niedriger Auslastung entgegen. Große Unternehmen mit mehreren Fabriken, die dieselben Produkte fertigen, versuchen, teilweise mit begrenztem Erfolg, entgegenzusteuern indem Fertigungsstrasse bzw. ganzer Produktionswerke, die geringere Effizienzen aufweisen, stillgelegt werden. Jedoch bleiben die Fix-Kosten der Abschreibung[230] bestehen, wenn auch durch Flexibilisierung die variablen Energie- und Arbeitskosten eingespart werden können.

Viele Unternehmen sind vor diesem Hintergrund der mangelnden (betriebswirtschaftlichen) Flexibilisierung des produktiven Anlagevermögens dazu übergegangen,

230 Dies ist eine betriebswirtschaftliche Argumentation. Die technische Qualität verändert sich durch geringere Inanspruchnahme bei geringerer Auslastung weniger stark, d. h. technisch gesehen, hat jede Maschine in ihrer Lebenszeit eine gewisse Betriebsstundenzahl. Diese Lebenszeit wird durch geringere Inanspruchnahme tendenziell eher verlängert. Risiken bestehen technisch gesehen im technischen Fortschritt, der eine früher gekaufte Maschine gegenüber einer neuen dann schnell „altern" lässt, wenn Anschaffungspreise fallen und Leistungsdaten sich gleichzeitig noch verbessern.

die Vollkosten als Steuerungsinstrument zugunsten einer EBITDA[231]-Steuerung bzw. einer Steuerung nach Cashflows aufzugeben. Für den Kurzfristbereich und eine Finanzsteuerung mag das sinnvoll sein, Anlageninvestitionen despektierlich als „sunk costs" zu bezeichnen. Eine mittel- bis langfristige Unternehmenssteuerung kommt nach Auffassung des Autors ohne Vollkosten nicht aus. Werden Investitionsentscheidungen allein danach getroffen, was der operative Cashflow hergibt, kann ein Unternehmen in margenschwachen Zeiten (geringeres EBITDA) notwendige Ersatzinvestitionen zu lange vor sich herschieben, so dass Wettbewerber gestärkt würden. Margenstarke Zeiten bergen dann wieder das Risiko in sich, in zukünftige Überkapazitäten zu investieren, weil ich es mir ja leisten kann („What I can Effort"-Methode).

Auch sehen bei einer reinen EBITDA-Betrachtung Unternehmen mit alten, abgeschriebenen Maschinenparks vordergründig schwach aus, weil sie nicht die Cashflows der Unternehmen mit modernen Maschinenparks und besserer Effizienz erbringen können. Im Ergebnis nach EBIT, also nach Abschreibungen, sind diese Unternehmen jedoch überlegen, da sie mit abgeschriebenen Maschinen arbeiten können. Ebenso gilt dies für das EBT, da die Finanzierung meist mit der Abschreibungsdauer korrespondiert und somit die Zinslast im Vergleich zu Unternehmen mit einem neuen Maschinenpark stark sinken sollte, der nicht allein aus Eigenmitteln finanziert wurde.

Interessanterweise begünstigt die hohe Anlagenintensität[232] einer Branche auch Standorte in Deutschland und Europa, da die Lohnkosten dann keine so große Bedeutung mehr haben wie in arbeitsintensiven Branchen. Die Nähe zum Maschinenhersteller und der bessere Schutz von Betriebsgeheimnissen in der Verfahrens- und Fertigungstechnik im eigenen Unternehmen gegenüber einer Zwangsbeteiligung in Asien in einem Joint Venture sind sicher zusätzliche qualitative Vorteile.

Im Einzelnen sind die spezifischen Leistungsparameter der Maschinen, Anlagen, Fertigungsstrassen (Mengenoutput je Zeiteinheit oder Bearbeitungszeit je Prozessschritt-Takt) innerhalb einer Prozesskette planerisch aufeinander abzustimmen, da es offensichtlich keinen Sinn macht, Überkapazitäten und Engpassfaktoren schon im Design eines Fertigungsprozesses aufzubauen.

Das gilt ebenso für die qualitativen Elemente der Betriebsmittel, die physikalisch (z. B. auf Temperatur, Dichte, Gewicht, Aggregatszustand des Produkts) oder mechanisch (bezogen z. B. auf die Geometrie der unterschiedlichen Werkstücke/Festen Körper) aufeinander abgestimmt sein sollten.

– Investitionen –

Investitionen eines Unternehmens zeigen im Normalfall, ob ein Unternehmen in der Lage ist, den technischen Fortschritt seiner Branche mit zu gehen. Übersteigen die Abschreibungen eines Unternehmens mehrere Jahre die Investitionen, so kann fast davon ausgegangen werden, dass das Unternehmen an Wettbewerbsfähigkeit einge-

231 EBITDA: **e**arnings **b**efore **i**nterest, **t**axes, **d**epreciation and **a**mortization. Gewinn vor Zinsen, Steuern, Abschreibungen (auf Sachanlagen) und Abschreibungen (auf immaterielle Vermögensgegenstände).

232 Definiert als Anteil des Anlagevermögens an der Bilanzsumme.

büßt hat. Zwar ist der Grad der technologischen Entwicklung in jeder Branche unterschiedlich, von moderaten Raten im Maschinen- und Werkzeugbau bis hin zu sehr kurzen Zyklen in der ITK-Branche, trotzdem sind in jeder Branche Ersatzinvestitionen dann nötig, wenn die Reparaturkosten den Buchwert der Anlage oder Maschine übersteigen.

Davon zu unterscheiden sind Erweiterungsinvestitionen, die im Hinblick auf zukünftiges Wachstum hin getroffen werden. Von ihnen sollte abgesehen werden, wenn der Bedarf nicht abgesichert ist, d.h. nicht mit einer sehr hohen Wahrscheinlichkeit zum Tragen kommt. Für kurzfristige Auftragsspitzen lassen sich manchmal auch Lohnfertiger finden. Manche Lieferanten bieten auch sog. Percentage of Use-Verträge an, bei denen eine an sich zu große Maschine nur dann in vollem Umfang bezahlt wird, wenn auch ihre Kapazität voll genutzt wird. Kurzfristige Leasingverträge können ebenfalls helfen, wenn die Maschine marktgängig ist, d.h. nicht nur speziell für den Nutzungszweck eines Unternehmens gebaut wurde.

Üblicherweise werden Investitionen nach verschiedenen Methoden auf ihre Rentabilität getestet.

Die gebräuchlichste ist die DCF-Yield[233] (interner Zinsfuss)-Methode, bei der der Saldo der Einnahmen/Ausgabenströme über die Lebenszeit der Maschine abgezinst wird. Die Maschine mit dem höheren DCF-Yield ist die rentablere.

Eine weitere, ähnliche Methode ist der Kapitalwert. Hier werden ebenfalls die jährlichen Salden der Einnahme-/Ausgabeströme betrachtet. Sie werden aufaddiert und mit dem im Unternehmen angewandten Kapitalzins abgezinst. Bleibt ein positiver Kapitalwert bestehen, so entspricht die Investition den Rentabilitätskriterien der Unternehmensleitung.

Einfachere Methoden sind die Payback oder Pay-off-Methode. Hier wird ohne Verzinsung das Jahr betrachtet, bei dem die kumulierten Einnahmeströme die Ausgaben übersteigen. Sie ist eine Hilfe bei großer Unsicherheit über die technologische Entwicklung, wenn eine Maschine schon nach drei statt nach z.B. 5 Jahren die Pay-off-Linie erreicht. Denn das Risiko einer außerplanmäßigen Abschreibung durch technologischen Fortschritt wird hierdurch abgemindert.

Bei allen Methoden ist die Unsicherheit über die Absatz- und Umsatzzahlen nicht weg zu diskutieren, die die Basis der Einnahmeströme darstellen. Wenn Maschinen zwar eine Lebenserwartung von 10 Jahren und mehr haben, die strategische Planung des Unternehmens aber bei drei Jahren aufhört, wie belastbar sind dann Absatz- und Umsatzzahlen einer Investitionsrechung, die über diesen Zeitraum hinaus geht? Nur wenige Branchen haben den Vorteil[234], dass sie einen Auftragsbestand von mehreren Jahren vor sich herschieben.

Eine letzte Kategorie von Investitionen sind Rationalisierungsinvestitionen, bei denen menschliche Arbeit durch Maschinen ersetzt wird bzw. der Output ohne Zu-

233 DCF-Yield: discounted cash flow.

234 Im Flugzeugbau ist das tatsächlich üblich, hier liegen die Risiken in den Fertigungskosten und den Währungsdifferenzen, die Auftragskalkulationen in die Verlustzone treiben können ebenso wie Pönalen wegen verspäteter Auslieferung.

satzpersonal erhöht werden kann. Für diese Investitionsart gilt das o.G., nämlich dass auch hier durch abgesicherten Bedarf die Einbuße an Flexilbilität durch steigende Anlagenintensität im Rationalisierungsvorteil aufgewogen sein sollte.

In der Telekommunikation sind Investitionen fast immer technologisch bedingt und wirken „disruptiv". D.h., neue Ausrüstungen in den Netzbereichen Zugangsnetz (Vectoring/Glasfaser), Verbindungsnetz (Glasfaser) und Übertragungsnetz (SDH-Technik und DWDM-Multiplexer) sind den alten meist quantensprungartig überlegen und versetzen ein Unternehmen nach erfolgreicher Umsetzung schnell in die Lage, Rationalisierungsgewinne zu realisieren.

Mehr technische Informationen zur Telekommunikation finden sich in Abschnitt 10.1.2 Physikalische Netze.

Auf der anderen Seite erfordern sie wie in der Automobilindustrie (bei neuen Produkten/neuen Werken) meist Milliarden-Investitions-Volumina, da große Teile eines Netzbereichs bearbeitet werden müssen. Das Problem bei diesen Investitionen ist es meist nicht, ob sie sich im Zeitpunkt der Investition rechnen, sondern

- welche Effekte durch noch nicht abgeschriebene Altanlagen entstehen (Sonderabschreibungen),
- welche Folgen eine Verschiebung der Investition in die Zukunft hätte (Kundenverluste durch großen Preisnachteil) und
- wann mit dem nächsten Technologiesprung zu rechnen ist (Kalkulation der wirtschaftlichen Nutzungsdauer, die sich meist radikal von der technisch machbaren unterscheidet).

Vor diesem Hintergrund betonen viele Telekommunikationsunternehmen in der Berichterstattung der Jahresergebnisse eher den EBITDA- Wert und den Free-Cashflow (Operational Cashflow nach Investitionsausgaben).

Im Handel sind große Investitionen eher selten[235], betreffen dann Übernahmen, neue Läger oder Lagerautomatismen (Hochregallager) und IT-Investitionen zur Steuerung der ungeheuren Datenflut aus den Warenwirtschaftssystemen[236].

Alle diese Investitionen sind in einem Handelsunternehmen Sonderthemen, die anders als die sonst meist sehr kurzfristigen Sortiments- und Verkaufsentscheidungen einer sorgfältigen Planung bedürfen. Hierzu gehören die Klärung des abgesicherten Bedarfs für einen langen, mehr als 5-jährigen Zeitraum, die Angemessenheit angesichts der feststellbaren Zukunftsentwicklungen des Internets und der Globalisierungschancen und -risiken. Es können auf der einen Seite neue Märkte erschlossen werden (Widerspruch zum früheren Lehrsatz im Handel: all business is local), auf der

235 Tatsächlich macht das Working Capital (Debitoren Vorräte- Krditoren) bei Handelsunternehmen mehr als 75 % der Bilanzsumme aus. Erfolgsmaßstab ist hier weniger die Kapitalrentabilität, sondern die Umsatzrentabilität.

236 Amazon investierte in 2013 mit mehr als 6 Mrd. $, mehr als doppelt soviel in IT und Plattformen wie ins Marketing, ca. 3 Mrd. $, Quelle 10k: amazon.com/investor_relations, zuletzt aufgerufen am 28.10.2014.

anderen Seite können sehr schnell Wettbewerber in den Markt dringen, da die Eintrittsbarrieren über den Kapitalbedarf oder die Lieferantenverfügbarkeit niedrig liegen.

– *Reparaturen und Wartung* –

Eine eher unliebsame Begleiterscheinung bei Maschinen und Anlagen sind Aufwendungen für Reparaturen und Wartung. Der Hang zum menschlichen Perfektionismus kennt meistens kein Pardon, wenn gerade Maschinen (Auto, Aufzug, Zug, Flugzeug etc.) ausfallen[237]. Dennoch scheuen viele den notwendigen Instandhaltungsaufwand, der sich relativ einfach über die voraussichtliche Nutzungszeit eines Investitionsgutes errechnen lässt. Reparaturkostenbudgets dienen dann manchmal in Unternehmen, etwas häufiger im öffentlichen Bereich als „Steinbruch", um ein Jahresergebnis trotz Umsatzrückgangs zu retten.

Derartige Entscheidungen werden im Unternehmen dennoch getroffen, obwohl den meisten klar ist,

- dass Maschinenausfälle den Betriebsablauf stören,
- kurzfristige Umplanungen notwendig machen,
- Produktivität kosten und
- selbst noch (manchmal ungeplante) Kosten verursachen, wenn Folgeschäden durch unterlassene Reparaturen eintreten.

Ähnliches gilt für Prüf- und Wartungsarbeiten oder gar die jährliche Großwartung[238] mit generellem Maschinen-/Anlagenstillstand. Auch hier muss Produktivität „geopfert" werden, Aufwendungen verkraftet werden, nur damit die Maschine(n) im kontinuierlichen Betrieb weiter (hoffentlich) reibungslos funktioniert.

Dennoch kommt kein Betrieb, der Maschinen und Anlagen betreibt, um Prüf-, Wartungs- und Reparaturaufwand herum, da Maschinen und Anlagen nicht perfekt sind, trotz guter Pflege dem Verschleiß unterliegen und z. T. anfälliger auf Klimaschwankungen (z. B. IT-Hardware bei Hitze, Kälte, Feuchtigkeit) und Staub reagieren als Menschen.

Maschinen und Anlagen haben immer optimale und maximale Leistungswerte, wobei gilt: Optimal < Maximal für die Werte Durchsatz der Produktionsmenge, Drehzahl, Leistungszeit und Temperatur der Anlagen und Maschinen!

Maschinen, die aufgrund guter Auftragslage zeitweise im Maximalbetrieb arbeiten müssen, verschleißen schneller, sogar überproportional schneller als die, die im optimalen Betrieb laufen.

---

237 Psychologisch gesehen ist ein Systemvertrauen erschüttert worden, sich einem Flugzeug, Bus, Zug oder Aufzug ausgeliefert zu haben, ohne Einfluss auf die Entscheidung zu haben.

238 Ist eher ein Thema in den Branchen mit kontinuierlichem Betrieb der Anlagen und Maschinen (Verfahrenstechnik), da selten am „lebenden Objekt" eine Reparatur vorgenommen werden kann.

Bei ungeplanten hohen Reparaturkosten sollte sich eine IR die Betriebsdatenprotokolle der letzten Monate zeigen lassen und auch, ob alle vorgeschriebenen Wartungsintervalle zum angemessenen Zeitpunkt durchgeführt worden sind.

Durch die zunehmende Vernetzung von Maschinen und Anlagen in einem Betrieb, Schlagworte wie

- Industrie 4.0,
- OPC UA (Open Productivity & Connectivity Unified Architecture),
- CPS (Cyber Physical Systems),
- Internet der Dinge

sind hier zu nennen, wird sich bei entsprechender Entwicklung der notwendigen Sicherheitsstandards, an denen z.B. das Fraunhofer Institut mit Hochdruck arbeitet, ein Quantensprung von den reinen BDE (Betriebsdatenerfassung) hin zu einer weitgehend sich selbst regulierendem und steuerndem Maschinen-/Anlagenpark entwickeln.

So wäre es denkbar, dass eine Maschine sich selbst analysiert und eine Fehlfunktion feststellt, das entsprechende Teil via OPC UA an die Techniküberwachungsstelle meldet und von dort via vordefiniertem Entscheidungsmodul (für routinemäßige Nachbestellung eines Standardteils unterhalb einer zu prüfenden Betragsgrenze) ein Bestellprozess via ERP und EDI automatisch ausgelöst wird und so rechtzeitig geliefert wird, so dass es nicht zu einem Ausfall der Maschine, sondern nur zu einem Austausch des defekten Teils kommt.

Weiter wäre es denkbar, dass eine Anlage (Öl-Extraktion) in einer Pflanzenölproduktion feststellt, dass der Ölgehalt der extrahierten Saatgüter unterhalb des Standards ist, dieses weiter meldet und wieder über OPC UA, ERP und EDI eine Reklamationsnote an den Lieferanten zwischen gekauftem Ölgehalt und festgestellten Ölgehalt eröffnet.

Das dies gleich zu einer Gutschrift oder Verrechnung mit zukünftigen Lieferungen führt, ist unwahrscheinlich, aber nicht unvorstellbar, da wohl entsprechende Finanzkontrollen im System des Lieferanten unterbunden werden. Tatsächlich würden alle erforderlichen Daten, Lieferung, Menge, Datum, Chargennummer etc. in der Reklamation schon angegeben werden.

In der Welt der Telekommunikation wird dieser Weg schon seit längerem bei der vollautomatischen Fakturierung beschritten. Aus technischen Datensätzen werden monatliche kaufmännische Rechnungen, die bei vorliegender Einzugsermächtigung direkt dem Telekommmunikationsunternehmen gutgeschrieben werden.

Sind Übertragungswege im vermaschten[239] Netz belegt oder defekt, erfolgt nach vorliegenden Routertabellen in Echtzeit eine Ersatzführung, von der beide Gesprächspartner nichts bemerken, da das Gespräch ohne Verzögerungen funktioniert. Gleichzeitig schaltet sich z.B. der defekte Router ab und gibt diese Information im Netz den angeschlossenen Routern weiter. Die weiteren Kommunikationsaufbauten werden automatisch über andere Router geroutet.

239 Vermascht ist ein Netz mit mehreren möglichen Leitungsführungen, bei denen bei Ausfall pder Überlastung ein Ersatzweg (manuell oder automatisch) geschaltet werden kann. Vemaschte Netze sind redundant ausgelegt und somit sehr sicher in ihrem Leistungsverhalten.

Das ungeliebte Thema Reparaturen wird also in Zukunft noch viel interessanter, da Maschinen so programmiert werden könnten, dass sie nur bis zum Optimalbetrieb betrieben werden wollen. Weiter ist vorstellbar, dass sie Warnhinweise über OPC UA datenmäßig hinterlegen, nämlich dass sie suboptimal eingesetzt sind und nach einer gewissen Zeit sich trotz vorheriger manueller Übersteuerung automatisch in den Optimalmodus zurückschalten. Dieser Modus würde dann auch vernetzt mit den anderen Maschinen der Prozesskette koordiniert, dass es nicht zu Stausituationen kommt.[240]

Vor dieser Zukunft steht heute noch die Praxis. Hier sind z. B. Mitarbeiter im First Level Support zu schulen, wie sie bei entsprechenden Maschinenproblemen zu reagieren haben. Entscheidungswege sollten festgelegt sein, wer wen bei schwerwiegenden Störungen zu informieren hat und letztlich sollte für essenzielle Komponenten Reserveteile im Betrieb vorhanden sein, dass die Störung möglichst schnell behoben werden kann. Last, but not least, soll der Hersteller einen „24-Stunden/7 Tage die Woche-Service“ anbieten, um bei komplexen Problemen schnell Hilfe erhalten zu können.

Auch in diesem Fall könnten schon beim jetzigen Stand der Technik die Fehlerdaten von der Maschine direkt an den Hersteller gemeldet werden, so dass der Servicetechniker schon mit dem passenden Ersatzteil die Reparatur vornehmen kann. Auch beim Lieferanten könnte dieser Reparaturauftrag fast vollautomatisch ablaufen, in dem das System eine Verfügbarkeit des Ersatzteils ermittelt (Bestandscheck inkl. der Bestände in den KFZ) und den schnellst erreichbaren Techniker via GPS-Kennung im KFZ ermittelt.

In Handelsunternehmen spielt das Thema Reparatur und Wartung nur in der Lagerlogistik eine vergleichbare Rolle wie in der Industrie.

Auf der anderen Seite sind Investitionen in die Verkaufsraumgestaltung inkl. Warenträger, der Ladenbau, der Sortimentsaufbau an einem Standort sowie die Leucht- und Klimatechnik Themen, die regelmäßig an einem Standort unternommen werden sollten, um die Qualtitätsanmutung für den Kunden zu gewährleisten. Diese Umbaumaßnahmen sind z. T. technikinduziert (technischer Verschleiß), viel häufiger aber wettbewerbs- und kunden/-umsatzorientiert, um die Attraktivität des Standorts aufrecht zu erhalten.

9.2.4 Beschaffungsbedarf: Rohware und Werkstücke

Sowohl in der Verfahrenstechnik wie auch in der Fertigungstechnik werden Ausgangsstoffe zur Produktion benötigt. In den verfahrenstechnischen Branchen sind das meist weltmarktfähige Rohwaren, die Fertigungstechnik setzt auf die Endprodukte Stahl, NE-Metalle und Kunststoffe, um daraus die z. T. hochkomplexen Endprodukte

240 Eine ähnliche Technik ist im Auto mit dem nicht abschaltbaren ABS, dem (zukünftig) programmierbaren Abstandswarnsystem und anderen Systemen, die wie das elektronische Differential automatisch zuviel Gas wegregeln und mit gezielten Bremseingriffen das Auto vor dem Schleudern in einer Kurve bewahren, schon im Betrieb.

wie Autos und Flugzeuge zu fertigen. Dienstleistungsunternehmen benötigen wiederum diese Fertigungsendprodukte als Betriebsmittel für ihr Geschäft.

Die Deckung der Beschaffungsbedarfe verläuft von der Lieferantenauswahl relativ unspektakulär in den verfahrenstechnischen Branchen, da zu ein und demselben Zeitpunkt des Bedarfs (Kassa- oder Terminmarkt) für dieselbe Rohwarenspezifikation genau nur ein Preis in einer bestimmten Währung vorliegt. Die „Kunst" der Beschaffung liegt weniger in der Bestimmung des richtigen Beschaffungs-Preises, sondern in einer Marge, die die Produktionskosten deckt und einen Gewinn zulässt. Die Marge kommt zustande, indem die Fertigprodukte zum annähernd gleichen Termin der Beschaffung wieder im Markt verkauft werden und die Verkaufspreise die entsprechende Marge zulassen.

Leider entsprechen sich die Markttendenzen der Beschaffungs- und Absatzmärkte nur sehr selten, so dass Risiko offener Positionen eingegangen werden muss (Long, wenn Beschaffung ohne gleichzeitigen Verkauf, Short, wenn Verkauf ohne Einkauf vorliegt). Statt an „echte" Kunden zu verkaufen, gibt es an den Warenterminbörsen Spekulanten, die Kontrakte übernehmen, weil sie glauben, diese Positionen zu einem späteren Zeitpunkt wieder an „echte" Kunden weiter verkaufen zu können. Der Spekulant ist z.B. an den Warenterminbörsen gerne gesehen, weil er gegen den Markttrend kauft und verkauft, so dass er es ermöglicht, dass Produzenten doch noch ihre Marge erzielen können, auch wenn die Hersteller der Rohware oder die Nutzer der Fertigprodukte zu diesen margenträchtigen Preisen keine Angebote in den Markt geben würden[241].

Da die Transaktionsvolumina je Einzelgeschäft im zweistelligen Mio. EUR-Bereich liegen können, sollte eine IR die Risikoexposition eines Unternehmens regelmäßig überprüfen. Gleichfalls sollten sogenannte Handelslimits und ein Maximum der offenen Positionen je Termin (Dealing Limits) erlassen werden, die dann mit relativ geringem Aufwand auch überprüfbar sind.

Schwierig wird die Prüfung solcher Geschäfte, bei denen die Marge die Produktionskosten nicht deckt bzw. sogar negative Deckungsbeiträge produziert, also die variablen Produktionskosten nicht deckt. Im Zweifel sollten derartige Geschäfte von der Geschäftsleitung einzeln genehmigt werden.

Die Deckung des Werkstückbedarfs in fertigungstechnischen Bereichen läuft ähnlich ab, wenn die Unternehmen ihren Bedarf bei den Unternehmen der Verfahrenstechnik über funktionierende Märkte (keine Oligopole, hinreichende Standardisierung) decken können. Hier können zwar die Endprodukte sehr individuell ausfallen, die Beschaffung der Werkstücke entspricht dem sich zum gewünschten Zeitpunkt ergebenen

241 Diese Feststellung mag auf den ersten Blick nicht der h.M. entsprechen, die mit viel Werbeaufwand verkündet: Mit Nahrungsmitteln spekuliert man nicht! Es soll auch das häufig auftretendem Phänomen der Übertreibung eines Markttrends in Abrede gestellt werden, es wird nur festgestellt, dass durch Spekulanten die Liquidität der Warenterminmärkte gesichert werden, so dass Erzeuger ihre Ware zu dem ihnen genehmen Preis auf Termin verkaufen können, also ihre Ernte absichern, bevor die große Menge auf den Markt tritt. Gleichfalls gestatten Spekulanten es den Produzenten, eine Marge zu erzielen und so offene Risikopositionen zu schließen.

Marktpreis. Die Auftrags-Kalkulation ist von daher im Maschinen- und Werkzeugbau relativ einfach gehalten, da Beschaffungspreise der Werkstücke und die eigenen Produktionskosten[242] je Endprodukt bekannt sind. Das Problem ist hier der Nachfragebereich, ob es nämlich gelingt, beim Kunden die Fluktuation der Preise des Beschaffungsmarktes durchzusetzen. Dies gelingt umso besser, wenn solche Verträge mit Preisanpassungsklauseln in beide Richtungen verlaufen und der Kunde die Werkstückpreise selbst feststellen kann. Will der Kunde Festpreise, so müssen die Werkstückpreise abgesichert werden (Klassische Hedgingstrategie mit Kauf auf Termin). Damit wird dann die Auftragskalkulation festgeschrieben.

Werden die Werkstücke immer individueller, so kommt dann immer mehr das Thema des Einkaufs in Spiel, das ja schon in Kapitel 11.2 Zweckmäßigkeit im Einkauf ausführlich erläutert worden ist.

In der sehr arbeitsteilig organisierten Automobilindustrie ist die „Beschaffung“[243] ein Kernprozess. Er umfasst mit Stammlieferanten Teile des Entwicklungsprozesses sowie große Teile des Produktionsprozesses, der über die Komponentenfertigung (z. B. Getriebe, Kabelbaum, Armaturenbrett) quasi outgesourct wurde. Die Vereinbarungen sind meist über die Länge des Produktionszeitraums nicht mehr kündbar, erlauben für den Komponentenhersteller eine sehr langfristige Planung. Diese lange Sicherheit lassen sich die Automobilhersteller wiederum in jährlichen Preissenkungen auf der erzielbaren „Economies of Scale“ zurückvergüten.

Weitere Hinweise findet der Leser im Abschnitt 10.2.7 in den Absätzen über SPICE.

Die Beschaffung der Ware ist in den meisten Handelsunternehmen ebenfalls ein Kernprozess, dem eine Sortimentsplanung vorgelagert ist. Für bestimmte Rohwaren im Textilbereich existieren Weltmarktpreise, z. B. für Baumwolle und Wolle. Da die Textilunternehmen ihre Rohware selbst einkaufen müssen, könnte man meinen, dass dieses Problem schwankender Rohwarenpreise ein reines Margenthema ist und sie nicht betrifft. Tatsächlich ist aber die Marktmacht der Textilhändler (H&M, Inditex, C&A, Otto etc.) wesentlich höher als die ihrer Lieferanten. Insofern kommt der Auftragserteilung an den Lieferanten eine große Bedeutung bei. Hier werden Abnahme-Mengen und Einkaufspreise festgelegt. Im Idealfall ist der Einkäufer des Händlers in der Lage, den Einkaufspreis von der Rohware, dem Färbeprozess bis hin zum Textilfertigungsprozess zu errechnen und teilweise zu bestimmen. Hinzu kommen noch Fracht, Versicherung und Währungsabsicherung, da zwischen Auftragserteilung und Auslieferung mehrere Monate liegen können.

242 Risiken liegen nicht so sehr in der Serienfertigung, eher in der Einzelfertigung, die wie jedes Projekt wiederum Projektrisiken beinhaltet. Wie bei IT-, Werbe-, Bau- oder Produktentwicklungsprojekten ist hier das Projektvorgehensweise-Modell und eine abgestimmtes Pflichtenheft (Auftragsbeschreibung) notwendig, um Risiken zu reduzieren.

243 Besser outgesourcte Entwicklung und Produktion.

9.2.5 Energiebedarf

Verfahrenstechnische Maschinen und Anlagen benötigen sehr viel Energie, um die Stoffe, die sie be- und verarbeiten, umzuwandeln.

Die Branchen

- Metallerzeugung inkl. NE-Metalle,
- Grundstoffchemie,
- Papierwerke,
- Verarbeitung Steine, Erden (z. B. Zementwerke), Glas/Keramik und
- Ernährung

verbrauchten 2007 lt. Umweltbundesamt 72,3 % der Gesamtenenergiemenge von 735 TWh[244].

Bei diesen Größenordungen von ca. 80 Mrd. EUR p. a. sollten alle Möglichkeiten der Kostensenkung genutzt werden. Wie in der Betriebswirtschaft üblich gibt es hier die Mengen- und die Preiskomponente sowie ein Insourcingthema (Eigenerzeugung).

Viele große Unternehmen dieser Branchen decken Teile des Energiebedarfs durch eigene Anlagen, insbesondere Wärme- und Kühlmittelbedarf[245]. Auch eigene Stromerzeugung geschieht machmal auf eigenem Firmengelände. Vorteil dieser Strategie ist es, sich im Grundbedarf unabhängig von den EVU (Energieversorgenden Unternehmen) zu machen. Jedoch muss diese Strategie risikomäßig abgesichert werden, da die Preise der Bezugsquellen der Rohstoffe Öl, Kohle und Gas stark schwanken können und meist in US-$ gehandelt werden. Die Risiken Preisänderung der Rohstoffe und Währungsschwankungen müssen kompetent gemanagt werden. Durch die manchmal hohen Fluktuationen der Preise sind Absicherungsgeschäfte für einen festen Bezugspreis sinnvoll, um die Produktkalkulation nicht mit teuren, ungeplanten Kostenschüben zu belasten.

Bei den Absicherungsgeschäften ist zu beachten, dass zusätzlich zum Währungs- und Zinsrisiko, das auf die Differenz Kassa- zu Terminpreis Einfluss hat, auch das sog. Rollover-Contract-Risk zu beachten ist. Damit ist gemeint, das hinter jedem Termin/-Future-Kontract in z. B. Rohöl auch ein physisches Warengeschäft steht, das zur Lieferung führt, wenn es nicht vor dem Termin aufgelöst wird. Terminverlängerungen (Prolongationen) ziehen deshalb Zusatzkosten nach sich, da der alte Kontrakt aufgelöst, d. h. verkauft und ein neuer für den weiter in der Zukunft liegenden Termin gekauft werden muss[246]. Im Zweifel sollten also die Absicherungsgeschäfte/Hedging-Geschäfte nicht prolongiert werden, um Roll-Over-Verluste zu vermeiden.

---

244 Siehe hierzu Energieeffiziendaten für den Klimaschutz, vom Bundesumweltamt, Dessau-Roßlau, August 2012, http://www.umweltbundesamt.de/sites/default/files/medien/461/publikationen/ 4253_0.pdf, zuletzt aufgerufen am 15.12.2014.

245 Aktuell beschäftigen sich laut DIHT (Newsletter vom 24.10.2013) 1/3 aller Unternehmen mit dem Thema Eigenenergieerzeugung, 16 % haben eigene Stromerzeugung, bis 2020 hofft die Bundesregierung, dass 25 % der Unternehmen über KWK (Kraft-Wärme-Kopplung) ihre Energie selbst erzeugen.

246 Beschrieben wurde die Contango-Situation, nach der mit jedem neuen Monat der Termin-Kontrakt-Preis gegenüber dem alten (ablaufenden) Preis steigt. Im Unterschied dazu gibt es auch die Backwardation-Situation, bei der jeder zukünftiger Kontrakt preiswerter wird. Die Spekulation der Metallgesellschaft in einer Backwardation-Situation, die sich in eine Contango-Situation änderte, soll hier als

In den Fertigungstechnik-Branchen wird eine Vielzahl von Elektromotoren zur Erzeugung von Bewegungsenergie betrieben. Auch in der Pumptechnik beim Transport von Flüssigkeiten werden sie eingesetzt (Verfahrentechnik-Branchen). Durch den zunehmenden Einsatz von Wechselrichtern kann nichtbenötigte Energie ins Netz zurückgespeist werden, also der Elektromotor als Stromgenerator betrieben werden[247].

Die frühere häufige Umwandlung von überschüssiger Energie durch Chopper (Bremsen) in Wärme kann durch Wechselrichter entfallen und die Energiebilanz eines Unternehmens deutlich gesenkt werden (bis zu 30 %)[248].

Ein Spitzenlastmanagement im Unternehmen, dass bei Spannungsspitzen alle nicht mit der Produktion befassten Verbraucher automatisch in den unkritischen Bereich steuert, kann ebenfalls deutlich die Stromrechnung eines Unternehmens senken, da nur die kurzfristige Spitzenlastzeiten teuer bezahlt werden müssen.

Eine Blindstromkompensationsanlage rechnet sich in vielen Fällen bei Großverbrauchern über 500 MWh p.a. in 1–3 Jahren.

Im Wärmebereich eines Unternehmens ergeben sich ebenfalls viele Möglichkeiten der Energieeinsparung,

- von der Installation eines eigenen kleinen Blockheiz-Kraftwerks mit Wärmekraftkopplung (schon ab 10 KWh möglich)[249],
- der Nutzung der Abwärme durch Wärmetauscher und Wärmepumpen bis
- zur Installation von Solaranlagen (Photovoltaik).

Die zurzeit laufende Energiediskussion über das EEG ist in allen verfahrenstechnischen Branchen 2014 ein großes Thema, da es nachhaltig über die Zukunft der Fabrikstandorte in Deutschland mit entscheiden kann. Hier ist Augenmaß von der Politik in Berlin und Brüssel gefordert, um nicht nur eine gut gemeinte (Entlastung des Verbrauchers auf Kosten des Verlustes von Arbeitsplätzen), sondern eine richtig gute Lösung (wettbewerbsorientierte Entscheidung in den jeweiligen Branchen: Equal Level playing ground für alle Player) zu finden.

9.3 Zweckmäßigkeitsprüfungen in der Produktion

Auch für Produktionsprüfungen lässt sich das COSO ERM Modell sehr gut anwenden. Durch den Bezug zu den operativen Managementprozessen gelingt es dann,

warnendes Beispiel genant werden. Die von der Clearingstelle für Warenterminkontrakte aufgerufenen Margin-Calls für die Future-Kontrakte, konnte die MGRM (Metallgesellschaft Refining & Marketing) nicht erfüllen und ging so in die Insolvenz.

247 Im Auto wird diese Technik neuerdings beim Hybridantrieb genutzt, bei dem Bremsenergie von einem Generator in eine Hochleistungsbatterie eingeleitet wird.

248 Siehe hierzu S. 28 Energieeffizienzdaten. Jedoch sollten die Wicklungen der Motoren besonders gestaltet sein, um Ausfälle wegen nicht verkrafteter Spannungsspitzen zu vermeiden.

249 Siehe hierzu den link: http://www.energieagentur.nrw.de/unternehmen/willkommen-auf-unserem-portal-fuer-unternehmen-3687.asp, zuletzt aufgerufen am 15.12.2014.

etwas mehr Struktur und Ordnung in diesen sonst sehr technisch anmutenden Bereich zu bringen.

9.3.1 Internes Unternehmensumfeld

Die Gestaltung einer Produktion unterliegt einer Vielzahl von Rahmenbedingungen, die nicht alle von einem Unternehmen beeinflusst werden können. So ist die Standortwahl die zentrale Entscheidung, die ein Unternehmen zu treffen hat.

Gleichzeitig ist der Produktionsbetrieb stark von anderen Unternehmensbereichen abhängig. Werden als Fertigprodukte börsengängige Waren hergestellt, so kann die Produktion ein Spielball der Marge zwischen erzielbarem Verkaufs- und Einkaufspreis sein. Bewegen sich die Märkte nicht im Gleichklang, kann selbst eine effiziente Produktion stillgelegt oder in ihrer Auslastung stark verringert werden, wenn die Bruttomarge unter die (variablen) Produktionskosten fällt.

Trotz einer Vielzahl von änderungsfreundlichen Prozess-Produktionsstraßen, bedingt durch die softwaremäßige Steuerung der Maschinen und Bänder, sind Modell- oder Produktwechsel in der Produktionsleitung äußerst unbeliebt, da sie trotz allen Fortschritts mit Rüstzeiten und Anlaufverlusten einhergehen. Industrieproduktion ist (am liebsten) Massengeschäft, dann kann sie ihre Stückkostendegressionseffekte am besten ausspielen. Die Abhängigkeit vom Marketing und Verkauf, insbesondere in deren kurzfristigen Plänen ist überdeutlich. Große Auftragspolster sind aus Kundensicht mit Wartezeiten verknüpft, aus Produktionssicht eine große Chance, mit großer Auslastung sehr effizient die Güter herzustellen.

Die Produktion ist weiter von funktionierenden Lieferanten- und Logistikbeziehungen abhängig. Der Idealfall „Just-in-Sequence“ wird nicht überall erreicht, macht jedoch deutlich, möglichst ohne Zwischenlager auskommen zu wollen und Teile nach Anlieferung noch zu montieren. Störungen in der Zulieferung haben meist gravierende Ertragsausfälle zur Folge, wenn Kunden ein breites Alternativangebot auf dem Markt zur Verfügung steht, das sie im Zweifel nutzen und dem nicht lieferfähigen Unternehmen den Auftrag stornieren.

Auch die beste Infrastrukturanbindung nützt nichts, wenn die Produktion auf Kühlung angewiesen ist, in heißen Sommern das Wasser knapp und die Temperatur zu hoch werden kann (Energieerzeuger). Im Winter können zugefrorene Wasserstraßen und verschneite Bahnstrecken und Straßen zur zwangsweisen Erhöhung der Fertiglagersbestände führen bzw., wenn nicht vorhanden, zu Produktionsstillständen oder starken Drosselungen.

Da Produktionsbetriebe meist der Kern eines Unternehmens sind, werden sie auch manchmal von Arbeitskämpfen heimgesucht. Dies gilt weniger in Deutschland als in anderen, auch europäischen Ländern. Auch hier kann eine mühsam aufgebaute Performance in wenigen Wochen zunichte gemacht werden. Wohl dem, der mit seinen Sozialpartnern über die Jahre ein gutes gegenseitiges Einvernehmen aufgebaut hat und über „seinen“ Betriebsrat Mäßigungen erwirken kann.

Weiteres Thema ist der vorhandene Maschinenpark, der es einer Produktion ermöglicht oder eben nicht, mindestens auf Wettbewerber-Kostenlevel zu produzieren. Ist der technische Fortschritt der Branche hoch, muss immer wieder investiert werden, um nicht seinen erarbeiteten Vorsprung aufs Spiel zu setzen. Für die Werksleitung bedeutet dies in nicht so guten Zeiten harte Arbeit, die Unternehmensleitung zum antizyklischen Handeln zu bewegen und sich zudem gegen die Wünsche anderer Produktionsstätten durchzusetzen. Jedoch sind in Zeiten geringerer Auslastung sowohl Wartungen als auch teilweise Neuinvestitionen/Inbetriebnahmen neuer Verfahren und Maschinen einfacher einzuplanen als in Zeiten großzügig gefüllter Kassen, wenn Produktionsstillstände gleich gravierende Ergebnisverluste nach sich ziehen.

9.3.2 Zielsetzungen in der Produktion

Die Zielsetzungen in der Produktion sind zu einem großen Teil von der Umsetzung der Unternehmensplanung bestimmt. Der Output, also die Produktionsmenge, wird von der umgesetzten Absatzplanung dominiert. Untererfüllungen der Absatzplanung haben sofort erhebliche wirtschaftliche Folgen, da die Kosten für Maschinen (Abschreibung, Finanzierung) und Menschen nur in Grenzen variabel sind.

Ziele in der Produktion sollten also relativ formuliert sein, d.h. z.B. in Relation zum Auslastungsgrad oder in Relation zu der Anzahl Losgrößen/Serien (Rüstkosten). Weitere Ziele sind Produktivitätsziele wie Durchlaufzeiten, Material- und Energieverbrauch sowie Qualitätsziele wie Produktionsfehler, Stillstandzeiten von Bändern, Ausschuss, Aufarbeitungsanzahl an der Produktionsmenge etc.

Im Sinne eines TQM kommen als Ziele die Anzahl von versteckten Mängeln durch Kundenreklamationen, Rückrufaktionen durch fehlerhafte Materialteile hinzu, ebenso wie Kundenreklamationen wegen überlanger Lieferzeiten oder gar Nichtlieferungen.

Besondere Berücksichtigung können im Sinne einer BSC Innovationsziele treten, die sich in der Produktion vor allem in Prozessverbesserungen niederschlagen werden.

Weiter können Termin-, Quailtäts- und Produktivitätsziele hinzutreten, inwieweit es z.B. gelingt, neue Produkte in die Produktionsprozesse zu integrieren.

Als weiteres Ziel könnte in Richtung Lieferanten formuliert sein, wichtige Vorleistungen zu verbessern, um insgesamt den Standard der Qualität anzuheben. Qualifizierungen von Lieferanten zu Stammlieferanten, entwicklungstechnische Integration von Leistungen und Lieferterminpünktichkeit wie kontinuierliche Prozessverbesserungen, die sich in niedrigeren Beschaffungspreisen niederschlagen, können hinzutreten.

Eine Grafik fasst das oben Gesagte in einer BSC beispielhaft zusammen.

Finanzen: Verbesserung der Produktionskosten bei gegebener Auslastung um 3 %	**Innovation:** Verkürzung der Einführungszeiten von neuen Produkten um 1/3
Prozessqualität: Erhöhung der Durchlaufzeiten um 10 %. Senkung des Ausschusses um 5 %	**Kundenzufriedenheit:** Verringerung der Rückrufe wegen Produktionsmängel um die Hälfte

Abbildung 9-4: Balanced Scorecard in der Produktion

9.3.3 Ereignisinventur

Eine Vielzahl von Chancen und Risiken können den Produktionsprozess beeinflussen. Sie werden sowohl aus internen als auch aus externen Quellen bestimmt. Einige bedeutende sind schon im Abschnitt Operative Planung angesprochen worden, so dass hier auf eine detaillierte Diskussion verzichtet werden kann und nur noch einmal summarisch in Erinnerung gerufen werden sollte.

Zu den internen Chancen/Risiken können gehören

1. Bessere/Geringere Auslastung der Produktionskapazitäten durch höhere/niedrigere Absatzzahlen,
2. Geringere/höhere Rüstkosten durch höhere/niedrigere Losgrößen,
3. Bessere/schlechtere Ausbeutezahlen (Input/Output-Relation) der Rohware durch bessere/schlechtere Einkaufsqualitäten,
4. Geringere/höhere Ausfallzeiten durch Krankheit durch besseres/schlechteres Betriebsklima,
5. Geringere/höhere Unfallzahlen und damit Betriebunterbrechungen durch vorhandene/mangelnde Prophylaxe-Sicherheitsmaßnahmen,
6. Geringere/höhere Energiekosten durch bessere/schlechtere Einkaufspreise und geringeren/höheren Verbrauch/Produktionseinheit durch geringere/höhere Anzahl an Betriebunterbrechungen.

Zu den externen Chancen/Risiken gehören

1. Ausfall von Konkurrenzwerke(n) und Umleitung der Nachfrage auf das eigene Unternehmen wegen Force Majeur (Wasser, Hitze, Sturm, Erdbeben etc.)/Auftauchen eines (neuen) Wettbewerbers mit neuem Produktionswerk;
2. Wegfall/Zunahme von bürokratischen Regulierungsauflagen;
3. Steigende/sinkende Rohwarenkosten, die die Marge erhöhen/senken;
4. Sinkende/steigende Rohwarenkosten, die die Marge verbessern/verschlechtern und damit den Durchsatz und die Auslastung erhöhen/vermindern;
5. Günstige/ungünstige klimatische Produktionsbedingungen ((Keine) Force Majeur und sonstige Einschränkungen wie Niedrigwasser, Hochwasser, zu hohe Außentemperaturen).

Die anhand der u.a. oben beschriebenen Faktoren durchgeführte Ereignisinventur kann durch unterschiedliche Maßnahmen unterstützt werden.

Hierzu gehören

- eine Prozessanalyse mit Flowcharts, die die Haupteinflussfaktoren für Ereignisse bestimmen kann;
- eine SWOT-Analyse, die zusätzlich weitere externe Informationen liefert;
- eine Fallstudie aus „Lessons Learnt" früherer Ereignisse, um ähnliche Konstellationen zukünftig zu vermeiden;
- eine systematische Bestandaufnahme anhand eines Standardrisikomodells zusammen mit möglichen Informationsquellen, die quasi das Frühwarnsystem darstellen können;
- eine Quantifizierung möglicher spezifischer Maschinenausfälle (Motoren, Pumpen, Relais, Förderbänder, Server, Klimatechnik, Strom etc.) und deren Behebung mit Durchrechnung auf Produktionsmenge und -kosten;
- eine Bestandsaufnahme des Alters aller einzelnen Produktionskomponenten und Bewertung eines wahrscheinlichen Ausfalls in Abhängigkeit von Alter, Laufzeit und wahrgenommenen bzw. unterlassenen Wartungen.

Die Liste ließe sich wahrscheinlich beliebig verlängern. Entscheidend für die Produktion ist, dass die wesentlichen Ereignisse und deren mögliche Auslöser mit Quantifizierung auf die Produktionsziele durch die Bestandsaufnahme identifiziert werden, damit dann darauf basierend Maßnahmen geplant werden können.

9.3.4 Risikoeinschätzung

Nicht alle Probleme werden zu Risiken und nicht alle Risiken wachsen sich zu veritablen substanzgefährdenden Risiken aus. Trotzdem ist es notwendig, nach der Bestandsaufnahme eine detaillierte Risikoeinschätzung vorzunehmen. Diese Risikoeinschätzung ist wiederum für die notwendigen Risikomaßnahmen die Basis, also die Entscheidung, ob

- das Risiko vermieden werden kann,
- das Risiko überwälzt werden kann,
- es für das Risiko eine Versicherung gibt und
- doch in Abwägung von Chancen und Risiken vom Unternehmen zu tragen ist.

Ziel ist es, das inhärente Risiko, d.h., das Risiko ohne Management-Maßnahmen so zu reduzieren, dass das verbleibende Risiko mit Maßnahmen (Residualrisiko) noch vom Unternehmen getragen werden kann. In dieser Logik müssen Geschäftsfelder, deren Risiken sich nicht mit entsprechenden Maßnahmen auf das Residualrisiko verringern lassen, mittelfristig grundsätzlich zur Disposition gestellt werden, obwohl es in der Vergangenheit bisher nicht zum befürchteten Eintritt der Risiken kam.

Unterliegen bei einer auf den Weltmärkten handelbaren Rohware sowie die nach der Produktion entstehenden Fertigprodukte so starken Preisschwankungen, die auch durch Hedgemaßnahmen (z. B. Futures) auf Dauer nicht reduziert werden können, so sollte das Gesamtgeschäft aufgegeben werden, da offensichtlich die erzielbare Marge im Mittel nicht ausreicht, die Produktionskosten zu decken[250].

Generell sind die internen Risiko-Faktoren einfacher einzuschätzen als die externen, jedoch können die externen gravierenderen Einfluss auf die Geschäftsergebnisse nehmen als die internen.

Beispielsweise kann durch vertriebliche Maßnahmen der Absatz kurzfristig gesteigert und damit die Produktionauslastung stabilisiert werden, während einem generellen Produktionsstopp wegen unzulässiger Emissionswerte aufgrund geänderter Regulierung nur durch umfangreiche, teure und zeitaufwendige Investitionen mittelfristig zu beheben ist.

Auch kann die Neuaufnahme einer neuen Produktionsstätte durch einen Wettbewerber mittel-, langfristig gravierenden Einfluss auf die Absatz- und damit die Produktionsmenge haben. Diese Wirkung kann kurzfristig mit Preismaßnahmen, die gegen die eigene Marge laufen, teilweise kompensiert werden. Ist das neue Werk aufgrund modernerer Maschinen auch noch effizienter, sind teure Gegenmaßnahmen meist unausweichlich.

Im Rahmen einer Risikoeinschätzung können unterschiedliche Instrumentarien genutzt werden, von denen die wichtigsten kurz vorgestellt werden sollen.

Die einfachste Methodik ist eigentlich „Lessons learnt", leider fühlt sich meist in einem Unternehmen niemand dafür zuständig, diese Methodik systematisch umzusetzen.

Die systematische Aufarbeitung aller Fehlentscheidungen, die zu ungeplanten Verlusten geführt haben, führt in aller Regel zu einer positiven Lernkurve im Unternehmen. Gleichzeitig kann sie prägend für eine fehlertolerante Unternehmenskultur sein, da Fehler oder besser unternehmerische Fehlentscheidungen als „quasinormales" Thema behandelt und nicht mehr ausschließlich mit dem Augout eines Management-Versagens behaftet sind. In der Produktion bietet sich an, ein (digitales) Logbuch über alle nicht geplanten Produktionsstillstände zu führen. In der IT-Produktion ist dies sehr verbreitet, um über ein Incident-Management zu neuen Prophylaxe-Maßnahmen zu gelangen.

Die IR könnte für das Thema „Lessons Learnt" prädestiniert sein, gehört doch die Risikoanalyse zu ihren Hauptaufgaben.

Jedoch hängt diese Aufgabe auf der anderen Seite zu sehr im operativen Bereich, so dass sie nach dem Three Lines of Defense-Modell eher dem Risikomanagement zuzuordnen wäre.

250 Tatsächlich hat die Unilever in den 1986 Jahren ihre Speiseölraffination (Oil Milling Division) u. a. aus diesem Grund zu großen Teilen an ADM verkauft.

> Hierzu ist jedoch eine Ausrichtung des Bereichs vonnöten, der sich zusätzlich zur Risikomanagementmethodik mit allen Geschäftsmodellen des Unternehmens professionell auskennt[251].

Die Szenariotechnik wiederum gehört zum Standardrepertoire der strategischen Unternehmensplanung. Sie wird jedoch in vielen Unternehmen eher zur Chancenermittlung eingesetzt als in der Risikoeinschätzung. Eine Erweiterung ist jedoch sehr einfach möglich, da z. B. alle Projekte, die eine Umsatzsteigerung zum Ziel haben wie Neuproduktentwicklung, Erschließung neuer Auslandsmärkte, Aufbau neuer Geschäftsfelder mit hohen Risiken behaftet sind. In diesem Zusammenhang hingegen sollte diese Technik auch für die bestehenden Geschäftsfelder, Märkte und Produkte eingesetzt werden. In der Produktion bieten sich Force Majeur Fälle an, um zu analysieren, welche konkreten Produktionslinien z. B. von einem Hochwasser betroffen sind, siehe Abbildung unten.

Szenariotechnik: Produktion

Potenzielles Geschäftsrisiko	Quantität	Zielgröße	Quantität
Niedrigwasser Rhein	1/6 der Produktionsmenge kann nicht über Wasser verladen werden	Ab 1 Woche Ereignisdauer Produktionsdrosselung unvermbeidbar	50 % des Wochenergebnisses gefährdet (3-facher Grenzverlusteffekt auf Umsatz
Hochwasser Rhein			
Niedrigwasser Rhein	Eigenenergieerzeugung wegen fehlendem Kühlwasser zu 50 % gefährdet	Drittbezug von Energie notwendig	10 % des Tagesergebnisses durch hohe Dritt-Energiekosten
Ausfall der zentralen Verpackungsmaschine	2 Tage Produktionsstop und 1/2 Tag Rework der Halbfabrikate	Tagesergebnis	2,5 Tage ergebnisausfall und Zusatzkosten

Abbildung 9-5: Beispiel für den Einsatz der Szenariotechnik in der Produktion

Die Sensitivitätsanalyse bietet sich in der Produktion für die wichtigsten Faktoren wie Personal und Maschinen an. Beispielsweise könnte abgeschätzt werden, was ein hoher Krankenstand auf die Produktionsmenge hätte oder welche Maschinen bei sehr hoher Auslastung der Produktionslinien besonders ausfallgefährdet sind. Im Unterschied zur Szenarioanalyse kann bei der Sensitivitätsanalyse mit den eingesetzten Simulati-

251 Nach dem IIA Papier: Global Pulse of the Profession wird eine stärkere Risikoorientierung der IR und Einbindung in die Risikoprophxlaxe von den Stakeholdern zukünftig erwartet.

onsmodellen sehr genau durchgerechnet werden, welche quantitativen Folgen die simulierten Ereignisse hätten.

Die Value at Risk-Methode ist bei Banken und Finanzdienstleistern sehr gebräuchlich, weil früher über Basel II und jetzt über Basel III/CRD IV sehr hohe Anforderungen an das Eigenkapital gestellt werden, ob es unter den vorgegebenen negativen Marktsimulationen noch ausreichend ist, die simulierten Verluste einzelner Vermögenspositionen auszugleichen. In der Produktion könnte ein Value at Risk-Test zusammen mit der Sensitivitätsanalyse eingesetzt werden, um Maßnahmen daraufhin zu testen, ob sie geeignet sind, den geforderten Mindestlevel an Produktionsoutput sicher zu stellen, wenn Force Majeur Fälle eintreten würden. Einige Betriebsunterbrechungsversicherungen sind sicher bereit, über Prämiensenkungen mit sich reden zu lassen, wenn in den Simulationen deutlich wird, wie robust ein Unternehmen mit Force Majeur Fällen umgehen kann[252]. U. U. kann diese Versicherung auf außerordentlich ungewöhnliche Fälle wie z. B. Jahrhunderthochwasser beschränkt werden. Dies könnte z. B. Jahrzehnthochwasserfälle in Eigenrisiko belassen[253].

In einem sog. Stresstest[254] wird das Gesamtunternehmen daraufhin getestet, wie es mit einem Force Majeur/GAU umgeht und ob die geplanten Maßnahmen geeignet sind, den simulierten Schaden im geplanten Rahmen zu halten. Auch diese Methode wird zurzeit eher im Bankenbereich eingesetzt, obgleich sie auch für Industrieunternehmen anwendbar erscheint. Im Unterschied zur Value at Risk-Methode werden ungewöhnliche und seltene Marktkonstellationen, wie sie z. B. in der Finanzkrise 2008/2009 entstanden, angenommen.

Die letzten drei Verfahren Benchmarking, Ampelliste, Statistische Verfahren sind Managementmethoden, die auch in anderen Unternehmensituationen angewandt werden können und nicht so sehr spezifisch für Risikoeinschätzungen gebräuchlich sind.

Das Benchmarking wurde schon in Abschnitt 4.2 vorgestellt. Bezogen auf die Produktion sind alle Maßnahmen durchzuführen, die „State of the Art" sind. Das umfasst z. B. Jahreswartungen mit Produktionsstillstand, um einmal im Jahr oder alle zwei Jahre alle Maschinen einem Grundcheck zu unterziehen. Viele Risikoprophylaxe-Maßnahmen ergeben sich aufgrund der behördlichen Auflagen zu Arbeitsschutz und Umweltschutz sowie von TÜV und der Berufsgenossenschaft.

---

252 Sie profitieren durch geringere Risiken direkt in ihren Kapitalanforderungen nach Solvency II und Omnibus II.

253 Das Elbehochwasser aus 2013 ist ein gutes Beispiel dafür, wie sinnvoll die Schutz-Maßnahmen aus den 1970 er Jahren waren, um den Hafen Hamburg(-Harburg) zu schützen.

254 Bei Banken-Stresstests sind sehr umfangreiche Modellberechnungen notwendig, um alle Faktoren und beeinflusste Größen zu berücksichtigen und den Unternehmensergebniseffekt zu errechnen. In Industrieunternehmungen sollten derartige Rechnungen etwas einfacher sein.

Untersucht eine IR derartige behördliche Forderungen, so sollte sie sehr sorgfältig ihre Stichprobe begründen (unter 10 % ist meist zuwenig) und ihre Arbeitsergebnisse dokumentieren, um bei später erfolgten möglichen Arbeitsunfällen aus der Regreßhaftung herauszukommen[255].

Die Ampelliste ist ein übersichtliches Instrumentarium, um dem Top-Management auf einen Blick die Information über Entscheidungsbedarfe in Projekten oder Themengebieten zu geben (Ampel rot oder gelb) bzw. zu informieren, dass die Projekte im Plan liegen (Ampel grün). Die Einfachheit dieses Instrument hat natürlich auch den Nachteil, dass Differenzierungen in qualitativer Hinsicht und Quantifizierungen fehlen. Um den Handlungsbedarf zu begründen, sind deshalb weitere Informationen notwendig. Außerdem kann die Wahl zwischen zwei der drei Ausdifferenzierungen von grün-gelb-rot sehr subjektiv getrieben sein, deshalb sollte die Unabhängigkeit im Urteil des Listenerstellers sehr hoch angesetzt werden.

Statistische Verfahren wie Verteilungsfunktionen (z. B. die häufig zitierte und meist auch bevorzugte Normalverteilung), Stichprobenanalysen, Faktorenanalysen u. ä. sind eher für vergangenheitsorientierte Analysen geeignet, versagen häufig bei der Zukunftsprognose, weil die Datenbasis zu gering bzw. die Einflussfaktoren sich nicht linear verhalten.

Zweimal in 10 Jahren ein Jahrhunderthochwasser zu erleben ist an sich schon ein Widerspruch, statistisch durchaus begründbar, wenn weitere 190 Jahre kein weiteres stattfindet.

Um eine Aktienkursentwicklung eines einzelnen Wertes aufgrund von Charts mit großer Sicherheit voraussagen zu können, wären 250 Jahre Charts der Gesellschaft notwendig.

Dass jahrelang keine schweren Arbeitsunfälle stattgefunden haben, heißt nicht, dass das Thema Arbeitssicherheit nicht mehr geschult werden muss, genauso wenig, wenn trotz intensiver Schulungsmaßnahmen die Unfallzahlen kurzfristig steigen. Statistisch kann es sich in einem 10-Jahres-Zeitraum noch im „Normal"-Bereich bewegen.

Die nachfolgende Tabelle fasst die Methoden der Risikoeinschätzung noch einmal zusammen.

255 Lt. Herrn Thomas Münzenberg (CIA-Tagung des DIIR 2013) kam es in mindestens einem Fall zu einem Strafverfahren, in dem ein Revisor als Erfüllungsgehilfe des Managements beschuldigt wurde, eine strafbare Handlung begannen zu haben.

Name	Idee	Vorteile	Nachteile
Lessons learnt	Aus Fehlern lernen	Positive Lernkurve bei einer Systematik im Unternehmen möglich	Ungeeignet für Erstfälle
Szenario technik	Risiko-Frühwarnsystem aufbauen	Ganzheitlicher Ansatz	Schwer, alle Effekte zu quantifizieren
Sensitivitätsanalyse	Abschätzen einzelner Marktfaktoren auf das Unternehmensergebnis	Gute Quantifizierbarkeit	Ungeeignet für Risikofaktoren, für die kein Markt existiert
Value at Risk	Maximal mögliche prozentuale Veränderung eines Vermögensgegenstands in einem vorgegebenen Zeitfenster		
Benchmarking	Lerne von den Besten (Best of Breed)	Fundierte Analyse möglich	Aufwendig, meist nur über Berater zu erhalten, Basisdaten nicht immer vergleichbar
Ampelliste	Nutzen der Farben, um sehr schnell Handlungsbedarf aufzuzeigen	Schnelle Übersicht, um auf TopManagement-Ebene handeln zu können	Subjektive Einschätzung, wenn Farben nicht von mehreren Personen vergeben werden
Statistische Verfahren	Versuch, den Risikofaktor einzugrenzen	Gute Quantifizierbarkeit	Normalverteilung kann nicht immer angenommen werden (siehe Finanzkrise)
Stresstest	Annahme eines GAU und Test des Unternehmens mit den Konsequenzen	Deckt auch Hochrisiken ab, die nicht einfach quantifizierbar sind	Sehr aufwendig, komplette Unternehmssimulation notwendig

Abbildung 9-6: Methoden einer Risikoeinschätzung

9.3.5 Risikomaßnahmen

Risikomaßnahmen werden herkömmlich in die vier Sektoren
- Vermeiden,
- Reduzieren,
- Überwälzen und
- Akzeptieren eingeteilt.

Bevor jedoch überhaupt Maßnahmen ergriffen werden können, sollte das Risiko mit seiner Wahrscheinlichkeit den Kosten der Maßnahme gegenübergestellt werden. Was für Interne Kontrollen schon gilt: „keine Kontroll-Implementierung ohne vorhandenes Risiko", gilt für Risikomaßnahmen umso mehr: „die Maßnahme muss sich rechnen".

Bei der Abschätzung der Wahrscheinlichkeiten ist ein Unternehmen häufig mehr auf externe Hilfe angewiesen als auf die Ermittlung der Schadenshöhe. Die eigenen Zeitreihen und die Anzahl der Fälle reichen häufig nicht zur Bildung einer Verteilungsfunktion aus. Eigene und fremde Versicherungen, insbesondere Rückversicherer können hier manchmal nützlich sein, denn ihr Job ist es schließlich, Risiken einzugehen und Geld damit zu verdienen. Natürlich erhalten Versicherer einen dezidierten Einblick in das Unternehmensgeschehen und natürlich ist ihre Interessenlage meist auch zielgeleitet, nämlich Prämien zu erhöhen bzw. Versicherungsverträge zu verkaufen. Trotzdem sind vor allem die Sachversicherer in ihrer Vorgehensweise professionell genug, ihre (pot.) Kunden zufrieden zu stellen und nicht durch „unkeusche" Angebote zu verärgern.

In der nachfolgenden Tabelle sind einige Risiko-Maßnahmen beispielhaft aufgeführt. Die zugrundeliegenden Risiken der meisten Maßnahmen wurden schon im vorherigen Abschnitt diskutiert, so dass hier auf eine weitere Behandlung verzichtet werden kann.

Vermeidung	Teilen/Überwälzen
- Alte, ineffiziente Produktionslinie stilllegen und durch neue ersetzen - Frühzeitiger Ersatz gefährdeter Maschinen - Aufgabe von Geschäftsfeldern, bei denen durch Marktschwankungen der Beschaffungs- und Absatzmärkte die Produktionsmarge häufig gefährdet ist	- Betriebsunterbrechungsversicherung abschließen - Gemeinsames Invest mit örtlicher Kommune in Notstromaggregat - Teilnahme an gemeinsamer ARGE zur Verbesserung des Hochwasserschutzes - Regreß der Lieferanten bei Produktionsstillständen wegen Qualitätsmängel der Rohware, Halbfabrikate

Reduzieren	Akzeptieren
- Neue Filter zum Emissionsschutz einbauen - Jahreswartung wieder einführen - Frühwarnsysteme zur Überwachung der Emissionsgrenzen in Luft und Wasser verbessern - Zweit-Lieferanten-Auswahl Europa für einen Eventual-Ausfall Fernost-Lieferant - Auslastung der Produktionsstätte reduzieren, wenn Betriebskosten nicht verdient werden können - Einführung von mehrjährig nutzbaren Arbeitszeitkonten zur Erhöhung der Personalflexibilität - Schulungen zum Arbeitsschutz regelmäßig durchführen	- Hoher Krankenstand in Wintermonaten akzeptieren und durch vermehrte Leiharbeit bzw. reduzierte Produktionsmengen absichern - Partner-Produktionsstätten identifizieren, um im Notfall Produktionsmengen umzuleiten - Margen-Verluste aus „schlechten" Jahren mit Margen-Gewinnen aus „guten" Jahren kompensieren - Statt fremde Betriebsunterbrechungsversicherung abzuschlißen eigene Captive im Konzernverbund gründen

Abbildung 9-7: Beispiele von Maßnahmen in einer Risikomatrix für Produktionsrisiken

9.3.6 Kontrollaktivitäten/Ordnungsmäßigkeitsprüfungen

Da es in einem durchschnittlichen Produktionsbetrieb eine Vielzahl von möglichen Risiken gibt, die das Produktionsergebnis beeinflussen können, sind eine Vilezahl von Kontrollmaßnahmen nötig und in der Praxis auch anzutreffen. Hinzu kommt, dass Produktionsumgebungen z.T. hohe Gefährdungspotenziale für die menschliche Gesundheit mit sich bringen, ist hier die Arbeitssicherheit im Besonderen gefordert.

9.3.6.1 High und Low Level Controls

Begriffspaar 1 ist High und Low Level Control. Steuerungs- und Überwachungssysteme werden hier an die Hierarchieebenen im Unternehmen geknüpft, Unternehmensleitung und Top Management an „High Level", alle andern an „Low Level".

Zu den High-Level-Controls gehören z.B. alle Richtlinien und Verfahrensbeschreibungen, die den Umgang mit den Vermögensgegenständen des Unternehmens regeln. Kontrollziel könnte hier ein möglichst schonender Umgang mit Unternehmensressourcen sein.

Bezogen auf die Produktion sind das die Maschinen, Gebäude und sonstigen Einrichtungen eines Produktionsbetriebs, die meist den Großteil des Anlagevermögens eines Unternehmens ausmachen. Weiter geht es um möglichst schonenden und effizienten Ressourceneinsatz (Strom, Gas/Öl, Wasser) und den Schutz aller Roh- Halb- und Fertigfabrikate vor Diebstahl und Zerstörung.

Im Einzelnen könnte dies sein:

- Betriebshandbuch,
- Grenzwerte-Handbuch zur Umsetzung der Emissionsschutzgesetze,
- Arbeitsschutzrichtlinie,
- Brandschutzrichtlinie,
- Hygieneschutzhandbuch,
- Betriebsvereinbarung zur Kontrolle von Unternehmensmitarbeitern am Werksausgang,
- Umweltschutzrichtlinie,
- Gefahrgutrichtlinie,
- Investitionsrichtlinie,
- Wartungshandbuch,
- Regelungen zur Qualitätssicherung (TQM, KQM; Labortests; Stichprobenverfahren) und
- Inventurrichtlinie.

Mittelbar relevant für die Produktion sind Regelungen und Festlegungen
- des Jahresbudgets, insbesondere der Marketing-/Ansatzplanung,
- des Investitionsbudgets,
- des Reparaturbudgets,
- der Lieferantenauswahl für die Vorprodukte,
- des Personal und Sachkostenbudgets.

Das Controlling, dessen Aufgaben die Gegenüberstellung von IST zum PLAN und die Veranlassung von etwaigen Anpassungsmaßnahmen sind, kann man in dieser Systematik als High-Level bezeichnen. Dies gilt ebenso für den Organisationsbereich und alle Bereiche des Unternehmens, die die Vorstands- und Aufsichtsratstätigkeit unterstützen, also gewissermaßen auch die Compliance-Abteilung, wenn sie an den Vorstand und/oder Aufsichtsrat berichtet.

Low-Level-Controls befassen sich alle mit der praktischen Umsetzung der High-Level-Controls.

Eine Kompetenzen- und Vertreterrichtlinie, die die Verantwortlichkeit auf Managementebene regelt, ist vom Design her High-Level, jedoch in der Umsetzung bis auf Abteilungs- und Gruppenebene dann Low-Level.

Alle automatisierten Kontrollen sind Low-Level, das heißt aber nicht, dass die Prüfung auf Angemessenheit im Design und praktischer Funktionsfähigkeit auch mit Low-Level-Sachverstand durchführbar wären. Ganz im Gegenteil verlangt das Testen von automatisierten Kontrollen einen ausgeprägten Sachverstand bis hin zum Experten, besonders im IT-Bereich.

Im Einzelnen wären hier beispielhaft ohne Anspruch auf Vollständigkeit zu nennen
- Einsatz von Steuer-, Regel- und Messelektronik bzw. IT-Programmen zum Energieverbrauch in allen Industrien,

- zur Produktionsgüte (z. B. Maßgenauigkeit, Reinheit) geschmiedeter, gegossener, verschweißter, genieteter oder geklebter Teile im Maschinen-, Anlagen- und Werkzeugbau,
- zur Ausbeutegüte bei rohstoffverarbeitenden Betrieben,
- zur Einhaltung der Verpackungs- und Deklarationsvorschriften vor allem in der Lebensmittel- und Pharmaindustrie,
- zu Temperatur- und Feuchtegrad in feuer- und explosionsgefährdeten Bereichen,
- zur Partikelreinheit in Hochreinraum-Standard benutzenden Industrien

u. v. a. m.

All die oben genannten Kontrollen sollen sicherstellen, dass möglichst frühzeitig Warnungmeldungen erzeugt werden, bevor größerer Schaden entsteht. Insofern sind sie nicht nur low level, sondern meist auch prophylaktisch.

9.3.6.2 Prophylaktische und aufdeckende Kontrollen

Innerhalb des Kontrollspektrums kann man weiter unterscheiden in prophylaktischen und aufdeckenden Kontrollen. Prophylaktische Kontrollen wie die oben beschriebenen Richtlinien erschweren unangemessene Mittelvergabe, aufdeckende wie Bandstillstand nach Spezifikationsfehlern dokumentieren diese.

Ein großer Fortschritt im Qualitätsmanagement wurde geboren, als Mitarbeiter in der Produktion das Band stoppen durften, wenn sie einen Systemfehler entdeckt hatten, der früher zu aufwendiger Nacharbeit bzw. zu möglichen Rückrufaktionen mit Reputationsschaden geführt hätten. Die Devise heißt seit Anfang der 1990-er Jahre, nicht Qualität am Schluss erzeugen, sondern schon von der Entwicklung bis in jeden einzelnen Produktionsschritt Qualität erzeugen[256].

Aufdeckende Kontrollen benötigen eine Dokumentation der zu untersuchenden Vorgänge. In der Produktionswelt besitzen heute viele Maschinen eine Steuerungselektronik, die sie stoppen lässt, wenn die Sollspezifikation nicht erreicht werden. Darüber hinaus existieren verschiedene Verfahren, die sicherstellen sollen, dass die Produktionsteile oder -artikel von dauerhafter Qualität sind.

Bei der zerstörungsfreien Werkstoffprüfung sind zu nennen Druckluftkammer (Expander), Ultraschalltechniken und Röntgenapparate zur Überprüfung der Festigkeit von Schweißnähten von Gasrohren.

Bei der zerstörenden Unfallsicherheitsüberprüfung werden Fahrzeuge mit einer vordefinierten Geschwindigkeit und einem genormten Auftrittswinkel (Seitlich oder frontal) gegen einen festen Gegenstand bewegt und z. B. Dummies auf Verletzungen durch Innenraumdeformationen gestestet.

Bei Lebensmitteln können die Anteile von Bakterien, Pilzen und sonst. Mikroben im Labor überprüft werden, ob z. B. bei Tiefkühlkost die Kühlkette nicht unterbrochen wurde.

256 Siehe Taichi Ohno, das Toyota Produktionssystem.

Bei Mikrochips können mit Testchips die Schaltkreise der Millionen Halbleiter überprüft werden.

9.3.6.3 *Manuelle und automatische Kontrollen*

Mit der stürmischen Entwicklung der IT hat sich der Anteil *manueller Kontrollen* in den Unternehmen zugunsten maschineller oder automatischer stark reduziert. Gleichzeitig ist die mögliche Informationsdichte durch die komfortableren Systeme stark gestiegen.

Bestimmte manuelle Kontrollen, z.B. die Endkontrolle einer Produktion, starten erst am Ende eines Prozesses, können aber dann Fehler im Nachhinein noch korrigieren.

Aufgedeckte Lackierfehler am Autolack oder Färbefehler an den Lederpolstern können im Nachhinein vor Auslieferung an den Kunden von sog. Autofinishern beseitigt werden.

Das können automatisierte Kontrollen in der Regel nicht. Die von automatisierten Kontrollen festgestellten Fehler werden entweder durch einen vorprogrammierten Regelkreis bereinigt, oder durch Aussteuerung der fehlerbehafteten Artikel isoliert, damit der Prozess ohne Fehler beendet werden kann.

Automatische Kontrollen sind Kontrollen, bei denen im System hinterlegte Authentifizierungen, Autorisierungen sowie Plausibilisierungen eine menschliche Kontrolle ersetzen.

Mit der heutigen Sensortechnik können heute Oberflächen von Produktionsteilen auf Fehlerfreiheit, Farbgüte und Materialqualität (Spaltmaße) besser als vom menschlichen Auge geprüft werden.

Inzwischen ist durch Integration der Messinstrumente auch eine komplette Dokumentation des Fertigungsprozesses möglich.

9.3.6.4 *Quantitative und qualitative Kontrollen*

Quantitative Kontrollen sind in der Produktion alle Kontrollen, die sich auf quantifizierbare Ziele beziehen. Das können Auftragsvolumina, Losgrößen, Fertigteile je Los, Gewichte, Außenmaße etc. sind.

In der Lebensmittelindustrie ist z.B. der Reinheitsgrad von Pflanzenölen wichtig, dass keine tierischenFette enthalten sind. Bei Eiskrem sollte der Fettgehalt (10%) der Speiseisverordnung entsprechen, sonst müsste es als billiges Michspeiseeis verkauft werden.

Der nach Kenntnisstand erste gewonnene Prozess gegen die Stiftung Warentest kann Ritter Sport zugesprochen werden. Es ging hier um den Aromastoff Piperonal, der von Ritter Sport als natürlich deklariert wurde, von der Stiftung Warentest als künstlich und als Fehldeklaration abqualifiziert wurde. Tatsächlich soll es aus einer Pflanze gewonnen und dann biochemisch umgewandelt werden.

In der Bauindustrie wird bei Spannbeton gemessen, ob durch genügend Stahlanteil die Biegefestigkeit auch gegeben ist. Beim Stahl ist wiederum der (möglichst niedrige) Kohlenstoffgehalt für die Bruchfestigkeit entscheidend. Die Güte des Betons wird u. a. durch seine Dichte (Einschluss von Luft) gemessen

Qualitative Kontrollen werden nötig, wenn bestimmte Funktionen erfüllt sein müssen, aber nicht quantifizierbar sind. Da in der Produktion von der Rohware über das Halbfabrikat bis zum Fertigteil alles schon vom Auftragsprozess quantifiziert wird, ist der Anteil qualitativer Kontrollen von eher untergeordneter Bedeutung. Einzige Ausnahme ist der Qualifizierungsstand der Mitarbeiter, der regelmäßig den Anforderungen angepasst werden sollte.

9.3.6.5 Prozessimmanente und prozessunabhängige Kontrollen

Ein weiteres Unterscheidungskriterium bei Kontrollen ist die Prozessimmanenz bzw. die Prozessunabhängigkeit.

Ein unabhängiges Monitoring des Prozesses erfolgt hier meist über die vorgesetzte Stelle, die auch bei der Automatisierung der Kontrolle Design, Implementierung und Änderungen veranlasst oder mindestens freigibt. Organisiert über eine Kompetenzenliste mit entsprechenden Budgetlimits kommen hier die Grundprinzipien des Internal Control mit Vier-Augen-Prinzip und Funktionstrennung zur Geltung.

Aus Sicht der Unabhängigkeit der Kontrollfunktion gibt hier der Autor der Funktionstrennung gegenüber dem Vier-Augen-Prinzip den Vorzug.

Durch die hohe Gefahrengeneigtheit der klassischen Produktionsprozesse sind prozessunabhängige Kontrollen der Behörden und Verbände der Regelfall. Berufsgenossenschaft, Berufsfeuerwehr, Emissionsüberwachungsbehörden, Überwachungsvereine u. a. führen regelmäßige Kontrollen durch, ob die Regulationsauflagen erfüllt werden.

Eine IR, die eine Produktionsprüfung durchführt, ist gut beraten, sich eingehend mit den entsprechenden Vorschriften auseinander zu setzen, ihre Prüfungsschritte gut zu dokumentieren und die Stichprobengröße nicht zu niedrig anzusetzen. Finden sich Feststellungen nur in den Arbeitspapieren, aber nicht im Revisionsbericht, so ist eine Erläuterung zu geben, aus welchen Gründen eine schriftliche Berichterstattung unterblieb.

Da in Produktionsbetrieben Arbeitsunfälle leider häufiger als in Verwaltungsbereichen vorkommen, ist eine IR zu besonderer Sorgfalt angehalten, um nicht selbst später wegen vermuteten Organisationsverschuldens Teil eines strafrechtlichen Ermittlungsverfahrens zu werden!

Alle Kontrollbegriffe mit Beispielen sind in der nachstehenden Tabelle kurz angesprochen.

Nr.	Begriff	Risiko	Produktions-Beispiel
1a	High-Level Control	Organisationsverschulden durch mangelnde Regelung	Arbeitsunfall durch mangelnder Hinweise/ Schulungen auf Helmpflicht und Arbeitsschuhe
1b	Low-Level Control	Manuelle Fehler, Kontrollaufwand	Aussortieren nicht brauchbarer Fertigteile vor Versand
2a	Prophylaktische Kontrollen	Produktionsstillstand	Jahreswartung aller Maschinen durchführen
2b	Aufdeckende Kontrollen	Dolose Handlungen	Kontrolle aller Bewegungen aus einem Werk nach anerkannten Verfahren
3a	Manuelle Kontrolle	Größere Sicherheit, da maschinelle Kontrollen zu unsicher sind	Laborprobe einer Produktionscharge vor Versand
3b	Automatische Kontrollen	Manuelle Fehler, Kontrollaufwand	Automatische Kontrolle des Feuchtigkeitsgehalt von Sonnenblumenschrot
4a	Quantitative Kontrollen	Fettgehalt entspricht der Verpackungsdeklaration	Permanente Probentnahme und Prüfung des Fettgehalts
4b	Qualitative Kontrollen	Risiko nicht quantifizierbar (nur nominal)	Geschmackstests bei Lebensmitteln
5a	Prozessimmanente Kontrollen	Brandgefahr durch Überhitzung von Maschinen und Produktionsteilen	Prüfung der Hitzeentwicklung durch geeichte Mess-, Regel- und Steuerungselektronik
5b	Prozessunabhängige Kontrollen	Verstoß gegen Emissionsschutzbestimmungen	TÜV/DEKRA-Prüfungen

Abbildung 9-8: Beispiele Kontrollarten in der Produktion

9.3.7 Information und Kommunikation

9.3.7.1 Information

Im Produktionsprozess werden eine Vielzahl von Zahlen und Daten generiert, die

- sich auf die technische Infrastruktur beziehen (Maschinenlaufzeiten, Energiekosten, Reparaturausfälle, Emissionswerte),
- die Basis für die Personalabrechnungssysteme bedeuten (Löhne und Gehälter) bzw. Sachkosten (Leih- und Zeitarbeit),

- die Materialverbräuche ermitteln und so die Vorprozesse anstoßen wie die Liefer- und Logistikkette,
- nachgelagerte Prozesse mit Daten „füttern“ wie die Absatzlogistik und CRM-Systeme, die Kunden Liefertermine bzw. Artikelverfügbarkeit avisieren,
- Testergebnisse über Probeläufe von Prototypen liefern und damit erste Echtdaten zur Produktkalkulation, und
- über Incident (Notfälle)-, und Problemreports (Ersatzinvestitionsbedarfe) sofortigen bzw. kurz- bis mittelfristigen Handlungsbedarf signalisieren.

Wichtig ist in diesem Zusammenhang nicht zu vergessen, dass die Produktion Fertigungsziele hat und nicht primär Erfüllungsgehilfe diverser Stabsabteilungen zur Testsimulation darstellt.

Eine weitgehende Automatisierung der Datenerhebung, Verarbeitung inkl. möglicher Entscheidungsparameter ist wünschenswert, obwohl auch heute noch die technischen und kaufmännischen Systeme unterschiedlichen Zielsetzungen unterliegen.

Die Zeit der Maschine-Maschine-Kommunikation hat mit den Schlagworten Industrie 4.0 oder „Internet der Dinge“ gerade erst begonnen, während die Integration der kaufmännischen Systeme zu ERP-Systemen schon Länder- und Unternehmensgrenzen überspringt.

In technischen Systemen werden Daten auch heute noch zumeist nur zur operativen Prozess- und Maschinensteuerung verwandt, während in kaufmännischen Systemen zusätzlich strategische und regulatorische Interessen bedient werden.

Insgesamt geht es im Informationsprozess der Produktion darum, dass alle Daten generiert werden, die zur Erfüllung der Produktionsziele benötigt werden und darüber hinaus diejenigen, die frühzeitige Hinweise auf Störfaktoren (Risiken) liefern.

Auch hier gilt, wie schon beim Thema der Kontrollen mehrfach ausgeführt, der Primat des Risikos. D.h., über alle wesentlichen Risiken zur Zielerfüllung sollten systematisch Berichtsgeneratoren implementiert werden. Umgekehrt ist eine Information ohne Belang (so what?), wenn sie nicht zum Handeln veranlasst.

Leider wird in der Praxis eher der Primat der Informationsgenerierung gesehen, nach der Methode „All you can get“ und Risiken, für die der Aufbau eines Informationskanals schwierig ist, werden vernachlässigt. Der Effekt ist, dass man in einem Krisenfall improvisieren muss und Wichtiges vergessen werden kann.

In Einzelnen geht es um Informationen

- über die Maschinen (Auslastung, Wartungsstand, Alter, Leistungsoutput) jeweils IST im Vergleich zum Ziel (SOLL/Budget) ,
- den Energieverbrauch in Menge und Preis, immer im Vergleich Ist zum Ziel (SOLL/Budget) inkl. möglicher Rückgewinnungen,
- den eigenen und fremden Personalstand in Vollzeit umgerechnet auch wieder im Vergleich IST zum Ziel (SOLL/Budget),

- den Input-/Output-Relationen mit Ausbeuteverlusten[257] des Fertigprodukts zur Rohware in Menge und Preis sowie
- allen (ungeplanten) Vorkommnissen, die unmittelbar und mittelbar die geplanten Produktionsziele gefährdet haben sowie die Wirksamkeit der Plan B Maßnahmen für die vorsehbaren Eventualfälle.

Die nachfolgende Abbildung bereitet das oben Gesagte grafisch auf:

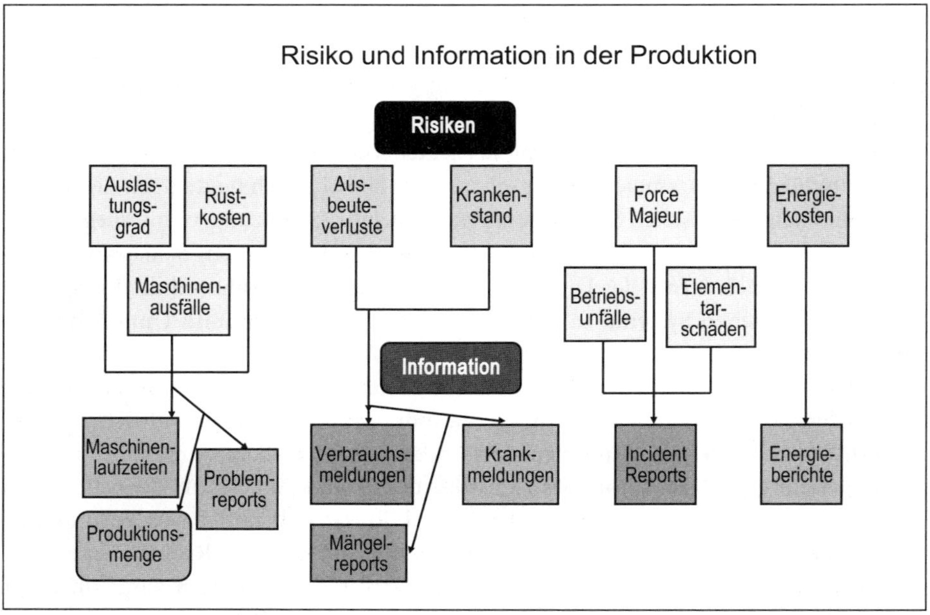

Abbildung 9-9: Zusammenspiel von Information und Risiko

In eine Big Data-Richtung geht die Vision von „Industrie 4.0". Hier sollen Maschinen miteinander vernetzt werden (Maschine-2-Maschine-Communication (M2M)) und so frühzeitig z. B. Informationen, nicht Daten, über die mögliche Ausfallwahrscheinlichkeit einer Komponente/Maschine/Prozessteil zu bekommen.

Geht es zukünftig wie in der komplett vollautomatischen, maschinengesteuerten Kommunikation wie in der Telekommunikationsindustrie zu, würden bei einem Ausfall einer Komponente automatisch vorprogrammierte Ersatzmaßnahmen greifen,
- von der Information der Werkstatt,
- des automatischen Stoppen des Bandes und
- des Umschaltens auf eine andere Produktionsstrasse/-linie bis hin,
- bei gravierenderen Störungen zur kompletten Umleitung der Produktion auf ein minder ausgelastetes Werk

257 Ausbeuteverluste sind in der Lebensmittelindustrie als Produktionseinbußen bezeichnet, wenn aus dem Ausgangsmaterial Rohware gewichtsmäßig weniger in den Produkten landet. Beispiele sind Fleischzerlegungen oder Pflanzenölgewinnung.

- mit Information an Logistik/Lieferanten und an die jeweiligen Mitarbeiter der betroffenenen Werke.

Zwar wäre dies technisch schon heute über Ethernet vernetzte Steuerungs- und Regeltechnik möglich (PI: Production-Intelligence-Ansatz), tatsächlich wird jedoch meistens der Mensch/Manager in der Produktion zur Entscheidungsfindung und – durchführung eingesetzt und nicht ein IT-Programm.

9.3.7.2 Kommunikation

Weitaus schwieriger als die Bestimmung der Informationsquellen und Auswertemöglichkeiten ist es um die Kommunikation brisanter Produktionsdaten bestellt. Notfälle in einem Produktionsbetrieb mit Ausstrahlungswirkung außerhalb des Fabrikgeländes entfalten sofort öffentlichen Charakter. Ein Unternehmen tut gut daran, sich detaillierte Notfallpläne im Vorwege zu erstellen und nicht nur Betriebsübungen, sondern Übungen in der Kommunikation durchzuführen. In den Kommunikationsprozess sofort einzubeziehen sind die Manager vor Ort. Mitarbeiter, die Störfälle unabhängig von den vorhandenen Meldesystemen feststellen, sind nicht nur zum externen Stillschweigen zu verpflichten, sondern auch zum internen Reden (Melden) an die jeweils zuständige Stelle zu ermuntern. Unfälle mit oder ohne Beteiligung von Menschenleben sind ohne Rücksicht auf den Dienstweg den Notfallorganisationen Feuerwehr (extern und intern) und Polizei sowie Werksschutz zu melden. Umweltbehörden sind von den zuständigen Managementsstellen bei externer Ausbreitung eines Notfalls (Feuer, Chemikalienaustritt) zusätzlich in Kenntnis zu setzen.

Die interne Berichtskette sollte ebenfalls je nach Schwere des Falls entsprechend den Vorgaben der Notfallplanung angesprochen werden, da bei falschem Verhalten der Führungskräfte die gesamte Reputation eines Unternehmens in Mitleidenschaft gezogen werden kann. Nach Erfahrung des Autors ist trotz der meist unangenehmen Begleiterscheinungen durch die wenig zu beeinflussende (örtliche) Presse ein kontrolliert offensiver Weg der Unterrichtung der Öffentlichkeit gegenüber einem kaschierenden, defensiven und verschleiernden vorzuziehen. Der Reputationsschaden ist bei nachträglicher Aufarbeitung von Halbwahrheiten und versuchten (erfolglosen) Beschwichtigungen und Ausflüchten viel höher einzuschätzen. Gesellschaftlich verantwortliches Handeln mit sachlicher Information ist auf Dauer tragfähiger nach der Devise: Wer ohne Fehler ist, der werfe den ersten Stein!

Leider handeln Unternehmen wegen interner Zielauflagen (die meist im Jahr der Katastrophe sowieso irrelevant werden), möglichen Schadenersatzforderungen und möglicher Strafverfolgung zugeknöpft.

Börsianer handeln dort manchmal rationaler, nach dem Motto: Der erste Verlust ist der preiswerteste!

Beispiele schlechter Kommunikation, die eine Zeitlang eine ganze Branche in Mitleidenschaft geführt haben, sind nachstehend aufgeführt.

Atomunfälle und Chemieunfälle haben meist gravierende Auswirkungen auf Mensch und Umwelt, siehe:

- *10.7.1976 Katastrophe nach Chemieunfall*: Nach Überhitzung Dioxinaustritt in Seveso/Italien (Icmesa/Givaudan/Roche).
- *28.3.1979 Beinahe-Katastrophe nach Atomunfall*: Teilkernschmelze am Three Miles Island (USA).
- *2.12.1984 Katastrophe nach Chemieunfall*: Nach fehlerhafter Wartung Pestizidaustritt (Methylisocyanat) in Bhopal/Indien (Union Carbide Corporation).
- *26.4.1986 Katastrophe nach Atomunfall*: Kernschmelze in Tschernobyl (Sowjetunion/Ukraine SSR) nach missratendem Test eines Notfalls (Stromausfall), wobei die sich ausschaltende Dampfturbine noch ca. 1 Minute Strom erzeugen sollte, bis die Dieselgeneratoren volle Leistung erreicht hätten. Diese Stromernergie ist notwendig um die Ventilsteuerung, die maßgeblich ist für die Reaktorkühlung, aufrecht zu erhalten. Die Katastrophe entstand wohl vor allem, weil die Bau-Art des Tschernobyl-Reaktors relativ volatil auf Leistungsänderungen mit Graphitstäben und Dampfblasenbildung in der Kühlung reagierte. Schließlich erfolgte der Test während der Nachtschicht mit wenig geschultem Personal und unter Umgehung vieler Sicherheitsvorschriften (Umstellung auf manuelle Steuerung statt System).
- *1.11.1986 Chemieunfall*: nach Großbrand Giftaustritt in den Rhein/Schweizerhalle (Sandoz/Novartis, heute Clariant).
- *8.3.1993 Chemieunfall*: durch Bedienungsfehler Chlorunfall bei Hoechst/Frankfurt a. M.
- *11.3.2011 Katastrophe nach Atomunfall*: Nach Tsunami in Fukushima/Daiichi Kernschmelze: Durch Unkenntnis der Bedienvorschriften, dass sich nämlich bei Stromausfall das Ventil zum Kondensator automatisch schließt, wurde die Notkühlung der Brennstäbe durch den Kondensator zunächst nicht durch manuelle Öffnung des Ventils eingeleitet. Als der Notstrom eine Zeitlang floss, wurde das Ventil zwar geöffnet, aber wegen einer Falschinterpretation, das bei hohem Dampfdruck radioaktiver Dampf austreten könnte bzw. der Kondensator der Belastung nicht standhalten würde, wieder geschlossen. Wertvolle Zeit, ca. 7 Stunden Kühlzeit wurden nach einer in 2012 durchgeführten Simulation nicht genutzt, so dass es zur Kernschmelze und Wasserstoffexplosion im Reaktorgebäude kam. Zusätzlich gab die Flüssigkeitsanzeige[258] falsche Informationen, da sie einen steigenden Kühlwasserspiegel angab, obwohl statt Wasser nur noch Dampf im Reaktorgefäß vorhanden war.

Einige Unternehmen haben wie Hoechst aus Krisenfällen gelernt und ein professionelles Managementteam aufgestellt, das Dritten in Sondersituationen zur Verfügung steht[259].

Auf der anderen Seite gibt es auch gute Beispiele für aktives Krisenmanagement, dass teure Reputationsschäden aufgrund von Unzulänglichkeiten in der Entwicklung

258 Dieses Thema sei lt. Steve Burns (Japan 2012), Sendung vom 7.3.2014 am ARTE 21:35: Fukushima, Chronik eines Desasters bis heute nicht gelöst. D.h., in einem Notfall erhält der Kontrollraum keine verlässlichen Daten über den Kühlmittelstand im Reaktorgefäß, ein Thema, das den Herstellern und Betreibern seit der Beinahe- Katastrophe von Three-Miles-Island in den USA bekannt ist.

259 Siehe www.industriepark-hoechst.com.

und/oder Produktion vermeidet und stattdessen den Absatz der eigenen Produkte ankurbelt.

Microsoft war sich jahrelang nicht zu schade, ß-Versionen als Vortest eines neuen Betriebssystems seinen externen Entwicklern zur Verfügung zu stellen, die dann unentdeckte Fehler (Bugs) entgeltlos meldeten, so dass Microsoft dann relativ schnelle neue Versionen und Updates dem Markt zur Verfügung stellen konnte. Durch die Automatik der kostenlosen Updates besitzen heute viele IT-Softwareentwickler die Möglichkeit, Kunden Patche unter dem Mantel der erhöhten Sicherheit gegen Viren auf ihren PC zu spielen, ohne dass er von der Sicherheitslücke tangiert wurde.

Einen ähnlichen Weg ist der Nischenanbieter für Autos, Tesla, nach einem Brandunfall bei Laden seiner Battereien gegangen. Nachdem das Problem analysiert und gelöst war, erhielten alle Tesla-Kunden ein automatisches Software-Update, das zusammen mit einem neuen Stecker das Problem löste. Da alle Tesla-Wagen mit einer Internetschnittstelle ausgestattet waren, war dies sehr schnell möglich. Der Absatz der Autos hat sich nach diesen Updates stark gesteigert[260].

Tesla ist ein Beipiel für die Vernetzung des Autos mit seiner Umwelt, das sicher bald Schule machen wird. Mit der Integration der vielen Steuerungskomponenten eines einzelnen Autos untereinander[261] und dann des Autos mit dem Internet wird hier der Weg der Zukunft aufgezeigt bzw. beschritten.

Bei Apple erhält man für ein altes iPod nano, das in einigen Fällen Problem mit der Batterie hatte, inzwischen ein nagelneues der siebten Generation, da für das alte keine Ersatzteile mehr verfügbar sind. Für den Kunden ist dies sicher ein gutes Geschäft, wahrscheinlich für Apple auch, da der Kulanzgedanke statt des Rückrufgedankens gegenwärtig bleiben wird.

Insgesamt bleibt der Kommunikationsteil des Kernprozesses Produktion ein sensibles Thema, das im Rahmen einer prophylaktischen Notfallplanung sorgfältig überlegt sein will. In größeren Unternehmen sollte dieses Thema von dem PR (Public Relations) – Bereich gesteuert werden, in kleineren und mittleren vom Vorstand/Geschäftsführung nach vorheriger Schulung durch professionelle Agenturen.

9.3.8 Monitoring

Monitoring umfasst alle vom operativen Bereich unabhängigen Querprüfungen in der Produktion, die Hinweise für eine Zielabweichung (Risiko) liefern können.

Im Bereich der Produktion bestehen sowohl ein internes wie auch ein externes Monitoring. Zum internen Teil können Mitarbeiter von TQM- und KVP-Teams u. ä. gezählt werden, die nicht gleichzeitig in der Produktion verantwortlich arbeiten. Organisations- und Prozessteams, die Zeitstudien und vorbereitende Arbeiten zur Datenerfassung vornehmen, gehören ebenfalls dazu. Last, but not least ist das Produktionscontrolling zu nennen, das die Effektivität des Produktionsprozesses im Hinblick

260 Siehe manager magazin vom 15.1.2014.
261 Gedacht ist hier an ABS (Anti-Blockier-System), ESP (elektronisches Stabilitätsprogramm), Abstandsregler, Tempomat etc. untereinander und später mit Systemen anderer Fahrzeuge.

auf die vereinbarte Zielerreichung und die Effizienz bzw. die Wirtschaftlichkeitsverbesserungen anstoßen soll.

Der Monitoringteil des Kernprozesses Produktion sollte also alle Informationen enthalten, die

- über Risiken informieren, die die Produktionsziele mit einer hohen Wahrscheinlichkeit gefährden könnten
  und
- nicht durch vorstrukurierte Problemlösungen via System (programmierte Kontrollen) oder ein Anweisungssystem der operativen Führungskräfte die Risiken beherrschen lässt.

Es geht letztlich um ein gestuftes Incident-Management, das mit dem gleichlautenden der IT-Produktion verwandt ist. Da in beiden Bereichen falsche oder zu späte Entscheidungen erheblichen Einfluss auf das Betriebsergebnis haben können, ist von dem Vorfall im Zweifel seitens der operativen Stelle eine höhere Management-Ebene in Kenntnis zu setzen.

Davon zu unterscheiden ist das Problem und Fault Management, das Störfelder der Effizienz umfassen sollte und nicht in Minuten oder Stunden, sondern in Tagen oder Wochen zu lösen ist. Es umfasst, z.B. in einem Betriebsbuch chronologisch verzeichnet, alle Produktionsstörungen, die durch mangelhafte Ressourcen, Maschinen- und Bedienfehler den Produktionsprozess oder Teile davon nachhaltig gestört haben.

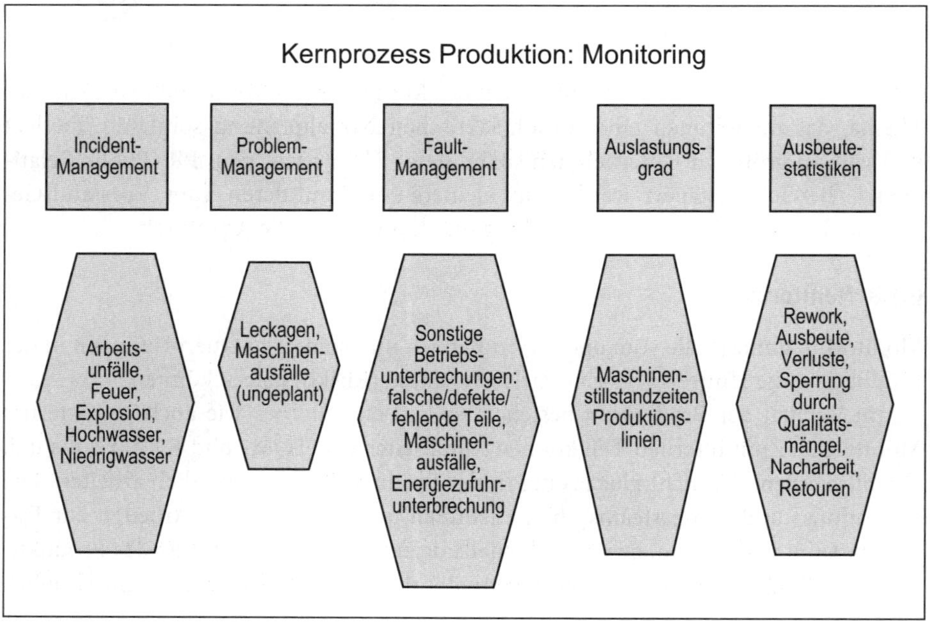

Abbildung 9-10: Monitoring in der Produktion

Notdürftige Adhoc Patches sind nach eingehender Fehlerdiagnostik in einen Termin- und Maßnahmenplan durch tragfähige Lösungen zu ersetzen, die durch die verantwortlichen Stellen, Lieferant der beanstandeten Maschinen, Lieferant der fehlerbehafteten Vorleistungen oder eigenem operativer Manager der einzelnen Werkstätten für bestimmte Anlagefehler umzusetzen sind

Abgerundet wird das Monitoring durch standardisierte Controlling-Maßnahmen von IST gegenüber Budget und Vorjahr, in Menge- und Wertkomponenten. Wichtig ist hier, dass die Monitoringmaßnahmen von einer von der Produktion unabhängigen Stelle durchgeführt werden sollte, im besten Falle von einer eigenen Internen Revision.

Für das externe Monitoring sind die Stellen zu nennen, die sich mit den Compliance/Ordnungsmäßigkeitsthemen und den Sicherheitsthemen beschäftigen wie Feuerwehr (Brandschutz und Arbeitsschutz), Berufsgenossenschaft (Arbeitsschutz), Sachversicherer zur Risikoklassifizierung und Festsetzung der Prämien, Zertifizierungsstellen wie TÜV oder Dekra (Anlagensicherheit und ISO-Zertifizierungen) sowie behördliche Stellen zu Themen des Umweltschutzes (Lärm, Emissionen).

9.4 Performance-Prüfungen in der Produktion

Mit keinem Prozess kann eine so nachhaltige Festigung des Markenkerns vonstatten gehen wie mit dem Produktionsprozess. Er entscheidet über die Preisuntergrenze, die Lieferfähigkeit der annoncierten Produkte, die Flexibität, um auf Nachfrageschwankungen zu reagieren und last, but not least über die Qualität bzw. das Qualitätsversprechen gegenüber dem Kunden.

Outsourcing-Fetischisten, die in Produkten simpel „Commodities", also an jedem Ort der Welt herstellbare Einheitsware, statt Conveniance Goods, sehen, haben m.E. das Thema nicht verstanden, das in einer einzigartigen Verknüpfung von Entwicklung/Innovation mit effizienter Produktion durch effektive Prozesstechnik und gut ausgebildeten Fachkräften liegt[262].

Die nachfolgenden Abschnitte wollen branchenübergreifend einige Prüfungsansätze andeuten, die für eine Produktionsprüfung unter Effizienzgesichtspunkten Sinn machen könnte.

Zurückgegriffen wurde auf das VW-Modell, das am Anfang der 1990er Jahre mit den ursprünglich aus der Elektrotechnik stammenden Begriffen

Wirkleistung, Scheinleistung, Blindleistung und Fehlleistung

einige tabuisierte Themen wie z. B. die Notwendigkeit großer Teilelager und einer Qualitätskontrolle nach der Produktion in Frage gestellt hat.

262 Inzwischen führt die dank günstiger, eigener Gasvorkommen wieder erstarkte Produktionskapazität in den USA zusammen mit dem Willen nach guter Qualität zur Frage, wie man das deutsche Ausbildungssystem nach USA transferieren kann, um unterhalb des Collegelevels gut bezahlte Jobs anzubieten und die Jugend von der Straße zu holen, siehe Handelsblatt vom 2.6.2012 mit den Beispielen von Stihl, Siemens und Bosch, http://www.handelsblatt.com/ unternehmen/management/strategie/us-arbeitsmarkt-deutsche-berufsausbildung-als-exportschlager/6476968.html, zuletzt aufgerufen am 15.12.2014.

Am Anfang soll die bekannte Darstellung der Prozessanalyse bei VW dienen, die unter KVP (Kontinuierlicher Verbesserungsprozess) Eingang in die Literatur gefunden hat und allgemein unter den Stichworten TQM (Total Quality Management) oder Six Sigma (mehr in den USA verbreitet, z.B. stark von GE initiiert), Kaizen (Japan) oder den Zertifizierungsprogrammen unter ISO-Norm allgemeine Verbreitung gefunden hat.

Auffällig ist nicht, dass bei dieser Analyse herauskam, Ausschuss durch geeignete prophylaktische Maßnahmen wie

- professionelles Lieferanten-Qualitäts-Management,
- Schulung der operativen Kräfte und
- Motivation der Arbeitsgruppen durch mehr Eigenverantwortung und größeren Entscheidungsspielräumen

zu eliminieren.

Auffällig waren und sind die Begrifflichkeiten Blind-, Schein- und Wirkleistung und der Blick auf den Kunden, der nur bereit ist, für Wirkleistung zu bezahlen. Amüsant ist auch zu sehen, wie Managementtätigkeiten der Planung und Kontrolle zu Scheinleistung degradiert werden, ein Ansatz, möglichst viel Verantwortung in die operative Einheiten zu verlagern, die die Wertschöpfung tatsächlich erbringen.

Thema	Symptom (Beispiele)	Abhilfe
Fehlleistung	Ausschuss	Durch Schulung und TQM-Projekte reduzieren
Blindleistung	Zwischenläger	Durch Prozessverbesserungen elimieren
Scheinleistung	Planungs-und Kontroll-themen	Auf ein Mindestmaß reduzieren, da der Kunde sie nicht wahrnimmt und deshalb auch nicht dafür bezahlen will.
Wirkleistung	Verkaufte Einheiten	Durch Prozessverbesserungen die Kosten senken und Preisspielräume erhöhen.

Abbildung 9-11: Modell der Wirkleistung und der drei „Nicht"-Leistungsarten

Im Einzelnen geht es immer um die Themen Qualität, Kosten und Termin, die kundenadäquat gemanagt sein wollen.

Eine Verallgemeinerung des Modells auf viele Branchen auch im Dienstleistungssektor ist in der nachfolgenden Grafik versucht worden. Ziel war, Anregungen für eine mögliche Prüfung zu geben und nicht, Unternehmen dafür zu kritisieren, dass ein bestimmtes Problem wie z.B. Wartezeiten, Zwischenläger oder Transportaufwand zurzeit nicht auflösbar ist. Die Automobolindustrie steht hier Pate in dem durchaus gelungenen Versuch, Läger und Zwischenläger zu reduzieren.

Mit dem Trend „3D-Drucker" wird in es nicht so ferner Zukunft Endkunden möglich sein, individuelle hochkomplexe Produkte zuhause selbst allein mit Kenntnis eines Bauplans selbst herzustellen. Nicht nur Läger, sondern ganze herkömmliche Fertigungsstrassen werden durch diese Entwicklung grundsätzlich in Frage gestellt.

Die nachfolgende Grafik versucht ein paar Ideen in dieser Richtung zu formulieren:

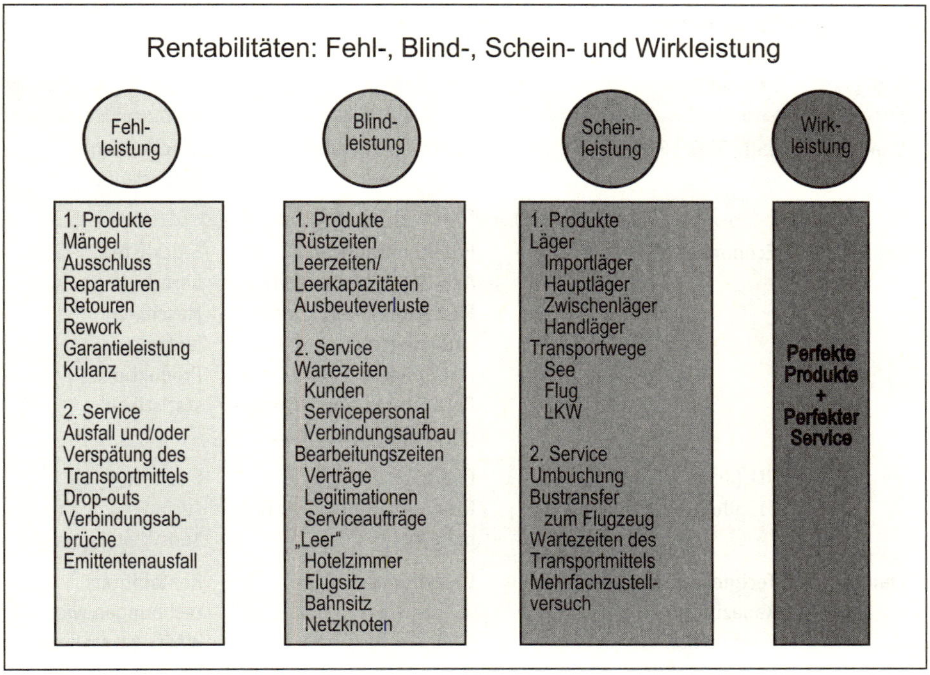

Abbildung 9-12: Fehl-, Blind-, Schein- und Wirkleistung nach Branchen

Zentrale Fragen sind in der Produktion die planerischen Überlegungen, die mit den Stichworten CAD (Computer Aided Design), CAM (Computer Aided Manufacturing) und CIM (Computer Integrated Manufacturing) Eingang in die Diskussion gefunden haben (CAE- oder C-Techniken).

Wie in den Supportprozessen IT (Kapitel10) und Bau (Kapitel 12) gezeigt werden wird, ist der gute planerische Entwurf maßgeblich für alle weiteren Investitionen und Kosten.

Die erwähnten Techniken versuchen im Versuchsstadium durch integrierte Simulationen erst gar keine Schein-, Blind- und Fehlleistungen entstehen zu lassen.

Inzwischen sind die Techniken weiter gereift, so dass über SCM Lieferanten in die Entwicklung integriert sind und via Internet auch der Datenaustausch inzwischen Extranet-mäßig (Verbindung von Unternehmens-Intranet und einem Dritten, z.B. Lieferanten-Intranet) oder via Großrechner oder auch mit Konverter mit jedem kommunikationstauglichen Computer mit EDI (United Nations Electronic Data Interchange For Administration, Commerce and Transport) organisiert werden kann.

Ein Beispiel für Lieferantenintegration mit Hilfe der IT ist SPICE, das im Abschnitt 10.2.7 etwas ausführlicher besprochen wird.

Ziel aller Techniken ist es, Kosten und Durchlaufzeiten zu senken und Qualitäten zu stabilisieren und damit Flexibilität zu erhöhen. Die nachfolgende Tabelle gibt einige Anregungen für OA-Prüfungen im Produktionsbereich:

Thema	Stichwort	Was zu prüfen?	Wie zu prüfen?
Qualität	ISO, TQM, EFQM, Six Sigma	Kontrollaktivitäten, Schulungen, Projekte	Stückkosten entwicklung
Kosten	Economies of scale	Erhaltungsaufwand, Ausschuss/Nacharbeit/ Rüstzeiten Produktions- verluste Material, Maschinenstillstand/ Reparaturen/Auslastungs- grad/Überkapazitäten	Stücklisten berechnung, Maschinen laufzeiten, Produktions statistiken
Termin	JIT (Just-In-Time), JIS (Just-In- Sequence)	Ereignisinventur und Risikobewertung, -maß- nahmen	Szenario- Techniken, Sensitivitätsanalyse
Planung	Technologiesprünge, Kapazitäten Ersatzbedarf CAD, CAM, CIM	Investitionen	Rentabilitäts rechnungen wie WACC, Kapitalwert, EBITDA-Multiples

Abbildung 9-13: OA-Themen in der Produktionsprüfung

Der Kernprozess schlechthin in den meisten Branchen ist der Produktionsprozess. Hier zeigt sich die Innovationskraft des Unternehmens, etwas herzustellen, was einzigartig ist, sowohl als Produkt als auch in der Kosteneffizienz der Herstellungsprozesse. Die Effizienz des Produktionsprozesse trägt wesentlich zur möglichen Preispolitik des Unternehmens bei, da sie die Preisuntergrenze definiert, bis zu der ein Unternehmen seine Preise senken kann, um seine variablen Kosten zu decken. Gleichzeitig werden durch die Produktionsprozesse die wesentlichen Kostenarten bestimmt und damit die Durchschnittskosten der Produkte, mit denen unter einem Vollkostenansatz Kostendeckung erreicht werden kann.

Effizienz und Effektivität bei der Gestaltung der Produktionsprozesse spielen also eine entscheidende Rolle. Anders ausgedrückt soll mit einem gegebenen Input ein maximaler Output oder ein gegebener Output mit minimalem Input erreicht werden. Praktisch spielt in mehr oder weniger gesättigten Märkten der zweite Aspekt, der der möglichst effizienten Verwendung der Inputfaktoren Personal, Rohmaterialien/Energie und Maschinen sowie Immobilien und produktionsbezogener IT die dominante Rolle.

Maximaler Output bei gegebenem Input ist begrenzt auf die starken Wachstumsmärkte.

Die nachfolgende Grafik verdeutlicht den Zusammenhang im Produktionsprozess zwischen Zielen, Verfahrens- und Entscheidungsregeln, den Rahmenbedingungen, den KPI's und dem Prozessergebnis mit Feedbackschleife:

Prozess Produktion: Prozessmerkmale

Element	Inhalt: Was?	Systematik: Wie
Ziel/Aufgabe	Kostengünstige Erfüllung des Produktionsplans	Umsetzung der Personaleinsatzplanung (Eigen-Fremd-Mix), Nutzung Reserven
Verfahrensregeln/ Entscheidungsregeln	Produktionsprogramm inkl. Rüstzeiten planen Prozesstakte festlegen für die (Fließ)-Bandsteuerung bzw. für den Batch-Betrieb Einstellung der Maschinen entsprechend der Nennbelasung	Maschinensteuerungstechniken CNC OPC UA Ethernet/Internet Maschine2Maschine-Kommunikation) ERP-Integration
Rahmenbedingungen	Effektive Maschinenzeit, effektive Lohnstunden	Wartungsberichte, Krankenstandsmeldungen, Incident- und Problem-Reports
Parameter/KPI	IST-Maschinenkapazität, IST-Auftragslage, IST-Produktionsbelegschaft	IST-Maschinenbelegung, IST-Personalstunden, IST-Auftragsdaten
Prozessergebnis	Produkte in Menge, Qualität und Kosten wie geplant	Täglicher od. schichtweiser Produktionsbericht
Feedback	Plan-Ist-Abweichungen	Vergleich Planung mit Ist

Abbildung 9-14: Prozessmerkmale im Prozess Produktion

In diesem Zusammenhang haben sich die vormals technischen Begriffe Blindleistung, Fehlleistung, Scheinleistung und Wirkleistung auch im kaufmännischen Sinne bewährt. Denn mit ihnen kann man differenziert und für alle Branchen gültig den Weg zum idealtypischen perfekten Produktionsprozess beschreiben (KVP).

TQM und Six Sigma können bei der Reduzierung von Blind- und Fehlleistung sehr hilfreich sein, das Thema Scheinleistung wird mit diesen Modellen meist nicht handhabbar.

So ist es durchaus bemerkenswert, in einem Hochregallager bei 1 Mio. Zugriffe nur 6 Fehldispositionen festzustellen. Ob das Lager überhaupt Sinn macht, wird mit Six Sigma nicht beantwortet.

Ebenso bewegen sich die Modelle einer Lageroptimierung, der optimalen Bestellgröße und die des eisernen Bestands, der nicht unterschritten werden darf, immer innerhalb der Struktur „Lager". Das Lager an sich wird nicht auf Sinnhaftigkeit hinterfragt.

In der Automobolindustrie hat diese neue Betrachtungsweise mit Just-in-Time und Just-in-Sequence zu großen Kapitalfreisetzungen und Innovationsschüben geführt.

Durch die Digitalsierung führen viele Vorgänge wie das Drucken von Papier (Verwaltungsvorgänge, Tickets, Bücher, Zeitungen, Zeitschriften, Briefe), das Erstellen von Folien für Präsentationen, die Herstellung von CD und DVD, um nur einige zu nennen, zukünftig in die Scheinleistung. Neue Geschäftsmodelle, die nicht das enge alte Produkt, sondern die möglichst einfache Nutzung des Produkts im Blick haben, werden auf Dauer die „alten Produkte" verdrängen. Sie werden Kostenvorteile aufweisen und dadurch die alten Geschäftsmodelle ersetzen.

9.4.1 Fehlleistung

Innerhalb der Produktionsprüfung ist heute auch immer noch die Prüfung auf Reduzierung von Fehlleistungen ein lohnenswertes Betätigungsfeld für die IR. Wie bei allen modern aufgestellten Revisionsansätzen geht es nicht um das Fehlerfinden, schlimm genug, wenn erst die IR die Fehler findet und nicht das Management, sondern um das Design und die Wahrnehmung der Kontrolle innerhalb der Managementsysteme und um die Risikofrühwarnsysteme.

Fehlleistungen betreffen das gesamte Spektrum von Ausschuss, Retouren, Reklamationen, Schadensersatzprozessen, Qualitätsmängeln in Produkten und Dienstleistungen, die vermeidbar die Kosten des Unternehmens in die Höhe treiben.

Gleichzeitig sind Produktivitätsverbesserungen in diesem Bereich gleichzeitig Chancen für eine Vergrößerung des Preisspielraums in gesättigten Märkten, in denen der Kampf um die Preisuntergrenze tobt.

Schon mehr als 20 Jahre gilt die Devise, dass mangelhafte Qualität nicht in das Produkt „hineingeprüft" werden kann, sondern durch adäquate Prozesse vorher erstellt werden muss (Qualitätsprophylaxe). TQM, KQM, ISO 9001:2008, Six Sigma, EFQM und einige Rahmenwerke knüpfen an das Qualitätsthema grundsätzlich an.

Systematische Analyse einzelner nachstehend aufgeführter Punkte mit Hilfe der IR können signifikante Verbesserungen in die Wege leiten und eine schöne Liste quantitativ rechenbarer Maßnahmen ermöglichen, die Kostendämpfungsüberlegungen in der IR etwas mehr in den Hintergrund treten lassen würden.

Voraussetzung hierfür ist jedoch ein professioneller Umgang mit dem Thema, am besten unter Einbeziehung eines (Wirtschafts)-Ingenieurs im Prüfungsteam und eine Offenheit gegenüber dem Geprüften mit Hilfe einer an einer besseren Zukunft ausgerichteten Prüfungs-Zielsetzung, die durch einen gut vorbereitete Workshop mit Betriebsbesichtigungen die Problemlage der Produktion deutlich vor Augen führt.

Die nachfolgende Beispielliste ist weder vollständig noch nach Wichtigkeit priorisiert. Sie gibt ein kleines, branchenübergreifendes Kaleidoskop von tatsächlichen Praxisfällen wieder, deren Vermeidung immer zu sehr hohen Wirtschaftlichkeitsverbesserungen geführt hat.

Branche	Beispiele für Fehlleistungen
Dienstleistung	
Energie	Stromausfall, Mangelnde Netzvermaschung = Einwegeführung
Handel	Nichtlieferungen, Falschlieferung, Qualitätsmängel
Banken	Totalverlust von Spargeldern, Mangelnde Risikovorsorge, fehlleitende Risikomodelle (Normalverteilung als Standardmodell der VaR)
Versicherungen	Fehlender Schutz trotz Versicherung (Unterversicherung), Mangelnde Rückversicherung bei Großschäden
Krankenhäuser	Kunstfehler bei Operationen, Abweisung von schwerkranken Patienten, Infektionen durch mangelhafte Hygiene
Touristik	Überbuchungen, Ausfall von Verbindungen, Verspätungen
Recycling	Verbrennen von Batterien, Entsorgen statt Recycling
Industrie	
Chemie	Umweltverseuchung durch Emission toxischer Stoffe, Vermischung von planzlichen und tierischen Ölen, (toxische) Rückstände in Produkten
Pharma	Anstieg von Todesfällen nach Medikamenteneinnahme, vermeidbare Nebenwirkungen durch nachlässige Anamnese
Auto	Rückrufaktionen, Montagsauto, vermeidbare Werkstattaufenthalte wegen des Austausches defekter Teile
Maschinen, Anlagen- und Werkzeugbau	Funktionsstörungen, vorzeitige Reparaturen
Bau	Baumängel, Mengendifferenzen
Lebensmittel	Deklarationsfehler zwischen Packung und Inhalt, abgelaufenes Haltbarkeitsdatum, Ungenießbarkeit des Inhalts, falsche oder fehlerhafte Etiketten
ITK	ß-Versionen von neuen Betriebssystemen/Updates, Gesprächsabbrüche, Drop-outs, Sendungsunterbrechungen, Systemabstürze, Deadlocks, Datenverlust

Abbildung 9-15: Beispiele für Fehlleistungen

9.4.2 Blindleistung

Von Fehlleistungen zu unterscheiden sind Blindleistungen, die kaum direkt in Ergebnisrechnungen auftauchen, deren Beseitigung aber einem Unternehmen den Weg zu Best in Breed/Class oder schlicht Excellence verhelfen kann. Voraussetzung ist, dass es ihm gegenüber einem Wettbewerber gelingt, seine Kunden vor Blindleistungen zu bewahren.

Die Lösung dieser Themen ist nie trivial, sonst hätte sie der Wettbewerb schon irgendwo auf der Welt in den Griff bekommen. Die Lösung bedarf der Kooperation vieler unterschiedlicher Experten aus allen Bereichen des Unternehmens.

Warten als eine der häufigsten Blindleistungen ist nach Ansicht der meisten Menschen eine der sinnlosesten Tätigkeiten[263].

Trotzdem gelingt es vielen staatlichen Stellen selten,

- Baustellen einzurichten und den Verkehr so zu steuern, dass Staus möglichst vermieden werden (z. B. mit integrierter Meß -via Induktionsschleifen in Fahrbahnen- und Regeltechnik -via Navigationsgeräten in den Fahrzeugen, die das Verkehrsaufkommen adäquater verteilt),
- Die Abgabe der Einkommensteuererklärungen so zu steuern, dass nicht Monate, sondern höchsten Wochen zwischen Bescheid und Einreichungsdatum verstreichen (z. B. mit moderneren Verfahren als dem Windhundverfahren wie z. B. einer Steuerung nach Steuernummer, Namen oder frei vergebenen Nummern oder komplette Automatisierung bei unkritischen Erklärungen),
- Gerichtsverfahren z. B. im Jugendstrafrecht so eng an den Tathergang zu verknüpfen, dass Straftat und Strafe zeitlich eng mit einander verknüpft sind (z. B. durch Sonderkommissionen, die besonders schwierige Verfahren mit langer Verfahrensdauer behandeln).

Auch in der sog. freien Wirtschaft gelingt die Vermeidung von Warteschlangen nicht immer, z. B.

- die Fluggastabwicklung beim Abflug nicht nur kosten- und sicherheitsorientiert sondern auch zeiteffizient ablaufen zu lassen durch z. B. modifizierte, sitzplatzorientierte Einstiegsrhythmen und Bonussysteme für adäquates Kundenverhalten,
- durch moderne Signalisierungstechnik Verspätungen bei einzelnen Zugverbindungen nicht auf unbeteiligte andere Verbindungen „ausstrahlen" zu lassen, sondern mit Mut zur Lücke wenige belasten und viele entlasten[264],
- im Handel durch kundenorientierte Nutzung von Big Data die Wartezeiten bei Online-Bestellungen durch verbesserte Prognosemodelle zu verkürzen,
- durch automatisierte Verfahren die Auszahlungen bei Versicherungsverträgen bei unkritischen Fällen (unterstützt durch Scoring- und Simulationsmodelle) stark zu beschleunigen.

---

263 Siehe hierzu auch das berümte Theaterstück von Samuel Beckett „Warten auf Godot".

264 Tatsächlich scheinen auch unterlassene Reparaturen am Gleiskörper ursächlich dafür zu sein, dass sich die Geschwindigkeit einzelner Züge verringert (Interne Bahnvorgaben). Wenn dies nicht in den Fahrplan berücksichtigt wird, ergeben sich Verspätungen, die sich auf andere Zugverbindungen niederschlagen können, wenn keine Ersatzführungen (zweites Gleis/Redundanz) beplanbar sind.

Die vorhergehenden Aufzählungen sind nur beispielhaft zu interpretieren, welche Chancen weiter für Prozessverbesserungen bestehen, wenn man sich aus der SILO-Denke[265] eines Auftragnehmers/Lieferanten/Dienstleistungsbereitsteller in die integrative Denke eines Gesamtprozessverantwortlichen, d.h. inkl. Kunden/Bürger/Leistungsempfänger als eigentlichem Auftraggeber, weiter entwickelt.

Im Versandhandel war es nur durch eine integrative Prozessdenke in den 1980er Jahren bei der Otto Group möglich, lieferbare Artikel mit einem 48-Stunden-Versprechen zu verkaufen. In die Betrachtung kamen damals fast alle operativen Prozesse vom Marketing, Vertrieb, dem Einkauf, der IT und als Wichtigstem der Logistik. Die noch heute in manchen Unternehmen gepflegte Silo-Denke hätte das Projekt zum Scheitern gebracht, da alle Bereiche damals Zusatzkosten verkraften mussten, um überhaupt das Angebot eines 48-Stunden-Services glaubhaft Millionen Kunden anbieten zu können. So musste eine Lieferkette komplett neu programmiert werden, eine Sonderlogistik (Express) eingerichtet werden und Lieferanten verpflichtet werden, ihre Artikel schneller als bis davor in die Zentrallager zu bringen. Heute ist dieses Angebot auf 24 Stunden verkürzbar geworden und fast zum Marktstandard geworden. Die Wartezeit des Kunden wurde signifikant verkürzt und betriebswirtschaftlich gerechnet hat es sich zudem. Inzwischen ist es fast zum Branchenstandard geworden.

Nervig können nach einem Kontinentalflug lange Wartezeiten am Mietwagenstand sein. Bei Alamo in Los Angeles hat der Autor 1999 innerhalb von 5 Minuten seine Wagenschlüssel, der Hinweis, wo sein Fahrzeug stand, nämlich direkt neben dem Firmenbüro und zusätzlich eine Routenplanung zum gebuchten Hotel erhalten. Lt. Erfahrungsberichten von 2014 hat Alamo seinen Service weiter gut im Griff.

Branche	Beispiele für Blindleistungen
Dienstleistung	
Energie	„Schlechter" Wirkungsgrad[266], Leitungsverluste, Stillstand der Windräder, Biogasanlagen bei Sturm wegen Kapazitätsbegrenzung der Leitungen
Handel	Wartezeiten Kunden, Personal, lange Bearbeitungszeiten für Retouren, Reklamationen, Storno, Umtausch und Sonderbestellungen, Nachlieferungen
Banken	Wartezeiten Kunden, Personal, lange Bearbeitungszeiten für Kreditanträge

265 Mit Silo sind ursprünglich die Getreidesilos gemeint, in die von oben das Getreide hineingeschüttet wird und unten wiederum nur Getreide herauskommt, ohne Verbindung zu anderen Produktions-Prozessen. Im metaphorischen Kontext ist dann Silo synonym für eindimensionales Denken und Handeln, nur für den eigenen Funktions-, Geschäfts-, Prozess- oder Projektbereich.

266 Technologisch gesehen sind alle Wirkungsgrade unter 100 % „schlecht, tatsächlich lassen sich mit Kraft-Wärme-Kopplung (KWK) Wirkungsgrade um die 50–85 % erzielen, herkömmliche Kraftwerke schaffen nur knapp 30 %. Allein die Bandbreite zeigt die enormen technologischen Möglichkeiten von Effizenzgewinnen bei der Energiegewinnung auf.

Branche	Beispiele für Blindleistungen
Versicherungen	Wartezeiten Kunden, Personal, lange Bearbeitungszeiten für Versicherungsleistungen
Krankenhäuser	Wartezeiten Kunden, Personal, überflüssige Operationen, Unterbelegung
Touristk	Wartezeiten Kunden, Personal, Leerplätze im Flugzeug und Hotel, „Ehren"-runden über dem Landeplatz
Recycling	Doppelte Trennung von Müll bei Kunden und in der Sortieranlagen
Industrie	
Chemie	Ausbeuteverluste in Raffinerien, Abfackeln von „überschüssigen" Gas, fehlende Wärmerückgewinnung, Verlust von Katalysatoren, Leerlauf von Anlagen ohne Produktion wg. techn.Restriktionen
Pharma	Wirkungsgrad unterhalb eines Placebos
Auto	Rollwiderstand, schlechter cw-Wert, fehlende Schubabschaltung, Start-Stop-Automatik, hohes Gewicht, „schlechter" Wirkungsgrad des Motors
Maschinen-, Anlagen- und Werkzeugbau	Mangelnde Termintreue, mehrfache Anlauftests neuer Maschinen
Bau	Mengendifferenzen, Terminüberschreitungen
Lebensmittel	Verdunsten von Alkohol und leicht flüchtigen Produktbestandteilen, Sperrung ganzer Produktionschargen wegen Dosierungsfehlern, Rework wegen fehlender Verpackung oder fehlerhaft programmierter Verpackungsmaschine
ITK	Langsame Startprozedur beim Hochfahren von PC und Mobiles, Schleppender Verbindungsaufbau bei Telefon und Internet

Abbildung 9-16: Beispiele für Blindleistungen nach Branchen

9.4.3 Scheinleistung

Scheinleistungen sind nicht einfach von der Wirkleistung zu trennen, da ihre Beseitigung als Teil der Wirkleistung meist einen großen technologischen und/oder strategischen Sprung bedeutet. Der Maßstab für die Beurteilung, ob eine Produktions- oder Dienstleistungs-Erstellungsleistung noch Scheinleistungs-Bestandteile enthält, ist das theoretische Optimum.

Ziel einer Produktion in den fertigungstechnischen Branchen ist nicht die Lagerung von Werkstücken, Halbfabrikaten oder Fertigteilen, sondern die Erfüllung des Kundenauftrags in verabredeter Qualität zum vereinbarten Termin.

Läger sind also Ausdruck einer suboptimalen Verzahnung von Absatz- und Produktionsleistung. Zwar führen Bandstillstände und tageweise Kurzarbeit zu höheren Kosten als zeitweise Zwischen-Lagerung der Produkte, das heißt aber auf der anderen Seite nicht, dass die Lagerkosten gänzlich unvermeidbar wären.

In der Automobilindustrie ist dieses „tote Kapital“ mit Just-in-Time und Just-In-Sequence zum „Leben erweckt“ worden. Die technologische Errungenschaft war die enge Verzahnung von Lieferantenauftrag und (internem) Produktionsauftrag über SPICE. Die Erfindung eines modularen Quer- und Längsbaukastens ermöglicht eine starke Reduzierung der über 10.000 unterschiedlichen Teile je KFZ innerhalb vordefinierter Produktfamilien. Weiterhin wird die Entwicklung neuer Modelle beschleunigt, da auf fertige Teile im Bereich des KFZ, der nicht für Kunden direkt sichtbar ist, zurückgegriffen werden kann.

Mag dieses Thema, Verzicht auf Zwischenläger, auch vordergründig nur für individualisierte Produkte gelten, so zeigen sich schon heute diese Tendenzen auch im Handelsbereich, in dem Vorratsreduktion mit Steigerung der Lieferfähigkeit verbunden wird.

Standardproblem ist im Handel die unsichere Absatzprognose, so dass häufig gewünschte Artikel nicht mehr vorhanden sind (Präsenzlücken), während vorhandene Artikel kaum nachgefragt werden (Abschriftenrisiko).

Amazon soll zukünftig mit Hilfe bestimmter Algorithmen, basierend auf dem Kaufverhalten seiner Kunden planen, für bestimmte Produkte (z. B. Buchneuerscheinungen) Pakete an bestimmte Kunden schon vor der Bestellung loszusenden. Falls der Kunde dann tatsächlich bestellt, ist das Paket sehr schnell da, falls nicht, erhält es ein anderer Kunde, der im Auslieferungsbezirk die Bestellung aufgegeben hat und wenn dies auch nicht zutrifft, erhält es der Kunde quasi als Gratislieferung/Goodwill kostenlos[267]. Falls Amazon dies mit Erfolg umsetzen würde, käme das einer kleinen Revolution im Handel gleich, Lieferung auf Verdacht. Nach unserer Definiton würde dieser antizipatorische Versand die Scheinleistung mit einer Wartezeit nahe 0 komplett eliminieren.

Ein großes Thema in allen Industrien und Branchen ist das CO_2-Thema bei der Stromerzeugung und beim Strom- und Energieverbrauch. Während der Wirkungsgrad mit Kraft-Wärme-Kopplung (KWK) auf bis zu 85 % Ausnutzung der Primärenergie gesteigert werden kann[268], liegen die Wirkungsgrade in anderen Branchen weit darunter.

Hauptproblem ist die bei der Energieerzeugung entstehende, manchmal ungenutzte Abwärme.

Das Fraunhoferinstitut geht in seiner gemeinschaftlichen Untersuchung mit anderen Instituten auf Basis der Daten von 2007 von ca. 18 % ungenutzter Endenergie[269], nach Meinung des Autors auch ein Rieseneinsparpotenzial für eine in der Produktion prüfend tätige IR.

---

267 Zum antizipatorischen Versand von Amazon siehe http://www.zdnet.de/88181594/amazon-patent-sieht-paketversand-noch-bestellung/,zuletzt aufgerufen am 15.12.2014, US-Patent mit der Nummer 8.615.473.

268 Siehe die kombinierte Gas- und Dampfturbine von Siemens zusammen mit KWK bei http://www.lokalkompass.de/duesseldorf/kultur/rekord-turbine-fuer-kraftwerk-lausward-d403730.html

269 Die Nutzung industrieller Abwärme, Heidelberg/Karlsruhe 13.7.2010.

Nichtangeschlossene Windkraftanlagen, abzuschaltende Faulgasanlagen zur Stromerzeugung und z.T. negative Preise für Solarstrom an der Leipziger Energie-Börse zeigen hier noch einen gewaltigen Handlungsbedarf im Energiebereich auf, bis wenigstens ein Teil der Scheinleistung reduziert sein wird.

In allen Dienstleistungsbranchen ist ebenfalls großer Spielraum zwischen bereitgestellter und abgenommener Kapazität wahrnehmbar, z.B. in der Logistik

- bei leeren Flugsitzen in der Luftfahrt
- Unterbelegung der Hotelbetten,
- Leerfahrten von LKW,
- Nicht volle Beladung von Schiffen etc.

Zusammenschlüsse unter dem Stichwort Star Alliance[270] in der Luftfahrt, möglichst mit Fluglinien aus unterschiedlichen Kontinenten, ebenso in der Abfertigungsspedition bei LKW-Transport oder Schiffen versuchen die Scheinleistung „Minderauslastung" zu reduzieren. Es sind auch hier die eher schwierigen Konzepte von Kooperationen mit Aufgabe des Alleinvertretungsanspruchs, die hier zu neuen Lösungen führen.

Die nachstehende Tabelle gibt einige Ideen für unterschiedliche Branchen, ohne Anspruch auf Vollständigkeit, auch ohne den Anspruch, jeweils die Hauptthemen getroffen zu haben. Sie sollte IR-Mitarbeiter für ihr eigenes Unternehmen dazu bringen, über den Status Quo als unabänderlichen nachzudenken, dann hätte sie und die vorherigen Tabellen zu Fehl- und Blindleistung ihren Zweck erfüllt.

Branche	Beispiele für Scheinleistungen
Dienstleistung	
Energie	Zwischenspeicherung mit Speicherverlusten, Abwärme von Transformatoren und Elektromotoren, Betrieb von Windkraftwerken ohne Netzanschluss, Erzeugung von Solar- und Windenergie ohne Abnehmer
Handel	Handläger, Zwischenläger, Wartezeiten des Verkaufspersonals auf Kunden
Banken	Formale Beratungsprotokolle ohne Vermögensmehrung des Kunden
Versicherungen	Kündigung eines Altvertrags und gleichzeitiger Abschluss eines Neuvertrags zum gleichen Thema
Krankenhäuser	Umbettung, Verlegung, Entlassung und Wiedereinlieferung
Touristik	Bustransfer zum Flugzeug, Umbuchung
Recycling	Steigerung des Abfallvolumens pro Stück verkaufter Einheiten und gleichzeitige Steigerung der Recyclingquote

270 Deutsche Lufthansa war hier federführend.

Branche	Beispiele für Scheinleistungen
Industrie	
Chemie	Zwischenläger statt Weiterverarbeitung
Pharma	
Auto	
Maschinen, Anlagen- und Werkzeugbau	
Bau	
Lebensmittel	
ITK	Mehrfaches Re-Routing

Abbildung 9-17: Beispiele für Scheinleistungen in Branchen

9.4.4 Wirkleistung

Zum Abschluss der Wirtschaftlichkeitsüberlegungen in der Produktion soll noch einmal das viel zitierte und in 1990er Jahren bahnbrechende Produktionsmodell von Toyota skizziert werden.

Ausgangspunkt ist die Aufgabe des Push- zugunsten des Pull-Prinzips in der Produktion, d.h. der folgende Fertigungsschritt bestimmt den vorherigen (Kanban). Dies ist übrigens ein Prinzip, das im Zeitalter der Maschine-2-Maschine-Kommunikation an Bedeutung zunehmen wird. Maschinen werden exakt bestimmen, wann sie mit dem Bearbeitungsschritt fertig sind, wann sie neue Werkstücke benötigen und dies dann an andere vorgelagerte Maschinen weitermelden (Kanban).

Sieht man die enorme Kraft der Standardisierung in ITK wie die Betriebssysteme Android, Windows, iOS bzw. das TCP/IP-Protokoll im Internet oder zusätzlich EDI in den Industrien, so vermag man abzuschätzen, welches Rationalisierungspotenzial in anderen Branchen noch zu heben ist (Kaizen).

TQM, Six Sigma, EFQM und ISO 9001f:2008 verfolgen ein Ziel, die messbare Steigerung der Qualität durch Einbeziehung der betroffenen Mitarbeiter. Auch hier stecken noch enorme Potenziale, in dem am Maschinentakt orientierte Fabrikarbeiter den erwachsenen Menschen zu entdecken, der lernt und sich aus freien Stücken (intrinsische Motivation) weiterbildet und verbessert. Die Aufgabe für das Management besteht hier, zuzuhören, Freiräume zu geben und fehlertolerant (für das erste Mal) zu werden (Poka Yoke und 5x fragen, *Warum*, um zum Kern des Problems zu stoßen).

Ohne Training gibt es keine Qualität, im Fußball nicht und im Industriebetrieb auch nicht. Auch langgediente Mitarbeiter sollten sich jedes Jahr weiterbilden dürfen. Selbstverständlich sollte es sein, alle in neuen Verfahren und Techniken vor dem Einsatz zu schulen, allein, um negative Feedback-Schleifen (Ich verstehe es nicht, ich kann es nicht, das funktioniert nicht) zu vermeiden, die im Minimum große Zeitverzögerung kosten und im schlimmsten Fall die Rationalisierungsversprechen des neuen Verfahrens obsolet werden lassen.

Fokussierung (Aufräumen, nur das am Arbeitsplatz, was man braucht), Systematik und KVP runden den Regelkreis einer sich selbst verbessernden Fertigung ab.

Die nachstehende Abbildung fasst das Gesagte optisch zusammen:

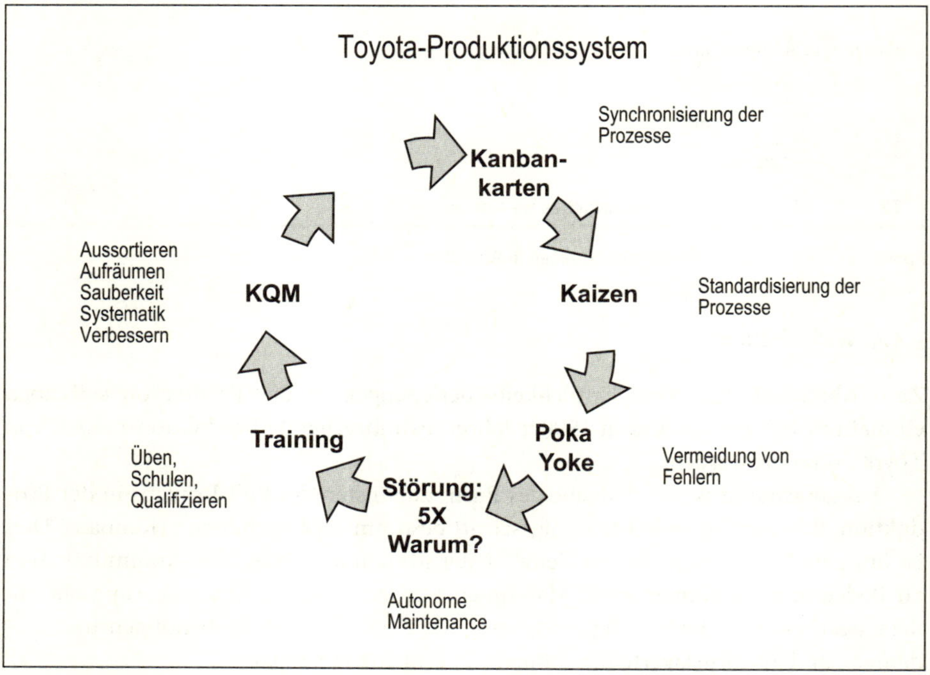

Abbildung 9-18: KVP am Beispiel Toyota

9.5 Kernthesen

Planen und Betreiben der Produktionsinfrastruktur sind zwar technische Prozesse, dienen aber nur dem Zweck, Kundenwünsche auf unternehmensindividuelle, aber gleichzeitig möglichst kostengünstige Weise zu erfüllen. Da in diesen Prozessen sehr viel Geld eines Unternehmens gebunden sein kann, wurden die einzelnen Komponenten wie Standortwahl, Personalbedarf, Betriebsmittelbedarf und Investitionen diskutiert.

Den unterschiedlichen Branchen der Verfahrens- und Fertigungstechnik wurde versucht, im Abschnitt Rohware und Werkstücke, gerecht zu werden.

Die Sonderthemen Beschaffung von Rohware auf den Weltmärkten (Rollover-Kontrakte, Futures, Devisen) wurde hier wegen der Nähe zum Produktionsprozess und nicht bei den Supportprozessen Einkauf behandelt.

Dem Thema Energie wurde aus aktuellem Anlass ebenfalls ein eigener Abschnitt gewidmet.

Die Zweckmäßigkeit der Managemententscheidungen in diesem Prozess wurde anhand von COSO ERM abgehandelt. Besonderes Augenmerk wurde auf die Aspekte Reputationsrisiken, Force Majeure Risiken und entsprechende Maßnahmenpakete gelegt. Verschiedene Methoden wie die Sensitivitätsanalyse, die Szenariotechnik, Lessons Learnt-Dokumentation, Stresstesting und Benchmarking wurden exemplarisch am Beispiel der Produktion abgehandelt. Ihre Anwendung kann in anderen Prozessen genauso sinnvoll sein wie die BSC und die SWOT-Analyse in der Produktion. Den Kontrollarten und -prozessen wurde breiter Raum gewidmet, um zu zeigen, dass es auch für Kaufleute sinnvoll sein kann, sich mit Produktionsthemen zu beschäftigen, und zu zeigen, dass die COSO-Ansätze sich ganz praktisch umsetzen lassen.

Wirtschaftlichen Themen des Produktionsprozesses wurde versucht, branchenübergreifend anhand des ursprünglich aus der Elektrotechnik stammenden Modells von Wirk-, Schein, Blind- und Fehlleistung nahe zu kommen. Der Autor sieht in diesem Modell gute Möglichkeiten, den KVP in einem Unternehmen seitens der IR wirksam zu begleiten und auch „Heilige Kühe" auf den Prüfstand zu stellen

Nach ersten Erfolgen der CAE-Techniken in Produktion und Entwicklung gehen Unternehmen heute immer dazu über, die IT-Systeme zu vernetzen, um Reaktionszeiten zu verkürzen und Rationalisierungseffekte, gleicher Output mit weniger Ressourceneinsatz, zu erzielen. Die Implikation auf Maschine2Maschine, Internet der Dinge oder Industrie 4.0 wurde angerissen. Mangels etablierter Standards und Plattformen wird es nur noch wenige Jahre dauern, bis sich auch dort die Vernetzung zum Nutzen der Effizienz des Mitteleinsatzes durchgesetzt haben wird.

10 Operative Supportprozesse 1: IT-Prozesse und IT-Revision

Die Informationsverarbeitung bzw. die Informationstechnologie (IT) ist für den Revisor in allen Prozessprüfungen eine besondere Herausforderung.

Die Standards des IIA verlangen vom Revisor bzw. IT-Revisor besondere Kenntnisse, um die Prüfungen mit der nötigen Sachkompetenz und Professionalität durchführen zu können[271].

Zusätzlich wird von ihm verlangt, dass er sich sehr schnell in die speziellen IT-Probleme des Unternehmens-Prozesses hineindenken kann. Im besten Fall wird er dann sowohl von den Prozessverantwortlichen als auch von den IT-Verantwortlichen als Mediator angesehen. Prozessverantwortliche sehen sich von den IT-Experten manchmal nicht richtig ernst genommen, wenn es um die Zukunftsfähigkeit ihrer Prozesse im Hinblick auf die Unternehmensstrategie geht.

Das Unternehmen hatte in der Vergangenheit zwischen Geschäftskunden und Privatkunden unterschieden. Das hatte zur Folge, dass sich die Datenbank-Systeme mit ihren Definitionen in den letzten Jahren stark auseinanderentwickelt hatten. Nach einer unternehmensinternen Reorganisation sollen nun SME (Small & and Medium Enterprises) von einer einheitlichen Vertriebsorganisation angesprochen werden. Der Vertrieb betreute diese Kunden schon als Privatkunden, erhält nun bei denselben Adressen noch die Geschäftskomponenten hinzu.

Problem ist nun die fehlende Datenkonsistenz, die mühsame Informationsbeschaffung aus zwei Systemen, um mit einem Kunden sowohl seine privaten als auch seine geschäftlichen Bedürfnisse anzusprechen.

In einer Übergangsphase hat der Vertrieb sich selbst beholfen und mit Excel-Tabellen eine eigene „Datenbank" aufgebaut. Ein Vorteil dieser Datenbank ist die Schnelligkeit der Informationsbeschaffung durch den Vertriebsmitarbeiter, Nachteil ist jedoch die fehlende Verzahnung mit den operativen Systemen, so dass der Datenstand meist nicht aktuell gehalten werden kann. Weiterer Nachteil ist bei .excel die mangelnde Zugriffskontrolle.

Tatsächlich ergeben sich viele Kundenreklamationen genau daraus, dass bestimmte Aufträge, die die Freigabe des Vertriebs erfordern, nicht verarbeitet werden können. Der Vertrieb hat sich nur mit seinen Altsystemen und dem „Flickwerk" Excel beschäftigt, nicht jedoch mit dem alten Geschäftskundensystem.

Aufgrund der auftretenden Ineffizienzen verlangt nun der Vorstand von der IT eine Vereinheitlichung der Datenbankstruktur.

271 IIA-Standards 1200, 1210, insbesondere 1210.A3, bei denen unterschieden zwischen IT-Revisor und Revisor wird. Vom Revisor wird verlangt, dass er genügend Wissen um die spezifischen Risiken und Controls besitzt und mit IT-gestützten Techniken (CAAT: Computer Aided Audit Techniques) umgehen kann. Der neue Leitfaden des DIIR enthält das Kompetenzthema leider nur indirekt in den Fragen 10,12, und 13, in der u. a. etwas vage von angemessener qualitativer Ausstattung der Revision gesprochen wird.

Die IT bietet einen Match[272] der beiden Kundendatenbanken an. Der Match führt zu vielen Adressdubletten (gewünschtes Ergebnis), aber leider auch zu Doppelerfassungen ein und desselben Kunden (unerwünschtes Ergebnis). Die Bereinigung dieser Datenmigration kann nun Wochen und Monate dauern, verbunden mit gegenseitigen Schuldzuweisungen von IT und Vertrieb.

An dem geschilderten Beispiel werden ein Reihe von Problemen deutlich:

1. Die Entscheidung über die Strukturierung einer oder mehrerer Kundendatenbanken ist eine strategische Entscheidung für mehrere Jahre und ist ein Topmanagement-Thema, das nicht delegierbar ist.
2. Eine Änderung der Geschäftsbereichsverantwortung kann relativ schnell getroffen werden, wenn dem Vorstand eine einheitliche strategische Ausrichtung gelungen ist. Dennoch sind die Konsequenzen und vorübergehende Ineffizienzen nicht zu unterschätzen, die aus einer zersplitterten System- und Datenlandschaft bestehen.
3. Selbst, wenn es gelingt, eine Prozessverantwortung zu definieren, im oberen Beispiel Vertrieb, heißt das noch lange nicht, dass dieser Prozess auch funktioniert.
4. Die Beschränkung der IT auf reine Dienstleisterfunktion der Wünsche der Prozessverantwortlichen hat zu den zwei Kundenwelten geführt, die nur sehr schwer und unter Inkaufnahme großer Ineffizienzen wieder zusammengeführt werden können. Dem IT-Verantwortlichen kommt eine große Verantwortung zu, die Konsequenzen von Managemententscheidungen an der konkreten IT-Landschaft zu spiegeln. Das birgt jedoch die Gefahr, als „Verhinderer und ewig Gestriger" apostrophiert zu werden, wenn keine Lösungen angeboten werden, sondern nur ein „Nein" die Antwort ist.
5. Eine kompetente IR kann segensreich wirken, wenn sie sich schon im Vorwege bei strategischen Entscheidungen einbinden lässt, oder nur"nerven", wenn sie später immer wieder in ihren Berichten auf die Unvollkommenheiten der IT- und Datenlandschaft verweist.

In diesem Kapitel werden wir uns diesen und weiteren anderen Themen der Prüfung von IT schrittweise nähern. Von der Grundlagen der ITK (Information Technology & Telekommunications), den Rahmenwerken, die in der ITK gebräuchlich sind bis hin zu Ordnungsmäßigkeit, Sicherheit und Wirtschaftlichkeit der ITK wird uns der Weg führen.

IT-Spezialisten seien auf die einschlägige Literatur verwiesen bzw. auf einen möglichen Revisionsband IT-Revision, der die Themen dann noch technischer und detaillierter untersuchen und darstellen wird.

10.1 Grundlagen der IT

Fast jeder benutzt heute selbstverständlich einen PC (Personal Computer) oder Laptop bzw. oder für unterwegs ein Smartphone. Mit diesen Geräten (Hardware) surfen

272 Match bedeutet hier einen automatischen Datenabgleich der Primärschlüsselfelder Kundenvor- und nachname, Kunden-Adresse.

wir regelmäßig durchs Netz (Internet oder Intranet), verwalten Text-Dateien, Foto-Dateien und Film-Dateien und tauschen uns über E-Mail, Facebook oder Twitter mit Dritten, Geschäftsfreunden, Freunden und Bekannten mehr oder weniger regelmäßig aus. Das alte schnurgebundene Telefon ist mobil geworden, am PC skypen wir mit Freunden und Bekannten aus aller Welt.

Noch vor 35 Jahren waren Rechner sehr teuer und viel weniger leistungsfähig als unsere heutigen Smartphones, die Benutzung war großen Firmen vorbehalten, die private Kommunikation erfolgte nach der Devise „Fasse dich kurz“ schnurgebunden von zu Hause, unterwegs aus öffentlichen Fernsprechern, Netzkapazitäten waren knapp und mussten teuer bezahlt werden.

In diesen 35 Jahren ist eine enorme technische Entwicklung passiert, die sich an der Übertragungsgeschwindigkeit im Netz von früher 1200 bits/sec auf Terabit/sec, d.h. um den Faktor von 100 Millionen–1 Milliarde vergrößert hat. Übertragungsraten von über 100 Gbit/sec. sind heute Standard, für Speziallösungen werden Leitungen mit einer Übertragungskapazität von mehr als 500 Gbit/sec bis zu 1Terabit/sec. angeboten.

Ebenso ist die Speicherkapazität in den Rechenzentren gestiegen. Ein Magnetband konnte früher bis zu 125 Schreibmaschinenseiten speichern (250 KByte), während eine heutige Festplatte bis zu 3 Terabyte speichern kann, d.h. mehr als 10 Millionen Mal mehr. Große Daten-Center sichern in ihren Verträgen Unternehmen 10 Exabyte und mehr je Monat als Speicher-Kapazität, d.h. noch einmal 3 Millionen Mal mehr als auf eine Festplatte passt.

SAP hat sich in seiner Entwicklung mit der HANA[273] (High Performance Analytic Appliance)-Technik in der Speichertechnik von der Trennung in Arbeitsspeicher (Teil der CPU: Cental Processing Unit) und externem Speicher (Teil der Peripherie) ein wenig verabschiedet und bietet heute auch kombinierte Software-/Hardware-Produkte an, in denen Programme und Dateien simultan, nicht sequentiell auf einmal in den Rechner geladen werden können. Mit HANA soll die Verarbeitungsgeschwindigkeit durch Einsparung von I/O’s (Input/Putput-Operationen) erhöht und die Antwortzeiten von tausenden gleichzeitig arbeitenden Nutzern verringert werden. Für Großunternehmen reichen jedoch selbst diese Terabytes in ihren Business Warehouses nicht aus, noch größere Datenmengen werden in RDBMS (Relational Database Management System) von z.B. Teradata[274] als einfach verwaltbar angesehen, bis in den Petabyte-Bereich hinein.

In diesem Abschnitt ist eine Reihe von Fachbegriffen gefallen. Was bedeuten sie in der IT, wie hängen sie miteinander zusammen?

273 In-Memory-Appliance Hana, die mit viel Memory und vielen Intel-Prozessoren ausgestattet sein wird. Laut Herrn Vishal Sikka (eh. Vorstand SAP, jetzt VV von Infosys) lässt sich die Box auf bis zu 1.000 Prozessor-Kerne, 16 Terabyte RAM und 64 Terabyte SSD Laufwerkkapazität ausbauen. Teradata verspricht Analysefähigkeiten von Datenbankvolumina bis zu 186 Petabyte, d. h. 3000 Mal mehr als HANA, jedoch auf IBM-Rechner und in Cobol, C und PL/1 programmierter Software.

274 Siehe Teradata; http://www.teradata.com

IT oder besser ITK, d. h. Informationstechnologie und Telekommunikation, besteht aus vier Hauptkomponenten, der Hardware, dem Netz, der Software, und natürlich den Daten.

10.1.1 Hardware

Hardware oder Rechner in der ITK bestehen aus im Prinzip unveränderlichen, „verdrahteten“ Bestandteilen,
- den heute im Parallelbetrieb verknüpften Prozessoren (bis zu 1.000 im Großrechner), die ihrerseits aus Rechner/CPU (Central Processing Unit) und Hauptspeicher (RAM: Random Access Memory; Cache) bestehen,
- den Speichern (Festplatten, DAT (Digital Audio Tape)-Kassetten),
- den Steuerungs-/Input/Output-Prozessoren (Bus-Systemen, Kanälen)
- den Peripherieeinheiten (Terminal, Monitor mit/ohne Touchscreen und Tastatur, Drucker, Plotter (veraltet).

Die Funktion der Hardware ist die schnellstmögliche Umsetzung der Eingabe-Verarbeitungs- und Ausgabelogik, die wiederum durch die Software bestimmt wird.

10.1.1.1 CPU (Central Processing Unit)

Kern der Hardware ist sowohl beim PC und den Workstations der Hauptspeicher und, damit heute meist auf einer Platine verknüpft, der Prozessor. Aus den Begriffen Speicher und Prozessor wird deutlich, um was es bei dieser Hardwarekomponente geht, um sehr schnelles Rechnen und gleichzeitig hohen Datendurchsatz.

Diese Funktionen werden erreicht auf Motherboards, Chipsätzen, RAM, SRAM (Static Random Access Memory), DRAM (Dynamic Random Access Memory) und im Cache. Die Daten sind jedoch im Hauptspeicher/-rechner flüchtig, im externen Speicher dagegen auch ohne Strom permanent vorhanden. Dafür sind die Hauptrechner-Komponenten sehr viel schneller in der Verarbeitung und im Zugriff der benötigten Daten.

Die technischen Begriffe Motherboard und Chipsatz oder Platine bezeichnen in einem PC die Kernelemente des Rechners (Steuerung, Rechner, Hauptspeicher), die meist zusammen in einem physikalischen Element realisiert wurden.

RAM, SRAM und DRAM bezeichnen flüchtige Speicher, die Byte-mäßig angesprochen werden können und damit sehr schnelle Verarbeitungen von Datensätzen zu ihren Inhalten erlauben.

DRAM müssen immer wieder im Milllisekundenbereich geladen werden, während SRAM ihren Speicherzustand bei Strom permanent halten. DRAM benötigen auf der anderen Seite weniger Strom und sind deshalb in Mobilfunkgeräten (Handy, Smartphones, Handhelds) im Gebrauch.

In der Großrechnerwelt existieren im Prinzip dieselben Funktionalitäten von Steuerung, Rechner und Hauptspeicher, jedoch noch immer auf einem ganz anderen

Leistungsniveau. Die verwendeten Prozessoren[275] sind noch wesentlich schneller und erlauben noch schnellere Übertragungszeiten und -mengen und sind heute zu mehreren 10.000 als extreme Parallelrechner zusammengeschaltet[276]. Dadurch können sie sowohl komplizierte, langwierige technische und wissenschaftliche Rechenoperationen bewältigen oder auch Riesendatenmengen nach relativ einfachen kaufmännischen Regeln verarbeiten. Zusätzlich sind sie virtuell auch in eine Vielzahl von Einzelrechner unterteilbar, die anders als beim früheren Multiprozessing[277] alle Befehle für die einzelnen virtuellen Rechner in Echtzeit ausführen. Der Vorteil für den Kunden besteht darin, faktisch exklusiv einen Teil eines Superrechners zur Verfügung zu haben, ohne ihn ganz bezahlen zu müssen. Die Sicherheit der Verarbeitung ist durch die Vielzahl von Steuerungs- und Überwachungskomponenten, die Großrechner auszeichnen, nicht mit einem PC oder Server zu vergleichen.

10.1.1.2 Cache und Bussysteme

Mittelschnell zwischen Arbeitsspeicher und Externem Speicher sind sog. Cache (Verstecke). Diese erlauben Zwischenspeicherungen solange, bis neue Datensätze die zwischengespeicherten überschreiben. Sie können ähnlich schnell wie ein Hauptspeicher angelegt sein, Cache DRAM, jedoch werden sie dann überschrieben, wenn sie belegt sind und neue Daten benötigt werden. Innerhalb des Cache gibt es verschiedene Level-Ebenen, L1 bis L3 oder mehr, deren Geschwindigkeit mit der Größe der Zahl abnimmt, deren Speichermenge jedoch zunimmt. Cache spielen ihren Vorteil z. B. bei Verarbeitungswiederholungen[278] aus, bei einer geringen Anzahl von Wiederholungen verlieren sie ihren Zweck als Zwischenspeicher (Buffer). Richtig eingesetzt und programmiert, können sie Verarbeitungszeiten verbessern helfen, in dem sie speichern, was gleich benötigt wird und zwischenspeichern, was im Moment nicht benötigt wird. Sie sind jedoch nicht Byte-weise, sondern nur Blockweise (112 bis 512B) adressierbar, ansprechbar und löschbar. Insofern beziehen sie ihre Daten von der Festplatte auch in Blöcken und schreiben sie nach der Verarbeitung in Blöcken zurück. Stellt man sich in der Großrechnerwelt mehrere Tausend Prozessoren, dreimal so viele Hauptspeicher Cache und entsprechend noch mehr einzelne Festplatten vor, so wird deutlich,

---

275 RISC (Reduced Instruction Set Computer)- und CISC (Complex Instruction Set Computing) Prozessoren stehen sich hier gegenüber, RISC für schnelle, viele Einzeloperationen, CISC für weniger, dafür komplexere Aufgaben. Die Unterscheidung weicht heute langsam auf. VLSIC (Very Large-Scale Integrated Circuits) war der Begriff Anfang der 19-70-er Jahre, als die Anzahl der Schaltkreise bei gleichzeitiger Miniaturisierung zunahm.

276 Blue Gene von IBM enthält über 250.000 Prozessoren, um 1 % des menschlichen Gehirns inkl. sämtlicher Verknüpfungen zu simulieren. Der schnellste ist im Moment (2013) ein chinesischer Supercomputer NUDT Nianhe – 2 mit 33,86 Petaflops pro Sekunde, bestückt mit über 3 Mio. Prozessor-Kernen, siehe www.ieee.org/tech-talk/computing/hardware/tianhe2-caps-top-10-supercomputers, Artikel vom 17.6.2013.

277 Vom Multiprocessing (Mehrere Programme und Mehrere CPU- Großrechner) zu unterscheiden sind Multitasking (Mehrere Aufgaben gleichzeitig auf einem PC) und Multiprogramming (1 CPU und mehrere Programme-Großrechner)

278 Sog. Proxyseiten werden von externen Netzservern einmal ins Cache geladen und können mehreren Nutzern, die auf diese Seite wollen, zur Verfügung gestellt werden, der Netzverkehr wird dadurch etwas entlastet, gleichzeitig die Antwortzeit beim Aufrufen der Seite verkürzt.

dass der Steuerung und Konsistenzsicherung eine viel höhere Bedeutung zukommt. Gleichzeitig steigt der interne Verwaltungsaufwand an.

Wichtig, noch innerhalb der Hardwarekomponenten, sind die Verbindungsteile zwischen den Hardwarekomponenten, die z. B. im PC die Grafikkarte mit der Hauptplatine, auf der sich der Chipsatz für Steuer- Rechen- und Hauptspeicherfunktionen befindet, verbinden. Diese Bus-Systeme, in der alten Großrechnerwelt als Kanalsteuerung bekannt, regeln den physikalischen Bitstrom zwischen den Komponenten in der CPU (interner Bus) und der CPU mit den externen Komponenten Festplatte, Tastatur, Maus, Monitor, Drucker, DVD etc. (externer Bus). Bussysteme sind Steuerungselemente der Input-/Outputfunktionen in der Verarbeitung und sind eminent wichtig für die Verarbeitungsperformance. Hierzu muss man wissen, dass die Taktungen[279] der Module innerhalb der CPU wesentliche höhere Datenraten zulassen als die außerhalb befindlichen.

Ein Problem bleibt bei allen Anbindungen der externen Platten über sog. Bussysteme die Begrenzung des Zugriffs im Vergleich zu den Zugriffs- und Verarbeitungszeiten im Hauptrechner, der hier mindestens um den Faktor 1.000 langsamer ist. Deshalb werden die o. g. Cache als Zwischenspeicher (Buffer) eingesetzt, um die Verarbeitungsgeschwindigkeit nicht durch allzu aufwendige Input-/Outputoperationen direkt zur Festplatte hin zu bremsen. Nachteil dieser Cache ist, das sie flüchtige und keine permanenten Speicher ist. Deshalb wird mit speziellen

Softwareroutinen aus dem Betriebssystem versucht, das physikalische Datenmanagement so zu organisieren, dass möglichst wenig über die Festplatten zwischengespeichert werden muss. Damit werden I/O (Input-Output-Transaktionen) eingespart und die Verarbeitungsgeschwindigkeit erhöht.

Für eine gute Performance sind also möglichst wenig I/O zu externen Speichern und Ausgabemedien wichtig, also viel CPU-Kapazität und große Cache.

Weitere Details werden noch unter dem Abschnitt Netz diskutiert, da vom Prinzip her Bussysteme kleine Netze sind.

279 Taktung ist die Frequenz, in der z. B. ein Prozessor Daten verarbeiten kann. Die modernen Geräte arbeiten heute in GHz pro Sekunde oder anders ausgedrückt in Nanosekunden.

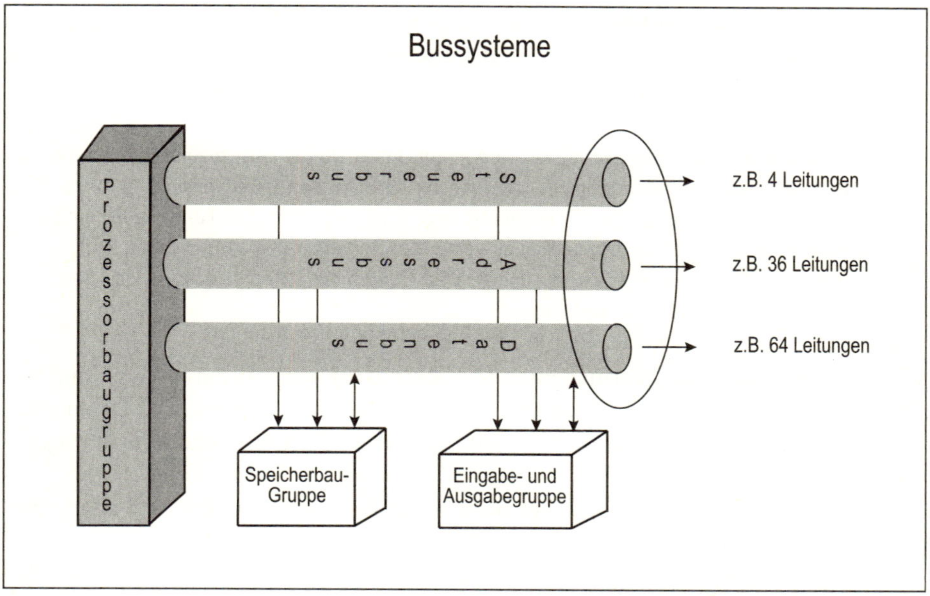

Abbildung 10-1: Schematische Darstellung von Bussystemen

10.1.1.3 Externe Speichermedien

ROM (Read-Only-Memory), PROM ((einmalig) Programmable-ROM) e (electrical) PROM, eePROM (electrical eraseable PROM) oder auch Flashspeicher, kombiniert als internen/externem Speicher bezeichnet, halten, auf einem externen Element ausgelagert, ihren Lade- oder Speicherzustand unabhängig von der Stromzufuhr. Sie sind spezialisiert auf große Datenmengen. Diese müssen aber, um bearbeitet zu werden, in den Hauptspeicher geladen werden, was sie langsamer als RAM macht. Flashspeicher sind schnelle, hoch leistungsfähige dauerhafte Speicher, die im Zuge der Entwicklung der Digitalkameras ihren Durchbruch erlebten. Man kennt sie als SD- oder SSD-Karten oder in USB-Sticks. Trotzdem sind sie noch wesentlich langsamer als DRAM.

So vorteilhaft die einfache Handhabung und die große Speicherfähigkeit dieser Geräte auch ist, ein Riesennachteil ist das Risiko, dass Malsoftware (Schadhafte Software) mit ihrer Hilfe ins Unternehmensnetz eingeschleust werden können und so in kurzer Zeit ein ganzes Netz infizieren (Viren), korrumpieren (Trojaner) oder stilllegen (Würmer) können. Der Gebrauch sollte eigentlich wie früher bei Festplatten und externen anderen Speichermedien (Disketten, CD-Rom, DVD) auf Firmen-PC unterbunden werden. Das setzt allerdings spezielle PC voraus, die vom Unternehmen exklusiv für alle Unternehmensangehörige angeschafft und administriert werden[280]. Bei

280 Dem Verfasser ist bekannt, dass die Umsetzung dieser Idee nicht einfach sein wird. Jedoch ist ein hoher Investitionsaufwand zur Abschottung des Unternehmensnetzes vor externen Eindringlingen nicht zu rechtfertigen, wenn von jedem PC potenziell ein Sicherheitsrisiko ausgeht.

dem heutigen Trend von BYOD (bring your own device) müssen Firmen mit spezieller Sicherheitssoftware reagieren, damit das gesamte System nicht durch ein infiziertes Smartphone korrumpiert werden kann.

Die einfachste Möglichkeit, Schadsoftware in ein Unternehmen einzuschleusen, besteht z. B. darin, einen präparierten USB-Stick vor der betreffenden Hauptverwaltung hinzulegen. Irgendein neugieriger Firmenmitarbeiter wird sich über den Fund freuen und den Stick an seinen PC anzuschleißen zu versuchen. In kurzer Zeit kann sich die Schadsoftware im Firmennetz etablieren und je nach Programm Daten zerstören, das Netz lahmlegen oder Daten ausspionieren.

Gleichzeitig kann in sog. permanenten Speichern die Kapazität durch Kopplung von Festplatten in den Penta- bis Exabyte- Bereich ausgedehnt werden. Die Daten eines kompletten Firmennetzes können so auf sog. NAS (Network Attached Storage)[281] ausgelagert werden.

Als Backup, als Zwischenspeicher bei sehr großen Datenmengen und als Permanentspeicher sind Festplatten in der IT unverzichtbar.

Die früher gebräuchlichen Speichermedien wie Bänder und Kassetten werden nicht besprochen, da sie heute in einem modernen Betrieb nicht mehr eingesetzt werden. Sie waren weit langsamer als Platten und konnten nur sequenziell ausgelesen werden. Zwar versucht man durch intelligente Steuerung der physikalischen Zugriffe auf Platten auch hier die Springhäufigkeiten der Lasereinheiten zwischen den einzelnen Teilen der Platte (Partitions) zu verringern, um die Schnelligkeit zu erhöhen. Hier reden wir aber von Nanosekunden gegenüber Minuten bei Bändern und Kassetten.

10.1.1.4 Eingabe- und Ausgabegeräte

Im Vergleich zu der Entwicklung bei den Netzen und den Rechnern ist aus Sicht des Autors der geringste Fortschritt bzw. der größte Bedarf an Fortschritt bei den Eingabe- und Ausgabegeräten festzustellen. Denn letztlich haben die Mensch-Maschine- und die Maschine-Mensch-Kommunikation die entscheidende Bedeutung, um Informationen nutzbar zu machen[282].

Trotz aller Beteuerungen führt die Spracheingabe als professionelles Eingabemedium ein Nischendasein. Sie ist für kaufmännische und technische Anwendungen zu fehleranfällig und bearbeitungsaufwendig. Die menschliche Stimme ist trotz einiger erfolgreicher Modulationen für Verfahren der Warteschleifen in Callcenter (noch) nicht als Primäreingabe-Medium geeignet.

281 Begriff aus der Cloud, bei dem Unternehmensdaten über Netzverbindungen (hoffentlich gesichert über VPN) auf externe Rechner ausgelagert werden.

282 Hochgeschwindigkeitshandel, der mit Hilfe von regelbasierter Software vollautomatisch zwischen Anleger-Host und Börsen-Host, organisiert ist, zeigt Auswüchse einer Situation, in der der Mensch Maschine-Maschine-Kommunikation nur mühsam kontrollieren kann, obwohl es sich hier um vergleichsweise simple Arbeiten wie Kaufen und Verkaufen von Wertpapieren und deren Derivaten handelt.

Basisdaten werden wie vor 50 Jahren mit der Tastatur eingegeben. Die durch Apple in den 80-er-Jahren erfundene Steuerung des Cursors mit der Maus statt mit Funktionstasten scheint im Endkundensegment nun, auch wieder federführend durch Apple initiiert, durch einen intelligenten, berührungsempfindlichen Bildschirm (Touchscreen) abgelöst zu werden. Ob sie ganz die Tastatur im professionellen Bereich ablösen werden, steht noch nicht fest.

Auch Klarschriftleser und Scanner haben sich außer in Bank- und Sparkassenanwendungen bzw. in Handelssystemen nicht als Eingabemedium durchsetzen können. Scanner leiden wie die Faxgeräte an der Tatsache, dass sie Inhalte des gescannten Dokuments nicht in Teile zerlegen können (1 Foto = 1 Datensatz) und auch das Umgebungsweiss der Schrift mit eingescannt wird und so enormer Speicherplatz verschwendet wird.

Die Beschleunigung und Durchgängigkeit in der Logistikkette bis zum Handel wurde durch den EAN (Europäische Artikelnummer)-Code (Strichcode) ausgelöst, der die manuelle Artikelnummereingabe am POS (Point-of-Sale) ersetzt hat.

Eine weitere neue Entwicklung zeichnet sich im QR (Quick Response)- oder Mobile-Tagging ab, mit denen von Plakatwänden, Prospekten, Zeitschriften, Zeitungen, Bedienungsanleitungen etc. direkt auf die relevante Unternehmensseite (Website) zugegriffen werden kann. Wie beim Barcode wird es dem Kunden durch die Tag erleichtert, direkten Zugang zur benötigten Information zu erhalten. Smartphones mit Kamera und entsprechender Software (sog. App) können die Tag-Information entschlüsseln.

Die Digitalisierung hat auch bei den Ausgabemedien Fortschritte gemacht. Beginnend mit der CD, über die DVD bis hin zur BD (Blue Ray Disc) sind enorme Datenmengen speicherbar geworden. Trotzdem sind sie gegenüber herkömmlichen Festplatten vergleichsweise langsam. Das ist ihrem Hauptverwendungszweck geschuldet, Bildinformationen mit mehreren MByte pro Bild, d.h. Filme in festgelegten Bildsequenzen (ab 24 Bilder pro sec. aufwärts) wiederzugeben und nicht so sehr einzelne Daten.

Die Entwicklung der Drucker hatte seit der Erfindung von Laser und Tintenstrahldrucker etwas stagniert. Das hatte vielleicht etwas mit der Digitalisierung zu tun, da die klassische Datenausgabe, z.B. eine Rechnung, per Netz versandt und auf dem PC abgespeichert werden kann.Doch Hand aufs Herz, wer verzichtet heute wirklich auf die möglichen Papierausdrucke?

Der momentan einsetzende Fortscharitt bei den 3D-Druckverfahren[283] könnte auch auf der Output-Seite weitere Disruptive Technologies (Zerstörerische Technologien, die bestehende Verfahren ersatzlos ersetzen) zur Folge haben. Gerade im Bereich Architektur und Produktentwicklung hätten damit kreative Entwickler ein Tool in der Hand, ihre Ideen ohne größeren Aufwand visualisieren zu können. Auch späteres

283 Druckverfahren ist untertrieben, tatsächlich arbeiten 3D-Drucker mit Kunststoffen, Kunstharzen, Keramiken und Metallen, die mittels Laserverfahren aus dem Material-Pulver Schicht für Schicht das dreidimensionale Gebilde erzeugen.

Ablösen herkömmlicher Spritzguss- und Sinterverfahren mit Formenerstellung und andere Werkzeugverfahren könnten obsolet werden, da ohne Form und Werkzeug direkt das Endprodukt hergestellt werden könnte.

Die nachfolgende Abbildung verdeutlicht schematisch den Aufbau und die Hierarchie der Hardware. Betriebssystem und Netzanschluss sind erst einmal noch aufgespart für die nächsten Abschnitte.

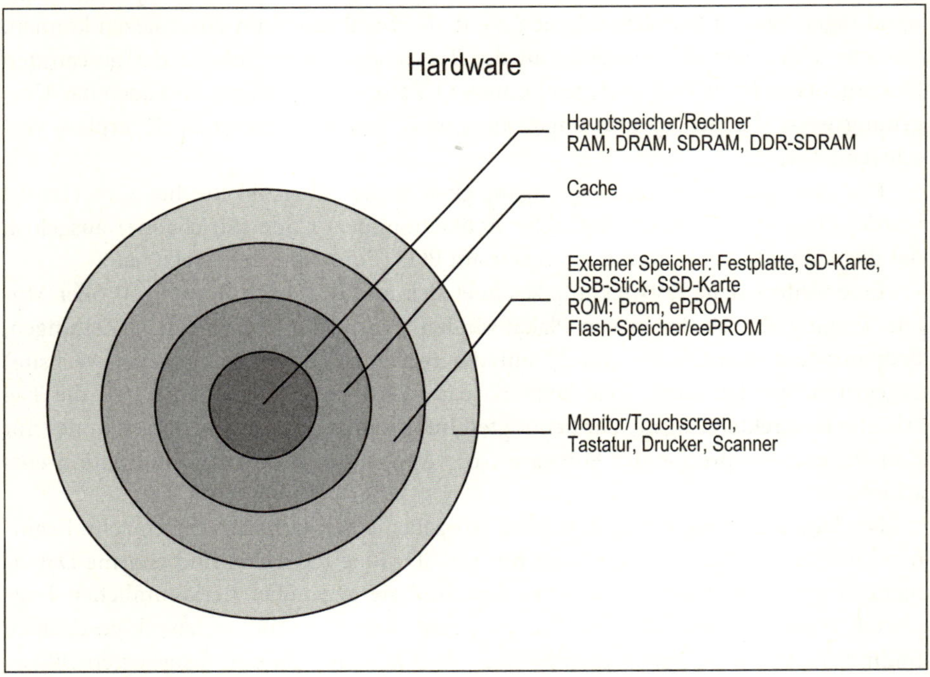

Abbildung 10-2: Hardware-Komponenten

Einige technische Daten zu den Hardwarekomponenten sind in der nächsten Abbildung dargestellt. Die Zahlen stellen den Stand der Technik von 2013 dar, werden sich aber in den kommenden Jahren wieder wie in der Vergangenheit durch den technischen Fortschritt nach oben hin entwickeln. Es soll dem Leser nur ein Gefühl für die relativen Bandbreiten gegeben werden, eine wissenschaftliche Exaktheit ist nicht angestrebt und nicht beabsichtigt, wäre mehr oder weniger zufällig:

	Technische Bezeichnung	Beispiele	Übertragungsmenge/ Speichermenge (Max)	I/O-Taktrate (max)
Hauptrechner/Hauptspeicher/ Arbeitsspeicher/ Chipsatz	RAM, DRAM, DDR4-SDRAM	Großrechner, Server[284], PC, Laptop, iPad	25,6 GB/sec. (PC/Laptop)/ 1,5 TB GB/sec. (Großrechner)	4*400 (1.600) MHZ (PC-Laptop)/ 5.500 MHZ (Großrechner)
Controller	Cache, Bus	Proxyseiten im Web-Server, Temp.-dateien auf der PC-Festplatte	Ähnlich wie beim Hauptrechner	Ähnlich wie beim Hauptrechner
Externer Speicher	ROM, PROM, ePROM, eePROM/ Flashspeicher	Festplatte, DAT-Kasette, DVD, SD-Karte, SSD- Karte, USB-Stick	4 TB[285] je Festplatte mit 1,6 GB/sec; aufrüstbar für Großrechenzentren durch Kopplung von Plattenstapeln in den Penta- bis Exabyte (Großrechner)	Bis zu 200.000 I/O-Operationen gleichzeitig/sec
Weitere Peripheriegeräte		Drucker, Spool Monitor/ Touchscreen, Drucker/FAX/ Scanner	100 GB – 1TB je BD mit Schreibgeschwindigkeiten von bis zu 9 MB und Lesegeschwindigkeiten von bis 36 MB	

Abbildung 10-3: Ausgewählte Leistungsdaten der Hardware

10.1.2 Physikalische Netze nach der OSI-Struktur

Wie schon im vorherigen Abschnitt unter Bussystemen kurz angerissen wurde, ist ITK (Informationstechnologie und Telekommunikation) ohne ein gut funktionierendes Netz, intern und extern, unter dem Leitmotto „Seamless Services 24 Hours a Day 7 Days a Week“, heute nicht darstellbar. In Zeiten stark gesunkener Kosten für die Netzleistung werden heute viele Funktionen, die früher im eigenen Unternehmen organisiert wurden, ausgelagert und über ein externes Netz mit Servern und fremden Rechenzentren

284 Server ist hier eine Hardware, auf der nach dem Server-Client-Modell Applikationen (Anwendungen) über das Netz für die Client bereit gehalten werden. Dem Autor ist bewusst, dass der Begriff Server auch als spezielle Software, die auf einem Server (Hardware) für die Clients bereitgestellt wird, verwandt wird, siehe hierzu auch Glossar.

285 Seagate und Western Digital, Toshiba, Hitachi.

von Dritten erbracht, Stichwort „Cloud Computing", „Pay for Use-Softwareangebote (SaaS: Software as a Service)", „Percentage of Use – Hardware-Kosten", NAS (Network Attached Storage), um nur einige Begriffe und Konzepte zu nennen.

Was ist eigentlich ein Netz und was verbirgt sich hinter diesen Begriffen, das wird in diesem Abschnitt im Einzelnen erläutert werden.

Ein Telekommunikationsnetz besteht aus Leitungen („Kanten") und Vermittlungseinrichtungen („Knoten"). Es kann hierarchisch aufgebaut sein wie ein Ortsnetz, bei dem aus den Hausausführungen eine Gruppe die Leitungen (Hauptkabel) unterirdisch, in ländlichen Gegenden auch einmal überirdisch, zu einem Hauptverteiler geführt werden (Dirty Last Mile) und dann zusammen mit anderen Hauptkabeln zur Ortsvermittlungsstelle weitergeführt werden.

Von dort werden sie vermascht[286] zum regionalen, dann zum nationalen und schlussendlich zum internationalen Hub weitergeleitet. Diese Weiterleitung übernehmen Switche und Router. An die Router werden die bekannten Web-Server angeschlossen. Diese stellen die benötigten Inhalte für die Anfragen bereit und geben Informationen von anderen Servern weiter bzw. verarbeiten sie weiter.

Gegenüber der alten Telefonwelt, in der zwei komplette Leitungen für ein Telefongespräch geschaltet und blockiert werden mussten (Voll-Duplex), läuft die Kommunikation heute zusätzlich zwischen 2 und mehr Teilnehmern (Telefon- und Videokonferenz, Webinare) paketvermittelt z. B. über das Protokoll TCP/IP (Transmission Control Protocol/Internet Protocol) auf Datenleitungen. Paketvermittelt heißt, dass der Datenstrom in Teilbereiche (Pakete) aufgeteilt wird und auf unterschiedlichsten Wegen durchs (weltweite) Netz geschleust wird. Am Zielort werden die Pakete wieder in der richtigen Reihenfolge zusammengesetzt. Der Empfänger bekommt von der Aufteilung seines Bitstroms nichts mit.

Interessant ist trotzdem die Beantwortung folgender Fragen:

- Wie wird die Ziel-Adresse für die Datenpakete ermittelt?
- Wie erfolgt die Weiterleitung in dem riesigen Netz, ohne das ein Paket verloren geht, wie sieht dann der Korrekturmechanismus aus?
- Wie wird organisiert, dass die Pakete wieder in der richtigen Reihenfolge zusammengesetzt werden?
- Wie erfolgt die Verständigung in den unterschiedlichen Netzen?
- Wie kann Sicherheit gewährleistet werden, dass die Paketinhalte nicht gelesen werden können?
- Wie erfolgt die Codierung von Klartext, Audio, Video und Bild in einen Bitstream und die richtige Decodierung beim Empfänger?
- Wer behält die Übersicht bei Milliarden von Adressen und Billionen von Paketen jeden Tag?

286 Vermascht meint eine Mehrfachwegeführung der Leitungen zwischen Vermittlungs- und Übertragungseinrichtungen im Gegensatz zu einem hierarischen Wegenetz, bei dem viele Leitungen in eine Vermittlungsstelle münden.

- Ist die Kapazität des Netzes ausreichend bei dem stetig steigenden Multimedia-Datenstrom?

Um diese Fragen zu beantworten, begeben wir uns nun in die Welt der Telekommunikation. Hier sind sieben Standardschichten im sog. OSI (Open System Interconnection Refererence)-Modell definiert, klassifiziert und weltweit akzeptiert worden.

Auch im Internet, das ja über die schon vorhandenen Leitungen der Telekommunikation geführt wird, geht es um diese sieben Schichten, sie wurden aus Effizienzgründen in den zur Schicht gehörenden Protokollen von 7 auf 4 zusammengefasst, z. B.

- Ethernet für Schicht 1 + 2 (physikalische Schicht und Sicherungsschicht),
- IP für Schicht 3 (Vermittlung), TCP für Schicht 4 (Transport) und
- HTTP (Hyper Text Transfer Protocol – Surfen), SMTP (Simple Mail Transport Protocol – Mailen) und FTP (File Transfer Protocol – Download) für die Schichten 5–7 (Sitzung, Präsentation und Anwendungen).

Von den Erfindern des Internets war schlicht die Aufgabe zu lösen, von jedem beliebigen Computer (Host), jedem beliebigen Netz und mit Daten aus unterschiedlichen Anwendungen mit einem anderen Computer (Host) und derselben Anwendung überall auf der Welt zu kommunizieren zu können.

Schematisch ist diese Kommunikation mit den Netzelementen Ethernet, Switch, Router, Web-Server und Lichtwellenleiter in der nachstehenden Abbildung illustriert:

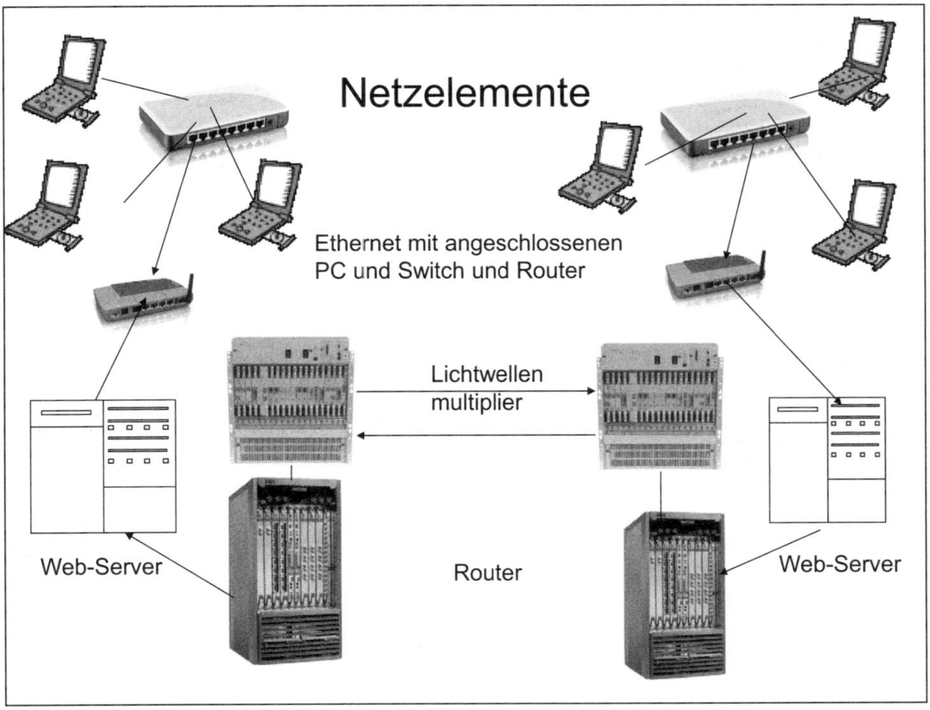

Abbildung 10-4: Netzelemente

Übrigens gehen die Erfindungen der Netzprotokolle IP (3. Layer-Ebene) und TCP (4. Layerebene) nicht auf Tim Berners-Lee[287] zurück, sondern auf das amerikanische Verteidigungsministerium. Das benötigte zu Zeiten des Kalten Kriegs (1950–1989) eine unzerstörbare Netztopologie mit entsprechend zuverlässiger, jedoch nicht unbedingt sicherer Nachrichtenübermittlung[288].

Doch fangen wir einmal ganz unten auf der ersten Ebene an.

10.1.2.1 Schicht 1: Physikalische Schicht: Bridges, Hubs, Leitungen

In öffentlichen Netzen, in denen die Kommunikation von einem Punkt zu allen Empfangspunkten geführt wird (Broadcast-Modus), reichen für die Übertragung Modem und Verstärker und für den Empfang ein Tuner mit Verstärker und Modem aus. Akustische und optische Signale werden in elektromagnetische umgewandelt und auf einem festgelegten Wellenformat[289] gesendet und empfangen, wieder in akustische und optische Signale umgewandelt und dann verstärkt im Radio- oder Fernsehapparat wiedergegeben. Offensichtlich reicht allein die Kenntnis der Sendefrequenz im analogen Modus, um die gewünschten Signale zu erkennen. Jedoch läuft die Kommunikation nur in eine Richtung, Qualitätseinbußen beim Empfang können nur beim Empfänger durch entsprechend fein abgestimmte Empfangsantennen und Tuner und leistungsfähige Verstärker verringert oder verhindert werden, nicht jedoch durch Feedback vom Empfänger an den Sender.

Ähnliches galt auch für die Festnetz-Telefonie und den Mobilfunk. Vor der Einführung von ISDN und UMTS, dem kombinierten Telefon- und Datenverkehr, reichte die erste Layer-Ebene der physikalischen Nachrichtenübermittlung mit Modem und Verstärker auch für die Kopplung zweier Leitungen (Duplex) völlig aus. Ein Problem war jedoch, dass die zwei geschalteten Leitungen für die Dauer des Gesprächs nur den beiden Gesprächsteilnehmern zur Verfügung standen, aus heutige Sicht eine riesige Verschwendung von Ressourcen.

Diese Überlegung zusammen mit der Digitalisierung, die die Bandbreite und damit die Möglichkeit des Datendurchsatzes massiv erhöhte, führte dann zu Diensten, die paketorientiert sowohl Daten als auch Telefongespräche durchführen konnten,

- ISDN (Integrated Services Digital Network) bzw. heute vermehrt,
- BISDN (Broadband ISDN -SDH (Synchronous Digital Hierarchy)[290],

287 Er hat das Protokol HTML (7. Layerebene) erfunden für das WWW, nicht jedoch TCP und IP, siehe Revolution in the U.S. Information Infrastructure; National Academy of Sciences; 1994. Der erste Browser (Mosaic) kam von Marc Andreessen kurze Zeit später.

288 Die meisten „Sicherheitskrankheiten des Internets“ haben hier ihren Ursprung, da das ausschließlich vom Militär nutzbare Protokoll nur eine Übermittlungszuverlässigkeit beinhalten sollte, jedoch keinen Schutz vor Auslesen oder Abhören. Als reines Militärnetz war dies damals erstaunlicherweise nicht gefordert.

289 Es gilt hier, je höher die Frequenz, desto höher die Bandbreite, z. B. vom Analoggespräch mit 3,1 KHz über analoges Radio mit 300 KHz, TV (DVB-T) mit 7 MHz oder LTE (Long Term Evolution) mit bis zu 20 Mhz bis zur Glasfaser mit 50 GHz. Leider steigt mit der Höhe der Frequenz auch der Energieaufwand der Nachrichtenübermittlung.

290 Über STM-256 sind heute Übertragungsraten in optischen Medien von über 5 G**Byte** im Glasfaser-Backbone großer Telekommunikationsgesellschaften im Weitverkehr möglich und reichen damit fast an Geschwindigkeiten großer CPU in Großcomputer heran.

- DSL (Digital Subscriber Line) und
- GSM (Global System for Mobile Communication) bzw.
- GPRS (General Radio Package Service),
- UMTS (Universal Mobile Telecommunication System) und
- LTE (Long Term Evolution).

Diese Dienste benötigen mehr Steuer- und Kontrollinformationen, sind dafür in der Qualität wesentlich verbessert und können ein Mehrfaches von Datenverkehr im Vergleich zu den alten Netzen abwickeln[291].

In einem sehr einfachen (privaten) Netz benötigt man zur Kommunikation keine Adressen, die Rechner werden mit einer Datenleitung verbunden und können dann, unter zur Hilfenahme eines Verstärkers, miteinander kommunizieren. Bei vier Rechnern in einem Netz kann es dann aber schon zu Kollisionen in den Bitströmen kommen, wenn zum selben Zeitpunkt mehr als ein PC auf derselben Leitung mit den anderen PC Kontakt aufnehmen will. Das lässt sich durch eine sog. Bridge oder Hub, die jeweils zwei PC koppelt, teilweise umgehen. Das Netz wird quasi in zwei Unternetze geteilt.

10.1.2.2 Schicht 2: Sicherungsschicht: Switche, MAC-Adressen und Mac-Header

Jedoch ist es so nicht möglich, gezielt einen der drei Rechner anzusprechen. Dazu benötigt man Switche (Weichen). Bei diesen Hardwarekomponenten sind Informationen über alle 4 Rechner, nämlich ihre MAC (Media Access Control)-Adressen[292] hinterlegt, so dass der Switch daran genau den richtigen PC identifizieren kann und den Datenstrom dahin lenkt.

> Es sollte beachtet werden, dass MAC-Adressen zwar einen Host(PC) eindeutig kennzeichnen, aber diese Kennzeichnung über verschiedene Betriebssysteme/Protokolle überschrieben werden kann. Deshalb ist eine MAC-Adresse nur in einem Netz, z. B. einem LAN (Local Area Network), eindeutig. Sie wird bei Nachrichten außerhalb des eigenen Netzwerks überschreibbar, ist also eine unsichere Information. Auch MAC-Filter können leicht umgangen werden.

Die MAC-Adresse besteht jeweils aus 6 Bytes, die wie nachfolgend vergeben wird. Wichtig ist die Kennzeichnung in den ersten Bits, ob nämlich der PC das Endgerät ist oder er sich in einem Netz befindet, und, ob die Adresse lokale oder universelle Bedeutung hat.

---

291 Geplant LTE über 600 M**Bit**/sec und DSL bis zu 1Gigabit/sec (theoretisch, da mit der Anzahl der Nutzer, die Bandbreite verteilt werden muss). Diese Technik ist trotz des rasanten Sprungs von Megabit in 100 MBit immer noch über 100 Mal langsamer als im Festnetz. Wenn gleichzeitig viele Netzteilnehmer in einer Funkzelle ein Fußballspiel sehen möchten, dürfte dies zukünftig auch mit LTE nicht einfach zu realisieren sein.

292 Eine MAC-Adresse identifiziert den sendenden und empfangenen PC.

1. Bit	2. Bit	3.–24. Bit	25.–48. Bit (37.–48. Bit)	
Einzel/ Gruppen Adresse	Universell/Lokal	Herstellerkennung (OUI)	Hersteller-bereich	Individuell

Abbildung 10-5: MAC-Adresse

Switche haben prinzipiell wenig Management- und Steuerungsfunktionen, sind jedoch mit 10 Gigabit in Ethernets[293] sehr schnell im Datendurchsatz ihrer Frames (Datenpakete mit Adressteil: Layerebene 2).

Frames sind die Datenpakete in den lokalen Netzen[294]. Sie sind maximal 1.522 Bytes und minimal 64 Byte lang. Sie enthalten wie alle Datenpakete einen Header (Kopfteil) und einen Datenteil.

In ihrem Header sind die Quell- und Ziel-Adresse (MAC-Adressen), die Felder z. B. für das Ethernet und Hinweise für die nächst höheren Layerebenen, nämlich, um welche Nutzdaten es sich im gesamten Frame handelt, abgelegt. Bei der Framebildung im Ethernet wird der Bitstrom zum ersten Mal logisch über Datenpakete interpretierbar.

Die Kontrollfunktion, ob die Frames o.k. und die MAC-Adresse stimmig ist, kann durch entsprechende Maßnahmen im Switch implementiert werden, ebenso die Managementfunktion, wie viele Frames an welchem physikalischen Port[295] in welcher Zeit durchgeschleust wurden. Switche sind jedoch anfällig bei Überlastung ihrer SAT (Source Adress Table). In dieser Tabelle werden die dem Switch bekannten MAC-Adressen je Port abgelegt. Es ist jedoch im Fast Forward Modus des Switches möglich, dass er schon Nachrichten im Netz verteilt, sobald er nur die Ziel-Adresse gelesen hat.

Dadurch kann die Übertragung fehleranfällig werden, weil nach Lesen der Ziel-Adresse der Frame schon weitergeleitet wird, ohne zu prüfen, ob z. B. der Ethernet-Frame der Konvention entspricht, minimale (64) und maximale (1.518) Anzahl an Bytes enthält, oder die Quell-Adresse bekannt ist.

10.1.2.3 Schicht 3: Vermittlung: Router, IP-Adressen und IP-Header

Will man z. B. innerhalb eines Unternehmens an zwei verschiedenen Standorten mit einem PC in einem anderen Netz oder überhaupt mit einem fremden Netz Kontakt aufnehmen, so benötigt man dazu die Identifikation des anderen Netzes bzw. die des PC. In diesem Fall benötigt man nicht nur eine schnelle Weiterleitung, sondern auch

293 Durch Glasfaser mit WDM (Wavelength Division Multiplex) -Technologie lassen sich zukünftig Übertragungsmengen von bis zu 100 Gigabit/sec. realisieren. Damit sind sie auch als sog. MAN (Metropolitan Area Networks) einsetzbar. Mit Kopplung von je 80 Kanälen im C- und L-Band lässt sich die gleichzeitige Übertragungsmenge in den Terabit-Bereich/sec. steigern.

294 Von einzelnen Host ohne eingebundenes Netz wird das PPP (Point-to-Point-Protocol) genutzt, um einen Verbindungsaufbau mit dem Netz über Wählleitungen zu organisieren und dann die Daten über den DSL-Router an den Internet-Gateway (Web-Server) zu übergeben.

295 Port wird im vierten Layer als Softwareelement definiert.

zusätzliche Informationen über andere Netze. Diese Intelligenz besitzen Hochleistungs-Router[296]. Sie besitzen Routingtabellen, mit denen sie andere Router desselben Netzes ansteuern können als auch Router, die den Netzübergang zu anderen Netzen weltweit herstellen sowie die Weiterleitung an den Ziel-PC veranlassen.

In den Routinentabellen stehen sowohl die IP-Adressen der anderen Router als auch die des Ziel-PC.

IP-Header enthalten sowohl nach dem Standard IPv4 als auch nach dem neuen Standard IPv6 wesentlich mehr und detailliertere Informationen als Frame-Header. Dies ist auch nötig, um die Pakete eines Datenstroms weltweit in unterschiedlichen Netzen letztlich zum Ziel zu bringen. Der Kopf einer IP-Nachricht enthält bei IPv4 60 Bytes und bei IPv6 erstaunlicherweise weniger, nämlich nur noch 40 Bytes[297].

An den vielen Kopf (Header)-Elementen sieht man, dass allein mit Ziel- und Quell-Adresse die Sicherstellung der kompletten, richtigen und schnellen Übertragung der Datenpakete nicht gewährleistet werden kann:

Um den Zielort decodieren zu können, wird die Klarheit, ob in Version IPv4 oder IPv6 codiert wurde, gebraucht.

Im „Type of Service"-Feld kann Schnelligkeit und Genauigkeit der Paketzustellung voreingestellt werden.

Da große Datenströme in Pakete aufgeteilt werden müssen und am Zielort zusammengesetzt werden müssen, ist eine Kontrollsumme (Paketkopfsumme) nötig. Damit erkennt der Ziel-Host, dass die Nachricht vollständig war. Die Kopflänge gibt an, ab welcher Stelle im Paketstrom die Nutzdaten beginnen, also wo der Binärstrom getrennt werden muss.

„Identification, Flags und Fragment Offset" stellen die richtige Zusammensetzung der Nachricht aus den einzelnen Paketen in richtiger Reihenfolge sicher.

Die Protocol-Nummer sagt aus, nach welchem Protokoll (z. B. TCP: Transmission Control Protocol oder UDP: User Datagramm Protocol) die Nutzdaten decodiert werden sollen.

Weitere individuelle Kopfdaten können ab dem 21. Byte Routing-Vorschriften für den Paketstrom enthalten. Hier können auch Sicherheitsanweisungen untergebracht werden.

296 Die bekannten DSL-Router kennen über ihren Service Provider meist nur den fixen Gateway zum Web-Server. Dieser veranlasst danach die weiteren Kommunikationseinstellungen.

297 Das ist wohl darauf zurückzuführen, dass durch die Vervierfachung der IP-Adresslänge auf 16 Byte Informationen zur Steuerung der Knappheit des Adressraumes in Zukunft obsolet werden, ohne gleichzeitig Qualitätsbeeinträchtigungen erleiden zu müssen.

IP-Header IPv4

1.–4 Byte	Version (4)	IHL (4)	Type of Service (8)	Länge des Datenpakets ink. Kopf (16)/(Max. 64 KB)	
5.–8 Byte	Identifikation (16)			Flags (3)	Fragment Offset (13)
9.–12 Byte	TTTL (Time to Live) (8)		Protocol (IP) (8)	Paket-Kopf Summe (16)	
13.–16 Byte	Startadresse (IP-Adresse des Senders) (32)				
17.–20 Byte	Zieladresse (IP-Adresse des Empfängers) (32)				
21.–60 Byte (Max.)	**Options & Padding** – Strict Routing – Free Routing – Record Routing – Time Stamp – Security				

Abbildung 10-6: IP-Header

Weiter enthalten sind natürlich die Quell- und Ziel-Adressen. Hiervon entfallen auf die IP-Adresse bei IPv4 4 Bytes, bei IPv6 16 Bytes. Schon an der Ausweitung des Adressraums kann man sehen, was in den letzen Jahren das Problem im Internet-Verkehr gewesen ist, die Knappheit der Ressource Adresse. Jedes Unternehmen erhielt in den Anfängen des Internets über seine Domain[298] einen Adressraum zur freien Verfügung. Von den 32 Bit der IP-Adresse im Adresssystem IPv4[299] standen einem Unternehmen je nach Klassenzuteilung in A-C-Klassen zwischen 2^8 -(Klasse C) und 2^{24} (Klasse A)-Adressen zur Verfügung. In 2011 wurden dann die letzten Freiräume von der IANA[300] vergeben. Schon seit längerem wurden wegen des immer knapper werdenden Adressraums die Klassen aufgelöst, so dass über das sog. CIDR (Classless Inter Domain Routing) der Adressbestand besser genutzt werden konnte.

Bei IPv4 ist die 32-Bit-lmage Adresse in einen Netzwerk- und einen Geräteteil aufzuspalten. Bewerkstelligt wird das mit einer Netzwerkmaske, durch die definiert wird, wie viele Bits der Adresse für Geräte benötigt werden und wie viel für den Netzwerkteil. Die Schreibweise „/24" bedeutet, dass 2^8 gleich 256 Geräte Adressiert werden könnten, jedoch minus zwei, da 0000.0000 und 1111.1111 für das Netz selbst und die Broadcast- (One Point to Multipoint)-Funktionalität offen bleiben müssen. Von 32

298 Als Domain bezeichnet man den Adressraum unter der Klartext-Internet-Adresse wie z. B. www.firma.com.

299 Die Beschränkung auf 232 Zeichenmöglichkeiten auf 4 Bytes sollte eigentlichen mit mehr als 4 Mrd. GeräteAdressen ausreichen. Tatsächlich sind jedoch in einzelnen Domain Knappheiten zu verzeichnen, so dass nach und nach auf IPv6 umgestellt werden wird, eine Erweiterung auf sage und schreibe 2128 Zeichenmöglichkeiten und 16 Bytes.

300 IANA (Internet Assigned Number Authority), heute werden die IP-Nummern von der IANA an die sog. RIR (Regional Internet Registries) vergeben, die sie wiederum an Internet Service Provider (ISP) oder direkt an Kunden mit großen Netzen vergeben.

Bits werden 24 abgezogen. „/28“ bedeutet dann analog 2^4 gleich 8–2 Geräte, hier werden dann 28 Bits für das Netzwerk abgezogen. Die Adresse zerfällt bei IPv4 mit variablen Adressräumen in unterschiedlich lange Netzteil- und Geräteteil-Adressen. Der Anteil des Netzteils an den Bits der GesamtAdresse wird an der mitgelieferten Netzmaske ersichtlich. Daraus kann dann durch simple Additionen und Subtraktionen die NetzAdresse und die GeräteAdresse ermittelt werden.

IP-Adresse

Beispiel		**Netzteil**			**Geräteteil**
		1. Byte	2. Byte	3. Byte	4. Byte
Dotted decimal Notation	**IP-Adresse**	172.	17.	0.	0.
	Netzmaske	255.	255.	255.	240 (16 Adressen)
CIDER mit Suffix	**IP-Adresse**	172.	17.	0.	0.
	Netzmaske	/4*			

* = 2^4 = 16 Adressen

Abbildung 10-7: IP-Adresse

Am Netzteil kann man den Unterschied zur MAC-Adresse schon sehen. Während bei der MAC-Adresse nur im Bitbereich in lokal oder universal unterschieden wird, muss bei der IP-Adresse das Zielnetz genau spezifiziert werden. Die MAC-Adresse enthält also nur Informationen über das eigene Gerät (Netzwerkkarte) und ob das Gerät sich in einem Netz (z. B. Ethernet) befindet. Die IP-Adresse macht den einzelnen PC weltweit adressierbar, da zusätzlich zum Gerät das Netz, in dem er sich befindet, eindeutig bestimmt ist.

Zusätzlich sind Routern wie auch den o. g. Switche die MAC-Adressen der Router und des Ziel-PC bekannt. Anders als im Ethernet-Standard sind die maximalen Paketlängen mit 65 KB 40-fach höher. Dies führt, wenn Ethernet-verbundene PC IP-Nachrichten empfangen, dazu, dass die großen IP-Pakete wieder in Ethernet-Frames zerlegt werden müssen (Fragmentierung), solange nicht alle Ethernet-verbundenen PC IP-Funktionalität (Netzkarten besitzen) aufweisen.

Da sich der Mensch sprechende Buchstaben oder Wörter/Begriffe besser merken kann als Zahlenkombinationen, wurde schon sehr schnell im Internet die Möglichkeit geschaffen, sich Klarschrift-Adressen statt reiner Zahlenkombinationen zuteilen zu lassen. Diese Domain sind in einer weltweit zugänglichen Datenbank hinterlegt, dem sog. DNS (Domain Name System), das eine Baumstruktur aufweist.

Mit .com, .de, .org, .net und vielen anderen, die häufig länderspezifisch ausgelegt sind, sind weltweit eindeutige Roots (Wurzeln) definiert. In spezifischen DNS und E (extended) DNS-Servern sind dann die Übersetzungstabellen für die weiteren Domainnamen und IP-Adressen hinterlegt. Organisiert wird die Zuordnung der konkreten Domain und der IP-Adresse inkl. Netzmaske durch die Internet Service Provider, die sich gleichzeitig einen Domain- und den numerischen Adressraum sichern müssen. Eine direkte Übersetzung der Domain in numerische IP-Adressen war nicht vorgesehen wie bei den sog. Vanity[301]-Nummern im Telefonverkehr.

Nun ist leider bei der dynamischen IP-Adressen-Vergabe keine dauernde Eindeutigkeit gegeben. Denn Web-Server der Internet Service Provider (ISP) können beim Aufbau einer Verbindung für dynamisches Routing aus ihrem Adressraum eine freie IP-Adresse vergeben, die nur für diese Verbindung gültig ist (DHCP: Dynamic Host Configuration Protocol). Damit sparen ISP ca. 90–95 % des benötigten Adressenraums ein, da meist nur 5–10 % aller Kunden eines ISP gleichzeitig online sind. Auch an diesem Thema DHCP sieht man eine Problemlösung für den (damals vor der IPv6-Zeit) knappen Adressraum im Internet.

Ein DHCP-Server, der die Zuordnung von IP- und MAC-Adressen in einem (internen) Netzwerk übernimmt, kann leicht dadurch korrumpiert werden, dass sein verfügbarer Adressraum der IP-Adressen durch eine gezielte externe Anfrage mit gefälschten MAC-Adressen beschnitten wird. Bei dann erfolgter Anfrage eines internen Clients mit der Bitte um Zuweisung einer IP-Adresse, kann der (feindliche) DHCP-Server den Verkehr nach Belieben fehlerhaft weiterleiten bzw. das Netz lahmlegen, da der ursprüngliche DHCP-Server keine IP-Adressen mehr zur Verfügung hat (DHCP-Starvation Attack).

Der Königsweg zur Umgehung dieser Problematik ist die Nutzung von IPv6. Es hilft auch, auf dynamische Zuweisung von IP-Adressen zu verzichten und MAC- und IP-Adressraum statisch zu verknüpfen. In großen Netzen ist das jedoch für den Systemadministrator unpraktisch, da er bei jedem neuen Host alle anderen über diesen neuen manuell „informieren" muss. Besser ist ein Schutz durch eine intelligente Firewall, die den externen Zugang zum DHCP-Server verhindert.

Eine weitere Möglichkeit der IP-Adressvergabe besteht über NAT (Network Adress Translation). Hier gibt es in einem LAN nur einen IP-fähigen Rechner, über NAT können die anderen PC trotzdem ins Internet gelangen. Die IP-Adresse ist dann die des LAN, das sich gegenüber dem Internet als ein „Quasi-Host" ausgibt.

Die Eindeutigkeit und Unveränderbarkeit von IP-Adressen wird im Routingprozess weiter konterkariert. Eine standardmäßige Veränderung, sowohl an den MAC- wie an den IP-Adressen muss im Routing vorgenommen werden. Der Grund dafür ist netztechnisch gesehen, dass der erste Router (Gateway zum Internet) den Ziel-Host meist nicht direkt ansteuern kann, weil das Netz bei der Übertragung mindestens einmal wechselt. Er ersetzt deshalb sowohl MAC- als auch IP-Adresse des Ziels mit den ihm bekannten Adressen aus seiner Routingtabelle für den nächsten Router und überschreibt MAC- und IP-Adresse der Quelle mit seinen Daten, merkt sich bis zum endgültigem Empfang (oder Stornos von korrupten Paketen nach der TTL (Time to live)- Methode) jedoch die ursprüngliche Quell- und ZielAdressen.

301 Hier kann man durch Zahleneingabe (theoretisch) z. B. gleich den „Blume"(25863)-nladen oder „Friseur (3747387)" um die Ecke anrufen, wenn sich diese Geschäftsleute Vanity-Rufnummern hätten sichern lassen.

Man sieht hier die mangelnde Eindeutigkeit des Adressraums, z. B. verglichen mit einem herkömmlichen Rechenzentrum oder mit dem herkömmlichen Telefonnetz. Mit IPv6 wäre theoretisch diese Klarheit herstellbar, jedoch sind es hier Datenschutzbestrebungen, die die Eindeutigkeit von Quell- und Ziel-Adresse wieder untergraben können. Viele Angriffe auf PC und lokale Firmennetze haben hier ihren Ursprung, nämlich der systematischen Öffnung der Datenpakete während der Weiterleitung.

Im IPv6 Protokoll, das die numerische Adressvergabe regelt, sieht man, dass der Vorteil einer vierfachen Länge von 4 Byte auf 16 Byte die Eindeutigkeit von Netz und Gerät vereinfacht. Jeder Kunde kann theoretisch über 65.536 eigene Geräte direkt adressierbar werden. Für die Netze stehen dann oktal 12 Bytes = 8^{12} oder hexadecimal 16^{6} oder binär ausgedrückt 2^{96} Stellen zur Verfügung.

IP-Adresse (IPv6)

Beispiel		Netzteil					Geräteteil		
		1.+2. Byte	3.+4. Byte	5.+6. Byte	7.+8. Byte	9.+10. Byte	11.+12. Byte	13.+16. Byte	
		Internet Service Provider			**+**		**Subnet**	**Kunde***	
		Präfix				**Interface identifier**			
IP-Adresse: Hexa-decimal Notation		8010:	0ff8:	47b2:	19d3:	1019:	2a2e:	0560:	7899
	Präfix	8010:	0ff8:	47b2:	19d3:	/64			
IP-Adresse: CIDR mit Suffix-Notation	**Interface identifier**					1019:	2a2e:	0560:	7899

* = 2^{16} = 65.536 Adressen

Abbildung 10-8: IPv6 Adressbildung

Eigentlich sollte bei IPv6 die Adresslänge ausreichen, so dass der Weg vom Absender bis Empfänger des Datenpakets eindeutig beschrieben ist. Keiner könnte die Nutzdaten während des Datentransports lesen, theroretisch wäre damit ein Riesenspung in der Internetsicherheit machbar[302].

Jedoch gilt weiterhin auch noch IPv4. Im Datenpaket muss also ein Hinweis eingebaut sein, mit welcher Codierung das Paket zu behandeln ist (Version IPv4 oder IPv6).

302 Tatsächlich erlauben heute Layer 3–7-Hochleistungsrouter heute schon das DPI (Deep Packet Inspection). Dieses DPI kann zur Kontrolle der Nutzdaten auf Malware eingesetzt werden genauso wie zur Kontrolle auf unliebsame Nutzdaten, die dann die Nachricht sperren und so von der Übertragung aussperren. Seit 2012 ist diese Vorgehensweise sogar in einer Norm geregelt, der alle ITU-Länder inkl. USA und China zugestimmt haben. Seit dem NSA-Skandal, der Mitte 2013 durch Edgar Snowden ans Licht kam, scheint nun klar zu sein, dass dieses DPI augenscheinlich extensiv betrieben worden ist.

Da Datenströme in Pakete aufgeteilt und wieder nach Empfang zusammengesetzt werden, werden die Hinweise auf die Gesamtlänge der Nachricht (Payload) benötigt.

Da Sprach, Bild- und Videodaten gegenüber alphanumerischen Daten andere Anforderungen an Schnelligkeit und Zuverlässigkeit besitzen können, versucht man seit Jahren, die unterschiedlichen Anforderungen der Verkehre besser steuerbar zu machen, Stichwort Quality of Service (QoS). Diese differenzierenden Merkmale können in Datenpaketen im „Flowlabel", in der „Traffic Class" und in der Begrenzung der Zwischenstationen („Hop Limit") eingestellt werden. Insgesamt kommt der neue IP-Header zusätzlich zur Adresse auf 8 Byte, s.u.:

IP-Header IPv6

1.–4. Byte	Version (4)	Traffic Class (8)	Flow Label (20)	
5.–8. Byte	Payload Length (16)		Next Header (8)	Hop Limit (8)
9.–24. Byte	Senderadresse (128)			
25.–40. Byte	Empfängeradresse (128)			

Abbildung 10-9: IP-Header IPv6

In großen Telekommunikationsnetzen wird versucht, die Nutzlast zu erhöhen und gleichzeitig keinen großen Overhead mit zu übertragen. Jedoch wird der Verkehr fest zwischen den Übertragungs- und Multiplex-Einheiten aufgebaut, z.B mit dem Protokoll MPLS (Multi Protocol Label Switching). Das Protokoll enthält keinen eigentlichen Header, sondern ein Label, das als Adresse den nächsten Router enthält und einige Steuerungsinformationen beinhaltet. Es ist nur 4 Byte lang und befindet sich zwischen Schicht 3 und Schicht 2. Der Router erkennt am Label, was er machen soll, und leitet den Datenstrom quasi wie ein Switch ohne Routingtabellen-Entscheidung durch. Beim Empfänger wird das Label wieder entfernt, so dass alle Datenströme via MPLS geleitet werden können. Es wird seriell und zeitgleich übertragen. Dies hat den Vorteil, dass die Einzelframes relativ einfach beim Empfänger wieder zusammengesetzt werden können, obwohl gleichzeitig verschiedene Nachrichtenarten und eine Vielzahl von Nachrichten gleichzeitig übertragen werden. Das entlastet die Router stark und beschleunigt den Datendurchsatz um fast das 30-fache gegenüber TCP/IP. Die Frames mit Nutzlast und Overhead sind fest vorgegeben und entsprechen 270 Byte bei STM-1 und 69.120 Byte bei STM-126 im Rahmen der SDH (Synchronous Digital Hierarchy)-Technik. Das Zeitfenster ist unabhängig vom Multiplexen und beträgt 127µsec bei 270 Bytes wie bei 69.120 Bytes.

10.1.2.4 Schicht 4: Transport: Ports, Protokolle TCP und UDP

Über die umfangreichen Maßnahmen, dass die Pakete auch ihren Bestimmungsort erreichen, wurde im vorherigen Abschnitt berichtet. Nach diesen vorbereitenden Tätigkeiten kommt es nun zum tatsächlichen Transport der Datenpakete. Zusätzlich zum IP-Kopf kommt noch der TCP-Kopf hinzu, der ebenfalls 20 Byte lang ist. Im Layer 4 wird dazu die Übertragung der Nachricht abgesichert.

Wichtig ist auf dieser 4. Layer-Ebene die Bestimmung der notwendigen (Software)-Ports. Hier wird zwischen sendendem und empfangenem PC Teile des Betriebssystems (im Browser) geöffnet, um die im Datenpaket hinterlegten Nutzdaten decodieren zu können. Die Verbindung kann nur dann aufrecht erhalten werden, wenn beide Host dieselben Ports geöffnet haben. Es gilt (IP-Adresse + Port = Socket) *2 = Duplex, quasi zwei logisch parallele Verbindungen für die Übertragung.

Die Übertragung wird jetzt durch die angeschlossenen Web-Server gemanagt, die jeweils die zum sendenden und empfangenen Host equivalenten Ports für die Zeit der Übertragung öffnen. Der empfangene Host sendet während der Verbindung Quittungselemente (Acknowledge), um dem sendenden Host das o.k. der Übertragung oder Probleme zu melden, die meist dann durch Wiederholung der verloren gegangenen Pakete sofort wieder behoben werden. Die Reihenfolge der Pakete wird jetzt wichtig, auf der Verbindungsebene, 3.Layer, war durch die Summenbildung nur sicher zu stellen, dass alle Pakete auch ankommen können. Eine Garantie, dass alle auch angekommen sind, kann IP nicht leisten, das kann nur TCP oder UDP auf dem 4. Layer.

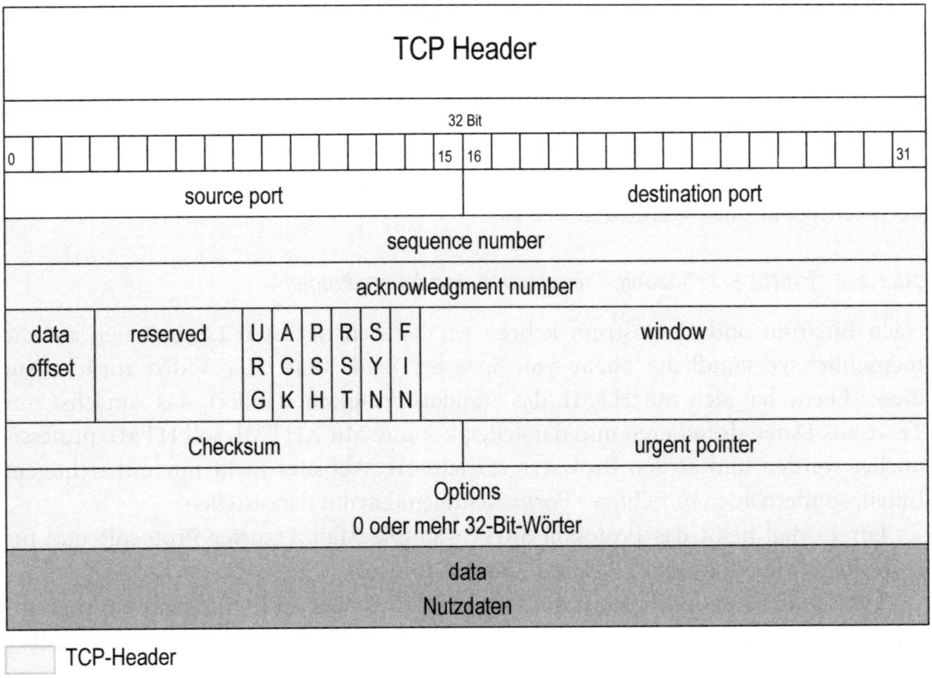

Abbildung 10-10: TCP-Header

Zum Schutz des PC/Hosts/Netzes werden häufig Firewalls eingesetzt. Ein Schutz gegen unerwünschten Daten-Verkehr ist die automatische Schließung aller nicht benötigten Ports. Potenzielle Angreifer müssen auf ihrer Seite nun auch die geforderten (nur erlaubte) Ports öffnen, sonst wird die Verbindung nicht begonnen.

Sprach- und Videoübertragungen nutzen als Transportprotokoll nicht TCP, sondern meist UDP (User Datagramm Protocol). Dieses Protokoll erlaubt nur einen Prüfsummencheck, ist aber wegen des kleinen Headers und der Erlaubnis, trotz fehlerhafter Pakete die Übertragung aufrecht zu erhalten, viel schneller als TCP.

Dazu sollte man wissen, dass ab 0,3 sec. Zeitverzögerung der Gesprächsfluss zwischen zwei Teilnehmern behindert wird und die Synchronität zwischen Bild und Ton leidet. Deshalb geht bei dieser Übertragung Schnelligkeit vor Vollständigkeit oder Zuverlässigkeit. Der Empfänger sollte und hat auch meist Korrektur-Mechanismen parat, um kurzfristige Drop-outs (Paketverluste) zu überbrücken. Ähnliches gilt in besonderem Maße für Sprach- und Videoübertragungen über mobile Endgeräte, da z. B. die Empfangs- und Sendeleistung je nach örtlicher Gegebenheit stark schwanken kann[303].

Das Problem von UDP, das Senden ohne Kontrolle (verbindungslos ohne Acknowledge-Funktion), und die daraus ausgelöste Folgen von Mehrfachwiederholungen der Datensendung, Störungen in anderen Diensten, weil Router bei Überlast Pakete ungeachtet des Dienstes verwerfen (TTL – Time to Live-Modus), könnte durch eine Kombination aus UDP und TCP, das DCCP (Datagram Congestion Control Protocol) gelöst werden. Hier soll wie bei TCP eine Kontrolle des Transports über Acknowledge (Feedback-Schleifen) eingebaut werden, jedoch zusätzlicher Overhead außer der der Kontrollsummen vermieden werden.

10.1.2.5 Schicht 5-7: Sitzung, Präsentation und Anwendungen

Nach Bitstrom und Datenstrom kehren wir bei den nächsten Layerebenen auf die menschlich verständliche Ebene von Sprache, Zahl, Text oder Video zurück. Auf dieser Ebene hat sich mit HTML das Standardprotokoll etabliert, das zunächst nur Texte aus Daten decodieren und darstellen konnte. Mit XHTML soll HTML professioneller werden und es den Browsern erleichtern, Websites nicht nur mit richtigem Inhalt, sondern auch in richtiger Form/richtigem Layout darzustellen.

Für E-Mail heißt das Protokoll SMTP (Simple Mail Transfer Protocol) und für Downloads und Uploads FTP (File Transfer Protocol).

Typisch für Standardbrowser sind sog. Plug-in's oder API (Application Programming Interface). Diese erlauben es Entwicklern, die Browser-Funktionalitäten über z. B. sog. Java-Applets für den Zeitraum des Gebrauchs zu nutzen. Davon zu unterscheiden sind compilierte Active-X-Elemente für den Internet Explorer von Micro-

303 Als Hauptfaktoren kommen in Betracht die Größe der Zelle zusammen mit dem aktuellen Kommunikationsverkehr, Abschirmung durch Gebäude und Störsignale aus anderen elektromagnetischen „Sendern".

soft, die permanent im Browser verbleiben und deren Sicherheit gegenüber dem Standardbrowser einschränken können, soweit der Entwickler des Active X-Element nicht entsprechende Vorkehrungen getroffen hat. Im Gegensatz dazu verändern Java-Applets den Browser nicht, sondern nutzen nur dessen Funktionalität temporär („Sanduhr-Prinzip"). Nach Ende der Sitzung sind sie wieder aus dem Browser verschwunden.

10.1.3 Virtuelle Netze und Sondernetze

Nicht nur in der privaten Kommunikation hat sich nach der Etablierung des Internets mit Facebook, Twitter, Google (Heute fast Synonym für Suchmaschinen) vieles verändert, auch viele Geschäftsmodelle sind heute ohne Nutzung des Internets nicht mehr vorstellbar geworden. Insbesondere Geschäftsmodelle, deren Produkte und Services digitalisierbar sind, sind einem radikalen Umbruch unterworfen.

Dazu gehören, wie schon erwähnt, als Basistechnologien Telekommunikation und Informationstechnologie (ITK). Hinzu kommen auf der Anwendungsseite

- die Medienwelt mit Musik- und Filmunternehmen, Fernsehen, Zeitungen und Verlage, Werbeindustrie, die Spiele-Industrie;
- die serviceorientierten Unternehmen wie Banken, Versicherungen, Logistik;
- die endkundenorientierten Unternehmen wie Handel und Touristik (CRM: Customer Relationship Management);
- in der Entwicklung Flugzeug- und Autoindustrie und im Einkauf über das alte EDI viele Unternehmen unterschiedlicher Branchen (SCM: Supply Chain Management).

10.1.3.1 Intranet und Extranet

Seit dem Siegeszug des Internets in den 1990-er Jahren haben Unternehmen den Wert einer einheitlichen Plattform für Kommunikation und Information entdeckt und selbst Netze mit der Internetprotokollfamilie TCP/IP aufgebaut, genannt Intranet.

Physikalisch wird der Austausch der Informationen über ein Ethernet, einen Token-Ring oder Token-Bus hergestellt. Logisch erhält der Unternehmens-Mitarbeiter über die Nutzer-Identifikations-Nummer (User-ID) mit entsprechendem Passwort oder Smart-Card Zugriff auf die Informationen. Beim Einloggen (Starten des PC) wird in modernen Netzen mit der SSO (Single-Sign-On)-Funktion alle Berechtigungen für die Nutzung in einem Vorgang zugewiesen und das Einloggen in die verschiedenen Informationssysteme des Unternehmens ermöglicht. Die physikalische Organisation im Intranet entspricht im Prinzip derjenigen im Internet.

Innerhalb eines Unternehmensnetzes können Daten bestimmten Nutzern zugeordnet werden. Mit einem Rollenkonzept wird dann sichergestellt, dass nur die Berechtigten Zugriff erhalten.

Microsoft hat mit SharePoint eine Plattform entwickelt, mit der über das Vehikel Website Kommunikation und Information organisiert werden können. Websites können generiert, gestaltet und mit Berechtigungen versehen werden. Sie können Daten, Dokumente, Bilder oder Kalender enthalten und mit Unternehmensdaten wie Stellung im Organigramm, Telefon-Nummer etc. aktualisiert werden. Bei Updates von Dokumenten können Projektteilnehmer automatisch über den neuen Stand informiert werden. SharePoint ermöglicht Suchfunktionen, Diskussionsforen, Blogs und stellt, wenn es freigeschaltet ist, jedem Mitarbeiter frei, sein Kenntnis-Profil für alle oder einen ausgewählten Kreis ins Netz zu stellen.

In Unternehmensnetzen kommt einer einheitlichen Namenskonvention große Bedeutung zu, damit die Konsistenz gewährleistet bleibt. Durch die Übernahme der Nomenklatura der IP-Adressenbildung aus dem Internet ins Intranet ist dies relativ einfach zu organisieren.

Jedoch besteht kein prinzipieller Unterschied eines Unternehmens-Intranets zu Großrechner-Datenbanken mit Hunderten von Nutzern. Anstelle der Systemsteuerung des Großrechners tritt die Netzsteuerung der angeschlossenen Server. Dem Nutzer ist es jedoch vom Prinzip her egal, auf welchem Server sich gerade die benötigte Information befindet.

Extranets sind von der Struktur Intranets (Protokolle TCP/IP und HTML), bei denen jedoch bestimmte externe Quellen für Mitglieder des Intranets im sofortigen Zugriff sind mit quasi interner Adressierung, obwohl sie nicht zum Unternehmen gehören. Angeschlossen werden die externen Teilnehmer meist über VPN (siehe nächster Abschnitt).

10.1.3.2 LAN, WLAN, MAN, WAN und VPN

Innerhalb dieser als 7-Schichten-Modell vorgestellten Nachrichtenwelt gibt es weitere physikalische und virtuelle/logische Netze.

Ein LAN (Local Area Network) verbindet über das Ethernet oder Token-Protokoll mehrere interne Host zu einem Netz und befindet sich auf den Schichten 1 und 2.

Als Funknetz Wireless LAN ist es innerhalb der Reichweite des Senders ebenso für mehrere Host konfigurierbar auf Schicht 1 und 2. Obwohl WLAN eine hohe Bandbreite auszeichnet, die durchaus mit dem neuen Mobilfunkstandard LTE vergleichbar ist, ist es bisher nicht gelungen, durch Zusammenschalten mehrerer WLAN ein großes Netz aufzubauen. Das liegt an der fehlenden Intelligenz, die durch Netzwerkprotokolle oberhalb von Schicht 2 unterstützt werden müsste. Eine Standardisierung ist bisher aber nicht gelungen.

Der Vorteil des WLAN gegenüber dem LAN ist die Flexibilität, ohne Anschlusskabel kommunizieren zu können, der Nachteil ist die schlechte Schutzmöglichkeit gegen externen Zugriff oder Lauschangriffe (Snarfing[304]), insbesondere bei öffentlichen WLAN-Hot Spots.

---

304 Beim Snarfing gaukelt der Angreifer ähnlich beim LAN- und ARP-Spoofing dem System einen neuen Access Point vor und etabliert sich damit dann im WLAN.

Ein Sonderfall sind WPAN (Wireless Personal Area Network)-Netze in Verbindung mit Wireless FireWire (Produkt von Apple). Bei diesen Netzen wird eine intelligente Netzsteuerung für bis zu 63 Geräte je Bus angeboten mit großer Ausbaumöglichkeit über Bridges auf über 1.000 Bussysteme. Es ist eigentlich der Schicht 1 zuzuordnen, hat aber durch das PAL (Protocol Adaption Layer) einige Schicht 2-Eigenschaften. Vorteil ist, das gemischt Geräte drahtgebunden (mit FireWire-Anschluss) und drahtlos vernetzt werden können.

Nachteil bei FireWire ist, dass der Controller die Hauptspeicher der Rechner kontrollieren und steuern kann, weil kein Gerät im Netz als Master bestimmt wird. Die gängigen Betriebssysteme Windows 7 und 8 und MAC OS X lassen dies zu.

Aufgrund dieser Sicherheitslücke ist WPAN eher für den privaten als den unternehmensweiten Gebrauch zu empfehlen.

MAN (Metropolitan Area Networks) sind regionale, schnelle, öffentliche Netze, die zunächst in Großstädten aufgebaut worden waren und relativ einfach mit Überlandglasfaser miteinander verbunden und dann zu WAN (Wide Area Networks oder GAN (Global Area Networks) ausgebaut werden können. Durch die komplette Gestaltung in Glasfaser waren und sind bei MAN hohe Übertragungsbandbreiten und Übertragungsraten möglich. Ein MAN wird vom Netzbetreiber bis Schicht 4 verwaltet und kann vom Nutzer mit allen Anwendungen bis Schicht 7 genutzt werden.

VPN (Virtual Private Network) ist ein logisches Netz, das auf einer bestehenden physikalischen Struktur aufbaut und ein rein privates Netz auf öffentlicher Struktur darstellt. Genutzt werden Sicherheitseinstellungen der Netzprotokolle und zusätzliche Verschlüsselungsalgorithmen, die ein „Tunneln" des WWW zwischen zwei Kommunikationsteilnehmern ermöglicht, als seien sie im internen Netz. VPN arbeiten mit speziellen Protokollen, die Nachrichten nach einem abgestimmten Verfahren „verpacken" und wieder entschlüsseln können. Diese Datenpakete können normal im frei zugänglichen Netz geroutet werden, jedoch nur von den autorisierten Servern entschlüsselt werden, die die vorab vordefinierten Ports auf Layer 4 öffnen und die Datenpakete in den richtigen Modus decodieren. VPN haben nach und nach die früheren PN (Private Network) abgelöst, die durch Zusammenschalten physikalischer Leitungen im Datenverkehr gebildet worden waren (Datex P und Frame Relay). Durch die Kapselung können die öffentlichen Router zwar den Verkehr erkennen, der über sie geleitet wird, jedoch nicht decodieren. Das VPN nutzt alle Ebenen von Schicht 1–7.

10.1.3.3 Clouds: SAN, VSAN, NAS, DAS

Große Speicherbedarfe durch die neuen Medien (Videos, Fotos) und immer schnellere Leitungen machen es möglich, viele Mediendaten nicht mehr auf dem eigenen Host zu speichern, sondern auf SAN (Storage Area Network). In diesen SAN können mehrere Supercomputer, Festplatten und Web-Server zusammengeschlossen werden, um vielen Endkunden die Sicherheit der Archivierung zu geben und sofortigen Zugriff auf eigene Daten zu gestatten. Unternehmen, die Millionen von Endkunden diesen Service anbieten wollen, benötigen SAN.

Alternativ kommen immer mehr Hybridsysteme zwischen Großrechner und Serverwelt zu Tage. So ist es heute möglich mit VSAN (Virtual Storage Area Network) und FCIP (Fibre Channel over IP)-Protocol, die Schnelligkeit der Großrechner mit ihren angeschlossenen Plattensystemen quasi ins Netz zu stellen, ohne groß an Verarbeitungsgeschwindigkeit zu verlieren. Die Protokolle arbeiten auf der Schicht 3 oder 4 und besitzen damit genügend Intelligenz zur Steuerung der Bit- bzw. Datenströme. Statt also einen Teil eines Supercomputers virtuell für eigene Unternehmensanwendungen zur Verfügung zu haben (Processing-as-a-Service) kann man gleich mehrere schnelle Festplatten über das Internet anbinden, über ein VPN mit Verschlüsselungsalgorithmen „tunneln" und gegenüber einem Supercomputerkauf sehr viel Geld sparen, da nur Verarbeitungs- und Übertragungszeit bezahlt werden müssen.

Network Attached Storage (NAS) ist eine weitere Ausbaustufe für Cloud Computing, wenn nicht bestimmt werden kann, wo die Daten gerade liegen, sie aber auf Knopfdruck aus dem Netz zur Verfügung gestellt werden. Da der Verwaltungsaufwand gegenüber einem Großrechner und über schnelle Kanäle angeschlossene Festplatten größer ist und auch die Netzprotokolle auf Schicht 4 gegenüber einem Bussystem auf Schicht 1 mehr Steuerungsdaten benötigen, werden große Datenbankanwendungen zunächst wohl in den Unternehmen verbleiben als DAS (Direct Attached Storage).

10.1.4 Software

Damit PC starten können, ist außer Strom oder Batteriekapazität Software nötig, die den PC hoch fährt (Booten). Bei Microsoft heißt das BIOS (Basic Input/Output System), ist die sog. Initialzündung auf der Hauptplatine, mit der dann das Betriebssystem (Windows 7 oder 8 bei Microsoft), (MAC OS X/iOS bei Apple) gestartet[305] wird. Bei IBM ist das IPL (Initial Program Loading) mit vergleichbaren Aufgaben, jedoch in der Großrechnerwelt.

10.1.4.1 Betriebssysteme

Das Betriebssystem verwaltet die angeschlossene Hardware über sog. Treibersoftware und teilt den Anwendungsprogrammen mit ihren Dateien den vorhandenen Speicherplatz im Hauptspeicher zu. Es stellt sicher, dass die Daten nach Ausführen des Programms gespeichert werden und dann auf die Festplatte ausgelagert werden. Ein modernes Betriebssystem enthält alle notwendigen Netzprotokolle und bedient die Layerebenen 5–7. Es sorgt automatisch für Zwischenspeicherungen und teilt den Tasks/Threads Zeitscheiben zur Verarbeitung zu.

305 Der Startvorgang sieht ein Laden des Betriebssystems und dann die vom User definierten Anwendungsprogramme und Dateien von der Festplatte in den Hauptspeicher vor.

Es ist das „Herz“ eines jeden Computers und sollte eigentlich vor unbefugten Zugriffen besonders geschützt sein[306]. Durch die aus Nutzersicht sinnvolle Integration der Netzprotokolle ins Betriebssystems und den Wunsch der Nutzer nach mehr Komfort im Browser lässt sich die oben gemachte Aussage heute für die Web-Server/Client-Welt nur sehr schwer aufrecht erhalten.

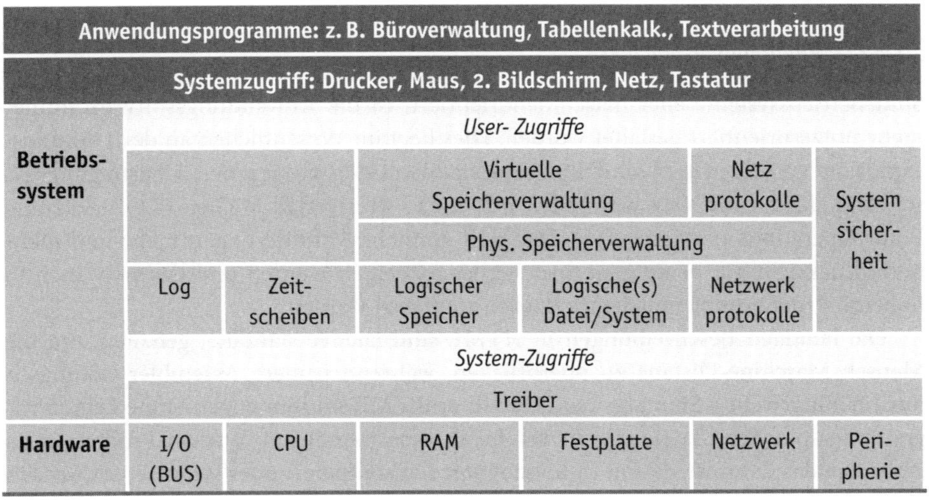

Abbildung 10-11: Beispiel: Funktionen eines Betriebssystems

Mit der erlaubten Zugriffsmöglichkeit auf das Betriebssystem über Netzprotokolle/Browser können (theoretisch) Daten der Anwendungsprogramme verändert werden und die Spur (Log) verwischt werden. D.h., diese Veränderungen können nicht mehr oder nur sehr schwer nachverfolgt werden. Je sensibler die Daten, desto mehr müssen sie aber geschützt werden. Statt der einfachen Lösung „Sperren des Zugriffs aufs Betriebssystem“ wird die komplizierte Lösung nun etabliert, nämlich jeden Zugriff auf Berechtigung zu hinterfragen.

Betriebssysteme sind ursprünglich in den 1970- und 80-er Jahren hardwaregetrieben gewesen, d.h. jeder Hardwarehersteller hatte sein eigenes Betriebssystem. Mit dem Vordringen des PC und DOS bzw. Windows von Microsoft und MAC OS X für Apple PC sowie der Standardsoftware, die auf DOS und Windows bzw. auf OS X/IOS aufbauten und aufbauen, wurden die Betriebssysteme anwendungsorientierter. Ab den 90-er Jahren hat sich als freier Standard (Open Source) Linux etabliert. Er ist desktopgeeignet, wird interessanterweise meist in Großrechner und Serverfarmen und Workstations sowie neuerdings in Smartphones (Android-Betriebssystem) genutzt.

306 Leider wird es systematisch durch Java-Applets und Active X Scripts für das Netz geöffnet, da diese Anwendungen erst funktionieren, wenn der Browser sich im Netz angemeldet hat.

LINUX als frei verfügbares und von vielen Entwicklern z.g.T. kostenlos[307] weiter entwickeltes Betriebssystem tritt gegen das von der Opengroup zu lizenzierndes UNIX und Unix-artige Systeme an, die heute von vielen Servern und Workstation eingesetzt werden. Fast alle Hersteller von Maschinen, die Multi-Userfähig sind, bieten heute Unix-artige Betriebssysteme an, z.B. IBM mit AIX, Apple mit MAC OS X, Sun (Oracle) mit Solaris und HP mit HP/UX.

10.1.4.2 Programmiersprachen

Sind Betriebssysteme eher maschinenorientiert, ist die Anwendungssoftware immer mehr nutzerorientiert gestaltet worden. Dies liegt im Wesentlichen an der Leistungsexplosion von Speichern und Prozessoren sowie den gestiegenen Übertragungsgeschwindigkeiten im Netz verbunden mit einem Preisverfall je Giga-FLOP (Floating Point Operations per Second)[308]. Dadurch konnten Anforderungen mehr und mehr ohne Rücksicht auf benötigten Speicherbedarf erstellt werden und dadurch auch in höheren Programmiersprachen schneller umgesetzt werden.

Die heutigen Beschreibungen in HTML sind laienverständlich gehalten, um die Mensch-Maschine-Distanz zu überbrücken, während frühere Assembler-Codings[309] nur für Eingeweihte Sinn abgaben. HTML und XML sind im engen Sinne keine Programmiersprachen, da sie den Parser im Browser benötigen, um ein Programm zu erzeugen, das dann wiederum in Maschinencode compiliert oder interpretiert werden kann. Damit kann dann ein Computer arbeiten.

Die heute gebräuchlichen Programmier-Sprachen sind C, C++ und viele weitere Spezialsprachen wie PASCAL im Großrechnerbereich und Visual Basic angereichert mit Java-Scripts im Desktop/PC-Bereich.

Im Netz zur Programmierung der Web-Anwendungen gebräuchlich sind JAVA, PHP (Hypertext Preprocessor) und Visual Basic/Microsoft.NET für Microsoft-Umgebungen.

Man kann die Sprachen auch nach dem benötigten Compiler und Interpreter unterteilen. Compiler übersetzen das Anwendungsprogramm in Maschinencode, der danach ausgeführt wird. Compiler sind maschinenabhängig also von der jeweiligen Hardwareumgebung bestimmt. Compilierte Programme sind auf der eingesetzten Maschine meist schneller und haben den Vorteil, dass über die Compilierungsvor-

307 Google hat sich selbst stark an der Entwicklung des Linux-Kernels beteiligt. Das System Android für Smartphones hat einen Linux-Kernel und wäre ohne Linux nach Meinung des Autors nie in dieser kurzen Zeit fertiggestellt und als zuverlässiges Betriebssystem anerkannt worden.

308 Im Zyklus von ca. 18 Monaten verdoppelt sich die Leistungsfähigkeit der Hardware (Mooresches Gesetz).

309 Assembler (erfunden von Nathaniel Rochester für den ersten IBM Computer) war die erste Maschinensprache, mit der sich auch Anwendungen realisieren ließen. Sie war sehr speicherschonend, aber durch zunächst fehlende Makros (Zusammenfassung von Programmbefehlen) sehr mühsam und aufwendig und wenig fehlertolerant in der Programmierung. Ein weiterer großer Nachteil ist die Maschinennähe, d. h. Prozessoren können sehr effizient gesteuert werden. Wechselt die Hardware, müssen die Programme neu geschrieben werden. Diese frühere „glückliche" Welt für Hardwarehersteller ist heute dem Denken in offenen Plattformen gewichen.

gänge Versions-Nummern vergeben werden. So ist im Nachhinein immer klar, mit welcher Programm-Version die Verarbeitung durchgeführt worden ist.

> Gerade im Rechnungswesen besteht, die Vorschrift, die mit einem spezifischen Programm erzeugten Daten auf Wunsch auch nach Jahren wieder erstellen zu können. Eine reine Archivierung reicht hier nicht aus.
>
> Im Rechnungsweseneinsatz ist der Einsatz von Interpreter-Spachen gefährlich, da die Versionierung fehlt.

Die Sprachen C, C++, Pascal und auch Java sind Compilersprachen, während Basic in allen Spielarten und PHP und JAVA Script Interpreter-Sprachen sind.

Interpreter analysieren Zeile für Zeile und setzen es sofort um. Interpreterprogramme sind zwar meist flexibler zu erstellen und einfacher zu verstehen, jedoch unsicher durch die Möglichkeit der nachträglichen Änderung am Programmcode. Hier kann nur schwer erkannt werden, welche Version tatsächlich auf der Maschine gelaufen ist und mit welcher Version die Daten erzeugt wurden. Auf der anderen Seite laufen Interpreter auf fast allen Maschinen. Dies erlaubt es dem Anwendungsprogrammierer, seine Programme in vielen Umgebungen lauffähig zu gestalten.

Heute gibt es auch Mischformen zwischen Interpreter und Compiler, so dass je nach Anwendungszweck entweder ein Compiler (Schnelligkeit, Sicherheit) oder ein Interpreter (Flexibilität) gewählt werden kann.

10.1.4.3 Anwendungssysteme

Kaum ein Unternehmensbereich kommt heute ohne den Einsatz von ITK aus. Aus den Anfängen der Massendatenverarbeitung, stupide manuelle Wiederholungshandlungen in der Buchhaltung und Lohnbuchhaltung mit hohem Belegaufkommen zu automatisieren, ist längst eine Automatisierung der Unternehmensprozesse geworden, ERP (Enterprise Resource Planning). Diese Automatisierung schließt auch wie in der Automobil- und Flugzeugindustrie die Kernliefereranten in der Entwicklung über die Unternehmensgrenzen mit ein, Stichwort SCM (Supply Chain Management) mit dem Vorgehensmodell SPICE.

Ihre ersten Unternehmensgrenzen überwand die IT Anfang der 90-er Jahre mit Edifact (Electronic Data Interchange for Administration, Commerce & Transportation), einem voll maschinellen Datenaustausch zwischen Kunde und Lieferant zu Fakturierungszwecken. Musste damals noch eine gesicherte Datenverbindung geschaltet werden, danach mit X.25, Datex P oder Frame-Relay virtuell und paketvermittelt auf dem bestehenden Telefonnetz bis Layerebene 3, so ist heute mit Internet-EDI (Electronic Data Interchange) diese Verbindung auch als sicher zu gestalten.

VPN (Virtual Private Network) oder mit getunnelter Verbindung auf Layer 4, der Transportebene, stellen hier Anwendungsmöglichkeiten dar. Ein Beispiel hierfür ist Engdat (Engineering Data Message), das mit Hilfe des OFTP (Odette File Transfer Protocol) den Datenaustausch in der Automobilindustrie unterstützt. Engdat dient also als netztechnische Lösung für SCM.

Die netztechnische Beschreibung von VPN ist im vorherigen Abschnitt 10.1.2 Physikalische Netze beschrieben.

Auf der anderen Marktkante eines Unternehmens, der Schnittstelle zum Kunden, haben sich ebenfalls große Systeme etablieren können, CRM (Customer Relationsship Management). In diesem IT-Bereich stellen Anfragen an Datenbanken eine große Herausforderung dar. Im Geschäftsprozess „Order-to-Bill" wird zunächst über den Planungsprozess der Produktions-, und über den Produktionsprozess der Lieferantenprozess (SCM) „Order-to-Delivery" angestoßen, insgesamt also der ERP, der das gesamte operative Geschäftsprozess-Geschehen abbildet. Nachdem aus dem Kundenauftrag eine Belieferung mit Fakturierung geworden ist, werden über die angeschlossene Datenbank dem Vertrieb/Marketing die Kundendaten, aufbereitet nach Kundenkategorie, Zeitraum und Region bzw. Verantwortungsbereich verdichtet zur Verfügung gestellt. Damit können dann für den nächsten Order-to-Bill-Zyklus die entsprechenden vertrieblichen Maßnahmen durchgeführt werden.

Bedenkt man, dass

- die Daten der Datenbank im Prinzip zeitgleich jedem Vertriebsmann zur Verfügung gestellt werden sollten,
- die Callcenter ebenfalls gleichzeitig Kundenanfragen und Aufträge bearbeiten und
- parallel Fakturierungen und damit operative Veränderungen am System vorgenommen werden,
- erhält man einen kleinen Einblick in die Komplexität der Datenbankorganisation bei CRM.

Die Benutzerschnittstelle sollte zudem grafisch sein, um die Mensch-Maschine-Kommunikation so einfach wie möglich zu gestalten. Das Zugriffskonzept sollte nach Kunden, Vertriebshierarchie und Änderungsmöglichkeiten (Lesen oder auch Schreiben/Verändern) je Benutzer in einem Rollenkonzept definiert worden sein und die Antwortzeiten sollten unter 2–3 sec. liegen. Bei Tausenden Usern gleichzeitig ist diese Anforderung in Großunternehmen kein einfaches Unterfangen an Design und Management der Datenbank. Zusätzlich dürfen auch keine Dead-Locks entstehen, d.h. gegenseitiges logisches Blockieren bei ein und demselbem Datensatz zur selben Zeit.

Netzseitig ist durch „getunnelte" Zugriffe sicherzustellen, dass von außen nur autorisierte Zugriffe auf die Datenbank erfolgen können.

Durch die Erfindung von Web-Browsern ist die Navigation im Internet für viele Menschen erst einfach möglich geworden. Statt einer langen Zahlenkombination, die sich niemand merken kann, sind sprechende Web-Adressen geworden, die mit Hilfe von DNS (Domain Name Server) eine Umsetzung in die Zahlenkombination URL (Uniform Resource Allocator) veranlassen. Browser können mit Hyperlinks arbeiten, die über hervorgehobene Begriffe in Textdokumenten auf Web-Adressen zugreifen können. Ursprünglich als Darstellungsprogramm für Textdokumente gedacht, wurden die Funktionalitäten auf alle Medienmöglichkeiten und Dateiformen wie Bilder, Grafiken, Video- und Audio-Dateien erweitert.

Dateimanagerfunktionen in der Verwaltung von Web-Sites kamen hinzu, so dass es eine Zeitlang so aussah, als dass interne und externe Dateiverwaltung zusammen von einem Browser erledigt werden sollte (Internet Explorer von Microsoft). Diese Funktionalität hätte jedoch den Wettbewerb eingeschränkt, so dass aufgrund von massiven Interventionen der EU-Kartellbehörden mit Mrd. Euro-Strafen Microsoft gezwungen wurde, diese Funktionen von Browser und Dateimanager wieder zu trennen. Inzwischen beherrschen Mozilla Firefox, Microsoft Internet Explorer, Google Chrome und Apple Safari gemeinsam den Markt.

Funktionalitäten können heute individuell durch Java-Applets (Oracle) und Active X Elemente (Microsoft COM) erweitert werden. Die Risiken steigen jedoch damit, da mit Hilfe dieser Techniken, wies schon oben beschrieben, Eingriffe ins Betriebssystem vorgenommen werden.

10.1.5 Daten, Informationen und Datenbanken

In der ITK ist in den vorherigen Abschnitten immer von Daten und Informationen die Rede gewesen. Tatsächlich benötigt es einiger Umwandlungen, bis menschliche Sprache, Texte, Bilder, Musik und Filme in sog. Bitströme umgewandelt und nach entsprechender Verarbeitung wieder menschlich verständlich wiedergegeben werden können. Diese Umwandlungen nennt man Codierungen und Decodierungen und die Technik, mit derer dies bewerkstelligt wird, sind Programme bzw. im Oberbegriff Software.

Im Bereich der Informationstechnologie und der Telekommunikation gibt es eine Fülle von Software und Programmen zur Codierung und Decodierung.

10.1.5.1 Codierung: ASCII- und UTF 8-Mode

Im einfachsten Fall einer Rechenoperation gibt es im Dezimalsystem offensichtlich 10 unterschiedliche Symbole, nämlich die Zahlen 0–9, die codiert werden müssen.

Beim Text sind es bei den lateinischen Schriftzeichen 26 Buchstaben von a-z, zusammen mit der Groß- und Kleinschreibung 52 Symbole, die codiert werden müssen.

Weiter gibt es eine Fülle von Sonderzeichen vom Punkt, Bindestrich bis zum Fragezeichen, die jeweils ein Symbol belegen, nochmals 32.

Um alle diese Symbole in 0/1-Informationen, Bits zu codieren, benötigt man offensichtlich 2^7, d.h. 128 Möglichkeiten, da 2^6, d.h. 64 zu wenig sind.

Aus diesen Überlegungen entstand der sog. ASCII (American Standard Code for Information Interchange) für das lateinische Alphabet in 52 Groß- und Kleinschreibung, die 10 arabischen Zahlen und 32 Sonderzeichen sowie 33 nicht druckbaren Symbolen. Umlaute wurden nicht eigenständig codiert:

<table>
<tr><th>Zeichenart</th><th>Elemente</th></tr>
<tr><td>Großbuchstaben</td><td>ABCDEFGHIJKLMNOPQRSTUVWXYZ</td></tr>
<tr><td>Kleinbuchstaben</td><td>abcdefghijklmnopqrstuvwxyz</td></tr>
<tr><td>Sonderzeichen</td><td>!" $%&'()*+,-./0123456789:;<=>?
@ [\]^_' {|}</td></tr>
</table>

Abbildung 10-12: ASCII

Im Zuge des WWW (WorldWideWeb) wurde offensichtlich, dass mit dem 7-Bit-Schema von ASCII andere Schriftzeichen als die der lateinischen Sprache nicht abgebildet werden konnten. Seit 2007 sind dann nach vielen Jahren der Vorbereitung und Abstimmung im sog. UTF (Universal Character Set Transformation Format)-8 Code[310] mit 1.112.064 Zeichenmöglichkeiten im 4-Byte-Mode, also binär 2^{32} Möglichkeiten festgelegt worden, die alle auf der Welt gebräuchlichen Schriftzeichen abbildbar machen inkl. historischer Schriftsymbole. Alle E-Mail-Sprachen sind verpflichtet, sich an UTF-8 zu halten. Inzwischen verwenden auch einige „Programmier"-Sprachen (XML, HTML) diesen Code.

Das führende Bit ist zur Identifikation der Zeichenfolge entscheidend, Damit haben die lateinischen Schriftarten ihren Vorteil behalten. Das erste Byte enthält weiterhin inkl. einer führenden 0 im ersten Bit alle 127 Zeichen von ASCII. Damit weiß ein Decodierungsprogramm, das in der Binärzeichenfolge je Buchstabe ein Zeichen gesetzt wird und decodiert die Nachricht entsprechend nach ASCII.

Eine 1 im ersten Byte gibt einen Hinweis auf Mehr-Byte-Codierung pro Zeichen, die Anzahl der Gesamt-Bytes je Zeichen entspricht dann der Anzahl der Einser vor der ersten (führenden) 0 im ersten Byte, d.h. bei 1110xxxx im ersten Byte werden in der nachfolgenden Nachricht die maximal möglichen 4 Byte je Zeichen genutzt und die Nachricht in der entsprechend hinterlegten Schriftart decodiert mit 4 Bytes pro Zeichen.

Die Vorteile von UTF-8 liegen auf der Hand, dieser Code ist weltweit einsetzbar und vollständig ASCII-kompatibel. Durch die variable Länge (zwischen 1-Byte und 4-Byte-Schriftarten) wird auch nicht mehr Speicherplatz als bei ASCII benötigt, sofern man im englischsprachigen Umfeld bleibt. Die deutschen Umlaute erfordern jedoch dann 2 Byte je Zeichen. Das lässt die Byte-Anzahl einer Nachricht bei gleichem Inhalt verglichen mit dem englischen verdoppeln. Viele asiatische Sprachen benötigen ebenfalls 2 Bytes, da jedoch das erste Byte komplett durch ASCII schon vergeben ist, summiert sich die Anzahl der benötigten Bytes auf drei je Zeichen. Das erhöht die Byte-Anzahl einer Nachricht um 50 % gegenüber einer Codierung in der eigenen Sprache.

310 Siehe ISO/IEC 10646.

10.1.5.2 Dateien und Datenköpfe

In der Hierarchie der Datenverarbeitung können wir nun einige Schritte weiter gehen, vom einzelnen Zeichen zum Datenfeld, danach zum Datensatz, zur Datei und schlussendlich zur Datenbank.

Formal gehen wir einfach die Treppe hoch:
- Bit: 0/1
- Byte:8 Bits
- Zeichen: 1–4 Bytes
- Datenfeld/Attribut: Mehrere Zeichen
- Datensatz: Mehrere Datenfelder/Attribute
- Datei: Mehrere Datensätze
- Mehrere Dateien: Datenbank

Inhaltlich oder logisch spricht man erst ab einem Datenfeld von Daten, z.B. bei einer Produktdatenbank mit der Artikelnummer als Attribut. Physikalisch sind die Datensätze einer Datei blockweise auf dem Massenspeicher (Festplatte) gespeichert. Sie werden Medium-abhängig in Blöcken, Rahmen (Frame) oder Paketen abgelegt bzw. bearbeitet. Die Hardware kann diese Daten nur bis zur definierten untersten Ebene verarbeiten. Dabei gelten 512 Byte bei Festplatten als ein Block, der einzeln adressierbar und verwaltbar ist, Ethernet-Frames von 60 bis 1.522 Bytes, IP- Datenpakete bis 64 KB.

Da Daten letztendlich wieder auf der untersten Schicht transportiert werden, haben Datensegmente in der Praxis etwa die Größe der Ethernet-Frames von knapp 1.500 Byte. Größere Pakete müssen vorher segmentiert werden, damit sie sendefähig werden. In öffentlichen Netzen sind das 270 Byte bzw. durch Multiplexen ein Vielfaches davon.

Der Anteil der Nutzdaten zu den Kontrolldaten kann dann im Festnetz bis auf 95% sinken, bedingt durch die großen Headerköpfe der einzelnen Schichten, im Mobilfunkbereich sinken die Nutzlasten meist drastisch auf 50–60%, weil durch die verschiedenen externen Signalbeeinträchtigungen aufwendige Fehlerkorrekturmechanismen viel Speicherplatz benötigen. Das vergrößert die Diskrepanz zwischen Festnetzübertragung und Mobilnetzübertragung weiter auf bis zu 1.000:1 für Nutzlast je sec.

Das System findet die gewünschten Datensätze der Datei über den sog. Dateikopf, der verschiedene Informationen (Dateiattribute) enthält wie,
- Zuordnung der Datei zu einem Nutzer/Nutzergruppe,
- Art der Datei (meist erkennbar im Namenszusatz wie .doc, .tex),
- Zugriffsrechte (lesen, schreiben = verändern, löschen, ausführen - entsprechend dem definierten Rollenkonzept,
- letzte Änderung/letzter Zugriff,
- Größe in Bytes mit Anzahl der Blöcke und Adress-Nummern der Blöcke (sequentiell, (mehrfach)-index-sequentiell) und
- die numerische Adresse der Datei.

10.1.5.3 *Nachrichtenköpfe in der Telekommunikation*

In der Telekommunikation sind aufwendigere Header notwendig, um die Steuerungs- und Kontrollinformationen für die Weiterleitung der Pakete durchs Netz aufzunehmen. Hierbei kennt jede Schicht nur Header und Nutzdaten, d.h. die Header der nächsthöheren Schicht sind als Nutzdaten gespeichert und werden erst auf der höheren Schicht-Ebene geöffnet. Die Nutzdaten auf Ebene 7 enthalten dann die eigentlichen Informationen, auch hier steht vor den Daten immer ein Dateikopf, um die Daten richtig zu decodieren. Bei Textdateien ist das .doc, bei Audiodateien z.B. „MP3", bei Fotos „.gif" oder „.jpeg" und bei Video „mpeg 2 oder mpeg4".

Nachfolgende Grafik veranschaulicht das Thema der Header noch einmal:

OSI-Layer und Paketstruktur

Aufgabe	**Paketstruktur: Daten + diverse Header** (Protokollhinweise+Adressen+Steuerungs-Kontrollinformationen)	OSI-Layer	Protokolle
Mail-, File-Upload-, Surf-Anfrage	HTTPH(AH)+Daten	7. Anwendung	HTML HTTP HTTPS FTP SMTP
Sendefähige Umwandlung in Daten	HTTPH(DH+AH)+Daten	6. Darstellung	
Strukturierung in Daten-Pakete	HTTPH(SH+DH+AH)+Daten	5. Sitzung	
End-to-End-Übertragung	TCPH+HTTPH(SH+DH+AH)+Daten	4. Transport	TCP UDP
Organisation des netzunabhängigen Übertragungswegs	IPH+TCPH+HTTPH(SH+DH+AH)+Daten	3. Vermittlung	IP
Netzabhängige, physikalische Steuerung und Zerlegung von Paketen in Frames	EH(SH)+IPH+TCPH+HTTPH(SH+DH+AH)+Daten	2. Sicherung	Ethernet, Token Ring Token Bus FDDI
Zuleitung des Bitstroms zum Endgerät	EH(PysH+SH)+IPH+TCPH+HTTPH(SH+DH+AH) +Daten	1. Bitübertragung	

Abbildung 10-13: OSI-Layer und Paketstruktur[311]

10.1.5.4 *Datenbanken*

Dateien selbst wiederum werden verwaltet im sog. Directory, das die unterschiedlichen Dateien in geordneter Form enthält inkl. aller Dateiköpfe.

Für den Anwender ist meist die Verknüpfung von Attributen aus verschiedenen Dateien interessant.

311 In der Grafik steht H für Header und die anderen Buchstaben von der obersten Schicht nach unten mit A: Application, P: Presentation, S: Session; T: Transportation (TCP); I: Internet (IP); E: Ethernet.

Beispielsweise möchte ein Produktmanager wissen, ob im letzten Jahr die neu geworbenen Kunden mehr Textilien oder Hartwaren bestellt haben.

IT-mäßig handelt es sich hier um eine Verknüpfung der Dateien Kunde, Produkt und Auftrag. In der Datei Kunde sollten die Attribute Kunden-Nummer, Neu/Stamm und Jahr vorhanden sein, in der Produktdatei die Attribute Artikel-Nr., Jahr und Sortiment Textil/Hartwaren und in der Auftragsdatei die Attribute Jahr, Kunden-Nr, Artikel-Nr.

Da die Auftragsdatei verglichen mit der Produkt- und Kundendatei riesengroß ist, wurde früher nach der Fakturierung statistisch sowohl in der Kundendatei Sortimentsdaten aufgefüllt als auch in der Produktdatei Kundendaten, so dass nicht das gesamte Jahr mit allen Aufträgen durchsucht werden musste, um die relativ einfache Frage beantworten zu können.

In der heutigen Zeit von sehr schnellen und leistungsfähigen Hauptspeichern kann für diese Frage manchmal der Inhalt aller drei Dateien komplett eingelesen und verarbeitet werden.

Für größere Unternehmen hatte sich jedoch schon in den 19 80-er Jahren die Frage nach einer geeigneten Datenbank für die notwendigen Analysen gestellt.

Datenbanken erlauben den sofortigen Zugriff auf das benötigte Attribut eines Datensatzes, während bei einer einfachen Dateiorganisation früher die gesamte Datei durchsucht werden musste. Außerdem erlauben Datenbanken den Zugriff vieler Benutzer auf dieselbe Datenbank. War früher die Verarbeitung der operativ gewonnenen Daten entscheidend (Buchhaltung), so ist es heute die gezielte Information (Controlling, Marketing). Die Entwicklung ging weg vom sequentiellen Batch (Stapelverarbeitung) hin zum sekundenschnellen Online-Zugriff. Deshalb haben nicht so sehr die Dateiinhalte, sondern die Struktur und die Vernetzung verschiedener Dateiinhalte heute eine große Bedeutung. Dies erfordert aufwendigere Managementsysteme innerhalb der Datenbankverwaltung, damit die Konsistenz, die Aktualität und Integrität der Datenbestände gewährleistet bleiben.

In den 1980-er Jahren gab es mehrere unterschiedliche Konzepte, das der hierarchischen Struktur, das der relationalen in NF (Normalform) und das der in NF^2 (Non First Normal Form).

Die hierarchische Struktur einer Datenbank ist die älteste Form, Vorteil ist ihre Schnelligkeiten beim Auffinden von Datensätzen, Nachteil die Schwierigkeit der Veränderung, z. B. der Erweiterung um zusätzliche Schlüsselfelder.

In einer hierarchischen Struktur sind z. B. die Personalstämme numerisch nach Personalnummer sortiert und die Abteilungen nach den Organisationsbezeichnungen. In beiden „Bäumen" sind die Personal-Nummern als Schlüsselbegriffe vorhanden. Eine Liste der Mitarbeiter der Abteilung XY würde über den Baum „Abteilung" angestoßen, der sich alle Personal-Nummern dieser Abteilung holt und danach zum Baum „Personalstamm" geht, um dort die Zuordnung der vorher ausgewählten Personal-Nummer zur Adresse zu generieren, um die Einladung zu einer Abteilungsversammlung verschicken zu können. Man sieht, dass diese Liste sehr schnell ohne unnötige Suchvorgänge generiert werden kann.

Soll jedoch die E-Mail-Adresse als zusätzlicher Schlüsselbegriff in den Personalstamm aufgenommen werden, ist der gesamte Personalstamm zu überarbeiten, da alle Personal-Nummern betroffen sein könnten.

In einer relationale Datenbank würde einfach nur für die bekannten E-Mail Adressen eine neue Tabelle mit den Attributen Personalnummer und E-Mail-Adresse generiert werden.

Bei einer relationalen Datenbankstruktur haben alle Datensätze in den jeweiligen Tabellen die gleiche Anzahl von Attributen, bei einer NF^2-Datenbankstruktur können einzelne Attribute mehrfach, bei Adabas (Software AG) z. B. bis zu 191 mal vorkommen.

Das kann in der Praxis Sinn machen, wenn z. B. in einer Kundendatei die Umsatzjahre der Vergangenheit mit abgespeichert werden sollen. Da die Kunden in unterschiedlichen Jahren zum ersten Mal beim Unternehmen ihren ersten Auftrag platziert hatten und danach auch nicht in jedem folgenden Jahr unbedingt gekauft haben müssen, sind die Kundendatensätze unterschiedlich lang, obwohl sie alle dieselben Attribute haben. Das spart Speicherplatz und Zugriffszeit, da in relationalen Datenbanken für jedes Kalenderjahr ein eigenes Attribut abgelegt werden müsste, in der NF^2 jedoch nur für die Jahre, in denen der Kunde Umsatz gemacht hat.

Mit zunehmender Leistungsfähigkeit der Hauptspeicher und der externen Plattenspeicher ist dieser Vorteil einer NF^2-Datenbankstruktur nur für sehr große Unternehmen mit Millionen von Kunden und Hunderttausenden von Produkten/Services noch ein Vorteil.

In der Praxis haben sich hingegen relationale Datenbanken durchgesetzt.

Durch das WWW entsteht inzwischen ein neuer Bedarf an dokumentorientierten Datenbanken, die in einer Baumstruktur (hierarchischer Typ) angelegt sein können. Sog. XML-Datenbanken speichern die Daten in sog. Eltern-Kind-Beziehungen[312] in strukturierten Dokumenten ab und sind in der Lage, alphanumerische Daten, ganze Texte, Bilder, Videos und Musik zu speichern und wieder zu finden. Relationale Datenbanken sind meist auf alphanumerische Werte als Datenfelderinhalte beschränkt, jedoch für Großanwendungen performanter als XML-Datenbanken.

Alle Datenbanken werden durch Datenbankmanagementsysteme verwaltet,

- die Änderung, Neuhinzufügung und Löschung sowie das Lesen der Datenfelder organisieren,
- die den erlaubten Zugriff auf die Datenfelder über die hinterlegten Rollendefinitionen der Nutzer regeln,
- die den Primärschlüssel, den alle Datensätze besitzen müssen, und die Sekundärschlüssel in Form eines Data Dictionary enthält, verwalten. Dieses Data Dictionary kann aktiv oder passiv sein. Passiv ist es, wenn es die Datenbankstrukturen nur do-

312 Unter Eltern-Kind-Beziehung wird die eindeutige Festlegung Oberbegriff (Eltern)und dazu gehörender Unterbegriff (Kind) verstanden. Ein Elter kann durchaus, IT-mäßig verstanden, mehrere Kinder haben, Kinder haben aber nur einen Elter.

kumentiert, aktiv, wenn es bei operativer Änderung der Strukturen gleich mit geändert wird.

- die die Konsistenz der Datenbank organisieren, in dem sie z.B. den gleichzeitig schreibenden Doppelzugriff auf dasselbe Datenfeld unterbinden (LOCK), die Datensicherheit durch Recovery-Verfahren mit Wiederaufsetzpunkten regeln,
- und die systematische Auswertung der Datenbank über sog. SQL (Structured Query Language) -Sprachen erlauben.

10.1.5.5 Von Daten zu Informationen

Bei all der Unterschiedlichkeit der Datenstrukturierung bleiben die Anforderungen an die Informationen, die aus Daten gewonnen werden, bestehen.

Sie bestehen aus einem Kontext, z.B. der betreffenden Gesellschaft in dem Unternehmensverbund (Mandantenfähigkeit des Systems).

Sie sind vollständig, d.h. z.B., dass alle Aufträge zum Jahresabschluss abgearbeitet sind, entweder fakturiert, zurückgewiesen wegen mangelnder Kreditwürdigkeit des Kunden, storniert wegen mangelnder Lieferfähigkeit oder Preiserhöhung des Produkts ohne Akzeptanz des Kunden oder als offen für einen der nächsten Fakturierungstage, wenn die bestellte Ware demnächst eintrifft. Nicht vollständig wäre der Auftragsbestand, wenn in der Wartedatei wegen nicht abgearbeiteter Stammdatenänderungen (Umzug des Kunden, Neuer Name nach Fusion) Aufträge mit einem Fehlerkennzeichen stehen bleiben würden.

Informationen sollen klar und verständlich sein, Binär-Ausdrucke oder Tabellen mit $-Zeichen wegen Speicherüberlauf sind unverständlich.

Sie sind wahr, evident, aktuell und unveränderlich. D.h., die Regel für das Ändern der operativen Daten ist klar geregelt, wird überwacht, getestet und entspricht den gesetzlichen Vorgaben. Funktionen wie Superuser oder „Erase“ sind streng limitiert und Testsystemen vorbehalten. Systemprogrammierer-Eingriffe sind protokolliert. Verarbeitungsrückstände werden zum Jahresende aufgeholt und abgearbeitet bzw. klar dokumentiert.

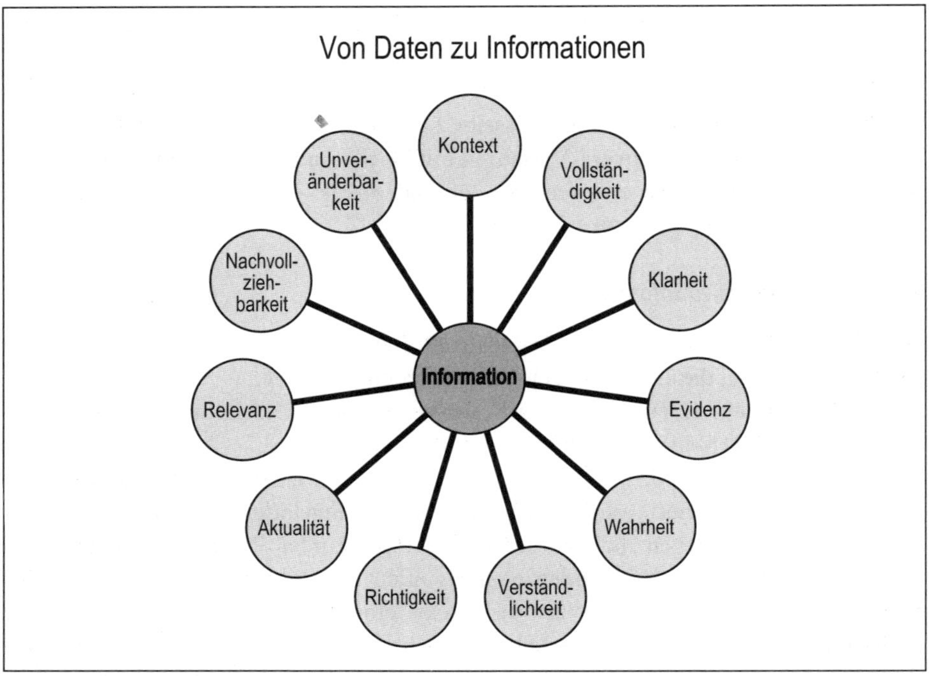

Abbildung 10-14: Von Daten zu Informationen

10.1.6 Personen in der ITK

Jedes Unternehmen, das nennenswert in seine ITK-Infrastruktur investiert hat, beschäftigt einen ITK-Leiter. Dieser ist verantwortlich für alle ITK-Funktionen im Sinne von Plan, Build &Run.

Unter PLAN ist die Anbindung der IT in die Unternehmensstrategie, die Entwicklung einer IT-Strategie, die die Unternehmensstrategie unterstützt und die Unterstützung der operativen bzw. Kernprozesse mit adäquater ITK zu verstehen. Daraus abgeleitet erstellt er ein Service Portfolio (Service Portfolio Offering nach ITIL) und leitet daraus alle notwendigen Entwicklungsmaßnahmen auf Basis der abgestimmten Hardware,- Netz,- Software, und Daten- und Informationsarchitektur ab. Die konkreten Zielvorgaben mit Ergebnis- und Kostencontrolling runden den Abschnitt Plan ab.

Siehe auch hierzu die ausführliche Erläuterung der IT-Governance bei COBIT im Anschnitt 10.2.1.

Die notwendigen Entwicklungsprojekte, eingepasst in ein mehrjähriges Entwicklungsprogramm stellen die Basis von BUILD dar. Die notwendige Drittunterstützung und die Verteilung seiner Entwicklungskapazität auf die konkreten Entwicklungsprojekte bilden den nächsten Schritt. Dieser mündet in ein Changemanagement ein, wenn diese Projekte nach ausgiebigem Test und Abnahme durch die Fachseite in den Produktionsbereich übernommen werden.

Mit RUN werden alle laufenden ITK-Aktivitäten verstanden, die auf eigener und fremder Infrastruktur laufen, das unternehmenseigene Netz, der Zugang zu den öffentlichen Netzen, das Kapazitätsmanagement, das Netzmanagement, das Helpdesk mit 1–3 Level Support, das Incident Management, das Fehler- und Problemmanagement und das Notfallmanagement.

Als Sonderbereich ist er auch für das Datenbankmanagement im Unternehmen verantwortlich inkl. der Architektur, der Datenobjekte, der Verzeichnisse und der Organisation der Zugriffe und Performance.

Plan, Build & Run werden unterstützt durch ein Schutzmanagement, das sowohl den Daten- und Informationsschutz umfasst wie den Schutz der ITK-Vermögensgegenstände vor Zerstörung, Ausfall und Missbrauch. Hierzu gehören auch die Beachtung aller gesetzlichen Richtlinien z.B. zur Archivierung, Aufbewahrung von Dateien und zugehörigen Programmen. Die Einhaltung der Auflagen der Versicherungsunternehmen zum Schutz vor Elementarrisiken inkl. eines Notfallplans fällt hierunter. Die unternehmenseigenen Richtlinien zur Hardwarebeschaffung (z.B. Standardarbeitsplatz), zum Zugriffsschutz (z.B. Password, PIN, Kryptoverfahren, Sicherheitsgateway zum Internet), zum Rollenkonzept mit seinen Berechtigungen, zur Nutzung von IT-Ressourcen sollten hier ebenfalls angesprochen werden.

In mittleren und größeren Unternehmen wird der IT-Leiter in diesen Aufgaben unterstützt vom Leiter Anwendungsentwicklung (BUILD) und Leiter Betrieb/Netze (RUN). Bei diesen Rollen verhält es sich ähnlich wie zwischen dem Leiter Entwicklung und dem Leiter der Produktion, hier die Innovation und dort die Kosteneffizienz. Die Aufgabe, beide Aufgaben für gleich wichtig zu erachten, ist die große Herausforderung für den ITK-Leiter. Ohne die Anwendungsentwicklung gelingen notwendige Quantensprünge, die sich schnell zu Wettbewerbsvorteilen entwickeln können, nicht. Ohne einen sparsamen Haushalter, der zudem qualitätsvernarrt sollte, wachsen die IT-Kosten schnell ins Uferlose. Der Leiter Betrieb wird unterstützt durch Systemadministratoren, Systemprogrammierer und Netzwerkspezialisten.

Der Leiter Anwendungsentwicklung erhält Unterstützung von den Herstellern von Standardsoftware und stützt sich auf eine kreative Truppe von Entwicklern ab, die lösungs- und kundenorientiert arbeiten. Der Datenbankdesigner und -administrator unterstützt auch hier nach Kräften.

Alle in diesem Anschnitt angerissenen Stichworte werden in den nächsten Abschnitten detailliert erläutert.

10.2 Rahmenwerke

In keinem Unternehmensbereich liegen Chancen und Risiken so eng beieinander wie bei der ITK. Kaum ein Bereich machte in den letzten Jahren einen derartigen Technologiewandel durch. Kein Wunder also, dass sich viele Menschen und Organisationen darüber Gedanken gemacht haben, wie man die Chancen heben könnte, ohne die Risiken übermächtig werden zu lassen.

Bei kaum einem Unternehmensbereich sind die Erwartungen an die Leistungsfähigkeit der Organisation von Unternehmensprozessen so hoch und manchmal gerade bei Großprojekten häufig enttäuscht worden.

Auch Staaten vergeben in nennenswerter Weise Großprojekte, die von strategischer Bedeutung sein können. Ein Scheitern derartiger Projekte hätte gravierende materielle Verluste und Reputationsverluste zur Folge. Durch Standardisierung ist es möglich, zumindest ein Fundament an richtigen Vorgehensweisen zu legen.

Deshalb treten an prominenter Stelle Regierungen an, z. B. USA, GB und Deutschland, die Standardisierung der Vorgehensweisen in Großprojekten voran zu treiben. Durch den Wettbewerb der Standards lässt sich auch ein Wettbewerb ihrer Unternehmen fördern. Wenn sich nämlich nationale Standards zu weltweit gültigen ISO-Normen weiterentwickelt haben, müssen sich alle Unternehmen daran halten, die eigenen nationalen Unternehmen hätten dann einen Vorteil, da sie sich schon früher mit den Standardisierungs- Voraussetzungen befassen konnten.

Als Rahmenwerke zu nennen sind aus UK ITIL/PRINCE 2, den USA TOGAF, CMMI und aus Deutschland der BSI-Grundschutz und das V-Modell.

Zusätzlich gibt es auch Rahmenwerke, die modern ausgedrückt von NGO (Non-Governmental Organisation) entwickelt und verbreitet wurden, COSO[313], COBIT, eTOM, RUP und SPICE. Alle diese relevanten Rahmenwerke werden im Nachfolgenden skizziert und diskutiert werden.

Die Fülle der Ansätze macht es dem Revisor schwierig, mit der „richtigen" Methodik ans Werk zu gehen[314]. Schön wäre es, wenn das eigene Unternehmen selbst entschieden hätte, in seiner ITK nach einem der Rahmenwerke vorzugehen.

Dann könnte der IT-Revisor das entsprechende Modell für seine Arbeit adaptieren. Missverständnisse mit der Fachseite über die Bedeutung der Fachbegriffe wären seltener.

Pionierarbeit ist hingegen zu leisten, wenn das Unternehmen seine IT nicht nach einem Rahmenwerk, sondern quasi „wie gewachsen" organisiert hat. Die Revision sollte hier behutsam versuchen, zusammen mit dem IT-Management eine gemeinsame Vorgehensweise zu verabreden.

Zunächst aber sollen die unterschiedlichen Rahmenwerke vorgestellt und Gemeinsamkeiten und Unterschiede herausgearbeitet werden.

Herkunftsland	Framework	Stichworte
USA	TOGAF	Wurde 1995, auf Basis des US Department of Defense, Technical Architecture Framework for Information Management (TAFIM) entwickelt

313 COSO hat als Organisation das Rahmenwerk gleich Namens herausgebracht.
314 Als erster Einstieg ist GTAG 1: Information Technology Controls aus den IIA Practical Advisories zu empfehlen.

Herkunftsland	Framework	Stichworte
UK	CMMI (Capability Maturity Model Integration)	Reifegradmodell, das die permanente Prozessverbesserung im Sinne eines TQM unterstützt
	ITIL	Nicht lizenzbedürftiges Prozessmodell für die IT-Organisation
	PRINCE 2	Zur Steuerung von IT-Entwicklungs-Projekten
	eTOM (enhanced Telecom Operations Map)	Generisches Prozessmodell nicht nur für Telcos
Deutschland	V-Modell	Einbindung des Nutzers in die IT-Entwicklung
	BSI-Grundschutz (Bundesamt für Sicherheit)	Umfassendes IT-Rahmenwerk mit dem Schwerpunkt IT-Schutz
ISACA	COBIT, COBIT 5 (Control Objectives for Information and Related Technology)	Aus der IT-Revision entwickeltes, inzwischen auch auf IT-Governance angelehntes weltweit gültiges, umfassendes Rahmenwerk für die gesamte IT, kompatibel zu COSO
COSO	COSO ICS und COSO ERM	Das Standardwerk der Unternehmensführung und -kontrolle
ISO 15504	SPICE (Software Process Improvement and Capability Determination)	Begrenzt auf die deutsche Automobilwirtschaft, SCM-orientiert, organisiert auch komplexe Entwicklungsprojekte zwischen Hersteller und Lieferant
IBM	RUP	Softwareentwicklungssystem, das die IBM 2003 mit der Übernahme von Rational Software übernommen hat

Abbildung 10-15: Rahmenwerke der IT

10.2.1 COBIT

Ähnlich wie COSO gibt es weltweit eine Organisation, die ISACA, die mit COBIT ein Rahmenwerk für alle IT-Prüfer und IT-Verantwortlichen geschaffen hat. Dieses Rahmenwerk ist sehr eng mit COSO verzahnt und spezifiziert die Anforderungen auf die IT-Ebene. Es beansprucht unternehmensweite Gültigkeit, sieht sich als Möglichkeit, alle Unternehmensprozesse zu gestalten und bezieht durch die explizite Trennung von Unternehmensführung und -kontrolle (Governance) und operativem Management mit Planen, erstellen, betreiben und kontrollieren (Plan, Build, Run, Monitor) den Board/Aufsichtsrat[315] explizit in seiner Verantwortung mit ein.

Gleichzeitig versucht das neue Modell COBIT 5 als Master-Framework für IT Anforderungen anderer Frameworks wie z. B. ITIL (siehe Kapitel 10.2.4) und TOGAF (siehe Kapitel 10.2.6) mit einzubinden.

Grafisch kann man COBIT 5 wie folgt verdeutlichen:

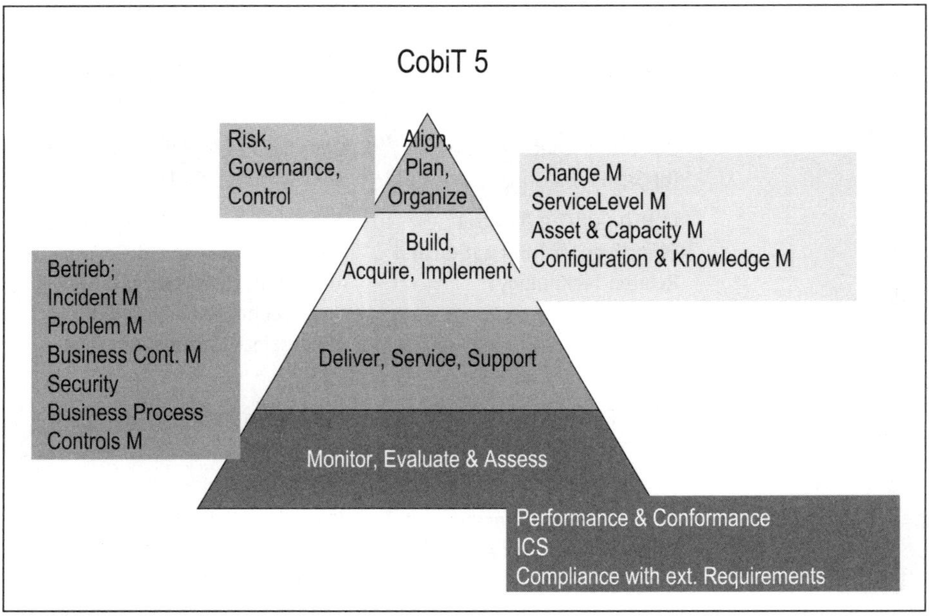

Abbildung 10-16: COBIT 5 – Grundstruktur

10.2.1.1 1. Modul: Align, Plan und Organize

Alleinstellungsmerkmal von COBIT ist die starke Managementorientierung, die sich im COBIT 5 in einem Baustein „Align, Plan & Organize" niederschlägt. Hier ist auch der direkte Bezug zu den COSO-Prozessen zu sehen, bei denen ja Governance, Risk, & Control (GRC) die zentralen Aussagen sind.

Ausgehend von einer Verzahnung der IT-Ressourcen mit den Geschäftsprozessen, die letztlich über die strategische Planung die Ziele der IT definiert, wird die Planung und Organisation in die Wege geleitet. Der IT wird mit diesem Schritt eine große

315 Zur Unterscheidung der amerikanischen und deutschen Unternehmensführung auf die Rolle der IR siehe den Band 1, 2009, der Reihe; siehe auch Joachim Kregel: Stellung der IR im dualen und im Board System in Peemöller/Freidank.

Bedeutung für die Entwicklung des Unternehmens eingeräumt. Ausgehend von einer Sollplanung für die nächsten drei bis fünf Jahre des Unternehmens werden die kritischen Anwendungen definiert, die die Kernprozesse des Unternehmens unterstützen sollen. Parallel dazu werden die IT-Anwendungen in der IT-Organisation auf die Zukunftsfähigkeit abgeklopft. Aus dem Abgleich der Managementanforderungen der Zukunft (SOLL) und der eigenen Bestandsaufnahme (IST) ergibt sich dann (im Idealfall) der Entwicklungspfad für die IT mit Bestimmung der wichtigen Projekte und den dazu gehörenden Ressourcen.

Hierbei spielen gewählte und zu wählende Technologie, das IT-Budget, die Daten-Software-, und Hardware/Netzarchitektur, die Risiken der bestehenden Anwendungen, die Ergebnisse von Qualitätsmanagement und Projektmanagement eine entscheidende Rolle.

Die Beschaffung von Hardware (Server, PC's, Netze, Rechenzentren), um den Anforderungen des Unternehmens (Servicelevel-Vereinbarungen) zu genügen, die Anpassung der Anwendungen an die zukünftigen Aufgaben sind dann Konsequenz der IT-Planung.

Für eine IT-Organisation ist demnach nach COBIT 5 die Verzahnung (Alignment) mit der Unternehmensstrategie notwendig, siehe auch COSO ERM „Object Setting". Eine eigenständige IT-Zielsetzung macht hiernach nur in der Verbindung, Ableitung und Diskussion mit den strategischen Zielen des Unternehmens Sinn.

So setzen Akquisitionsstrategien eines Unternehmens im Ausland bzw. Gründung eigener Gesellschaften im Ausland IT-Systeme voraus, die über eine Skalierbarkeit[316] verfügen.

Die Entwicklung neuer Produkte und Dienstleistungen muss in den bestehenden Systemen abbildbar sein, damit Zeitverzögerungen und Zusatzkosten aus der Umstellung der Software vermieden werden.

Umorganisationen im Vertrieb und Marketing verändern Kundenzuständigkeiten. Wenn diese Änderungen in den Kundensystemen (z. B. CRM: Customer Relationship Management[317]) nicht abbildbar sind, kann allein daran eine notwendige Umorganisation scheitern bzw. enorme Kosten verursachen, weil Daten dann teilweise manuell migriert werden müssen.

Innerhalb der IT-Planung ist es also für das IT-Management wichtig, welche Zukunftsanforderungen sich aus der Unternehmensstrategie ergeben und welche Entwicklungsschritte aus den bestehenden Systemen notwendig sind, diese auf dem geplanten Zeitpfad umzusetzen.

So setzen z. B. automatische Bestellsysteme über das Web entsprechende Spiegelung und automatische Aktualisierung von Unternehmensdaten voraus. Im Endkundenbe-

316 Skalierbarkeit ist die Fähigkeit eines IT-Systems, mehrere Mandanten oder auch mehrere Länder eines Mandanten unabhängig voneinander verarbeiten zu können.

317 CRM-Systeme verbinden die bekannten Systeme der Auftragsabwicklung, der Fakturierung und der Debitoren mit hieraus generierten Kundeninformationen für die Schnittstelle Vertrieb/Marketing.

reich wachsen damit die Anforderungen an die Serverarchitektur (Anzahl, Vernetzung und Redundanz).

Nicht zuletzt ist der Zugriffsschutz des firmeninternen Netzwerkes mit entsprechenden Maßnahmen wie Virenscanner, Firewall, Cache-Schutz der Server etc. zu kalkulieren.

Die Updates und „Patche" an lizensierter Software sind weltweit einzuspielen, andernfalls entfallen entsprechende Garantieleistungen der Anbieter.

Die internen Systeme sind auf die automatische Aufnahme der Daten aus dem Web vorzubereiten. Intelligente Eingabekontrollen verhindern, dass „korrupte" Daten[318] das interne Verarbeitungssystem „lahmlegen[319]„ können.

Die IT-Planung setzt also gleichzeitig auf einer Soll-Simulation der notwendigen IT-Landschaft, abgeleitet aus der Unternehmensstrategie, als auch auf einer Bestandsaufnahme der momentanen IT-Landschaft auf.

Gerade in dezentral organisierten Unternehmen ist es vielfach nicht trivial, Antworten auf z. B. folgende Fragen zu finden:

- Welche Fremd-Software welchen Versionsstandes wird nach welchen Lizenzverträgen eingesetzt (Über- oder Unterzahlung)?
- Wie sicher ist unsere eigen entwickelte Software (Nur ein Entwickler?)?
- Wieviele Endgeräte haben berechtigten Zugriff auf Unternehmenssysteme (BYOD: Bring your own device)?
- Welche autorisierten Dienstleister und welche nicht autorisierten arbeiten im IT-Bereich und haben Sonderzugriffe auf Systeme (Datenintegrität)?
- Wo liegen unsere Unternehmensdaten physikalisch (Diese Frage ist nicht mehr beantwortbar in der neuen Cloud-Welt, wenn also Daten und z.T ganze Systeme von externen Dienstleistern verwaltet werden)?
- Was möchten die Nutzer und wie ist der Nutzerwunsch professionell zu übersetzen?

Die Beantwortung dieser und vieler weiterer Fragen ist jedoch wichtig, um den Entwicklungsbedarf für eine Software-Programm- und Projektplanung abschätzen zu können und ebenso die notwendigen Hardware-Investitionen kalkulieren zu können.

Hinter all diesen Überlegungen steht auch die Frage, ob mit der Anzahl und Kenntnis der beschäftigten Mitarbeiter die Anforderungen der Zukunft gemeistert werden können. Andernfalls sind Schulungs- und sonstige Personalmaßnahmen einzuleiten.

Im Organize-Mode sind alle Maßnahmen zur Steuerung und Überwachung der IT-Systeme zu verstehen. Stichworte sind hier

318 Unter korrupten Daten sind Daten zu verstehen, die formal nicht ins vorgegebene Format passen oder inhaltlich falsch sind, z. B. Million statt Tausend als Maximalbetrag.

319 Siehe hierzu verschiedene Pressemitteilungen der jüngsten Vergangenheit, bei denen die Börsensoftware beim sog. Speedtrading durch fehlerhafte Eingaben für Minuten und Stunden lahmgelegt wurden und der Handel ausgesetzt wurde.

- Zugriffsschutz (Password, PIN, SSO: Single SignOn; Rollenkonzepte, Kryptoverfahren),
- Zutrittsschutz (Physische Sicherheit, Zutrittskontrollsysteme, Back-up-Rechenzentrum),
- Versionierung (der Software),
- Audit Trail (Verarbeitungskontrollen, Logfile),
- Notfallplanung inkl. Desaster Recovery Prozeduren,
- Qualitätssicherung von Technolgien und eingesetzten Ressourcen (Hardware, Netz und Software, Daten),
- Versicherung (Betriebsunterbrechung-, Elementarschaden-, Vertrauensschaden- und bei Dienstleistern Haftpflichtversicherung),
- inkl. der Kommunikation von Problemen mit der IT bis hin zum Service oder Help Desk (First bis Third Level Support).

Diese Themen sind vom IT-Management bzw. der Unternehmensleitung zu regeln. Im Einzelnen geht es da um nachfolgende Themen.

Mit Zugriffschutz ist verstanden, dass nur berechtigte Nutzer intern und extern Zugriff auf Unternehmensdaten und Unternehmenssysteme haben sollen. Stichworte zur Umsetzung sind hier ausgefeilte Berechtigungskonzepte, die am besten automatisch verwaltet werden und z.B. durch SMART-Cards aktivierbar sind. Passwords und PIN's inkl. automatischer TTL (Time to Live) und der Aufforderung nach Aktualisierung sind weitere Stichworte. Eine Firewall verhindert, dass Unberechtigte Zugriff erlangen. Virenscanner halten die Systeme stabil, verbrauchen aber Zeit und sind häufig (manchmal täglich, mindestens wöchentlich) zu aktualisieren.

Die Verwaltung von Superpasswords, die quasi die Generalschlüssel zu bestimmten Systemen sind, sind auf ein Mindestmaß zu beschränken und nur Administratoren zugänglich zu machen.

Zutrittsschutz zum Unternehmensgelände dürfte eigentlich jedem aufgrund der Wortwahl einleuchten. Trotzdem soll es in der Praxis vorgekommen sein, dass aus Lüftungsgründen Code-gesicherte Türen im Sommer offenstanden und Codewörter offen auf dem Schreibtisch lagen. Auch dass Programmierer „schnell einmal" ihr Programm im Wirk- (Produktions)betrieb von der Betriebskonsole geändert hätten, ist leider keiner Märchenwelt, sondern der Realität entlehnt. Es gilt also: Zutritt nur für Berechtigte.

Im Zeitalter der täglichen „Flickerei (Patche)" ist die Frage des Revisors nach der Versionsnummer eines Programms manchmal nicht zu beantworten. Ein Betrieb nimmt normalerweise nur getestete und von der Fachseite abgenommene Programme in den Wirkbetrieb. Jedoch ist es in der Praxis manchmal nur ein kleiner Schritt von der Fehlerbeseitigung zur „Verschlimmbesserung". D.h., wenn also nach einer kleinen Änderung das System aus unerfindlichen Gründen stehenbleibt, obwohl doch eigentlich nichts Wichtiges geändert wurde. Über die Versionsnummer kann der Betrieb dann sehr schnell die Vorversion einspielen, so dass der Betrieb weiterlaufen kann.

Versionierung ist also kein Formalthema, sondern eines mit hoher praktischer Bedeutung[320].

Der Begriff Audit Trail („Revisors Trampelpfad") besitzt heute im Zeitalter von Continuous Monitoring und Continuous Auditing zunehmende Bedeutung. Einfach ausgedrückt geht es um nichts anderes als um die Nachvollziehbarkeit der Verarbeitung, dass also alle Eingabedaten irgendwann zu Ende verarbeitet sind. Gute Systeme sind von vorneherein mit einem Audit Trail designt, alte anzupassen, erfordert manchmal sehr hohen Aufwand, gerade bei den aus alter Zeit bekannten Monolithen, die vom Unternehmen selbst programmiert wurden und meistens das „Herz" eines Unternehmens ausmachen. Bei SAP-Anwendern sollte das Thema kein Problem darstellen.

Unter Notfallplanung versteht man, den IT-Teil eines Unternehmens gegen möglichst viele Ereignisse höherer Gewalt (Force Majeur) abzusichern. Das geht zunächst natürlich mit einer Elementarschäden- und Betriebsunterbrechungsversicherung. Wenn es dann jedoch um die Prämie geht, wird das Unternehmen mit einem sehr umfangreichen Katalog nach seinen eigenen Maßnahmen gefragt werden.

Dazu gehören dann Ausweichrechenzentren, voll funktionstüchtiges „kaltes" oder „warmes"[321] Notfallrechenzentrum, Lagezentrum mit Bestimmung eines Krisenstabs (Managementebene[322]), eine Priorisierung der Unternehmensanwendungen von überlebenswichtig über sehr wichtig bis wichtig[323]. Im Internetzeitalter ist es auch angebracht, dass Unternehmen mit ihren Netzanbietern darüber Klarheit erzielen, falls ihre extern zugänglichen Unternehmensserver durch gezielte Angriffe von außen außer Funktion genommen werden (müssen).

Unter Qualitätssicherung *in der IT* geht es gerade darum, z. B. nach COBIT oder ITIL (siehe Kapitel 10.4.2) oder dem BSI-Modell, also nach etablierten Standards in der IT vorzugehen statt nach der Devise „Quick &Dirty".

Wichtig ist auch in dem Bereich IT, gerade, wenn ein Unternehmen externes Geschäft betreiben sollte, eine Zertifizierung nach ISO 20.000, die sich stark an das britische Rahmenwerk ITIL anlehnt. Die Norm 9001:2008 gilt für ein Gesamtunternehmen und ist nicht IT-spezifisch, während die Norm 27.000 nur die IT-Security innerhalb der IT abdeckt. Die Norm ISO 31.000 Risk Management versucht das Risikomanagement, auch das in der IT, einheitlich zu gestalten, ohne die speziellen wie die 20.000 einschränken zu wollen. Es gilt hier das Prinzip des Vorrangs der konkreteren Norm.

320 Dem Autor ist die idealtypische Beschreibung des Zusammenhangs bewusst. So lässt sich heute aufgrund hoher Komplexität und verschiedener Abhängigkeiten in Online-Systemen die Vorversion nicht immer generieren, insbesondere, wenn zusätzlich in der neuen Version auch Datenstrukturen geändert wurden.

321 Bei kalt ist nur die Hardware vorhanden, Software muss geladen werden, warm ist ein RZ, wenn es nach Einspielung der Programmdaten sofort funktionsfähig ist, heiß, wenn nach Ausfall eines Rechners die Verarbeitung auf einem anderen Rechner störungsfrei weiterläuft.

322 Die operative Ebene sollte erst bei dem konkreten Fall bestimmt werden, da es in Abhängigkeit von Region und Ereignis unterschiedliche Spezialisten im Unternehmen geben kann.

323 Der Verfasser geht davon aus, dass es im Unternehmen keine überflüssigen Anwendungen gibt.

Ähnliches gilt für die aus Australien stammende Norm 38.500 über IT-Governance, die sich an das TOP Management wendet.

Für alle Qualitätsmodelle gilt der Grundsatz, nicht für den Schrank, sondern für die Anwendung in der Praxis Papiere erstellen, kommunizieren und überwachen. Andernfalls ist die Mühe umsonst und ein Nachweis über die Wirksamkeit kann nicht erbracht werden[324].

Ausführlich werden die ISO-Normen unter Abschnitt 10.2.6 abgehandelt.

Da es sich bei der IT eines Unternehmens zwar prozesstechnisch um einen Hilfsprozess, dem Grunde nach jedoch um ein Herzstück handelt, sollte der Versicherungsschutz auch adäquat sein.

Zusätzlich zu den angesprochenen Versicherungen Elementarschäden (Erdbeben, Hochwasser) und Betriebsunterbrechung gehören hier auch die Gebäudeversicherung (Feuer, Sturm, Leitungswasser) und eine Managerhaftpflicht (D&O-Versicherung) sowie die Vertrauensschadenversicherung als Risikovorsorge hinzu. Die beiden letzteren sind meist schon im Unternehmen vorhanden. Sie werden hier explizit erwähnt, da gerade der IT-Bereich für die meisten Manager auch heute noch ein Buch mit sieben Siegeln ist, so dass nicht ordnungsgemäßes Handeln nicht von Vorneherein auffallen würde.

Leider sind es in der Praxis nicht nur die Sachprobleme, die ein Unternehmen in Schwierigkeiten bringen, sondern der kommunikative Umgang mit ihnen (COSO-Prozess: Information& Communication). Zu lange werden manchmal Probleme als mit Bordmitteln lösbar gesehen, ehe dann, wenn es schon zu große Friktionen gekommen ist, die Unternehmensleitung informiert wird. Diese kann dann meist nur noch mit einer defensiven Kommunikationspolitik reagieren statt die im Einzelfall sinnvollsten Aktionspläne in aller gebotenen Ruhe durch zu diskutieren und dann überlegt zu handeln.

10.2.1.2 2. Modul: Build, Acquire und Implement

Ähnlich wie bei ITIL kommt die Prozess- und Anwendersicht in den folgenden zwei weiteren Modulen zum Ausdruck.

Im zweiten Modul geht es um „Build, Acquire & Implement" um die Umsetzung der Nutzeranforderungen in neue IT-Software und Hardware. Die bekannten Begriffe Changemanagement, Service Level Agreements, Asset & Capacity Management sowie Configurations- und Knowledgemanagement stehen hierfür ein.

Change Management (Enable organizational change) umfasst alle Maßnahmen in der IT und im Umfeld der IT, um die Organisation auf die kommenden Veränderungen vorzubereiten und sie dann durchzuführen. Ausgangspunkt für das Changema-

324 Übrigens sollten nach Auffassung des Autors Prüfungen/Beratungen ohne Wirksamkeitstest grundsätzlich in Frage gestellt werden, gleich, von welcher Organisation sie erbracht werden, und zwar nach der Devise „An den Früchten sollt ihr sie erkennen"!

nagement sind die Entscheidungen auf Vorstandsebene, basierend auf einer neuen oder modifizierten Strategie das Unternehmen neu auszurichten, mit neuen oder modifizierten Produkten und Prozessen. Dies schlägt sich bei einem integrierten Ansatz auch in einer Bestandsaufnahme der IT (IST) wieder, der die Neuausrichtung des Unternehmen (neues SOLL) gegenübergestellt wird. Daraus ergeben sich nicht nur Anforderungen an neue Software und Hardware nebst Migrationsproblemen der Daten und einem störungsfreien Betrieb in der Übergangszeit zwischen den zwei Welten alt und neu.

Vielmehr müssen über gezielte Kommunikationsmaßnahmen die Mitarbeiter mitgenommen werden. Das hat zur Konsequenz, dass hier Führungskräfte besonders gefordert sind, Ängste zu nehmen und die neuen Chancen aufzuweisen. Diesem Thema wird nicht nur bei einer neuen IT sondern auch bei der Einführung jeglicher Neuerung, neue Firma, neues Produkt, neue Aufbauorganisation, neues Verwaltungsgebäude etc. meist zuwenig Platz und Zeit eingeräumt. Hier liegt dann auch häufig die Ursache für das Scheitern oder Verzögern von Projekten, die sich rational auf dem Papier so gut ausgemacht hatten.

Ein zweiter, in der IT fast noch wichtigerer Aspekt des Changemanagements ist das „Manage Change". Hier gilt es, beim einem Releasewechsel oder gar beim Übergang in eine neue Softwarewelt (Einführung objektorientierte Programmierumgebung oder Wechsel von SAP 2 auf SAP 3) die Daten zu sichern, die Hardware und das Netz mit allen Clients auf die neue Herausforderung abzustimmen. Datenmigrationsprobleme und „hardwarefressende" Software auf Interpreter-Basis sind nur einige Themen die bewältigt werden müssen. Zusätzlich sind immer Integrationsprobleme zu berücksichtigen, wenn eine neue Welt nur schrittweise eingeführt werden kann. Der „alte Monolith" lässt sich wegen seiner Komplexität meist nicht „sauber", d.h. modulmäßig strukturieren. Zusätzlich tauchen plötzlich IT-Prozessthemen auf, die in der alten Welt schon gelöst waren, für die in der neuen wegen der Konzentration auf das Wesentliche keine Entwicklung vorgesehen war. Steigende Fehlerlisten sind zu managen bis hin zur Einstellung von Produkten und Services, bei denen sich eine Neuentwicklung in der neuen IT-Welt nicht mehr lohnt.

Mit Service Level Agreement ist der Prozess gemeint, der den Nutzer in die Budget- und Fachverantwortung hebt. Der Nutzer bzw. die Fachseite bestimmt in einem Pflichtenheft, welche Funktionalitäten (z.B. Antwortzeiten, Nutzerzahl, Datenvolumen, Verfügbarkeit, Schnittstellen, 1./2./3. Level Support, Einsatz von Standard-Modulen etc.) inkl. Backups in Notfällen für ihre Anwendung gelten sollen. Die IT quantifiziert aufgrund dieser Anforderungen das notwendige Budget nach Kosten (bestehende und neue Anwendung) und den Zeitraum bis zur Implementierung (neue Anwendung). Beide handeln einen Vertrag wie unter Dritten aus, auch wenn die IT ein interner Bereich ist. Wie bei jeder Vereinbarung ist dieses Schriftstück eine klare Arbeitsgrundlage für beide Seiten.

Im Asset und Capacity Management werden die zukünftigen Anforderungen auf Hardware und Leitungskapazität heruntergebrochen, um eine Basis für mögliche Investments zu erhalten. Eine Bestandaufnahme der vorhandenen Firmen-PC, die benötigten Lizenzen zur Nutzung von Standardsoftware, die benötigte interne und externe Leitungskapazität, die Anzahl benötigter Server und ggfs. Router und Hosts gehören zu diesem Managementkomplex. Für die Nutzung gibt es eine Vielzahl von Modellen wie dem klassischen Kauf über Leasing mit Percentage-of-Use-Vereinbarungen bis hin zum kompletten Outsourcing in einer Cloud. Auch hier stellt sich die Frage von Backup- und Notfall-Rechenzentren mit entsprechenden vertraglichen Vereinbarungen, wenn das Thema über Dritte gelöst werden sollte.

Im Konfiguration Management sollte der aktuelle Status der Produktions-, Test- und Entwicklungsumgebungen nebst ihren Vorläufern (Versionen) in allen Hardware- und Softwarekomponenten definiert sein. Ziel ist es zum einen, einen geordneten IST-Ablauf zu ermöglichen. Weiter geht es darum, die damalige Produktionsumgebung ohne größeren Aufwand wieder erstellen zu können, wenn alte Datenstände nachträglich (z.B. im Rahmen einer Steuerprüfung) verarbeitet werden müssen. Drittens geht es darum, Modifikationen und Neuerungen geordnet in den Wirkbetrieb aufnehmen zu können. Aufgrund dieser sehr hohen Anforderungen gibt es nach Wissen des Autors bisher keine Software, die herstellerunabhängig das Konfigurationsmanagement in einem Unternehmen zentral übernehmen kann. Der Aufbau von CMDB (Configuration Management Data Base) laufen in diese Richtung, einer Datenbank, die die vorhandenen Datenbanken inkl. der anderen Konfigurationselemente verknüpft.

Gebräuchlich sind in der Praxis weiter Werkzeuge zur Versionsgenerierung und Datenbanken wie LotusNotes, die eine automatische Dokumentenverwaltung ermöglichen. Notwendig ist weiter ein klar definierter Implementierungsprozess, der für Entwickler und Hersteller von Standardsoftware und Tools feste Regel für Änderungen an den Produktions-, Test- und Entwicklungsumgebungen vorsieht.

Unter Knowledge-Management werden IT-Themen wie CRM, Datamining, SQL, SPSS[325] (Statistical Package for the Social Sciences) etc. und Nicht-IT-Themen wie Management-Cockpit, Expertenwissen, besuchte Seminare, Ausbildungsstand, interne Karriereschritte etc. gemeinsam verstanden.

Letztendlich geht es darum, in einem konkreten Fall den richtigen Ansprechpartner oder die richtige Antwort für ein Unternehmensproblem zeitnah zu finden. Nach Erfahrung des Autors ist der Pflegeaufwand von Knowledge-Systemen sehr hoch und der Nutzen für die eingebenden Experten begrenzt. Deshalb klingt der Spruch „What if my company knows what my company knows" auf den ersten Blick sehr überzeugend, doch die Konsequenzen aus diesem Spruch sind manchmal schwierig wirtschaftlich umzusetzen.

10.2.1.3 3. Modul: Deliver, Service und Support

Im dritten Modul von COBIT 5 geht es um den für die Fachseite wichtigsten Punkt, die Funktionsfähigkeit der IT im täglichen Betrieb.

325 Befindet sich seit 2009 bei IBM und ist ein sehr mächtiges Auswertungstool für Data Mining im Unternehmen, unterfüttert aus den im Unternehmen vorhandenen Datenbanken und Dateien.

Stichworte sind hier Betrieb, Incident Management, Problem-Management, Business Continuity Management, Security und Business Process Controls Management.

Das Tagesgeschäft im Betrieb mit Erfüllen der Servicelevel, die Handhabung von Fehlern und Systemproblemen, der Abwehr von unautorisierter Benutzung der IT-Ressourcen sowie deren wirtschaftlicher Einsatz ist hier Thema.

Konkret bedeutet das für den verantwortlichen Leiter des Betriebs:

- das unternehmensweite Intranet vor unbefugten Zugriff zu schützen,
- die IT-Systeme auf akzeptable Antwortzeiten zu überwachen,
- Abbrüche, Restarts und Restores sowie automatische Datensicherungen zu organisieren.

Eine strikte Trennung von Produktionsumgebung, Testumgebung und Entwicklungsumgebung ist zu gewährleisten. Eine ordnungsgemäße Verarbeitung ist nur dann gegeben, wenn auf der Produktionsumgebung keine Tests oder Entwicklungen laufen. Die Testumgebung stellt dem Entwickler eine Quasi-Produktionsumgebung, jedoch mit Testdaten zur Verfügung, so dass neue Programme bei unterschiedlichen, praxisnahen Datenkonstellationen ausgetestet werden können und Fehler im Wirkbetrieb damit vermieden werden.

Die IT-Kapazitäten sind sinnvoll und kostenadäquat zu planen. Hiermit sind sowohl Hardware inkl. der Desktops, Netze als auch Ressourcen für IT-Entwicklungsprojekte gemeint.

Die Verbindung zu den Experten der Standardsoftwarelieferanten ist so zu organisieren, dass auftretende Probleme in kurzer Zeit bereinigt werden können. Notwendige Remote-Zugriffe[326] sind zu überwachen und zu protokollieren. Vor dem Hintergrund der intensiveren Nutzung von Smartphones ist dies eine Mammutaufgabe. Zu diesem Themenkomplex gehören auch die Third Level Support Tools, die einem externen Spezialisten Zugriff von außerhalb des Unternehmensnetzes auf das Betriebssystem gestatten.

Patche sind zu dokumentieren. In einer Zeit zunehmender Netzattacken kommt diesem Punkt der Aktualisierung von Standardsoftware große Bedeutung zu.

Innerhalb einer IT-Systemprüfung war mit dem CIO (Vorstandslevel) vereinbart worden, einen externen Angriff auf das Unternehmensnetz zu simulieren. Der operative Bereich wurde vereinbarungsgemäß nicht vorab informiert. Schon bei einem ersten SCAN auf die Solaris-Rechner (SUN Microsystems) wurde das System instabil und wir mussten den Versuch abbrechen, um nicht noch großen Schaden anzurichten. Der zuständige Fachbereich hatte versäumt, den letzten Patch von SUN Microsystems aufzuspielen, der gegen diesen Scan immun gemacht hätte.

Ein Logbuch zu führen, das Monitoring von Angriffen bzw. deren Abwehr auf das Netz (Server und PC) bis hin zur Zertifizierung der IT ist zu organisieren. Ohne Log-

326 Hier sind Systemänderungen gemeint, die von außerhalb der Unternehmensumgebung initiiert werden.

file ist es bei einem unplanmäßigen Abbruch schwer, wieder den Restart-Punkt zu finden. In Zeiten von zunehmenden Netzattacken wird es fast „überlebenswichtig", die Angriffsversuche zu dokumentieren, um überhaupt mögliche Angriffe erkennen zu können. Die bei Auswertung der Protokolldateien gewonnenen Erkenntnisse können dann helfen, den Schutz der IT weiter zu erhöhen.

Detailliert wird dieser Punkt unter 10.6.6 abgehandelt.

Hinzu kommt der Aufbau von Audit Trails in den IT-Anwendungen und das Managen der Problem- und Fehlerberichte.

Detailliert wird dieser Punkt unter 10.4.3 abgehandelt.

Konkret sind im Incident Management die entsprechenden Vorkehrungen bei Systemabstürzen oder Systemstillständen zu treffen wie Restart- und Restore-Prozeduren. Meist geht es um sehr schnell zu treffende Entscheidungen, die dennoch planmäßig und nicht unüberlegt getroffen sein wollen. Da Incidents die Eigenschaft haben, gerade an Urlaubstagen der Stammmannschaft oder während der Sonn- und Feiertage oder auch nachts aufzutreten, sind entsprechende Vorkehrungen zu treffen, dass auch die Vertretungskräfte die richtigen Entscheidungen treffen. Ebenso ist parallel ein Eskalationspfad zu definieren, wer alles bei einem Notfall sofort informiert werden sollte (Information & Kommunikation).

Sind kritische Vorfälle im IT-System auch so schnell wie möglich abzustellen, so zeigt die Praxis, dass interne Risiken und zum Teil Reputationsrisiken dadurch erst entstehen, dass die zuständigen Managementebenen nicht oder zu spät informiert wurden. Zwar ist die Aussage, dass dieser Personenkreis im akuten Fall nicht helfen kann, richtig. Trotzdem kann über die Hierarchieebenen zusätzliche Hilfe bei gravierenden Problemen in Bewegung gesetzt werden, insbesondere bei externen Spezialisten wie den Lieferanten betroffener Systeme. Wohl dem, der einen Servicevertrag mit 24 Stunden-7-Tage-die Woche vorweisen kann.

Sind Kunden von dem Ausfall betroffen, kann eine kluge Informationspolitik wütende Beschwerden schon im Keim vorher ersticken bzw. versachlichen. Auch interne Mitarbeiter und Kollegen wüssten gerne, wann das Intranet wieder steht, und bedanken sich für rechtzeitige Information über gute Feedbacks im Servicebereich.

Im Unterschied zu Incident Management[327], das meistens überraschend auftritt, sind es im Problem Management die immer gleichen Probleme, die mangels Zeit (Priorität) und/oder Budget nicht gelöst, sondern deren Lösung verschoben werden. Ein Teil

327 Falls ein Incident jedoch nicht richtig gelöst wird, z. B. nach der Methode „Quick&Dirty", kann daraus erst ein Problem entstehen („Dirty"). Falls z. B. das Intranet eines Unternehmens deswegen stillsteht, weil sich 2 Router permanent aktualisierte IP-Adressen aus einer dynamischen Adressierung zusenden und deshalb ihr Cache überläuft, kann die Lösung sein, abschalten und neu laden oder die Firewall-Protokolle erst einmal auf eine DoS-Attacke zu analysieren und dann neu laden. Bei ersterem kann der Incident nach kurzer Zeit ein weiteres Mal auftreten und sich zu einem Problem auswachsen.

resultiert aus Entwicklungsprojekten (Build, Acquire, Implement), die vor Fertigstellung in die Praxis überführt wurden (ß-Version), ein anderer aus Alt-Software, vielleicht irgendwann einmal selbst erstellt, die den Anschluss an das moderne Produkt- und Servicezeitalter des Unternehmen verpasst haben (Deliver, Service, Support). Ein anderer Problemkomplex vielleicht aus alten Customizing-Versionen, die ebenfalls mit dem neuen Release des Herstellers nicht kompatibel sind und nachgerüstet werden müssten, um die Fachseiten zufrieden zu stellen (Deliver, Service, Support).

Ein geordnetes Problem Management Regime priorisiert die Probleme, gliedert sie nach Verantwortungsbereichen und führt sie mit einem engen Termin- und Maßnahmenmanagement einer Lösung zu. Auch hier muss dann in Ausnahmefällen die Hierarchie nach oben gegangen werden, um den Nachdruck für eine Problembeseitigung zu erhöhen. Unterbleibt dies, so kann Gutmütigkeit dazu führen, dass trotz anderer Zuständigkeit Ärger und Probleme im Betrieb „hängen" bleiben.

Für ein verantwortbares Business Continuity Management sind mit den Fachseiten auf Basis einer Business Impact Analysis (BIA) und eines Risk Assessments (RA) Service Level Agreements *(SLA)* zu treffen. Diese legen für einen Notfall bei knappen Kapazitäten die Reihefolge der Restarts auf einem Backup-Rechenzentrum festlegt bzw. festlegt, welche Benutzer als erste wieder arbeiten dürfen. Verträge mit Backup-Lieferanten sind zu schließen, die monetären Auswirkungen sind mit der Versicherungsabteilung und den Fachseiten abzuklären und entsprechende Verträge abzuschließen. Da manchmal für den Restart Expertenkenntnisse notwendig sind, muss der Betrieb sich deren Wissen für den Notfall sichern. Ein entsprechendes Inventar ist in Notfällen sehr hilfreich sowie eine ausreichend sichere Lagerung der Backup-Datenbanken und aktuelle Version der jeweilig benutzten Software.

Da viele Probleme in der IT-Entwicklung im Betrieb sichtbar werden und Problemlösung ein beiderseitiger Ansatz von Betrieb und Revision sein sollte, sei an dieser Stelle ein enger Schulterschluss mit den im Vergleich zu den kreativen Entwicklern häufig unterschätzten Kollegen im Betrieb empfohlen. Immerhin ist es den Betriebsleuten zu verdanken, dass die IT trotz aller Widrigkeiten meist gut funktioniert.

Im Business Process Control Management geht es um einen relativ jungen und neuen Verantwortungsbereich. Gerade in großen Unternehmen mit einer Vielzahl von Mitarbeitern und unterschiedlichen Zuständigkeiten kommt der praktischen Umsetzung von Rollenkonzepten und Zugriffsrechten auf Systeme eine große Bedeutung zu. Durch SOX, die 8. EU-Richtlinie und das BilMoG sind Unternehmen stärker noch als in der Vergangenheit aufgefordert, Interne Kontrollsysteme einzurichten und die Ergebnisse der jeweiligen Tests zu monitoren. Durch die weiter zunehmende Automatisierung in den Prozessen kommt den IT-Kontrollen eine besondere Bedeutung bei. Die IR kann hier mit Kompetenz, Professionalität und bereichsunabhängiger Vorgehensweise helfen.

Die im Kapitel 10.5 skizzierten Ziele von Vollständigkeit, Integrität, Zeitnähe der Verarbeitung haben hier bei COBIT ihre besondere Bedeutung.

Zusätzlich geht es um eine effiziente Verarbeitung mit wenig Papierschnittstellen und manuellen Eingriffen sowie um eine effektive Ausrichtung der IT-Systeme auf das vorgegebene Geschäftsprozessziel.

Dazu dienen dann die mit dem entsprechenden Fachbereich verabredeten Kennzahlen wie KPI, Daten zur Balanced Scorecard und alle Daten zu ungewöhnlichen Datenkonstellationen. Im Idealfall liefern die IT-Systeme alle Daten, die Entscheidungsrelevanz besitzen (Continuous Monitoring).

Letztlich erlauben die Systeme ebenso die Auswertung der besonderen Daten des Continous Monitoring sowie selbst erstellter Anforderungen ohne separate IT-Verarbeitungsschritte durch die IR (Continuous Auditing).

Continuous Monitoring und Continuous Auditing werden unter 10.8.3 beschrieben.

10.2.2 COSO und COBIT 5

Die ISACA wird nicht müde, immer wieder eine Verknüpfung zwischen COBIT 5 und COSO ERM zu betonen. Jedoch fällt es in der praktischen Arbeit schwer, diese Verbindung selbst auf der höchsten Abstraktionsebene herbeizuführen.

So wünschenswert eine Annäherung oder Integration der beiden Rahmenwerke für den Praktiker gewesen wäre, um sich nur mit einem beschäftigen zu müssen und doch beide Ideen in seinem Unternehmen verwirklicht zu haben, so mühsam und letztlich unerquicklich müssen Integrationsversuche enden.

Es ist nach Auffassung des Autors auch gar nicht nötig, beide Rahmenwerke zu integrieren, da beide ihre eigene essenzielle Bedeutung besitzen.

COSO ERM gibt einen Arbeits-Rahmen für die Überwachungsaufgaben von Aufsichtsrat und Vorstand mit 8 Management-Prozessen (siehe unten) vor. COSO ERM ist weiterhin kaskadierbar auf alle unteren Unternehmensebenen. Es enthält wenig bis keine Fachbesonderheiten für z. B. den (die) IT-, Marketing- oder Produktionsmann (-frau). Jedoch sind für diesen Personenkreis in COSO ERM 8 Managementprozesse beschrieben, mit denen sie ihre Managementfunktion wirksam ausüben können. Zu dieser Funktion gehört zusätzlich zur fachlichen operativen Gestaltung ihres Arbeitsfelds das Steuern, Bewerten und Überwachen eben diesen Arbeitsfelds mit dazu.

COBIT 5 setzt zwar auf der Aufsichtsratebene mit seinem neuen Modul I „Bewerte, Überwache und Steuere (die IT)“, heruntergebrochen in 5 Einzelthemen, auf, wird aber in seinem Modul II auf Managementebene sehr konkret, was in der IT alles bewältigt werden sollte. Die Intention, mehr Aufmerksamkeit für die IT und das Rahmenwerk vom Top-Management zu erlangen, da die IT ein essenzieller Baustein eines jeden Unternehmens ist, ist sowohl unter Chancen- wie unter Risikoaspekten zu begrüßen[328].

328 Der neue GTAG 17: Auditing IT-Governance von 2012 des IIAFR ist nach Meinung des Autors deutlich praxisgerechter formuliert.

Jedoch ist COBIT 5 dort eher als gelungen zu bezeichnen, wo es versucht, sich an die mehr operativen Rahmenwerke wie ITIL und CMMI anzunähern. Hier könnte Mehrwert geschaffen werden, wenn diese unterschiedlichen IT-Rahmenwerke zukünftig mehr Komponenten und Denkansätze gemeinsam hätten. COBIT 5 dürfte zusätzlich zu der Prüfergilde der IT auch für den IT-Experten von großem Nutzen sein, da alle seine operativen Aufgaben wie bei ITIL und CMMI adressiert werden. Zusätzlichen Gewinn erhält der Experte durch GRC (Governance, Risk Management, Internal Control)-Komponenten, da sie sich nahtlos in sein operatives Geschäft einpassen, ohne „aufgepfropft" zu wirken. Für ihn reicht auch die Aussage, dass der Ansatz von COBIT und COSO ERM die gleiche Intention verfolgen. Denn nach erfolgreicher Implementierung von COBIT hat er zusätzlich automatisch alle COSO ERM Themen sehr konkret adressiert.

Der COSO-Prozess 1 „Internes Unternehmensumfeld" hat seinen Entsprechung in den Unterprozessen „Manage das Netzwerk" und „Service Level Agreements" von"Überwache, bewerte und schätze ein" . Zwar ist hier COSO etwas konkreter, aber kann auch hier COBIT in den Unterbausteinen mit dem Begriff „Identifiziere" gleichziehen. Denn dieser Baustein zwingt den IT-Verantwortlichen vor jeder Handlung erst einmal den Kontext abzuklären. Zwar ist COSO hier grundsätzlicher, in der Praxis dürfte mit COBIT der Prozess 1 von COSO abgedeckt sein.

Der COSO-Prozess 2 „Zielsetzung" hat bei COBIT 5 seine Entsprechung in den Unterprozessen „Manage die Strategie" und „Manage Budget und Kosten". Die Tatsache, dass die IT-Strategie letztlich aus der Unternehmensstrategie erwächst, mag in II.B.2. impliziert sein, wird aber nicht unterschieden von einer IT-Strategie, die ein CIO (Chief Information Officer) für seinen Verantwortungsbereich selbst entwickelt. So mag es durchaus unterschiedlich zu bewerten sein, ob das Unternehmen mehr Flexibilität von den IT-Systemen verlangt, neue Produkte und Services abzubilden, der CIO aber davon unabhängig nach Vereinheitlichung der heterogenen Produktlandschaft und Kosteneffizienz der Kernprozesse strebt. Hier wäre ein Klarstellung vonnöten, ob nach der ISACA der IT-Bereich Dienstleister des Unternehmens sein sollte oder doch eher Vorbild für GRC-konformes Handeln.

Zwar ist z. B. das Thema „Risiko" (Prozesse 3–5 bei COSO ERM) (nur) auf der unteren Ebene II.A.12: „Manage die Risiken" abgehandelt, jedoch werden mit den Standard-COBIT-5-Unter-Modulen „Identifiziere, Schätze ein, Verbessere" alle 3 COSO-Prozesse impliziert komplett abgedeckt. Man sieht, dass der ursprünglich gedankliche Ansatz der Control Objectives, wie wohl schon jetzt in COBIT 5 eliminiert, noch nicht positiv durch einen unternehmensweiten Risikoansatz ersetzt wurde. COSO und COBIT wurden ja beide in den 1990-er Jahren als ICS- Rahmenwerke entwickelt, aber COSO ERM (COSO II) hat sich trotz der späten (12 Jahre nach Erscheinen) Promotion seitens COSO ICS (COSO I) durch SOX und die US-Regierung inzwischen in den Unternehmen stark etabliert.

Der COSO-Prozess 6 „ Steuerungs- und Kontrollaktivitäten" kommt faktisch in allen Unterprozessen analog zu den oben gemachten Risikoausführungen vor. Explizit ist dieser COSO-Prozess in dem COBIT5 II.A.2.-Modul „Überwache, bewerte und schätze das IKS ein“ direkt und in II.D.6 „Manage die Kontrollen der Unternehmensprozesse“ indirekt enthalten.

Der COSO-Prozess 7 „Kommunikation“ findet bei COBIT 5 seinen Widerhall in II.A.8 „Manage das Netzwerk“, II.C.5. „Manage das organisatorische Change-Management“, und II.C.6 „Manage die Veränderungsprozesse“. Wieder unterscheiden sich die beiden Ansätze etwas. Während COSO das Thema Kommunikation gleich wichtig zu z.B. Steuerungs- und Kontrollaktivitäten sieht, könnte man bei COBIT formal und etwas spitz formuliert meinen, dass Kommunikation eine Aufgabe ist, mit der man eine Unterabteilung beauftragen könne und es liefe dann von selbst. Eine ähnliche Denke hätte derjenige, der glaubte, Unternehmenskommunikation würde vom „Presssprecher gemacht“. Zwar mag es durchaus IT-Abteilungen geben, in denen Mitarbeiter lieber mit ihrem Computer kommunizieren als mit anderen Menschen, weil sie diese Aufgabe einfach besser beherrschen, mit der Realität hat dies jedoch wenig zu tun. Positiv hervorzuheben bleibt bei diesem Punkt die aktive Rolle, die dem CIO beim Change Management zugewiesen wird. Die etwas fachlich belastete Vorgehensweise bei COBIT rührt hier wieder das Grundsatzthema von oben an, dass COBIT eher ein Rahmenwerk für den IT-Fachmann und den IT-Prüfer statt für den Unternehmenslenker sei.

Der COSO-Prozess 8 „Monitoring“ wird umfassend durch den Ansatz „Bewerte, Steuere, Überwache“ der Aufsichtsratebene abgedeckt. Jedoch fehlen hier konkrete Hinweise auf die Arbeit der Internen und Externen Revision/Abschlussprüfung sowie Hinweisen auf der Managementebene zum prozessimmanenten Monitoring zum prozessunabhängigen Auditing durch die IR.

Abbildung 10-17 fasst das Beschriebene zusammen:

COSO ERM		COBIT 5		
1	Internes Unternehmensumfeld	II.A. Überwache, bewerte und schätze ein II.D. Liefere, biete Service und unterstütze	II.A.8./ II.A.9. II.D.6	Manage das Netzwerk Service Level Agreements Manage die Kontrollen der Unternehmensprozesse
2	Zielsetzung	II.B. Verbinde, plane und organisiere	II.B.2./ II.B.6	Manage die Strategie Manage Budget und Kosten
3	Risiko- und Chancen-Inventur	II.A. Überwache, bewerte und schätze ein	II.A12	Manage die Risiken Alle Unterprozesse mit Identifiziere, Schätze ein, Verbessere implizit
4	Risikobewertung			
5	Risikomaßnahmen			

COSO ERM		COBIT 5		
6	Steuer- und Kontrollaktivitäten	II.A. Überwache, bewerte und schätze ein II.D. Liefere, biete Service und unterstütze II.C. Entwickle/kaufe und implementiere	II.A.2. II.D.6	Überwache, bewerte und schätze das IKS ein Manage die Kontrollen der Unternehmensprozesse Jeweils der 7.Unterprozess im Rahmen des Life-Cycle-Prozesses der Implementierung (Monitoring/TQM)
7	Kommunikation	II.A. Überwache, bewerte und schätze ein II.C. Entwickle/kaufe und implementiere	II.A.8 II.C.5 II.C.6	Manage das Netzwerk Manage das organisatorische Change-Management Manage die Veränderungsprozesse
8	Monitoring	I. Bewerte, Steuere, Überwache	I.1.-5-	1. Sicherstellung der Auswahl eines geeigneten Rahmen werks und deren Anwendung 2. Sicherstellung der Lieferung der Verbesserungs Maßnahmen 3. Sicherstellung der Risiko-Optimierung 4. Sicherstellung der Optimierung des Ressourceneinsatzes 5. Sicherstellung der Transparenz für alle Stakeholder

Abbildung 10-17: COSO ERM und COBIT 5

Wie man aus der Tabelle auch erkenn kann, sind von 37 COBIT 5-Hauptmodulen nur 17 zu den COSO-Prozessen verglichen worden, 20 weitere befassen sich mit den fachlichen Themen innerhalb einer IT im Sinne der Ursprungsidee „Plan, Build und Run".

10.2.3 Prüfungsstandard PS 330 und ISA 401: Abschlussprüfung bei Einsatz von Informationstechnologie[329]

Der IdW-Standard PS 330 deckt für die Abschlussprüfung alle wesentlichen Bereiche der IT ab und beschreibt die möglichen Vorgehensweisen in der Prüfung.

Zwar nennt der Standard explizit unter der IT-Risikoanalyse Geschäftsprozessrisiken, aber er fokussiert sich auf den Abschluss, die Risiken auf Fehler in der Rechnungslegung. Der Abschlussprüfer muss, da die rechnungslegungsrelevante IT untrennbar mit dem IT-Umfeld und der IT-Organisation sowie einer Vielzahl, dem Rechnungswesen zuliefernde Systeme und Anwendungen verbunden ist, seinen Scope relativ weit fassen. Hingegen geht seine Prüfung im Detail nur auf den rechnungslegungsrelevanten Teil ein, im Sinne eines „Walkthrough" von der Zahl/der Information im Abschluss retrograd bis zur Quelle der Zahlen und Daten[330].

Unternehmen sollten sich also nicht all zu sehr in Sicherheit wiegen lassen, wenn durch die Abschlussprüfung wenige oder gar keine Beanstandungen sichtbar werden. Damit ist die Sicherheit, Zweckmäßigkeit, Effizienz und Ordnungsmäßigkeit der gesamten IT nicht als gegeben anzunehmen.

Trotzdem bietet auch der PS 330 einen guten Ansatz, eine IT-Prüfung zu strukturieren. Ähnlich wie COBIT 5 bezieht er die IT-Governance im Unternehmen ausdrücklich mit ein (IT-Umfeld). Jedoch wird das Thema Aufsichtsrat nicht genannt, sondern es bleibt etwas vage bei der IT-Organisation und die sie möglicherweise beeinflussenden Bereiche (Nicht-IT).

Auch innerhalb der IT-Organisation wird deren Führung mit Richtlinien, Arbeitsanweisungen, Projektmanagement etc. einem kritischen Blick unterzogen, die Begriffe Changemanagement, Einbettung der IT-Prozesse in die Geschäftsprozesse des Unternehmens (Service Portfolio Offering) und Reifegradbeurteilungen im Sinne von CMMI oder ISO 9001:2008 oder 12.207 sucht man jedoch vergebens.

Bei IT-Anwendungen[331] wird auf die Datensicherheit, Verfahrensdokumentation und Richtlinien einer ordnungsgemäßen Anwendungsentwicklung verwiesen. Auch wird implizit der Notfallkonzeption für IT-Anwendungen kritischer Kernprozesse, soweit sie rechnungslegungsrelevante Daten liefern, ein besondere Bedeutung beigemessen. Fachbegriffe wie Audit Trail, Patche, Versionsdokumentation, Test- und Entwicklungsrechenzentrum, Systemarchitektur, Datenkonzeption etc. sind leider nicht erwähnt. Das bedeutet, dass dieser Standard zur Effektivität der IT wenig beitragen kann.

---

329 Abschlussprüfung bei Einsatz von Informationstechnologie (Quelle: WPg 21/2002, S. 1167 ff., FN-IDW 11/2002, S. 604 ff.), 24.9.2002.

330 Inzwischen lässt der neue PS 261 den Abschlussprüfer die Freiheit der Wahl, seine Prüfung auch nach Risiken in Funktionen oder Geschäftsprozessen zu strukturieren.

331 Zur Beurteilung von Software gibt es noch den PS 880 vom 25.6.1999, der die verschiedenen Dokumentationsanforderungen an Software zusammenfasst. Er ist relativ detailliert, jedoch nicht direkt umsetzbar auf Datenbankanwendungen und modere Anwendungen, in denen Datenkonzept, Infrastrukturkonzept und Verarbeitungskonzept mit objektorientierter und modularer Vorgehensweise aus der Welt der „Monolithen" verabschiedet haben.

Die IT-Infrastruktur wird einzeln als ein mögliches Risikomodul herausgearbeitet mit dem Fokus auf Änderungen, Outsourcing und Insellösungen und adäquatem Sicherheitskonzept. Die Themen Netz- und Serverstruktur mit Denial-of-Service-Attacken, die Nutzung und Überwachung von Remote[332]-Zugängen zum unternehmenseigenen Firmennetz, der Schutz dieses Netzes durch Firewalls, sicherer Passwortbildung[333] bei den Nutzern werden leider nicht ausreichend ausgeführt.

Die Standards PS 330 und PS 880 selbst werden durch eine Reihe von Checklisten wie PH. 9-330.1-3 in den letzten Jahren ergänzt und konkretisiert[334].

10.2.4 IT-Projekte nach ITIL (Information Technology Infrastructure Library und Softwareentwicklung)

Das britische ITIL ist wie COBIT[335] ein umfassender Ansatz, der über die reine Entwicklung z.B. eines neuen Release hinausgeht. Es definiert vielmehr die IT in ihrer Gesamtverantwortung als Geschäftsbereich mit Prozessverantwortung innerhalb eines Unternehmens. Insofern sind die Themen Strategie, Finanzen, Ressourcen, Risikomanagement und Produkt- und Servicelevel der IT (Basis für die SLA: Service Level Agreements mit dem Fachbereich) klar und eindeutig beschrieben.

In der seit Juli 2007 verfügbaren Version ITIL V3 sind Aufgaben der IT in 5 Kernbüchern beschrieben.

Kernbuch 1: Service Strategy (SS) regelt die Einbettung der IT in das Unternehmen, also die hierarchische Stellung des CIO, sein Budget und sein Ziele, die Beziehung zu den Unternehmensprozessen/Nutzern der IT über den bestehenden und zukünftigen Leistungskatalog (Serviceportfolio und Demand).

Anders als bei COBIT ist hier kein Bezug zur Governance (Aufsichtsrat) sichtbar, auch die Themen Risikomanagement und Internal Control sind auf der ersten Ebene nicht besetzt.

Kernbuch 2: Service-Design (SD) fasst die aus IT-Sicht notwendigen Themen der Anwendungsentwicklung der bestehenden Systeme im Begriff Service Catalogue und Supplier (bei Fremdentwicklung) zusammen. Hinzu kommen alle Planungsfragen des Betriebs wie Kapazitätsfragen, Verfügbarkeit von Hardware, Netzen und Desk-

---

332 Zwar wird klar dargelegt, das nur Berechtigte Zugriff zum System haben sollen, jedoch wird die seit mehreren Jahren steigende Nutzung durch Samrtphones (Smartphones, iPads etc.), die nur unzureichend mit den notwendigen Sicherheitsfeature, wie bei Firmen-PC üblich, ausgestattet sind bzw. ausgestattet werden können, als Risiko unerwähnt gelassen. Siehe hierzu den lesenswerten Artikel in der ZIR 06/12: Revisionsaspekte beim Mobile Computing, S. 280 f.

333 Erwähnt wird der unspezifische Begriff Passwortlänge, ohne auf die Anzahl der Stellen (mindestens 8, besser 10–12) und die Nutzung von Zahlen und Sonderzeichen einzugehen.

334 DW PH 9.330.1 Checkliste zur Abschlussprüfung bei Einsatz von Informationstechnologie (Quelle: Broschüre IDW Verlag Vom 1.7.2002 (Stand); IDW PH 9.330.2 Prüfung von IT-gestützten Geschäftsprozessen im Rahmen der Abschlussprüfung (Quelle: WPg Supplement 1/2009, S. 27 ff., FN-IDW 1-2/2009, S. 39 ff., FN-IDW 2/2011, S. 113 f., WPg Supplement 1/2011, S. 1) Vom 24.8.2010 (Stand); IDW PH 9.330.3 Einsatz von Datenanalysen im Rahmen der Abschlussprüfung (Quelle: FN-IDW 1/2011, S. 59 ff., WPg Supplement 1/2011, S. 35 ff.).

335 COBIT (Control Objectives for Information and Related Technology) ist ein von der ISACA verbreiteter Standard für IT Governance.

tops/Handhelds sowie implizite Risikoaspekte der Datensicherheit und Notfallplanung. Auch für den Betrieb wird das Lieferantenthema hier dargestellt.

Kernbuch 3: Service Transition (ST) fasst die Themen, die mit einer Änderung der Systemlandschaft durch eine Neuentwicklung zusammen. Diese betreffen

- Investitionen in Hard-, Software und Netz,
- die Anpassung der neuen Entwicklung in die bestehende Landschaft (Konfiguration), das Changemanagement vor, während und nach der Projektphase,
- die Übergangsphase mit Wechsel vom alten auf das neue System mit Schulung,
- die Endphase der Entwicklung mit Tests und Übergabe an den Nutzer und
- den laufenden Betriebs sowie das Follow-up.

Auf den ersten Blick auffällig ist das Fehlen des Lieferantenteils, obwohl auch schon in 2007 das Thema Standardsoftware zumindest gleichwertig neben einer Eigenentwicklung stand. Ebenso fehlt dann auf der ersten Ebene das sehr wichtige Thema Customizing, falls Modifikationen an der Standardsoftware vorgenommen werden sollten.

Wegen der Bedeutung des Themas werden der Prozess der Anwendungsentwicklung und mögliche Risiken im Weiteren unter 10.2.5 beschrieben.

Das Buch 4 Service Operations (SO) ist fast komplett in COBIT 5 übernommen worden. Bei COBIT 5 findet man jedoch noch zusätzlich die Risikothemen Datensicherung und Notfallplanung, die bei ITIL unter SD zu finden sind. Die einzelnen Begriffe wurden schon unter COBIT einzeln erläutert, so dass hier darauf verzichtet werden kann.

Das letzte Buch widmet sich der kontinuierlichen Serviceverbesserung und fällt im Vergleich zu CMMI und COBIT etwas in der Detaillierung ab.

Die nachfolgende Grafik fasst die Bücher noch einmal kurz zusammen:

Kernbuch	Inhalte
Service-Strategy (SS)	Service-Portfolio, Demand, ROI, Finance
Service-Design (SD)	Service Catalogue, Capacity, Availibility, Information Security, Supplier, Continuity
Service Transition (ST)	Asset& Configuration, Change, Transition Planning &Support, Release & Deployment, Validation &Testing, Evaluation
Service Operations (SO)	Incident, Access, Request, Problem, Knowledge, Event, Request Fulfilment
Continual Service Improvement	Umfassend analog TQM

Abbildung 10-18: Die 5 Kernbücher nach ITIL V3

Die reine Softwareentwicklung, die im Folgenden etwas näher beleuchtet werden soll, ist innerhalb des Kernbuchs ST beschrieben, jedoch mehr aus IT-Sicht und weniger aus Management (Kosten, Termin)- und Nutzersicht (Funktionalität, Prozessowner). Das ist übrigens ein wesentlicher Unterschied zu COBIT, das Management, IT und Prüfern gleichzeitig gerecht zu werden versucht.

PRINCE II[336] versucht diesen Mangel zu heilen, in dem es die Management-Ebene stark in der Initiierungsphase einbindet und immer wieder Feedback-Runden zum Produkt, zur Funktionalität, zum Business Plan und dem Projektplan mit wichtigen Meilensteinen implementiert. Es betont stark den Führungsansatz und die Führungsverantwortung für das zu entwickelndes Produkt beim Auftraggeber im Projektmanagement. Die Schwierigkeit, die gerade am Anfang sehr hoch ist, nämlich das Pflichten- und Lastenheft am Projektanfang detailliert auszuarbeiten, wenn die Unsicherheit für das „NEUE“ am größten ist, wird von PRINCE 2 nicht beantwortet. Die Steuerung dieses Kreativ-Prozesses wird in den folgenden Methodenansätzen beschrieben.

10.2.5 Softwareentwicklung: V-Modell, RUP (Rational Unified Process), Prototyping und agile Softwareentwicklung

Die Überlegungen, den Nutzer stärker bei der Softwareentwicklung zu beteiligen, führten Wasserfallmodell zum sog. V-Modell.

Das Wasserfallmodell mit seinen Risiken ist kurz unter 10.3.3 Risiken im Programm- und Projektmanagement beschrieben, siehe auch Abbildung 10-28.

Hier wird jeweils zu definierten Punkten der Entwicklungsstand gegen den Projektplan und die Nutzerwünsche abgeglichen. Zusätzlich wird durch ausgiebige Tests von Einzelmodulen eine projektimmanente Qualitätssicherung durchgeführt. Dies sollte möglichst viele Fehler bei der Endabnahme verhindern helfen.

Das V-Modell für eine einzelne Softwareentwicklung ist kompatibel zu PRINCE 2 und damit auch zu ITIL, die ja den gesamten Bereich der IT und nicht nur eine Entwicklung abdeckt.

336 PRINCE 2 (Projects in controlled environments, Version 2) war 1989 entwickelt worden mit Hilfe der Central Computer and Telecommunications Agency (CCTA) als ein UK Regierungs- Standard für Information Systems (IT) Project Management.

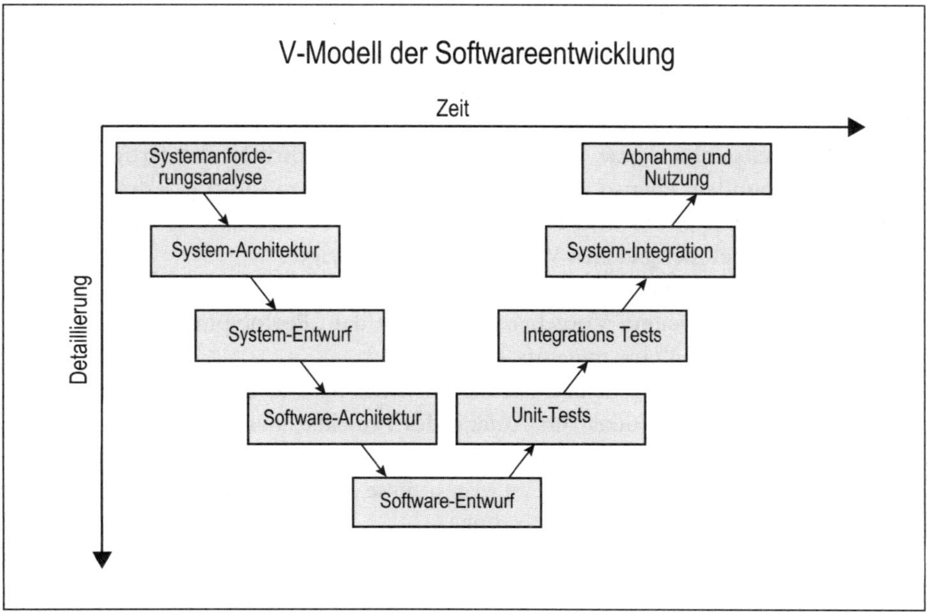

Abbildung 10-19: V-Modell[337] der Softwareentwicklung

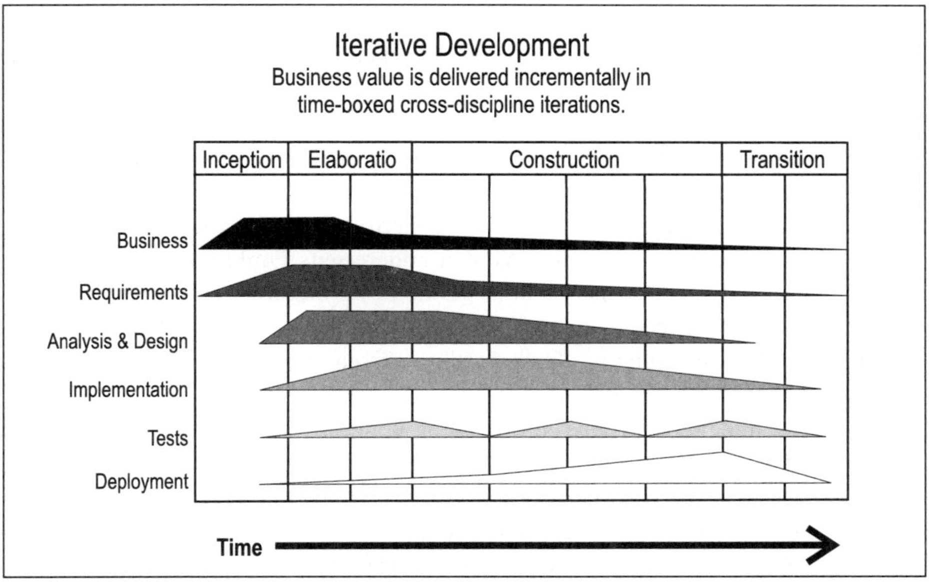

Abbildung 10-20: Rational Unified Process, IBM

337 Das V-Modell XT ist das Standardvorgehensmodell für IT- Entwicklungsprojekte der Bundesrepublik Deutschland (BVA 2006). Dieses Modell ist auch international bei größeren Projekten im Einsatz.

Ähnlich wie im V-Modell wird beim RUP (Rational Unified Process), einem Softwareentwicklungssystem, das die IBM 2003 mit der Übernahme von Rational Software adaptiert hat, schrittweise vorgegangen. Hier überlagern sich die einzelnen Projektphasen noch stärker und können miteinander „wechselwirken". Der Nutzer ist zu festgelegten Zeitpunkten bzw. erreichten Entwicklungsschritten der fertig gestellten Module eingebunden. Ebenso werden fertige Komponenten sofort getestet. Eine kleine Besonderheit besteht in dem Hinweis, strukturiert zu visualisieren und damit für jeden Projektteilnehmer gleichen Wissensstand zu erzeugen[338].

Zu den oben genannten Modellen für die Softwareentwicklung haben sich in den letzten Jahren noch weitere Vorgehensweisen wie das „Prototyping" und die „Agile Softwareentwicklung" [339] hinzu gefunden.

Beim „Prototyping" wurde bewusst die Entwicklung und das Coding nach hinten verlagert, um mit dem Nutzer am Anfang des Projekts über die Outputmasken in diversen Widerholungen (Iterationen) besser zu erfahren, was seine (wahren) Beweggründe und Anforderungen sind. Erst, wenn diese Masken vereinbart sind, beginnt man mit der Entwicklung und dem Coding.

Bei der „Agilen Softwareentwicklung", die mit verschiedenen Begriffen und zum Teil leicht veränderten Vorgehensweisen wie „Scrum", „XP (Extreme Programming)", „AUP (Agile Unified Process)" in Verbindung gebracht wird, wird die Beziehung Nutzer- Entwickler fast symbiotisch. Hier steht auf der einen Seite die klare Umsetzung einer Vision des Nutzers, der man sich schrittweise mit Konkretisierungen nähert, auf der anderen Seite ein hoher Qualitätsanspruch ans Entwicklerteam, einen möglichst guten Code zu schreiben und das Projekt auch möglichst schnell, aber ohne Überstunden durchzuziehen.

Der Verzicht auf aufwendige Dokumentation, wenn sie im gegebenen Zeitbudget einer guten Programmierung im Wege steht, ist ein großer Nachteil dieser Methodik, die in der Praxis zu Konflikten zwischen IR und dem Geprüften führen kann. Sie ist zudem etwas aufwändiger, da jeder im Entwicklerteam grundsätzlich alles wenigstens in den „Basics" beherrschen sollte. Werden andererseits Funktionalitäten und Projekttermine eingehalten, so kann diese Methode zu besseren Ergebnissen als herkömmliche Techniken gerade bei zeit- und erfolgskritischen Projekten an den Nahtstellen zum „WWW" führen. Kostenmäßig müssen nach Auffassung des Autors jedoch Zugeständnisse gemacht werden.

Nachdem nun verschiedene Entwicklungskonzepte skizziert worden sind, ist nachstehend noch einmal in geraffter Form das Zusammenspiel Projektphase und Verantwortlichkeit beschrieben, in einer Vorgehensweise nach ITIL/PRINCE 2.

Die Phasen 1 bis 7 beschreiben die Phasen der Softwareentwicklung für ein bestimmtes Release in einer bestehenden Systemumgebung.[340]

338 UML (Unified Model Language) ist zu nennen, die in der Firma Rational Software von den sog. „Drei Amigos" entwickelt worden ist.

339 Siehe hierzu das Agile Manifest, 2001 http://www.agilemanifesto.org/.

340 ITIL ist von der OGC (Office of Government and Commerce) als Prozessmodell für die IT als nicht lizenzbedürftiger Standard gefasst worden. Für die Steuerung von IT-Projekten empfiehlt OGC

Nach dieser Grafik ist der Nutzer in fast allen Phasen eingebunden, wenn auch mit unterschiedlichen Modi nach dem IZBED-Code[341]. Interessanterweise findet man ähnliches Verantwortungsschema auch bei COBIT auf den unteren Modulebenen.

ITIL	Phase	Verantwortung
SS/SD	1. Anforderungsmanagement/Pflichtenheft	Management (E), Nutzer (Z)
SS/ST	2. Grobplanung (Termin, Kosten, Ressourcen)	Management (E), Nutzer (D), Entwickler (B)
ST	3. Prototyping, Coding	Entwickler (D), Nutzer (E)
ST	4. Test (erste Funktionstests)	Entwickler (Z), Produktion (E+D), Nutzer (I)
ST	5. Umsetzung (Programmierung/Coding, Hardwareplanung, Konfiguration, Rollenkonzept, Schulung)	Entwickler (D), IT-Management (E), Nutzer (E/Rollen-konzept)
ST	6. Test (GIT: Gesamtintegrationstest)	IT-Management (D), Nutzer (I), Management (I)
ST	7. Roll-out/Release	Management (E), IT-Management (Z), Nutzer (D)

Abbildung 10-21: Software-Entwicklung und ITIL

10.2.6 ISO-Normen für IT

Eine der wenigen Bereiche, in dem standardmäßig Projekte „gestemmt" werden müssen, ist die IT-Anwendungsentwicklung. In wenigen Bereichen in einem Unternehmen ist Chance und Risiko so nah beieinander. Chance auf Gewinnung von Rationalisierungspotenzialen, auf bessere und schnellere Information, auf Verringerung von „Handarbeit" stehen Risiken/Zusatzkosten wegen Terminverschiebungen der Projektfertigstellung, Kostenüberschreitungen des Projektbudgets und sog. ß-Versionen ohne ausreichende Tests gegenüber.

PRINCE 2 (Projects in Controlled Environment 2), daneben gibt es weitere Modelle wie eTOM (Enhanced Telecom Operations Map) und den neben ITIL wichtigsten Gesamtansatz COBIT, in der neuesten Version mit COBIT 5 seit 2012.

341 Bei der Deutschen Telekom AG von der damaligen Organisationsabteilung entwickelter Code, der die unterschiedlichen Rollen in Unternehmnsprozessen beschreiben soll; I:wird informiert; Z: stimmt zu; B:berät; E: entscheidet; D: führt durch, siehe bei COBIT die vergleichbaren RACI (Direct, Account, Consult, Inform).

Im Betrieb ergibt sich aus der weltweiten Vernetzung, dem Siegeszug der Smartphones als Kommunikationsgerät im unternehmenseigenen Intranet und der permanenten Gefahr von Eindringversuchen von Unternehmensfremden in die Netzwerkstruktur weitere Risken.

So haben sich viele Experten Gedanken gemacht, um mehr Systematik, Qualität und Sicherheit in die IT zu bringen, sowohl in der Entwicklung als auch beim Betrieb.

Mit COBIT, ITIL und CMMI sind in diesem Band schon einige Rahmenwerke skizziert worden, die bei Anwendung die IT-Situation im Unternehmen verbessern helfen ohne die notwendige Kreativität unter allzu hoher Verwaltung zu ersticken.

Im Bereich der ISO und IEC-Normen[342] hat die IT dann freundliche Einstände in vielen Normen „gefeiert". Im Prinzip beschäftigen sich alle IT-Normen mit demselben Thema: mehr Qualität, Zuverlässigkeit und Sicherheit denjenigen, die sie anwenden und denjenigen, die sich auf ein entsprechendes Zertifikat verlassen, zu erbringen.

Die Zertifizierung ist auch bei den geschilderten Rahmenwerken COBIT, CMMI und ITIL möglich.

Jedem Eingeweihten ist die ISO-Norm 9001:2008 bekannt, die sich mit dem unternehmensinternen Qualitätsmanagement beschäftigt. Auch die IT als Teil der Unternehmung muss sich diesen Anforderungen stellen, wenn das Unternehmen als Ganzes die Zertifizierung erlangen will.

Insgesamt gilt, dass eine Industrienorm in den allermeisten Fällen nur die Basis dessen abbildet, auf das sich die Vertreter der internationalen Arbeitsgruppe verständigt haben. Die Themen „Business Excellence" oder „Best Practices" findet man weder in den Rahmenwerken noch in den ISO-Normen. Trotzdem legen die Normen einen Mindeststandard vor, von dem nicht ohne notwendige Erklärungen abgewichen werden sollte. Hier gilt die Devise „Not certified, not quailfied", jedenfalls, wenn international Aufträge erteilt werden. Kein Unternehmen sollte sich dem also entziehen.

Für die IT werden die spezifischen Anforderungen zusätzlich zur ISO 9001 mit verschiedenen weitergehenden ISO/IEC-Normen abgedeckt.

10.2.6.1 Entwicklungsnormen ISO 15.504, 12.207/15.288 und 20.000

Für die Entwicklung sind die Normen ISO 15.504, 12.207/15.288 und die eher grundsätzliche Norm 20.000 zu nennen.

ISO 12207 für Software und als Verallgemeinerung für alle Systeme auch außerhalb der IT, die ISO 15.288 beschreiben spezifische Anforderungen an die Software von der Entwicklung bis zur Außerbetriebnahme. Sie ist nicht sehr stringent, jedoch wie jede Checkliste eine gute Stütze, ob an alle Themen gedacht wurde.

342 ISO (International Organization for Standardization) und IEC (International Electrotechnic Commission) haben sich gerade in der IT stark miteinander abgestimmt.

Besonders herausgestellt sei die Norm ISO 15.504, die auch unter dem Namen SPICE (Software Process Improvement Capability Determination) kursiert, und zwar vor allem in der Automobilindustrie. Auch CMM (Capability Maturity Model) kann hierunter gefasst werden, geht es in Unternehmen nicht nur um die IT, sondern um Messinstrumente, die mit Hilfe der IT den Reifegrad der Unternehmens-Prozesse messen können, beide werden unter 10.2.7 dargestellt.

Die ISO 20.000 könnte die Tendenz widerspiegeln, die IT aus dem Elfenbeinturm der Entwicklung im stillen Kämmerlein zu befreien und in den Dienst der User zu stellen unter dem Stichwort Servicemanagement.

Tatsächlich sind alle Prozesse der IT inkl. der Managementprozesse mit dieser Norm angesprochen, also vom Changemanagement bis hin zum Betrieb. Die Norm ist stark mit der Nomenklatur von ITIL verwoben, haben doch beide den gleichen Ursprung, das Cabinet Office der Britischen Regierung, früher auch OGC genannt, Office of Government Commerce.

Ähnlich wie ITIL hat diese Norm starken Fachbezug, die Themen Governance, Risiko und Control kommen anders als bei COBIT 5 nicht auf den höchsten Aggregatsebenen vor.

10.2.6.2 IT-Governance und ISO 38.500

Mit der ISO 38.500 kommen auch Nicht-IT-ler in den Genuss einer Norm, nämlich die Top-Entscheider im Unternehmen, die für die Unternehmensüberwachung verantwortlich sind. Auf 6 Grundsätzen fußt dieser Standard, an den sich auch die IT-Governance-Ausrichtung von COBIT 5 anlehnt,

- Verantwortung,
- Strategie,
- Akquisition,
- Zielerfüllung,
- Einhaltung gesetzlicher Vorschriften und menschliches Verhalten.

Es ist auffällig, dass in diesem Standard zu den 5 eher „harten“ Grundsätzen mit dem „menschlichen Verhalten“ ein „weicher“ Grundsatz hinzu tritt. Ein Aufsichtsrat ist demnach verpflichtet, sich auch ein persönliches Bild von den im Unternehmen handelnden und für die IT verantwortlichen Personen zu machen.

Zusätzlich zum Chief Auditor und Chief Compliance Officer, wenn sie nicht sowieso als Vorstand dem Aufsichtsrat berichtspflichtig sind, sollten auch regelmäßig die CIO und Hauptverantwortlichen dem Aufsichtsrat Bericht erstatten.

Das Thema „Red Flags[343]“, als Warnhinweise zur Vermeidung von strafbaren Handlungen im Unternehmen, sollte darüber hinaus für die IT-Verantwortlichen besonders

343 Gemeint sind hier die Red Flags: bspw. 1. Organisatorischem Handeln aktuelle Richtlinien, die beachtet werden 2. persönliche Umfeld der Betroffenen und 3. Reduzierung möglicher Rechtfertigungversuche für dolose Handlungen durch ethisches Handeln der Vorgesetzen (Vorbildfunktion für weitere In-

ernst genommen werden. Bei diesem Personenkreis ist der Umgang mit sensiblen Daten Tagesgeschäft, zusätzlich besitzt dieser Personenkreis auch meist Expertenstatus und kann kurzfristig nur schwer ersetzt werden. Die angemessene Einordnung in der Unternehmenshierarchie, eine adäquate Bezahlung entsprechend der geforderten Verantwortung und Professionalität im unternehmerischen Handeln sollten hier Handlungsmaximen des Aufsichtsrats sein.

Für einen besseren Überblick und eine Schnellorientierung sind die dem Autor bekannten ISO-Normen, die im Wesentlichen die IT betreffen können, in der nachstehenden Grafik zusammengestellt worden:

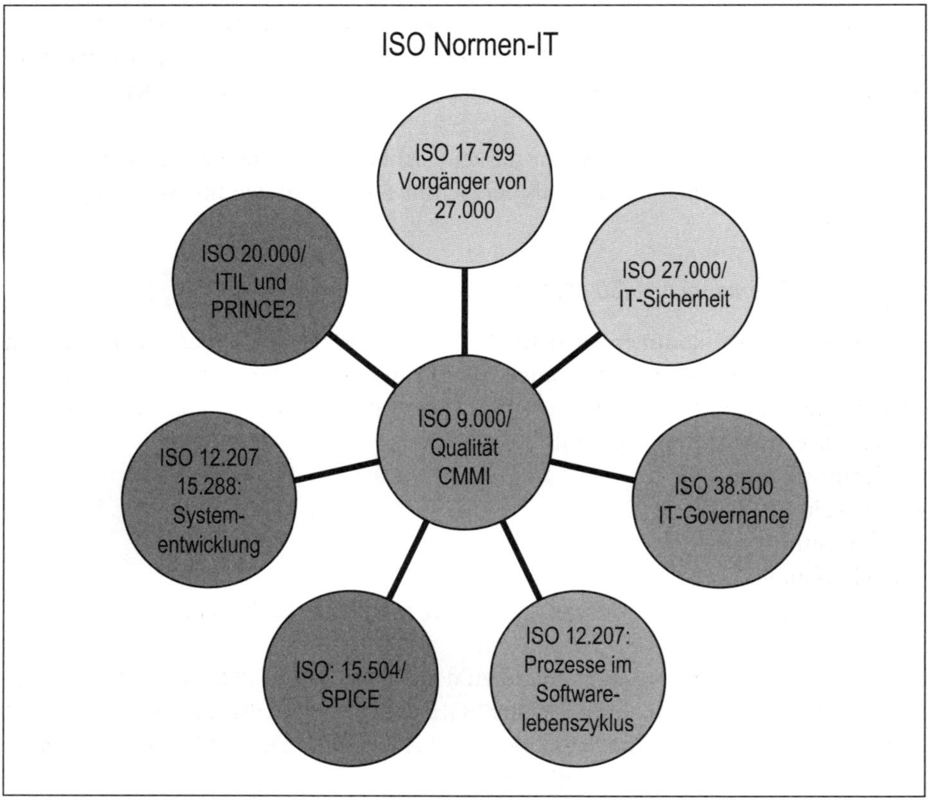

Abbildung 10-22: ISO/IEC-Normen im Überblick für die IT

Die ISO-Norm 27.000, früher 17.799 sind für die IR von besonderer Bedeutung wird im Abschnitt 10.6.1 unter BSI:Grundschutz separat diskutiert.

formationen siehe auch den neuen DIIR-Standard Nr. 5 zur Prüfung des Anti-Fraud-Management-Systems durch die IR, 24.5. 2012).

10.2.7 CMMI, eTOM, SPICE und TOGAF

Zusätzlich zu den ausführlich dargestellten Rahmenwerken COBIT 5 und ITIL sollen die etwas weniger gebräuchlichen kurz dargestellt werden.

10.2.7.1 CMMI

CMMI[344] *(Capability Maturity Model Integration)* ist ein Rahmenwerk, das den Reifegrad der Unternehmensprozesse messen hilft. Es gliedert sich relativ einfach in die Entwicklungs-Schritte

- Prozess beschreiben,
- Prozess einführen,
- Qualitative Prozessziele definieren und überwachen,
- Quantitative Prozessziele definieren und überwachen,
- KQM/TQM in Gang setzen.

Es betrifft sowohl die Anwendungsentwicklung im Rahmen des Projektmanagements als auch die Prozessverbesserung inkl. der Verantwortlichkeiten aus den unterschiedlichen Bereichen. Aus Revisionssicht sind die Dokumentationsanforderungen und die klaren Verantwortlichkeiten mit Definition von Prozesszielen zu begrüßen. (Siehe Abbildung 10-23 nächste Seite)

10.2.7.2 eTOM (enhanced Telecom Operations Map)

eTOM (enhanced Telecom Operations Map) ist ein Rahmenwerk speziell für Telekommunikationsunternehmen und deren Lieferanten und Kunden. Im Unterschied zu den Büchern in ITIL sind in diesem Rahmenwerk die Datenformate für den automatischen Datenaustausch exakt vorgeschriebenen.

> Die Datenformate ermöglichen eine fast automatische Erhebung der technischen Daten, Bepreisung dieser Verbindungsdaten bis hin zur Fakturierung (Kernprozess: Order to Bill), siehe auch Kapitel 6.2 des Buches.

Weiter verwendet eTOM in weiten Teilen Begrifflichkeiten von ITIL, konkretisiert und modifiziert diese jedoch auf die Telekommunikationsbranche.

Ein weiterer Unterschied zu ITIL liegt in dem Unternehmensansatz, IT und TK (Telekommunikation) eingebettet in eine Unternehmensstruktur abzubilden.

---

344 Ursprünglich von der Carnegie Mellon University/Pittsburgh, der amerikanischen Regierung und einigen Privatunternehmen von 1987–1996 entwickelt, inzwischen von dem Software Engineering Institute (SAI) promotet. CMMI (Capability Maturity Model Integration) ist ein Tool zur Verbesserung der Produktentwicklung (z. B. Software) und wird in vielen Technologie-Unternehmen seit 2000 eingesetzt.

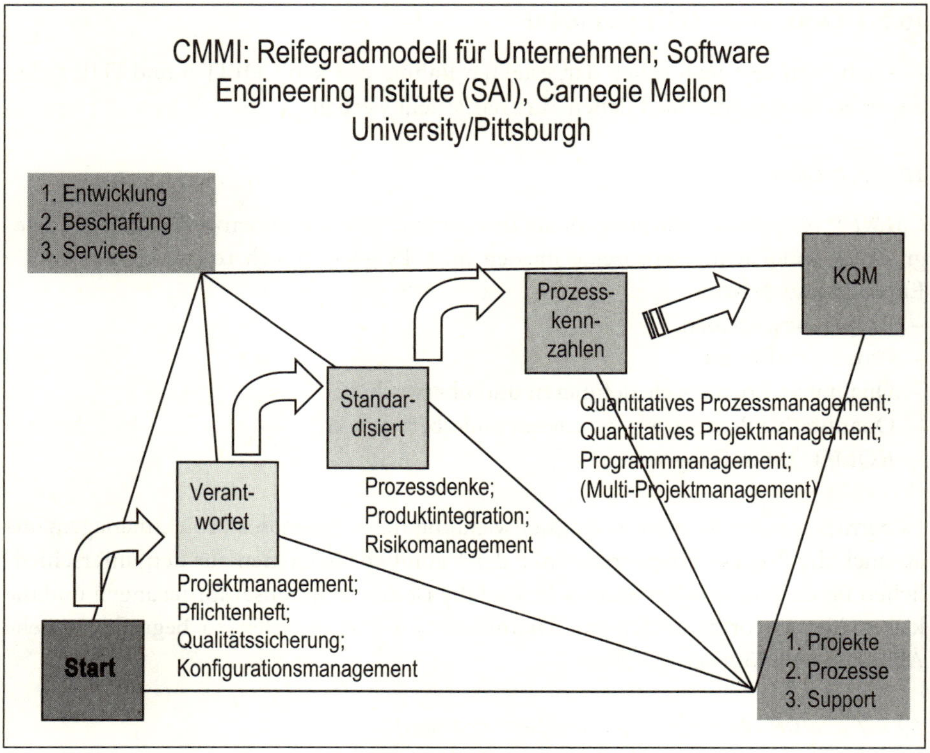

Abbildung 10-23: CMMI- Reifegradmodell für Unternehmen und Prozesse

Hier können Ähnlichkeiten zu dem generischen Prozessmodellansatz gesehen werden, der in Kapitel 3 etwas ausführlicher dargestellt wurde. Im Unterschied zum generischen Prozessmodell wird der für TK-Unternehmen konstitutive Prozess Supply Chain Management als Kernprozess beschrieben.

Auch eTOM kennt
- Kernprozesse (Operations wie CRM und SCM),
- Managementprozesse (Enterprise Management),
- Marketingprozesse (Product Lifecycle Management innerhalb des Moduls Strategy, Infrastructure & Product) und
- Supportprozesse wie Finanzen, Personal und Berichterstattung.

Kein TK-Unternehmen kann ohne andere TK-Unternehmen sein Geschäft betreiben. Es benötigt für seine Kunden immer auch Netzzugänge von Wettbewerbern. Ebenso kann kein TK-Unternehmen seine Infrastruktur, auf der seine Services angeboten werden, allein aufbauen. Auch hier ist es ähnlich wie die Automobilindustrie auf kompetente weltweit tätige Netzausrüster angewiesen.

Letztlich müssen Netze gebaut werden (Tiefbau) und Vermittlungsstellen zugangssicher untergebracht werden (Hochbau). Daher wird auch das Thema Real Estate, in anderen Unternehmen als Unterstützungsprozess angelegt, in der TK -Branche als Kernprozess unter SCM angelegt.

Auch die IT, die in den meisten Unternehmen Unterstützungsfunktion hat, ist bei einem Infrastrukturunternehmen aus der TK-Branche Kernprozess.

Nach dem OSI-Referenz-Modell, das zwischen der

- Transportleistung von der physikalischen Leitung,
- dem Netzwerk aus Vermittlungsstellen (Layer 1 und 2),
- über die Protokoll- und Transportebene (Layer 3–4) und
- der Anwenderebene von Session (Layer 5), Presentation (Layer 6) bis hin zur
- Anwendung (Layer 7)

differenziert, ist eine IT-Anwendung, sofern sie netzbetrieben (z.B. über Server) ausgeführt wird, Teil der TK-Infrastrukturleistung.

Sie ist u.a. unter Service Management & Operation gefasst, soweit sie nicht die anderen Kernprozesse unterstützt.

Auffällig bei eTOM ist auch, dass die Themen Governance, Riskmanagement & Control mit den Untermodulen Assurance und Enterprise Risk Management sowie dem Begriff Management auf allen horizontalen Prozessebenen fast noch intensiver als bei COBIT 5 ausgeprägt werden.

Letztlich rangiert der Kunde an erster Stelle. Hier soll wohl der Wandel aus einem angebotsgetriebenen mit Kapazitätsengpässen („Fasse dich kurz“) zu einem nach der Wettbewerbsöffnung nachfragegetriebenen Markt (Seamless Services 24 Hours a Day, 7 Days a week) dargestellt werden. Immerhin gehören TK- Unternehmen mit jeweils ca. 100 Mio. Kunden weltweit zu den Unternehmen, die neben dem Handel- und Logistikunternehmen am meisten kundenfokussiert sein sollten.

Die nachfolgende Abbildung (S. 378) illustriert das oben Gesagte:

10.2.7.3 SPICE (Software Process Improvement and Capability Determination)

SPICE als Standardmodell der Automobilindustrie soll ebenfalls hier kurz dargestellt werden, weil die Gedanken von SPICE in der ISO-Norm 15.504 ihren Niederschlag gefunden haben. Ähnlich wie bei CMMI geht es bei SPICE um den Reifegrad, jedoch nicht nur von IT-Anwendungen, sondern gleich um komplette Prozesse und Unternehmen. TQM, KQM, Kanban und zum Schluss ISO 9001:2008 hatten alle ihren Ausgangspunkt in der Automobilindustrie, so dass auch in diesem Buch das Rahmenwerk SPICE, obwohl branchenbezogen, skizziert werden soll.

Im Unterschied zu den bisher vorgestellten Modellen deckt SPICE vor allem die Beziehung Lieferant – Automobilhersteller ab. Eine unternehmensweite Betrachtung wie bei eTOM oder COBIT5 ist bei SPICE nicht gegeben. Im Prinzip ist SPICE eine mit CMMI-Komponenten über die Prozessentwicklung angereicherte SCM mit Outsourcing.

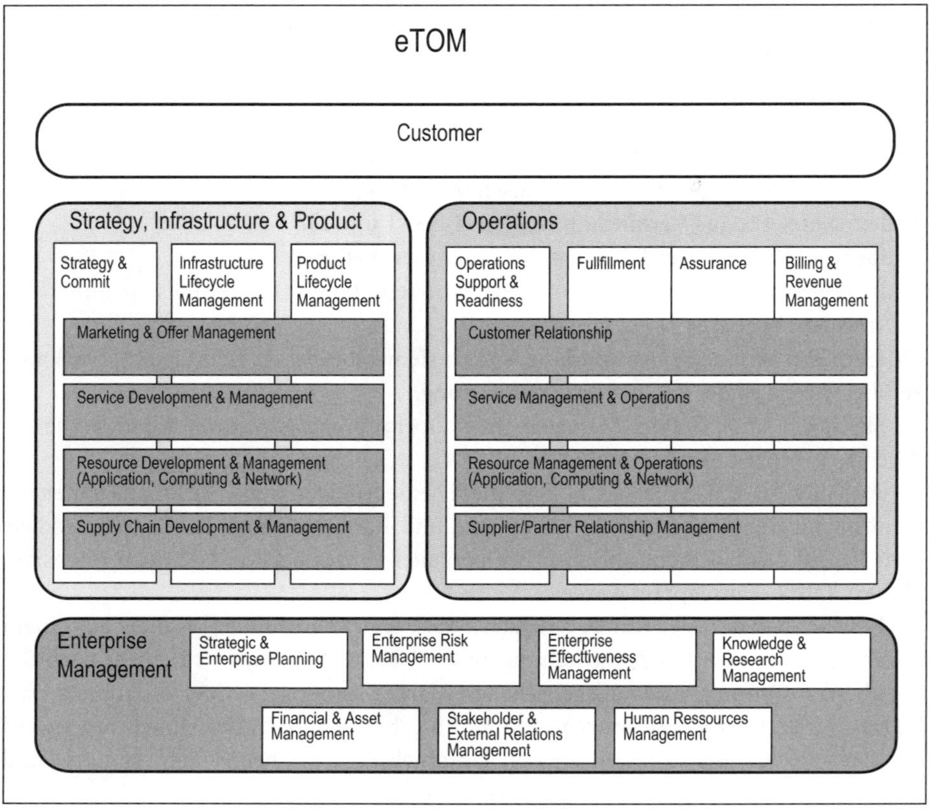

Abbildung 10-24: eTOM

Der wichtigste Aspekt ist aber die unternehmensübergreifende Betrachtungsweise an der empfindlichen Schnittstelle Lieferant-Kunde. Da Lieferanten den Löwenanteil der Teileproduktion (50 bis über 80 %) eines Autos erbringen, gleichzeitig aber eine homogene Qualität in diesem einen Auto erzielt werden soll, ist eine genaue Abstimmung der technischen, zeitlichen und kostenmäßigen Spezifikationen unabdingbar. Die Erfahrung von Kanban, TQM und KQM zeigen, dass die größten Verbesserungen nicht in der Endkontrolle („Qualität zum Schluss ins Produkt hineinprüfen"), sondern in der Planung und Design zu finden sind (Qualität in jedem Entwicklungs- und Fertigungsschritt). Qualität kann nicht hineingeprüft werden, sondern muss präventiv durch Nutzung aller Hilfsmittel wie in den aufgeführten Prozessen beschrieben, entwickelt werden.

Siehe CAD/CAM mit CIM und Just-in-Time oder Just-in-Sequence als IT-Techniken in den Kernprozessen bei Kapitel 9.

Das Reifegradmodell innerhalb von SPICE spielt daher für die Beurteilung des Herstellers, ob seine Lieferanten auch das, was vereinbart wurde, liefern, eine große Rolle.

Er kann nach dem Reifegrad-Stand des Lieferanten abschätzen, ob sie auch zukünftig die gewünschte Qualität liefern werden, Probleme richtig managen und Änderungswünschen schnell nachkommen können. Wie bei Outsourcing-Verträgen in der IT wird bei SPICE der Vertrag mit Spezifikation der Herstelleranforderungen sowie der Ausschreibung großer Raum gewidmet.

Die Lieferantenbeziehung ist auf Dauer angelegt, und zwar für den gesamten Produktlebenszyklus des Autos. Insofern wird der Klarheit der Beschreibung der Anforderungen des Herstellers und der Leistungsfähigkeit des Lieferanten große Bedeutung beigemessen (Akquisition-Prozessgruppe).

SPICE bleibt wegen der besonderen Beziehung Lieferant-Automobilhersteller eine Spezifikation des Supply Chain Management, nämlich die benötigten Teile in der richtigen Qualität zum exakt bestimmten Produktionszeitpunkt in der Endmontage verfügbar zu haben (Supply-Prozessgruppe). Es ist kein Unternehmensrahmenwerk oder IT-Framework sui generis, sondern vielleicht eine Vorstufe zu einem unternehmensübergreifenden Branchenrahmenwerk.

Werden Kernbestandteile eines Autos wie Getriebe, Bremsen, Kabelbäume outgesourct, so müssen Lieferanten schon in den ersten Schritten der Entwicklung mit eingebunden sein. Diese Einbindung setzt einen großen Vertrauensvorschuss des Herstellers voraus, da neue Modelle unter großer Geheimhaltung stehen. Beide, Hersteller und Lieferant arbeiten in der Entwicklung gleichzeitig an dem selbem Modell und sind über ein spezielles sicheres Netz und spezifischer Entwicklungssoftware miteinander verknüpft (Engineering-Prozessgruppe).

In vierten Baustein der Support-Prozessgruppe kommen auch bekannte Themen aus der IT wie Konfigurations-, Incident-, Problem- und Changemanagement zusammen mit Service Portfolio Offering mit ins Spiel.

Flankiert werden diese operativen Prozesse von organisatorischen Prozessen im Management mit Projekt- und Risikomanagement, bis die Produktion anläuft und die letzten Änderungen umgesetzt sind.

Im Lebenszyklus schließt sich das Thema KQM mit der Prozessverbesserungs-Prozessgruppe an. Hier werden im Tagesgeschäft der Produktion laufende Veränderungen initiiert, die die Fertigung qualitäts- und kostenmäßig verbessern helfen. Auch hier sind wieder beide Parteien, Hersteller und Lieferant gefordert.

Die Re-Use-Prozessgruppe mit Entscheidung über Wieder- und Weiterverwendung der Werkzeugmaschinen und restlichen Teile zusammen mit allen Recyclingüberlegungen beschließt den Lebenszyklus und auch das Rahmenmodell SPICE.

Wie am Anfang schon erwähnt, gibt es für jeden Prozess der Prozessgruppe eine Qualifizierung nach dem Reifegradmodell. Dies ist bes onders wichtig für die Lieferant-Hersteller-Beziehung, da beide im Idealfall den gleichen Prozess-Level erreichen sollten, um erfolgreich und effizient zusammenzuarbeiten. Die Qualifizierung nur einer Seite hebt das Prozesslevel nicht an, sondern ist erst dann eine signifikante Verbesserung, wenn die andere Seite mitzieht.

In der nachstehenden Grafik sind die Prozessgruppen von SPICE zusammengefasst:

Kategorie		Fokus (Beispiele)
Primärprozesse	Akquisitions-Prozessgruppe	Lieferantenauswahl
	Supply-Prozessgruppe	Lieferant-Fulfilment
	Engineering-Prozessgruppe	Software (Techn.)
	Support-Prozessgruppe	Lfd. Produktion beim Lieferanten/Änderungen, Probleme, Konfiguration
Organisatorische Prozesse	Management-Prozessgruppe	Projektmanagement, Risikomanagement
	Prozessverbesserungs-Prozessgruppe	KQM und TQM: Kosten und Qualität
	Re-Use-Prozessgruppe	Wiederverwendung

Abbildung 10-25: SPICE

10.2.7.4 TOGAF (The Open Group Architecture Framework)

TOGAF[345] ist ein weiterer in den USA entwickelter Standard zur Einbindung der IT in die Geschäftsprozesse. Er startet bei den Geschäftsprozessen (Business Architecture), definiert die Anwendungen für die einzelnen Geschäftsprozesse und ihre Verbindungen (Applications Architecture) und definiert dann die Daten, die für die Anwendungen benötigt werden (Data Architecture). Daten und Anwendungen zusammen bilden die Information System Architecture, die für den Betrieb Hardware und Netz benötigt (Technology Architecture).

Im Unterschied zu COBIT und ITIL sind der Detaillierungsgrad und die Stringenz bei Arbeiten mit TOGAF für den IT-Bereich höher. TOGAF begünstigt durch die Vorgehensweise einer Architektur Vision mit SOLL-Zustandbeschreibung und dann erst der Istananalyse mit entsprechenden Migrationsschritten die konkrete Formulierung eines Service Portfolio Offering.

Andererseits ist TOGAF stark IT-lastig und hat auf den Governance- und Managementebenen wenig Konkretes l anzubieten.

Die nachstehende Grafik verdeutlicht den Standard noch einmal optisch:

345 TOGAF basiert ursprünglich auf dem vom amerikanischen Verteidigungsministerium vorgegebenen Rahmenwerk Architecture Framework for Information Management (TAFIM), 1995. Dieses Rahmenwerk wird von der Open Group Architecture Forum kontinuierlich weiter entwickelt.

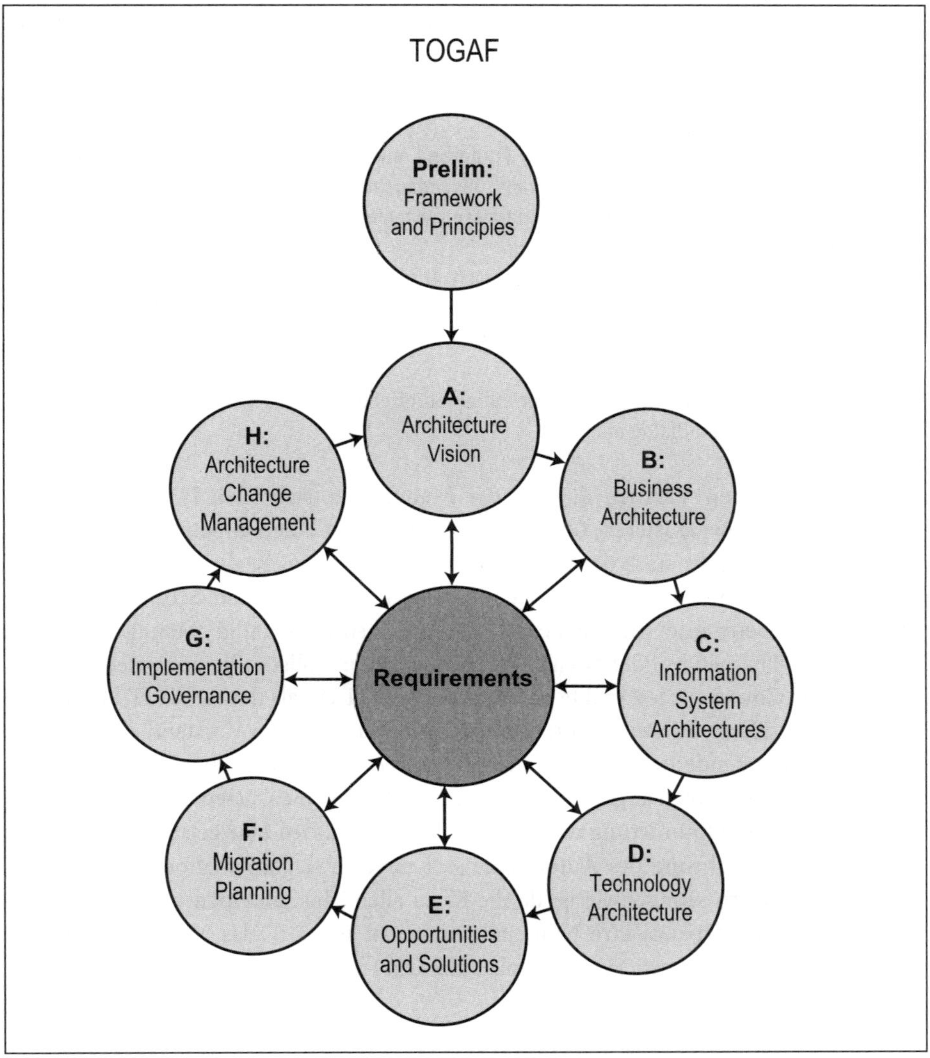

Abbildung 10-26: TOGAF

Mit der nächsten Abbildung wurde eine Synopse versucht, die die Frameworks, bezogen auf die wichtigsten IT-Funktionen, miteinander vergleichbar machen soll.

Man sieht, dass COBIT5, ITIL/PRINCE 2 und SPICE durchaus zu allen Funktionsbereichen Aussagen machen. CMMI wurde wegen seiner übergeordneten Schwerpunkte bei Prozess- und Projektverbesserungen ausgeklammert.

ITIL ist für den IT-Verantwortlichen etwas einfacher zu handhaben, da seine Blickrichtung von der IT zu den anderen Bereichen wandert. Die starke Betonung des Servicegedankens hilft die IT aus dem Elfenbeinturm zu befreien und häufige praktische Vorwürfe wie „Ihr seid zu teuer, zu langsam, zu inflexibel" teilweise zu entkräften, da immer die Fachseite die Führung über Investitionen und Kosten erhält. Auf der anderen Seite bürdet ITIL der Fachseite viel Verantwortung auf, der eine Fachseite nur gerecht werden kann, wenn sie IT-technisch auf Augenhöhe zu kommunizieren versteht.

Beispielsweise kann die fachseitige Forderung nach Halbierung der Antwortzeiten, nachträglicher Einbau von Audit Trails und adäquate Umsetzung der Funktionstrennung in SAP- und sonstigen Rechnungswesensystemen ein Unternehmen in ungeahnte Kosten- und Investitionshöhen treiben.

Andrerseits können durch Wünsche nach Ausrüstung mit Standard-PC (inkl. Standard-Konfiguration), Outsourcing, Percentage-of-Use- Hardware- und Netzwerk-Verträgen und Cloud-Computing wiederum große Erspanisse im Infrastrukturinvest beinhalten.

Es kommt halt im Einzelfall immer auf einen offenen, vertrauensvollen und von der Sache getriebenen Dialog an.

COBIT 5 stellt den Versuch da, aus der Managementsicht den IT-Bereich zu beschreiben und zu organisieren, ohne den IT-Verantwortlichen außen vor zu lassen.

Es nähert sich sehr stark der Begriffswelt von ITIL an, sieht die IT aber grundsätzlich als einen sich selbst verantwortenden Bereich an. Mit den Schnittstellen Top Managementebene und Service Level Agreement sowie Change Management sind gemeinsame Themen mit der Nicht-IT-Seite fast schon vollständig beschrieben.

Auch die Governance- Aspekte beziehen eher die IT ein als das sie die IT für das Top Management öffnen. Es wäre schön, wenn der Aufsichtsrat dem Vorstand eine Vorgabe für das anzuwendende Rahmenwerk machen würde. Es ist auch sehr sinnvoll, sich von der IT den Nutzen ihrer Tätigkeit kontinuierlich vorrechnen zu lassen und nachzufragen, wie weit sie in der Optimierung der Ressourcen im laufenden Jahr gelangt sei. Leider ist nach der Praxiserfahrung des Autors eine sachgerechte Argumentation auf den angesprochenen Feldern sehr schwierig, da die IT zu allen Themen einen ungeheuren Wissensvorsprung besitzt und ihre Nomenklatura nicht wie z.B. das Marketing oder die Unternehmensführung zum Standardvokabular des Top Management gehört.

Eine fach- und sachkundige IR kann hier wahre „Wunder" vollbringen, in dem sie als Dolmetscher beide Seiten in ihrem Dialog unterstützt. Sie sollte sich immer im Sinne des Gesamtunternehmens unabhängig und objektiv verhalten, jedoch nie neutral![346]

Wie schon vorab beschrieben, wäre COSO zusammen mit ITIL ein idealer Standard für beide Perspektiven, da bei COSO der Management- und Unternehmensaspekt viel stärker als bei COBIT herausgearbeitet wurde und ITIL den ITler noch etwas besser unterstützt.

SPICE ist en Detail als ein unternehmensübergreifender Standard, der SCM handhabbar macht, nur den Eingeweihten der deutschen Automobilindustrie nebst ihren

346 Ein Kollege gab mir einmal in einem anderen Zusanmmenhang, als es um Mitarbeiterführung ging, mit auf den Weg:" Everybody should have a Say, but not anybody should have a Vote!" In diesem Sinne verstanden sollte die IR ihr Say nutzen.

weltweit tätigen Lieferanten zugänglich. SPICE wäre durchaus geeignet, auch in anderen Industrien und Branchen, in denen Zusammenarbeit wichtig ist, adaptiert zu werden[347].

Gebiet	COBIT 5 Fokus: Gesamte IT	ITIL u. PRINCE 2 (GB) Fokus: Kundenprozess-IT	Spice/ISO12.207 (Automobile) Fokus: Software-Entwicklung SCM
Strategie	Align, Plan, Organize: Risk, Governance, Control	S.-Strategie, Kont. Service-Verbesserung	Organisationsprozesse (Management)
Entwicklung	Build, Acquire, Implement: Change M Service Level M	S.-Entwicklung (S.-level-M., Lieferantan-M.) S.-Inbetriebnahme (Change-M., S.-überpr. u. Test, Änderungs-M).	Primary Processes (Akquisition, Angebot, Entwicklung)
Betrieb	Deliver, Service, Support: Betrieb, Incident-, Problem-, Business, Continuity, Management Security Business-Process Controls Management	S.-Inbetriebnahme (Versions-u. Übernahme-M.) Service-Erbringung	Primary Processes (Betrieb)
Ressourcen	Asset & Capacity Management, Configuration Management	S.-Entwicklung (Kapazitäts-M., Verfügbarkeits-M.)	Organisations-Prozesse (Infrastruktur)
Sicherheit	Monitor, Evaluate & Assess: Performance & Conformance ICS, Compliance with ext. Requirements	S.-Entwicklung (Notfall-M., Info.-sicherheits-M.) S.-Inbetriebnahme (Konfigurations- u. Inventar-M.)	Supporting Processes (Dokumentation, Konfiguration, Revision, QM, Problem Management etc.)

Abbildung 10-27: Synopse einiger Frameworks

347 Zusätzlich zur Raumfahrt und Medizintechnik wären weitere Branchen mit engem Lieferantenbezug wie die Handel/Textilindustrie, Maschinen- und Werkzeugbau, die Bauindustrie sowie die Chemische Industrie sicher geeignete Erweiterungen.

10.3 Prüfungen des IT-Risikomanagements

Es gilt der alte Lehrsatz von COSO ERM, nur dort Kontrollen zu implementieren, wo es Risiken gibt. Denn jedes Unternehmen muss seine Kosten, und dazu gehören auch alle Kontrollkosten, am Markt rechtfertigen können. Der Nutzen sollte also höher sein als die Kosten. Im Falle der IT ist dies schwierig. Zum einen sparen automatisierte Verfahren selbst wieder Kontrollkosten ein und führen in den Prozessen zu Rationalitätsgewinnen, mehr IT-Kosten sind so verstanden mehr Ergebnis. Auf der anderen Seite wächst mit der Automatisierung im Unternehmen auch die Abhängigkeit von der IT, sie wird verletzlicher und sollte besonders geschützt werden, mehr IT-Schutz führt zu weniger Ergebnis.

Offensichtlich ist es mit den IT-Kosten[348] nicht so einfach, eine Antwort zu finden. Doch sind IT-Risiken besser zu beschreiben.

Nach COSO ERM sind drei Prozesse für das IT-Risikomanagement bedeutsam:
- Risikoinventur potenzieller schädlicher Ereignisse,
- Risikobewertung mit Quantifizierung und Abschätzung der Wahrscheinlichkeit derartiger Ereignisse,
- Risikomaßnahmen für alle möglichen Ereignisse, die das Unternehmen nicht vermeiden kann oder will bzw. ohne Maßnahmen tragen möchte (Risikoappetit[349]).

Vor einer Ereignisinventur sollte zunächst eine Bestandsaufnahme der schützenswerten IT-Vermögensgegenstände stehen.

Hierzu gehören die Rechenzentren mit Großrechnern und Servern, der Zugang zu den Telefon- und Datennetzen inkl. Internet/WWW (Connectivity) und der Schutz der Unternehmensdaten, die sich auf den Speichermedien befinden.

Die Liste ließe sich weiter fortsetzen. Wichtig ist, dass jedes Unternehmen für sich eigenständig eine Verwundbarkeitsanalyse[350] durchführt (Ereignisinventur). Ziel dieser Inventur ist es, im Unternehmen die IT-Stellen zu erkennen, die durch externe und interne Ereignisse bedingt Schaden verursachen können (Business Impact Analysis).

Hiernach ist eine Bewertung der Risiken vorzunehmen (Risk Assessment). Bestandgefährdende und hochwahrscheinliche sind von denen mit großem Schaden und denen mittlerer Wahrscheinlichkeit zu trennen (A-B-C-Analyse/Risikobewertung).

In einem dritten Schritt sind für die Risiken, die nicht mit eigenen Maßnahmen abgesichert werden können, zu überprüfen, ob sie selbst ohne Maßnahmen tolerabel erscheinen oder auf Dritte überwälzt werden können. Für die Großrisiken ist ein

348 Weltweit gibt es die besten IT-Benchmarks rund um das Thema IT bei Gartner, leider sind die meisten Studien kostenpflichtig.

349 Der Risikoappetit wird für das Unternehmen dem Vorstand im Rahmen einer Geschäftsordnung vom Aufsichtsrat vorgegeben, bei dessen Überschreitung die geplanten Geschäfte meldepflichtig sind und wird vom Vorstand den einzelnen Bereichen vorgeschrieben (Kompetenzenliste mit Limits je nach Geschäft).

350 Siehe hierzu als Anregung der GTAG 6 von 2006 des IIA.

Versicherungsschutz einzuholen und die Schutzhöhe (Versicherungssumme) sollte mindestens einmal jährlich überprüft werden.

Alle Risiken mit Maßnahmen-Orientierung sind in ein Schutzkonzept zu betten, das dann nach und nach entsprechend dem Reifegrad-Modell (z. B. CMMI) verfeinert und aktualisiert wird (Risikomaßnahmen).

10.3.1 Operative Risiken in der IT

Wie alle Immobilien sind auch die IT-Hardware-Einrichtungen Naturgewalten (Force Majeur) ausgeliefert. Rechenzentren können durch Elementarschäden (Feuer, Hochwasser, Erdbeben, Stromausfall) außer Betrieb gehen. Hinzu kommen interne Faktoren wie Bedienfehler, die Hardware unbeabsichtigt „abstürzen" lassen, offene Feuertüren und nicht funktionierende Feuerlöschapparaturen, die den Brand nicht automatisch ersticken lassen.

Unterlassene Wartungsarbeiten (Fehlende Reorganisationsläufe) können nach einer gewissen Zeit zu unerklärbaren Fehlern und Abstürzen führen (Plattenfehler, Cache-Überlastungen).

Reparaturarbeiten ohne umsichtige Vorbereitung und Kontrolle können zu unkontrollierbaren Schwelbränden führen (siehe Brand Düsseldorfer Flughafen[351]) und damit für Wochen und Monate IT-Immobilienbereiche lahmlegen.

Zu geringe Hardwarekapazität zur Unterstützung der Datenbanksoftware führt zu überlangen Wartezeiten der Mitarbeiter in den Callcenter und ebenso langen Wartezeiten der Kunden, die dann wegen schwacher Servicequalität an Wettbewerber verloren gehen.

Weitere Risiken entstehen in Unternehmen dann, wenn Rechner-, Netz-, und Softwarearchitektur mit den zukünftigen Anforderungen des Markts nicht mehr Schritt halten kann.

So kann durch alte und teure Hardware zusammen mit einer überholten Netzlösung verbunden mit eigen programmierter Monolithstruktur ein hohes Risiko dadurch entstehen, dass

- neue Produkte nicht schnell genug in der Software abbildbar sind,
- die Verbindung zum Marktplatz Web mühsam aufgebaut und
- die erzielten Kundenwünsche weitgehend manuell in Aufträge umgesetzt werden müssen.

Hinzu kommen vermeidbare Kosten, da Percentage-of-Use-Verträge und NAS (Network Attached Storage) oder Outsourcing/CloudComputing nicht genutzt werden.

Im Effekt erodieren Margen wegen zu teurer Prozesse und Umsätze brechen weg, weil Wettbewerber besser erreichbar sind.

351 Ist möglicherweise einer der Hauptgründe für die ausstehende Inbetriebnahme von BER, da nach dem Brand in Düsseldorf die Sicherheitsanforderungen für den Flughafenbau stark verändert worden sind, die wohl nicht alle in die Brandschutzplanung von BER eingeflossen sind, mangelhaft oder gar nicht beplant und miserabel umgesetzt wurden (siehe dpa vom 10.5.2014 über einen Bericht des Bundesrechnungshof).

Die Liste möglicher Ereignis, die die Funktionsfähigkeit der IT beeinträchtigen können, lässt sich weiter fortführen. Z.B. können Innentäter gerade an der IT und den Unternehmensdaten großen Schaden zufügen.

Das ist jedoch dem Band Compliance vorbehalten, der sich auch mit den grundsätzlichen Fraud-Risiken und den Red Flags, die Frühwarnhinweise liefern können, beschäftigen wird.

10.3.2 Spezielle Risiken in der IT-Netzumgebung

Sehr viele Bedrohungsszenarien haben ihre Ursache in der Netzanbindung des Unternehmens an die Öffentlichkeit (Internet). Die Kontrollmöglichkeit eines Unternehmens ist in einem Medium, das vorneherein erst einmal auf Offenheit, Informationsaustausch und Vertrauen aufgebaut war, sehr beschränkt[352]. Mit IPv6 wäre die Kontrollmöglichkeit, insbesondere die Identifizierung von Angreifern einfacher möglich, jedoch reagiert die IT-Community heute schon auf möglichen Verlust der Privatsphäre negativ.

IPv6 wird, wie oben dargestellt, den möglichen IP-Adressraum so erweitern, dass jedes an ein Netz angeschlossene Netzgerät bzw. Netzkarte eine eindeutige, unveränderbare Nummer erhalten wird. Die Spuren im Netz werden dadurch noch transparenter als in der IPv4-Welt, in der es möglich ist, die IP-Adressen dynamisch zu vergeben oder eine IP-Adresse für ein ganzes Netz von mehreren Endgeräten zu nutzen.

Insgesamt muss ein Unternehmen sich heute einer Vielzahl von Angriffsformen gewärtig sein und entsprechende Maßnahmen einleiten. Die Angriffe beziehen sich auf die Funktionsfähigkeit und Verfügbarkeit aller per Netz erreichbaren IT-Komponenten sowie auf ihnen gespeicherten Daten.

Sie beziehen sich weiter auf den zwecks Umsatzgenerierung im Online-Modus im Netz stehenden Webserver oder den Webserver, der „nur" Unternehmensdaten in die Öffentlichkeit bringt.

Letztlich ist der gesamte E-Mail-Verkehr betroffen, insbesondere, wenn er von Handhelds/Smartphones unternommen wird und nicht durch spezifische Maßnahmen gesichert wird.

Zu den Standardangriffsszenarien[353] gehören heute u.a.:

- Der Zugang zum Netz kann durch Ausfall der Server durch DoS-Attacken (Spam-Mail über Bot-Netze) oder Cache-Überlastung blockiert werden.

352 Tatsächlich ist zwar das Internet im kommunikationsoffenen CERN in der Schweiz „erfunden" worden, die meisten Internet-Protokolle der unteren Layer-Ebenen sind jedoch eine Erfindung des amerikanischen Verteidigungsministeriums, das im kalten Krieg eine redundante Kommunikationsplattform schaffen wollte.

353 Verizon Wireless, Symantec und einige Abschlussprüfergesellschaften veröffentlichen in loser Reihenfolge den jeweils aktuellen Stand. Eine umfassende Darstellung möglicher Risiken enthält das BSI-Grundschutzhandbuch, das jedes Jahr aktualisiert wird. Es ist mit über 4000 Seiten sehr umfangreich und kann daher eher als Nachschlagewerk denn als Handbuch dienen. Die gängigen Risikoszenarien werden detailliert beschrieben und entsprechende Maßnahmenpakete je nach Systemumgebung vorgeschlagen.

- DHCP-Starvation-Attacken setzen gezielt den DNS-Server durch eine Vielzahl von Abfragen nach IP-Adressen außer Betrieb.
- Auf XML/SOAP oder HTML/SQL-Injection vorgetragene Angriffe können klassische Firewalls überspringen, weil sie in Layerebene 7 codiert sind, die von herkömmlichen Routern[354] nicht gelesen werden kann.
- Das Unternehmensnetz kann nach „Wurm"- oder Viren-Befall ausfallen.
- Bei ARP-Spoofing nistet sich (unbemerkt) ein fremder Host im unternehmenseigenen Netz ein und veranlasst durch Manipulation der Zuordnungstabelle IP- und MAC-Adresse, dass alle anderen Hosts an ihn vorher berichten, bis er den Verkehr nach außen leitet (Man-in-the-Middle-Angriff).
- Beim Snarfing gaukelt der Angreifer ähnlich beim LAN und ARP-Spoofing dem System einen neuen Access Point vor und etabliert sich damit dann im WLAN.
- Unternehmensdaten können durch Malsoftware, die über Trojaner eingeschleust wurde, ausgespäht, verändert oder vernichtet werden. Hier gibt es eine Vielzahl von Spielarten vom Key-Logger (Mitspeichern der Tastatatureingaben), Sperrung des Betriebssysteme durch Ransomware (verschlüsselt Teile des Betriebssystems), Ausspähung von Daten und Passwörtern durch Spyware, Inititierung und Fremdsteuerung für Spam-Mail über Adware (Generierung automatisierter Clicks, bis das Tageswerbebudget aufgebraucht ist), Öffnen von Backdoors, um weiter von Außen (Remote) auf den Rechner zugreifen zu können etc.
- Eintritt ins Unternehmensnetz verschaffen kann sich Malsoftware über manipulierter Anhänge von E-Mails, in Download-Dateien, über das Öffnen verseuchter Websites, verkapselt in .zip- oder .rar-Dateiformaten, über Active X-Scripte oder Missbrauchen von legitimierten Backdoors wie VNC (Virtual Network Computing) und RDP (Remote Desktop Protocol-Microsoft) sowie über SQL-Injection (Verfälschen des Codes bei Datenbankabfragen).
- Arglose Kunden können auf manipulierte Webserver umgeleitet werden, ihre Password ausgespäht und ihre Bankkonten leer geräumt werden (Pharming).
- Klickbetrug über Botnetze durch vorgetäuschte Kundenkontakte auf Bannerwerbung auf eigenen und fremden (angemieteten) Websites räumt zugunsten eines Konkurrenten das Werbebudget leer (vorher über Malware eines Trojaners als Adware eingeschleust).
- Unternehmensendgeräte werden über Trojaner, die an Bot-Netz-Server berichten und von diesen dann ferngesteuert werden, missbraucht.
- Spammail halten Mitarbeiter jeden Tag einige Minuten von der eigentlichen Arbeit ab. Das kann sich in 12 Monaten auf Mannjahre bei mittleren und großen Unternehmen summieren.
- Durch stillgelegte Webserver gehen komplette Tagesumsätze verloren.

354 Ausnahme ist wiederum der schon erwähnte Cisco-Router, der DPI (Deep Packet Inspection) beherrscht.

- Durch lange Reparaturzeiten am Unternehmensnetz entstehen Ausfallkosten bzw. bei Fehl-Entscheidungen, verursacht durch ungenügendes Datenfundament, entstehen hohe Verluste.

Die Liste ließe sich fast beliebig fortsetzen. Für die IR bedeutet dies, sich bei IT-Prüfungen über die aktuelle IT-Risikoanalyse im Unternehmen zu informieren, bevor die konkrete Prüfungsplanung begonnen wird.

Die nachfolgende Abbildung fasst die Risikosituationen nach Layer-Ebenen zusammen und zeigt einige Maßnahmen eines Sicherheitsgateway auf, die in den Abschnitten 10.6.1. und 10.6.6. näher besprochen werden.

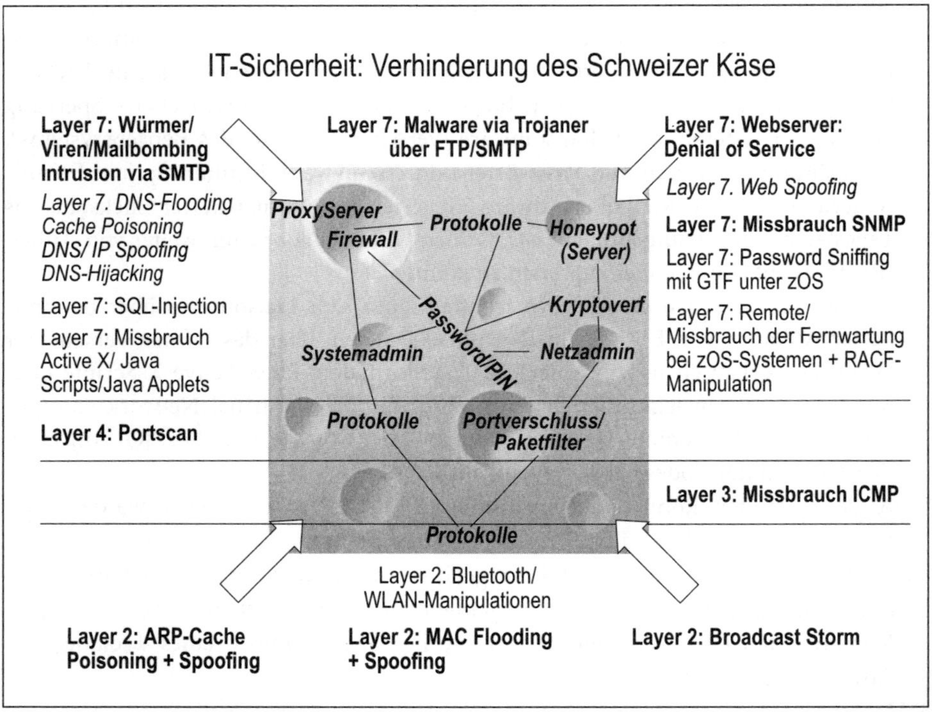

Abbildung 10-28: ITK-Sicherheit: Verhinderung des „löcherigen Schweizer Käse", sortiert nach Layer-Ebenen

10.3.3 Risiken im IT-Programm- und Projektmanagement

Durch überlange Projektzeiten kommen Prozessverbesserungen zu spät zur Marktreife bzw. neue Produkte können nur mit hohem manuellem Zusatzaufwand fakturierfähig gestaltet werden.

Ungenügend getestete Software führt zu Betriebsstillständen und zu Umsatz- und Einnahmeausfällen, weil Online-Systeme abgeschaltet werden müssen.

Ursachen können hier ältere Vorgehensweise-Modelle sein, wie nachfolgend beispielhaft geschildert. Im Vergleich hierzu sind in Kapitel 10.2. z.B. unter dem Stichwort ITIL einige modernere Verfahren vorgestellt worden.

Ein wichtiger, aber sehr schwieriger Punkt bei der Software-Entwicklung ist die Erstellung eines Lasten- oder besser technisch Pflichtenhefts, also die Konkretisierung der Benutzerwünsche in IT-verständlicher Form.

Schon in dieser ersten Phase werden viele Missverständnisse geboren, die dann später beim Coding des Programmcodes zu Schwierigkeiten führen und beim Nutzer Frusterlebnisse befürchten lassen. Denn zusätzlich zu den Schwierigkeiten in der Sprache, hier der Nutzer mit seinen Geschäftsprozessbegriffen, dort der IT-ler mit seinen fachlichen Termini, gesellt sich das fundamentale Problem der Lösungsbeschreibung. Auf der einen Seite muss sich der IT-ler in das Geschäftsmodell und die Geschäftsprozesse einarbeiten, um die Problemstellung des Nutzers nachvollziehen zu können. Auf der anderen sollte der Nutzer die bisherige IT so genau verstanden haben, um seine Wünsche nach Machbarkeit auf der einen und Wichtigkeit auf der andern Seite gliedern zu können.

Trotzdem geschieht es trotz besten Wohlwollens beider Seiten, dass plötzlich in der Codingphase neue Anforderungen seitens des Nutzers gestellt werden und der schon geschriebene Code umgeschrieben werden muss oder diese Wünsche nach den ersten Tests des fertigen Codes entstehen und nicht mehr berücksichtigt werden zu können.

Die Entwicklung hat vor diesem Hintergrund Vorgehensweisen entwickelt, die sich von dem ursprünglichen „Wasserfallmodell" weiter weg entwickelt haben.

In diesem Modell zeigte sich der Nutzer nur in Phase 1. Seine Wünsche wurden vom IT-ler in die Systemanforderung umgesetzt und man verabschiedete sich bis zur letzten Phase Abnahme und Nutzung. Alle während der Entwicklungszeit veränderten Anforderungen wurden nicht umgesetzt, da streng nach dem ursprünglichen Pflichtenheft vorgegangen wurde. Das Endprodukt entsprach deshalb nicht den Wünschen des Nutzers, weil er am Anfang des Projekts nicht in der Lage war, seine Visionswünsche in der notwendigen Detaillierung „herunterbrechen" zu können. Dieses Endprodukt war aber kompatibel mit dem Pflichtenheft. Die Diskrepanzen zu den inzwischen geänderten Anforderungen werden dann mit neuen Versionen/Releases versucht zu lösen, Zusatz-Kosten inklusive.

Die nachfolgende Darstellung fasst in reiner Lehre die Prozessschritte zusammen. Man sieht an den gestrichelten Linien zwar Abstimmungen, es bleibt offen, ob der Nutzer je etwas davon erfährt oder die Abstimmung lieber im eigenen Bereich, der IT, durchgeführt wird:

Eine Lernerfahrung aus diesem Modell war es dann, die Konkretisierung in das Projekt hinein zu verschieben und damit dem Nutzer noch Möglichkeiten der Änderungen am Ursprungskonzept geben zu können. Jedoch wird diese Änderungsmöglichkeit mit dem Projektfortschritt immer vom grundsätzlichen bis zum speziellen eingeschränkt.

Weiter wollte man Überraschungsmomente vermeiden, die sich erst bei der Endabnahme herausstellen würden, ob z.B. die entwickelte Software auf der geplanten

Hardware lauffähig, in die bestehende Systemlandschaft einpassbar und die Bildschirmmasken für die Nutzer leicht verständlich waren.

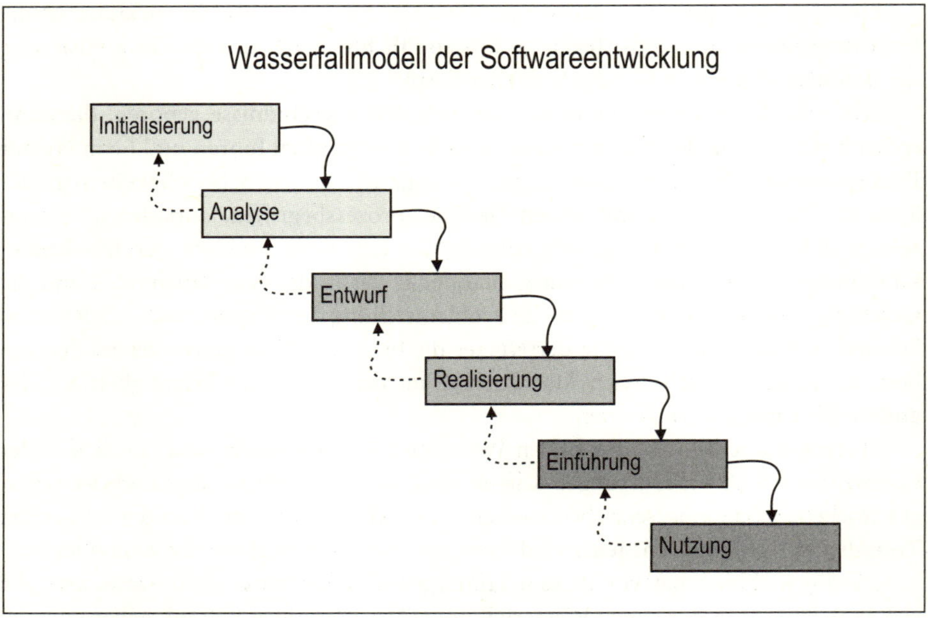

Abbildung 10-29: Wasserfallmodell der Softwareentwicklung[355]

Die unterschiedlichen modernen Entwicklungsmodelle für Programmentwicklung wie das V-Modell, RUP, Prototyping und agile Softwareentwicklung sind detailiiert unter 10.2.5 beschrieben.

Nach der Risikoanalyse sind jetzt die Kontrollen und Sicherheitskonzepte zu diskutieren, die ein Unternehmen zur Abwehr der beschriebenen Verfahren ergreifen könnte.

10.4 Allgemeine Kontrollen/Ordnungsmäßigkeitsprüfungen

10.4.1 Kontrollarten

10.4.1.1 High und Low Level Controls

Begriffspaar 1 ist *High und Low Level Control.* Steuerungs- und Überwachungssystem werden hier an die Hierarchieebenen im Unternehmen geknüpft, Unternehmensleitung und Top Management an „High Level", alle andern an „Low Level".

Zu den High-Level-Controls gehören z. B. alle Richtlinien und Verfahrensbeschreibungen, die den Umgang mit den Vermögensgegenständen des Unternehmens

355 Das Modell mag als unvollständig betrachtet werden, da „Abmanagen" nach dem Lifecycle-Modell fehlt.

regeln. Kontrollziel könnte hier ein möglichst schonender Umgang mit Unternehmensressourcen sein. Bezogen auf die IT sind das die Hard- und Software sowie die Netzleistung.

Im Einzelnen könnte dies sein:
- Funktionstrennung,
- Kompetenzen- und Budgetierungsrichtlinie für den Einkauf von IT-Leistungen,
- Einkaufsrichtlinie für Beschaffung von IT-Leistungen inkl. Leasing und Outsourcing,
- Handbuch des Projektmanagements,
- Rollenkonzept zur Regelung der Verantwortung von Unternehmensprozessen und die sie unterstützenden IT-Systeme,
- Datenschutzrichtlinie,
- Umgang mit vertraulichen Informationen,
- Ausfallsicherheit, Notfallplanung für den IT-Betrieb,
- Rollenkonzept bei der Implementierung neuer Systeme,
- Rahmenrichtlinie für Betriebsvereinbarungen bei IT-Systemen, die personenbezogene Daten verarbeiten,
- Nutzung des Internets für Betriebsangehörige,
- Nutzung des unternehmenseigenen Intranet,
- Zugriffsschutz für sicherheitsrelevante Systeme inkl. Remote, via IP und Handheld von außerhalb des unternehmenseigenen Netzwerkes.

Mittelbar relevant für die IT sind Regelungen und Festlegungen
- zur Strategie und Planung des Unternehmens,
- zum Risikoappetit,
- von Geschäftsfeldern, Bereichen, Funktionen, Prozessen und Projekten,
- alle Vergütungssysteme,
- Geschäftsordnungen des Unternehmens und seiner Tochtergesellschaften,
- die spezifische Abwicklung der gegenüber dem Aufsichtsrat zu genehmigende Geschäfte.

Zu Managementkontrollen gehören aber nicht nur einmalige Festlegungen (Zielsetzung – COSO ERM), sondern systematische Reviews und Follow-ups dieser Festlegungen (Monitoring – COSO ERM) mit Berichtspflichten (Communication & Information) sowie Aktionen bei schwer wiegenden Abweichungen vom Angeordneten (Risikomaßnahmen – COSO ERM).

Das Controlling, dessen Aufgaben die Gegenüberstellung von IST zum PLAN und die Veranlassung von etwaigen Anpassungsmaßnahmen sind, kann man in dieser Systematik als High-Level bezeichnen. Dies gilt ebenso für den Organisationsbereich und alle Bereiche des Unternehmens, die die Vorstands- und Aufsichtsratstätigkeit unterstützen, also gewissermaßen auch die Compliance-Abteilung, wenn sie an den Vorstand und/oder Aufsichtsrat berichtet.

Low-Level-Controls befassen sich alle mit der praktischen Umsetzung der High-Level-Controls.

Eine Kompetenzen- und Vertreterrichtlinie, die die Verantwortlichkeit auf Managementebene regelt, ist vom Design her High-Level, jedoch in der Umsetzung bis auf Abteilungs- und Gruppenebene dann Low-Level.

Alle automatisierten Kontrollen sind Low-Level, das heißt aber nicht, dass die Prüfung auf Angemessenheit im Design und praktischer Funktionsfähigkeit auch mit Low-Level-Sachverstand durchführbar wären. Ganz im Gegenteil verlangt das Testen von automatisierten Kontrollen einen ausgeprägten Sachverstand bis hin zum Experten, besonders im IT-Bereich.

Im Einzelnen wären hier zu nennen:

- Umsetzung der Password-Richtlinie mit Definition der Feldlängen und Prüfroutinen, der verdeckten Speicherung und dem automatischen Anmerken von Änderungen,
- Eingabekontrollen inkl. umfangreicher Plausibilisierungen innerhalb der Eingabemasken von Datenbanksystemen,
- Implementierung von Audittrails mit Kontrollsummen über Datensatzmengen und spezifische Inhalte der Datensätze wie Auftragsvolumen sowie Produktion von Fehlerlisten und Wartelisten,
- Ausgabekontrollen wie Spools, Fehlerstatistiken, Abstimmdifferenzen und Bestandsführung der Fehlerlisten und Wartedateien,
- Logfile zur Dokumentation der Verarbeitung,
- Verwaltung der Programmversionen inkl. durchgeführter Patche,
- Auslastungsstatistiken von Hardware und Netz sowie Antwortzeiten der unterschiedlichen Systeme,
- Berichte über automatisierte Softwareupdates, Virenschutz, Firewallattacken und -abwehr,
- Test der Restart-Prozeduren und des Notfallrechenzentrums-Anlaufs,
- Verwaltung und Vergabe der Softwarelizenzen inkl. Verwaltung der Berechtigungstabellen.

10.4.1.2 Prophylaktische und aufdeckende Kontrollen

Innerhalb des Kontrollspektrums kann man weiter unterscheiden in prophylaktischen und aufdeckenden Kontrollen. Prophylaktische Kontrollen verhindern unautorisierten Zugriff oder Zutritt, aufdeckende dokumentieren diesen.

Innerhalb der IT sind durch Plausibilitätsüberprüfungen gesicherte Dateneingaben in Datenbanken prophylaktische Kontrollen.

Diese können formallogische Datenfeldprüfungen unterstützen, z. B. die Verpflichtung Zahlen im Feld PLZ einzugeben. Sie können auch inhaltliche Prüfungen veranlassen, wenn z. B. in einer Versandhandels- oder Internetbestellung von einem Endkunden 100 Fernseher bestellt werden sollen, dass noch einmal zurückgefragt wird oder die Eingabe von einer zweiten Person autorisiert werden muss.

Aufdeckende Kontrollen benötigen eine Dokumentation der zu untersuchenden Vorgänge. Dies sind in der IT meist die Logfiles. Da sie quasi wie ein Journal alle Transaktionen sequentiell sammeln, ist zu ihrer Auswertung die Beherrschung einer bestimmten Betriebssystemsprache notwendig, soweit nicht auf Standardauswertungen zurückgegriffen werden soll (Großrechner). Die Logdateien der Webserver sind meist einfacher auswertbar, da sie in HTML geschrieben sind.

10.4.1.3 Manuelle und Automatische Kontrollen

Mit der stürmischen Entwicklung der IT hat sich der Anteil manueller Kontrollen in den Unternehmen zugunsten maschineller oder automatischer stark reduziert. Gleichzeitig ist die mögliche Informationsdichte durch die komfortableren Systeme stark gestiegen.

> Ein einfaches Beispiel für eine manuelle Kontrolle ist die Zutrittskontrolle für Besucher von Gebäuden, Fabriken und sonstigen Gebäuden durch Pförtner. Während der Zutritt für Berechtigte/Firmenangehörige durch Code- oder Smartkarten gewährleistet werden kann, müssen derartige Karten einem Besucher erst ausgestellt werden.

Bestimmte manuelle Kontrollen, z.B. die Endkontrolle einer Produktion, starten erst am Ende eines Prozesses, können aber dann Fehler im Nachhinein noch korrigieren. Das können automatisierte Kontrollen in der Regel nicht. Die von automatisierten Kontrollen festgestellten Fehler werden entweder durch einen vorprogrammierten Regelkreis bereinigt, oder durch Aussteuerung der fehlerbehafteten Artikel isoliert, damit der Prozess ohne Fehler beendet werden kann.

Automatische Kontrollen sind Kontrollen, bei denen im System hinterlegte Authentifizierungen, Autorisierungen sowie Plausibilisierungen eine menschliche Kontrolle ersetzen.

> Jede Kreditkartenzahlung geht über diese Schritte. Die Kreditkarte wird zunächst im System gegen eine Sperrliste geprüft. Danach erfolgt entweder Unterschrift oder Geheimzahl, die die Authentizität des Zahlers dokumentiert. Ist der Betrag oberhalb des gewährten oder geduldeten Limits (Plausibilisierung), erfolgt ein Abbruch der Transaktion mit der Bitte um telefonische Rückfrage zur Autorisierung durch die Gesellschaft.

10.4.1.4 Quantitative und qualitative Kontrollen

Quantitative Kontrollen sind in der IT sämtliche Kontrollen, die sich auf Werte der Verarbeitung beziehen wie

- Anzahl Datensätze in der Eingabe und Verarbeitung,
- Anzahl unberechtigter Userzugriffe mit falschem Password bis zum Abbruch der
- Verbindung,
- Verrechnung des Gesprächsguthabens bei einem Prepaid-Handy mit Warnhinweis
- bei drohender Überschreitung,
- Temperaturmessung im Rechenzentrum zum Hitzeschutz der Anlagen etc.

Qualitative Kontrollen werden nötig, wenn bestimmte Funktionen erfüllt sein müssen, aber nicht quantifizierbar sind wie z. B. bei allen ja/nein-Checklisten während einer IT-Prüfung. Qualitative Kontrollen betreffen die schwierigen Ermessensbereiche, wenn bestimmte zu treffende Entscheidungen nicht über eine verabschiedete Richtlinie abgedeckt sind wie z. B.

- Sonderurlaub wegen hoher unbezahlter Überstunden nach einem erfolgreichen IT-Projekt oder
- das Timing der Information an einen Vorstands im Frühstadium eines sich verstärkenden Anfangsverdachts bei dolosen Handlungen in seinem Bereich (ein dubiose Bankkonto ohne Bezug zum Unternehmen) oder
- ein von einem Mitarbeiter bemerktes Management Override (z. B. eine Kaschierung einer Budgetüberschreitung durch Auftragssplitting) des eigenen Vorgesetzten etc.

10.4.1.5 Prozessimmanente und prozessunabhängige Kontrollen

Ein weiteres Unterscheidungskriterium bei Kontrollen ist die Prozessimmanenz bzw. die Prozessunabhängigkeit.

Auf Unternehmensebene ist bedingt der Aufsichtsrat, unbedingt der AP als prozessunabhängig zu qualifizieren.

Beim Aufsichtsrat spricht eine frühere, nicht lange zurückliegende Tätigkeit als z. B. Vorstand tendenziell gegen ein unabhängiges Urteil. Deshalb fordern der DCGK und der amerikanische SOX vom Unternehmen unabhängige Mitglieder des AR.

Auf der Ebene unterhalb des Vorstands sind meist ähnliche Anforderungen an die Kontrollen wie auf Unternehmensebene zu stellen. AP und in großem Umfang die IR teilen sich hier die Arbeit. Auch eine moderne Interne Revision stellt sich durch ein externes Assessment der Fremdbeurteilung und dem Sachkundenachweis. Der Nachweis des Assessments wird mit einem Zertifikat dokumentiert. Aus Sicht der Unternehmensleitung ist eine Interne Revision als prozessunabhängig zu qualifizieren, da sie typischerweise keine operative Verantwortung im Unternehmen innehat. Aus Sicht des AP ist die IR zwar als Teil des Unternehmens als abhängig zu bezeichnen, jedoch ist sie neben dem Aufsichtsrat und dem Vorstand für den AP derjenige Zugang zu Unternehmensinformationen, der größte Sachkunde und Unabhängigkeit besitzt.

Ein gleitender Übergang besteht zur nächsten Ebene, jeglicher organisierten Untergruppe unterhalb der Vorstandsebene in Bereich, Funktion, Prozess oder Projekt.

Das unabhängige Monitoring des Prozesses erfolgt hier meist über die vorgesetzte Stelle, die auch bei der Automatisierung der Kontrolle Design, Implementierung und Änderungen veranlasst oder mindestens freigibt. Organisiert über eine Kompetenzenliste mit entsprechenden Handelslimits kommen hier die Grundprinzipien des Internal Control mit Vier-Augen-Prinzip und Funktionstrennung zur Geltung.

Aus Sicht der Unabhängigkeit der Kontrollfunktion gibt hier der Autor der Funktionstrennung gegenüber dem Vier-Augen-Prinzip den Vorzug[356].

Innerhalb des IT-Beschaffungsprozesses könnte geregelt sein, dass der Chief-Buyer oberhalb bestimmter Größen eines Hardwaregeschäfts automatisch mit dem IT-Leiter unterschreiben muss. Der Chief Buyer hat kein eigenes Interesse außer günstig einzukaufen. Durch die zwei Unterschriften regelt das Unternehmen, dass die Beschaffung der spezifischen Hardware sowohl sachgerecht (IT-Leiter) als auch preiswert (Chief Buyer) erfolgt.

Im Vertrieb der IT auf der Lieferantenseite steht häufig die Gewährung bestimmter Sonderrabatte, die Kunden vom Unternehmen fordern, unter Vorbehalt der nächsten Hierarchiestufe bis hin zum Vertriebsvorstand. Auch hier könnte ein Vertriebsleiter (Vier-Augen-Prinzip) oder der Marketingvorstand (Funktionstrennung) wegen der Bedeutung des Geschäfts unterschreiben und die zumeist üppigen Sonderrabatte genehmigen.

Die Begriffe Eingabe- Verarbeitungs- und Ausgabekontrollen wurden wie die Zutritts- und Zugriffskontrollen bei der Erörterung der anderen Kontrollbegriffe vorgestellt, so dass hier auf eine weitere Erläuterung verzichtet werden kann[357].

Alle Kontrollbegriffe mit Beispielen sind in der nachstehenden Tabelle kurz angesprochen.

Nr.	Begriff	Risiko	IT-Beispiel
1 a	High-Level Control	Organisationsverschulden durch mangelnde Regelung, siehe „Zweite Linie der Verteidigung"	Systematisches Projekt-Controlling kritischer Projekte in Zeit, Budget und Funktionalität
1 b	Low-Level Control	Manuelle Fehler; Kontroll-aufwand	Parametersteuerung Zahlungstermin
2 a	Prophylaktische Kontrollen	Verstoß gegen GOBS und HGB wegen fehlerhafter Daten	Definition der Passwort-länge und der Verwendung der Zeichenarten
2 b	Aufdeckende Kontrollen	Dolose Handlungen; Verstöße gegen GOBS und HGB	Auslesen der Server-Logfiles, die den Internet-zugangdes Firmennetzes organisieren
3 a	Manuelle Kontrolle	Maschinelle zu teuer	Stichprobenweise Prüfung des Rechnungsausdrucks auf Lay-out-Fehler

356 Beim Vier-Augen-Prinzip kommen die zwei Unterzeichner einer Kontrollfunktion aus demselben Interessensbereich. Das ist mit dem Prinzip Funktionstrennung, bei dem die Unterzeichner aus zwei verschiedenen Bereichen kommen, unabhängiger zu gestalten.

357 Siehe zu Kontrollen auch Band 1 der Schriftenreihe.

Nr.	Begriff	Risiko	IT-Beispiel
3 b	Automatische Kontrollen	Manuelle Fehler, Kontrollaufwand	Definition von Abrechnungsgrenzen bei Hotelkosten und Reisespesen in Abhängigkeit von der Hierarchie des Abrechnenden
4 a	Quantitative Kontrollen	Verlust von hohen Geldbeträgen	Zahlungsvorschlagliste vor Zahlung ab z. B. 20 T Euro
4 b	Qualitative Kontrollen	Risiko nicht quantifizierbar (nur nominal)	Funktionstest einer neuen Software gegen das Pflichtenheft vor Produktionsstart
5 a	Prozessimmanente Kontrollen	Fehlerhafte Verarbeitung; Verstoß gegen GOBS und HGB wegen fehlerhafter Daten	Continuous Monitoring mit Festlegung der Berichtsinhalte durch den operativen Bereich
5 b	Prozessunabhängige Kontrollen	Hohes Risiko fehlerthafter Verarbeitung, Verstoß gegen GOBS und HGB wegen fehlerhafter Daten	Continuous Auditing mit Bestimmung der Datenauswahl und des Zeitpunktes durch die IR
6 a	Eingabekontrolle	Fehlerhafte Verarbeitung	Definition von Plausibilitäten
6 b	Verarbeitungskontrollen	Fehlerhafte Verarbeitung	Aussteuerung von Bewegungsdaten ohne Stammdatenbezug
6 c	Ausgabekontrollen	Fehlerhafte Verarbeitung	Audit Trail zählt in einem Batch-Lauf die Anzahl der Datensätze über die gesamte Verarbeitungsroutine mit
7 a	Zugriffskontrollen	Fehlerhafte Verarbeitung	Hinterlegung von Sicherheitszertifikaten
7 b	Zutrittskontrollen	Fehlerhafte Verarbeitung	Closed-Shop-Betrieb im Rechenzentrum

Abbildung 10-30: Beispiele Kontrollarten

10.4.2 IT Kontrollen

Wie im vorherigen Abschnitt schon dargelegt wurde, haben automatisierte Kontrollen gegenüber manuellen Kontrollen den großen Vorteil der Zuverlässigkeit und Durchgängigkeit, d. h., was einmal programmiert ist, wird immer zu 100 % umgesetzt.

Jedoch kann sich dieser Vorteil auch ins Gegenteil verkehren, wenn Programmfehler unentdeckt bleiben. Insbesondere bei großen Systemen, wenn unterschiedliche Programmmodule zu einer kompletten Verarbeitung zusammengeführt werden, können Schnittstellenprobleme auftreten.

10.4.2.1 Audit Trail

Eine Möglichkeit, diese Probleme zu entdecken, besteht in der Programmierung[358] eines Audit Trails über die gesamte Verarbeitungskette hinweg (Verarbeitungs Audit Trail).

In diesem Audit Trail werden quasi als Zwischenspeicher bestimmte Informationen der Verarbeitungskette festgehalten, z. B. die Anzahl verarbeiteter Datensätze bei einem Fakturierungslauf.

Nun können in den verschiedenen Zwischenschritten der Fakturierung verschiedene Probleme auftreten.

Z. B. war im Modul Bestandsprüfung festgestellt worden, dass der bestellte Artikel lieferfähig war, jedoch wurde er bei der Auslieferung nicht gefunden. Dieser Datensatz Bestellung muss nun aus der Verarbeitung ausgeschlossen werden, da die tatsächliche Lieferfähigkeit nicht gegeben war. Wenn eine Vorfakturierung schon erfolgt war, muss diese Rechnung mit einer internen Lagerdifferenzgutschrift wieder korrigiert werden. Die Bestellung wird dann wieder als offen ins System zurückgeführt. Im Audit Trail taucht dieser korrigierte Datensatz als Lagerdifferenz auf.

In einem weiteren Verarbeitungsschritt stellt das System fest, dass irrtümlich für diese Bestellung keine Kundennummer vergeben worden ist. Da der Kunde Neukunde ist, muss der Datensatz solange ausgesteuert werden, bis der Neukunde eine Kunden-Nummer erhalten hat. Im Audit Trail wird dieser Fall ebenfalls z. B. unter Stammdatenklärung ausgesteuert und im System in einer Wartedatei/Fehlerdatei zwischengespeichert, bis die Kundennummer vergeben ist.

Alle diese Informationen, die während der Verarbeitung gewonnen werden, werden zwischengespeichert und für spätere Zwecke vorgehalten.

Weiterhin werden in der Literatur als Audit Trail sämtliche Protokolldateien und Logfiles verstanden, die dazu dienen, einen ordnungsgemäßen Betrieb der IT zu gewährleisten (System Audit Trail). Sie werden zur Untersuchungen der Performance von Hardware und Netz und für Konfigurationszwecke genutzt (Capacity Planning, Configuration Management).

358 Die Programmierung erfolgt im Betriebssystem in sog. Dienstprogrammen, da sie Verarbeitungsprogramm unabhängig sein muss, um den gesamten Betrieb überwachen zu können.

Weiter gehören zu einem Audit Trail Informationen darüber, welcher Nutzer zu welchem Zeitpunkt welche Transaktionen in welcher Datenbank veranlasst hat (User Audit Trail). Als aufdeckende Kontrolle kann diese Information genutzt werden, um unberechtigte Zugriffe, ob lesend oder verändernd, zu entlarven[359].

Gleichzeitig dient diese Kontrolle auch bei Systemabstürzen zur Bestimmung des Wiederaufsatzpunktes bzw. zur Restrukturierung bestimmter Verarbeitungsschritte.

Aufgrund der Bedeutung für den operativen Betrieb sollte der Zugriff auf den Audit Trail der Systemadministration vorbehalten sein. Er sollte gegen Änderungen geschützt sein (nur lesenden Zugriff systemmäßig vorsehen), weil auf Basis seiner Informationen eine ordnungsgemäße Verarbeitung sichergestellt werden kann.

Da so ein Audit Trail in großen Systemen sehr schnell im Datenvolumen anwachsen kann, ist eine routinemäßige Löschung nach automatischer Gewinnung von spezifischen Informationen sinnvoll (Incident oder Event Management). Diese Löschung sollte nur von autorisierten Personen, z. B. Chef der Systemadministration oder IT-Betrieb, vorgenommen werden. Da der Audit Trail auch Basisinformation für CM (Continuous Monitoring) und CA (Continuous Auditing) dienen kann, sollten die betreffenden Personen für CM und CA einer Löschung ebenfalls zugestimmt haben.

10.4.2.2 T-Strategie

Ein Grundsatzthema, das gerne bei IT-Prüfungen außer Acht gelassen wird, ist die Prüfung der IT-Strategie. Es ist kein einfaches Thema, da Wissen über die Geschäftsprozesse des Unternehmens, die Gesamtstrategie des Unternehmens und den momentanen Stand der IT-Systeme unabdingbar ist. Ein weiterer Vorteil wäre es, darüber einige Kenntnisse zu besitzen, in welche Richtung sich die IT in Zukunft bewegt oder bewegen könnte. Jedoch sollte man nicht zu scheu sein, in einen Dialog mit der IT einzutreten, da die meisten Leiter froh sind, endlich im Unternehmen einen kompetenten Sparringspartner gefunden zu haben. Denn manchmal machen die Kollegen im Senior Management um die IT-Fragen meist einen etwas größeren Bogen.

Zunächst sollte die Zielsetzung des Bereichs IT hinterfragt werden,

- soll sie kostengünstiger und/oder kompetenter Dienstleister im Unternehmen sein?
- ist die IT Teil des Wettbewerbsvorteils des Unternehmens am Markt, da die Kostenführerschaft z. B. durch besonders effiziente schnittstellenfreie Prozesse unterstützt wird?
- soll die IT preiswerter werden, steht sie also unter dem Druck, auch ihren Beitrag zu gewünschten Ratiopotenzialen aus ihrem eigenen Budget bringen zu müssen statt mit mehr Leistung die Automatisierung im Unternehmen voranzutreiben?

359 Auch sog. Keystroke Monitoring ist möglich, d. h. die Protokollierung aller Tasten je Nutzerkennung, dürfte in Deutschland wegen des Schutzes personenbezogener Daten nur in sehr begrenzten Ausnahmefällen zum Einsatz kommen.

Vor dem Hintergrund der entsprechenden Antworten lassen sich dann konkrete Fragen bzw. ganze Prüfungsansätze formulieren.

Beispielsweise werden bei Budgetknappheit die notwendigen Investitionen noch durchführbar sein, mit denen das Unternehmen zukünftig neue Umsätze generieren will oder klafft zwischen der Planung der Geschäftsbereiche und der IT eine strategische Lücke?

Sind beim Thema strategischer Vorteil IT genügend Projekte definiert, um den heutigen Vorsprung in Zukunft weiter auszubauen bzw. zuzulegen zu können, wenn der Markt weitere Anstrengungen verlangt?

Wird das Web aus Sicht der IT genutzt, um alle möglichen Chancen für das Unternehmen zu heben oder wird die teuere Plattform, die die Außenwelt mit der Innenwelt elegant verbunden hat, kaum genutzt, weil herkömmliche Vertriebsmaßnahmen weiter überwiegen, ohne effizient zu sein?

Auch die Durchgängigkeit der IT-Strategie im Ausland oder in eigenverantwortlichen Geschäftsbereichen und Gesellschaften kann ein lohenswertes Thema sein, bei dem die IR durchaus mit Einverständnis der IT Botschafter der zentralen Vorgehensweisen der IT sein kann, die ja Risiken verringern helfen, wenn sie denn angewandt werden.

10.4.2.3 IT-Entwicklung

In die IT-Entwicklung bzw. Software-Entwicklung gelangen alle die Aufträge zur Erstellung neuer Systeme bzw. zur Modifizierung bestehender (Neues Release, neue Version). Dieses Aufgabengebiet ist in der Hauptsache Projektmanagement[360].

Im Abschnitt 10.2.4 Softwareentwicklung nach ITIL sind die wesentlichen Punkte der Entwicklung und des Projektmanagements beschrieben worden. Im Abschnitt 4.3 Projektmanagementtechniken finden sich ebenfalls einige Hinweise zum „Magischen Dreieck" Kosten-Zeit-Funktionalität.

Für den Revisor ist unabhängig von der Projektüberprüfung wichtig, zu identifizieren, wie Software in den operativen Betrieb gebracht wird. Hier sind die Themenbereiche
- Trennung von Entwicklungs-, Test- und Produktionsrechenzentrum,
- Versions-Nummer-Dokumentation bei Programmänderungen,
- Compilerlisten als Dokumentationen der Maschinencodes der Programmänderungen,
- Autorisierte und dokumentierte Patche,
- Abstimmsystem mit Abbrüchen bei fehlerhafter Verarbeitung,
- Modularer Aufbau (Änderungsfreundlichkeit) der Programmierung,
- Fremd-/Eigenerstellung der Software,
- (Notwendigkeit und Genehmigung) des Customizing von Standardsoftware,
- Ausreichende Dokumentation der Programm-Codes

wichtig.

360 Der 5. DIIR-Standard „Projektmanagement" enthält einige Hinweise zum Thema.

10.4.2.4 IT-Betrieb

Im IT-Betrieb zeigt sich, ob das, was in Projekten vorher geplant und umgesetzt worden war, in der betrieblichen Praxis auch funktioniert. Gegenüber der Entwicklung, bei der es um Zeiträume von Tagen, Wochen und Monaten geht, kennzeichnet den IT-Betrieb der Zeitraum Millisekunde, Sekunde, Minute und Stunde.

Im Incident-Management müssen sofort Plan-B-Szenarien bei Stromausfall, Plattencrash, Cache-Überläufen oder Netzattacken greifen, ansonsten kann der Schaden sehr hoch ausfallen. Insofern kommen den Aspekten

- Notfallplanung mit Ausweichrechenzentrum,
- Restart-Prozeduren mit Rückfall auf Zwischendatenspeicherung,
- Notstromversorgung,
- Zugriff auf Systemprogrammierer,
- Zugriff auf alternative Server und Netze,
- Rückfall auf abgesicherten Verarbeitungsmodus und
- Priorisierung von Anwendungen vor dem Hintergrund knapper Verarbeitungskapazitäten

besondere Bedeutung zu.

– Eingabe, Verarbeitungs- und Ausgabekontrollen[361] *–*

Im operativen Betrieb zeigt sich, ob die Programme tatsächlich störungsfrei laufen und den geplanten Ressourcenverbrauch haben. Aus Anwendersicht muss die Funktion des Programms erfüllt werden. Hierzu ist eine Reihe von Kontrollen für die Risiken

- Fehlerhafte Eingabe,
- Fehlerhafte Verarbeitung und
- Fehlerhafte Ausgabe

zu definieren.

Im Eingabebereich sind sowohl Formalkontrollen als auch inhaltliche Kontrollen zu bestimmen, damit nur einwandfreie Daten weiterverarbeitet werden.

Eingabedaten werden heute in unterschiedlichen Medien generiert, so dass bei den Plausibilitätschecks sorgfältig geplant werden sollte. Bedingt durch die gegenüber Internet teilweise geöffnete Unternehmenswelt sollten nicht nur Schwarzlisten im Eingabebereich definiert sein, (welche Eingaben unzulässig sind) sondern nach Möglichkeit auch Weiß-Listen, die die Bandbreite möglicher Eingabemöglichkeiten begrenzen. Dies ist auch als ein gewisser Schutz gegenüber SQL-Injection zu sehen, wenn durch externe SQL-Codes[362] verborgen Datenbankfelder unzulässig angesprochen werden würden.

361 Siehe hierzu den GTAG 8 des IIARF (IIA Research Foundation) „Auditing Application Controls".

362 Z. B. können fast alle Sonderzeichen wie ‘, *, <, oder > etc. bestimmte ungewünschte Änderungen (Programmcode) an einer Datenbank vornehmen und sollten nach vollständiger Decodierung der Nachricht mit einem Weiß-Filter, der nur alphanumerische Zeichen zulässt, gelöscht werden. Siehe hierzu auch BSI, 2006 Sicherheit in Web-Anwendungen.

Insgesamt können die Daten per Brief, per Telefon, per Mail, über die Eingabemaske der Website oder aus Vorsystemen ins Unternehmen gelangen. Die möglichen Fehlerquellen sind weiterhin wie früher Schreib-, Hör- und Übertragungsfehler. Die Plausibilitätskontrollen sind heute im Zuge der Digitalisierung der Geschäftsmodelle über Eingabemasken relativ umfangreich geworden. Meist zwingen die Feldprüfungen der einzelnen Eingabefelder durch hinterlegte Antwortmöglichkeiten (Weiße Liste) zur korrekten Eingabe.

Z. B. ist bei der Postleitzahl nur eine fünfstellige Zahl aus der Gesamtzahl der hinterlegten Postleitzahldatei zulässig. 00000 oder 99999 sind in der PLZ-Datei nicht definiert und werden daher abgewiesen. Bei Straßennamen und Straßennummern sind heute weitere Plausibilisierungen möglich, bei Straße, ob diese für die Postleitzahl zulässig ist und bei der Nummer, ob für die Strasse in dem PLZ-Bezirk die Nummer zulässig ist.

Bei rein numerischen Eingaben haben sich wie in der Vergangenheit Prüfziffern für Kunden-, Artikel-, Lieferanten-, und Auftragsnummern bewährt.

Zusätzlich zu diesen inhaltlichen Kontrollen sollten die Eingabefelder Formalprüfungen auf Feldlänge, numerisch oder alphanumerisch und Eliminierung von Sonderzeichen haben. Für Marketingzwecke und für einen Bonitätscheck nützliche Daten wie Telefonnummer, Alter, E-Mail-Adresse sind im Rahmen der gesetzlichen Vorschriften zu handhaben und in Muss- und Kann-Felder zu unterteilen.

Innerhalb der Verarbeitung sind dann folgende Punkte wichtig:

- Wurden alle Datensätze bis zum Schluss verarbeitet und ausgegeben, geprüft mit Hilfe während der Verarbeitung angelegter Kontrollsummen oder über die Anzahl Datensätze, Anzahl Kunden, den Umsatz etc.?
- Wurden Altdaten aus Wartedateien früherer Verarbeitungen mit verarbeitet?
- Wurden die Fehlerdateien der früheren Läufe bereinigt und die korrigierten Daten wieder eingespielt?
- Wurden die aktuellen Stammdateien (Preis-, Aktions-, Artikel-, Lieferanten, Kundenstamm) der Verarbeitung zugrunde gelegt?
- Ist die Verarbeitung ohne Abbrüche durchgeführt worden oder am richtigen Punkt wieder aufgesetzt worden?

Die Outputkontrolle beendet den Zyklus, hierzu zählen stichprobeartige Prüfungen des Ausdrucks oder Spools (z. B. bei digitaler Rechnungspräsentation im Netz). Dies kann eine optische Prüfung auf Druckqualität sein, eine inhaltliche auf Überschreiten vorher bestimmter, ungewöhnlicher Rechnungssummen, auf Doppelausdruck und ob alle korrigierten Datensätze nun verarbeitet wurden. Die Outputkontrolle ist also eine gemeinsame Prüfung von Fachbereich und IT.

Im Rahmen der Outputkontrolle wird auch überprüft, ob der Output den richtigen Adressaten erreicht. In Zeiten des „papierlosen Büros“ sollten Beförderungsmittel für die voluminösen Outputlisten der Vergangenheit angehören ebenso wie Kontrollen, dass die Hauspost den Empfänger erreicht. Moderne Verarbeitungsroutinen sichern die Daten auf Datenbanken, die dann mit entsprechender Berechtigung über Datamining-Prozeduren ausgelesen werden können.

10.5 Ordnungsmäßigkeit sichern durch IT

Schon seit den 1970-iger Jahren hat sich die Datenverarbeitung Grundprinzipien der Ordnungsmäßigkeit[363] zu unterwerfen. So ist es eigentlich verwunderlich, dass viele Ordnungsmäßigkeits- und IKS-Probleme selbst bei so hoch entwickelten Systemen wie z. B. SAP noch nicht hinreichend gelöst sind bzw. immer noch hohen Prüfaufwand erfordern[364].

Da die IT in den Unternehmen anfangs die Buchhaltungsfunktionen automatisiert hat, mussten die GOBB (Grundsätze ordnungsgemäßer Buchführung und Bilanzierung) entsprechend angepasst werden. Von den GOBB sind vor allem folgende Grundsätze zu nennen, die auch heute noch von vollautomatisierten Buchhaltungs-Systemen erfüllt werden müssen:

1. Belegprinzip (Keine Buchung ohne Beleg).
2. Klarheit und Wahrheit (ein sachverständiger Dritter muss sich in angemessener Zeit ein objektives Bild von der Lage des Unternehmens machen können).
3. Die Geschäftsvorfälle müssen fortlaufend, vollständig, richtig, zeitgerecht und sachlich geordnet dargestellt werden.
4. Die Buchhaltung muss nach den geltenden gesetzlichen Aufbewahrungsfristen dokumentiert und wieder herstellbar sein.

So einfach die formalen GOBB auch sind, so schwierig sind sie im Einzelfall von IT-Systemen zu erfüllen.

10.5.1 Verfahrensdokumentation[365] und Transaktions-Dokumentation

In den heute üblichen vernetzten Unternehmensstrukturen ist es schon fast eine Kunst, mit EDI[366] oder Edifact Belege zu produzieren. Eine Vielzahl früherer Papier-Belege ist heute komplett digitalisiert. Somit kommt z. B. dem Thema Unveränderbarkeit der Daten auf den elektronisch erzeugten digitalen Belegen eine hohe Bedeutung zu.

363 FAMA (Fachausschuss für moderne Abrechungssysteme)-Gutachten I/1974 und 1/1975 des IdW und GOS (Grundsätze ordnungsgemäßer Speicherbuchführung) der Finanzverwaltung vom 5. Juli 1978 (BMF IV A 7 – S 0316 – 7/78, BStBl. I S. 250).

364 Es sei in diesem Zusammenhang an die Superuser-Funktion und an die mangelnden Voreinstellungen zu den Berechtigungen/Rollenkonzepten erinnert, die Unternehmen in aufwendigen Nacharbeiten mit GRC-Tools (Government, Risk and Control) u. ä. dann beseitigen müssen, um nicht in Konflikt zu ihrem Abschlussprüfer mit Einschränkungen des Testats zu gelangen.

365 GoBS (Grundsätze ordnungsmäßiger DV-gestützter Buchführungssysteme) 7.11.1995 BMF, – IV A 8 – S 0316 – 52/95- BStBl 1995 I S. 738; GDPdU (Grundsätze zum Datenzugriff und zur Prüfbarkeit digitaler Unterlagen), 16.7.2001 BMF IV D 2 – S 0316 – 136/01.

366 EDI (Electronic Data Interchange) und Edifact (Electronic Data Interchange For Administration, Commerce and Transport) sind normierte Verfahren zum Datenaustausch zwischen Unternehmen.

Die Frage lautet z. B., kann der vorliegende digitalisierte Beleg glaubhaft, zweifelsfrei und eindeutig mit dem zugrundeliegenden Geschäftsvorfall in Verbindung gebracht werden?

Handelt es sich bei dem Geschäftsvorfall um einen Austausch von Gütern gegen Geld, so kann ein Teil des Austausches nicht digitalisierbar sein, nämlich physikalische Güter. Wenn diese im Unternehmen nicht verbraucht, also als Teil eines herzustellenden Produkts untergegangen sind, sind sie im Nachhinein noch identifizierbar. Handelt es sich jedoch um Dienstleistungen gegen Geld oder digitalisierbare Produkte, so sind beide Geschäftsvorgänge digitalisierbar, unterliegen also höheren Anforderungen des Nachweises.

Ein Prüfer möchte z. B. wissen, ob der Umsatz eines Tages eines Telekommunikationsunternehmens auch wirklich entstanden ist. In dem international tätigen Unternehmen handelt es sich um ein Unternehmen, das an der amerikanischen Börse notiert ist. Der Prüfer ist demnach gefordert, mit Hilfe eines „Walkthrough"[367] durch die IT-Systeme den Ursprung der automatischen Umsatzbuchung zu finden.

Er grenzt den Umsatz zunächst auf einen Wochentag eines Jahres ein, danach bestimmt er das Land und den Service, im Beispiel Mobilfunkgespräche. Er kann so das Datenvolumen von 300 Mrd. Datensätze auf unter 50 Mio. eingrenzen. Trotzdem bleibt er weiter überfordert und bittet die Fachseite, um eine Eingrenzung nach einem Zufallsverfahren auf eine bestimmte Stunde des Tages und einen Buchstaben des Alphabets. Ihm gelingt eine Eingrenzung auf 70.000 Geschäftsvorfälle mit Teilnehmern des Buchstaben G von 15:00–16:00 Uhr. Durch weitere Eingrenzung auf eine Minute und einen konkreten Namen möge es ihm gelingen, genau ein Gespräch herausgefiltert zu haben.

Wenn er Glück hat, liegen im Unternehmen noch die kaufmännischen Basisdaten zur Bemessung des Preises vor. Er erhält Einblick in den Vertrag des Kunden, der Vereinbarung mit dem internationalen Lieferanten der Überseeverbindung nach USA für den Tag und der Vereinbarung mit den amerikanischen Carrier für die nationale und regionale Terminierung des Gesprächs in den USA. Im besten Fall kann er die Tarifierung des Gesprächs inkl. der Vorleistungen überprüfen.

Ob die angegebenen Minuten jedoch stimmen, kann nicht mehr festgestellt werden, weil die dazugehörigen technischen Speicher (z. B. zweistündlich) überschrieben werden. Hierzu wird ihm erläutert, dass im untersuchten Zeitraum nirgendwo ein Stromausfall verzeichnet war, die Übertragungstechnik einwandfrei funktioniert habe, die Daten des Tages ordnungsgemäß aus den technischen Systemen in die kaufmännischen übertragen worden sind und dann in die Monatsfakturierung eingelaufen sind, als der Buchstabe G dran war.

Aus dem Beispiel wird deutlich, dass es äußerst schwierig, wenn nicht aufgrund des ungeheuren Datenvolumens gänzlich unmöglich ist, eine Umsatzprüfung auf herkömmlichem Wege nach GOBB durchzuführen.

Mit der Forderung nach dem Belegprinzip wird der Prüfer bei Milliarden von Geschäftsvorfällen auf Unverständnis stoßen. Das gilt auch mit seiner Forderung nach

367 Unter Walkthrough wird in Anlehnung an die SEC (SOX) eine retrograde Prüfung von der Bilanzposition in die Basissysteme, die die Daten geliefert haben, verstanden.

fortlaufender Buchung, wenn aus Kapazitätsgründen der Druckereien und aus Opportunitätsgründen (keine Cent-Fakturierung) z. B. nur einmal im Monat je Kunde eine Rechnung erstellt wird.

Der Prüfer wird weiter große Augen machen, wenn ihm erläutert wird, dass mit 99 % aller technisch verfügbaren Basis-Daten, die fakturiert werden konnten, im Durchschnitt eines Jahres Spitzenwerte erzielt wurden, die kein anderes vergleichbares Unternehmen derselben Branche aufweisen kann. Das Prinzip der 100 %-Vollständigkeit wäre nicht machbar und außerdem zu teuer, da unklare Daten irgendwann auch nicht mehr manuell nachvollziehbar sein werden und gelöscht werden müssten, so bitter es für das Unternehmen auch sei.

Dass die technischen Daten immer wieder überschrieben werden müssten, wäre Stand der Technik weltweit, als Speicherung kämen nur die kaufmännischen Daten in Betracht.

Die kaufmännischen Daten jedoch sollten wenigstens zweifelsfrei, eindeutig, klar und vollständig sein. Um dies zu gewährleisten, ist eine Reihe von Maßnahmen notwendig. Sie betreffen den Schutz des Eingabegeräts, den Zugriff auf das Anwendungssystem, den Schutz elektronisch gebuchter Daten auf Dateien und Datenbanken und den Schutz verwendeter Algorithmen, die die Eingabedaten während der Verarbeitung verändern (z. B. beim Umsatz das Mehrwertsteuerkennzeichen, das den Steuersatz festlegt).

Als Schutz des Eingabegeräts gehört heute ein Passwordschutz inkl. Pasword-Historie zum Mindeststandard bei PC, Laptop, Smartphone und reinem Daten-Terminal. Dieses Password ist in Mindest-Zeitabständen (3–9 Monate) zu erneuern, hat eine Mindestlänge von mindestens 8 Ziffern und enthält alphanumerische, Zahlen- und Sonderzeichen-Bestandteile. Diese Anforderungen sind notwendig, um dem Eingabegerät wenigstens zeitweilig einen Schutz gegen eine mögliche Entschlüsselung zu gewähren. Der Hauptzweck des Password bei Terminals und PC ist vergleichbar der eines Schlosses bei Schreibtischen, das sensible Buchungsbelege vor Veränderung und Lesen schützt („Write" and „Read"-Protection).

Noch effektiver ist die Nutzung von Smartcards, weil dann das Password nicht softwaremäßig im System gespeichert ist, sondern hardwaremäßig auf dem Chip der Smartcard.

Um auf ein spezielles IT-System von seinem Eingabegerät zugreifen zu können, ist der Nachweis einer Berechtigung zu erbringen. Moderne Systeme bieten zur Organisation der unternehmensinternen Zugriffe Rollenkonzepte an. Mit diesem Konzept kann innerhalb eines Unternehmens die Funktionstrennung IT-mäßig organisiert werden.

Ein Beispiel ist hier die Vergabe unterschiedlicher Rollen, also die Funktionstrennung zwischen der Berechtigung zur Zahlungsfreigabe und zur Eingabe der Kreditorenstammdaten.

Hiermit wird der Missbrauch erschwert, Zahlungen an Personen zu veranlassen, die man selbst kennt und die keine Leistungen für das Unternehmen erbracht haben.

Um nach Vergabe der Rollen, also der Zugriffsberechtigungen auf bestimmte Funktionen des Systems, die Identifizierung des Zugreifenden zu dokumentieren, wird auf die Hilfe einer sog. Userkennung zurückgegriffen. Dies gehört in den heute üblichen Dialogsystemen[368] zum Mindeststandard, so dass sich alle kaufmännischen Dateneingaben auf eine Person zurückführen lassen. Mit dieser Kennung wird also die früher notwendige Unterschrift unter einen Buchungsbeleg nachvollzogen.

Damit sind die Daten jedoch immer noch nicht 100%-ig geschützt. Die tatsächliche Einhaltung der formalen Prinzipien Unveränderbarkeit, Zweifelsfreiheit und Eindeutigkeit können im Weiteren nur mit Hilfe von IT-Tools und eingehendem IT-Verständnis überprüft werden.

Das früher schon verbotene Radieren oder Ausfüllen mit Bleistift bei Buchhaltungssystemen gilt im IT-Zeitalter weiter, obwohl es Systeme geben soll, die sich im „Erase"-Modus betreiben lassen. D.h., mit diesem Modus ist es möglich, Daten zu verändern, ohne eine Spur zu hinterlassen. Natürlich gehört dieser Modus im Wirkbetrieb abgestellt, und zwar so, dass er nicht mehr, auch nicht unbeabsichtigt, aktivierbar ist.

Greifen z. B. Anwendungen auf Datenbanken zu, so ist auch noch zu hinterfragen, ob unabhängig von den geschützten Anwendungen mit Hilfe von SQL (Structured Query Language) ungeschützt und unautorisiert direkt auf die Daten der Datenbank zugegriffen werden kann (z. B. SQL-Injection) und wie diese Zugriffe protokolliert werden.

Es gilt auch das Verbot, dass Anwendungsprogrammierer mit Wirkdaten arbeiten. Stattdessen ist eine Testumgebung mit Testdaten zu schaffen. Würden sie mit Wirkdaten im Produktionsbetrieb arbeiten können, können Datenfelder, die exklusiv von bestimmten berechtigten kaufmännische Personen gepflegt wurden, verändert werden, ohne dass dies bemerkt oder dokumentiert wurde. Auch ermöglichen Wirkdaten, selbst wenn sie aus dem Produktivsystem abgezogen wurden, dem Tester oder Anwendungsentwickler Zugriffe, die dem Datenschutz und der Datensicherheit entgegen laufen könnten.

Trotzdem können Daten innerhalb einer Verarbeitungsroutine noch unbemerkt verändert werden, wenn nämlich eine neue Programmversion den Verarbeitungsmodus ändert. Deshalb ist es auch hier gute Praxis, wenn sämtliche Änderungen an Wirksystemen durch die verantwortliche Fachseite im Vorneherein freigegeben werden, am besten an Hand von erfolgreich verlaufenen Testprotokollen und Compilerlisten, die die vorgenommenen Änderungen am System dokumentieren.

Da IT-Spezialisten (z.B. Systemprogrammierer, System- und Netzadministratoren) Systeme reparieren können müssen, können Daten in Wirksystemen u.U. von diesen Spezialisten geändert werden.

368 In Dialog- oder Realtime-Systemen werden Datenänderungen in den Datenbanken direkt erfasst, in den früher üblichen Batch (Stapel)-Systemen fand die Verarbeitung nachts nach Abschluss der Dateneingaben statt.

Deshalb lautet hier die Revisions-Forderung, alle Eingriffe während des Betriebs in einem sog. Logfile zu dokumentieren. Da diese besonderen Spezialisten jedoch auch den Logfile-Eintrag ungeschehen machen können, hilft es hier nur, den Personenkreis möglichst eng zu wählen, die Mitarbeiter angemessen zu entlohnen und Ihnen sensible Unternehmens-Daten gleich bei Jobbeginn[369] mitzuteilen, um mögliche Neugier zu befriedigen. Sie würden sie im Geschäftsbetrieb ohnehin unbemerkt sehen können. Dass sie eine besondere Vertraulichkeitserklärung unterschreiben müssen, sei hier nur am Rande erwähnt.

Wie man sieht, ist die einfach klingende Forderung nach einer ordnungsgemäßen Transaktionsdokumentation in heutigen Systemen nicht so einfach zu beantworten, etwas IT-Sachverstand sollte in die Formulierung der Regelungen schon mit einfließen.

Die nachfolgende Grafik fast das oben Beschriebene noch einmal zusammen.

Grundsätze	Gesetzliche Grundlagen, Verordnungen, Prüfungsstandards zu den Themen	Umsetzungsmassnahme
Vollständigkeit	§ 238 ff., 257 HGB § 145–§ 147 AO FAMA 1/1974 (hist.) FAMA 1/1975 (hist.) GoS BMF 1978 (hist.) GoBS BMF 1995 GDPdU BMF 2001 IdW PS 330	Audit Trail (Verarbeitungskontrollen)
Sicherheit des Gesamtverfahrens		Compiler-Listen
Schutz vor Veränderung und Verfälschung		„Write/Read/Delete"-Schutz, Dokumentation von Patchen und Systemeingriffen
Sicherung vor Verlust		Archivierungssysteme
Nutzung nur durch Berechtigte		Rollenkonzept, Berechtigungskonzept, Funktionstrennung, Passwordschutz
Einhaltung der Aufbewahrungsfristen		Archivierungssysteme (IT-Betrieb)
Dokumentation des Verfahrens		Verfahrensdokumentation
Nachvollziehbarkeit		
Prüfbarkeit		Verfahrensdokumentation, Archivierungssysteme

Abbildung 10-31: GOBS: Ordnungsmäßigkeit der Speicherbuchführung/Verfahrensdokumentation

369 Das ist dem Autor bei einer Firma als Praxisfall tatsächlich geschehen. Es handelte sich um insgesamt 6 Personen eines IT-Bereichs von über 400 Mitarbeitern.

Zugegeben, es gibt Unternehmen, bei denen auch heute die Grundsätze Belegprinzip, Vollständigkeit und Speicherung der Basisdaten kein Problem machen sollten. Trotzdem sind offensichtlich IT-Prüfungen, die sich von der untersten Transaktionsebene lösen und die IT-Systeme überprüfen, sinnvoll. Denn mit ihnen wird es möglich, die Verlässlichkeit riesiger Datenbestände nachzuvollziehen und in effizienter Verwendung von Prüfzeiten zu risikoorientierten Einschätzungen zu gelangen.

10.5.2 Systemdokumentation

Der zunehmende Zeitdruck bei IT-Projekten, hervorgerufen durch den Wettbewerbsdruck, der Trend zur Entbürokratisierung, der zunehmende Einsatz von Standardsoftwarepaketen und das Selbstverständnis von Entwicklern, lieber eine gute Software als eine gute Dokumentation zu entwickeln, stellt heute generell die Frage nach dem Sinn von Systemdokumentationen.

Auf der anderen Seite führt der gesetzliche Regelungsdruck, die Teilung von Verantwortung von Prozess und IT bis hin zur kompletten Auslagerung der Softwareentwicklung, der vermehrte Einsatz von externen Dienstleistern zu einer Gegentendenz nach vermehrter Dokumentation.

Zusammengefasst läuft die Diskussion wieder auf eine Abwägung der Ziele Ordnungsmäßigkeit und Sicherheit auf der einen, Effizienz und Effektivität auf der anderen Seite hinaus.

Mit dem Fortschritt der Programmierung durch vermehrte Nutzung von leistungsfähigen Makrotools hat die Dokumentationstechnik Schritt gehalten. Bei Nutzung von datenbankgestützten Dokumentationstools wie ARIS sollte eine gute Systemdokumentation heute nicht mehr an Kosten scheitern.

Bedenkt man weiter, dass sich ein IT-System auch heute noch weit mehr als 5 mal solange im Betrieb als in der Entwicklung befindet, ergibt sich schon aus Zweckmäßigkeitsgesichtspunkten der Wunsch nach einer Systemdokumentation.

Welche Hauptkomponenten sollte eine gute Systemdokumentation enthalten?

Eine gute Systemdokumentation eines IT-Systems sollte zunächst aus einem Bezug zum zugehörigen Unternehmens-Prozess mit Hinweis auf das jeweilige Prozessziel bestehen, das durch das IT-System unterstützt werden soll und der Festlegung der verantwortlichen Fach-Managementebene.

Darüber hinaus enthält eine sinnvolle Systemdokumentation folgende Komponenten:

Betriebshandbuch

- Installationsanleitungen mit Parametereinstellungen,
- ein Bezug zu vor- und nachgelagerten Systemen,
- eine Übersicht aller angesprochenen Programme,
- Bezug zur Desktop-, Server- und Hostlandschaft,
- Schnittstellenbeschreibung als Datenflussdiagramm,
- Datensicherungsvorkehrungen,
- Notfallmaßnahmen inkl. Backup- und Recovery-Proceduren,

- Helpdesk,
- Bezug zum Ersteller mit letztem Update.

Administrationshandbücher
- aus einer Verfahrensdokumentation mit Datenbankverwaltung, Benutzer- und Zugriffsverwaltung, Modellverwaltung und Objektverwaltung,
- den Entscheidungsregeln für die Verarbeitung der Eingabedaten innerhalb des IT-Systems,
- die Dokumentation des Prozessablaufs in Charts (z. B. unter Nutzung des Aris-Tool),
- den Bezug zum Ersteller mit letztem Update,
- evtl. rechtlich vorgeschriebene Zertifikate,
- einem Verweis auf die Projektdokumentation, aus dem das System ursprünglich hervorgegangen ist,
- Systemabnahme- und Inbetriebnahmeprotokoll.

Benutzerhandbücher,
- der Eingabe- und Ausgabemasken und automatisch zu generierenden Listen,
- die Behandlung der notwendigen eingebauten Kontrollen,
- den Bezug zum Ersteller mit letztem Update.

– Betriebshandbuch –

Das Betriebshandbuch eines Systems ergänzt die im Rechenzentrum schon vorhandenen Beschreibungen der Hardware und Systemsoftware.

Im Einzelnen werden im Betriebshandbuch z. B. die Parameter beschrieben, die für die erstmalige Implementierung des Systems auf der aktuellen Rechner- und Serverwelt notwendig sind.

Hinzu kommt die Systemintegration mit Schnittstellenprogrammen, die sicherstellen, dass die Programme, aus denen Daten bezogen und in die Daten abgegeben werden mit dem neuen System zusammenarbeiten können.

Weiter ist das Abstimmsystem in den tatsächlichen Betrieb zu integrieren und Hinweise, wie man sich bei Abbrüchen zu verhalten hat, d. h. eine Beschreibung der Restart- und Recovery-Prozeduren des Systems sind zu ergänzen.

Ein Abstimmsystem enthält während der Verarbeitung bestimmte Kontrollsummen, z. B. Anzahl Datensätze, die verarbeitet werden sollen und vergleicht diese mit den tatsächlich verarbeiteten. Bei Differenzen kann es zum Abbruch des Verarbeitungslaufes kommen bzw. zur Fehlerausgabe in entsprechenden Protokollen.

In Dialog- oder Datenbanksysteme erfüllen diese Aufgabe aufwendig programmierte Plausibilitäts-Kontrollen, die fehlerhafte Eingaben von vorneherein zu unterbinden helfen.

Außerdem nützlich ist die gleichzeitige Programmierung von aktuellen und historischen Tabellen (Datenbank-Design). Die historischen Daten enthalten alle Änderungen mit Datum und User und können vom User nicht verändert werden. Die aktuellen enthalten den aktuellen Datenstand. Damit ist es auch bei Systemabstürzen möglich, nicht nur zeitbezogen die Datenbank wieder in Gang zu setzen, sondern auch alle Änderungen, gespeichert in der historischen Datenbank, wieder automatisch zu aktualisieren.

Die Datensicherung des konkreten Systems muss in den Rechnerbetrieb integriert werden ebenso wie Hinweise auf Back-up-Rechenzentren und Backup-Servernetze.

Die Dokumentation des Versionsstands des Systems ist entscheidend dafür, dass später beim Aufspielen historischer Daten, z.B. bei einer Steuerprüfung, auch die damals gültigen Systemeinstellungen und Versionen benutzt und geforderte Unterlagen erzeugt werden können.

Die Benutzerfreischaltung wird zwar vom Systemadministrator nach dem verabredeten Rollenkonzept vorgenommen. Trotzdem sollte der Betrieb z.B. bei Datenbanken informiert sein, wie viele User gleichzeitig auf das System zugreifen können. Diese Information ermöglicht es im Betrieb, die benötigten hardwaremäßigen Ressourcen vorzuhalten. Üblicherweise sind diverse Konstellationen schon im Testbetrieb simuliert worden, um im Praxisbetrieb überlange Antwortzeiten zu vermeiden.

Die Helpdesk-Dokumentation enthält dann die Informationen, wie im Fehlerfall des Systems vom User zu verfahren ist. Es kann in verschiedene Ebenen unterteilt werden, um bei Bearbeitungsproblemen zunächst Bedienungsfehler, Desktopprobleme von Systemproblemen zu trennen, genannt First bis Third Level Support. Meist besteht für den Helpdesk-Mitarbeiter die Möglichkeit, mit Hilfe eines Codes den Fehler auf seinem Desktop zu simulieren und damit schnell helfen zu können, ohne aufwendig vor Ort sein zu müssen. Kritisch zu sehen sind hier Fernwartungstools[370], die es dem IT-ler erlauben, in das Betriebssystem des Nutzers direkt remote einzugreifen.

– Administrations- und Benutzerhandbücher (technische und fachliche Dokumentation) –

Administrations- und Benutzerhandbücher werden üblicherweise im Projekt der zu entwickelnden Anwendung erstellt. Während Administrationshandbücher den eher technischen Teil der Anwendung abdecken, enthalten Benutzerhandbücher den fachlichen Teil.

Basis für beide ist das für das Projekt maßgebliche Pflichtenheft, das vom Nutzer oder in Abstimmung mit dem Nutzer vor Projektstart zu erstellen ist. Die Beschreibung der Nutzeranforderungen vor Projektstart hilft dem Entwickler, die Implikationen der Nutzerwünsche besser erfassen zu können. Diskussionen um Inhalte des Pflichtenhefts vor Projektstart sind in jedem Fall aufwendigen Programmnachbesserungen vorzuziehen. Die sog. „Quick & Dirty-Methode“, die den Vorteil der Schnelligkeit besitzt, wird später durch häufige Debuggings/Patche (Fehlerbeseitigungen) und aufwendige Integrationsprogramme wieder langsam. Sie ist im Ausnahmefall für nicht-kritische Anwendungen im sog. Stand-alone Modus zulässig.

370 Wie z. B. VNC oder Teamviewer.

Im Abschnitt 10.2.4 wurde ausführlich auf die enge Verzahnung von Benutzer und Programmierer eingegangen.

Die im Pflichtenheft festgelegten Punkte betreffen die gewünschten Eingabemasken Outputlisten und Ausgabeprotokolle bzw. die entsprechenden Bildschirmdisplays. Die Pflichteingabefelder, die optionalen Eingabefelder und die vom System zu generierenden Felder werden beschrieben.

Für die einzelnen Masken/Templates sind Objekte vorstrukturiert, die für alle User ein einheitliches Verständnis des Systems und der Anwendung schaffen. Die Objekte sind die wesentlichen Bestandteile eines Systems. Sie sollten möglichst detailliert beschrieben werden und grafisch durch Screenshots[371] visualisiert werden.

Eine weitere Zusammenfassung des Systems mit den einzelnen Systemmodulen, grafisch unterlegt, verdeutlicht die Anwendung zusätzlich.

Zusätzlich kommen die Entscheidungsregeln hinzu, die notwendig sind, um die entsprechenden Ausgabemasken mit Informationen zu füllen.

Ein Hinweis auf die Systemkontrollen, die bei manueller Dateneingabe die Plausibilitäten der einzelnen zulässigen Eingabemöglichkeiten je Feld enthalten, ist optional. Wichtig ist hier, dass das System Vorkehrungen enthält, wie unzulässige Eingaben in das System verhindert werden können.

In der Verfahrensdokumentation des Administrationshandbuchs wird zusätzlich in der Benutzer- und Zugriffsverwaltung festgelegt, welche Funktion im Unternehmen welche Rechte erhält (Rollenkonzept), wie An- und Abmeldung bei der Anwendung geregelt ist und wie diese Prozedur in die gesamte Userverwaltung integriert werden soll. Die festgelegten Sonderrechte des Administrators sollten ebenso festgelegt sein und auf sehr wenige Personen beschränkt werden.

Auch die Einrichtung bzw. Deinstallation des Systemzugriffs beim User sollte im Administrationshandbuch geregelt sein.

Da heute viele Anwendungen webbasierten Remote-Zugriff erlauben, ist es wichtig, dass die konkrete Anwendung alle netzbasierten Sicherheitsmaßnahmen mit enthält bzw. dafür offen programmiert ist, um eine Integration in Firewall-, Nutzerkennungs- und Passwordsysteme, die den Zugang ins firmeneigene Netz regeln, zu ermöglichen. Im Netzbereich ist kryptografisch oder in einer gesicherten Datenverbindung (Tunneling/VPN) der Remote-Zugriff zusätzlich grundsätzlich abzusichern.

Last, but not least, enthält ein Benutzer- und ein Administrationshandbuch immer das Datum des letzten Bearbeitungsstand.

– Test-, Prüf- und Freigabedokumentation mit Service Level Agreement –

Manchmal benötigen Systeme, insbesondere im hoheitlichen Bereich, vor ihrer Freigabe noch die Zertifizierung einer autorisierten und unabhängigen Institution. Auf jeden Fall sollten Systeme, die sich mit personenbezogenen Daten beschäftigen, vor dem Praxisbetrieb mit dem Datenschutzbeauftragten und dem Betriebsrat intensiv

371 Ein Screenshot ist ein Bildschirmausdruck.

durchgesprochen werden. Am sinnvollsten ist es, diese internen Stellen recht frühzeitig einzubinden, um nicht gegen Ende des Projekts Verzögerungen zu erhalten.

In einer Test- und Freigabedokumentation dokumentiert die Fachseite die Übereinstimmung der neuen oder modifizierten Anwendung mit dem Pflichtenheft. Sie hat auch dort die Möglichkeit, das System nur vom Grundsatz freizugeben und gewisse Nachbesserungen schriftlich festzuhalten. Dieser Prozessschritt gilt sowohl bei externen und internen Dienstleistern.

Spätere Mängelrügen sind dann eher begründbar, wenn sie rechtzeitig, d.h. vor der Inbetriebnahme, in einem offiziellen Protokoll festgehalten sind.

Wichtig ist beim letzten Test auch das Zusammenspiel der neuen Anwendung im Systemzusammenhang (GIT: Gesamtintegrationstest). Hier zeigt sich, ob isoliert gedacht und programmiert wurde oder integrativ, wenn es sich um keine Stand- alone-Lösung handeln sollte.

Letztlich sollte in einem Service Level Agreement (SLA) beschrieben werden, welchen Rang die Anwendung im Betrieb bekommen soll. Dies ist insbesondere wichtig, wenn in Notfallsituationen nur beschränkte Reservekapazität auf die Anwendungen verteilt werden kann. Gleichzeitig wird damit im Vorhinein geklärt, ob die neue Anwendung besonderer Sicherheitsvorkehrungen bedarf oder ob der Unternehmensstandard ausreicht. Besondere Wünsche kosten mehr Ressourcen, „There is no free lunch".

10.5.3 Programmdokumentation

Das Thema Programmdokumentation ist entweder sehr einfach oder kompliziert abzuhandeln.

Es ist einfach, wenn für eine Prüfung in der IR der notwendige Sachverstand fehlt und um die IT-Anwendung herumgeprüft wird (Blackbox Modell).

Sinnvoll ist dieser Ansatz nur bei Standardsoftware, wo der Quellcode meist nicht greifbar ist. Aber auch hier bleibt ein kleines G´schmäckle, da „man die Katze im Sack kaufen möchte". Ob diese Anwendung performanter laufen könnte oder nicht, wieso die Antwortzeiten der Nutzer zu hoch sind, warum die eingekauften Datenbanken viel zu schnell an ihre Kapazitätsgrenzen stoßen, wieso bestimmte Module gar nicht oder viel komplizierter ablaufen, lässt sich meist nicht einfach klären.

Anders ist dies bei einer prüfbaren Programmdokumentation einer Anwendung, die unternehmensintern erstellt wurde. Ist in der IR das Knowhow für eine IT-Prüfung vorhanden, so lässt sich bei einem akzeptablen Dokumentationsgrad (40-60% der Zeilen sollten es schon sein) das Programm-Coding auf Risiko- und Performancebestandteile überprüfen. Risiken treten immer dann auf, wenn statt vorhandener Makros eigene, kreative Wege gegangen werden, die möglicherweise die Laufzeit der Anwendung etwas verkürzen, die Pflege aber immens verteuern, da auch Eingeweihte längere Zeit benötigen, um sich in der Anwendung zurecht zu finden.

Weiter sind bei einer Programmdokumentation die Anzahl der Versionswechsel und die Häufigkeit von Patchen wesentlich. An der Anzahl der Versionswechsel lässt sich unschwer ablesen, dass Anwender und Programmierer erst langsam zueinander gefunden haben. Die Anzahl der Patche, hoffentlich dokumentiert mit Unterschrift der Fachseite, lässt Rückschlüsse auf die Programmierqualität zu (Betaversion statt Wirksystem-Version).

Ohne effektive Programmdokumentation lässt sich im Notfall bei Stand der Anwendung ohne den Programmierer meist nichts ausrichten. Im Sinne einer personenunabhängigen Organisation des Betriebsgeschehens ist dieser Weg professionell arbeitenden Organisationen verwehrt.

Insofern ist ein Trend absehbar, vermehrt auf Standardsoftware zu setzen und die Dokumentation dem Lieferanten der Software zu überlassen. Die setzt im Unternehmen jedoch voraus, die vorhandenen individualisierten Prozesse im Hinblick auf die Standardsoftware anzupassen oder die Standardsoftware zu „customizen". Beide Wege sind wiederum sehr aufwendig, im konkreten Falle sollten Kosten-Nutzen-Überlegungen den Ausschlag für die Entscheidung geben.

10.5.4 Dokumentation des IT-Betriebs

Sehr hilfreich für den IT-Revisor ist es, sich schon im Planungsstadium mit den IT-Betriebsverantwortlichen über die Frage auszutauschen, welche Anwendung besonders wichtig sind und welche Anwendung im Betrieb immer wieder Probleme macht. Der für die Anwendung zuständige Pozessverantwortliche ist ebenfalls ein guter Interviewpartner.

Das Logbuch des Betriebs, hoffentlich heute nicht mehr manuell in Papier, sondern digital gepflegt, gibt einen weiteren Einblick in die Geschehnisse. Sie betreffen auch die Hardwarekomponenten, den Bereich Netzwerkausfall und die Dokumentation der Tätigkeiten der Systemprogrammierer, die bei „Stehen" des Systems den Betrieb in sehr kurzer Zeit wieder ermöglichen sollten.

Bei eingehendem Studium sollte man die Themen finden, die nicht ohne Genehmigung zulässig sind wie Betrieb ohne Abstimmsystem oder Test mit Wirkdaten bzw. direkte Patche in Systemkomponenten.

Beim Betrieb ohne Abstimmsystem ist die Ordnungsmäßigkeit der Verarbeitung nicht sichergestellt, da fehlerhafte Verarbeitungen nicht als solche auf Fehlerlisten ausgegeben werden und nicht sichergestellt werden kann, ob alle Daten auch verarbeitet wurden.

Test mit Wirkdaten hat zwar den Vorteil, dass die neue Programmversion mit allen Facetten des betrieblichen Geschehens in Berührung kommt und auch außergewöhnliche Datenkonstellationen verarbeiten muss. Eine (unbeabsichtigte) Änderung der Wirkdaten ist jedoch nicht hinnehmbar und kann bei rechnungswesenrelevanter Software zum Testatverlust führen, da Wirkdaten unkontrolliert verändert wurden.

Die gilt übrigens auch für den Befehl „Erase" (Radieren), der in Dialogsystemen nur im Testbetrieb zulässig ist.

Zusammengefasst sollten alle Störungen im Betrieb festgehalten werden ebenso die Störungsbeseitigung (Event- und Incident-Management nach ITIL).

Eine systematische Analyse eines Störungs-Zeitraums zeigt auch Wege auf zu einem verbesserten Betrieb, ob durch leistungsfähigere Server oder ein besseres Netz oder bessere Versionen der laufenden Anwendungsprogramme (Problemmanagement nach ITIL).

Siehe hierzu Abschnitt 10.2.4, der auch auf die genannten Themen eingeht.

10.6 IT-Sicherheit

Die fast täglichen Meldungen über Hackerangriffe aus dem Internet verdeutlichen, dass ein öffentliches Netz für alle Teilnehmer erst einmal unsicher ist und mit entsprechenden Maßnahmen sicher gestaltet werden muss. Das gilt insbesondere in dem Fall, wenn mit dem Internet Interaktion betrieben werden und nicht nur das eigene Unternehmen präsentiert werden soll.

Insofern das Internet einen öffentlichen Marktplatz darstellt, muss es wie ein Handelsunternehmen, das Stationärgeschäfte betreibt, gegen Diebstahl geschützt werden. Der Diebstahl beschränkt sich im Internet nicht nur auf digitalisierte Produkte und Dienstleistungen, sondern auch auf Unternehmensinformationen, die nicht für den öffentlichen Verkauf bestimmt sind. Günstig wäre es dann nun, den öffentlichen IT- von dem privaten Unternehmens-IT-Bereich abzuschotten. Durch die dann notwendige manuelle Umsetzung von Kunden-Bestellungen in die internen Systeme hinein ginge jedoch sehr viel Rationalisierungsvorteil verloren. Demgemäß muss auch der private Bereich geöffnet werden, jedoch unter starker Zugriffskontrolle der Eingabedaten.

Welche Maßnahmen dazu erforderlich sein könnten, wird im Folgenden dargestellt. Es sollte bei allem jedoch bedacht werden, dass die Informatik gerade einmal 40 Jahre alt geworden ist, die Öffnung der Telekommunikationsnetze für das Protokoll TCP/IP noch keine 20 Jahre her sind[372] und die Idee des E-Commerce sich erst gut 10 Jahre etabliert hat. Insofern mag man einwenden, das Netz, das sich einem im Internet tätigen Unternehmen bietet, sei vergleichbar einem Schweizer Käse, weil es so viele Sicherheitslücken aufwiese.

Jedoch würden Unternehmen wie Google und Facebook dies bestimmt anders sehen. Denn diese Lücken oder hohen Freiheitsgrade eröffnen gerade Unternehmen große Möglichkeiten, gezielt Angebote nach Clickhistorie oder Lifestyle ohne größere Streuverluste wie bei klassischer Werbung zu erarbeiten.

Dieser Sachverhalt ist ja schon im Kapitel 5 näher erläutert worden.

372 Tatsächlich sind die Protokolle IP und TCP in der Zeit des kalten Kriegs für militärische Zwecken entstanden, siehe ARPANET (Advanced Research Projects Agency Network) und dann später für einen Informationsaustausch unter Wissenschaftlern (CERN) adaptiert worden. An eine kommerzielle Nutzung war nie gedacht worden. Sichere Verfahren wie ATM (Asynchronous Transfer Modus) haben sich nicht gegen die preiswerteren Ethernet- und Tokenring- und Tokenbus-Systeme durchsetzen können .

10.6.1 Datensicherheit und ISO 27.000

Für das Thema Datensicherheit gibt es eine eigene ISO-Norm, die ISO 27.000. Im Bereich der Datensicherheit oder des Schutzes der IT galt ursprünglich bis ca. 2007 die in Großbritannien entwickelte 17.799, die jetzt mit größeren Modifikationen in der ISO/IEC 27.001 aufgegangen ist. Auf diese 27.000 bezieht sich auch das für die Praxis sehr nützliche BSI- Grundschutzhandbuch[373], das als eines der wenigen international vorzeigbaren Rahmenwerke deutscher Prägung bestehen kann.

Die 5 Bausteine des IT-Grundschutzes umfassen:
- Übergreifende Aspekte
- IT-Systeme
- Netz
- Anwendungen
- IT-Infrastrukur

In den übergreifenden Aspekten werden High Level Controls diskutiert wie Organisation. Personal, Sicherheitsmanagement, Notfallmanagement, Datensicherungskonzept, Kryptoverfahren, Changemanagement, Demand Management etc, die den Rahmen für das Thema Schutz der ITK bilden.

Der Katalog IT-Systeme beschäftigt sich intensiv mit der neuen Client-Server-Welt und den Betriebssystemen mit Schwerpunkt Microsoft.

Unterschiedliche physikalische wie virtuelle Netze wie VPN, WLAN inkl. des Netzmanagement werden unter Netze abgehandelt.

Bei den Anwendungen werden die Themen Datenbank, SAP-Nutzung, Einsatz von Apache-Webservern, die Problematik von DNS-Servern und Active Directories (s. Active X) diskutiert.

Der Katalog IT-Infrastruktur geht ausführlich auf die räumliche Absicherung von IT-Komponenten ein.

In einem zweiten Schritt werden dann 5 typische Bedrohungs-/Schadensszenarien diskutiert:
- Höhere Gewalt
- Technisches Versagen
- Organisatorische Mängel
- Menschliches Fehlverhalten
- Dolose Handlungen

Empfehlenswert ist es, sich den Katalog der 162 möglichen vorsätzlichen Handlungen, Stand 2011 anzusehen. Allein die Begriffsklärungen von Spoofing, Flooding, Poison-

373 Siehe HTTPS/www.bsi.bund.de. Das Wort Handbuch ist eher als Diminutiv zu verstehen bei mehr als 4000 Seiten Umfang. Es enthält jedoch alle wesentlichen Bausteine von der Bestandsaufnahme, der Risikoanalyse bis hin zur konkreten Maßnahmenimplementierung. Es ist umfassender als COBIT, jedoch eher für den Fachmann in der ITK geschrieben.

ing, Man-in-the-Middle und Botnetzen sind sehr aktuell und verdeutlichen die heutige Gefährdungslage durch das Internet sehr plastisch.

Die nachfolgende Abbildung fasst die 2 beschriebenen Kataloge grafisch zusammen:

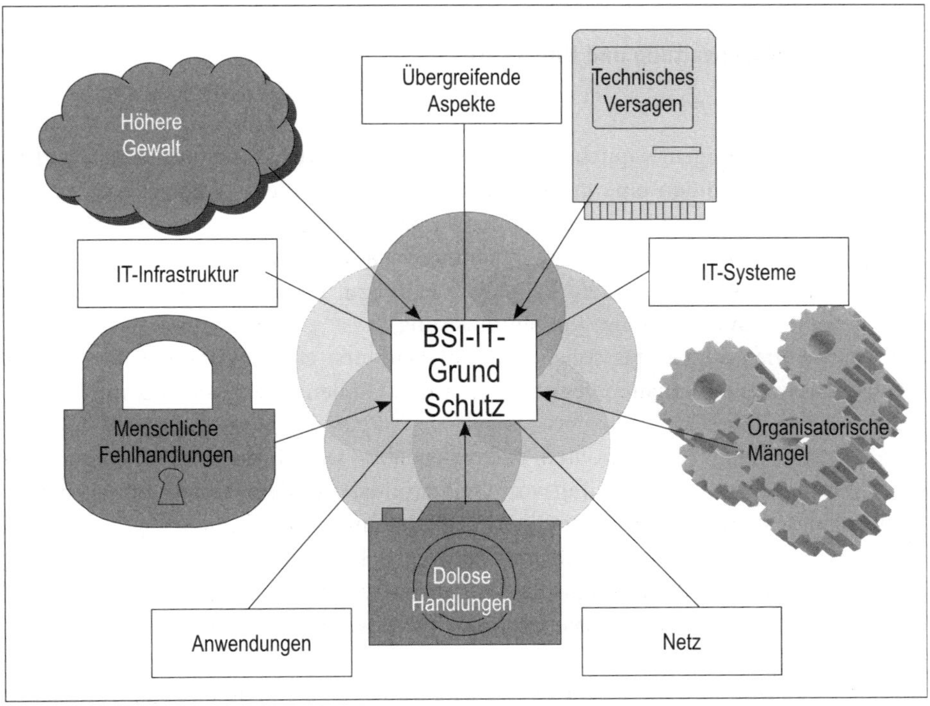

Abbildung 10-32: BSI-Grundschutz

In dem letzten dritten Abschnitt werden die Maßnahmenkataloge zur Erhöhung des Schutzlevels diskutiert. Insbesondere die Kataloge Hard- und Software sowie Kommunikation (Netz) mit ihren 534 Unterkapiteln bieten für jede technische (Risiko)-Frage eine mögliche (Schutz)-Antwort:

- Infrastruktur
- Organisation
- Personal
- Hard- und Software
- Kommunikation
- Notfallvorsorge

Alle Kataloge sind ähnlich wie CMMI in einem Reife- und Wertigkeitsraster gegliedert von A wie „Einstieg“ bis C wie „Zertifikat“. Die Umsetzung der Kataloge A-C erlaubt dann eine Zertifizierung ISO/IEC 27001. Diese Sicherheitsprozesse sehen weiter eine kontinuierliche Überprüfung und Verbesserung vor (analog KQM).

Anders als die meisten der vorgestellten Rahmenwerke ist der BSI-IT-Grundschutz sehr praxisorientiert und lässt sich von kleinen wie sehr großen Organisationen gut umsetzen. Da der Grundgedanke Schutz ist, ist das Thema IT-Governance, das auch Ordnungsmäßigkeit, Wirtschaftlichkeit und Zweckmäßigkeit der IT beinhaltet, weniger ausgeprägt[374].

10.6.2 Zugriffsverwaltung und Nutzerprofile[375]

10.6.2.1 Password und PIN

Wie in den vorherigen Kapiteln schon angesprochen wurde, kommt dem Zugriffsschutz in Unternehmen eine große Bedeutung zu. Ziel dieser Kontrolle ist es, nur Berechtigten Zugang zu den Unternehmensinformationen zu verschaffen.

Offensichtlich sind hier mehrere Organisationsfragen im Fokus:
- Unternehmensfremde sollen keinen Zugang zu Unternehmensdaten erhalten (Firewall, Password-Schutz, Authentifizierung),
- Unternehmensangehörige sollen alle Informationen zur Bewältigung ihrer Arbeit aus den Systemen erhalten, jedoch nicht mehr (Rollenkonzept nach dem Need-to-Know-Principle[376]),
- Änderungen an Dateien sollten nachvollziehbar sein, insbesondere, wenn diese Änderungen zur Veranlassung von Geldströmen aus dem Unternehmen heraus führen (Funktionstrennung, Logfiles, Nutzerkennung, Genehmigungsgrenzen),
- Ausnahmen von den o.g. Prinzipien müssen dokumentiert und vorab genehmigt werden können (Remote-Eingriffe ins Betriebssystem bei Systemabbruch/Systemstillstand; automatische Einspielung von Update/Patchen von Standardsoftware)

Ein Passwordschutz ist dann sehr effektiv, wenn nur eine Person das Password kennt und es auch nirgendwo in Unternehmensdateien gespeichert ist. Was nicht gespeichert ist, kann nicht ausgelesen werden, ist also vor (unerlaubtem) Zugriff Dritter geschützt. Da ein Authorisierungssystem nur anhand der korrekten Eingabe der Daten entscheiden kann, ob die Person, die sich gerade anmeldet, berechtigt ist oder nicht, führt die Password-Weitergabe an eine weitere Person dazu, dass die Kontrolle aufgehoben wird und dadurch unwirksam wird.

Sicherer ist es, das Password nicht zu speichern und trotzdem die Authentifizierung seitens des Systems durchführen zu können. Das funktioniert z. B. mit Hilfe sog. Smart-Cards, die mit einer PIN (Personal Identification Number) abgesichert sind. Jeder kennt sie von EC-, Kredit- und SIM (*Subscriber Identity Module*)-Karten her.

---

374 Eine gute Zusammenstellung des BSI-IT-Grundschutz-Konzepts mit einem Vergleich zu COBIT 4.1. und PS 330 und anderen Rahmenwerken findet man in BSI, Ein Vergleich von Standards und Rahmenwerken, Bonn, 2009. IT-Governance der Informationsicherheit wird im GTAG 15: Information Security Governance von 2011 abgehandelt, der jedoch relativ theoretisch ausgefallen ist.

375 Einige Hinweise enthält der GTAG 9: Identity & Access Management.

376 Vorgesetzte sollten hier mit gutem Beispiel vorangehen. Obwohl sie in der Hierarchie ganz oben stehen, müssen sie nicht zu allen Informationen Zugang haben.

Enthalten die Karten einen Chip[377], so kann mit Eingabe der PIN zusammen mit dem Lesesystem, an das ein Kryptosystem[378] angeschlossen ist, ein dynamischer Datensatz[379] erzeugt werden. Diese Vorgehensweise macht es sehr unwahrscheinlich, dass der Code geknackt wird.

Mit der 4er-Zahlen-PIN werden nach DES (Data Encryption Standard) 56-Bit-Schlüssel erzeugt, die mit heutigen Hochleistungscomputern schon „geknackt" worden sind.

Zurzeit werden 128–256-Bit-Verschlüsselungen als relativ sicher angesehen (AES-Advanced Encryption Standard[380]). Die Zeit wird zeigen, wie lange diese Aussage dieses Mal Bestand haben wird.

Bei den Systemen, die Zugang mit Hilfe einer PIN ermöglichen, ist eine sog. Brute Force Attack[381] meist nicht möglich, weil das System nach 3 vergeblichen Versuchen die Karte sperrt.

In LAN und WLAN sollten zur Sicherheit heute auch Schlüsselverfahren eingesetzt werden, die mehr als die 24-Bit-Schlüssel des veralteten Protokolls von WEP (Wired Equivalent Privacy) einsetzen. Ein Schutz des internen Netzes ist sonst sehr eingeschränkt. Besser ist das Wi-Fi Protected Access 2 (WPA2), das auf dem neuen Schlüssel des AES mit 128–256-Bit-Schlüsseln arbeitet.

10.6.2.2 Kryptoverfahren

Zusätzlich werden im Nachrichtenaustausch, z.B. bei E-Mails, sog. PKI (Public/Private Key)-Verfahren eingesetzt. Der Sender verwendet einen öffentlich bekannten Schlüssel, der Empfänger nimmt diesen und setzt seinen ihm nur bekannten Schlüssel hinzu, um die Nachricht zu entschlüsseln. PGP (Pretty Good Privacy) ist ein viel diskutiertes Verfahren, das weltweit eingesetzt wird. Es vertraut im Prinzip darauf, dass der öffentliche Schlüssel und die zwischenzeitlich erzeugten digitalen Signaturen vertrauenswürdig sind. Andere Verfahren setzen sog. Trustcenter ein, die die Vergabe der digitalen Zertifikate zwischen Sender und Empfänger regeln, um die Echtheit der Nachricht zu dokumentieren.

Vorteile der Verschlüsselung sind

- die Integrität der Nachricht, die im Nachhinein nicht mehr verändert werden kann,
- die Authentizität von Sender und Empfänger, ansonsten kann die Nachricht nicht entschlüsselt werden und

377 Der Chip enthält wiederum eine I/O-Einheit, RAM, ROM, EEPROM und einen Prozessor, ist also im Grunde genommen selbst ein Microcomputer.

378 Im Kryptoverfahren wird aus der Information nach einem vereinbarten Algorithmus der Schlüssel gebildet, mit dem die Information dann verschlüsselt wird.

379 Dynamisch meint bei jeder neuen Erzeugung entsteht ein anderer Datensatz.

380 Der Standard wurde wie der DES von der amerikanischen NIST (National Institute for Standards and Technology) erlassen. Der Algorithmus ist wie bei DES auch bei AES frei verfügbar.

381 Eine Brute Force Attack versucht durch Ausprobieren aller möglichen Varianten einen Schlüssel zu knacken.

– die Autorisierung, d.h. die Berechtigung des Empfängers, die Nachricht in Empfang nehmen zu dürfen.

Im Unterschied zur PIN wird als Zugangsmerkmal des Passwords dieses direkt oder als Hash-Wert[382] im System hinterlegt. Während die PIN nur dem Eigentümer bekannt ist, ist ein Password dem Eigentümer und dem System bekannt. Um Auslesen oder Ausspähen dieses Passwords zu verhindern, wird es systemtechnisch als Hash-Wert abgelegt. Bei diesem Verfahren soll sichergestellt sein, dass die Kenntnis vom Hashwert keine Rückwärts-Decodierung ermöglicht.

Nach neuestem Kenntnisstand sollte das Password mindestens 8 Zeichen lang sein und Buchstaben, Zahlen und Sonderzeichen enthalten. Bei Verwendung des ASCII-Modes, d.h. 10 Zahlen, 32 Sonderzeichen und 52 Buchstaben in Groß- und Kleinschreibung ergeben sich bei 8 Ziffern 94^8 Möglichkeiten, d.h. mehr als 100 Billionen.

10.6.2.3 Single-Sign-On, Rollenkonzepte

PIN und Password ermöglichen Zugang zum Netzwerk (Intranet), der Informationszugang zu Anwendungssystemen kann durch weitere Passwords oder ein SSO – (Single-Sign-On)-Konzept für alle Anwendungen geregelt werden. Unter SSO versteht man eine mit PIN und Password verknüpfte Berechtigung, Zugang zu allen Informationssystemen zu erhalten, die für die Funktion des Password-Inhabers vorab definiert ist. Während ein SSO-Konzept Anwendungssystem-übergreifend festgelegt wird, wird unter einem Rollenkonzept verstanden, welche Informationen ein Nutzer innerhalb eines Systems erhalten soll. SSO ist, so verstanden, der Oberbegriff für die Summe aller Rollenkonzepte im Unternehmen. Im Rollenkonzept wird für ein Anwendungssystem normalerweise mit dem Eigentümer (und meistens auch mit dem Sozialpartner, wenn über die Daten Informationen über die Leistung eines Mitarbeiters gewonnen werden könnten) ausgehandelt, wer welche Berechtigungen erhalten soll. SSO fast diese Zuweisungen IT-mäßig „nur" zusammen. Vorteil ist, dass bei Ausscheiden eines Mitarbeiters automatisch alle Berechtigungen auch gelöscht sind. Ein Nachteil ist die IT-mäßige Umsetzung, da alle Anwendungen eines Unternehmens berührt sind. SSO erhält so die Rolle eines Masters, der auch noch für alle Anwendungen eingebunden werden muss. Im Großrechner-Bereich ist dieses Konzept umsetzbar, in Unternehmen, in denen die Anwendungen nicht alle bekannt sind bzw. nicht für alle Anwendungen Rollenkonzepte entwickelt wurden, ist SSO nicht umsetzbar.

In einem Rollenkonzept wiederum sollte berücksichtigt werden, dass die IC-Konzepte Funktionstrennung und Vier-Augen-Prinzip umgesetzt werden. Einige IT-Unternehmen[383] bieten sog. GRC-Software-Lösungen an, mit denen maschinell die

382 Seit 2012 tritt an die Stelle der SHA (Secure Hash Algorithmus)-2-Methode der Algorithmus SHA-3 oder KECCAR. SHA-2 wurde von der NIST wegen Sicherheitsbedenken abgelöst.

383 Im aktuellen Gartner-Report von 2012 sind z. B. entsprechende Qualifizierungen der Unternehmen weltweit erfolgt.

vergebenen Rollen auf Konflikte mit dem Funktionstrennungsprinzip überprüft werden können. Die Lösung dieser Konflikte ist dann jedoch eine administrative Aufgabe, die mit IT nur schnell umgesetzt werden kann. Leider kommen durch diese Analyse auch alle ungelösten bzw. nicht durchdachten Aufgabenzuweisungen ans Licht. Dies erschwert die Lösung der Konflikte weiter, da bei Änderung mögliche „Erbhöfe" neu verteilt werden und Diskussionen über die Wertigkeit einer Funktion aufflammen können.

Manchmal schaffen nur wenige Rollen tausende von Rollenkonflikte, weil ihr Berechtigungslevel so hoch ist. Eine intensive Diskussion auf Notwendigkeit dieser ALL-Berechtigungen kann zur Reduzierung der SoD-Konflikte sehr hilfreich sein.

10.6.3 Änderungen an Dateien und Programmen

Durch Password und SSO wird geregelt, dass nur Berechtigte Zugriff auf Unternehmensdaten und deren mögliche Änderung haben. Wenn jedoch Änderungen an Daten Entscheidungsrelevanz besitzen, sollten diese Änderungen auch dokumentiert werden. Dies ist z.T. gesetzlich vorgeschrieben, z.B. im Rechnungs-, Finanz-, Steuer- und Personalwesen, z.T. entspricht es dem Prinzip von IC und Risikoprophylaxe. Entscheidungen für oder gegen z.B. ein Lieferantenangebot werden vielleicht im Wissen um die Dokumentation anders getroffen als ohne diese Verpflichtung.

Zusätzlich erleichtert eine Dokumentation dem Systemadministrator die Bestimmung des Wiederaufsetzpunkts, wenn ein System einmal „abgestürzt" ist. Technisch wird diese Dokumentationsforderung durch ein Logfile oder Logdateien umgesetzt.

Zu unterscheiden ist hierbei, ob alle Tätigkeiten eines Nutzers (Keystroke-Logging[384]) oder nur Änderungen an Dateien (Neu, Löschung, Modifizierung) gespeichert werden. Das Erstere dürfte selbst im Bankenbereich in Deutschland am Datenschutzgesetz (informationelle Selbstbestimmung) und Sozialpartner (Verhaltens- oder Leistungskontrolle) scheitern. Bei Logdateien ist wiederum die Aufbewahrungszeit festzulegen, da die Datenvolumina und die benötigten Speicherbedarfe sehr schnell steigen können.

Noch wichtiger als Datenveränderungen durch Nutzer ist die Dokumentation der Änderungen an Programmen, die ja wiederum Dateien ändern können. Hier ist wieder zu unterscheiden in Änderungen an Betriebssystemen und Änderungen an Anwendungssystemen. Betriebssystem-Änderungen haben immer großen Einfluss auf das System und sollten umso sorgfältiger dokumentiert werden. Außer bei Open Source-Systemen (z.B. UNIX) sind jedoch Änderungen an Standardsoftware meist im geschützten Bereich des Betriebssystem (Kernel-Quellcode), der sich im Eigentum des Herstellers befindet und dem Nutzer nicht zugänglich ist. Handelt es sich um sicherheitsrelevante „Patche", so ist der Nutzer meist aufgrund der Gewährleistungsverträge gezwungen, die Patche einzuspielen, ohne den Quellcode zu kennen. Die Konsequen-

384 Keystroke-Logging ist wiederum selbst eine Sniffingtechnik, um Unternehmens-Daten und Passwords nach einem erfolgreichen Trojanerangriff auszulesen.

zen auf seine Betriebssystem-Umgebung sind manchmal nicht einfach einschätzbar und sollten bei entsprechenden Unsicherheiten vorab mit dem Lieferanten besprochen werden.

Neue Versionen oder Updates von Standardsoftware sollten ebenfalls vorab besprochen werden, wenn an der alten Version „Customizing- Arbeiten" durchgeführt worden waren, da diese Änderungen meist nicht in die neue Version Eingang gefunden haben, so dass sie ein zweites Mal zu programmieren wären.

Am gefährlichsten sind Änderungen am Betriebssystem, die über das offene Netz eingespielt werden, jedoch sind diese aus Rationalisierungsüberlegungen der Hersteller (leider) Standard. Als Nutzer gestattet man dem Hersteller den direkten Zugriff auf das Herz seines PC, das Betriebssystem. Ja, man gestattet dem Hersteller über den eigenen PC den Start des (relativen unsicheren) FTP-Download der Patche. Noch gefährlicher sind Active-X-Elemente im Browser, die in der Microsoft-Umgebung eigentlich Entwicklern gestatten sollen, die Anwendungen zu erweitern oder zu verändern. Tatsächlich stellen sie ein Einfallstor für unberechtigte Eingriffe wie Viren, Trojaner und Würmer dar, da Active-X den Browser in seinen Sicherheitseinstellungen verändern kann, ohne dass der Nutzer es merkt.

In abgeschwächter Form trifft das auch für Java-Applets zu, die aus einer Web-Site gestartet werden können und sich auf dem PC während der Sitzung einnisten können. Vorteil gegenüber Active X ist die eigene Löschung nach der Sitzung und die Arbeit der Funktion innerhalb einer „Sanduhr", so dass die Sicherheitseinstellungen des Browser nach der Sitzung unverändert bleiben.

Nicht beruhigen wollen sich Vermutungen, dass Betriebssysteme aus USA, UK[385] sog. „Backdoors" enthalten soll. Diese soll Nachrichtendiensten theoretisch den Zugriff auf den E-Mail-Verkehr und andere Unternehmensdaten eröffnen können. Backdoors sind wiederum auch ein Einfallstor für unberechtigte Zugriffe von außen und einer Betriebssystem-Manipulation nach einem Einbruch durch Trojaner, die für längere Zeit Daten unbemerkt vom Rechner durch die Backdoor exportieren soll.

10.6.4 Physikalisches und logisches Löschen

In der IT unterscheidet man zwischen physikalischen und logischen Begriffen, Manchmal ist es jedoch nicht klar, wie der Begriff gemeint ist, z. B. beim Löschen von Daten. Jeder kennt dieses Thema von seinem Papierkorb auf dem PC. Die Elemente des Papierkorbs sind solange logisch vorhanden, bis der Papierkorb geleert wurde. Aber auch danach sind die Elemente mit etwas Aufwand wieder auffindbar, da nur die Verzeichnisse/Journale/Indizes gelöscht wurden, aber meistens nicht die physikalischen Daten auf der Festplatte. Dies ist nur dann der Fall, wenn die durch den logi-

385 Die genannten Länder sollen sich seit 1946 im UKUSA (U.K., USA) Communications Intelligence Agreement, später Kanada, Australien, Neu Seeland und vielleicht Israel gegenseitig verpflichtet haben, Geheimdienstinformationen untereinander auszutauschen, siehe James Bamford, NSA, 2001, S. 389.

schen Löschbefehl gegebene Freigabe zum physikalischen Überschreiben der Festplattenbereiche auch tatsächlich von neuen Daten genutzt wurde.

Damit die Daten einer Festplatte wirklich gelöscht sind, muss die Festplatte mindestens drei Mal überschrieben werden[386].

Im Unternehmen ist es wichtig, dass interne Dokumente nicht in falsche Hände geraten. Das ist beim Shreddern von Ordner durch die Auswahl des Entsorgungs-Unternehmens wichtig, ebenso, wenn PC ausgetauscht werden und Festplatten in die Hände von Dritten gelangen können.

Auf der anderen Seite sollten Änderungen in operativen Systemen immer Spuren hinterlassen, so dass die Änderungen für Dritte nachvollziehbar sind. Jedoch gibt es bestimmte Programmierfunktionen selbst bei Standardprogrammpaketen, die z.B. das spurlose Löschen erlauben. Diese Funktionen wie „Erase" mögen ihren Sinn beim Testen haben, in operativen Systemen oder gar in Rechnungswesensystemen haben sie nichts zu suchen. Wird die Möglichkeit zum Erase bei einem Buchhaltungssystem bei einer Jahresabschlussprüfung festgestellt, ist zumeist eine Testatseinschränkung wahrscheinlich, da die Vollständigkeit der Buchhaltung (Journalisierung) nicht gewährleistet war.

Ein Thema, das Probleme im Jahresabschluss erzeugen könnte, ist eine Verarbeitung ohne Abstimmsystem im Batch-Betrieb (Audit Trail). Auch diese Funktion mag zum Testen unfertiger Programmversionen brauchbar sein, um einmal zu testen, ob die neue Version ohne logischen Abbruch durchläuft. Im operativen Betrieb eines Rechenzentrums hat sie nichts zu suchen. Auch hier ist die Vollständigkeit und die Richtigkeit der Verarbeitung nicht gewährleistet, da während der Verarbeitung Datensätze verloren gehen können, ohne bemerkt zu werden.

10.6.5 System- und Netzadministrator

Ein Systemadministrator verwaltet und initiiert Systeme, vergibt in Absprache mit den Fachabteilungen Rechte am System und sorgt dafür, dass die Funktionalität des Systems gewährleistet ist. Unter System wird die IT-Infrastruktur mit Großrechner, Clinet-Server, Netzes sowie den dazugehörigen Betriebssystemen und Datenbanken verstanden. Seine Aufgabe kann aufgeteilt werden in Verantwortlichkeiten für das Netzwerk, die Betriebssysteme, die Datenbanken, den Großrechnerbetrieb und den Client/Server-Betrieb.

Verschiedene Hersteller von Standardsoftware haben in ihren Programmpaketen sog. Superuser-Rechte vorgesehen, die bei der Implementierung des Systems ihre Berechtigung haben mögen, jedoch im operativen Betrieb abgeschaltet werden oder auf einen sehr kleinen Userkreis eingegrenzt sein sollten. Dazu gehören u. a. bei SAP SAP_ALL

386 Https://www.bsi.bund.de/DE/Themen/ITGrundschutz/ITGrundschutzKataloge/Inhalt/content/m/m02/m02167.html, zuletzt aufgerufen am 15.12.2014.

und bei Oracle SYS_OPER und SYS_DBA[387]. Da mit diesen Rechten bei Benutzung auch die Protokollierung wegfallen kann, sollten die entsprechenden Systemeinstellungen überprüft und die Protokollierung dieser Rechte-Nutzung außerhalb des Systems revisionssicher abgespeichert werden.

Der Netzadministrator sorgt für die begrenzte, kontrollierte Öffnung des unternehmenseigenen Netzes zum öffentlichen Netz, setzt die Rechte Unternehmensangehöriger um, überwacht den Verkehr und schützt das unternehmensweite Netz inkl. der zugänglichen Daten vor Missbrauch. Er spielt die Patche und neue Versionen der Netzprotokolle und Betriebssysteme und überwacht das Netz auf externe, unberechtigte Zugriffsversuche. Er begrenzt die Möglichkeiten von „Remote"-Zugriffen auf das Notwendige und organisiert die Sicherheitseinstellungen und Zugriffsmöglichkeiten der Smartphones und anderer netzwerktauglichen Unternehmensgeräte. Er berät den IT-Chef über die Netzdimensionierung und benötigte Sicherheitsfeatures und fordert Standardkonfigurationen von netzwerktauglicher Hardware ein.

10.6.6 Firewalls, Viren und Hackerangriffe[388]

Eine Firewall im herkömmlichen Sinne schützt Gebäude und darin sich befindliche Menschen und Gegenstände vor einem extern ausgelösten Brand. Zur Isolierung der Brandstelle in Gebäuden gibt es die bekannten Brandschutztüren, die geschlossen, aber nicht abgeschlossen sein sollten.

Die Netzsicherheit hat diesen Begriff übernommen, um den Innenbereich eines Unternehmens (Intranet, LAN) vom unerwünschten Außenbereich wie Hackerangriffen, DoS-Attacken, Spoofing, Pharming, Viren, Würmern und Trojanern, die über öffentliche Netze, Internet; Mail- und Kommunikationsverkehr eingeschleust werden können, abzuschirmen.

Hackerangriffe sind Versuche unerwünschter Dritter, die sich Zugang zu unternehmenseigenen Ressourcen zu verschaffen suchen. Ziele können z. B. sein

- Überschwemmungen (Flooding) bis zum Lahmlegen des (r) unternehmensseitigen Webserver,
- Ausspähen (Spoofing) von Passwörter und geschützten Informationen,
- Einschleusen von Viren, die die Hostsysteme befallen und Schaden anrichten,
- Einschleusen von Würmern, die die Verarbeitungsgeschwindigkeit der Host stark reduzieren,
- Einschleusen von Trojaner-Programmen, die gekapselt zunächst wie „freundliche" Programme aussehen und dann den PC von außen steuern durch Eingriffe in das Betriebssystem (Botnetze[389]).

387 http://www.heise.de/ix/artikel/Mitgehoert-505083.html.

388 Ein paar Hinweise sind GTAG 6: Managing and Auditing IT Vulnerabilities, vertiefend eher die BSI-Studien zum Thema und eine interessante Studie unter dem Namen: Data Breach Investigation Report, der zuletzt von Verizon u. a. herausgegeben wurde. Siehe auch GTAG 13: Fraud Prevention & Detection in an Automated World.

389 Botnetze sind Roboternetze, die herkömmliche PC/Host infizieren und übernehmen (Hijacken), ohne dass der Benutzer es erfährt. Über einen verborgenen Webserver wird das Botnetz, das aus mehreren

- Firewall -

Die Abschirmung über eine Firewall soll also nur Berechtigten Zugriff auf Unternehmensinformationen verschaffen, nicht aber Unberechtigten. Offensichtlich sind also zwei Fragen zu klären, wer ist berechtigt und wie wird Zugriff erlangt.

Da die Firewall oder moderner ausgedrückt der Sicherheitsgateway eine Software ist, die bei größeren Unternehmen auf einer speziellen Hardware (Server) ausgelagert sein kann, muss die diese Software die Berechtigten identifizieren können, um die Unberechtigten abweisen zu können.

Auf der Layer-Ebene 7[390] (Anwendungsebene) ist das im Fall einer E-Mail-Adresse relativ einfach zu hinterlegen, nämlich mit dem Unternehmensverzeichnis aller zulässigen E-Mail-Adressen (Weisse Liste). Alle eingehenden E-Mails mit E-Mail-Adressen, die im Unternehmensverzeichnis nicht zu finden sind, werden abgewiesen, die anderen würden zugelassen. Offensichtlich ist dieser Schutz nicht sehr effektiv, da die Bildungsregeln für E-Mail-Adressen sehr einfach herauszufinden sind und zum anderen, weil damit die Möglichkeit, unerwünschte Informationen über Anhänge ins Unternehmen zu schleusen, nicht verhindert wird. Nur E-Mails ohne Anhang durchzulassen, ist ein praxisfremder Vorschlag. Also muss die Software die Möglichkeit haben, die Anhänge aller E-Mails, ob Text, Tabellenblätter, Fotos, Audio- oder Videodateien inkl. möglicher versteckter Programmcodes, zu prüfen. Diese Prüfung kann sich jedoch nur darauf beziehen, ob in diesen Dateien etwa Programme versteckt sein können, die innerhalb des Unternehmens Schaden anrichten können. Selbst diese Prüfung ist bei Bild- und Videodateien sehr schwierig bis unmöglich, da in kleinen Bildpunkten eine .exe-Datei versteckt sein kann.

Weiter kann die Absender-E-Mail-Adresse einen Hinweis auf einen unerwünschten Kontakt geben. Das könnte dann der Fall sein, wenn diese E-Mail-Adresse komplett neu ist, schon einmal verworfen wurde (Schwarze Liste), oder bekannt ist dafür, Spam-Mail zu verschicken. In allen anderen Fällen könnte es schwierig sein, unerwünschte Gäste aus dem Firmennetz herauszuhalten.

Weiter können auf dem Firewall-Webserver bestimmte Site-Aufrufe für unerwünschte Verbindungen durch Sperrung der URL (Uniform Resource Allocator) dieser Website unterbunden werden. Diese Website könnte dann weder ausgewählt noch ihrerseits mit dem Unternehmen in Kontakt treten[391].

Hunderttausend PC bestehen kann, gesteuert. Alle bekannten Angriffe können mit verstärkter Intensität von einem Botnetz durchgeführt werden. Durch die Maskierung als PC mit unverdächtigen IP- und MAC-Adressen sind sie sehr schwer fassbar. Schutz bieten Honeypots, spezielle Webserver, die Angreifer anlocken sollen, um deren Verhalten zu studieren und Analyse von Netzverkehr, da der verborgene Server Kommunikation mit seinen Bots pflegen muss.

390 Cisco, eine Firma die für ihre Hochleistungsrouter bekannt ist, bietet mit der CISCO SCR 8000 eine Maschine an, die Nachrichtenpakete bis auf die Layer 7-Ebene nach Suchbegriffen durchleuchten kann. Sie muss also in der Lage sein, alle Layer-Protokolle zu entziffern und dann noch die Nachricht zu decodieren. An diesem Beispiel zeigt sich, wie wichtig die Verschlüsselungstechnik ist, um nicht Unternehmensnachrichten dem zugänglich zu machen, mit dem man gerade im Wettbewerb steht.

391 Grundsätzlich ist es möglich, in Websites Programme zu verstecken, die ihrerseits Aktivitäten entfalten. Die harmloseste Form wäre z. B. ein Cookie, der über ein Java-Scipt der besuchten Website beim Client erzeugt wird.

– Active X und Java-Applets –

Ein Risiko in Microsoft-Betriebssystemen[392] sind die Active X-Komponenten in Webbrowsern. Auch Visual Basic-Programmierungen, Betriebssystem-Updates, Outlook und Hotmail verwenden Active-X-Elemente.

Bei Nutzung von Active X öffnet sich das Betriebssystem gegenüber dem Netz und überlässt es der Steuerung des Active X-Programms, welche Änderungen auf dem Host durchgeführt werden. Damit können veranlasste Sicherheitseinstellungen überschrieben werden und der Host kann nach Installation der Active X-Komponente ungeschützter sein als vorher, wenn der Entwickler der Active X-Komponente nicht selbst entsprechende Vorkehrungen getroffen hat. Z. B. ist ein Festplattenzugriff damit möglich. Auch Browser-Funktionalitäten können durch Active X Komponenten verändert werden. Da diese Komponenten auf der höchsten Layerebene ablaufen, ist es für eine Firewall beinahe unmöglich, freundliche von unfreundlichen Active-X-Elementen zu unterscheiden.

Der einzige Schutz ist das grundsätzliche Verbot von diesen Active-X-Elementen und manuelle Abschaltung dieser Elemente im Browser. Stattdessen sollten routinemäßig alle Hersteller-Updates automatisch durchgeführt werden.

In gewisser Weise gilt das auch für Java-Applets. Diese Veränderungen haben jedoch vor den Active-X-Steuerungen den Vorteil, dass sie nur bestimmte Sonderfunktionen verändern oder zulassen (Sanduhr-Prinzip). Das Betriebssystem des Host bleibt davon unberührt. Jedoch können auch diese Applets Schadcode (Malware) beinhalten, so dass in Unternehmensnetzen von der Systemadministration geprüft und entschieden werden sollte, ob Java-Applets in der Browser-Nutzung zugelassen werden sollten[393].

– Denial-of-Service (DoS), Portfilter, Stateful Packet Inspection (SPI), ARP/MAC-Spoofing –

Denial-of-Service-Attacken auf den Servern sind schwierig zu handhaben, da Server ja „zu Dienste stehen", d. h. versuchen, Anfragen nach Informationen über das Unternehmen im Rahmen des definiert Erlaubtem zu beantworten. Werden

392 Grundsätzliches Problem ist es einmal, wenn Änderungen am Betriebssystem von außen außerhalb der normalen Updates (Patche etc.) vorgenommen werden müssen. Ein zusätzliches Problem ist es, wenn Optimierungen nicht durch die normalen Updates, sondern durch „kleine" Ergänzungen vorgenommen werden, die dann größere Auswirkungen haben können. Durch COM hat Microsoft zugelassen, dass Funktionen seiner Software erweitert werden können, z. B. mit .dll (Dynamic Link Library). Damit ist jedoch auch die Pandora-Büchse geöffnet, DLL.Hijacking und DLL Injection zu ermöglichen. Damit macht das Betriebssystem bzw. der Browser etwas komplett anderes als ursprünglich vorgesehen.

393 Ein Vorteil von Java-Applets ist die Möglichkeit der Erstellung von komplexen Anwendungsprogrammen, die dann relativ einfach unter dem Webbrowser arbeiten können. In den meisten Unternehmen ist die Erstellung von Anwendungen jedoch Angelegenheit der Fachabteilung. Daher sollte nur die Fachabteilung damit arbeiten können. Auf der Firewall sollten Java-Applets damit nicht zugelassen werden.

gleichzeitig oder sehr kurz hintereinander sehr viele Anfragen[394] an einen Webserver gerichtet, kann sein Cache überlaufen. Ist der Server für solche Fälle nicht gewappnet, dass er sich automatisch für eine Zeit selbsttätig ausschaltet, kann durch Manipulationen ein Malserver die Aufgabe des Webservers im Netz übernehmen und auch IP- und MAC-Adresse sowie entsprechendes Seitenlayout (Ebene 3–7) vortäuschen. Jetzt normal ankommender HTTP-Verkehr wird auf den Malserver umgeleitet, im Bankensystem ein fataler Risikofall. Denn der Malserver kann sogar HTTPS für Kunden vortäuschen. Entsprechende IDS (Intrusion Detection System) und IPS[395] (Intrusion Prevention System) sollten hier nach Möglichkeit die Firewall flankieren.

Auf den unteren Netzebenen gibt es weitere Möglichkeiten, Adressen über die Headerköpfe der unterschiedlichen Layer-Ebenen zu prüfen. In den Headerköpfen stecken, wie oben ausgeführt wurde, zusätzlich zu den Adressinformationen weitere Informationen. Auf Ebene TCP (Layer 4) sind das z. B. die Ports, die zur Decodierung der Nachricht auf den Ebenen 5–7 geöffnet werden sollen. Würde es gelingen, unerwünschte Ports auf dem zugeordneten Unternehmens-Web-Server zu schließen, würden solche Nachrichten nicht ins Unternehmen gelangen, sondern verworfen oder sogar als unerwünscht zurückgewiesen (mit Aussendung einer eigenen Nachricht). Diesen Schutz nennt man Portfilter. Weiter kann man auf Layer 4 durch die Software prüfen lassen, ob während einer Verbindung (Session) die empfangenen Datenpakete einer laufenden Session zugeordnet werden können. Falls dies nicht der Fall sein sollte, werden diese Pakete verworfen (SPI: Stateful Packet Inspection).

Alle Ports für die Dienste, die ein Unternehmen nicht benötigt, sollten geschlossen werden (Port-Filter).

Ein weiterer wichtiger Punkt in der Identifizierung eines unerwünschten Kontaktpartners liegt in der IP-Adresse (Layer 3). Hier können theoretisch bei den unternehmenseigenen Routern unerwünschte IP-Adressen zum Abbruch der Weiterleitung der Pakete führen. Dies gilt ebenso für Switche für nicht bekannte MAC-Adressen im eigenen Intranet (Layer 2). Tatsächlich können sog. Port-Scan, bei dem unerwünschte Gäste nach einem freien Port suchen, erste Hinweise auf eine Attacke aus dem Netz liefern. Entsprechend programmierte Web-Server melden diese Attackenan den zuständigen Systemadministrator weiter.

394 Syn (Synchronized)-Attacken sind das Fluten des Webservers auf der 4. Layer-Ebene mit Verbindungsaufbauwünschen, ohne auf dessen Reaktion seinserseits mit Ack (Acknowledge) zu antworten. Der Server hält die Verbindung offen und wartet, inzwischen kann der Speicher bei einer Vielzahl offener Verbindungen überlaufen und der Server stürzt ab.

395 Siehe auch BSI 2002, IDS Grundlagen und Implementierung.

Da IP-Adressen jedoch (noch) keine eindeutige Identifizierung[396] zulassen, ist der Schutz auf den Layerebenen 2 und 3 (Switch und Router) nicht so zuverlässig wie auf den höheren Ebenen.

Beispielweise kann allen Rechnern in einem kompletten Ethernet eine neue (falsche) MAC-Adresse über das ARP (Adress Resolution Protocol), das auf Layer 2 arbeitet, zugeleitet werden[397]. Diese MAC-Adresse soll für alle IP-Adressen der Host, die im selben Netz arbeiten, gültig sein. Alle Hosts dieses Ethernet speichern nun diese MAC-Adresse ab und werden dann bei Sendung und Empfang von Nachrichten diese neue falsche MAC-Adresse in ihren Datenverkehr mit einbeziehen.

Mit ARP kann der Angreifer sich quasi als Proxy-Server darstellen, über den alle eingehenden und ausgehenden Pakete geleitet werden müssen. Er kann damit, falls diese nicht verschlüsselt sind, alle Nachrichten lesen oder entscheiden, den gesamten Datenverkehr durch Verwerfen aller Pakete zum Erliegen bringen (ARP-Spoofing[398]).

ARP-Spoofing kann erkannt werden, wenn die ARP-Cache durch ein intelligentes Firewall-Programm ausgelesen werden und dabei der Bezug 1 MAC-Adresse-Viele IP-Adressen auffällt.

Moderne Firewalls besitzen diesen Schutzmechanismen, hier ein IDS (Intrusion Detection System) über alle Layer-Ebenen hinweg. Sie sind damit gleichzeitig Switch, Router und Server.

Die nachfolgende Abbildung soll anhand von einigen Beispielen Angriff- und Abwehrszenarien verdeutlichen:

396 Diese Eindeutigkeit wird durch NAT (Network Adress Translation) aufgehoben, wenn ein NAT-Router bei IPv4 selbsttätig die IP-Adressen und MAC-Adressen der Ziel-und Quellenpakete mit seinen und denen des nächsten Routers vertauscht. Dann kann der Zielrouter die Quell-IP und Quell-MAC nicht mehr eindeutig zuordnen. Hierüber lassen sich auch sog. Man-in-the-Middle-Angriffe starten.

397 Dies geschieht zunächst über eine unbekannte IP-Adresse, die der Switch des LAN nicht zuordnen kann. Wird die Kommunikation am Gateway-Router ins LAN wegen der unbekannten IP-Adresse nicht automatisch unterbrochen, so der fremde Host ein Antwort-Paket an alle (Broadcast-Modus) senden und seine MAC-Adresse über den Switch im LAN mitteilen. Er ist nun als LAN-Netzteilnehmer dem Switch bekannt und kann das gesamte LAN korrumpieren.

398 Siehe Spiegel 4/2013, S. 125. Hier wird die Arbeitsweise eines in das Unternehmensnetz eingeschleusten Trojaners beschrieben mit ARP- und MAC-Spoofing; Men-in-the-middle-Attacke, kombiniert mit einem Botnetz.

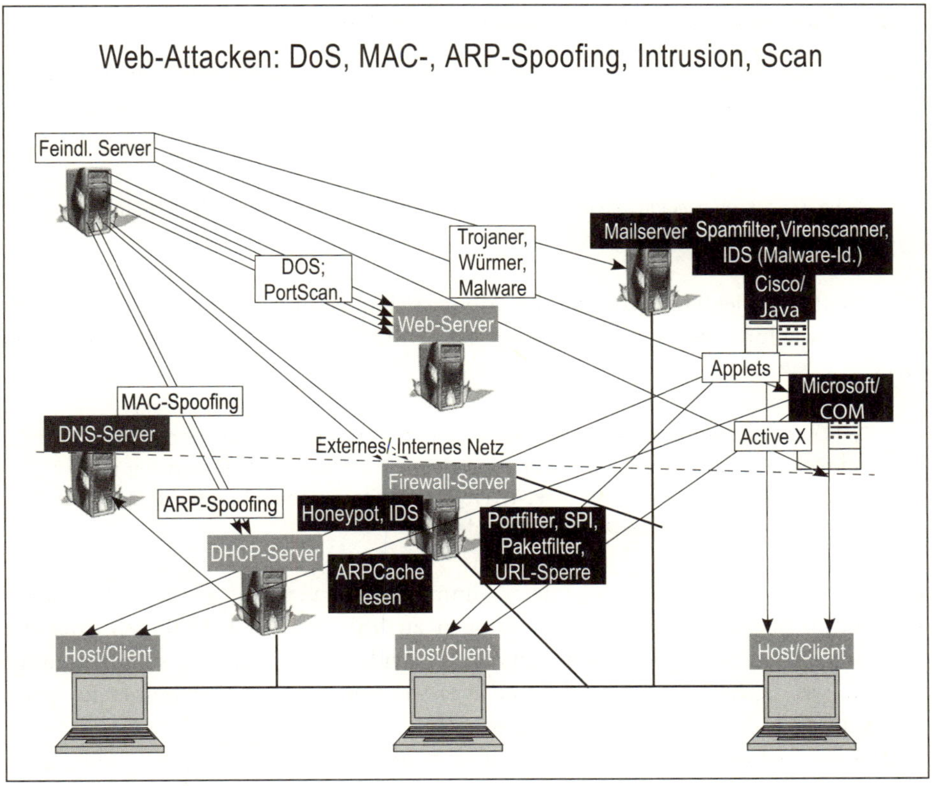

Abbildung 10-33: WEB-Attacken

10.7 Performance-Prüfungen in der IT

Viele IR beschränken ihre Prüfungstätigkeit häufig auf Ordnungsmäßigkeits- und Compliance-Themen in der ITK. Tatsächlich stehen ITK-Kosten und ITK-Nutzen, nicht zuletzt durch die aktuelle Cloud-Diskussion, längs ebenfalls im Mittelpunkt des Interesses der Unternehmensführung. Klassische Fragen, sind unsere ITK-Kosten nicht viel zu hoch, gekontert von der modernen Antwort, sie müssten noch viel höher sein, um alle Skaleneffekte kostenwirksam werden zu lassen, zeigen die Spannbreite möglicher Prüfungsansätze für eine mit OA operierende ITK-Revision auf.

Drei konkrete Ansatzpunkte, nämlich dem der Entwicklung und dem des Betriebs sowie dem Ansatzpunkt bei Großprojekten, werden im Folgenden behandelt.

10.7.1 Projektmanagement in der Anwendungsentwicklung[399]

In der Praxis entstehen Probleme mit den Projektzielen häufig durch Planungsfehler[400] und die Unterschätzung, wie wichtig und nützlich konstuktive Kommunikation sein kann.

Siehe TZI als eine Möglichkeit, Projekt (Es), Projekteam (Wir) und Projektteilnehmer (Ich) zusammen zu bringen.

Wie in allen Projekten, beim Bau, bei Mergers/Acquisitons ist auch bei der Anwendungsentwicklung die Unsicherheit über das „NEUE", was programmiert werden soll, groß.

So können Kostensteigerungen vermieden werden durch professionelle Projektplanung mit einer Meilensteinplanung, in der zu fest vorher terminierten Projektzielen die bis dato erzielten Ergebnisse einem PLA (Projektlenkungsausschuss), der nur aus Entscheidern bestehen sollte, präsentiert werden[401].

Es sollte von Seiten des IT-Projektteams immer wieder versucht werden, den Nutzer zur Konkretisierungen seiner Vorstellungen zu bringen, um Irritationen über die Funktionalitäten am Ende des Projekts zu vermeiden[402]. Gleichzeitig sollte dargelegt werden, was besonders wichtig ist und was weniger, um mit den immer knappen Projektbudgets den größten Nutzen zu erzielen.

Die am Anfang eines guten Projektes vorhandene Aufbruchstimmung sollte konstruktiv vom Projektleiter/Moderator genutzt werden, die wichtigen Fragen,

- was (Nachfrage, Umsatz, Retouren, Provision, Zahlungsziele) brauchen wir
- wann (Geschäftsfeldtypischer Kalender Saisongeschäft, Messetermin etc.) brauchen wir es
- mit welcher Ausprägung (Kunde, Region, Jahr, Monat, Gesamthistorie) brauchen wir es

immer wieder mit kleinen Abänderungen zu stellen.

Das erleichtert das Design, im obigen Beispiel für die gewünschte Datenbank, der geforderten Objekte mit ihren Beziehungen in die bestehende IT-Landschaft hinein.

---

399 Eine sehr lesenswerte Hilfestellung enthält der GTAG 12: Auditing IT Projects, an dem als Experte einer internationalen Projektgruppe aus Deutschland auch Dr. Ulrich Hahn, seit 2/2013 Managing Director IIA Austria, mitgewirkt hat. Verschiedene Projektmanagementtechniken werden ebenso vorgestellt wie eine konkrete IT-Projektprüfung. Viele anschauliche Anhänge runden diesen GTAG ab.

400 Es ist in der Praxis gar nicht so einfach, diese Planungsfehler zu entdecken, da die IT-Projektplanung (Pflichtenheft) meist von der IT auf Basis des Nutzeranforderungskatalogs durchgeführt wird. Nutzer sollten sich vor Ihrer Freigabe des Pflichtenhefts unklare Begrifflichkeiten einzeln ausführlich erläutern lassen, bis sie unterschreiben. Manchmal können so schon im Vorwege Missverständnisse ausgeräumt werden.

401 Siehe hierzu DIIR-Standard Nr. 4, S. 6.

402 Siehe hierzu Hasso Plattner, SAP, in einem Interview mit dem Handelsblatt vom 14.1.2013, indem er den engen Kontakt zum Nutzer als erfolgskritisch betont.

Auch ist es wichtig, immer die Grundsatzfrage nach dem Projektziel und dem wirtschaftlichen Nutzen zu stellen, also sich selbst in Frage zu stellen, was würde anders sein ohne dies Projekt, gibt es nicht eine kleinere, schnellere Lösung, muss es wirklich ganz neu (from the Scratch) sein.

Hilfreich ist, das haben die vorgestellten Vorgehensweisemodelle (siehe 10.2.4) gezeigt, die häufige Einbindung des Nutzers und die Klärung möglicher Missverständnisse, die durch unklare Begrifflichkeiten durch die Nutzerseite und durch zu grobe Pauschalierung detaillierter Prozessspezifika durch den Entwickler entstehen können.

Zum Rüstzeug einer effektiven Projektsteuerung gehören Visualisierungstools wie UML (Unified Modeling Language) und Steuerungstools der Projektaufgaben.

Zusätzliches Handwerkszeug zur effektiven Projektdurchführung können ein Ampelsystem, Projekttools wie „Gannt-Charts", „Pert" und „CPM (Critical Path Method)" sein. Diese Methoden wurden schon im Kapitel 4.3 im Einzelnen vorgestellt.

Die nachstehende Abbildung fasst einige Projektprobleme in der IT zusammen:

Praxisproblem	Effektivität = Was zu tun?	Effizienz = Wie zu tun?
1a: Projektmanagement: Kostensteigerungen (ab Phase 3/4)	Meilensteinplanung, Ampelsystem, Projektorganisation mit PLA Frühzeitige Usereinbindung via Prototyping	Soll-Ist-Analyse Pflichtenheft und -Änderungen, PLA-Protokolle, Abnahmeprotokolle
1b. Projektmanagement: Terminverzögerungen (ab Phase 3/4)	Meilensteinplanung, Ampelsystem, Projektorganisation mit PLA (Projektlenkungsausschuss)	ABC-Analyse der Tätigkeiten; Gantt oder PERT-Technik, Ressourcenmanagement
1c. Projektmanagement: Fehlende Funktionen (ab Phase 3/4)	Pflichtenheft, Projektorganisation mit PLA Release-Planung/Change Management	Priorisierung der Tätigkeiten, Klärung der Verantwortung über Change Management (User) oder Problemmanagement (IT-Dienstleister)

Abbildung 10-34: OA-Themen bei IT-Prüfungen nach dem Prozessmodell Softwareentwicklung und ITIL

10.7.2 Großprojekte

Bei Großprojekten steigen nach Erfahrung des Autors die Risiken nicht linear mit der Erhöhung des Projektbudgets, sondern exponentiell. Dies hängt auch mit der Vielzahl der Verknüpfungen und Interdependenzen zusammen, die sich in Großprojekten manchmal erst während der Entwicklungsphase entdecken lassen.

Zunächst ist es bei Großprojekten erst einmal das Thema „NEU“ als Risikofaktor. Hier unterscheidet sich die IT nicht von Fabrik-/Bauprojekten, Mergers&Akquisitions und großen Produktentwicklungen oder Markterschließungsprojekten.

Da große IT-Projekte (über 5 Mio. EUR) meist nicht zur Routine eines Unternehmens gehören, fehlt der sonst für Entscheidungen typische Erfahrungsschatz an Lernerfahrungen. Dieser schlägt sich üblicherweise in positiven Skaleneffekten durch den Wiederholungsfaktor nieder. Diese Lernkurve gibt es im Unternehmen bei Großprojekten meistens nicht, deshalb wird versucht, die Professionalität „einzukaufen“. Auch hier besteht das Problem weiter, nicht letztendlich beurteilen zu können, was man einkaufen will, so dass man auf unabhängige Berater schon bei der Auswahl der Dienstleister angewiesen ist.

Wenn man selbst keine große Erfahrung hat, sollte diese Erfahrung der Dienstleister mitbringen. Ein doppeltes „NEU“ von Auftraggeber und Auftragnehmer ist tunlichst zu vermeiden.

Noch kritischer kann ein Projekt werden, wenn ein Bieterkonsortium den Auftrag übernimmt. Um „Hidden Agenda“ (nicht kommunizierte unterschiedliche Interessenlage) zu vermeiden, empfiehlt es sich immer, eine Firma mit der Generalunternehmerschaft zu beauftragen. Zwar ist diese zusätzliche Verantwortung meist mit höheren Kosten verbunden. Damit deckt die Firma jedoch nur ihre Projektrisiken, die ansonsten beim Auftraggeber verblieben wären, häufig eine gute Investition. Zusätzlich spart das vergebene Unternehmen eine Menge Kosten, da der Generalunternehmer die Gesamtkoordination übernimmt[403].

Trotzdem sollte das Unternehmen über den Vorsitz im PLA (Projektlenkungsausschuss) immer das „Heft in der Hand behalten“, um entsprechend auf Kontrollmaßnahmen und Transparenzerfordernisse einwirken zu können. Ist ein erfahrener Projektleiter bzw. eine erfahrene Entwicklungsmannschaft verfügbar, sollte auch die Projektleitung und wichtige Integrationsschritte des neuen Systems in Eigenregie übernommen werden.

Da sich beim Thema „NEU“ häufig im Unternehmen Blockaden und Widerstände entwickeln, benötigt jedes Projekt, besonders ein Großprojekt, einen durchsetzungsfähigen Top-Manager als Förderer und einen kenntnisreichen Change Agent, um Widerstände schon im Vorneherein durch Kommunikationsmaßnahmen zu ersticken[404]. Dabei sollte seitens des Managements mit offenen Karten gespielt werden, auch wenn mit dem Projekt größere Rationalisierungen geplant sind. Denn frühzeitige Information ist zwar am Anfang schmerzlich, kann jedoch über die Projektdauer

403 Nach Auffassung einiger Baufachleute ist dies einer der entscheidenden Konzeptionsfehler bei Projekt BER gewesen, die Generalunternehmerschaft nicht beauftragt zu haben, sondern es selbst als Land Berlin oder Barndenburg regeln zu wollen. Eine Garantie für den Projekterfolg ist dies nicht, siehe Elbphilharmonie Hamburg, aber Risiken werden reduziert.

404 Eines der Hauptprobleme bei Stuttgart 21, inzwischen durch die Initiative von Heiner Geißler wohl im Wesentlichen behoben.

meist mit positiven personellen Maßnahmen abgefedert werden. Ist erst einmal die Gerüchteküche „heiß gelaufen", ist es umso schwieriger, teurer, aber vor allem der Vertrauensbasis schädlich, sich seitens des Managements zu öffnen. Man möchte ja nicht die Firma schließen, sondern nach Umsetzung des Projekts mit gestärktem System den nächsten Wachstums- und/oder Rentabilitätsschritt einleiten. Mitarbeiter, die später mit dem neuen System arbeiten sollen, sollten nicht am Anfang durch mangelnde Kommunikation verunsichert werden.

Gute Standardsoftware macht zunehmend Unternehmenseigenentwicklungen Konkurrenz. Damit verbunden ist auch eine Abkehr der sog. Alleskönner-Software (Monolith), da neue Software meist modular und objektorientiert, d. h. für Teillösungen programmiert wurde.

Soll doch in Eigenregie Individualsoftware erstellt werden, so sollte diese ähnlich wie Standardsoftware in Modulen und objektorientiert erstellt werden, um spätere Änderungen (Release-Wechsel/Patche) zu vereinfachen. Im Großprojekt bedeutet dies, für jedes Modul eigene Teams zu bestimmen. Das beschleunigt die Entwicklung und hält Risiken aus der schieren Projektgröße im Zaum. Gleichzeitig werden so lange Entwicklungszeiten von über einem Jahr vermieden, die sich meist schädlich auf Motivation, Leistungswillen und Innovationsfähigkeit der Teams auswirken.

Sind große Datenmengen vorzuhalten, so sollte die gewählte Rechner- und Netzkapazität ausreichend bemessen sein, um vertretbare Antwortzeiten zu erhalten.

Optimal wäre es, wenn es Referenz-Installationen vorher zu besichtigen gäbe, viele Hersteller haben umfangreiche Kundenlisten zur Hand. Ist dies wider Erwarten nicht möglich, sind sowohl die Vertragsverhandlungen mit dem Lieferanten mit Sorgfalt zu führen als auch ein Plan B zu entwickeln, um Friktionen im Praxisbetrieb zu vermeiden.

Zusätzliche Kapazität sollte für die Datenmigration vom alten auf das neue System eingeplant werden, sowohl bei der Hardware als auch auf Mitarbeiterseite, wenn sich bestimmte Daten als nicht migrierbar erweisen und per Hand in das neue System überführt werden müssen.

Nachstehende Tabelle fasst die Ausführungen schematisch zusammen:

Risiko	Auswirkung	Mögliche Maßnahme
Thema ist NEU für den Auftraggeber	Keine Erfahrungswerte	Von Anfang an Hochqualifizierte Berater engagieren nach der Devise Qualität vor Quantität
Thema ist NEU für den Auftragnehmer	Keine Erfahrungswerte	Anderen Auftragnehmer (mit Erfahrung) wählen
Auftrag an ein Bieterkonsortium	Komplexe Interessens- und Verantwortungslage	Von Anfang an ein Unternehmen mit der Gesamtleitung betrauen (Generalunternehmerkonzept)

Risiko	Auswirkung	Mögliche Maßnahme
Thema ist NEU für die Geschäftsleitung/ Projektleitung	Keine Erfahrungswerte	Erfahrene Mitarbeiter und Stellvertreter mit vorsehen oder Projekt zurückstellen, bis erfahrener Projektleiter zur Verfügung steht
Projekt größer als 10–20 Mannjahre	Projektsteuerungsaufwand steigt exponentiell wegen der Vielzahl von Interdependenzen	Projekt in mehrere kleinere teilen, gleichzeitig eine übergeordnete Programmplanung veranlassen
Projektdauer länger als 12–18 Monate	Motivation des Projektteams schwierig, gleichzeitig schleicht sich Routine ein, Probleme werden mehr und mehr verwaltet statt gelöst	Projekt in mehrere kleinere teilen, gleichzeitig eine übergeordnete Programmplanung veranlassen
Einzusetzende Hardware ist Erstanwendung für das erwartete Datenvolumen	Keine Erfahrungswerte	Plan B für Hardware-Erweiterung bei langen Antwortzeiten vorsehen
Neue Software ersetzt Teil eines Kernprozesses	1. Funktion erfolgskritisch für das Gesamtunternehmen 2. Blockaden der alten Prozess-Owner wahrscheinlich 3. Mitarbeiterängste wahrscheinlich	Intensive Schulung der Nutzer und Betreiber Changemanagement Pilot- Test vor unternehmensweiten Einführung Fall-Back-Lösung (Plan B)

Abbildung 10-35: OA-Themen bei IT-Prüfungen in Großprojekte

10.7.3 Laufendes IT-Geschäft

Steigende IT-Kosten, solange sie mit stagnierenden Personalkosten und steigendem Umsatz verbunden sind, sind für Unternehmen kein Problem. Bleibt jedoch der geplante Effizienzgewinn aus, stellt sich die Frage, an welcher Stelle der IT es Optimierungsbedarf geben könnte.

Hardware kann man unterscheiden in PC-Ausstattung, in Netz und in die Großrechner-/Serverwelt.

Bei der PC/Smartphone-Ausstattung der Mitarbeiter ist es mit dem Kauf eines geeigneten PC meist nicht getan. Der PC/Smartphone muss in das Unternehmens-Intranet eingebunden werden. Dazu muss er oder sein Nutzer bekannt sein, sich also identifizieren (als für das Intranet zugelassener) und legitimieren (für spezielle Funktionen/Rollen im Intranet und den Unternehmensanwendungen). Zusätzlich ist die Ausstattung festzulegen. Hier haben sich Standardisierungen bewährt, da hierdurch der PC-/Netzservice bei Störungen erleichtert wird. Müssen sehr viele unterschiedliche Hardwareausstattungen gemanagt werden, steigen die Wartungskosten des firmeneigenen Netzes und der notwendige Service-Level-Support-Bedarf meist sprunghaft.

Bei Problemen im Praxisbetrieb kann es an der Hardware, dem Netz inkl. Server und der genutzten Software liegen. Während Probleme bei den letzt genannten, da sie meist viele Nutzer betreffen, relativ schnell lokalisiert werden können, ist die Hilfe bei Individualproblemen meist aufwendig und damit teuer.

Eine Standardisierung in der Ausstattung hilft hier entscheidend, da telefonisch das Problem simuliert werden kann. Zusätzlich ergeben sich für das Unternehmen durch einheitliche Ausstattung Skaleneffekte, die sich in geringeren Beschaffungskosten und/oder Leasingraten niederschlagen.

Zusätzliche Skaleneffekte ergeben sich bei Softwarelizenzen. Auch hier sollte vor einem unternehmensweiten Lizenzvertrag[405] vorab geprüft werden, wie die Nutzung der einzelnen Module gerade bei Standardsoftware, z. B. bei Microsoft-Office-Produkten ausfällt.

So kann es günstiger sein, zu individualisieren, weil z. B. vom Business Paket Office die Access-Komponente (Datenbank) kaum genutzt wird. Auf der anderen Seite sind Verwaltungskosten gegen zu rechnen, wenn individuell abgerechnet wird. Denn Hersteller von Standardsoftware achten meist penibel darauf, dass nur die abgerechnete Anzahl von Lizenzen auch im Gebrauch ist, andernfalls ist eine meist hohe Nachzahlung fällig.

Der Verweis auf den Datenschutz oder Schutz des Unternehmensvermögens greift hier nicht. Denn Lizenzen sind Eigentum des Lizenzgebers, der sich zur Kontrolle der abgeführten Beträge des Lizenznehmers auch Zutritt zu den Unternehmensräumen und -daten verschaffen kann.

Der Trend zu Cloud-Computing sollte hier zukünftig Abhilfe schaffen nach der Devise, abgerechnet wird nur, was tatsächlich genutzt wurde.

Sog. Percentage-of-Use-Verträge sind im Bereich großer Rechen-/Serverzentren üblich. Hier ist es wichtig, die hohen Herstellerrabatte von zumeist über 50 % zu kennen und sich nicht über vermeintlich preiswerte Leasingraten zu freuen, wenn die Anschaffungskosten doch zu hoch wären.

Weiter ist die Leistungsfähigkeit der genutzten Chips und Prozessoren zu testen. Meist reicht eine Identifizierung anhand der im Bauelement enthaltenen Bezeichnung, um bezahlte gegen eingesetzte Hardware zu überprüfen.

Während Inventuren im Vorratsvermögen zu den Routinetätigkeiten des Unterneh-

405 Im Rahmen von Software Asset Management (SAM) ist standardmäßig die benötigte Software zu überprüfen, ob zuviel oder zuwenig abgerechnet wird. Meist sind die durch Rationalisierungen oder Fluktuation ausgelösten Personalabgänge nicht berücksichtigt. Mit einem zentralen Helpdesk und SSO sollte eine kostengünstige Verwaltung organisierbar sein. Andernfalls empfiehlt sich der Abschluss von Multi-User-Verträgen für das gesamte Unternehmen oder den Konzern. In der ISO 19.770 ist auch dieser Sachverhalt geregelt.

mens und auch der IR gehören, ist die Bestandsaufnahmen des Anlagevermögen IT schon eine Herausforderung, aber lohnenswert.

Ein interessanter Prüfungsansatz ist, die Devise bei Hardware „Viel hilft viel" zu überprüfen. Gerade bei der Anzahl der eingesetzten Server ist die Spitzenlast eines oder mehrerer Jahre für die richtige Dimensionierung entscheidend. Dieses Thema sollte eigentlich von der IT-Fachseite mindestens jährlich aufgegriffen werden, Stichwort Capacity Management.

Auch bei der Notfallplanung können Reserven gehoben werden, wenn statt eigener („kalter"- nach Vorbereitungsarbeiten nutzbarer oder „heißer"-sofort nutzbarer) Rechenzentren Kooperationsvereinbarungen mit Dritten auf Gegenseitigkeit geschlossen werden. Dazu sind dann aber sehr schnelle Datenleitungen bis in den Gigabit/sec-Bereich notwendig (Glasfaser mit großer Übertragungskapazität und sicherer Abschirmung), um die Verarbeitung nach einer Störung wieder zu gewährleisten.

Will man nicht auf das eigene Rechenzentrum verzichten, wäre stattdessen das Entwicklungs- und Testrechenzentrum nutzbar, wenn die Dimensionierung dieser beiden, meist wesentlich kleineren Rechenzentren für die wichtigsten vorher mit den Nutzern abgestimmten Anwendungen ausreicht.

Wer seine Hardware outgesourct hat, sollte adäquate Verträge gemacht haben und sich von Zeit zu Zeit vor Ort beim Outsourcer über die entsprechende Umsetzung informieren, ansonsten sollte der Outsourcer selbst adäquat Vorsorge leisten. Die IR des Outsourcers hilft hier gerne mit ihren Analysen und Berichten weiter.

Ein Hauptärgernis bei den IT-Kosten sind jedoch zumeist die Wartungskosten der eingesetzten Software. Die Lebenszyklen bei PC und Hardware von 2–5 Jahren werden hier manchmal um ein Vielfaches bei Software übertroffen.

Richtig schlimm wird die Situation bei der Softwarewartung, wenn Pensionierungen der Entwickler, neue Geschäfts- und Produkt-/Serviceherausforderungen Hand in Hand gehen mit hohen Wartungskosten und quälend langen Projektzeiten für neue Versionen. Dann ist im vorausschauenden Strategy- und Riskmanagement in der Vergangenheit gründlich etwas schief gegangen.

Um das zu vermeiden, sollte die IR dem IT-Leiter insofern beispringen, als es um hohe Entwicklungs-Budgetpositionen und riskante Datenmigrationen geht. Eine Zeitlang kann man an Wartungskosten sparen, nach einer gewissen Zeit steigt das Risiko auch hier dann exponentiell. Die entsprechende Service-Strategy (ITIL) vor Vorstand und Aufsichtsrat zu vertreten, ist IT-Aufgabe, die Unterstützung der IT in einer nachgewiesenen Risikosituation könnte einer IR gut zu Gesicht stehen und beeinträchtigt in keiner Weise ihre Unabhängigkeit, sondern festigt ihren Ruf, in Hoch-Risikosituationen ihrer Kommunikationspflicht nachgekommen zu sein.

Nach wie vor die größten Ersparnisse im Unternehmen sind durch Automatisierung, d. h. Verringerung von Papierschnittstellen in Kernprozessen zu erreichen.
Ebenso lässt sich sehr viel Geld sparen, wenn auf Standardprodukte, statt auf Individuallösungen[406] gesetzt wird.

Befindet sich ein Unternehmen nach dem Reifegradmodell (CMMI) schon in der Stufe 4, so sind aufgrund der Quantifizierung der Prozesskosten meist auch schon Initiativen und Ideen zu deren Senkung auf der Fachseite vorhanden, Serviceportfolio Offering (ITIL). Umso mehr gilt das für die Stufe 5, wenn ein TQM-Prozess in Gang gesetzt wurde.

In den vorherigen Stufen 1–3 ist es jedoch schwierig, nichts desto weniger lohneswert die tatsächlichen Kosten und die möglichen Ratiopotenziale zu identifizieren. Auch hier kann die IR im Rahmen der OA-Thematik einsteigen und aufgrund ihrer meist vorhandenen profunden Prozesskenntnis Nutzer und IT ermutigen mit Projektvorschlägen voranzugehen.

Die nachstehende Tabelle fasst die diskutierten Themenfelder noch einmal zusammen:

Praxisproblem	Effektivität = Was zu tun?	Effizienz = Wie zu tun?
1. Kostensteigerungen PC	PC-Standardisierung inklusive eingesetzter Software	Bestandaufnahme mit IT-Unterstützung Erneuerungszyklen definieren
	Incident Management Servicelevel-Vereinbarung mit User (95 % oder 99,9 % Verfügbarkeit p.a.)	1./2./3.-Level Support-Nutzungsgrade definieren bzw. Schulung Help Desk
	Outsourcing oder Co-Sourcing	Beauty Contest nach Anforderungsprofil
2. Kostensteigerungen Rechenzentren (RZ)	Auslastungsanalyse der Prozessoren; Kritische Analyse des Leasing von Gebraucht-Rechner-Prozessoren	Percentage of Use – Vereinbarung mit dem Lieferanten
	Servicelevel-Vereinbarung (SLA) mit User (95 % oder 99,9 % Verfügbarkeit p. a.)	Serviceportfolio diskutieren und neu vereinbaren
	Outsourcing oder Co-Sourcing (z. B. Notfall-RZ)	Ausschreibung der Leistung

406 Idealtypisch sollte ein Prozessverantlicher der Fachseite begründen müssen, wieso er mit der am Markt einkaufbaren Standardlösung nicht zurecht kommt. Die Mehrkosten in die IR inkl. aller zukünftigen Anpassungen bei Releasewechseln müssten durch entsprechende Zusatzmargen oder ersparte Prozesskosten gerechtfertigt werden.

Praxisproblem	Effektivität = Was zu tun?	Effizienz = Wie zu tun?
3. Steigende Wartungskosten der Software (vor Phase 1 in einer Diskussion des IT-Serviceportfolio)	Modulare Auflösung von Monolithen	Objektorientierte Programmierung
	Standardsoftware kaufen	Beauty Contest der Lieferanten nach Anforderungskatalog
	Verzicht auf Customizing zugunsten von Prozessanpassungen	Vereinfachung der Prozesse und Aufgabe von (unrentablen) Spezialitäten in Produkt und Service
4. Zu gering sinkende Netzkosten	Verhandlung mit dem Netzbetreiber über neue Verträge	Beauty Contest je nach Umfang und Internationalität des Unternehmensnetzes
5. Zu langsame Umsetzungszyklen	Monolithen in Module umbauen	Programmplanung mit klar definierten Prioritäten der einzelnen Projekte
	Co-Sourcing mit Professionellem Entwickler	Ausschreibung
	Outsourcing der Entwicklung	Beauty Contest mit international tätigen Systemhäusern
6. Papierschnittstellen	Mengengerüst mit Kosten ermitteln (zusammen mit Controlling)	Geschäfts-Prozess-analyse
	Fehlerrisiko manueller Datenübertragung ermitteln	
	Entwicklungskosten abschätzen (zusammen mit Fachseite)	

Abbildung 10-36: OA-Themen bei IT-Prüfungen

10.8 Prüfertools

Der durch SOX ausgelöste Boom, sich wieder in einer rückwärts gewandten Weise (Walk through)[407] mit den Fundamenten der Berichterstattung, nämlich den Belegen, zu beschäftigen, hat verbunden mit der immer knapper werdenden Prüfkapazität zu einem Hilferuf nach IT-Tools geführt.

407 Siehe SOX und PCAOB Internal Control for Financial Reporting.

Dieser Trend ist durch das BilMoG[408] in Deutschland, die ein Ausfluss und eine Konkretisierung der 8. EU-Richtlinie[409] war, noch weiter verstärkt worden.

Die Wissenschaft hat sich parallel dazu mit immer ausgefeilteren Stichprobenverfahren[410] beschäftigt, um dem gleichen Zweck zu dienen, Reduzierung des Prüfungsaufwands ohne merkbaren Qualitätsverlust.

Da muss es dem Leser vorkommen, als wenn der Autor von einem anderen Stern stamme, wenn er forderte, komplette Grundgesamtheiten aus mehr als 2 oder 3 Dateien mit intelligenter Fragestellung zu befragen und auf Hochrechnungen gänzlich zu verzichten. Noch schlimmer könnte das Unverständnis des Lesers werden, wenn der Autor behaupten würde, er hätte diese Praxis seit fast 30 Jahren (fast sein komplette Berufspraxis also) schon gepflegt.

Aber die Zeiten der Sturm- und Drangphase nach dem Durchbruch des PC in den 80-er Jahren und der Möglichkeit, sich mit Hilfe eigener Computerintelligenz von der knappen Ressource Rechenzentrum unabhängig zu machen, sind Gott sei Dank, schon lange vorbei.

Heute gibt es eine Vielzahl von Tools, mit Hilfe derer die Daten der Unternehmensdatenbanken analysiert werden können. Einige der gebräuchlichsten sollen hier vorgestellt werden.

10.8.1 Prüfung von Dateiinhalten mit ACL und IDEA[411]

ACL[412] (Audit Command Language) und IDEA (Interactive Data Extraction and Analysis) haben sich in den letzten zwei Jahrzehnten als Lieferant von Werkzeugen für heterogene Systemlandschaften, die ohne jeweils beim Programmierer nachfragen zu müssen Ergebnisse lieferten, zu kompletten Lösungsanbietern weiter entwickelt. Ihnen sind die Begriffe Reifegrademodell (siehe COBIT und CMMI) ebenso wenig fremd wie Continuous Auditing und gar Continuous (Control) Monitoring.

Der Ursprung für diese Dateianalyseprogramme war ein schneller Hypothesentest in heterogener Systemlandschaft mit unterschiedlich strukturierten Dateiprofilen, ohne die Verarbeitung (damals noch häufig im Batch-Betrieb) zu stören.

Ein Prüfer möchte wissen, ob und in welchem Umfang im letzten Geschäftsjahr vom Konzern inkl. seiner Tochtergesellschaften an Lieferanten Doppelzahlungen geleistet wurden.

Diese Frage ist zwar ziemlich konkret formuliert, ist jedoch auch heute noch schwierig umsetzbar.

Denn es muss zunächst der Konzern definiert werden. Wenn er funktional zentral geführt wird, dürfte es einen einheitlichen Kreditorenbestand geben.

---

408 Gesetz zur Modernisierung des Bilanzrechts (sog. BilMoG) vom 25.5.2009.

409 EU-Richtlinie 2006/434/EG (sog. Abschlussprüferrichtlinie).

410 Siehe Peemöller, Banthleon, Amling.

411 Ein verhältnismäßig aktueller GTAG 16: Data Analysis Technologies von 2011 stellt Möglichkeiten der IT-gestützten Datenanalyse mit einigen praktischen Beispielen und Bezug zum GTAG 3: CA vor.

412 Siehe hierzu acl.com, bei der leider die Historie von ACL nicht auffindbar war. Dank an Roger Odenthal, der diese Wissenslücke auffüllen half in ZIR 05/2012, Seite 218 ff.

Was geschieht aber mit der Analyse, wenn alle operativen Gesellschaften eigene Kreditorennummer vergeben dürfen?

Man könnte sich dann vielleicht mit dem Lieferantennamen behelfen. Aber wir wollten eigentlich den gesamten Lieferantenstamm auf Doppelzahlungen untersuchen und nicht nur einige ausgewählte Lieferanten.

Der pfiffige Revisor kommt jetzt auf drei Ideen. Die erste lautet, wenn in dem dezentralen Unternehmen Kreditorennummern nicht konzerneindeutig vergeben werden, können von den Lieferanten auch keine Konzernrabatte am Ende eines Jahres eingefordert werden. Man solle also vorschlagen, den Lieferantenstamm konzernweit zusammenzuführen (IT-technisch einen Primärschlüssel in einer neuen Datenbank vergeben) und Jahresboni in erklecklicher Höhe einzusammeln.

Die zweite Idee lautet, den Lieferantenstamm auf Adressdubletten zu durchforsten, um die Anzahl der Lieferantennummern zu reduzieren und Mengenrabatte aufgrund jetzt bekannter Skaleneffekte zu realisieren.

Die dritte Idee lautet, nach Bedarfsgütern zu sortieren, und die Lieferanten auszulisten, die die schwächsten Konditionen anbieten würden. Durch zu realisierende Skaleneffekte ließen sich einmal Mengenrabatte realisieren und vielleicht auch durch die geringere Zahl an Lieferantennummern die Anzahl der Einkäufer/Disponenten im Konzern reduzieren.

Drei wirklich gute Ideen, die mit etwas Rückenwind vom Vorstand und etwas Gegenwind aus den operativen Einheiten wahrscheinlich durchsetzbar sind.

Doch wir wollten uns ja eigentlich mit einer Dateianalyse beschäftigen und nicht mit der Konzerneinkaufsstrategie. Bisher haben wir noch keine Auswertungen vorliegen.

Die angeforderte Liste sollte also dieselbe Lieferantennummer zulassen, jedoch in einer weiteren Spalte nach Namen sortieren.

Problem wird sein, dass wir mit dieser Vorgehensweise nicht die gesamte Lieferantengruppe, die hinter unterschiedlichen Nummern in den verschiedenen operativen Gesellschaften steckt, in den Griff bekommt.

Sortiert man nun nach Namen, so müsste man wegen der Mehrdeutigkeit eines Namens noch die Adresse mit hinzufügen.

Befinden sich die Lieferanten eines Konzerns nicht an derselben Adresse, Normalfall und nicht Ausnahmefall in der Praxis, so benötigen wir eine weitere Information, um alle Gesellschaften eines Lieferanten zusammenzuführen.

Eine weitere Schwierigkeit taucht dann auf, wenn Liefer-Adresse und Rechnungs-Adresse nicht identisch sind, dann sollte man tunlichst die Rechnungs-Adresse wählen. Hoffentlich lässt der Lieferant aber nicht ein zentrales Inkasso über einen Einkaufsverband durchführen.

Die Geschichte lässt sich weiter forterzählen. Eines sollte jedoch klar sein, Analyseprogramme können helfen, jedoch müssen vorher einige betriebswirtschaftliche, buchhalterische und geschäftspolitische Hausaufgaben gemacht werden, der IT-Mann spricht dann von Homogenisierung (Vereinheitlichung) der Datenbasis.

Analysen sind also heute genauso wie früher möglich. Die Lösungsansätze der Firmen gehen jedoch darüber hinaus. Sie bieten an, ihre Tools direkt neben die operativen Systeme zu platzieren und nach vorgegebenen Fragestellungen im täglichen Ablauf ihre Daten aus der Verarbeitung der Echtdaten zu ziehen.

Die Grundsatzfrage stellt sich hier einmal[413], nach welchem Risikomodell geht die IR vor, dass ein oder mehrere operative Systeme tagesaktuell überprüft werden müssen. Zum zweiten liegt nach dem Verständnis des Autors die Aufgabe des verantwortlichen Managements darin, sich von der Wirksamkeit der (jetzt mit IDEA/ACL eingebauten) Internen Kontrollen zu überzeugen. Die IR würde mit ihrem Continuous-Ansatz ins operative Geschehen eingreifen, zwar nicht direkt persönlich, aber indirekt und trotzdem wirksam mit dem von ihr verantworteten Abfragen. Es ist fraglich, ob dies mit der Unabhängigkeit der IR im Unternehmen vereinbar ist. Rein praktisch lässt sich durchaus vorstellen, dass das operative Management, das seine Kontrollaufgaben gerne delegieren würde, sich hier auf elegante Weise der IR bedient.

Nach diesem kleinen Ausflug ins Continuous Auditing/Control Monitoring sind in der nachstehenden Tabelle ein paar Fragen aufgeführt, die sich mit den Tools sehr gut beantworten lassen, wenn sie auf die spezifische Unternehmens-Landschaft und das Informationsbedürfnis des Revisors abgestellt sind.

Bereich	Idee	Rev.-art	Mögliche Komplikationen
Kreditoren	Doppelzahlung	OA und CO	Identität und Primärschlüssel
Kreditoren	CpD-Analyse nach gleichen Lieferanten	CO	Identität und Sichtbarkeit der Lieferanten
Kreditoren/ Personalstamm	Begünstigung	CO	Pseudonymisierung erforderlich, BDSG beachten, Datenschutzbeauftragten und Sozialpartner vorab informieren
Kreditoren	Auftragssplitting	CO und FA	Zusätzliche Analyse Vergabe notwendig
Kreditoren	Konzernboni	OA	Identität und Primärschlüssel, Unternehmenspolitik
Debitoren	Mahnsperre-Kennzeichen	OA, CO, FA	VIP und nicht VIP analysieren
Debitoren	Kumulierender Aufbau von Forderungsrisiken	OA; FA	Nur Indiz, aber weitere Einzelanalyse notwendig
Kundenstamm	Adressabgleich zur Portokostenersparnis	OA	Verzicht auf Doppelversand von Privat und Geschäftsbriefen und Mails
Kundenstamm	Auftrag ohne Umsatz	OA, CO	Provisions-„Erschleichung"

413 Siehe zu diesen Gedanken Roger Odenthal, ZIR 05/2012, S. 218 ff.

Bereich	Idee	Rev.-art	Mögliche Komplikationen
Personalstamm	Doppelzahlung	CO	Identität und Primärschlüssel
Personalstamm	Zahlung an Nicht (Mehr)-Betriebs-angehörige	CO	Pseudonymisierung erforderlich, BDSG beachten, Datenschutz-beauftragten und Sozialpartner vorab informieren

Abbildung 10-37: Ausgewählte Kernfragen zur Datenanalyse bei Prüfungen

Wie man unschwer erkennen kann, sind der Kreativität des Revisors durch die Tools keine Grenzen gesetzt. Die Grenzen ergeben sich eher in der Organisation und in der konkreten Umsetzung der Frage in die Systeme.

SAP bietet mit AIS (Audit Information System) dem Revisor eine Vielzahl von Analysemöglichkeiten, ebenso können im Unternehmen bestehende ABAP (Advanced Business Application Programming) genutzt werden bzw. eigene erstellt werden.

Direkte Datenbankabfragen sollten nur unter Anleitung mit Open SQL vorgenommen werden, da sie von ABAP entsprechend der zugrundegelegten Datenbank, z. B. von Oracle, dann spezifisch umgesetzt werden. Abfragen mit Native SQL sind mit einem Risiko verbunden, da sie nicht aus dem ABAP-Directory gestützt werden können. Veränderungen der Tabellenstruktur, die in Native SQL programmiert werden würden, würden dann bei ABAP zu Problemen führen, da diese Änderungen vom ABAP Directory nicht erfasst würden.

Reichen die genannten Auswertungsmöglichkeiten nicht aus, so können mit Hilfe von ABAP Daten aus SAP exportiert und in eine Microsoft Access Modul importiert werden, das vielfältigere Möglichkeiten der Auswertung und Sortierung ermöglicht.

Auch ist natürlich ein Export mit Hilfe von ACL oder IDEA möglich.

Auch die revisionsnahe IBS Schreiber GmbH in Hamburg[414] verfügt mit Checkaud SAP über ein vernünftiges, erschwingliches Tool.

10.8.2 Prüfung der SAP-Berechtigungen in großen Multi-User-Umgebungen

Im Rahmen der Nutzerverwaltung ist für eine IR immer interessant, zu welchen Tätigkeiten ein Mitarbeiter z. B. in einer SAP-Umgebung berechtigt ist. Für große Unternehmen bieten verschiedene Hersteller wie SAP, BWise oder IBM sog. GRC[415] (Governance, Risk Management, Compliance)-Tools an, mit denen die gesamte Rechte-Vergabe anhand eines schon vorhandenen Soll-Rollenkonzepts auf Konflikte zur Funktionstrennung untersucht werden kann. So einfach diese Auswertung dann erscheinen mag, die Arbeit beginnt beim Lösen der Konflikte. Mit allen Vorgesetzten sind vom Prinzip Gespräche zu führen, das Prinzip der Funktionstrennung zu erklä-

414 www.checkaud.de.

415 Diese z. T. sehr mächtigen Tools können auch die Arbeit der IR, des Risikomanagers und des Compliance-Officers unterstützen. Genauere Informationen sind in der Gartner Studie von 2012 enthalten.

ren und Entscheidungen herbei zu führen. Da die Tools auch im Erwerb mehrere 100.000 EUR kosten können, zusätzlich noch Projektkosten anfallen, sollte ihr Standardeinsatz sorgfältig überlegt werden. Für die IR stellen sie eine große Hilfe da, da in sehr schöner Aufbereitung schnell die Problembereiche sichtbar werden. Auch der Abschlussprüfer wird vermehrt die Frage stellen, wie das Unternehmen sicherstellt, dass die Funktionstrennung als zentrales Prinzip der IC wirksam ist.

10.8.3 CA (Continuous Auditing) und CM (Continuous Monitoring)

CA und CM sind seit einigen Jahren neue Begriffe innerhalb der IT-Revision. CA steht ein wenig im Gegensatz zur risikoorientierten Revisionsplanung, da seitens der IR flexibel auf bestandsgefährdende Risiken und Hochrisiken reagiert werden sollte. Das bedeutet automatisch, dass bestimmte Bereiche des Unternehmens, Funktionen, Projekte, Geschäftsfelder und Prozesse ausgeblendet werden. Die Kapazität wird auf die Hochrisikofelder fokussiert. CA soll eine permanente Revision aller, und nicht nur der Hochrisikobereiche, mit Hilfe von IT-Systemen überprüfbarer Bereiche gewährleisten. Die Grenzen zwischen CA und CM sind fließend, betrachtet man die Datenbereitstellung, die dann eine Grundlage für CA darstellen kann. Dieselben Daten stehen im Rahmen der IC-Überlegungen dem Managementbereich zur Verfügung. Nach dem Drei Linien der Verteidigung- Modell ist die erste Linie eine Linie des operativen Managements und nicht der IR in der 3. Linie. Im Rahmen der IC sollte es keine Sachverhalte geben, die entgegen den Managementvorgaben entschieden werden und dann vom Management unbemerkt bleiben (siehe Prophylaktische und aufdeckende Kontrollen). Gleichzeitig wäre es ein wesentlicher Mangel einer IC, wenn er durch CA aufgedeckt würde, aber nicht durch CM. Offensichtlich wäre dann, wenn dieser Sachverhalt tatsächlich stattfinden würde, die Anwendungssoftware für CA intelligenter oder trennschärfer als die für CM. Eine kooperativ arbeitende IR würde dies dem Unternehmen und damit dem operativen Management mitteilen. Zukünftig hätte dann die CM-Software die Features, die nur in der CA programmiert worden wären, CA wäre überflüssig geworden. Der Einwand, das operative Management würde vielleicht seine CM-Erkenntnisse verwerten und weitere Risiken eingehen, kann ebenfalls nicht gelten Denn die mangelnde Konsequenz operativen Managements kann mit Hilfe einer herkömmlichen IR durch Fragen nach den Ergebnissen von CM und deren Schlussfolgerungen aufgedeckt werden, CA wäre auch hier überflüssig. Auch CM scheint alter Wein in neuen Schläuchen zu sein, denn wo ist der Unterschied zu einem Audit Trail eines IT-Systems zu ziehen. Hier wie da sollten außergewöhnliche Datenkonstellationen aufgedeckt und dokumentiert werden. Hier wie da sollten fundierte Entscheidungen bei Incident, Event und Fault Management Situationen getroffen werden.

Die letzte Erklärung für CA und CM scheint die momentane Not im durch SOX und die EU-Richtlinie entstandenen Übereifer zu liegen, nur keine Kontrollschwächen zuzulassen, ohne zu bedenken, dass Kontrollschwächen an sich kein Problem darstellen, sondern nur die, durch die sich unbemerkt vom Management Vermögensverluste, Gesetzesverstöße und falsche Berichterstattung ereignen. Um der Datenflut Herr zu werden, soll IT zielgerichtet eingesetzt werden. Wie wir oben bei dem Thema Funktionstrennung gesehen haben, kann eine GRC-Software gute Dienste leisten. Aber das Thema Datenflut wird aller Erfahrung nach eher zunehmen und die Analyse-Kapazität der IR vor neue Herausforderungen stellen[416].

10.9 Zukunft der IT-Revision

Am Ende dieses Kapitels fällt es schwer sich vorzustellen, dass eine IR ohne ITK-Expertise in Zukunft tätig werden könnte. Nicht umsonst ist der Berufsstand der IT-Revisoren, organisiert in der ISACA und deren nationalen Chaptern, so stark gewachsen. Aber auch der „normale" Revisor wird sich mit den Hauptthemen der IT intensiv beschäftigen müssen, das zeigen allein schon die inzwischen auf 17 angeschwollene GTAG-Broschüren des IIAFR.

Auch die Unternehmensleitung wird zukünftig mehr IT-Knowhow von ihrer IR abfordern.

Im Compliancebereich geht es um die Verzahnung von IT-Schutz und dem in der Öffentlichkeit häufig dagegen gesetzten Datenschutz. Die Vorteile von Data Mining, Continuous Monitoring und vor allem sehr spezifischen Kundenprofilen zu nutzen, ohne bestehende Gesetze zu verletzen, wird die große Kunst darstellen.

Selbst Google hat mit Google Maps die Unkenntlichmachung von Straßenabschnitten zubilligen müssen und Facebook wird irgendwann nicht umhin kommen, Daten endgültig physikalisch zu löschen.

IPv6 wird die Diskussion um den Datenschutz als Persönlichkeitsrecht auf der einen Seite und den Schutz der Vermögensgegenstände eines Unternehmens vor vorsätzlichen unerlaubten Handlungen andererseits weiter entfachen. Denn mit IPv6 ist die Möglichkeit gegeben, jedes kommunizierende Netzwerkelement identifizieren zu können. Mit dem Multilayer Router SCE 2000 von Cisco[417] können schon heute sämtliche Datenpakete, die über diesen Router laufen, ob verschlüsselt oder nicht, nach vorgegebenen Suchkriterien in Gigabitgeschwindigkeit durchsucht werden. Die technischen Möglichkeiten scheinen weiter unbegrenzt zu sein.

Die IR sieht die meisten dieser Trends ebenfalls. Laut der Enquete von 2011 und auch 2014 wird der Einsatz von Prüfsoftware, eigenentwickelt oder fremdbezogen, zunehmen, ebenso der Einsatz von Datenauswertungen[418].

---

416 Siehe hierzu auch die Argumentation von Roger Odenthal in ZIR 05/12, S. 218, der der Verfasser im Wesentlichen folgt. Siehe auch GTAG (Global Technology Audit Guide No. 3), S. 10, 2005, der vorschlägt, bei einem funktionierendem CM CA auf ein Review der Managementaktiväten zu beschränken.

417 Siehe hierzu www.CISCO.com und den neuen Standard Y. 2770 der ITU zur DPI (Deep Packet Inspection), der fast alle Protokolle mit ihren Nutzdaten lesen und analysieren kann.

418 Siehe Enquete 2011, S. 35 f. und S. 65 und 2014.

10.10 Kernthesen

Das Zusammenspiel von Hardware, Netz und Software ist heute hoch automatisiert. Restriktionen bei der Datenübertragung fallen zunehmend weg. Umso wichtiger ist das Verständnis, auf welchem Weg Daten in öffentlichen Netzen weitergeleitet werden und wie die Prinzipien Vollständigkeit, Zuverlässigkeit, Schnelligkeit, Integrität und Schutz auf den verschiedenen Layer-Ebenen gewährleistet werden können.

In der IT existieren mit COBIT, CMMI, ITIL/PRINCE 2, SPICE, TOGAF, eTOM, BSI-Grundschutz und nicht zu vergessen übergeordnet COSO eine Reihe von Rahmenwerken, die sich teilweise zu ISO-Normen weiterentwickelt haben. Die Schwerpunkte der Rahmenwerke unterscheiden sich etwas, so dass die Themen IT-Governance (COSO, COBIT, CMMI, eTOM), ITK-Management (COBIT, ITIL/PRINCE; BSI-Grundschutz), IT-Entwicklung (TOGAF), ITK-Schutz (BSI-Grundschutz) sowie die Unterstützung von Kernprozessen (SCM durch SPICE) separat adressiert wurden.

Das IT-Risikomanagement ist maßgeblich für die Implementierung von Kontrollen zuständig. Im Zuge einer globalen, vernetzten Zusammenarbeit, Cloud Computing und Outsourcing wird der Schutz der materiellen und immateriellen Vermögenswerte der ITK immer bedeutsamer. Das IT-Risikomanagement setzt konsequenterweise auf einem unternehmensweiten Risikomanagement auf und konkretisiert es innerhalb der ITK.

High und Low Level Kontrollen sowie die speziellen IT-Kontrollen, die heute ihren Schwerpunkt auf Zugriffsschutz die Verarbeitungssicherheit haben, bilden die Basis für eine sichere Systemumgebung. Hierzu gehören auch Audit Trail, Kryptoverfahren, Single-Sign-On, SSL/TSL-Verschlüsselungen und VPN, um sichere Datenverbindungen zu schaffen.

Gesetzliche Anforderungen an Datensicherheit führen zu aktuellen, umfassenden und verständlichen Verfahrens- und Transaktions- sowie Benutzer-, Programm- und Systemdokumentationen. Die Dokumentation des IT-Betriebs rundet diesen Aspekt der ITK ab.

Die systematische Öffnung von Betriebssystemen durch Active X Elemente und Java Scripts sowie die technischen Möglichkeiten einer Deep Packet Inspection zeigen Nutzen und Grenzen moderner IHK-Techniken auf. Erzwungene Öffnungen der Systeme, um gesetzliche Auflagen erfüllen zu können, führen zur missbräuchlichen Benutzung dieser Hintertürchen (Backdoors).

Sniffing, Spoofing, Malware, Viren, Würmer und Trojaner gehören heute zum Ausgangsszenario, auf das Unternehmen mit Intrusion Prevention und Detection Systemen reagieren, mit Portfiltern und diversen Protokollen den Datenverkehr überwachen und mit Stateful (nur Paketköpfe) oder Deep Packet Inspection (auch Nutzdaten) ihres Sicherheitsgateway (Firewall, DMZ, Portfilter etc.) eingehende Daten auf Malware-Komponenten untersuchen.

Wirtschaftlichkeitsaspekte in der ITK, in der Anwendungsentwicklung, bei Großprojekten und bei der Beschaffung von Hardware runden das Spektrum möglicher Prüfungen ab.

Dateianalysetools wie ACL und IDEA, moderne Vorgehensweisen wie CA und CM zeigen die Zukunft einer IR auf, die sich immer mehr auf diese Tools während ihrer Arbeit abstützen wird. Dass die eigene Kreativität in der Konstruktion von Szenarien, die überprüft werden sollen, trotz aller vorhandenen Checklisten die konkrete Vorgehensweise bestimmt, wird auch zukünftig den Reiz der Arbeit einer IR ausmachen. Das Urteil am Ende einer Prüfung kann mit Hilfe der IT fundierter ausfallen. Die IR als Mentor einer technologisch notwendigen Weiterentwicklung zur Sicherung und Verstärkung der Wettbewerbsfähigkeit des eigenen Unternehmens ist ein weiteres Asset, das es zu heben gilt.

11 Supportprozesse 2: Sourcing und Beschaffungsprüfungen

Ob Einkauf oder neuerdings Sourcing ein Supportprozess oder ein Kernprozess ist, hängt vom Geschäftsmodell und der Branche ab. In vielen Branchen ist die Einkaufsfunktion eine Unterstützung für den Kernprozess (Servicecenter- oder Costcenter-Konzept), in manchen selbst Kernfunktion (Profitcenter-Konzept).

In Handelsunternehmen hingegen ist die Einkaufsfunktion die wichtigste, sie wird in vielen großen Unternehmen zu einem Produktmanager-Konzept erweitert. Das bedeutet, dass der Einkäufer zusammen mit der Kreativ-Abteilung/Entwicklungs-Abteilung des Unternehmens und bestimmten Stammlieferanten erst Muster entwerfen lässt, bevor er sie in großen Mengen herstellen lässt. Ähnliches gilt für die Automobil- und die ITK-Branche. Allgemein könnte man alle Unternehmen der Fertigungstechnik dazu zählen, die aus Werkstücken ihrer Lieferanten und teilweise eigenen Werkstücken komplette Produkte zusammensetzen.

Die Einkaufsfunktion ist auch in den Branchen wichtig, bei denen die Differenz aus Verkaufs- uns Einkaufspreis ausreichen muss, die Produktionskosten zu decken (Margengeschäft). Zwar werden hier meist die Lieferanten nicht in den Produktionsprozess mit einbezogen, jedoch hängen die Beschaffungs- und Absatzmärkte eng miteinander zusammen, so das dem Einkauf, der meist direkt mit dem Verkauf kommuniziert, um offene Positionen zu vermeiden[419], eine große Bedeutung beizumessen ist. In all diesen Branchen ist der Einkauf ein Kernprozess.

Betriebswirtschaftlich lässt sich die Unterscheidung Support- zu Kernprozess am Wert-Beitrag zum Geschäftsmodell ableiten. Ist der Lieferantenbeitrag ein wesentlicher Wertbeitrag, so ist der Einkauf ein Kernprozess.

Der Begriff Einkauf wird im Weiteren mit dem aus der Materialwirtschaft gleichgesetzt, also die Güter und Dienstleistungen zu beschaffen, die für die Produktion unabdingbar sind. Die Themen Finanzmittelbeschaffung und Personal werden in diesem Abschnitt nur am Rande abgehandelt, für Finanzen ist ein eigener Abschnitt im Band Financial Auditing geplant, zum Stichwort Personal findet man in Kapitel 3.2.2 unter operatives Führen und im Kapitel 9.2.2 Personalbedarf detailliertere Ausführungen.

11.1 Grundlagen des Sourcing

Jeder Mensch macht fast täglich Einkaufserfahrungen, da fällt es den meisten schwer, im Einkauf eine besondere oder gar für das Unternehmensergebnis wichtige Unternehmensfunktion zu sehen.

Tatsächlich haben es Einkäufer in manchen Unternehmen schwer, die Bedeutung ihrer Funktion der Unternehmensleitung zu erläutern. Die IR kann hier wichtige

419 Offene Positionen (Long oder Short) stellen immer ein Risiko dar, da die Marge als Differenz zwischen Verkaufs- und Einkaufspreis noch nicht feststeht.

Unterstützung leisten. Denn durch eine separate Einkaufsfunktion können die Funktionstrennung und das Vier-Augen-Prinzip, die Klassiker der Internal Control, sehr einfach implementiert werden.

In technisch orientierten oder moderner ausgedrückt, in den MINT-Unternehmen (Mathematik, Informatik, Naturwissenschaften und Technik) kommt mit dem Kaufmann als Einkäufer eine neue Blickrichtung hinzu. Technisch anspruchsvolle Lösungen erhalten mit der Ergebnisorientierung eine Erweiterung. Doch werden die Lösungen dadurch schneller zu erlangen sein?

Strebt der Techniker eine technisch optimale Lösung an, so fragt der Kaufmann nach dem Nutzen einer Individuallösung und bringt günstigere Einkaufspreise bei Wahl von Standardprodukten ins Spiel. Je nachdem, ob die technisch optimale Lösung sich auch mit einem Mehrwert, der USP am Markt verkaufen lässt, wird sich der Techniker eher durchsetzen. Sind Teile der technisch optimalen Lösung ohne Qualitätsabstriche durch Standards zu ersetzen, wird sich der Kaufmann durchsetzen.

11.1.1 Güter und Dienstleistungen

Die Globalisierung ist heute schon soweit fortgeschritten, dass selbst die einfache Frage nach dem Importanteil eines Produkts heute kaum seriös beantwortet werden kann. Bei ca. 10.000 unterschiedlichen Teilen eines Autos oder ca. 40.000 eines Flugzeugs ist es nicht trivial, die kompletten Lieferantenketten zu strukturieren und die jeweiligen Wertbeiträge zu ermitteln.

Das Armaturenbrett eines Autos kommt aus Asien, der hochwertige Kunststoff ist in Deutschland hergestellt worden, das Granulat für den Kunststoff wiederum in Nahost. Und hier ist nur die sichtbare Oberfläche des Armaturenbretts kurz beschrieben worden, viel komplizierter sieht es bei der eingebetteten Technik aus, Schalter aus Asien, Glas aus Deutschland, Digitalanzeigen aus Fernost, Software in Indien oder Pakistan erstellt.

Die Kenntnis der unterschiedlichen Märkte ist in der Beschaffungsmarktanalyse unverzichtbar. Zur Globalisierung tritt noch ein weiter Faktor hinzu, der technologische Fortschritt, der alte Kunden-Lieferanten-Strukturen aufbricht und vollkommen neue Beziehungen entstehen lässt.

Durch Amazon wird nicht nur der Buchmarkt – die klassischen Buchhändler – unter Druck gesetzt. Amazon greift auch in die klassische Beziehung Autor – Verlag durch Selbstvermarktung der Autoren ein.

Es verändert auch die Logistik, durch den „Kindle“ digital, durch eigene „Drohnen“ vielleicht auch anlog/physikalisch für die Endkundenlogistik, den letzten schmutzigen Kilometer (Dirty Last Mile[420]).

420 Begriff aus der Telekommunikation, da der letzte Kilometer zum Endkunden der teuerste ist, bei den anderen können über Multiplexen, Dark Fiber und entsprechende Protokolle auf den 7 Übertragungsebenen Kommunikationsströme gebündelt werden.

Darüber hinaus bietet es unterschiedlichen Lieferanten aus dem Endkundenbereich die weltweite Anlieferung an wenigen zentralen Punkten an und übernimmt die Vermarktung der Produkte selbsttätig durch Nutzung seines großen Kundenstamms.

Dieser technologische Fortschritt ist nicht allein auf die Digitalisierung zurückzuführen, sondern umgreift zunehmend mit den Themen Maschine-Maschine-Kommunikation, Internet der Dinge und Industrie 4.0[421] auch analoge, physikalische/materielle Welten.

Einkäufer müssen heute nicht mehr in dem Umfang durch die Welt reisen oder auf Messetermine warten, um über Neuigkeiten oder Weiterentwicklungen in ihren Märkten infomiert zu sein. Ein fachkundiger Blick ins Internet in die Einkaufsportale genügt für den ersten Schritt, Kontaktaufnahme via E-Mail und in 48 Stunden kann ein Angebot aus vielen Teilen der Welt vorliegen.

Grob lassen sich die Beschaffungsmärkte nach Gütern und Dienstleistungen unterteilen.

Bei den Gütern unterscheidet man nach der Produktionsart Verfahrenstechnik die Rohwaren, die im Laufe ihrer Verarbeitung „veredelt" bzw. in einzelne Komponenten zerlegt und umgewandelt werden.

In der Fertigungstechnik handelt es sich um Werkstücke, die mit anderen Werkstücken zu Komponenten und Modulen und dann zum Endprodukt zusammengesetzt werden. Das Material bleibt meist, im Unterschied zu Branchen der Verfahrenstechnik, in der Substanz unverändert.

Im Abschnitt 9.2.4 ist unter Beschaffungbedarf: Rohware und Werkstücke das Thema ausführlicher abgehandelt.

Hilfsstoffe sind ähnlich wie Rohstoffe anzusehen, der Unterschied liegt in ihrem Wertbeitrag am Produkt, das gemessen am Rohstoff von niedriger Bedeutung ist. Beispiele für Hilfsstoffe sind Nägel, Schrauben, Nieten, Klebstoff, Schweisspulver in der Fertigungstechnik, die Werkstücke miteinander verbinden, und chemische Zuschlagsstoffe, Katalysatoren, Spurenelemente, die in der Verfahrenstechnik das Fertigprodukt qualitativ aufbessern.

Betriebsstoffe sind Energie wie Öl, Kohle, Gas, Strom sowie Schmierstoffe und Reinigungsmittel, um die Maschinen und die Produktionsprozesse betreiben zu können. Bedingt durch die in Deutschland eingeleitete Energiewende kommt der Beschaffung von Energie in den Produktionsbetrieben überragende und manchmal ergebnis-

421 Begriff der Bundesregierung seit 2011 zur Vernetzung von Maschinen untereinander, siehe hierzu www.bmbf.de, Bundesministerium für Bildung und Forschung, auch unter dem Begriff Internet der Dinge bekannt. Industrie 1.0. war die Mechanisierung der Arbeit mit dampfgetriebenen Maschinen, 2.0. die Massenfertigung durch Fließbandtechnik und elektrischer Energie und 3.0. die Digitalisierung vieler analoger Produkte und Dienstleistungen.

entscheidende Bedeutung bei, ein Diminutiv wie der alte betriebswirtschaftliche Begriff „Betriebsstoff" führt heute in die Irre.

Im Abschnitt 9.2.5 ist unter Energiebedarf das Thema ausführlicher abgehandelt.

Für Roh,- Hilfs- und Betriebsstoffe existieren meist spezielle Beschaffungsmärkte, die von den darin tätigen Unternehmen professionell betrieben werden. Für diese Lieferanten sind diese Stoffe End-Produkte und die Prozesse, die zu diesen Produkten führen Kernprozesse. Um diese Produkte kostengünstig einzukaufen, bedarf es im Einkauf meist auch um spezielles Knowhow.

Zusätzlich werden in den Unternehmen Dienstleistungen eingekauft. Implizit ist bei der Entscheidung, Dienstleistungen extern am Markt zu beschaffen, immer eine Vorentscheidung gefallen, nämlich statt „make" „buy". Dieses Outsourcing macht Sinn, wenn es sich bei diesen Leistungen um Einmalleistungen handelt oder wenn diese Tätigkeiten nicht (mehr) zum Kerngeschäft eines Unternehmens gehören.

Das Thema Dienstleistungen und Beratungsleistungen rund um die Immobilie wurde im Abschnitt 12.1. als ein eigener Supportprozess abgehandelt.

Das Thema IT-Leistungen mit IT-Projektleistungen findet sich wegen der für viele Unternehmen besonderen Bedeutung als eigenes Kapitel unter 10. IT-Prüfungen.

Dieses Outsourcing von Tätigkeiten macht weniger Sinn, wenn aus Personalkosten dauerhaft und nicht nur kurzfristig Sachkosten werden sollen, um die Zahl der im Betrieb Beschäftigten zu senken und so künstlich eine Produktivitätssteigerung von Personalkosten am Umsatz auszuweisen. Diese vermeintliche Produktivitätssteigerung wird nicht selten mit steigenden Gesamtkosten eingekauft. Die Total Cost of Ownership (TCO) steigen dann.

Nähere Ausführungen zu Werkverträgen und Bodyleasing ist unter 9.2.2 Personalbedarf zu finden.

11.1.2 Beschaffungsmärkte

Globalisierung und Regionalisierung sind gegenläufige Tendenzen, die auch die Beschaffungsmärkte von heute charakterisieren. Hinzu kommen technologische Fortschritte, die inzwischen nicht nur in der westlichen Welt, in den USA und Europa, sondern auch in Asien entstehen können. Dem Einkauf wird jeweils für seinen Beschaffungsmarkt eine große Kenntnis der jeweiligen für seine Warengruppe wichtigen technologischen Trends abverlangt.

Hinzu kommen Spezialisierungen für die unterschiedlichen Güter und Dienstleistungen, für die jeweils andere Marktgegebenheiten und Geschäftsmodelle gelten.

Auch Nachhaltigkeitskriterien, die u.a. die Lieferketten bis hin in die Entwicklungs- und Schwellenländer betreffen, sind heute bei der Analyse der Beschaffungmärkte zu berücksichtigen, Stichwort Corporate Social Responsibility. Die Verantwortung für Verzicht auf Kinderarbeit, auf Hungerlöhne, fehlende Vorschriften zur Arbeitssicherheit und zum Umweltschutz kann heute nicht allein den Lieferanten angelastet werden. In Zeiten von Facebook und Twitter verbreiten sich schlechte Nachrichten mit Lichtgeschwindigkeit im Netz, der Hauptauftraggeber wird sich häufig nicht mit Verweis auf Verträge zurückziehen können, die Umsetzungskontrolle wird ihm von der Öffentlichkeit abverlangt.

Für die IR könnte diese Thema, wenn heute noch nicht adressiert, ein neues Betätigungsfeld werden, um das Risiko für Reputationsschäden vom Unternehmen durch entsprechende Prophylaxe-Audits zu verringern. In Unternehmen, in denen Outsourcing-Verträge mit Revisionsrecht schon vorliegen, können diese als „Blaupause" für entsprechende Einkaufsverträge dienen.

Alternativ kann das Unternehmen als großer Käufer von Rohstoffen unabhängige Institutionen unterstützen, die die Einhaltung der Standards der ILO[422] dann überprüfen. RWE unterstützt z. B. Bettercoal[423] bei den kontinuierlichen Verbesserungen der Arbeitsbedingungen in der Kohleförderung.

Beschaffungsmärkte können nach vielen verschiedenen Kriterien gegliedert werden. Eines der Hauptkriterien ist die Frage der Dominanz der Lieferanten (Monopole, Oligopole an der Grenze zum faktischen Kartell) die z. B. einen fairen Marktzutritt bzw. faire Preisverhandlungen behindern könnten. Zusätzlich können in derartigen Märkten Compliance-Probleme gehäuft auftreten.

Unvollkommene Märkte mit Bietermacht (Verkäufermärkte) stellen den Einkauf vor das besondere Problem, faire Wettbewerbs-Preise angeboten zu bekommen. Seine Frage nach alternativen Einkaufprodukten setzt den internen Bedarfsträger wieder unter Druck, sich vielleicht doch mit einem („abgemagerten") Standardprodukt an „freunden" zu können bzw. seinen Produktionsprozess nach alternativen Einsatzgütern hin zu überprüfen. Auf der anderen Seite könnte wiederum der Einkauf beauftragt werden, bei zunehmender Knappheit der natürlichen Ressourcen nach künstlich zu entwickelnden Ausschau zu halten bzw. neue Lieferanten in der Entwicklung solcher Alternativen zu unterstützen, um Bietermacht mittelfristig zu brechen.

Die zunehmende Schwierigkeit, für Autoreifen Naturkautschuk zu erhalten, führte in 1930er Jahren zur Entwicklung von künstlichem Kautschuk.

Die Marktdominanz von Microsoft mit seinem Windows-Betriebssystem führte letztendlich zu kostenlosen Lösungen im Open Source Modus wie Linux. Dieses frei verfügbare Betriebsssystem führte dann durch die Unterstützung von Google zur Entwicklung von Android, einem Betriebssystem für mobile Endgeräte. Dieses System hat das von Microsoft ursprünglich unterstützte System Windows CE, heute Windows Mobile fast vom Markt verdrängt. Aus einer Monopolsituation wurde eine Marktverlustsituation.

Hohe und aus Sicht der Kunden teure Frachtraten führten bis 2010 zu hohen Neubauschiffsaufträgen in der Containerschifffahrt. Nach Fertigstellen dieser zumeist sehr

422 Weitere Informationen zur ILO findet man unter www.ilo.org.
423 Siehe hierzu www.bettercoal.org.

großen Containerschiffe verfielen die Frachtraten bis 2014 auf fast ¼ der alten Rate, eine günstige Zeit für Frachtrateneinkäufer. Da die Weltkonjunktur wieder in 2014 langsam in Fahrt zu kommen scheint, werden die Raten wieder steigen. Zusätzlich wird der ruinöse Wettbewerb des weltweiten Oligopols zu einer weiteren Konzentration führen. Die „goldenen" Zeiten für Frachtrateneinkäufer scheinen in 2014 auszulaufen, bis zum Beginn des nächsten „Schweinezyklusses".

An den Beispielen kann man erkennen, dass Monopolsituationen sich manchmal auch ohne staatliche Interventionen auflösen können, wenn die Markteintrittsbarrieren (Vorabinvestment in den Markt, technologischer Vorsprung des Monopolisten etc.) nicht so hoch sind, so dass Monopolrenditen zu Investitionen von Wettbewerbern verlocken können, die das Angebot vergrößern helfen.

Besondere Märkte sind im Automobil- und ITK-Bereich anzutreffen. Hier treffen manchmal sowie auf der Käufer- wie auf der Verkäuferseite Oligopole aufeinander. Für den Einkauf kann ein Oligopol sowohl ein Traumland bei ruinösem Preiswettbewerb bedeuten wie auch einen Alptraum, wenn sich aus Oligopolen Bieterkartelle formen und ein fairer Marktpreis nicht mehr angeboten wird.

In der Automobilindustrie sind hingegen beide, Teile-/Komponenten-Lieferant und Hersteller, durch die mehrjährige Produktionszeit eines PKW aneinander gebunden. Diese eröffnet Preisverhandlungsspielraum durch die Stückkostendegression hoher Losgrößen, bindet beide aber beim Qualitäts- und Entwicklungsthema eng aneinander, so dass für beide Seiten auskömmliche Preise gefunden werden können[424]. Besonderheiten sind in dieser Beziehung auch die Vorfinanzierung der für bestimmte Teile notwendigen Werkzeuge durch den Kunden, die enge Entwicklungsverzahnung von neuen Produkten und die bis ins letzte Teil abgestimmte Just-in-Sequence-Logistik in der Produktion.

In 10.2.7 wird unter dem Stichwort SPICE der Prozess etwas detaillierter beschrieben.

In der Telekommunikation gelang mit der Digitalisierung der Netze und der Einigung auf bestimmte Protokolle wie TCP/IP oder früher ATM eine weltweite Standardisierung, die die Übertragungstechnik revolutionierte und technisch hochspezialisierte Güter zu „Commodities" degradierte. Der einsetzende Preisverfall der Komponenten half den TK-Unternehmen, ihren riesigen Investitionsbedarf in relativ kurzer Zeit zu tätigen. Die Anbieter der Technik wie z.B. Siemens, Alcatel, Lucent, Nortel hatten größere Probleme. Sie verloren exklusive Kunden und exklusive Produkte, ein Konzentrationsprozess setzte ein, die frühere Marktstärke ging durch die Standardisierung auf Dauer verloren.

424 Wie wichtig das Thema Qualität in diesem Zusammenhang istr, zeigt auch hier wieder die Automobilindustrie mit ihren Rückrufaktionen. Diese sind so zahlreich geworden, dass sie in der Öffentlichkeit kaum mehr diskutiert werden. Was für eine Chance für Unternehmen, deren Name bei diesen Aktionen selten oder gar nicht auftaucht, eine USP zu bilden.

Als nahezu vollkommene Märkte können zurzeit (2014) die Rohstoff- und Energiemärkte[425] bezeichnet werden. Besonderheit dieser Märkte sind nicht die Spezifika des Produkts, sondern die Volatilitäten in den Preisen und Währungen dieser „Commodities", die den Einkäufer vor besondere Probleme stellen können.

Im Abschnitt 9.2.4 und 9.2.5: Beschaffungsbedarf: Rohware und Werkstücke sowie Energiebedarf sind die Besonderheiten dieser Märkte etwas intensiver ausgeführt.

Als Besonderheit der Beschaffungsmärkte sind noch die Logistikmärkte zu nennen. Im Normalfall gelten im internationalen Geschäft die sog. Incoterms (International Commercial Terms: Handelsklauseln). Sie bilden die Vertragsgrundlagen und regeln die Gefahrenübergänge der gekauften Produkte von dem Zeitpunkt des Vertragsabschlusses, über die Lieferung per Schiff, LKW und Flugzeug sowie den Transport vom Zolllager zum Bestimmungsort der Ware (Lager oder Fabrik). Je nach Verhandlungsmacht von Verkäufer oder Einkäufer auf diesen speziellen Märkten kann die Ware im Ausland schon übernommen werden und auf eigene Kosten transportiert und versichert werden (fob: free on board, Verladehafen Ausland) oder bis zum Bestimmungsort auf Kosten des Lieferanten geliefert werden (cif: cost, insurance, freight, Importhafen Inland). Alle Spielarten dazwischen sind ebenfalls möglich und können vereinbart werden wie frei Rampe, frei Zolllager etc.

Insgesamt gilt, je preiswerter die eingekauften Produkte sind, desto wichtiger sind die Überlegungen zur Transportwegeentscheidung. So sind bei Massengütern Gewichte der Ware Kernerfolgsfaktor zur Optimierung der Transportkosten. Je höher der Reinheitsgehalt der Ware desto günstiger der Transport je to (Tonne). Bei den Halbfabrikaten und Fertigprodukten tritt an die Stelle des Gewichts das Volumen, da als Standardtransportmedium der Container die kritische Volumengröße vorgibt. Solange die Höchstbeladungsmenge nicht erreicht wird, macht es Sinn, über z.B. den Entzug von Luft (Schrumpfen mit Vakuumverpackung) nach zu denken, um die Anzahl der Teile je Container ohne zusätzliche Kosten erhöhen zu können.

Diamanten und Steinkohle haben zwar beide Kohlenstoff als wichtigsten chemischen Baustein, dennoch sind die Seefrachtraten für Steinkohle wichtig (1–5 % der Einkaufskosten), während selbst die teuersten Luftfrachtraten, in Beziehung zum Wert der Diamanten zu vernachlässigen sind (Hier dürften die Versicherungskosten sehr hoch liegen).

Der Dienstleistungsmarkt ist in Teilen fragmentiert, in anderen Bereichen wie z.B. der Unternehmensberatung/M&A und der Abschlussprüfung wird er von weltweit operierenden Unternehmen beherrscht. Ähnlichers gilt für die IT-Beratung und die klassische Werbung, jeweils im Projektgeschäft.

425 Dem Autor ist durchaus bewusst, dass im Jahre 2014 diese Märkte durch das US-Schiefergas, die sich anbahnende Energiewende in Europa und China, die lahmende Konjunktur und die aus Hochpreiszeiten herrührende Investitionen in Minen besonders „belastet" sind.

In Abschnitt 5.1.3 Promotion/Kommunikation und Werbung wird der Werbemarkt etwas intensiver beschrieben.

Im Abschnitt 3.2.1 wird kurz über M&A und den Prozess Strategie und Planung, Themen auch der externen Unternehmensberatung, berichtet.

IT-Projekte finden sich intensiv dargestellt im Abschnitt 10.2.4 IT-Projekte nach ITIL und 10.2.5 Softwareentwicklung.

Diese letztgenannten Bereiche werden meist von der Unternehmensleitung oder der ersten Ebene unterhalb des Vorstands beauftragt. Eine Einkaufsfunktion wird es hier nicht ganz so einfach haben, in diesen spezialisierten Bereichen ihre Leistung mit anzubieten. Meist wird gerade einmal der Beschaffungsprozess eingehalten mit Wettbewerbsangeboten, die dann auch schriftlich z. B. im Werbebereich in Form eines Beauty Contests vorliegen.

Andere, häufig regionale, Dienstleistungsmärkte liegen für die Themen Facility Management, Catering, Reinigung und Bewachung von Gebäuden vor. Aus ursprünglich fragmentarischen Märkten haben sich für diese Support-Leistungen inzwischen spezialisierte Unternehmen herausgebildet, die zu vertretbaren und meist wesentlich günstigeren Preisen (andere Tarifverträge, Kostendegression) ihre Leistungen am Markt anbieten. Aller Erfahrung nach ist in diesen Bereichen das Outsourcingthema meist gut lösbar.

Die nachfolgende Grafik versucht, die Beschaffungsmarktdimensionen und die Marktbesonderheiten miteinander zu verzahnen. Die nach Auffassung des Autors kritischen bzw. besonders IR-relevanten Ausprägungen sind kursiv hinterlegt.

Dimension	Ausprägungen		
Markt	*Monopol/Oligopol*	*fragmentiert*[426]	Polypol
Güter	Weltmarkt-Commodities/ Rohwaren	Digitalisiert, standardisiert	*Spezialisiert, individualisiert*
Dienstleistungen	*Projekt-, Vertragsgeschäft*	*Beratung*	C-Dienst-leistungen
Transportkosten	Höchstwertig	Hochwertig	*geringwertig*
Werkstücke	*Langfristige Lieferbeziehung*	Werkzeugfinanzierung; Rohwarenfinanzierung	Gemeinsame Entwicklung Lieferant/Kunde
Menge	Massengeschäft: Fest, flüssig	*Container: Stück, Volumen, Gewicht*	Einzelteile (Maschinen-, Anlagenbau-, Werkzeugbau)

426 Auf fragmentierten Märkten können große, mittlere undkleine Unternehmen gleichzeitig existieren. Sie sind gekennzeichnet durch z. T. hohe Margen und geringe Preistransparenz (Optikermarkt vor Fielmann, Beratermarkt noch heute).

Dimension	Ausprägungen		
Qualität	Standard	*Customized Standard*	*Individualisiert*
Lieferzeitpunkt	Monat	*Tag*	*Just-in-Time; Just-in Sequence*
Patentschutz/ Geschmacks-musterschutz	ohne	auslaufend	*geschützt*
Komplexität			
Regulierung			
Nachhaltigkeit-relevanz	gering	mittel	*hoch*
Preis-Volatilität			

Abbildung 11-1: Beschaffungsmarktdimensionen

11.1.3 Der Einkäufer

Vorbei sind heute die Zeiten, in denen die Einkaufsfunktion „nur" als Hilfsfunktion angesehen wurde und Einkäufer in die strategischen Belange eines Unternehmens nur unvollkommen eingebunden wurden.

Vorbei sind hoffentlich aus IR-Sicht auch die Zeiten, in denen jeder Bereich, insbesondere in den technischen und Marketing-Bereichen, die Einkaufsfunktion quasi als seine Kernkompetenz ansah, da keiner im Unternehmen die Anforderungen an die spezifische Beschaffungsfunktion besser umsetzen konnte als man selbst.

Aber in allen Zeiten galt und gilt noch heute, die Ergebnisrechnung beginnt beim Einkauf, d.h. die erste Abzugsposition auf dem Weg zum Unternehmesergebnis sind die Beschaffungskosten.

In der Automobilindustrie verantworten Einkäufer heute bis zu 80% des Umsatzes, d.h. bei einigen Herstellern werden kostenmäßig „nur" 20% des Umsatzes selbst verursacht oder „wertgeschöpft". Im Handel werden ebenfalls 50–90% des Umsatzes über den Einkauf abgewickelt.

Die kaufmännische Bedeutung dieser Unternehmensfunktion kann gar nicht genug hervorgehoben werden. Jedoch kommen gerade in Verhandlungssituationen Menschenkenntnis, daraus abgeleitetes Verhandlungsgeschick, und eine eher robuste Persönlichkeit, die „die leidvollen Lieferantengeschichten mit der richtigen „Waffe", nämlich dem Tempotaschentuch" begegnen kann, auch erfahrenen Praktikern sehr entgegen.

Hinzu kommt je nach Unternehmen eine intime Kenntnis des Produktionsprozesses, insbesondere des Geschäftsmodells hinzu, wie und auf welchen Wertschöpfungsstufen man Geld verdienen möchte. Technische Kenntnisse und im Handel Marketing-/Kundenkenntnisse sind weiter hilfreich. Wirtschaftsingenieure finden im

Einkauf gerade in den Produktionsunternehmen zusätzlich zum Vertrieb gerade im Einkauf ein gutes Betätigungsfeld.

Da die Beschaffungsmärkte heute globalisiert und mit dem Internet verbunden sind, sind Fremdsprachenkenntnisse und IT-Kenntnisse (SCM, ERP) meist unabdingbar.

Teil eines jeden unternehmerischen Geschäftsmodells ist die „Make or Buy"-Entscheidung, d.h. die Entscheidung, ob

- Outsourcing (Verkürzung der Wertschöpfungsprozesse),
- Cosourcing oder
- Insourcing (Vertikale Verlängerung der untrenehmenseigenen Wertschöpfung)

strategische Antworten auf mögliche Ergebnisprobleme sein können.

Hier kann der (strategisch denkende) Einkäufer zum Berater der Unternehmensleitung werden, da sonst keiner die externen Einflussfaktoren der unternehmerischen Wertschöpfung so beherrscht.

Das Standard-Geschäft der Beschaffungslogistik (z.B. Incoterms), die unterschiedlichen Einkaufsverfahren wie

- Freihändige Vergabe,
- öffentliche/EU-weite Ausschreibung,
- Beauty Contest-Werbeagentur,
- Internetauktionen und Versteigerungen,
- Rahmen- und Abrufaufträge, „Katalog"-Verfahren für C-Güter

sind abrundend weiter zu erwähnen.

Last, but not least ist die Charakterstärke, eine innere Unabhängigkeit und die Integrität der Persönlichkeit immens wichtig, in der Praxis meist unterschätzter Anforderungstatbestand. Denn durch keine andere Funktion, den Finanzbereich ausgenommen, für den im Übrigen Ähnliches gelten sollte, fließen so große Geldströme wie durch die Beschaffungsfunktion. Ähnlich wie der Vertriebler hat auch ein guter Einkäufer sein Ohr im Markt und entzieht sich standhaft allen, ach so gut gemeinten Verführungen der Lieferantenseite wie Kreuzfahrten, Teilnahme an Welt-Events in VIP-Lounges etc.

Nicht umsonst umfasste Ende der 1990er Jahre eine IBM-Compliance-Vorschrift für den Einkauf nicht weniger als 200 Seiten, deren jährliche Entsprechung im Verhalten und seiner Kenntnishnahme er durch seine Unterschrift dokumentierte[427].

11.1.4 Der Beschaffungsprozess

Worum geht es wirtschaftlich beim Einkauf oder moderner beim Sourcing? Der Einkäufer will seinem Unternehmen immer günstigere Preise zeigen, sei es, um in Industrieunternehmen durch günstige Rohstoffkosten die Produktionskosten zu senken, sei es, um in Handelunternehmen Luft für angemessene Margen (= Kalkulationsaufschläge) für die Verkaufsprodukte zu realisieren.

427 Den Integritätsgedanken kann man heute noch auf www.ibm.com/investor_relations/corporate_govenance nachlesen.

Der Verkäufer wiederum lockt mit günstigen Rabatten, verbesserten Finanzierungsbedingungen und Produktinnovationen, um nach vorheriger Erhöhung seines Fabrikabgabepreises trotzdem wieder auskömmliche Renditen für sein Unternehmen zu realisieren.

Schauen wir uns einmal den Beschaffungsvorgang in seinen Komponenten der einzelnen Prozessschritte an. Effektiv bedeutet, dass die Zieladäquatheit der Entscheidung beurteilt und Effizienz, dass der wirtschaftliche Weg zum Ziel beurteilt wird.

In einem ersten Schritt wird von der Fachseite in einer Leistungsbeschreibung festgelegt, was eingekauft werden soll. Wichtig ist hier zu unterscheiden in die Fachseite, die den Bedarf hat und die Leistungsbeschreibung entwirft und die Einkaufseite, die auf dem externen Markt anhand der Leistungsbeschreibung dann die Dienstleistung oder das Produkt beschafft.

In der Leistungsbeschreibung wird Menge, Qualität, Struktur, Geometrik und Massen, Gwichte/Maße der einzelnen Komponenten, technische Anforderungen, Liefertermin, maximaler Preis u. v. a. m. von der Fachseite festgelegt.

Bei der Menge hat die Fachseite im Idealfall, wenn es sich um Vorleistungen für die Produktion handelt, schon die Abnahme der Produktionsmenge durch den Vertrieb in Form von Kundenaufträgen oder in Unternehmen ohne Auftragsbestand durch angepasste Marketingpläne vorliegen.

Die gewünschte Qualität mit Struktur und Metrik der Einzelkomponenten und möglicher zusätzlicher technischer Anforderungen ergibt sich aus den eigenen Produkt- und Serviceanforderungen. Dieses Thema kann sehr einfach zu handhaben sein, wenn die zu beschaffenden Güter sich an (Weltmarkt)-Standards orientieren. Je mehr das Unternehmen auf den einzelnen Kundenwunsch Rücksicht nimmt (Einzelfertigung: Maschinen- und Werkzeugbau, Projektgeschäft: Software, Anlagenbau, Werbung, Beratung), desto komplexer wird die Vergabebeschreibung.

Der Liefertermin kann sich im optimalen Fall als Rückrechnung der Kundenaufträge ergeben, wenn nämlich ein Auftragsbestand vorliegt. Im anderen Fall errechnet er sich aus den angepassten und aktualisierten Marketingplänen, die wiederum in Produktionspläne umgesetzt sind.

Diese Thematik ist ausführlicher in Kapitel 7. Operational Planning dargestellt.

Der gewünschte Einkaufs-Preis ergibt sich durch die geforderte und mit der Unternehmensleitung vereinbarten Marge oder dem Gewinnziel.

Wichtig ist hier bei Importen, dass die Wechselkursrisiken nicht auf den Einkaufspreis durchschlagen, sondern durch Devisentermingeschäfte abgesichert werden. Ergeben sich Wechselkurschancen für das Unternehmen, sollten diese Chancen (und auch Risiken) entsprechend der Kernkompetenzen in einem Unternehmen nicht vom Einkaufs-, sondern vom Finanzbereich wahrgenommen werden. Die operativen Bereiche machen somit ihr Geschäft mit ihren Produkten und Vorleistungen, der Finanzbereich sichert ab oder nimmt entsprechend der Unternehmenspolitik Opportunities wahr.

Bei margenorientierten Unternehmen und Unternehmen, die standarisierte Produkte verkaufen, ist der Einkaufspreis nicht fix, sondern wird durch die Beschaffungs- und Absatzmärkte festgelegt. Die Marge ergibt sich als Verkaufspreis minus Produktions- und Einkaufskosten. Erlaubt der Markt keine auskömmliche Marge, die einen Gewinnaufschlag auf die Produktionskosten beinhaltet, ja die noch nicht einmal die Produktionskosten deckt, muss eine Einkaufsentscheidung auf Unternehmensleitungsebene getroffen werden. Hierbei sind die Deckungsbeiträge auf die Fixkosten, die Wettbewerbssituation, die zukünftige Preisentwicklung der Beschaffungs- und Absatzmärkte zu berücksichtigen.

Im Projektgeschäft können sich trotz bester Planung Unwägbarkeiten ergeben, die sich in erhöhten Lieferantenforderungen (Nachträge) niederschlagen könnten. Ob diese berechtigt sind, durch das eigene Unternehmen als Auftraggeber durch Zusatzwünsche, die über die ursprüngliche vereinbarte Leistungsbeschreibung/Pflichtenheft hinausgehen, oder durch Force Majeur verursacht wurden, ist im Einzelfall zu prüfen.

Alle unklaren Preisänderungen schlagen sich meistens in der Marge des Geschäftsfelds nieder und sind als Soll-Ist-Abweichungen in den Controlling-Berichten erkennbar. Sie sind häufig ein lohneswerter Ansatz für die IR, nicht um „Fingerpointing" zu betreiben, sondern zu erkennen, wie robust das Risikomanagements des Geschäftsbereichs auf Sonderfälle eingestellt ist und welche „Lessons learnt" sich ergaben.

Der Einkauf hat nun verschiedene Möglichkeiten, die gewünschte Dienstleistung oder das Produkt auf dem externen Markt zu beschaffen:

- Öffentliche Ausschreibung EU-weit[428]
- Freihändige Vergabe
- Vergabe nach Beauty Contest
- Internet-Versteigerung
- Abforderung der Menge aus einem vorher ausgehandelten Jahresrahmenkontrakt
- Bestellung ohne Wettbewerb beim Lieferanten, bei dem schon im Vorjahr bestellt worden ist
- Beschaffung über die Börse/Welthandelsplätze

Bei der öffentlichen Ausschreibung (Pflicht für staatliche Bedarfsträger) ist die höchste Transparenz für den Auftrag gegeben, da die Vergabemöglichkeit in den örtlichen Medien bzw. im Internet für jeden sichtbar ist. Ab bestimmten Beträgen sind die öffentlichen Bedarfsträger zudem an eine EU-weite Ausschreibung gebunden. Weiter ist bei einer öffentlichen Vergabe der Entscheidungsprozesse des Bedarfsträgers relativ weit gediehen, Genehmigungen und Budget sind meist vorhanden und die geforderte Leistung ist detailliert beschrieben.

428 Diese Ausschreibungsart gilt für öffentliche Bedarfsträger ab bestimmten Schwellenwerten, die jährlich neu festgelegt werden. Es kann hier unterschieden werden in „normale Leistungen (VOL), Bauleistungen (VOB) und freiberufliche Leistungen (VOF). Für Bauleistungen liegt in 2014 der Schwellenwert bei knapp 5,2 Mio. EUR, für Dienstleistungen bei gut 207 TEUR.

Bei der freihändigen Vergabe sind die internen Prozesse eines Unternehmens meist auch abgeschlossen, jedoch kann nicht jeder mit anbieten, sondern nur diejenigen Unternehmen, die vom Bedarfsträger dazu ausdrücklich aufgefordert wurden. Der Vorteil eines kürzeren Vergabeprozesses stehen die Nachteile gegenüber, dass nicht der gesamte Markt gefragt wurde und so vollkommen neue Lösungstechniken und auch das aktuelle Preisniveau möglicherweise nicht entdeckt werden können.

Der Beauty Contest kommt ursprünglich aus der Werbung. Ähnlich wie bei der freihändigen Vergabe wird auch im hier eine Vorauswahl getroffen. Jedoch wird der Auftrag nur grob umrissen und vom Lösungsanbieter ein detaillierter Vorschlag in einer mündlichen Präsentation erwartet. Entscheidend sind hier mehr qualitative Kriterien wie Kompetenzausstrahlung, Kreativität und Professionalität in der Methodenwahl als der Preis. Da ein solches Verfahren für die Lieferanten sehr aufwendig ist und die Zuschlagswahrscheinlichkeit unter 20 % liegen kann, schrecken einige Anbieter davor zurück mit zu bieten. Für ein Unternehmen ergibt sich aus den verschiedenen Präsentationen meist ein sehr gutes Bild des Lösungsraums. Auf der anderen Seite können die aus den Beauty-Contests entstehenden Leistungskataloge eher auf das Bedürfnis des Dienstleisters als auf das des Kundenunternehmens zugeschnitten sein.

Für komplexe Fragestellungen in der Unternehmensberatung oder Marketing/Werbung, teiweise auch im Architektenwettbewerb ist der Beauty Contest eine häufig benutzte Vergabeform. Im Bereich Marketing ist es deshalb schon lange Standard, im zwei- bis dreijährigem Abstand sog. Beauty Contests der Werbeagenturen durchzuführen, die inzwischen auch beim Outsourcing der IT oder Teilen davon Standard sind.

Die Internetversteigerung bietet sich bei überschaubaren und gut kalkulierbaren Leistungen im C-, manchmal auch im B-Güterbereich an[429]. Hier können mitunter sehr gute Preise erzielt werden, da gerade bei Handwerksleistungen (Facility Management) Lieferanten z. B. im Europavergleich unterschiedliche Kostenstrukturen aufweisen können. Um daran teilnehmen zu dürfen, verlangen einige Unternehmen eine vorherige Registrierung, um die Leistungsfähigkeit des Lieferanten überprüfen zu können.

Bei Beschaffung über die Rohwarenbörsen sind Spezifikation der Ware, Menge und Liefermodalitäten vollständig transparent. Theoretisch entscheidet sich der Preis nach Angebot und Nachfrage. Da jedoch die Rohwarenmärkte sowohl kassamäßig als auch terminlich aufgestellt sind und die Preise meist in $ (Nahrungsmittel) oder Dollar/Pfund (Metalle, Erze, Kohle), kommen die Devisenkassa- und Terminmärkte als Faktor hinzu. Über die Terminmärkte werden dann Zukunftserwartungen an das mögliche Angebot und Zins- und Währungsentwicklungen mit gehandelt. Deshalb sollte dieses Thema zusammen mit Spezialisten aus dem Finanzbereich abgewickelt werden.

429 Gutes Beispiel für die Wert- oder ABC-Analyse. Basis sind hier Menge und Werte der einzelnen Güter im Unternehmen. Hohe Werte und geringe Mengen sind A, mittlere Mengen und Preise B, niedrige Preise und hohe Mengen C.

Im Abschnitt 9.2.4: Beschaffungsbedarf: Rohware und Werkstücke ist der Bezug über die Börse etwas detaillierter beschrieben.

Wenn es sich um Vorleistungen, die bestimmte Spezifikationen eines neuen Fertigprodukts erfüllen müssen, handelt, werden die Lieferanten meist schon im Vorwege, in der Produktentwicklungsphase mit eingebunden[430]. Diesen Vorteil haben sich die Lieferanten durch jahrelange zuverlässige Leistungen als Stammlieferanten des Unternehmens erarbeitet. Diese Vertrauensstellung verpflichtet sie auf der anderen Seite auch zu Preiszugeständnissen, die sie jedes Jahr durch interne Rationalisierungsschritte wieder „verdienen“ müssen. Außerdem sind sie als Komponentenlieferanten ihres Kunden auf Gedeih und Verderb vom Absatzerfolg des Endprodukts abhängig.

Im Rahmen der hier zu führenden Compliance-Diskussion ist die jahrelange Symbiose zwischen Lieferant und Kunde, seine Alleinstellung, Vergabe ohne Wettbewerb und seine Einflussnahme auf die Entwicklungsfähigkeit seiner Komponenten im Endprodukt kritisch zu hinterfragen.

Auf der anderen Seite ist ein jährlich sinkender Preis der Komponenten ein guter Indikator dafür, ob noch Raum für versteckte Zahlungen (Kick-backs) bleibt oder nicht. Kommen Compliance-Verpflichtungen hinzu, die der Kunde in das Rahmenabkommen hineinformuliert hat (Corporate Social Responsibility), so ist das Risiko für den Lieferanten, bei Verstoß ausgelistet zu werden, sehr hoch. Er wird dann mit Hinweis auf die jährlich sinkenden Stückpreise Wünsche nach versteckten Zahlungen (Kickbacks) abwehren bzw. auf die Compliance-Vorschriften des Kundenunternehmens verweisen können.

Auf der anderen Seite ist seitens des Compliance-Verantwortlichen im Kundenunternehmen diese Lieferanten-Kunden-Beziehung jährlich aufs Neue zu hinterfragen,

- ob es nicht doch Weltmarktstandards gibt, die von anderen Lieferanten eingehalten werden können,
- ob nicht der Einkäufer turnusmäßig wechseln sollte,
- ob gemeinsame private Veranstaltungen unterblieben sind,
- ob die Vorgesetzten mit ihren Einkaufsmitarbeitern mindestens einmal jährlich die besondere Compliance-Vereinbarung des Einkaufs durchgesprochen und mit ihren Unterschriften als verbindlich angesehen haben.

Anders sehen die Einkaufsprozesse aus, wenn die einzukaufenden Leistungen den Unterstützungsprozessen des Unternehmens zuzuordnen sind. Hier ergeben sich für Bau-, ITK[431]-, Werbe- und Beratungsleistungen jeweils Sondersituationen. Bei diesen liegt die Kompetenz meist nicht im Kundenunternehmen, sondern beim Lieferanten. Schon die Leistungsbeschreibung gestaltet sich häufig schwierig, da dem Kunden die

430 SCM: Supply Chain Management umfasst alle Aktivitäten (zumeist IT-gelenkt) eines Unternehmens von Produktion, Einkauf, Logistik mit Qualitätssicherung und Terminkontrolle mit seinen Lieferanten. Einige Industrieunternehmen (Auto) und Handelsunternehmen (Versandhandel) binden ihre Lieferanten schon frühzeitig in die Planung, ja, in die Entwicklung der Endprodukte mit ein.

431 ITK bedeutet Informationstechnologie und Telekommunikation.

Kompetenz fehlen kann, überhaupt einen Leistungskatalog zu erstellen, der dann am Markt ausgeschrieben werden kann.

Werden deshalb für die Erstellung des Leistungskatalogs Dritte eingeschaltet, so ist hier ihr Verhältnis zu potenziellen oder gar später empfohlenen Lieferanten sorgfältig zu erfragen. Sog. unabhängige Berater, Werbeagenturen, Architekten/Bauingenieure oder Software- oder Hardware-Berater sind selten anzutreffen.

Entstehen in einem Unternehmen häufig Bedarfe bei IT, Werbung oder Bau von nennenswertem Umfang, so wäre zu überlegen, Spezialisten aus den Bereichen selbst einzustellen, um Vertriebskompetenz mit Beschaffungskompetenz zu begegnen.

Trotzdem bleiben die Bereiche Bau, Werbung, IT und Beratung für den IR- und Compliance-Verantwortlichen jährliche Tätigkeitsfelder. Dies gilt umso mehr, wenn die Bereiche durch sog. Outsourcing-Verträge längerfristig ans Unternehmen gebunden sind. In diesem Fall sind von den Fachseiten die erbrachten Outsourcing-Leistungen schriftlich zu bestätigen und in Stichproben zu hinterfragen.

Die nachstehende Tabelle fast das Beschriebene noch einmal zusammen:

Nr.	Prozessschritt	Effektivität: Was zu tun?	Effizienz: Wie zu Tun?
1.	Interne Bedarfs-anforderung	Abgeleitet aus dem Absatzplan (ERP: Enterprise Ressource Planning) bzw. Produktionsplan (SCM: Supply Chain Management)	Nie wie im Vorjahr, jedes Jahr neu hinterfragen, Bei C-Artikeln über Intranet-Musterkataloge bestellen lassen
2.	Leistungs-beschreibung	Weltmarktstandard versus Customizing diskutieren	Standardisierung der Leistungsbeschreibung
3.	Ausschreibung	Qualitätsmanagement Lieferanten(Scoring-Ansatz), Beauty Contest bei A-Leistungen	Freihändige Vergabe an Stammlieferanten, 1-2- neue Rahmenverträge mit Abrufen bei Standardartikeln, europaweite Ausschreibung bei hohen Werten
4.	Vergabe	Fachliche Spezialisierung des Einkaufs bei A-und B-Artikeln	Nie durch Bedarfsträger, Nie vor Ausschreibung, Global Sourcing durch Bündelung der Bedarfe

Nr.	Prozessschritt	Effektivität: Was zu tun?	Effizienz: Wie zu Tun?
5.	Rechnungsprüfung	Kein grundsätzlicher Verzicht auf Rechnungsprüfung; aber, da keine regulatorische Vorschrift muss sie sich rechnen	Kein Verzicht auf Pönalen wegen Qualitätsmängeln, Fristüberschreitungen, Mengenabweichungen, Skonto-, Konditionenabzug

Abbildung 11-2: Prozessschritte im Beschaffungsprozess

Ein weiteres Spezialthema im Einkauf entsteht bei einer bevorstehenden Outsourcing-Entscheidung von „buy" statt „make". Meist handelt es sich um interne Dienstleistungen, von denen vermutet wird, dass sie von am Markt tätigen Spezialisten effizienter, d.h. kostengünstiger bewältigt werden können.

Sie betreffen die Infrastrukturbereiche Facility Management aber auch Fuhrpark und Cateringservices.

Es ist wichtig, dass im sog. Service Level Agreement (SLA) die geschuldete Qualität möglichst detailliert definiert wird, um nicht nachträglich einen scheinbaren Preisvorteil durch eine Leistungsreduzierung bezahlen zu müssen. Weiter ist wichtig, dass genügend Kompetenz beim outsourcenden Unternehmen verbleibt, um die Leistung des Outsourcers auch beurteilen zu können.

Hilfreich ist auch eine Informationsklausel im Vertrag, die es dem outsourcenden Unternehmen gestattet, auf seine Kosten Prüfungen, z.B. durch die eigene Interne Revision beim Outsourcer durchzuführen. Dies ist z.B. bei Automobilunternehmen und Banken/Versicherungen schon lange Standard.

11.2 Zweckmäßigkeit im Einkauf

Wie schon im vorherigen Abschnitt geschildert, ist die Anzahl der Begehrlichkeiten, den Einkauf in Eigenregie zu organisieren, in vielen Unternehmen sehr hoch. Das volle Ergebnispotenzial erschließt sich zumeist aber dann, wenn man den Einkäufer in seiner Funktion über entsprechende Ziele fordert statt ihn durch Umweglösungen oder tatsächliche Umgehungen zu behindern und zu frustieren. Die IR kann hier auch strategisch durch ihren engen Kontakt zum Vorstand und Aufsichtsrat segensreich wirken, um die Einkaufsfunktion ihrer Bedeutung angemessen zu etablieren. Vielfach bedeutet dieses Eintreten für eine effektive Einkaufsfunktion jedoch ein „Rütteln" am Machtgefüge in einem Unternehmen, da sich Profitcenter-Leiter in ihrem Handlungsspielraum eingeengt fühlen könnten. Hinweise auf die Begriffe Funktionstrennung und Vier-Augen-Prinzip aus dem Aufgabenbereich der Ordnungsmäßigkeit können helfen.

Der Königsweg ist es jedoch, mit anspruchsvollen Zielen wie

- Senkung der Einkaufspreise um x%,
- Reduzierung des Lieferantenstamms um y% bzw.

- Neuausschreibung aller mehr als 3 Jahre unverändert bestehenden Verträge in den nächsten zwei Jahren,
- Reduzierung der Reklamations- und Retourenquote um z%

die Kompetenz der Einkaufsfunktion zu etablieren.

Die nachfolgende Diskussion anhand der 8 Managementprozesse von COSO ERM wird das Thema Zweckmäßigkeit im Einkauf erläutern helfen.

11.2.1 Internes Unternehmensumfeld

Abhängig vom grundsätzlichen Organisationskonzept eines Unternehmens, zentral/dezentral/regional/nach Geschäftsfelder/nach Firmen muss die Einkaufsfunktion etabliert werden, am besten unter dem Finanzvorstand mit Durchgriffsrechten in die Linien.

Es gilt, je dezentraler die Unternehmessteuerung aufgebaut ist, desto schwieriger wird die Etablierung einer zentralen Einkaufsfunktion. Denn Profitcenter möchten gerne ihre Ergebnisverantwortung auch mit einer entsprechenden Einkaufskompetenz untermauern.

In allen Organisationsstrukturen lassen sich prinziell diese Durchgriffsrechte am besten mit dem Lead Buyer Konzept festmachen. Jedoch ist es in einer gelebten Matrix einfacher, zentrale und geschäftsfeldtypische Verantwortung aus zu tarieren. Ist die Holding keine Managementholding, wird auch schwer begründbar sein, warum gerade die Einkaufsfunktion nicht in den Geschäftsfeldern verankert wird.

In allen Fällen, in denen in mehr als einer Gruppierung (Firma, Bereich, Funktion, Land) auf denselben Lieferanten zugegriffen wird, bietet sich eine Zentralisierung, zumindest aber eine Zentralvorgabe in Form eines Rahmenabkommens an. Der Zentralbonus kann dann nach Umsatz oder einem anderen Kriterium, z. B., welche Gruppe bei dem in Rede stehenden Lieferanten bisher den höchsten Nachlass erzielt hat, verteilt werden. Lieferanten räumen solche Boni meist mit der Bedingung einer Zentralregulierung ein. Ein Unternehmen sollte hierzu dann seine „Hausaufgaben" schon gemacht haben wie

- Zusammenfassung aller im Konzern vorhandenen Lieferantennamen und Nummern, die zu ein und derselben Lieferantengruppe gehören, unter einer Zentralnummer,
- Bereinigung von Dubletten (Gleiche Firma der Lieferantengruppe in unterschiedlichen Materialwirtschaftssystemen),
- Trennung von Liefer- und Rechnungsanschriften,
- Transparenz in den Kopfkonditionen (unabhängig von der bestellten Artikeln und Mengen) wie Boni, Skonti, WKZ (Werbekostenzuschüsse) etc.,
- Einbeziehung aller bisherigen Geschäftspartner und Einkaufspersonen des Unternehmens

u. v. a. m.

Zum Leadbuyerkonzept gehören aber vor allem die Lieferantenauswahl und viele Gespräche mit den internen Bedarfsträgern, um eine Standardisierung der zu beziehenden Produkte, aber zumindestens des Beschaffungsprozesses an der Marktkante zum Lieferanten durchzusetzen.

Der ThyssenKrupp-Konzern will in den nächsten Jahren aus der Umsetzung eines Leadbuyer-Konzepts ca. 500 Millionen EUR sparen![432]

Denn die Uniqueness, d.h. die Einzigartigkeit des Produkts, läuft in vielen Fällen einer Standardisierung entgegen. Diese Uniqueness sollte der interne Bedarfsträger am besten über quantitative, nachvollziehbare Vorteile für das eigene Unternehmen begründen können, weil andernfalls der Weltmarktstandard für den internen Bedarfszweck günstiger zu beschaffen sein wird.

Weiter gehören am Ende des internen Verhandlungsprozesses zum Leadbuyer-Konzept dann die Definition aller Warengruppen, die zentral oder mit Rahmenvertrag zu beschaffen sind, die Besetzung der zentralen Einkaufpositionen[433] mit adäquaten, dem Funktionsprofil weitgehend entsprechenden Zentraleinkäufern, und eine elegante SCM-Lösung verbunden mit einer ERP-Lösung hinzu.

Die reine Dispositionsfunktion, d.h. die konkreten Abrufe aus dem Rahmenvertrag, sollte weiterhin wegen der engen Anbindung, lokal bleiben. Ob noch konkrete Preisverhandlungen oder nur reine Mengen- und Terminabsprachen lokal bleiben, hängt vom Unternehmenskonzept und den Marktgegebenheiten ab. Hat der Lieferant eine dezentrale oder regionale Vertriebsstruktur, so ist aus Konditionssicht ein Unternehmen gut beraten, diese regionalen Budgets auch dem Unternehmen nutzbar zu machen. In diesem Falle sollten auch auf dezentraler Ebene Preis- und Konditionenverhandlungen möglich sein.

Von einem großen Handelsunternehmen ist bekannt, dass es von seinen Kunden verlangte, die Vertriebsorganisation zugunsten zusätzlicher Rabatte aufzulösen[434]. Denn es wollte keine regionalen Absprachen.

Von einer anderen Firma ist bekannt, dass die Zentrale die dezentralen Profitcenter aufforderte, mit allen Lieferanten dezentrale Absprachen zu treffen. Denn hier wurde die dezentrale Profitverantwortung ernst genommen. Vorteil für den Lieferanten war, dass die zum Teil sehr hohen Rabatte nur eine kleine Bestellmenge betrafen. Jedoch etablierte sich sehr schnell ein Netzwerk, das die Kollegen des Netzwerks auf dem aktuellen Konditionsstand hielt. Mit einem Chief Buyer Konzept wären vielleicht bessere Preise durchsetzbar gewesen, die Sortimentsverantwortung hätte dann aber zulasten regionaler Besonderheiten auch zentralisiert werden müssen.

Ein Königsweg ist nicht vorhanden, wichtig ist nur, dass der jeweilige Weg konsequent gelebt wird

432 Thyssen-Krupp will beim Einkauf eine halbe Milliarde sparen Deutsche Mittelstands Nachrichten; Veröffentlicht: 23.8.14, 13:34.

433 Zentral heißt nicht unbedingt am gleichen Ort, sondern Federführung bei der entsprechenden Warengruppe. Der, der das höchste Volumen bisher mit den Lieferanten realisiert hat, kann durchaus als neuer Leadbuyer für die anderen mit einkaufen.

434 Nicht bekannt ist, ob sich das Unternehmen mit diesem Ansinnen durchsetzen konnte. Es darf jedoch davon ausgegangen werden, dass sich die Einkaufskonditionen verbessert haben.

11.2.2 Zielsetzungen im Einkauf

Die Zielsetzungen der Einkaufsfunktion hängen direkt von den strategischen Zielsetzungen des Unternehmens ab. Offensichtlich macht es keinen Sinn, den letzten Prozent-Satz Rabatt mit seinen Lieferanten zu verhandeln, wenn eine überragende Produktqualität der Markenkern des Unternehmens ist.

Die vielen Rückrufaktionen im Automobilsektor in 2014 belegen, dass die Realisierung bester Einkaufspreise verbunden mit herausragender Qualität offensichtlich dem Einkauf nicht bei allen 10.000 Teilen eines Autos gelungen ist.

Wichtig bei der Festlegung der Einkaufsziele ist es auch, die TCO (Total Cost of Ownership) zu beachten, also zusätzlich zum Preis das Lieferantenausfallrisiko, die Logistikkosten, die Retouren- und Reklamationsquote (z. B. Six Sigma o. ä) mit ein zu rechnen. Weiter ist es wichtig, die Risiken aus der Einkaufsfunktion in den Zielen adäquat abzubilden.

Auch geforderte Flexibilitäten aus der Absatzmarktsicht sollten in die Einkaufsfunktion übertragen werden. Bei unsicherer Absatzlage kann es sinnvoll sein, Optionsverträge auf der Lieferantenseite abzuschließen. In Einkaufsverträge können Korridore eingebaut werden, sowohl in Mengen- wie auch in Preiskomponenten, um auf Absatzschwankungen reagieren zu können. So können z. B. bei unerwarteten Blockbuster-Produkten die Komponentenhersteller bei schneller Lieferung höhere Einkaufspreise in Rechnung stellen und auf Abnahme bestimmter Mengen kostenlos verzichten, wenn die Absatzprodukte schlecht laufen.

Bei langen Transportwegen kann die Kontrahierung europäischer Lieferanten zu höheren Preisen sinnvoll sein, um Lieferausfälle kompensieren zu können. Bei hochmargigen Saisonartikeln mag es im Einzelfall angebracht sein, statt Schiff/LKW das Flugzeug als Transportmittel zu wählen.

Für alle diese Risiken und strategisch relevanten Ziele sind quantitative, messbare Zielgrößen festzulegen und zu monitoren.

Die Grafik zeigt dies in den 4 Quadranten der Balanced Scorecard beispielhaft:

Finanzen Verbesserung der Einkaufspreise um x %	**Prozessqualität** Reduzierung des Lieferantenstamms um c % Einführung einer digitalen Rechnungskontrolle
Kunden Reduzierung der Lieferausfälle auf y % Reduzierung der Verspätungen um z % Reduzierung der Reklamationen um a %	**Innovation** Aufbau von b % neuer Stammlieferanten Abbau eines Klumpenrisikos bei einem Monopolisten durch Entwicklung eines neuen Lösungsschemas durch andere Lieferanten

Abbildung 11-3: Balanced Scorecard im Einkauf

11.2.3 Ereignisinventur

Eine Vielzahl von Ereignissen kann den Einkauf betreffen. Denn ein hoher Anteil des Geschäftsvolumens der meisten Unternehmen wird zugekauft.

In Zeiten von Just-in-Sequence können schon kleinere Lieferverzögerungen und Lieferausfälle zu großen Produktionsstillständen führen. So sinnvoll aus Effizienzgründen auch die Konzentration auf Stammlieferanten ist, fällt einer durch Force Majeur Ereignisse (Flut, Sturm, Erdbeben etc.) aus, so ist dann die Not groß, einen Ersatzlieferanten zu finden, wenn nicht in der Prophylaxe zweigleisig gefahren wurde.

Zu den unliebsamen Ereignissen im Einkaufsbereich gehören auch Verzögerungen in der Logistikkette, vom seltenen Untergang der Ladung zur verspäteten Anlandung und Verzögerungen in der Zollabfertigung. Eingebaute Zeitpuffer sind zwar auf den ersten Blick teuer, können sich aber gerade bei Lieferungen aus Fernost als heilsam erweisen. Alternativ ist der Aufbau von Ersatzlieferanten im europäischen Ausland zu sehen, die zwar dann kleinere Mengen zu etwas höheren Preisen, aber durch die schnelle Anbindung an das europäische Infrastrukturnetz zuverlässiger liefern können.

Ein weitaus größeres Schadenereignis stellen Qualitätsmängel dar, insbesondere, wenn eine komplette Lieferung davon betroffen ist. Zwar sollte dieser Fall durch die weltweit einheitlichen ISO-Normen, z.B. ISO 9001:2008, die Qualitätssicherungsprogramme Six Sigma, EFQM; SPICE etc. ausgeschlossen sein. Denn nur produzierte Qualität sollte das Werk des Lieferanten verlassen, da Nachbesserungen teuer, aufwendig und zeitraubend sind, wenn sie überhaupt machbar sind. In der Presse liest man zurzeit aber häufig von den Rückrufaktionen der Automobilhersteller, von denen selbst Premiumhersteller nicht verschont bleiben. Bleiben nämlich die Qualitätsmängel beim Hersteller des Endprodukts unbemerkt, so entstehen weitere Kosten, wenn es erst der Kunde bemerkt. Retouren, Gutschriften, Prozesskosten, Kundenverlust und Reputationsverluste sind dann als Folgewirkungen zu verkraften.

Für eine IR bietet sich in solche Fälle an, nicht „Fingerpointing" zu betreiben, sondern mit den betroffenen Bereichen eine „Lessons Learnt"-Erfahrungskurve aufzubauen, um trotz vorhandener Dokumentationen und Beschreibungen im SOLL den, das Ereignis auslösenden Fehler im IST, zu finden. Im Anschluss können dann umsetzbare Prozesse definiert werden, die pragmatisch („Am Handeln orientiert") designt und dann auch gelebt werden können[435].

Zu „Lessons Learnt" gehören auch Verträge, die insbesondere bei Großprojekten nicht vorsichtig und vorausschauend genug abgefasst werden können. Pönalen und Einbehalte sind sicher taugliche Instrumente, um Terminverzögerungen bzw. versteckte Mängel als wirtschaftliche Risiken zu reduzieren. Tatsächlich entscheidend sind jedoch Manager, die ihr Geschäft verstehen und Marktprobleme und -chancen schon vor dem Eintritt des Ereignisses identifizieren zu können.

435 Siehe hierzu Band 1: Grundlagen der Internen Revision.

So können Bandbreiten-Vertrags-Preise (Matrix-Verträge), die erst zum Liefertermin oder auch zum Produktionsbeginn über Menge/Kapazität (Optionsverträge, Percentage of Use, Software as a service: SaaS) bzw. Preis entscheiden, eine Lösung darstellen. Diese Lösung wird aufgrund der gewonnenen Flexibilität etwas teurer als feste Mengen und Festpreise sein. Sie zahlt sich aber dann aus, wenn wegen der Unsicherheit auf der Kundenseite geringere Bedarfe benötigt werden. Schon im Einkauf werden so hohe Lagerbestände (Kapitalbindungszinsen) und Abschriften vermieden.

Insgesamt gehören klare Beschreibungen dessen, was man erwartet, in die Verträge. Hier ist jedoch nicht so sehr der Einkäufer als der Bedarfsträger im Unternehmen gefordert, die interne Leistungsbeschreibung, das Pflichtenheft, die interne Bedarfsanforderung adäquat zu gestalten. Adäquat heißt aber auch bei komplexen Produkten, dem Einkauf die Möglichkeit zur Ausschreibung zu geben und nicht so individuell zu beschreiben, dass nur ein einziger Lieferant weltweit die Spezifikation einhalten kann.

Patentverletzungen können Kunden sehr teuer zu stehen kommen, wenn ein Dritter Zugang zu den geschützen Daten erhält bzw. diese ohne Bezahlung der Fees für seine eigene Produktion einsetzt. Überlässt man die Produktion seiner Güter Dritten, also Lieferanten, so sollten detaillierte Verträge den Umgang mit Betriebs- und Geschäftsgeheimnissen regeln. Denn das Prinzip des ehrbaren Kaufmannes scheint selbst dann und wann in Deutschland unter die Räder gekommen zu sein[436].

Letztlich gehören in die Verträge die Verpflichtung des Lieferanten auf Einhaltung der gesetzlichen Normen und die Option, die Einhaltung kundenseitig überprüfen zu können. Dass ausländische Gesetze lascher und lückenbehafteter als inländische sind bzw. gänzlich fehlen, darf jedoch auch nicht dazu verleiten, nur auf die Einhaltung der ausländischen zu dringen. In einer vernetzten Welt wird schnell bekannt, wie ein Unternehmen bei seinen Lieferanten fertigen lässt und Reputationsrisiken treffen das bestellende Kundenunternehmen. Besser fahren Unternehmen, die aus ihrem eigenen Mission Statement die Good Practices für ihr wirtschaftliches Handeln entwickeln, die dann auch für ihre Lieferanten gelten.

Fremdwährungsrisiken und die Volatilität von Einkaufspreisen sind unter 9.2.4 Beschaffung Rohware und Werkstücke abgehandelt.

11.2.4 Risikoeinschätzung

Eine systematische Lieferantenbeurteilung hilft, zukünftige Risikoszenarien besser einordnen zu können. Langjährige Beziehungen bilden einen Vertrauensvorschuss, der hilft die Beziehung auch in Stressituationen (Auftragsstornos wegen Marktschwächen; Sonderaufträge wegen überraschend guter Nachfrage) zu stabilisieren.

436 Lt. Börsenzeitung vom 9.8. 2014 nehmen Ausspähungen von Betriebsgeheimnissen und das Aufkommen von Nachahmer-Produkte, z. T. von excellenter Qualität, im Maschinen- und Werkzeugbau zu. Nach China sind es an zweiter Stelle in Deutschland deutsche „Adressen", die Betriebsgeheimnisse ausforschen. Dem ITK-Schutz kommt somit eine überragende Bedeutung zu, insbesondere im Mittelstand.

Wer in schwierigen Marktsituationen nicht zu seinen Verträgen steht und Aufträge einseitig storniert, sollte in Verkäufermarktsituationen kein Entgegenkommen bei Preis und Menge erwarten.

Wer ein Klumpenrisiko eingeht und nur auf wenige Stammlieferanten setzt und zudem ihre gesamte Produktion aufkauft, sollte sich bei fehlender Ordererteilung nicht über ein hohes Insolvenzrisiko des Lieferanten wundern. Die günstigen Preise der Vergangenheit können so schnell dann in ein veritables Beschaffungsrisiko umschlagen, wenn die Marktlage wieder Ordervolumina zulassen würde, die günstigen Beschaffungsquellen aber inzwischen versiegt sind.

Wer hingegen auf faire Partnerschaft setzt, wird sich in Krisenzeiten über die vielfältigen Lösungsvorschläge[437] seiner Lieferanten wundern, die gemeinsam umgesetzt dann die Krise bewältigen hilft.

Ein hohes Beschaffungsrisiko kann weiter entstehen, wenn Wettbewerber den eigenen Stammlieferanten nur deshalb mit Aufträgen versehen wollen, um knappe Kapazitäten in einem Verkäufermarkt zu ihren Gunsten zu blocken. Schnell können hierdurch Probleme beim eigenen Unternehmen entstehen, die benötigte Ware zu erhalten bzw. zu wesentlich teureren Preisen einkaufen zu müssen. Auch hier kann eine systematische Markt- und Lieferantenanalyse vor Überraschungen schützen.

Die nachfolgende Tabelle enthält einige wesentliche Bestandteile einer Lieferanten- beurteilung. Grafisch gibt es Scoringmodelle, qualitative Netzdarstellungen des Kompetenzprofils im Wettbewerbsvergleich, Clusteranalysen professioneller Marktbeobachter (z.B. Gartner bei IT-Leistungen) u.v.a.m. Letztlich spiegeln die eigenen Unternehmensdaten, wenn sie professionell aufbereitet sind, am besten die eigene Lieferantensituation wider.

Thema	Messkriterium	Mögliche Maßnahmen
Qualitätseinschätzung	1. Anzahl Mängel im Wareneingang 2. Anzahl Kundenreklamationen 3. Nachbesserungsaufwand zum Auftragsvolumen	1. Prophylaxe durch Zertifizierung vor Auftragserteilung, z. B. KVP u. ä. 2. Teilnahme des Lieferantenpersonals an regelmäßigen Schulungsmaßnahmen 3. Sicherheitseinbehalt
Lieferpünktlichkeit	1. Anzahl der verspäteten Anlieferungen 2. Anzahl der Lieferstorni zum Auftragsvolumen	1. Logistik vom Produktionsort in Eigenregie 2. Systemeinbindung SCM inkl. Vorstufen

437 Lieferanten kennen ihren Kunden und damit den Markt meist sehr genau und können so z. B. Hinweise geben, wie sie bessere Economies of Scale erzielen können, so dass sie günstigere Preise anbieten können, ohne dass die Funktionalität darunter leiden würde, siehe Automobilindustrie.

Thema	Messkriterium	Mögliche Maßnahmen
		3. Ersatzlieferanten prophylaktisch beauftragen (10–20 % der Gesamtordermenge) 4. Pönalen
Produktions-kapazität	Outputmenge p.a.	1. Kontrollierter Sublieferanten-aufbau 2. Mehrjähriger Rahmenvertrag
Preiswürdig-keit	1. Netto/Nettopreise versus Rabatte und Skonti 2. Rangliste Bieter 3. Abstand von selbst errechneten TCO (Total Cost of Ownership) 4. Alternative Lösungsangebote	1. Errechnung TCO (Total Cost of Ownership) 2. Grundsätzliche Boni- und Skontiverträge 3. Errechnung Produktionskosten Lieferanten
Kompetenz	1. Alleinstellungsmerkmal (USP) 2. Stückkostendegressionseffekte 3. „Buy-in" bei schwieriger Markt-situation 4. Entwicklungsbudget/Anzahl Patent-anmeldungen 5. Eigene Ersparnisse in der Produktion durch Kompetenz des Lieferanten 6. Eigenkapitalquote	1. Einbindung in Entwicklungs-projekte 2. Vorfinanzierung Werkzeuge 3. Einbindung in SCM-Systeme
Service	1. Rund-um-Sorglos-Paket (24h a day, 7 days a week) 2. Vor-Ort-Präsenz 3. Schnelligkeit der Mängelabstellung bei Anlagen in Stunden/Tagen	1. Eigenübernahme Service mit Garantieablöse 2. Einbau des Lieferanten in eigenen Vertrieb (Rackjobbing, Verkaufsberatung)

Abbildung 11-4: Lieferantenbeurteilung

11.2.5 Risikomaßnahmen

Auch im Einkaufsprozess gelten die 4 COSO-Kriterien für die unterschiedlichen Maßnahmenpakete, Vermeiden-Überwälzen-Versichern-Selbst Tragen.

Sehr hohe Risiken stellen üblicherweise Großaufträge an Erstlieferanten dar. Der Lieferant mag zwar am Markt etabliert sein, beide Seiten kennen jedoch nicht die genauen Prozessschnittstellen, die auch bei bester Absicht nicht in der von der Praxis benötigten detailierten Form in Verträge umgesetzt werden können. Das Risiko von Missverständen, Anlaufkosten (Lernerfahrungen) ist zu hoch, als das ein Unternehmen ohne Test eine größere Menge bei einem zunächt noch unbekannten Lieferanten bestellen sollte.

Auch bei langjährig bekannten Lieferanten besteht das inhärente Risiko von Lieferproblemen, so dass auch aus verhandlungstechnischer Sicht Zweit- und Drittlieferanten mit Aufträgen betraut werden sollten, um ein Klumpenrisiko zu vermeiden.

Dass liquditätsschwache Lieferanten Probleme bei der Einhaltung von Terminen bekommen können, sollte eigentlich bekannt sein. Trotzdem lassen sich einige Unternehmen von angebotenen „Kampf-Preisen“ verführen, dort Aufträge zu vergeben. Grenzgewinne können sehr hoch sein, das Risiko von Lieferproblemen ist jedoch mindestens ebenso so hoch. Ohne Ersatzlieferanten sollte keine Auftragsvergabe an liquiditätsschwache Lieferanten ausgesprochen werden.

Dass die eigene Entwicklungsabteilung gegen Spionage, Unterwanderung und Geheimnisverrat bestens geschützt werden sollte, ist eigentlich eine Binsenweisheit. Trotzdem bedarf es manchmal erheblicher Anstrengungen im Überzeugungsvermögen, jungen Forschern, die ihre Erkenntnisse bisher mit Kollegen auf der ganzen Welt geteilt hatten, klar zu machen, dass in einem Unternehmen anders vorgegangen werden muss[438]. Umso bitterer kann die Erkenntnis sein, wenn wesentliche Neuerkenntnisse, über eine ausländische Tochtergesellschaft gewonnnen, bei einem Konkurrenten auftauchen. Deshalb sollten Entwicklungsprojekte nur durch vertrauenswürdige Personen und Unternehmen durchgeführt werden. Die Kommunikation ist z. B. über VPN (Virtual Private Network) und Verschlüsselungs-Algorithmen abzusichern.

Die übrigen Themen der Überwälzung, des Versichern und des Selbst Tragens sprechen für sich bzw. sind im vorherigen Abschnitt erläutert worden, so dass hier auf eine Diskussion verzichtet werden kann.

Die nachstehende Abbildung fasst einige Punkte zusammen:

Vermeiden	Versichern
– Großauftrag als Erstauftrag (Qualitäts- und Lieferausfallrisiko) – Entwicklungsleistungen im Importland (Patentrisiko) – Aufträge an Lieferanten ohne Zertifizierung (Qualitätsrisiko) – Keine Alleinstellungslieferanten (Klumpenrisiko) – Aufträge an liquiditätsschwache Lieferanten (Lieferausfallrisiko)	– Betriebsunterbrechungsversicherung – Transport-/Frachtversicherung – D&O-Versicherung
Überwälzen	**Selbst Tragen**
– Optionsaufträge – Pönalen für Terminüberschreutungen – Sicherheitseinbehalt gegen versteckte Mängel – Rücksendung Qualitätsmängel an Lieferanten	– Absichern Asienimport mit Europalieferanten – Währungs- und Rohwarenrisiko mit Futures absichern – Garantieablöseverträge – Eigene Logistik (Importorganisation) einsetzen

Abbildung 11-5: Risikomaßnahmen im Einkauf

438 Hinweis betrifft insbesondere die Pharmabranche.

11.2.6 Interne Kontrollen und Ordnungsmäßigkeitsthemen

Bei allen Kontrollen sollte der Revisor immer im Auge behalten, dass Kontrollen systematisch als Maßnahmen gegen mögliche Risiken gedacht sind und auch immer ein Kontrollziel besitzen[439]. In einem risikolosen Umfeld sind Kontrollen sinnlos, überflüssig und unwirtschaftlich. Dies gilt ebenfalls für sinkende Risikolevel, hier sollte der Kontrollaufwand ebenfalls abgesenkt werden.

Im Folgenden werden die Kontrollen behandelt, die standardmäßig von dem operativ Verantwortlichen im Rahmen seiner Arbeit überprüft werden sollten. Dies entspricht dem Three Lines of Defense Model des IIA, hier dann der Linie 1, operative Kontrollen, die vom Management verantwortet werden.

11.2.6.1 High Level und Low Level Controls im Einkauf

Zu den High-Level-Controls gehören z. B. alle Richtlinien und Verfahrensbeschreibungen, die den Umgang mit den Vermögensgegenständen des Unternehmens regeln. Kontrollziel könnte hier ein möglichst schonender Umgang mit Unternehmensressourcen sein, d. h. preiswerter Einkauf von Gütern und Dienstleistungen. Zusätzlich sind hohe Risiken zu vermeiden bzw. abzusichern.

Weiter gehören zu den High-Level-Controls alle Richtlinien und Verfahrensanweisungen, die sicherstellen, dass alle Mitarbeiter sich im Unternehmen gesetzeskonform und den internen Richtlinien gemäß verhalten:

- Auftragsvergabe nach ethischen (Corporate Social Responsibility) und wirtschaftlichen Grundsätzen,
- die Beachtung der Regelungen zur Abgrenzung von Privatsphäre und Unternehmen wie Reisekosten, Repräsentationskosten,
- Nutzung von Internet und Firmenwagen,
- Teilnahme an Events

u. v. a. m. sind weiter zu benennen.

Nicht zuletzt im Einkauf werden über alle Funktionen hinweg die größten Gefährdungsrisiken bzgl. Korruption gesehen.

Zu Managementkontrollen gehören aber nicht nur einmalige Festlegungen, sondern systematische Reviews und Follow-ups dieser Festlegungen (Monitoring) mit Berichtspflichten sowie Aktionen bei Fehlverhalten (Konsequenzen).

Low-Level-Controls befassen sich mit der praktischen Umsetzung der High-Level-Controls. Eine Kompetenzen (mit Betraggrenzen nach Hierarchielevel)- und Vertreterrichtlinie, die die Verantwortlichkeit auf Managementebene regelt, ist vom Design her High-Level, jedoch in der Umsetzung bis auf Abteilungs- und Gruppenebene dann Low-Level. Alle automatisierten Kontrollen sind Low-Level.

Hinzu gehören u. a. Sperren bzw. Authorisierung für die Anlage von Kreditorenkonten. Automatische, firmenintern formulierte grundsätzliche Skontosätze bzw. lt. Vertrag mit dem Lieferanten ausgehandelte Sätze, die zur automatischen Rechnungs-

439 Siehe hierzu COSO ERM, Control Activities, Kapitel 7, S. 63 ff.

kürzung führen, sind hier zu nennen. Alle Rabatte, die bei Auftragserteilung inkl. der WKZ (Werbekostenzuschüsse) vereinbart wurden, sollten vor der Bezahlung der Rechnung in Abzug gebracht werden. Richtige MWSt.-Sätze, je nach Beschaffungsland, der ordnungsgemäße Ausweis der Einfuhrumsatzsteuer, gesteuert über ein Kennzeichen im Lieferantenstamm, sind in diesem Zusammnahng auch anzuführen wie Kontrollen auf Doppelzahlungen[440].

11.2.6.2 Präventive und aufdeckende Kontrollen

Eine andere Unterscheidung von Kontrollen besteht in den Begriffen von präventiven und aufdeckenden Kontrollen.

Präventive oder vorbeugende Kontrollen verhindern z.B. die missbräuchliche Nutzung von Vermögenswerten eines Unternehmens. Die Sperrung der Zahlungsfreigabe mit Ausnahme des eingegrenzten Personenkreises bzw. die Sperrung der Errichtung von Kreditorennummern gehört in den Bereich der Prophylaxe. Das Risiko von Doppelzahlungen und von Fehlbuchungen zwischen den Kreditorenkonten wird so eingeschränkt. Gleichzeitig wird über die Funktionstrennung die unerlaubte Öffnung des Unternehmens, also die Eröffnung eines Kreditorenkontos, Fingierung eines Wareneingangs mit fingierter Rechnung und Zahlungsausgang, für dolose Handlungen eingeschränkt.

Alle Pflichteingaben bei Errichtung des Lieferantenstamms und bei Auftragseingabe gehören auch zu diesen Kontrollen.

Aufdeckende Kontrollen entlarven im Nachhinein den Missbrauch oder Betrug. Hierzu gehören z.B. Saldenbestätigungen und Inventuren. Saldenbestätigungen sind Dokumente Dritter, mit der die angeschriebene Organisation einem Bankguthaben, einem Forderungsbetrag oder einem Schuldensaldo des Unternehmens zustimmt. Manipulationen im Rechnungswesen eines Unternehmens können damit aufgedeckt werden, wenn diese Bestätigungen an eine Stelle außerhalb des Unternehmens, z.B. die IR zurückgesandt werden.

Inventuren zeigen in Handelsunternehmen, ob die Warenvorräte, die ausgewiesen werden, auch tatsächlich vorhanden sind. Diese Unternehmensbestände können je nach Vertriebsmodell auch bei Dritten lagern, in Zollägern, als Kommisions- oder Konsignationswaren. Fiktive Bestandbuchungen könnten so entdeckt werden. Jedoch können selbst die Inventurbelege gefälscht oder verfälscht werden, so dass sich bei jahresabschlussrelevanten Inventuren meist ein Abschlussprüfer von der Ordnungsmäßigkeit der Vorgehensweisen vor Ort überzeugt. Auch die Interne Revision ist gerade in Handelsunternehmen an diesen Inventuren stark engagiert.

440 Für dieses Themengebiet bestehen auch spezialisierte Dienstleister, die bei einer etwaigen Auflösung der Rechnungskontrollfunktion im Unternehmen die Zahlungen an Lieferanten untersuchen.

11.2.6.3 Prozessimmanente und prozessunabhängige Kontrollen

Ein weiteres Kriterium, ob die eingerichtete Kontrolle schon vom Design her aussagefähige und belastbare Ergebnisse liefern kann, ist der Grad der Unabhängigkeit der Personen, die kontrollieren.

Bei automatisierten Kontrollen geht es um die designkonforme Umsetzung in den Produktionssystemen bzw. autorisierte Genehmigungen, wenn im Unterschied zum Standardablauf „flickschusterliche" Eingriffe, sog. „patche", in ein System erfolgen (prozessimmanent).

Ein gleitender Übergang besteht zur nächsten Ebene, jeglicher organisierten Untergruppe unterhalb der Vorstandsebene in Bereich, Funktion, Prozess oder Projekt.

Das unabhängige Monitoring des Prozesses erfolgt hier meist über die vorgesetzte Stelle, die auch bei der Automatisierung der Kontrolle Design, Implementierung und Änderung veranlasst oder mindestens freigibt (prozessunabhängig). Organisiert über eine Kompetenzenliste mit entsprechenden Handelslimits kommen hier die Grundprinzipien der Internal Control mit Vier-Augen-Prinzip und Funktionstrennung zur Geltung.

Aus Sicht der Unabhängigkeit der Kontrollfunktion gibt hier der Autor der Funktionstrennung gegenüber dem Vier-Augen-Prinzip den Vorzug.

Innerhalb des Beschaffungsprozesses könnte geregelt sein, dass der Chief-Buyer oberhalb bestimmter Größen eines Einkaufsgeschäfts automatisch mit unterschreiben muss. Die zweite Person kann dann der Facheinkäufer (Vier-Augen-Prinzip) oder der Produktionschef (Funktionstrennung) sein, der den Einkauf intern veranlasst hatte.

11.2.6.4 IT-Kontrollen im Einkauf

Die IT hilft im Einkauf, z. B. die Funktionstrennung zwischen Bedarfsträger, Einkäufer und Zahlungsanweisendem zu gewährleisten, über die oben angesprochenen Rollenkonzepte.

Diese definieren auch, ob der Berechtigte Daten ändern oder veranlassen darf („Write/Modify/Delete") oder sich nur Daten ansehen kann („Read").

Wie dieses Rollenkonzept tatsächlich im Unternehmen ausgestaltet ist, lässt sich mit automatisierten Prüfverfahren analysieren, die eine fachkundige Interne Revision oder entsprechende darauf spezialisierte Firmen relativ schnell anwenden können[441].

Checks von Kreditoren-Sammelkonten (Pro Diverse), wenig bebuchte Konten ohne Löschung und Konten mit stark ansteigenden Salden u. v. a. m. können mit automatisierten Abfragen[442] relativ schnell analysiert werden.

Wie im Kapitel 10 schon angedeutet, können mit den Analysetools auch Dateiabgleiche durchgeführt werden, um mögliche dolose Handlungsmuster zu erkennen.

441 Gerade für SAP-Systeme bestehen hier sog. GRC-Tools, die alle in der Unternehmung bestehende Rollenkonflikte benennen. Auflösen muss die Konflikte das Unternehmen dann wieder selbst, die operative Managementebene bleibt trotz oder vielleicht gerade wegen dieser Konflikte gefordert.

442 IDEA und ACL sind hier mächtige Tools. Die sog. Benford-Analyse von Zahlungen gehört ebenfalls hierher.

Diese Analysen sind jedoch mit dem Sozialpartner und dem Datenschutzbeauftragten des Unternehmens im Vorwege zu erörtern. Manchmal ist eine spezielle Betriebsvereinbarung nötig, um die Analysen durchzuführen[443].

Auch ist es mit programmierten IT-Kontrollen möglich, automatisiert Skonti zu ziehen und Zahlungen entsprechend den Vertragsvereinbarungen zu steuern, um Zinsen zu sparen.

Prüfungen auf Doppelzahlungen an dieselbe Adresse, Splitten von Auftrags- und Rechnungswerten, mit denen bestimmte Kompetenzlimits umgangen werden können, und andere Sachverhalte können mit den Datei-Analysetools untersucht werden.

Die weitgehend automatisierte Abwicklung von C-Gütern über Lieferantenkataloge in Organisation von Extranets (Intranet mit begrenztem Internetzugang) räumt der guten alten Monatskontrolle auf Budgeteinhaltung von Sachkosten eine neue Bedeutung ein. Da z. B. Büromaterial und andere Kleinmaterialien und Dienstleistungen automatisiert bestellt und ohne große Kontrollen direkt im Fachbereich angeliefert werden, bleibt als nachgelagerte Kontrolle die Budgetkontrolle übrig, mit der der Vorgesetze die Einhaltung seiner Vorgaben überprüfen sollte.

11.2.7 Information und Kommunikation

In diesem Abschnitt geht es um die kritischen Informationen des Tagesgeschäfts, die den Waren- und Dienstleistungsfluss im Unternehmen steuern. Alle Termin-, Mengen- und Qualitätsabweichungen sollten hier berichtet werden, und zwar nicht erst im Wareneingang, sondern dann, wenn Verzögerungen erkennbar sind, um direkt Gegenmaßnahmen ergreifen zu können. Viele Unternehmen haben hierzu ein automatisiertes Auftragstermin-Überwachungssystem eingerichtet, das schon als Risiko-Frühwarnsystem, auf Vorlieferantenebene die entsprechenden Informationen als Soll- und Isttermin-Vergleich bereitsstellt. Diese Systeme entsprechen vom Design her den Projekt-Management-Tools des CPM (Critical Path Method).

Zusätzlich sollte ähnlich wie in der IT ein Incident-, Problem- und Fault-Management aufgebaut sein, das für kritische Fälle automatisch die Führungsebenen in den Informationsfluss miteinbezieht.

Dass die Jahresziele und die Budgets des Einkaufs durch entsprechende Controlling-Informationen unterstützt werden, ist eigentlich eine Selbstverständlichkeit und bräuchte hier nicht erwähnt werden.

Da aus dem Absatzbereich über den Produktionsbereich dann bis zum Einkauf Änderungen am Jahresbudget veranlasst werden, sollten diese Informationen immer relativ z. B. zum Umsatz oder Absatz aufgebaut sein. Starre Budgets führen hier bei Absatzproblemen zu Lagerüberhängen bzw. bei Absatzrennern zu Lieferproblemen.

443 Man spricht in diesem Zusammenhang von Anonymisierung bzw. Pseudonymisierung. Der Unterschied besteht darin, dass bei Anonymisierung nicht mehr auf die Ausgangsdaten zurückgegriffen werden kann, es bleiben statistische Gruppen (z. B. Angehörige von Unternehmenmitarbeiter im Lieferantenstamm ohne Namensnennung) übrig. Bei Pseudonymisierung liegt der Schlüssel z. B. bei einer unabhängigen Stelle oder beim Sozialpartner und so können Daten im entsprechend vermuteten Fall einer dolosen Handlung nach Freigabe wieder lesbar gemacht gemacht werden. Das ist bei Anonymisierung nicht mehr machbar.

Zusätzlich sind noch die einkaufsspezifischen Themen des Lieferanten-Controllings abzudecken wie Importquoten, Reduzierung oder Ausbau des Lieferantenstamms, Qualitätskennziffern der Stammlieferanten, Reklamations- und Retourenquoten sowie Auftragsstornos, um nur einige Themen zu benennen.

In den (eher weichen) Informationsfluss gehören Informationen über Aktionen der Wettbewerber, neue ausländische Regulierungsänderungen, Währungsprognosen für Nicht-EU-Importe, um Sicherungsgeschäfte veranlassen zu können sowie Logistiktarife.

11.2.8 Monitoring

Das interne Monitoring betrifft alle Überwachungsmaßnahmen der oberen Managementebenen und der Zweiten Linie der Verteidigung, nämlich den Funktionen Risikomanagement, Compliance und Controlling.

Unabhängig von allen Kenntnisnahmen in Berichtsform, quantitativ und qualitativ, geht es beim Monitoring vor allem um die Führungsrolle des oberen Managements bei strategischen Entscheidungen wie z. B.

- Lieferantenwechsel (mehr Wettbewerb, frischer Wind) bei langjährigem Stammlieferanten,
- Reduzierung von Klumpenrisiken durch Erweiterung des Lieferantenstamms,
- Ausweitung auf Risiko-Länder in Asien sowie
- Preis- bzw. Margenvorgaben.

Je entscheidender der Einkauf für den Unternehmenserfolg ist, desto höher auf der Unternehmenshierarchie wird der entscheidende Chief Buyer angesiedelt sein.

Im Handel und bei Einkauf auf den standardisierten Rohwarenmärkten (Kassa- und Termin) ist dies meist die Vorstandebene, bei Immobilien und im Großprojektgeschäft (Anlagenbau) kann das der Gesamtvorstand oder gar der Eigentümer via Aufsichtsrat (zustimmungspflichtiges Geschäft lt. Geschäftsordnung des Vorstands) sein.

In anderen Industrien ist der interne Bedarfsträger die Schlüsselposition und der Chief Buyer letztendlich (nur) für den kostengünstigen Einkauf zuständig.

Erste Adresse für das bereichsexterne Monitoring ist immer die IR. Für Benchmarktdaten und Spezialthemen (IT-, Werbe-, Immobilieneinkauf) werden manchmal spezialisierte Berater eingesetzt.

Es sollte allen klar sein, wer Daten bzw. aussagekräftige Informationen vom Wettbewerb über seine Lieferanten erhalten möchte, sollte sich seinerseits bewusst sein, auch liefern zu müssen. D. h. unternehmensinterne Daten können so das Unternehmen verlassen (Give and Take).

11.3 Performance-Prüfungen im Einkauf

Einkauf und IR ist, sollte man meinen, die Erfolgsstory schlechthin. Auf wenigen Fachfunktionen wie dieser hat die IR so reüssiert, Weichenstellungen in Strukturen vorgenommen und Schlimmeres verhindert. Die selbst jedem Nicht-Revisor bekannten Begriffe „Vier-Augen-Prinzip" und „Funktionstrennung" haben beim Einkauf ihr Fundament.

So scheint doch oberflächlich alles in Ordnung zu sein, wenn nur die Richtlinien eingehalten werden (FA). Wenn die IR jedoch beim Einkauf FA ohne OA betreibt, kann das gefährliche Konsequenzen haben. Denn die Kardinal-Frage für einen OA betreibenden Revisor ist: Wurde zum Marktpreis eingekauft oder darunter oder darüber? An dem schon mehrfach zitierten Beispiels PC sei für einen PC-Großhändler mit eigener PC-Herstellung einmal gezeigt, wie schwierig die Antwort auf die oben gestellte Frage ist.

Das Motherboard mit Speicherchips und Prozessoren ist die wertvollste Stelle beim PC/Laptop/Pad. Deshalb betrachten wir nur diesen Teil des PC:

Die Absatzmenge der PC ist für sechs Monate durch Lieferverträge bekannt. Das Unternehmen hat in Deutschland einen nennenswerten Marktanteil und versucht, zwischen Intel und AMD etwas wie Konkurrenzdruck zu entfachen. Es habe sichtbaren Erfolg und senkt durch geschickte Verhandlungen seinen Einkaufspreis um 20 %. Dadurch dass der Verkaufspreis fest vereinbart gewesen sei, steigt der operative Gewinn. Einen Monat später bringt Intel einen viel leistungsfähigeren Chip heraus und die Nachfrage nach PC mit dem alten Chip geht zurück. Die Kunden unseres Unternehmens drohen mit Auslistung im nächsten Jahr, wenn es seine Preise nicht senkt oder PC mit den leistungsfähigeren Chips produziert. Das Unternehmen senkt darauf zähneknirschend seine Preise und gibt den schon sicher geglaubten Einkaufsgewinn an seine Kunden weiter. Die Preissenkung war nur für drei Monate wirksam und der PC-Absatz stockt trotz aller Werbemaßnahmen erneut. Wieder muss das Unternehmen reduzieren, hat jedoch inzwischen trotz voller Läger die neuen Motherboards gebaut und verlangt dafür entsprechend hohe Preise, die der Handel auch bereit ist zu zahlen. Einen Teil der alten Motherboards kann es zwischenzeitlich verkaufen, den anderen Teil muss es wertberichtigen und hofft, durch den anziehenden Absatz der neuen PC diesen Verlust zu kompensieren.

Was war zu welchem Zeitpunkt der wahre Marktpreis?

Klar ist, dass das Unternehmen den Hintergrund für seine erzielte Preissenkung falsch interpretiert hat, nämlich eigene Verhandlungsstärke statt bevorstehender Produktinnovation durch den Lieferanten, der sein eigenes Lager bereinigen wollte. Hätte es das Wissen gehabt, hätte es noch stärker versucht, den Preis gedrückt und seine Abgabemenge mit einem Optionsgeschäft trotz Abnahmeverträgen reduziert. Da sich Nobis trotz intimer Marktkenntnis nicht über alle preisrelevanten Trends informieren kann, entschließt es sich aus Vorsorge zu einem mutigen Schritt bei der Bewertung seiner Vorratspositionen. Da es damit rechnet, dass die Beschaffungspreise kontinuierlich sinken, wertet es seine Restbestände an PC-Komponenten erfolgswirksam monatlich auf den letzten gültigen Einkaufspreis der Beschaffungskomponente ab, handelt also monatlich nach dem strengen Niederstwertprinzip. Der Einkauf ist erst entsetzt, da er nachträglich für seine Verhandlungsleistung „bestraft" wird, erkennt aber dann, dass dies die einzige Möglichkeit ist, nicht am Jahresende eine „Bruchlandung" im Ergebnis hinzulegen.

Die Relevanz für OA liegt im Folgenden. Man muss den Markt kennen, bevor man eine Beurteilung des Einkaufsvorgangs abgibt.

Eine IR steht auch im Konflikt mit dem Code of Ethics, wenn sie eine Beurteilung für Sachverhalte vornimmt, bei denen die erforderliche Sachkunde fehlt[444].

Genau so wichtig wie die Preiskomponente, ist die Mengenkomponente. Beide können verwoben sein, wie das obige Beispiel zeigt. Herkömmliche Lagerkosten- oder Logistikkosten-optimierte Verfahren helfen häufig in der Praxis nicht richtig weiter. Grund ist die Unsicherheit in der Absatzmenge der Fertigprodukte. Ist sie jedoch genau bekannt, so bestimmen Lagerkosten, Kapitalbindungskosten und Logistikkosten die optimale Bestellmenge.

Unsicherheiten im Absatzvolumen können zu Abschriften durch zu lange Lagerzeit, vermeidbarer Kapitalbindung sowie zu Verderb z.B. bei Lebensmitteln und Pharmaartikeln mit Verfallsdatum führen.

Flexible Beschaffungskontrakte, die matrixhaft im Vorneherein Preise an unterschiedliche Mengen sowie Liefertermine koppeln, können hier weiter helfen. In der IT-Welt sind über das Modell CLOUD Preise, die sich über die Nutzung definieren, zurzeit im Kommen, Stichworte SaaS, IaaS (Software und Infrastructure as a Service).

Eine jährliche Anpassung der Komponentenpreise für PC und damit eine jährliche Anpassung der PC-Preise in einem PC-Rahmenkontrakt ist in bei monatlich neuen Komponentenpreisen sicher keine wirtschaftliche Einkaufspraxis.

Ähnliches gilt auch für Server, Großrechner und die meiste Hardware, wenn es um Rabatte geht. Die Fabrikabgabepreise sind inzwischen soweit vom Marktpreis entfernt, dass Halbierungen, d.h. 50-prozentige Absenkung nicht selten zu erzielen sind. Auch hier wieder sei eine IR gewarnt, die Rabatte von bis zu 30 % beim Hardware-Einkauf als glänzende Einkaufsleistung vorgespiegelt zu bekommt. Man berechne einmal 20 % auf ein Beschaffungsvolumen von 5 Mio. EUR, die im Markt anders verteilt werden könnten.

11.3.1 Fokussierung, Standardisierung, Vergabe

Aller Erfahrung nach sind Ausschreibungen bei bestehenden Rahmenkontakten immer geeignet, wirtschaftliche Vorteile zu realisieren. Der wirtschaftliche Gedanke dahinter ist, zusätzlich zu dem Ordnungsmäßigkeitsthema, das dies sowieso verlangt, eine gewachsene Stammlieferantenbeziehung. Hier hat man sich gut eingerichtet, man kennt sich mit Stärken und Schwächen, hat einige Probleme miteinander gelöst und ist im Grund zufrieden mit dem, wie es zurzeit zwischen den beiden Unternehmen läuft.

444 Siehe „Competency" im Code of Ethics des IIA, 2009, Altamont, USA.

Tatsächlich gibt es jedem Markt immer wieder neue Herausforderungen durch neue z.B. (disruptive[445]) Technologien, die bewährte Strukturen obsolet machen wie z.B. Industrie 4.0, das Internet der Dinge, den 3D-Drucker oder fortschreitende Lasertechnolgien.

Zusätzlich entstanden und entstehen weiter bedingt durch die Globalisierung in Asien zurzeit sehr große Unternehm en auch im Technologiebereich, die inzwischen weit mehr sind als eine verlängerte Werkbank des Westens mit preiswerter Lohnfertigung. Sie präsentieren sich mit eigener Forschung und Entwicklung und einer hohen Anzahl von eigenen Patenten als ernstzunehmende Wettbewerber auf dem Weltmarkt:

Branche	Land	Name
Öl und Gas	China	Sinopec Group, China National Petrol, State Grid[446], Petro China
Banken	China	ICBC (Industrial & Commercial Bank of China), China Construction Bank, Agricultural Bank of China, Bank of China[447]
TK/Unterhaltungselektronik: Geräte und Chips	Korea	Samsung[448]
TK: Mobilfunk	China	China Mobile[449]
IT: PC, Laptop	China	Lenovo, inzwischen Weltmarktführer bei PC und Laptops
IT: Software	Indien	Infosys, Tata Consultancy Services (TCS), Wipro
Suchmaschinen, Social Networks	China	Baidu[450], Alibaba
TK-Ausrüster	China	Huawei, ZTE
Auto	Korea/China/Indien	SAIC, Hyundai[451], BYD, Tata Group

445 Disruptive Technologien sind Technologien, die Märkte vollkommen von der Angebots- und Nachfrageseite neu definieren wie der PC den Markt für Schreibmaschinen, das Internet den Markt für alle digitalen oder digitalisierbaren Dienste wie Zeitungen, TV, Radio, Tonträger, Banken/Versicherungen, Touristik, Software, in den 2000er Jahren iTunes den Markt für Tonträger, das iPhone den Markt für Smartphones, Kameras und mobile Anwendungen wie what's app? u. v. a. m.

446 Die drei vorgenannten gehören mit Platz 3, 4 und 7 auf der Forbes 500-Liste-2014 zu den größten Unternehmen der Welt.

447 Platz 25, 38, 47, 59 Forbes 500 der weltgrößten Unternehmen 2014.

448 Platz 13 Forbes 500 der weltgrößten Unternehmen 2014.

449 Platz 55 Forbes 500 der weltgrößten Unternehmen 2014.

450 Platz 31 auf der Forbes-Liste der innovativsten Unternehmen der Welt.

451 Platz 85, 100 Forbes 500 der weltgrößten Unternehmen 2014.

Branche	Land	Name
Solarindustrie	China	Suntech Power, Yingli Solar, LDK Solar
Stahl	Indien	Arcelor Mittal
Baumaschinen	China	Sany Group
Haushaltsgeräte	China	Haier Group (Liebherr)

Abbildung 11-6: Asiatische Champions[452]

Zusätzlich zur technologischen Entwicklung und Globalisierung ist immer wieder das Thema „Do more with less" Thema des Einkaufs, das zur Ausschreibung zwingt, auch wenn man den Stammlieferanten halten möchte, jedoch dann zu einem anderen Preis.

Aus eigenem Interesse sollte man dem Lieferanten, der einem den günstigeren Preis angeboten hat, auch mit Aufträgen versorgen, selbst wenn man mit dem Stammlieferanten zum reduzierten Preis abgeschlossen hat.

Man sichert so, dass man in Zukunft weiter Marktpreise genannt bekommt. Andernfalls unterstellt der Markt eine Dauerbeziehung zum Stammlieferanten und gibt keine Marktpreise mehr ab.

Auch aus Risikogesichtspunkten sollte kritische Stoffe und Materialien bei mehr als einem Lieferanten bezogen werden, um das bekannte Klumpenrisiko zu vermeiden.

Um überhaupt Alternativpreise zu erhalten, müssen Ausschreibungen soweit wie möglich standardisiert sein. Sind bestimmte Elemente in der Leistungsbeschreibung einzigartig und nur von einem Lieferanten herstellbar, so sieht der Markt an der Ausschreibung die (indirekte) Bevorzugung des „Haus- und „Hof"-Lieferanten und verzichtet auf die Abgabe eines Angebots.

Sinnvoll ist es auch, Sonderlösungen zuzulassen, d. h. die Kreativität eines Lieferanten im besten Sinne auszunutzen, um niedrigere Preise zu erhalten. Wichtig ist es jedoch, die Bieterrunde in einer zweiten Anfrage zu bitten, für dieses Ausschreibungselement gesondert anzubieten, um marktgerecht vergleichen zu können.

Vor Start der Ausschreibung ist es auch unabdingbar, das Beschaffungsobjekt selbst zu kalkulieren. Es kann sonst der Fall eintreten, dass man zwar unterschiedliche Angebote erhält, die aber allesamt oberhalb der eigenen Kalkulationsgrenze liegen. Um hier nicht einem (versteckten) Kartell „aufzusitzen", ist es dann sinnvoll, den Bieterkreis national oder europäisch zu gestalten, d.h. neue Anbieter in den Vergabevorgang mit einzubeziehen.

Normalerweise gilt bei jeder Beschaffung, dass bei größeren Mengenabnahmen bessere Preise erzielt werden. Deshalb ist es sinnvoll, die Konzentration der Lieferan-

452 U. a. siehe Chinese Champions der TU München, März 2012.

ten in einem Unternehmen oder Konzern zu betreiben, damit nach der bekannten 80/20-Regel aus der Wertanalyse Degressionseffekte beim Lieferanten ermölglicht werden und dem beschaffenden Kundenunternehmen weitergegegben werden können. Die Lieferantenkonzentration erfordert vom Chief Buyer hohes Engagement und Überzeugungsvermögen, da durch seine Tätigkeit bestehende Strukturen aufgebrochen und neue Beziehungsgeflechte entstehen. Die nicht Überzeugten warten in vielen Fällen nur darauf, dass durch ungenaue Spezifikationen Qualitätsmängel und Lieferschwierigkeiten entstehen und so man bestätigt wird, dass man ja immer schon gegen einen Wechsel war. Die IR kann hier den Einkauf gut unterstützen, da sie meist über bestehende Strukturen informiert ist und vor einem Scheitern auf notwendige Weichenstellungen hinweisen kann.

11.3.2 Sonderthemen Wirtschaftlichkeit im Einkauf

Ein „Henne und Ei"-Thema ist die Frage der Jahresboni. Befürworter weisen auf zusätzliche Erträge hin, die bei einer Mengenstaffelung der Boni beiden Marktpartnern Vorteile bringen. Kritiker bemängeln die Intrasparenz der Preise, die aufwendigen Prozesse (Boni müssen angefordert werden) und die Tatsache, dass sie ja schon vorab im Preis einkalkuliert wurden. Beide Argumentationsstränge sind schlüssig.

> Die Praxis zeigt, dass z. B. der niedrig margige Lebensmitteleinzelhandel mit einer Vielzahl von Rabattformen arbeitet und auf Jahresboni und Werbekostenzuschüsse (WKZ) nicht verzichten mag. Auf der anderen Seite bleiben interessanterweise die Margen der Lebensmittelindustrie unbeeindruckt, viele Unternehmen hätten wegen der Vielzahl der Rabatte längs rote Zahlen schreiben müssen. Der Fabrikabgabepreis wird es in diesem Fall gerichtet haben.

Unabhängig von den Rabatten sind die Skonti zu sehen. Sie geben einen Hinweis, wie gut die Rechnungswesenprozesse ablaufen, da die Uhr spätestens nach 14 Tagen nach dem Wareneingangsdatum „tickt", spätere Zahlungen kosten meist einen Teil oder den gesamten Skontoertrag.

> Die IR sollte sich die offenen Lieferantenrechnungen am Jahresende einmal zielgerichtet auf Skontoverluste anschauen. Zur Verbesserung der Jahres-Cashflow-Zahl wird manchmal Ultimo verspätet gezahlt, um das Working Capital (Kundenforderungen + Vorräte ./. Lieferantenverpflichtungen) zu reduzieren und die Cashflow-Kennzahl zu „optimieren".

Vorratsanalysen, die auf niedrigere Lagerdrehzahlen gegenüber dem Vorjahr hinweisen, können auf ein ERP-Defizit, d. h. die mangelnde Verzahnung von Absatz- Produktions- und Einkaufsplanung hindeuten.

In schwierigen Absatzmärkten mit kurzfristigen Bestell-Zyklen und langen Produktions- und Beschaffungszeiten zeigt sich, ob zusätzlich zum Preis in die Beschaffungskette auch Flexibilität eingebaut war. Nichts ist schlimmer für ein Unternehmen, wenn Bestellungen ausbleiben oder gar storniert werden, die Einkaufsmengen nicht ebenfalls anpassen zu können.

Zusätzlich zum Vorratsaufbau können Liquiditätsprobleme entstehen und die beschaffte Rohware schrittweise veralten bzw. im Beschaffungspreis günstiger werden. Kapitalbindungskosten, Kosten aus zusätzlichen Kreditkosten mit Preisverfall am Beschaffungs- und Absatzmarkt können in sehr kurzer Zeit zu hohen Verlusten führen.

Deshalb ist ein Vorratsaufbau *ohne* Umsatzwachstum immer ein starkes Alarmsignal. Aufgabe der Einkaufsfunktion ist sowohl die Synchronität zwischen Absatz- und Beschaffungsmarkt zu gewährleisten als auch über Zahlungsziel-Vereinbarungen dem Finanzbereich mehr Handlungsspielraum über den zumeist zinslosen Lieferantenkredit zu gewähren. Aber weiter gilt auch, Flexibilität gibt es nicht zum 0-Tarif (There is no free lunch). In gewachsenen Lieferantenbeziehungen müssen dann für die Zukunft auch Zugeständnisse eingeräumt werden, wenn sich die Absatzmärkte einmal überplanmäßig positiv entwickeln.

Ein großer Kostenblock ist üblicherweise die Logistik. Sie ist z.B. der Kern der Wertschöpfung im Handel, nämlich die Überbrückung der Distanz vom Lieferanten zum Endkunden. Die Logistikentscheidungen, wie die Ware zum Kunden kommt, sind heute durch das Aufbrechen der Transportmonopole nicht mehr gesetzlich fixiert. So ist die Logistik zu einem Thema geworden, in die zunehmend der Wettbewerb gelangt. Der generelle Vorteil von Logistikunternehmen besteht in den Verdichtungseffekten in der Fläche und in der größeren Chance, Leerfahrten zu verhindern.

So ist es heute durchaus üblich, mit sog. Frachtführern Jahresabkommen über Tonnage, Kubikmeter oder Anzahl Stück zu schließen, ohne jede einzelne Fracht durchkalkulieren zu müssen.

Das OA-Thema ist hierbei, ob die Gesamtleistung des Frachtführers inklusive Preis, Sendungsverluste, Termineinhaltung und Flexibilität bei Planänderungen wie bei jeder Einkaufsentscheidung systematisch bewertet wird und ob die Leistungen regelmäßig am Markt ausgeschrieben werden.

Unter Verdichtungseffekt ist die Ablieferung mehrerer Lieferungen an einem Abladeort zu verstehen, so dass die Anzahl Sendungen je Abladeort wesentlich größer als 1 wird. Bestes Beispiel ist die Deutsche Post Worldnet und auch Hermes (Otto Group) u. a., die es schaffen, am selben Tag mehrere Sendungen pro Adresse zuzustellen und so Transportwege und Transportzeiten einsparen können.

Das Vorgesagte gilt im Wesentlichen vor allem für Unternehmen ohne größeren Auftragsbestand, also Konsumgüterindustrie, Handel und Dienstleistungen.

Im Maschinen- und Anlagenbau sowie generell im Baugeschäft ist es eher entscheidend, die akzeptierten Aufträge mit entsprechender Marge kalkuliert zu haben, um Risiken aus mehrmonatigen- bzw. mehrjährigen Projekten im Griff zu halten. Die Beschaffungsthemen sind bei entsprechender Währungs- und Rohwarenabsicherung an den Future-Märkten steuerungsfähig.

Ein Sonderthema betrifft den richtigen Zeitpunkt der Ersatzbeschaffung bei Investitionsgütern. In Märkten mit starkem Preisverfall und schnellen Innovationsschüben wie ITK können verspätete Ersatzbeschaffungen neuerer Technologien schnell die komplette Wertschöpfungskette gefährden. Dies ist dann der Fall, wenn der Wettbewerber die entsprechenden Investitionen schneller vornimmt und entsprechend neue bzw. günstige Produkt- und Serviceangebote platzieren kann. Das Risiko von Sonderabschreibungen besteht dann in beiden Unternehmen, jedoch kann das schnellere Unternehmen auf stabilere Cashflows hinweisen und dann Impairmenttestabwertungen durch die weiter stabile Cashflows liefernde CGU (Cash Generating Unit) vermeiden.

In anderen Märkten wie z. B. der Energieversorgung oder der Stahlerzeugung können voll abgeschriebene Anlagen weiterhin gute Cashflows liefern (Cashcows), so dass Ersatzinvestitionen für eine gewisse Zeit verschoben werden können, ohne die Cashflows zu gefährden. Gerade die Investitions-Cashflows können sich so reduzieren und Finanzierungsbedarfe für die Großinvestitionen prolongieren.

Ein weiteres Thema kann sich manchmal in langjährigen Mietverträgen finden, wenn über eine sog. Preisgleitklausel Mieten zunächst moderat, nach 10 Jahren durchaus in einem großen Rahmen gestiegen sind. In Zeiten von Inflationsfreiheit (unter 2 %) bzw. Deflationstendenzen sind derartige Verträge aktuell sehr in Frage zu stellen. Dass die Vermieterseite dies vor dem Hintergrund eines seit 2 Jahren zu beobachtbaren Hype in den Ballungsräumen anders sieht, mag dahin gestellt bleiben. Der Fall Karstadt macht es heute klar, dass Mieten erst einmal erwirtschaftet werden müssen und auch 1a-Lagen kein Garant für steigende Umsätze resp. Mieten darstellen. Ähnliches gilt für Büroimmobilien in zentralen Lagen. Hier sind zwar bei sog. Sale&Lease Back-Finanzierungen die Unternehmen auf Dauer im Obligo. Aber bei Fremdanmietungen sollte m.E. häufiger die Frage nach dem Nutzen von Zentralität gestellt werden und welche Bereiche diese Zentralität wirklich benötigen. Ein Teil der z. T. sehr hohen Mietkosten könnte so gespart werden.

11.3.3 Outsourcing

Ein Spezialthema des Einkaufs in einem Unternehmen entsteht bei einer Entscheidung „buy statt make“. Meist handelt es sich um interne Dienstleistungen, von denen vermutet wird, dass sie von am Markt tätigen Spezialisten effizienter, d. h. kostengünstiger bewältigt werden können.

Sie betreffen die Infrastrukturbereiche, die schon in dieser Lektion mehrfach angesprochenen Bereiche ICT, Facility Management aber auch Fuhrpark und Cateringservices.

Die OA-Aspekte dieses Themas ergeben sich durch die mittelfristige Sicherstellung der Wirtschaftlichkeit, die zum Zeitpunkt des Outsourcing in der Entscheidung „Buy“ immer gegeben sein sollte. Deshalb ist es eminent wichtig, dass im sog. Service Level Agreement die geschuldete Qualität möglichst detailliert definiert wird, um nicht nachträglich einen scheinbaren Preisvorteil durch eine Leistungsreduzierung bezahlen zu müssen. Weiter ist wichtig, dass genügend Kompetenz beim outsourcenden Unternehmen verbleibt, um die Leistung des Outsourcers auch beurteilen zu können. Hilfreich ist auch eine Informationsklausel im Vertrag, die es dem outsourcenden Unternehmen gestattet, auf seine Kosten Prüfungen beim Outsourcer durchzuführen. Dies ist z.B. bei Automobilunternehmen und Banken/Versicherungen schon lange Standard.

Für Unternehmen, die ihre Kundendaten in die Cloud bei einem Dienstleister verlagern wollen, ist die Prüfmöglichkeit beim Betreiber der „Serverfarm" aus datenschutzrechtlichen[453] Bedingungen zwingend erforderlich, eine mögliche Aufgabe für die eigene IT-Revision!

Im Bereich Marketing ist es auch schon lange Standard, die Werbeleistung vom Markt einzukaufen. Hierzu finden in zwei- bis dreijährigem Abstand sog. Beauty Contests der Werbeagenturen statt, die inzwischen auch beim Outsourcing der IT oder Teilen davon Standards sind. Hierbei erstellen Unternehmen auf ihre Kosten nach den Vorgaben des Unternehmens detaillierte Planungen, auf welchem Wege sie versuchen werden, die Leistungsqualität zu verbessern. Auch wenn es nach den Präsentationen beim Make bleibt, ist dieser Weg des Beauty Contests in Ausnahmefällen sehr günstig, selbst Leistungssteigerungen durch ein (unechtes) Benchmarking zu gewinnen.

Die nachfolgende Tabelle fasst die genannten Bereiche noch einmal zusammen:

Outsourcing von Infrasturbereichen

1. **ITK (Informationstechnologie/ Telekommunikation**
   Steigende Kosten
   Servicequalität
   Projektverzögerungen
   Dienstleisterangebote
   (Degressionseffekte)

2. **Facility Management**
   Steigende Kosten
   Tarifverträge
   Dienstleisterangebote
   (Degressionseffekte)

3. **Fuhrpark**
   Dienstleisterangebote
   (Degressionseffekte)
   Steigende Kosten

4. **Kantine**
   Dienstleisterangebote
   (Degressionseffekte)
   Steigende Kosten
   Servicequalität
   Tarifverträge

Abbildung 11-7: Outsourcing von Infrastrukturbereichen

453 § 11 Abs1 BDSG.

11.3.4 Wirtschaftlichkeit in der Einkaufsfunktion

Die Einrichtung eines zentralen Einkaufs und die Bündelung aller Aktivitäten ist für sich genommen schon eine Effizienzmaßnahme, die als Synergieergebnis Kosten sparen sollte.

Dass diese Chief Buyer Einrichtung in einem dezentral operierenden Unternehmen nicht einfach umzusetzen ist, wurde schon unter 11.2.1 gezeigt.

Viel mehr als die Synergiekosten sollte jedoch die bessere Einkaufsqualität zählen, die mit der Einrichtung einer zentralen Stelle geschaffen würde. Dieses neue Knowhow wird sicher auf der Lieferantenseite positiv goutiert werden, da man einen kompetenten Ansprechpartner gefunden hat. Auf der anderen Seite dürften neue Themen in die Lieferantengespräche einziehen, die die Einkaufsverträge in allen Komponenten (Preis, Struktur, Mengengerüst, Qualitätsanforderungen, Liefertermin, IT-Anbindung etc.) für das Unternehmen optimieren sollten.

Durch eine Zentralisierung des Lieferantenstamms können die Prozesskosten gesenkt werden, da weniger Lieferanten automatisch weniger Transaktionen bedeuten sollten. Dass dabei keine Klumpenrisiken eingegangen werden sollten, sollte nicht unerwähnt bleiben. Zusätzlich zur Prozesskostenersparnis ergeben sich durch die Reduzierung des Lieferantenstamms höhere Einkaufsvolumina je Lieferant. Dies sollte weitere Konditionsvorteile für das Unternehmen nach sich ziehen.

Aus einer zentralen Zahlungsabwicklung eines Lieferanten ergeben sich weitere Möglichkeiten der Konditionsverbesserung, da allein das Delkredere-Risiko aufgrund höherer Bonität der Muttergesellschaft sinken sollte.

Die geringeren Abwicklungskosten beim Lieferanten sind ebenfalls ein Punkt, der zu einer Verbesserung der Konditionen beitragen müsste.

Durch eine fachliche Spezialisierung innerhalb der Einkaufsfunktion lassen sich weitere Vorteile realisieren. Es macht nun einmal einen Unterschied, ob ein Kaufmann oder eine Werbekaufmann Verträge mit den Werbeagenturen abschließt.

Auch beim Einkauf technischer Artikel sollte ein Wirtschaftsingenieur oder ein technischer Kaufmann neue Aspekte und Vorteile für sein Unternehmen realisieren können gegenüber einem (einfachen) Kaufmann. Logistikleistungen lassen sich von einem Speditions- und Export-/Import- oder Großhandelskaufmann je nach Aufgabengebiet ebenfalls besser bewerkstelligen. Wer Bauleistungen oder IT-Leistungen ohne fachliche Unterstützung eines Bausachverständigen oder Wirtschaftsinformatikers einkauft, sollte sich heute über vermeidbare Kosten, die manchmal in kleinen, unschönen Details versteckt sein können, nicht beschweren.

Nach einer einheitpreisorientierten Vergabe mussten während der Bauzeit in einigen Fällen die Projektpläne der Gewerkelieferanten umgestellt werden. Dies nutzen einige aus, sog. Bauzeitnachträge einzureichen. Die Begründung wären unausgelastete Kapazitäten und komplexe Umplanungen gewesen. Ohne bautechnischen und baujuristischen Sachverstand lassen sich solche Fälle meist nicht bereingen, hohe Kostensteigerungen können die Folge sein.

Durch Sachverstand können jedoch die meisten als unbegründet dem Grunde[454] nach zurückgewiesen werden statt mit einer Einigung auf 50 % Basis der ursprünglichen Forderungssumme, über die sich Lieferanten freuen würden, wenn ihr Anspruch tatsächlich 0 betragen sollte.

Wer für DIN A3-Druckvorlagen das Doppelte zahlt wie für DIN A4, hat den Herstellungsprozess von Werbebeilagen und Mails nicht richtig verstanden.

Papiermäßig kann DIN A3 bei gleicher Papierqualität doppelt so teuer sein wie DIN A4, der digitalisierten Druckvorlage ist die Druckgröße zunächst einmal egal, solange die Vergrößerung im Druck keine Unschärfen des Fotos des Fotoshootings sichtbar macht.

Wer bei Standard-Desktops Rahmenverträgen keine Preisgleitklauseln vereinbart, an dem ist der Prozessormarkt mit seinen technologischen Sprüngen mit Preisverfall der jeweiligen Vorgeneration offensichtlich unbemerkt vorbei gegangen. Man sollte sich dann aber auch konsequenterweise nicht über zu hohe IT-Kosten beschweren

Wichtig für alle Spezialisierungen ist jedoch die Zusammenarbeit mit der Fachseite, dem internen Auftraggeber und Leistungsempfänger. Zwar wird diese Zusammenarbeit rollengemäß nicht immer konfliktfrei ablaufen, jedoch wird die Professionalisierung zu einer Versachlichung im Arbeitsverhältnis beitragen. Geht der Facheinkäufer behutsam mit seiner Idee „Günstiger, aber genau so gut" um, so wird die Fachseite schrittweise von ihrer Forderung abrücken, das die teuersten Artikel des alten Stammlieferanten sich im Nachhinein immer als die Besten erwiesen hätten.

Viele Abläufe des Einkaufs sind heute mit Standardsoftware abzubilden, so dass hierauf nicht allzu ausführlich eingegangen werden muss. Immerhin zwingt die IT die Nutzer zur Dokumentation ihrer Arbeit, so dass das Thema mündliche Vergabe und Auftragserteilung nach Rechnungseingang eigentlich der Vergangenheit angehören sollte. Über Industriekataloge können heute viele C-Artikel (z. B. Bürobedarf) automatisch von der Fachseite unabhängig vom Einkauf bestellt werden, so dass in diesem Bereich unnötige Prozesskosten vermieden werden

11.3.5 IT-Prüfungen im Einkauf

Viele Themen im Einkauf lassen sich durch IT-Themen besser als durch Beleg- oder Systemprüfungen abdecken. Es geht meistens um große Datenmengen und komplexe Augabenstellungen. Mit ACL und IDEA liegen inzwischen mächtige Standardtools vor, die dem Revisior nach kurzer Einarbeitungszeit nützliche Informationen liefern können. Da es zudem meistens um sehr viel Geld geht, können schnell sechs- siebenstellige Beträge zusammenkommen. Zudem verschaffen einem die IT-Tools die Mög-

454 Schadensersatzforderungen kann man unterscheiden nach der notwendigen Anspruchsgrundlage (dem Grunde nach) und der nachgewiesenen Höhe des Schadens. Fällt Erstere weg, nützt auch eine gute Begründung nichts mehr, der Anspruch wird komplett abgewiesen.

lichkeit, auf die gesamte Grundgesamtheit eines Prüfungszeitraums zugreifen zu können statt nur auf Stichproben. Auch gibt es Möglichkeiten, vielfältig konstruierte Sonderfälle abzufragen:

Prüfungsthema	Hintergrund	Konsequenz
Doppelzahlungen	Erste Rechnung unter falscher Kreditorennummer gebucht, offener Saldo unter der richtigen Kreditorennummer	a. o. Ertrag bei Rückforderung
Jahresboni	Müssen meist angefordert werden	
Skonto	Fehlender Skontoertrag kann Hinweis auf schwachen Bearbeitungsprozess oder bewusste Working Capital Steuerungsmaßnahme (offene Lieferantenforderungen) zum Bilanzzeitpunkt sein	Bei Prozessänderung höhere Skonto-Erträge
Mehrfach-Kreditoren-Nummer je Lieferant	Zusammenfassung der Zahlungsströme, um Jahresboni zu erzielen	Steigerung der Jahresboni
Nachtragswert zu Auftragswert und Lieferant	Günstige Auftragspreise, Geld verdienen mit Nachträgen (Lieferantensicht), schwaches Pflichtenheft (Kundensicht)	Verhinderung von Budgetüberschreitungen
Dezember-Invest-(Fieber)	Budget ins nächste Jahr retten	Budgetkürzung fürs nächste Jahr vom Controlling vornehmen
Gutschriften/Retouren/Reklamationen	Hinweis auf Lieferqualität	Verhinderung von Kundenverlusten durch Lieferantenwechsel
Mini-Bestell-Mengen	C-Artikel	Lieferantenbereinigung mit Intranet-Katalogen für C-Artikel
Alte Bestellungen	Fehlende Stornos, latente Zahlungsverpflichtung, mangelnde Lieferfähigkeit	Steigerung der Lieferantenqualität, Verhinderung von nicht vertragsgemäßer Lieferung
Adressdubletten/Namensähnlichkeiten	Risiko von Fehlbuchungen bei Zahlungsläufen	Ordungsmäßigkeitsthema (Fehlerbereinigung)

Prüfungsthema	Hintergrund	Konsequenz
CpD-Konten-Analyse	Kreditor nicht direkt erkennbar, bei mehreren Aufträgen je Lieferant Umgehung der Kreditorenrichtlinie möglich	Kontinuierliche Analyse und Bereingung der CpD-Konten, um immer mehr Lieferanten in den Beschaffungsprozess zu integrieren
Aufträge knapp unter der Genehmigungsgrenze (Auftragssplits)	Vergabeprozess nicht eingehalten	Verdacht auf CO oder FA-Thema
Benford-Verteilungsprüfungen	Häufigkeit bei Rechnungsbeträgen entspricht nicht der Benfordverteilung (1>9)	
Hohe Auftragsvolumina bei Erstlieferant	Hohes Risiko	
Große Sprünge bei Auftragswerten je Lieferant		
Rechnung ohne Auftrag	Vergabeprozess nicht eingehalten	
Rechnungsdatum vor Auftragsdatum		
Wareneingang ohne Bestellung		
Lieferorte ungleich Unternehmensadressen	Waren erreichen Unternehmen nicht	
Pseudonymisierung bei Datei-Merge Lieferanten- und Personalstamm	Nepotismus-Verdacht	
Rechnung ohne Wareneingang	Betrugsversuch	

Abbildung 11-8: IT-Fragestellungen im Kreditorenbereich

11.4 Compliance im Einkauf

Der Einkaufsbereich ist wie der Vertrieb eine sog. Marktkante des Unternehmens. Mitarbeiters des Unternehmens, die im Einkauf arbeiten, haben viele Außenkontakte und sind im heutigen Marktumfeld einer steigenden Anzahl von Käufermärkten besonderen Verführungen seitens der Lieferanten ausgesetzt. Deshalb sind Compliance-Richtlinien für Einkaufsmitarbeiter in der Regel länger und detaillierter als die von z. B. Stabsleuten, wie denen der IR. Trotzdem sollte allen Mitarbeitern des Einkaufs wie übrigen Stellen im Hause auch immer mit einem Vertrauensvorschuss begegnet werden. Denn nach Erfahrungen des Autors sind Complianceverstöße in Einkaufsdingen eher bei den operativen Kenrprozessverantwortlichen festzustellen als bei den professionellen Einkäufern, die ausschließlich ihrer Sourcingaufgabe nachgehen und nicht wie möglicherweise andere auch einmal nebenher einkaufen.

11.4.1 Einkaufsspezifische Red Flags

Im Kapitel 5.7 Compliance in Marketing und Vertrieb dieses Buchs sind die Red Flags vom Grundsatz und ihrer konkreten Bedeutung schon dargestellt worden. Insbesondere wurden die Risikosituationen Einstellungsprozess und Internes Unternehmenumfeld detailliert erörtert, so dass in diesem Abschnitt darauf verzichtet werden kann.

In diesem Abschnitt sollen nun einige einkaufsspezifische Red Flags erläutert werden.

Um die spezifischen Red Flags zu erkennen, sind meist tief angelegte Analysen mithilfe der IT notwendig. Deshalb kann es hier für den CO-Verantwortlichen geboten sein, sich der Hilfe der Internen Revision zu bedienen.

Ungewöhnlich und nachfragenswert ist die Vergabe hoher Auftragsvolumina an Lieferanten, die neu im Unternehmen sind. Normalerweise testet ein Unternehmen erst einmal den Lieferanten, ob die Dinge, die im Einkaufsvertrag zugestanden wurden, dann auch erfüllt werden. Erst nach und nach stellt sich Akzeptanz im Unternehmen ein. Gerade neue Lieferanten werden in ihrer Leistung an den alten, nun ausgelisteten Lieferanten gemessen und müssen bei günstigerem Preis meist etwas besser sein, um bei der Fachseite auf Zustimmung zu stoßen. Dieser Prozess kann sich über 1–2 Jahre hinziehen, bis eine neue Vertrauensbeziehung aufgebaut wurde. Somit ist es sehr ungewöhnlich, wenn ein neuer Lieferant gleich große Auftragsvolumina erhält.

Sehr lange Lieferanten-Kunden-Beziehungen spiegeln ein großes Vertrauensverhältnis zwischen Unternehmen und Lieferant wider. Trotzdem sollte dieses Verhältnis in regelmäßigen Abständen auf den Marktpreisprüfstand gestellt werden. Die Leistung sollte ausgeschrieben werden und ausdrücklich auch Lieferanten, die bisher nie berücksichtigt wurden, zur Auftragsvergabe aufgefordert werden. Dies hat den Sinn, den Markt zu überzeugen, dass andere eine faire Chance erhalten, bei gutem Preis berücksichtigt zu werden, und dass das Gerücht vom „Haus- und Hoflieferanten" zerstreut wird.

Bei der Deutschen Bahn[455] ist nach Ansicht des Autors zu Unrecht das Thema Datenschutz vor die Compliance gestellt worden. Grund war eine ungeschickte Vorgehensweise der Beteiligten, die nicht anonym, sondern mit Namensoffenlegung einen maschinellen Abgleich von Personal- und Lieferantenstammdaten vorgenommen hatten, Stichwort nicht erlaubte Rasterfahndung.

455 Der Autor bezieht sich hier auf den in 2008/2009 „aufgedeckten" Datenskandal aus dem Jahr 2005. Tatsächlich gelang es damals mit Hilfe der IR eine Vielzahl von dolosen Handlungen im Unternehmen aufzudecken, siehe Korruptionsbericht der Deutschen Bahn 2005. Der § 32 Abs. 1 des BDSG schafft auch kein mehr an Rechtssicherheit in der Abwägung des Persönlichkeitsrechts des Arbeitnehmers und der Pflicht des Arbeitgebers, sein Unternehmen vor dolosen Handlungen zu schützen.

Trotzdem bleibt der Ansatz, mit Hilfe der IT Korruption zu bekämpfen, bis heute aktuell. Kein Unternehmen kann es sich heute leisten, darauf zu verzichten. Ja, darüber hinaus muss es sich im Gespräch mit dem Abschlussprüfer erklären, mit welchen präventiven und aufdeckenden Massnahmen es versucht habe, gegen dolose Handlungen vorzugehen.

Kann es dann nichts vorweisen, z. B. einen systematischen Abgleich von IT-Daten, so erhält es, wenn es an der amerikanischen Börse notiert ist, eine „material weakness" attestiert[456]. Denn offensichtlich scheint der CO-Prozess nicht zu funktionieren.

Hingegen ist im Konkreten der Sozialpartner im Vorwege mit einzubeziehen und die Daten zunächst verschlüsselt gegeneinander abzugleichen (Pseudonymisierung[457]). Werden dann Auffälligkeiten festgestellt, so sind wiederum die Sozialpartner und der Datenschutzbeauftragte des Unternehmens darüber in Kenntnis zu setzen. Danach kann man um Offenlegung der verschlüsselten Daten bitten, um mögliche schon bekannte Verdachtsmomente (Schlechtleistung, überteuerte Preise, Vergabe ohne Wettbewerb) mit dieser Auswertung zu unterstützen. Auf IT zu verzichten, scheint heute nicht mehr State-of-the-Art zu sein.

Wenn für einen Lieferanten mehrere Lieferanten-Nummern vergeben worden sind, sollte man Aufmerksamkeit walten lassen. Nicht nur steigt das Risiko fehlgeleiteter Kommunikation mit dem Lieferanten an, auch können Zahlungen falsch gesteuert werden. Tatsächlich sind mehrere Lieferantennummern ein Beleg dafür, dass die Stringenz der internen Anweisungen im Kundenunternehmen (Zentrale Vergabe und Abrechnung, Zentralkonditionen) nicht durchgängig gehandhabt wird. Diese Lücke öffnet im Preis- und Konditionenbereich der Leistungsvereinbarung versteckte Möglichkeiten, die mit der zentralen Vergabe gerade verhindert werden sollten[458].

Vergaben ohne Ausschreibung, mehr als einjährige Verträge, einjährige Verträge mit automatischer Verlängerung, mündliche Auftragsvergaben sind Indizien dafür, dass in der Kunden-Lieferantenbeziehung mehr als nur geschäftliches Interesse zu finden sein könnten. Da der Wettbewerb ausgeschaltet wurde, werden die Preise im Zweifel nicht den Marktpreisen entsprechen. Damit entsteht Raum für unangemessene Verhaltensweisen.

Es widerspricht eben der Lebenserfahrung, dass nur ein einziger Lieferant weltweit die Spezifikationen eines Unternehmens erfüllen könnte. Falls dies tatsächlich so begründet wurde, geht schon die Spezifikation vom Weltmarktstandard ab, so dass Mehrkosten bei der Beschaffung entstehen. Zusätzlich entstehen weitere Preisnachteile durch den Verzicht auf Wettbewerb. Beide Faktoren schaffen wieder Räume für unangemessene Verhaltensweisen. Deshalb soll schon im ersten Schritt die Fachseite

456 Siehe hierzu umfangreiche Literatur um den SOX (SarbanesOxleyAct) § 404.

457 Im Unterschied zur Anonymisierung, die nach einer Verschlüsselung keine Entschlüsselung mehr zulässt.

458 Von einem Cash- und Carry-Unternehmen wurde berichtet, dass es in seinen Märkten keine Vertreterbesuche der Lebensmittelindustrie zulassen wolle. Stattdessen sollten die ersparten Personalkosten und die regionalen Vertriebsbudgets als Zusatzrabatt gewährt werden.

auf die Implikationen einer Abkehr vom Weltstandard (Customizing) hingewiesen werden.

Der CO-Verantwortliche sollte diesen Punkt bei Widerstand auf der Fachseite durchaus in der Unternehmenshierarchie eskalieren lassen. Damit entsteht selbst bei der Beibehaltung des Status Quo ein Bewusstsein für kostentreibendes Denken und Handeln im Unternehmen, so dass bei einem ähnlichen Fall in Zukunft dann anders gehandelt und entschieden werden könnte.

Wenn trotz niedrigerer Preise der teurere Lieferant den Zuschlag erhält, so ist dies zunächst einmal ein starkes Alarmsignal, dass etwas nicht sauber gelaufen sein könnte. Zwar kann im Einzelfall das Vertrauen durch stets pünktliche und qualitativ einwandfreie Lieferung in den etwas teureren Lieferanten gerechtfertigt sein. Tritt der Fall gehäuft auf, stimmt der Prozess nicht. Das Fatale ist, das in Zukunft nicht mehr mit günstigen Angeboten zu rechnen ist, da der Markt zu wissen glaubt, dass das Unternehmen mit seinem Haus- und Hoflieferanten „verbandelt“ sei und auf die aufwendige Erstellung eines Angebots verzichten wird. Das Unternehmen befindet sich in der Gefahr, im Blindflug durch die nächsten Jahre zu segeln, da der Marktpreis nicht mehr bekannt ist.

Noch schwerer als Prozessstörungen wiegen Auftragssplits oder fehlende Angebote aus dem Vergabeprozess[459]. Hier werden bewusst interne Regelungen übergangen, arbeitsrechtliche Konsequenzen müssten hier die Folge sein, ohne dass der Nachweis der Schädigung des Unternehmens erbracht werden müsste. Meist sind sie Indikatoren unerlaubter Handlung und haben, falls sie über mehrere Jahre unentdeckt blieben, auch schon beträchtlichen Schaden anrichten können.

Ansteigende Reklamationen aus dem Unternehmen bzw. von der Abnehmerseite des Kundenunternehmens sind ebenso große Alarmsignale. Durch mindere Qualität wurde seitens des Lieferanten versucht, die eigene Auftragskalkulation zu retten. Entweder war er nicht mehr in der Anlage, die gestiegenen Anforderungen des Kunden zu erfüllen oder zusätzliche Belastungen haben seine Kalkulation „verhagelt“. Bei diesen zusätzlichen Belastungen könnte es sich auch um ungewöhnliche Zahlungen gehandelt haben. Gespräche mit dem Lieferanten wegen möglicher Schadenersatzforderungen des Kundenunternehmens, vielleicht unter Beteiligung des Chefjustitiars, der im besten Fall auch noch der CO-Verantwortliche des Unternehmens ist, werden den tatsächlichen Sachverhalt möglicherweise aufdecken. Soll der CO-Verantwortliche trotz Zuständigkeit (hoher Schadensbetrag) nicht am Gespräch teilnehmen dürfen und scheitern die Vergleichsgespräche gleichzeitig, so ist Gefahr im Verzuge.

Mögliche Lieferantenforderungen aufgrund von neuen Lieferungen sollen erstmals eingefroren bzw. aufgerechnet werden, um erlittenen Schaden zu reduzieren.

459 Sind spätestens seit 2014 ausdrücklich untersagt, insbesondere bei EU-weiten Auschreibungen.

Meist verlaufen danach die Gespräche zufriedenstellender, da nach einiger Zeit auch die Banken des Lieferanten, die die Zwischenfinanzierung übernommen haben, auf eine Einigung drängen. Eskaliert die Situation wie beschrieben, so ist die Geschäftsführung bzw. der Vorstand rechtzeitig in Kenntnis zu setzen, um auch externe Reputationsrisiken angemessen zu bewerten.

Die nachfolgende Tabelle fasst die oben diskutierten Punkte zusammen:

Vorgang	Stichwort	Red Flag
Lieferanten auswahl	Neuer Lieferant	Sehr schnell hohe Umsätze.
	Sehr lange Beziehung Kunde-Lieferant	Hohe, nicht wettbewerbsmäßige Preise eröffnen die Chance für Kickbacks.
	Name	Verbindung zu Mitarbeitern[460].
	Mehrere Lieferanten-Nummern	Trotz zentraler Vergabe werden regional zusätzlich weiter Aufträge vergeben.
Vergabe	Ohne Ausschreibung	Hohe, nicht wettbewerbsmäßige Preise eröffnen die Chance für Kickbacks.
	mündlich	Hohe, nicht wettbewerbsmäßige Preise eröffnen die Chance für Kickbacks, fehlende Beweismittel Im Straffall.
	Auftragssplit	Festgelegte Genehmigungs-Limits werden bewusst umgangen.
	Hoher Preis	Trotz Ausschreibung wird häufig nicht der Günstigste genommen.
	Dokumente	Die Angebotsoriginale sind nicht mehr auffindbar.
Leistung	Reklamationen Unternehmen	Qualitätsmängel deuten vielleicht auf Kickbacks hin, die der Lieferant ohne Leistungsverringerung nicht mehr erwirtschaften kann.
	Steigende Reklamationen Kunden	Qualitätsmängel deuten vielleicht auf Kickbacks hin, die der Lieferant ohne Leistungsverringerung nicht mehr erwirtschaften kann.

Abbildung 11-9: Einkaufsspezifische Red Flags

460 Wegen des Verbots der Rasterfahndung nach § 32 BDSG mit Augenmaß und in Offenheit mit dem Sozialpartner nach einem Anfangsverdacht anzugehen!

11.4.2 Sonderthemen Einkaufscompliance

Für einen verantwortlich arbeitenden Einkäufer zählt in Zeiten der Globalisierung schon längst nicht mehr der Preis als Vergabekriterium allein.

Lieferanten, die durch ihr unzuverlässiges Lieferverhalten und ihre mangelnde Lieferqualität auffällig geworden sind, müssen sich vergegenwärtigen, auf einer sog. „Schwarzen Liste[461]" zu landen. Insbesondere Lieferanten, die durch Korruptionsversuche aufgefallen sind, trifft diese härteste „Bestrafung" zu Recht. Eine Grundsatzfrage wäre in diesem Zusammenhang auch zu klären, ob kartellrechtlich bestrafte Unternehmen ebenfalls ein „Sonderbehandlung" verdient hätten. Oder man stellt sich auf den Standpunkt, Strafe bezahlt, reingewaschen. Verlockend ist es natürlich für jedes Kundenunternehmen, die schwache Marktstellung dieser Unternehmen auszunutzen, um sehr günstige Einkaufsbedingungen herauszuhandeln. Auf der anderen Seite sollte vorab die Analyse stehen, ob sich bei dem betroffenden Unternehmen in der Governance Entscheidendes geändert hat und ob man selbst Schadenserastzansprüche nach GWB (Gesetz gegen unlauteren Wettbewerb) o.a. Anspruchsgrundlagen erheben kann.

Im Baubereich wird naturgemäß häufig mit Subunternehmern gearbeitet. Eine Forderung nach Subunternehmerausschluss scheint heutzutage praxisfremd. Trotzdem steht das vergebende Unternehmen in der Verpflichtung, genau darauf zu achten, mit welchen Unternehmen und Subunternehmen es Geschäfte macht. Das gilt für den Textilhandel nach dem Bangladesh-Desaster auch für die Vergabe im Baubereich. Im Baubereich geht es meistens um hohe Beträge, die sich für eine mögliche Geldwäsche[462] eignen. Wettbewerber werden unterboten, Aufträge werden generiert und trotz Verlustsituationen bleiben Firmen überlebensfähig. Darüber hinaus können Fiskalpobleme aus nicht abgeführten Steuern/unzulässigen Steuererstattungen hinzukommen. Abhilfe schafft allein die Methode, sich den tatsächlich tätigen Lieferanten anzuschauen (Identitätsprüfung), die Größe des Auftrags mit der Größe des Unternehmens zu vergleichen und das Handelsregister nach auffälligen Häufungen im Gesellschafter- und Geschäftsführerkreis zu analysieren. Da über Geldwäsche, also illegales Geld, erworbene Vermögensgegenstände beschlagnahmt werden können[463], sollten Subunternehmer auf Identität und Eignung vor einer Vergabe besonders untersucht werden.

Auch Lieferanten, die für ihre Zahlung auf Konten in Steuerparadiesen[464] oder Ländern, die sich der UN-Initiative gegen Geldwäsche nicht angeschlossen haben

461 Konkret geht es um eine (befristete) Auftragssperre.

462 In die Kriminalpolizei, Zeitschrift der Gewerkschaft der Polizei, Ausgaben 2014 findet sich ein lesenswerter Artikel über Geldwäsche, der Methoden, Spielarten, Fachbegriffe und Volumen in anschaulicher Weise darstellt.

463 § 261, Abs. 7 StGB.

464 Z. B. Andorra, Bulgarien, Jersey, Isle of Man, Kanal – Inseln, Liechtenstein, Luxemburg, bestimmte Kantone der Schweiz (z. B. Zug), Malta, Monaco, Dubai, Bahrain, Mauritius, Niederländische Antillen, Cayman Inseln, Antigua, Barbados, Bahamas, Nauru, Singapur, Panama uvm.

bzw. Defizite in der Umsetzung der erforderlichen Maßnahmen aufweisen[465], sind mit besonderer Vorsicht zu betrachten. Überraschend sind hierunter auch Länder zu finden, mit denen Deutschland einen regen Warenaustausch praktiziert wie die Türkei, Vietnam und Indonesien.

Zwar gilt bei allen Geschäften grundsätzlich das Prinzip Leistung und Gegenleistung, hiernach kann der Lieferant nach Leistungserfüllung bestimmen, auf welches Konto bei welcher Bank in welchem Land gezahlt wird. Risiken, das bei diesem Geschäft illegale Gelder zur lieferantenseitigen Finanzierung im Spiel waren, sind dann vom Kunden mit zu tragen. Denn die Illegalität des Geldes erlischt nicht im Moment des neuen Geschäfts, d.h. der Erwerber der Ware oder Dienstleistung, die durch illegale Gelder zustande gekommen ist, macht sich selbst der Geldwäsche schuldig, ohne, dass er Geld gewaschen hat.

Wird auch indirekt durch illegales Geld ein Vermögengegenstand erworben, kann er beim Erwerber beschlagnahmt werden[466]. Dies ist zwar in Deutschland wegen der Beweislast zurzeit eine eher theoretische Gefahr, in Italien[467] gab es eine Beweislastumkehr, so dass die Infiltration der Wirtschaft mit illegal erworbenem Geld inzwischen erschwert wurde. Die USA[468] bekämpfen schon seit 1970 mit dem Bank Secrecy Act die Geldwäsche, nach dem 11.9.2001 wurde dieses Gesetz durch den Patriot Act weiter verschärft.

Nach einschlägigen Erkenntnissen[469] können insbesondere die Immobilienwirtschaft, die Bauindustrie, die Tourismusindustrie mit Hotellerie und Restaurants betroffen sein. Ungewöhnlich hohe und lange Leerstände bei Immobilien, äußerst günstige und ungewöhliche Angebote im Baubereich, auf Dauer unrentable wirtschaftende Restaurants können u.a. Indizien für mögliche Geldwäsche sein.

Ein weiterer Sonderfall bei der Beschaffung betrifft die sog. Kickbacks. Im Bankenbereich werden sie vollkommen legal als Vermittlungsprovision des Produkterstellers (z.B. Investmentfond) und im Normalfall nicht an den Kunden weitergereicht. Im B2B-Geschäft geht es letztlich um den Nettopreis, also den Beschaffungspreis abzüglich aller Rabatte und Konditionen.

Kickbacks wurden im großen Stil über schwarze Kassen zur Erzielung von Aufträgen an den Auftragsvermittler (häufig Regierungsbeamte) gezahlt und erhöhten implizit den Beschaffungspreis beim Kunden/Einkäufer. Siemens hat seine Lehren aus

465 Lt. FATF blacklist vom Nov. 2013: Iran, Nord Korea, Guyana; Äthiopien, Ecuador, Indonesien, Kenia,Myanmar, Pakistan, Sao Tomé e Principe, Syrien, Tansania, Türkei, Vietnam,Yemen.

466 Es genügt schon leichte Fahrlässigkeit, da durch die Vielzahl von Veröffentlichungen in der Presse nicht mehr vom Primat eines gutgläubigen Erwerbs ausgegangen werden kann, siehe § 261, Abs. 5 StGB.

467 Z. B. werden seit 1.2. 2014 alle Überweisungen aus dem Ausland nach Italien mit einer 20 % Steuer belastet, die erst bei Nachweis, dass die Gelder versteuert wurden, wieder zurückerstattet wird, Italia & Mondo vom 17.2.2014 (Articolo 4, comma 2, Dl n. 167/90 modificato dalla legge 97/2013).

468 Siehe hierzu den Patriot Act vom 25.10.2001, übergegangen bzgl. Geldwäsche am 26.9. 2002 als Änderung des BSA (Bank Secrecy Act), mehrfache Anpassungen in Einzelregelungen bis 2013.

469 Siehe hierzu z. B. BKA und FATF mit ihren jeweiligen Veröffentlichungen.

diesen Fällen gezogen und eine strikte Compliancekultur und -organisation implementiert, die solche Fälle in Zukunft verhindern soll[470].

Generell kann Kollusion und damit die Möglichkeit von Kickbacks nicht ausgeschlossen werden. Der Autor sieht einen starken Bezug von effektivem Marktpreis und damit Verhinderung von „Verhandlungsmasse". Compliance-Prüfungen sollten im Einkauf wie übrigens auch im Marketing/Verkauf Hand in Hand gehen mit OA-Prüfungen. Ein sog. Full Audit ist demnach einem Prophylaxe-CO-Audit vorzuziehen weil nicht nur die Einhaltung der Richtlinien überprüft, sondern auch das Geschäftsmodell kritisch hinterfragt wird.

11.5 Kernthesen

Die Grundlagen des Einkaufs wurden anhand der unterschiedlichen Güter und Dienstleistungen in ihren jeweiligen Märkten dargestellt. Eine Unterscheidung der Rohstoffe und der sog. Hilfs- und Betriebsstoffe, die heute als Energiekosten wesentlicher Ergebnisbestandteil sein können, wurde vorgenommen. Die Besonderheiten der Märkte für IT, Werbung und Beratung wurden kurz erläutert. Die Rolle eines Chief Buyer mit seinen Implikationen für das Unternehmen, Synergien, Friktionen Fachqualifikation und Unternehmensstrategie wurden im Einzelnen beschrieben. Der wichtige Beschaffungsprozess von den technischen Grundlagen, dem internen Auftrag bis zur Vergabe wurde dargelegt. Die unterschiedlichen Anforderungen an die Beschaffungsfunktion bei sicheren oder unsicheren Bedarfen der Absatzmärkte wurden diskutiert ebenso wie Methoden, sich einem effektiven Marktpreis zu nähern. Als Sonderfall wurden innerhalb der Logistik die Incoterms, die wichtig sind für internationale Transporte und Warenbewegungen, dargestellt.

Weiter wurden einige Indikatoren geschildert, die Beschaffungsverfahren als unvollkommen qualifizieren können. Die eigene Sachkunde auszubauen, empfiehlt sich insbesondere bei Vergaben in den Bereichen IT und Bauleistungen. Auch sollten die Leistungen der Outsourcer mindestens einmal jährlich unabhängig überprüft werden.

Entsprechend des COSO ERM Modell wurde die 8 Managementprozesse im Einkauf von der Einbettung des Einkaufs im Unternehmen bis zum Monitoring ausgeführt. Besonderer Wert wurde auf die Ausgestaltung der Internen Kontrollen gelegt, die sich wiederum auf die jeweilige Risikoeinschätzung im Unternehmen abstützen sollten. In den Internen Kontrollen finden sich auch einige Überlegungen zu den Ordnungsmäßigkeitsthemen der Beschaffung. Auch finden sich in diesem Abschnitt Überlegungen zu den Total Costs of Ownership (TCO), etwaigen Klumpenrisiken bei der Lieferantenauswahl und deren mögliche Behebung sowie konkrete Einzeldatenerhebung, um zu einer umfassenden Lieferantenbeurteilung zu kommen. Überlegungen, die Lieferanten mit in die Verantwortung einer Corporate Social Responsibility

470 Siehe hierzu Siemens Global Website und im Speziellen S. 215 des Geschäftsbericht 2013, in dem auf das Lieferantenmanagement inkl. Prüfung auf Einhaltung der Compliance-Standards eingegangen wird.

zu bringen, und eine grobe Skizzierung einer Balanced Scorecard im Einkauf runden die Thematik Zweckmäßigkeit ab.

Wirtschaftlichkeits-Aspekte des Einkaufs wurden zusammen mit einem Beispiel aus dem PC-Markt diskutiert. Der Autor plädiert in diesem Anschnitt nachhaltig für einen integrierten Prüfungsansatz von FA und OA, um Risiken und fehlerhafte Beurteilung aus Unkenntnis des Marktpreises heraus zu vermeiden. Einige Prüfungsideen innerhalb des Einkaufsprozesses von der Bedarfsanforderung bis zur Rechnungsprüfung wurden vorgestellt. Dazu gehören die Themen Standardisierung, der Bedarfsanforderung, Outsourcing bestimmter Supportfunktionen, der Umgang mit Boni und Skonti, die Ersatzbeschaffung von Investitionsgütern und das Risiko von Preisgleitklauseln in langfristigen Mietverträgen sowie ein Vielzahl von Prüfungsideen mit Einsatz der IT im Einkauf. Nicht zuletzt sind einige Aspekte der Wirtschaftlichkeit in der Einkaufsfunktion wie Intranet-Kataloge zur Bestellung von C-Gütern, wiederum das Lead Buyer Konzept für Synergiepotenziale und die Einbindung der Beschaffungsfunktion in ein ERP mit Kopplung an CRM beschrieben worden.

In diesem Kapitel sind die Marktmechanismen an vielen praktischen Beispielen vorgestellt worden, die zu möglichen Compliance-Fällen führen können, Monopolsituationen auf der Kundenseite ziehen Reaktionen auf der Lieferantenseite nach. Ergeben sich ungewöhnliche Preisspielräume bei der Festlegung von Marktpreisen, ergeben sich Risiken für Compliance-Verstöße. Als spezifische Red Flags im Einkauf wurden verschiedene Prozessunvollkommenheiten wie mündliche Vergabe, Vergabe ohne Wettbewerb, häufige Vergabe nicht an den preiswertesten Lieferanten etc, die für den Compliance-Verantwortlichen im Einzelnen dargestellt. Gleichzeitig wurden auch Maßnahmen vorgestellt, mit denen sich diese Schwachstellen beseitigen lassen.

12 Supportprozesse 3: Revision im Immobilienmanagement

Heutzutage vergeht kaum ein Tag in den Wirtschaftnachrichten, in denen nicht über Immobilien diskutiert wird, der amerikanischen Subprime-Hypothekenkrise sei es geschuldet.

Gleichzeitig stürmen Investmentbanker die Chefetagen mit dem Simpelthema, versteckte Reserven zu heben, Ressourcen ertragreicher im Kerngeschäft anzulegen und sich von den eigenen Immobilien zu trennen.

In der Tat schlummern in den Unternehmensimmobilien noch häufig Reserven, da die Renditen von 4–6,5 % p. a. nach Steuern zumeist niedriger sind als die im Kerngeschäft zu erzielenden. Ein in der Literatur selten diskutiertes Problem wie der Auslastungsgrad von Büroimmobilien kann dies verdeutlichen.

In „Ein-Schreibtisch-pro-Mitarbeiter-Büros" mit einer Wochenarbeitszeit von 40 Stunden, 6 Wochen Urlaub und 5 % Krankenstand und 0 % Reisezeit ist die Auslastung eines 1.672 Stunden-Arbeitsjahres im 1-Mann-Büro mit 19 % gemessen an einem Vollzeit-Jahr mit 8.760 Stunden äußerst niedrig und sollte für wirtschaftlich tätige Unternehmen ein steter Quell der Optimierung darstellen.

Trotz steigender Heimarbeitsplatzzahlen, zunehmender IT-Vernetzung mit jederzeitiger Erreichbarkeit und schnellem Informationszugriff werden weiter Büroimmobilien gebaut statt vorhandene besser zu nutzen.

12.1 Performance-Prüfungen bei Immobilien im Rollengeflecht von Mieter- und Vermieter/Eigentümerinteressen

Doch der Reihe nach: Was können typische OA-Themen bei Immobilien sein. Es sind all diejenigen, die die Immobilienkosten senken helfen können. Im Prinzip ist es bei Immobilien relativ einfach, Anzahl m^2-Miete definiert den Kostenblock.

Differenziert man nun einmal die Mengenkomponente und die Preiskomponente, wird das Bild etwas klarer.

Welche m^2 eines Gebäudes sollen in die Berechnung einfließen:

- Außen- oder Innenmaße,
- Büroflächen oder die Gesamtgebäudefläche inkl. der Verkehrsflächen,
- Außenflächen bis zur Grundstücksgrenze,
- Nebenflächen wie Parkplätze außen oder in der Tiefgarage,
- Technikflächen für den Gebäudebetrieb (Wasser, Abwasser, Heizung, Klima, Aufzüge, Reinigungsräume etc.).

Bei der Berechnung der Miete fließen letztendlich alle Flächen mit ein, da der Eigentümer des Gebäudes alle Flächen und Räume bewirtschaften muss.

Eines wird jedoch auf den ersten Blick klar, je niedriger der Anteil der Büroflächen an der Gesamtgebäudefläche ist, desto c.p. höher fällt der m^2-Aufschlag aus, desto höher ist die Monatsmiete. D. h. repräsentative Gebäude mit großen Innenhöfen und aufwendig und großzügig gestaltetem Eingangsbereich kommen so schnell unter 50, manchmal unter 40 % Nettomietflächenanteil.

Leere Mietflächen bei einem noch lange laufenden Mietvertrag rufen nach alternativen Belegungskonzepten. Durch die neue höchstrichterliche Rechtsprechung[471] dürfte eine Untervermietung zukünftig eher möglich sein, obwohl der Eigentümer weiter eine Reihe von Möglichkeiten hat, dies einzuschränken (AGB, Nutzungsausschlüsse, Hausfrieden in von mehreren Parteien genutzem Gebäude etc.).

In der Preiskomponente der Miete sind auch verschiedene Faktoren zu berücksichtigen. Zunächst muss zwischen Kalt- und Warmmiete unterschieden werden. Die Nebenkosten sind schon lange zu einem unangenehmen Hauptkostenbestandteil geworden, überproportionale Steigerungen bei Energie und kommunalen Gebühren sei Dank.

Durch den Zwang zum Ausweis der Energiekosten haben Mieter sehr schnell Einblick in den Klimazustand des Gebäudes. Standard bei Neubauten sollten unter 40 KWh (m^2 p.a.) für Wärmeerzeugung sein, über 120 KWh sollten zur deutlichen Reduzierung der Kaltmiete führen, da der Eigentümer in den letzten Jahren offensichtlich nicht sehr viel Geld in die energetische Sanierung gesteckt hat[472].

In die Kalkulation der Kaltmiete fließen zunächst die anteiligen Grundstückskosten mit ein, dabei gilt im Prinzip je zentraler, desto teurer.

Unternehmen sind gut beraten, diese Zentralitätskomponente einmal kritisch zu hinterfragen. Es kann nämlich eine erhebliche Kostenentlastung bedeuten, aus der Zentralität in die Peripherie der Großstädte auszuweichen. In den sog. „Speckgürteln" der Großstädte kommen als weiterer Vorteil manchmal auch geringere Gewerbesteuerhebesätze hinzu.

Ein weiterer erheblicher Kostenblock wird durch die (eigentümerveranlasste, feste) Ausstattung der Räumlichkeiten verursacht.

Zwischenböden für elektrische Leitungen und Kommunikation und Kühldecken zur Klimatisierung bzw. Klimaanlagen in allen Räumen sind angenehme Ausstattungsdetails, jedoch teuer.

---

471 Siehe BGH-Urteil vom Juni 2014 – Az.: VIII ZR 349/13.

472 Als eine Studie unter vielen sei die der TU Braunschweig zitiert, s. https://www.tu-braunschweig.de/Medien-DB/igs/Projektarchiv/abschlussbericht_eva.pdf. Schon heute werden Netto-Null-Energiegebäude betrieben wie das Beispiel in Herten zeigt, siehe hierzu: http://www.kka-online.info/artikel/kka_Das_Buerogebaeude_der_Zukunft_1809069.html, zuletzt aufgerufen am 15.12.2014.

Ähnliches gilt für Aufzuganlagen und Tiefgaragenbetrieb, bequem, aber nicht preiswert.

Im Lauf der Nutzung sollte ein Bürogebäude auch über leicht versetzbare Innen-Mauern verfügen, um unterschiedlich wachsende Bereiche ohne große Umbaumaßnahmen gut „bedienen" zu können. Dabei kommt es gar nicht so sehr auf die Frage Großraumbüro oder Einzelzimmer an. Die Frage ist, mit wie viel Aufwand lässt sich die Büronutzungsfläche verändern.

Der Blickwinkel ändert sich etwas, wenn das Unternehmen Eigentümer der Immobilie ist. Manchmal treten dann wirtschaftliche Betrachtungen wie p.a.-Rendite, Nutzungsgrad, Wiederverkaufswert und alternative Standortbetrachtung hinter mehr emotionalen Themen wie stille Reserven, Keimzelle des Unternehmen, Geist des/der Gründer, Außenwirkung für das Unternehmen zurück. Letztlich sollte klar sein, dass auch eine Immobilie Geld verdienen soll, der Mietvertrag sollte also marktüblich gestaltet sein, sonst wird ein Teil der Bilanzsumme zu „totem" Kapital.

Ob nun ABS (Asset back Securities)-Programme der Weisheit letzter Schluss sind, mag dahin gestellt sein. Jedenfalls öffnen sie die Aktivseite der Bilanz und vielleicht dringend benötigte Investitionsmittel können (wenigstens teilweise) aus der Substanz finanziert werden. Der Standort des Unternehmens wird weiter erhalten, weil man dem Gebäude von außen ja nicht ansieht, wer der Eigentümer ist.

Zum Verkauf der Immobilien sei noch am Rande angemerkt, dass das Unternehmens-Rating nach einer Bilanzverkürzung wohl bedacht sein sollte, da Triple-A-Sicherheiten (eigene Immobilien) aus der Bilanz verschwinden. Kurzfristig lässt sich sicher mit dieser Maßnahme Liquidität heben, jedoch geht gewonnene Mieterflexibilität sofort wieder verloren, wenn durch ein Sale-and-lease-back-Verfahren eine langfristige Anmietung der soeben verkauften Immobilien einhergeht.

Bei Verwaltungsneubauten empfiehlt sich von vorneherein, die Drittnutzung im Auge zu behalten, da nicht jeder spätere Kaufinteressent gerne die teuren Sondereinrichtungen mitbezahlen möchte, die in guten Tagen des Unternehmens angeschafft wurden.

Es zeigt die Erfahrung, dass gerade im öffentlichen Bereich gegenüber der Privatwirtschaft ein Nachholbedarf zur besseren Gebäudenutzung besteht[473].

Die nachfolgende Tabelle fasst einige Themen tabellarisch zusammen:

473 Manchmal, scheint es, würden Gebäude zweckentfremdet, um scheinbar niedrigen monatlichen Salären durch großzügige Gebäudeausstattung in Fläche je Mitarbeiter und in Kosten je m^2 auszugleichen.

Rollen-Konzept	Praxisproblem	Effektivität = Was zu tun?	Effizienz = Wie zu tun?
Mieter	Unproduktive Neben-Flächen	Sollquoten von über 60 % für Nutzfläche/ Gesamtmietfläche festlegen	Mietvertrag kündigen
	Nebenkosten steigen	Energiemanagement (Menge), Vertrags-management (Preis)	Energiesparprojekt initiieren
	Leerflächen	Flächenbedarfsplanung nur bis maximal zu einem Schwellenwert < 100 %, Rest über Fremdanmietungen	Mietvertrag kündigen, Untermieter suchen
	Nutzungsgrad der Räume	Alternative Belegungs-konzepte prüfen	Untermieter suchen, Bürocontainerkonzept ohne eigenen Schreib-tisch: Großraumbüros
Mieter	Flexibilität bei Umorganisationen	Facility Management	Weniger Umzüge, bessere IT-Anbindung und mehr Besprechungsräume
	Zu wenig Flächenreserven	Mittelfristige Flächen-mietplanung bis maxi-mal zu einem Schwel-lenwert < 100 % (abgesicherter Bedarf), Rest über kurzfristige Anmietungen	Kurzfristige Mietverträge, Fremdanmietungen Tausch von Flächen mit Mitmietern
Eigentümer	Wenig produktive Assets	Verkauf an Investor	Gründung einer Zweck-gesellschaft (Minderheitanteile)
	Instandhaltungs-kosten steigen	Prophylaktische In-standhaltungsplanung	Professionelle Beratung; Verkauf
	Leerflächen im Eigentum	Mittelfristige Flächen-mietplanung bis maxi-mal zu einem Schwel-lenwert < 100 % (abgesicherter Bedarf), Rest über kurzfristige Anmietungen	Kündigung Mietvertrag; Nachmietersuche bei vorzeitigem Ausstieg, um Pönale zu sparen

Rollen-Konzept	Praxisproblem	Effektivität = Was zu tun?	Effizienz = Wie zu tun?
	Steigende Zahl von Fremd-Anmietungen	Mittelfristige Flächenmietplanung, Koordinationsausschuss einrichten (Mehrjahresplanung auf regionaler Ebene)	Make or Buy-Kalkulation von Immobilien, Qm-Vorgaben je Mitarbeiter formulieren, Regionalen Ausgleich versuchen
	Bewirtschaftungskosten steigen (Pförtner, Reinigung, Haustechnik)	Facility Management	Ausschreibung der Facility-Dienste Outsourcing

Abbildung 12-1: OA-Themen im Immobilienbereich nach Verantwortlichkeiten

Die Themen sind meist nicht so einfach umzusetzen, wie sie in der Tabelle aussehen, da der „menschliche Faktor“ bei Standortbestimmungen bzw. und Standortverlagerungen eine große Rolle spielt. Alle diese Themen sind in den meisten deutschen Unternehmen darüber hinaus mitbestimmungspflichtig, so dass Änderungen am Besitzstand des eigenen Büros oder Schreibtisch nur mittelfristig umsetzbar erscheinen. Trotzdem lässt sich durch eine Diskussion im Unternehmen einiges bewegen.

12.2 Projektprüfungen anhand des HOAI-Bauprozess

Bauen ist wie IT oder Werbung meist eine Individuallösung, die projektmäßig erbracht wird. Im Baubereich ist der HOAI (Honorarordnung für Architekten und Bauingenieure)-Bauprozess der Marktstandard[474]. Er hat den wenig griffigen Vorsatz HO: Honorarordnung, weil für jede Bau-Phase ein bestimmter Honorar-Prozentsatz anfällt.

Für alle Phasen gilt: Kenntnisse über die im Prozess beteiligten Personen sind notwendig, um Ziel- und Interessenkonflikte in möglichen Streitfällen möglichst zu vermeiden. Man kann sich auf Anhieb gar nicht vorstellen, wie viele Berater[475] den Bauprozess einer gewerblich genutzten Immobilie begleiten können, und die Bauwelt der Gutachter[476] ist klein in Deutschland.

474 Der Autor ist sich bewusst, dass das Wort *Marktstandard* ein Widerspruch in sich ist, da die Honorare mit Bauingenieuren, Archtikten und Bauplanern nicht ausgehandelt, sondern vom Gesetztgeber festgeschrieben werden. Aber für Deutschland ist die HOAI nun einmal die „Bibel“.

475 Wird das Objekt nach Fertigstellung in einen geschlossenen Immobilienfond eingebracht, so nehmen Finanzberater, Steuerberater, Wirtschaftsprüfer, Rechtsanwälte auf beiden Seiten, Projektberater, Marketingberater für die Platzierung des Objekts auf dem Markt, potenzieller Kommanditisten, Makler für die Vermietung des Objekts und Bauplaner, ohne einen Anspruch auf Vollständigkeit erwecken zu wollen, am Projektfortschritt regen Anteil.

476 Der Begriff Gutachter/Sachverständiger ist in Deutschland nicht geschützt. Jedoch ist davon der ö.b.u.v. (Öffentlich bestellte und vereidigte) Sachverständige, dem ein besonderes Maß an persönlicher Eignung und Fachkunde in seinem Gebiet bescheinigt wird.

Der Bauherr sollte sich auch als ein solcher begreifen, da es auf seine Entscheidungen und nicht, wie manchmal vermutet wird, auf die des Architekten, im Wesentlichen ankommt. Bringt er sich frühzeitig und professionell ein, so kann viel Geld gespart werden. Denn Nachträge sind nicht, etwas spöttisch bemerkt, die Chance für das Bauunternehmen, ohne Wettbewerb die Rendite für das Gesamtobjekt zu steigern, sondern auch häufig verspätete Einsichten des Bauherrn, doch andere Ausführungen zu wählen, wenn die Vergabe schon abgeschlossen ist.

Im Nachfolgenden sind einige praxisbezogene Anmerkungen aus OA-Sicht vermerkt, die keinen Anspruch auf Vollständigkeit erheben. Wenn sich die IR mit einem Bauvorhaben befassen sollte, sollte sie auf jeden Fall frühzeitig einsteigen, um wirtschaftliche Verbesserungsvorschläge einbringen zu können, bevor die wesentlichen Entscheidungen getroffen wurden.

Ex-post-Audits sind bei Bauprüfungen selten angemessen, jedoch eine fundierte Rechnungskontrolle rechnet sich immer!

Themen dieser Überprüfung können Massenabweichungen, Bauzeitnachträge, Nachträge ohne Genehmigung, Nachträge zu höheren Einheitspreisen als im Ursprungsvertrag, Vermischung von Stundenlohnarbeiten und Einheitspreisen (Doppelabrechnung) u.v.a.m sein.

Im ersten Prozessschritt „Grundlagenermittlung“ ist die IR meistens relativ unbeteiligt, da der Eigentümer (Vorstand/Geschäftsführung) über das Bauvorhaben entscheidet. Jedoch kann sie in Kenntnis der geplanten Vorgabe auf die Entscheidungsträger einwirken, wenn erhebliche Zweifel am Nutzen des Vorhabens bestehen.

Dieser Zweifel könnte z. B. dadurch begründet werden, wenn es am Standort genügend eigene Flächen bzw. durch langfristige Mietverträge gebundene Flächen geben würde.

In diesem Falle wäre das Organisationskonzept so zu gestalten, dass zunächst die Leerflächen besetzt und dann erst über einen Neubau nachgedacht würden.

Ähnliches gilt für langfristige Mietverträge. Hier ist weder eine vorzeitige Kündigung vorteilhaft noch eine mögliche Untervermietung. Der Eigentümer wird im ersten Fall eine Schadensersatzforderung aufmachen, ein möglicher Nachmieter in Kenntnis der Drucksituation (Leerstand) die Miete nach unten verhandeln.

Wenn Rationalisierungen am geplanten Standort geplant sind, sollte vor dem Hintergrund einer möglichen Flächenfreisetzung seitens der IR bei einem geplanten Neubau ebenfalls interveniert werden.

Ein letzter Grund wäre, wenn auf dem geplanten Grundstück für den Neubau eine Baurechtsänderung (Größe und Umfang der Nutzung, Geschossflächenzahl, zu errichtende m^2 zu Grundstückgröße, Wohngebiet statt gemischter oder Gewerbenutzung etc.) nötig wäre. Hier wäre jedoch zu eruieren, ob die Fachseite mit der Kommune schon ein Einverständnis erreicht hat oder die Kommune nicht zu einer Baurechtsänderung bereit ist. Baurechtsänderungen erhöhen meistens den Wert eines

Grundstücks, so dass für diesen Fall auch die Compliance-Thematik angesprochen werden könnte. Im Zweifel könnte eine Kommune eine Gegenleistung fordern (There is no free lunch), sei es in einem Standortsicherungskonzept für die Arbeitsplätze, sei es mit der Verpflichtung eines (teuren) Architektenwettbewerbs und Mitsprache bei der Gestaltung der Außenfassade.

Der nächste Schritt „Vorplanung“ konkretisiert das Bauvorhaben. Wichtige Weichenstellungen sind

- die Vergabe an einen Architekten, möglicherweise im Wettbewerb,
- Klärung des erforderlichen Budgets inkl. möglicher Finanzierung,
- grobe Festlegung der Büroflächen,
- den Umfang der Gesamtfläche,
- die Größe des Gebäudes,
- die technischen Ausstattungen (Heizung, Klima, Wärmedämmung, Energiesparen, Passiv- oder gar Aktivhaus, Anzahl der Garagenplätze etc.).

Hier sollte es eigentlich die Ausnahme sein, dass wesentliche Bestandteile wie Brandschutzerfordernisse, Treppenhäuser, Kantine oder Gemeinschaftsräume fehlen.

Der BER (geplante neue Flughafen in Berlin/Brandenburg) zeigt jedoch, das Kardinalfehler in der Vorplanung katastrophale Konsequenzen haben können auf Budget und Fertigstellungstermin. Fehlende Funktionalitäten können nicht immer mit mehr Mitteleinsatz komplettiert werden, insbesondere, „wenn schon der Beton geflossen (Phase 8: Objektüberwachung) ist“. Insofern könnte es gerade bei Groß- oder Größtprojekten im Mrd. EUR Bereich sinnvoll sein, die Vorplanung kritisch von fachlich kompetenter Seite zu hinterfragen.

Dennoch ist diese Frage meist charakterisiert durch intensive Gespräche zwischen Bauherr und Architekt. Durch die heute mögliche 3D-Dimension und Möglichkeiten, das Gebäude in diesem Stadium tatsächlich begehen zu können, wird viel Irr- oder Umwegplanung verhindert. Denn insbesondere die optische Anmutung kann einem („Laien“)-Bauherrn stark helfen, die Pläne zu verstehen.

In dieser Phase zeigt sich auch, ob die Vorauswahl des Architekten zielführend war und ob sich der Eigentümer wirklich intensiv mit dem Neubau auseinander gesetzt hat. In dieser Phase sind Änderungen noch problemlos möglich, ab Phase 3 wird es schon deutlich teurer.

In der nächsten Phase, der Entwurfplanung und Kostenberechnung wird es langsam ernst,

- d.h. ob sich die Wünsche des Bauherrn mit seinem Budget zusammenbringen lassen,
- welche Abstriche erforderlich sind,
- ob noch Platz für Reserven ist,
- ob grundsätzliche Einigung besteht oder es wesentlicher Umplanungen schon zu Dissenz gekommen ist,
- ob jetzt schon Zusatzbudgets beantragt werden müssen.

In dieser Phase, „Entwurfsplanung und Kostenberechnung“ wird das Bauvorhaben so detailliert wie möglich geplant. In dieser Phase können Alternativmaterialien zum Ausbau (z. B. Fenster Holz versus Fenster in ALU), Anzahl der Leichtbauwände (Einzel-, Gruppen oder Großraumbüros), Steinfassade oder Putz sehr einfach eingesetzt werden, so dass der Bauherr ein Vorstellung von den Konsequenzen seiner Wahl erhält, ästhetisch und budgetmäßig.

Diese Phase ist wichtig für Grundsatzentscheidungen des Bauherrn, der durch den Architekten unterstützt wird. Alternativen können durchgespielt werden, so dass Funktionswünsche, ästhetische Vorstellungen mit dem Budget in Einklang gebracht werden. Eine IR kann in dieser Phase Hilfestellung bieten, inwieweit Kosten-Nutzen-Überlegungen bei allen Grundsatzentscheidungen berücksichtigt wurden.

In der vierten Phase, der Genehmigungsplanung, wird es offiziell. Das Bauvorhaben muss der Kommune zur Genehmigung vorgelegt werden und letzte Baurechtsfragen sollten nun entschieden sein. Wichtig ist, entsprechende Zeitreserven einzuplanen, da Behörden unter einer anderen Zielsetzung als Unternehmen arbeiten. Hier zählen nicht nur wirtschaftliche Vorteile[477], sondern auch Umwelt- und Nachbarschaftsfragen. Ein Unternehmen, das sich unter dem Wert von Corporate Social Responsibility als Bürger der Kommune sieht, wird möglichen Problemen und Ängsten vor dem „Neuen“ mit entsprechender Einbindung der Betroffenen und offener Kommunikation begegnen. Dann wird es für die kommunalen Entscheidungsträger auch einfacher, auf den ersten Blick unpopuläre Entscheidungen (z. B. Baurechtsänderung mit Erhöhung der Geschossflächenzahl) zu rechtfertigen.

Ein anderes Thema sind erzielte Baurechtsvorteile. Sind seitens der IR keine Vorteile auf der Gegenseite (Kommune) sichtbar[478], sollte die Compliance-Frage gestellt werden, aus welchem Grund dem eigenen Unternehmen dieser Vorteil eingeräumt wurde. Diese Klärung im Vorwege kann einem Unternehmen manche spätere, auch öffentliche Nachfrage ersparen[479].

In der Ausführungsplanung, der 5. Phase, wird die Entwurfsplanung für den Vergabeprozess vorbereitet. Hier wird der größte Teil des Architektenhonorars von 25 % fällig, Modelle werden erstellt, Zeichnungen im Detail für alle Elemente des Bauvorhabens erstellt und die Fachplanungen für die unterschiedlichen Gewerke erarbeitet.

---

477 Ein Beipiel unter (hoffentlich) vielen für eine positiv eingestimmte stellt Mannheim dar, die in den Investitionen der Unternehmen eine Bereicherung der Kommune sieht, siehe *siq-online.de/index.php?seite=27*, zuletzt aufgerufen am 15.12.2014.

478 Im Wirtschaftsleben besteht das Prinzip von Leistung und Gegenleistung. Ändert die Kommune z. B. Stadtentwicklungsplan, Flächennutzungsplan und Bebauungsplan durch Genehmigung von mehr Geschossen oder einen günstigeren Anteil von bebauter Fläche zu Grundstücksfläche, so erhält das betreffende Unternehmen durch die Änderung des Baurechts einen wirtschaftlichen Vorteil. Die Kommune sollte ihrerseits durch mehr Beschäftigte und höhere oder sichere Steuereinnahmen auch einen Vorteil erzielen können.

479 Es sei hier nur beispielhaft an die vielen Korruptionsverfahren in NRW bei der Entwicklung und Kauf von kommunale Grundstücken durch die BLB (Bau- und Liegenschaftsbetriebe) NRW in Duisburg (Landesarchiv), Düsseldorf (Neubau Landgericht, Ankauf Vodafone Hochhaus, Fachhochschule) und Köln (Polizeipräsidium) erinnert.

Das eingeschaltete Planungsbüro sollte unabhängig vom späteren Bauunternehmen sein. Hier ist eine sorgfältige Auswahl segensstiftend, um den späteren Bieterwettbewerb nicht von Vorneherein ad absurdum zu führen.

In der sechsten Phase wird die Vergabe vorbereitet. Es werden aus den Detailplänen Massen errechnet und aus den einzelnen Gewerken aus vorhandenen (hoffentlich) Einheitswerten innerhalb der Gewerke sehr detailiierte Kostenerrechnungen durchgeführt. Hier entsteht das revisionistische „SOLL" nicht nur in der Entwurfsplanung technisch, sondern auch im hohen Detaillierunggrad der Kosten kaufmännisch. Eine IR kann mitwirken, ob die Vergabe ordnungsgemäß vorbereitet wurde, alle geeigneten Wettbewerber bei einer freien Vergabe aufgefordert wurden, je nach Größenordnung des Objekts diese europaweit ausgeschrieben wird und bei entsprechend vorhandenem Sachverstand prüfen, inwieweit unklare oder missverständliche Einheitswertbeschreibungen zu Ungereimtheiten im späteren Angebot führen könnten.

Die siebte Phase ist von der Compliance und Ordnungsmäßigkeit die wichtigste, nämlich sicher zu stellen, dass die Bieter untereinander keine Möglichkeit haben, Angebote des Wettbewerbers zu sehen. Bis zum Öffnungszeitpunkt verschlossene Umschläge und gleichzeitige Öffnung aller Umschläge sind hier die Grundvoraussetzungen. Suspekt sollten kurzfristige Nachlieferungen sein, in Zeiten von Laptop und Minidruckern können Angebote in der Tiefgarage sehr schnell abgeändert werden. Eine Dokumentation der Ergebnisse ist erforderlich, ein Mitwirken der IR als neutrale Instanz wünschenswert, aber zeitlich natürlich selten darstellbar. Wirtschaftlich gesehen legt sich das Unternehmen mit der Entscheidung für einen Bieter ebenfalls für eine lange Zeit fest. Zwar ist der Preis das Nonplusultra als Entscheidungskriterium. Erfahrungen, mit welchen Subunternehmern der Bauunternehmer zusammenarbeitet, wie in der Vergangenheit Fertigstellungstermin und Nachträge gehandhabt wurden u.v.a. qualitative Überlegungen sollten zusätzlich mit berücksichtigt werden.

Es ist außerdem praxisnah, dass einzelne Bieter in unterschiedlichen Gewerken unterschiedliche Werte kalkuliert haben (Mischkalkulation oder besondere Fähigkeiten eines Bauunternehmens). Hier kann das Unternehmen in Nachverhandlungen eintreten und bei richtiger Verhandlungsführung viel Geld einsparen. Auch dieser Prozess sollte gut dokumentiert sein, um spätere Nachfragen des vormals „Billigsten", der dann doch nicht zum Zuge kam, begegnen zu können.

Wird statt Einheitspreisen im sog. Pauschalverfahren schlüsselfertig vergeben, kann das für das Unternehmen Kosten- und Planungssicherheit bedeuten. Trotzdem sollte in der Phase 8, der Objektüberwachung, genau geprüft werden, ob die Spezifikationen eingehalten werden. Denn eine bestimmte Funktionalität kann unterschiedlich umgesetzt bzw. gebaut werden. Die Haltbarkeit oder Sicherheit kann jedoch unterschiedlich ausfallen, z. B. Wärmedämmung in Kombination mit Mineralwolle statt allein in Polystyrol (u. U. Brandgefahr[480]).

480 Siehe NDR „45 Min – Wahnsinn Wärmedämmung" und TU Braunschweig 28.11.2011.

Pauschalangebote werden von Unternehmen gerne dann abgegeben, wenn das Objekt gut kalkulierbar ist, so dass eine auskömmliche Marge bleibt, hingegen gegen Aufwandsabrechnung im Stundenlohn die Arbeiten, die nur sehr schwer zu kalkulieren sind.

Die achte Phase, Objektüberwachung ist nicht nur für Bauherrn und Architekten die wichtigste, auch die IR kann hier sehr viel wirtschaftlich Gutes für ein Unternehmen bewirken.

Von der „simplen" Rechnungskontrolle (Auftragsposition versus Rechnungsposition), stichprobenweiser ex-ante Massenaufnahmen (m^3-Beton, m^3-Erdbewegungen, Anzahl Fenster, verbaute versus kalkulierte Massen etc.), alle Themen sind mit hohen Geldbeträgen hinterlegt und einer Nachschau wert.

Standardthemen der IR sind die Sonderthemen Stundenlohnarbeiten (Gefahr der Doppelabrechnung zusätzlich zum Gewerk, das zu Einheitswerten angeboten war), Nachträgen (Gefahr überhöhter Preise zu den Einheitspreisen im Angebot, da kein Wettbewerb mehr) und neuerdings meist unberechtigter Zeitnachträge durch Umplanungen während der Fertigstellung des Baus.

Bei einer Lagerhalle wurden mehr als 50 % Erdbewegungen als geplant festgestellt, Begründung Grundwassergefährdung des Fundaments, größerer Aushub erforderlich.

Durch einen Baurevisor veranlasst wurden stichprobenartig auf dem gesamten Gelände Brunnen ausgehoben, um den tatsächlichen Grundwasserpegel über mehrere Wochen zu testen.

Ergebnis war, dass der zusätzliche Aushub nicht notwendig gewesen wäre, die Rechnung des Bauunternehmers wurde um einen sechsstelligen Betrag gekürzt.

Insgesamt gilt hier, je besser die Planung vor der Vergabe war und je weniger Umplanungen während des Bauforschritts erforderlich sind, desto einfacher die Abrechnung.

Die letzte Phase, Objektbetreuung, ist dann die für Eigentümer- und Mieterseite die wichtigste, nämlich das Einziehen und Wohlfühlen in einer neuen Arbeitswelt im Neubau. Ist alles planmäßig abgewickelt und letzte Restarbeiten beendet worden, so sollte das Thema Instandhaltung erst nach 10–15 Jahren auf der Tagesordnung stehen.

Für Gebäudesicherheit, Bewirtschaftung mit Energie und Übernahme kleiner Umbauten haben sich in den letzten Jahren viele Unternehmen gebildet, die Facility Management (Gebäudebewirtschaftung) als Outsourcing-Thema anbieten. Hier sollte ein Unternehmen seine letzte Entscheidung als Eigentümer fällen, Make or Buy.

Die nachfolgende Tabelle fasst die wichtigsten Punkte noch einmal zusammen:

Prozessschritt: HOAI	Honorar Anteil[481]	Effektivität: Was zu tun?	Effizienz: Wie zu Tun?
1. Grundlagenermittlung	2 %	Aufgabe des Bauherrn: Warum soll was wo gebaut werden, was sind Alternativen?	Prognoserechnung eines abgesicherten Bürobedarfs, Regionalisierung des Bedarfs, Identifizierung von Mietflächen als Alternative zum Bauen, Budgetermittlung
2. Vorplanung mit Kostenschätzung	7 %	Architekt und Bauherr im intensiven Dialog, Budgetbetrag, Zeitfenster, Massen	Alle Änderungen der Planung sind bis zu dieser Phase noch relativ preiswert zu haben.
3. Entwurfsplanung und Kostenberechnung	15 %	Architektenaufgabe, Alternativen zur Einhaltung des Budgets diskutieren	Änderungen nach den ersten Visualisierungen sind noch relativ kostengünstig möglich. 3D-Animationen nutzen!
4. Genehmigungsplanung	3 %	Architektenaufgabe	Baurechtsänderungen am vorhandenen Grundstück, die wesentlich für den Projekterfolg sind, müssen nun bestätigt werden
5. Ausführungsplanung	25 %	Vergabe an Planungsbüro, Kontrolle zur Entwurfsplanung	Mietermitwirkung noch möglich; durch intensive Gespräche Nachträge vermeiden, Unabhängigkeit des Planers von später beauftragter Baufirma essenziell

481 Honorare sind durch den Bund mit der HOAI, zuletzt am 7.6.2013 festgeschrieben, in der Tabelle sind die %-Zahlen für den Außenbereich eingetragen, für den Innenbereich gibt es geringügige Abweichungen. Zusätzlich zu den %-Sätzen gibt es je nach Planungsart und Grundstück- oder Gebäudeteil auch absolute Wertgrenzen. Es gibt jedoch gerade bei Industriebauten Möglichkeiten, günstiger zu kontrahieren (Wiederholungsfaktor), wenn innerhalb eines Baus immer wieder dasselbe geplant wird (z. B. Halle mit Stahlstützen und Einheitsbreite) oder bei Filialbetrieben letztendlich alle Gebäude ähnlich oder gleich aussehen (McDonald's, Burger King, Aldi/Lidl, Tankstellen etc.).

Prozessschritt: HOAI	Honorar Anteil[481]	Effektivität: Was zu tun?	Effizienz: Wie zu Tun?
6. Vorbereitung der Vergabe	10 %	Auswahl der Bieter essenziell bei freihändiger Vergabe	Pauschal- oder Einheitspreisverfahren, Vorsicht bei Stundenlohn-aufträgen
7. Mitwirken bei der Vergabe inkl. Kostenvoranschlag	4 %	Standardisierten Prozess einhalten, Handlungsparameter für die Vergabe endgültig fixieren: Preis allein oder weitere Kriterien wie Bauqualität, Termintreue. Alternativausführungen bewerten.	EU-weite Ausschreibung ab einer bestimmten Größenordnung des Bauobjekts erforderlich, Nachverhandlungen planen
8. Objektüberwachung (Bauüberwachung, Bautagebuch, Dokumentation der Massen etc.)	32 %	PLA bei größeren Objekten gründen	Abnahmen rechtzeitig veranlassen: Massen feststellen. Nachtragsüberwachungen, Rechnungsprüfung
9. Objektbetreuung	2 %	Facility Management	Make or Buy-Entscheidung treffen

Abbildung 12-2: OA-Themen im HOAI-Prozess

12.3 Kernthesen

Im Immobilienmangement können sich verborgene Ertragspotenziale heben lassen. In diesem Kapitel wurde die Thematik Nettobüroflächen zu Bruttogeschoßflächen, die Thematik Leerflächen sowie Assets backed Securities (ABS) eingehend erläutert. Weiter wurden exemplarisch die unterschiedlichen Rollen von Eigentümer, Vermieter und Mieter zusammen mit dem Facility Management diskutiert und einige Ideen für OA-Themen anhand dieses Rollenkonzepts sowie des HOAI-Prozesses vorgestellt.

Darüber hinaus wurden die einzelnen Phasen des HOAI-Prozesses erläutert und seine jeweilige Bedeutung für die IR dargestellt. Aus Gründen einer Einflußnahme mit Änderung zum Unternehmensvorteil wurde zudem begründet, dass es bei vielen Bauvorhaben sinnvoll sein kann, eine ex-ante-Revision durchzuführen.

13 Ausblick

In der Enquete 2014 stehen die Themen Steuerung der operativen Prozesse, Risikomanagement und Wirtschaftlichkeit der operativen Prozesse an den Stellen 3–5, von denen die befragten Revisionskollegen vermuteten, dass die Revisionsarbeit in ihren Unternehmen genutzt wird.

Es sei den Lesern dieses Bandes zu wünschen, dass sie in ihrer Praxis einige umsetzbare Ideen generieren können, die diese Ziele zu verwirklichen hilft.

Die Überprüfung des Cloud Computing, Data Mining und die Themen CA und CM werden nach den Aussagen der Enquete 2014 in 5 Jahren stark in ihrer Bedeutung zunehmen. Das Kapitel 8 ITK kann nach Einschätzung des Autors eine kleine Hilfe sein, die Scheu von Nicht-IT-lern vor diesen Themen zu nehmen. Denn durch die mächtigen Analysetools stehen heute auch Nicht-Informatikern bei relativ kurzer Einarbeitungszeit wirksame Informationen für hilfreiche Prüfungsfeststellungen zur Verfügung.

Der neue DIIR Standard Nr. 2 Risikomanagement stützt sich sehr auf COSO ERM, dem Internen Unternehmensumfeld (Prozess 1) mit seiner Betonung der Risikostrategie, die in die Gesamtstrategie eingebettet sein sollte ab. Er nennt mit Risikoidentifikation und -erfassung die entscheidenden Punkte einer Ereignisinventur (Prozess 3), blendet dort zwar die positiven Chancen aus, unterstreicht aber in Ziff. 38, ob alle wesentlichen Risiken erfasst sind. Damit geht dieser Standard über die Anforderungen des IdW hinaus, die den Abschlussprüfer nur zu einer Beurteilung des Systems, nicht aber bei den benannten oder möglicherweise nicht benannten Risiken verpflichtet, sie inhaltlich zu hinterfragen. Auch das Frühwarnsystem sowie die Maßnahmen zur Risikosteuerung werden in Ziff. 51 hervorgehoben (COSO Prozess 5: Risikomaßnahmen). Auch für dieses Thema hofft der Autor in den Kapiteln Marketing, Einkauf und Produktion einige Anhaltspunkte geliefert zu haben, was Risikosituationen in diesen Prozessen ausmachen und welche Maßnahmen ableitbar sind.

Innerhalb des Toolsets der Internen Revision stößt das IIA mit der RTF (Relook Task Force) weitere Veränderungen[482] an. Zur Definition der IR, den Code of Ethics und den Standards treten sog. Grundsätze (12 Principles) hinzu. U. a. soll das Thema Kompetenz weiter verstärkt werden (Grundsatz 3). Dies deckt sich mit der Vision von Protiviti[483]-Studien, dass die IR den Fokus auf Geschäftsprozesse und Non-Financial Items verstärken soll. Die Orientierung an den Zielen der Organisation (Grundsatz 6) erweitert die Risikoorientierung auf die Ziele, die durch Risiken gefährdet sind und erweitert wie bei COSO ERM den Blick der IR. Der Grundsatz 10: „Liefert zuverlässige Prüfungsergebnisse für alle Manager" erweitert den Blick auf die vielen Bereiche und Funktionen außerhalb des Finanzbereichs beträchtlich, zuverlässig verlangt wieder kompetente und professionelle Arbeit. Im Grundsatz 11 soll mit der Zukunftsorientierung vielleicht die retrograde Arbeit (Nur ex-post) in den „Mülleimer" der Ge-

482 Siehe Entwurfspapier des IIA: Vorgeschlagene verbesserungen der Berufsgrundlagen der Internen Revision-International Professional Practices Framework (IPPF), 4.8.2014.
483 Siehe http://info.knowledgeleader.com/12-Ways-the-Future-Auditor-Can-Contribute-Value.

schichte gestoßen werden. Die Unterstützung positiver Veränderungen (Grundsatz 12) unterstreicht die Change Agent Rolle der IR im Wandel der z. T. dramatischen Veränderungen auf den Märkten.

Der IIA PA 2120 „Berücksichtigung strategischer Risiken durch die Interne Revision" von 2013 unterstreicht die Bedeutung bei der Prüfung der strategischen Risikofelder in Punkt 2, nach der soll „die Strategie der Organisation ein fundamentales Element bei der Entwicklung des risikoorientierten Prüfungsplans sein". Auch hier wird wie bei COSO ERM die Erweiterung des Prüfungsscope auf eine strategische Sichtweise bei den Prüfungen verstärkt.

Für die neu gefasste CIA-Prüfung hofft dieser Band die Themen III. „Organizational Structure/Business Processes and Risks, V." „Mangement Leadership Principles" und VI. „IT/Business Security" zu einem großen Teil mit abdecken zu können. Der Autor hofft, dass sich andere Kollegen ebenfalls berufen fühlen, sich dem Thema deutschsprachige Literatur für das CIA-Examen zur Verfügung zu stellen.

All diese Entwicklungen in der Internen Revision zusammen mit der gesetzlichen Erwähnung im BilMoG/AktG stimmen den Autor froh, das „seine" Zunft sich auch zukünftig ihrer Bedeutung angemessen weiter kontinuierlich positiv entwickeln möge. Die Jahrzehnte zu beobachtbaren Pendelausschläge zwischen Compliance/Ordnungsmäßigkeit/IKS auf der einen Seite und Strategie/Geschäftsprozesse/Wirtschaftlichkeit auf der anderen scheinen sich wieder allmählich dem zweiteren zuzuwenden.

Die jüngst veröffentliche sektorspezifische PwC-Studie[484] verdeutlicht den Erwartungs-Gap zwischen dem Revisionsleiter einer Organisationseinheit und den Stakeholdern. Hiernach lassen sich der Wert der Arbeit der IR und ihre eigene Performance deutlich steigern. Einsatz von IT, bessere Servicekultur und verstärkter Wert auf Qualität und Innovation zusammen mit einer größeren Zentrierung auf unternehmensbezogene Themen könnten hier helfen.

OA macht gerade den jüngeren Kollegen viel mehr Spass, sich mit der Praxis auf Basis erworbener theoretischer Konzepte auseinander zu setzen und verhilft einer IR und einem Unternehmen durch interne Aufstiege zu guter Reputation.

Dass die OA-Revision spannend ist, hat der Autor durch viel Glück selbst in 4 Unternehmen erfahren dürfen, in denen kein Tag wie der andere war und dem sich an jedem Morgen neue Herausforderungen ergaben.

Marketing (Kundenbezug) und IT werden in ihrer Bedeutung, man sieht es jeden Tag an Google, Amazon, eBay und auch an den aufstrebenden Firmen aus China wie Alibaba und Baidu, weiter zunehmen. Auch die Digitalisierung wird radikal an Bedeutung für alle Geschäftsmodelle gewinnen, und Digitalisierung bedeutet ITK. Die IR wird diesen Weg der Branchen mit begleiten und auf diesem Weg durch gewonnene Erfahrung an Professionalität zunehmen.

Ein Teil der in zweiter Auflage vorliegendem Band 1 vorgenommen Selbst-Verpflichtung zu einem weiteren schriftlichen Beitrag ist mit dem vorliegenden Band 2: Operational Auditing nun Genüge getan.

484 PwC: PwC's State of the Internal Audit Profession Study, Sector Report Juni 2014.

Anhang

Glossar[485]

Activity Based Costing (ABC): Ist ein Begriff aus dem Controlling. Ausgehend aus einer Produkt- und Kundensicht werden die Gemeinkosten-/Overheadblöcke einzelnen Aktivitäten zugeordnet, die wiederum zu Produkten und Kunden aggregiert werden. Sie kann als Vorläufer der Prozesskostenrechnung betrachtet werden.

ABC-Analyse: Ist ein Analysetool für Prozess- und Bereichsanalysen, unterscheidet Bestandteile des Untersuchungsgegenstands in A: wichtig, B: mittel, und C: unwichtig. Ziel ist es, die C-Aktivitäten zu reduzieren und damit Kosten zu senken. Es findet immer noch Anwendung in der bekannten *GWA:* Gemeinkostenwertanalyse, die von McKinsey propagiert wurde und wird. Faustregel ist die sog. 20/80-Regel, d.h. mit 20 % einer Grundgesamtheit (z.B. Kunden, Lieferanten, Produkte, Aktivitäten) decke ich 80 % der „Werte" ab (Pareto-Prinzip).

Anker: Mit Anker ist in diesem Zusammenhang psychologisch eine bewusste oder unbewusste positive emotionale Erfahrung gemeint, die mit einem Produkt oder einer Serviceleistung verknüpft werden kann. Anker sind nie logisch oder sachgerecht im Zusammenhang mit dem Produkt zu sehen, sondern immer analog und assoziativ.

Anonymisierung: Bei Anonymisierung kann nicht mehr auf die Ausgangsdaten zurückgegriffen werden, es bleiben statistische Gruppen (z.B. Angehörige von Unternehmens-Mitarbeiter im Lieferantenstamm ohne Namensnennung) übrig.

Anti-Fraud-Management: Systematische, zielgerichtete Prophylaxe und Verfolgung möglicher deliktischer Handlungen zum Nachteil des Unternehmens, siehe hierzu auch den entsprechenden DIIR-Standard Nr. 5.

App(lication)'s: Ursprünglich eine IT-Anwendung, Mitte der 2010er Jahre eine Erfindung von Apple mit Hilfe von Software-Programmierern, die weltweit im Rahmen des Apple-Betriebssystems arbeiten, exklusive Mini-Anwendungen zu generieren. Diese sind nur Apple-Kunden vorbehalten und bieten den Entwicklern je nach Nutzungsgrad eine Verdienstmöglichkeit im Internet. Inzwischen Standardbegriff für (Mini)-Programme, die für bestimmte Zwecke geschaffen werden und Kunden mit einem Klick einen Vorteil gegenüber eigener aufwendiger Internetrecherche bieten. Inzwischen aus der Spieleindustrie und Zeitungen, die kostenpflichtige Inhalte verkaufen wollen, nicht mehr weg zu denken.

Application-Level-Gateway (ALG): Die Funktionen eines Sicherheitsgateways auf Anwendungsebene werden von den so genannten Application-Level-Gateways (ALG)

485 Das Glossar enthält u.a. Definitionen aus dem Glossar des BSI Grundschutzhandbuchs, eigene Übersetzungen aus der Nomenclatura von ITIL und eigene Erläuterungen.

übernommen. Implizit nehmen ALGs auch Funktionen auf den ISO-/OSI-Schichten 1 bis 3 wahr. ALGs, auch Sicherheitsproxies genannt, unterbrechen den direkten Datenstrom zwischen Quelle und Ziel. Bei einer Kommunikationsbeziehung zwischen Client und Server über einen Proxy hinweg, nimmt der Proxy die Anfragen des Clients entgegen und leitet sie an den Server weiter. Bei einem Verbindungsaufbau in umgekehrter Richtung, also vom Server zum Client, verfährt der Proxy analog. Sämtliche Kommunikationsbeziehungen zwischen den beiden Rechnern verlaufen in diesem Fall also mittelbar über den Proxy. Diese Kommunikationsform ermöglicht es einem Proxy beispielsweise, bestimmte Protokollbefehle zu filtern.

Appreciation: Hier: Unterste Stufe, die lt. IIA ein Revisor bei seiner Prüfung haben sollte, z.B. bei der Einschätzung (Assessing) von Vermögenswerten (Impairment Testing), Expertenwissen (Proficiency) von Dritten ist für eine sachgemäße und professionelle Beurteilung notwendig, unterhalb ist Understanding und Knowledge anzusiedeln.

Asset Backed Securities (ABS): Wertpapiere, die von Banken begeben werden, und als Basis den Kauf einer Vermögensposition von Kunden (Unternehmen, Endkunden, andere Banken) besitzen. Beispiele sind Hypothekenkredite und Forderungskäufe (Factoring), bis hin zu ganzen Anlagen (Kläranlagen, Maschinenparks u.v.a.m.). Durch die Absicherung mit einer echten Vermögensposition waren und sind diese ABS als Wertpapiere relativ sicher und wurden und werden niedrig verzinst. Bei CDO, CDO^2 und CDO^3 wurde bis zur Unkenntlichkeit vermixte Strukturen hinter den Verbriefungen ein an sich wirksames Instrument ins Gegenteil pervertiert.

ATM: ATM steht als Abkürzung für Asynchronous Transfer Mode. Hinter diesem Begriff verbirgt sich ein Übertragungsverfahren, das sich sehr gut für den Einsatz im Backbone-Bereich eines Netzes eignet und dort auch Echtzeit-Dienste bereitstellen kann, wird inzwischen von TCP/IP abgelöst, das weniger Overhead-Daten benötigt.

Audit Trail: Eig. Revisions-„Trampelpfad“, ein Begriff aus der IT-Revision. Ein Audit Trail schafft eine in sich schlüssige Datenübergabe von verschiedenen Programmen innerhalb eines IT-Systems, so dass keine Daten verloren gehen können. Mit Hilfe eines Audit Trails kann die Vollständigkeit der Datenverarbeitung abgesichert werden.

Mit dem **Availability Management** soll das Können der IT-Infrastruktur optimal, kostenwirksam und nachhaltig auf die Bedürfnisse des Unternehmens angepasst werden, die Verfügbarkeit wird hiermit gewährleistet.

Backdoor: Wörtlich, Hintertür/Nebeneingang, IT-technischer Ausdruck einer Software oder eines Betriebssystems, dass Dritten unbemerkt Zutritt zum PC und seinen Daten verschafft. Active-X-Elemente in Microsoft-Umgebungen sind hier mit Vorsicht zu betrachten, da sie das Betriebssystem öffnen und nicht darauf achten, ob die Lücken vom Programmierer oder Softwareentwickler, der dieses Element einsetzt, wieder geschlossen wurden. Etwas weniger kritisch sind JAVA-Applets, die ihre Änderungen quasi in einer geschlossenen Umgebung (Sanduhr-Prinzip) speichern.

Balanced Scorecard (BSC): Wurde in 1992 von Robert S. Kaplan and David P. Norton eingeführt und dient heute in vielen Unternehmen zur Steuerung der Jahresziele einzelner Bereiche im Hinblick auf die Unternehmensziele. Gemeinhin werden vier Cluster unterschieden, Finanzielle Ziele, Prozess-, Entwicklungs- und Kundenziele.

Basel III/CRD IV: Eine international (Basel III) bzw. in Europa (CRD IV) gültige Aufllage für Kreditinstitute und Banken, sich sehr strengen Eigenkapitalforderungen zu unterwerfen, sich neuerdings auch Liquiditätsanforderungen zu stellen, umfangreiche Governance-Maßnahmen (z. B. Risikomanagement, Interne Revision) in ihrem Unternehmen durchzuführen und darüber hinaus an die Regulierungsbehörden (EBA, BaFin) zu berichten.

Betriebsdatenerfassung (BDE): Alter Begriff aus der Produktion, der heute unter dem Stichwort M2M-Kommunikation (Maschine zu Maschine) neue Bedeutung erlangt. Ursprünglich waren es Produktionsdaten in Mengen und Stücken sowie Arbeits- und Maschinenstunden; heute sind Energieverbräuche, Abnutzungsgrade, Auslastungskennziffern u. v. a. Daten hinzugekommen.

Big Data, besser *Smart Data*: Analysekonzept in einem Unternehmen, durch Auswertung möglichst vieler bekannter Daten, die in unterschiedlichen Datenbanken gebunden sind, gezielte Kundenansprachen zu ermöglichen.

Bill2Cash: Der Kernprozess im Unternehmen, der letztlich zu bezahltem Umsatz führt, die Basis für die Unternehmensliquidität (Operational Cashflow). In diesem Prozess wird der gesamte Debitorenprozess inkl. Mahnung und Inkasso abgehandelt.

Das Forderungsmanagement wiederum kann über Factoring die Kundeneinzahlungen vorwegnehmen und schneller die Liquidität auffüllen. Auf der anderen Seite sind hier auch die kreditfinanzierten Prozesse im Endkundensegment zu betrachten wie die Vorauszahlungen von Kunden im Bau- und Anlagengeschäft.

Boston Consulting Group (BCG): Prägte maßgeblich den strategischen Portfolio-Ansatz der Analyse von SBU in Großunternehmen.

Botnetze: sind Roboternetze, die herkömmliche PC/Host infizieren und übernehmen (Hijacken), ohne dass der Benutzer es erfährt. Über einen verborgenen Webserver wird das Botnetz, das aus mehreren Hunderttausend PC bestehen kann, gesteuert. Alle bekannten Angriffe können mit verstärkter Intensität von einem Botnetz durchgeführt werden. Durch die Maskierung als PC mit unverdächtigen IP- und MAC-Adressen sind sie sehr schwer fassbar. Schutz bieten Honeypots, spezielle Webserver, die Angreifer anlocken sollen, um deren Verhalten zu studieren und Analyse von Netzverkehr, da der verborgene Server Kommunikation mit seinen Bots pflegen muss.

Briefing: Begriff aus dem Projektmanagement und der Werbung, in dem mit allen Projektteilnehmern (interne und externe) Klarheit über die Ziele, Budget, Funktionalitäten und Zeitrahmen getroffen wird. In der IT ist der Begriff *Pflichtenheft* gebräuchlicher, im Einkauf der Begriff Auftrag mit Produktspezifikationen.

Eine **Brute Force Attack** versucht durch Ausprobieren aller möglichen Varianten einen Schlüssel zu knacken.

Business Judgement Rule: Juristischer Begriff, der besagt, dass wirtschaftliche Entscheidungen unter Unsicherheit getroffen werden, demgemäß können sich Entscheider irren, weil sie die Zukunft nicht hinreichend sicher vorhersagen können. Dieser Irrtum hat dann keine persönlichen haftungsrechtlichen Konsequenzen, wenn der Entscheider zum Zeitpunkt seiner Entscheidung alle damals bekannten Umstände berücksichtigt hat (§ 93 Abs. 1 Satz 2 AKTG). Jedoch trifft ihn der Vorwurf des Organisationsverschuldens dann, wenn er die ICS, die Risikomanagementsysteme und das System der Internen Revision nicht implementiert und überwacht hat (§ 91, 2 AKTG).

Business-to-Business (B2B)-Plattform: Ist eine Online-Plattform im Internet, die es Unternehmen einer Branche ermöglicht, ihre Geschäftsaktivitäten (z. B. Einkauf und Verkauf) zu begründen, zu beschleunigen oder neutral formuliert effizient abzuwickeln. Der Plattformbetreiber erhält üblicherweise eine Service-Fee von den Marktteilnehmern. Grundlage des Datenaustausches sind häufig EDI–Dokumente, die heute vermehrt über das Protokoll TCP/IP oder http(s) versandt werden als über die alte Modem-Kommunikation.

Business-to-Consumer (B2C)-Plattform: Vergleichbar B2B, aber mit dem Unterschied, dass Endkunden hinzukommen. Dadurch treten Abwicklungs-, Logistik- und Zahlungs-Fragen zu den standardmäßigen Online-Fragen von Identitäts- und Bonitätsnachweis hinzu. Beispiele sind eBay und Amazon.

CAD: Computer Aided Design; Modell der effektiveren Entwicklung mithilfe der IT.

CAM: Computer Aided Manufacturing; Modell der effektiveren Produktion mithilfe der IT.

Capacity Management erfasst die aktuellen und zukünftigen Anforderungen an die Kapazität und Leistungsfähigkeit der IT-Ressourcen.

Change Management (IT) beobachtet sämtliche Veränderungen, die an den Systemen vorgenommen werden, es gilt als Qualitätssicherung für den operativen Betrieb.

Change Management (OE): Zusätzlich ist es ein Begriff aus der Sozialpsychologie/Organisationsentwicklung. Hiernach sollen Menschen frühzeitig in die ihren Arbeitsplatz betreffende Änderungen einbezogen werden, um einen möglichst optimalen Übergang von der „alten“ zur „neuen“ Welt zu gewährleisten.

Churnrate: Ursprünglich im Mobilfunk entwickelte Größe, die am Ende eines Zeitraums (Saison. Jahr, Aktionsdauer) die Anzahl der Kunden am Ende mit denen am Anfang der Periode vergleicht. Der Churn eines Jahres ist die Anzahl und möglichst auch die Umsatzhöhe der Kunden, die in der Neukundenakquisition erforderlich ist, um nur das Umsatzniveau des Vorjahres/der Vorsaison zu halten, weil Kunden das Unternehmen verlassen haben.

CIM: Computer Integrated Manufacturing; Modell der effektiveren Produktion mithilfe der IT, die mit den Unternehmens-IT vernetzt ist.

CMMI: Capability Maturity Model Integration ist ein Tool zur Verbesserung der Produktentwicklung (z. B. Software) und wird von der dem US-Verteidigungsministerium unterstehenden Carnegie Mellon University und dem SEI (Software Engineering Institute), Pittsburgh, gesponsert und in vielen Technologie-Unternehmen seit 2000 eingesetzt.

COBIT: Control Objectives for Information and Related Technology ist ein von der ISACA verbreiteter Standard für IT Governance, der eng mit COSO verzahnt ist.

Collateralized Debt Obligation (CDO): CDO, CDO^2 und CDO^3 sowie alle synthetischen CDO haben den ursprünglichen Vorteil einer Assetabsicherung der Forderung ins Gegenteil pervertiert. In synthetischen CDO wurden über CDS (Credit Default Swaps) Risken aus CDO als Wertpapiere in den Markt solange überwälzt, bis kein Marktteilnehmer mehr die Bindung zum ursprünglichen Vermögensgegenstand herstellen konnte. Basis war nicht die Vermögensposition, sondern das Kreditausfallrisiko aus einer solchen Vermögensposition. Die CDS wurden von sog. Monolinern quasi als Garanten des Ausfalls im Sinne eines Versicherungsgeschäfts erworben, so dass formal über die CDS-Prämie die CDO als risikolose Position gelten konnte (AAA-Rating).

Leider platzen in der Immobilienblase sehr viele Hypothekenkredite, da die Absicherung über die sinkenden Hauspreise die mehr als 100 %-Finanzierung in Bereiche von 200 % und mehr steigen ließ. Statt kalkulierter Ausfälle von 2–10 % waren 50 % und mehr zu verzeichnen: Sie setzten die größte Vermögensvernichtung in der Wirtschaftsgeschichte 2008/2009 in Gang, die nur durch massive staatliche Hilfen an die notleidenden Banken eingegrenzt werden konnten.

Mit der Charakterisierung dieser Finanzderivate als „Massenvernichtungswaffen“ von Warren Buffet ist alles gesagt.

Compliance (CO): *Erstens* Einhaltung von externen und internen Richtlinien, *zweitens* auch eine der 4 Arten, Revision zu betreiben und die Unternehmensüberwachung zu unterstützen, durch Kontrolle der Unternehmensaktivitäten anhand der externen und internen Vorschriften, *drittens* eine unternehmensinterne Organisation, die diese Prüfungen unabhängig von der IR durchführt bzw. Richtlinien zur Prüfung erlässt.

Computer Telefon Integration (CTI): ruft bei einem Anrufer gleich dessen Kundeninformationen auf, so dass der Callcenter-Mitarbeiter ohne lange Sucharbeit gleich die Kundenfragen beantworten kann. Gleichzeitig erkennt der Mitarbeiter an der internen Kundeneinstufung, ob der Anrufer ein besonderer Kunde ist.

Computertomographie (CT): Älteres bildgebendes Verfahren, mit dem nach Verabreichung eines Kontrastmittels Bilder des Körperbereichs, z. B. des Gehirns, in Schnitten erzeugt werden. Im Unterschied zu Röntgenaufnahmen können auch Weichteile sehr gut sichtbar gemacht und ungewöhnliche Situationen (z. B. Kalkablagerung im Gelenk, Knochenbrüche) klar erkannt werden. Im Unterschied zu *PET* können Stoffwechselaktivitäten nicht gemessen werden.

Configuration Management verwaltet und erfasst alle existierenden IT-Komponenten, ihre Einpassung und ihren Zustand, dokumentiert Veränderungen.

Continuity Management soll eine ausgefallene oder eingeschränkt leistungsfähige IT-Ressource wieder herstellen.

Continuous Auditing (CA): Ist die Idee einer permanenten Prüfungskonzeption mit Hilfe von IT. Obwohl dieser Ansatz technisch umsetzbar sein soll, spricht die Idee des *Three Lines of Defense* Modells und die des risikoorientierten Ansatzes nach Auffassung des Autors dagegen, weil es bei CA schwierig sein wird, allein aus der IR die Schwerpunkte zu setzen statt sie durch das System gesetzt zu bekommen.

Continuous Monitoring (CM): Im Gegensatz zu CA ein sehr lohneswerter Ansatz für die Gestaltung von Management-Kontrollen über die IT. In den Systemen werden wie bei einem *Audit Trail* Grenzwerte festgelegt, bei deren Über- oder Unterschreitung eine automatische Meldung ausgelöst wird. In aufwendigeren Systemen werden diese Meldungen nicht nur in eine Datei geschrieben, sondern bei kritischen Datenkonstellationen gleich eine E-Mail ausgelöst (Push-Service).

Conversion misst die Quote derjenigen Clicks auf einer Website, die zu einem Kauf geführt haben, zu den Clicks der Website insgesamt.

COSO: Committee of Sponsoring Organisations of the Treadway Commisssion; weltweit anerkannter Standard der Unternehmensführung und Unternehmensüberwachung, mit COSO I oder COSO ICS (2013: neu) und COSO II oder COSO ERM.

Credit Default Swap (CDS): In 2008/2009 gescheiterter Versuch, Risiken aus ABS-Geschäften als Wertpapiere zu verkaufen und damit überzuwälzen. Allein J. P. Morgan musste 2013 13 Mrd. $ im Rahmen der CDO/CDS-Problematik als Vergleichssumme allein an die US-Regierung zahlen, mehr als 4 Mrd. $ werden an die Käufer dieser Wertpapier noch fällig werden. Die Bank of America hat 17 Mrd. US $ gezahlt, weitere Strafzahlungen und Betroffene sind auf der website der SEC zu finden.

Critical Path Method (CPM): Methode des Projektmanagements, Projektaktivitäten zu strukturieren und teilweise zu parallelisieren, soweit die Aktivitäten untereinander autonom sind. Die von einander abhängigen Aktivitäten formen den kritischen Weg. Verzögerungen dieser Aktivitäten führen automatisch zu Projektverzögerungen, soweit nicht Budgets erhöht werden, um diese Verzögerungen durch mehr Manpower auszugleichen.

Cross-selling: Einem Kunden als z.B. Komplementäranbieter zum Produkthersteller (Drucker und Patrone) oder Nicht-Wettbewerber eines Produkts Dienstleistungen (Versicherung beim Kauf einer Waschmaschine) anzubieten und zu verkaufen.

Customer Relationship Management (CRM): Customer Relationship Management bindet die diversen Außenschnittstellen eines Unternehmens zum Kunden hin zusammen, um eine einheitliche, effektive und effiziente Ansprache zu erreichen. Die gilt sowohl für die IT als auch die Denke der Mitarbeiter des Unternehmens. Zusätzlich zu allen Vertriebs- und Marketingaktivitäten gehören zu einem modernen und integrierten CRM alle Informationen und Informationssysteme, die Kundendaten enthalten, also auch Daten der Auftragsabwicklung, Logistik, Fakturierung, Debitorenmanagement sowie alle der Warenwirtschaftssysteme inkl. der Rohertragskalkulationen je Artikel zusammengefasst in einer Kundenergebnisrechnung.

Demand Management versucht die Vielzahl der Nutzer- und Managementwünsche in eine Release- oder IT-Programmplanung systematisch, effektiv und effizient einzubinden, ohne den laufenden Betrieb zu gefährden.

Demilitarisierte Zone (DMZ): Eine DMZ ist ein Netzpuffer zwischen öffentlichem und Unternehmensnetz, gebildet von Servern, die den Zugang zu unternehmensinternen Adressen erst nach Prüfung der Eingangspakete zulassen.

Sie ist ein Zwischennetz, das an Netzübergängen gebildet wird, aber weder zu dem einen, noch zu dem anderen Netz gehört. Sie stellt ein eigenes Netz dar, das nicht so stark gesichert ist wie das eigentlich zu schützende Netz. DMZ werden bei einfachen Sicherheitsgateways üblicherweise an einer dritten Schnittstelle des Paketfilters erzeugt.

Besteht das Sicherheitsgateway aus Paketfilter – Application-Level-Gateway – Paketfilter, dient in der Regel eine weitere Schnittstelle des Application-Level-Gateways (ALG) als DMZ Schnittstelle. Verfügen Paketfilter oder ALG über mehr als drei Schnittstellen, können weitere DMZ gebildet werden.

Digitale Signatur: Eine digitale Signatur ist eine Kontrollinformation, die an eine Nachricht oder Datei angehängt wird, mit der folgende Eigenschaften verbunden sind:

- Anhand einer digitalen Signatur kann eindeutig festgestellt werden, wer diese erzeugt hat, und
- es ist authentisch überprüfbar, ob die Datei, an die die digitale Signatur angehängt wurde, identisch ist mit der Datei, die tatsächlich signiert wurde.

Debriefing: Manöverkritik nach Ende eines Projekts nach der Devise, was lief gut, was sollte verbessert werden (Lessons Learnt).

Delkredere-Risiko: Risiko, das ein Schuldner (Kunde) seine Forderung nicht bezahlt und es zum Zahlungsausfall kommt. Wird beim echten Factoring auf den Factor (Käufer der Forderung) mit der Forderung mit übertragen.

Disruptive Technologies: sind Erfindungen, die komplette Weltmärkte in ihren Geschäftsmodellen neu definieren, z. B. das Internet die Branchen, die digitale oder digitalisierbare Produkte vertreiben wie die Softwareentwicklung (SaaS), Musikindustrie (Streaming statt CD/DVD), Zeitschriften und Verlage (Online-Zeitungen und -Bücher statt analoger), Banken- und Versicherungsprodukte (Online- statt persönlicher Beratung) etc., zukünftig vielleicht das Internet der Dinge, der 3D-Drucker oder Lasertechnologie mit 3D-Animationen.

Earnings before Interest, Taxes, (and Depreciation & Amortization) EBIT(DA): Finanzkennzahl, die vergleichbar dem Operational Cashflow, die Fähigkeit von Unternehmen oder Geschäftsbereichen widerspiegeln soll, positive operative Einnahmenüberschüsse zu generieren. Das EBITDA-Multiple wird als Branchenkennzahl gerne zur Unternehmensbewertung eingesetzt.

E-Commerce: Elektronisches Geschäftsmodell; fasst alle digitalisierten Geschäftsaktivitäten im Internet unter der Plattform WWW zusammen, auch Online-Business genannt.

Economies of Scale: Produktivitätsgewinne, die durch Skaleneffekte, d. h. Steigerung der Produktionsmenge erzielt werden.

Electronic Data Interface (EDI): Ist ein internationaler Standard zum sychronisierten Datenaustausch zwischen Computern zweier oder mehrerer Unternehmen. Durch das Internetprotokoll TCP/IP wird EDI nicht abgelöst, sondern die Übertragung zwischen den Computeren und die Sychronisierung läuft über ein anderes Protokoll, TCP/IP statt z. B. Datex P (X.25) oder ATM.

Enhanced Telecom Operations Map (eTOM): Ähnlich wie SPICE für die Automobilindustrie, ein unternehmensweites Prozesskonzept, das speziell für die Belange der Telekommunikation entwickelt wurde.

ERM: Enterprise Risk Management ist ein Begriff der Unternehmensüberwachung, der Governenance, Risk Management und Internal Control zusammenfasst, geprägt von COSO II oder COSO ERM.

Enterprise Resource Planning (ERP): Unternehmensplanungskonzept, dass den Kunden als ersten Auftraggeber sieht und dann rückwärts die Prozesskette bis zum Einkauf anstößt. Ziel ist eine vorrats- minimierende Vorgehensweise á la Kanban. Enterprise Ressource Planning ist auch die Bezeichnung für eine IT-Verbindung von SCM und CRM zu einem integrierten unternehmensinternen Informationssystem.

European Foundation of Quality Management (EFQM): Eine Organisation, die ähnlich wie *Six Sigma* in den USA Methoden zur Qualitätsverbesserung bereitstellt, die auf einem ganzheitlichen Konzept von Input (Ressourcen) und Output (Nutzen) basiert. Es ist anders als ISO 9001:2008 nicht als Einmalkonzept mit erfolgreicher Zertifizierung zu verstehen, sondern eher als *KVP*.

Eye-Tracking: Eine Computerunterstützte Technik, bei der bei Versuchspersonen beim Betrachten von Gegenständen oder Bildern die Verweildauer auf bestimmten Bildteilen gemessen wird. Eine Testmethode, mit der das Interesse bzw. die Aufmerksamkeit durch spezielle Gestaltung der Werbebotschaft gemessen wird.

Factoring: Eine Finanzierungsform von Unternehmen, ihre Forderung an eine Drittgesellschäft gegen Gebühr abzutreten, um noch vor der Bezahlung der Kundenrechnung wieder liquide Mittel zur Verfügung zu haben. Beim echten Factoring wird auch das Delkredererisiko eines Zahlungsausfalls auf den „Factor" übertragen.

Financial Auditing (FA): Einer der vier Revisionsansätze, der hier insbesondere das Internal Control System der Finanzprozesse und die ordnungsgemäße Berichterstattung des Unternehmens zum Ziel hat, wurde durch SOX in 2003 und COSO ICS Anfang der 1990er Jahren, modifiziert in 2013, gestärkt.

Flag: (Verstecktes) Kennzeichen (ja/nein) in Dateisatzattributen, über das mit speziellen Programmen Auswertungsroutinen gesteuert werden wie z. B. Werbe- oder Mahnkennzeichen bei einem Kundendatensatz.

Flooding: Vorsätzliche, automatisierte Massenanfragen an Switche, Router und Server mit dem Ziel, die Management- und Steuerungssysteme auf diesen Netzkomponenten zu destabilisieren und dann für eigene Zwecke einzusetzen.

Flyer: Produktteil eines Mailings zusätzlich zum Umschlag, Anschreiben, Bestellformular und einem möglichen Gewinnspiel, der spezielle Angebote des Unternehmens aufbereitet, um vom Kunden Aufträge zu erhalten.

Gannt: Eine in den USA vor fast 100 Jahren entwickelte Technik der Visualisierung von Soll- und Ist-Zuständen von Projekten des Erfinders Henry L. Gantt ist heute unter Gantt-Charts bekannt.

Geldwäsche: Bei der Geldwäsche handelt es sich um finanzielle Transaktionen, die darauf angelegt sind, die Existenz, illegale Herkunft oder die rechtswidrige Verwendung von Vermögenswerten zu tarnen, um sie anschließend in den legalen Finanz- und Wirtschaftskreislauf einzuschleusen.

Gemeinkostenwertanalyse (GWA): Ist ein von *ABC* zu unterscheidender Ansatz, direkt bei den Gemeinkosten mithilfe der Wert-Analyse der Bereichsaktivitäten auf Kostensenkungspotenziale zu stoßen, ohne sie zunächst einzelnen Kunden oder Produkten zuzuordnen.

GIT: Gesamtintegrationstest: Ist eine Methode, neue Software-Releases einer komplexen IT-Umgebung in eine bestehende Wirkumgebung einzupassen und die Wechselwirkungen mit den relevanten IT-Komponenten vor dem Wirkbetrieb zu testen.

High Level Controls: Kontrolle und Überwachungssysteme, die an Topmanager und Vorstände innerhalb der Aufbauorganisation eines Unternehmens gebunden sind, wie alle Richtlinien, Unterschriftenregelungen, Genehmigungsvorbehalte, Limitsysteme etc.

Incident Management bezeichnet nicht nur die Störungsstelle, hier findet auch die Unterstützung der Anwender über einen so genannten Service Desk statt. Störungen, die auftreten, werden hier erkannt. Problem Management hilft, Störungen zu beseitigen oder – beispielsweise mittels Workaround-Prozess – zu umgehen.

Incoming Callcenter (passiv): Callcenter, in dem von Interessenten und Kunden Anrufe zu Produktinformation, -beschwerde und Rechnungs- und Kaufabwicklung entgegengenommen und bearbeitet werden. In großen Unternehmens- IT-Netzwerken noch in First (einfache Probleme), Second (mittlere Probleme) und Third Level Support (technische Hilfe bei gravierenden Problemen) differenziert.

Kanban: Japanische Methode der Nachschubsteuerung über Karten im Produktionsprozess, um Zwischenläger einzusparen. Ziel war es ursprünglich, auf Zwischenläger im Produktionsprozess zu verzichten und nachfragegerecht zu arbeiten. Inzwischen wurde dies Konzept mit *ERP* als Unternehmenskonzept weiterentwickelt.

Keylogger: Als Keylogger wird Hard- oder Software zum Mitschneiden von Tastatureingaben bezeichnet. Sie zeichnen alle Tastatureingaben auf, um sie möglichst unbemerkt an einen Angreifer zu übermitteln. Dieser kann dann aus diesen Informationen für ihn wichtige Daten, wie z. B. Anmeldeinformationen oder Kreditkartennummern filtern.

Key Performance Indicator (KPI): Begriff, der sich aus der Anwendung der *BSC* ergibt. Danach ist die Beeinflussung des KPI wichtig, um ein vereinbartes Jahresziel laut *BSC* zu erreichen. Der Begriff kommt ursprünglich aus der Prozesskostenrechnung, wurde aber in Umsatz- und Kostentreiber inzwischen weiterentwickelt.

Kickback: Als Jahresbonus bekannte Vergütung eines Lieferanten an gute Kunden. In einigen Branchen erhalten nur die Vermittler diese Sonderboni, nicht jedoch die Endkunden.

Wird dann zum Anti-Fraud-Management-Thema, wenn Mitarbeiter statt des Unternehmens diese Vergütungen erhalten.

Knowledge: Hier als IR-IFF des IIA: Vertieftes Verständnis eines Gebiets z. B. der IT oder bei Fraud-Fällen, das jedoch weniger ist als *Proficiency* (Expertenwissen) und mehr als *Understanding*.

Kontinuierliches Qualitätsmanagement (KQM): Siehe *KVP*

Kontinuierlicher Verbesserungsprozess (KVP): Qualitätsmanagementkonzept, das Unternehmenseinheiten nach einem Reifegradmodell schrittweise in die Perfektion führen möchte, in der IT und in der Produktion häufig eingesetzt.

Mailing: Ein Instrument aus dem Direktmarketing und der Pullstrategie, mit dem über den Postweg versucht wird, mit Interessenten und Kunden einen Kontakt aufzubauen bzw. zu festigen und direkt Aufträge zu generieren. Ein Mailing besteht grundsätzlich immer aus einem grafisch speziell aufbereiteten Umschlag, einem Produkt- oder Informationsflyer, einem personalisierten Anschreiben, einem Gewinnspiel und einer Bestellkarte.

Management Override: Ausserkraftsetzen eines festgelegten Genehmigungsablaufs, so dass das Unternehmen einem großen Risiko ausgesetzt sein kann (z. B. Verhängung einer Mahnsperre bei Großkunden im Debitorensystem).

Manufacturing Execution System (MES) fasst entscheidungs- bzw. zielorientiert die Daten der Systeme BDE (Betriebsdatenerfassung), PDE (Personaldatenerfassung) und MDE (Maschinendatenerfassung) zusammen.

Mitarbeiterorientierter Dialog (MOP): Begriff aus dem Personalbereich, der die Führungsinstrumente Zielvereinbarung, Beurteilungsgespräch, Entwicklungsgespräch, Gehaltsgespräch und in projektorientierten Bereichen Briefing/Debriefing miteinander verbindet.

(Funktionale) Magnetresonanztomographie (fMRT): Relativ neues bildgebendes Verfahren ohne radioaktive Mittel (wie beim *PET*), bei denen die Gehirnaktivität aufgrund des unterschiedlichen magnetischen Zustandes des Hämoglobin (rote Blutkörperchen, die für die Sauerstoffversorgung im Körper zuständig sind) in aktiven Gehirnteilen gegenüber weniger aktiven Bereichen hochgerechnet und dann dargestellt wird.

Monoliner: Sog. Risikokäufer (Spezialisierte Versicherungsunternehmen) von CDS, die gegen eine Prämie das Ausfallrisiko aus Hypothekenbesicherten CDO, getragen hatten und ausnahmslos von der US-Regierung „gerettet" werden mussten, weil nach Platzen der Immobilienblase das Risiko wesentlich höher als die Prämie war.

Multichannel-Strategie: Begriff aus dem quantitativen Marketing durch die Verbindung verschiedener Wege wie z. B. Stationärhandel, Internethandel und Social Media seine Kunden zu erreichen und die Kundenbindung zum Unternehmen zu erhöhen.

NFC: Near Field Communication ist eine miniaturisierte, mobile, berührungslose Sende- und Empfangseinrichtung zur Maschine-Maschine-Kommunikation. Ein Anwendungsgebiet ist das Micropayment.

Operational Auditing (OA): *Erstens:* Eine der 4 Arten, Revision zu bearbeiten, mit dem Schwerpunkt auf Performance- und Zukunftsthemen des Unternehmens. *Zweitens:* Aber auch gebräuchlich und in diesem Buch verwandt als Prüfung der Geschäftsprozesse (Kern-, Marketing- und Supportprozesse) eines Unternehmens im Full-Audit-Modus.

OPC UA (Open Productivity and Connectivity unified Architecture): Ist ein Standard der Maschine-Maschine-Kommunikation, der Maschinendatenerfassung, -verarbeitung und -steuerung sowie eine Vernetzung in einem Unternehmen der mit

OPC UA ausgerüsteten Maschinen mit *BDE* und Unternehmensinformationssystemen im Sinne von *ERM* erlaubt.

Order-to-bill: Einer der Kernprozesse in einem Unternehmen, in dem aus Kundenaufträgen Rechnungen entstehen. Bestandteile des Prozesses ist die Prüfung der Lieferfähigkeit bzw. der Anstoß des Produktions- und Beschaffungsprozesses im Unternehmen einerseits als auch die Prüfung der Kreditfähigkeit mit Identitätsprüfung des Kunden.

Outbound-Callcenter (aktiv): Callcenter, in denen die Mitarbeiter Kunden (nicht Interessenten) aktiv anrufen, um Aufträge zu erhalten.

Paketfilter: Paketfilter sind IT-Systeme mit spezieller Software, die den ein- und ausgehenden Datenverkehr in einem Netz anhand spezieller Regeln filtern. Aufgabe eines Paketfilters ist es, Datenpakete anhand der Informationen in den Header-Daten der UDP/IP- bzw. TCP/IP-Schicht (z.B. IP-Adresse und Portnummer) weiterzuleiten oder zu verwerfen. Diese Entscheidung treffen Paketfilter anhand der vom Anwender vorgegebenen Filterregeln. Vielfach bieten die Paketfilter auch eine Möglichkeit zur „Network Address Translation“ (NAT), bei der die Absender-Adressen von IP-Paketen durch eine IP-Adresse des Paketfilters ersetzt wird. Dadurch wird die Netzstruktur des zu schützenden Netzes verdeckt.

Percentage of Use Vereinbarung: Vereinbarung beim Kauf von Hardware, nur den genutzten Bereich zu zahlen. Ermöglicht dem Lieferanten, schon größere Maschinen aufzustellen, die vom Kunden erst nach und nach genutzt werden. Der Vorteil für den Kunden ist das Einsparen mehrerer Umrüstungen und die verursachungsgerechte Bezahlung der tatsächlichen Nutzung, Vorläufer der Cloud-Modelle (Pay-per-Use).

Project Evaluation and Review Technique (PERT): Methode des Projektmanagements, bei dem zusätzlich zur Aktivitätenplanung noch 3 Schätzungen für eine realistische, eine optimistische und eine pessimistische Zeitschätzung abgegeben werden. Der Rechenaufwand steigt beträchtlich, die Aussagekraft des realistischen Projektendes jedoch auch.

Pflichtenheft: Begriff aus der IT-Entwicklung. Im Pflichtenheft legt der Nutzer detailliert seine Anforderungen an das neue System ab.

Pharming: Ist die gezielte Manipulation eines Betriebssystems z. B. eines Web-Servers, um Anfragen auf manipulierte Websites umzuleiten.

Phishing: Versuch durch Täuschungsangriffe (s. *Spoofing*) an fremde Identitäten zu gelangen und deren Rechte zum eigenen Vorteil auszunutzen.

Point-of-Sale: Der entscheidende (manchmal virtuelle) Punkt, an dem Kunde sich für (s)ein Produkt entschieden hat und es kauft. Im Internet wird dieser virtuelle Punkt *Conversion* genannt, d.h. von Click-Interesse eine Umwandlung „in den Warenkorb“

hinein. Im klassischen Handel ist dies der Kassenbereich, bei dem die zentralen Daten für die Warenwirtschafts- und Bonitätssysteme gesammelt werden.

Poisoning: Ist die zweite Stufe eines Netzangriffs nach z. B. einem Flooding, um die Manipulation z. B. im Cache eines Switch, eines Routers oder Servers (Cache-Poisoning) durchzuführen.

Positronen-Emissions-Tomograph (PET): Bildgebendes, computergestütztes Verfahren, das nach der Verabreichung einer radioaktiven Substanz mit Antimaterieemission von Positronen, die bei Stoffwechseltätigkeit z. B. im Gehirn über Glukoseabsorption freigesetzt werden, sich mit Elektronen bei gleichzeitiger Aussendung von Photonen gegenseitig vernichten. Die beim ß-Zerfall der radioaktiven Substanz entstehenden Photonen werden zu einem kleinen Teil, z. B. in der gerade gescannten Gehirnregion gemessen und zu einem Bild verarbeitet, das dann wiederum Aufschluss über die besondere Gehirntätigkeit in diesem Areal des Gehirn gibt. Über die Verbindung mit *CT* entstehen dann exakte Bilder, einer spezifischen Gehirnregion.

Price, Product, Promotion, Placement (4P): Klassisch von Philip Kotler weiterentwickeltes Konzept zur Strukturierung der Marketingprozesse in Unternehmen.

PRINCE 2: Projects in Controlled Environment 2; Entwicklungstool für ITIL-Projekte

Proficiency: Hier: Begriff des IIA zu Charakterisierung eines profunden Expertenwissens, z. B. für Prüfungen im Finanzbereich, siehe die Unterschiede zu *Knowledge*.

Projektlenkungsausschuss (PLA): Das Entscheidungsgremium in großen Projekten, das das Projektteam überwacht, Mittel freigibt und in kritischen Entscheidungssituationen Prioritäten setzen kann.

Profiling: Hintergrundrecherche über Personen von besonderem Interesse.

Proxy: Ein Proxy ist eine Art Stellvertreter in Netzen. Er nimmt Daten von einer Seite an und leitet sie an eine andere Stelle im Netz weiter. Mittels eines Proxys lassen sich Datenströme filtern und gezielt weiterleiten.

Pseudonymisierung: Bei Pseudonymisierung liegt der Schlüssel z. B. beim Sozialpartner. Damit können Daten im entsprechend vermuteten Fall einer dolosen Handlung nach Freigabe wieder lesbar gemacht gemacht werden. Das ist bei Anonymisierung nicht mehr machbar.

Pull-Strategie (nachfragegetrieben): Versucht den Endkunden als Hersteller über spezielle Reize zum Point-of-Sale zu locken. Reize können neue Produkte mit Sonderpreisen, Give-aways (Proben), Gewinnspiele, Rabattsysteme, spezielle Events, zu denen man eingeladen wird u. v. a. m. sein.

Push-Service: Automatische Annoncierung von E-Mails und SMS; früher Alleinstellungsmerkmal von Blackberry, heute von den meisten Smartphones/Handhelds als Service einstellbar.

Push-Strategie (angebotsgetrieben): Hersteller versucht über eine USP sein Produkt in die Vertriebskanäle und Regale zu „drücken". Überragende Marktstellung eines Marktführers, bester Preis eines Discounters und/oder hohe Rabatte an den Handel sind hier einige der bekannten Instrumente.

Red Flag: Risikoindiz, das ein Sachverhalt überprüfungswert sein könnte. Spielt eine wichtige Rolle als erster Indikator bei Compliance Management und Antifraud-Programmen.

Release Management dient dem planmäßigen, systematischen und somit störungsmindernden Austausch, Update oder der Neuinstallation von jeglichen IT-Komponenten.

Return on Capital Employed (RoCe): Maßstab für die Rentabilität (Gemessen in EBIT) des Gesamtkapital (Bilanzsumme) eines Unternehmens abzüglich kurzfristiger Verbindlichkeiten. Ziel ist es einen Mehrwert (Added Value) zu den Gesamtkapitalkosten zu verdienen.

Return on Investments (RoI): Maßstab für die Rentabilität (Gemessen in EBIT) des Gesamtvermögens. Im Gegensatz zum Grenzkostenverfahren, das auf das EBITDA oder den OCF (Operational Cash Flow) abzielt und Investitionen als „sunked cost" etwas abqualifiziert, will der RoI wissen, ob die Investitionsentscheidungen eines Unternehmens im Durchschnitt und auf Dauer die Profitabilität gestärkt haben. Kann aus der Umsatzrentabilität und dem Kapitalumschlag errechnet werden.

Risikoappetit: Im Idealfall vom Aufsichtsrat definiertes maximales Risiko, bis zu dem der Vorstand ohne Genehmigung des Aufsichtsrats das Unternehmen am Markt verpflichten darf. Weiter sind alle Überwälzungsmöglichkeiten ausgeschöpft. Innerhalb des Unternehmens wird das unternehmerische Maximalrisiko dann innerhalb der Vorstandsbereiche nach unten kaskadiert und weiter begrenzt.

Rootkit: Ein Rootkit ist ein Schadprogramm, das manipulierte Versionen von Systemprogrammen enthält. Unter Unix sind dies typischerweise Programme wie login, ps, who, netstat etc. Die manipulierten Systemprogramme sollen es einem Angreifer ermöglichen, zu verbergen, dass er sich erfolgreich einen Zugriff mit Administratorenrechten verschafft hat, so dass er diesen Zugang später erneut benutzen kann.

Schadfunktion: Mit Schadfunktion wird eine vom Anwender ungewünschte Funktion bezeichnet, die die Informationssicherheit unbeabsichtigt oder bewusst gesteuert gefährden kann.

Schadprogramm/Schadsoftware/Malware: Die Begriffe Schadfunktion, Schadprogramm, Schadsoftware und Malware werden häufig synonym benutzt. Malware ist ein

Kunstwort, abgeleitet aus „Malicious Software" und bezeichnet Software, die mit dem Ziel entwickelt wurde, unerwünschte und meistens schädliche Funktionen auszuführen. Beispiele sind Computer-Viren, Würmer und Trojanische Pferde. Schadsoftware ist üblicherweise für eine bestimmte Betriebssystemvariante konzipiert und wird daher meist für verbreitete Systeme und Anwendungen geschrieben.

Server: Als Server wird sowohl Hardware als auch die auf ihm für die Clients bereitgestellte Software bezeichnet.
Softwareserver sind z.B. Mailserver für E-Mails, Web-Server für Websites, Appplication-Server für thin clients ohne eigene Software oder very thin clients (früher als „dummes Terminal" bezeichnet) sogar ohne eigenes Betriebssystem. Weiter gebräuchlich sind Fileserver, die Daten in einem Firmen-Intranet speichern, Datenbank-Server, über die die Clients auf eine (SQL)-Datenbank zugreifen können und Spiel-Server, die parallel viele Spieler im Netz verbinden.
Die Hardware-Bezeichnung Server meint meistens die Racks (Regaleinschübe) in Servcerfarmen, die dann stapelweise für die spezielle Clientanwendung verbunden werden.

Service Continuity Management strukturiert nach einer Risikoanalyse wesentliche Anwendungen in ein Prioritätenschema ein, um bei Notfallsituationen handlungsfähig zu bleiben und vereinbart mit dem Anwender den Grad der Verfügbarkeit der Hardware, Software und der Netzwerkkomponenten (Minuten- bis 48-Stunden-Ausfall).

Service Level Management erleichtert es, die Qualität im IT Service einzuhalten, sofern sie durch Service Level Agreements näher bestimmt ist.

Service Portfolio Management umfasst die proaktive Verwaltung der Dienstleistungen aus der IT im Sinne der Strategieausrichtung des Unternehmens und kann demnach aktiv zusätzliche Leistungen anbieten.

Shared Values, Strategy, Structure, Systems, Staff, Skill, Style (7S): Methode von McKinsey und T. Peters entwickelt, zur Unternehmensanalyse und Unternehmensweiterentwicklung, unterscheidet zwischen sog. hard (Strategy, Structure, Systems) und soft skills (Staff, Skill, Style).

Share of Pocket: Vertriebsansatz, der versucht, den Marktanteil beim Kunden zugunsten seines Unternehmens durch den Verkauf zusätzlicher Produkte und Dienstleistungen zu vergrößern. Gelingt dies, ist das Upselling gelungen, d.h. den Kunden in eine höhere Nutzung unternehmenseigener Produkte und Dienstleistungen zu heben (*Upselling*). Idealziel wären 100 %, d.h. kein Einkauf beim Wettbewerb.

Sicherheitsgateway: Ein Sicherheitsgateway (oft auch Firewall genannt) ist ein System aus soft- und hardware-technischen Komponenten. Es gewährleistet die sichere Kopplung von IP-Netzen durch Einschränkung der technisch möglichen auf die in einer Sicherheitsrichtlinie als ordnungsgemäß definierte Kommunikation. Sicherheit bei der Netzkopplung bedeutet hierbei im Wesentlichen, dass ausschließlich erwünschte Zugriffe oder Datenströme zwischen verschiedenen Netzen zugelassen und die übertragenen Daten kontrolliert werden.

Six Sigma: Steht für ein Qualitätssystem, das Prozessfehler auf eine Minimalgrenze von 3,4 zu 1.000.000 Fällen reduzieren will (US: Schwerpunkt). Inzwischen weiterentwickelt zu einem Qualitäts- und Zertifizierungssystem.

Skaleneffekte: Produktivitätsverbesserungen (*Economies of Scale*), die in der Produktion mit der Zahl der produzierten Stücke ansteigt. Sie sind der wichtigste Hebel, um bei Preissenkungen weiter Rentabilität zu gewährleisten. Die höchsten Effekte sind in innovativen Branchen zu verzeichnen, trotzdem sind auch in gesättigten Märkten Prozessverbesserungen der Schlüssel für nachhaltigen Markterfolg (*KVP).*

Skimming Strategie: Eine Hochpreispolitik, die versucht, hohe Margen durch (z. T.) künstliche Verknappung des Angebots zu erreichen. Durch Exklusivität wird über die Marke eine hohe Wertigkeit des Produkts geschaffen, bei der Abwicklungsprobleme wie Lieferzeiten, Warteschlangen, Kontingentierung und Rationierung eher den exklusiven Charakter des Produkts untermauern als ihm schaden.

Smart Data: Siehe Big Data: Analysekonzept in einem Unternehmen, durch Auswertung möglichst vieler bekannter Daten, die in unterschiedlichen Datenbanken gebunden sind, gezielter Kundenansprachen zu ermöglichen. Setzt nicht nur große Rechnersysteme voraus, die auch angemietet werden können, sondern auch schlüssige Analysekonzepte mit der Vorklärung der Frage, für welchen Zweck die Informationen genutzt werden sollten.

Sniffing: Ist das Ausspähen von Identitätsmerkmalen wie Password, PIN, Konto-Nummer, Geheimzahl etc. durch Mitlesen offener Datenkommunikation im Netz.

Solvency II: Ähnlich wie Basel III/CRD IV eine Regulierungsauflage für europäische Versicherungsunternehmen, sich Bewertungsmaßstäben für ihre Aktiva-Bewertung, Eigenkapitalmaßnehmen und Liquiditätsmaßnahmen unter bestimmten Risikoszenarien zu stellen, Governance-Anforderungen (z. B. Risikomanagement, Interne Revision) umzusetzen und über die Umsetzung kontinuierlich zu berichten.

Spoofing: Ist eine IT-/Netztechnik zur Verschleierung der wahren Absichten eines Netzangreifers mit Manipulation an den Basiseinstellungen eines Netz- und IT-Systems. Man unterscheidet in ARP/MAC-Spoofing (Verfälschung der MAC-Adressen in ARP-Tabellen), DNS/DHNS-Spoofing (Verfälschung der DNS/URL-Tabellen im DNS oder HHNS-Server), IP-Spoofing (Verfälschung der IP-Adresse), URL-Spoofing (Verfälschung der URL), Mail-Spoofing (Verfälschung einer Sender-E-Mail-Adresse). Spoofing nutzt Sicherheitslücken in Netzprotokollen wie bei ARP-Paketen, die nicht auf Senderidentität geprüft werden, ebenso bei DHCP und DHP, die jeden Server akzeptieren oder SMTP, das jeden Sender einer E-Mail akzeptiert.

Spyware: Als Spyware werden Programme bezeichnet, die heimlich, also ohne darauf hinzuweisen, Informationen über einen Benutzer bzw. die Nutzung eines Rechners sammeln und an den Urheber der Spyware weiterleiten. Spyware gilt häufig nur als lästig, es sollte aber nicht übersehen werden, dass durch Spyware auch sicherheitsrelevante Informationen wie Passwörter ausgeforscht werden können.

Starke Authentisierung: Starke Authentisierung bezeichnet die Kombination von zwei Authentisierungstechniken, wie Passwort plus Transaktionsnummern (Einmalpasswörter) oder plus Chipkarte. Daher wird dies auch häufig als Zwei-Faktor-Authentisierung bezeichnet.

Strategic Business Units (SBU): Begriff aus der strategischen Portfolioanalyse, zunächst von *BCG* entwickelt, dann in Unternehmen verfeinert, u.a. bei GE (General Electric).

Strengths/Weaknesses/Opportunities/Threadths (SWOT): Methode der Strategieentwicklung von Michael E. Porter in die Diskussion eingeführt, die basierend auf einer fundierten Außen- und Innensicht eine umsetzbare Strategie entwickelt.

Streuverluste: Ist der Anteil von analoger und digitaler Werbung, der auf keine Kunden-Resonanz trifft. Bei Werbe-E-Mails geht er zuweilen über 99 %, bei Zeitungsbeilagen sind Werte von 95–92 % schon ein Erfolg. Es gilt, je persönlicher der Kontakt, desto niedriger der Streuverlust. Gleichfalls gilt auch, je niedriger der Streuverlust eines Vertriebskanals, desto teurer ist er.

Supply Chain Management (SCM): Begriff aus der IT-Verzahnung der Beschaffungssysteme zum Lieferanten hin, um die Schnelligkeit und Flexibilität der Prozesse im Unternehmen zu erhöhen; in der deutschen Automobilindustrie mit SPICE in ein Standard- und Rahmenwerk für die Zusammenarbeit mit strategischen Lieferanten weiter entwickelt.

Themenzentrierte Interaktion (TZI): Methode der Organisationsentwicklung, die von Ruth Cohen[486] mitbegründet wurde, bei der eine Kopplung von Sachthemen und emotionaler Befindlichkeit der Teilnehmer versucht wird. Ziel ist eine Klarheit in der emotionalen Befindlichkeit (Gleichausrichtung der Energien in einer Gruppe) zu erreichen und dann die Sachthemen relativ schnell zu lösen.

Three Lines of Defense: Die Grundkonzeption von IR, die vom IIA propagiert wird, in der das vom Management eingerichtete und gemonitorte ICS die erste Linie, RMS, Controlling und CO mit anderen nicht operativen Zentralfunktionen die zweite und IR die dritte Verteidigungslinie darstellt.

486 Ruth Cohn war die Begründerin der Themenzentrierten Interaktion und eine der einflussreichsten Vertreterinnen der humanistischen und der psychodynamischen Psychologie, geb. 27.8.1912, gest. 30.1.2010.

Trojanisches Pferd: Ein Trojanisches Pferd, oft auch (fälschlicherweise) kurz Trojaner genannt, ist ein Programm mit einer verdeckten, nicht dokumentierten Funktion oder Wirkung. Ein Trojanisches Pferd verbreitet sich nicht selbst, sondern wirbt mit der Nützlichkeit des Wirtsprogrammes für seine Installation durch den Benutzer.

TQM: Total Quality Management, das die vom Kunden wahrnehmbare Qualität steigern will, unter Einbeziehung aller direkt und mittelbar auf Produkt und Service des Unternehmens einwirkenden Bereiche, mit dem Ziel der Steigerung der Prophylaxe statt der Fehlerbereinigung.

TRI:M: Das von TNS INFRATEST BURKE eingesetzte Kundenbindungssystem TRI:M steht für die drei „M":Messen, Machen, Mitteilen; wird zunehmend auch unternehmensintern zur Messung der Mitarbeiterzufriedenheit eingesetzt.

UMTS: Universal Mobile Telecommunication System: Mobilfunkstandard, mit dem in größerer Geschwindigkeit Daten übertragen werden können als mit dem alten Standard GSM.

Understanding: Hier: Lt. IIA ein Wissensbegriff, das dem Revisor ein Grundwissen z. B. von Managementtechniken vermittelt hat, mehr als *Appreciation* und weniger als *Knowledge* und *Proficiency*.

Unique Marketing Proposition (UMP): Begriff aus dem Marketing, bezieht sich auf das gesamte Produkt-Mix, das für den Kunden unverwechselbar gestaltbar sein soll.

Unique Product Proposition (UPP): Begriff aus dem Marketing, bezieht sich auf das Produkt, das für den Kunden unverwechselbar gestaltbar sein soll.

Unique Selling Proposition (USP): Begriff aus dem Marketing, bezieht sich auf den Auftritt des Produkts am Markt, das für den Kunden unverwechselbar gestaltbar sein soll.

Upselling: Einen Kunden in eine höhere Nutzung unternehmenseigener Produkte und Dienstleistungen zu heben.

Visit Management: Unter Visit-Management versteht man den Versuch, aus der zeitlichen Koinzidenz von Website-Clicks ein- und desselben Kunden einen Zusammenhang (z. B. Conversion) zu konstruieren. Dieser zeitliche Zusammenhang wird versucht als ursächlicher Zusammenhang einer Kaufentscheidung zu interpretieren.

VLAN: Virtuelle lokale Netze (Virtual LANs, VLANs) werden zur logischen Strukturierung von Netzen verwendet. Dabei wird innerhalb eines physikalischen Netzes eine logische Netzstruktur abgebildet, in dem funktionell zusammengehörende Arbeitsstationen und Server zu einem virtuellen Netz verbunden werden.

VPN: Ein Virtuelles Privates Netz (VPN) ist ein Netz, das physisch innerhalb eines anderen Netzes (oft des Internet) betrieben wird, jedoch logisch von diesem Netz getrennt wird. In VPNs können unter Zuhilfenahme kryptographischer Verfahren die

Integrität und Vertraulichkeit von Daten geschützt und die Kommunikationspartner sicher authentisiert werden, auch dann, wenn mehrere Netze oder Rechner über gemietete Leitungen oder öffentliche Netze miteinander verbunden sind. Der Begriff VPN wird oft als Bezeichnung für verschlüsselte Verbindungen verwendet, zur Absicherung des Transportkanals können jedoch auch andere Methoden eingesetzt werden, beispielsweise spezielle Funktionen des genutzten Transportprotokolls.

Whistle Blowing: Wörtlich „Verpfeifer", Begriff aus der amerikanischen SOX-Umgebung. Beschreibt einen (meist) internen Tippgeber, der nach amerikanischem Verständnis mit allen Mitteln zu schützen ist und inzwischen bei sachdienlichen Hinweisen auch Belohnungen im sechsstelligen $-Bereich plus erzielen kann. Bekannste Whistler Blowerin ist Cynthia Cooper, die in der Dotcom-Krise als Revisionsleiterin bei WorldCom ein Mrd.-$-Betrag als gebuchten Umsatz feststellte, der gar nicht realisiert war.

WLAN: Mit WLAN werden drahtlose Netze bezeichnet, die auf der als IEEE 802.11 bezeichneten Gruppe von Standards basieren, die vom Institute of Electrical and Electronics Engineers (IEEE) spezifiziert wurden.

Wurm: Bei (Computer-, Internet-, E-Mail-)Würmern handelt es sich um Schadsoftware, ähnlich einem Virus, die sich selbst reproduziert und sich durch Ausnutzung der Kommunikationsschnittstellen selbstständig verbreitet und die Anwendungen stark verlangsamt bis zum Stillstand.

Verzeichnis von unsicheren Netzwerk- und Fernwartungsprotokollen sowie Softwareapplikationen

Active-X
Erlaubt es freien Programmierern, Änderungen an Windows-Betriebssystemen durchzuführen, ohne dass sie den Kernel kennen (müssen). Dieses Active X Element wird aus dem Internet geladen und erfordert veränderte Sicherheitseinstellungen am Webbrowser. Werden die mit der Betriebssystem-Erweiterung des neuen Active-X Element nicht automatisch zurückgestellt, ist der betreffende Host unsicher und für Netzattacken offen.

ARP
ARP akzeptiert jeden Absender auf Layer 2 Ebene (Ethernet) ungeprüft. Daten im Kopfteil des Pakets werden immer ungeprüft „geglaubt".

DHNS
Dieses Protokoll akzeptiert als Sender jeden Server. Es wird bei IPv6 wegen des stark vergrößerten Adressraums nicht mehr benötigt.

FTP
Ist offen und damit unsicher, da sowohl Authentifizierung als auch Inhalte (Dateien) unverschlüsselt gesendet werden. Alte Versionen erlauben Administratorrechte ohne Passwordeingabe.

HTTP
Ist unsicher, da Daten und Authentifizierung unverschlüsselt übertragen werden.

ICMP
Dient eigentlich der besseren Kontrolle von IP-Paketen, kann aber für Angriffe leicht missbraucht werden.

Java Script/Java Applets
Öffnet ähnlich wie Active X das Betriebssystem für Anwendungen aus dem Netz, ohne dessen Einstellung zu verändern (Sanduhr). Ist insofern etwas sicherer als Active X einzustufen.

SMTP
Dieses E-Mail-Protokoll leitet alle E-Mails ohne Prüfung des Senders weiter. E-Mails werden unverschlüsselt und für jeden lesbar versandt.

Telnet
Ist offen und unsicher, es können sehr einfach Anmeldungen von Remote durchgeführt, große Datenmengen vom Rechner kopiert und Kommandos ohne Anmeldung ausgeführt werden.

UDP

Ist ein unsicheres und für Manipulationen offenes Übertragungsprotokoll der Layerebene 3, bei dem es wegen der zeitkritischen Sprachübertragung vor allem auf Übertragungsschnelligkeit ankommt. Paketprüfungen, Reihenfolgeprüfungen etc. werden anders als bei TCP (Layerebene 4) nicht vorgenommen.

Kommentiertes Literaturverzeichnis

Amling, Thomas/Bantleon, Ulrich: Handbuch der Internen Revision, Berlin 2007: Guter Überblick über den Stand der IR in Forschung und Praxis.

Ansoff, Igor: A Model for Diversification, in: Management Science 1958: Eines der Frühwerke im strategischen Management, das die Wachstumschancen eines Unternehmens im gleichen Markt über Steigerung der Kundenbasis und/oder der Produktverbesserung bzw. Wachstum durch die Erschließung neuer Märkte mit dem demselben Produktportfolio untersucht. Davon zu unterscheiden ist der alternative Wachstumsansatz durch Diversifizierung: Hier sind die zusätzlichen Kosten aus mangelnder Markt- und Produktkenntnis (Markterschließungskosten) mit zu kalkulieren, ebenso die möglichen Kosten einer Marktaufgabe gegen die Chancen, am neuen Markt zu reüssieren.

Arzneimittelgesetz (AMG) vom 24.8.1976, zuletzt geändert am 27.3.2014 BGBl. I 261: Das entscheidende Gesetz für Pharmaunternehmen und deren Kunden, den Patienten. Regelt die Inverkehrbringung neuer Arzneien über die Zulassungsvoraussetzungen, die Registrierung und die Verabreichung an Menschen und Tiere (Apothekenpflicht), Haftungsgrundsätze sowie Straf- und Bußgeldvorschriften u. v. a. m. Die letzte Änderung betraf das Thema Doping inkl. einer langen Dopingliste verbotener Stoffe.

Bamford, James: NSA: Die Anatomie des mächtigsten Geheimdienstes der Welt, München 2001: Auch vor Edgar Snowden konnte man sich über den mächtigen amerikanischen Geheimdienst informieren und z. B. erfahren, dass Wirtschaftsspionage zugunsten der USA eine Aufgabe dieses Geheimdienstes ist und war.

Bank Secrecy Act von 1970, vielfach verschärft durch den Patriot Act von 2001 und andere Gesetzesinitiativen, um Geldwäsche in den USA zu verhindern, u. a. die Verpflichtung der Banken, ab 10.000 $ die Identität des Einzahlers festzustellen.

Bernes-Lee, Tim: Weaving the Web, London 1999: Der Erfinder des Webs, statt reich zu werden, entschied er sich für den humanistischen Weg, dass Maschinen dem Menschen in seiner Arbeit, in seinem Lernen und in seinen sozialen Beziehungen zu helfen haben. Er arbeitet als Direktor des W3C, um die Standards für das Web weiterhin zu setzen.

Betriebsverfassungsgesetz vom 15.1.1972, zuletzt geändert am 20.4.2013 BGBl. I 868: Sehr wichtiges Gesetz für die Arbeitnehmer im Betrieb, das in der Vergangenheit überwiegend dem Betriebsfrieden förderlich war als geschadet hat, auch wenn der Gedanke der gemeinsamen Verantwortung für ein Unternehmen (Stakeholder-Ansatz) dieses Gesetzes gerade angelsächsischen Unternehmensführern (Shareholder-Ansatz) manchmal schwer vermittelbar ist.

Bitkom-Broschüre Band 2: Energieeffizienz im Rechenzentrum, Berlin 2010: Sehr informative und praxisorientierte Broschüre, die sehr viel Geld sparen hilft.

Bundesamt für Sicherheit (BSI): Grundschutzkataloge, September 2011, Bonn: Ein wichtiges Nachschlagewerk nicht nur für den ITK-Fachmann. Schwerpunkt dieses umfassenden „Handbuchs" ist zwar der Schutz der ITK, die Hinweise sind aber sehr konkret und aktuell, gerade Bedrohungsszenarien der IT und Sicherheitslücken in Betriebssystemen werden sachlich dargestellt und umsetzungsreife Maßnahmen zum Schutz diskutiert.

Bundesamt für Sicherheit (BSI): Informationssicherheit: Ein Vergleich von Standards und Rahmenwerken, Bonn 2009: Vergleicht ISO 20.000, den IT-Grundschutz (BSI), COBIT 4.1 und die IdW-Standards nach Ähnlichkeiten und Unterschieden, ITIL wird leider nicht erwähnt, auch COSO nicht.

Bundesamt für Sicherheit (BSI): Sicherheit von Webanwendungen, Bonn 1.8.2006: Sehr anschauliches Werk, dass den IT-Fachmann bei der Implementierungen von Web-Anwendungen, nicht nur Websites, in die Lage versetzt, die Anwendungen sicher bzw. sicherer zu gestalten.

Bundesanstalt für Finanzdienstleistungsaufsicht (BaFin): Interne Revision: Erwartungen der Bankenaufsicht, Bernd Wiesemann, 4.3.2014: Hervorragender Artikel, der die Erwartungen an die Arbeit der IR auch im OA-Bereich beschreibt, in dem er betont, dass die Maßnahmenumsetzung von Verbesserungspotenzialen wichtig ist, dass die IR genügend Seniorität besitzt, um auf Augenhöhe den geprüften Bereichen zu begegnen und eigene Kompetenz in der IT-Technik besitzen soll, um die Risikomodelle ihres Unternehmens, insbesondere die eigen entwickelten prüfen zu können. Das Three Lines of Defense Modell ist eigens erwähnt, ebenso das Serving two Masters Problem (Aufsichtsrat und Vorstand).

Bundesanstalt für Finanzdienstleistungsaufsicht (BaFin): Mindestanforderungen an das Risikomanagement, Rundschreiben 10/2012 in der Fassung vom 14.12.2012: Anpassung der bisher gültigen Regelungen an neue internationale Anforderungen, Stärkung der Rollen des Risikomanagers, des Compliance Officer und des Leiter der IR. Hiernach werden Prüfungen nur von der IR durchgeführt, die wiederum nicht die Funktionen des Risikomanagements und der Compliancefunktion inne haben darf. In der Compliancefunktion sollen vor allem die Themen, die Reputationsschäden auslösen können, überwacht werden, wie Geldwäsche und Terrorismusfinanzierung, Einhaltung des Wertpapierhandelsgesetzes, der Verbraucherschutzgesetze und des Datenschutzgesetzes sowie der Straf- und Zivilgesetze, um das Unternehmen vor den dolosen Handlungen zu schützen.

Bundesdatenschutzgesetz vom 20.12.1990, letzte Änderung 14.8.2009, BGBl. 2814: Eines der bekanntesten Gesetze, das die Nutzung personenbezogener Daten nicht grundsätzlich ausschließt, aber an eine Reihe von Bedingungen knüpft, insbesondere an die persönliche Einwilligung. Kritisch wird u.a. der § 32, Abs. 1 diskutiert, wie die schutzwürdigen Bedürfnisse des Arbeitnehmers mit den Pflichten des Arbeitgebers, sich vor Straftaten zu schützen und die notwendigen Massnahmen zu ergreifen, rechtssicher interpretiert werden könnte. § 11, Abs. 1 belässt die Verpflichtung zur Kontrolle bei Outsourcing-Verträgen/Cloudverträgen beim Auftraggeber.

Burgelman, Robert A.: Strategy is Destiny, 2002, New York: Burgelman arbeitete seit mehr als 2 Jahrzehnten für Intel als externer Berater und Coach und hat die vielfachen Metamarphosen, die Intel aufgrund der explosiven Marktentwicklung im PC-Markt nachvollziehen und für sich nutzbar machen wollte, persönlich miterlebt, vor allem aus dem engen Kontakt mit dem langjährigen genialen CEO von Intel, Andy Grove. In seinem Strategiebegriff des sog. Rubberband-Approach konnte er schon früh nachweisen, dass gemeinsame Werte die Basis für den Markterfolge eines Unternehmens darstellen. Die vier Kernfragen" Wie wir gewinnen, was wir sagen, was wir können und was wir tun?" fassen sehr einfach und prononciert die Fokussierung, die Marktkommunikation (Kunden und Kapitalgeber), das Potenzial und die Realität eines Unternehmens zusammen mit all ihren Wechselwirkungen zueinander und macht bildlich deutlich, dass „Gummibänder" auch reißen können, wenn z. B. Kommunikation und Realität sich zu sehr von einander entfernen sollten.

Chambers, Andrew und Rand, Graham: The Operational Auditing Handbook, zweite grundsätzliche Überarbeitung seit 1997: Hauptanteil hatte schon 1997 der Bereich IT, der in 2014 noch ausgeweitet wurde. Die anderen Geschäftsprozesse werden wesentlich kürzer abgehandelt. Die Checklisten sind sehr nützlich, ein vertiefendes Verständnis der Geschäftsprozesse wird weniger erzeugt.

ConSecur im Auftrag des BSI: Einführung von Intrusion Detection Systemen, Grundlagen 31.10.2002: Gutes, verständliches Skript zum Einsatz von IDS.

COSO Internal Control-Integrated Framework (Neufassung des COSO ICS von 1992), 13.5.2013: Leicht modifizierte Version der Erstausgabe aus 1992, stellt die Goverance aus Shareholdersicht stärker heraus als die Managementsicht des ERM.

COSO Enterprise Risk Management, 2004: Das Rahmenwerk für gute Unternehmensführung- und -überwachung mit 8 Managementprozessen, 4 Sichtweisen und Konkretisierungsmöglichkeiten vom Gesamtunternehmen in einzelne Prozesse, Geschäfts- und Funktionsbereiche („Der COSO-Würfel"), eines der Basiswerke dieses Buches.

COSO's 2010 Report on ERM, 2010: Zwischenstatus, der ernüchtert feststellt, dass die beabsichtigte Risikoorientierung als Teil der strategischen Ausrichtung in vielen Unternehmen noch nicht angekommen ist. Stellt den Risikoappetit, der vom Aufsichtsrat dem Vorstand vorgegeben und zu überwachen ist, in den Mittelpunkt der zukünftig notwendigen Verbesserungen und weist der IR eine herausragende Rolle zu, im Topmanagement das Risikobewusstsein zu schärfen.

Deutscher Corporate Governance Kodex (DCGK) 13.5.2013: Regelt als Selbstverpflichtung die Pflichten einer ordnungsgemäßen Unternehmensführung mit den Aufgaben von Aktionären, Aufsichtsrat, Prüfungsausschuss/Audit Committee und Vorstand. Ebenfalls werden die Themen Vergütung, Abschlussprüfer und Unabhängigkeit von Abschlussprüfer und Aufsichtsrat adressiert.

DIIR-Standard Nr. 2: Prüfung des Risikomanagement durch die Interne Revision, 2014: Stellt zum ersten Mal klar, dass nicht nur das RMS, sondern auch die Inhalte des RMS zu prüfen sind. Auch ist zu prüfen, ob das Frühwarnsystem funktioniert und alle bekannten Unternehmensrisiken im RMS enthalten sind. Dieser Standard geht insoweit über den alten PS 340 vom 25.4.1999 des IdW weit hinaus, der die inhaltliche Prüfung allein der Geschäftsführung überlässt.

DIIR: Revision von Vertrieb und Marketing, Praxisleitfaden zu spezifischen Prüfungsthemen, Berlin, 2014: Gute Darstellung und sehr umfangreicher Fragenkatalog zur Revision von Marketing und Vertrieb.

DIIR-Standard Nr. 5: Standard zur Prüfung des Anti-Fraud-Management-Systems durch die Interne Revision, Frankfurt a. M., 24.5.2012: Sehr guter Standard, der die wesentlichen Grundlagen eines Anti-Fraudmanagements erläutert und Hinweise zur Implementierung gibt.

DIIR Standard Nr. 4: Standard zur Prüfung von Projekten. Definition und Grundsatze, in: ZIR, 2008, S. 154–159. Ein Grundsatzpapier, das versucht, der besonderen Prüfungslage bei Projektprüfungen gerecht zu werden.

DIIR (Deutsches Institut für Interne Revision e. V.): Umfrage zum Themen „ Führen mit Zielen in der IR". CIA-Gruppe Nord, Feldafing 2007: Studie unter 120 unterschiedlichen Revisionsabteilungen zur Steuerung mit Zielen.

DIIR Standard Nr. 3: Qualitätsmanagement in der Internen Revision, in: ZIR 2002, S. 214–224: Erfolgreicher Versuch, das QA nach Deutschland zu bringen, inzwischen (fast) Standard in vielen Revisionsabteilungen.

DIIR Standard Nr. 1: Zusammenarbeit von IR und Abschlussprüfer, in: ZIR, 2001, 36 Jg.H.1, S. 34–38.: Erster Standard des Instituts, der versuchte, dass sich IR und AP auf Augenhöhe begegnen können, wird zurzeit überarbeitet.

DIIR Arbeitkreis IT-Revision: Revisionsaspekte beim Mobile Computing in ZIR 06/12: Sehr lesenswerter, praxisnaher und theoretisch fundierter Artikel, der Risiken und Abhilfen zum Thema BYOD/Mobile Computing, der Vermischung von privater und unternehmerischer Sphäre erläutert.

Engroff, Bernd: Was sind die wirklich wichtigen Kennzahlen in der Produktion? Führen und Coachen mit Kennzahlen in AWF Arbeitsgemeinschaft für wirtschaftliche Fertigung, Oktober 2014: Sehr verständliche und umfassende Ausführung eines für Kaufleute manchmal nicht so einfach zu verstehenden Themas.

Enquete des DIIR, des IIA Österreichs (IIRÖ) und des IIA der Schweiz (SVIR), 2014: Die Professionalisierung der IR steigt weiter an, dies wird an einem verdoppelten Anteil der Revisionsabteilungen, die Qualitätsmanagement betreiben, am steigenden Anteil der Zeit für Schulung und im Ergebnis an Verkürzung der Revisionsprozesse und Formalisierung des Follow-up-Prozesses deutlich.

Enquete des DIIR, des IIA Österreichs (IIRÖ) und des IIA der Schweiz (SVIR), 2011: Viele interessante neue Aspekte der IR, z. B., dass durch den zunehmenden Kostendruck die Risiken in den operativen Prozessen steigen, auf jeden Fall auch heute noch ein Thema der IR. Es wird erwartet, dass der Einsatz von Prüfertools zunehmen wird.

Ernst & Young: 13. Global Fraud Survey: Korruption, das Risiko der Anderen, Stuttgart, 2014: Die Hauptthese, die fehlende Kommunikation als Angst vor einem Reputationsschaden und eine automatische Anzeige von Fraud-Fällen wird sich spätestens durch die neue geplante Regulierung im IT-Bereich, bei der in Zukunft Meldepflicht in schweren Fällen bestehen könnte, in Zukunft abschwächen.

EU-Kommission: Vorschlag der Kommission über spezifische Anforderungen an die Abschlussprüfung bei Unternehmen von öffentlichem Interesse, Brüssel 30.11.2011: Guter Vorschlag, letztlich im Parlament gescheitert.

EU-Kommission: Arbeitsdokument der Kommissionsdienststellen, Begleitdokument zur: Empfehlung der Kommission zur Beschränkung der zivilrechtlichen Haftung von Abschlussprüfern und Prüfungsgesellschaften; Brüssel, 5.6.2008: Guter Vorschlag, letztlich im Parlament gescheitert.

FAMA (Fachausschuss für moderne Abrechungssysteme)-Gutachten I/1974 und 1/1975 des IdW und GOS (Grundsätze ordnungsgemäßer Speicherbuchführung) der Finanzverwaltung vom 5. Juli 1978 (BMF IV A 7 – S 0316 – 7/78, BStBl. I S. 250): Relativ altes Werk, jedoch in seiner Systematik immer noch aktuell.

Financial Crisis Inquiry Commission. Final Report of the National Commission on the Causes of the Financial and Economic Crisis in the United States, 25.2.2011; FCIC website: Sehr instruktiver Bericht über den Finanzskandal 2008/2009, die Ursachen und Folgen.

Fraunhofer Institut: Die Nutzung industrieller Abwärme, Heidelberg/Karlsruhe, 13.7.2010: Wichtige Studie mit Praxisbezug, nach der 18 % der Endenergie in Industriebetrieben eingespart werden kann.

Foreign Corrupt Practices Act von 1977, 15 U.S.C., §§ 78dd–1 f., New York Stock Exchange (NYSE): Corporate Governance Rules, Abschnitt 303.A.00, 4. November 2003, New York: Äußerst wichtiges Gesetz, das für alle amerikanischen Unternehmen sowie für ausländische Unternehmen, die in den USA Tochtergesellschaften halten, Korruption unter Strafe (bis zu 5 Jahre Haft) stellt, Geldbußen in Millionenhöhe verlangen kann und Herausgabe der Gewinne, die durch Bestechung ausländischer Regierungs- oder Verwaltungsstellen erzielt wurden, verlangen kann.

Freidank, Carl-Christian/Peemöller, Volker M.: Corporate Governance und Interne Revision, Berlin, 2008: Durch die Vielzahl der Beiträge und Autoren stellt diese Buch einen aktuellen Stand der Revisionspraxis vor dem Umbruch, der durch das von BilMoG in Deutschland und die 8. EU-Richtlinie für Europa verursacht wurde, dar. Basis waren die Tendenzen aus USA, die 2001 mit dem SarbanesOxley Act begannen, und erst zögerlich in Europa begannen und nach der Finanzkrise in 2008/2009 mit Vehemenz über die Überwachungsorgane hereinbrach, Stichworte sind u.v.a. Enforcement, Audit Committee/Prüfungsausschuss und Fraudprophylaxe.

Fuld, Leonard M.: The New Competitor Intelligence, USA 1994: Ein gut lesbares Handbuch zum Thema Wettbewerberanalyse, dass ein Fülle z. T. überaschender Tipps parat hält, z. B. einen unternehmensinternen Audit, um herauszubekommen, wer von welchem Unternehmen welche Kenntnis hat.

Gesetz gegen den unlauteren Wettbewerb (UWG) vom 3.7.2004, zuletzt geändert am 1.10.2013 BGBl. I 3714: Wichtiges Verbraucherschutzgesetz, ein Pflichtlektüre für Marketer und IR'ler, die eine Prüfung im Marketing/Werbung/Vertrieb durchführen.

Gesetz gegen Wettbewerbsbeschränkungen (GWB) vom 26.8.1998, letzte Änderung 7.8.2013 BGBl. I 3154: Sehr wirksames Gesetz gegen Monopol- und Kartellsituationen mit hoher Strafandrohung bei Zuwiderhandlung (Maximal 10 % vom Jahresumsatz).

Gesetz über das Aufspüren von Gewinnen aus schweren Straftaten (Geldwäschegesetz GWG) vom 13.8.2008, zuletzt geändert v. 18.12.2013 BGBl. I 4318: Etwas höhere Beträge als in den USA mit 15.000 EUR bei Bareinzahlungen und hohe Auflagen für Banken, Risikomaßnahmen aufrecht zu erhalten.

Gesetz über die Haftung für fehlerhafte Produkte **(Produkthaftungsgesetz),** 15.12. 1989, zuletzt geändert 19.7.2002 BGBl. I 2674: Verbraucherschutzgesetz, dass die Folgen fehlerbehafteter Produkte und die verschuldensunabhängige Haftung des Produzenten beschreibt.

Gesetz zur Einführung internationaler Rechnungslegungsstandards und zur Sicherung der Abschlussprüfung (Bilanzrechtsreformgesetz (sog. BilReG) vom 4.12.2004, BGBl. I, S. 3166: Versuch durch einen Verbotskatalog, die die Unabhängigkeit gefährdenden Tätigkeiten oder Beteiligungen auflisten, die Unabhängigkeit des AP-Urteils zu kräftigen.

Gesetz zur Kontrolle und Transparenz im Unternehmensbereich (sog. KonTraG) vom 30.4.1998, BGBl. I S. 786: Erster Versuch des Regulierers im Entwurf des Gesetzes, die AP stärker in die Haftung zu nehmen, wenn trotz testiertem Jahresabschluss das Unternehmen kurzzeitig später in die Insolvenz gerät. Auch in 2014 in der neuen Fassung der Abschlussprüferrichtlinie ausdrücklich ausgeschlossen, da zukunftgerichtete Aussagen nicht überprüft werden. Damit bleibt der Erwartungsgap zwischen der interessierten Öffentlichkeit und der möglichen Leistung des AP bezogen auf das Testat weiter bestehen.

Gesetz zur Kontrolle von Unternehmensabschlüssen (***sog.*** **BilKoG**). – vom 15.12.2004, BGBl I, Nr. 69, S. 3408. Dritter Versuch durch die Gründung der Enforcementstelle bei der BaFin die Qualität der Arbeit des AP zu stärken.

Gesetz zur Modernisierung des Bilanzrechts (sog. **BilMoG**) vom 25.5.2009, BGBl. S. 1102: Umsetzung der 8. EU-Richtlinie (Abschlussprüferrichtlinie), darin wird u. a. jede AG verpflichtet, eine IR-Funktion zu besitzen und der AR gleichzeitig verpflichtet, sich über die Angemessenheit des RMS, des IKS und des IR-Systems ein Urteil zu bilden.

Gesetz zur weiteren Reform des Aktien- und Bilanzrechts, zu Transparenz und Publizität (Sog. **TransPuG**). BGBl. 2002, S. 2681: Zweiter Versuch der Regulierer, den AP durch die Konkretisierung von Complianceverstößen im Unternehmen und dem Hinweis auf bestandsgefährdende Risiken zum Reden zu bringen. Auch sieht der TransPuG die Berichtspflicht für wesentliche Risiken vor, die nicht bestandsgefährdend sind.

Gibbs, Nelson: Protecting your mobile devices, 2012 ISACA: Sehr gute und überzeugende Präsentation vor der ISACA, wie der Einsatz von Smartphones kontrolliert organisiert werden kann und wie den Risiken begegnet werden kann.

Gigerenzer, Gerd: Bauchentscheidungen: Gütersloh, 2007: Ein mehrfach ausgezeichnetes Buch sowohl als bestes Wirtschaftsbuch als auch als bestes Wissenschaftsbuch, dass im Grenzbereich der Psychologie, Informatik, Biologie und Ökonomie wichtige, neue Erkenntnisse zum Thema der unbewussten oder vorbewussten Entscheidungsfindung allgemeinverständlich aufbereitet. Prof. Gigerenzer hielt beim DIIR-Kongress 2011 in Düsseldorf einen bemerkenswerten Vortrag zu diesem Thema.

Glass Steagall Act, 16.6.1933: Erster Versuch in den USA, eine der Ursachen der ersten Weltwirtschaftskrise durch ein Trennbankensystem in Geschäftsbanken und Investmentbanken in den Griff zu bekommen. In der Finanzkrise 2008/2009 wieder aufgehoben.

Goedevert, Daniel: Wie ein Vogel im Aquarium, Rowohlt, Berlin 1996: Sehr persönliches Buch, das die Risiken des Spiegelkabinetts auf Vorstandsebene beleuchtet, wenn echtes und ernstgemeintes Feedback ausbleibt und Risiken von Vorgesetzten-Entscheidungen von Mitarbeitern nicht mehr korrigiert werden, da sie in einem Klima der Angst keinen Mut zur Kritik fassen können.

Gramm-Leach-Bliley Act, 28.10.1999: Deregulierung des Glass Steagall Acts und Aufhebung des Verbots von Universalbanken. Die Internetblase von 2000–2003 und die Finanzkrise von 2008 und 2009 sind nicht zuletzt auf zu geringe Regulierung zurück zu führen.

Grasegger, Peter und Weins, Sebastian: Continuous Auditing in ZIR 05/2012: Ein Plädoyer für CA, um schnell auf veränderte Risikozustände reagieren zu können. Über die IT-Systeme werden nach KPI (Key Performance Indicator) und KRI (Key Risk Indicator) automatische Änderungen am Risk Univers durchgeführt, das dann neue Themen priorisiert und entsprechend der Revisionskapazität anderer zurückdrängt.

Häusel, Hans-Georg : Brain View. Warum Kunden kaufen, München, 2008: Gut lesbares Buch, dass Erkenntnisse der Gehirnforschung in Neurobiologie und -marketing ganz praktisch auf den Punkt bringt.

Harnischmacher, Robert F.J.: Geldwäsche-Money Laundering in die Kriminalpolizei, Zeitschrift der Gewerkschaft der Polizei 2014: Sehr lesenswerter Aufsatz zum bekannten Thema mit Musterbeispielen und der enormen wirtschaftlichen Dimension des organisierten Verbrechens, abgeleitet als Differenzsaldo aus dem weltweiten Abgleich der Zahlungsbilanzen der Länder.

Haushaltsgrundsätzegesetz vom 19.8.1969 (BGBl. I S. 1273), das zuletzt durch Artikel 1 des Gesetzes vom 15.7.2013 (BGBl. I S. 2398) geändert worden ist: Unter anderem werden Rechnungshöfe verpflichtet, die Ordnungsmäßigkeit der Geschäftsführung in den Unternehmen zu führen, die sich im Besitz des Bundes, der Länder oder Kommunen befinden. Diese Aufgabe übernehmen in privatwirtschaftlichen Unternehmen weder der AP, selten die IR.

Hemel, Ulrich: Institut für Sozialstrategie: Wertorientierte Unternehmensführung: Das Spannungsfeld zwischen Ethik und Wirtschaft in der Praxis, auf der DIIR Jahrestagung 2012 in Hannover: Wirtschaft und Ethik sind keine Gegensätze, sondern bedingen einander. Das Fundament von Wirtschaft ist das Vertrauen, vor allem das der Kunden in das Unternehmen und seine Produkte. Wiederholte Käufe sind ein Vertrauensvorschuss der Kunden gegenüber dem Unternehmen, das durch konsistentes Handeln des Unternehmens immer wieder gerechtfertigt werden sollte. Ethisches Handeln im Unternehmen ist relativ einfach daran zu messen, welche Mitarbeiter eingestellt, welche befördert, welche freiwillig und unfreiwillig das Unternehmen verlassen müssen. Der Kommunikation der Ziele und ihre Verbindung zu Haltungen der Gesellschaft und vor allem der Mitarbeiter komme eine große Bedeutung bei, das Gute tun oder Wertschöpfung durch Wertschätzung. Erst danach sei es sinnvoll, sich über Effektivität und Effizienz Gedanken zu machen, das, was man tut, gut tun.

International Council on Clean Transportation (ICCT): From Laboratory to road, 27.5.2013: Eine Studie, die sehr klar die Diskrepanzen zwischen getestetem und tatsächlichem Spritverbrauch von Autos unterscheidet und vorschlägt, die Testbedingungen an die Realität anzupassen, um Klimaziele zur CO^2-Reduktion zu erreichen und Verbraucher/Käufer nicht durch unglaubwürdige Angaben zu enttäuschen.

Institute of Internal Auditors (IIA): Vorgeschlagene Verbesserungen der Berufsgrundlagen der Internen Revision-International Professional Practices Framework (IPPF), 4.8.2014: Der Entwurf sei dem interessierten Leser herzlich empfohlen, insbesondere die 12 Grundsätze werden nach Auffasung des Autors für die Zukunft der IR noch manchen Denkansatz bringen.

Institute of Internal Auditors (IIA) zusammen mit KPMD, PwC und Protiviti: The Pulse of the Profession, enhancing value through colloboration, a call to action, Juli 2014: Ein eindrucksvoller Bericht, der die IR dazu bewegen sollte, sich etwas weniger mit Assessments und etwas mehr mit Beratungsthemen im strategischen Bereich des Unternehmens zu beschäftigen, da dies von den Stakeholdern (Aufsichtsrat/Audit Committee/Prüfungsausschuss) vermehrt erwartet wird.

Institute of Internal Auditors (IIA): Standards for the Professional Practise, Altamonte Springs, 2004: Der Standard für alle IR-Abteilungen, die sich professionell aufstellen wollen, gilt auch für DIIR-Mitgleider, da das deutsche Institut als German Chapter of the IIA etabliert ist.

Institute of Internal Auditors (IIA): Position Paper: The Three Lines of Defense in Risk Management and Control; Altamonte Springs, January 2013: Das wichtigste Papier nach den Standards, um die Rolle der IR zu erklären, gleichzeitig ein sehr anschauliches Modell zum Revisionsmarketing.

IIA Research Foundation: The IIA's Global Internal Audit Survey: Characteristics of an Internal Audit Activity- A component of the CBOK Study, Altamonte Springs; Fl (IIA), 2011: Interessante internationale Studie zum Stand der IR und dem erwartetem Ausblick in den nächsten 5 Jahren; vergleichbar der Enquete; enthält die schon bekannten Trends der zunehmenden Bedeutung von CAAT, CA und CM und der Ausweitung der Prüfungsfelder in CSR-, Ethik- Governance- und strategischen Fragen.

IIA Research Foundation: GTAG 1-17, Altamonte Springs; Fl (IIA), 2005–2012: Zum Teil sehr gute Inhalte, die leider von GTAG zu GTAG in Abhängigkeit der beteiligten Autoren schwanken. Die wichtigsten IT-Revisionsthemen werden hierin beschrieben, das Thema DPI (Deep Packet Inspection) mit dem die gesamte Internetkommunikation entschlüsselt und ausgewertet werden kann, wird leider nicht beschrieben (Fehlendes Telekommunikations-Wissen?). Auch sollten die Themen Cloud und BYOD (Bring your own Device) zukünftig aufgegriffen werden.

GTAG 1: 2005	Information Technology Controls
GTAG 2: 2005	Change & Patch Management Controls
GTAG 3: 2005	Continuous Auditing
GTAG 4: 2006	Management of IT Auditing
GTAG 5: 2006	Managing and Auditing Privacy Risks
GTAG 6: 2006	Managing and Auditing IT Vulnerabilities
GTAG 7: 2006	IT Outsourcing
GTAG 8: 2007	Auditing Application Controls
GTAG 9: 2007	Identity and Access Management
GTAG 10: 2008	Buisness Continuity Management
GTAG 11: 2008	Developing the IT Audit Plan
GTAG 12: 2009	Auditing IT Projects
GTAG 13: 2009	Fraud Prevention & Detection in an Automated World
GTAG 14: 2010	Auditing User-developed Applications
GTAG 15: 2010	Information Security Governance
GTAG 16: 2011	Data Analysis Technologies
GTAG 17: 2012	Auditing IT Governance

Institute of Internal Auditors Australia & Protiviti, Sydney 2012: Achieving High Performance in Internal Audit: 160 Firmen bestätigten das Thema „Serving two Masters“, dass Ordnungsmäßigkeits- und Compliance-Themen primär den Prüfungsausschuss/das Audit Committee interessieren, Zweckmäßigkeits- und Geschäftsprozessanalysen den Vorstand/Geschäftsführung. Es gilt hier: Nein zum Entweder – Oder, Ja zum sowohl als auch. „Don't bring me problems, bring me solutions!“

IdW PS 261: Feststellung und Beurteilung von Fehlerrisiken und Reaktionen des Abschlussprüfers auf die beurteilten Fehlerrisiken, Düsseldorf, 1.3.2012: Der PS 261 löst den alten PS 260 (IKS) ab. Auch beim IdW ist inzwischen angekommen, dass eine reine IKS- ohne Risikoprüfung und Verständnis der Strategie, Ziele und Geschäftsmodell des geprüften Unternehmens ins Leere laufen kann, SOX und PCAOB (material missstatements) sei Dank. Der Prüfungsansatz der Abschlussprüfung kann zukünftig auch an den Risiken in den Unternehmensfunktionen und Unternehmensprozessen statt an den Positionen der Rechnungslegung orientiert werden.

IdW: PS 980: Prüfung des Compliance Management Systems, Düsseldorf, 2011: Der Prüfungsstandard fasst die Prüfungsschwerpunkte der Prüfung des Compliance Management Systems mit den Komponenten Einrichtung, Ausgestaltung und Überwachung zusammen und grenzt ihn gegenüber dem Risikomanagement und IKS-Prüfungen ab. CMS-Prüfungen sind Prüfungen der Corporate Governance eines Unternehmens als Prophylaxe zur Gesetzeskonformität. Die Wirksamkeit eines CMS leidet besonders dann, wenn Regelverstöße im Unternehmen ohne Konsequenzen bleiben.

IdW PS 880: Prüfung von Softwareprodukten, 25.6.1999, neugefasst 11.3.2010: Eher eine Testierung/Zertifizierung/Unbedenklichkeitsbescheinigung von Softwarenprodukten als ein Prüfungsstandard.

IdW PS 210: Zur Aufdeckung von Unregelmäßigkeiten im Rahmen der Abschlussprüfung, Düsseldorf, 2006: In diesem Standard wird auf die abschlussrelevanten Red Flags detailliert hingewiesen.

IdW PS 330: Abschlussprüfung bei Einsatz von Informationstechnologie in IDW Prüfungsstandards – IDW Stellungnahmen zur Rechnungslegung, CD-ROM Ausgabe 2007/2008, IDW Verlag GmbH, Stand: 24.9.2002: Detailliert im Abschnitt 10.2.3. dieses Buches beschrieben.

IdW PS 340: Die Prüfung des Risikofrüherkennungssystems nach § 317 Abs. 4 HGB, WPg 16/1999, S. 658 ff., FN-IDW 8/1999, S. 350 ff., vom 11.9.2000: Eigentlich wird nur ein System geprüft, das RMS, die Prüfung auf Vollständigkeit und richtige Gewichtung der Risiken sowie der verabredeten Maßnahmen auf Effektivität wird nicht beschrieben. Siehe hingegen den neuen DIIR-Standard Nr. 2 von 2014, der genau diese Themen explizit anspricht.

IFAC, New York, USA: ISA 240: Der Prüfungsstandard erläutert die Verantwortung des Abschlussprüfers beim Auffinden von Fraud-Fällen im Abschluss. Dieser Standard fasst die Fraud-Verantwortlichkeit enger als der deutsche PS 210, der alle Gesetzesverstöße in einem Unternehmen erfasst und im Hinblick auf die Abschlussrelevanz bewertet.

ifeu (Institut für Energie- und Umweltforschung), Fraunhofer Institut für System- und Innovationsforschung, IREES GmbH: Die Nutzung industrieller Abwärme-technisch-wirtschaftliche Potenziale und energiepolitische Umsetzung, 13.7.2010, Heidelberg, Karlsruhe: Die Studie zeigt branchenspezifische Energieersparnispotenziale und erklärt fundiert die dazu notwendige Technik.

Isaacson, Walter: Steve Jobs, 2011, London: Eines der besten Wirtschaftsbücher, die in 2011 erschienen sind, ist dieses Buch. Es schildert ungeschminkt die schillernde Persönlichkeit von Steve Jobs, seine Innovationen mit dem Mac und Apple PC in den 1980er Jahren, sein Faible für die Verbindung von Informationstechnologie und Film bei Pixar und seine Krönung nach seinem Wiedereintritt bei Apple, als er die Musikindustrie (iTunes und iPod), die Telekommunikatonsindustrie (iPhone und iPad) und nicht zuletzt die PC-Industrie revolutionierte. Weltweites Marketing, innovatives Design, Kundendenke und ein tiefes Verständnis für Technik begründen bis heute den Erfolg von Apple als eines der wertvollsten Unternehmen der Welt.

ISACA, COBIT 5, 2014: Das Standardwerk für die IT-Revision, trotz anderen Anspruchs sehr gut in der Praxis für IT'ler und IT-Revisor, gut in der Einbindung der Unternehmensüberwachung.

Kästle, Jan / Hölzner, Stefan: Mitgehört: Oracle Datenbanken und SAP richtig protokollieren, in: iX Magazin für professionelle Informationstechnik 8/2008: Guter und konkreter Artikel, der auf Sicherheitsrisiken und deren Behebung bei Oracle-Datenbanken und SAP-Anwendungen abstellt.

Kaplan, Robert S. / Norton, David P.: *The* Balanced Scorecard: Translating Strategy into Action, Harvard University Press, USA, 1996: Bahnbrechendes Werk, das in vielen Unternehmen zu einer Umorientierung der Steuerung des Unternehmens geführt hat. Durch eine Zielkaskadierung ausgehend von der Unternehmens-Strategie und den Jahresbudgets wird das Gesamtunternehmen einbezogen und auf eine gemeinsame Zielorientierung eingeschworen.

Klitzing, Klaus von: Der Graphèn-Hype in bild der Wisssenschaft, 10/2014: Für den interessierten Leser eine spannende Geschichte einer Grafitmine, die mit Tesafim sorgfältig bis auf die atomare Ebene (2-dimensional) zerlegt wurde und dann ganz besondere Eigenschaften (z. B. elektrische Leitfähigkeit) entwickelt und vielleicht den Traum einer aufrollbaren oder faltbaren IT-Hardware (Laptop, Pad, Smartphone) erfüllen hilft.

Kotler, Philip: Marketing Management, 14. Auflage in dt. Übersetzung, Stuttgart 2007: Das weltweite Standardwerk des Marketings seit über vierzig Jahren und in nunmehr 14. Auflage erschienen. Kotler bettet Marketing in alle Prozesse und die Strategie des Unternehmens ein, hat sich schon früh für eine Marketingrevision stark gemacht und auf kunstvolle Art Wissenschaft und betriebliche Praxis zu integrieren versucht.

Kotler, Philip / Kartajaya, Hermann / Setiawan, Iwan: Die neue Dimension des Marketings: Vom Kunden zum Menschen, campus, Frankfurt a. M., 2010: Die Autoren stellen Marketing in Dienst der Nachhaltigkeit und belegen, dass nachhaltig wirtschaftende Unternehmen auf Dauer zu größeren Erfolgen fähig sein, weil sie als akzeptierter Teil der Gesellschaft wahrgenommen werden. Ein „Muss" für alle, die Corporate Social Responsibility für sich praktisch entdecken und schnell die Marketingbegriffe mit erlernen möchten.

KPMG: Studie „Wirtschaftskriminalität in Deutschland 2010, Fokus Mittelstand,", 2010: Zeigt u. a., dass durch Innentäter der größte Schaden pro Einzelfall entsteht. Eine wirksame Prophylaxe ist demnach geboten.

Kregel, Joachim: Compliance-Prophylaxe im Vertrieb in ZIR 04/2013: Ein Unternehmen ist dolosen Handlungen im Vertrieb nicht hilflos ausgeliefert. Es besitzt über eine systematische Red Flag-Analyse eine Vielzahl von Optionen, um Fraud vorzubeugen.

Kregel, Joachim: Interne Revision im dualen und im Boardsystem, in Peemöller, Volker und Freidank, Carl-Christian (Hrsg.): Corporate Governance und Interne Revision, Berlin 2008: Das heute unter dem Thema „Serving two masters" bekannte Thema Berichtspflicht an Vorstand und Aufsichtsrat wird vor dem Hintergrund der unterschiedlichen Unternehmensverfassungen in den USA und Deutschland diskutiert.

Krüger, Jörg Dennis: Conversion Boosting mit Website Testing, mitp-Verlag, 2011: Ein analytisch gut aufgemachtes, anschauliches Werk, das z. B. mit dem Periodensystem des Website Boosting viele konkrete Umsetzungs-Vorschläge macht.

Kundinger, Peter: Die Interne Revision als Change Agent, Berlin 2007: Innovative Buch, da es die IR dazu bringen will, ihren Blickwinkel vom reinen SOLL-IST-Vergleich weg hin zu einer Neudefinition des Solls aus der zukünftigen Herausforderungen des Unternehmens her abzuleiten und so das bisherige SOLL in Frage zu stellen, wenn das Handeln nach diesem Konzept ein Unternehmen in hohe Risiken stürzen würde. Die IR bietet sich daher als Prozeßpromotor für Innovationsprozesse im Unternehmen an.

Lebensmittel-, Bedarfsgegenstände- und Futtermittelgesetzbuch (LFGB) v. 1.9. 2005 zuletzt geändert durch Art. 1 V v. 28.5.2014 I 698: Schutz des Verbrauchers vor gefährlichen Stoffen und Deklarationspflicht vieler Inhaltsstoffe zum Schutz vor Täuschung.

Lencioni, Patrick: The Five Temptations of a CEO, 1998, San Francisco: Ein äußerst empfehlenswertes Buch nicht nur für CEO's, die in ihren Organisationen signifikante Verbesserungen anstreben und mit klarer Kommunikation und Entwicklung eines Teamansatzes das „Spiegelkabinett" des Top Managers vermeiden wollen.

Magyar, Kasimir / Magyar, Patrick: Marketingpioniere und Pioniermanagement, Zollikon (CH), 1987: Bedeutsam an diesem Werk ist, wie Marketingpioniere sich ihr Unternehmen und auch ihren Markt selber schaffen und diesem Ziel alles unterzuordnen bereit sind. Es erzählt in anschaulicher Weise die Geschichte einer Reihe sehr erfolgreicher Unternehmen (z. B. Swatch, Plastic Omnium, Mövenpick u. v. a. m.), greift in dem Theoriebereich die Marketing-Themen systematisch erneut auf und ist auch einer der Verfechter einer Marketingrevision.

McCarthy, E. Jerome: Basic Marketing: A Managerial Approach, 1960: Das Basiswerk des Marketings, das dann von Philip Kotler weiterentwickelt wurde.

McKinsey Quartely Reports 09/2007: | The link between profits and organizational performance: Die sog. Soft Factors des 7S-Modells wurden an hunderten Unternehmen weltweit geprüft. Eine Outperformance erreichten die Unternehmen, die die weichen Faktoren Shared Values, Skill, Staff und Style zu beeinflussen versuchten.

McKinsey Quartely Reports 04/2012: Demystifying Social Media 2012. Hiernach vertrauen Nutzer von Social Media ihren „Freunden" zu mehr als 90 % bei Kaufentscheidungen.

Merrman Scott, David: The new Rules of Marketing & PR, John Wiley&Sons, Inc., 2010, Hoboken, New Jersey: Ein sehr gut lesbares Buch mit vielen praktischen Beispielen, wie sich Werbung und Public Relation als eine Abteilung im Internet organisieren kann, um für jeden Kunden im Zeitpunkt des Kaufs, vor dem Kauf und nach dem Kauf nützliche Geschichten zu generieren. Websuche und Browser-Abstimmung dienen einem Zweck, Content = Inhalt zu generieren. Dieser Inhalt hilft Kunden bei Problemen und baut über interaktives Marketing eine Vertrauensbeziehung auf, die letztendlich zu Kaufentscheidungen führt.

Meyer, Henning: Markenmanagement 2008/2009, Dt. Fachverlag, 4.10.2007, Scheier, Christian und Held, Dirk: Die Neuentdeckung des Unbewussten: Was wir von der Hirnforschung für Markenführung und Marktforschung lernen können, S. 229–255: Interessante Passagen zum Neuromarketing und zum impliziten Marketing, die die Markenstrategie unterstützen hilft. Das Thema Autopilot (Entscheiden ohne längeres Nachdenken) wird sehr anschaulich geschildert

Mück, Hans-Joachim / Benecke, Carsten / Kelm Stefan, 2000: Bericht 224: Sicherheit in vernetzten Systemen: Grundlagenwerk, auf welcher Protokollebene und mit welchem Protokoll im TCP/IP-Netzwerk Sicherheitsprobleme entstehen können. Auch die Ursache im ARPANET als Vorläufer des heutigen Internets auf Protoebene wird schnell deutlich, ein technisches Werk nicht nur für Spezialisten.

Musmann, Hans-Georg: Genesis of the MP3 Audio Coding Standard in IEEE Transactions on Consumer Electronics, Vol. 52, Nr. 3, pp. 1043–1049, August 2006: Schöne Geschichte über deutschen Forschergeist, der einen Weltstandard etablierte.

National Academy of Sciences: Revolution in the U.S. Information Infrastructure; 1995: 6 Artikel, die u. a. die Chancen des Internets, die Deregulierung der Telekommunikation und die Chancen der neuen Telekommunikationstechniken anreißen (z. B. mobile und Satellitenkommunikation). Man sieht, dass die US-amerikanische Regierung ein vitales Interesse an der Förderung der ITK-Industrie besaß und auch heute noch besitzt.

Neumeier, Marty: Metaskills, Five Talents for the Robotic Age, 2013, USA: Visionäres Buch, das etwas provokant versucht, 5 urmenschliche, nicht automatisierbare Fähigkeiten gegen die Mechanisierung, Automation und Robotic zu stellen. Hiernach sind kreative Fähigkeiten, die etwas Neues schaffen, nicht ersetzbar. Ein Must-have für alle, die sich mit Innovation, Change Management und Digitalisierung beschäftigen.

Neumeier, Marty: ZAG, The first Strategy of high-performance Brands, 2007, Berkeley, USA: Ein sehr knappes, aber umso anschaulicheres Buch über Markenkreation und -management, das mit seinen einfachen Fragen provozieren will und als Unterscheidung zu Me-too radikale Differenzierung fordert.

Odenthal, Roger: Kontinuierliche IKS-Beratung versus Continuous Auditing (CA) in ZIR 05/2012: Ein Plädoyer für intelligente Auswertungsroutinen bei Massendaten, die schon die operativen Kontrollen stärkt und der IR noch bessere Möglichkeiten der Auswertung beschert statt routinemäßiges, standardisiertes Abprüfen von Daten, das eher einem intelligenten Audit Trail entspräche.

Ohmae, Kenichi: The Mind of the Strategist: The Art of Japanese Business, McGraw-Hill, 1991: Einer der sog. Gurus aus der Unternehmensberatung, der das strategische Denken in seiner innovativen, qualitativen und intuitiven Art propagiert und in einigen Unternehmen sog. „weiche“ Vorstandsklausuren ausgelöst hat, in der nicht die bessere Zahl oder das bessere .ppt-Chart gewinnt, sondern in einer offenen Diskussion das Unternehmen auf eine neue Ebene im Verhältnis zu seinen Kunden, Wettbewerbern und Lieferanten durch bessere Produkte und Services gebracht wurde und wird. Mit seinem Buch „Die Macht der Triade“ hatte er in den 1980er Jahren große Unruhe unter den etablierten deutschen Unternehmen ausgelöst, die nicht in Japan oder USA präsent waren. Das gleiche gilt heute nach wie vor für eine Nicht-Präsenz in den BRIC-Staaten.

Ohno, Taichi: Das Toyota-Produktionssystem. Campus, 1993: Bahnbrechendes Werk, das danach auf der ganzen Welt die Produktionssysteme vor allem in der Automobilindustrie revolutionierte und die Qualitätsbewegungen begründete mit TQM, KQM, EFQM, ISO 9001, Six Sigma etc.

Parsons, Christopher: The Politics of Deep Packet Inspection: What drives surveillance by Internet Service Providers? Dissertation, University of Victoria, Canada: Hoch interessantes Buch, das sowohl kurz die Technik von Deep Packet Inspection (DPI) als auch etwas ausführlicher die politischen Implikationen von DPI für die Länder Canada, USA und GB beschreibt. Eigentlich eine Pflichtlektüre für alle, die im Fall Snowden/NSA fundiert mit argumentieren wollen. Neu ist die Information, dass auch US-Bürger von der NSA ausspioniert sein sollen und dass Profile angelegt wurden sowie, dass die sehr persönlichen Informationen für Werbezwecke nutzbar (gewesen?) sind.

Patriot Act vom 5.8.2007, Public Law 110-55, 121 STAT. 552–557: Schutzgesetz, ursprünglich vor dem Hintergrund des 11.9. in großer Hektik erlassen, der einige Ermittlungsmethoden erlaubt, die früher nur dem Kriegsrecht vorbehalten waren. Stärkt die Rollen des Justizministerium, des Generalstaatsanwalts und der Direktoren der Sicherheitsdienste, ist vor dem Hintergrund der Vorfälle im Irakkrieg sehr umstritten, aber weiterhin in Kraft, obwohl das Hauptziel der Zerstörung der Möglichkeiten zu Terroranschlägen von Al-Kaida fast erreicht schien, bis ISIS sich auf der Bildfläche etablierte.

Peemöller, Volker H. / Kregel, Joachim: Grundlagen der Internen Revision, 2. Auflage Berlin 2013: Ein Grundlagenbuch über die Interne Revision, das Theorie und Praxis verbinden will und detaillierten Einblick in Forschung und Praxis gibt. Die Autoren stellen im ersten Band der Handbuchreihe mit der zweiten Auflage den aktuellen Stand der Internen Revision dar. Das Nachschlagewerk ist sowohl für den an Interner Revision Interessierten wie auch den Fachmann ein wertvoller Ratgeber. Es besticht durch seine aktuellen wissenschaftlichen und berufsständischen Grundlagen als auch durch seine vielen praktischen Beispiele und Handlungsempfehlungen.

Peemöller, Volker H. / Hofmann, Stefan: Bilanzskandale, ESV Berlin 2005: Sehr lesenswertes Buch, das demnächst in neuer Auflage erscheint und Ursachen und Folgen der Bilanzskandale analysiert.

Peemöller, Volker H.: Management Auditing, Berlin 1978: Als Habilitationsschrift in Zeiten der Entscheidungstheorie und mathematischen Modelle in den Wirtschaftswissenschaften geschrieben, enthält sie dennoch einige visionäre, noch heute gültige Thesen. Exemplarisch seien erwähnt die Ausrichtung der Arbeit an der Organisation statt unabhängig von ihr (Spiegelung der Organisation in der IR-Organisation), die Beeinflussung des Planungsprozesses im Vorwege und die Mitarbeit in den Entscheidungsgremien, um eine höhere Wirksamkeit zu entfalten, Ex-ante versus Ex-post und Unabhängigkeit versus Neutralität.

Peters, Watermann: Auf der Suche nach Spitzenleistungen, Verlag moderne industrie, Landsberg am Lech, 3. Auflage 1983: Alter Bestseller mit vielen positiven Geschichten rund um das Thema Kundenorientierung und Ausrichtung des Managements, wird teilweise heute kritisiert, weil einige der genannten Unternehmen nach oder in den letzten 30 Jahren betriebswirtsschaftliche Probleme bekamen (Hewlett Packard; Intel, Dell).

Ponemon Institute: The Impact of Cybercrime of Business, Mai 2012: Die Cyber-Attacken nehmen spürbar an Professionalität zu, DoS-Attacken sind neben Bot-Netzen am häufigsten, am gravierendsten waren SQL-Injections. Ziele waren die Außerbetriebssetzung der Server, der Diebstahl von Kundendateien und Betriebsgeheimnissen. In Deutschland werden Organisationen durchschnittlich einmal pro

Woche Opfer einer Cyber-Attacke. Deutschland ist neben den USA das Land mit den meisten Attacken.

Porter, Michael E.: Wettbewerbsstrategie, Methoden zur Analyse von Branchen und Konkurrenten, 1. A., Frankfurt (Main) 1983: Das Standardwerk zum Strategieverständnis eines Unternehmens, ist Basis für einige Fragen des CIA-Examens. Mit seinen fünf Marktkräften (Kunde, Lieferant, Wettbewerbsintensität, Eintritts- und Austrittsbarrieren sowie der Produktsubstitution) legt Porter die Analysebasis für die Unternehmensstrategie und beantwortet auch unter Bezug zum Produktlebenszyklus die Herausforderungen des Marktes mit den drei strategischen Optionen Kostenführerschaft, Marktsegmentierung und Nischenpolitik (Fokussierung) auf klare Weise.

Public Company Accounting Oversight Board (PCAOB) (Hrsg.): Auditing Standard No 2. An Audit of Internal Control over Financial Reporting Performed in Conjunction with an Audit of Financial Statements, Washington 2004. Der Standard, der die Bedingungen für eine ordnungsgemäße Berichterstattung nach US-Norm (SOX) festlegt und die Begriffe „material weakness" und „significant deficiency" näher beschreibt.

PwC: State of the Internal Audit Profession Study, Sector Report Juni 2014: Obwohl sich der Fragebogen gegenüber 2013 beim Thema Performance IA stark verändert hat (14 statt 8 Antwortmöglichkeiten) belegt die Studie eindrucksvoll, auf welchen Gebieten sich die IR-Funktion noch verbessern kann. Obwohl der Ersteller der Studie auf keinen Fall als unabhängig zu bezeichnen wäre, ist die Studie für IR-Leiter dennoch lesenswert, mindestens, um für unangenehme Fragen von Vorstand, Abschlussprüfer und Aufsichtsrat gewappnet zu sein.

Richtlinie 2006/43/EG (sog. Abschlussprüferrichtlinie oder 8. EU-Richtlinie) des Europäischen Parlaments und des Rates vom 17. Mai 2006 über Abschlussprüfungen von Jahresabschlüssen und konsolidierten Abschlüssen, zur Änderung der Richtlinien 78/660/EWG und 83/349/EWG des Rates und zur Aufhebung der Richtlinie 84/253/EWG des Rates (1) v. 17.5.2006, I.157/87. vom 17.5.2006, letztlich geändert am 16.4.2014: Eine kritische Grundhaltung bei Abschlussprüfungen wird gefordert, jedoch müssen keine in die Zukunft gerichteten Aussagen über den Fortbestand des Unternehmens gemacht werden, eine Prüfung der Geschäftsführung ist weiter nicht vorgesehen. Gegenüber dem Entwurf fehlen leider konkrete Aussagen zur Rotation und einem quantitativen Schwellenwert des Niveaus an Beratungsleistungen, ab dem eine Unabhängigkeit in Frage stehen würde, bzw. eine Verbotsliste von den Tätigkeiten, die eine Selbstprüfung unterstellen könnten.

Riemer, Martin: Beschwerdemanagement, Campus Verlag, 1986, Frankfurt a.M., New York: Inhaltlich auch heute noch aktuelles Buch, das umfassend über die Organisation des Beschwerdemanagement in einem Unternehmen unterrichtet nebst aller Konsequenzen bei aktivem bzw. ignorantem Umgang damit. Die heute Informationstechnik Big Data/CRM und das sich zum Dialog anbietende Internet/Social Media konnten 1986 noch nicht berücksichtigt werden.

Sarbanes Oxley Act of 2002 vom 30. Juli 2002, 107 P.L.204, § 1, 116 Stat.745, Ferderal Register Vol. 68, S. 41193 f.: Wegweisendes Gesetz der USA, das vor dem Hintergrund der Krise die Erleichterungen der Clinton-Ära zurückfährt und eine Verschärfung der Anforderungen der Abschlüsse vornimmt. Ausstrahlungswirkung auf die 8. EU-Richtlinie und BilMoG ist unbestritten.

Scheier, Christian/Held, Dirk (2008): Die Neurologik erfolgreicher Markenkommunikation, in: Häusel, Hans-Georg (Hrsg.): Neuromarketing. Erkenntnisse der Hirnforschung für Markenführung, Werbung und Verkauf, München, S. 87–123: Wirkungszusammenhänge zwischen der Motivstruktur eines Menschen, die aus den Big 3 mit Stimulanz, Dominanz und Balance besteht, und Markensignale wie Sprache, Geschichten, Symbole und Sensorik werden in diesem Artikel innovativ verbunden.

Schulz von Thun, Friedemann: Miteinander reden 1 – Störungen und Klärungen. Allgemeine Psychologie der Kommunikation, Reinbek 1981: Eines der Standardwerke der Kommunikationspsychologie und ein veritabler Bestseller mit über 1 Mio. Auflage nach 48 Auflagen.

Stähler, Patrick: Geschäftsmodelle in der digitalen Ökonomie: Merkmale, Strategien und Auswirkungen, Josef Euler Verlag, Köln-Lohmar, 2001: Bestandteile eines Geschäftsmodells in der digitalen Welt ist auch nach 13 Jahren ein hoch aktuelles Thema.

Sykes & Matza: Techniques of Neutralization: A Theory of Delinquency (1957 – mit David Matza); deutsche Übersetzung: Techniken der Neutralisierung. Eine Theorie der Delinquenz. In: Kriminalsoziologie. F. Sack und R. König. Frankfurt am Main, Akademische Verlagsgesellschaft, 1968: Bahnbrechender Ansatz eines studierten Soziologen und Kriminologen, der mit der Neutralisierung fünf Techniken beschreibt, mit dem Straftäter ihre Verantwortung an der kriminellen Handlung leugnen bzw. auf andere verlagern.

Technische Universität München: Chinese Champions, München, März 2012: Beleuchtet eindrucksvoll vor dem in Europa diskutierten Patentstreit in China die Patent-Leistungen vieler chinesischer Champions. Insgesamt belegt China hinter den USA seit 2010 Platz 2.

Telekommunikationsgesetz (TKG) vom 22.6.2004, letzte Änderung vom 25.7.2014 BGBl. I 1266: Gesetz, das den Wettbewerb in der TK-Branche regelt und die Möglichkeiten des ehemaligen Monopolisten Deutsche Telekom AG durch verschiedene Maßnahmen wie u. v. a. Vorab-Preisgenehmigung, Verpflichtung zur Zusammenschaltung von Netzen, Verpflichtung, seine Kostenstrukturen offen zu legen stark einschränkt.

TNS Infratestburke: TRI:M; Kunden- und Wettbewerbsanalysen: Sehr gutes Tool, um Kunden- und Wettbewerbsanalysen zu betreiben und auszuwerten.

Tversky, A. und Kahneman, D. (1992): Advances in prospect theory: cumulative representation of uncertainty. In: D. Kahneman und A. Tversky (Hrsg.), (2000): Choices, values and frames, Cambridge University Press, Cambridge: Kahneman wurde 2002 mit dem Nobelpreis für Wirtschaftswissenschaften ausgezeichnet, Tversky war schon verstorben. Beide untersuchten die Wahrnehmungsverzerrungen bei Entscheidungen und deckten in ihren psychologischen Experimenten die Ursachen dafür auf wie Priming (unbewusste Vorprägung), Sturheit, Verlustvermeidung vor Gewinnerzielung u. v. a. m. Spätestens in 1992 hatte der „homo oeconomicus" als Verhaltensmodell für rationale Entscheidungen ausgedient.

Umweltbundesamt: Energieeffizienzdaten für den Klimaschutz, Dessau-Roßlau, August 2012: Guter und einfacher Überblick in vielen Zahlen und Grafiken über Energieverbräuche in den verschiedenen Sektoren in Deutschland und Europa.

Verizon: 2012 Data Breech Investigation Report: Enthält detaillierte Beschreibungen der unterschiedlichen Internetangriffe und Bedrohungsszenarien in den Ländern USA, GB, Ireland, NL und Australien. Nutzt ein Modell der 4 A (Agent, Action, Asset und Attribute) zur Beschreibung eines IT-Vorfalls und untersucht die Bedrohungen nach Malware, Hacking, Social, Missbrauch, Physisch und Fehlern (Veris-Raster). Die Studie zeigt auf, dass den meisten Bedrohungen durch herkömmliche Sicherheitsmaßnahmen begegnet werden kann (Firewall, Virenschutz, Automatische Software-Updates, Änderungen der Werkseinstellungen).

Verordnung über die Honorare für Architekten- und Ingenieurleistungen (Honorarordnung für Architekten und Ingenieure – **HOAI**) in der Fassung vom 10.7.2013, in Kraft getreten am 17.7.2013: Ein absolutes Muss für jeden Bauplaner, aber auch Bauherrn, weil hier nicht nur Honorare abgehandelt werden, sondern der gesamte Bau- und Planungsprozess.

VOB/B (Vergabe- und Vertragsordnung für Bauleistungen), Teil B, Fassung 2012, 13.7.2012: Standardwerk, um sich als Bauunternehmen um öffentliche Aufträge zu bemühen, gleichzeitig die Referenz für den Sollvergabeprozess bei Bauleistungen.

VOF (Hauptausschuss zur Erarbeitung der Verdingungsordnung für freiberufliche Leistungen), 8.11.2009: Basiswerk, um sich als Freiberufler um öffentliche Aufträge zu bemühen, gleichzeitig ein gutes Beispiel für den Sollvergabeprozess bei Dienstleistungen.

VOL (Hauptausschuss zur Erarbeitung der Verdingungsordnung für Leistungen), 20.11.2009: Basiswerk, um sich bei Leistungen, die nicht Bauleistungen und nicht freiberufliche Leistungen sind, um öffentliche Aufträge zu bemühen, gleichzeitig ein gutes Beispiel für den Sollvergabeprozess bei Leistungen.

Wetpaint&altimeter group: Deep brand engagement correlates with financial performance, 2009: Hiernach sind hohe Umsatzzuwächse möglich, wenn sich Unternehmen intensiv mit den Social Media auseinandersetzen.

Wieland, Josef: Ökonomische Organisation, Allokation und Status, Tübingen 1996: Versucht in seinem Buch die Grundlagen der Ethik in einem Unternehmen auf Basis aller abgeschlossenen Verträge (formale und informelle) der Stakeholder zu begründen. Der IR kommt damit u.a. die Rolle zu, die durch die Verträge nicht geschlossenen Lücken zu finden und einen Beitrag für die Governance dadurch zu leisten, dass die Lücken nicht durch opportunistisches Handeln ausgenutzt, sondern durch ethisches Handeln geschlossen werden. Weiter ist interessant, dass es Kontrollen nicht zum 0-Tarif gibt und dass ein (Vertrags)-System schon zusammenbricht, wenn sich 10% nicht an die Spielregeln halten.

ZIR-Sonderdruck: Unternehmensüberwachung und IR: Aktuelle Entwicklungen und Auswirkungen durch COSO ERM (Committee of Sponsoring Organisation of the Treadway Commission, Enterprise Risk Management), herausgegeben vom IIR, September 2006: Erstmalige Befassung einer DIIR-Arbeitsgruppe (Damen Redenius, Stieff, Herren Kauschke, Lück, Schreiber, Zöllkau, Kregel) mit dem Thema COSO ERM und seinen Implikationen auf die IR-Arbeit.

ZVEI (Zentralverband der Elektrotechnik und Elktronikindustrie): Manufacturing Execution Systems (MES), Frankfurt, Juni 2010: Gut lesbare und umfassende Broschüre über MES für alle Industriebranchen mit Darstellung der Gemeinsamkeiten und Unterschiede in Fertigung- und Prozessindustrie. Umfangreiches Glossar und einige Beispiele erleichtern den Zugang.

Interessante Internetlinks

Link	Organisation/Person	Stichwort
www.w3.org	Die Internetinstitution, die die neuen Webstandards erlässt.	Alle neuen Web-Themen inkl. der Politik werden hier dargestellt
www.bettercoal.org	NGO, unterstützt von eine großen Zahl von Versorgungsunternehmen	Eigene Prüfungen auf Einhaltung der Standards
www.bme.de	Bundesverband Materialwirtschaft, Einkauf & Logistik	KPI
www.bmfe.de	Bundesministerium für Forschung und Entwicklung	Industrie 4.0: Internet der Dinge
www.bsi.bund.de	Bundesamt für Sicherheit	BSI-Handbuch
www.coso.org	IIA, AICPA, FAE, ima, AAA	COSO ICS und COSO ERM
www.callcenter-verband.de	Zusammenschluss von Callcenter-Unternehmen und anderen Dienstleistern aus Handel, Banken und Versicherungen	Vereinsinterne Regelungen für zulässige Werbeanrufe
www.destatis.de	Statistisches Bundesamt	Branchenentwicklungen in Anteilen am BSP u. a. m.
www.diir.de	Deutsche Institut für Interne Revision e. V.	Interne Revision; Standards, Veranstaltungen, Seminare, News.
www.dpma.de	Deutsches Patentamt	Patente, Gebrauchsmuster
www.energieagentur.nrw.de	Energieagentur NRW	Einsparmodelle für Energie
www.fraunhofer.de	Fraunhofer Institute	MP3-Player, Laserforschung: IT-Sicherheit etc.
www.globalreporting.org	Non-Governmental Organisation (NGO)	Nachhaltigkeit, Global Citenzenship, Social Responsibility
www.icc-deutschland.de	Internationale Handelskammer Deutschland	Incoterms
www.idw.de	Institut der Wirtschaftsprüfer	Abschlussprüfung, PS und ISA
www.iec.ch	Internationales Gremium für Elektrotechnik	IEC 61508 (Elektrische Sicherheit)

Link	Organisation/Person	Stichwort
www.ilo.org	International Labour Organisation	Versuch der Standardsetzung in der Arbeitwelt, Verbot von Kinderarbeit, Zwangsarbeit, Tarifverträge etc.
www.iso.org	Internationales Normengremium für alle Standards außer Elektrik und Telekommunikation; Zertifizierungsstelle, die von Nationalen Organen übernommen wird.	ISO:9001:2008 (Qualitätsmanagement) ISO 27.001 (IT-Sicherheit) ISO 20.000 (Software-Entwicklung) u. v. a. m.
www.itu.int	Normengremium der Telekommunikations industrie	IPv4/IPv6 Deep Packet Inspection (Y.2770)
www.leanproduction.com	Vorne Industries	Japanische Techniken, gute Übersicht, Produktivitätsverbesserungen
www.robinsonliste.de	Ein Verbraucherschutzverein	Abgleich Adressdateien gegen Robinsonlisten (Kein Werbung)
www.sec.gov	Amerikanische Enforcementstelle (BaFin+++)	Regulierungsvorschriften, Bußgelder, Restatements, Unternehmensberichte
www.theiia.org	Institute of Internal Auditors (Dachverband, ursprünglich ein rein amerikanischer Verband, nun mit vielen regionale und Länder-Chaptern)	Interne Revision
www.tns-infratest.com	TNS Infratest	Marktforschung: Kunden, Wettbewerbs- und Mitarbeiterbefragungen
www.veek.de	Versammlung eines ehrbaren Kaufmanns zu Hamburg	Ehrbarer Kaufmann, Ethik
www.werberat.de	Zentralverband der deutschen (Werbe)-Industrie	Verstöße gegen interne Werberegeln und Gesetzesverstöße

Namensverzeichnis

Stichwortverzeichnis